“十二五”普通高等教育本科国家级规划教材
普通高等教育“十一五”国家级规划教材

电 机 学

第5版（修订本）

汤蕴璆 编著

机械工业出版社

全书共10章。前8章阐述磁路、变压器、直流电机、交流电机理论的共同问题、感应电机、同步电机、机电能量转换原理，以及单相串激电动机、永磁电动机和开关磁阻电动机；后两章阐述控制电机和电机的发热与冷却。除第8、9、10三章以外，每章后面附有习题和部分答案。为引导学生用计算机来求解电机问题，针对感应电机的稳态运行计算，编写了相应的计算机源程序。书末编有7个附录，对于希望深入理解电机理论及其工程应用的学生和青年教师，会有一定帮助。全书的编写方针为“削枝强干，推陈出新”。

本书可作为高等学校电气工程及其自动化专业和其他强、弱电结合专业的教材，也可供有关科技人员作为参考用书。

本书配有多媒体电子课件、习题解答、课程设计指导、试卷等，选用本书作教材的老师可发邮件到 yaxin_w74@126.com 申请。

图书在版编目（CIP）数据

电机学/汤蕴璆编著. —5版. —北京：机械工业出版社，2014.1（2024.12重印）

普通高等教育“十一五”国家级规划教材

ISBN 978-7-111-44709-2

Ⅰ. ①电… Ⅱ. ①汤… Ⅲ. ①电机学-高等学校-教材 Ⅳ. ①TM3

中国版本图书馆CIP数据核字（2013）第266765号

机械工业出版社（北京市百万庄大街22号 邮政编码100037）

策划编辑：王雅新 责任编辑：王雅新

版式设计：常天培 责任校对：肖 琳

封面设计：张 静 责任印制：单爱军

保定市中画美凯印刷有限公司印刷

2024年12月第5版第21次印刷

184mm×260mm · 28.25印张 · 696千字

标准书号：ISBN 978-7-111-44709-2

定价：79.00元

电话服务 网络服务

客服电话：010-88361066 机 工 官 网：www.cmpbook.com

010-88379833 机 工 官 博：weibo.com/cmp1952

010-68326294 金 书 网：www.golden-book.com

 机工教育服务网：www.cmpedu.com

前　言

本书是在2011年出版的普通高等教育“十一五”国家级规划教材《电机学　第4版》的基础上全面修改而成。

全书共10章。总教学时数为90~100学时。除第8章、第9章和第10章以外，每章后面附有习题及部分答案。书末编有7个附录。本书可作为高等学校电气工程及其自动化专业和其他强弱电结合专业的教材，也可供科技人员作为参考用书。

本书的特点是：

(1) 注重基本概念、基本理论和基本方法的阐述，使学生掌握分析电机的方法，建立牢固的物理概念，为学习后继课程和今后解决日常遇到的工程问题作好准备。

(2) 阐明机电能量转换的机制和条件，为将来开发和研究新型电机建立准则。

(3) 对直流电机和其他过时、次要的内容，以及属于设计、工艺和结构方面的内容，进行较多的删减。

(4) 编入用计算机计算感应电机稳态运行性能的内容。

(5) 编入“电机的发热和冷却”一章（第10章），使读者了解电机的额定容量和容许负载与绕组温升之间的关系。

(6) 各章具有相对独立性，讲授内容和次序可以根据具体情况进行调整。

(7) 书末的7个附录，属于正文所述基本内容的扩展和深化，对于希望较为深入地理解电机理论及其工程应用的学生、青年教师和科技人员，会有一定帮助。

与第4版比较，第5版增加了变压器的不对称运行，自耦变压器的完整分析，以最大转矩为基值时三相感应电动机T_e-s特性的表达式，三相感应电动机在定子电压或转子电路不对称时的运行，同步电动机的牵入同步等内容。在附录E中，作者提出了复数磁导率的概念，使变压器和交流电机中激磁电阻的导出，从传统上由物理概念出发来推导，变成由电磁关系出发的严格数学推导。

全书的编写方针是：“削枝强干，推陈出新”，目标是编写一本取材精、科学性强、概念清晰和便于教学的教材。

关于三相电压、电流和三相绕组的下角标注，考虑到国际上绝大多数电机学教材仍沿用A、B、C和a、b、c（对转子或二次绕组），且A、B、C的大、小写书写起来不易混同，故从教学角度考虑，本书仍沿用A、B、C而不用U、V、W。

本书由汤蕴璆编著，梁艳萍教授编写了第5章中的两个计算机程序。作者要对本书第2~5版作出很大贡献的史乃教授、罗应立教授、李仁定教授、王成元教授、陆永平教授和刘公直、郑时刚、郭振岩和徐怡四位高级工程师表示感谢。哈尔滨电机厂、沈阳变压器研究所和大连电机厂等单位为本书提供了产品照片，在此一并表示感谢。

作者

目　录

主 要 符 号 表

A　面积;A 相

a　交流绕组的并联支路数;线负载

a　120° 复数算子;a 相

$a_{=}$　直流电枢绕组的并联支路对数

B　磁通密度;B 相

B_{δ}　气隙磁密

B_{ad}　直轴电枢磁场磁密

B_{aq}　交轴电枢磁场磁密

b　宽度;磁通密度瞬时值;b 相

C　C 相

C_{T}　转矩常数

C_{e}　电动势常数

c　比热容;c 相

D_{1}　定子内径

D_{a}　电枢外径

E　电动势(交流表示有效值)

E_{ϕ}　相电动势

E_{0}　空载电动势;激磁电动势

E_{1}　变压器一次绕组(感应电机定子绕组)中由主磁通所感应的电动势(有效值)

E_{2}　变压器二次绕组(感应电机转子绕组)中由主磁通所感应的电动势(有效值)

E_{2}'　E_{2} 的归算值

E_{q}　q 个线圈的合成电动势

e　电动势的瞬时值

e_{c}　线圈电动势;换向电动势

F　磁动势

F_{a}　电枢磁动势

F_{m}　感应电机的激磁磁动势

F_{ad}　直轴电枢磁动势

F_{aq}　交轴电枢磁动势

$F_{\phi 1}$　单相绕组的基波磁动势

$F_{\phi\nu}$　单相绕组的 ν 次谐波磁动势

F_{q1}　q 个线圈的基波合成磁动势

f　频率;电磁力;磁动势的瞬时值

f_{1}　定子频率

f_{2}　转子频率

f_{N}　额定频率

f_{ν}　ν 次谐波频率

H　磁场强度

H_{M}　永磁体内的磁场强度

I　电流(交流表示有效值);同步电机的电枢电流;直流电机的线路电流

I_{a}　直流电机的电枢电流

I_{m}　交流激磁电流

I_{f}　直流励磁电流

I_{μ}　激磁电流中的磁化分量

I_{N}　额定电流

I_{0}　空载电流;零序电流

I_{k}　短路电流;堵转电流

I_{st}　起动电流

I_{1}　变压器一次绕组(感应电机定子绕组)电流

I_{2}　变压器二次绕组(感应电机转子绕组)电流

I_{2}'　I_{2} 的归算值

I_{+}　正序电流

I_{-}　负序电流

i　电流的瞬时值

K　换向片数

k　变压器的电压比

k_{i}　电流比

k_{e}　电动势比

k_{d1}　基波分布因数

k_{p1}　基波节距因数

k_{w1}　基波绕组因数

$k_{d\nu}$　ν 次谐波的分布因数

$k_{p\nu}$　ν 次谐波的节距因数

$k_{w\nu}$　ν 次谐波的绕组因数

L　自感

$L_{1\sigma}$　变压器一次绕组(感应电机定子绕组)的漏磁电感

$L_{2\sigma}$　变压器二次绕组(感应电机转子绕组)的漏磁电感

l　长度

M　互感;物体的质量

m_1　交流电机定子的相数
m_2　感应电机转子的相数
N　每相串联匝数
N_c　每个线圈的匝数
n　转子转速
n_N　额定转速
n_0　空载转速
n_s　同步转速
n_ν　ν 次谐波旋转磁场的转速
n_2　转子基波旋转磁场相对于转子的转速
n_{oi}　理想空载转速
Δn　转速调整率
P　功率
P_N　额定功率
P_e　电磁功率
P_Ω　转换功率
P_k　短路功率;堵转功率
P_1　输入功率
P_2　输出功率
P_0　空载功率
p　损耗;极对数
p　时间的微分算子
p_{Cu}　铜耗
p_{Fe}　铁耗
p_Δ　杂散损耗
p_Ω　机械损耗
Q　槽数
q　每极每相槽数
$\boldsymbol{q}$　热流密度
R　电阻
R_m　激磁电阻;磁阻
R_1　变压器一次绕组(感应电机定子绕组)电阻
R_2　变压器二次绕组(感应电机转子绕组)电阻
R_2'　R_2 的归算值
R_f　励磁绕组电阻
R_a　电枢电阻
R_k　变压器(感应电机)的短路电阻
R_λ　导热热阻
R_α　散热热阻
R_i　绕组主绝缘的导热热阻
S　视在功率
S_N　额定视在功率
s　转差率
s_N　额定转差率
s_m　临界转差率
s_+　转子对正向旋转磁场的转差率
s_-　转子对反向旋转磁场的转差率
T　转矩;时间常数
T_c　换向期
T_d'　直轴瞬态时间常数
T_a　电枢时间常数
T_f　励磁绕组时间常数
T_N　额定转矩
T_k　堵转转矩
T_0　空载转矩
T_2　输出转矩
T_L　负载转矩
T_e　电磁转矩
T_{max}　最大转矩
T_{pi}　同步电动机的牵入转矩
T_{st}　起动转矩
T_{e+}　正序电磁转矩
T_{e-}　负序电磁转矩
t　时间
U　电压(交流表示有效值)
U_N　额定电压
U_ϕ　相电压
U_L　线电压
U_1　电源电压;定子端电压
U_+　正序电压
U_-　负序电压
U_0　空载电压;零序电压
U_k　短路电压;堵转电压
u　电压的瞬时值
Δu　电压调整率
$2\Delta u_s$　每对电刷的电压降
v　线速度
W　功;能
W_m　磁场能量
W_m'　磁共能
X　电抗
X_σ　定子漏抗
X_a　电枢反应电抗
X_s　同步电抗
X_d　直轴同步电抗
X_q　交轴同步电抗

X_m 激磁电抗
X_k 短路电抗
X_+ 正序电抗
X_- 负序电抗
X_0 零序电抗
X_{ad} 直轴电枢反应电抗
X_{aq} 交轴电枢反应电抗
$X_{1\sigma}$ 变压器一次绕组(感应电机定子绕组)的漏抗
$X_{2\sigma}$ 变压器二次绕组(感应电机转子绕组)的漏抗
$X_{2\sigma}'$ $X_{2\sigma}$ 的归算值
X_d' 直轴瞬态电抗
X_d'' 直轴超瞬态电抗
X_q'' 交轴超瞬态电抗
y 绕组的合成节距
y_1 第一节距
y_c 换向器节距
Z 阻抗;电枢导体数
Z_m 激磁阻抗
Z_k 短路阻抗
Z_+ 正序阻抗
Z_- 负序阻抗
Z_0 零序阻抗
$Z_{1\sigma}$ 变压器一次绕组(感应电机定子绕组)的漏阻抗
$Z_{2\sigma}$ 变压器二次绕组(感应电机转子绕组)的漏阻抗
$Z_{2\sigma}'$ $Z_{2\sigma}$ 的归算值
α 角度;相邻两槽间的电角度;散热系数
β 夹角;q 个线圈的总角度
δ 气隙长度;功率角
δ_1 转矩角(气隙合成磁场与定子磁动势间的夹角)
ε 小数;短距角
η 效率
η_N 额定效率
η_{max} 最大效率
θ 温度;角度
θ_s 定子上的电角度
θ_0 冷态温度
$\Delta\theta$ 温升
$\Delta\theta_{Cu}$ 铜线温升
$\Delta\theta_{Fe}$ 铁心温升
$\Delta\theta_\infty$ 稳态温升
Λ 磁导
Λ_σ 漏磁导
λ 单位面积的磁导;导热系数
μ 磁导率;转子谐波次数
μ_0 空气磁导率
μ_{Fe} 铁心磁导率
ν 谐波次数
τ 极距
Φ 磁通量;热流
Φ_0 空载磁通;直流电机和同步电机的主磁通
Φ_a 电枢反应磁通
Φ_m 变压器或感应电机主磁通的幅值
Φ_σ 漏磁通
Φ_{ad} 直轴电枢反应磁通
Φ_{aq} 交轴电枢反应磁通
Φ_ν ν 次谐波磁通
Φ_{Cu} 铜线发出的热流
Φ_{Fe} 铁心发出的热流
ϕ 磁通量的瞬时值
φ 相角;功率因数角
φ_0 空载功率因数角
φ_k 短路功率因数角
ψ 磁链;$\dot{E}$ 和 $\dot{I}$ 间的夹角
ψ_0 同步电机定子的内功率因数角
ψ_2 感应电机转子的内功率因数角
Ω 转子的机械角速度
Ω_s 同步机械角速度
ω 角频率;电角速度

绪　论

0.1　电机在国民经济中的作用

电机是一种机电能量转换或信号转换的电磁机械装置。就能量转换的功能来看，电机可分为发电机和电动机两大类。发电机用以把机械能转换为电能。在发电站中，通过原动机先把各类一次能源（燃料发出的热能、水的位能、原子能、风能等）蕴藏的能量转换为机械能，然后通过发电机把机械能转换为电能，再经输、配电网络送往城市各工矿企业、家庭等各种场合，供公众使用。电动机是把电能转换为机械能，用来驱动各种用途的生产机械和装置，满足不同的需求。电力变压器则是将一种交流电压、电流的电能，转换成同频率的另一种电压、电流的静止电器。

由于一次能源形态的不同，可以制成不同类型的发电机。利用水力资源，和水轮机配合，可制成水轮发电机；利用煤、石油等能源的热能，和锅炉、汽轮机配合，可制成汽轮发电机。此外，还有利用风能、原子能等能源的各类发电机。

到2012年底，我国的电站总装机容量已达11.4亿kW，年总发电量为4.94×10^4亿kW·h。从发电量看，已居世界第二位。随着三峡水利电力工程和大亚湾、秦山等核电站的建成和发电，逐年加大了水力资源的开发和建设核电站的投资。我国西部各水系蕴藏着丰富的水力资源，新疆、内蒙古、黑龙江和沿海各省拥有丰富的风力资源。优先发展水电，加快发展风电，积极发展核电和太阳能发电，努力增加洁净能源的比重，这不仅将改善环境保护，并且是一条可持续发展之路。

电动机作为动力设备，已广泛应用于机械行业的工作母机，冶金行业的高炉、转炉、平炉和轧钢机，交通运输行业中的电车、电力机车，各类企业中的鼓风、起吊、运输传送，农业中的电力排灌、农副产品加工，以及医疗器械、家用电器等各行各业，大至冶金企业使用的高达上万千瓦的电动机，小至小功率电动机、乃至几瓦的微电动机。在各类动力机械中，电动机的容量已超过总容量的60%。

根据应用场合的要求和电源的不同，电动机有直流电动机、交流同步电动机、交流感应电动机，以及满足不同需求的特种电动机。20世纪70年代以后，由于大功率电力电子器件、微电子器件、变频技术以及计算机技术取得的一系列进展，还研制出多种调速性能优良、效率较高、能满足不同要求的交流电动机调速系统，和由变频器供电的一体化电机。

就信号转换功能的控制电机而言，大体上有测速电机、伺服电机、旋转变压器和自整角机等几种，这些电机主要用于自动控制系统中作为检测、执行、随动和解算元件，例如机床加工的自动控制，舰船方向舵的自动控制，大炮和雷达的自动定位，飞机的飞行控制，计算机、自动记录仪表的运行控制等。这类电机通常为微型电机，对精度和快速响应的要求较高。

总之，在电力工业中，发电机是生产电能的主要设备；变压器是变电站和输、配电线路中对电压进行变换的主要设备；在机械、冶金、纺织、煤炭、石油、化工、交通运输和家用电器等行业中，电动机是各种生产机械的主要动力设备；在国防和民用的各种自动控制系统中，控制电机是重要和不可缺少的元件。因此，电机在国民经济的各个领域中起到极其重要的作用。

0.2　电机发展简史

电机发展的历史，大体上可以分成三个时期：（1）直流电机的产生和形成时期；（2）交流电机的形成和发展时期；（3）电机理论、设计和制造工艺逐步达到完善化的时期。

1. 直流电机的产生和形成时期

电机发展的初期，主要是直流电机发展的历史。1821 年，法拉第（Faraday）发现了载流导体在磁场内受力的现象；1831 年，法拉第又发现了电磁感应定律。两年以后，皮克西（Pixii）利用永久磁铁和线圈之间的相对运动和一个换向装置，制成了一台旋转磁极式直流发电机，这就是现代直流发电机的雏形。虽然早在 1833 年，楞茨（Lenz）已经证明了电机的可逆原理，但在 1870 年以前，直流发电机和电动机一直被看做为两种不同的电机，各自独立发展着。对于直流电动机，当时是从电磁铁之间的相互吸引和排斥，作为制造电动机的指导思想，并采用蓄电池作为电源。因此要使电动机在工业中得到广泛应用，就必须提供较大的廉价直流电源。

这样，由于生产（电报、电解、电镀、电动机电源）上的需要，使直流发电机得到较快的发展。在 1834 ~ 1870 年这段时间内，发电机方面出现了三个重大的发明和改进。在励磁方面，首先从永磁转变到用电流来励磁，其后又从用蓄电池他励发展到自励。在电枢方面，1870 年，格拉姆（Gramme）提出环形电枢绕组以代替凸极式的 T 形电枢绕组；由于环形绕组为分布绕组，电压脉动较小，换向和散热情况也较好，所以 T 形绕组不久就被淘汰。关于环形电枢绕组，早先曾在电动机模型中提出过，但没有受到重视。格拉姆在发电机上提出环形电枢结构以后，人们对发电机和电动机中的这两种结构进行了对比，最后终于使电机的可逆原理为大家所接受，此后直流发电机和电动机的发展合而为一。

1870 ~ 1890 年是直流电机发展的另一个阶段。1873 年，海夫纳-阿尔泰涅克（Hefner-Alteneck）发明了鼓形电枢绕组，提高了电枢导线的利用率。为了加强绕组的机械固定和减少铜线内部的涡流损耗，电枢铁心采用了开槽结构，绕组的有效部分被放入槽内。1880 年，爱迪生（Edison）提出采用叠片铁心，以减少铁心损耗、降低电枢绕组的温升。鼓形电枢绕组和电枢开槽、叠片铁心的结构，一直沿用到今天。

上述进步使得直流电机的电磁负荷、单机容量和效率大为提高，这样，换向器上的火花问题就成为当时的突出问题。1884 年出现了换向极和补偿绕组，1885 年开始用炭粉来做电刷，这些措施使火花问题暂告缓和，另一方面又促进了电磁负荷和单机容量的进一步提高。

在电机理论方面，1886 年，霍普金生兄弟（John and Edward Hopkinson）确立了磁路的欧姆定律。1891 年，阿尔诺德（Arnold）建立了直流电枢绕组理论。这些理论使直流电机的设计和计算建立在更为科学的基础上。到 19 世纪 90 年代，直流电机已经具备了现代直流电机的主要结构特点。

1882 年是电机发展史上的一个转折点。这一年，台勃莱兹（Deprez）把米斯巴哈水电站发出的 2kW 的直流电，用一条 57km 长的输电线送到慕尼黑，从而为电能和电机的应用打开了广阔的前景。随着直流电的广泛应用，直流电机很快就暴露出其固有的缺点。众所周知，远距离输电时，电压越高，线路的损耗就越小，但是制造高压直流发电机却有很大的困难。此外，随着单机容量的日益增大，直流电机的换向也越来越困难。因此 19 世纪 80 年代以后，人们的注意力就逐渐转向交流电方面。

2. 交流电机的形成和发展时期

早在 1832 年，单相交流发电机就已出现。但是在 1870 年以前，人们对交流电还不很了解，生产上也没有对交流电的需要。1876 年，亚勃罗契柯夫（Яблочиков）首次采用交流和开磁路式串联变压器给“电烛”供电。1884 年，霍普金生兄弟发明了具有闭合磁路的变压器。次年，齐波诺斯基（Zipernowsky）、德利（Deri）和勃拉第（Blathy）三人又提出了变压器的芯式和壳式结构，以后单相变压器在照明系统中得到了一定的应用。但是应用交流电来驱动各种工作机械的问题，仍未获得解决。

交流感应电动机的发明，与产生旋转磁场这一研究工作紧密相连。1825 年，阿拉果（Arago）利用金属圆环的旋转，使悬挂在其中的磁针得到一定的偏转，这一现象实质上就是多相感应电动机的原始工作基础。1879 年，拜依莱(Bailey)采用依次变动四个磁极上的激磁电流的办法，首次用电的办法获得了旋转磁场。1883 年，台勃莱兹提出，把两个在时间和空间上各自相差 1/4 周期的交变磁场合成，可以得到一个旋转磁场。1885 年，弗拉利斯（Ferraris）把利用交流电来产生旋转磁场，和采用铜盘来产生感应涡流这两个思想结合在一起，制成了第一台两相感应电动机；1888 年，他又提出了“利用交流电来产生电动旋转”的经典论文。同一时期，台斯拉（Tesla）也独立地从事于旋转磁场的研究，並且几乎与弗拉利斯同时发明了两相感应电动机。

1889 年，多利伏 - 多勃罗伏尔斯基（Доливо-Добровольский）提出采用三相制的建议，并设计和制出了三相感应电动机。与单相或两相系统比较，三相输电系统的效率较高，用铜量也较节省；三相电机的性能、效率和材料利用也比两相电机好。三相制的优点，在 1891 年建成的从劳芬到法兰克福的三相电力系统中得到充分的显示。这个系统的顺利运行表明，三相交流电不但便于输送和分配，也可用作电力驱动。三相感应电动机的结构简单、工作可靠。因此到 20 世纪初叶，在电力工业中，交流三相制已占据绝对统治的地位。

19 世纪 80 年代的末期，由于交流发电站的迅速发展，要求研制能与发电机直接连接的高速原动机。由于许多科技人员的潜心研究，很快就出现了高速的汽轮机。到 19 世纪 90 年代初期，许多电站中已经装有 1000kW 的汽轮发电机组。此后，三相同步发电机的结构逐渐划分为高速和低速两类，高速的以汽轮发电机为代表，低速的以水轮发电机为代表。同时，由于比较明显的理由，几乎所有的制造厂都采用了磁极旋转、电枢绕组嵌放在定子铁心槽内的结构。随着电力系统的逐渐扩大，频率也趋于标准化，欧洲以 50Hz 为标准工频，美国以

60Hz 为标准工频。

由于工业和运输方面的需要，19 世纪 90 年代还出现了由交流变换为直流的旋转变流机，以及交流换向器电机。

在电机理论方面，1893 年左右，开耐莱（Kenelly）和司坦麦茨（Steinmetz）开始用复数和相量来分析交流电路。1894 年，海兰特（Heyland）发表了“多相感应电动机和变压器性能的图解确定法”的论文，是为感应电机理论中的第一篇经典论文。同年，弗拉利斯已经采用把脉振磁场分解为两个大小相等、转向相反的旋转磁场的方法，来分析单相感应电动机，这种方法以后被称为双旋转磁场理论。1894 年前后，波梯（Potier）又建立了交轴磁场理论。1899 年，在研究凸极同步电动机的电枢反应时，勃朗台尔（Blondel）提出了双反应理论，此理论后来成为研究所有凸极电机的基础。

总的讲来，到 19 世纪结束时，各种交、直流电机的基本类型及其基本理论和设计方法，大体上都已建立起来。

3. 电机理论、设计和制造工艺逐步达到完善化的时期

20 世纪是电机发展史中的一个新时期。这个时期的特点是：由于工业的发展，对电机提出了各种新的和更高的要求。另外，由于自动化技术的需要，出现了一系列控制电机。在这个时期内，由于对电机内部所发生的电磁、发热和其他过程进行了深入的研究，加上材料的改进，使得交、直流电机的单机容量和材料利用得到很大的提高，电机的性能也有显著改进。

就材料利用来说，以德国 AEG 厂出品的三相笼型 3.7kW、1500r/min 的感应电动机为例，1889 年该机重 155kg，1901 年减少到 108kg，1930 年进一步降低到 42kg，外形尺寸也显著减小。就单机容量来说，20 世纪初，水轮发电机的最大单机容量不超过 1000kW，而现在则已达到 700MW；汽轮发电机的单机容量开始时不超过 5000kW，1930 年提高到 100MW，40 年代和 50 年代以后，由于采用了氢冷、氢内冷、油冷和水冷等冷却方法，单机容量进一步提高。目前汽轮发电机的单机容量已超过 1000MW。

在电机理论方面，1918 年，福提斯古（Fortescue）提出了求解三相不对称问题的一般方法——对称分量法，使不对称运行时交流电机内部的物理情况得以弄清，并使同步电机和感应电机的分析方法初步得到统一。1926 ~ 1930 年，道赫提（Doherty）和聂克尔（Nickle）两人在发展勃朗台尔双反应理论的基础上，先后发表了五篇经典论文，在仔细地分析了气隙比磁导和同步电机内部的磁场分布以后，导出了凸极同步电机的稳态电压方程和相量图，直轴和交轴同步电抗，稳态和瞬态时同步电机的功角特性，以及三相和单相突然短路时的短路电流；初步建立起同步电机稳态和瞬态分析的理论和计算方法。同一时期，许多学者（Wiesmann，Alger，Park，Kilgore）又研究并提出了电枢漏抗、同步电抗和直轴瞬态电抗的计算公式和测定方法，为同步电机稳态和瞬态参数的计算确立了基础。1929 年，派克（Park）发表了“同步电机的双反应理论（Ⅰ）— 通用分析方法”的经典论文，提出 dq0 变换和瞬态运行时同步电机的电压方程（即派克方程），以及运算电抗的概念等一系列理论和思想。以后又经过一批学者（Crary，Concordia，Rankin，Stanley，Lyon，Clarke，萨本栋，顾毓琇等）的多年努力，使坐标变换和交流电机的瞬态分析理论得以建立。

为了进一步找出分析各种电机的统一方法，经过对各类电机的综合考察，1935 ~ 1938

年，克朗（Kron）提出了原型电机的概念，并且利用张量分析来研究旋转电机。这种方法的特点是，一旦列出原型电机的运动方程，通过特定的转换张量，就可以求出其他各种电机的运动方程。线圈的连接，电刷或集电环的引入，对称分量和其他各种分量的应用等等，都相当于一定的坐标变换。运动方程一旦建立，根据一定的步骤，即可画出电机的等效电路，并进一步得到电机的各种性能。Kron的工作，不但揭示了各种电机和各种分析方法之间的相互联系，从而使电机理论逐步趋于统一，而且还为许多复杂问题的求解提供了途径，所以它是电机理论的一个重大发展。

在1920～1940年间，还有许多学者（Dreyfus，Punga，Fritz，Möller，Heller）对双笼和深槽电机的理论和计算方法，谐波磁场所产生的寄生转矩及其削弱，感应电机的噪声等问题进行了一系列的研究，使感应电机的运行性能得到明显提高。

20世纪40年代前后，由于第二次世界大战的影响，自动控制技术得到很大的发展，此时出现了一系列新的控制电机，例如电机放大机，交流测速发电机，旋转变压器等。同时，自整角机和伺服电动机的性能也有很大的提高。同一时期，小型分马力电机的理论也有较大的发展。

1954年，柯伐煦（Kovács）提出了空间矢量法，并导出了在转速为ω_k的旋转坐标系中，感应电机的空间矢量电压方程，为后来感应电机速度和转矩的矢量控制打下了理论基础。1957～1969年，卡佐夫斯基（Казовский）发表了一系列论文，提出用频率法来分析和求解交流电机的各种瞬态过程和非正常运行情况，为交流电机的瞬态分析作出了新的贡献。但是在计算机引入以前，对于转速为变化的交流电机动态问题，除极少数借助于微分分析器和动态模型机组而得到解答之外，其余则无法求出解答。

1965年以后，计算机逐步被引入到电机工程的各个领域，先是模拟计算机，然后是数字计算机。由于数字计算机的快速发展和各种数值方法和软件包的应用，各种电机内的磁场分布，参数的不饱和值及饱和值，以及电机内三维温度场的分布等等，都可以用计算机得到其数值解。由于状态方程和数值解法的引入，动态运行时交流电机的非线性运动方程也可以用计算机顺利解出，从而使电机的各种动态问题的计算、分析得以实现。这是电机分析中的又一次突破。

电枢开槽、线圈置于槽内以后，由于导体所处位置的磁场明显减弱，线圈内的感应电动势和作用在转子上的电磁转矩是否会相应减小？实践表明，开槽以后感应电动势和电磁转矩并未发生变化，但是理论上应当如何解释，此问题曾经长期困扰着电机工程的研究人员。从1896年一直到1960年，经过许多学者对产生电动势和电磁转矩的机理进行认真分析、推导和实验研究以后，此问题最终得到解决。接下来是电机内部机电能量转换的机理问题。就交流电动机而言，电能是如何从定子输入并转变成气隙磁场的磁能；气隙磁能又在什么条件下变换为转子的机械能，并输出给负载？从1950年开始，国内外许多学者对此问题进行了一系列的研究。到目前为止，此问题可认为已经弄清。

在电机的理论体系方面，除了传统的电机学体系之外，从1959年起，以怀特（White）和伍德逊（Woodson）为首，逐步建立起一种机电能量转换的新体系。这种体系的特点是：把旋转电机作为机电装置的一种，从电磁场理论出发导出其参数，从汉密尔顿原理和拉格朗日方程出发建立其运动方程，用统一的方法来研究各种电机的电动势、电磁转矩和能量转换的条件和机制，用统一的方法（动态电路法，坐标变换，框图和传递函数，状态方程等）来分析各种电机的稳态和动态性能，以及电机和系统的联系。这种体系的优点是，理论和数学推导更加严密；缺点是物理概念不够清晰，使初学者较难掌握。

20世纪70年代以后，由于大电流晶闸管的发展，出现了便于控制、体积小、噪声小的大容量直流电源，从而使直流电动机的良好调速性能得以进一步发挥。使用由电力电子器件所构成的变频器作为交流电动机的调频电源，可使感应电动机和同步电动机得到平滑、宽广的调速，并具有较高的效率，从而改进了交流电动机的调速性能。1971年，勃拉舒克(Blaschke)和海斯（Hasse）模仿直流电机转矩的控制规律，利用坐标变换理论，将交流电机的磁场解耦，提出交流电机的"矢量变换控制"，加上电力电子技术的发展，使交流电动机的速度和转矩控制技术发生了一次飞跃。

80年代以后，由于永磁材料、电力电子和自动控制技术的发展，使永磁无刷电机和开关磁阻电机等新型电机得到较快的发展。

90年代以后，一种场路结合的有限元—状态空间耦合时步法得到应用。此法先用求解三维非线性恒定磁场的有限元法，求得定、转电流和转子位置为某一组设定值时电机的饱和参数；再用此参数代入状态方程，用数值法解出动态过程中某一步长时，定、转子电流和转子位置的即时值；再用修正的电流和位置值重新计算参数；经过多次迭代，可得该步长时的参数、电流和转子位置的确认值。然后一个步长、一个步长地往前计算，最后得到整个动态过程中的电流、转速、转矩和功角等。由于此法既考虑了参数的饱和值，又避免用时步法直接求解三维非线性瞬态场，一方面减少了计算难度和计算时间，又可得到较高的精度，从而使交流电机的动态计算又前进了一步。

理想的目标是，利用求解定、转子具有相对运动，计及铁心的非线性和磁滞、涡流损耗，以及定、转子端部磁场的瞬态非线性三维涡流场的时步法，来求解任意供电波形下交流电机的动态过程。随着计算机内存的扩展、CPU速度的不断提高和计算方法的不断改进，这一目标正在逐步实现中。

关于电机和电机理论的发展简史，就介绍到这里。研究电机的发展历史，有助于我们认识电机的发展规律及其进一步发展的途径。

0.3 我国电机工业发展概况

新中国成立前，我国的电机工业极端落后，全国只有少数几个城市有电机制造厂。这些厂规模小、设备差，生产能力低下、产品规格混乱，材料多依赖于进口。新中国成立前(1947年）全国的最高年产量，发电机为2万kW，电动机为5.1万kW，交流发电机的单机容量不超过200kW，交流电动机不超过230kW。1949年，全国的发电机装机容量仅为1850MW，年发电量约为43亿kW·h。

新中国成立以来，我国的电机制造工业得到快速发展，从仿制阶段到自行设计阶段一直到研究、创新阶段，经过60余年的努力，我国已经建立起自己的电机工业体系，有了统一的国家标准和统一的产品系列，建立了全国性的研究实验基地和研究、工程技术人员队伍。

在大型交、直流电机方面，已研制成功 2×5000kW 的直流电动机，4700kW 的直流发电机和 42MW 的同步电动机。在大型发电设备方面，已研制出 1000MW 的汽轮发电机，1150MW 的核电机组和 700MW 的水轮发电机。电力变压器的最大容量已达到 840MVA，电压最高为 750kV。

在中、小型和微型电机方面，已开发和制成一百多个系列、上千个品种、几千个规格的各种电机。在特殊电机方面，由于新的永磁材料的出现，制成了许多高效节能、维护简单的永磁电机。由于电机和电力电子装置、单片微型计算机相结合，出现了各种性能和形态迥异的“一体化电机”。

上述各种类型的电机，除满足我国生产和生活领域中的各种不同需求外，尚有部分电机出口。

0.4　电机的分析方法

下面介绍电机的分析步骤和常用的分析方法，以便读者研读时有一个整体的概念。

1. 电机的分析步骤

电机分析的步骤，大体上可以归纳为以下四步：

（1）电机内部物理情况的分析　首先是弄清电机的基本结构和主要部件的功能，再根据电机的磁路和电路，分析空载和负载时电机内部的磁场、绕组中的电动势和作用在转子上的电磁转矩，初步弄清这种电机的工作原理。这一步通常称为“建立物理模型”。

（2）导出电机的运动方程　运动方程是磁动势方程（或磁链方程）、电压方程和转矩方程的总称。导出运动方程就是把电机内部所发生的电磁过程、机电过程，利用电磁学和动力学的基本定律，用数学方程的形式将其表达出来，这是第二步。这一步也称为“建立数学模型”。对此下面还要作进一步的说明。

（3）求解运动方程　根据求解问题的性质（是稳态还是瞬态，对称还是不对称运行等等），确定运动方程的解法，求出解析解或数值解。

（4）结果分析　通过对解答的分析，确定电机的各种运行性能（特性）和主要运行数据，如额定数据、过载能力、稳定性、效率、电压变化率或速度变化率等，以满足解决日常工程问题的需要。

2. 运动方程的导出方法

在建立运动方程时，常常要作出一些简化的假定，以忽略一些次要因素，并在保证精度的前提下，使数学模型得以适当简化，运动方程得以顺利建立。这是工程上经常采取的措施。

导出运动方程的方法主要有三种：

（1）主磁通－漏磁通法　此法是把电机内的磁通按其作用和分布，分成主磁通和漏磁通，然后用电磁感应定律和基尔霍夫定律列出各个绕组的电压方程，用电磁力定律和牛顿第二定律列出转子的转矩方程。此法广泛应用于各种交、直流电机的稳态分析，优点是物理概念清楚，推导比较简单、直观；缺点是此法不能直接用于瞬态和动态分析。

（2）动态电路法　此法是把电机作为一组动态电路来对待，把定、转子之间的电磁关系用一组时变的自感和互感系数来表达，即 $L=L(\theta)$，$M=M(\theta)$，θ 为转子的转角，$\theta=p\Omega t+\theta_0$，$\Omega$ 为转子的机械角速度，p 为极对数。由此导出的电压方程是含有时变系数的微分方程，转矩方程则是非线性方程。此法的优点是适用范围较广，既可用于分析稳态问题，也可用以分析瞬态和动态问题；缺点是推导过程比较复杂，物理概念不易立即看清。

（3）变分法　此法的基础是汉密尔顿原理。设机电系统的总动能（包括机械系统的动能和电磁系统的磁场储能）为 T，总势能（包括机械系统的势能和电磁系统的电场储能）为 V，系统的拉格朗日状态函数 $L=T-V$，I 为 L 的积分，

$$I = \int_{t_1}^{t_2} L\mathrm{d}t$$

然后求 I 的极值（即使 I 的变分 $\delta I=0$），得到拉格朗日方程，此方程即为不计损耗和外力时系统的运动方程。再计及损耗和外部的非保守力，即可得到实际的运动方程。这种方法称为变分法。变分法的优点是，可以自动导出运动方程中的机电耦合项（即感应电动势和电磁转矩），并且处理问题的步骤比较统一，因此适用于解决较为复杂的机电系统问题；缺点是物理概念不直观，不易洞察系统的内在关系。

最后，对于连续介质中的机电能量转换问题，需要从麦克斯韦方程和洛伦兹力出发，来建立其运动方程。

3. 导出和求解运动方程的常用理论和方法

为了导出和求解电机的运动方程，常常用到以下一些理论和方法。

（1）叠加原理　不计铁心的磁饱和（即认为磁路为线性）时，可以依次单独分析电机内的主极磁场和电枢磁场，然后应用叠加原理，得到气隙和磁路内的合成磁场以及相应的感应电动势。

对于在时间上具有周期性变化的电动势，或者空间内具有周期性分布的磁动势，可以利用谐波分析法，将其分解成基波和各次谐波，再用叠加原理将各自的效果叠加起来。

（2）归算法　在变压器和感应电机中，由于一次和二次绕组（定子和转子绕组）的匝数不等、相数不等和频率不同所引起的分析上的困难，常常用归算的办法来解决。归算实质上是一种坐标变换。

（3）等效电路　用以反映电机内部主磁场和漏磁场的效果，以及各种电磁关系、机电关系的电路，称为等效电路。等效电路建立以后，各种工况和运行特性的计算就可以转化为电路问题的计算，十分方便。

（4）相量图　交流电机稳态运行时，电机内的电压和电流都是正弦量，因此可用相量来表示和运算；于是电压方程和磁动势方程都可以写成相量形式，并用相应的相量图来表示，使有关相量的相位关系和组成更为明显和直观。

（5）双反应理论　对于定子或转子中有一边为凸极的情况（例如直流电机，凸极同步电机），由于气隙不均匀，在分析电枢反应的作用时，需要将其分解成直轴和交轴两个分量，并采用不同的比磁导 λ_d 和 λ_q 来分别进行处理，这种理论称为双反应理论。

（6）对称分量法　在分析交流电机的不对称运行时，可以把三相（或两相）的不对称电压和电流分解成正序、负序和零序三组（两相时为两组）电压和电流，把一个不对称运行问题分解为三个（两个）对称问题来分析和计算，然后把三组（两组）结果叠加起来，得到各相内总的电流和电压，这种方法称为对称分量法。

（7）双旋转磁场理论　在研究单相交流电机时，常常把单相绕组所产生的脉振磁动势分解成两个大小相等、转向相反的旋转磁动势，然后分别求出转子绕组对正向和反向旋转磁场的反应，再将两者的结果叠加起来，这种方法称为双旋转磁场理论。

（8）坐标变换　坐标变换就是把定、转子绕组的电压方程组中原先的一组变量（电压和电流），用一组新的变量去替换，使电压方程组简化，求解和计算简化。常用的变换有 dq0 变换，$\alpha\beta 0$ 变换和 120 变换。坐标变换在交流电机的瞬态分析中得到广泛的应用。

另外，为了简明起见，不少作者引入矩阵来表达坐标变换和运动方程的变换规律，并以三相（或多相）的合成磁动势或总功率，作为变换的不变量。

0.5　本课程的任务

本课程是一门专业基础课。通过本课程的学习，可以得知电机的基本理论、基本知识和基本技能，为学习专业课做好准备，为今后从事有关的专业工作打下基础。

学习本课程后，应达到下列基本要求：

（1）对磁路的计算方法及交流铁心线圈的性能有基本的了解。

（2）对变压器和三种主要电机（直流电机、感应电机和同步电机）的基本结构有一定认识。掌握直流单叠、单波绕组和交流三相单层、双层整数槽绕组的连接规律。

（3）对三种主要电机中定、转子的磁动势和气隙磁场的性质以及时间、空间关系，要有深入的了解。

（4）要牢固掌握变压器和各种电机的工作原理，正常稳态运行时的磁场分布、分析方法和所用理论，以及稳态运行时的性能。能正确地建立电压方程和转矩方程，弄清电机中的转换功率、电磁功率及其与电磁转矩的关系。对稳态运行时电机的参数，要有清晰的物理概念。能熟练地运用等效电路和复数来计算变压器和交流电机的性能。

（5）对电机中的能量关系、机电能量转换过程，以及能量转换和得到恒定电磁转矩的条件，有基本的了解。

（6）对三相感应电动机的不对称运行和单相感应电动机的分析方法、等效电路和运行特点，有基本的了解。

（7）对同步电机的不对称运行和三相突然短路时的分析方法和相应的参数，有基本的了解。

（8）对单相串激电机、永磁电机、开关磁阻电机和其他特种电机以及控制电机的原理，有基本的了解。

（9）了解电机的有关工程性问题，例如发热和冷却，励磁系统，各种电机的应用范围，电机的额定值，电机的主要性能数据（效率、过载能力、起动性能数据、主要参数和温升）的范围等。

（10）通过实验，掌握电机的基本实验方法和操作技能，如电动机的起动和调速，发电机的建压和调频、调压，发电机和电动机额定点的调节和额定励磁电流的确定，运行性能、损耗、稳态参数的求取和测定方法等。能对实验结果进行分析和评定，并初步具有检查电机故障的能力。

总之，要通过认真学习、解算习题和实验课的训练，逐步使学到的知识融会贯通，并初步具有分析、解决实际问题的能力。

0.6　课程特点和学习方法建议

本课程既有较强的理论性，又有一定的工程性，研究时以各个机种（变压器，直流电机，感应电机，同步电机，控制电机）为对象，这与以前的基础课是不同的。另外，分析各种电机的原理和运行时，不但涉及电压、电流随时间的变化，还要涉及磁动势和磁场在空间的分布和变化；不但涉及定、转子绕组间的电磁耦合关系和机电关系，还要涉及转子与原动机（或机械负载）之间的动力学关系。总之涉及面较广，综合性较强。因此学习本课程时要注意以下几点：

（1）首先要弄清各种电机的基本结构（包括铁心、绕组、换向器、集电环等结构），主要部件的作用和构成。为此，需要到电机实验室（展览室）或电机厂实地参观，对实物建立初步印象。对于直流电枢绕组，进行一次习题课或集体答疑是有益的。

（2）在分析电机和变压器的空载和负载运行时，要注意主磁场、电枢（二次绕组）磁场和漏磁场在电机内是如何分布的，合成磁场是如何形成的，各种磁通的作用是如何表达的，做到概念清楚；对磁场的分布，头脑中要有物理图画。

（3）注意推导基本公式（电动势公式，磁动势公式，电磁转矩公式）和基本方程时有哪些假定，使推导得以合理简化；推导时应用了哪些基本电磁定律和力学定律，哪些原理、理论和方法。重要的公式和方程要自己独立地推导一遍，并找出其中的关键点。总之，在基本理论、基本方法和基本概念上，要花大气力去钻研。

（4）注意建立等效电路时要经过哪几步，每一步的意义和必要性。

（5）学习交流绕组的磁动势时，一方面要注意其空间分布，另一方面要注意其随时间而变化的规律；要注意单相和三相绕组磁动势的合成和分解，并在头脑中形成物理图画。适当的多媒体辅助教学，对理解这部分内容有一定帮助。

（6）弄清发电机和电动机的各种特性及其用途，这些特性各是哪些变量之间的函数关系，它们是在什么条件下导出的，各有什么特点。

（7）科学实验是研究电机的一种基本方法，所以要重视实验。实验要 2 ~ 3 人一组，自己动手去做，并在理论联系实际的基础上，认真写出实验报告。

（8）要经过听课、课后复习、做习题，做实验、写实验报告、再复习，从理论到实践、再从实践到理论的多次反复，逐步掌握本课程的内容，并使学到的知识逐步巩固起来。

（9）在使用本书的同时，如果条件允许，应选择 1 ~ 2 本国内、外其他优秀的电机学教材作为参考书来研读。这样做一方面可以加深对电机基本理论的理解和掌握，同时可以扩大视野、并逐步培养起阅读参考书的能力。具备这种能力，对高年级大学生是很重要的。

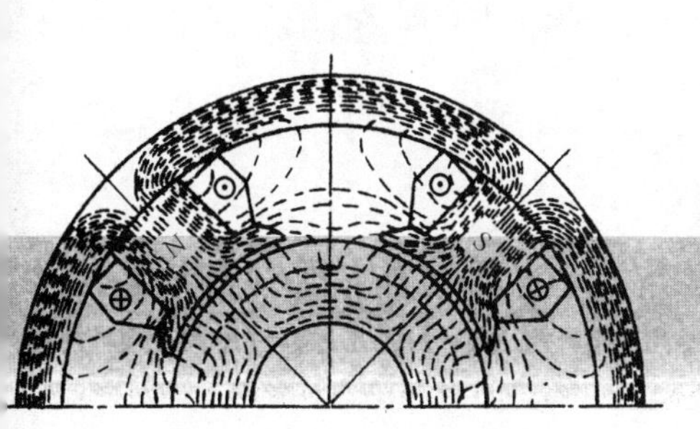

第1章 磁路

电机是一种机电能量转换装置，变压器是一种电能传递装置，它们的工作原理都以电磁感应定律为基础，且以磁场作为其耦合场。磁场的强弱和分布，不仅关系到电机的性能，并且还将决定电机的体积和重量。所以磁场的分析和计算，对于研究电机是十分重要的。

由于铁磁材料的磁导率要比空气大得多($\mu_{Fe} \approx 2000\mu_0 \sim 8000\mu_0$)，所以电机和变压器通常采用铁磁材料来加强磁场，并同时对磁场导向，使大部分磁通被约束在规定的区域和特定的路径内。考虑到工作频率很低，铁心内部磁场的集肤效应不太明显，于是电机内的许多二维和三维电磁场问题，可以简化成一维的磁路问题来计算和分析。从工程观点来说，其准确度大多能够满足要求。

本章先说明磁路的基本定律，然后介绍常用铁磁材料及其性能，最后说明磁路的计算方法。

1.1 磁路的基本定律

1. 磁路的概念

磁通所通过的路径称为磁路。图1-1表示两种常见的磁路，其中图a为变压器的磁路，图b为四极直流电机的磁路。

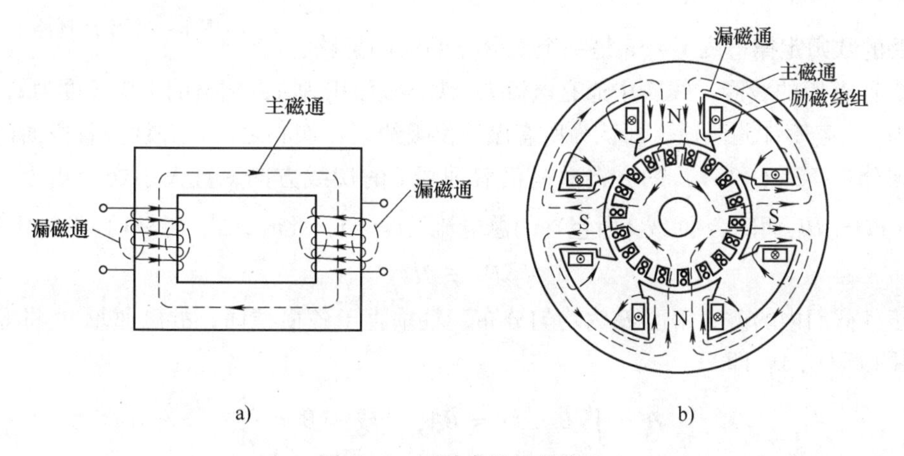

图1-1 两种常见的磁路

a）变压器的磁路 b）四极直流电机的磁路

在电机和变压器中，常把线圈套装在铁心上。当线圈内通有电流时，在线圈周围的空间（包括铁心内、外）就会形成磁场。由于铁心的磁导率要比空气大得多 [$\mu_{Fe}\approx(2000\sim8000)\mu_0$]，所以载流线圈所产生的绝大部分磁通将在铁心内通过，这部分磁通称为主磁通。围绕载流线圈和部分铁心周围的空间，还存在少量分散的磁通，这部分磁通称为漏磁通。主磁通和漏磁通所通过的路径分别称为主磁路和漏磁路，图1-1表示这两种磁通和相应磁路的示意图。

产生磁通的载流线圈称为励磁线圈（或励磁绕组），励磁线圈中的电流称为励磁电流。若励磁电流为直流，磁路中的磁通为恒定，不随时间而变化，这种磁路就称为直流磁路，直流电机的磁路就属于这一类。若励磁电流为交流（为把交、直流激励区分开，对于交流情况，以后称为激磁电流），磁路中的磁通随时间交变变化，这种磁路就称为交流磁路，交流铁心线圈、变压器和感应电机的磁路都属于这一类。

2. 磁路的基本定律

分析和计算磁场时，常常要用到两条基本定律，一条是安培环路定律，另一条是磁通连续性定律。把这两条定律应用到磁路，可得磁路的欧姆定律和磁路的基尔霍夫第一和第二定律，下面对这些定律作一说明。

安培环路定律 沿着任何一条闭合回线L，磁场强度$\boldsymbol{H}$的线积分值$\oint_L \boldsymbol{H}\cdot d\boldsymbol{l}$就等于该闭

合回线所包围的总电流值 Σi（代数和），这就是安培环路定律。用公式表示时，有

$$\oint_L \boldsymbol{H}\cdot \mathrm{d}\boldsymbol{l} = \Sigma i \tag{1-1}$$

式中，若电流的正方向与闭合回线 L 的环行方向符合右手螺旋关系，i 取正号，否则取负号。例如在图 1－2 中，i_2 的正方向向上，取正号；i_1 和 i_3 的正方向向下，取负号；故有 $\oint_L \boldsymbol{H}\cdot \mathrm{d}\boldsymbol{l} = -i_1 + i_2 - i_3$。

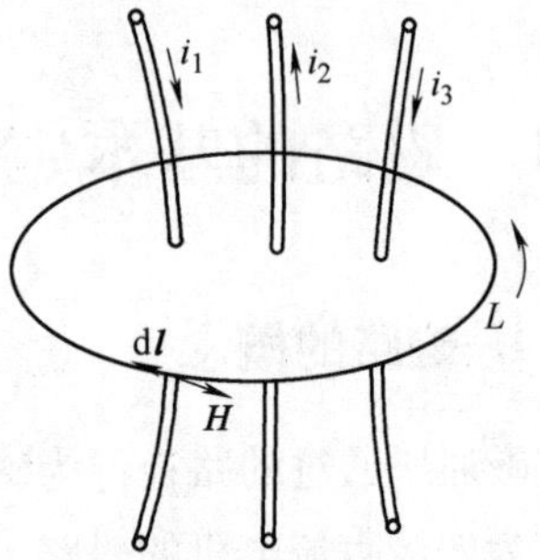

图 1－2　安培环路定律

磁路的欧姆定律　图 1－3a 是一个无分支的铁心磁路，铁心上绕有 N 匝的线圈，线圈中通有电流 i，铁心截面积为 A，磁路的平均长度为 l，铁心的磁导率为 μ。若不计漏磁通，即认为所有磁通都被约束在铁心之内，并认为各截面内的磁场都是均匀分布，$\boldsymbol{B}$（和 $\boldsymbol{H}$）的方向总是沿着回线 l 的切线方向、且大小处处相等，此时就有 $\oint_L \boldsymbol{H}\cdot \mathrm{d}\boldsymbol{l} = Hl$，而闭合回线 l 所包含的总电流 $\Sigma i = Ni$，此时，式（1－1）将简化为

$$Ni = Hl \tag{1-2}$$

由于各截面内的磁通密度 $\boldsymbol{B}$ 为均匀分布，且垂直于各横截面，故磁通量 Φ 将等于磁通密度 B 乘以面积 A，即

$$\Phi = \int_A \boldsymbol{B}\cdot \mathrm{d}\boldsymbol{a} = BA, \quad 或 \quad B = \frac{\Phi}{A} \tag{1-3}$$

再考虑到磁通密度 $\boldsymbol{B}$ 等于磁场强度 $\boldsymbol{H}$ 乘以 μ，即

$$\boldsymbol{B} = \mu \boldsymbol{H} \quad 或 \quad \boldsymbol{H} = \frac{\boldsymbol{B}}{\mu} \tag{1-4}$$

于是式（1－2）可改写成

$$Ni = \frac{B}{\mu} l = \Phi \frac{l}{\mu A} \tag{1-5}$$

或

$$F = \Phi R_{\mathrm{m}} \tag{1-6}$$

式中，$F = Ni$ 为作用在铁心磁路上的安匝数，称为磁路的磁动势，单位为 A；磁动势的方向与线圈电流方向之间符合右手螺旋关系（在图 1－3a 中，磁动势的方向为自下往上）；磁通量 Φ 的单位为 Wb；R_{m} 称为磁阻，$R_{\mathrm{m}} = \dfrac{l}{\mu A}$，单位为 A/Wb。磁阻的倒数称为磁导，用 Λ_{m} 表示，$\Lambda_{\mathrm{m}} = \dfrac{1}{R_{\mathrm{m}}}$，单位为 Wb/A 或 H（亨）。

式（1－6）表示，作用在磁路上的磁动势 F 等于磁路内的磁通量 Φ 乘以磁阻 R_{m}，此关系与电路中欧姆定律的形式十分相似，因此也称为磁路的欧姆定律。这里，我们把磁动势 F 比拟为电路中的电动势 E，磁通量 Φ 比拟为电流 I，磁

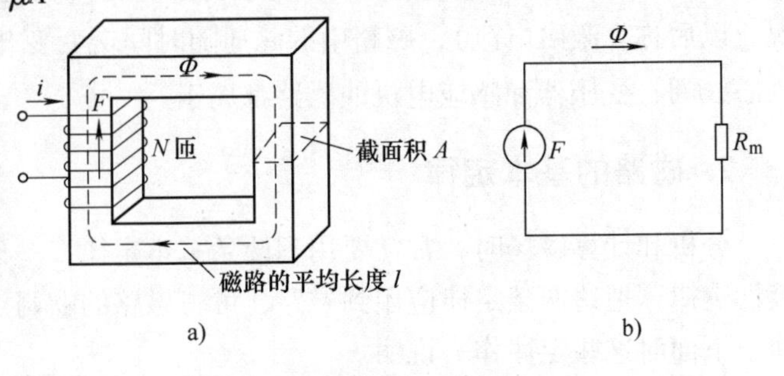

图 1－3　无分支铁心磁路
a）无分支铁心磁路　b）等效磁路图

阻 R_m 比拟为电阻 R。图1-3b为与图1-3a相应的等效磁路图。

从磁阻 R_m 的表达式可见，R_m 与磁路的平均长度 l 成正比，与磁路的截面积 A 及所用材料的磁导率 μ 成反比，此式与导体的电阻公式相类似。需要注意的是，铁磁材料的磁导率 μ 不是一个常值，所以由铁磁材料构成的磁路，其磁阻不是常值，而是随着磁路中磁通密度的大小而变化。因此磁路中的磁通量 Φ 不是随着磁动势 F 的增大而正比增大，或者说 Φ 与 F 之间不是线性关系，这种情况称为磁路是非线性的。

磁路的欧姆定律是由安培环路定律导出，它对于建立磁路和磁阻的概念很有用。但是，由于铁心磁路是非线性的，所以实际计算时，多数情形下都是利用安培环路定律来计算磁路。

【例1-1】 有一闭合铁心磁路，铁心的截面积 $A=9\times10^{-4}\text{m}^2$，磁路的平均长度 $l=0.3\text{m}$，铁心的磁导率 $\mu_{\text{Fe}}=5000\mu_0$（$\mu_0$ 为真空的磁导率，$\mu_0=4\pi\times10^{-7}\text{H/m}$），套装在铁心上的励磁绕组为500匝，不计漏磁。试求在铁心中产生1T的磁通密度时，所需的励磁磁动势和励磁电流。

解 用安培环路定律来求解。

铁心内的磁场强度 $H=\dfrac{B}{\mu_{\text{Fe}}}=\dfrac{1}{5000\times4\pi\times10^{-7}}\text{A/m}=159\text{A/m}$

所需磁动势 $F=Hl=159\times0.3\text{A}=47.7\text{A}$

故励磁电流为 $i=\dfrac{F}{N}=\dfrac{47.7}{500}\text{A}=9.54\times10^{-2}\text{A}$

磁通连续性定律 穿出（或进入）任一闭合曲面的总磁通量恒等于零（或者说，进入任一闭合曲面的磁通量恒等于穿出该闭合曲面的磁通量），这就是磁通连续性定律，其数学表达式为

$$\oint_A \boldsymbol{B}\cdot\mathrm{d}\boldsymbol{a}=0 \tag{1-7}$$

式中，$\mathrm{d}\boldsymbol{a}$ 的方向规定为闭合曲面的外法线方向。

磁路的基尔霍夫第一定律 如果铁心磁路不是一个简单回路，而是带有并联分支的分支磁路，如图1-4所示，则中间铁心柱上加有磁动势 F 时，磁通的路径将如图中虚线所示。如令穿出闭合面 A 的磁通为正，进入闭合面的磁通为负，根据磁通连续性定律，就有

$$-\Phi_1+\Phi_2+\Phi_3=0$$

或

$$\Sigma\Phi=0 \tag{1-8}$$

比拟于电路中的基尔霍夫第一定律 $\Sigma i=0$，该定律也称为磁路的基尔霍夫第一定律。

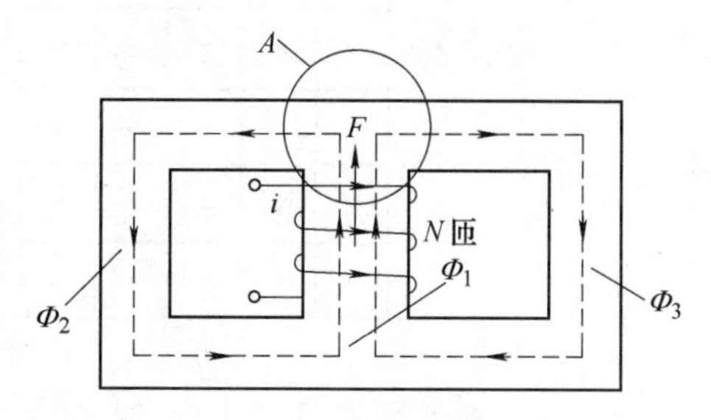

图1-4 磁路的基尔霍夫第一定律

磁路的基尔霍夫第二定律 电机和变压器的磁路通常由数段不同截面、不同铁磁材料的铁心组成，磁路中还可能含有气隙。磁路计算时，总是把整个磁路分成若干段，每段为同一材料、且具有相同的截面积，从而段内磁通密度处处相等、

磁场强度也处处相等，然后用安培环路定律算出每段磁路中所需的磁动势，最后求得整个闭合磁路所需的总磁动势。例如，图 1 -5 所示磁路由三段组成，其中 1 和 2 为截面不同（分别为 A_1 和 A_2）的两段铁磁材料，第三段为气隙。若铁心上所加的励磁磁动势为 Ni，根据安培环路定律（磁路的欧姆定律）可得

$$Ni = \sum_{k=1}^{3} H_k l_k = H_1 l_1 + H_2 l_2 + H_\delta \delta = \Phi_1 R_{m1} + \Phi_2 R_{m2} + \Phi_\delta R_{m\delta} \tag{1-9}$$

式中，l_1 和 l_2 分别为 1、2 两段铁心的平均长度；l_3 为气隙长度，$l_3 = \delta$；H_1、H_2 分别为 1、2 两段铁心内的磁场强度；H_3 为气隙内的磁场强度，$H_3 = H_\delta$；Φ_1 和 Φ_2 为 1、2 两段铁心内的磁通；Φ_δ 为气隙内的磁通；R_{m1}、R_{m2} 为 1、2 两段铁心磁路的磁阻；$R_{m\delta}$ 为气隙的磁阻。

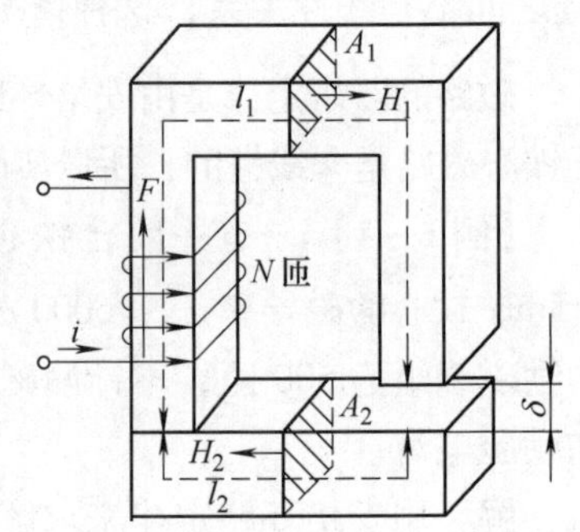

图 1 -5 磁路的基尔霍夫第二定律

由于 H_k 是第 k 段磁路单位长度上的磁位降，$H_k l_k$ 是第 k 段磁路上的磁位降，Ni 则是作用在整个磁路上的总磁动势，故式(1 -9)表示：作用在任何闭合磁路上的总磁动势，恒等于各段磁路中磁位降的代数和。类比于电路中的基尔霍夫第二定律，该定律就称为磁路的基尔霍夫第二定律。不难看出，此定律实际上是安培环路定律的另一种表达形式。

需要指出，磁路和电路的比拟仅是一种数学形式上的类比，而不是物理本质的相似。

1.2 常用的铁磁材料及其特性

为使在一定的励磁磁动势作用下能产生较强的磁场，电机和变压器的铁心常用磁导率较高的铁磁材料制成。下面对常用的铁磁材料及其特性作一说明。

1. 铁磁材料的磁化

铁磁材料包括铁、镍、钴以及它们的合金。将铁磁材料放入磁场后，材料内的磁场会显著增强。铁磁材料在外磁场中呈现很强的磁性，此现象称为铁磁材料的磁化。铁磁材料能被磁化，是因为在它内部存在着许多很小的被称为磁畴的天然磁化区，每一个磁畴可以看作为一个微形磁铁。在图 1 -6 中，磁畴用一些具有一定指向的箭头来表示。铁磁材料未放入磁

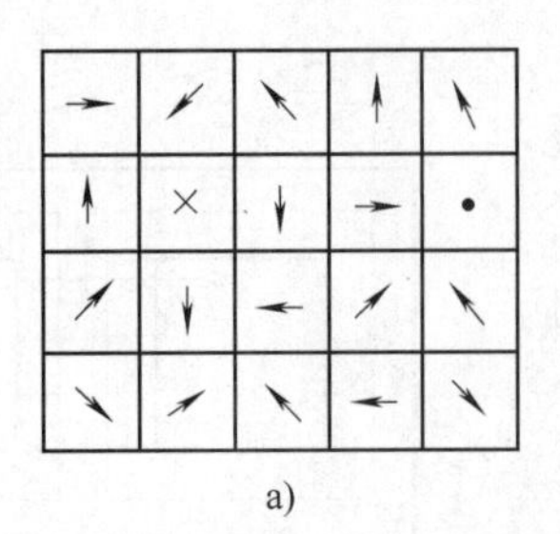
a)

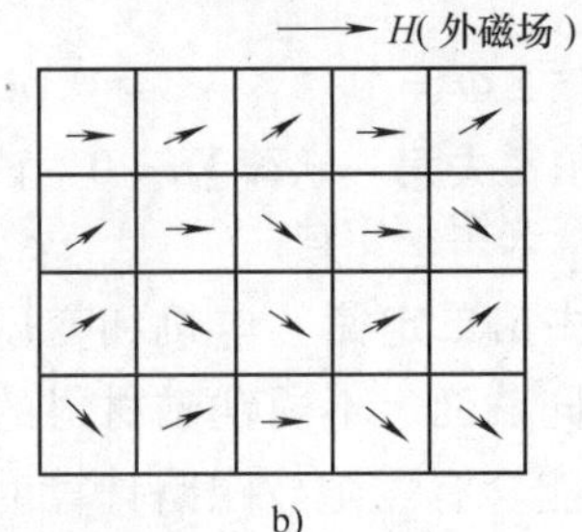

b)

图 1 -6 磁畴示意图
a）未磁化时 b）磁化后

场之前，这些磁畴随机、杂乱地排列着，其磁效应互相抵消，对外部不呈现磁性（见图1-6a）。一旦将铁磁材料放入磁场内，在外磁场的作用下，磁畴的指向将逐步趋于一致（见图1-6b），由此形成一个附加磁场叠加在外磁场上，使合成磁场大为增强。由于磁畴所产生的附加磁场要比非铁磁材料在同一磁场强度下所激励的磁场强得多，所以铁磁材料的磁导率μ_{Fe}要比非铁磁材料大得多。非铁磁材料的磁导率接近于真空的磁导率μ_0，电机中常用的铁磁材料，其磁导率$\mu_{Fe}=(2000\sim8000)\mu_0$。

磁化是铁磁材料的特性之一。

2. 磁化曲线和磁滞回线

初始磁化曲线　在非铁磁材料中，磁通密度B和磁场强度H之间呈直线关系，直线的斜率就等于μ_0。铁磁材料的B与H之间则是曲线关系。将一块尚未磁化的铁磁材料进行磁化，当磁场强度H由零逐渐增大时，磁通密度B将随之增大，曲线$B=f(H)$就称为初始磁化曲线，如图1-7所示。

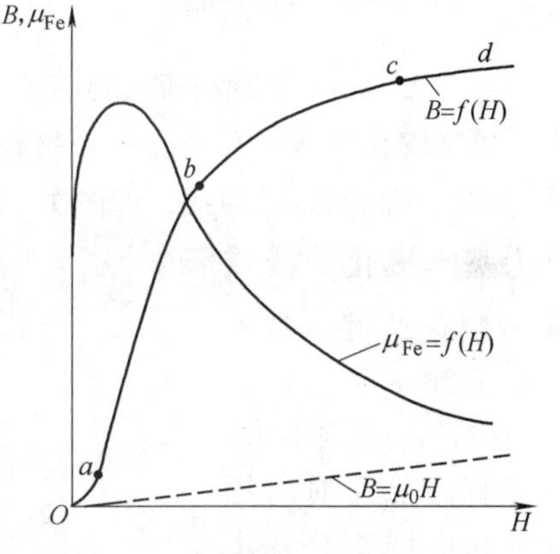

图1-7　铁磁材料的初始磁化曲线$B=f(H)$和磁导率$\mu_{Fe}=f(H)$

初始磁化曲线大体上可分为四段：开始磁化时，外磁场较弱，磁通密度增加得较慢，如图1-7中Oa段所示。随着外磁场的增强，材料内部大量磁畴开始转向，趋向于外磁场方向，此时B值增加得很快，如ab段所示。ab段的磁化曲线接近于直线。若外磁场继续增加，大部分磁畴已趋向于外磁场方向，可转向的磁畴越来越少，于是B值增加得越来越慢，如bc段所示，这种现象称为饱和。饱和以后，磁化曲线基本上将成为与非铁磁材料的$B=\mu_0H$特性相平行的直线，如cd段所示。磁化曲线开始拐弯的点（如图1-7中的b点），称为膝点。

由于铁磁材料的磁化曲线不是一条直线，所以磁导率$\mu_{Fe}=B/H$将随H值的变化而变化，图1-7中同时示出了曲线$\mu_{Fe}=f(H)$。从图1-7可见，Oa段的磁导率较低，直线段ab的磁导率较高，铁心饱和以后，磁导率又重新下降。

设计电机和变压器时，为使主磁路内得到较大的磁通量、而又不过分增大励磁磁动势，通常把铁心内的工作磁通密度选择在膝点附近。

磁滞回线　若将铁磁材料进行周期性交变磁化，B和H之间的关系就会变成如图1-8中曲线$abcdefa$所示形状。由图可见，当H开始从零增加到H_m时，B相应地从零沿Oa逐步增加到B_m，以后如逐渐减小磁场强度H，B值将沿曲线ab下降。当$H=0$时，B值并不等于零，而等于B_r；这种去掉外磁场之后，铁磁材料内仍然保留的磁通密度B_r，称为剩余磁通密度，简称剩磁。要使B值从B_r减小到零，必须加上一定的反向外磁场，此反向磁场强度称为矫顽力，用H_c表示。B_r和H_c是铁磁材料的两个重要参数。铁磁材料所具有的这种磁通密度B的变化滞后于磁场强度H的变化的现象，称为磁滞。呈现磁滞现象的整个$B-H$闭合回线，称为磁滞回线，如图1-8中的闭合曲线$abcdefa$所示。磁滞现象是铁磁材料的另一个特性。

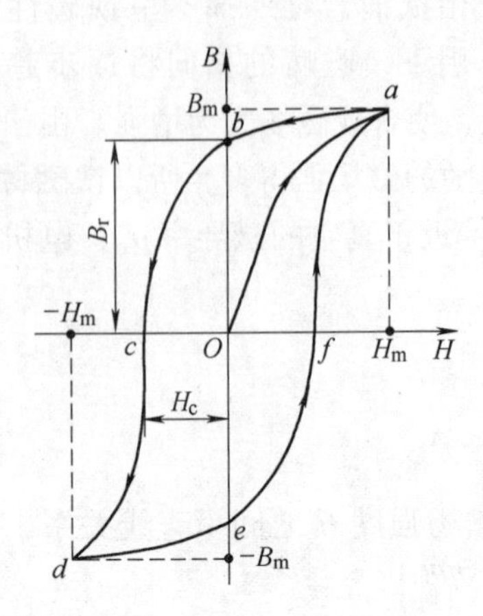

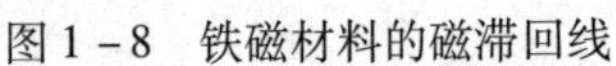
图 1－8 铁磁材料的磁滞回线

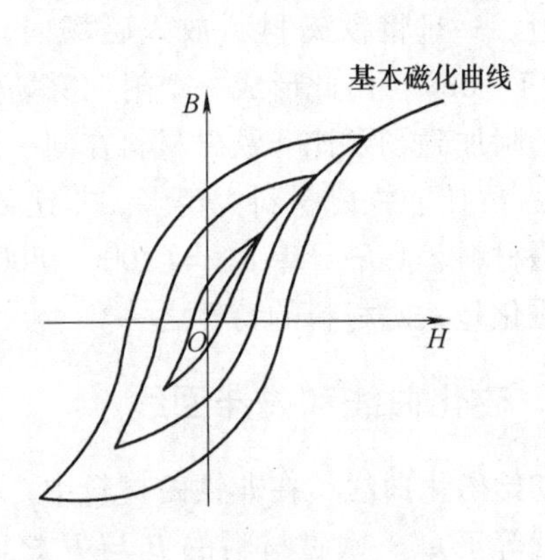

图 1－9 基本磁化曲线

基本磁化曲线 对同一铁磁材料，选择不同的最大磁场强度 H_m 进行反复磁化，可得一系列大小不同的磁滞回线，如图 1－9 所示。再将各磁滞回线的顶点连接起来，所得曲线就称为基本磁化曲线或平均磁化曲线。基本磁化曲线不是初始磁化曲线，但差别不大。计算直流磁路时所用的磁化曲线都是基本磁化曲线。图1－10表示电机中常用的硅钢片、铸铁和铸钢的基本磁化曲线。

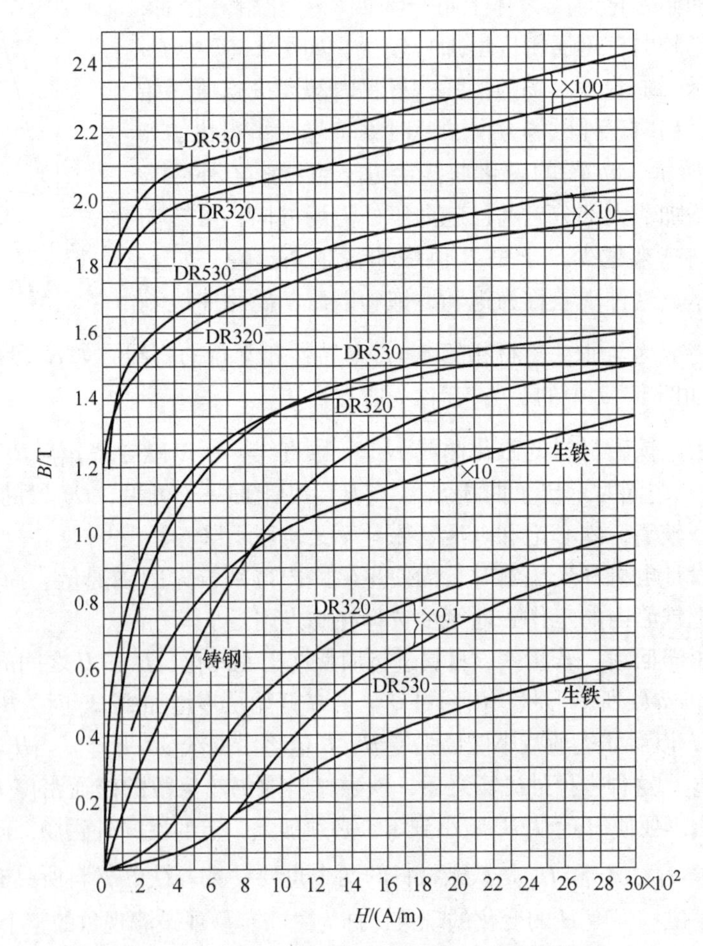

图 1－10 电机中常用铁磁材料的基本磁化曲线

（图中的 ×0.1、×10、×100 等分别表示把横坐标的读数乘 0.1、乘 10、乘 100）

3. 铁磁材料

按照磁滞回线形状的不同，铁磁材料可分为软磁材料和硬磁（永磁）材料两大类，现分述如下。

软磁材料 磁滞回线窄、剩磁 B_r 和矫顽力 H_c 都很小的材料，称为软磁材料，如图 1－11a 所示。常用的软磁材料有铸铁、铸钢和硅钢片等。软磁材料的磁导率较高，常用以制造电机和变压器的铁心。

电机和变压器中常用的电工硅钢片，其含硅量为0.5%～4.8%，含硅量愈高，铁心中的磁场交变时，铁耗就愈小。电工硅钢片分成热轧和冷轧两类。热轧硅钢片（型号为DR）的磁导率为各向同性，按含硅量的高、低，它又分成低硅钢片（含硅量为1%～2%）和高硅钢片（含硅量为3.5%～4.8%）。低硅钢片达到饱和时的磁通密度较高、力学性能较好，厚度一般为0.5mm，主要用于中、小型电机；高硅钢片的单位重量铁耗较低、磁导率较高，厚度一般为0.35mm，主要用于大型交流电机和电力变压器。

冷轧硅钢片分成含硅量为0.5%～3%的无取向硅钢片（型号为DW），和含硅量为2.5%～3.5%的单取向硅钢片（型号为DQ）。前者为各向同性，可用于中、大型电机和电力变压器的铁心；后者虽然具有更加优越的磁性能，但因铁心中的磁场方向要求平行于规定的取向，所以仅用于大型电力变压器的铁心。

总之，选用硅钢片时，应当综合考虑工作磁通密度、磁导率、铁耗、机械性能和价格等多种因素。

硬磁(永磁)材料 磁滞回线宽、B_r 和 H_c 都大的铁磁材料称为硬磁材料，如图1－11b和c所示。由于剩磁 B_r 大，可用以制成永久磁铁，因而硬磁材料也称为永磁材料。永磁材料的磁性能通常用剩磁 B_r、矫顽力 H_c 和最大磁能积 $|BH|_{max}$ 这三项指标来表征。一般来说，三项指标愈高，就表示材料的磁性能愈好。实际应用时，还需考虑其工作温度、稳定性和价格等因素。表1－1列出了几种常用永磁材料的磁性能。

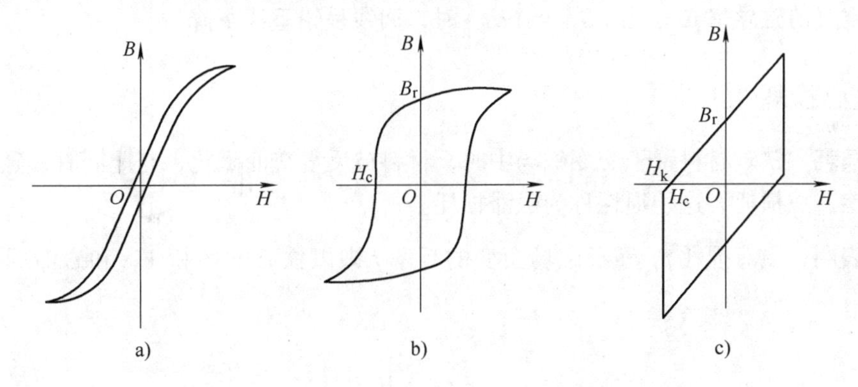

图1－11 软磁和硬磁材料的磁滞回线

a）软磁材料 b）硬磁材料（铝镍钴） c）硬磁材料（钕铁硼）

表1－1 常用永磁材料的磁性能

磁性能 \ 材料名称	铝镍钴(LNG 60)	铁氧体(Y35)	稀土钴(XG5－184)	钕铁硼(NdFeB－350/110)
剩磁 B_r/T	1.35	0.39	1.0	1.33
矫顽力 H_c/(kA/m)	60	200	600	1100
最大磁能积 $\|BH\|_{max}$/(kJ/m³)	60	31.8	172	350

永磁材料的种类较多，摘要分述如下：

（1）铝镍钴　这种材料的剩磁 B_r 较高（最高可达 1.35T），但矫顽力 H_c 相对较低，磁能积为中等，价格相对来说较低。其特点是，温度变化时磁性能变化很小，材料硬而脆。20 世纪 60 年代以前，这种材料在永磁电机和仪表中用得极多，以后由于新材料的不断出现，除了对某些温度稳定性要求较高的仪表和永磁电机之外，已有逐步被取代的趋势。

（2）铁氧体　这是钡铁氧体和锶铁氧体一类的氧化物永磁材料。其优点是 H_c 较高（可达 130～260 kA/m），抗去磁能力强，价格便宜；缺点是 B_r 较低（仅为 0.2～0.42T），最大磁能积 $|BH|_{max}$ 较小，温度对磁性能的影响较大，不适用于温度变化大而要求温度稳定性高的场合。

（3）稀土钴　这种材料的剩磁 B_r、矫顽力 H_c 和最大磁能积 $|BH|_{max}$ 都很高，有很强的抗去磁能力，温度稳定性也较好，其允许工作温度可高达 200～250℃，是一种性能优良的永磁材料；缺点是除电加工外，不能进行其他的机械加工，另外，材料的价格较贵，使电机的造价较高，故仅用于要求体积小、重量轻和高性能的永磁电机。

（4）钕铁硼　这是 20 世纪 80 年代后期研制成的一种稀土永磁材料，其磁性能优于稀土钴，且价格较低，故应用很广；不足之处是最高工作温度通常约为 150℃。此外，由于含有较多的铁和钕，容易锈蚀，这也是它的弱点。

稀土类永磁材料的磁滞回线呈平行四边形状，如图 1－11c 所示。回线转折处的磁场强度 H_k，称为临界磁场强度。当 $|H|<|H_k|$ 时，回线接近于两条平行、倾斜的直线，其磁导率接近于空气的磁导率 μ_0；当 $|H|=|H_k|$ 时，回线呈铅垂线下降。

4. 铁心损耗

磁滞损耗　铁磁材料置于交变磁场中时，材料被反复交变磁化，与此同时，磁畴相互间不停地摩擦造成损耗，这种损耗称为磁滞损耗。

分析表明，磁滞损耗 p_h 等于磁场交变的频率 f 乘以铁心的体积 V，和磁滞回线的面积 $\oint H\mathrm{d}B$，即

$$p_h = fV\oint H\mathrm{d}B \tag{1-10}$$

实验表明，磁滞回线的面积与 B_m 的 n 次方成正比，故磁滞损耗也可改写成

$$p_h = C_h f B_m^n V \tag{1-11}$$

式中，C_h 为磁滞损耗系数，其大小取决于材料的性质；对一般电工钢片，$n=1.6\sim2.3$。由于硅钢片的磁滞回线面积较小，为减小铁耗，电机和变压器的铁心常用硅钢片叠成。

磁滞损耗也可以由旋转磁场所引起。研究表明，当磁通密度低于某一特定值时，旋转磁滞损耗与交变磁滞损耗的变化规律大体上是相同的；当磁通密度超过该特定值时，两者的变化规律将是完全不同的。

涡流损耗　因为铁心是导电的，故当通过铁心的磁通随时间交变时，根据电磁感应定律，铁心中将产生感应电动势，并引起环流。这些环流在铁心内部围绕磁场作旋涡状流动，称为涡流，如图 1－12 中虚线所示。涡流在铁心中引起的损耗，称为涡流损耗。

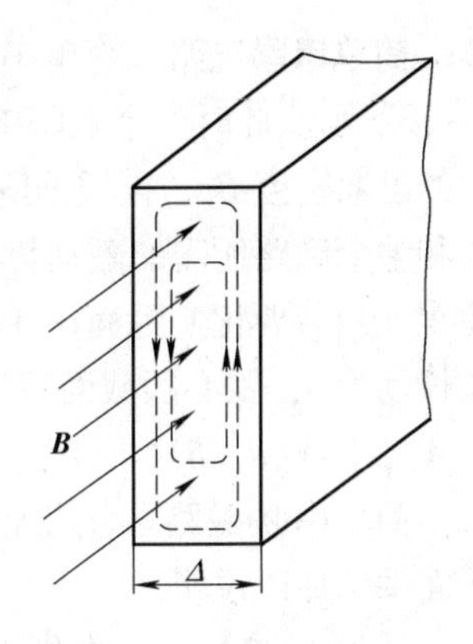

图1-12 硅钢片中的涡流

分析表明，频率越高，磁通密度越大，感应电动势就愈大，涡流损耗也越大；铁心的电阻率越大，涡流所经过的路径越长，涡流损耗就越小。对于由硅钢片叠成的铁心，经推导可知，涡流损耗 p_e 为

$$p_e = C_e\Delta^2 f^2 B_m^2 V \tag{1-12}$$

式中，C_e 为涡流损耗系数，其大小取决于材料的电阻率；Δ 为钢片厚度。为减小涡流损耗，电机和变压器的铁心都用含硅量较高的薄硅钢片（厚度为0.35~0.5mm）叠成。

铁心损耗 铁心中磁滞损耗和涡流损耗之和，称为铁心损耗，用 p_{Fe} 表示，即

$$p_{Fe} = p_h + p_e = (C_h f B_m^n + C_e\Delta^2 f^2 B_m^2)V \tag{1-13}$$

对于一般的电工钢片，在正常的工作磁通密度范围内（$1T < B_m < 1.8T$），式（1-13）可近似地写成

$$p_{Fe} \approx C_{Fe} f^{1.3} B_m^2 G \tag{1-14}$$

式中，C_{Fe} 为铁心的损耗系数；G 为铁心重量。

式（1-14）表明，铁心损耗与频率的1.3次方、磁通密度的平方和铁心重量三者成正比。

1.3 磁路的计算

前面阐明了磁路的基本定律和铁磁材料的特性，本节将进一步说明磁路的计算方法。

1. 直流磁路的计算

磁路计算时，通常是先给定磁通量，然后计算所需要的励磁磁动势，这类问题称为正问题。对于少数逆问题，即给定励磁磁动势求磁通量的问题，由于磁路的非线性，需要进行多次迭代才能得到解答。下面说明正问题的计算方法。

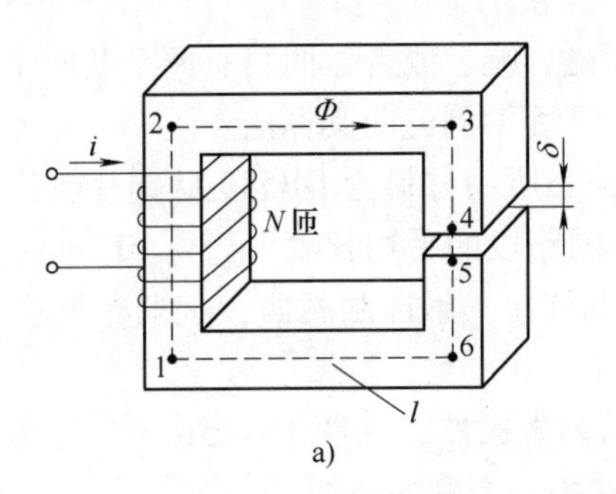

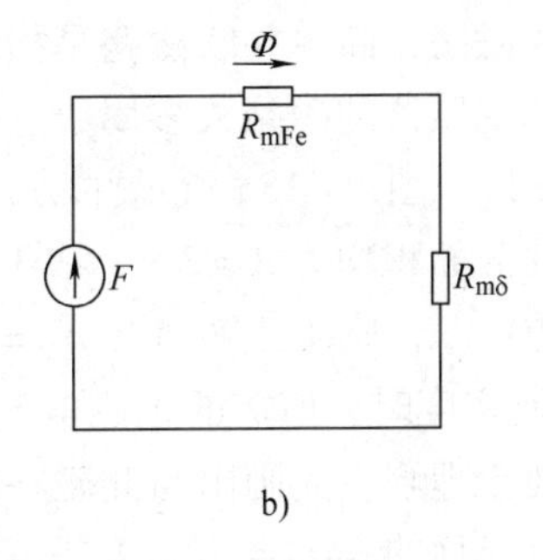

图1-13 简单串联磁路

a）串联磁路 b）等效磁路图

简单串联磁路　简单串联磁路就是不计漏磁影响，仅有一个磁回路的无分支磁路，如图1－13所示。此时整个磁路中为同一磁通，但由于各段磁路的截面积不同，故应分段求出各段中的磁通密度 B_k，再根据所用材料的磁化曲线，查出产生 B_k 所需的磁场强度 H_k，最后求出各段和整个磁路所需的磁动势值。若磁路中含有气隙，由于气隙磁场的边缘效应，使气隙的有效面积 $A_{\delta(有效)}$ 要比实际面积 A_δ 大，如图1－14 所示，故实际计算时要采用有效面积 $A_{\delta(有效)}$。若气隙长度为 δ，铁心的截面积为 $a\times b$，当 δ 比 a 和 b 小很多时，气隙的有效面积 $A_{\delta(有效)}$ 将近似等于 $A_{\delta(有效)}\approx(a+\delta)(b+\delta)$。

简单串联磁路虽然比较简单，但却是磁路计算的基础。下面举例加以说明。

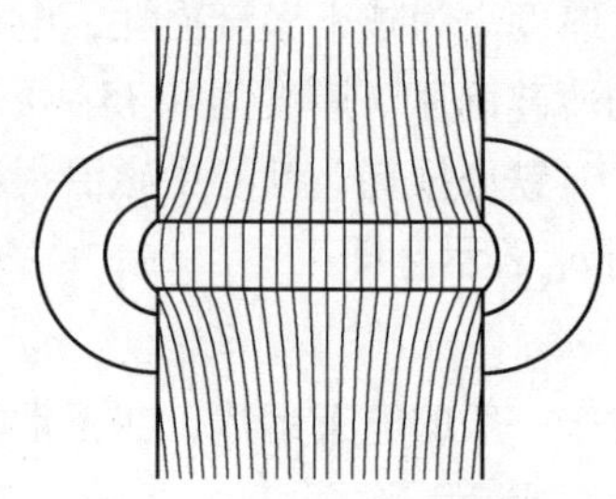

图 1－14　气隙磁场的边缘效应

【例 1－2】　若在例 1－1 的磁路中，开有长度 $\delta=5\times10^{-4}$m 的一个气隙，问铁心中产生 1T 的磁通密度时，所需的励磁磁动势为多少？已知铁心截面积 $A_{Fe}=a\times b=3\times3\times10^{-4}\mathrm{m}^2$，$\mu_{Fe}=5000\,\mu_0$。考虑到气隙磁场的边缘效应，计算气隙面积时应当用有效面积 $A_{\delta(有效)}$。

解　用磁路的基尔霍夫第二定律来求解。

铁心内的磁场强度　$H_{Fe}=\dfrac{B_{Fe}}{\mu_{Fe}}=\dfrac{1}{5000\times4\pi\times10^{-7}}\ \mathrm{A/m}=159\mathrm{A/m}$

气隙的有效面积　$A_{\delta(有效)}=(a+\delta)(b+\delta)=(3+0.05)(3+0.05)\times10^{-4}\mathrm{m}^2=9.303\times10^{-4}\mathrm{m}^2$

气隙内的磁通密度　$B_\delta=B_{Fe}\dfrac{A_{Fe}}{A_{\delta(有效)}}=1\times\dfrac{3\times3}{9.303}\mathrm{T}=0.967\mathrm{T}$

气隙内的磁场强度　$H_\delta=\dfrac{B_\delta}{\mu_0}=\dfrac{0.967}{4\pi\times10^{-7}}\ \mathrm{A/m}=77\times10^4\mathrm{A/m}$

铁心内的磁位降　$H_{Fe}l_{Fe}=159\times(0.3-0.0005)\mathrm{A}=47.6\mathrm{A}$

气隙内的磁位降　$H_\delta l_\delta=77\times10^4\times5\times10^{-4}\mathrm{A}=385\mathrm{A}$

所需励磁磁动势　$F=H_{Fe}l_{Fe}+H_\delta l_\delta=432.6\mathrm{A}$

由此可见，气隙虽然很短，仅 5×10^{-4}m（仅占磁路总长度的 0.167%），但其磁位降却占整个磁路的 89%。

简单并联磁路　简单并联磁路是指考虑漏磁影响，或者磁回路有两个及两个以上分支的磁路。电机和变压器的磁路大多属于这一类。下面举例说明其算法。

【例 1－3】　图 1－15a 所示并联磁路，铁心所用材料为 DR530 硅钢片，三个铁心柱和上、下铁轭的截面积均为 $A=2\times2\times10^{-4}\mathrm{m}^2$，磁路段的平均长度 $l=5\times10^{-2}$m，气隙长度 $\delta_1=\delta_2=2.5\times10^{-3}$m，励磁线圈匝数 $N_1=N_2=1000$ 匝。不计漏磁通，试求在气隙内产生 $B_\delta=1.211$T 的磁通密度时，所需的励磁电流 i。

解　为便于理解，先画出与此磁路相应的等效磁路，如图 1－15b 所示。由于左、右两条并联磁路是对称的，$\Phi_1=\Phi_2$，故只需计算其中一个磁回路即可。

根据磁路的基尔霍夫第一定律，可知

$$\Phi_\delta=\Phi_1+\Phi_2=2\Phi_1$$

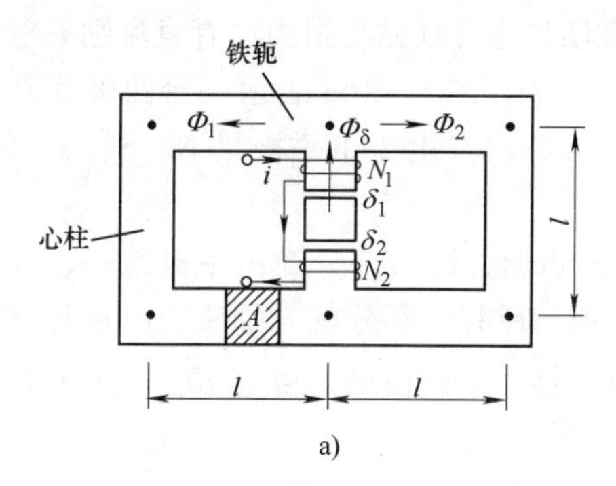

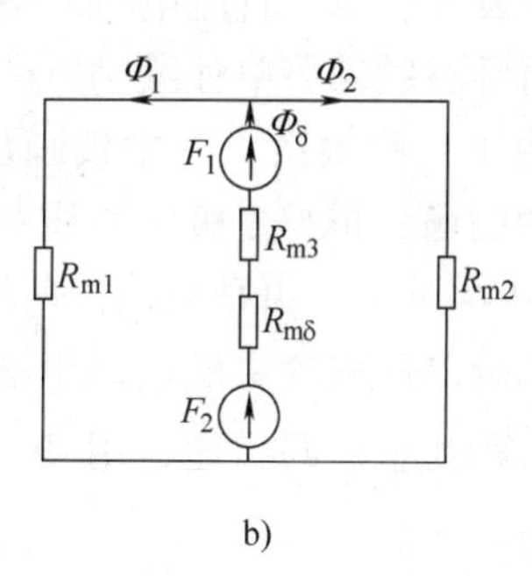

图 1-15 简单并联磁路

a) 并联磁路 b) 等效磁路图

设左边铁心段的磁路长度为 l_1，磁场强度为 H_1，中间铁心段的磁路长度为 l_3，磁场强度为 H_3，两个气隙中的磁场强度为 H_δ，根据磁路的基尔霍夫第二定律，可知

$$\Sigma Hl = H_1 l_1 + H_3 l_3 + 2H_\delta \delta_1 = N_1 i + N_2 i = 2N_1 i$$

由图 1-15a 可知，$l_3 = l - 2\delta = (5-0.5) \times 10^{-2}\text{m} = 4.5 \times 10^{-2}\text{m}$；$l_1 = 3l = 3 \times 5 \times 10^{-2}\text{m} = 15 \times 10^{-2}\text{m}$。由此可算出：

（1）两个气隙的磁位降

$$2H_\delta \delta_1 = 2\frac{B_\delta}{\mu_0}\delta_1 = 2 \times \frac{1.211}{4\pi \times 10^{-7}} \times 2.5 \times 10^{-3}\text{A} = 4818\text{A}$$

（2）中间铁心段的磁位降 中间铁心段的磁通 Φ_δ 和磁通密度 B_3 为

$$\Phi_\delta = B_\delta A_{\delta(\text{有效})} = 1.211 \times (2+0.25)^2 \times 10^{-4}\text{Wb} = 6.13 \times 10^{-4}\text{Wb}$$

$$B_3 = \frac{\Phi_\delta}{A} = \frac{6.13 \times 10^{-4}}{4 \times 10^{-4}}\text{T} = 1.533\text{T}$$

从图 1-10 中 DR530 的磁化曲线查得，与 B_3 对应的 $H_3 = 19.5 \times 10^2 \text{A/m}$，于是中间铁心段的磁位降 $H_3 l_3$ 为

$$H_3 l_3 = 19.5 \times 10^2 \times 4.5 \times 10^{-2}\text{A} = 87.75\text{A}$$

（3）左边铁心段的磁位降 左边铁心中的磁通密度 B_1 为

$$B_1 = \frac{\Phi_\delta/2}{A} = \frac{6.13 \times 10^{-4}/2}{4 \times 10^{-4}}\text{T} = 0.766\text{T}$$

由 DR530 的磁化曲线查得，$H_1 = 215\text{A/m}$，由此可得左边铁心段的磁位降为

$$H_1 l_1 = 215 \times 15 \times 10^{-2}\text{A} = 32.25\text{A}$$

（4）总磁动势和励磁电流

$$2N_1 i = 2H_\delta \delta_1 + H_3 l_3 + H_1 l_1 = (4818 + 87.75 + 32.25)\text{A} = 4938\text{A}$$

$$i = \frac{4938}{2000}\text{A} = 2.469\text{A}$$

2. 直流电机的空载磁路和磁化曲线

直流电机的磁路在电机磁路中具有一定的典型性，理解其分析和计算方法，对电机的分析和设计都很重要。

空载磁路及其计算　直流电机的空载磁场是指，励磁绕组内通有直流励磁电流、电枢电流为0时，由励磁磁动势单独激励所产生的磁场。图1-16a表示一台四极直流电机的空载磁场分布（由于对称关系，图中仅画出上半部分）。由于主磁极呈N、S、N、S交替排列，故整个电机的磁场分布与主极中心线对称。

由图1-16a可见，由励磁电流所激励的磁通，绝大部分经由主极铁心、气隙而到达电枢铁心，这部分磁通称为主磁通，用Φ_0表示。还有一部分仅与励磁绕组自身交链而不通过气隙的磁通，称为主极漏磁通，用$\Phi_{f\sigma}$表示。每个主磁极的总磁通$\Phi_m=\Phi_0+\Phi_{f\sigma}$，通常$\Phi_{f\sigma}$约占$\Phi_0$的（15~25）%。

从图1-16a可见，空载时四极直流电机有四个并联的对称分支磁回路；根据所用材料和截面积的不同，每个回路由下列五段组成：①套装励磁绕组的主磁极铁心(m)；②固定主磁极的定子磁轭(j)；③定、转子之间的气隙(δ)；④电枢铁心周沿开槽而形成的电枢齿(t)；⑤电枢铁心(c)。图1-16b表示空载磁路计算时各段的磁路长度。

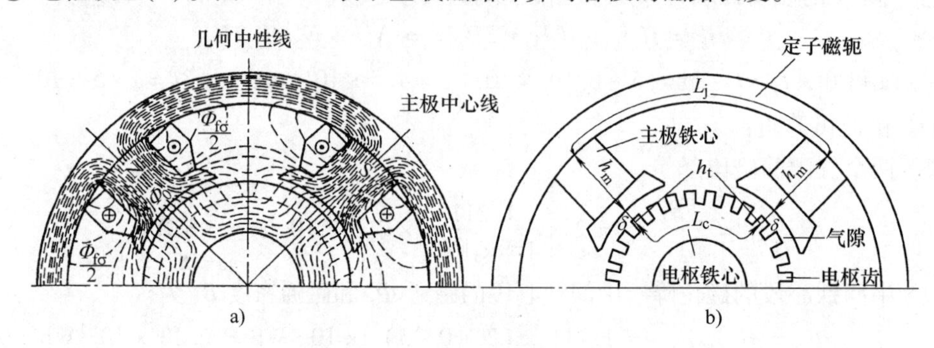

图1-16　直流电机的空载磁场和磁路

a）空载磁场分布　b）空载磁路和各段磁路长度

磁回路选定后，根据各段内的磁通量和截面积，分别算出各段的磁通密度B_k，再由各段所用材料的基本磁化曲线，查得与B_k相应的磁场强度H_k，把H_k乘上该段磁路的长度l_k得到H_kl_k，由此即可算出产生主磁通Φ_0时，整个闭合磁回路（一对极）所需的励磁磁动势F_0, $F_0=\sum_{k=1}^{5}H_kl_k$。

计算表明，气隙和电枢齿这两部分磁位降之和，约占整个励磁磁动势F_0的85%以上，因此工程计算时，对于这两段磁路的面积和长度常常引入一些修正系数，以使这两部分的磁位降计算得更加精确。

直流电机的磁化曲线　分别算出产生不同主磁通时所需的励磁磁动势，即可得到直流电机的磁化曲线$\Phi_0=f(F_0)$。因为励磁绕组的匝数一定，故磁化曲线也可表示为$\Phi_0=f(I_f)$，如图1-17所示。

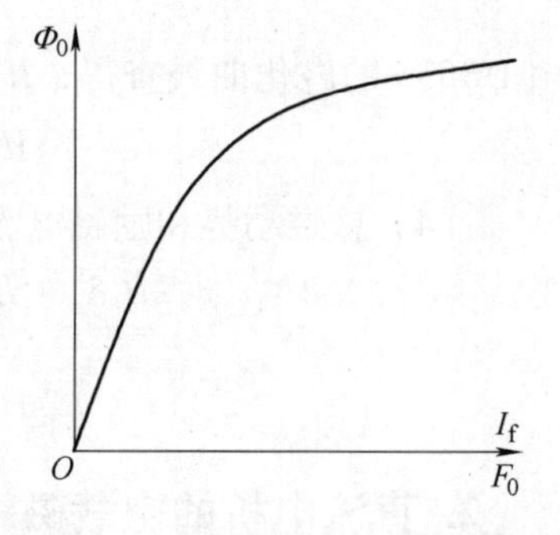

图1-17　直流电机的磁化曲线

电机的磁化曲线体现了磁路的饱和程度和非线性，这种非线性使电机运行特性的数学表达复杂化。工程分析中，常用线性分析加上适当修正的办法来考虑非线性的影响。

3. 永磁磁路的计算特点

上述磁路计算主要针对由软磁材料所构成的铁心磁路，下面说明由永磁体（永久磁铁）所构成的永磁磁路的计算。

永磁体的特点是，剩余磁通密度 B_r 较大，矫顽力 H_c 很大，磁导率 μ_M 较低。所谓剩余磁通密度是指，由永磁体所构成的闭合磁路，在外加励磁磁动势下降为0时，永磁体内剩余的磁通密度。矫顽力则是使材料退磁到磁通密度为0时所需的磁场强度。

永磁磁路及其特点 图1－18a表示一个简单的永磁磁路，此磁路由三段组成。第一段是永磁体M，其作用是代替普通磁路中的载流线圈，作为磁动势源。第二段是高导磁的铁心。第三段是工作气隙。设永磁体的长度为 l_M，截面积为 A_M；气隙长度为 δ，有效截面积为 A_δ；铁心的磁导率 $\mu_{Fe}=\infty$，因而其磁阻为0，铁心内的磁位降也等于0；漏磁忽略不计。图1－18b表示相应的等效磁路图，图中 F_M 为永磁体提供的磁动势；$R_{m\delta}$ 为气隙的磁阻，$R_{m\delta}=\frac{1}{\mu_0}\frac{\delta}{A_\delta}$；$\Omega_\delta$ 为气隙磁阻中的磁位降。

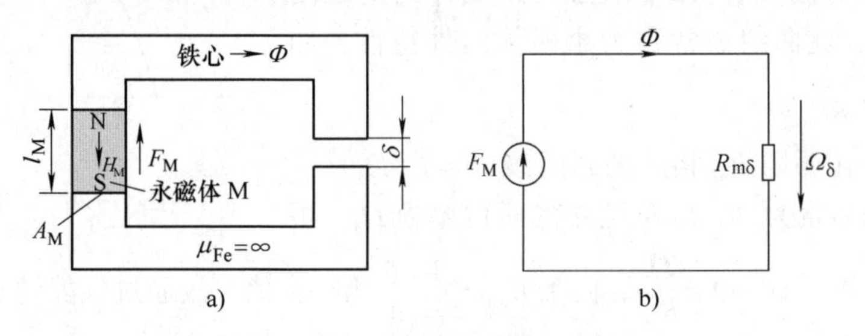

图1－18 开有气隙的永磁磁路

a）实际磁路 b）等效磁路图

由于磁路上没有外加的磁动势，铁心内的磁位降又等于0（因为 $\mu_{Fe}=\infty$），所以根据安培环路定律有

$$0 = H_M l_M + H_\delta \delta \tag{1-15}$$

或

$$-H_M l_M = H_\delta \delta \tag{1-16}$$

式中，H_M 和 H_δ 分别表示永磁体和气隙内的磁场强度。式（1－16）表明：

（1）气隙内的磁位降 $H_\delta\delta$，是由永磁体内所形成的磁位升或者说磁动势 F_M 所提供，$F_M=-H_M l_M$；永磁体内的工作磁场强度 H_M 和长度 l_M 愈大，永磁体提供的磁动势就愈大。

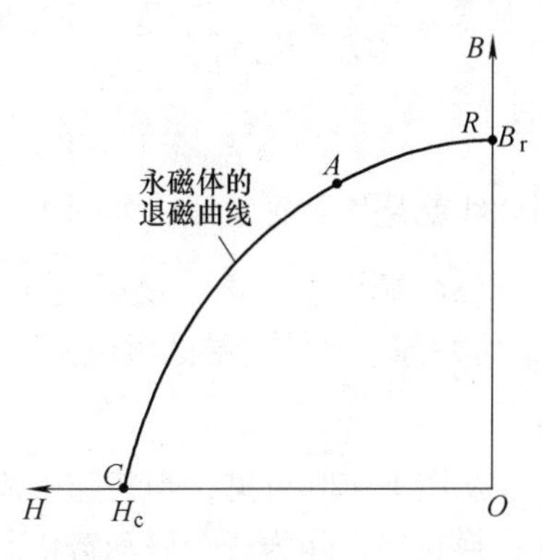

图1－19 永磁体的退磁曲线

（2）永磁体内的磁场强度 H_M 总是负值，也就是说，它总是工作在永磁材料磁滞回线的第二象限这段曲线上，这段曲线通常称为退磁曲线，如图1－19中 $\overset{\frown}{RC}$ 段所示。在退磁曲线上，H_M 为负值，而 B_M 则为正值，即 H_M 与 B_M 的方向总是相反，这是永磁体的一个特点。

由于 H_M 为负值，所以永磁体能提供磁动势 F_M。

不同永磁体的退磁曲线是不同的，铝镍钴的退磁曲线是一条如图 1－19 所示的曲线，稀土永磁体的退磁曲线近似为一通过 B_r 和 H_c 两点的倾斜直线，如图1－11c所示。

（3）若磁路中没有气隙，$\delta=0$，则 $H_M l_M=0$，于是 $H_M=0$，从退磁曲线可见，此时永磁体内的磁通密度为剩磁 B_r，如图 1－19 中的 R 点所示。当磁路中开有气隙时，由于磁阻增大，磁路内的磁通量和磁通密度将要减小；磁路的工作点将从 R 点沿永磁体的退磁曲线下移到 A 点。下面说明工作点 A 是如何确定的。

工作点的确定 由于永磁体的退磁曲线不一定是直线，另外，磁路中还可能含有非线性的铁心段，所以这是一个非线性问题，因此用图解法来求解比较方便。图解法的步骤为：

（1）用磁通量 Φ 作为纵坐标，磁动势 F 作为负的横坐标，作永磁体的外特性 $\Phi_M=f(F_M)$ 通常永磁体的退磁曲线是用 $B_M=f(H_M)$ 来表示。把各点的 B_M 值乘上永磁体的面积 A_M，可得磁通 Φ_M，$\Phi_M=B_M A_M$；与 B_M 相应的 H_M 值乘上永磁体的长度 l_M，可得 F_M，$F_M=-H_M l_M$；由此可得用 Φ_M 和 F_M 表示时永磁体的退磁曲线 $\Phi_M=f(F_M)$，此曲线通常称为永磁体的外特性，如图 1－20 的曲线 $\overset{\frown}{RC}$。

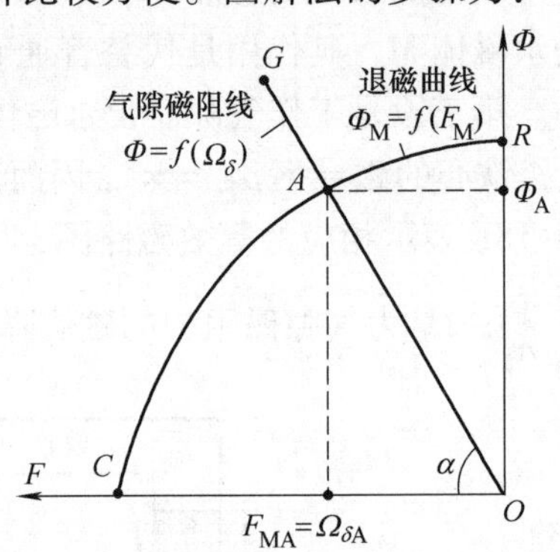

图 1－20 工作点的确定

（2）作与气隙磁阻 $R_{m\delta}$ 相应的磁阻线 $\Phi=f(\Omega_\delta)$ 若通过气隙的磁通量为 Φ，气隙两端的磁位差为 Ω_δ，根据磁路的欧姆定律可知，$\Phi=\dfrac{\Omega_\delta}{R_{m\delta}}$；由于 $R_{m\delta}=\dfrac{1}{\mu_0}\dfrac{\delta}{A_\delta}$为一常值，故通过气隙的磁通 Φ 与气隙两端的磁位差 Ω_δ 之间为一线性关系，即 $\Phi=f(\Omega_\delta)$为一直线，此直线称为气隙磁阻线；该线的斜率为 $\tan\alpha=\dfrac{\Phi}{\Omega_\delta}=\dfrac{1}{R_{m\delta}}$。于是，通过原点作直线$\overline{OG}$，使$\overline{OG}$与横坐标$\overline{OF}$的夹角 α 为

$$\alpha = \arctan\frac{1}{R_{m\delta}} \tag{1-17}$$

则此线就是气隙磁阻线，如图 1－20 所示。

（3）确定工作点 退磁线 $\overset{\frown}{RC}$ 与气隙磁阻线 $\overset{\frown}{OG}$ 的交点 A 处，永磁体所产生的磁动势 F_{MA}恰好等于气隙两端的磁位降 $\Omega_{\delta A}$，如图 1－20 所示，故 A 点就是工作点。A 点的磁通量为 Φ_A。

从图 1－20 可见，当气隙磁阻 $R_{m\delta}$改变时，工作点以及永磁体内的 Φ_M 和 F_M 将随之而改变；换言之，作为一个磁动势源，永磁体对外磁路所提供的磁动势 F_M 不是一个恒值，而是与外磁路的磁阻有关。这是永磁体的另一个特点。

永磁体最小体积的确定 通常，永磁材料要比铁磁材料贵得多，所以从经济性考虑，在满足性能指标的前提下，希望所用的永磁体体积要尽可能小。

从式（1－16）出发并考虑到 $B_M A_M=B_\delta A_\delta$，可知气隙磁密 B_δ 的平方为

$$B_\delta{}^2=(\mu_0 H_\delta)B_\delta=\mu_0\left(-\frac{H_M l_M}{\delta}\right)\frac{A_M}{A_\delta}B_M$$

$$= \mu_0 \frac{V_M}{V_\delta}(-H_M B_M) \quad (1-18)$$

式中，V_M 为永磁体的体积，$V_M = A_M l_M$；V_δ 为气隙的体积，$V_\delta = A_\delta \delta$；$(-H_M B_M)$ 通常称为磁能积（实质上是磁能密度），负号是由于工作点在永磁体的退磁曲线上，H_M 为负值所引起。由上式可知，

$$V_M = \frac{{B_\delta}^2 V_\delta}{\mu_0(-H_M B_M)} \quad (1-19)$$

式（1-19）表示，为得到所需的气隙磁密 B_δ，应尽可能把工作点选择在退磁曲线上磁能积 $(-H_M B_M)$ 为最大的这一点，以使永磁体的体积最小。另一方面，对于不同的永磁体，最大磁能积 $(-H_M B_M)_{max}$ 愈大，产生同一气隙磁密时所需的永磁材料就愈少，所以最大磁能积是永磁体的三个主要性能指标之一。

4. 交流磁路的特点

交流磁路的激磁电流是交流，因此磁路中的磁动势及其所激励的磁通均随时间而交变，但每一瞬间仍和直流磁路一样，遵循磁路的基本定律。就瞬时值而言，通常情况下，可以使用与直流磁路相同的基本磁化曲线。磁路计算时，为表明磁路的工作点和饱和情况，**磁通量和磁通密度均用交流的幅值来表示，磁动势和磁场强度则用有效值表示**。

交变磁通除了会引起铁心损耗之外，还有以下几个效应：

（1）磁通量随时间交变，必然会在激磁线圈内产生感应电动势。

（2）激磁电流 i_m 与铁心中的主磁通 Φ_m 之间存在一定的相位差，因此激磁电流 i_m 中除磁化电流 i_μ 外，还有与铁心损耗相对应的铁耗电流 i_{Fe}。

（3）磁路的非线性会导致激磁电流、磁通和电动势的波形产生畸变。

交流磁路和铁心线圈的有关问题，将在变压器一章内作进一步的说明。

1.4　电抗与磁导的关系

1. 电抗与磁导的关系

上面已经说明，当磁路上装有载流线圈时，载流线圈将产生磁动势 F，此时磁路中将通过一定的磁通量 Φ。根据磁路的欧姆定律，$\Phi = \frac{F}{R_m}$，式中 $F = Ni$，R_m 为磁路的磁阻。线圈的磁链 ψ 应为

$$\psi = N\Phi = \frac{N(Ni)}{R_m} = Li \quad (1-20)$$

式中，L 为线圈的电感。根据式（1-20），电感等于单位电流所产生的线圈磁链，即

$$L = \frac{\psi}{i} = \frac{N^2}{R_m} = N^2 \Lambda_m \quad (1-21)$$

式中，Λ_m 为磁路的磁导，$\Lambda_m=\frac{1}{R_m}$。于是线圈的电抗 X 就等于

$$X=\omega L=\omega N^2\Lambda_m \tag{1-22}$$

式（1-22）说明：电抗等于角频率 ω 乘上线圈匝数 N 的平方和磁路的磁导 Λ_m，所以频率愈高、匝数愈多、磁通所经磁路的磁导愈大，电抗就愈大。

在交流电机和变压器中，磁通分为两种：一种是通过铁心并与一次和二次绕组（或定子和转子绕组）相交链的主磁通；另一种是仅与一个绕组相交链、通过空气而形成闭合磁路的漏磁通；所以电抗也可分成激磁电抗 X_m 和漏磁电抗 X_σ 两种，且有

$$X_m=\omega N^2\Lambda_m \qquad X_\sigma=\omega N^2\Lambda_\sigma \tag{1-23}$$

式中，Λ_m 和 Λ_σ 分别为主磁路和漏磁路的磁导。通常 Λ_m 要比 Λ_σ 大很多，故激磁电抗 X_m 要比漏磁电抗 X_σ 大很多。

2. 磁阻串联、并联和 π 形联接时线圈的等效电抗

下面进一步说明磁阻串联、并联或作 π 形联接时，相关的等效电抗。

磁阻串联时　若磁路由一个磁动势源和两个磁阻 R_{m1} 和 R_{m2} 串联组成，与 R_{m1} 和 R_{m2} 对应的电抗分别为 X_1 和 X_2，$X_1=\omega N^2\Lambda_{m1}$，$X_2=\omega N^2\Lambda_{m2}$，其中 Λ_{m1} 和 Λ_{m2} 为与 R_{m1} 和 R_{m2} 相应的磁导，$\Lambda_{m1}=\frac{1}{R_{m1}}$，$\Lambda_{m2}=\frac{1}{R_{m2}}$。磁阻 R_{m1} 和 R_{m1} 串联以后，总磁阻 R_m 应为

$$R_m=R_{m1}+R_{m2} \tag{1-24}$$

总磁导 Λ_m 则为

$$\Lambda_m=\frac{1}{R_m}=\frac{1}{R_{m1}+R_{m2}}=\frac{1}{\frac{1}{\Lambda_{m1}}+\frac{1}{\Lambda_{m2}}} \tag{1-25}$$

由于总电抗 $X=\omega(N^2\Lambda_m)$，所以

$$X=\omega N^2\frac{1}{\frac{1}{\Lambda_{m1}}+\frac{1}{\Lambda_{m2}}}=\frac{1}{\frac{1}{\omega N^2\Lambda_{m1}}+\frac{1}{\omega N^2\Lambda_{m2}}}=\frac{1}{\frac{1}{X_1}+\frac{1}{X_2}} \tag{1-26}$$

从式（1-25）和式（1-26）可知，磁阻串联时，与总磁阻相对应的总电抗应是原来两个电抗的并联值，相应的等效磁路和等效电路如图 1-21 所示。

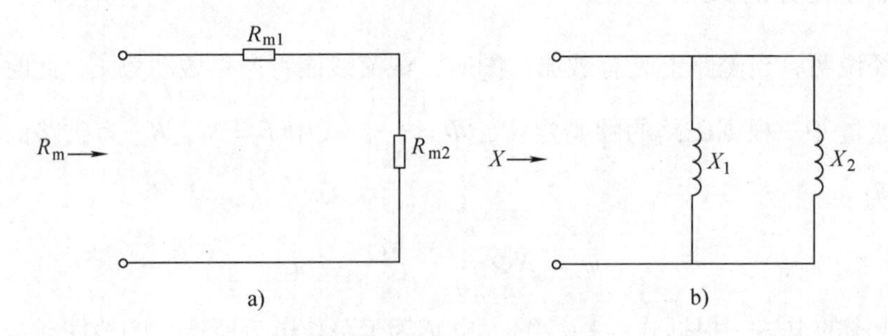

图 1-21　磁阻串联时等效电抗为并联

a）等效磁路　b）等效电路

磁阻并联时　若磁阻 R_{m1} 和 R_{m2} 为并联，则总磁阻 R_m 应为

$$\frac{1}{R_m} = \frac{1}{R_{m1}} + \frac{1}{R_{m2}} \tag{1-27}$$

总磁导 Λ_m 则为

$$\Lambda_m = \Lambda_{m1} + \Lambda_{m2} \tag{1-28}$$

式中，$\Lambda_{m1} = \frac{1}{R_{m1}}$，$\Lambda_{m2} = \frac{1}{R_{m2}}$，$\Lambda_m = \frac{1}{R_m}$。

由于总电抗 $X = \omega(N^2\Lambda_m)$，于是

$$X = X_1 + X_2 \tag{1-29}$$

式中，$X_1 = \omega N^2\Lambda_{m1}$，$X_2 = \omega N^2\Lambda_{m2}$，$X = \omega N^2\Lambda_m$。由式（1－29）可知，若磁阻为并联，则合成电抗是两个电抗的串联值，如图1－22所示。

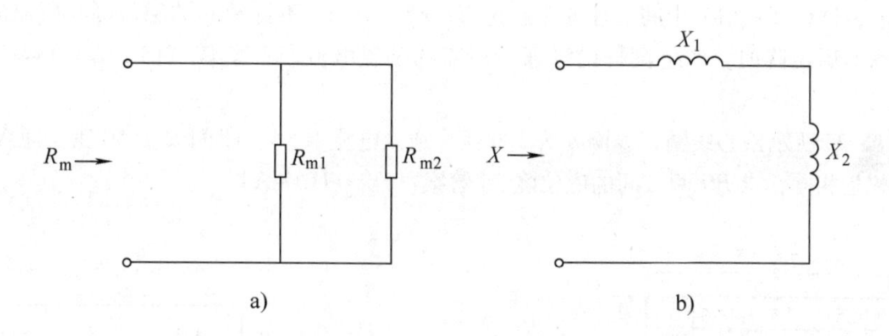

图1－22　磁阻并联时等效电抗为串联

a）等效磁路　b）等效电路

上述磁路和等效电路之间的对应关系，称为磁路和电路的对偶性。

磁阻为π形连接时　变压器和交流电机的磁路通常表现为由两个磁动势源和三个磁阻所构成的π形连接的磁路，如图1－23a所示，图中 R_m 为主磁路的磁阻，$R_{1\sigma}$ 和 $R_{2\sigma}$ 分别为一次和二次绕组漏磁磁路的磁阻。分析表明，利用磁路和电路的对偶性，把并联的磁阻 $R_{1\sigma}$ 和 $R_{2\sigma}$ 变成串联的电抗 $X_{1\sigma}$ 和 $X_{2\sigma}$，串联的磁阻 R_m 变成并联的电抗 X_m，可得T形等效电路，如图1－23b所示。此电路在分析交流电机的运行时得到广泛的应用。

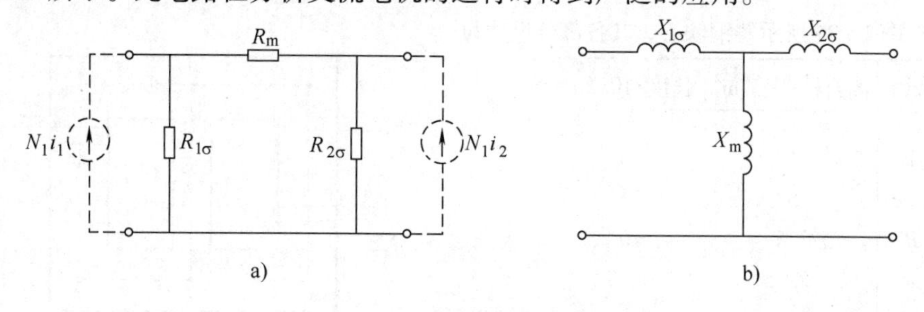

图1－23　π形磁路和T形等效电路

a）π形磁路　b）T形等效电路

关于复杂磁路和相应的等效电路之间的对偶关系，可参见书末的参考文献［14］。

习 题

1-1 磁路的磁阻如何计算？磁阻的单位是什么？

1-2 磁路的基本定律有哪几条？当铁心磁路上有几个磁动势同时作用时，能否用叠加原理来计算磁路？为什么？

1-3 基本磁化曲线与初始磁化曲线有何区别？计算磁路时用的是哪一种磁化曲线？

1-4 铁心中的磁滞损耗和涡流损耗是怎样产生的？它们各与哪些因素有关？

1-5 说明交流磁路和直流磁路的不同点。

1-6 电机和变压器的磁路通常采用什么材料构成？这些材料有什么特点？

1-7 线圈的电抗与对应磁路的磁阻有什么关系？

1-8 图1-24所示铁心线圈，已知线圈的匝数 $N=1000$，铁心厚度为0.025m，铁心由0.35mm的DR320硅钢片叠成，叠片系数（即扣除叠片中的空气层以后，截面中铁心的净面积与总面积之比）为0.93，不计漏磁，试计算：（1）中间心柱的磁通为 7.5×10^{-4} Wb，不计铁心的磁位降时所需的直流励磁电流；（2）考虑铁心磁位降时，产生同样的磁通量所需的励磁电流。[答案：（1）$I_f=0.497$A；（2）$I_f=0.611$A]

1-9 图1-25所示铁心线圈，线圈 A 为100匝，通入电流1.5A，线圈 B 为50匝，通入电流1A，各段铁心的截面积均相同，求 PQ 两点间的磁位降。[答案：$F_{PQ}=71.44$A]

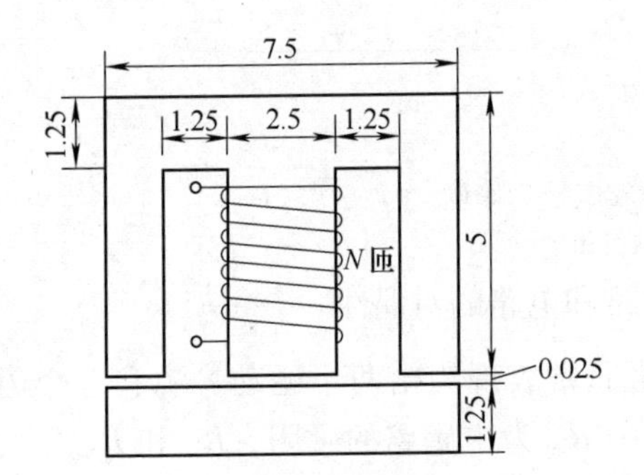

图1-24 习题1-8的铁心线圈
（图中尺寸均为cm）

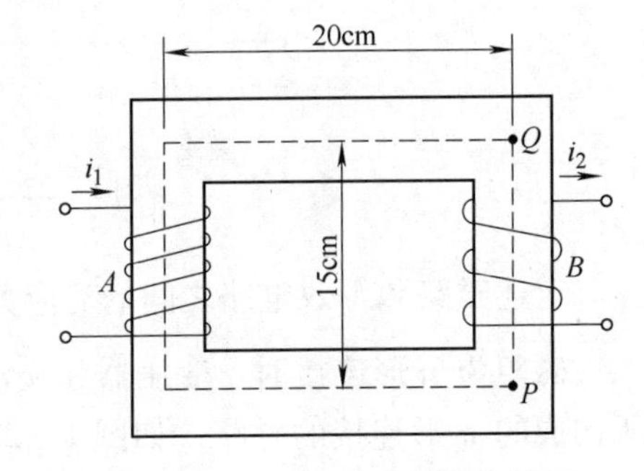

图1-25 习题1-9的铁心线圈

1-10 图1-26所示铸钢铁心，其各部分尺寸为

路径	截面积/10^{-4}m²	长度/10^{-2}m
abcd	4	50
aghd	5	75
af	2.5	10
fe	2.75	0.25
ed	2.5	10

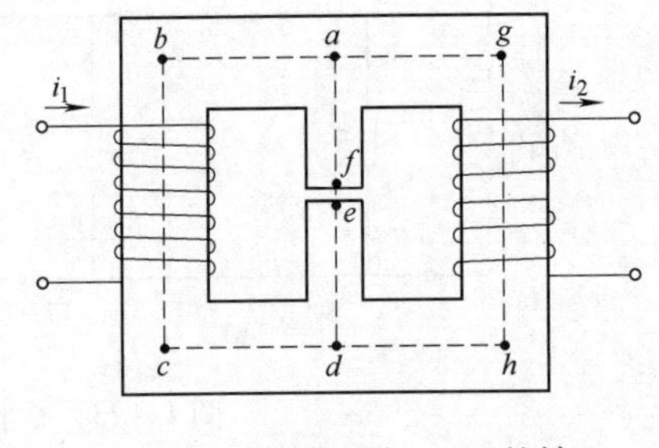

图1-26 习题1-10的铁心

若左边线圈通入电流后产生磁动势1500A。试求下列三种情况下，右边线圈应加的磁动势值：（1）气隙磁通为 1.65×10^{-4} Wb时；（2）气隙磁通为零时；（3）右边心柱中的磁通为零时。[答案：（1）$F_2=1233.8$A；（2）$F_2=-960$A；（3）$F_2=1351$A]

第2章 变 压 器

变压器是一种静止的电器，它利用电磁感应作用，将一种电压、电流的交流电能转换成同频率的另一种电压、电流的电能。变压器是电力系统中的重要电气设备。众所周知，输送一定的电能时，输电线路的电压愈高，线路中的电流和电阻损耗就愈小。为此，需要用升压变压器把交流发电机发出的电压升高到输电电压，然后通过高压输电线将电能经济地输送到用电地区，再用降压变压器将电能逐步从输电电压下降到配电电压，供用户安全而方便地使用。除电力系统外，变压器还广泛应用于电子装置、焊接设备、电炉等场合以及测量和控制系统中，用以实现交流电源供给、电路隔离、阻抗变换、高电压和大电流的测量等功能。

本章主要研究一般用途的电力变压器，对其他用途的变压器只作简单介绍。

2.1　变压器的工作原理和基本结构

1. 变压器的工作原理

在一个闭合的铁心磁路上套装两个匝数不同的绕组，就构成一台最简单的变压器，如图2-1所示。图中与交流电源相连接的绕组称为一次绕组，与负载阻抗相连接的绕组称为二次绕组。下面先说明变压器为什么能变压，然后说明交流电能是如何从一次绕组传递到二次绕组的。

在说明变压器的工作原理时，为简化分析，假设：

（1）一次绕组和二次绕组为完全耦合，即链过一次和二次绕组的磁通为同一磁通。

（2）铁心磁路的磁阻为零，铁心损耗也等于零。

（3）一次和二次绕组的电阻都等于零。

满足这三个条件的变压器，称为理想变压器。

下面来分析理想变压器的一次和二次绕组中，电压、电流、功率和阻抗的关系。设一次绕组中的所有物理量用下标1来表示，二次绕组中的物理量用下标2来表示。

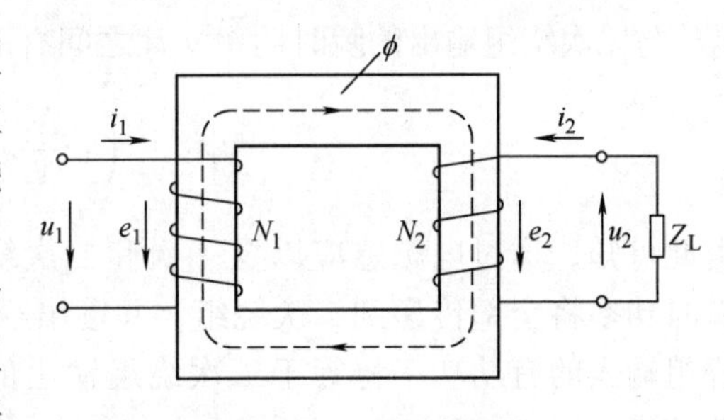

图2-1　理想变压器

一次和二次电压的关系　若电源电压 u_1 为交流正弦电压，通过铁心并与一次和二次绕组相交链的磁通为 ϕ，当 u_1 和 ϕ 交变时，根据法拉第电磁感应定律和图2-1所示一次和二次绕组的绕向和所规定的正方向，可知一次和二次绕组的感应电动势 e_1 和 e_2 应为

$$e_1 = -N_1 \frac{d\phi}{dt} \qquad e_2 = -N_2 \frac{d\phi}{dt} \tag{2-1}$$

式中，N_1 和 N_2 分别为一次和二次绕组的匝数。

一次和二次绕组的端电压 u_1 和 u_2 应为

$$\left.\begin{aligned} u_1 &= -e_1 = N_1 \frac{d\phi}{dt} \\ u_2 &= e_2 = -N_2 \frac{d\phi}{dt} \end{aligned}\right\} \tag{2-2}$$

由式（2-1）和式（2-2）可知

$$\left.\begin{aligned} \frac{e_1}{e_2} &= \frac{N_1}{N_2} = k \\ \frac{u_1}{u_2} &= -\frac{N_1}{N_2} \end{aligned}\right\} \tag{2-3}$$

式中，k 称为电压比（也称变比），它是一次和二次绕组中感应电动势之比，$k = \frac{e_1}{e_2}$。式

(2-3)的第二式表示，对于理想变压器，就数值而言，一次和二次绕组的电压比就等于一次和二次绕组的匝数比，负号表示 u_2 和 u_1 的相位相差180°。因此，要使一次和二次绕组具有不同的电压，只要使它们具有不同的匝数即可，这就是变压器能够变压的原理。

一次和二次电流的关系 若一次绕组的电流为 i_1，二次绕组的电流为 i_2，从图 2-1 可见，作用在铁心磁路上的总磁动势应为 $N_1 i_1 + N_2 i_2$。根据磁路的欧姆定律，此总磁动势应当等于磁路内的磁通 ϕ 乘以铁心磁路的磁阻 R_{mFe}。由于理想变压器的铁心磁阻为 0，所以

$$N_1 i_1 + N_2 i_2 = \phi R_{\text{mFe}} = 0 \tag{2-4}$$

于是

$$\frac{i_1}{i_2} = -\frac{N_2}{N_1} = -\frac{1}{k} \tag{2-5}$$

从式（2-4）和式（2-5）可知，对于理想变压器，一次和二次绕组的磁动势总是相等、相反；一次和二次电流之比则等于电压比 k 的倒数，相位相差180°。

功率关系和阻抗关系 由式（2-3）和式（2-5）可知，一次绕组输入的瞬时功率 $u_1 i_1$ 与二次绕组输出的瞬时功率 $u_2 i_2$ 之间有下列关系：

$$u_1 i_1 = \left(-\frac{N_1}{N_2} u_2\right)\left(-\frac{N_2}{N_1} i_2\right) = u_2 i_2 \tag{2-6}$$

由此可知，通过电磁感应以及一次和二次绕组之间的磁动势平衡关系，输入一次绕组的瞬时功率将全部传递到二次绕组，并输出给负载。若 u 和 i 都是正弦量，这就意味着一次绕组输入的有功功率将等于二次绕组输出的有功功率，输入的无功功率将等于输出的无功功率。

最后是阻抗间的关系。设 Z_L 为二次侧的负载阻抗，用二次绕组的端电压相量 $\dot{U}_2$ 和电流相量 $\dot{I}_2$ 表示时，$Z_L = \dfrac{\dot{U}_2}{\dot{I}_2}$。经过理想变压器的变压和变流作用，从一次侧看进去的输入阻抗 Z_L' 应为

$$Z_L' = \frac{\dot{U}_1}{\dot{I}_1} = \frac{k\dot{U}_2}{\dot{I}_2/k} = k^2 \frac{\dot{U}_2}{\dot{I}_2} = k^2 Z_L \tag{2-7}$$

式（2-7）表示，一次侧的输入阻抗 Z_L' 应为负载的实际阻抗 Z_L 乘以 k^2。换言之，理想变压器不但有变压和变流作用，还有阻抗变换的作用。

理想变压器对阻抗的变换作用，在电子技术中具有广泛的应用。在放大电路中，为了获得最大功率，需要把负载阻抗与放大器的内阻抗相匹配，为此只需引入一个具有特定电压比的理想变压器，就可以达到目的。

2. 变压器的基本结构

变压器中最主要的部件是铁心和绕组，它们构成了变压器的器身。

铁心 变压器的铁心既是磁路，又是套装绕组的骨架。铁心由心柱和铁轭两部分组成。

心柱上套装着绕组，铁轭将心柱连接起来，使之形成闭合磁路。为减少铁心损耗，铁心用厚0.30～0.35mm的硅钢片叠成，片上涂以绝缘漆，以避免片间短路。在大型电力变压器中，为提高磁导率和减少铁心损耗，常采用冷轧硅钢片；为减少接缝间隙和激磁电流，有时还采用由冷轧硅钢片卷成的卷片式铁心。

按照铁心的结构，变压器可分为心式和壳式两种。心式结构的心柱被绕组所包围，如图2－2所示；壳式结构则是铁心包围绕组的顶面、底面和侧面，如图2－3所示。心式结构的绕组和绝缘装配比较容易，所以电力变压器常常采用这种结构。壳式变压器的机械强度较好，常用做低压、大电流的变压器或小容量的电信变压器。

绕组 绕组是变压器的电路部分，绕组用纸包或纱包的绝缘扁线或圆线绕成，其中输入电能的绕组称为一次绕组，输出电能的绕组称为二次绕组，它们通常套装在同一心柱上。一次和二次绕组具有不同的匝数、电压和电流，其中电压较高的绕组称为高压绕组，电压较低的称为低压绕组。对于升压变压器，一次绕组为低压绕组，二次绕组为高压绕组；对于降压变压器，情况恰好相反。高压绕组的匝数多、导线细，低压绕组的匝数少、导线粗。

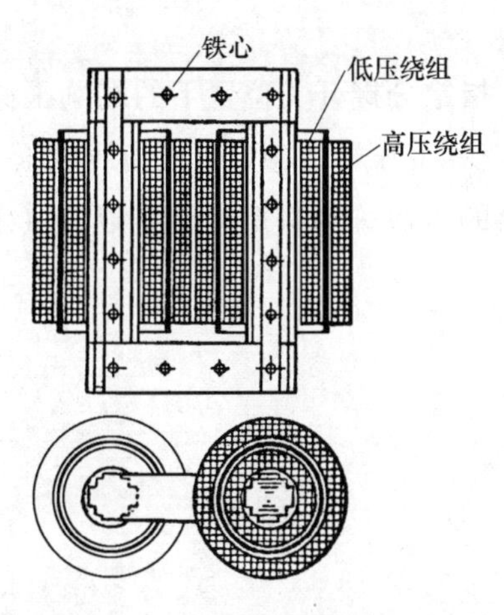

图2－2 单相心式变压器

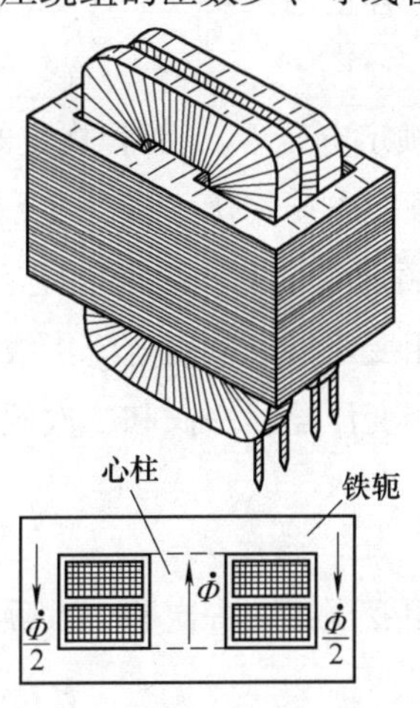

图2－3 单相壳式变压器

从高、低压绕组的相对位置来看，变压器的绕组可分成同心式和交叠式两类。同心式绕组的高、低压绕组同心地套装在心柱上，如图2－2所示。交叠式绕组的高、低压绕组沿心柱高度方向互相交叠地放置，如图2－3所示。同心式绕组结构简单、制造方便，国产电力变压器均采用这种结构。交叠式绕组主要用于特种变压器中。

其他部件 除器身外，典型的油浸电力变压器还有油箱、变压器油、散热器、绝缘套管、分接开关及继电保护装置等部件。

图2－4是一台三相油浸电力变压器的外形图和器身装配图。

3. 额定值

额定值是制造厂对变压器在额定状态和指定的工作条件下运行时，所规定的一些量值。在额定状态下运行时，可以保证变压器长期可靠地工作，并具有优良的性能。额定值也是产品设计和试验的依据。额定值通常标注在变压器的铭牌上，也称为铭牌值。变压器的额定值主要有：

a)

b)

图 2-4　三相油浸电力变压器

a）外形图　b）器身装配图

（1）额定容量 S_N　在铭牌规定的额定状态下，变压器输出视在功率的保证值称为额定容量。额定容量用伏安（VA）或千伏安（kVA）表示。对三相变压器，额定容量是指三相容量之和。

（2）额定电压 U_N　铭牌规定的各个绕组在空载、指定分接开关位置下的端电压称为额定电压。额定电压用伏（V）或千伏（kV）表示。对三相变压器，额定电压指线电压。

（3）额定电流 I_N　根据额定容量和额定电压算出的电流称为额定电流，以安（A）表示。对三相变压器，额定电流指线电流。

对单相变压器，一次和二次额定电流分别为

$$I_{1N} = \frac{S_N}{U_{1N}} \qquad I_{2N} = \frac{S_N}{U_{2N}} \tag{2-8}$$

对三相变压器，一次和二次额定电流分别为

$$I_{1N} = \frac{S_N}{\sqrt{3}U_{1N}} \qquad I_{2N} = \frac{S_N}{\sqrt{3}U_{2N}} \tag{2-9}$$

（4）额定频率 f_N　我国的标准工频规定为 50 赫（Hz）。

此外，额定工作状态下变压器的效率、温升等数据也属于额定值。

2.2　变压器的空载运行

实际变压器中，绕组的电阻不等于零，铁心的磁阻和铁心损耗也不等于零，一次和二次绕组也不可能完全耦合，所以实际变压器要比理想变压器复杂得多。为简单计，本节先研究空载运行时实际变压器中的情况。

变压器的一次绕组接到交流电源，二次绕组开路、负载电流为零（即空载）时的运行，称为空载运行。下面来研究空载时一次和二次绕组的电压比，铁心中主磁通的大小和波形，产生主磁通需要多大和怎样的激磁电流，如何用一个阻抗来表示交流铁心线圈等问题。分析时将计及绕组电阻、铁心磁阻和铁心损耗等因素。关于一次和二次绕组不完全耦合所引起的漏磁通问题，将在下一节中考虑。

1. 空载运行时的物理情况

图2－5所示为单相变压器空载运行的示意图。当一次绕组外施交流电压 u_1，二次绕组开路时，一次绕组内将流过一个很小的电流 i_{10}，称为变压器的空载电流。空载电流 i_{10} 将产生交变磁动势 $N_1 i_{10}$，并建立交变磁通 ϕ；i_{10} 的正方向与磁动势 $N_1 i_{10}$ 的正方向之间符合右手螺旋关系，磁通 ϕ 的正方向与磁动势的正方向相同。在图2－5中，i_{10} 为流入绕组，根据一次绕组的绕向和右手螺旋关系可知，一次绕组的磁动势 $N_1 i_{10}$ 和磁通 ϕ 的正方向为由下向上。

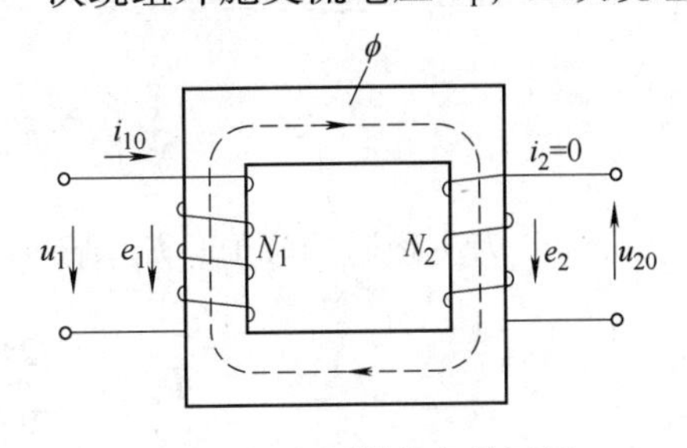

图2－5 变压器的空载运行

设磁通 ϕ 全部约束在铁心磁路内，并同时与一次和二次绕组相交链。根据法拉第电磁感应定律，磁通 ϕ 将在一次和二次绕组内感生电动势 e_1 和 e_2，

$$e_1 = -N_1 \frac{d\phi}{dt} \qquad e_2 = -N_2 \frac{d\phi}{dt} \tag{2-10}$$

e_1、e_2 的正方向与 ϕ 的正方向符合右手螺旋关系，且 e_1 的正方向应与 i_{10} 的正方向相同。在图2－5中，ϕ 由下至上地通过一次绕组，根据一次绕组的绕向和右手螺旋关系，e_1 的正方向为自上而下。同理，根据二次绕组的绕向，可以决定 e_2 的正方向为自上而下。这样，根据基尔霍夫电压定律和图2－5中所示正方向，并计及一次绕组的电阻压降 $i_{10}R_1$，即可列出空载时一次和二次绕组的电压方程为

$$\left.\begin{aligned} u_1 &= i_{10}R_1 - e_1 = i_{10}R_1 + N_1 \frac{d\phi}{dt} \\ u_{20} &= e_2 = -N_2 \frac{d\phi}{dt} \end{aligned}\right\} \tag{2-11}$$

式中，R_1 为一次绕组的电阻；u_{20} 为二次绕组的空载电压（即开路电压）。

在一般变压器中，空载电流所产生的电阻压降 $i_{10}R_1$ 很小，可以忽略不计，于是

$$\left|\frac{u_1}{u_{20}}\right| \approx \frac{e_1}{e_2} = \frac{N_1}{N_2} = k \tag{2-12}$$

k 为变压器的**电压比**。式（2－12）与理想变压器的情况相同。

由于 u 和 e 均为正弦量，故可把式（2－11）改写成如下的相量形式：

$$\left.\begin{aligned} \dot{U}_1 &= \dot{I}_{10}R_1 - \dot{E}_1 \approx -\dot{E}_1 \\ \dot{U}_{20} &= \dot{E}_2 \end{aligned}\right\} \tag{2-13}$$

2. 主磁通和激磁电流

主磁通 通过铁心并与一次和二次绕组相交链的磁通叫做**主磁通**，用 ϕ 表示。由式（2－10）可知

$$\phi = -\frac{1}{N_1}\int e_1 \mathrm{d}t \tag{2-14}$$

空载时 $-e_1 \approx u_1$，而电源电压 u_1 通常为正弦波，故感应电动势 e_1 也可认为是正弦波，即 $e_1 = \sqrt{2}E_1 \sin\omega t$，于是

$$\phi = -\frac{1}{N_1}\int \sqrt{2}\,E_1 \sin\omega t \mathrm{d}t = \frac{\sqrt{2}E_1}{\omega N_1}\cos\omega t = \Phi_{\mathrm{m}}\cos\omega t \tag{2-15}$$

式中，Φ_{m} 为主磁通的幅值；E_1 则是一次绕组感应电动势的有效值；

$$\Phi_{\mathrm{m}} = \frac{\sqrt{2}E_1}{2\pi f N_1} = \frac{E_1}{4.44 f N_1} \approx \frac{U_1}{4.44 f N_1} \tag{2-16}$$

$$E_1 = 4.44 f N_1 \Phi_{\mathrm{m}} \tag{2-17}$$

式（2-15）和式（2-16）表明，对于已经制成的变压器，匝数 N_1 为固定，若电源频率为 50Hz，则主磁通的大小和波形主要将取决于电源电压的大小和波形。用相量表示时，$\dot{\Phi}_{\mathrm{m}}$的相位将超前于感应电动势$\dot{E}_1$以 90°相角，如图 2-6 所示。

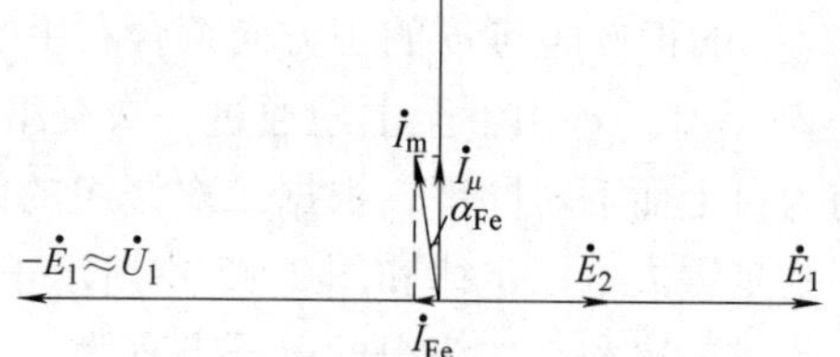

图 2-6 变压器的空载相量图

激磁电流 产生主磁通所需要的电流叫做激磁电流，用 i_{m} 表示。空载运行时，铁心上仅有一次绕组电流 i_{10}所形成的激磁磁动势，所以空载电流就是激磁电流，即 $i_{10} = i_{\mathrm{m}}$。

激磁电流 i_{m} 包含两个分量，一个是磁化电流 i_{μ}，另一个是铁耗电流 i_{Fe}，即

$$i_{\mathrm{m}} = i_{\mu} + i_{\mathrm{Fe}} \tag{2-18}$$

磁化电流 i_{μ}用以激励铁心中的主磁通 ϕ，对已制成的变压器，i_{μ} 的大小和波形取决于主磁通 ϕ 和铁心磁路的磁化曲线 $\phi = f(i_{\mu})$。当磁路不饱和时，磁化曲线是直线，i_{μ} 与 ϕ 成正比，故当主磁通 ϕ 随时间正弦变化时，i_{μ} 亦随时间正弦变化，且 i_{μ} 与 ϕ 同相而与感应电动势 e_1 相差 90°相角，故对 $-e_1$ 而言磁化电流 i_{μ} 为纯无功电流。若铁心中主磁通的幅值 Φ_{m} 使磁路达到饱和，则 i_{μ} 需由图 2-7 所示图解法来确定。图 2-7a 表示铁心的磁化曲线，图 2-7b 表示主磁通随时间正弦变化时磁化电流的确定。当时间 $t = t_1$、主磁通 $\phi = \phi_{(1)}$ 时，由磁化曲线的点 1 处可查出对应的磁化电流为 $i_{\mu(1)}$；当 $\omega t = 90°$、主磁通达到最大值 Φ_{m} 时，由磁化曲线的 m 点可以查出此时的磁化电流为 $i_{\mu(\mathrm{m})}$。同理可以确定其他瞬间的磁化电流，从而得到$i_{\mu}(t)$。

从图 2-7 可以看出，当主磁通随时间正弦变化时，由于磁路饱和所引起的磁化曲线的非线性，将导致磁化电流 i_{μ} 成为尖顶波；磁路越饱和，磁化电流的波形就越尖，即畸变越严重。但是无论 i_{μ} 怎样畸变，如用傅里叶级数把 i_{μ} 分解成基波、三次谐波和其他高次谐波，可知其基波分量 $i_{\mu 1}$ 始终与主磁通 ϕ 同相位，如图 2-7c 所示；即对 $-e_1$ 而言，它是一个无功电流。为便于计算，通常用一个有效值与之相等的等效正弦波来代替非正弦的磁化电流。

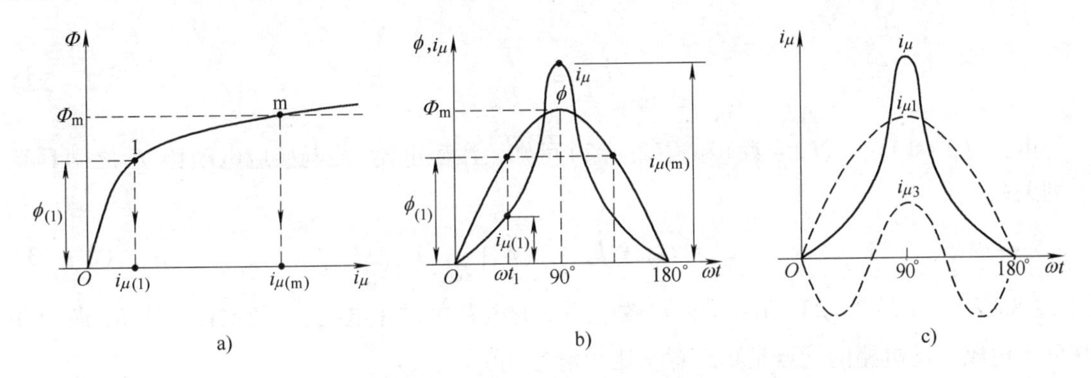

图 2-7 已知主磁通 ϕ 为正弦形，从磁化曲线来确定磁化电流 i_μ

a）铁心的磁化曲线 b）磁路饱和时磁化电流成为尖顶波

c）把尖顶的磁化电流分成基波和三次谐波

由于铁心中存在铁心损耗，故激磁电流 i_m 中除无功的磁化电流 i_μ 外，还有一个与铁心损耗相对应、与 $-e_1$ 同相位的有功电流 i_{Fe}，i_{Fe} 称为铁耗电流。用相量表示时，激磁电流 $\dot{I}_m$ 为

$$\dot{I}_m = \dot{I}_\mu + \dot{I}_{Fe} \tag{2-19}$$

相应的相量图如图 2-6 所示，图中的 α_{Fe} 称为铁耗角，它由铁心损耗所引起。

3. 激磁阻抗和激磁方程

下面进一步来建立一次绕组中的激磁电流 i_m 与感应电动势 e_1 之间的关系，并导出变压器的激磁阻抗和激磁方程。

根据磁路的欧姆定律和电磁感应定律，主磁通 ϕ、感应电动势 e_1 与磁化电流 i_μ 之间有下列关系：

$$\left.\begin{aligned} \phi &= N_1 i_\mu \times \Lambda_m \\ e_1 &= -N_1\frac{d\phi}{dt} = -N_1^2\Lambda_m\frac{di_\mu}{dt} = -L_{1\mu}\frac{di_\mu}{dt} \end{aligned}\right\} \tag{2-20}$$

式中，Λ_m 为主磁路的磁导；$L_{1\mu}$为对应的铁心绕组的磁化电感，$L_{1\mu}=N_1^2\Lambda_m$。用 i_μ 的等效正弦波相量 $\dot{I}_\mu$表示时，式（2-20）的第二式可写成

$$\dot{E}_1 = -j\omega L_{1\mu}\dot{I}_\mu = -j\dot{I}_\mu X_\mu \quad 或 \quad \dot{I}_\mu = -\frac{\dot{E}_1}{jX_\mu} \tag{2-21}$$

式中，X_μ 称为变压器的磁化电抗，它是表征铁心磁化性能的一个参数，$X_\mu=\omega L_{1\mu}$。

再看铁耗电流 $\dot{I}_{Fe}$与 $-\dot{E}_1$间的关系。根据式（1-14），铁耗 p_{Fe}与铁心内主磁密 B_m 的平方成正比，考虑到主磁通 Φ_m 又与一次绕组内的感应电动势 E_1 成正比，故有 $p_{Fe}\propto B_m^2\propto\Phi_m^2\propto E_1^2$，或 $p_{Fe}=\dfrac{E_1^2}{R_{Fe}}$，式中的比例常数 R_{Fe}称为铁耗电阻，它是表征铁心损耗 p_{Fe}的一个参数，$R_{Fe}=\dfrac{E_1^2}{p_{Fe}}$。另一方面，对于 $-\dot{E}_1$，铁耗电流$\dot{I}_{Fe}$是一个有功电流，所以铁耗也可写成 $p_{Fe}=-\dot{E}_1\dot{I}_{Fe}$。把铁耗的这两个式子合在一起，就有 $-\dot{E}_1\dot{I}_{Fe}=\dfrac{E_1^2}{R_{Fe}}$，或

$$\dot{I}_{Fe} = -\frac{\dot{E}_1}{R_{Fe}} \tag{2-22}$$

由式（2-19）、式(2-21)和式(2-22)可知，激磁电流 $\dot{I}_m$ 与感应电动势 $\dot{E}_1$之间具有下列关系：

$$\dot{I}_m = \dot{I}_{Fe} + \dot{I}_\mu = -\dot{E}_1\left(\frac{1}{R_{Fe}} + \frac{1}{jX_\mu}\right) \tag{2-23}$$

图2-8a 表示与式(2-23)相对应的等效电路，此电路由磁化电抗 X_μ 和铁耗电阻 R_{Fe}两个并联分支构成。此电路的优点是物理意义比较清楚。

为便于计算，也可以用一个等效的串联阻抗 Z_m 去代替这两个并联分支，如图2-8b 所示。此时式（2-23）可改写成

$$\dot{I}_m = -\frac{\dot{E}_1}{Z_m} \quad 或 \quad \dot{E}_1 = -\dot{I}_m Z_m = -\dot{I}_m(R_m + jX_m) \tag{2-24}$$

式中，$Z_m = R_m + jX_m$ 称为变压器的激磁阻抗，它是用串联阻抗形式来表征铁心的磁化性能和铁心损耗的一个综合参数；其中 X_m 称为激磁电抗，它是表征铁心磁化性能的一个等效参数；R_m 称为激磁电阻，它是表征铁心损耗的一个等效参数。式（2-24）就称为变压器的激磁方程。

从图2-8a 和 b 这两个等效电路可知，Z_m 是 R_{Fe}和 X_μ 的并联值，即

$$Z_m = \frac{R_{Fe}(jX_\mu)}{R_{Fe} + jX_\mu} = R_m + jX_m \tag{2-25}$$

由此可得 R_m、X_m 与 R_{Fe}、X_μ 之间的关系为 $R_m = R_{Fe}\frac{X_\mu^2}{R_{Fe}^2 + X_\mu^2}$，$X_m = X_\mu\frac{R_{Fe}^2}{R_{Fe}^2 + X_\mu^2}$。

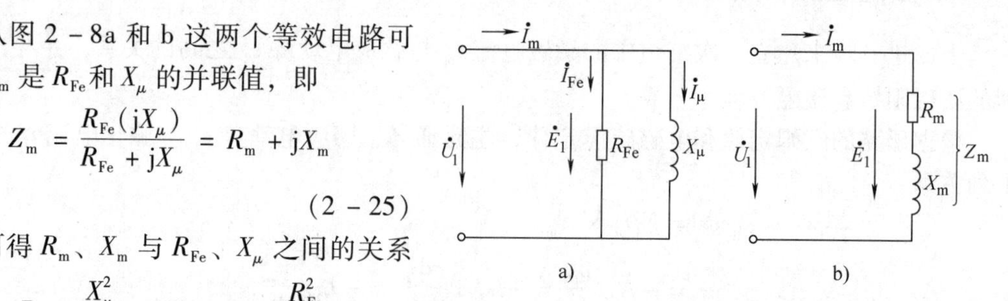

图2-8 铁心绕组的等效电路

a）并联电路 b）串联电路

由于铁心磁路的磁化曲线是非线性的，所以 E_1 和 I_m 之间也是非线性关系，即激磁阻抗 Z_m 不是常值，而是随着工作点饱和程度的增加而减小。考虑到变压器实际运行时，一次电压 U_1 = 常值，负载变化时主磁通 Φ_m 的变化很小，在此条件下，可以近似认为 Z_m 为一常值。

2.3 变压器的负载运行和基本方程

变压器的一次绕组接到交流电源，二次绕组接到负载阻抗 Z_L 时，二次绕组中便有电流流过，这种情况称为变压器的负载运行，如图2-9 所示。图中各量的正方向，按惯例规定如下：一次电流 i_1 的正方向与电源电压 u_1 的正方向一致；主磁通 ϕ 的正方向与 i_1 的正方向符合右手螺旋关系，一次和二次绕组感应电动势 e_1、e_2 的正方向与 ϕ 的正方向也符合右手螺旋关系；二次电流 i_2 的正方向与 e_2 的正方向一致；二次端电压 u_2 的正方向，与流入负载

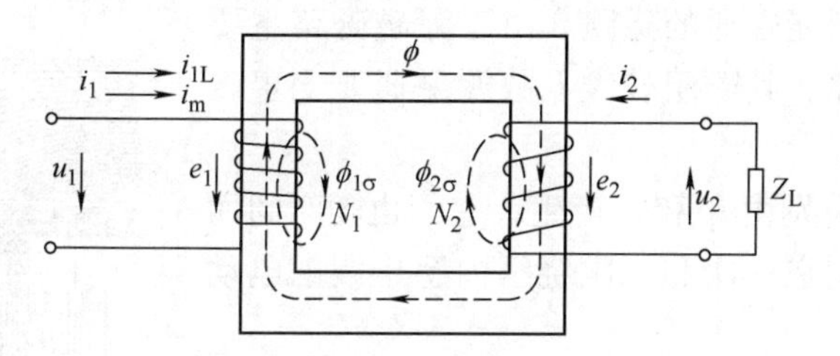

图2-9 变压器的负载运行

阻抗 Z_L 的电流 i_2 的正方向一致。

1. 负载运行时的磁动势方程

当二次绕组通过负载阻抗 Z_L 而闭合时，在感应电动势 e_2 的作用下，二次绕组中便有电流 i_2 流过，i_2 将产生磁动势 N_2i_2。由于磁动势 N_2i_2 的作用，铁心内的主磁通 ϕ 将发生微小的变化；相应地，一次绕组的电动势 e_1 也将发生微小的变化，从而使一次绕组的电流 i_1 发生一定的变化。考虑到电源电压 U_1 = 常值时，主磁通 $\Phi_m \approx$ 常值，故一次电流将从空载时的 i_m 增大为 i_1，

$$i_1 = i_m + i_{1L} \tag{2-26}$$

即 i_1 中除了用以产生主磁通 Φ_m 的激磁电流 i_m 之外，还将增加一个负载分量 i_{1L}，以抵消二次电流 i_2 的影响；换言之，i_{1L}所产生的磁动势 N_1i_{1L}应与 i_2 所产生的磁动势 N_2i_2 相等、方向相反，即

$$N_1i_{1L} + N_2i_2 = 0 \quad 或 \quad i_{1L} = -\frac{N_2}{N_1}i_2 \tag{2-27}$$

此关系称为一次和二次绕组间的磁动势平衡关系。

把式（2-26）两边乘以 N_1，可得

$$N_1i_1 = N_1i_m + N_1i_{1L}$$

再将式（2-27）的 $N_1i_{1L} = -N_2i_2$ 代入上式，就有

$$N_1i_1 + N_2i_2 = N_1i_m \tag{2-28}$$

式（2-28）就是负载时变压器的磁动势方程。式（2-28）表明，负载时用以建立主磁通的激磁磁动势N_1i_m，是一次和二次绕组的合成磁动势。式（2-28）中的激磁电流 i_m，取决于负载时主磁通的数值，一般来说，它与空载时的 i_{10}值稍有差别。

正常负载时，i_1 和 i_2 都随时间正弦变化，故式（2-28）可用相量表示为

$$N_1\dot{I}_1 + N_2\dot{I}_2 = N_1\dot{I}_m \tag{2-29}$$

2. 漏磁通和漏磁电抗

实际变压器的一次和二次绕组不可能完全耦合，所以除了通过铁心、并与一次和二次绕组相交链的主磁通 ϕ 之外，还有少量仅与一个绕组交链、且主要通过空气或油而闭合的漏磁通。由电流 i_1 所产生、且仅与一次绕组相交链的漏磁通，称为一次绕组的漏磁通，用 $\phi_{1\sigma}$ 表示；由电流 i_2 所产生、且仅与二次绕组相交链的漏磁通，称为二次绕组的漏磁通，用 $\phi_{2\sigma}$

表示。图 2－10 示出了漏磁通的磁路。由于漏磁磁路主要通过空气或油形成闭路，其磁阻较大，故漏磁通要比主磁通少得多。

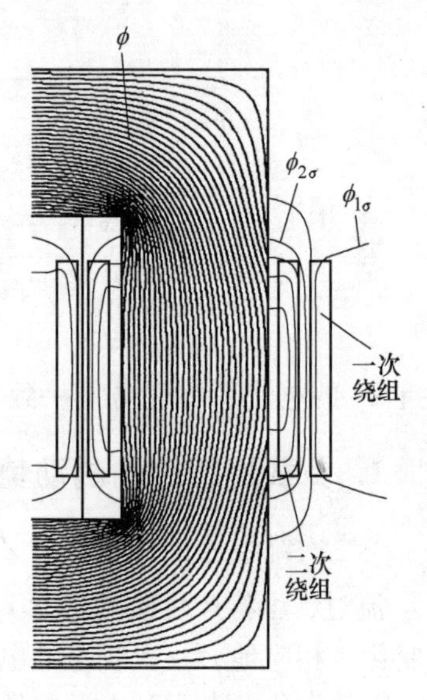

图 2－10　变压器中漏磁场的分布

漏磁通 $\phi_{1\sigma}$ 和 $\phi_{2\sigma}$ 分别由 i_1 和 i_2 产生，它们也随时间而交变，因此它们将分别在一次和二次绕组内感生漏磁电动势 $e_{1\sigma}$ 和 $e_{2\sigma}$，

$$e_{1\sigma}=-N_1\frac{\mathrm{d}\phi_{1\sigma}}{\mathrm{d}t}\qquad e_{2\sigma}=-N_2\frac{\mathrm{d}\phi_{2\sigma}}{\mathrm{d}t}\tag{2-30}$$

由于一次和二次绕组的漏磁通分别等于一次和二次绕组的磁动势乘以相应的漏磁导，即

$$\phi_{1\sigma}=N_1i_1\Lambda_{1\sigma}\qquad \phi_{2\sigma}=N_2i_2\Lambda_{2\sigma}\tag{2-31}$$

其中，$\Lambda_{1\sigma}$ 和 $\Lambda_{2\sigma}$ 分别为一次和二次漏磁路的磁导。将式（2－31）代入式（2－30），可得

$$\left.\begin{aligned}e_{1\sigma}&=-N_1^{\,2}\Lambda_{1\sigma}\frac{\mathrm{d}i_1}{\mathrm{d}t}=-L_{1\sigma}\frac{\mathrm{d}i_1}{\mathrm{d}t}\\e_{2\sigma}&=-N_2^{\,2}\Lambda_{2\sigma}\frac{\mathrm{d}i_2}{\mathrm{d}t}=-L_{2\sigma}\frac{\mathrm{d}i_2}{\mathrm{d}t}\end{aligned}\right\}\tag{2-32}$$

式中，$L_{1\sigma}$ 和 $L_{2\sigma}$ 分别称为一次绕组和二次绕组的漏磁电感，简称漏感。从式（2－32）可见，漏感等于绕组匝数的平方乘以相应的漏磁导，即

$$L_{1\sigma}=N_1^{\,2}\Lambda_{1\sigma}\qquad L_{2\sigma}=N_2^{\,2}\Lambda_{2\sigma}\tag{2-33}$$

由于漏磁路的主要部分是空气或油，故漏磁导 $\Lambda_{1\sigma}$ 和 $\Lambda_{2\sigma}$ 可认为是常值，相应的漏感 $L_{1\sigma}$ 和 $L_{2\sigma}$ 也可以认为是常值。

当一次和二次电流随时间正弦变化时，相应的漏磁通和漏磁电动势也将随时间作正弦变化，于是用相量表示时，式（2－32）就成为

$$\left.\begin{aligned}\dot{E}_{1\sigma}&=-\mathrm{j}\omega L_{1\sigma}\dot{I}_1=-\mathrm{j}X_{1\sigma}\dot{I}_1\\\dot{E}_{2\sigma}&=-\mathrm{j}\omega L_{2\sigma}\dot{I}_2=-\mathrm{j}X_{2\sigma}\dot{I}_2\end{aligned}\right\}\tag{2-34}$$

式中，$X_{1\sigma}$ 和 $X_{2\sigma}$ 分别称为一次和二次绕组的漏磁电抗，简称漏抗，$X_{1\sigma}=\omega L_{1\sigma}$，$X_{2\sigma}=\omega L_{2\sigma}$。漏抗是表征绕组漏磁效应的一个参数，$X_{1\sigma}$ 和 $X_{2\sigma}$ 都是常值。

按照磁路性质的不同，把磁通分成主磁通和漏磁通两部分；把不受铁心饱和影响的漏磁通分离出来，用常值参数 $X_{1\sigma}$ 和 $X_{2\sigma}$ 来表征；把受到铁心饱和影响的主磁路及其参数 Z_{m} 作为局部的非线性问题，再加以线性化处理；这种方法称为主磁通－漏磁通法。主磁通－漏磁通法是分析变压器和旋转电机的主要方法之一。这样做，一方面可以简化分析，另一方面可以提高测试和计算精度。

3. 电压方程

上面说明了负载时变压器内部的物理情况，在此基础上即可导出变压器的电压方程。

负载运行时，变压器内部的磁动势、磁通和感应电动势，可归纳如下：

磁动势　　磁通　　感应电动势

$N_1 i_1 \longrightarrow \phi_{1\sigma} \longrightarrow e_{1\sigma} = -L_{1\sigma}\dfrac{di_1}{dt}$ ⎫
$\qquad\qquad\qquad\quad\ \nearrow e_1 = -N_1\dfrac{d\phi}{dt}$ ⎭ 一次绕组

$\longrightarrow N_1 i_m \longrightarrow \phi$

$\qquad\qquad\qquad\quad\ \searrow e_2 = -N_2\dfrac{d\phi}{dt}$ ⎫
$N_2 i_2 \longrightarrow \phi_{2\sigma} \longrightarrow e_{2\sigma} = -L_{2\sigma}\dfrac{di_2}{dt}$ ⎭ 二次绕组

此外，一次和二次绕组内还有电阻压降 i_1R_1 和 i_2R_2。这样，根据基尔霍夫电压定律和图2－9中所示的正方向，即可列出一次和二次绕组的电压方程为

$$
\left.\begin{aligned}
u_1 &= i_1R_1 + L_{1\sigma}\frac{di_1}{dt} - e_1 \\
e_2 &= i_2R_2 + L_{2\sigma}\frac{di_2}{dt} + u_2
\end{aligned}\right\} \tag{2-35}
$$

若一次和二次的电压、电流均随时间正弦变化，则与式（2－35）相应的相量形式应为

$$
\left.\begin{aligned}
\dot{U}_1 &= \dot{I}_1(R_1 + jX_{1\sigma}) - \dot{E}_1 = \dot{I}_1 Z_{1\sigma} - \dot{E}_1 \\
\dot{E}_2 &= \dot{I}_2(R_2 + jX_{2\sigma}) + \dot{U}_2 = \dot{I}_2 Z_{2\sigma} + \dot{U}_2
\end{aligned}\right\} \tag{2-36}
$$

式中，$Z_{1\sigma}$和$Z_{2\sigma}$分别称为一次和二次绕组的**漏阻抗**，$Z_{1\sigma}=R_1+jX_{1\sigma}$，$Z_{2\sigma}=R_2+jX_{2\sigma}$。

电压方程和磁动势方程、激磁方程合在一起，统称为变压器的基本方程：

$$
\left.\begin{aligned}
&\dot{U}_1 = \dot{I}_1 Z_{1\sigma} - \dot{E}_1 \qquad \dot{E}_2 = \dot{I}_2 Z_{2\sigma} + \dot{U}_2 \qquad \frac{\dot{E}_1}{\dot{E}_2} = k \\
&N_1\dot{I}_1 + N_2\dot{I}_2 = N_1\dot{I}_m \qquad \dot{E}_1 = -\dot{I}_m Z_m
\end{aligned}\right\} \tag{2-37}
$$

至此，变压器的数学模型已经建立。但是在解决实际问题之前，为便于计算，还要建立变压器的等效电路。

2.4　变压器的等效电路

在研究变压器的运行问题时，希望有一个既能正确反映变压器内部电磁关系、又便于工程计算的等效电路，来代替既有电路、又有磁路和电磁感应联系的实际变压器。下面从变压器的基本方程出发，通过绕组归算，来导出此等效电路。

1. 绕组归算

为建立等效电路，除了需要把一次侧和二次侧漏磁通的效果作为漏抗压降，主磁通和铁心线圈的效果作为激磁阻抗来处理之外，还要解决如何把两个具有不同电动势和电流、在电

的方面没有直接联系的一次和二次绕组，连接在一起的问题。为此需要进行绕组归算。通常是把二次绕组归算到一次绕组，也就是把二次绕组的匝数变换成一次绕组的匝数，而不改变一次和二次绕组原有的电磁关系。

从磁动势平衡关系可知，二次电流对一次侧的影响，是通过二次磁动势$N_2\dot{I}_2$来实现的，只要归算前、后二次绕组的磁动势保持不变，则一次绕组将从电网输入同样大小的功率和电流，并有同样大小的功率传递给二次绕组。

归算后，二次侧各物理量的数值称为归算值，用原物理量的符号加“′”来表示。设二次电流和电动势的归算值为 $\dot{I}_2'$ 和 $\dot{E}_2'$，根据归算前、后二次绕组磁动势保持不变的原则，可得

$$N_1\dot{I}_2' = N_2\dot{I}_2$$

由此可得二次电流的归算值 $\dot{I}_2'$ 为

$$\dot{I}_2' = \frac{N_2}{N_1}\dot{I}_2 = \frac{1}{k}\dot{I}_2 \tag{2-38}$$

由于归算前、后二次绕组的磁动势未变，因此铁心中的主磁通将保持不变。这样，根据感应电动势与匝数成正比这一关系，便可得到归算前、后二次绕组电动势之比应为

$$\frac{\dot{E}_2'}{\dot{E}_2} = \frac{N_1}{N_2} = k$$

即二次绕组感应电动势的归算值 $\dot{E}_2'$ 应为

$$\dot{E}_2' = k\dot{E}_2 \tag{2-39}$$

把磁动势方程（2-29）除以匝数N_1，可得归算后的磁动势方程为

$$\dot{I}_1 + \dot{I}_2' = \dot{I}_m \tag{2-40}$$

再把二次绕组的电压方程［式（2-36）中的第二式］乘以电压比k，可得

$$k\dot{E}_2 = k\dot{I}_2(R_2 + jX_{2\sigma}) + k\dot{U}_2 = \frac{\dot{I}_2}{k}(k^2R_2 + jk^2X_{2\sigma}) + k\dot{U}_2$$

或

$$\dot{E}_2' = \dot{I}_2'(k^2R_2 + jk^2X_{2\sigma}) + k\dot{U}_2 = \dot{I}_2'(R_2' + jX_{2\sigma}') + \dot{U}_2' \tag{2-41}$$

式中，R_2'和$X_{2\sigma}'$分别为二次绕组电阻和漏抗的归算值，$R_2' = k^2R_2$，$X_{2\sigma}' = k^2X_{2\sigma}$；$\dot{U}_2'$为二次电压的归算值，$\dot{U}_2' = k\dot{U}_2$。式（2-41）就是归算后二次绕组的电压方程。

综上所述可见，二次绕组归算到一次绕组时，电动势和电压应乘以 k 倍，电流则除以 k 倍，阻抗乘以k^2倍。不难证明，这样做的结果，归算前、后二次绕组内的功率和损耗均将保持不变。例如，传递到二次绕组的复数功率为

$$\dot{E}_2'\dot{I}_2'^* = (k\dot{E}_2)\left(\frac{\dot{I}_2^*}{k}\right) = \dot{E}_2\dot{I}_2^* \qquad (2-42)$$

式中，* 号表示复数的共轭值。二次绕组的电阻损耗和漏磁场内的无功功率为

$$\left.\begin{aligned} I_2'^2R_2' &= \left(\frac{1}{k}I_2\right)^2(k^2R_2) = I_2^2R_2 \\ I_2'^2X_{2\sigma}' &= \left(\frac{1}{k}I_2\right)^2(k^2X_{2\sigma}) = I_2^2X_{2\sigma} \end{aligned}\right\} \qquad (2-43)$$

负载的复数功率为

$$\dot{U}_2'\dot{I}_2'^* = (k\dot{U}_2)\left(\frac{1}{k}\dot{I}_2^*\right) = \dot{U}_2\dot{I}_2^* \qquad (2-44)$$

即用归算前、后的量算出的复数功率是相同的。因此，所谓归算，实质是在功率和磁动势保持为不变量的条件下，对绕组的电压、电流所进行的一种线性变换。

归算后，变压器的基本方程就成为

$$\left.\begin{aligned} &\dot{U}_1 = \dot{I}_1Z_{1\sigma} - \dot{E}_1 \qquad &\dot{E}_2' = \dot{I}_2'Z_{2\sigma}' + \dot{U}_2' \\ &\dot{I}_1 + \dot{I}_2' = \dot{I}_m \qquad &\dot{E}_1 = \dot{E}_2' = -\dot{I}_mZ_m \end{aligned}\right\} \qquad (2-45)$$

式中，$Z_{2\sigma}'$为归算后二次绕组的漏阻抗，$Z_{2\sigma}' = R_2' + jX_{2\sigma}'$。

2. T 形等效电路

T 形等效电路的导出 归算以后，一次和二次绕组的匝数变成相同，故电动势 $\dot{E}_1 = \dot{E}_2'$，一次和二次绕组的磁动势方程，也变成等效的电流关系 $\dot{I}_1 + \dot{I}_2' = \dot{I}_m$，由此即可导出变压器的等效电路。

根据式（2－45）中的第一式和第二式，可画出一次和二次绕组的等效电路，如图 2－11a 和b 所示；根据第四式可画出激磁部分的等效电路，如图 2－11c 所示。然后根据 $\dot{E}_1 = \dot{E}_2'$ 和 $\dot{I}_1 + \dot{I}_2' = \dot{I}_m$ 两式，把这三个电路连接在一起，即可得到变压器的 T 形等效电路，如图 2－12 所示。

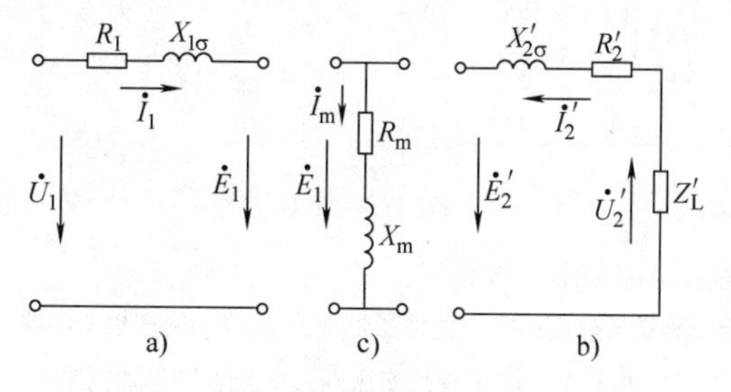

图 2－11 根据归算后的基本方程画出的部分等效电路

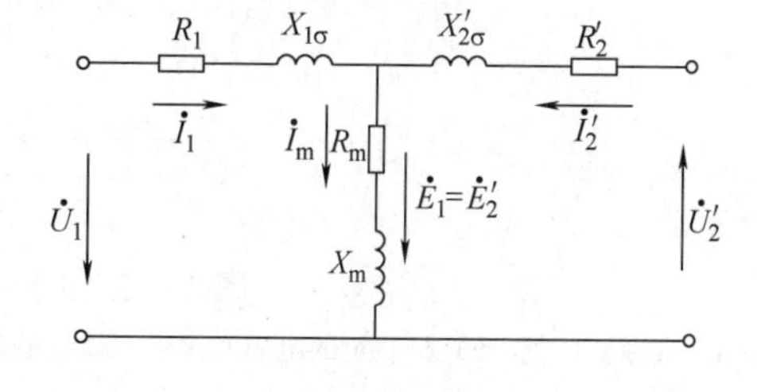

图 2－12 变压器的 T 形等效电路

T 形等效电路的形成过程 为进一步理解 T 形等效电路，下面说明它的形成过程。

图 2－13a 是一台一次和二次绕组既有电阻又有漏磁，铁心既有一定磁阻又有铁耗，一

次和二次绕组的匝比为 N_1/N_2 的实际变压器。第一步，先把一次和二次绕组的电阻和漏磁通从实际变压器中分离出来，其效果用电阻 R_1、R_2 和漏抗 $X_{1\sigma}$、$X_{2\sigma}$ 来表征；再把铁心的磁阻和铁耗分离出来，其效果用激磁阻抗 R_m 和 X_m 来表征；使变压器成为 N_1/N_2 的理想变压器，如图 2－13b 所示。第二步是绕组归算，即把二次绕组的匝数从 N_2 变为 N_1，二次绕组中的电动势、电流和阻抗值变成归算值；这样，变压器就成为 N_1/N_1 的理想变压器，如图 2－13c 所示。第三步，考虑到归算以后，紧靠理想变压器前、后两侧的电流均为 $\dot{I}_2'$，电动势也相等（$\dot{E}_1=\dot{E}_2'$），所以理想变压器的存在与否对实际运行毫无影响（它的存在仅对一次和二次绕组起电气隔离作用），故就计算而言，可以把它抽去，这样就可得到 T 形等效电路，如图 2－13d 所示。

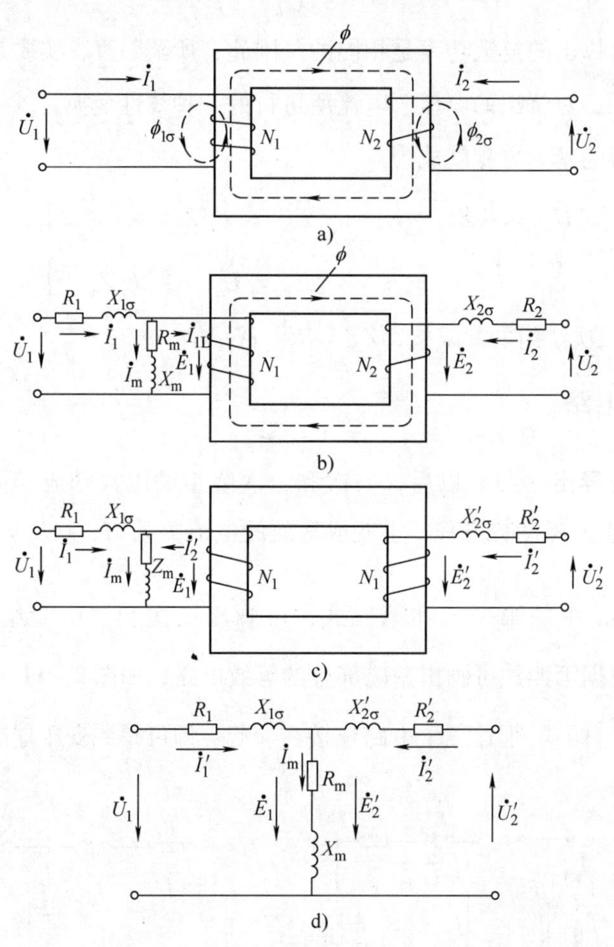

图 2－13　T 形等效电路的形成过程

a）实际变压器　b）把绕组的电阻和漏磁、铁心的磁阻和铁耗分离出来，使变压器成为 N_1/N_2 的理想变压器

c）绕组归算（把二次绕组的匝数从 N_2 变换为 N_1）　d）抽去 N_1/N_1 的理想变压器，得到 T 形等效电路

工程上常用等效电路来分析、计算各种实际运行问题。应当指出，利用归算到一次侧的等效电路算出的一次绕组各量，均为变压器中的实际值；二次绕组中各量则为归算值，欲得实际值，对电流 $\dot{I}_2'$应乘以 k（即$\dot{I}_2=k\dot{I}_2'$），对电压 $\dot{U}_2'$ 应除以 k（即 $\dot{U}_2=\dot{U}_2'/k$）。

也可以把一次侧各量归算到二次侧，以得到归算到二次侧的T形等效电路。一次侧各量归算到二次侧时，电流应乘以 k，电压除以 k，阻抗除以 k^2。

3. 近似和简化等效电路

T形等效电路属于复联电路，计算起来比较繁复。对于一般的电力变压器，额定负载时一次绕组的漏阻抗压降 $I_{1N}Z_{1\sigma}$ 仅占额定电压的百分之二到三，而激磁电流 I_m 又远小于额定电流 I_{1N}，因此把T形等效电路中的激磁分支，从电路的中间移到电源端，对变压器的运行计算不会带来明显的误差。这样，就可得到图2－14a所示的近似等效电路。

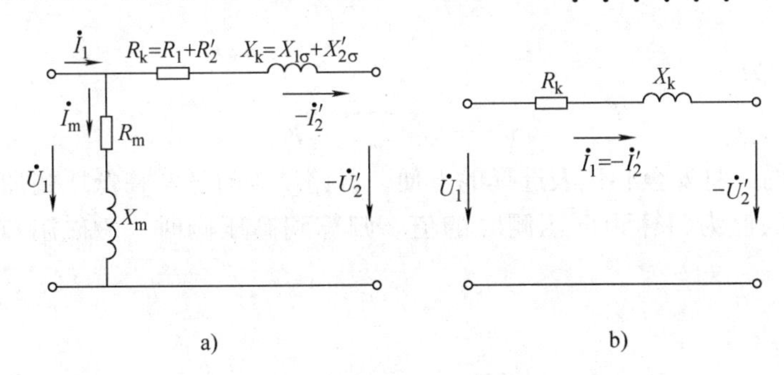

图2－14　变压器的近似和简化等效电路

a）近似等效电路　b）简化等效电路

若进一步忽略激磁电流（即把激磁分支开断），则等效电路将简化成一串联电路，如图2－14b所示，此电路就称为简化等效电路。在简化等效电路中，变压器的等效阻抗表现为一串联阻抗 Z_k，Z_k 称为等效漏阻抗（简称漏阻抗），

$$\left.\begin{aligned}Z_k &= Z_{1\sigma} + Z_{2\sigma}' = R_k + jX_k\\ R_k &= R_1 + R_2',\quad X_k = X_{1\sigma} + X_{2\sigma}'\end{aligned}\right\}\tag{2-46}$$

下面将看到，等效漏阻抗 Z_k 可用短路试验测出，故 Z_k 也称为短路阻抗；R_k 和 X_k 则称为短路电阻和短路电抗。用简化等效电路来计算实际问题十分简便，在多数情况下其精度已能满足工程要求。

2.5　等效电路参数的测定

等效电路的参数，可以用开路试验和短路试验来测定。这两个试验是变压器的主要试验项目。

1. 开路试验

开路试验也称空载试验，试验的接线图如图2－15所示。试验时，二次绕组开路，一次绕组加上额定电压，测量此时的输入功率 P_0、一次电压 U_1 和电流 I_0，即可算出激磁阻抗。

变压器二次绕组开路时，一次绕组的空载电流 I_0 就是激磁电流 I_m。由于一次漏阻抗 $Z_{1\sigma}$ 比激磁阻抗 Z_m 小得多，若将它略去不计，可得激磁阻抗 $|Z_m|$ 为

$$|Z_m| \approx \frac{U_1}{I_0} \tag{2-47}$$

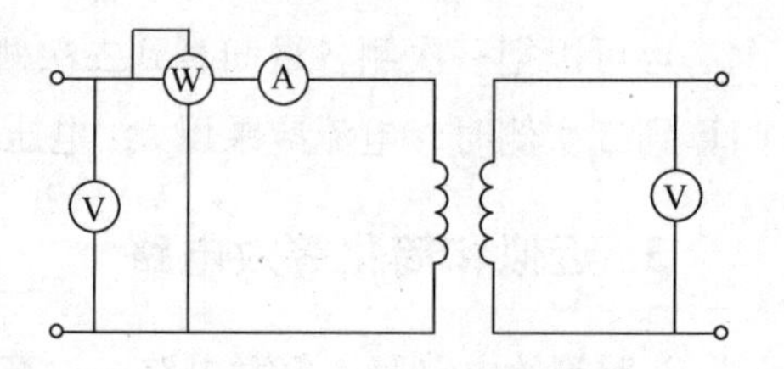

图 2-15　开路试验的接线图

由于空载电流很小，它在一次绕组电阻中所产生的损耗可以忽略不计，所以空载输入功率 P_0 可认为基本上是供给铁心损耗的，故激磁电阻 R_m 应为

$$R_m \approx \frac{P_0}{I_0^2} \tag{2-48}$$

于是激磁电抗 X_m 为

$$X_m = \sqrt{|Z_m|^2 - R_m^2} \tag{2-49}$$

为了试验时的人身安全和仪表选择的方便，开路试验时通常在低压侧加上电压，高压侧开路，此时测出的值为归算到低压侧时的值。归算到高压侧时，激磁阻抗应乘以 k^2，$k = N_{高压}/N_{低压}$。

2. 短路试验

短路试验亦称为负载试验，图 2-16 表示试验时的接线图。试验时，把二次绕组短路，一次绕组上加一可调的低电压。调节外加的低电压，使短路电流达到额定电流，测量此时的一次电压 U_k、输入功率 P_k 和电流 I_k，即可确定变压器的漏阻抗。

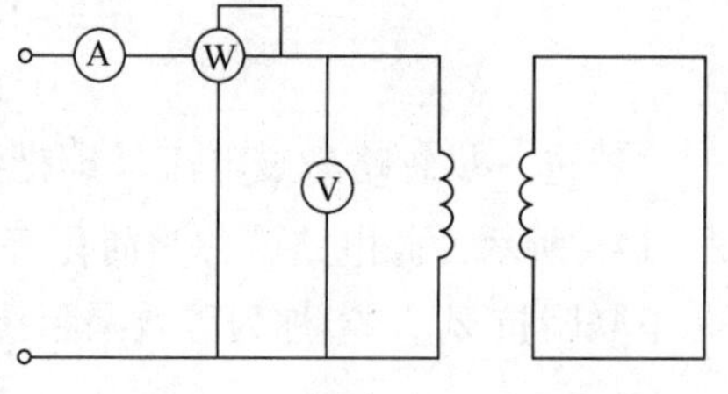

图 2-16　短路试验的接线图

从简化等效电路可见，变压器短路时，外加电压仅用于克服变压器内部的漏阻抗压降，当短路电流为额定电流时，该电压一般只有额定电压的 5%～15%，因此短路试验时，变压器铁心内的主磁通很小，激磁电流和铁耗均可忽略不计。于是变压器的漏阻抗即为短路时所表现的短路阻抗 Z_k，即

$$|Z_k| \approx \frac{U_k}{I_k} \tag{2-50}$$

由于短路电压很低，此时铁心中的铁耗很小，若不计铁耗，短路时的输入功率 P_k 可认为全部消耗在一次和二次绕组的电阻损耗上，故短路电阻 R_k 为

$$R_k = \frac{P_k}{I_k^2} \tag{2-51}$$

短路电抗 X_k 则为

$$X_k = \sqrt{|Z_k|^2 - R_k^2} \tag{2-52}$$

短路试验时，绕组的温度与实际运行时不一定相同，按国家标准规定，测出的电阻应换算到 75℃时的数值。若绕组为铜线绕组，电阻可用下式换算：

$$R_{k(75^\circ)} = R_k \frac{234.5 + 75}{234.5 + \theta} \tag{2-53}$$

式中，θ 为试验时绕组的温度，通常为室温。由于 R_1 可用电桥法或直流伏－安法测定，故 R_2'将随之确定。

短路试验通常在高压侧加电压，低压侧短路，由此所得的参数值为归算到高压侧时的值。

短路试验时，使短路电流达到额定值时所加的电压 U_{1k}，通常称为阻抗电压或短路电压。阻抗电压用额定电压的百分值表示时有

$$u_k = \frac{U_{1k}}{U_{1N}} \times 100\% = \frac{I_{1N}|Z_k|}{U_{1N}} \times 100\% \tag{2-54}$$

阻抗电压的百分值是铭牌数据之一。

变压器中漏磁场的分布十分复杂，把漏磁场划分成一次和二次绕组的漏磁场，纯粹是一种人为的做法。所以要从测出的 X_k 中把 $X_{1\sigma}$和 $X_{2\sigma}'$分开，事实上是不可能的。由于工程上大多采用近似或简化等效电路来计算各种运行问题，因此没有必要把 $X_{1\sigma}$和 $X_{2\sigma}'$分开。对于 T 型等效电路，通常假设 $X_{1\sigma} = X_{2\sigma}'$，以把两者分离。

【例 2－1】 一台单相变压器，$S_N = 20000\text{kVA}$，$U_{1N}/U_{2N} = 127\text{kV}/11\text{kV}$，50Hz。在 15℃时开路和短路试验数据如下：

试验名称	电 压	电 流	功 率	备 注
开路试验	11kV	45.5A	47kW	电压加在低压侧
短路试验	9.24kV	157.5A	129kW	电压加在高压侧

试求：（1）归算到低压侧和高压侧时的激磁阻抗和漏阻抗值；（2）已知 $R_{1(75°)} = 3.9\Omega$，设 $X_{1\sigma} = X_{2\sigma}'$，试画出归算到高压侧时的 T 形等效电路。

解 一次和二次绕组的额定电流分别为

$$I_{1N} = \frac{S_N}{U_{1N}} = \frac{20000}{127}\text{A} = 157.5\text{A}$$

$$I_{2N} = \frac{S_N}{U_{2N}} = \frac{20000}{11}\text{A} = 1818\text{A}$$

电压比

$$k = \frac{U_{1N}}{U_{2N}} = \frac{127}{11} = 11.545$$

（1）开路试验时，由于电压加在低压侧，所以测出的激磁阻抗为归算到低压侧时的值

$$|Z_{m(低压)}| = \frac{U_2}{I_{20}} = \frac{11\times10^3}{45.5}\Omega = 241.8\Omega$$

$$R_{m(低压)} = \frac{P_{20}}{I_{20}^2} = \frac{47\times10^3}{45.5^2}\Omega = 22.7\Omega$$

$$X_{m(低压)} = \sqrt{|Z_{m(低压)}|^2 - R_{m(低压)}^2} = \sqrt{241.8^2 - 22.7^2}\Omega = 240.7\Omega$$

归算到高压侧时，

$$|Z_{m(高压)}| = k^2|Z_{m(低压)}| = 11.545^2 \times 241.8\Omega = 32228\Omega$$
$$R_{m(高压)} = k^2 R_{m(低压)} = 11.545^2 \times 22.7\Omega = 3026\Omega$$
$$X_{m(高压)} = k^2 X_{m(低压)} = 11.545^2 \times 240.7\Omega = 32082\Omega$$

短路试验时，电压加在高压边，所以测出的漏阻抗为归算到高压侧的值，

$$|Z_{k(高压)}| = \frac{U_{1k}}{I_{1k}} = \frac{9240}{157.5}\Omega = 58.67\Omega$$

$$R_{k(高压)} = \frac{P_{1k}}{I_{1k}^2} = \frac{129\times10^3}{157.5^2}\Omega = 5.20\Omega$$

$$X_{k(高压)} = \sqrt{|Z_{k(高压)}|^2 - R_k^2} = \sqrt{58.67^2 - 5.2^2}\Omega = 58.44\Omega$$

换算到75℃时，

$$R_{k(高压75°)} = 5.2\frac{234.5+75}{234.5+15}\Omega = 6.451\Omega$$

$$|Z_{k(高压75°)}| = \sqrt{R_{k(高压75°)}^2 + X_{k(高压)}^2} = \sqrt{6.451^2+58.44^2}\Omega = 58.79\Omega$$

归算到低压侧时，

$$R_{k(低压75°)} = \frac{R_{k(高压75°)}}{k^2} = \frac{6.451}{11.545^2}\Omega = 0.0484\Omega$$

$$X_{k(低压)} = \frac{X_{k(高压)}}{k^2} = \frac{58.44}{11.545^2}\Omega = 0.438\Omega$$

$$|Z_{k(低压75°)}| = \frac{|Z_{k(高压75°)}|}{k^2} = \frac{58.79}{11.545^2}\Omega = 0.441\Omega$$

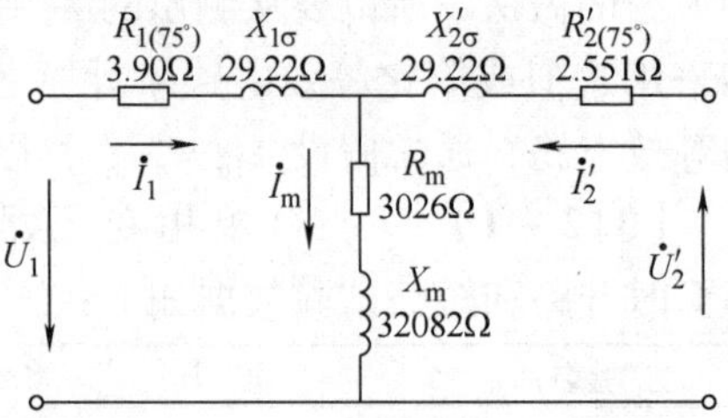

图2－17　例2－1中变压器的T形等效电路

（2）归算到高压侧时的T形等效电路如图2－17所示，图中 $R_{1(75°)}=3.90\Omega$，$R'_{2(75°)}=R_{k(75°)}-R_{1(75°)}=2.551\Omega$；$X_{1\sigma}=X'_{2\sigma}=\frac{1}{2}X_k=29.22\Omega$，$R_m=3026\Omega$，$X_m=32082\Omega$。

2.6　三相变压器

目前电力系统均采用三相制，因而三相变压器的应用极为广泛。三相变压器稳态对称运行时，各相的电压、电流大小相等，相位互差120°；因此在原理分析和运行计算时，可以取三相中的一相来研究，即三相问题可以简化为单相问题。于是前面导出的基本方程和等效电路，可直接用于三相中的任一相。由于电压比 k 是一次和二次绕组的感应电动势之比，所以对三相变压器，仍有 $k=\frac{N_1}{N_2}=\frac{U_{1N\phi}}{U_{2N\phi}}$，其中 $U_{1N\phi}$ 和 $U_{2N\phi}$ 分别为一次和二次绕组的额定相电压。关于三相变压器的特点，如三相变压器的磁路系统，三相绕组的连接方法等问题，将在本节中加以说明。

1. 三相变压器的磁路

三相变压器的磁路可分为三个单相独立磁路和三相磁路两类。图2－18表示三台单相变压器在电路上连接起来，组成一个三相系统，这种组合称为三相变压器组。三相变压器组的磁路彼此独立，每相各有自己的磁路。

如果把三台单相变压器的铁心拼成如图2－19a所示的星形磁路，则当三相绕组外施对

称三相电压时，由于三相主磁通 $\dot{\Phi}_A$、$\dot{\Phi}_B$和 $\dot{\Phi}_C$ 也是对称的，如图2－19b所示，故三相磁通之和将等于零，即

$$\dot{\Phi}_A + \dot{\Phi}_B + \dot{\Phi}_C = 0$$

这样，中间心柱中将无磁通通过，因此可以把它省略。进一步把三个心柱安排在同一平面内，如图2－19c 所示，就可以得到三相心式变压器。三相心式变压器的磁路是一个三相磁路，任何一相磁路都以其他两相磁路作为自己的回路。

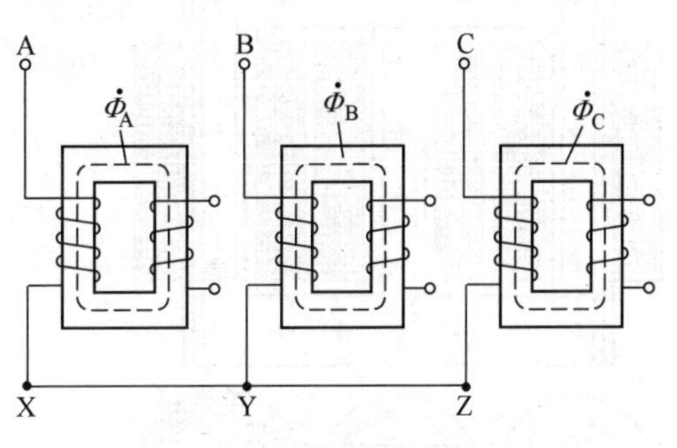

图2－18 三相变压器组及其磁路

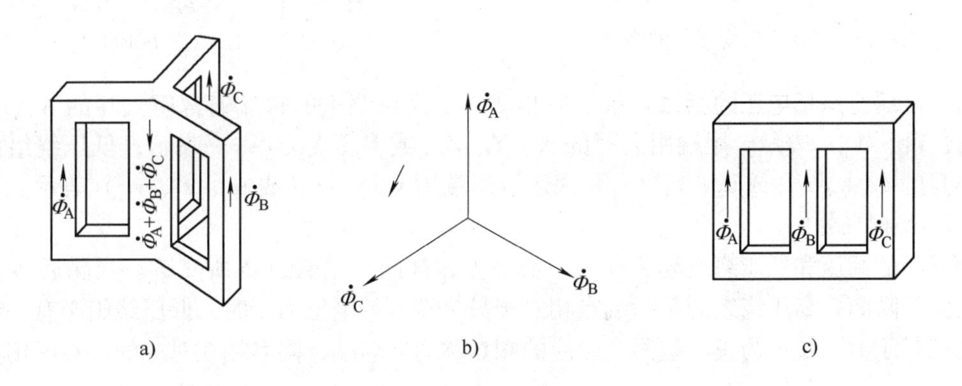

图2－19 三相心式变压器的磁路

a）三相星形磁路 b）三相主磁通的相量图 c）实际心式变压器的磁路

与三相变压器组相比较，三相心式变压器的材料消耗较少、价格较便宜、占地面积也较小，维护比较简单。但是对于大型和超大型变压器，为了便于制造和运输，并减少电站的备用容量，往往采用三相变压器组。

2. 三相变压器绕组的联结和组号

三相心式变压器的三个心柱上分别套有 A 相、B 相和 C 相的高压和低压绕组，三相共六个绕组，如图 2－20 所示。为绝缘方便，常把低压绕组套装在里面，靠近心柱，高压绕组套装在低压绕组外面。三相绕组常用星形联结（用 Y 或 y 表示）或三角形联结（用 D 或 d 表示）。星形联结是把三相绕组的三个首端 A、B、C 引出，把三个尾端 X、Y、Z 连接在一起作为中点，如图 2－21a 所示。三角形联结是把一相绕组的尾端和另一相绕组的首端相连，顺次连成一个闭合的三角形回路，最后把首端 A、B、C 引出，如图 2－21b 所示。

国产电力变压器常用 Yyn、Yd 和 YNd 三种联结，前面的大写字母表示高压绕组的联结方式，后面的小写字母表示低压绕组的联结方式，N（或 n）表示有中点引出的情况。

变压器并联运行时，为了正确地使用三相变压器，必须知道高、低压绕组线电压之间的相位关系。下面先说明高、低压绕组相电压的相位关系，然后说明线电压的相位关系。

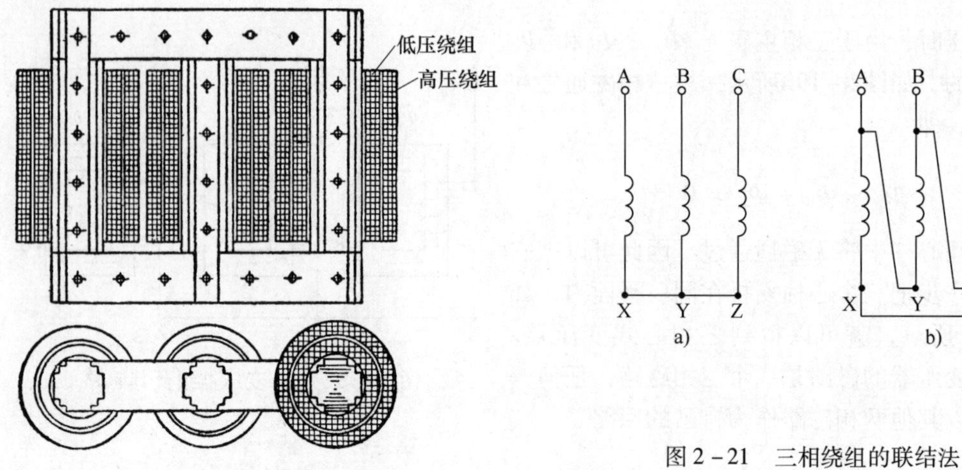

图2-20　三相心式变压器的绕组

图2-21　三相绕组的联结法

a）星形联结　b）三角形联结

高、低压绕组相电压的相位关系　三相变压器高压绕组的首端通常用大写的A、B、C（或U_1、V_1、W_1）表示，尾端用大写的X、Y、Z（或U_2、V_2、W_2）表示；低压绕组的首端用小写的a、b、c（或u_1、v_1、w_1）表示，尾端用x、y、z（或u_2、v_2、w_2）表示。现取三相中的A相来分析。

同一相的高压和低压绕组套装在同一心柱上，被同一主磁通ϕ所交链。当磁通ϕ交变时，在同一瞬间，高压绕组的某一端点相对于另一端点的电位为正时，低压绕组必有一端点其电位相对于另一端点为正，这两个对应的端点称为同名端，同名端在对应的端点旁用圆点"·"来标注。同名端取决于绕组的绕制方向，如高、低压绕组的绕向相同，则两个绕组的上端（或下端）就是同名端；若绕向相反，则高压绕组的上端与低压绕组的下端为同名端，如图2-22a和b所示。

为了确定高、低压相电压的相位关系，高压和低压绕组相电压的正方向统一规定为从绕

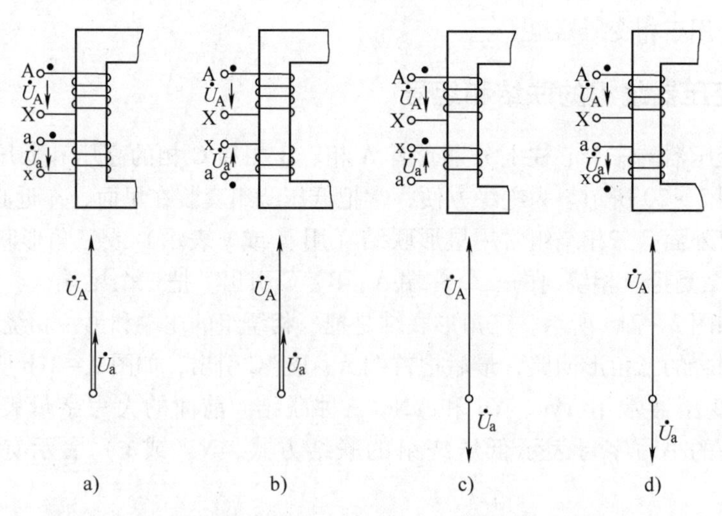

图2-22　高、低压绕组的同名端和相电压的相位关系

a）和b）首端为同名端，$\dot{U}_A$与$\dot{U}_a$同相　c）和d）首端为非同名端，$\dot{U}_A$和$\dot{U}_a$反相

组的首端指向尾端。高压和低压绕组的相电压既可能是同相位，也可能是反相位，取决于绕组的同名端是否同在首端或尾端。若高压和低压绕组的首端同为同名端，则相电压 $\dot{U}_A$ 和 $\dot{U}_a$ 为同相，如图 2－22a、b 所示；若高压和低压绕组的首端为非同名端，则 $\dot{U}_A$ 和 $\dot{U}_a$ 为反相，如图 2－22c、d 所示。

高、低压绕组线电压的相位关系 三相绕组采用不同的联结时，高压侧的线电压与低压侧对应的线电压之间（例如 $\dot{U}_{AB}$ 与 $\dot{U}_{ab}$之间）可以形成不同的相位。为了表明高、低压对应的线电压之间的相位关系，通常采用“时钟表示法”，即把高、低压绕组的两个线电压三角形的重心 O 和 o 重合，把高压侧线电压三角形的一条中线（例如 OA）作为时钟的长针，指向钟面的 12，再把低压侧线电压三角形中对应的中线（例如 oa）作为短针，它所指的钟点就是该联结组的组号。例如 Yd11 表示高压绕组为星形联结，低压绕组为三角形联结，高压侧线电压滞后于低压侧对应的线电压 30°。这样从 0 到 11 共计 12 个组号，每个组号相差 30°。

联结组的组号可以根据高、低压绕组的同名端和绕组的连接方法来确定。下面以 Yy0 和 Yd11 这两种联结组为例，说明其连接方法。

Yy0 联结组 图 2－23a 表示 Yy0 联结组的绕组联结图，此时高、低压绕组的绕向相同，故 A 和 a 为同名端；同理，B 和 b、C 和 c 亦是同名端。由于高、低压绕组的首端为同名端，故高、低压绕组对应的相电压相量应为同相位，即 $\dot{U}_A$ 与 $\dot{U}_a$ 同相，$\dot{U}_B$ 与 $\dot{U}_b$ 同相，$\dot{U}_C$ 与 $\dot{U}_c$ 同相，如图 2－23b 所示。相应地，高压和低压侧对应的线电压也是同相位，即 $\dot{U}_{AB}$ 与 $\dot{U}_{ab}$ 同相，$\dot{U}_{BC}$ 与 $\dot{U}_{bc}$ 同相，$\dot{U}_{CA}$ 与 $\dot{U}_{ca}$ 同相。若使高压和低压侧两个线电压三角形 的重心O 和 o重合，并使高压侧电压三角形的中线 OA 指向钟面的 12，则低压侧对应的中线 oa 也将指向 12，从时间上看为 0 点，故该联结组的组号为 0，记为 Yy0。

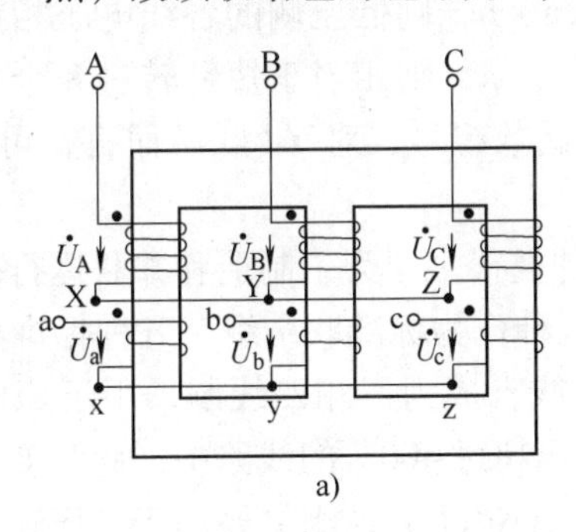

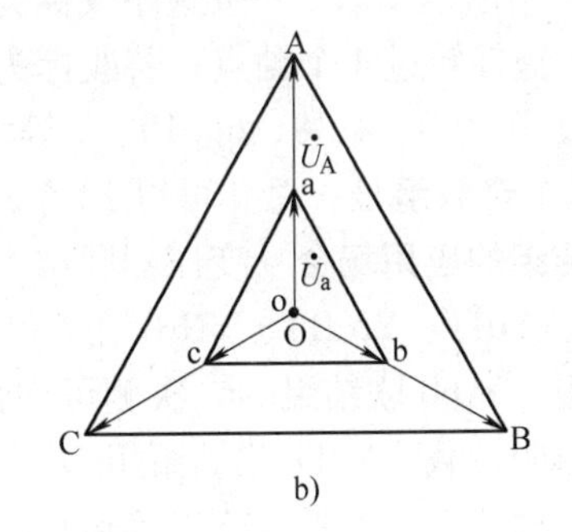

图 2－23 Yy0 联结组

a）绕组联结图 b）高、低压绕组的电压相量图

此例中，如果把低压边的非同名端标为首端 a、b、c，再把尾端 x、y、z 连接在一起，首端 a、b、c 引出，则高、低压对应的相电压相量将成为反相位（即相差 180°），对应的高、低压线电压相量也成为反相位，于是联结组的组号将变成 Yy6。

Yd11 联结组 图 2－24a 是 Yd11 联结组的绕组联结图。此时高压绕组为星形联结，低压绕组按 a→y，b→z，c→x 的顺序依次连接成三角形。由于图 2－24a 中把高、低压绕组的同名端作为首端，故高压和低压对应相的相电压为同相位。因高压侧为星形联结，故高压侧的相量图仍和 Yy0 时相同；低压侧为三角形联结，其相量图要根据 $\dot{U}_a$、$\dot{U}_b$、$\dot{U}_c$ 的相位和绕组的具体连法画出。考虑到 $\dot{U}_a$ 与 $\dot{U}_A$ 同相，$\dot{U}_b$ 与 $\dot{U}_B$ 同相，$\dot{U}_c$ 与 $\dot{U}_C$ 同相，且 a 与 y 相连，b 与 z 相连，c 与 x 相连，故低压侧的相量图如图 2－24b 所示。把高、低压的相量图画在一起，并使两个线电压三角形的重心 O 和 o 重合，且高压侧电压三角形的中线 OA 指向钟面的 12，则低压侧的对应中线 oa 将指向 11，如图 2－24c 所示。此时联结组的组号为 11，用 Yd11 表示。

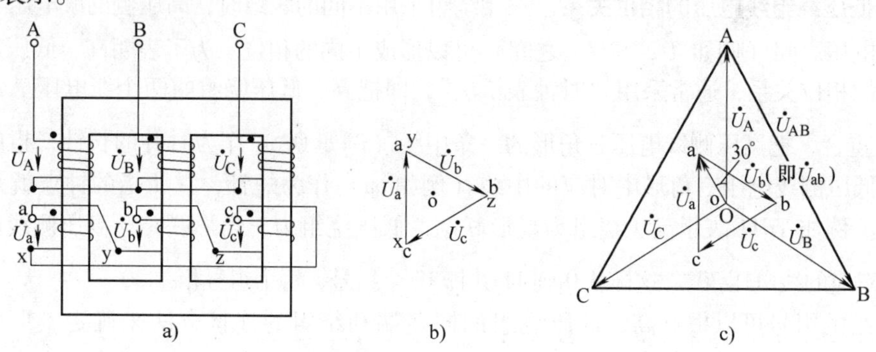

图 2－24　Yd11 联结组

a）绕组连接图　b）低压侧电压的相量图　c）由高、低压线电压三角形来确定组号

作为校核，从图 2－24c 可见，高压侧是 Y 接，线电压 $\dot{U}_{AB}=\dot{U}_B-\dot{U}_A$；低压侧是△接，线电压 $\dot{U}_{ab}=\dot{U}_b$；因 $\dot{U}_{AB}$滞后于 $\dot{U}_{ab}$ 30°，故联结组的组号为 Yd11。

此例中，如果把低压侧保持不变，高压侧的非同名端标为首端 A、B、C 并引出，将尾端 X、Y、Z 连接在一起，则得 Yd5 联结组。

其他联结组　对于上述 Yy 和 Yd 联结组，如果高压侧的三相标号 A、B、C 保持不变，把低压侧的三相标号 a、b、c 按顺序改标为 c、a、b，则低压侧的各线电压相量将分别转过 120°，相当于短针转过 4 个钟点；若改标为 b、c、a，则相当于短针转过 8 个钟点。因而对 Yy 联结而言，可得 0、4、8、6、10、2 等六个偶数组号；对 Yd 联结而言，可得 11、3、7、5、9、1 等六个奇数组号；总共可得 12 个组号。

各种联结组的应用场合　变压器联结组的种类很多，为了制造和并联运行时的方便，我国规定 Yyn0、Yd11、YNd11、YNy0 和 Yy0 等五种作为标准联结组。五种标准联结组中，前三种最为常用。Yyn0 联结组的二次侧可引出中线，成为三相四线制，用于配电变压器时可兼供动力和照明负载。Yd11 联结组用于二次电压超过 400V 的线路中，此时变压器有一侧接成三角形，对改善电压波形和不对称运行有利。YNd11 联结组主要用于高压输电线路中，使电力系统的高压侧的中点可以接地。

3. 绕组接法和磁路结构对二次电压波形的影响

在 2.2 节中已经说明，铁心磁路达到饱和时，为使主磁通成为正弦波，激磁电流将变成尖顶波。此时激磁电流中除含有基波分量 i_{m1} 外，还含有一定的三次谐波 i_{m3}，如图 2－7c 所示。在三相变压器中，各相激磁电流中的三次谐波可表示为

$$\left.\begin{aligned} i_{m3A} &= I_{m3}\sin 3\omega t \\ i_{m3B} &= I_{m3}\sin 3(\omega t-120^\circ) = I_{m3}\sin 3\omega t \\ i_{m3C} &= I_{m3}\sin 3(\omega t-240^\circ) = I_{m3}\sin 3\omega t \end{aligned}\right\}$$

可见它们大小相等、相位相同。激磁电流中的三次谐波能否流通，将直接影响到主磁通和相电动势的波形。下面对 Yy 和 Yd 两种联结组和不同的铁心结构分别进行分析。

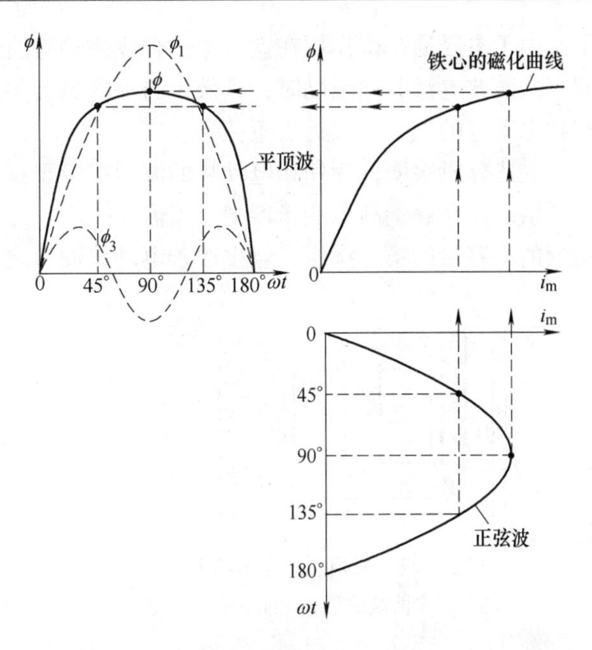

图 2－25 主磁路饱和时，正弦形的激磁电流将产生平顶的主磁通

Yy 联结组 此时一次和二次绕组都是星形联结且无中线，激磁电流中的三次谐波分量无法流通，故激磁电流将接近于正弦波。若工作点位于主磁路的膝点以上，通过铁心的磁化曲线 $\phi=f(i_m)$，依次确定不同瞬间时激磁电流所产生的主磁通值，即可得到主磁通随时间的变化曲线 $\phi=\phi(t)$，如图 2－25 所示（图 2－25 中示出了 $\omega t=45°$、90°和 135°三个瞬间主磁通的确定）。不难看出，此时主磁通将成为平顶波，即除基波分量 ϕ_1 外，还将出现三次谐波分量 ϕ_3 以及一些奇次的高次谐波分量，后者因数量不大而可忽略。

对于三相变压器组，由于各相磁路是独立的，三次谐波磁通 ϕ_3 可以在各自的铁心磁路内形成闭合磁路，而铁心的磁阻很小，故此时 ϕ_3 较大；ϕ_3 将在绕组中感应出三次谐波电动势 e_3，严重时 e_3 的幅值可达基波 e_1 幅值的 50% 以上，结果使相电动势 e_ϕ 的波形成为尖顶波，如图 2－26 所示。虽然在三相线电动势 e_L 中三次谐波电动势互相抵消，使线电动势仍为正弦波，但是 e_ϕ 峰值的提高将危害到各相绕组的绝缘。

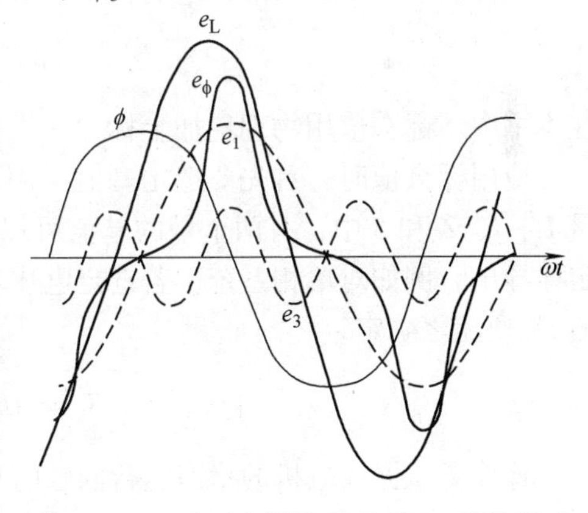

图 2－26 三相变压器组连接成 Yy 联结组时相电动势 e_ϕ 和线电动势 e_L 的波形

对于三相心式变压器，由于主磁路为三相星形磁路，故同大小、同相位的各相三次谐波磁通 ϕ_3 不能沿铁心磁路闭合，而只能通过油和油箱壁形成闭合磁路，如图 2－27 中虚线所示。由于这条磁路的磁阻较大，限制了三次谐波磁通，使绕组内的三次谐波电动势变得很小，此时相电动势 e_ϕ 可认为接近于正弦形。另一方面，三次谐波磁通经过油箱壁等钢制构件时，将在其中引起涡流杂散损耗。

由此可见，三相变压器组不宜采用 Yy 联结组。三相心式变压器可以采用 Yy 联结组，但其容量不宜过大。

Yd 联结组 Yd 联结组的高压侧为星形联结，若高压侧接到电源，则一次侧三次谐波电流不能流通，因而主磁通和一次、二次侧的相电动势中将出现三次谐波；但因二次侧为三角形联结，故三相的三次谐波电动势将在闭合的三角形内产生三次谐波环流，如图 2－28 所示。由于主磁通是由作用在铁心上的合成磁动势所激励，所以一次侧正弦形激磁电流和二次侧三次谐波电流共同激励时，其效果与一次侧为尖顶波激磁电流的效果相同，故此时主磁通和相电动势的波形将接近于正弦形。

上述分析表明，为使相电动势的波形接近于正弦形，一次或二次侧中最好有一侧为三角形联结。在大容量高压变压器中，当需要一次、二次侧都是星形联结时，可另加一个接成三角形的小容量的第三绕组，兼供改善电动势波形之用。

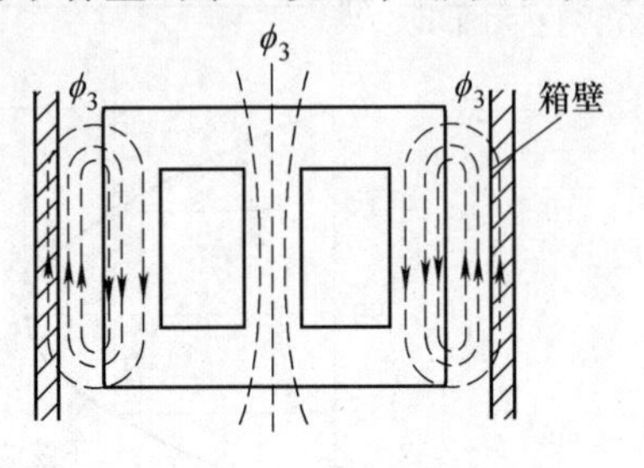

图 2－27　三相心式变压器中三次谐波磁通 ϕ_3 的路径

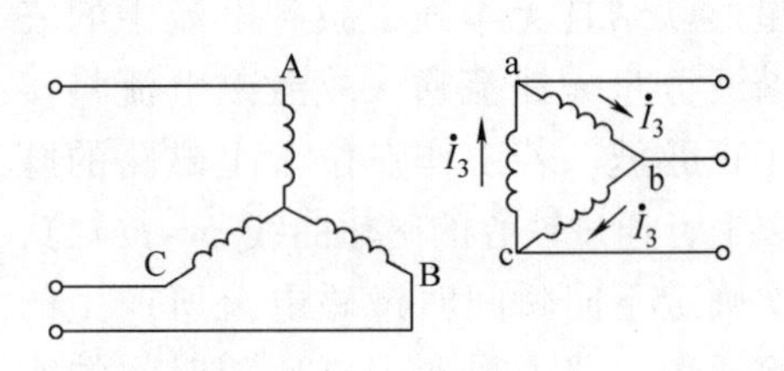

图 2－28　Yd 联结组中二次侧三角形内部的三次谐波环流

2.7　标幺值

在工程计算中，各物理量有时用标幺值来表示和计算。所谓标幺值，就是某一物理量的实际值与选定的基值之比，即

$$\text{标幺值} = \frac{\text{实际值}}{\text{基值}} \tag{2-55}$$

在本书中，标幺值用物理量加上标“ * ”来表示。标幺值乘以 100，便是百分值。

应用标幺值时，首先要选定基值（用下标 b 表示）。对于电路计算而言，四个基本物理量 U、I、Z 和 S 中，有两个量的基值可以任意选定，其余两个量的基值可根据电路的基本定律导出。例如对单相系统，若选定电压和电流的基值为 U_b 和 I_b，则功率基值 S_b 和阻抗基值 Z_b 便随之确定，

$$S_b = U_b I_b \qquad Z_b = \frac{U_b}{I_b} \tag{2-56}$$

计算变压器或电机的稳态运行问题时，常用其额定值作为相应的基值。此时一次和二次相电压的标幺值为

$$U_1^* = \frac{U_1}{U_{1b}} = \frac{U_1}{U_{1N\phi}} \qquad U_2^* = \frac{U_2}{U_{2b}} = \frac{U_2}{U_{2N\phi}} \tag{2-57}$$

式中，$U_{1N\phi}$ 和 $U_{2N\phi}$ 分别为一次和二次绕组的额定相电压。一次和二次相电流的标幺值为

$$I_1^* = \frac{I_1}{I_{1b}} = \frac{I_1}{I_{1N\phi}} \qquad I_2^* = \frac{I_2}{I_{2b}} = \frac{I_2}{I_{2N\phi}} \tag{2-58}$$

式中，$I_{1N\phi}$ 和 $I_{2N\phi}$ 为一次和二次的额定相电流。归算到一次侧时，漏阻抗的标幺值 Z_k^* 为

$$|Z_k^*| = \frac{|Z_k|}{Z_{1b}} = \frac{I_{1N\phi}\,|Z_k|}{U_{1N\phi}} \tag{2-59}$$

在三相系统中，线电压和线电流也可用标幺值表示，此时以线电压和线电流的额定值为基值。不难证明，此时相电压和线电压的标幺值相等，相电流和线电流的标幺值也相等。三相功率的基值取变压器（电机）的三相额定容量，即

$$S_b = S_N = 3U_{N\phi}I_{N\phi} = \sqrt{3}U_N I_N \tag{2-60}$$

当系统中装有多台变压器（电机）时，可以选择某一特定的视在功率 S_b 作为整个系统的功率基值。这时系统中各变压器（电机）的标幺值需要换算到以 S_b 作为功率基值时的标幺值。由于功率的标幺值与对应的功率基值成反比，在同一电压基值下，阻抗的标幺值与对应的功率基值成正比，所以选用不同的功率基值时，功率和阻抗的标幺值可用下式来换算：

$$S^* = S_1^* \frac{S_{b1}}{S_b} \qquad Z^* = Z_1^* \frac{S_b}{S_{b1}} \tag{2-61}$$

式中，S_1^* 和 Z_1^* 为功率基值选为 S_{b1} 时功率和阻抗的标幺值；S^* 和 Z^* 为功率基值选为 S_b 时功率和阻抗的标幺值。

应用标幺值的优点为：

（1）不论变压器或电机容量的大小，用标幺值表示时，各个参数和典型的性能数据通常都在一定的范围内，因此便于比较和分析。例如，对于电力变压器，漏阻抗的标幺值 $Z_k^* = 0.04 \sim 0.17$，空载电流的标幺值 $I_0^* \approx 0.02 \sim 0.10$。

（2）用标幺值表示时，归算到高压侧或低压侧时变压器的参数恒相等，故用标幺值计算时不必再进行归算。

标幺值的缺点是没有量纲，无法用量纲关系来核查。

【例2-2】 对于例2-1的单相20000kVA变压器，试求出激磁阻抗和漏阻抗的标幺值。

解 从例2-1可知，一次和二次绕组的额定电压分别为127kV和11kV，额定电流为157.5A和1818A，激磁阻抗为 $Z_{m(低压)} = 241.8\Omega$，$R_{m(低压)} = 22.7\Omega$，$X_{m(低压)} = 240.7\Omega$，$Z_{m(高压)} = 32228\Omega$，$R_{m(高压)} = 3026\Omega$，$X_{m(高压)} = 32082\Omega$，漏阻抗为 $Z_{k(高压75°)} = 58.79\Omega$，$R_{k(高压75°)} = 6.451\Omega$，$X_{k(高压)} = 58.44\Omega$。由此可得：

（1）激磁阻抗的标幺值

归算到低压侧时

$$|Z_m^*| = \frac{I_{2N}|Z_{m(低压)}|}{U_{2N}} = \frac{1818 \times 241.8}{11 \times 10^3} = 39.96$$

$$R_m^* = \frac{I_{2N}R_{m(低压)}}{U_{2N}} = \frac{1818 \times 22.7}{11 \times 10^3} = 3.752$$

$$X_m^* = \frac{I_{2N}X_{m(低压)}}{U_{2N}} = \frac{1818 \times 240.7}{11 \times 10^3} = 39.78$$

归算到高压侧时

$$|Z_m^*| = \frac{I_{1N}|Z_{m(高压)}|}{U_{1N}} = \frac{157.5 \times 32228}{127 \times 10^3} = 39.96$$

$$R_m^* = \frac{I_{1N}R_{m(高压)}}{U_{1N}} = \frac{157.5 \times 3026}{127 \times 10^3} = 3.752$$

$$X_m^* = \frac{I_{1N} X_{m(高压)}}{U_{1N}} = \frac{157.5 \times 32082}{127 \times 10^3} = 39.78$$

由于归算到高压侧的激磁阻抗是归算到低压侧时的 k^2 倍（$Z_{m(高压)} = k^2 Z_{m(低压)}$），而高压侧的阻抗基值也是低压侧阻抗基值的 k^2 倍，所以从高压侧或低压侧算出的激磁阻抗标幺值恰好相等，故用标幺值计算时，可不再进行归算。这点可从本例的计算中清楚地看出。

（2）漏阻抗的标幺值

$$|Z_{k(高压75°)}^*| = \frac{I_{1N} |Z_{k(高压75°)}|}{U_{1N}} = \frac{157.5 \times 58.79}{127 \times 10^3} = 0.0729$$

$$R_{k(高压75°)}^* = \frac{I_{1N} R_{k(高压75°)}}{U_{1N}} = \frac{157.5 \times 6.451}{127 \times 10^3} = 0.008$$

$$X_{k(高压)}^* = \frac{I_{1N} X_{k(高压)}}{U_{1N}} = \frac{157.5 \times 58.44}{127 \times 10^3} = 0.0725$$

若短路试验在额定电流（即 $I_k^* = 1$）下进行，也可以把试验数据化成标幺值来计算 Z_k^*，即

$$|Z_k^*| = \frac{U_k^*}{I_k^*} = U_k^* = \frac{9.24}{127} = 0.0727$$

$$R_k^* = \frac{P_k^*}{I_k^{*2}} = P_k^* = \frac{129}{20000} = 0.00645$$

$$X_k^* = \sqrt{|Z_k^*|^2 - R_k^{*2}} = \sqrt{0.0727^2 - 0.00645^2} = 0.0725$$

然后把 R_k^* 化成75℃时的值，即得 $R_{k(75°)}^* = 0.008$，$Z_{k(75°)}^* = 0.0729$。

【例 2-3】 一台三相变压器，$S_N = 1000\text{kVA}$，$U_{1N}/U_{2N} = 10\text{kV}/6.3\text{kV}$，Yd 联结。当外施额定电压时，变压器的空载损耗 $P_0 = 4.9\text{kW}$，空载电流为额定电流的5%。当短路电流为额定值时，短路损耗 $P_k = 15\text{kW}$（已换算到75℃时的值），短路电压为额定电压的5.5%。试求归算到高压侧的激磁阻抗和漏阻抗的实际值和标幺值。

解

（1）激磁阻抗和漏阻抗的标幺值

$$|Z_m^*| = \frac{U_1^*}{I_{10}^*} = \frac{1}{0.05} = 20$$

$$R_m^* = \frac{P_{10}^*}{I_{10}^{*2}} = \frac{4.9}{1000 \times (0.05)^2} = 1.96$$

$$X_m^* = \sqrt{|Z_m^*|^2 - R_m^{*2}} = \sqrt{20^2 - 1.96^2} = 19.9$$

$$|Z_k^*| = \frac{U_k^*}{I_k^*} = \frac{U_k^*}{1} = 0.055$$

$$R_{k(75°)}^* = \frac{P_{k(75°)}^*}{I_k^{*2}} = \frac{P_{k(75°)}^*}{1} = \frac{15}{1000} = 0.015$$

$$X_k^* = \sqrt{|Z_k^*|^2 - R_{k(75°)}^{*2}} = \sqrt{(0.055)^2 - (0.015)^2} = 0.0529$$

（2）归算到高压侧时激磁阻抗和漏阻抗的实际值

高压侧的额定电流 I_{1N} 和阻抗基值 Z_{1b} 为

$$I_{1N}=\frac{S_N}{\sqrt{3}U_{1N}}=\frac{1000}{\sqrt{3}\times 10}\text{A}=57.73\text{A}$$

$$Z_{1b}=\frac{U_{1N}}{\sqrt{3}I_{1N}}=\frac{10\times 10^3}{\sqrt{3}\times 57.73}\Omega=100\Omega$$

于是归算到高压侧时各阻抗的实际值为

$$|Z_m|=|Z_m^*|Z_{1b}=20\times 100\Omega=2000\Omega$$

$$R_m=R_m^*Z_{1b}=1.96\times 100\Omega=196\Omega$$

$$X_m=X_m^*Z_{1b}=19.9\times 100\Omega=1990\Omega$$

$$|Z_k|=|Z_k^*|Z_{1b}=0.055\times 100\Omega=5.5\Omega$$

$$R_{k(75°)}=R_{k(75°)}^*Z_{1b}=0.015\times 100\Omega=1.5\Omega$$

$$X_k=X_k^*Z_{1b}=0.0529\times 100\Omega=5.29\Omega$$

2.8　变压器的运行特性

变压器的运行性能主要体现在外特性和效率特性上。从外特性可以确定变压器的额定电压调整率，从效率特性可以确定变压器的额定效率，这两个数据是标志变压器性能的主要指标。下面分别加以说明。

1. 外特性和电压调整率

外特性　外特性是指变压器的一次绕组接至额定电压、二次侧负载的功率因数保持一定时，二次绕组的端电压与负载电流之间的关系，即 $U_1=U_{1N\phi}$，$\cos\varphi_2=$ 常值，$U_2=f(I_2)$。外特性是一条反映负载变化时，变压器二次侧的供电电压能否保持恒定的特性。

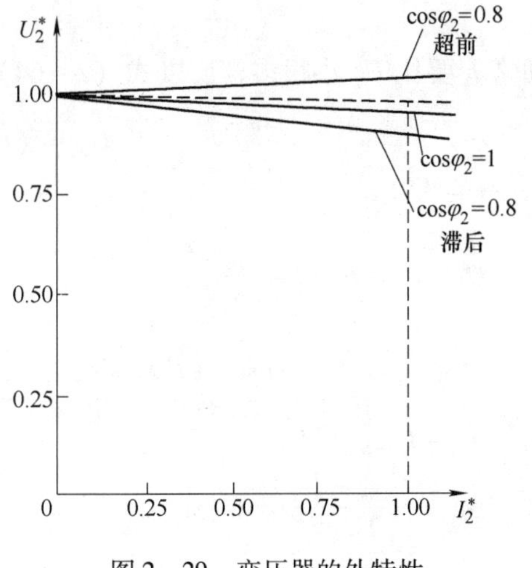

图 2-29　变压器的外特性

图 2-29 表示负载的功率因数分别为 0.8（滞后）、1 和 0.8（超前）时，用标幺值表示时一台变压器的外特性 $U_2^*=f(I_2^*)$。从图可见，当负载为纯电阻负载（$\cos\varphi_2=1$）或电感性负载（$\cos\varphi_2=0.8$滞后）时，随着负载电流 I_2^* 的增大，二次端电压 U_2^* 将逐步下降；当负载为电容性负载（$\cos\varphi_2=0.8$ 超前）时，随着负载的增大，二次端电压 U_2^* 将逐步上升。负载时二次电压变化的大小，可以用电压调整率来衡量。

电压调整率　当变压器一次侧接至额定电压且二次侧开路时，二次侧的空载电压 U_{20} 应是二次额定电压 $U_{2N\phi}$。负载以后，由于负载电流将在变压器内部产生漏阻抗压降，从而将使二次端电压发生变化。当一次电压保持为额定、负载的功率因数为常值时，从空载到负载时二次电压变化的百分值，就称为电压调整率，用 Δu 表示，

$$\Delta u = \frac{U_{20} - U_2}{U_{2N\phi}} \times 100\% = \frac{U_{1N\phi} - U_2'}{U_{1N\phi}} \times 100\% \tag{2-62}$$

电压调整率可以用 T 形等效电路算出。不计激磁电流影响时，可以用简化等效电路和相应的相量图求出。图 2-30a 为变压器的简化等效电路，设负载为感性，功率因数角为 φ_2，$\dot{I}_2'$为负载电流的归算值，$\dot{U}_1$为一次端电压，$\dot{U}_2'$、$\dot{I}_2'$和 $\dot{U}_1$ 的正方向如图 2-30a 所示。从图不难得出

$$\dot{U}_1 = \dot{U}_2' + \dot{I}_2'(R_k + jX_k) \tag{2-63}$$

与式（2-63）相应的相量图如图 2-30b 所示。

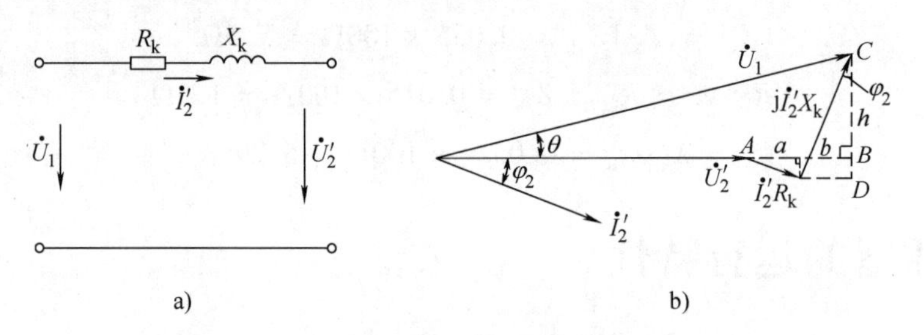

图 2-30 用简化等效电路及其相量图来求 Δu
a）简化等效电路 b）相量图

在 $\dot{U}_2'$ 的延长线上作线段$\overline{AB}$及其垂线$\overline{CB}$，如图中虚线所示。由图 2-30b 可知

$$U_1 = \sqrt{(U_2' + a + b)^2 + h^2} \tag{2-64}$$

式中

$$\left.\begin{aligned} a + b &= I_2'R_k\cos\varphi_2 + I_2'X_k\sin\varphi_2 \\ h &= I_2'X_k\cos\varphi_2 - I_2'R_k\sin\varphi_2 \end{aligned}\right\} \tag{2-65}$$

通常 h 要比 U_2' 小很多，所以式（2-64）可以近似地展开成

$$U_1 \approx (U_2' + a + b) + \frac{1}{2}\frac{h^2}{U_2'} \tag{2-66}$$

或

$$\begin{aligned} U_1 - U_2' &\approx a + b + \frac{1}{2}\frac{h^2}{U_2'} \\ &= I_2'R_k\cos\varphi_2 + I_2'X_k\sin\varphi_2 + \frac{1}{2}\frac{(I_2'X_k\cos\varphi_2 - I_2'R_k\sin\varphi_2)^2}{U_2'} \end{aligned} \tag{2-67}$$

由于 $U_1 = U_{1N\phi}$，故

$$\begin{aligned} \Delta u &= \frac{U_{1N\phi} - U_2'}{U_{1N\phi}} \times 100\% \\ &\approx \left[\frac{I_2'R_k\cos\varphi_2 + I_2'X_k\sin\varphi_2}{U_{1N\phi}} + \frac{1}{2}\left(\frac{I_2'X_k\cos\varphi_2 - I_2'R_k\sin\varphi_2}{U_{1N\phi}}\right)^2\right] \times 100\% \\ &= \left[I^*(R_k^*\cos\varphi_2 + X_k^*\sin\varphi_2) + \frac{1}{2}I^{*2}(X_k^*\cos\varphi_2 - R_k^*\sin\varphi_2)^2\right] \times 100\% \end{aligned} \tag{2-68}$$

式中，I^* 为负载电流的标幺值；不计激磁电流时，$I_1^* = I_2^* = I^*$。

计算表明，对于感性负载，式（2-68）中的第二项常常要比第一项小很多，从而可以忽略不计。此时 Δu 可以近似地表示为

$$\Delta u \approx I^*(R_k^* \cos\varphi_2 + X_k^* \sin\varphi_2) \times 100\% \qquad (2-69)$$

式（2-69）说明，电压调整率随着负载电流的增加而正比增大，此外还与负载的性质和漏阻抗值有关。当负载为感性时，φ_2 角为正值，故电压调整率恒为正值，即负载时的二次电压总是比空载时低；当负载为容性时，φ_2 为负值，电压调整率可能成为负值，即负载时的二次电压可以高于空载电压。

当负载为额定负载（$I^* = 1$）、功率因数为指定值（通常为0.8滞后）时的电压调整率，称为额定电压调整率，用 Δu_N 表示。额定电压调整率是变压器的主要性能指标之一，通常 Δu_N 约为5%左右，所以一般电力变压器的高压绕组上，均设有 $\pm 2 \times 2.5\%$ 的用以调节匝数的分接头，以便进行电压调节。

2. 效率和效率特性

损耗和效率 变压器运行时将产生损耗。变压器的损耗分为铜耗 p_{Cu} 和铁耗 p_{Fe} 两类，每一类又包括基本损耗和杂散损耗。

基本铜耗是指电流流过绕组时所产生的直流电阻损耗。杂散铜耗主要指漏磁场引起电流集肤效应，使绕组的有效电阻增大所增加的铜耗，以及漏磁场在结构部件中所引起的涡流损耗等。铜耗与负载电流的平方成正比，因而也称为可变损耗。铜耗与绕组的温度有关，一般都用75℃时的电阻值来计算。

基本铁耗是指变压器铁心中的主磁通随时间交变，所引起的磁滞和涡流损耗。杂散铁耗包括叠片之间的局部涡流损耗，和主磁通在结构部件中所引起的涡流损耗等。铁耗可视为与铁心磁密幅值 B_m 的平方或 U_1^2 成正比，由于变压器的一次电压通常保持不变（$U_1 = U_{1N\phi}$），故铁耗可视为不变损耗。

变压器的总损耗 $\sum p$ 为

$$\sum p = p_{Fe} + p_{Cu} = p_{Fe} + mI_2^2 R_k'' \qquad (2-70)$$

式中，m 为相数；R_k'' 为归算到二次侧的短路电阻。

变压器的输入有功功率 P_1 减去内部的总损耗 $\sum p$ 以后，可得输出功率 P_2，即

$$P_1 = P_2 + \sum p \qquad (2-71)$$

式中，$P_2 = mU_2 I_2 \cos\varphi_2$。输出功率与输入功率之比即为效率 η

$$\eta = \frac{P_2}{P_1} = \frac{P_2}{P_2 + \sum p} \qquad (2-72)$$

略去二次绕组的电压变化对效率的影响时，式(2-72)可改写为

$$\eta = \frac{mU_{20} I_2 \cos\varphi_2}{mU_{20} I_2 \cos\varphi_2 + p_{Fe} + mI_2^2 R_k''} \qquad (2-73)$$

效率特性 式(2-73)表示，效率 η 是负载电流 I_2 的函数。当 $U_1 = U_{1N\phi}$，$\cos\varphi =$ 常值时，效率与负载电流的关系 $\eta = f(I_2)$ 就称为效率特性，如图2-31所示。效率特性是一条

关于力能指标的特性。

额定负载时变压器的效率称为额定效率，用 η_N 表示。额定效率是变压器的另一个主要性能指标，通常电力变压器的额定效率 $\eta_N \approx 95\% \sim 99\%$。

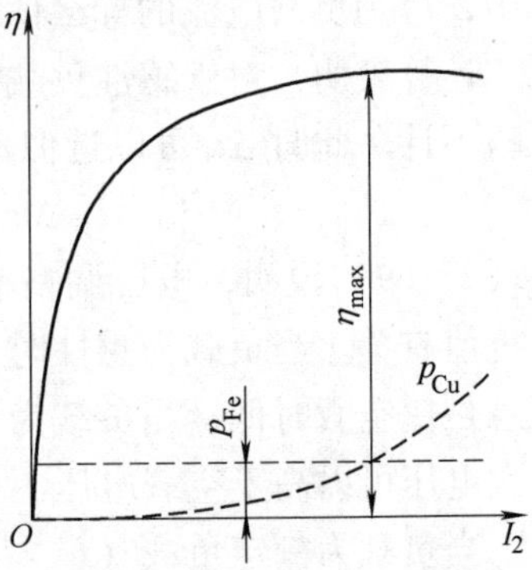

从效率特性可见，当负载达到某一数值时，效率将达到其最大值 η_{max}。把式（2－73）对负载电流 I_2 求导数，并使 $\frac{d\eta}{dI_2}=0$，可得

$$mI_2^2 R_k'' = p_{Fe} \tag{2-74}$$

图 2－31　变压器的效率特性

式（2－74）表明，当铜耗恰好等于铁耗时，变压器的效率将达到最大，如图 2－31 所示。考虑到额定电压下变压器的空载损耗近似等于铁耗，$P_0 \approx p_{Fe}$；短路试验时的短路损耗近似等于铜耗，$P_k \approx mI_2^2 R_k'' = (I_2^*)^2 P_{kN}$，其中 P_{kN} 为短路电流等于额定电流时的短路损耗；可知达到最大效率时有

$$(I_2^*)^2 P_{kN} = P_0 \tag{2-75}$$

此时负载电流的标幺值 I_2^* 为

$$I_2^* = \sqrt{\frac{P_0}{P_{kN}}} \tag{2-76}$$

用直接负载法测量 P_1 和 P_2 再算出效率，耗能太大，且较难得到准确的结果；因此工程上常用间接法来计算效率，即由空载试验测出铁耗，由短路试验测出铜耗，再算出效率，此效率称为惯例效率，

$$\eta = 1 - \frac{\sum p}{P_1} = 1 - \frac{P_0 + I_2^{*2} P_{kN}}{S_N I_2^* \cos\varphi_2 + P_0 + I_2^{*2} P_{kN}} \tag{2-77}$$

【例 2－4】 已知例 2－1 这台 20000kVA 变压器的参数和损耗为 $R_{k(75°)}^* = 0.008$，$X_k^* = 0.0725$，$P_0 = 47\text{kW}$，$P_{kN(75°)} = 160\text{kW}$，求此变压器带上额定负载且 $\cos\varphi_2 = 0.8$（滞后）时的额定电压调整率和额定效率，并确定最大效率和达到最大效率时的负载电流值。

解

（1）额定电压调整率和额定效率

额定负载时 $I^* = 1$，对电感性负载，Δu_N 和 η_N 分别为

$$\Delta u_N \approx I^*(R_k^* \cos\varphi_2 + X_k^* \sin\varphi_2) \times 100\%$$
$$= (0.008 \times 0.8 + 0.0725 \times 0.6) \times 100\% = 4.99\%$$

$$\eta_N = 1 - \frac{P_0 + P_{kN}}{S_N \cos\varphi_2 + P_0 + P_{kN}} = 1 - \frac{47 + 160}{20000 \times 0.8 + 47 + 160} = 98.7\%$$

（2）达到最大效率时负载电流的标幺值和最大效率

达到最大效率时，铜耗等于铁耗，此时负载电流的标幺值为

$$I_{\eta=\eta_{max}}^* = \sqrt{\frac{P_0}{P_{kN}}} = \sqrt{\frac{47}{160}} = 0.542$$

于是最大效率为

$$\eta_{\max} = 1 - \frac{2P_0}{I^* S_N \cos\varphi_2 + 2P_0} = 1 - \frac{2 \times 47}{0.542 \times 20000 \times 0.8 + 2 \times 47} = 98.92\%$$

2.9 变压器的并联运行

在发电站和变电所中，常常采用多台变压器并联运行的方式。变压器的并联运行是指，一次绕组和二次绕组分别并联到一次侧和二次侧公共母线时的运行，如图 2-32a 所示。并联运行可以提高变压器供电的可靠性，减少备用容量，并可根据负载的大小来调整投入运行的变压器数，以提高运行效率。

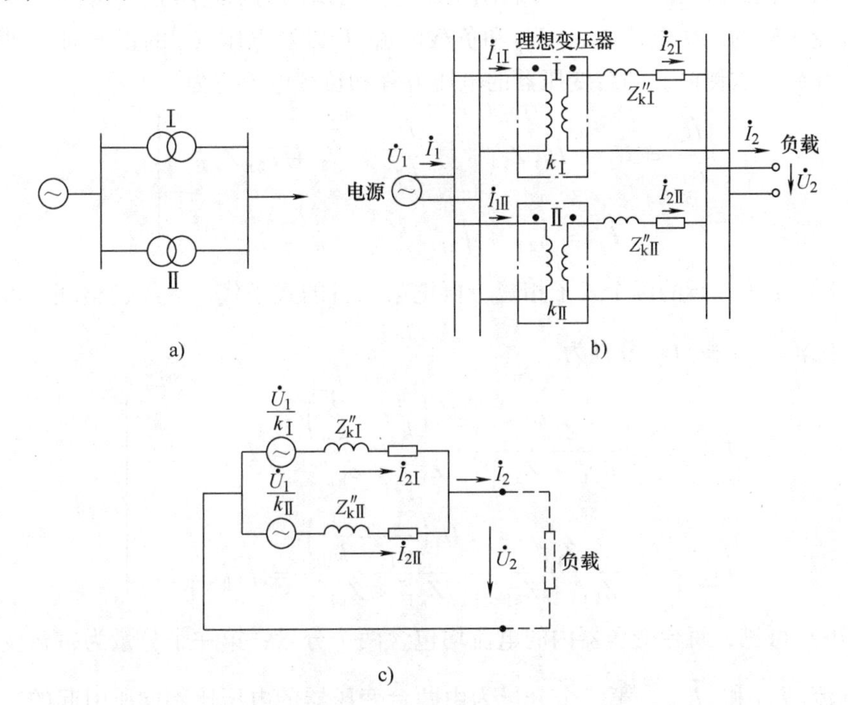

图 2-32 两台变压器的并联运行

a) 单线图 b) 简化等效电路图 c) $k_{\mathrm{I}} \neq k_{\mathrm{II}}$ 时，计算用电路图

1. 变压器的理想并联运行

变压器的理想并联运行是指：

(1) 空载时并联的变压器之间没有环流。

(2) 负载时能够按照各台变压器额定容量的大小来合理地分担负载。

(3) 负载时各变压器所分担的电流应为同相。

理想并联运行时，并联组的最大容量可以达到各台变压器的额定容量之和，且总损耗为最小。

为达到理想并联运行，分析表明，各变压器应满足下列条件：

(1) 各变压器的额定电压和电压比应当相等。

(2) 各变压器的联结组号必须相同。

（3）各变压器的短路阻抗标幺值要相等，阻抗角要相同。
下面来说明这三个条件是如何导出的。

2. 并联运行时变压器的负载分配

为简单计，以两台变压器的并联运行为例来说明。

设两台变压器的联结组号相同但电压比不相等，第一台为 k_{I}，第二台为 k_{II}，且 $k_{\mathrm{I}}<k_{\mathrm{II}}$，其中下标Ⅰ和Ⅱ分别表示变压器Ⅰ和Ⅱ。在三相对称运行时，可取两台变压器中对应的任一相来分析。为便于计算，采用归算到二次侧的简化等效电路，如图2－32b所示，图中 Z_{kI}'' 和 Z_{kII}'' 分别表示归算到二次侧时两台变压器的漏阻抗。由于 $k_{\mathrm{I}}\neq k_{\mathrm{II}}$，所以图中置有电压比为 k_{I} 和 k_{II} 的两台理想变压器。图2－32c表示实际计算时所用的电路图。

设两台变压器的二次电流 $\dot{I}_{2\mathrm{I}}$、$\dot{I}_{2\mathrm{II}}$ 和负载电流 $\dot{I}_2$ 以及电压 $\dot{U}_2$ 的正方向，如图2－32c所示，则归算到二次侧时，两台变压器的电压方程和负载电流应为

$$\left.\begin{aligned}&\frac{\dot{U}_1}{k_{\mathrm{I}}}=\dot{U}_2+\dot{I}_{2\mathrm{I}}Z_{\mathrm{kI}}''\qquad \frac{\dot{U}_1}{k_{\mathrm{II}}}=\dot{U}_2+\dot{I}_{2\mathrm{II}}Z_{\mathrm{kII}}''\\&\dot{I}_2=\dot{I}_{2\mathrm{I}}+\dot{I}_{2\mathrm{II}}\end{aligned}\right\}\tag{2-78}$$

把式（2－78）中第一行的两个式子相减，再把第二行的式子代入，经过整理，可得两台变压器的二次电流 $\dot{I}_{2\mathrm{I}}$ 和 $\dot{I}_{2\mathrm{II}}$ 分别为

$$\left.\begin{aligned}\dot{I}_{2\mathrm{I}}&=\dot{I}_2\frac{Z_{\mathrm{kII}}''}{Z_{\mathrm{kI}}''+Z_{\mathrm{kII}}''}+\frac{\dot{U}_1\left(\dfrac{1}{k_{\mathrm{I}}}-\dfrac{1}{k_{\mathrm{II}}}\right)}{Z_{\mathrm{kI}}''+Z_{\mathrm{kII}}''}=\dot{I}_{\mathrm{LI}}+\dot{I}_{\mathrm{c}}\\\dot{I}_{2\mathrm{II}}&=\dot{I}_2\frac{Z_{\mathrm{kI}}''}{Z_{\mathrm{kI}}''+Z_{\mathrm{kII}}''}-\frac{\dot{U}_1\left(\dfrac{1}{k_{\mathrm{I}}}-\dfrac{1}{k_{\mathrm{II}}}\right)}{Z_{\mathrm{kI}}''+Z_{\mathrm{kII}}''}=\dot{I}_{\mathrm{LII}}-\dot{I}_{\mathrm{c}}\end{aligned}\right\}\tag{2-79}$$

由式（2－79）可见，每台变压器内的电流均包含两个分量：第一个分量为每台变压器所分担的负载电流 $\dot{I}_{\mathrm{LI}}$ 和 $\dot{I}_{\mathrm{LII}}$，第二个分量为由两台变压器的电压比不同所引起的二次侧环流 $\dot{I}_{\mathrm{c}}$。下面分别进行分析。

电压比（或组号）不同所引起的环流 从式（2－79）可见，由电压比不同所引起的二次侧环流 $\dot{I}_{\mathrm{c}}$ 为

$$\dot{I}_{\mathrm{c}}=\frac{\dot{U}_1\left(\dfrac{1}{k_{\mathrm{I}}}-\dfrac{1}{k_{\mathrm{II}}}\right)}{Z_{\mathrm{kI}}''+Z_{\mathrm{kII}}''}\tag{2-80}$$

环流仅在两台变压器内部流动（一次侧和二次侧都有），其值与两台变压器因电压比不等、而在二次侧所引起的开路电压差 $\dot{U}_1\left(\frac{1}{k_{\mathrm{I}}}-\frac{1}{k_{\mathrm{II}}}\right)$ 成正比，与两台变压器的漏阻抗之和 $Z_{\mathrm{kI}}''+Z_{\mathrm{kII}}''$ 成反比；环流与负载的大小无关，只要电压比 $k_{\mathrm{I}}\neq k_{\mathrm{II}}$，即使在空载时，两台变压器内部也会出现环流。由于变压器的漏阻抗很小，即使电压比相差很小，也会引起较大的环流，

因此在制造变压器时，应对电压比的误差严加控制。

对于三相变压器，若电压比相等但联结组的组号不同，则两台变压器二次侧的开路电压差 $\Delta\dot{U}_{20}$ 应为

$$\Delta\dot{U}_{20} = \dot{U}_{20(\mathrm{I})} - \dot{U}_{20(\mathrm{II})} = \dot{U}_{20} - \dot{U}_{20}\angle\theta \tag{2-81}$$

式中 $\dot{U}_{20} = \dot{U}_{20(\mathrm{I})}$，$\theta$ 为第二台变压器的组号与第一台不同所形成的相角（组号差1，相角就相差30°）。此时二次侧的环流 $\dot{I}_c$ 为

$$\dot{I}_c = \frac{\Delta\dot{U}_{20}}{Z_{k\mathrm{I}}'' + Z_{k\mathrm{II}}''} = \frac{\dot{U}_{20}(1 - \angle\theta)}{Z_{k\mathrm{I}}'' + Z_{k\mathrm{II}}''} \tag{2-82}$$

若组号差1，二次空载电压差的值将达到 $\left|U_{20}(1 - \angle 30°)\right| = 0.518U_{20}$，此时环流极大，可将变压器烧毁。

从上面的分析可见，为达到理想并联运行的第一个要求，并联变压器的电压比应当相等。对于三相变压器，还要求联结组的组号必须相同。

电压比和组号相同、漏阻抗不同时的负载分配 若并联的两台变压器其电压比相等，联结组的组号也相同，则两台变压器中没有环流，只有负载分量。从式（2-79）可知，此时两台变压器所担负的负载电流 $\dot{I}_{L\mathrm{I}}$ 和 $\dot{I}_{L\mathrm{II}}$ 分别为

$$\dot{I}_{L\mathrm{I}} = \dot{I}_2 \frac{Z_{k\mathrm{II}}''}{Z_{k\mathrm{I}}'' + Z_{k\mathrm{II}}''} \qquad \dot{I}_{L\mathrm{II}} = \dot{I}_2 \frac{Z_{k\mathrm{I}}''}{Z_{k\mathrm{I}}'' + Z_{k\mathrm{II}}''} \tag{2-83}$$

由此可得

$$\frac{\dot{I}_{L\mathrm{I}}}{\dot{I}_{L\mathrm{II}}} = \frac{Z_{k\mathrm{II}}''}{Z_{k\mathrm{I}}''} \tag{2-84}$$

式（2-84）说明，在并联变压器之间，负载电流按其漏阻抗值成反比分配。另一方面，由于两台变压器的额定电流不一定相等，所以只有使 $\dot{I}_{L\mathrm{I}}$ 和 $\dot{I}_{L\mathrm{II}}$ 按照各台变压器的额定电流成比例地分配，即使 $\frac{\dot{I}_{L\mathrm{I}}}{I_{N\mathrm{I}}} = \frac{\dot{I}_{L\mathrm{II}}}{I_{N\mathrm{II}}}$，也就是使 $\dot{I}_{L\mathrm{I}}^* = \dot{I}_{L\mathrm{II}}^*$，这样才是合理的。

把式（2-84）的左、右两边均乘以 $\frac{I_{N\mathrm{II}}}{I_{N\mathrm{I}}}$，$I_{N\mathrm{I}}$ 和 $I_{N\mathrm{II}}$ 分别为两台变压器的额定电流；并考虑到两台并联的变压器具有同样的额定电压，可得用标幺值表示时负载电流的分配为

$$\frac{\dot{I}_{L\mathrm{I}}^*}{\dot{I}_{L\mathrm{II}}^*} = \frac{Z_{k\mathrm{II}}^*}{Z_{k\mathrm{I}}^*} \tag{2-85}$$

式（2-85）中电流和阻抗的标幺值，均以各变压器自身的额定值作为基值。式（2-85）说明，并联变压器所分担的负载电流的标幺值，与漏阻抗的标幺值成反比。为达到理想的负载分配，各台变压器应当具有相同的漏阻抗标幺值，即 $Z_{k\mathrm{I}}^* = Z_{k\mathrm{II}}^*$；要使 $\dot{I}_{L\mathrm{I}}^*$ 和 $\dot{I}_{L\mathrm{II}}^*$ 同相位，$Z_{k\mathrm{I}}$ 和 $Z_{k\mathrm{II}}$ 应当具有相同的阻抗角。

归结起来，实际并联运行时，要求变压器的联结组号必须相同，电压比的偏差要严格控

制（小于±0.5%），漏阻抗的标幺值相差不能大于10%，阻抗角则允许有一定差别。

【例2-5】 有两台额定电压相同的变压器并联运行，其额定容量分别为 $S_{N\text{I}}=5000\text{kVA}$，$S_{N\text{II}}=6300\text{kVA}$，短路阻抗的标幺值分别为 $|Z_{k\text{I}}^*|=0.07$，$|Z_{k\text{II}}^*|=0.075$，不计阻抗角的差别，试计算：（1）两台变压器的电压比相差0.5%时的空载环流。（2）若一台变压器为Yy0联结，另一台为Yd11联结，求并联时的空载环流。

解

（1）设以第一台变压器的额定容量 $S_{N\text{I}}$ 作为基值。当电压比相差不大时，从式（2-80）可以导出，以第一台变压器的额定电流作为基值时，环流的标幺值 $\dot{I}_c^*$ 为

$$\dot{I}_c^* = \frac{\dot{I}_c}{I_{2N\text{I}}} = \frac{\dot{U}_1}{U_{1N\phi}}\frac{\left(\dfrac{1}{k_\text{I}}-\dfrac{1}{k_\text{II}}\right)k_\text{I}}{Z_{k\text{I}}^* + \dfrac{S_{N\text{I}}}{S_{N\text{II}}}Z_{k\text{II}}^*} = \frac{\dot{U}_1^*\Delta k^*}{Z_{k\text{I}}^* + \dfrac{S_{N\text{I}}}{S_{N\text{II}}}Z_{k\text{II}}^*}$$

式中，Δk^* 为电压比的相对误差，$\Delta k^* = \dfrac{k_\text{II}-k_\text{I}}{k_\text{II}}$；$\dfrac{S_{N\text{I}}}{S_{N\text{II}}}Z_{k\text{II}}^*$ 为换算到基值容量 $S_{N\text{I}}$ 时，第二台变压器漏阻抗的标幺值。由题意可知，$\Delta k^*\approx 0.005$，故环流的标幺值 I_c^* 为

$$I_c^* \approx \frac{0.005}{0.07+\dfrac{5000}{6300}\times 0.075} = 0.0386$$

即环流为第Ⅰ台变压器额定电流的3.86%。

（2）当组号Yy0与Yd11的三相变压器并联时，二次空载电压的有效值相等但相位相差30°，空载电压差 $|\Delta\dot{U}_{20}|$ 的标幺值等于0.518，如图2-33所示。于是环流的标幺值 I_c^* 为

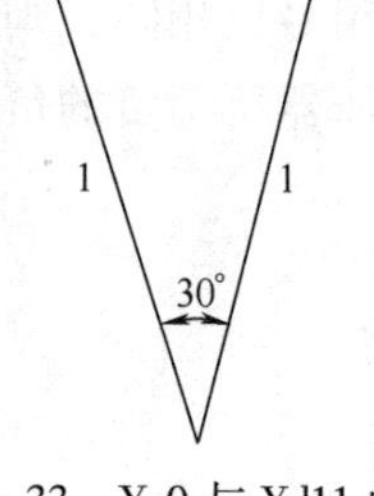

图2-33　Yy0与Yd11的三相变压器并联时，二次空载电压的电压差 ΔU_{20}^*（标幺值）

$$I_c^* \approx \frac{\Delta U_{20}^*}{|Z_{k\text{I}}^*| + \dfrac{S_{N\text{I}}}{S_{N\text{II}}}|Z_{k\text{II}}^*|} = \frac{0.518}{0.07+\dfrac{5000}{6300}\times 0.075} = 4$$

即空载环流达到第一台变压器额定电流的4倍，故不同组号的变压器绝对不允许并联。

【例2-6】 例2-5中的两台变压器，若联结组号和电压比均相同，试计算并联组的最大容量（不计漏阻抗角的差别）。

解　两台变压器所担负的负载电流标幺值 $\dot{I}_\text{I}^*$ 和 $\dot{I}_\text{II}^*$ 之比为

$$\frac{I_\text{I}^*}{I_\text{II}^*} = \left|\frac{Z_{k\text{II}}^*}{Z_{k\text{I}}^*}\right| = \frac{0.075}{0.070} = 1.071$$

由于第一台变压器的漏阻抗标幺值较小，故先达到满载。当 $I_\text{I}^*=1$ 时

$$I_\text{II}^* = \frac{1}{1.071} = 0.934$$

不计阻抗角的差别时，两台变压器所组成的并联组其最大容量 S_{max} 为

$$S_{max} = (5000+0.934\times 6300)\text{kVA} = 10884\text{ kVA}$$

2.10 变压器的不对称运行

上面分析了三相变压器的对称运行。实际上，三相变压器常常会在不对称的情况下运行，例如供电给单相电炉、电焊机、单相电动机，照明负载为三相不对称、由于事故而引起的不对称短路等。一般情况下，由于变压器内部的漏阻抗压降不大，故三相电流的不对称对供电电压的不对称度影响不大；但在变压器的绕组为某种联结（例如 Y/Y_0 联结）、磁路为某些磁路系统（例如三相独立的磁路系统）时，负载的不对称可能会引起线路电压的显著不对称，使变压器和其他负载无法正常工作。

分析电机（包括变压器）和电力系统不对称运行的基本方法是对称分量法。下面先说明对称分量法以及变压器的各序阻抗和等效电路，然后说明变压器两种典型的不对称运行。

1. 对称分量法

当加在变压器（或三相电机）上的三相电压 $\dot{U}_A$、$\dot{U}_B$ 和 $\dot{U}_C$ 为不对称、但变压器和电机本身为对称时，通常可以把这组三相电压分解成一组对称的正相序（简称正序）电压 $\dot{U}_+$、$a^2\dot{U}_+$ 和 $a\dot{U}_+$，一组对称的负相序（简称负序）电压 $\dot{U}_-$、$a\dot{U}_-$ 和 $a^2\dot{U}_-$，和一组零相序（简称零序）电压 $\dot{U}_0$、$\dot{U}_0$ 和 $\dot{U}_0$ 这样三组电压之和，即

$$\left.\begin{aligned}\dot{U}_A &= \dot{U}_+ + \dot{U}_- + \dot{U}_0\\ \dot{U}_B &= a^2\dot{U}_+ + a\dot{U}_- + \dot{U}_0\\ \dot{U}_C &= a\dot{U}_+ + a^2\dot{U}_- + \dot{U}_0\end{aligned}\right\} \tag{2-86}$$

正序电压　负序电压　零序电压

式中，a 为 120°复数算子，$a=e^{j120°}$；式（2-86）的分解如图 2-34 所示。

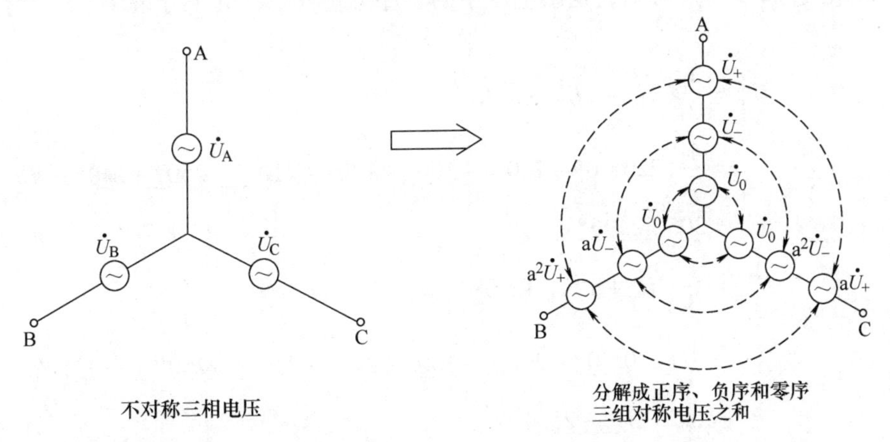

图 2-34 把不对称的三相电压分解成正序、负序和零序分量

由式（2-86）可以解出，$\dot{U}_A$、$\dot{U}_B$ 和 $\dot{U}_C$ 的正序、负序和零序分量 $\dot{U}_+$、$\dot{U}_-$ 和 $\dot{U}_0$ 应为

$$\left.\begin{aligned}\dot{U}_+ &= \frac{1}{3}(\dot{U}_A + a\dot{U}_B + a^2\dot{U}_C)\\ \dot{U}_- &= \frac{1}{3}(\dot{U}_A + a^2\dot{U}_B + a\dot{U}_C)\\ \dot{U}_0 &= \frac{1}{3}(\dot{U}_A + \dot{U}_B + \dot{U}_C)\end{aligned}\right\} \tag{2-87}$$

然后，分别求出正序、负序和零序三组电压单独作用时，变压器（电机或负载）内的正序、负序和零序电流 $\dot{I}_+$、$\dot{I}_-$ 和 $\dot{I}_0$，最后利用叠加原理，把各相内的正序、负序和零序电流分别叠加起来，得到总的三相电流 $\dot{I}_A$、$\dot{I}_B$ 和 $\dot{I}_C$。这种把三相不对称电压所引起的不对称运行，分解成正序、负序和零序三组对称电压所形成的三个对称问题，再把三个对称问题的解答叠加起来，得到最终结果的方法，称为对称分量法。

这里有两点需要注意：

（1）由于对称分量法以叠加原理为基础，因此从理论上讲，它仅适用于线性电路。对于非线性系统，需经线性化处理后，才能得到近似的结果。例如变压器的激磁阻抗 Z_m 是非线性的，Z_m 随着铁心内主磁通 Φ_m 的大小而变化，考虑到变压器通常在额定电压下运行，所以在等效电路中，通常取对应于额定电压处的 Z_m 值来进行各种实际计算。

（2）对称分量法用到负载阻抗为不对称的三相电路时，正序电压除产生正序电流外，还会产生负序和零序电流；负序电压除了产生负序电流之外，还会产生正序和零序电流；换言之，此时正序、负序和零序电路不是互相独立的，它们之间具有一定的耦合，使整个计算复杂化。

【例 2-7】有一组三相不对称电压，$\dot{U}_A = 220\angle 0^\circ$ V，$\dot{U}_B = 200\angle -100^\circ$ V，$\dot{U}_C = 210\angle -250^\circ$ V，试把 $\dot{U}_A$、$\dot{U}_B$ 和 $\dot{U}_C$ 分解为对称分量。

解 根据式（2-87）可知，这组电压中的正序分量 $\dot{U}_+$、负序分量 $\dot{U}_-$ 和零序分量 $\dot{U}_0$ 分别为

$$\begin{aligned}\dot{U}_+ &= \frac{1}{3}(\dot{U}_A + a\dot{U}_B + a^2\dot{U}_C)\\ &= \frac{1}{3}(220\angle 0^\circ + 220\angle -100^\circ + 120^\circ + 210\angle -250^\circ + 240^\circ)\ \text{V}\\ &= 205\angle 2.96^\circ\ \text{V}\end{aligned}$$

$$\begin{aligned}\dot{U}_- &= \frac{1}{3}(\dot{U}_A + a^2\dot{U}_B + a\dot{U}_C)\\ &= \frac{1}{3}(220\angle 0^\circ + 200\angle -100^\circ + 240^\circ + 210\angle -250^\circ + 120^\circ)\ \text{V}\\ &= -25.5\angle -25.4^\circ\ \text{V}\end{aligned}$$

$$\dot{U}_0 = \frac{1}{3}(\dot{U}_A + \dot{U}_B + \dot{U}_C)$$

$$=\frac{1}{3}(220\angle 0^\circ+200\angle -100^\circ+210\angle -250^\circ)\ \mathrm{V}$$

$$=37.8\angle 0.19^\circ\mathrm{V}$$

2. 三相变压器的正序、负序和零序阻抗

下面来说明三相变压器和变压器组对正序、负序和零序电流所表现的阻抗及其等效电路。

正序阻抗　当变压器加上一组对称的正序电压、变压器内流过一组对称的正序电流时，变压器所表现的阻抗就是正序阻抗。前面2.3节中已经导出的T型等效电路、近似和简化等效电路，就是正序阻抗的电路图。实际应用时选用哪一种电路，视计算精度的要求而定。一般计算时，大都采用简化等效电路，此时正序阻抗 Z_+ 就是短路阻抗 Z_k，即

$$Z_+=Z_k \tag{2-88}$$

负序阻抗　当变压器加上一组对称的负序电压时，变压器所表现的阻抗就是负序阻抗。负序电压也是一组对称的三相电压，只不过其相序与正序不同，即C相滞后于A相120°电角，B相又滞后于C相120°电角。此时变压器内的磁场分布与加上正序电压时相同，只不过各相磁通达到最大值的次序与正序时不同，即A相磁通达到最大值后，经过120°电角，C相磁通将达到最大，再经过120°电角后，B相磁通才达到最大。由于变压器内负序磁场的分布与正序磁场相同，故变压器的负序阻抗 Z_- 与正序阻抗 Z_+ 相同，即

$$Z_-=Z_+ \tag{2-89}$$

零序阻抗　当变压器加上一组零序电压时，变压器所表现的阻抗就是零序阻抗。由于三相电流中的零序分量 $\dot{I}_{A0}$、$\dot{I}_{B0}$和 $\dot{I}_{C0}$为同幅值、同相位，它是一组单相电流，即

$$\dot{I}_{A0}=\dot{I}_{B0}=\dot{I}_{C0}=\dot{I}_0 \tag{2-90}$$

所以零序阻抗 Z_0 与正序（或负序）阻抗是不同的。由于零序电流能否在变压器的一次和二次绕组内流通，取决于绕组的联结方式；零序电流所激励的零序磁通能否在铁心中形成回路，取决于铁心的结构；所以变压器的零序阻抗 Z_0 与绕组的连接方式和铁心结构两者密切相关。

变压器的零序等效电路也可用T型等效电路来表示，如图2-35所示；图中 R_1、$X_{1\sigma}$和 R_2'、$X_{2\sigma}'$分别为一次绕组的电阻和漏抗以及二次绕组电阻和漏抗的归算值，这与正序等效电路中相同；但零序激磁阻抗 Z_{m0}则可能与正序时的激磁阻抗 Z_m 不同；另外，一次和二次绕组是否与外电路接通还是自行短路，则与绕组的联结方式有关。

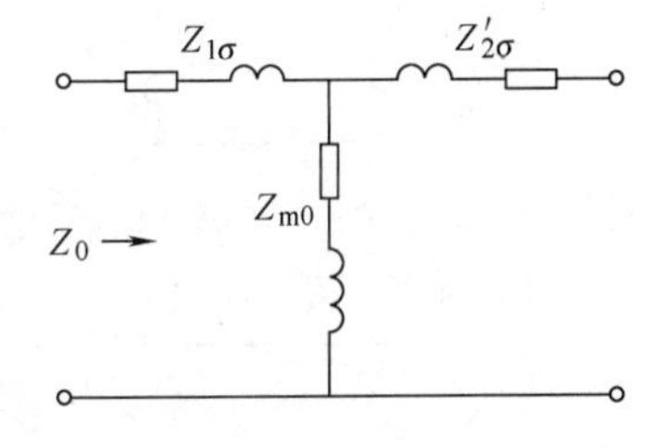

图2-35　变压器的零序等效电路

对于三相变压器组，由于各相的磁路各自独立，故零序电流所激励的主磁通，其磁路与正常对称运行时主磁通所经过的主磁路相同，故零序激磁阻抗 Z_{m0}与正序激磁阻抗 Z_m两者相同，即

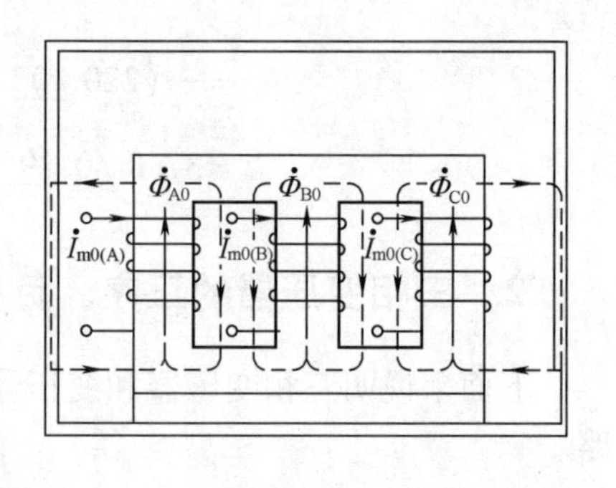

图 2-36 三相变压器中零序磁通的磁路

$$Z_{m0}=Z_m \tag{2-91}$$

对于三相心式变压器，通常铁心为三个心柱的结构，如图 2-36 所示。由于三相的零序激磁电流 $\dot{I}_{m0(A)}$、$\dot{I}_{m0(B)}$ 和 $\dot{I}_{m0(C)}$ 所产生的三个零序主磁通为同大小、同相位，即 $\dot{\Phi}_{A0}=\dot{\Phi}_{B0}=\dot{\Phi}_{C0}$，因此零序主磁通无法在铁心内形成闭合磁路，而仅能通过变压器油、箱壁等部件形成闭合磁路，如图 2-36 所示；此时磁阻较大，故零序激磁阻抗 Z_{m0} 的值要比通常的激磁阻抗 Z_m 小很多，即 $Z_{m0}\ll Z_m$，其标幺值约为 $Z_{m0}^*\approx 0.3\sim1.0$。

至于零序电流能否在一次或二次绕组内流通，则取决于绕组的联结方式。由于三相绕组中的零序电流为相等，即 $\dot{I}_{A0}=\dot{I}_{B0}=\dot{I}_{C0}=\dot{I}_0$，故绕组为 Y 联结且无中线时，由于没有回路，故零序电流将无法在绕组内流过，此时零序等效电路中 Y 联结的一侧应视为开路。若绕组为 Y_0 接法，零序电流可以在三相绕组内顺利流通，中性线电流应为 $\dot{I}_{A0}+\dot{I}_{B0}+\dot{I}_{C0}=3\dot{I}_0$，对于零序电流，此时 Y_0 接法一侧应视为通路。若绕组为 Δ 联结，则零序电流可以在三角形内部流动，但无法流到外部线路，故在零序等效电路中，Δ 侧应作为内部短路、而与外电路断开的情况来处理。

图 2-37a 表示 YNd（即 Y_0/Δ）联结、一次侧加上零序电压 $\dot{U}_0$ 时，一次和二次侧的零序电流；图 2-37b 表示相应的零序等效电路，图中 Q_1 为闭合，Q_2 为开断。从一次侧看，此时零序阻抗 Z_0 应为

$$Z_0=Z_{1\sigma}+\frac{Z_{m0}Z'_{2\sigma}}{Z_{m0}+Z'_{2\sigma}} \tag{2-92}$$

此时若 $Z_{m0}\gg Z'_{2\sigma}$，则

$$Z_0\approx Z_{1\sigma}+Z'_{2\sigma}=Z_k \tag{2-93}$$

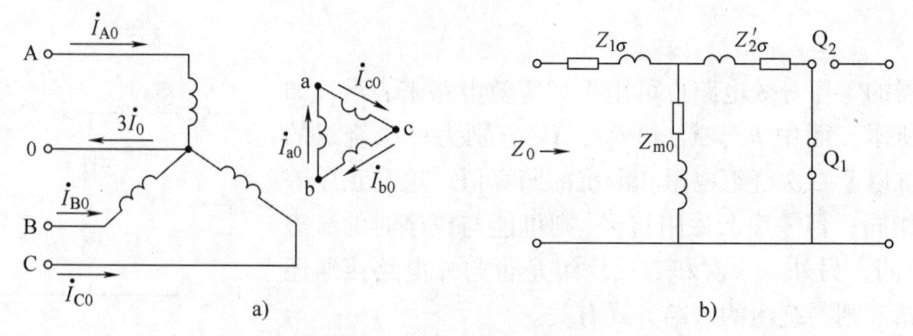

图 2-37 YNd 联结时变压器的零序等效电路

a）一次侧加零序电压 $\dot{U}_0$ 时，一次和二次绕组内的零序电流；

b）零序等效电路和零序阻抗 Z_0（图中 Q_1 闭合，Q_2 开断）

若 Z_{m0} 的大小与 $Z'_{2\sigma}$ 相当，则

$$Z_0 \approx Z_{1\sigma} + \frac{1}{2}Z'_{2\sigma} < Z_k \tag{2-94}$$

可见 YNd 联结时，从一次侧看，零序阻抗 Z_0 是很小的，与短路阻抗 Z_k 接近或相等。

对于 Yd（即 Y/Δ）联结，由于一次侧无中线，零序电流无法在一次侧流通，故从一次侧看，零序阻抗 $Z_0 = \infty$。

对 Yyn（即 Y/Y_0）联结，一次侧无中线，零序电流无法流通；二次侧因有中线，零序电流可以流通，所以零序等效电路如 2－38b 所示。此时从一次侧看，零序阻抗 $Z_0 = \infty$；从二次侧看，零序阻抗等于 $Z'_{2\sigma} + Z_{m0}$。

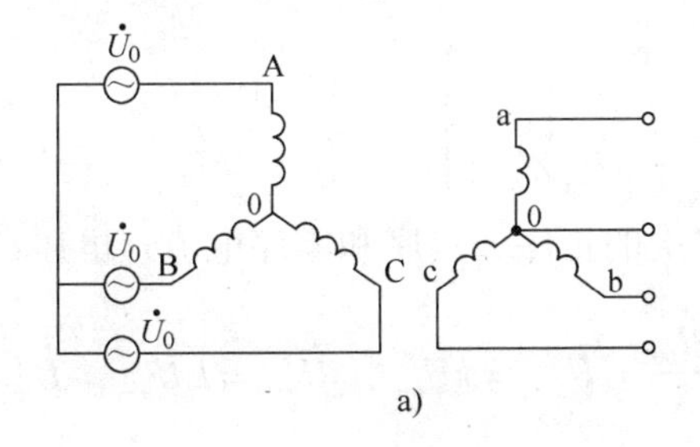

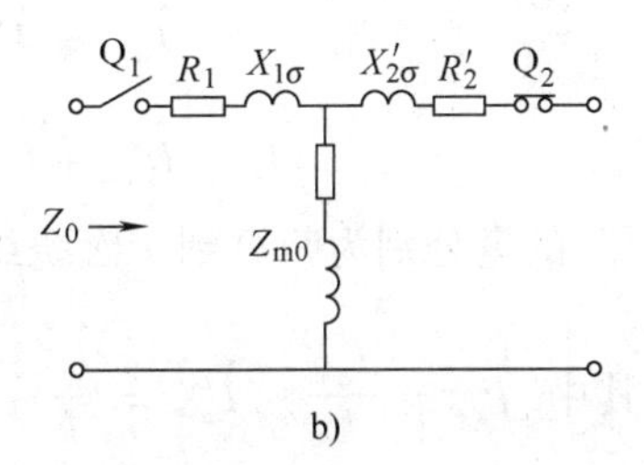

图 2－38　Yyn 联结时变压器的零序等效电路

a）一次侧加 $\dot{U}_0$ 时，一次侧零序电流不能通过

b）零序等效电路（一次侧开路，二次侧通路）

3. Yyn 联结时变压器的单相负载运行

图 2－39 表示一台 Yyn 联结的三相变压器(组),变压器的一次侧接到对称的三相电压，二次侧的 a 相接到阻抗 Z_L，b 相和 c 相为开路。下面来求变压器一次侧的电流和相电压 $\dot{U}_A$、$\dot{U}_B$ 和 $\dot{U}_C$。

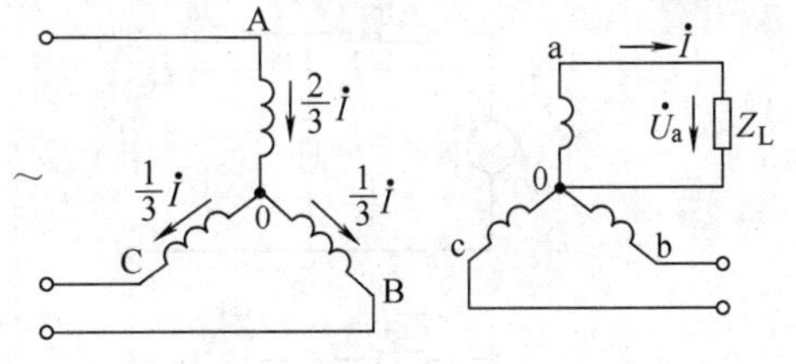

图 2－39　Yyn 联结时变压器的单相负载运行

一次和二次电流　从图 2－39 可见，变压器二次侧的电流和电压有下列关系：

$$\left.\begin{aligned} &\dot{I}_a = \dot{I}, \qquad \dot{I}_b = \dot{I}_c = 0 \\ &\dot{U}_a = \dot{I}_a Z_L \end{aligned}\right\} \tag{2-95}$$

把二次电流分解成正序、负序和零序分量 $\dot{I}_{a+}$、$\dot{I}_{a-}$ 和 $\dot{I}_{a0}$，由式（2－95）的第一式可知

$$\left.\begin{aligned} \dot{I}_{a+} &= \frac{1}{3}(\dot{I}_a + a\dot{I}_b + a^2\dot{I}_c) = \frac{1}{3}\dot{I} \\ \dot{I}_{a-} &= \frac{1}{3}(\dot{I}_a + a^2\dot{I}_b + a\dot{I}_c) = \frac{1}{3}\dot{I} \\ \dot{I}_{a0} &= \frac{1}{3}(\dot{I}_a + \dot{I}_b + \dot{I}_c) = \frac{1}{3}\dot{I} \end{aligned}\right\} \tag{2-96}$$

由此可得

$$\dot{I}_{a+}=\dot{I}_{a-}=\dot{I}_{a0} \tag{2-97}$$

即二次电流中的正序、负序和零序分量三者相等。

另外，由式（2-95）的第二式可知

$$\begin{aligned}\dot{U}_{a+}+\dot{U}_{a-}+\dot{U}_{a0}&=(\dot{I}_{a+}+\dot{I}_{a-}+\dot{I}_{a0})Z_L\\&=3\dot{I}_{a+}Z_L\end{aligned} \tag{2-98}$$

即二次侧的正、负、零序电压之和应当等于 $\dot{I}_{a+}$ 乘以 $3Z_L$。

若变压器的电压比为 k，把式（2-97）和（2-98）除以 k，可得

$$\left.\begin{aligned}&\dot{I}'_{a+}=\dot{I}'_{a-}=\dot{I}'_{a0}\\&\dot{U}'_{a+}+\dot{U}'_{a-}+\dot{U}'_{a0}=3\dot{I}'_{a+}Z'_L\end{aligned}\right\} \tag{2-99}$$

式中带“′”的量分别为归算到一次绕组时，二次的正序、负序和零序电流、电压和阻抗的归算值；其中 $\dot{I}'_{a+}=\frac{\dot{I}_{a+}}{k}$，$\dot{I}'_{a-}=\frac{\dot{I}_{a-}}{k}$，$\dot{I}'_{a0}=\frac{\dot{I}_{a0}}{k}$，$\dot{U}'_{a+}=k\dot{U}_{a+}$，$\dot{U}'_{a-}=k\dot{U}_{a-}$，$\dot{U}'_{a0}=k\dot{U}_{a0}$，$Z'_L=k^2Z_L$。

依次画出变压器的正序、负序和零序等效电路，并在二次侧把三个电路串联起来，以使 $\dot{I}'_{a+}=\dot{I}'_{a-}=\dot{I}'_{a0}$，然后接上阻抗 $3Z'_L$，如图 2-40a 中所示，以满足式（2-99）；一次侧的电源电压通常为对称的正序电压 $\dot{U}_1$，其负序分量和零序分量分别为0，故在等效电路中，正序的一次电压 $\dot{U}_{A+}=\dot{U}_1$，负序和零序的一次电压 $\dot{U}_{A-}=0$，$\dot{U}_{A0}=0$，即为短接；另外由于一次侧无

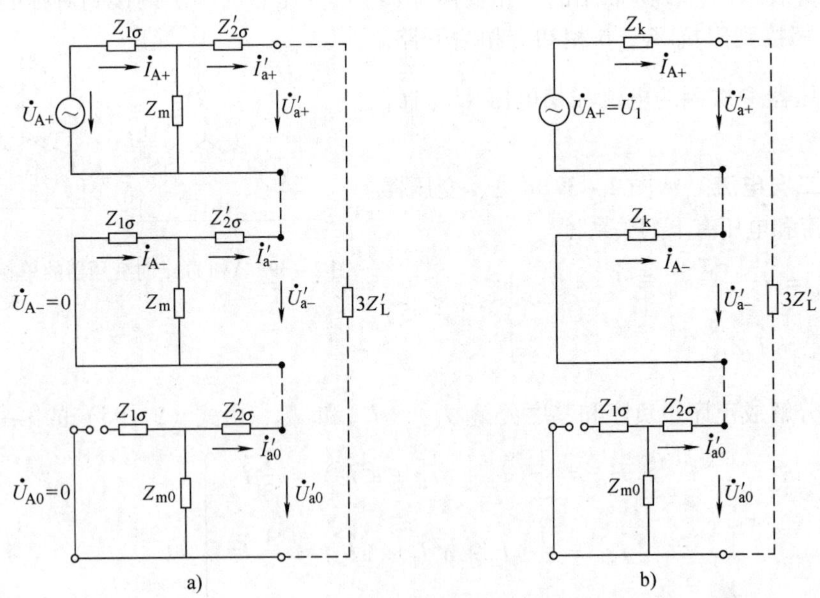

图 2-40　变压器为 Yyn 联结、二次侧接有单相负载时的等效电路

a）准确等效电路；b）简化等效电路

中线，一次侧零序电流为0，故一次侧零序电路为开路，由此可得图2-40a所示的等效电路。据此即可求出变压器和负载中的正序、负序和零序电流，并进一步求出各相的电流。

图2-40b表示忽略变压器的激磁阻抗 Z_m 时，图2-40a的简化电路。由图2-40b可得，

$$\left.\begin{aligned}\dot{I}'_{a+} &= \dot{I}'_{a-} = \dot{I}'_{a0} \approx \frac{\dot{U}_1}{2Z_k + Z'_{2\sigma} + Z_{m0} + 3Z'_L}\\ \dot{I}'_a &= 3\dot{I}'_{a+} \approx \frac{3\dot{U}_1}{2Z_k + Z'_{2\sigma} + Z_{m0} + 3Z'_L}\end{aligned}\right\} \tag{2-100}$$

式中，Z_k 为变压器的短路阻抗；$Z'_{2\sigma}$ 为变压器二次绕组漏阻抗的归算值；Z_{m0} 为变压器的零序激磁阻抗。如果忽略 Z_k 和 $Z'_{2\sigma}$，则

$$\dot{I}'_a \approx \frac{3\dot{U}_1}{Z_{m0} + 3Z'_L} = \frac{\dot{U}_1}{\frac{1}{3}Z_{m0} + Z'_L} \tag{2-101}$$

从式（2-101）可知，Y/Y_0 接法、单相负载运行时，变压器的零序激磁阻抗 Z_{m0} 对负载电流有很大的影响。对于三相变压器组，零序激磁阻抗 $Z_{m0} = Z_m$，故 $\dot{I}'_a$ 很小；即使发生单相短路（即 $Z_L = 0$），短路电流也仅为激磁电流的三倍左右，即

$$\dot{I}'_a \approx \frac{3\dot{U}_1}{Z_{m0}} \approx 3\dot{I}_m \tag{2-102}$$

故此种接法是不能承担单相负载的。对于三相心式变压器，因为 Z_{m0} 较小，所以这种变压器可以负担一定的单相负载。

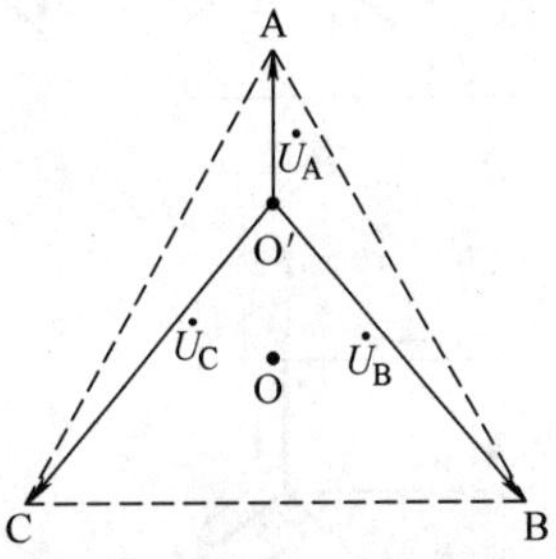

图2-41　Yyn联结的三相变压器(组)在单相负载时的中点位移

由于一次侧无中线，不存在零序电流，即 $\dot{I}_{A0} = \dot{I}_{B0} = \dot{I}_{C0} = 0$，于是由图2-40b解出一次侧的正序和负序电流 $\dot{I}_{A+}$ 和 $\dot{I}_{A-}$ 后，即可得到 $\dot{I}_A$、$\dot{I}_B$ 和 $\dot{I}_C$ 分别为

$$\left.\begin{aligned}\dot{I}_A &= \dot{I}_{A+} + \dot{I}_{A-} \approx \frac{2}{3}\dot{I}\\ \dot{I}_B &= a^2\dot{I}_{A+} + a\dot{I}_{A-} \approx \left(a^2\frac{\dot{I}}{3} + a\frac{\dot{I}}{3}\right) = -\frac{1}{3}\dot{I}\\ \dot{I}_C &= a\dot{I}_{A+} + a^2\dot{I}_{A-} \approx \left(a\frac{\dot{I}}{3} + a^2\frac{\dot{I}}{3}\right) = -\frac{1}{3}\dot{I}\end{aligned}\right\} \tag{2-103}$$

如图2-39所示，图中 $\dot{I}_B$ 和 $\dot{I}_C$ 的正方向取为从中点流向端点B和C，故标为 $\frac{1}{3}\dot{I}$。

中点位移　由于a相接到阻抗 Z_L，a相有电流流过，b、c两相为空载，$\dot{I}_b = \dot{I}_c = 0$，所以加上单相负载后，A相电压 $\dot{U}_A$ 将下降，B、C两相的相电压 $\dot{U}_B$ 和 $\dot{U}_C$ 的幅值将上升，外加

电压的线电压三角形则保持不变，此时一次侧的电压三角形如图 2－41 所示。从图 2－41 可见，单相负载运行时，三相相电压的中点将从原先的 O 点移到 O′点，这种情况称为“中点位移”。分析表明，变压器中的零序磁通越大，中点位移就越大。

4. 单相负载时三相变压器内电流的近似估计

在研究变压器的单相负载运行时，通常激磁电流可以略去不计，此时根据磁动势平衡关系，可知一次电流与二次电流的归算值大小应当相等、方向应当相反。根据这一特点，就可以较快地估算出三相变压器内各相的电流。

图 2－42 表示三相变压器接成各种不同的接法，二次侧接有单相负载时，一次和二次绕组中电流的近似估计。图中平行的粗线表示变压器的一次和二次绕组，箭头数为用归算值表示时，绕组电流的倍数关系，0 表示线路电流为 0；图 2－42c 和 d 中 Y 侧的虚线，表示接有中线与不接中线时电流为相同。

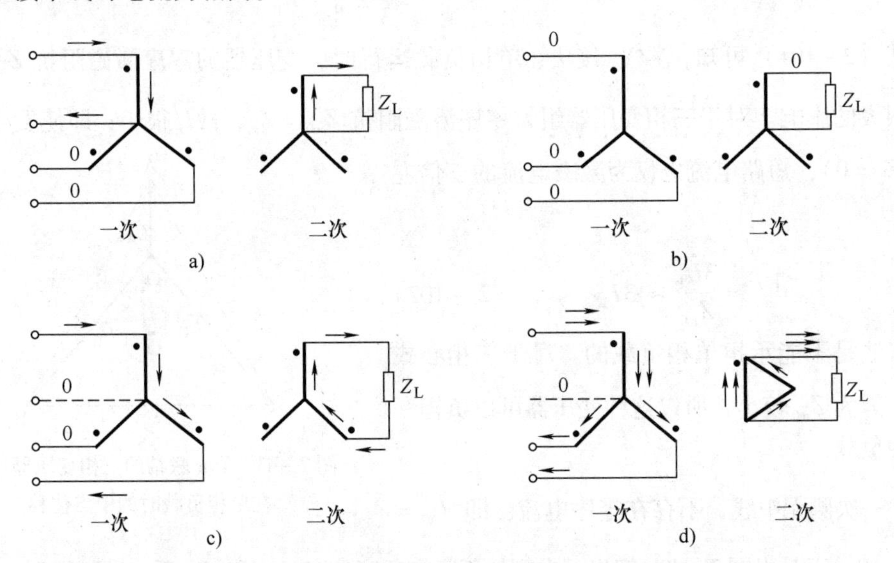

图 2－42　三相联结组接有单相负载时，负载电流的估计

a）YNyn 接法　b）Yyn 接法　c）Yy 接法　d）Yd 接法

2.11　三绕组变压器

前面分析了普通的两绕组变压器，本节将说明三绕组变压器的原理、基本方程和等效电路。

1. 绕组安排和联结

三绕组变压器的每相有高压、中压和低压三个绕组，它大多用于二次侧需要两种不同电压的电力系统。对于比较重要的负载，为安全可靠和经济地供电，也可以由两条不同电压等级的线路通过三绕组变压器共同供电。

三相三绕组变压器的第三绕组常常接成三角形联结，供电给附近较低电压的配电线路，有时仅仅接有同步补偿机或静电电容器，以改善电网的功率因数。

三相三绕组变压器的铁心一般为心式结构，每个心柱上套装有三个绕组。由于绝缘结构的要求，高压绕组通常套装在最外；中压和低压绕组与铁心的相对位置，要根据它是升压还是降压变压器，以及对短路电抗的要求等多种因素来确定。三个绕组的容量可以相等，也可以不等；其中最大的容量规定为三绕组变压器的额定容量。三相三绕组变压器的标准联结组有 YNyn0d11 和 YNyn0y0 两种。

2. 基本方程

三绕组变压器的磁通也可分成主磁通和漏磁通两部分。主磁通经铁心磁路而闭合，它与一次、二次和第三绕组同时交链。漏磁通是指只链过一个或两个绕组的磁通，前者称为自漏磁通，后者称为互漏磁通。自漏磁通和互漏磁通主要通过空气和油而闭合。图 2－43 为三种磁通的示意图，其中 ϕ 为主磁通，$\phi_{11\sigma}$、$\phi_{22\sigma}$ 和 $\phi_{33\sigma}$ 为自漏磁通，$\phi_{12\sigma}$、$\phi_{23\sigma}$、$\phi_{31\sigma}$ 为互漏磁通。

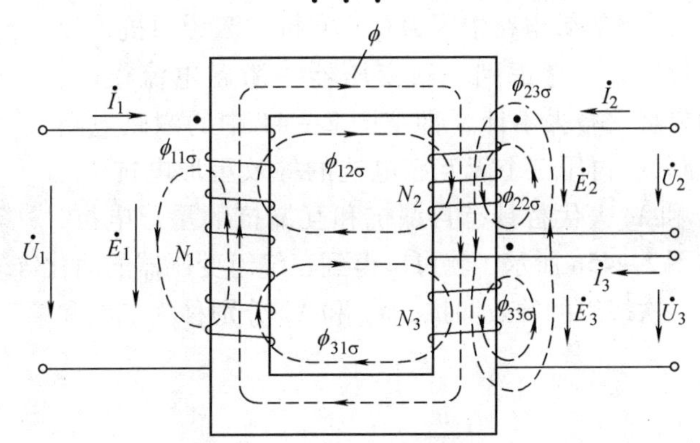

图 2－43 三绕组变压器的磁通示意图

三绕组变压器的主磁通由三个绕组的磁动势共同激励所产生，按照图 2－43 所示正方向，并将二次绕组和第三绕组归算到一次绕组，可得三绕组变压器的磁动势方程为

$$\dot{I}_1 + \dot{I}_2' + \dot{I}_3' = \dot{I}_m \tag{2-104}$$

式中，$\dot{I}_m$ 为激磁电流；$\dot{I}_2'$ 和 $\dot{I}_3'$ 为二次绕组和第三绕组电流的归算值，$\dot{I}_2' = \dot{I}_2/k_{12}$，$\dot{I}_3' = \dot{I}_3/k_{13}$，其中 $k_{12} = N_1/N_2$，$k_{13} = N_1/N_3$。

设与一次、二次和第三绕组的自漏磁通相对应的自漏抗分别为 $X_{11\sigma}$、$X_{22\sigma}'$ 和 $X_{33\sigma}'$，式中加"′"的量为归算值；一次和二次绕组、二次和第三绕组、第三和一次绕组间的互漏抗分别为 $X_{12\sigma}'$、$X_{23\sigma}'$ 和 $X_{31\sigma}'$，且 $X_{12\sigma}' = X_{21\sigma}'$，$X_{23\sigma}' = X_{32\sigma}'$，$X_{13\sigma}' = X_{31\sigma}'$；$\dot{E}_1$、$\dot{E}_2'$、$\dot{E}_3'$ 为主磁通在各个绕组内所感应的电动势及其归算值；则三个绕组的电压方程应为

$$\left.\begin{aligned}
\dot{U}_1 &= \dot{I}_1(R_1 + \mathrm{j}X_{11\sigma}) + \mathrm{j}\dot{I}_2'X_{12\sigma}' + \mathrm{j}\dot{I}_3'X_{13\sigma}' - \dot{E}_1 \\
\dot{U}_2' &= \dot{I}_2'(R_2' + \mathrm{j}X_{22\sigma}') + \mathrm{j}\dot{I}_1X_{21\sigma}' + \mathrm{j}\dot{I}_3'X_{23\sigma}' - \dot{E}_2' \\
\dot{U}_3' &= \dot{I}_3'(R_3' + \mathrm{j}X_{33\sigma}') + \mathrm{j}\dot{I}_1X_{31\sigma}' + \mathrm{j}\dot{I}_2'X_{32\sigma}' - \dot{E}_3'
\end{aligned}\right\} \tag{2-105}$$

式中，R_1、R_2' 和 R_3' 分别为各个绕组的电阻和电阻的归算值。变压器的激磁方程为

$$\dot{E}_1 = \dot{E}_2' = \dot{E}_3' = -\dot{I}_m Z_m \tag{2-106}$$

式中，Z_{m} 为激磁阻抗。

3. 等效电路

根据电压方程（2－105）、磁动势方程（2－104）和激磁方程（2－106），即可画出三绕组变压器的T形等效电路，如图2－44所示。与两绕组变压器的等效电路相比较，此电路的特点是，一次、二次和第三绕组的三个回路内，除了有该绕组本身的电阻、自漏抗和与铁心绕组对应的激磁阻抗之外，一次和二次回路、二次和三次回路、三次和一次回路之间还有互漏抗 $X'_{12\sigma}$、$X'_{23\sigma}$和$X'_{31\sigma}$。

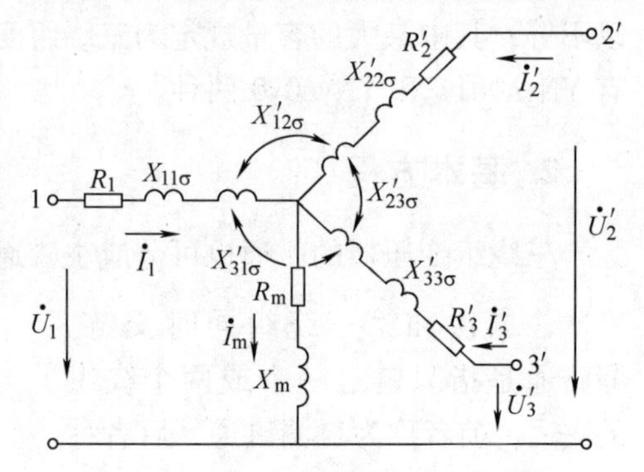

图2－44　三绕组变压器的T形等效电路

T形等效电路中因为有互漏抗和激磁阻抗，故比较复杂。考虑到一般变压器中激磁电流很小，如果将它略去不计（即把图2－44中的激磁电路开断），再用三个无互感电抗的等效星形电抗 X_1、X'_2和X'_3去代替具有自漏抗和互漏抗的星形电抗，如图2－45a所示，就可以得到三绕组变压器的简化等效电路，如图2－45b所示。图中X_1称为一次绕组的等效漏抗，X'_2和X'_3分别称为二次和第三绕组等效漏抗的归算值。

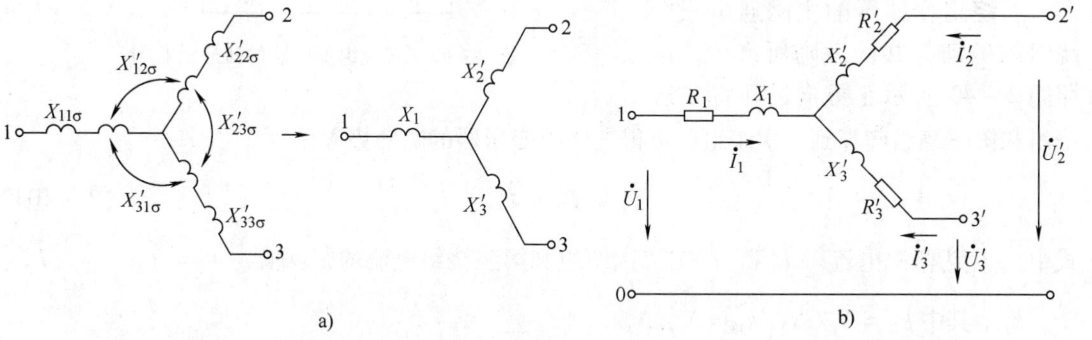

图2－45　三绕组变压器的简化等效电路

a）把有互感的星形电抗化成无互感的等效星形电抗　b）简化等效电路

对于图2－45a中的左、右两组星形电抗，根据等效原则，从1、2，2、3和3、1任何两个端点看去，电抗均应相等，故有

$$\left.\begin{aligned}X_1+X'_2&=X_{11\sigma}+X_{22\sigma}{}'-2X_{12\sigma}{}'\\X'_2+X'_3&=X_{22\sigma}{}'+X_{33\sigma}{}'-2X_{23\sigma}{}'\\X'_3+X_1&=X_{33\sigma}{}'+X_{11\sigma}-2X_{31\sigma}{}'\end{aligned}\right\}\tag{2-107}$$

由此可得

$$\left.\begin{aligned}X_1 &= X_{11\sigma} + X_{23\sigma}' - X_{12\sigma}' - X_{13\sigma}'\\X_2' &= X_{22\sigma} + X_{13\sigma}' - X_{23\sigma}' - X_{21\sigma}'\\X_3' &= X_{33\sigma} + X_{12\sigma}' - X_{31\sigma}' - X_{32\sigma}'\end{aligned}\right\}\tag{2-108}$$

注意，等效漏抗 X_1、X_2'和 X_3'是一些计算量，其值与绕组的布置情况有关；在某些情况下，其中一个可能为负值，表示相当于一个容抗。把三个绕组的电阻和等效漏抗各自串联起来，可得三个绕组的等效漏阻抗 Z_1、Z_2'和 Z_3'，其中 $Z_1=R_1+jX_1$，$Z_2'=R_2'+jX_2'$，$Z_3'=R_3'+jX_3'$。

等效漏阻抗 Z_1、Z_2'和 Z_3'可用短路试验来测定。由于三绕组变压器中每两个绕组相当于一个两绕组变压器，因此需要做三次短路试验。

如在图 2-45b 所示简化等效电路一次侧的 1 和 0 的两点之间，加上一个并联的激磁阻抗 Z_m，即可得到三绕组变压器的近似等效电路。

等效电路确立后，三绕组变压器的各种运行问题，例如电压调整率、效率、短路电流、并联运行时各绕组间的负载分配等，就可以用等效电路来计算。

【例 2-8】 一台 YNyn0d11（即 $Y_0/Y_0/\Delta-12-11$）联结的三相三绕组变压器，三个绕组的容量分别为 16000kVA/16000kVA/8000kVA，额定电压为 110kV/38.5kV/11kV。空载试验数据为：在低压绕组上加额定电压时，空载线电流 $I_0=21$ A，空载损耗 $P_0=63$kW。短路试验数据如下（已换算到 75℃）：

电压加于绕组	短路绕组	线电压/V	线电流/A	三相功率/kW
3	1	616	421	41.6
3	2	352	421	42.2
2	1	7 000	240	182

试求变压器的激磁阻抗、短路阻抗和近似等效电路。

解 用标幺值来计算。以三绕组变压器的额定容量 16000 kVA 作为基值容量 S_b，则第三绕组和第二绕组的阻抗基值 Z_{b3} 和 Z_{b2} 分别为

$$Z_{b3}=\frac{U_{b3}}{I_{b3}}=\frac{U_{b3}}{S_b/3U_{b3}}=\frac{3\times(11\times10^3)^2}{16000\times10^3}=22.7\ \Omega$$

$$Z_{b2}=\frac{3U_{b2}^2}{S_b}=\frac{3\times(38.5\times10^3/\sqrt{3})^2}{16000\times10^3}=92.6\ \Omega$$

（1）激磁阻抗的标幺值

$$Z_m^*=\frac{Z_m''}{Z_{b3}}=\frac{\dfrac{11\times10^3}{21/\sqrt{3}}}{22.7}=40$$

$$R_m^*=\frac{R_m''}{Z_{b3}}=\frac{63\times10^3}{3\times(21/\sqrt{3})^2}\times\frac{1}{22.7}=6.3$$

$$X_m^*=\sqrt{Z_m^{*2}-R_m^{*2}}=\sqrt{40^2-6.3^2}=39.5$$

（2）短路阻抗的标幺值

$$Z_{k13}^* = \frac{U_{k13}/I_{k3}}{Z_{b3}} = \frac{616}{421/\sqrt{3}} \times \frac{1}{22.7} = 0.112$$

$$R_{k13}^* = \frac{P_{k13}/3I_{k3}^2}{Z_{b3}} = \frac{41.6\times10^3}{3\times(421/\sqrt{3})^2} \times \frac{1}{22.7} = 0.0103$$

$$X_{k13}^* = \sqrt{Z_{k13}^{*2} - R_{k13}^{*2}} = \sqrt{0.112^2 - 0.0103^2} = 0.111$$

$$\therefore \quad Z_{k13}^* = 0.0103 + \mathrm{j}\,0.111$$

其次

$$Z_{k23}^* = \frac{Z''_{k23}}{Z_{b3}} = \frac{352}{421/\sqrt{3}} \times \frac{1}{22.7} = 0.0638$$

$$R_{k23}^* = \frac{R''_{k23}}{Z_{b3}} = \frac{42.2\times10^3}{3\times(421/\sqrt{3})^2} \times \frac{1}{22.7} = 0.0105$$

$$X_{k23}^* = \sqrt{Z_{k23}^{*2} - R_{k23}^{*2}} = \sqrt{0.0638^2 - 0.0105^2} = 0.062$$

$$\therefore \quad Z_{k23}^* = 0.0105 + \mathrm{j}\,0.062$$

最后

$$Z_{k12}^* = \frac{Z'_{k12}}{Z_{b2}} = \frac{7000/\sqrt{3}}{240} \times \frac{1}{92.6} = 0.182$$

$$R_{k12}^* = \frac{R'_{k12}}{Z_{b2}} = \frac{182\times10^3}{3\times240^2} \times \frac{1}{92.6} = 0.0114$$

$$X_{k12}^* = \sqrt{Z_{k12}^{*2} - R_{k12}^{*2}} = \sqrt{0.182^2 - 0.0114^2} = 0.182$$

$$\therefore \quad Z_{k12}^* = 0.0114 + \mathrm{j}\,0.182$$

（3）各个绕组的等效漏阻抗和变压器的等效电路

$$Z_1^* = \frac{1}{2}(Z_{k12}^* + Z_{k13}^* - Z_{k23}^*) = 0.0056 + \mathrm{j}\,0.116$$

$$Z_2^* = \frac{1}{2}(Z_{k12}^* + Z_{k23}^* - Z_{k13}^*) = 0.0058 + \mathrm{j}\,0.067$$

$$Z_3^* = \frac{1}{2}(Z_{k13}^* + Z_{k23}^* - Z_{k12}^*) = 0.0048 - \mathrm{j}\,0.0045$$

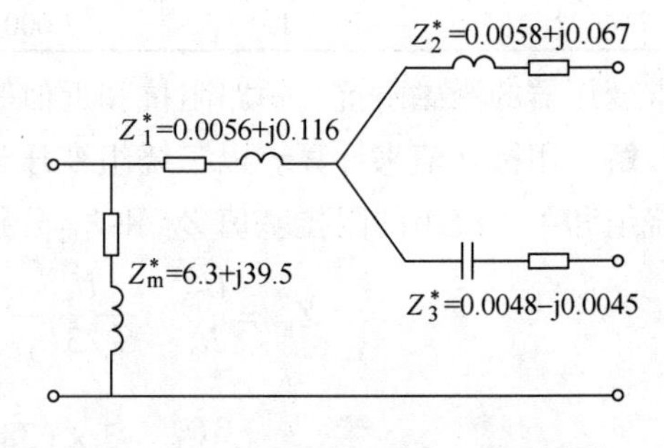

图 2-46　例 2-8 的三绕组变压器的近似等效电路

图 2-46 表示此变压器的近似等效电路。由于 Z_3^* 的虚部为负值，故图中用一容抗来表示。如把图 2-46 中的激磁回路开断，则可得到简化等效电路。

2.12　自耦变压器

一次和二次绕组之间既有磁的耦合、又有电的直接联系的变压器，称为自耦变压器。

自耦变压器的绕组由两部分串联构成，其中第一部分是一次和二次边共用的**公共绕组**，

第二部分则是一次（或二次）的串联绕组；公共绕组与串联绕组串联后作为自耦变压器的一次（或二次）绕组，公共绕组则作为二次（或一次）绕组。图2-47表示一台普通的 N_1/N_2 匝的单相变压器作为降压自耦变压器时的连接图，图中公共绕组为 N_2 匝，串联绕组为 N_1 匝。

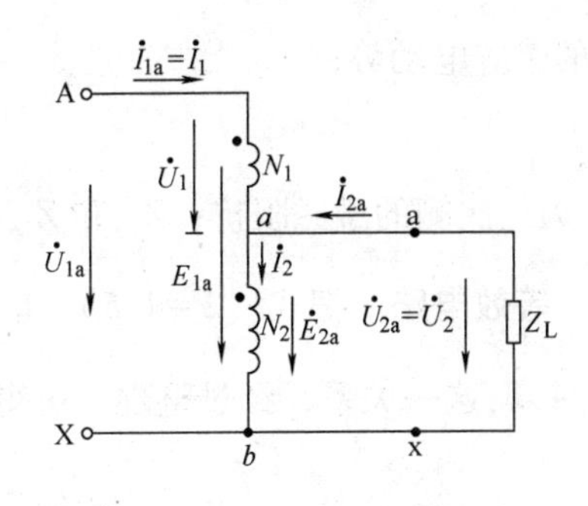

图2-47 把两绕组变压器连接成降压自耦变压器

自耦变压器的电压比 k_a 为

$$k_a = \frac{N_1 + N_2}{N_2} = 1 + k \tag{2-109}$$

式中，k 为作为两绕组变压器时的电压比，$k = \frac{N_1}{N_2}$。

1. 自耦变压器的基本方程和等效电路

设作为普通的单相两绕组变压器时，一次和二次电压分别为 $\dot{U}_1$ 和 $\dot{U}_2$，电流为 $\dot{I}_1$ 和 $\dot{I}_2$；改接成自耦降压变压器后，一次电压为 $\dot{U}_{1a}$、电流为 $\dot{I}_{1a}$，二次电压为 $\dot{U}_{2a}$、电流为 $\dot{I}_{2a}$。从图2-47不难看出，

$$\left.\begin{aligned} \dot{U}_{1a} &= \dot{U}_1 + \dot{U}_2, & \dot{U}_{2a} &= \dot{U}_2 \\ \dot{I}_{1a} &= \dot{I}_1, & \dot{I}_{2a} &= \dot{I}_2 - \dot{I}_1 \end{aligned}\right\} \tag{2-110}$$

磁动势方程 从图2-47可见，串联绕组的磁动势为 $N_1\dot{I}_{1a}$，公共绕组的磁动势为 $N_2\dot{I}_2$，铁心上的合成磁动势（即激磁磁动势）为两者之和，即

$$N_1\dot{I}_{1a} + N_2\dot{I}_2 = (N_1 + N_2)\dot{I}_m \tag{2-111}$$

式中，$\dot{I}_m$ 为自耦变压器的激磁电流。式（2-111）就是自耦变压器的磁动势方程。

由于 $\dot{I}_2 = \dot{I}_1 + \dot{I}_{2a} = \dot{I}_{1a} + \dot{I}_{2a}$，故上式也可写成

$$\dot{I}_{1a} + \dot{I}'_{2a} = \dot{I}_m \tag{2-112}$$

式中，$\dot{I}'_{2a} = \frac{N_2}{N_1 + N_2}\dot{I}_{2a} = \frac{\dot{I}_{2a}}{k_a}$。

电压方程 按图2-47中所示的正方向，即可写出自耦变压器一次和二次绕组的电压方程和二次绕组的电流为

$$\left.\begin{aligned} \dot{U}_{1a} &= \dot{I}_{1a}Z_{1\sigma} + \dot{I}_2 Z_{2\sigma} - \dot{E}_{1a} \\ \dot{E}_{2a} &= \dot{I}_2 Z_{2\sigma} - \dot{U}_{2a} \end{aligned}\right\} \tag{2-113}$$

$$\dot{I}_2 = \dot{I}_{1a} + \dot{I}_{2a} \tag{2-114}$$

式中，$\dot{U}_{1a}$ 和 $\dot{U}_{2a}$ 分别为一次和二次绕组的端电压；$\dot{E}_{1a}$ 和 $\dot{E}_{2a}$ 分别为主磁通在一次和二次绕组

中的感应电动势；

$$\dot{E}_{1a}=k_a\dot{E}_{2a}=-\dot{I}_m Z_m \tag{2-115}$$

Z_m 为一次侧的激磁阻抗；$Z_{1\sigma}$和 $Z_{2\sigma}$分别为串联绕组和公共绕组的漏阻抗。

等效电路　把式（2－115）和（2－114）代入式（2－113）中的第一式，再利用 $\dot{I}_2=\dot{I}_{1a}+\dot{I}_{2a}$这一关系，经过整理，可得

$$\begin{aligned}\dot{U}_{1a}&=\dot{I}_{1a}Z_{1\sigma}+(\dot{I}_{1a}+\dot{I}_{2a})Z_{2\sigma}+\dot{I}_m Z_m\\&=\dot{I}_{1a}(Z_{1\sigma}+Z_{2\sigma})+k_a(\dot{I}_m-\dot{I}_{1a})Z_{2\sigma}+\dot{I}_m Z_m\\&=\dot{I}_{1a}[Z_{1\sigma}-(k_a-1)Z_{2\sigma}]+\dot{I}_m(Z_m+k_a Z_{2\sigma})\end{aligned} \tag{2-116}$$

$$\begin{aligned}\dot{U}'_{2a}=k_a\dot{U}_{2a}&=\dot{I}_m Z_m+k_a\dot{I}_2 Z_{2\sigma}\\&=\dot{I}_m Z_m+k_a(\dot{I}_{2a}+\dot{I}_{1a})Z_{2\sigma}\\&=\dot{I}_m Z_m+k_a(k_a\dot{I}'_{2a}+\dot{I}_{1a})Z_{2\sigma}\\&=\dot{I}_m Z_m+k_a^2\dot{I}'_{2a}Z_{2\sigma}+k_a(\dot{I}_m-\dot{I}'_{2a})Z_{2\sigma}\\&=\dot{I}_m(Z_m+k_a Z_{2\sigma})+\dot{I}'_{2a}k_a(k_a-1)Z_{2\sigma}\end{aligned} \tag{2-117}$$

由电压方程（2－116）、（2－117）和磁动势方程（2－112），激磁方程（2－115），即可画出自耦变压器的T型等效电路，如图2－48a所示。若把图2－48a中的激磁分支从T型电路的中部移到电源端，并将一次和二次的漏阻抗合并成一个阻抗 Z_{ka}，可得Γ型等效电路，如图2－48b所示；若进一步略去并联的激磁阻抗，可得简化等效电路，如图2－48c所示。

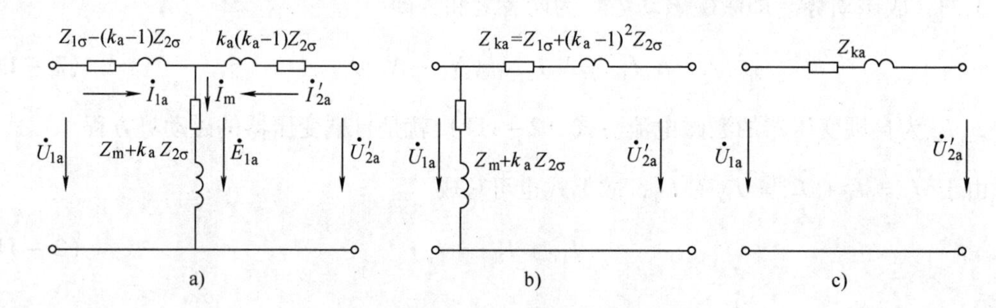

图2－48　自耦变压器的等效电路

a）T型等效电路　b）Γ型近似等效电路　c）简化等效电路

2. 自耦变压器的短路阻抗

从T型等效电路和近似等效电路可知，自耦变压器的短路阻抗 Z_{ka}为

$$\begin{aligned}Z_{ka}&=Z_{1\sigma}-(k_a-1)Z_{2\sigma}+k_a(k_a-1)Z_{2\sigma}\\&=Z_{1\sigma}+(k_a-1)^2Z_{2\sigma}\\&=Z_{1\sigma}+k^2Z_{2\sigma}=Z_k\end{aligned} \tag{2-118}$$

式（2－118）表明，二次侧短路时，自耦变压器的短路阻抗 Z_{ka}与普通两绕组变压器的短路

阻抗Z_k相等，这从图2－49中也可以看出。

再看短路阻抗的标幺值Z_{ka}^*。

从图2－49可见，由于自耦变压器的串联绕组N_1是原先两绕组变压器的一次绕组，故一次侧的额定电流I_{1aN}与原先两绕组变压器的一次额定电流I_{1N}相同，即$I_{1aN}=I_{1N}$；一次侧的额定电压则由原来两绕组变压器的额定电压U_{1N}变成U_{1aN}，$U_{1aN}=U_{1N}(1+\frac{1}{k})$；所以$Z_{ka}^*$应为

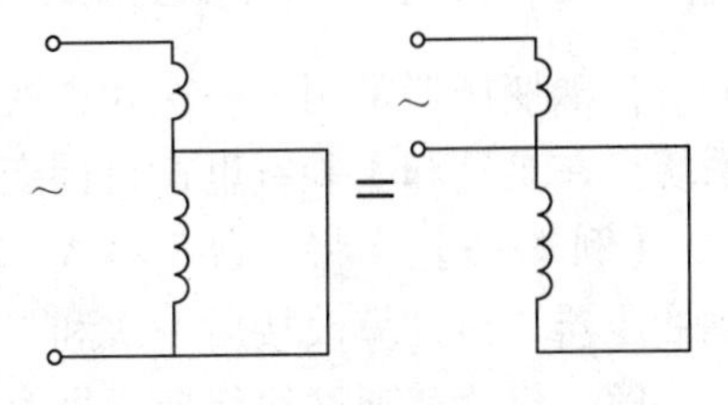

图2－49　二次侧短路时，自耦变压器的短路阻抗Z_{ka}与两绕组变压器的短路阻抗Z_k两者相等

$$Z_{ka}^*=\frac{Z_{ka}I_{1aN}}{U_{1aN}}=\frac{Z_kI_{1aN}}{U_{1N}(1+\frac{1}{k})}=\frac{Z_k^*}{1+\frac{1}{k}}=Z_k^*(1-\frac{1}{k_a}) \tag{2-119}$$

式（2－119）表示，改接成自耦变压器后，由于一次侧的额定电压U_{1aN}比两绕组变压器的额定电压U_{1N}增大了$(1+\frac{1}{k})$倍，所以自耦变压器的短路阻抗标幺值Z_{ka}^*将比原先两绕组变压器的Z_k^*小$(1-\frac{1}{k_a})$倍。

3. 自耦变压器的额定容量和优、缺点

额定容量　设单相两绕组变压器一次和二次的额定电压为U_{1N}和U_{2N}，额定电流为I_{1N}和I_{2N}，额定容量$S_N=U_{1N}I_{1N}=U_{2N}I_{2N}$。若改接成图2－47所示的降压自耦变压器，一次和二次的额定电流I_{1aN}和I_{2aN}将成为

$$I_{1aN}=I_{1N},\quad I_{2aN}=I_{2N}+I_{1aN}=I_{2N}(1+\frac{1}{k}) \tag{2-120}$$

所以自耦变压器的额定容量S_{aN}应为

$$\begin{aligned}S_{aN}&=(U_{1N}+U_{2N})I_{1aN}=U_{2N}I_{2aN}\\&=S_N+\frac{S_N}{k}=S_N+\frac{S_N}{k_a-1}=\frac{k_a}{k_a-1}S_N\end{aligned} \tag{2-121}$$

即改接为自耦变压器后，其额定容量将是原先两绕组变压器额定容量S_N的$\frac{k_a}{k_a-1}$倍。

感应功率和传导功率　从式（2－121）可见，自耦变压器的视在功率S_{aN}由两部分组成：一部分功率S_N由电磁感应关系从一次侧传送到二次侧，称为感应功率，这与普通两绕组变压器中相同；另一部分功率$\frac{S_N}{k_a-1}$则是通过直接传导作用，由一次侧传送到二次侧，称为传导功率，传送这部分功率，无需耗费有效材料；电压比k_a越接近于1，传导功率所占的比例越大，经济效果就越显著。

优、缺点和应用场合　自耦变压器具有重量轻、价格低、效率高等优点。缺点是，一次侧和二次侧之间没有电的隔离；另外短路阻抗的标幺值Z_{ka}^*将是改接前Z_k^*的$(1-\frac{1}{k_a})$倍，即

$Z_{ka}^{*}=(1-\frac{1}{k_a})\ Z_k^{*}$，因此发生短路时短路电流的标幺值较大。

自耦变压器常用于一次和二次电压比较接近的场合，例如用以连接两个电压相近的电力系统。在工厂和实验室里，自耦变压器常常用作调压器和起动补偿器。

【例 2-9】 将一台 5 kVA、220 V/110 V 的单相变压器改接成 220 V/330 V 的升压自耦变压器，试计算改接后一次和二次的额定电流、额定电压和变压器的容量。

解 作为普通两绕组变压器时，110 V 绕组是一次绕组，此时

$$k=\frac{110}{220}=0.5$$

$$I_{2N}=\frac{5000}{220}\text{ A}=22.7\text{ A}$$

$$I_{1N}=\frac{5000}{110}\text{ A}=45.4\text{ A}$$

改接成升压自耦变压器时（如图2-50所示），

$$U_{1a}=220\text{ V},\quad U_{2a}=330\text{ V}$$

$$I_{1aN}=I_{1N}+I_{2N}=68.1\text{ A},$$

$$I_{2aN}=45.4\text{ A}$$

故额定容量为

$$S_{aN}=220\times68.1\text{ VA}=330\times45.4\text{ VA}$$
$$=15000\text{ VA}(\text{即 }15\text{ kVA})$$

其中传导功率为

$$\frac{S_N}{k}=\frac{5}{0.5}\text{ kVA}=10\text{ kVA}$$

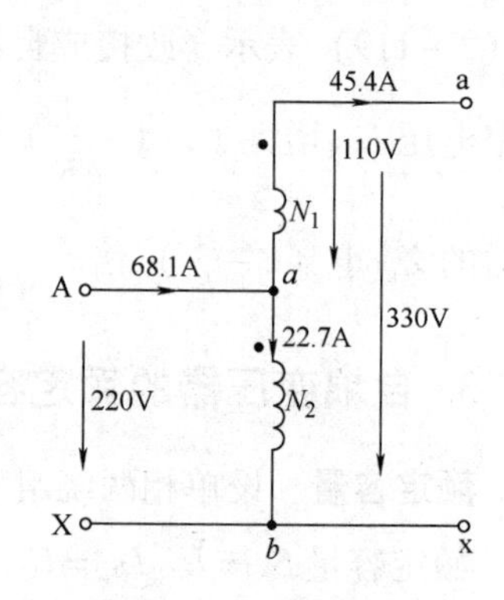

图 2-50 例 2-9 的升压自耦变压器（激磁电流略去不计）

4. 三绕组自耦变压器

自耦变压器也可以用于三相系统。三相自耦变压器的一次和二次绕组常常采用星形联结，为了改善相电动势的波形和减小不对称负载时的中点位移，常常加装一个三角形联结的第三绕组，使之成为三相三绕组自耦变压器。第三绕组可以作为局部地区的电源，也可以接上同步补偿机以改善电网的功率因数。

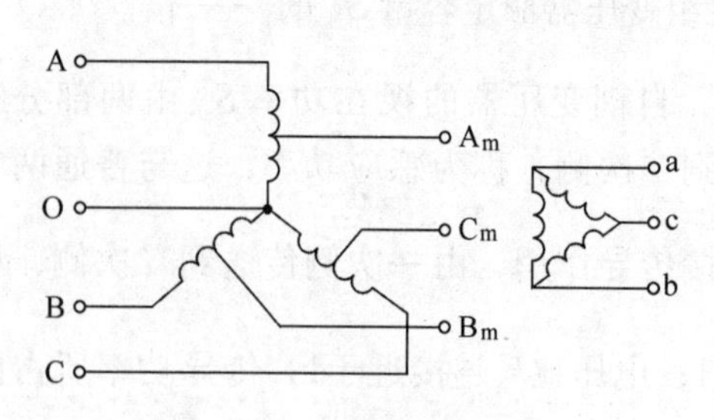

图 2-51 三绕组自耦变压器的连接（YNynd 联结）

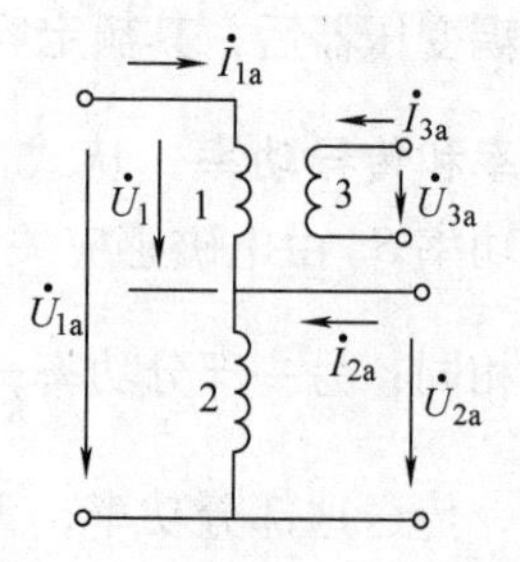

图 2-52 三绕组自耦变压器中一相的连接

图2－51表示三相三绕组自耦变压器的连接图，其中高压和中压绕组为自耦连接，第三绕组为独立；三相的高、中压绕组接成具有中性线的星形联结，依次用A、B、C和A_m、B_m、C_m表示；低压绕组接成三角形联结，用a、b、c表示。图2－52表示三绕组自耦变压器中一相绕组的连接图。

依次列出三绕组自耦变压器的磁动势方程、激磁方程和电压方程，再忽略激磁电流$\dot{I}_m$，即可得到图2－53所示三绕组自耦变压器的简化等效电路；图中$Z_{1\sigma a}$、$Z'_{2\sigma a}$和$Z'_{3\sigma a}$分别为一次、二次和第三绕组的等效漏阻抗。与普通的三绕组变压器一样，等效漏阻抗$Z_{1\sigma a}$、$Z'_{2\sigma a}$和$Z'_{3\sigma a}$可以通过三次短路试验来确定。

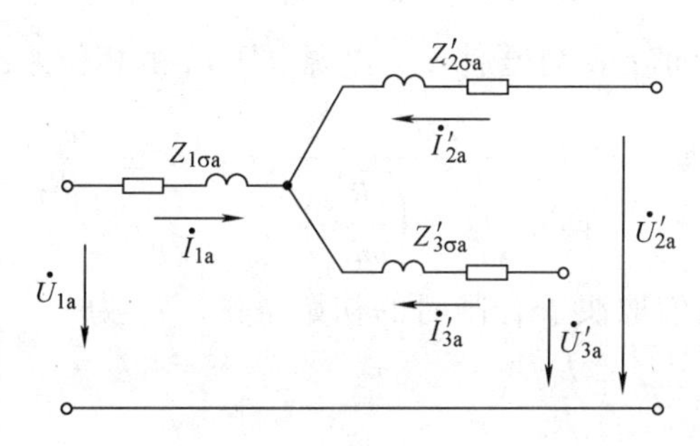

图2－53　三绕组自耦变压器的简化等效电路

2.13　变压器的瞬态分析

变压器从一种稳定状态转变到另一种稳定状态时，中间所经历的短暂过渡过程，称为瞬态（或暂态）过程。前面各节所研究的都是稳态运行时变压器的各种运行问题，本节将说明投入电网和二次侧发生突然短路时，变压器内的瞬态过程。

1. 空载投入电网时变压器的瞬态过程

变压器投入电网时，由于铁心中的磁通不能跃变，故主磁通中除了稳态分量之外，通常会有一个随着时间而衰减的自由分量，因此瞬态过程中铁心内的主磁通可以比稳态时大很多，从而使铁心达到高度饱和，导致投入电网时的瞬态激磁电流达到正常值的几十倍，造成短时的过电流现象。

为提高计算精度，在研究空载投入电网的瞬态问题时，通常以磁通ϕ作为自变量。设变压器一次绕组所加电压为u_1，$u_1=\sqrt{2}U_1\cos(\omega t+\theta_0)$，一次绕组的匝数为$N_1$，电阻为$R_1$，一次电流为$i_1$，根据法拉第电磁感应定律和基尔霍夫第二定律可知，

$$N_1\frac{\mathrm{d}\phi}{\mathrm{d}t}+i_1R_1=\sqrt{2}U_1\cos(\omega t+\theta_0) \tag{2-122}$$

式中，电流i_1可用链过一次绕组的总磁通ϕ近似地表示为

$$i_1\approx\frac{N_1\phi}{L_{av}} \tag{2-123}$$

其中L_{av}为一次绕组的平均自感，如图2－54的ψ_1-i_1曲线中对应于工作点A处的自感值。

于是式（2-122）就可以改写成

$$N_1\frac{\mathrm{d}\phi}{\mathrm{d}t}+\frac{N_1R_1}{L_{\mathrm{av}}}\phi=\sqrt{2}U_1\cos(\omega t+\theta_0) \tag{2-124}$$

式（2-124）的解答为

$$\begin{aligned}\phi&=\frac{\sqrt{2}U_1}{N_1\sqrt{\omega^2+\left(\frac{R_1}{L_{\mathrm{av}}}\right)^2}}\cos(\omega t+\theta_0-\alpha)+A_0\mathrm{e}^{-\frac{R_1}{L_{\mathrm{av}}}t}\\&=\Phi_{\mathrm{m}}\cos(\omega t+\theta_0-\alpha)+A_0\mathrm{e}^{-\frac{t}{T_1}}\end{aligned} \tag{2-125}$$

式中，Φ_{m} 为磁通的稳态幅值；α 为磁通 ϕ 与电源电压 u_1 的相位差；

$$\Phi_{\mathrm{m}}=\frac{\sqrt{2}U_1}{\omega N_1\sqrt{1+\left(\frac{R_1}{\omega L_{\mathrm{av}}}\right)^2}},\quad \alpha=\mathrm{tg}^{-1}\frac{\omega L_{\mathrm{av}}}{R_1} \tag{2-126}$$

A_0 为自由分量的幅值，其值取决于合闸时的初始条件；T_1 为自由分量衰减的时间常数，$T_1=\frac{L_{\mathrm{av}}}{R_1}$。

设投入电网（$t=0$）时，铁心中的剩磁为 Φ_0，于是

$$\Phi_0=\Phi_{\mathrm{m}}\cos(\theta_0-\alpha)+A_0$$

由此即可确定 A_0 为

$$A_0=\Phi_0-\Phi_{\mathrm{m}}\cos(\theta_0-\alpha) \tag{2-127}$$

把 A_0 代入式（2-125），可得 ϕ 为

$$\phi=\Phi_{\mathrm{m}}\cos(\omega t+\theta_0-\alpha)+[\Phi_0-\Phi_{\mathrm{m}}\cos(\theta_0-\alpha)]\mathrm{e}^{-\frac{t}{T_1}} \tag{2-128}$$

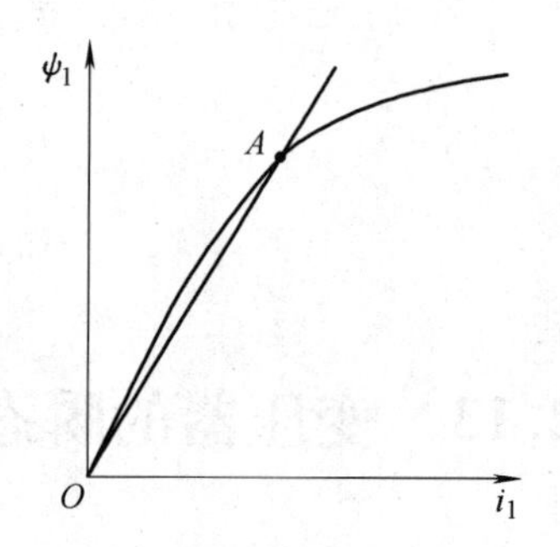

图 2-54 工作点 A 处一次绕组的平均电感 L_{av} （$L_{\mathrm{av}}=\left.\frac{\psi_1}{i_1}\right|_{A点}$）

通常情况下，定子电阻 R_1 要比平均电抗 ωL_{av} 小得多，即 $\frac{R_1}{\omega L_{\mathrm{av}}}\ll1$，于是式(2-126)将成为

$$\left.\begin{aligned}&\Phi_{\mathrm{m}}\approx\frac{\sqrt{2}U_1}{\omega N_1}=\frac{U_1}{\sqrt{2}\pi fN_1}=\frac{U_1}{4.44fN_1}\\&\alpha\approx90^\circ\\&\phi\approx\Phi_{\mathrm{m}}\sin(\omega t+\theta_0)+(\Phi_0-\Phi_{\mathrm{m}}\sin\theta_0)\mathrm{e}^{-\frac{t}{T_1}}\end{aligned}\right\} \tag{2-129}$$

从式（2-129）可见：

（1）如果合闸瞬间，主磁通稳态分量的瞬时值恰好等于剩磁磁通，即 $\Phi_{\mathrm{m}}\sin\theta_0=\Phi_0$，则合闸时磁通的自由分量为0，合闸后变压器将直接进入稳态运行，没有任何电流冲击。

（2）如果合闸瞬间 $\theta_0=-90^\circ$，则合闸时磁通的稳态分量为 $-\Phi_{\mathrm{m}}$，自由分量的幅值为 $\Phi_0+\Phi_{\mathrm{m}}$，若不计自由分量的衰减，则当 $\omega t=180^\circ$时，铁心内的磁通量将达到

$$\begin{aligned}\phi_{(\omega t=180^\circ)}&\approx\Phi_{\mathrm{m}}\sin90^\circ+(\Phi_0+\Phi_{\mathrm{m}})\\&=2\Phi_{\mathrm{m}}+\Phi_0\end{aligned} \tag{2-130}$$

这么大的磁通量将使铁心达到高度饱和，并使瞬态激磁电流达到正常激磁电流的80~110倍(约为额定电流的4~6倍)，如图2-55所示。这是一种最为不利的情况。

随着时间的推移，磁通的自由分量逐步衰减；相应地，瞬态激磁电流中的自由分量也将逐步衰减。衰减的快慢取决于时间常数 T_1。通常小变压器的电阻较大，故时间常数较小，合闸后的冲击电流经过几个周波（零点几秒以内）就达到稳态值。大型变压器则衰减得较慢，有的可达10秒以上。

由于瞬态持续的时间很短，所以空载合闸的瞬态电流对变压器本身来说没有太大的危害，但是它可使一次线路的过电流保护装置动作，引起跳闸。为此在巨型变压器中，合闸时常在一次绕组中串入一个电阻，以减小冲击电流的幅值、并减小时间常数 T_1 以加快其衰减，待变压器投入电网后再将该电阻切除。

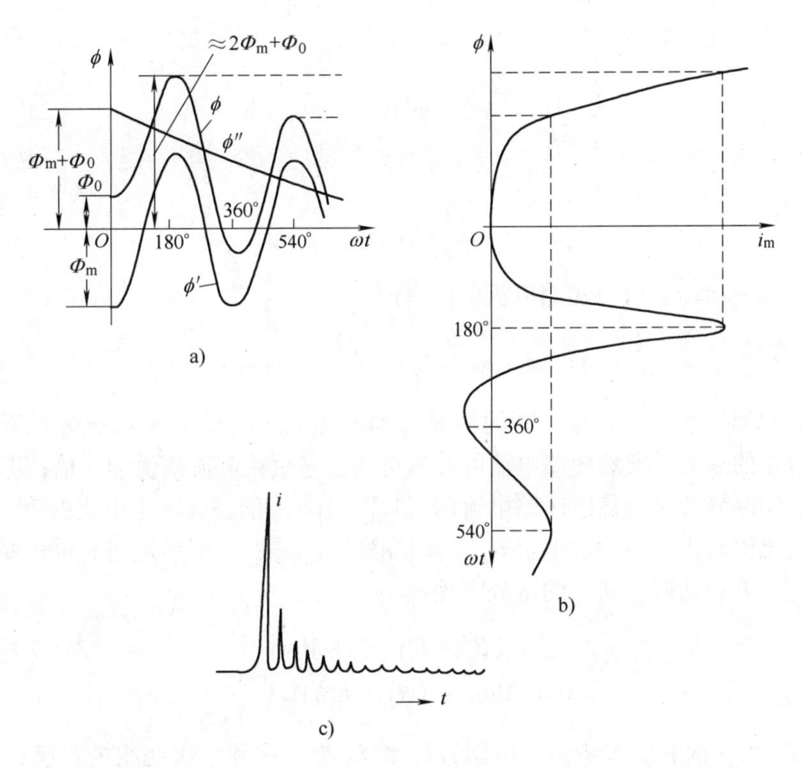

图2-55 在 $\theta_0=-90°$（最不利情况）下合闸时，变压器的瞬态电流波形

a）主磁通随时间的变化曲线 b）通过磁化曲线由主磁通得到激磁电流

c）瞬态激磁电流

2. 二次侧突然短路时变压器的瞬态过程

忽略激磁电流时 二次侧突然短路时，由于短路电流很大而激磁电流较小，故激磁电流常可忽略不计，因此可用简化等效电路来计算短路电流，如图2-56所示。

设电源电压 $u_1=\sqrt{2}U_1\cos(\omega t+\alpha_0)$，则二次侧突然短路时变压器的电压方程为

$$L_k\frac{\mathrm{d}i_1}{\mathrm{d}t}+R_k i_1=\sqrt{2}U_1\cos(\omega t+\alpha_0) \tag{2-131}$$

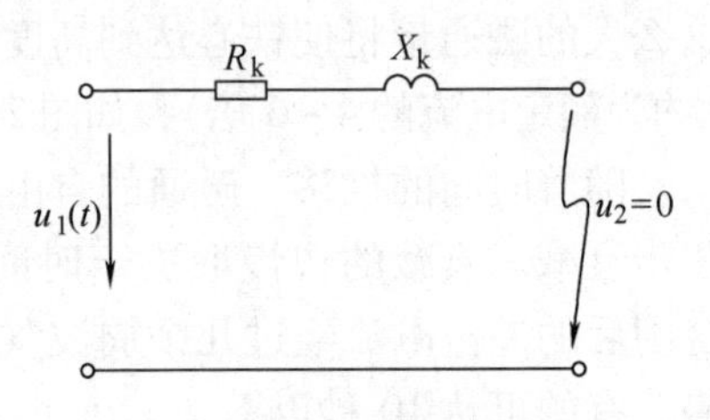

图 2 - 56 用简化等效电路来计算变压器的突然短路电流

式中，R_k 和 L_k 分别为变压器的短路电阻和电感，$R_k = R_1 + R_2'$，$L_k = \frac{1}{\omega_1}X_k$；$i_1$ 为一次侧的短路电流。式（2 - 131）的解答为

$$i_1 = \frac{\sqrt{2}U_1}{Z_k}\cos(\omega t + \alpha_0 - \theta_k) + A_k e^{-\frac{R_k}{L_k}t} \tag{2-132}$$

可以看出，式（2 - 132）由两部分组成，第一部分为短路电流中的稳态分量，其幅值为$\frac{\sqrt{2}U_1}{Z_k}$，θ_k 为短路阻抗的阻抗角，$\theta_k = \mathrm{tg}^{-1}\frac{X_k}{R_k}$；第二部分是短路电流中的自由分量，其幅值 A_k 取决于短路时的初始条件。

设突然短路前变压器为空载，即 $t=0$ 时，$i_1 = i_m \approx 0$，则由式（2 - 132）可得

$$0 = \frac{\sqrt{2}U_1}{Z_k}\cos(\alpha_0 - \theta_k) + A_k \tag{2-133}$$

由此可得

$$A_k = -\frac{\sqrt{2}U_1}{Z_k}\cos(\alpha_0 - \theta_k) \tag{2-134}$$

把 A_k 代入式（2 - 132），可得短路电流的瞬时值为

$$i_1 = \frac{\sqrt{2}U_1}{Z_k}\cos(\omega t + \alpha_0 - \theta_k) - \frac{\sqrt{2}U_1}{Z_k}\cos(\alpha_0 - \theta_k)e^{-\frac{R_k}{L_k}t} \tag{2-135}$$

从式（2 - 135）可见，在最不利的情况（即电源电压的相位角 $\alpha_0 = \theta_k$）下短路时，如果不计自由分量的衰减，突然短路电流的峰值可达稳态短路电流幅值的一倍；考虑到自由分量的衰减时，实际峰值可达稳态短路电流的（1.2 ~ 1.8）倍，或额定电流的 20 ~ 30 倍。

计及激磁电流时 忽略激磁电阻 R_m（即忽略铁心损耗），突然短路时单相变压器一次和二次绕组的电压方程是两个联立的微分方程：

$$\left.\begin{aligned} u_1 &= (R_1 + L_1 \mathrm{p})i_1 + M\mathrm{p}i_2 \\ 0 &= M\mathrm{p}i_1 + (R_2 + L_2\mathrm{p})i_2 \end{aligned}\right\} \tag{2-136}$$

式中，R_1 和 R_2 为一次和二次绕组的电阻；L_1 和 L_2 为一次和二次绕组的自感；M 为一次和二次绕组的互感；p 为时间的微分算子，$\mathrm{p} = \frac{\mathrm{d}}{\mathrm{d}t}$。

求解式（2 - 136）的联立方程，可得一次和二次绕组内的电流 i_1 和 i_2。分析表明，此时短路电流 i_2 中，除交流稳态分量外，还有两个按指数曲线衰减的直流分量；其中一个分量的衰减系数 α_1 较小、衰减较慢，它与铁心中主磁通的衰减情况相对应；另一个分量的衰减系数 α_2 较大、衰减较快，此分量与漏磁通的衰减情况相对应。

突然短路时变压器绕组上所受到的电磁力 由于线圈上所受到的电磁力与电流的二次方成正比，所以突然短路时，绕组上将受到极大的电磁力（约为额定电流时的几百倍）。此外，巨大的电流将使线圈迅速发热，因此对绕组及其绝缘具有很大的破坏性。

图 2 - 57 表示高压绕组电流的瞬时值为流入（用⊗表示）、低压绕组电流的瞬时值为流

出（用⊙表示）时，两个绕组和绕组间的 z 向漏磁场 B_z 的分布，高压绕组中漏磁场的径向分量 B_r 随 z 轴的变化情况，以及绕组上所受到的径向电磁力 f_r 和轴向电磁力 f_z。从图 2－57 可见，径向电磁力 f_r 的方向为使低压绕组沿径向收缩、高压绕组沿径向扩张的方向；轴向电磁力 f_z 的方向为使高压和低压绕组沿高度方向压缩的方向。

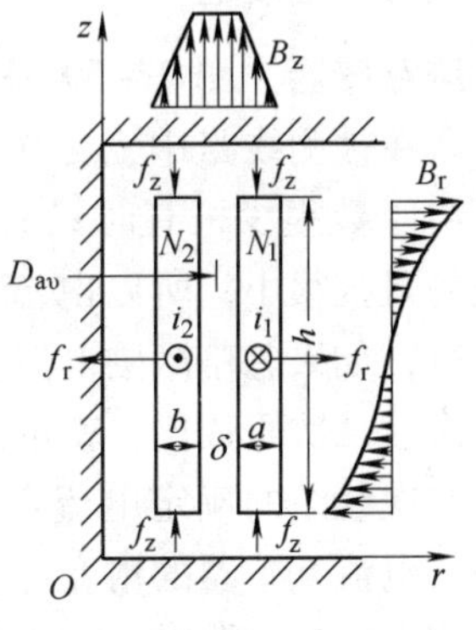

图 2－57　高、低压绕组的高度相等时，漏磁场 B_Z 和 B_r 的分布，以及绕组上所受到的径向电磁力 f_r 和轴向电磁力 f_z

若漏磁场中的储能为 W_m，由虚位移法可知，径向电磁力 f_r 和轴向电磁力 f_z 应分别为

$$f_r = \frac{\partial W_m}{\partial \delta}, \qquad f_z = \frac{1}{2}\frac{\partial W_m}{\partial h} \qquad (2-137)$$

式中，δ 和 h 分别为高、低压绕组间的径向气隙和绕组的高度，如图 2－57 中所示。由于漏磁场的储能 $W_m = \frac{1}{2}L_k i^2$，经过推导可知，一次和二次绕组的漏电感 L_k 为

$$L_k = \mu_0 N^2 \frac{\pi D_{av}}{h}\left(\delta + \frac{a+b}{3}\right) \qquad (2-138)$$

式中，D_{av}为高、低压绕组的平均直径；a 和 b 分别为高压和低压绕组的径向厚度；N 为绕组的匝数。由此可得绕组上所受到的径向电磁力 f_r和轴向电磁力 f_z分别为

$$\left.\begin{aligned} f_r &\approx \frac{1}{2}\mu_0 \frac{\pi D_{av}}{h}(Ni)^2 \\ f_z &\approx \frac{1}{4}\mu_0 \frac{\pi D_{av}}{h^2}\left(\delta + \frac{a+b}{3}\right)(Ni)^2 \end{aligned}\right\} \qquad (2-139)$$

2.14　仪用互感器

在高电压、大电流的电力系统中，为了测量高压线路的电压和电流，并使测量回路与高压线路隔离，以保证工作人员的安全，需要使用电压互感器和电流互感器。这两种接在测量仪表前的互感器统称为仪用互感器。下面对这两种互感器分别作一简介。

电压互感器　图 2－58 是电压互感器的接线图，它的一次绕组接到被测的高压线路，二次绕组接到电压表。电压互感器的一次绕组匝数很多，二次绕组匝数很少。由于电压表的阻抗很大，所以电压互感器工作时，相当于一台降压变压器的空载运行，如果忽略漏阻抗压降，就有 $U_1/U_2 = N_1/N_2$。于是选择适当的一次、二次匝数比，就可以把高电压转换为低电压来测量。通常二次侧的额定电压设计为 100V。根据电压比误差的大小，电压互感器的精度可分成 0.5、1 和 3 三级。

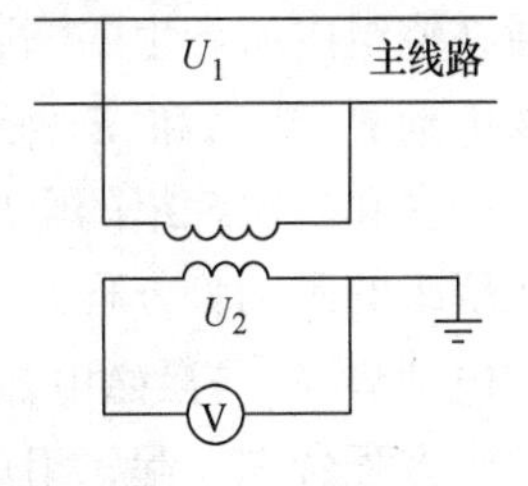

图 2－58　电压互感器的接线图

使用电压互感器时，二次侧不能短路，否则将产生很大的短路电流。另外，为安全起见，互感器的二次绕组连同铁心一

起，必须可靠地接地。

电流互感器 图 2-59 是电流互感器的接线图，它的一次绕组串联在被测线路中，二次绕组接到电流表。电流互感器的一次绕组匝数很少，有时只有一匝，二次绕组匝数很多。由于电流表的阻抗很小，所以电流互感器工作时，相当于变压器的短路运行，如果忽略激磁电流，就有 $I_1/I_2=N_2/N_1$。于是选择适当的一次、二次匝数比，就可以把大电流转变为小电流来测量。通常，二次绕组的额定电流设计为 5A 或 1A。按照电流比误差的大小，电流互感器的精度可分成 0.2、0.5、1、3 和 10 五级。

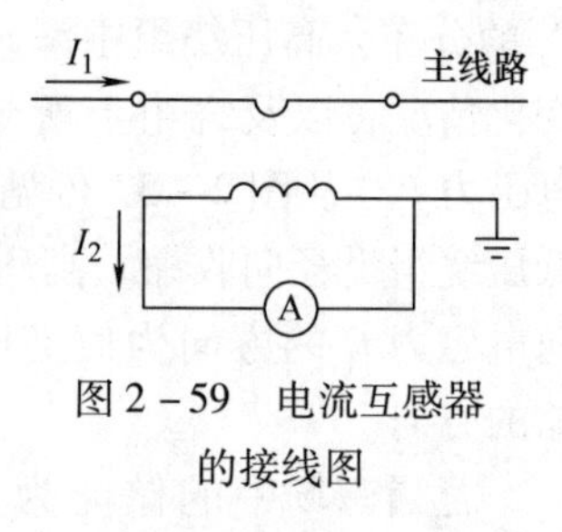

图 2-59 电流互感器的接线图

使用电流互感器时，二次侧不允许开路。如果二次侧开路，一次侧的线路电流将全部变成互感器的激磁电流，使铁心内的磁密急剧增加，二次侧将出现危险的过电压。因此电流互感器的二次侧通常设置一个并联的短路开关，以便应对二次侧电流表和其他仪表更换或退出时的需要。此外，为确保安全，二次侧必须可靠接地。

小 结

本章研究了变压器的工作原理，导出了变压器的基本方程和等效电路，得到了单台运行和两台变压器并联运行时的运行性能，然后说明了三相变压器运行的特点，以及三绕组变压器和自耦变压器的原理。

变压器的分析步骤大体为：① 建立物理模型，说明变压器“变压”和“功率传递”的原理；② 建立数学模型，即建立变压器的基本方程；③ 从基本方程出发，通过绕组归算，建立等效电路；④ 利用等效电路来研究各种运行问题。

变压器的物理模型是一个一次和二次侧具有不同匝数的两绕组铁心耦合电路。设铁心中的主磁通为 ϕ，根据电磁感应定律，一次和二次绕组内的感应电动势 $e_1=-N_1\dfrac{\mathrm{d}\phi}{\mathrm{d}t}$，$e_2=-N_2\dfrac{\mathrm{d}\phi}{\mathrm{d}t}$，于是 $\dfrac{e_1}{e_2}=\dfrac{N_1}{N_2}$，这就是“变压”原理。设一次电流的负载分量为 i_{1L}，由磁动势平衡关系可知 $N_1i_{1L}=-N_2i_2$，于是 $e_1i_{1L}=-e_2i_2$，这就是“功率传递”原理。两者合在一起，构成了变压器的工作原理。

按照所经磁路的不同，变压器的磁通可分成约束在铁心以内、并与一次和二次绕组相交链的主磁通，以及分散分布于铁心和绕组周围空气（变压器油）中的漏磁通。把交变的漏磁通在绕组内所产生的漏磁电动势用负漏抗压降来表示，主磁通在一次和二次绕组内感应的正弦电动势用 $\dot{E}_1$ 和 $\dot{E}_2$ 来表示；再利用基尔霍夫第二定律，并计及绕组的电阻压降，即可得到一次和二次绕组的电压方程。利用磁动势平衡关系和磁路的欧姆定律，则可得到一次和二次绕组的磁动势方程。通过电磁感应定律和铁心的磁化曲线和铁心损耗，把铁心线圈中的感应电动势 $\dot{E}_1$ 与激磁电流 $\dot{I}_m$ 之间的关系用激磁阻抗来表达，可得铁心绕组的激磁方程。这三个方程合在一起，组成了变压器的基本方程，也就是变压器的数学模型。

由于一次和二次绕组的感应电动势相差 N_1/N_2 倍，加上一次和二次电流要通过磁动势方程相联系，所以直接利用基本方程去计算变压器的各种运行问题是不方便的。为此需要导出一个既符合变压器内部电磁关系（即符合基本方程）、又便于直接用以计算的等效电路。从基本方程出发，到导出T形等效电路，关键的一步是进行绕组归算。从物理上看，所谓绕组归算就是用一个虚拟的N_1匝的等效二次绕组，去替代实际为N_2匝的二次绕组。归算的原则是，替代前后二次绕组的磁动势、从一次绕组传递到二次绕组的有功和无功功率，以及二次绕组内的电阻损耗和漏抗内的无功功率，均应保持不变。绕组归算以后，一次和二次绕组的感应电动势变成相等，一次和二次绕组的磁动势方程也化成等效的电流间的关系，所以就计算观点而言，可以把一次和二次电路连接起来，形成一个统一的T形等效电路。T形等效电路是一个无源四端网络，所以可以用空载和短路两组试验来确定其参数。

等效电路建立后，变压器的各种性能，例如单台运行时的电压调整率、效率，并联运行时的环流和负载分配等问题，都可以用等效电路来计算和确定。为使计算简便和“免于归算”，并对所用变压器的参数和性能数据是否正常作出判断，工程上广泛采用了标幺值。为达到理想的并联运行，并联变压器的额定电压、电压比和联结组号必须相同，漏阻抗的标幺值要相等。

变压器的基本方程和等效电路虽然是在单相情况下导出的，但是对于三相变压器同样适用。因为三相对称运行时，可以取出三相中一相作为单相问题来研究。对于三相变压器，有两个问题需要作为专门问题来研究，一个是三相联结组的组号问题（即一次和二次线电压之间的相位关系问题），此问题涉及两台三相变压器能否并联运行；另一个问题是三相绕组的连接和三相铁心的结构，看它能否阻断激磁电流中的三次谐波和铁心中的三次谐波磁通，此问题将涉及一次和二次相电压的波形和绕组是否会出现过电压，所以也要认真对待。

最后是关于三绕组变压器和自耦变压器。三绕组变压器的分析方法与两绕组变压器相类似，其特点是由于有第三绕组，所以漏磁通中出现了自漏磁和互漏磁，使T形等效电路中出现了自漏抗和互漏抗，导致计算复杂化。如果忽略激磁电流，则具有互感电抗的星形电路可以简化成无互感电抗的等效星形电路，并得到三绕组变压器的简化等效电路，供工程计算使用。此时等效电路中的等效漏抗，将是一些纯计算量。

自耦变压器是两绕组变压器的一种特殊连接方式，其特点是一次和二次绕组之间具有电的联系。因此自耦变压器传递的功率中，除感应功率外，还有传导功率，所以自耦变压器所用材料比较节省。另一方面，由于有电的联系，所以低压侧的绝缘水平要按高压侧来考虑，以保证安全。自耦变压器的分析步骤与普通变压器相似，即先列出磁动势方程、激磁方程和电压方程，再导出其等效电路，然后用等效电路来计算各种运行问题。

习 题

2-1 什么叫变压器的主磁通，什么叫漏磁通？空载和负载时，主磁通的大小取决于哪些因素？

2-2 一台60Hz的变压器接到50Hz的电源上运行时，若额定电压不变，问激磁电流、铁耗、漏抗会怎样变化？

2-3 一台110V/220V的变压器，若误接到110V的直流电源，将产生什么后果？

2-4 有一台两绕组变压器，若一次侧的空载电流为I_0，问变压器的磁动势方程能否写成$N_1\dot{I}_1+N_2\dot{I}_2=N_1\dot{I}_0$？为什么？

2－5　试导出激磁电阻 R_m 激磁电抗 X_m 与铁耗电阻 R_{Fe} 和磁化电抗 X_μ 间的关系。

2－6　在导出变压器的等效电路时，为什么要进行归算？归算是在什么条件下进行的？

2－7　利用T形等效电路进行实际问题计算时，算出的一次和二次侧电压、电流和损耗、功率是否均为实际值？为什么？

2－8　变压器的激磁阻抗和漏阻抗如何测定？

2－9　三相变压器绕组联结时，什么是组号的"时钟表示法"？

2－10　三相变压器的标准联结组有几种？常用的有几种？为什么三相变压器组不宜采用Yy联结？

2－11　什么叫标幺值？使用标幺值来计算变压器问题时有何优点？用标幺值表示时，变压器的 I_0^* 和 Z_k^* 一般在什么范围之内？

2－12　什么叫变压器的电压调整率？它与哪些因素有关？Δu 是否能变成负值？

2－13　变压器的额定效率 η_N 与最大效率 η_{max} 是否同一？什么情况下才能达到最大效率？

2－14　变压器的理想并联运行是指什么？如何才能达到理想并联运行？

2－15　试画出自耦变压器的等效电路，并说明自耦变压器的优、缺点和应用范围。

2－16　试画出三绕组变压器的简化等效电路，此等效电路的参数如何测定？

2－17　有一台三相变压器，额定容量 $S_N=5000\text{kVA}$，额定电压 $U_{1N}/U_{2N}=10\text{kV}/6.3\text{kV}$，Yd联结，试求：(1)一次和二次侧的额定电流。(2)一次和二次侧的额定相电压和相电流。[答案：(1) $I_{1N}=288.68\text{A}$，$I_{2N}=458.23\text{A}$；(2) $U_{1N\phi}=5773.7\text{V}$，$U_{2N\phi}=6300\text{V}$，$I_{1N\phi}=288.68\text{A}$，$I_{2N\phi}=264.57\text{A}$。]

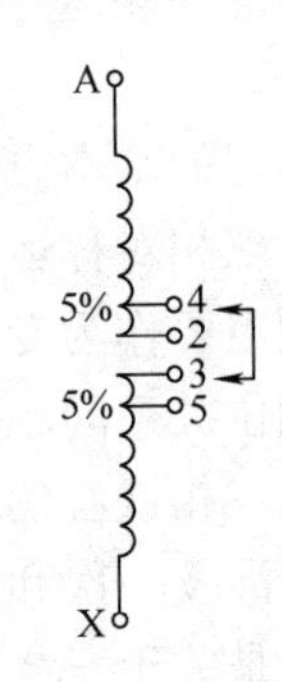

图2－60　题2－18的绕组

2－18　一台单相变压器，其一次电压为220V，50Hz，一次绕组的匝数 $N_1=200$ 匝，铁心的有效截面积 $A=35\times10^{-4}\text{m}^2$，不计漏磁。试求：(1)铁心内主磁通的幅值和磁通密度。(2)二次侧要得到100V和36V两种电压时，二次绕组的匝数。(3)如果一次绕组有±5%匝数的抽头，如图2－60所示，二次绕组的电压是多少？[答案：(1) $\Phi_m=49.55\times10^{-4}\text{Wb}$，$B_m=1.416\text{T}$。(2) $N_2\approx91$ 匝，$N_2'\approx33$ 匝。(3) $U_2=95.33\text{V}$，$U_2'=105.37\text{V}$，$U_2''=34.57\text{V}$，$U_2'''=38.21\text{V}$。]

2－19　有一台单相变压器，已知参数为：$R_1=2.19\Omega$，$X_{1\sigma}=15.4\Omega$，$R_2=0.15\Omega$，$X_{2\sigma}=0.964\Omega$，$R_m=1250\Omega$，$X_m=12600\Omega$，$N_1/N_2=876$ 匝/260 匝。当二次电压 $U_2=6000\text{V}$，二次电流 $I_2=180\text{A}$，且 $\cos\varphi_2=0.8$(滞后)时：(1)试画出归算到高压侧的T形等效电路。(2)用T形等效电路和简化等效电路求 $\dot{U}_1$ 和 $\dot{I}_1$，并比较其结果。[答案：(2)用T形等效电路，以 $\dot{U}_2'$ 为参考，$\dot{I}_1=54.57\angle-38.03^\circ\text{A}$，$\dot{U}_1=21272\angle2.7^\circ\text{V}$；用简化等效电路，$\dot{I}_1=54.34\angle-36.8^\circ\text{A}$，$\dot{U}_1=21265\angle2.75^\circ\text{V}$。]

2－20　在图2－61中，各铅垂线上对应的高、低压绕组绕于同一铁心柱上。已知A、B、C为正相序，试判断a、b两图所示联结组的组号。

2－21　变压器在额定电压下进行开路试验和额定电流下进行短路试验时，电压加在高压侧所测得的 P_0 和 P_k，与电压加在低压侧所得的结果是否一样？

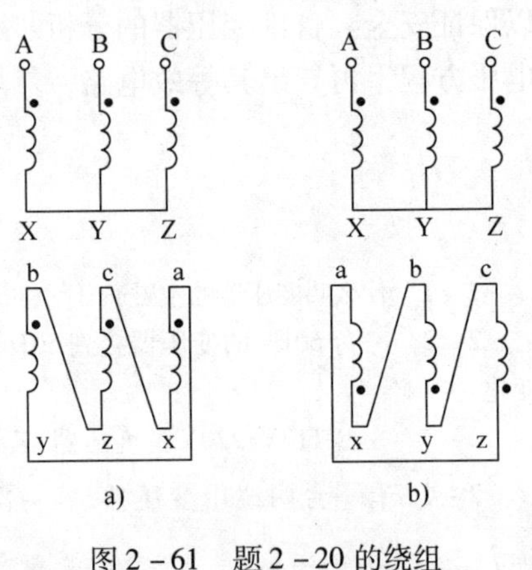

图2－61　题2－20的绕组

2－22　有一台1000kVA、10kV/6.3kV的单相变压器，额定电压下的空载损耗为4900W，空载电流为0.05(标幺值)，额定电流下75℃时的短路损耗为14000W，短路电压为5.2%(百分值)。设归算后一次和二次绕组的电阻相等，漏抗也相等，试计算：(1)归算到一次侧时T形等效电路的参数。(2)用标幺值表示时近似等效电路的参数。(3)负载功率因数为0.8(滞后)时，变压器的额定电压调整率和额定效率。(4)变压器的最大效率，发生最大效率时负载的大小($\cos\varphi_2=0.8$)。[答案：(1) $R_m=196\Omega$，$X_m=1990.4\Omega$，$R_{1(75^\circ)}=$

$R_{2(75°)}' = 0.7\Omega, X_{1\sigma} = X_{2\sigma}' = 2.5\Omega$。(2) $R_m^* = 1.96, X_m^* = 19.9; R_k^* = 0.014, X_k^* = 0.05$。(3) $\Delta u_N = 0.0412, \eta_N = 97.69\%$。(4) $\eta_{max} = 97.97\%, I^* = 0.5916$。]

2-23 有一台三相变压器,$S_N = 5600kVA, U_{1N}/U_{2N} = 10kV/6.3kV$,组号为 Yd11。变压器的开路及短路试验数据为

试验名称	线电压/V	线电流/A	三相功率/W	备 注
开路试验	6300	7.4	6800	电压加在低压侧
短路试验	550	323	18000	电压加在高压侧

试求一次侧加额定电压时:(1)归算到一次侧时近似等效电路的参数(实际值和标幺值)。(2)满载且 $\cos\varphi_2 = 0.8$(滞后)时,二次电压 $\dot{U}_2$ 和一次侧电流 $\dot{I}_1$。(3)满载且 $\cos\varphi_2 = 0.8$(滞后)时的额定电压调整率和额定效率。[答案:(1) $R_m = 104.19\Omega, X_m = 1232.8\Omega, R_k = 0.0575\Omega, X_k = 0.981\Omega; R_m^* = 5.834, X_m^* = 69.03, R_k^* = 0.00322, X_k^* = 0.055$。(2) $\dot{U}_2 = 6073.4\angle 0°V$, $\dot{I}_1 = 326.5\angle -37.46°A$。(3) $\Delta u_N = 0.0356, \eta_N = 99.45\%$。]

2-24 有一台 5600kVA、Yd11 联结、35kV/6.6kV 的三相变压器,从短路试验得 $X_k^* = 5.25\%, R_k^* = 1\%$。当 $U_1 = U_{1N\phi}$ 时,在低压侧加额定负载 $I_2 = I_{2N\phi}$,测得端电压恰好等于额定值 $U_2 = U_{2N\phi}$,试求此时负载的功率因数角 φ_2 及负载性质。[答案: $\varphi_2 = -10.78°$,容性。]

2-25 两台 Yd11 联结的三相变压器并联运行,已知数据如下:

第一台: 5600kVA, 6000V/3050V, $Z_k^* = 0.05$;

第二台: 3200kVA, 6000V/3000V, $Z_k^* = 0.055$。

若不计短路阻抗角的差别,试求两台变压器内二次和一次侧的空载环流(相电流值)。[答案:二次侧 $I_{C2\phi} = 68.79A$,一次侧 $I_{C1\phi}^{I} = 60.56A, I_{C1\phi}^{II} = 59.56A$。]

2-26 某变电所有两台组号为 Yyn0 的三相变压器并联运行,变压器的数据为

第一台: $S_N = 180kVA$, $U_{1N}/U_{2N} = 6.3kV/0.4kV$, $Z_k^* = 0.07$;

第二台: $S_N = 320kVA$, $U_{1N}/U_{2N} = 6.3kV/0.4kV$, $Z_k^* = 0.065$。

试计算:(1)当总负载为 400kVA 时,每台变压器分担多少负载?(2)在每台变压器均不过载的情况下,并联组的最大输出是多少?[答案:(1) $S_I = 137.2kVA, S_{II} = 262.8kVA$。(2) $S_{max} = 487.1kVA$。]

2-27 一台三绕组变压器,额定电压为 110kV/38.5kV/11kV,YNyn0d11 联结,额定容量为 10000kVA/10000kVA/10000kVA,短路试验数据如下表所示(短路电流为额定电流):

试验绕组	短路损耗 P_k/kW	短路电压 U_k(%)
高—中	111.2	16.95
高—低	148.7	10.1
中—低	82.7	6.06

试画出归算到高压侧的简化等效电路,并标出其参数值。[答案: $R_1 = 10.72\Omega$, $X_1 = 126.4\Omega, R_2' = 2.73\Omega, X_2' = 78.17\Omega, R_3' = 7.27\Omega, X_3' = -5.535\Omega$。]

2-28 一台 5kVA、480V/120V 的普通两绕组变压器,改接成 600V/480V 的降压自耦变压器,试求改接后一次和二次的额定电流和自耦变压器的容量。[答案: $I_{1aN} = 41.67A, I_{2aN} = 52.09A, S_{aN} = 25kVA$。]

2-29 试导出 Δ/Y_0 联结的三相变压器组,一次侧接到对称的三相电压 U_1,二次侧的 a 相绕组接到阻抗 Z_L, b、c 两相空载时,二次侧 a 相电流 I_a 的表达式。已知变压器一次和二次绕组的漏阻抗为 $Z_{1\sigma}$ 和 $Z_{2\sigma}'$,激磁阻抗为 Z_m,零序激磁阻抗为 Z_{m0},一次和二次绕组的电压比为 k。

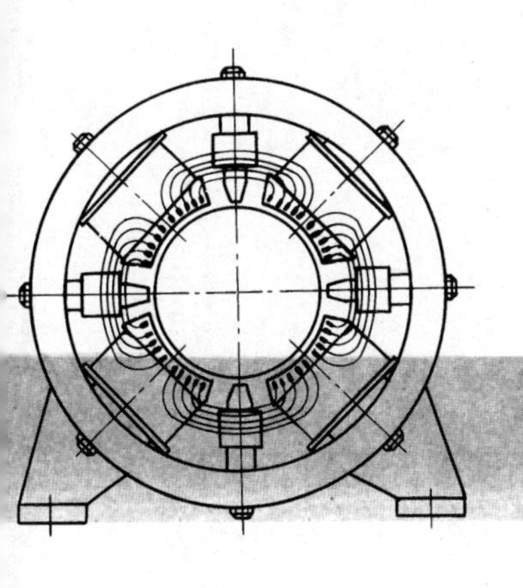

第3章 直流电机

直流电机是电机的主要类型之一。直流电动机以其良好的起动性能和调速性能著称。直流发电机的供电质量较好，常常作为励磁电源和某些工业中的直流电源。与交流电机相比，直流电机的结构较复杂，成本较高，可靠性稍差，使它的应用受到一定限制。近年来，与电力电子装置结合而具有直流电机性能的电机不断涌现，使直流电机有被取代的趋势。尽管如此，直流电机仍有一定的理论意义和实用价值。

本章先介绍直流电机的工作原理和基本结构，接着说明电枢绕组和气隙磁场，导出电枢所产生的电动势和作用在电枢上的电磁转矩，然后导出直流电机的基本方程，并分析直流发电机和电动机的稳态运行性能，最后简要地介绍换向问题。

3.1　直流电机的工作原理和基本结构

1. 直流电机的工作原理

直流电机的构成　图3-1表示一台最简单的两极直流电机模型，它的固定部分（定子）上，装有一对用直流励磁的主磁极N和S，在旋转部分（转子）上装设电枢。定子与转子之间有一气隙。电枢铁心上装有由A和X两根导体连接而成的电枢线圈，线圈的首端和末端分别接到两个圆弧形的铜片K_1和K_2，此铜片称为换向片，换向片之间互相绝缘。由换向片构成的整体称为换向器，换向器固定在转轴上。换向器上放置着一对静止不动的电刷B_1和B_2，电枢旋转时，电枢线圈通过换向片和电刷与外电路接通。

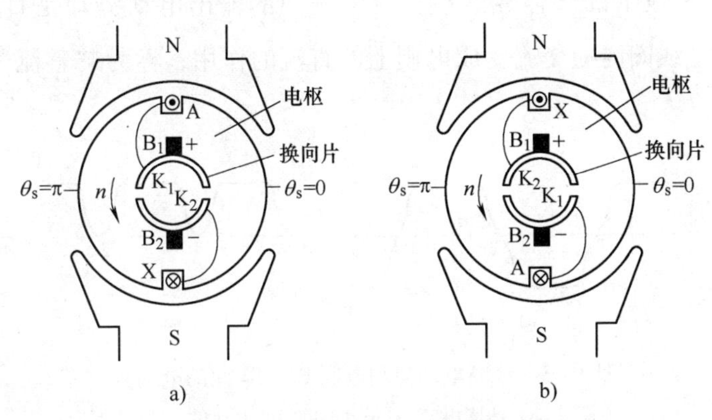

图3-1　两极直流电机模型

a) $\omega t=\frac{\pi}{2}$时　b) $\omega t=\frac{3\pi}{2}$时

直流发电机的工作原理　以两个磁极的中间位置处作为原点，θ_s为沿电枢表面圆周的电角度，如图3-1所示。图3-2表示主磁极下气隙磁场的分布图。由于主磁极为N极和S极交替布置，所以在$0<\theta_s<\pi$范围内，气隙磁通密度值为正，即磁场从主极指向电枢表面；在$\pi<\theta_s<2\pi$范围内，气隙磁通密度值为负，即磁场从电枢表面指向主极。当发电机用原动机驱动而旋转时，电枢线圈的导体A和X将不断地“切割”气隙磁场，于是导体中将产生感应电动势。设导体的有效长度为l，导体的线速度为v，导体所在位置处的气隙磁通密度为b，则导体内的感应电动势e应为

$$e = blv \tag{3-1}$$

在图3-1a所示瞬间（$\omega t=\frac{\pi}{2}$时），导体A位于N极下，若转子为逆时针旋转，根据右手定则，导体内的感应电动势为由纸面穿出的方向，用⊙表示；导体X位于S极下的相应位置，其感应电动势为进入纸面的方向，用⊗表示；整个线圈（从X→A）的感应

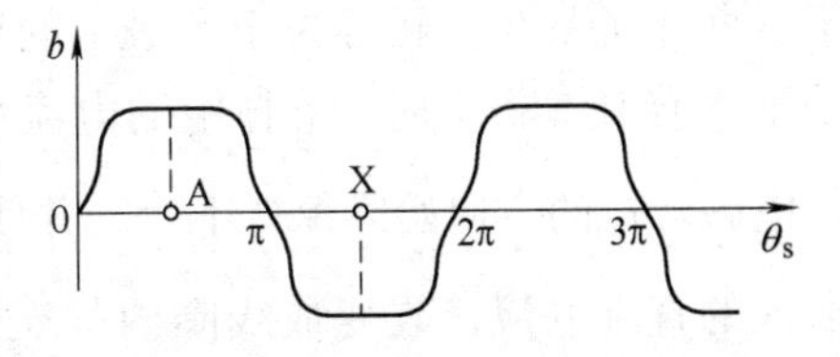

图3-2　主磁极所产生的气隙磁场

电动势 $e_{XA}=2blv$。若线速度 v 为常值，则 e_{XA} 将正比于 $b(\theta_s)$；换言之，将图 3-2 所示 b 的尺标加以适当改变，就可得到线圈电动势 e_{XA} 随时间的变化曲线，如图 3-3a 所示。不难看出，导体和线圈中的电动势是交流电动势。

但是，线圈电动势不是直接引出，而是通过换向器和电刷输出到外电路。当导体 A 在 N 极下、X 在 S 极下时，电刷 B_2 与换向片 K_2 相接触，电刷 B_1 与换向片 K_1 相接触，所以电刷 B_2 为负极性，B_1 为正极性，如图 3-1a 所示，电刷 B_2、B_1 间的电动势 $e_{B_2B_1}=e_{XA}$ 为正值。当导体 A 转到 S 极下，X 转到 N 极下（$\omega t=\frac{3\pi}{2}$）时，导体 A 和 X 内的电动势将变成反方向，但此时电刷 B_2 将与换向片 K_2 脱离而与 K_1 相接触，B_1 则与换向片 K_1 脱离而与 K_2 相接触，故电刷 B_2 仍将为负极性，B_1 仍将为正极性，如图 3-1b 所示，即电刷 B_2、B_1 间的电动势 $e_{B_2B_1}=e_{XA}$ 仍为正值。换言之，虽然线圈内的电动势为交流电动势，但是由于电刷与换向片之间的"换接"作用，使得电刷 B_1 恒与转到 N 极下的导体相连接，电刷 B_2 恒与转到 S 极下的导体相连接，故电刷间的输出电动势却是直流电动势，如图 3-3b 所示。这种把线圈内的交流变成电刷上的直流的作用，称为"整流"。这就是直流发电机的工作原理。

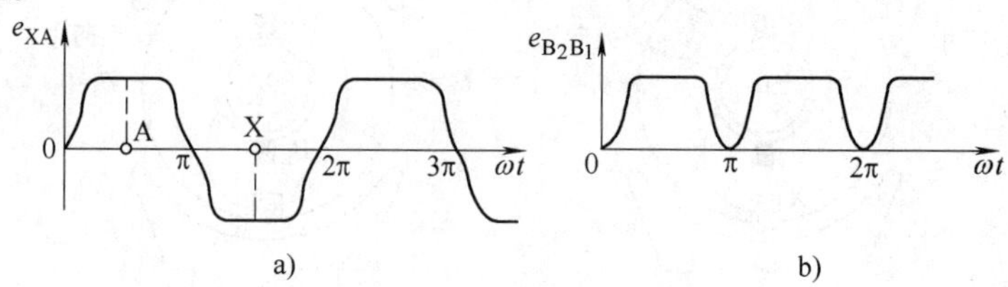

图 3-3　线圈电动势和电刷 B_1、B_2 间的电动势

a）线圈电动势　b）电刷间的电动势

直流电动机的工作原理　如果将直流电压直接加到线圈 AX 上，导体中就有直流电流通过。设导体中的电流为 i，载流导体在磁场中将受到电磁力 f，$f=bil$，作用在线圈上的电磁转矩 T_{XA} 则等于 2 倍的电磁力乘上力臂，即

$$T_{XA}=2f\frac{D_a}{2}=bilD_a \tag{3-2}$$

式中，D_a 为电枢外径。

若电流 i 为恒定，转子旋转一周时，气隙磁通密度 b 的方向为一正一负，因此电磁转矩 T_{XA} 将是交变的，一个周期内的平均值为 0，无法使电枢持续旋转。然而在直流电动机中，电流并非直接接入线圈，而是通过电刷 B_1、B_2 和换向器再接入线圈，这样情况就不同了。因为电刷 B_1 和 B_2 静止不动，电流 i 总是从正极性电刷 B_1 流入，经过旋转的换向片流入位于 N 极下的导体，再经位于 S 极下的导体，由负极性电刷 B_2 流出；故当导体旋转而交替地处于 N 极和 S 极下时，导体中的电流将随其所处磁极极性的改变而同时改变其方向，从而使电磁转矩的方向始终保持不变，并使电动机持续旋转。此时电刷和换向器起到把外部电源通入的直流电流，改变成线圈内的交变电流的"逆变"作用。这就是直流电动机的工作原理。

脉动的减小　上面的模型电机，由于电枢上只装了一个线圈，所以电枢感应电动势和电磁转矩的脉动都很大。为了减少脉动，实际的电枢绕组都是由装置在电枢表面相隔一定角度的许多个线圈串联而成，如图3-4所示（图中为6个线圈）。从电刷端点看，此时电枢绕组形成两条并联支路，每条支路由3个线圈串联组成，电刷 B_1B_2 上的电动势为3个线圈电动势瞬时值之和，如图3-5中上部的实线所示。此时电刷上的合成电动势，其脉动程度将大为减小。电磁转矩的情况和电动势类似。

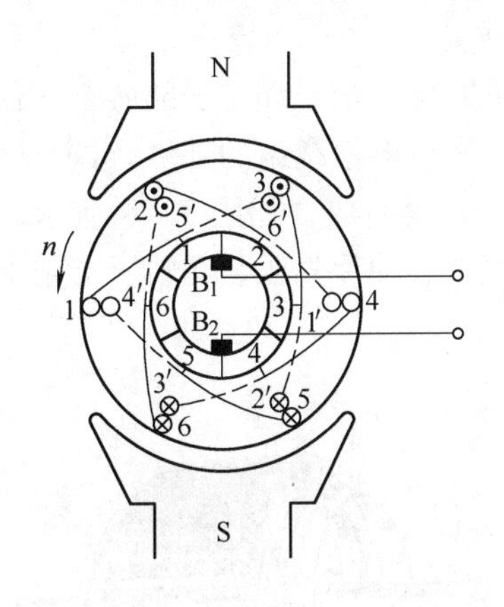

图3-4　电枢上装有6个线圈（11′到66′）的情况

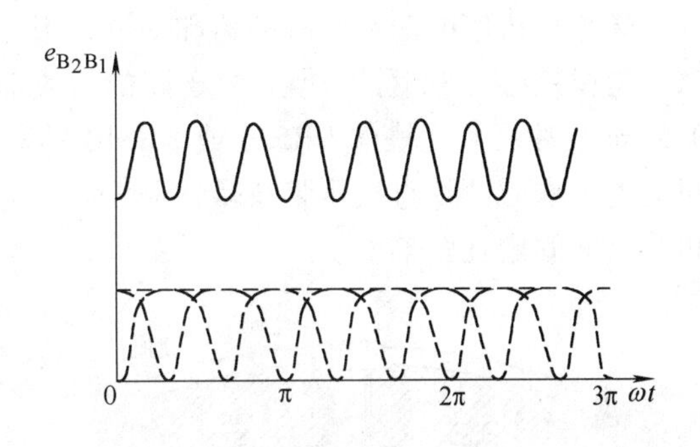

图3-5　每条支路有3个串联线圈时，电刷上的合成电动势波形（图中的实线）

2. 直流电机的基本结构

旋转电机都有定子和转子两部分，在定、转子之间有一个储存磁能的气隙。

直流电机的定子由主磁极、机座、端盖和电刷装置等部件组成，转子是电枢，它由电枢铁心、电枢绕组和换向器等部件组成。图3-6所示为一台国产直流电机的结构图。

下面对定子和转子的主要部件作一简要说明。

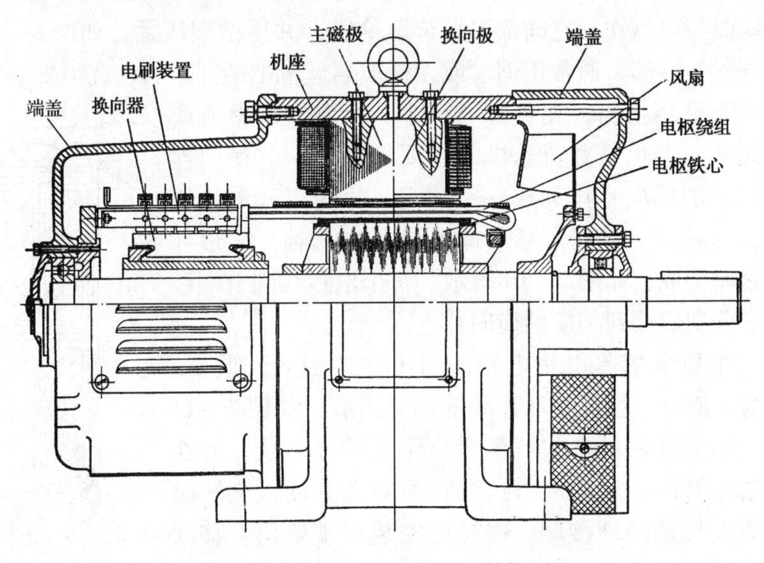

图3-6　国产直流电机的结构图

主磁极 主磁极的作用是建立主磁场。主磁极由主极铁心和套装在铁心上的励磁绕组构成，如图3－7所示。当励磁绕组中通有直流励磁电流时，气隙中就会形成一个恒定的主磁场。主极下部的扩大部分称为极靴。主极铁心通常用1～1.5mm厚的钢板冲片叠压紧固而成。励磁绕组既可以是串联，也可以是并联，但连接时应使相邻的主磁极呈N、S交替排列。

机座 机座有两个作用，一是作为主磁路的一部分，二是作为电机的结构框架，用来固定主磁极、换向极和端盖。机座中作为磁通通路的部分称为磁轭。机座一般用厚钢板弯成筒形以后焊成，或者用铸钢件（小型机座用铸铁件）制成。

端盖 机座的两端装有端盖和轴承，用以支撑转子并保护定子和转子的各个部件。

电枢铁心 电枢铁心既是主磁路的组成部分，又是嵌放电枢绕组的部件。铁心一般用厚0.5mm且冲有齿、槽的DR530或DR510的硅钢片叠压夹紧而成，如图3－8所示。小型电机的电枢铁心冲片直接压装在转轴上，大型电机的电枢铁心冲片先压装在转子支架上，然后再将支架固定在转轴上。

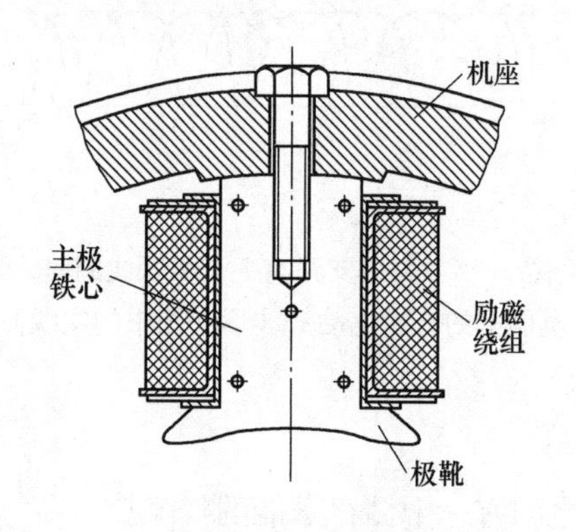

图3－7 主磁极

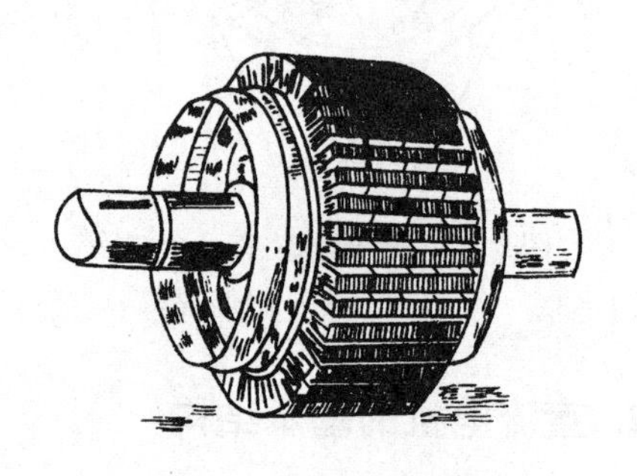

图3－8 电枢铁心

电枢绕组 电枢绕组由一定数目的电枢线圈按一定的规律连接组成，它是直流电机的主电路。线圈用绝缘的圆形或矩形截面的导线绕成，分上、下两层嵌放在电枢铁心的槽内，上、下层以及线圈与电枢铁心之间都要妥善地绝缘，并用槽楔压紧，如图3－9所示。绕组伸出槽外的部分称为端部，通常用钢丝或无纬玻璃丝带把端部紧固在绕组支架上。

换向器 前面已经指出，在直流电机中，换向器起整流或逆变作用，因此换向器也是直流电机的主要部件之一。换向器由许多具有鸽尾形的换向片排列成一个圆筒，片间用云母片绝缘，两端再用云母环、一端刻有环形螺纹的V形套筒、V形环和环形螺母拧紧而构成，如图3－10所示。每个电枢线圈首端和尾端的引线，应分别焊接到相应的换向片上。

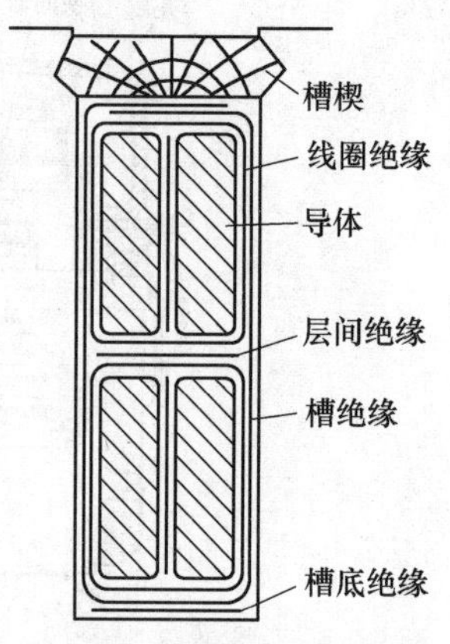

图3－9 电枢槽内的导体和绝缘

电刷装置 电刷装置是电枢电路的引出（或引入）装置，它由电刷、刷盒、刷杆、刷杆座和连线等部分组成，如图3－11所示。电刷是石墨或金属粉末与石墨混合做成的导电块，放在刷盒内，用压紧弹簧以一定的压力按放在换向器表面，旋转时电刷与换向器表面形成滑动接触。刷杆座安装在端盖内，移动刷杆座的位置，就可以调整电刷的位置。

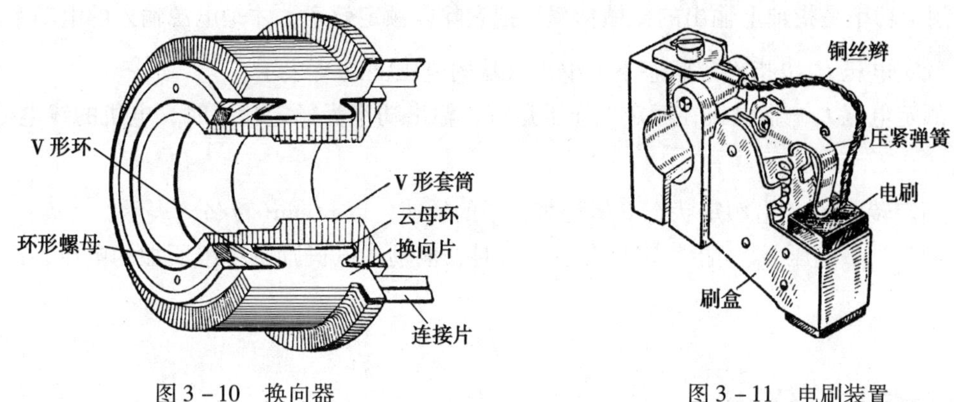

图3-10 换向器　　图3-11 电刷装置

换向极 换向极装在定子的两个主磁极之间，用以改善换向。换向极也由铁心和套装在上面的换向极绕组组成。

3. 励磁方式

励磁绕组的供电方式称为励磁方式。按照励磁方式，直流电机分成他励和自励两大类，下面分别加以说明。

他励式 他励式直流电机的励磁绕组由其他电源供电，励磁绕组与电枢绕组不相连接，如图3-12a所示。由永久磁铁作为主磁极的永磁直流电机通常也归属于这一类。

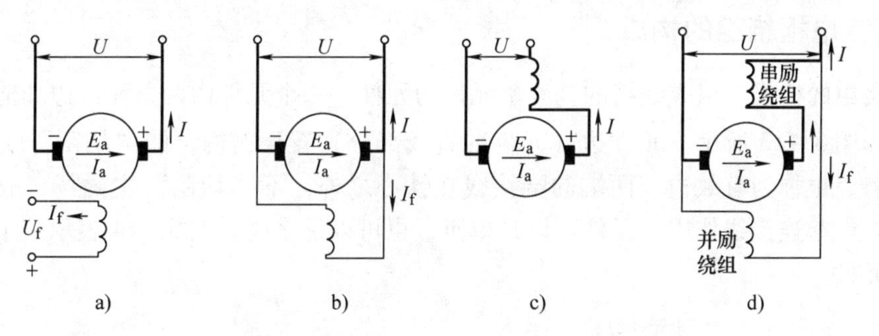

图3-12 直流电机按励磁方式分类

a）他励式 b）并励式 c）串励式 d）复励式

自励式 在自励式发电机中，利用电机自身发出的电流来励磁；在自励式电动机中，励磁绕组和电枢绕组由同一电源供电。自励式直流电机又可分为并励、串励和复励等三种。励磁绕组与电枢绕组并联的就是并励式，如图3-12b所示；励磁绕组与电枢绕组串联的就是串励式，如图3-12c所示；具有复励方式的直流电机，主极铁心上装有两套励磁绕组，一套是与电枢并联的并励绕组，另一套是与电枢串联的串励绕组，如图3-12d所示。

4. 直流电机的额定值

直流电机的额定值有：

（1）额定功率 P_N 指电机在铭牌规定的额定状态下运行时，电机的输出功率，以kW表示。对发电机，额定功率是指线端输出的电功率，它等于额定电压和额定电流的乘积；对电动机，额定功率是指轴上输出的机械功率，把它除以额定效率，才是电源输入的电功率。

（2）额定电压 U_N　指额定状态下电枢出线端的电压，以 V 表示。

（3）额定电流 I_N　指电机在额定电压下运行，输出功率为额定功率时，电机的线电流，以 A 表示。

（4）额定转速 n_N　指额定状态下运行时转子的转速，以 r/min（转/分）表示。

（5）额定励磁电压 U_{fN}　指额定状态下运行时，他励式电机励磁绕组所加的电压，以 V 表示。

3.2 直流电枢绕组

电枢绕组是直流电机的主电路，它是向外发电或从外部输入电能、实现机电能量转换的枢纽。电枢绕组的构成原则是，能产生足够的感应电动势，并允许通过一定的电枢电流，以产生所需的电磁转矩和功率。此外，还要节省铜线和绝缘材料，并使结构简单，运行可靠。

直流电枢绕组有叠绕组、波绕组和混合绕组等三种类型。本节仅说明其基本形式——单叠和单波绕组的组成和连接规律。这对导出电枢的感应电动势和电磁转矩，理解电枢反应和换向问题都是有用的。

1. 直流电枢绕组的构成

电枢绕组的构成　组成绕组的基本单元称为元件。一个元件由两条元件边和前、后端接线组成，如图 3－13 所示。元件边（元件的直线部分）置于槽内，能“切割”主极磁场而感应电动势，也称为有效边。两端的端接线在铁心之外，不“切割”主磁场，故不产生感应电动势，仅起连接线作用。元件可以是单匝，也可以是多匝。图 3－14 表示一个两匝的叠绕和波绕元件。

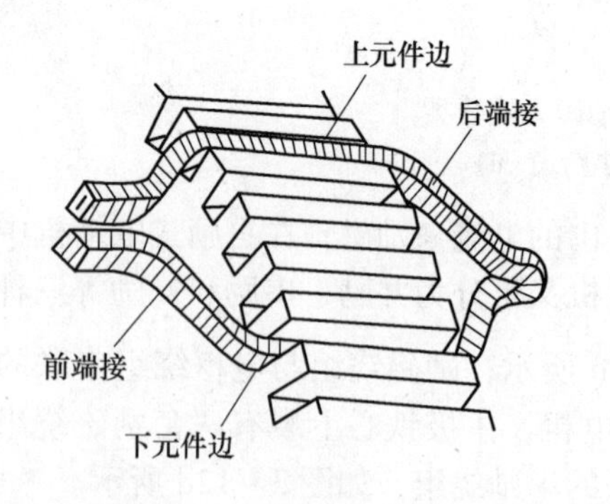

图 3－13　电枢绕组的元件

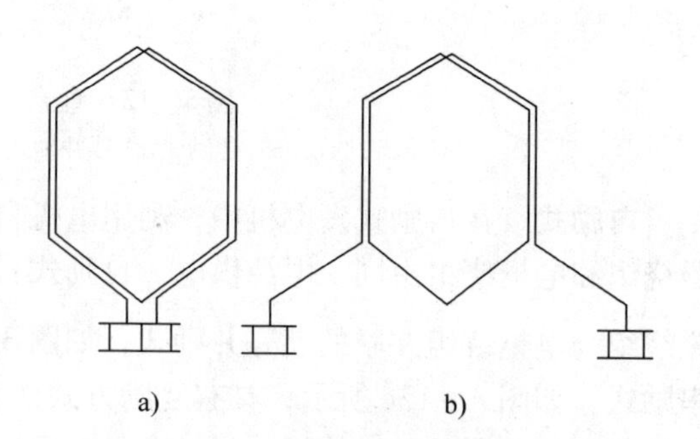

图 3－14　两匝元件
a）叠绕元件　b）波绕元件

元件依次地嵌放在电枢槽内，一条有效边放在槽的上层，另一条放在另一槽的下层，构成双层绕组。元件的首端和尾端按规定的次序连接到各个换向片上。为使电枢绕组在任何转角时都能连续地工作，通过换向片，整个电枢绕组应当连成一个闭合电路。

槽和虚槽 若电枢每个槽的上、下层内各只有一个元件边，则整个绕组的元件数 S 应等于槽数 Q。多数直流电机中，每槽的上层和下层各包含 u 个元件，这 u 个元件将组成一个线圈，如图 3－15 所示，此时元件数 S 应为槽数 Q 的 u 倍，即

$$S = uQ \tag{3-3}$$

式中，u 为槽内每层所嵌放的元件边数。为了便于画出绕组的接线图，通常把一个上层和一个下层元件边在槽内所占的空间作为一个“虚槽”；例如对图 3－15 所示情况，一个槽可分成两个虚槽。引入虚槽后，虚槽数 Q_u 就等于元件数 S 。

由于元件的出线端与换向片相连接，有一个元件即有一个换向片，所以换向片数 K 应当等于元件数 S 。于是，直流电枢绕组的元件数 S 、换向片数 K 和虚槽数 Q_u 三者相等，即

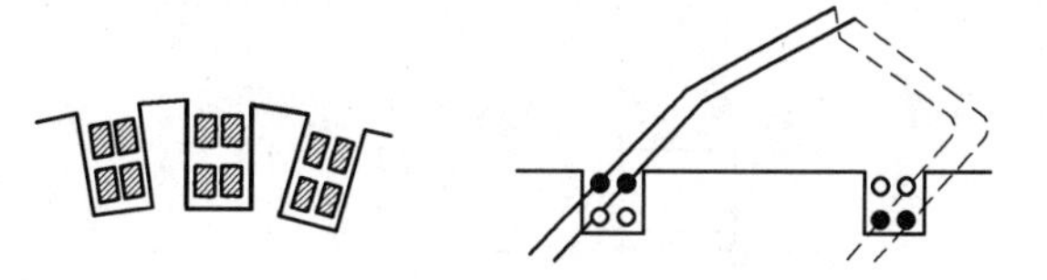

图 3－15 含有两个元件（$u=2$）的线圈

$$S = K = Q_u \tag{3-4}$$

为了阐明电枢绕组的连接规律，下面再引进三个节距。

第一节距 同一个元件的两条有效边在电枢表面所跨的距离，称为第一节距，第一节距也称为线圈节距，用 y_1 表示，如图 3－16 和图 3－17 所示。第一节距通常用所跨的虚槽数来计算，它是一个整数。通常把一个主磁极在电枢表面所跨的距离，称为极距，用 τ 表示。若 p 为电机的极对数，用虚槽数表示时，极距 τ 就等于 $\frac{Q_u}{2p}$。为得到较大的感应电动势和电磁转矩，第一节距 y_1 最好等于或者接近于一个极距，即

$$y_1 = \frac{Q_u}{2p} \mp \varepsilon \tag{3-5}$$

式中，ε 为使 y_1 凑成整数的一个小数。若 $y_1 = \frac{Q_u}{2p}$，第一节距恰好等于一个极距，该绕组就称为整距绕组（也称全距绕组）。若 $y_1 < \frac{Q_u}{2p}$，第一节距比极距小，该绕组就称为短距绕组。短距绕组的电动势比整距绕组稍小，但有利于换向，对于叠绕组尚能节省部分端部用铜，故常被采用。

合成节距 相串联的两个元件的对应元件边在电枢表面所跨的距离，称为合成节距，用 y 表示。y 也用虚槽数来计算。元件的连接次序和连接规律就取决于合成节距。

几个(或几十个)元件相串联，将形成支路。为使支路电动势尽可能大，组成同一条支路的各个元件最好处于同一种极性的磁极下（即同在 N 极或同在 S 极下）；这样，支路内各元件的电动势将是相加，而不是互相抵消。由此可知，元件可以有两种连接方法，一种是把同一个磁极下的元件依次串联，后一个元件总是“叠”在前一个元件上，如图 3－16 所示，这种连法称为叠绕。在图3－16中，1 号元件与 2 号元件相连，2 号元件又与 3 号元件相连，以

此类推；每连接一个元件，元件的对应边在电枢表面就前进一个虚槽，故合成节距 $y=1$。另一种连法是，把所有属于同一极性（例如 N_1，N_2，…）下对应的元件依次串联起来，像波浪一样向前延伸，如图3－17所示，这种连法称为波绕。从图3－17可见，波绕时，每连接一个元件，元件的对应边将前进约 2 个极距，即合成节距 $y\approx\frac{Q_u}{p}$。不难看出，波绕和叠绕的差别，主要表现在合成节距上。叠绕和波绕这两种连接法，都能保证各条支路内相串联的元件，其电动势为相加而不是互相抵消。

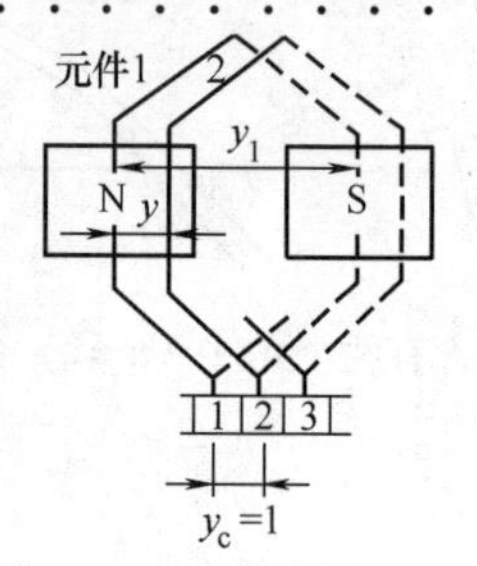

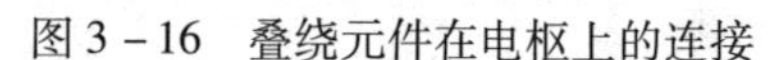

图3－16　叠绕元件在电枢上的连接

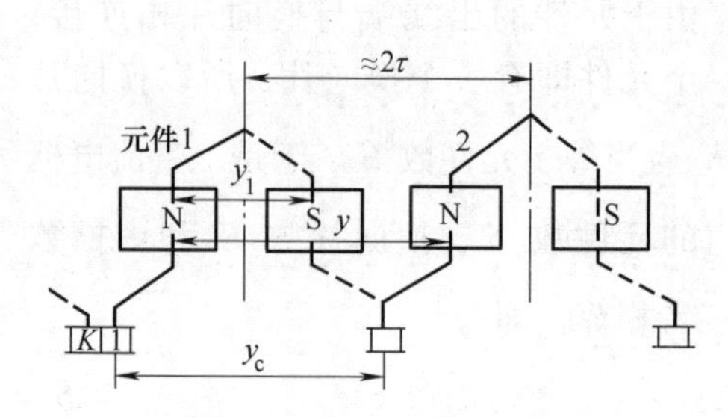

图3－17　波绕元件在电枢上的连接

换向器节距　在换向器表面上，同一个元件的两个出线端所接的两个换向片之间所跨的距离，称为换向器节距，用 y_c 表示。y_c 用换向片数来计算。

由于元件数等于换向片数，为使元件的出线端在换向器上有序地连接，每连接一个元件时，元件边在电枢表面上前进的虚槽数，应当等于其出线端在换向器表面上所前进的换向片数，所以就数值而言，换向器节距应当等于合成节距，即

$$y_c=y \tag{3-6}$$

下面来说明电枢绕组的两种基本型式——单叠绕组和单波绕组的连接规律和特点。

2. 单叠绕组

合成节距　单叠绕组的连接规律是，所有的相邻元件依次串联（即后一元件的首端与前一元件的尾端相连），每串联一个元件就向右移动一个虚槽，同时元件的出线端在换向器上向右移动一个换向片，直到所有元件都被连接起来，最后形成一个闭合回路。所以单叠绕组的合成节距 y 等于一个虚槽，换向器节距 y_c 等于一个换向片，即

$$y=y_c=1 \tag{3-7}$$

绕组的展开图和电路图　下面以 $2p=4$，$S=K=Q_u=16$，$u=1$ 的情况为例，说明单叠绕组的连接。

对于单叠绕组，合成节距 y 和换向器节距 y_c 为

$$y=y_c=1$$

若绕组为整距，则第一节距 y_1 为

$$y_1=\frac{Q_u}{2p}\pm\varepsilon=\frac{16}{4}\pm\varepsilon=4\text{（整距绕组时 }\varepsilon=0\text{）}$$

根据各个节距，即可画出把电枢的圆柱形表面切开、并展成平面时，绕组的展开图，如图3－18所示。

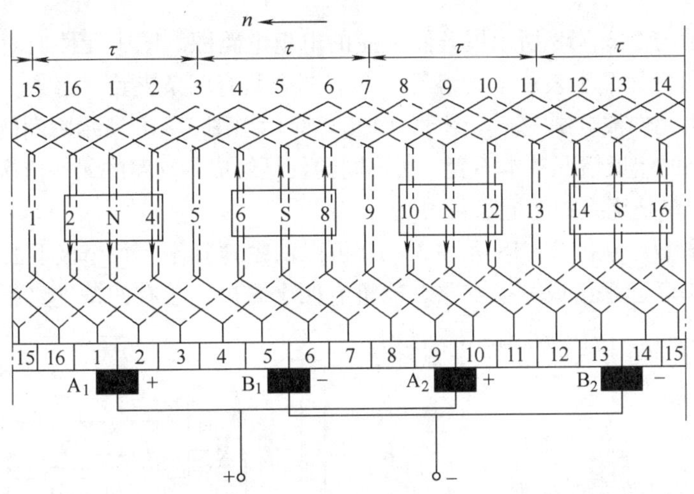

图3－18 单叠绕组的展开图（$2p=4$，$S=K=Q_u=16$）

图3－18中，设主磁极置于绕组之上，四个磁极为均匀分布，τ表示极距。电枢上共有16个虚槽，每个槽内有上、下两层，元件的上层有效边用实线表示，下层边用虚线表示。元件、虚槽及换向片自左至右依次编号，元件顶上的号码为元件号，中间的号码是虚槽号，下面的号码是换向片号。编号的原则是，元件号、元件上层边所嵌放的虚槽号，以及该边所连接的换向片号三者相同，例如1号元件的上层边嵌放在1号槽内，并与1号换向片相连，以此类推。这样，根据编号，便可较快地弄清任一元件边在虚槽内的位置，和所接换向片的位置。

从1号元件出发。1号元件的上层边嵌放在1号虚槽内，并与1号换向片相连。由于第一节距$y_1=4$，下层边应嵌放在5号虚槽内，因换向器节距$y_c=1$，下层边应与2号换向片相连。接着，2号换向片与嵌于2号虚槽内的2号元件的上层边相连，2号元件的下层边嵌放于6号虚槽内，并连到3号换向片。以此类推，从左到右把各个元件依次串联，同时与所有相应的换向片连接起来，最后即可得到一个闭合电路。

接着，根据主磁极的极性和电枢的旋转方向，可以确定各个元件中感应电动势的方向，以及电刷的极性。对图3－18所示瞬间，元件2、3、4和10、11、12的上层边都处于N极下，其电动势方向都是从元件尾端指向首端；而元件6、7、8和14、15、16的上层边都处于S极下，电动势的方向相反，即从元件首端指向尾端。这12个元件将构成四条并联支路，每条支路由三个元件串联组成；电刷A_1、A_2为正极性，B_1、B_2为负极性。元件1、5、9、13则分别被电刷A_1、B_1、A_2、B_2短路，这4个被电刷短路的元件，称为换向元件。

为使正、负电刷间引出的电动势最大，电刷应当置放在不同支路的交界处，即1、5、9、13这四个换向元件的轴线位置处，此位置恰好在磁极中心线下，如图3－18所示。此时四个换向元件的元件边，恰好处于相邻两个主极中间的几何中性线位置，该处的磁通密度为零，故两条元件边的感应电动势均等于零，被电刷短路时不会产生环流。此时电刷的实际位置是换向器上对准主极中心线的位置。由于被电刷短路的元件边位于几何中性线处，故习惯上称此位置为“电刷放在几何中性线位置”。

图3－19表示与图3－18所示展开图相应的电枢电路图。图中元件上面的箭头表示各元件中电动势的方向，无箭头表示电动势等于零。图中共有四条支路，每条支路由3个元件串联组成，另有4个元件被电刷短路。图3－19虽然只示出图3－18所示瞬间的情况，但对于其他时刻，由于电路的组成情况基本不变，所不同的仅是组成各支路的元件依次互相轮换，因此图3－19即可作为单叠绕组的电枢电路图。

支路数和电刷数　从图3－18和图3－19可以清楚地看出，每个极下的3个元件其电动势为同一方向，串联起来组成一条支路。电机有四个磁极，故有四条支路。普遍来讲，单叠绕组的并联支路数 $2a_=$ 应当等于电机的极数 $2p$，即

$$a_= = p \tag{3-8}$$

式中，$a_=$ 为电枢绕组的支路对数。

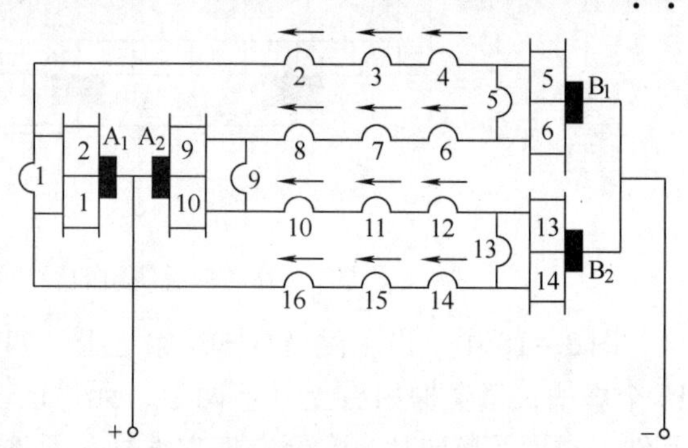

图3－19　图3－18所示瞬间电枢绕组的电路图

从图3－19可见，为了引出各支路的电动势和电流，电枢有四条支路，就必须装置四组电刷。普遍而言，单叠绕组的电刷组数应当等于磁极数。

单叠绕组主要用于中等容量、正常电压和转速的直流电机。

3. 单波绕组

合成节距　单波绕组的连接规律是，从某一换向片和虚槽出发，把相隔约为一对极距的同极性磁极下对应位置的所有元件依次串联起来，沿电枢和换向器绕行一周之后，恰好回到出发换向片和虚槽的前面一片和一槽；然后从此换向片和虚槽出发，继续绕连，直到把全部元件连完，最后回到起始的换向片和虚槽，构成一个闭合电路为止。

从图3－17可以看出，如果电机有 p 对极，元件沿电枢接绕一周，就有 p 个元件被串联起来；从电枢表面看，若合成节距为 y，每连接一个元件将前进 y 个虚槽，所以连接 p 个元件后所跨过的总虚槽数应为 py。常用的单波绕组在换向器上接绕一周后，将回到出发虚槽的前一个槽，即总共跨过 Q_u-1 个虚槽，故有

$$py = Q_u - 1$$

于是合成节距 y 和换向器节距 y_c 应为

$$y = y_c = \frac{Q_u - 1}{p} \tag{3-9}$$

绕组的展开图和电路图　现以 $2p=4$，$S=K=Q_u=15$，$u=1$ 的情况为例，说明单波绕组的连接规律和特点。

根据式（3－9），此单波绕组的合成节距 y 和换向器节距 y_c 应为

$$y = y_c = \frac{Q_u - 1}{p} = \frac{15 - 1}{2} = 7$$

第一节距 y_1 为

$$y_1 = \frac{Q_u}{2p} \pm \varepsilon = \frac{15}{4} - \frac{3}{4} = 3(\text{短距绕组})$$

由此即可画出绕组的展开图，如图3－20所示。

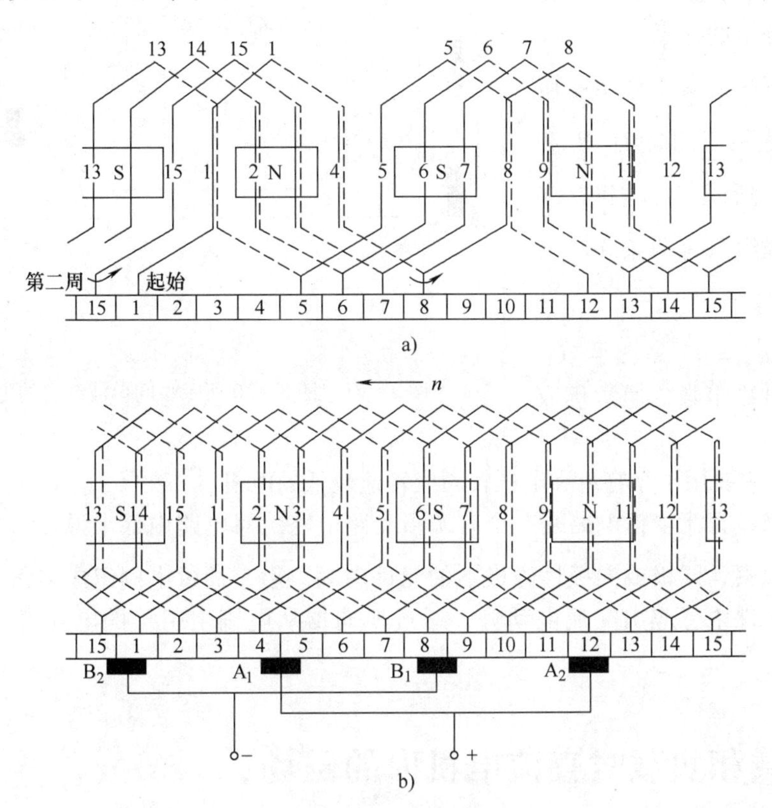

图3－20 单波绕组的展开图（$2p=4$，$Q_u=S=K=15$）
a）部分展开图 b）全部展开图

单波绕组的元件、换向片和虚槽的编号方法与单叠绕组相同。从1号换向片出发，1号换向片接到1号元件的上层边，1号元件的上层边嵌放于1号虚槽，根据 $y_1=3$，下层边嵌入4号虚槽；因 $y_c = y = 7$，故下层边应与8号换向片相连。8号换向片与8号元件的上层边相连，其下层边嵌入11号虚槽，并与15号换向片相连。这样连接了两个元件，在电枢和换向器表面绕过一周，将回到与1号虚槽相邻的15号虚槽和15号换向片上，如图3－20a所示。按此规律继续嵌连，可将15个元件全部连接起来，最后回到1号虚槽和1号换向片，构成一个闭合回路，如图3－20b所示。元件的连接次序如下：

1→8→15→7→14→6→13→5→12→4→11→3→10→2→9→1（闭合）

图3－21表示与图3－20所示瞬间的展开图相对应的电枢电路图。从图3－20可见，元件15、7、14、6、13的上层边都在S极下，电动势方向相同，串联起来组成一条支路；元件4、11、3、10、2的上层边都在N极下，电动势方向也相同，串联起来组成另一条支路；

故图 3 – 21 中共有两条支路。为使引出的电动势最大，电刷应当置放在几何中性线上（电刷的实际位置，应在换向器上对准主磁极的中心线下）。从图 3 – 20b 可见，此时元件 5、12 被电刷 A_1、A_2 短路，元件 1、8、9 被电刷 B_1、B_2 短路，这在图 3 – 21 中可以更清楚地看出。由于这五个换向元件的感应电动势都接近于零，故短路时环流很小，对整个支路的电动势值也没有明显的影响。

支路数和电刷数 从图3 – 21 可见，单波绕组的每条支路由同一主极极性下的所有元件串联所组成，由于主极只可能有 N 和 S 两种极性，所以无论电机是多少极，单波绕组只有两条并联支路，即支路对数

$$a_{=} = 1 \qquad (3-10)$$

单波绕组的电刷组数，通常仍取为磁极数。

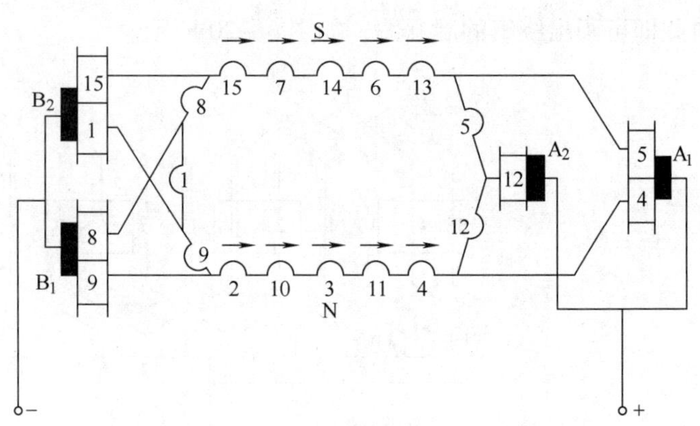

图 3 – 21 图 3 – 20 所示瞬间单波绕组的电路图

单波绕组主要用于小容量和电压较高或转速较低的电机。

总的说来，直流电枢电路是一个有源多支路电路。对电路内部来说，它是一个闭合回路；从外面观察，同极或同极性磁极下的元件串联以后，通过电刷组成多条并联支路。电枢旋转时，元件中感应出交流电动势，通过换向器从电刷上引出的电动势则是直流电动势。

3.3 空载和负载时直流电机内的磁场

为了弄清稳态运行时直流电机内部的电磁过程，必须先对空载和负载时电机内部的磁场（特别是气隙磁场）有一清楚的了解。

1. 空载时直流电机内的磁场

直流电机的空载是指电枢电流等于零，或者很小，因而可以忽略不计的情况。由于电枢电流为零，所以空载时直流电机内的磁场，由励磁绕组的磁动势单独激励所产生，如图 3 – 22 所示。

空载时主磁极的磁通分成主磁通 Φ_0 和主极漏磁通 $\Phi_{f\sigma}$ 两部分。主磁通通过气隙，并形成气隙磁场（也称为主磁场）。在主极极靴 b_p 范围内，气隙较小，故极靴下沿电枢圆周各点的主磁场较强；在极靴范围以外，气隙较大，主磁场逐步减弱，到两极之间的几何中性线处，磁场将等于零。不计电枢表面齿、槽的影响时，空载气隙磁场 B_δ 的分布如图 3 – 23 所示，图中 τ 为极距，用长度表示时，$\tau = \pi D_a/(2p)$，D_a 为电枢外径。主极漏磁通不通过气隙，它仅链过励磁绕组自身，如图 3 – 22 所示。

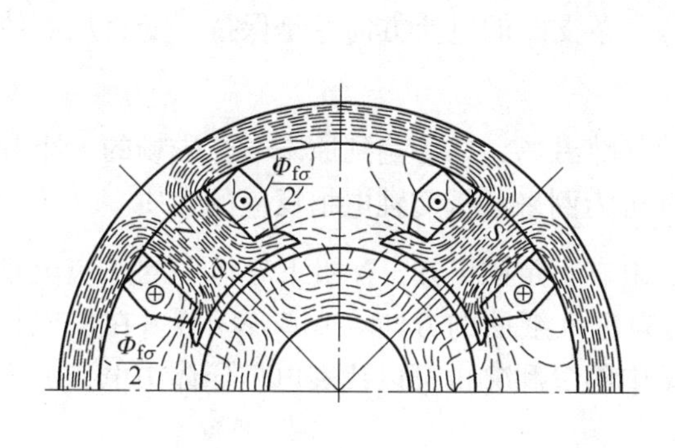

图3－22　空载时直流电机内的磁场

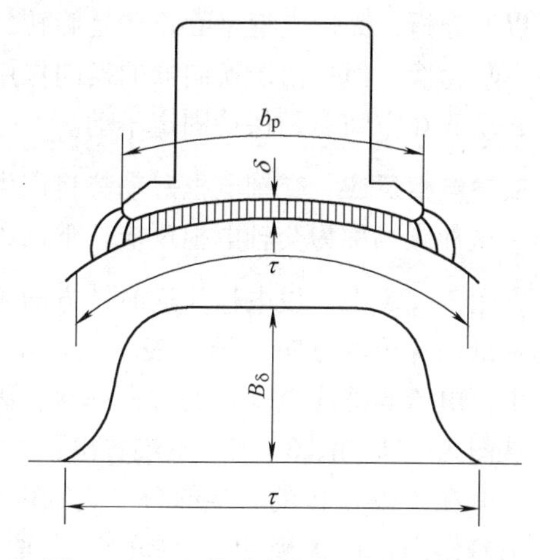

图3－23　空载时直流电机的气隙磁场

2. 负载时的电枢磁动势和电枢反应

直流电机带上负载时，电枢绕组中就有电流流过，载流的电枢绕组将产生电枢磁动势。此时，气隙磁场将由主极磁动势和电枢磁动势两者的合成磁动势所建立。负载时电枢磁动势对气隙主磁场的影响称为电枢反应。下面先研究电枢磁动势的性质和大小。为简化分析，设电机为两极，电枢表面为光滑，电枢绕组为整距，构成元件的导体均匀地分布在电枢表面。

交轴电枢磁动势　设电刷置放在几何中性线上，如图3－24所示（在实际电机中，电刷是放在换向器上对准主极中心线下位置处，画示意图时通常省去换向器和元件的端接线，把电刷直接放在几何中性线处的电枢导体上）。在直流电机中，支路电流是通过电刷引入或引出的，因此电刷位置是电枢表面电流分布的分界线。在图3－24中，若电枢上半个圆周的电流为流出，下半个圆周的电流为流入，把这些载流导体看作为一个通有电流的螺管线圈，可见此电枢磁动势将建立一个 N_a 和 S_a 的两极电枢磁场，如图中虚线所示。从图3－24可见，电枢磁动势的轴线总是与电刷的轴线重合。通常把主极的轴线称为直轴，与直轴正交的轴线称为交轴，所以当电刷位于几何中性线上时，电枢磁动势是一个交轴磁动势。

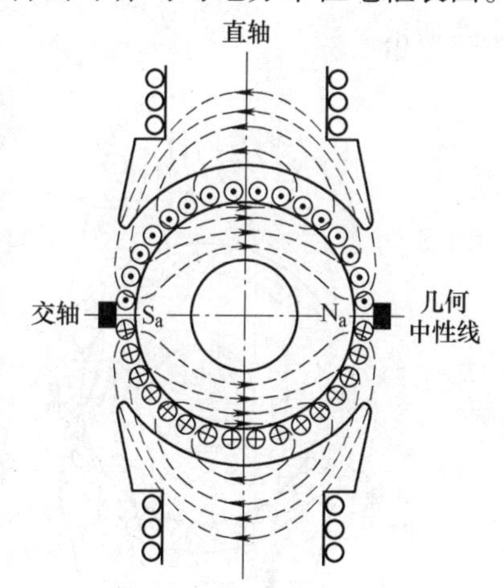

图3－24　电刷置放在几何中性线上时，电枢的磁动势和磁场

设 Z_a 为电枢绕组的总导体数，i_a 为导体内的电流（即支路电流），则一个极下电枢的安培导体数应为 $\frac{Z_a i_a}{2p}$；从图3－24可见，这些载流导体所产生的磁动势，就是 N_a 和 S_a 一对极的交轴电枢磁动势，于是一个极下交轴电枢磁动势的幅值 F_{aq}（单位为安/极）应为

$$F_{aq} = \frac{1}{2}\left(\frac{Z_a i_a}{2p}\right) \tag{3-11}$$

以上分析，无论电枢是静止还是旋转，都是正确的。电枢旋转时，组成各支路的元件虽然在不断轮换，但是由于换向器的换向作用，每一条支路的电流方向总是保持不变，从而使电枢磁动势在空间总是保持固定不动。

交轴电枢反应　交轴电枢磁动势将产生交轴气隙磁场，并影响到原来气隙磁场的大小和分布，这种影响称为交轴电枢反应。下面以发电机为例来分析交轴电枢反应的性质。

在图 3－25 中，设电枢为逆时针方向旋转，由右手定则可知，N 极下导体中的感应电动势为从纸面穿出的方向（用⊙表示），S 极下则为进入纸面的方向（用⊗表示）。在发电机中，电枢电流与感应电动势的方向一致，因此图中的⊙和⊗也可以代表电枢导体中电流的方向。从图 3－24 和图 3－25a 不难看出：

（1）在主极 N 极的右半部分，交轴电枢磁场的方向为从电枢表面指向主极，对主极磁场起去磁作用；在 N 极的左半部分，交轴电枢磁场的方向为从主极指向电枢表面，对主极磁场起增磁作用；由此将引起气隙磁场畸变，使电枢表面磁通密度等于零的位置（称为物理中性线）偏离几何中性线。对发电机，物理中性线将顺着电机旋转方向移过 α 角，如图 3－25a所示；对电动机，经过分析可知，物理中性线将逆着旋转方向移过 α 角。图 3－25b 表示空载时的气隙磁场 b_0（即主磁场），和负载时气隙内的合成磁场 b_δ 的分布图。

（2）不计磁饱和时，交轴电枢磁场对主极磁场的去磁作用和增磁作用恰好相等，总体上看，交轴电枢反应既无增磁、也无去磁作用，此时气隙内的合成磁场 b_δ 如图 3－25b 中的实线所示。

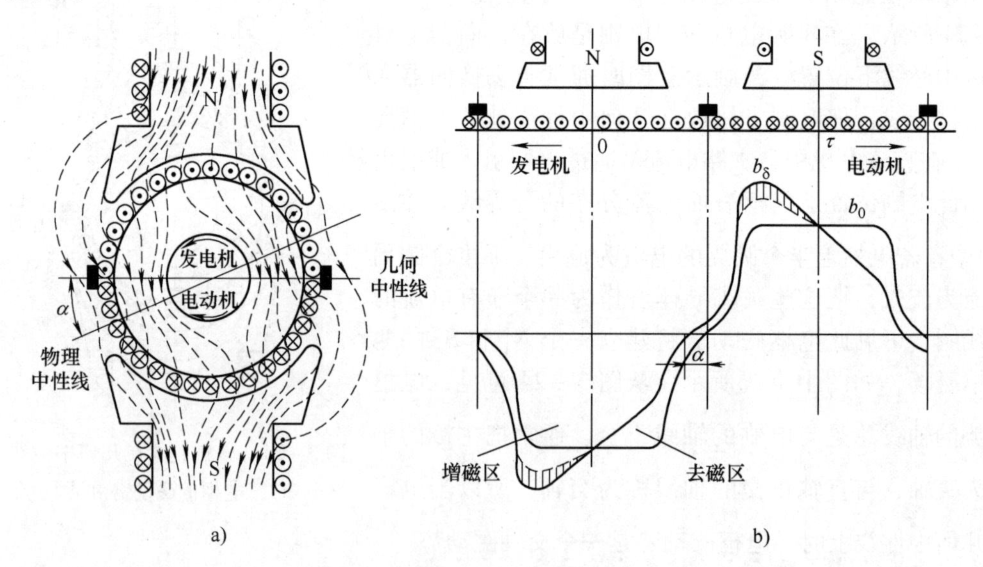

图 3－25　交轴电枢反应

a）负载时的合成磁场　b）空载磁场 b_0 和负载时气隙的合成磁场 b_δ

（3）考虑磁饱和时，增磁边将使该部分主极铁心的饱和程度提高、磁导率减小，从而使该处实际的气隙磁场比不计饱和时略弱，如图 3－25b 中虚线所示；去磁边的实际气隙磁场则与不计饱和时基本一致；因此负载时每极下的磁通量将比空载时略少，即饱和时交轴电枢反应具有一定的去磁作用。

直轴电枢磁动势 若电刷从几何中性线移过β角（相应的电枢表面弧长为b_{β}），则电枢磁动势的轴线也将随之移动β角，如图3－26a所示。此时，电枢磁动势可分成两个分量：一个分量是由$\tau-2b_{\beta}$范围内的载流导体所产生的交轴电枢磁动势F_{aq}，如图3－26b所示；另一个分量是由$2b_{\beta}$范围内的载流导体所产生的直轴电枢磁动势F_{ad}，如图3－26c所示。

直轴电枢反应 从图3－26和图3－25a不难看出，若电机为发电机，电刷顺电枢旋转方向移动β角，对主极磁场而言，直轴电枢反应将是去磁的；若电刷逆旋转方向移动β角，则直轴电枢反应将是增磁的。电动机的情况与发电机恰好相反。

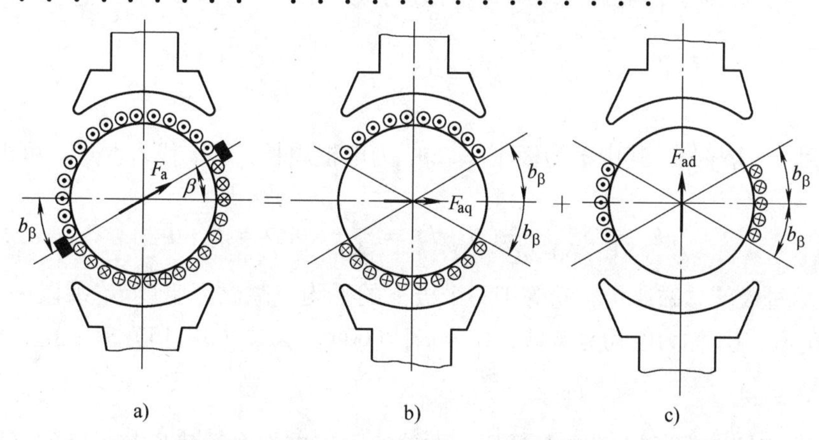

图3－26 电刷不在几何中性线上时，电枢磁动势的交轴分量和直轴分量
a）电枢磁动势 b）交轴分量 c）直轴分量

3.4 电枢的感应电动势和电磁转矩

在弄清电枢绕组的构成和气隙磁场分布的基础上，本节将导出电枢绕组的感应电动势和作用在电枢上的电磁转矩，它们是导出直流电机的基本方程和研究运行性能的基础。

1. 电枢绕组的感应电动势

电枢旋转时，电枢导体“切割”气隙磁场，电枢绕组中就会产生感应电动势。下面先求出一根导体中的感应电动势e_c，然后把支路内各根导体中的电动势相加，得到一条支路的电动势E_a。由于各条支路是并联的，所以E_a就是电枢绕组的电动势。

设电枢表面为光滑，气隙磁场b_{δ}的分布如图3－27所示，电刷置放在几何中性线上。若电枢导体的有效长度为l，导体“切割”气隙磁场的线速度为v，则每根导体中的感应电动势e_c应为

$$e_c = b_{\delta} l v \qquad (3-12)$$

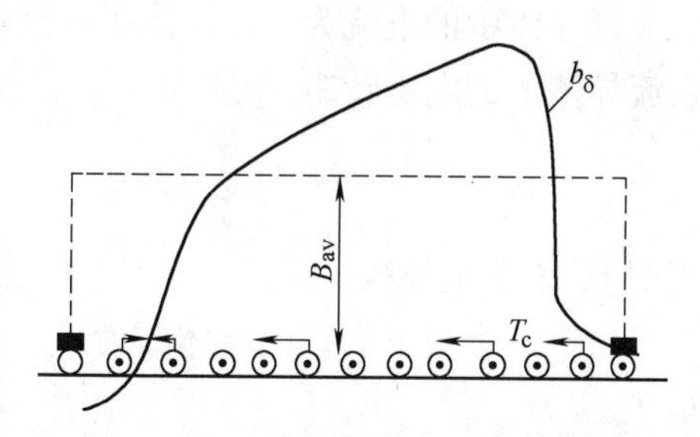

图3－27 气隙磁场分布和导体感应电动势和电磁力的计算

式中，b_δ 为导体所在位置处的气隙磁通密度。

若电枢绕组的总导体数为 Z_a，每条支路的串联导体数等于 $Z_a/(2a_=)$，则支路电动势 E_a 应为

$$E_a = \sum_{1}^{Z_a/2a_=} b_\delta lv = lv \sum_{1}^{Z_a/2a_=} b_\delta(x_i) \tag{3-13}$$

式中各点的气隙磁通密度 $b_\delta(x_i)$互不相同，所以每根导体的电动势也互不相同。为简单计，引入平均气隙磁通密度 B_{av}，它等于电枢表面各点气隙磁通密度的平均值，即 $B_{av} \approx \frac{1}{Z_a/(2a_=)} \sum_{1}^{Z_a/(2a_=)} b_\delta(x_i)$，则式（3-13）可改写成

$$E_a = lv\frac{Z_a}{2a_=}B_{av} \tag{3-14}$$

考虑到线速度 $v=2p\tau\frac{n}{60}$，其中 τ 为极距[⊖]，$2p\tau$ 为电枢周长，将 v 代入上式，可得

$$E_a = 2\frac{pn}{60}\frac{Z_a}{2a_=}(B_{av}\tau l) = \frac{pZ_a}{60a_=}n\Phi = C_e n\Phi \tag{3-15}$$

式中，Φ 表示每极的总磁通量，它等于一个极下的平均气隙磁通密度 B_{av} 乘以一个极的面积 $l\tau$，即 $\Phi=B_{av}l\tau$；C_e 称为电动势常数，$C_e=pZ_a/(60a_=)$。式（3-15）就是电枢绕组的电动势公式。

式(3-15)对发电机和电动机都适用。此式表示，电枢电动势E_a与每极的气隙磁通量Φ和转速 n 成正比，只要有Φ和 n，电枢内就有电动势E_a。

2. 电枢的电磁转矩

当电枢绕组通有电流时，电枢的载流导体与气隙磁场相作用，就会产生电磁转矩。

设电枢表面为光滑，电刷置放在几何中性线上，元件为整距，则所有 N 极下的载流导体其电流均为同方向、同大小，S 极下导体的电流为反方向。另外，每个极下的气隙磁场，除 N、S 极性不同外，其分布情况也为重复。因此，作用在每个极下载流导体上的合成电磁转矩为同方向、同大小。所以只要算出一个极下载流导体上所受到的电磁转矩，然后乘以极数 $2p$，即可得到作用在整个电枢上的电磁转矩。

设导体中的电流为 i_a，导体所在位置的气隙磁通密度为 b_δ（见图 3-27），则作用在该载流导体上的电磁转矩 T_c 应为

$$T_c = b_\delta l i_a \frac{D_a}{2} \tag{3-16}$$

式中 D_a 为电枢外径。

由于一个极下的载流导体数为 $Z_a/(2p)$，所以作用在一个极下载流导体上的合成电磁转矩 T_p 应为

⊖ 极距 τ 既可用槽数来度量，也可用长度来度量，视具体情况而定。

$$T_p = li_a \frac{D_a}{2} \sum_{1}^{Z_a/(2p)} b_\delta(x_i) = \left(\frac{Z_a}{2p} B_{av}\right) li_a \frac{D_a}{2} \tag{3-17}$$

式中，B_{av}为气隙磁通密度的平均值，$B_{av} \approx \frac{1}{Z_a/(2p)} \sum_{1}^{Z_a/(2p)} b_\delta(x_i)$。作用在整个电枢上的电磁转矩 T_e 应为 T_p 乘以极数 $2p$，即

$$T_e = 2pT_p = Z_a B_{av} li_a \frac{D_a}{2} \tag{3-18}$$

考虑到 $\pi D_a = 2p\tau$，$\Phi = B_{av} l\tau$，支路电流 $i_a = I_a/(2a_=)$，其中 I_a 为电枢电流，可得

$$T_e = Z_a B_{av} l \left(\frac{I_a}{2a_=}\right)\frac{p\tau}{\pi} = \frac{p}{2\pi}\frac{Z_a}{a_=}\Phi I_a = C_T \Phi I_a \tag{3-19}$$

式中，C_T 称为转矩常数，$C_T = \frac{p}{2\pi}\frac{Z_a}{a_=}$。式（3-19）就是直流电机的转矩公式。

式(3-19)对发电机和电动机都适用。此式说明，电磁转矩T_e与气隙磁通量Φ和电枢电流I_a成正比，只要有Φ和I_a，就有电磁转矩T_e。

3.5 直流电机的基本方程

在导出电动势和电磁转矩公式的基础上，利用基尔霍夫定律和牛顿定律，即可导出稳态运行时直流电机的电压方程和转矩方程，这两个方程就是直流电机的基本方程。

1. 电压方程

电压方程 若电机为发电机，在电枢电动势 E_a 的作用下，发电机可向负载（或电网）供电，此时感应电动势 E_a必定大于端电压 U，且电枢电流 I_a 与 E_a 为同一方向。采用发电机惯例，即以输出电流作为电枢电流的正方向（见图 3-28a)，就有

$$E_a = U + I_a R + 2\Delta U_s \tag{3-20}$$

式中，R 为电枢绕组（包括换向极绕组）的电阻；$2\Delta U_s$ 为正、负一对电刷与换向器之间的接触电压降，对石墨电刷，$2\Delta U_s \approx 2V$，对金属石墨电刷，$2\Delta U_s \approx 0.6V$。

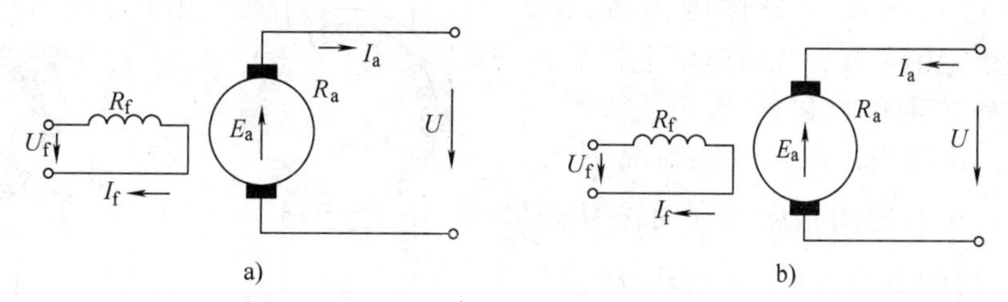

图 3-28 稳态运行时直流电机的电路图

a）发电机 b）电动机

对于一些仅需进行定性分析的问题，式（3-20）也可简写成

$$E_a = U + I_a R_a \tag{3-21}$$

式中，R_a 为电枢回路的总电阻，包括电枢绕组电阻和电刷的接触电阻，$R_a = R + \frac{2\Delta U_s}{I_a}$。若电枢电流在一定的范围以内，$R_a$ 可近似地当作为常值。

若电机为电动机，则端电压 U 必定大于电枢的感应电动势 E_a，此时电枢电流 I_a 从电网输入，I_a 与 E_a 的方向相反，通常称此时的 E_a 为反电动势。采用电动机惯例，即以输入电流作为电枢电流的正方向（图 3-28b），就有

$$U = E_a + I_a R + 2\Delta U_s \tag{3-22}$$

若仅需对电动机的性能作定性分析时，式（3-22）也可简写成

$$U = E_a + I_a R_a \tag{3-23}$$

式（3-20）和式（3-22）这两个方程对各种励磁方式都适用。

与励磁方式有关的约束　电枢电流 I_a 与线路电流 I 的关系，励磁电压 U_f 与电枢端电压 U 的关系，视励磁绕组接法（励磁方式）的不同而不同。若为他励，则有

$$I = I_a \quad U_f \text{ 与 } U \text{ 无关} \tag{3-24}$$

若为并励，励磁绕组与电枢并联，故有

$$U_f = U \tag{3-25}$$

对于发电机，励磁电流 I_f 由电枢供给，所以

$$I_a = I + I_f \tag{3-26}$$

对于电动机，励磁电流和电枢电流均由电源供给，故有

$$I = I_f + I_a \tag{3-27}$$

若为串励，因励磁绕组与电枢绕组相串联，故电枢电流 I_a、线路电流 I 和串励绕组中的励磁电流 I_s 三者相等，即

$$I_a = I_s = I \tag{3-28}$$

此时，电枢电阻中应当加进串励绕组的电阻。

2. 转矩方程

如图 3-29 所示，若转子为逆时针旋转，则主极 N 极下电枢导体中的感应电动势为从纸面穿出的方向，S 极下导体则为进入纸面的方向。对于直流发电机，电枢电流与电枢电动势为同一方向，于是 N 极下导体中的电流将为流出（⊙），S 极下导体则为流入（⊗），由左手定则可知，此时电枢上将受到一个顺时针方向的电磁转矩 T_e，如图 3-29a所示。这说明，在发电机情况下，电磁转矩是一个与转向相反的制动转矩。若 T_1 为原动机的驱动转矩，T_0 为空载运行时电机自身的阻力转矩（简称空载转矩），则发电机的转矩方程应为

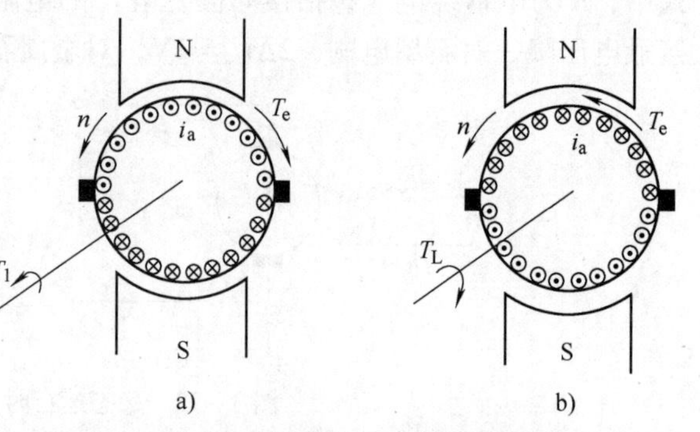

图 3-29　直流电机的电磁转矩和外施转矩

a）发电机　b）电动机

$$T_1 = T_0 + T_e \tag{3-29}$$

对于直流电动机，由于电枢电流与感应电动势的方向相反，故电枢逆时针方向旋转时，N极下导体中的电流将为流入（⊗），S极下则为流出（⊙），如图3－29b所示，于是电枢上将受到一个逆时针方向的电磁转矩。这说明，电动机的电磁转矩是一个与转向相同的驱动转矩。若电动机自身的空载阻力转矩为T_0，轴上输出的驱动转矩为T_2，则电动机的转矩方程应为

$$T_e = T_0 + T_2 \tag{3-30}$$

稳态（恒速）运行时，轴上的输出转矩T_2与负载的阻力转矩T_L相平衡，即$T_2 = T_L$。

空载转矩T_0是发电机或电动机空载运行时，电机自身的阻力转矩。若p_0为电机的空载损耗（包括机械损耗p_Ω和电枢的铁心损耗p_{Fe}），则空载转矩$T_0 = \dfrac{p_0}{\Omega} = \dfrac{p_\Omega + p_{Fe}}{\Omega}$。

3. 电磁功率

负载运行时，电枢绕组的感应电动势E_a和电枢电流I_a的乘积，称为电磁功率，用P_e表示

$$P_e = E_a I_a \tag{3-31}$$

将电动势公式代入式（3－31），并考虑到转子的机械角速度$\Omega = 2\pi n/60$（Ω的单位为rad/s，n的单位为r/min），不难证明，就数值而言

$$E_a I_a = \frac{pZ_a}{2\pi a_=}\Omega\Phi I_a = T_e\Omega \tag{3-32}$$

对于电动机，E_aI_a为电枢中的感应电动势从电源所吸收的电功率，$T_e\Omega$为作用在电枢上的电磁转矩对机械负载所作的机械功率，由于能量守恒，两者相等。对于发电机，$T_e\Omega$是原动机为克服电磁转矩而输入电枢的机械功率，E_aI_a为电枢发出的电功率，两者也相等。所以在直流电机中，电磁功率就是能量转换过程中电能转换为机械能或相反转换的转换功率。式（3－32）说明，能量转换发生在电枢的电路和电枢的铁心部分，转换功率（电磁功率）与电枢电流和励磁电流的大小（即耦合磁场的强弱）有关。

4. 直流电机的可逆性

从原理上讲，任何电机既可作为发电机，也可作为电动机运行，这就是电机的可逆性。下面用直流电机的情况来说明。

图3－30表示一台接在电网上的并励直流电机，电网电压为U。若电机由原动机驱动，且电枢的电动势$E_a > U$，则电枢将向电网输出电流，电机为发电机状态；此时电枢电流I_a与E_a的方向一致，电磁转矩T_e的方向与转向相反，是制动性转矩，原动机的驱动转矩T_1克服了制动的电磁转矩T_e，机械能就转换为电能并向电网输出电功率。

若减小驱动转矩，则电机将减速，于是E_a将下降，当$E_a = U$时，电枢电流I_a和相应的电磁转矩均变成零，此时电机就处于输出功率为零的空载状态。

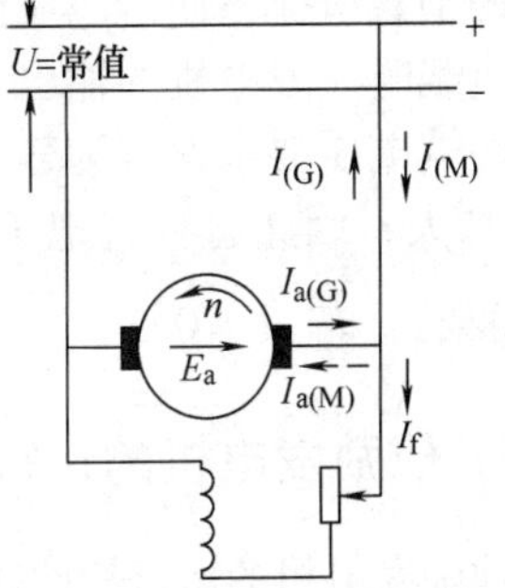

图3－30　并励直流电机的可逆性
［下标（G）表示发电机状态，（M）表示电动机状态］

若进一步设法去掉原动机，并在轴上加上机械负载，则电机的转速和电动势 E_a 将进一步下降，当 $E_a < U$ 时，电机将从电网输入电流；相应地，电磁转矩将成为驱动转矩，于是电机就进入电动机状态。

由此可见，只要具备和满足一定的条件，并励直流电机既可作为发电机，也可作为电动机运行。

电机的可逆性不但适用于直流电机，也适用于其他各种旋转电机。

3.6　直流发电机的运行特性

1. 他励发电机的负载运行

按照规定的转向，用原动机把他励发电机拖动到额定转速 n_N，励磁绕组接到励磁电源，调节励磁电流 I_f，使发电机的端电压达到额定电压 U_N，发电机即处于空载和向外供电的予备状态，如图 3－31 所示。空载时，线路电流 $I=0$，原动机的驱动转矩 T_1 很小，仅需克服空载运行时发电机自身的阻力转矩 T_0。如果进一步把电枢电路的开关 Q 闭合，则发电机将向负载（用电阻 R_L 表示）输出电流 I，此时发电机将进入负载状态。

负载以后，电枢绕组中有电流流过，电枢上将受到制动性质电磁转矩 T_e 的作用，使机组的转速趋于下降，此时需要增大原动机的驱动转矩 T_1，使 T_1 和 $T_e + T_0$ 达到平衡，机组的转速重新恢复到 n_N。这是机械方面。

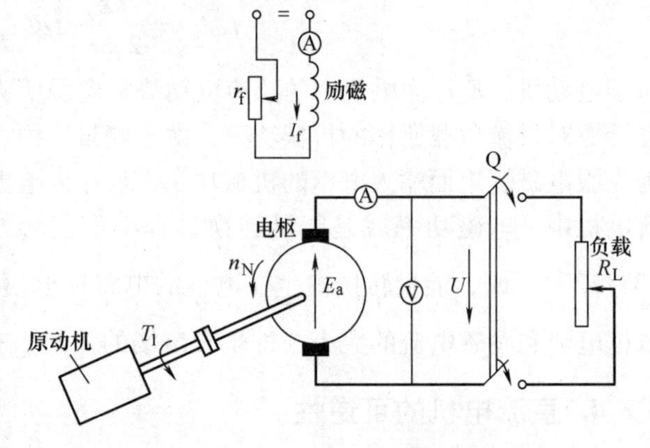

图 3－31　他励发电机的负载运行

电磁方面，负载以后，由于电枢反应的作用，气隙磁通量 Φ 和电枢的电动势 E_a 将发生一定的变化，加上电枢内有电阻压降 I_aR_a，这两个因素都会使发电机的端电压发生变化，为此需要调节发电机的励磁电流，使端电压恢复到额定电压 U_N。

负载时，发电机的输出功率为 P_2，$P_2 = UI$。为使各种电气设备能够正常工作，通常发电机的端电压要求保持为额定电压 U_N，于是输出功率 P_2 将与负载电流 I 成正比，I 愈大，P_2 就愈大，因此通常就把 I 的大小看作为负载的大小。若 $I = I_N$，称发电机达到额定负载（或满载）；若 $I = 0.5I_N$，则称达到半载；若 $I = 0$，则称发电机为空载。

2. 他励发电机的运行特性

他励发电机的运行特性，是指发电机的端电压 U、负载电流 I 和励磁电流 I_f 这三个主要变量之间的关系。为简单计，通常把三个量中的某一个保持为常值，然后找出其余两个量之间的关系，这样就可以得到三条特性曲线。第一条是 I_f = 常值，$U=f(I)$，称为外特性；第二条是

U=常值，$I_f=f(I)$，称为调整特性；第三条是I=常值，$U=f(I_f)$，称为负载特性。由于负载特性是一条恒电流特性，很少实用价值，所以我们不予研究。下面依次来说明外特性、调整特性和另一条工程上常用的特性，即效率特性。这三条特性都是在发电机的转速保持为额定转速的情况下作出的。

外特性　外特性是指转速$n=n_N$，励磁电流I_f=常值（通常等于额定励磁电流I_{fN}）时，发电机的端电压与负载电流之间的关系$U=f(I)$。外特性是一条负载变化时，反映输出电压是否稳定的特性。

由他励发电机的电压方程可知，端电压U等于

$$U = E_a - I_aR_a = C_e n\Phi - I_aR_a \tag{3-33}$$

当励磁电流I_f为常值、转速n为常值时，若电刷置放在几何中性线上，且不计磁饱和的影响，则气隙磁通Φ和电枢的感应电动势E_a均为常值；于是随着负载电流的增加，电枢电阻压降I_aR_a逐渐增加，发电机的端电压将稍有下降，外特性$U=f(I)$为一条从空载电压U_0逐步下降的斜线。若计及磁饱和的影响，交轴电枢反应会产生一定的去磁作用，于是随着负载电流的增加，气隙磁通Φ将略有减少，使电枢电动势E_a随之减小；再计及电枢的电阻压降I_aR_a，外特性变为曲线，且电压的下降程度略有增加，如图3-32所示。

在$n=n_N$、$I_f=I_{fN}$的条件下，他励发电机从额定负载I_N（端电压为U_N）过渡到空载（端电压变成U_0）时，电枢端电压的变化值与额定电压之比，称为额定电压调整率（简称电压调整率），用Δu_N表示，即

$$\Delta u_N = \frac{U_0 - U_N}{U_N} \times 100\% \tag{3-34}$$

他励发电机的Δu_N大致在5%~10%这一范围内，这表明负载变化时，端电压的变化不大，基本上可视作为恒压的直流电源。

由于电枢的总电阻R_a很小，他励发电机在额定励磁下发生短路时，短路电流I_k很大，可达额定电流的二三十倍，因此不允许在额定励磁下发生持续短路。

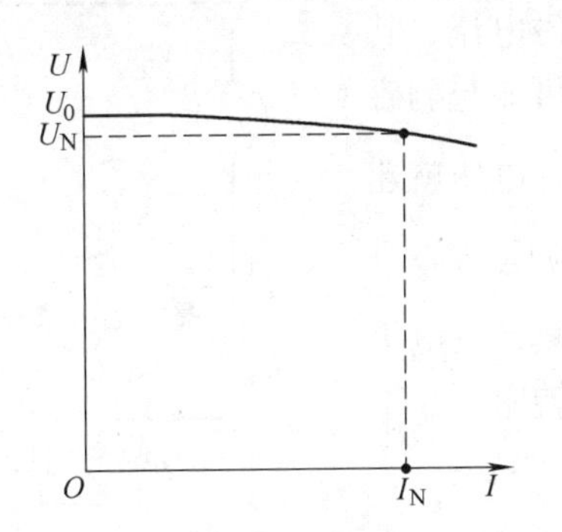

图3-32　他励发电机的外特性

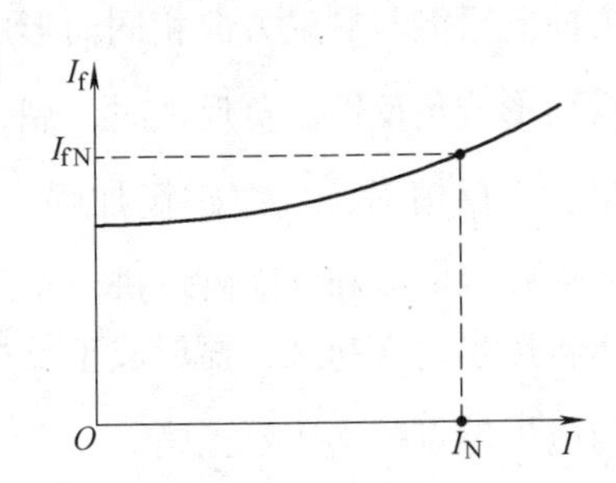

图3-33　他励发电机的调整特性

调整特性　调整特性是指$n=n_N$、保持端电压$U=U_N$时，负载电流与励磁电流之间的关系$I_f=f(I)$。调整特性是一条负载变化时，反映励磁调节规律的特性。

从外特性可知，负载电流增加时，如果要维持端电压为一常值，必须增加励磁电流，以抵消电枢反应的去磁作用和电枢回路电阻压降的作用。所以调整特性是一条上升的曲线，如

图 3－33 所示。当负载电流 $I=I_N$、保持端电压为 $U=U_N$ 时，所需的励磁电流 I_{fN} 就称为额定励磁电流。上述外特性和电压调整率，都是在额定励磁电流下作出的。

效率特性　效率特性是指 $n=n_N$、$U=U_N$ 时，效率与输出功率的关系 $\eta=f(P_2)$。这是一条表征力能指标的特性。

为求得效率，必须确定负载运行时电机内的损耗。直流电机的损耗包括机械损耗 p_Ω，电枢的基本铁耗 p_{Fe}，基本铜耗 p_{Cua}，电刷的接触压降损耗 p_s，励磁绕组的铜耗 p_{Cuf} 和杂散损耗 p_Δ。其中 $p_{Cua}=I_a{}^2R$，$p_{Cuf}=U_fI_f$，$p_s=2\Delta U_sI_a$，$p_\Delta\approx0.01P_N(I/I_N)^2$（无补偿绕组[⊖]时）。由于发电机大多在 $n=n_N$、$U=U_N$ 的情况下运行，机械损耗 p_Ω 和铁耗 p_{Fe} 仅与转速和电枢铁心内的磁通密度有关，而与负载电流的大小无关，所以属于不变损耗；后四项 p_{Cua}、p_s、p_{Cuf} 和 p_Δ 则随着负载的变化而变化，故属于可变损耗。由于他励电机的励磁功率通常由其他直流电源供给，所以习惯上认为总损耗 $\sum p$ 等于 p_Ω、p_{Fe}、p_{Cua}、p_s 和 p_Δ 等五项损耗之和（不包括励磁损耗）。

总损耗确定后，发电机的效率 η 和效率特性 $\eta=f(P_2)$ 即可求出，

$$\eta = 1 - \frac{\sum p}{P_2 + \sum p} \tag{3-35}$$

式中，P_2 为输出功率，$P_2=UI_a$。通常小型直流发电机的额定效率 $\eta_N=70\%\sim90\%$，中、大型发电机的额定效率 $\eta_N=90\%\sim96\%$。

3. 并励发电机的自励和外特性

并励发电机的自励　并励发电机的励磁绕组与电枢并联，如图 3－34 所示。正常工作时，并励发电机的励磁电流由电枢发出的电流来供给，但是开始时发电机的电压是如何建立的呢？

并励发电机要自励和建立电压，电机的磁路中必须要有剩磁。电枢在剩磁磁场内旋转时，将产生剩磁电动势 E_{0r}。剩磁电动势由电枢端点回授到励磁绕组，产生一个很小的励磁电流，其磁动势方向既可能与剩磁方向相同而形成正反馈，也可能与剩磁方向相反而形成负反馈。负反馈时，剩磁磁场被抑制，电压就建立不起来；正反馈时，气隙磁场加强，使电枢的感应电动势升高，从而使励磁电流和气隙磁场进一步加强，如此往复，发电机的端电压将逐步建立起来。要形成正反馈，在一定的转向下，励磁绕组与电枢端点的连接要正确。

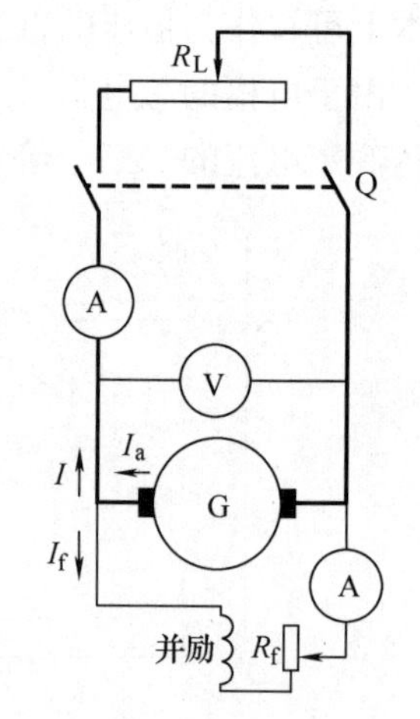

图 3－34　并励发电机的接线图

其次，从空载时励磁回路的电压方程

$$E_{a0} \approx I_{f0}R_f \tag{3-36}$$

可知，在发电机的空载特性 $E_{a0}=f(I_{f0})$ 和励磁回路的伏安特性

⊖　补偿绕组的作用将在 3.9 节中说明。

$I_{f0}R_f$（励磁电阻线）的交点处，电枢的感应电动势 E_{a0} 恰好等于励磁回路的电阻压降，所以交点 A 就是自励后发电机的空载运行点，如图 3-35 所示。若励磁电阻线的斜率较大，与空载特性的交点很低，电压仍然建立不起来。与空载特性相切的电阻线，其电阻称为临界电阻。如要电枢建压，励磁回路的电阻必须小于临界电阻 R_{cr}。

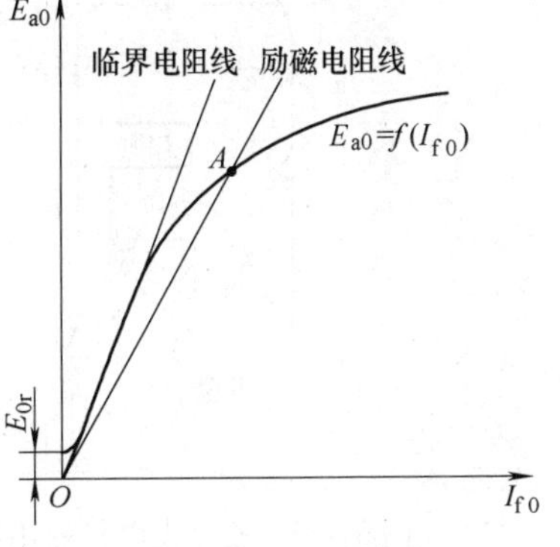

图 3-35 并励发电机自励时的稳态空载电压

综上所述，并励发电机的自励条件有三个：① 磁路中必须有剩磁；② 励磁磁动势与剩磁两者的方向必须相同；③ 励磁回路的总电阻必须小于临界电阻。

电枢电压建立后，电机即进入空载运行状态。如果进一步加上负载（即与负载电阻 R_L 接通，见图 3-34），电机将进入负载运行。

外特性 并励发电机的外特性是指 $n=n_N$、励磁回路电阻 R_f = 常值时，发电机的端电压与负载电流之间的关系 $U=f(I)$。

并励发电机的励磁绕组与电枢相并联，因此励磁电流 I_f 与负载电流 I 两者互相联系、互相制约。当负载电流增大时，除了电枢反应和电枢电阻压降将使发电机的端电压下降之外，端电压的下降将使励磁电流同时减小，从而引起气隙磁通量和电枢电动势的进一步下降。所以在同一负载电流下，并励发电机的端电压要比他励时下降得多，如图 3-36 所示。并励发电机的电压调整率一般在 20% 左右。

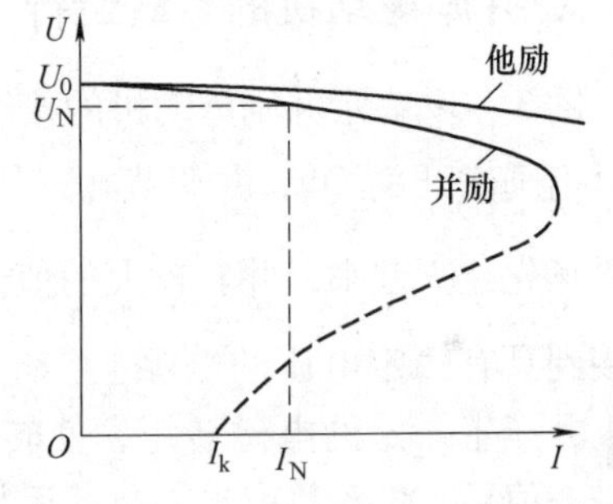

图 3-36 并励发电机的外特性

此外，并励发电机稳态短路时，端电压等于零，于是励磁电流也等于零，电枢的短路电流 I_k 仅由剩磁电动势所引起，所以稳态短路电流不大。

并励发电机的调整特性与他励发电机相似。计算效率特性和额定效率时，总损耗 $\sum p$ 应为 p_Ω、p_{Fe} 和 p_{Cua}、p_s、p_{Cuf}、p_Δ 等 6 项损耗之和。

4. 复励发电机的外特性

复励发电机既有并励又有串励绕组，其接线图如图 3-37 所示。并励和串励绕组都套装在主磁极上，并励绕组与电枢并联，励磁电流较小，但匝数较多；串励绕组与电枢串联，一般只有几匝，通过的电流为电枢电流。

复励发电机中，若串励磁动势与并励磁动势方向相同，称为积复励；若两者方向相反，称为差复励。常用的复励发电机都是积复励。在积复励发电机中，并励磁动势起主要作用，使发电机空载时能达到额定电压；串励磁动势主要用来补偿负载时电枢反应的去磁作用和电枢电路的电阻压降。若串励绕组的补偿作用适中，外特性将基本上是一条水平线，这种情况称为平复励；若串励绕组的作用较强，外特性上拱，称为过复励；若补偿作用不足，外特性略有下降，称为欠复励。积复励发电机的三种外特性曲线如图 3-38 所示。

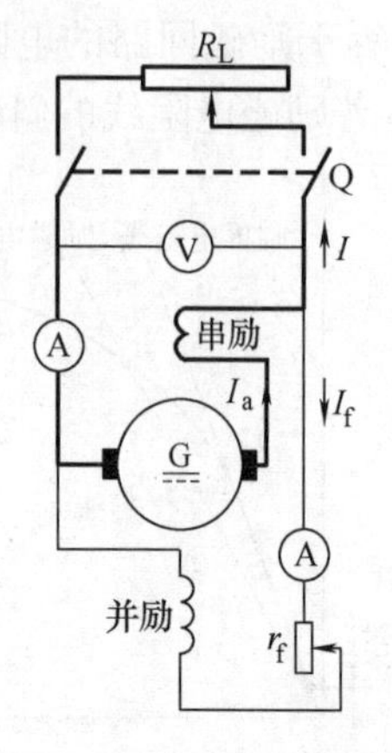

图 3－37　复励发电机的接线图

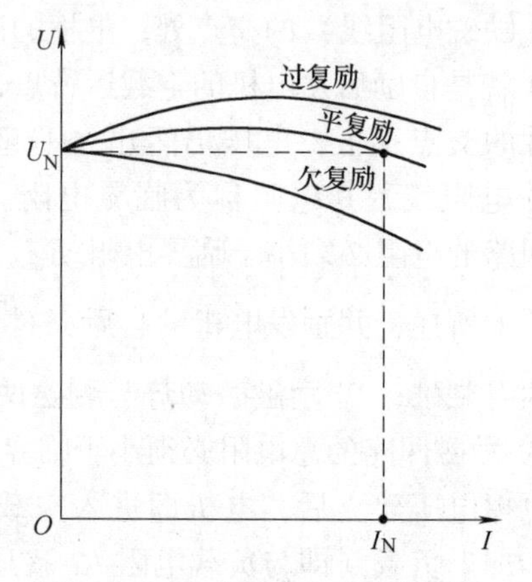

图 3－38　积复励发电机的外特性

3.7　直流电动机的运行特性

1. 并励电动机的负载运行

图 3－39 表示并励电动机的接线图，图中 r_f 为励磁调节电阻，R_{st}为起动电阻。起动时，先合上励磁开关 Q_1，并调节 r_f，使励磁电流达到最大，即让主磁场先建立起来，并有较大的值。然后合上开关 Q_2，把电枢接到具有额定电压的电源上，此时电枢内将通过一定的电流，并产生一定的电磁转矩，使转子转动起来。待转速上升到稳态值后，电动机就进入空载运行。

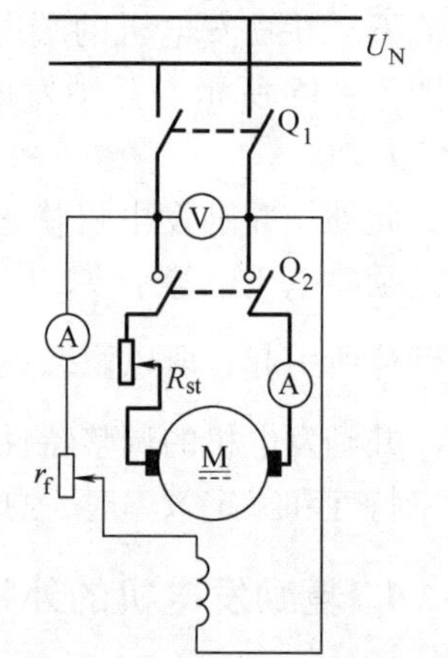

图 3－39　并励电动机的接线图

若进一步使电动机的轴上带上负载，电动机的转速 n 将会下降，使电枢的反电动势 E_a 下降，电枢电流 I_a 增大，从而产生较大的电磁转矩 T_e，以克服负载转矩 T_L 和空载转矩 T_0。轴上的负载越大，电枢电流 I_a 和电磁转矩 T_e 也越大。此时并励电动机将进入负载运行。

2. 并励电动机的运行特性

直流电动机运行时，电枢端电压通常保持为额定电压 U_N。负载变化时，电动机的主要变量是电枢电流 I_a、电磁转矩 T_e、转速 n 以及输出功率 P_2，这四个变量之间的关系，就构成了各种运行特性。运行特性中最重要的有两组，一组是工作特性，另一组是机械特性。分析表明，运行特性因励磁方式的不同而有很大差异，下面先研究并励电动机的情况。

工作特性　工作特性是指电动机的端电压 $U=U_N$、励磁电流 $I_f=I_{fN}$时，电动机的转速 n、电磁转矩 T_e 和效率 η 与输出功率 P_2 的关系，即 n，T_e，$\eta=f(P_2)$。实际运行中，由于电枢电流 I_a 较易测得，且 I_a 随 P_2 的增大而增大，故也可把工作特性表示为 n，T_e，$\eta=$

$f(I_a)$。上述条件中，I_{fN}为电动机的额定励磁电流，即输出功率达到额定功率P_N、转速达到额定转速n_N时的励磁电流值。

先看转速特性$n=f(P_2)$。从电动势公式$E_a=C_e n\Phi$和电动机的电压方程可知，

$$n=\frac{E_a}{C_e\Phi}=\frac{U}{C_e\Phi}-\frac{R_a}{C_e\Phi}I_a \tag{3-37}$$

式（3-37）通常称为电动机的转速公式。此式表示，在端电压U、励磁电流I_f均为常值的条件下，影响并励电动机转速的因素有两个：①电枢的电阻压降；②电枢反应。当电动机的负载增加时，电枢电流增大，电枢电阻压降I_aR_a增加，使电动机的转速趋于下降；电枢反应有去磁作用时，则使转速趋于上升；这两个因素对转速的影响部分地互相抵消，使负载时并励电动机的转速变化很小。实用上，为保证并励电动机的稳定运行，常使电动机具有如图3-40所示稍微下降的转速特性。

空载转速n_0与额定转速n_N之差用额定转速的百分数表示，称为并励电动机的转速调整率Δn，即

$$\Delta n=\frac{n_0-n_N}{n_N}\times 100\% \tag{3-38}$$

并励电动机的转速调整率很小，约为3%~8%，所以它基本上是一种恒速电动机。

注意，并励电动机在运行时，励磁绕组绝对不能开断。如果励磁绕组开断，$I_f=0$，主磁通将迅速下降到剩磁磁通，使电枢电动势同时下降，电枢电流则迅速增大。此时如负载为轻载，则电动机的转速将迅速上升，造成“飞车”；若负载为重载，电枢所产生的电磁转矩不足以克服负载转矩，则电动机可能停转，使电枢电流增大到起动电流，引起绕组过热而将电机烧毁。这两种情况都很危险。

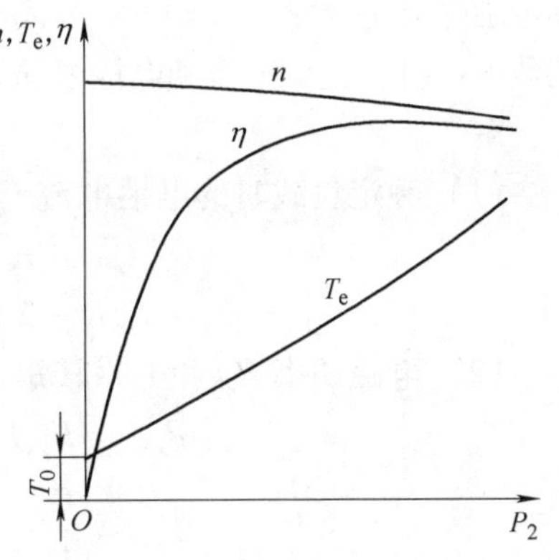

图3-40 并励电动机的工作特性

再看转矩特性$T_e=f(P_2)$。根据电动机的转矩方程

$$T_e=T_0+T_2=T_0+\frac{P_2}{\Omega} \tag{3-39}$$

式中，输出转矩T_2就等于轴上的输出功率P_2除以转子的机械角速度Ω，即$T_2=\frac{P_2}{\Omega}$。由式(3-39)可知，若转速为常值，则T_e与P_2之间为一直线关系；实际上，P_2增大时，转速略有下降，故曲线$T_e=f(P_2)$将略微向上弯曲，且当$P_2=0$时，$T_e=T_0$，如图3-40所示。

最后是效率特性$\eta=f(P_2)$。并励电动机的效率特性和其他电机类似，如图3-40所示。

机械特性 机械特性是指电动机的端电压$U=U_N$、励磁回路电阻$R_f=$常值时，电动机的转速与电磁转矩的关系$n=f(T_e)$。

从电动机的转速公式可知，

$$n=\frac{U}{C_e\Phi}-\frac{R_a}{C_e\Phi}I_a$$

由电磁转矩公式$T_e=C_T\Phi I_a$可知，$I_a=\frac{T_e}{C_T\Phi}$，将I_a代入上式，可得

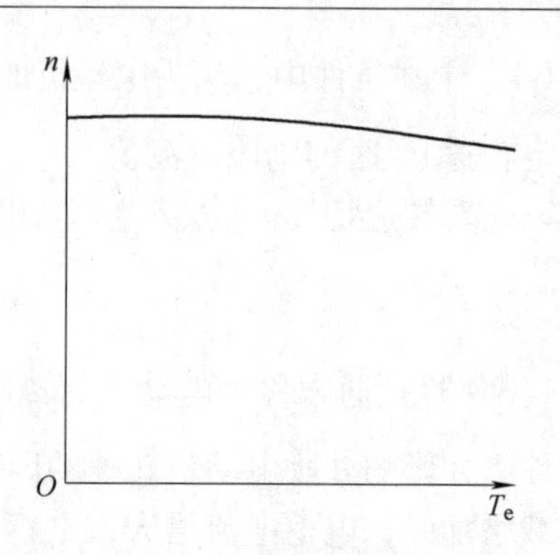

图 3-41　并励电动机的机械特性

$$n = \frac{U}{C_e\Phi} - \frac{R_a}{C_T C_e \Phi^2} T_e \qquad (3-40)$$

式（3-40）就是机械特性的表达式。由于 $U=U_N$、$R_f=$常值，且 $R_a \ll C_T C_e \Phi^2$，故不计磁饱和时，随着电磁转矩 T_e 的增大，并励电动机的机械特性为一稍微下降的直线。如果计及磁饱和，交轴电枢反应呈现一定的去磁作用，曲线的下降程度将减小，甚至可以成为水平或上翘的曲线。总之，并励电动机的转速随着所需电磁转矩的增加而稍有变化，如图 3-41 所示，这种特性称为硬特性。

【例 3-1】 有一台 17kW、220V 的并励电动机，额定转速 $n_N=1450$ r/min，额定线电流和额定励磁电流分别为 $I_N=95$A 和 $I_{fN}=4.3$A，电枢电阻 $R=0.09\Omega$，试求额定负载时电动机的下列数据：(1) 电枢电流和电枢电动势；(2) 电磁功率和电磁转矩；(3) 输入功率和效率。

解

(1) 额定负载时的电枢电流 I_{aN} 和电枢电动势 E_{aN}

$$I_{aN} = I_N - I_{fN} = (95-4.3)\text{A} = 90.7\text{A}$$

$$E_{aN} = U_N - I_{aN}R - 2\Delta U_s = (220 - 90.7 \times 0.09 - 2)\text{V} = 209.8\text{V}$$

(2) 电磁功率 P_{eN} 和电磁转矩 T_{eN}

$$P_{eN} = E_{aN}I_{aN} = (209.8 \times 90.7)\text{W} = 19028\text{W}$$

$$T_{eN} = \frac{P_{eN}}{\Omega_N} = \frac{19028}{2\pi \times \frac{1450}{60}}\text{N}\cdot\text{m} = 125.3\text{N}\cdot\text{m}$$

(3) 输入功率 P_{1N} 和效率 η_N

$$P_{1N} = U_N I_N = (220 \times 95)\text{W} = 20900\text{W}$$

$$\eta_N = \frac{P_{2N}}{P_{1N}} = \frac{17}{20.9} = 81.33\%$$

3. 串励电动机的运行特性

串励电动机的接线图如图 3-42 所示，图中 S 表示串励绕组。串励电动机的特点是，电枢电流、线路电流和励磁电流三者相等，即 $I_a=I_s=I$。

工作特性　串励电动机的工作特性是指 $U=U_N$ 时，$n, T_e, \eta = f(P_2)$ 或 $n, T_e, \eta = f(I_a)$。

先说明转速特性。把电机的磁化曲线近似地用直线 $\Phi = K_s I_a$ 来表示，其中 Φ 为主磁通量，K_s 为比例常数，则从转速公式可知

$$n = \frac{U - I_a(R_a+R_s)}{C_e\Phi} = \frac{U - I_a(R_a+R_s)}{C_e K_s I_a}$$

$$= \frac{U}{C_e K_s}\frac{1}{I_a} - \frac{R_a+R_s}{C_e K_s} \qquad (3-41)$$

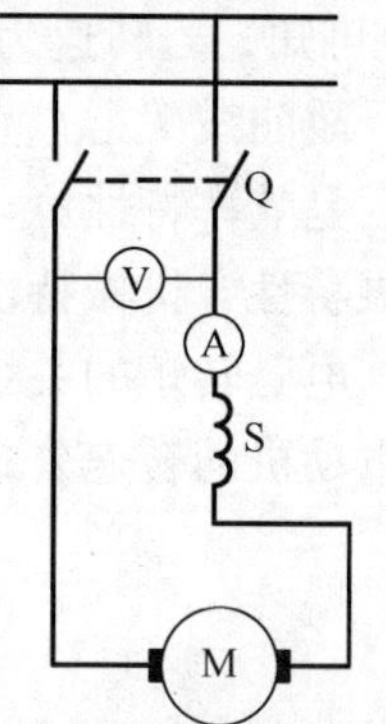

图 3-42　串励电动机的接线图

式中，R_s 为串励绕组的电阻。式(3-41)表明，n 与 I_a 大体成双曲线关系，如图3-43所示。从式（3-41）可知，负载增加时，I_a 增加，使电枢回路的电阻压降 $I_a(R_a+R_s)$ 增大，此时串励磁动势和主磁场也同时增大，这两个因素都促使转速下降，所以串励电动机的转速随着负载的增加而迅速下降。这是串励电动机的特点。

串励电动机不允许空载运行，因为空载时 I 很小，主磁通 Φ 也很小，使转速极高，容易产生“飞车”现象，十分危险。所以串励电动机的转速调整率定义为

$$\Delta n = \frac{n_{1/4} - n_N}{n_N} \times 100\% \tag{3-42}$$

式中，$n_{1/4}$ 为输出功率等于 $\frac{1}{4}P_N$ 时电动机的转速。

再看转矩特性。从转矩公式 $T_e = C_T \Phi I_a$ 可知，轻载时电枢电流和串励磁动势较小，磁路处于不饱和状态，$\Phi = K_s I_s$，K_s 为常值，于是

$$T_e = C_T K_s I_a^2 = C_T' I_a^2 \tag{3-43}$$

式中，$C_T' = C_T K_s$；此时电磁转矩与电枢电流的平方成正比。随着负载的增加，串励磁动势增大，磁路呈现饱和，此时 $\Phi \approx$ 常值，于是

$$T_e \approx C_T'' I_a \tag{3-44}$$

式中，$C_T'' = C_T K_s$；此时电磁转矩与电枢电流成正比。这是串励电动机的另一个特点。图3-43中同时示出了串励电动机的转矩特性，特性的下半段是平方曲线，上半段接近于直线。

机械特性 串励电动机的机械特性，是指 $U = U_N$ 时的 $n = f(T_e)$。

由式（3-41）的转速公式可知，

$$n = \frac{1}{C_e K_s}\left[\frac{U}{I_a} - (R_a + R_s)\right]$$

而电磁转矩 $T_e = C_T K_s I_a^2$，或 $I_a = \sqrt{\frac{T_e}{C_T K_s}}$，将 I_a 代入上式，可得

$$n = \frac{1}{C_e K_s}\left[\sqrt{\frac{C_T K_s}{T_e}}U - (R_a + R_s)\right] \tag{3-45}$$

式（3-45）就是机械特性的表达式。图3-44表示串励电动机的机械特性。从图3-44可见，随着转矩的增加，串励电动机的转速将迅速下降，这种特性称为软特性。

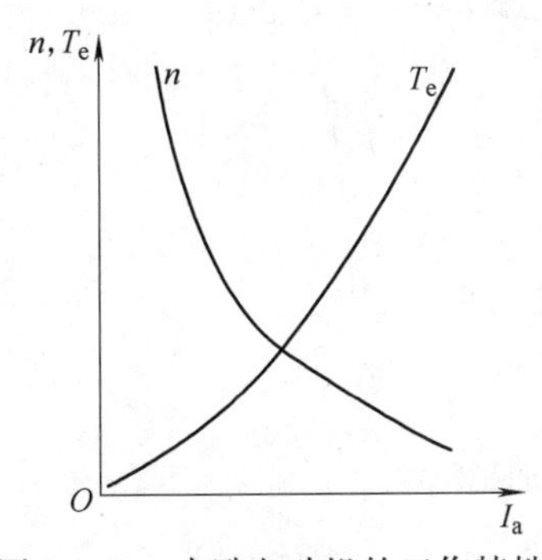

图3-43 串励电动机的工作特性

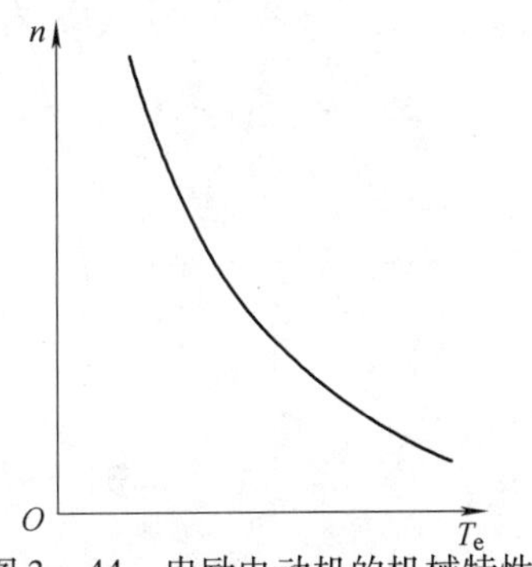

图3-44 串励电动机的机械特性

4. 复励电动机的特点

复励电动机通常接成积复励。图 3－45 表示复励电动机的接线图。

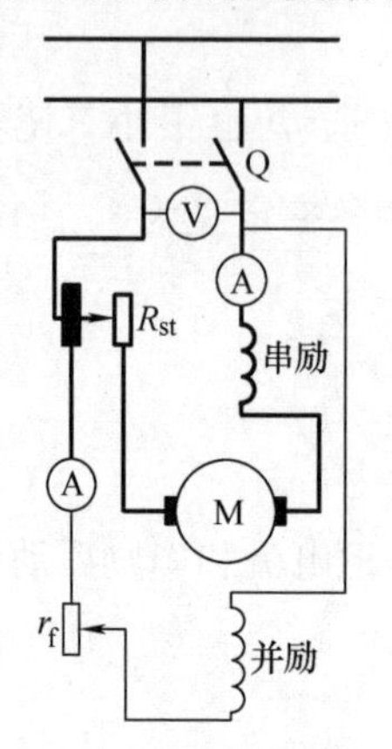

图 3－45　复励电动机的接线图

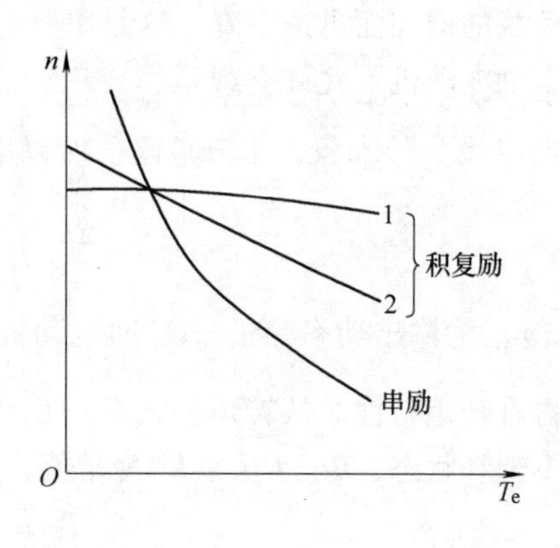

图 3－46　复励电动机的机械特性

积复励电动机既有并励绕组、又有串励绕组，故其机械特性介于并励和串励电动机之间。若励磁磁动势中以并励磁动势为主，则其特性接近于并励电动机；但由于有串励磁动势的存在，当负载增大时，电枢反应的去磁作用可以受到抑制，不致使转速上升（见图 3－46 中曲线 1），从而保证电动机可以稳定地运行。若励磁磁动势中串励磁动势起主要作用，则机械特性接近于串励电动机（见图 3－46 中曲线 2），但由于有并励磁动势，不会使电动机空载时出现“飞车”现象。

5. 电力拖动系统运行的稳定性

电动机和被它驱动的负载一起，构成一个简单的电力拖动系统（以下简称“系统”）。拖动系统的稳定性问题是指，由于某种扰动（例如电源电压波动，负载转矩波动等）引起系统的转速发生变化，当扰动消失后，系统能否回复到原先的运行点持续运行这样一个问题。若能复原，则系统在该点的运行是稳定的；若不能复原而引起“飞车”或停转，则为不稳定。下面用图 3－47 来说明。

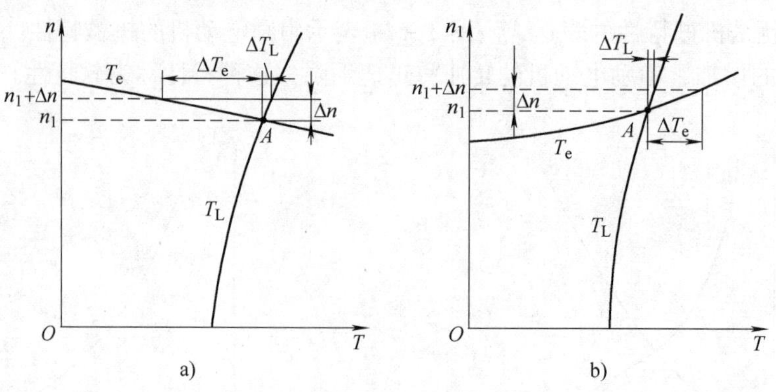

图 3－47　电力拖动系统运行的稳定性

a）稳定　b）不稳定

设某一电力拖动系统中，电动机的机械特性 $n=f(T_e)$ 为下降，如图 3-47a 中的曲线 T_e 所示；负载的机械特性 $n=f(T_L)$ 接近于恒转矩（T_L 为负载的阻力转矩），如曲线 T_L 所示。空载转矩 T_0 忽略不计。在两条机械特性的交点 A 处，$T_e=T_L$，故 A 点为系统的运行点，A 点的转速为 n_1。

设想由于某种扰动使得系统的转速发生变化，例如从 A 点的转速 n_1 增加到 $n_1+\Delta n$，从图 3-47a 可见，这时电动机的电磁转矩 T_e 将减小，负载的制动转矩 T_L 却有所增加，于是 $T_e<T_L$，从而使系统的转速趋于下降；一旦扰动消失，系统的转速将回复到原先的转速 n_1。反之，由于某种扰动使得系统的转速下降，则电动机的电磁转矩将增大，而负载的制动转矩将减小，于是 $T_e>T_L$，使系统的转速趋于上升；当扰动消失时，系统将回复到原先的转速。因此系统在 A 点的运行是稳定的。

反之，若电动机的机械特性是上升的，如图 3-47b 中曲线 T_e 所示，则当某种扰动使系统的转速由 A 点的 n_1 上升为 $n_1+\Delta n$ 时，电动机电磁转矩的增量 ΔT_e 将超过负载制动转矩的增量 ΔT_L，于是 $T_e>T_L$，使转速进一步上升，最后将引起“飞车”。若某种扰动使系统的转速下降，则转速将一步步下降，直到机组停转。因此系统在 A 点的运行是不稳定的。

由此可见，要判断系统在某点能否稳定运行，只要在该点附近取转速的微小变化 Δn，看电磁转矩的变化 ΔT_e 是大于还是小于负载转矩的变化 ΔT_L；若 $\Delta n\to 0$ 时，$\Delta T_e<\Delta T_L$，或

$$\frac{\mathrm{d}T_e}{\mathrm{d}n}<\frac{\mathrm{d}T_L}{\mathrm{d}n} \tag{3-46}$$

则系统在该点是稳定的。反之，若

$$\frac{\mathrm{d}T_e}{\mathrm{d}n}>\frac{\mathrm{d}T_L}{\mathrm{d}n} \tag{3-47}$$

则该点是不稳定的。

通常，负载转矩是恒转矩，或者是随转速的上升而增大，此时 $\frac{\mathrm{d}T_L}{\mathrm{d}n}\geqslant 0$，所以只要电动机具有下降的机械特性，即 $\frac{\mathrm{d}T_e}{\mathrm{d}n}<0$，系统就能稳定地运行。复励电动机中的串励绕组（也称为稳定绕组）就具有这种作用。

3.8 直流电动机的起动、调速和制动

起动和调速是评价电动机性能的另外两个重要方面。

1. 直流电动机的起动

直流电动机接到电源以后，转速从零达到稳态转速的过程称为起动过程。对电动机起动的基本要求是：①起动转矩要大；②起动电流要小；③起动设备要简单、经济、可靠。

直流电动机开始起动时，转速 $n\approx 0$，电枢的感应电动势 $E_a=C_e n\Phi\approx 0$，电枢电阻 R_a 又很小，因而起动电流 $I\approx U/R_a$ 将达到很大的数值，常需加以限制。另一方面，起动转矩 $T_e=C_T\Phi I_a$，减小起动电流将使起动转矩随之减少。这是互相矛盾的。通常采用保证足够的起

动转矩下、尽量减小起动电流的办法，使电动机起动。

直流电动机常用的起动方法有三种：①直接起动；②接入变阻器起动；③降压起动。分别说明如下。

直接起动　图3－39表示并励电动机直接起动时的接线图，直接起动时的起动方法已在3.7节的第1段中说明。

直接起动法操作简单，无需其他起动设备，但起动时冲击电流较大，可达（10～20）I_N，故此法只适用于小型电动机的起动。

电枢回路接入变阻器起动　为限制起动电流，起动时可在电枢回路中接入起动电阻R_{st}，待转速上升后再逐步将起动电阻切除。接入变阻器后起动电流为

$$I_{st} = \frac{U}{R_a + R_{st}} \tag{3-48}$$

可见只要R_{st}的值选择得当，就能将起动电流限制在允许范围之内。

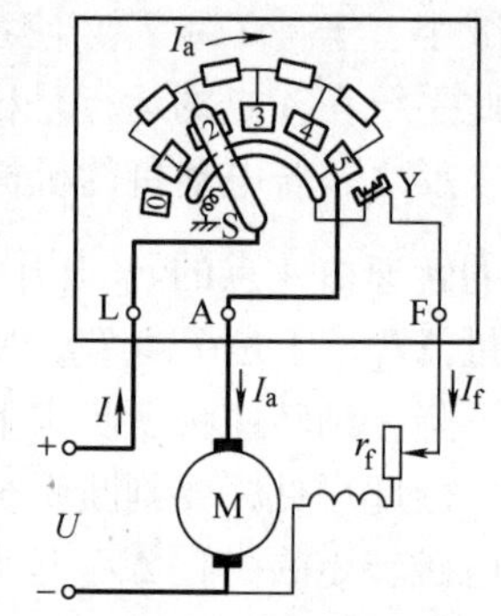

图3－48　三点起动器的接线图

起动变阻器有很多类型，下面以并励电动机常用的三点起动器为例加以说明。图3－48表示三点起动器的接线图。起动时，先把励磁回路的变阻器r_f调到电阻为零，再把手柄从触点0移到触点1处，此时励磁绕组接通，主磁通建立起来并达到最大，同时电枢绕组也接通，电动机开始起动，且全部起动电阻都接在电枢回路内。随着电动机转速的上升，可把手柄移过一个触点，即切除一段电阻，直到手柄移到触点5时，起动电阻全部切除，此时电磁铁Y把手柄吸住。三点起动器的特点是，起动过程中励磁回路保持为线路电压U，确保主磁通及时建立并为最大；正常运行中，如果电源停电或励磁回路开断，电磁铁Y就会失去吸力，于是弹簧S将自动把手柄拉回到起始位置0，起到保护作用。

三点起动器常用于小容量直流并励电动机的起动中。对大容量电动机，起动变阻器十分笨重，经常起动时还会消耗很多电能。

降压起动　降压起动时，加于电动机电枢的端电压开始时调得很低，随着转速的上升，逐步增高电枢电压，以使电枢电流限制在一定范围以内。为使励磁电流不受电枢电压调节的影响，电动机应采用他励，起动时把电动机的励磁电流调到最大。

采用降压起动时，需要一套专用的调压电源作为电动机的电源，现多采用可控整流电源来控制输出电压，以达到降压的目的。

降压起动法的优点是，起动电流小，起动过程平滑，能量损耗少。缺点是设备投资较高。

2. 直流电动机转速的调节

电动机是用以驱动生产机械的，根据负载的需要，常常希望电动机的转速能在一定或宽广的范围内进行调节，且调节的方法要简单、经济。直流电动机在这些方面具有独特的优点。

从直流电动机的转速公式

$$n = \frac{U - I_a R_a}{C_e \Phi} \tag{3-49}$$

可知，调速方法有两种：

（1）电枢控制，即用调节电枢电压或者在电枢电路中接入调速电阻来调速。

（2）磁场控制，即用调节励磁电流来调节转速。

下面结合电动机的励磁方式来说明。

他励和并励电动机转速的调节　先说明电枢电路中接入调速电阻的情况。电枢电路接入调速电阻 R_{Ω} 后，由式（3-40）可见，机械特性的斜率将随之增大，它和负载特性 $T_L+T_0=f(n)$ 的交点将逐步下移，于是电动机的转速将逐步下降，如图3-49所示。

这种调速方法的优点是简单易行。缺点是接入电阻后电枢的铜耗增大、电动机的效率要降低，另外，电动机的机械特性将变软，使负载变动时转速会产生较大的变化。

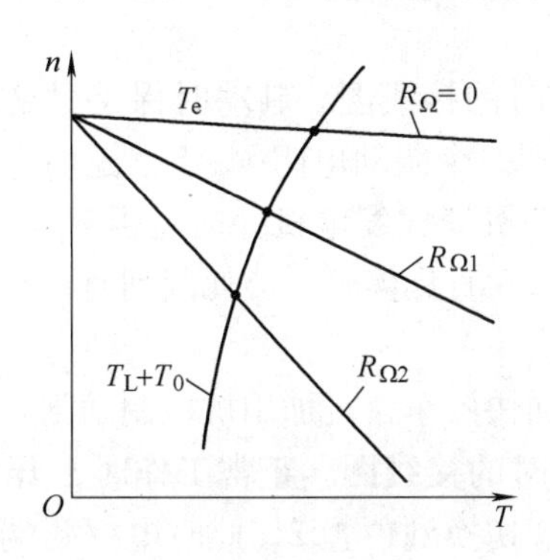

图3-49　电枢接入调速电阻后，并励（他励）电动机的机械特性（$R_{\Omega2}>R_{\Omega1}$）

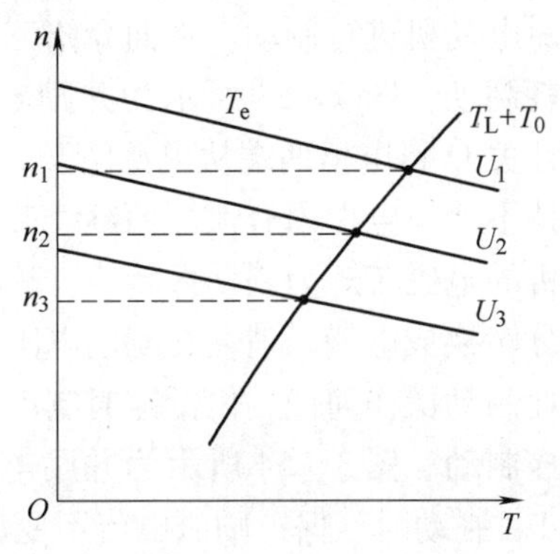

图3-50　不同电枢电压时，他励电动机的机械特性（$U_1>U_2>U_3$）

也可以用调节电枢电压的办法来调速，此时电动机的电枢需由专用的直流电源（多采用可控整流电源）单独供电，励磁则由另一电源他励。从机械特性的表达式（3-40）和图3-50可见，若主磁通 Φ 保持不变，提高或降低电枢端电压 U 时，电动机的机械特性将平行地上升或下降，使电动机的转速相应地升高或降低。

最后是用调节励磁电流来调速。从转速公式可见，减小励磁电流时，气隙磁通量 Φ 将减少，电动机的转速将升高。这从图3-51所示不同励磁电流时，他励或并励电动机的机械特性也可看出。

这种调速方法所用设备简单，调节也很方便，且效率较高。缺点是随着转速和电枢电流的增加，电机的温升将升高，换向要变坏，转速过高时还可能出现不稳定现象。

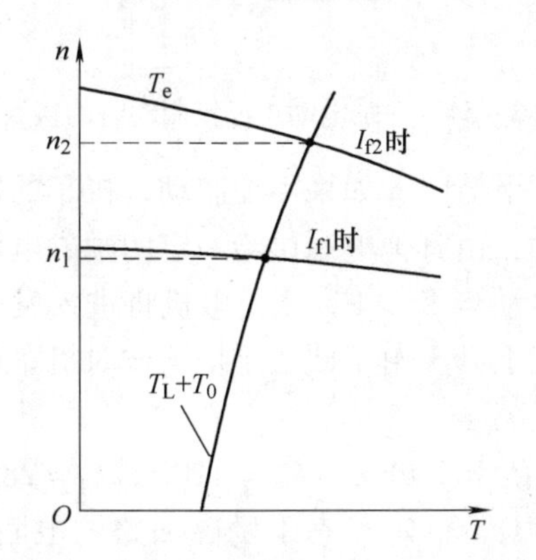

图3-51　不同励磁电流时，他励（并励）电动机的机械特性（$I_{f1}>I_{f2}$）

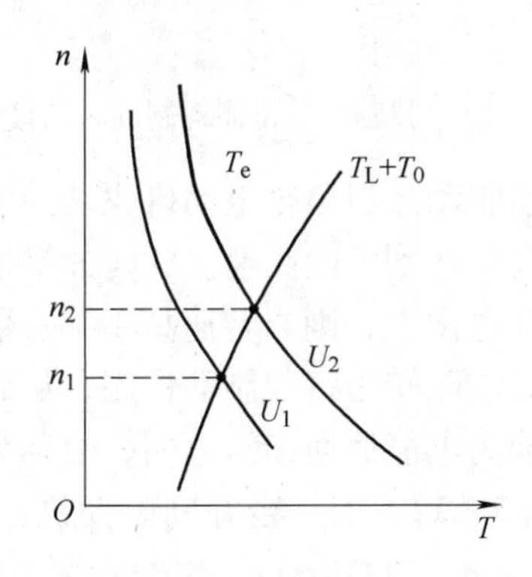

图3-52　改变电枢端电压时，串励电动机的机械特性（$U_2>U_1$）

串励电动机的转速调节　串励电动机也可以用电枢电路接入电阻，或调节电枢电压的办法来调速。图 3－52 表示电枢电压分别为 U_1 和 U_2（$U_2>U_1$）时，串励电动机的机械特性和负载特性。从图可见，提高电枢电压，可使转速升高。

若在励磁绕组两端并联一个电阻，用改变励磁电流来进行调速，则可实现磁场控制。

3. 直流电动机的制动

在电力拖动系统中，有时要求电动机尽快停转，或者由高速运行迅速转入低速运行，此时需要对电动机进行制动。下面介绍三种制动方法。

能耗制动　图 3－53 所示为并励电动机能耗制动时的接线图。制动时保持励磁电流不变，用开关 Q 将电枢两端从电源断开，并立即将它接到一个制动电阻 R_B 上。这时电机的主磁通保持不变，电枢因有惯性而继续旋转，电机由电动机变成发电机并向电阻 R_B 供电。由于发电机的电磁转矩为制动性转矩，故使转速迅速下降，直到停转。能耗制动时，转子的动能大部分转换成电能，消耗在制动电阻上。

能耗制动操作简便，但低速时制动转矩很小，为加快停车，可加用机械制动闸。

反接制动　图 3－54 所示为并励电动机反接制动时的接线图。正常工作时，开关 Q 置于位置 1。制动时，保持励磁电流不变，把倒向开关 Q 切换到位置 2，此时电枢两端将通过电阻 R_B 反接到电网上。反接时，因电枢电压反向，故电枢电流将变成负值，且电流很大，$I_a=-(U+E)/(R_a+R_B)$；随之产生很大的制动性质的电磁转矩，使电机停转。

反接制动的优点是，能使机组很快停转。缺点是反接时电枢电流很大，因此反接时必须接入足够的电阻，使电枢电流限制在允许值之内。此外，当转速下降到零时，必须及时断开电源，否则机组将反转。

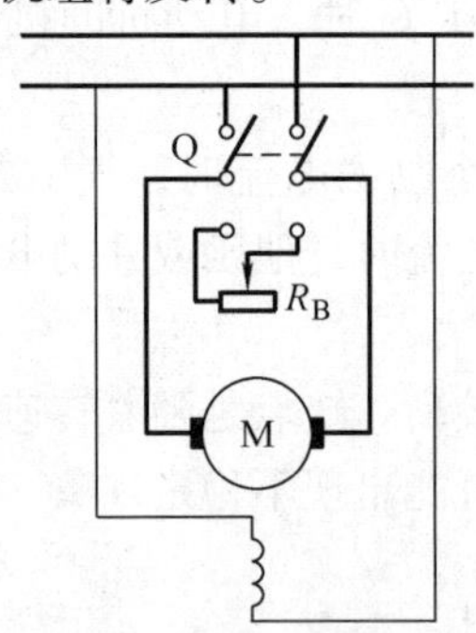

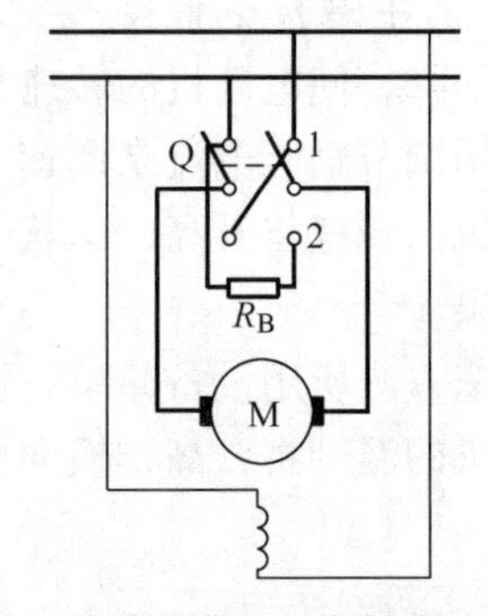

图 3－53　并励电动机能耗制动时的接线图　　　图 3－54　并励电动机反接制动时的接线图

回馈制动　当串励电动机驱动的电车或电力机车下坡时，如果不加制动，机车的转速会越来越高而达到危险高速。此时如果把串励改成他励，由其他电源供给一定的励磁电流，电枢仍接在电网上，则当转速高于某一数值时，电枢电动势 $E_a>U$，于是电机将进入发电机状态；此时电磁转矩将起制动作用，从而限制转速继续上升。由于此法是把下坡时机车位能的变化转换为电能而回馈给电网，故称为回馈制动。

【例 3－2】　有一台并励电动机，其数据如下：$P_N=2.6\text{kW}$，$U_N=110\text{V}$，$I_N=28\text{A}$（线路电流），$n_N=1470\text{r/min}$，电枢绕组的电阻 $R=0.15\Omega$，额定状态下励磁回路的电阻 $R_{fN}=138\Omega$。设额定负载时，在电枢回路中接入 0.5Ω 的电阻，若不计电枢电感的影响，并略去电枢反应，试计算：（1）接入电阻瞬间电枢的电动势、电枢电流和电磁转矩；（2）若负载转矩保持不变，求达到稳态时电动机的转速。

解

（1）额定负载时，电枢电流为

$$I_{aN}=I_N-I_{fN}=\left(28-\frac{110}{138}\right)A=27.20A$$

接入电阻瞬间，由于惯性使电动机的转速未及变化，加上主磁通保持不变，故电枢电动势E_{aN}'将保持为原先的数值E_{aN}不变，即

$$E_{aN}'=E_{aN}=U_N-I_{aN}R-2\Delta U_s=(110-27.2\times0.15-2)V=103.9V$$

于是在接入电阻瞬间，电枢电流将突然减小为I_a'，

$$I_a'=\frac{U_N-E_{aN}'-2\Delta U_s}{R+R_\Omega}=\frac{110-103.9-2}{0.15+0.5}A=6.308A$$

相应的电磁转矩将减小为T_e'

$$T_e'=\frac{E_{aN}'I_a'}{\Omega_N}=\frac{103.9\times6.308}{2\pi\times\dfrac{1470}{60}}N\cdot m=4.258N\cdot m$$

（2）因为负载转矩不变，故调速前、后电磁转矩的稳态值应保持不变。若略去电枢反应，可认为磁通Φ保持不变，于是从转矩公式$T_e=C_T\Phi I_a$可知，调速前、后电枢电流的稳态值应保持为I_{aN}不变。另外，从电动势公式$E_a=C_e\Phi n$可知，Φ不变时，调速前、后转速之比应为

$$\frac{n''}{n_N}=\frac{E_a''}{E_{aN}}$$

式中，E_a''为调速后电枢的稳态电动势，n''为调速后的稳态转速，于是

$$n''=n_N\frac{E_a''}{E_{aN}}=n_N\frac{U_N-I_{aN}(R+R_\Omega)-2\Delta U_s}{E_{aN}}$$

$$=1470\times\frac{110-27.2\times0.65-2}{103.9}r/min=1278r/min$$

【例3-3】 例3-2中，若采用在励磁绕组接入电阻来调速，设在额定负载下把磁通量减少15%，试重求例3-2中各项。

解

（1）在磁通量减少的瞬间，由于惯性使电动机的转速未能瞬时变化，故磁通减少15%时电枢电动势E_a'也将减少15%，于是

$$E_a'=0.85E_{aN}=0.85\times103.9V=88.32V$$

此时电枢电流将突然增加到I_a'，

$$I_a'=\frac{U_N-E_a'-2\Delta U_s}{R}=\frac{110-88.32-2}{0.15}A=131.2A$$

电磁转矩将相应增大为T_e'，

$$T_e'=\frac{E_a'I_a'}{\Omega_N}=\frac{88.32\times131.2}{2\pi\times\dfrac{1470}{60}}N\cdot m=75.27N\cdot m$$

（2）因负载转矩不变，故调速前、后电磁转矩的稳态值保持不变，于是从转矩公式 $T_e = C_T \Phi I_a$ 可知，电枢电流的稳态值与磁通成反比，即

$$\frac{I''_a}{I_{aN}} = \frac{\Phi_N}{\Phi''} \qquad I''_a = I_{aN}\frac{\Phi_N}{\Phi''} = 27.2 \times \frac{1}{0.85}\text{A} = 32\text{A}$$

于是由电动势公式 $E_a = C_e n\Phi$ 可知，调速后转速的稳态值 n'' 应为

$$n'' = n_N \frac{E''_a}{E_{aN}} \frac{\Phi_N}{\Phi''} = 1470 \times \frac{110 - 32 \times 0.15 - 2}{103.9} \times \frac{1}{0.85}\text{r/min} = 1718\text{r/min}$$

3.9　换向

电枢旋转时，组成电枢绕组的元件将由一条支路转入另一条支路，此时元件内的电流要改变方向。元件被电刷短路、元件内电流改变方向的过程，称为换向过程。

1. 电流的换向过程

图 3-55 表示单叠绕组的元件 1 中电流的换向过程（为清楚起见，图中把元件的形状稍加简化）。设电刷宽度等于换向片宽度 b_c，换向片从右向左运动。当电刷与换向片 1 接触时（见图 3-55a），元件 1 属于右边一条支路，元件中电流的方向为从右元件边流向左元件边，定为 $+i_a$。随着电枢的旋转，电刷将与换向片 1、2 同时接触（见图 3-55b），此时元件 1 被电刷短路，元件进入换向过程。接下去，电刷与换向片 2 接触（见图 3-55c），元件 1 就进入左边一条支路，换向结束，元件中的电流反向，变为 $-i_a$。被电刷短路、正在进行换向的元件，称为换向元件。换向过程所经历的时间，称为换向期，用 T_c 表示。换向期很短，通常只有几毫秒。

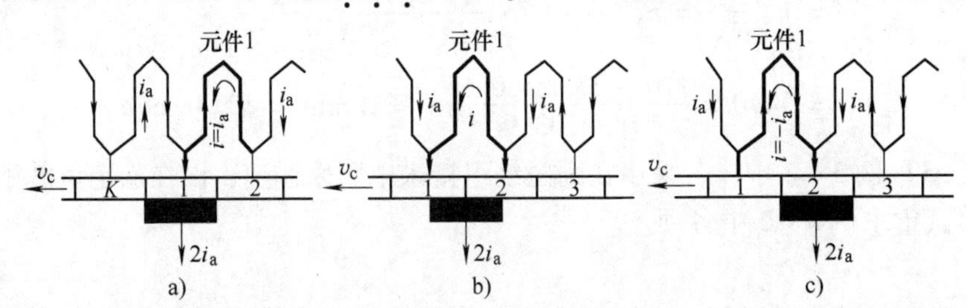

图 3-55　元件 1 中电流的换向过程

a）元件 1 属于右边支路　b）元件 1 被电刷短路，元件内的电流进入换向过程

c）元件 1 进入左边支路，换向结束

在理想情况下，若换向回路内无任何电动势的作用，并设电刷与换向片之间的接触电阻与接触面积成反比，换向元件本身的电阻又可以忽略不计，则换向元件中的电流从 $+i_a$ 变为 $-i_a$ 的规律大致为一直线，这种情况称为直线换向，如图3-56b中直线 1 所示。直线换向的特点是，在换向期内，换向元件中电流的变化是均匀的，整个电刷接触面上电流密度的分布也是均匀的，换向情况良好。

实际情况是，由于换向元件具有漏磁电感，因此换向元件中将产生电感电动势 e_r；根据楞茨定则，该电动势总是阻碍电流变化的，故 e_r 的方向与换向前元件中的电流方向相同。

此外，在几何中性线处还存在一定的交轴电枢磁场，换向元件“切割”该磁场时，将产生运动电动势 e_{c1}。不难确定，无论是发电机还是电动机，e_{c1} 和 e_r 的方向总是相同的。

由于电动势 e_r 和 e_{c1} 的出现，换向元件中电流改变方向的时刻将比直线换向时后延，这种情况称为延迟换向，如图3-56b中曲线2所示。严重延迟换向时，后刷边（电刷脱离换向片的一边）的电流密度剧增，从而会出现火花。当火花超过一定等级时，换向器表面将受到损伤，使电机不能正常运行。

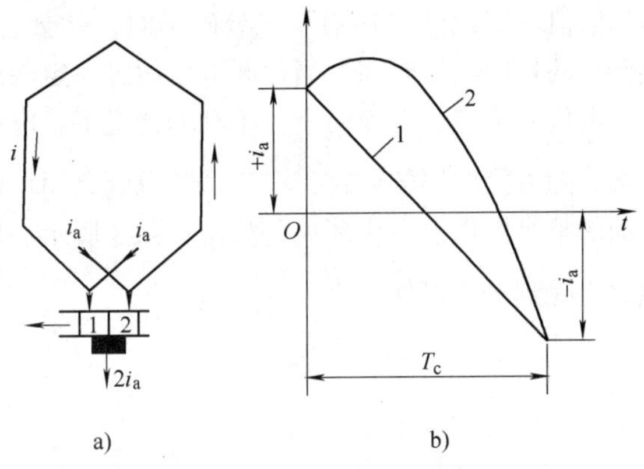

图3-56 换向元件中电流的变化
a）换向元件 b）直线换向和延迟换向

2. 改善换向的方法

为改善换向，一般直流电机都在定子的几何中性线处装置换向极，如图3-57中的 N_c 和 S_c 所示。换向极的磁动势除应抵消交轴电枢磁动势之外，还应在换向区内产生一个与交轴电枢磁场相反的换向磁场 B_c，让换向元件切割 B_c 后产生的运动电动势 e_c 与电感电动势 e_r 相抵消，使换向元件中的合成电动势为零，这样就可以使换向成为良好的直线换向。

换向极的极性，可以根据换向极磁场与交轴电枢磁场方向相反这一原则来确定。在图3-57所示主极极性和电枢为逆时针旋转的情况下，作为发电机运行时，交轴电枢磁场的方向为自左至右，故换向极磁场的方向应为自右至左，即右边的换向极应为 N_c，左边为 S_c。由此可见，在发电机中，换向极的极性应与顺着旋转方向的下一个主极的极性相同；在电动机中，换向极的极性应与发电机时相反。

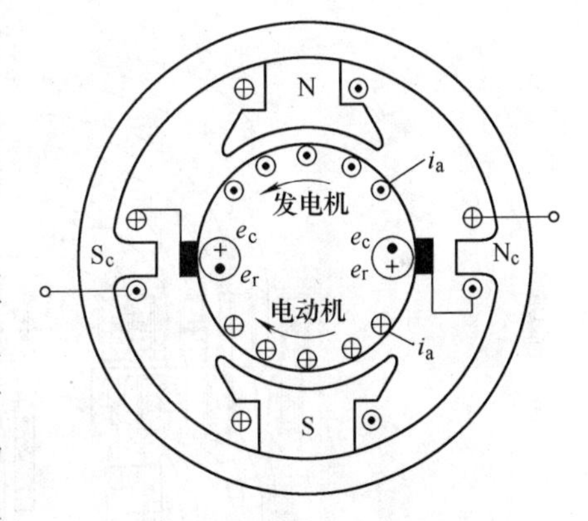

图3-57 用换向极来改善换向

由于电感电动势 e_r 在换向期内的平均值与电枢电流成正比，所以换向磁场 B_c 也应与电枢电流成正比，以使 e_c 和 e_r 在任何负载电流下均能抵消，所以换向极绕组应与电枢绕组串联。

实践证明，只要换向极设计和调整得好，通常就能达到无火花换向。因此容量大于1kW的直流电机，大多装设换向极。对于不装换向极的小型电机，也可用移动电刷的方法，使换向元件在主磁场的影响下产生与 e_r 相抵消的 e_c 来改善换向。例如在发电机中，将电刷从几何中性线沿电枢旋转方向移过适当的角度。

实践表明，选择牌号合适和高品质的电刷，或采用某些特殊型式的电枢绕组，也可以改善换向。

3. 环火和补偿绕组

交轴电枢反应不仅会给换向带来困难，在极靴下的增磁区域，还可以使气隙磁场达到很高的数值。当元件“切割”该处磁场时，就会感生较高的电动势，使与这些元件相连接的换向片的片间电压升高。当片间电压超过一定限度时，就会发生游离击穿，在换向片的片间形成**电位差火花**。在换向十分不利的情况下，电刷下的火花与换向片间的电位差火花汇合在一起，随着换向器的旋转，在正、负电刷之间可以形成很长的电弧，严重时甚至可使换向器表面的整个圆周上发生**环火**，如图 3-58 所示。环火可以把电刷和换向器表面烧坏，并使电枢绕组受到严重损伤。

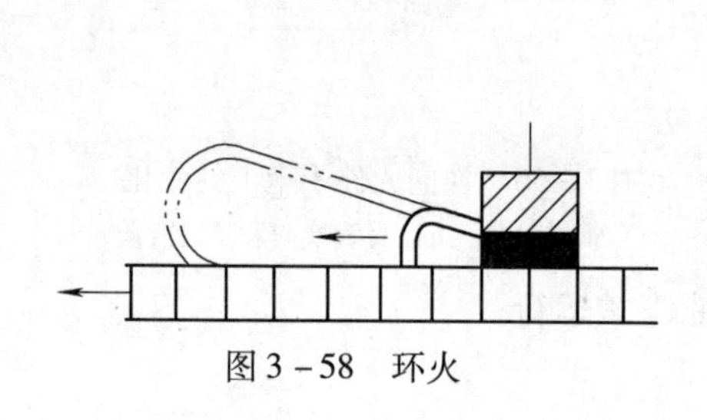

图 3-58　环火

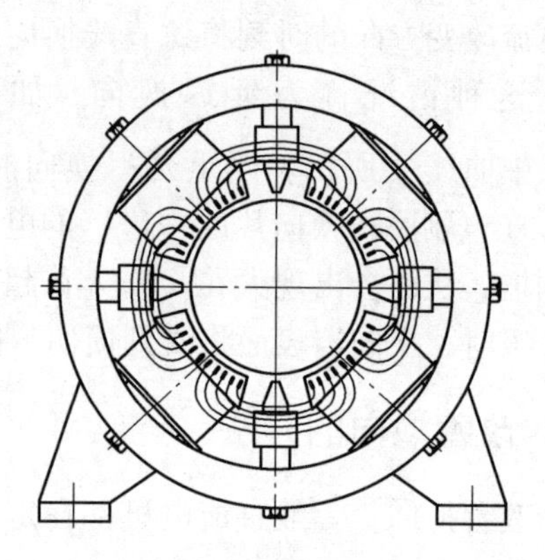

图 3-59　补偿绕组

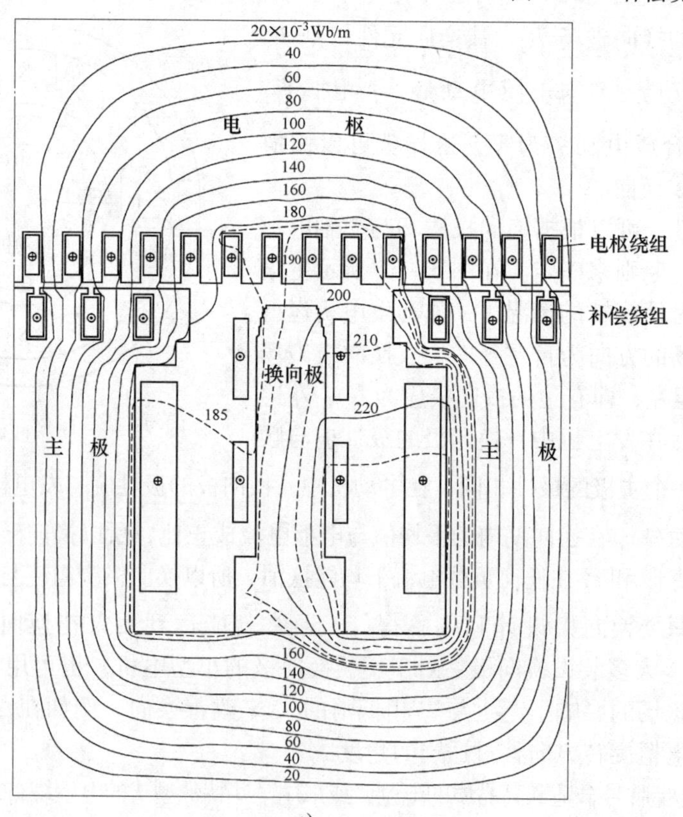

a)

图 3-60　装有补偿绕组的大型直流电机在额定负载时的磁场分布

a）定、转子内的磁场分布

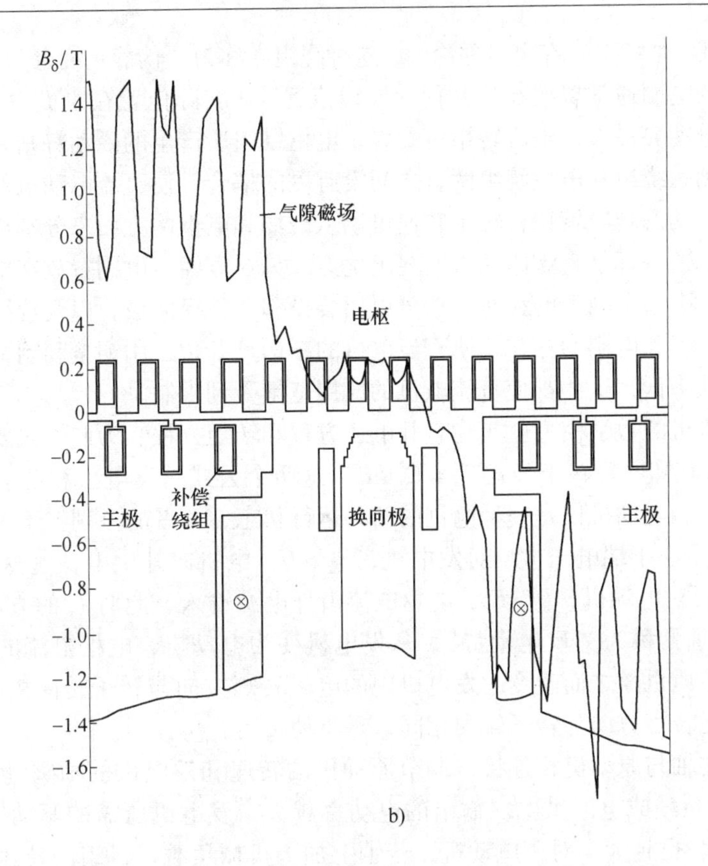

图3-60 装有补偿绕组的大型直流电机在额定负载时的磁场分布（续）

b）气隙磁场分布

在大容量和负载繁重的直流电机中，常常在主极极靴上专门冲出一些均匀分布的槽，槽内嵌放一套**补偿绕组**，如图3-59所示。补偿绕组与电枢串联，其磁动势方向与交轴电枢磁动势相反，以减少或消除由交轴电枢反应所引起的气隙磁场畸变，达到消除电位差火花和环火的目的。

图3-60表示一台装有补偿绕组的大型直流电机，在额定负载下的磁场分布。从图3-60b可见，由于装设了补偿绕组，交轴电枢反应所造成的气隙磁场畸变将基本消除；由于装设了换向极，换向区内的磁场可使换向元件内产生一个能与电感电动势 e_r 相抵消的 e_c，以改善电机的换向。

小　结

直流电机的主磁极在定子内按N、S交替排列，电枢元件旋转并“切割”气隙磁场后，元件内将感应交流电动势；但是支路和电刷上的电动势却是直流电动势，因为电枢是旋转的，组成支路的串联元件在任何瞬间都处于同一极性（N或S）的主磁极下，这是直流电枢绕组的一个特点。在直流发电机中，旋转的换向器和静止的电刷两者构成一个机械的整流装置；在直流电动机中，换向器和电刷构成一个机械的逆变装置。装有换向器和电刷后，虽然电枢绕组在旋转，但是电枢电流所形成的电枢磁动势却在空间静止不动，其幅值恒与电刷轴线重合，这是直流电枢绕组的另一个特点（在电机理论中，这种绕组亦称为“伪静止绕组”）。

直流电机的电刷通常置放在“几何中性线位置”（实际位置在主极中心线下），此时电枢绕组的合成电动势最大，电磁转矩也最大；电枢绕组所产生的磁动势则是交轴磁动势。不计磁饱和时，励磁绕组和电枢绕组两者之间没有磁的耦合，使直流电动机的电磁转矩控制变得简单、方便，动态响应较快；转子转速可以从磁场和电枢两方面来分别进行控制，使调速范围变得宽广。这些都是直流电动机的突出优点。另一方面，电刷置放在中性线上，负载时会使换向变坏，引起电刷下的火花，这可以用装设和调整换向极，以及选择合适的电刷等办法来解决。换向器和电刷的存在，使直流电机的结构复杂化，用铜量和制造成本提高，维护复杂化、可靠性降低，这些都使直流电机的应用范围受到限制。

建立直流电机的数学模型就是建立其电压方程和转矩方程。为此，先要导出电枢的电动势公式 $E_a = C_e n\Phi$ 和电磁转矩公式 $T_e = C_T\Phi I_a$，这两个公式对发电机和电动机都适用。就原理而言，发电机和电动机仅是一种电机的两种运行状态，两者的差别在于，电枢的感应电动势 E_a 是大于还是小于端电压 U。对发电机，$E_a > U$，电机向外供电，电枢电流 I_a 与电动势 E_a 为同一方向；对电动机，$U > E_a$，电枢电流由外电源输入，此时 I_a 的方向与 E_a 相反，故电动机中的 E_a 通常称为“反电动势”。从发电机变为电动机，电枢电流的方向改变，电磁转矩的方向和性质也随之而改变。发电机中的电磁转矩方向与转子转向相反，是制动转矩；电动机中的电磁转矩方向与转子转向相同，是驱动转矩。

发电机的转轴与原动机相连接，调节原动机的转速和发电机的励磁电流，即可使 $E_a > U$，使发电机向负载或电网供电。输出的电功率越大，发电机所需的驱动转矩 T_1 和需要输入的机械功率 P_1 也越大。对于电动机，若轴上加上机械负载，机组的转速将下降，使电枢的电动势 E_a 下降，从而使电枢电流 I_a 和电磁转矩 T_e 增大，直到电磁转矩与负载转矩相平衡。这里，建立电磁功率 P_e 的概念是很重要的，因为它是机械能和电能之间的转换功率。通过电磁功率，就可以把电动势 E_a 和电枢电流 I_a 这两个电量，与电磁转矩 T_e 和机械角速度 Ω 这两个量联系起来，使机、电之间的计算得以通达和简化。

评价发电机运行性能的主要指标是，负载变化时端电压的电压调整率，以及负载时发电机的效率以及所需的励磁电流值，所以外特性、调整特性和效率特性是发电机的主要运行特性。当电刷置放在几何中性线上时，由于交轴电枢反应仅产生微弱的去磁性电枢反应，加上电枢的电阻压降通常很小，所以他励和积复励发电机的电压调整率都很小。并励发电机的电压调整率稍大，但是它无需由其他电源来励磁；另外它有自励问题，并且自励、建压需要满足三个条件。

评价电动机工作性能的主要指标是，负载变化时电动机的转速调整率、电磁转矩的变化规律以及效率，所以机械特性和效率特性是电动机的主要特性。机械特性与电动机的励磁方式密切相关，并励、复励和他励电动机的机械特性属于硬特性，串励电动机则是软特性。除工作特性外，电动机的调速和起动性能也很重要。

习　题

3-1　直流电机有哪些励磁方式？

3-2　计算下列电枢绕组的节距，并绘出绕组的展开图和电路图：（1）单叠短距绕组：$2p=4, Q_u=$

$S=K=22$；（2）单波绕组：$2p=6$，$Q_u=S=K=22$。

3-3　在换向器上电刷正常应当置放在什么位置？为什么？

3-4　如果一台p对极的单叠绕组其电枢电阻为R，问用同等数目的同样元件接成单波绕组时，电枢电阻应为多少？[答案：$R_{波}=p^2R$]

3-5　一台四极直流发电机，电枢为单叠绕组，原为四组电刷，现取去相邻两组电刷，问电机的端电压及允许通过的电枢电流会发生什么变化？

3-6　在直流发电机中，电刷顺电枢旋转方向移动一个角度，电枢反应的性质是怎样的？若电刷逆电枢旋转方向移动一个角度，电枢反应的性质又是怎样的？如果是电动机，在这两种情况下，电枢反应的性质将是怎样？

3-7　直流电机电枢元件内的电动势和电流是交流还是直流？为什么在稳态电压方程中不出现元件的电感电动势？

3-8　直流电机的电磁功率等于什么？

3-9　一台四极82kW、230V、970r/min的他励直流发电机，电枢上共有123个元件，每元件为一匝，支路数$2a_=\ =2$。如果负载时每极的合成磁通量，恰好等于空载额定转速下产生额定电压时每极的磁通量，试计算当电机输出额定电流时的电磁转矩。[答案：$T_e=807.2\text{N}\cdot\text{m}$]

3-10　同一台既有并励、又有串励绕组的直流发电机，在恒速条件下，将它作为他励、并励、积复励时，比较额定电压调整率的大小。

3-11　把一台他励发电机的转速提高20%，空载电压会提高多少（设励磁电流保持不变）？若为并励发电机，则电压升高的百分值比他励发电机多还是少（设励磁电阻不变）？

3-12　一台他励直流发电机的额定电压为230V，额定电流为10A，额定转速为1000r/min，电枢电阻$R=1.3\Omega$，电刷压降$2\Delta U_s=2\text{V}$，励磁绕组电阻$R_f=88\Omega$，已知在750r/min时的空载特性如下表所示：

I_f/A	0.4	1.0	1.6	2.0	2.5	3.0	3.6	4.4	5.2
E_0/V	33	78	120	150	176	194	206	225	240

试求：（1）额定转速、励磁电流为2.5A时，空载电压为多少？（2）若励磁电流不变，转速降为900 r/min，空载电压为多少？（3）满载时电磁功率为多少？[答案：（1）$U_0=234.67\text{V}$；（2）$U_0=211.2\text{V}$；（3）$P_e=2.45\text{kW}$。]

3-13　一台四极82kW、230V、970r/min的并励发电机，电枢电阻$R_{(75°)}=0.0259\Omega$，励磁绕组总电阻$R_{f(75°)}=22.8\Omega$，电刷压降为2V，额定负载时并励回路中串入3.5Ω的调节电阻，铁耗和机械损耗共2.5kW，杂散损耗为额定功率的0.5%，试求额定负载时发电机的输入功率、电磁功率和效率。[答案：$P_1=91.11\text{kW}$，$P_e=88.20\text{kW}$，$\eta=90\%$]

3-14　一台100kW、230V的并励发电机，励磁绕组每极有1000匝，在额定转速下产生空载额定电压需励磁电流7A，负载为额定电流时励磁电流需9.4A才能达到同样的端电压，今欲将该机改为平复励，问每极应加多少匝串励绕组？[答案：6匝]

3-15　一台并励直流电动机在正转时为某一转速，如将它停车，仅改变励磁电流的方向再重新起动运转，发现反转时的转速与原来不同，问是什么原因？

3-16　一台17kW、220V的并励直流电动机，电枢电阻$R=0.1\Omega$，电刷压降为2V，在额定电压下电枢电流为100A，转速为1450r/min，并励绕组与一变阻器串联使励磁电流为4.3A。当变阻器短路时，励磁电流为9A，转速降低到850r/min，电动机带有恒转矩负载，机械损耗和铁耗忽略不计，试计算：（1）励磁绕组的电阻和变阻器的电阻；（2）变阻器短路后，电枢电流的稳态值和电磁转矩值。[答案：（1）$R_f=24.44\Omega$，$R_{f\Omega}=26.72\Omega$；（2）$I_{a2}=57.44\text{A}$，$T_e=137\ \text{N}\cdot\text{m}$]

3－17　一台 96kW 的并励直流电动机，额定电压为 440V，额定电流为 255A，额定励磁电流为 5A，额定转速为 500r/min，电枢电阻为 0.07Ω，电刷压降 $2\Delta U_s = 2V$，不计电枢反应，试求（1）电动机的额定输出转矩；（2）额定电流时的电磁转矩；（3）电动机的空载转速。[答案：（1）$T_2 = 1833N \cdot m$；（2）$T_e = 2008N \cdot m$；（3）$n_0 = 523.2r/min$]

3－18　一台 17kW、220V 的串励直流电动机，串励绕组电阻为 0.12Ω，电枢总电阻 R_a 为 0.2Ω，在额定电压下运行时，电枢电流为 65A，转速为 670r/min。试确定因负载增大而使电枢电流增大为 75A 时，电动机的转速和电磁转矩（磁路设为线性）。[答案：$n_2 = 571.3r/min$，$T_e = 245.7N \cdot m$]

3－19　一台他励直流发电机，如果改变它的转向，问换向极的极性是否改变？此时换向极是否仍能改善换向？

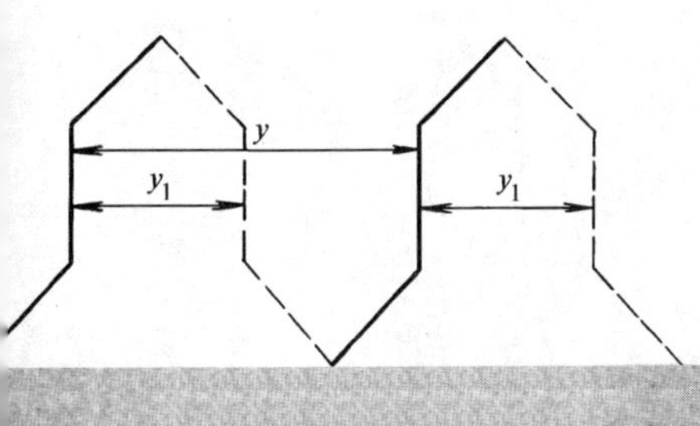

第4章 交流电机理论的共同问题

交流电机主要有两大类，即同步电机和感应电机。这两类电机的转子结构、工作原理、励磁方式和性能虽有所不同，但是定子中所发生的电磁过程以及机电能量转换的机理和条件却是相同的，可以采用统一的观点来研究。

本章将依次研究交流绕组的构成和三相整数槽绕组的连接规律，正弦磁场下交流绕组的感应电动势，感应电动势中的高次谐波，通有正弦电流时单相绕组和对称三相绕组的磁动势，磁动势中的高次空间谐波，以及交流电机的电磁转矩。这些问题统称为交流电机理论的共同问题。

4.1　交流绕组的构成原则和分类

绕组是电机的主要部件，要分析交流电机的原理和运行问题，必须先对交流绕组的构成和连接规律有一个基本的了解。交流绕组的形式虽然各不相同，但它们的构成原则却基本相同，这些原则是：

（1）合成电动势和合成磁动势的波形要接近于正弦形，幅值要大。

（2）对三相绕组，各相的电动势和磁动势要对称，电阻、电抗要平衡。

（3）绕组的铜耗要小，用铜量要省。

（4）绝缘要可靠，机械强度、散热条件要好，制造要方便。

交流绕组可按相数、绕组层数、每极下每相槽数和绕法来分类。从相数上看，交流绕组可分为单相和多相绕组；根据槽内层数，可分为单层和双层绕组；按每极下每相槽数，可分为整数槽和分数槽绕组；按绕法，双层绕组可分为叠绕组和波绕组；单层绕组可分为同心式绕组、链式绕组和交叉式绕组。现代动力用交流电机的定子绕组大多为三相绕组。本章将着重说明三相整数槽绕组，三相分数槽绕组将在附录C中介绍。

4.2　三相双层绕组

现代10kW以上的三相交流电机，其定子绕组一般均采用双层绕组。双层绕组的每个槽内有上、下两个线圈边。线圈的一条边放在某一槽的上层，另一条边则放在相隔 y_1 槽（y_1 为线圈节距）的下层，如图4－1所示。整个绕组的线圈数恰好等于槽数。

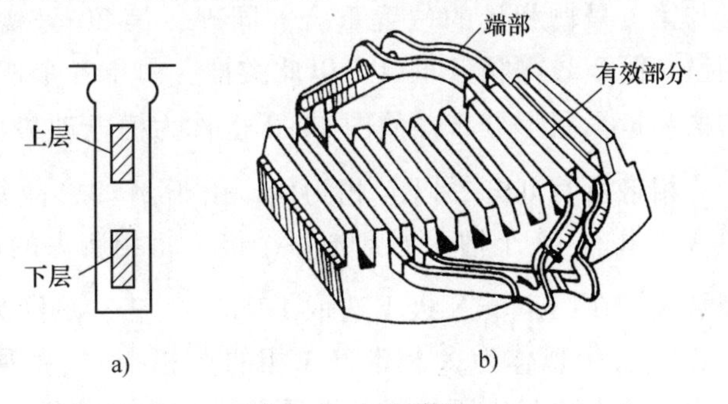

图4－1　双层绕组

a）双层绕组在槽内的布置　b）有效部分和端部

双层绕组的主要优点为：

（1）可以选择最有利的节距，并同时采用分布绕组，来改善电动势和磁动势的波形。

（2）所有线圈具有同样的尺寸，便于制造。

（3）端部形状排列整齐，有利于散热和增加机械强度。

1. 槽电动势星形图和相带划分

交流绕组内的感应电动势通常为正弦交流电动势，故可用相量来表示和运算。现用一台三相、四极、36槽的定子来说明槽内导体的感应电动势，以及属于各相的导体（槽号）是如何分配的。总的原则是：每相绕组的合成电动势应为最大，三相绕组应为对称。

槽电动势星形图　若槽数为 Q，极数为 $2p$，相数为 m，则定子的每极每相槽数 q 应为

$$q = \frac{Q}{2pm} \tag{4-1}$$

对于本例，$Q=36$，$2p=4$，$m=3$，故每极每相槽数 $q=\frac{36}{4\times 3}=3$。由于每一对极相当于 360°电角度，若电机为 $2p$ 极，相当于 $p\times 360°$ 电角度，而定子共有 Q 个槽，故相邻两槽间的电角度 α 应为

$$\alpha = \frac{p\times 360°}{Q} \tag{4-2}$$

对于本例，$\alpha=\frac{2\times 360°}{36}=20°$，此 α 角也是相邻两槽中导体感应电动势的相位差。

图 4-2 所示为 36 个槽内导体感应电动势的相量图。由于 $\alpha=20°$，故图中第 2 号槽内导体的电动势相量（简称 2 号槽的槽相量）应滞后于 1 号槽内导体的电动势相量（简称 1 号槽的槽相量）20°，3 号槽的槽相量又滞后于 2 号槽 20°，以此类推，一直到第 18 号槽，经过了一对极，在相量图上恰好转过一圈。从第 19 号槽开始到第 36 号槽，这 18 个槽位于第二对极下，在电动势相量图中，这 18 个相量属于第二圈。由于第 19 号槽的电角度是 $18\times 20°=360°$，故在相量图中，第 19 号槽相量与第 1 号槽相量的位置重合。同理，第 20 号槽相量与第 2 号槽相量重合，以此类推。由于各个槽的槽相量呈星形分布，故图 4-2 也称为槽电动势星形图，简称槽星形图。

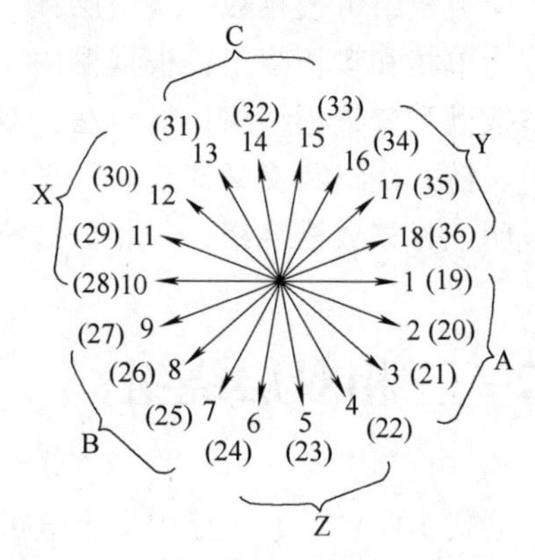

图 4-2　三相双层绕组的槽电动势星形图（$Q=36$，$2p=4$）

相带及其划分　以 A 相为例，由于 $q=3$，故每个极下 A 相应有三个槽，整个定子中 A 相共有 12 个槽。通常把每个极下每相所占的区域称为相带。为使每相的合成电动势最大，在第一个 N 极下选取 1、2、3 三个槽作为 A 相带；在第一个 S 极下选取 10、11、12 三个槽作为 X 相带（A 相的负相带）。把属于同一相带内的 1、2、3 这三个槽中的线圈串联起来所组成的线圈组，称为极相组。1、2、3 三个槽为相邻槽，槽相量间的夹角最小，故串联以后极相组的合成电动势为最大。10、11、12 三个槽分别与 1、2、3 三个槽相隔 180°电角度，这三个槽中的线圈将组成另一个极相组。再在第二对极下选取 19、20、21 三个槽作为 A 相带，28、29、30 三个槽作为 X 相带，如表 4-1 所示。最后，根据给定的支路数，把这四个极相组按照一定的规律连接起来，即可得到 A 相绕组。

同理，在距离 A 相 120°电角度（相隔 6 个槽）处选取 7、8、9 槽和 16、17、18 槽，作为第一对极下的 B 相带和 Y 相带（即 B 相的负相带），25、26、27 槽和 34、35、36 槽，作为第二对极下的 B 相带和 Y 相带，即可组成 B 相绕组。再在距离 A 相

240°电角度处选取13、14、15槽和31、32、33槽，以及4、5、6槽和22、23、24槽分别作为C相带和Z相带（即C相的负相带），即可组成C相绕组。由此可以得到一个对称的三相绕组。这个绕组的每个相带各占60°电角度，故称为60°相带绕组。通常的三相绕组都是60°相带绕组。

表4-1　各个相带的槽号分配（60°相带绕组）

极对 ＼ 槽号 ＼ 相带	A	Z	B	X	C	Y
第一对极下（1槽~18槽）	1，2，3	4，5，6	7，8，9	10，11，12	13，14，15	16，17，18
第二对极下（19槽~36槽）	19，20，21	22，23，24	25，26，27	28，29，30	31，32，33	34，35，36

槽号确定后，根据绕组的节距，就可以嵌线和连接。

根据线圈的形状和连接规律，双层绕组可分为叠绕组和波绕组两类。图4-3表示这两类绕组的线圈示意图。

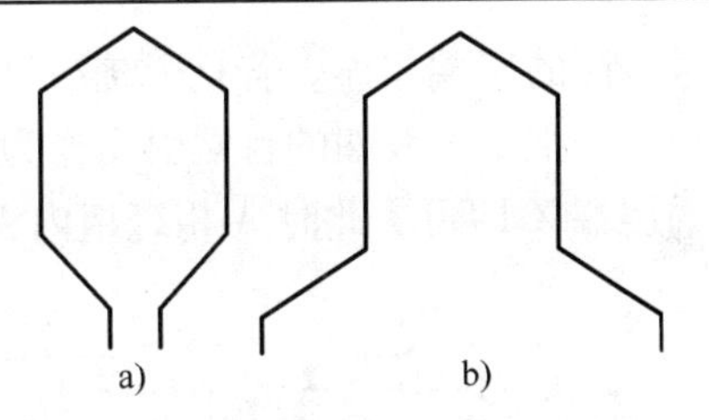

图4-3　叠绕和波绕线圈示意图
a）叠绕线圈　b）波绕线圈

2. 叠绕组

绕组嵌线时，相邻的两个串联线圈中，后一个线圈紧“叠”在前一个线圈上，这种绕组就称为叠绕组。叠绕时每连接一个线圈，就前进一个槽，所以叠绕组的合成节距 y 总等于 1。

图4-4是三相四极36槽的双层叠绕组的展开图，图中各相的槽号分配如表4-1所示，线圈节距 $y_1=8$。为清楚起见，图中只画出A相绕组。

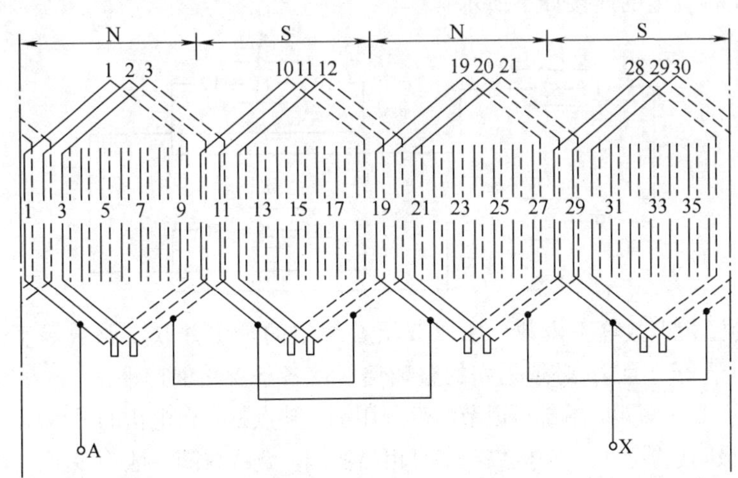

图4-4　三相双层叠绕组中A相绕组的展开图（$Q=36$，$2p=4$）

从图4-4可见，由于线圈的节距 $y_1=8$，所以1号线圈的一条线圈边嵌放在1号槽的上层时，另一条线圈边应在9号槽的下层。同理，2号线圈的一条线圈边嵌放在2号槽的上层，另一条线圈边则在10号槽的下层，以此类推。在图4-4中，上层线圈边用实线表示，下层线圈边用虚线表示，每个线圈都由一根实线和一根虚线组成，线圈顶部的号码表示线圈号。

从图 4 - 4 还可以看出，线圈 1、2、3 串联起来，19、20、21 串联起来，分别组成两个对应于 A 相带（N 极下）的极相组；线圈 10、11、12 串联起来，28、29、30 串联起来，分别组成两个对应于 X 相带（S 极下）的极相组。把这四个极相组按要求接成串联或并联，就可以构成 A 相绕组。B、C 两相绕组可用同样办法构成。

在叠绕组中，每一个极相组内部的线圈是依次串联的，不同磁极下的各个极相组之间视具体需要既可接成串联，也可接成并联。由于极相组 A 的电动势方向与极相组 X 的电动势方向相反，电流方向也相反，为避免电动势互相抵消或者电流所形成的磁场互相抵消，串联时应把极相组 A 和极相组 X 反向串联，即首 - 首相连把尾端引出，或尾 - 尾相连把首端引出。例如在图 4 - 4 中，3 号线圈的尾端应与 12 号线圈的尾端相连，21 号线圈的尾端应与 30 号线圈的尾端相连。若整个绕组仅有一条支路，只要把 10 号线圈的首端和 19 号线圈的首端相连，把 1 号线圈的首端引出作为 A 相绕组的首端 A，28 号线圈的首端引出作为 A 相绕组的尾端 X 即可。此时 A 相绕组内 4 个极相组的连接如下所示：

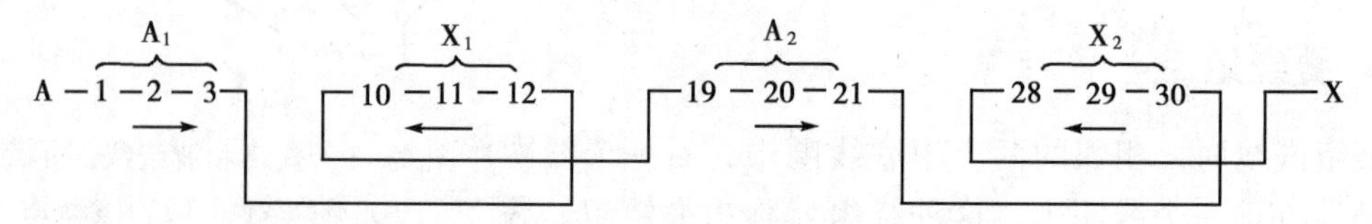

如果希望获得两条并联支路，则只需把 A_1、X_1 组作为一条支路，A_2、X_2 组作为另一条支路，然后把这两条支路的首端与首端（即 1 号线圈与 19 号线圈的首端）相连，作为 A 相绕组的首端 A，尾端与尾端（即 10 号线圈与 28 号线圈的首端）相连，作为 A 相绕组的尾端 X 即可。此时 A 相绕组的连接如下所示：

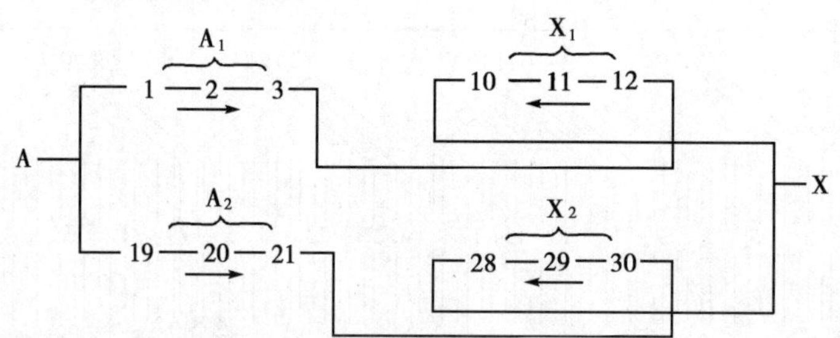

由于每相的极相组数等于极数，所以双层叠绕组的最多并联支路数等于 $2p$。实际并联支路数 a 通常小于 $2p$，且 $2p$ 必须是 a 的整数倍，使各条支路保持平衡。

叠绕组的优点是，短距时端部可以节约部分用铜。缺点是一台电机的最后几个线圈的嵌线较为困难；另外，极间连线较长，在极数较多时相当费铜。叠绕线圈一般为多匝，主要用于一般电压、额定电流不太大的中、小型同步电机和感应电机，以及两极汽轮发电机的定子绕组中。

3. 波绕组

对于多极、支路导线截面较大的交流电机，为节约极间连线用铜，常常采用波绕组。

波绕组的特点是，两个相连接的单匝线圈成波浪形前进，如图4-5所示。和叠绕组相比较，两者的相带划分和槽号分配完全相同，但是线圈之间的连接顺序和端部形状不同。波绕组的连接规律是，把所有同一极性（例如N_1、N_2、…）下属于同一相的线圈按波浪形依次串联起来，组成一组；再把所有另一极性（S_1、S_2、…）下属于同一相的线圈按波浪形依次串联起来，组成另一组；最后把这两大组线圈根据需要接成串联或并联，构成一相绕组。

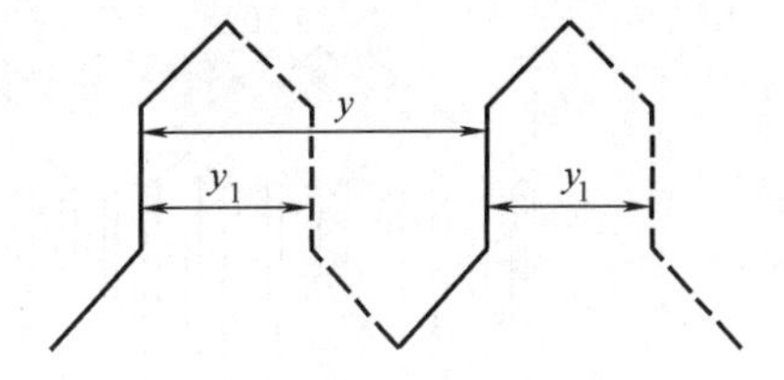

图4-5　波绕线圈的节距

相串联的两个线圈，其对应线圈边（例如上层线圈边与上层线圈边）之间的距离称为合成节距，用y表示（见图4-5）。合成节距表示每连接一个线圈时，绕组在定子（或转子）表面前进了多少个槽距。由于波绕组是依次把所有N_1、N_2、…极下（或S_1、S_2、…极下）的线圈连接起来，对于每极每相为整数槽的情况，每连接一个线圈就前进一对极的距离，故用槽数表示时，合成节距y应为

$$y = \frac{Q}{p} = 2mq \tag{4-3}$$

这样，在连续连接p个线圈、前进了p对极以后，绕组将回到出发槽号而形成闭路；为使绕组能够连续地绕接下去，每绕行一周，就需要人为地后退或前移一个槽。这样连续地绕接q周，就可以把所有N极下属于A相的线圈（共$p \times q$个）连成一组（A_1A_2组）。同理，把所有S极下属于A相的线圈连成一组（X_1X_2组）。最后，用组间连接线把A_1A_2和X_1X_2两组线圈串联（或并联）起来，即可得到支路数$a=1$（或2）时的整个A相绕组。

例如，把前述三相四极36槽、$y_1=8$的绕组连接成波绕组时，绕组的合成节距为$y=\frac{Q}{p}=18$。若A相绕组从3号线圈起始，则3号线圈的一条线圈边应嵌放在3号槽的上层（用实线表示），另一线圈边应嵌放在11号槽的下层（用虚线表示），使$y_1=8$。然后，根据合成节距$y=18$，3号线圈应与21号线圈相连，21号线圈的一条线圈边嵌放在21号槽的上层，另一条线圈边嵌放在29号槽的下层。这样连续地连接两个线圈以后，恰好在定子内圆绕行一周。为避免绕组闭合，人为地后退一个槽，然后从2号线圈出发，根据$y=18$继续绕行下去，直到把N极下属于A相的6个线圈全部连接起来，组成A_1A_2组。同理，把S极下属于A相的6个线圈全部连接起来，组成X_1X_2组。最后把A_2和X_2相连，把A_1和X_1引出，可得支路数$a=1$时A相线圈的连接图如下：

N_1, N_2 极下　　　　S_1, S_2 极下

A_1—3—21—2—20—1—19—A_2　　X_1—30—12—29—11—28—10—X_2

A　　　　X

图 4 - 6 为与上图相对应的双层波绕组的 A 相展开图。

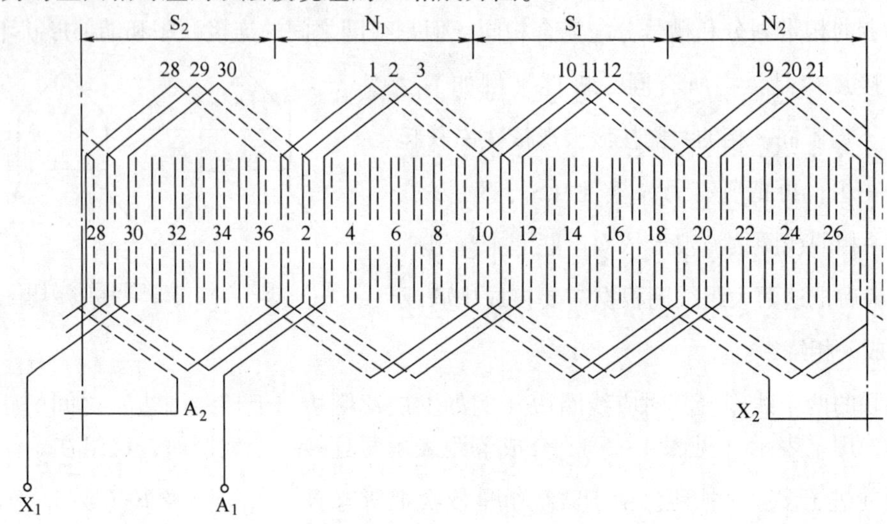

图 4 - 6　三相双层波绕组中 A 相绕组的展开图（$Q=36$，$2p=4$）

由以上分析可知，在整数槽波绕组中，无论极数等于多少，在自然连接的情况下，每相绕组只有两大组，即 A_1A_2 和 X_1X_2 组。若支路数 $a=1$，则每相仅需一根组间连线 A_2X_2。此外，若线圈为单匝，波绕时短距仅起改善电动势、磁动势波形的作用，而不能节约端部用铜，因为波绕组的合成节距为一常值（$y=2\tau$），线圈节距 y_1 变化时，端部长度基本不变。

波绕组在绕线型感应电机的转子和大、中型水轮发电机的定子中，获得广泛的应用。

4.3　三相单层绕组

单层绕组的每个槽内只有一条线圈边，整个绕组的线圈数等于总槽数的 1/2。单层绕组的嵌线比较方便，且没有层间绝缘，故槽的利用率较高；但是它的电动势和磁动势波形要比双层短距绕组差，故一般用在 10kW 以下的小型感应电机中。线圈大多做成多匝、散下的软线圈。

按照线圈的形状和端部的连接方式，单层绕组分为同心式、链式和交叉式，下面分别加以说明。

1. 同心式绕组

同心式绕组由不同节距的同心线圈组成。现用三相二极 24 槽的定子来说明其构成。该绕组的每极每相槽数 q 为

$$q=\frac{Q}{2pm}=\frac{24}{2\times3}=4$$

按最大电动势原则，将整个定子分成六个相带，每个相带内有 4 个槽，由此可得下表：

相带	A	Z	B	X	C	Y
槽号	23，24，1，2	3，4，5，6	7，8，9，10	11，12，13，14	15，16，17，18	19，20，21，22

然后把 1－12 相连，组成一个大线圈，2－11 相连，组成一个小线圈，即可得到一个同心式线圈组，如图 4－7 所示；再把 13－24 相连，14－23 相连，组成另一个同心式线圈组；最后把这两个线圈组反连（即把两线圈组的尾端 11 和 23 相连，从首端 1 和 13 引出），即得 A 相的首端 A 和尾端 X。同理，可以连得 B、C 两相绕组。

图 4－7 为同心式绕组的展开图，为清楚起见，图中仅画出 A 相一相。

同心式绕组主要用于两极的小型感应电机，其优点是：下线方便，端部的重叠层数较少、便于布置，散热也好；缺点是：线圈的大小不等，使绕制不太方便，端部也较长。

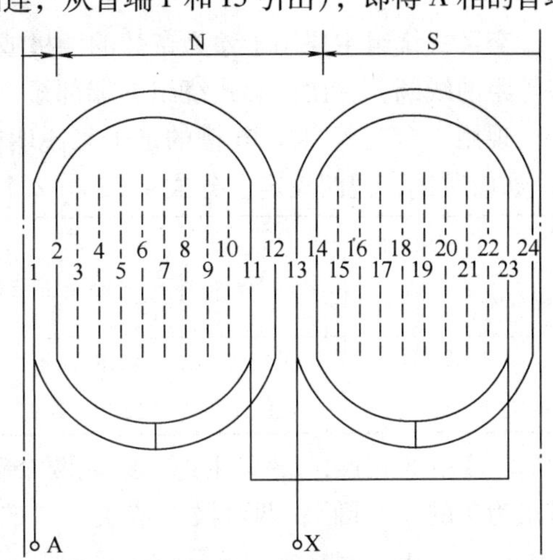

图 4－7　单层同心式绕组中 A 相的展开图

（$2p=2$，$Q=24$）

2. 链式绕组

链式绕组的线圈具有相同的节距。就整个绕组的外形来看，一环套一环，形如长链。用槽数表示时，链式线圈的节距恒为奇数，即线圈的一条边若放在奇数槽内，则另一条边必定在偶数槽内。这种绕组主要用在每极每相槽数 q 为偶数的小型四极、六极感应电动机中，做成散下的软线圈，每个线圈的大小相同，绕制方便。当线圈为短距时，端部用铜较省。

现用一台三相六极 36 槽的定子来说明链式绕组的构成。该定子的每极每相槽数 q 为

$$q=\frac{Q}{2pm}=\frac{36}{6\times 3}=2$$

将整个定子分成 $6\times 3=18$ 个相带，每个相带内有 2 个槽，可得下表：

磁极 ＼ 槽号 ＼ 相带	A	Z	B	X	C	Y
N_1，S_1	36，1	2，3	4，5	6，7	8，9	10，11
N_2，S_2	12，13	14，15	16，17	18，19	20，21	22，23
N_3，S_3	24，25	26，27	28，29	30，31	32，33	34，35

然后把 1－6 相连，7－12 相连，13－18 相连，19－24 相连，25－30 相连，31－36 相连，得到六个线圈组；再用极间连线把这六个线圈组依次反向串联，即可得到 A 相绕组，如图 4－8 所示。同理可以连得 B 相和 C 相绕组。

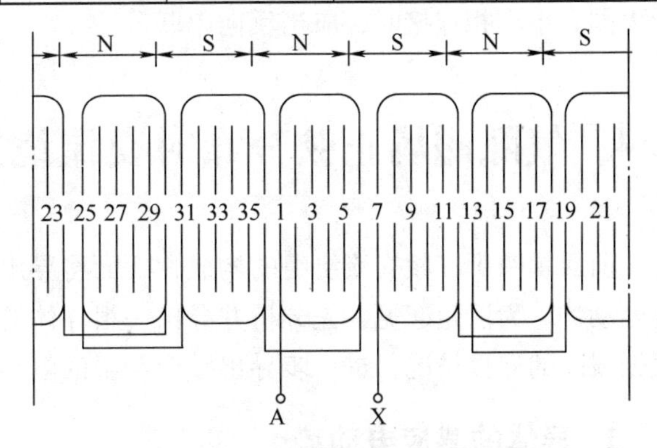

图 4－8　单层链式绕组中 A 相的展开图

（$Q=36$，$2p=6$）

上面是 $q=2$ 的情况，此时属于同一相带的两个线圈其端部分别向两侧连接，且节距相等。若 $q=3$，则一个相带内的槽数无法均分为二，如分成两半时，必定出

现一边多、一边少的情况，此时就形成了交叉式绕组。

3. 交叉式绕组

交叉式绕组主要用于 q 为奇数的四极或六极三相小型感应电动机的定子中。由于采用了不等距的线圈，它比同心式绕组的端部短，且便于布置。

现用一台三相四极 36 槽的定子来说明交叉式绕组的构成。该定子的每极每相槽数 $q=3$。如前所述，把四极定子分成 $4\times3=12$ 个相带，每个相带内 3 个槽，可得下表：

相带 / 槽号 / 磁极	A	Z	B	X	C	Y
N_1,S_1	35,36,1	2,3,4	5,6,7	8,9,10	11,12,13	14,15,16
N_2,S_2	17,18,19	20,21,22	23,24,25	26,27,28	29,30,31	32,33,34

然后把 36 – 8 相连，1 – 9 相连，组成两个节距为 8 的“大圈”；把 10 – 17 相连，组成一个节距为 7 的“小圈”；两对极下依次按“二大一小、二大一小”交叉布置，即得图 4 – 9 所示交叉式绕组。为简明起见，图中仅画出 A 相绕组。

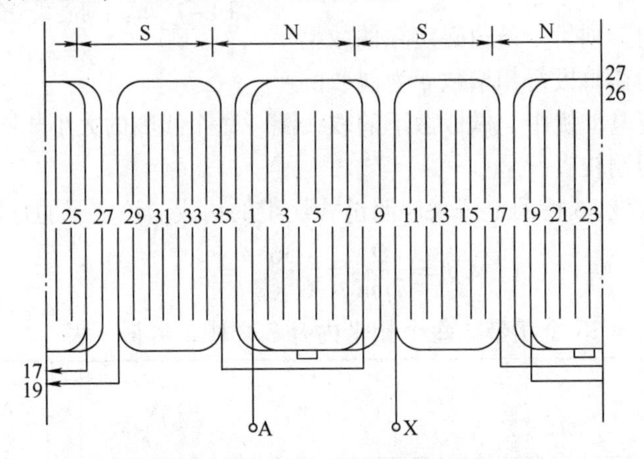

图 4 – 9 单层交叉式绕组中 A 相的展开图（$Q=36$，$2p=4$）

和链式绕组一样，为了保证线圈组的感应电动势为相加，属于同一相的相邻 N、S 极下的大圈和小圈相连接时，应当反向串联。

4.4 气隙磁场正弦分布时交流绕组的感应电动势

前面阐明了三相交流绕组的构成，下面将导出气隙磁场为正弦分布时，交流绕组内的感应电动势。为清楚起见，先分析并导出一根导体的感应电动势，再导出线圈的电动势，然后根据线圈的连接情况，进一步导出整个绕组的电动势。

1. 导体的感应电动势

图 4 – 10 表示一台两极交流同步发电机，转子是由直流励磁所形成的主磁极（简称主

极），定子表面为光滑，表面上放有一根导体。当转子用原动机拖动旋转以后，气隙中即形成一个旋转磁场，定子导体“切割”主极磁场后，将产生感应电动势。

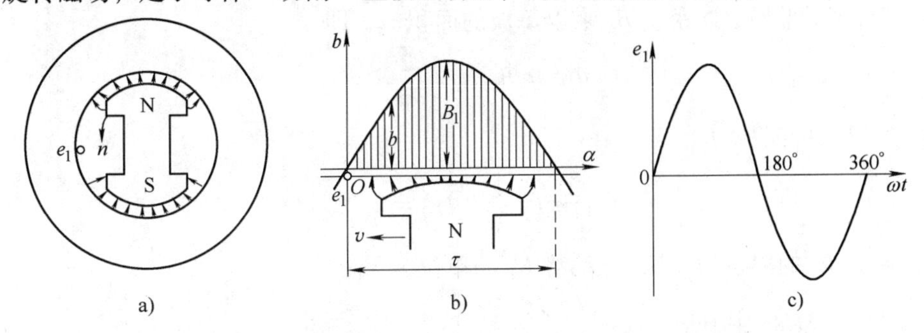

图 4-10 气隙磁场正弦分布时导体内的感应电动势

a）两极交流发电机 b）主极磁场在气隙内的分布 c）导体中感应电动势的波形

电动势的波形 设主极磁场在气隙内正弦分布，如图 4-10b 所示，

$$b = B_1 \sin\alpha \tag{4-4}$$

式中，B_1 为气隙磁场的幅值；α 为距离原点的电角度；坐标取在转子上，原点 O 位于极间位置。为便于分析，把主极视为不动，导体向与主极转向相反的方向旋转（在图 4-10a 中为顺时针方向），则当导体切割 N 极磁场时，根据右手定则，电动势是从纸面穿出的方向，用⊙表示；当导体切割 S 极磁场时，电动势是进入纸面的方向，用⊗表示。由此可见，当连续不断地切割交替排列的 N 极和 S 极磁场时，导体内的感应电动势是一个交流电动势。

设 $t=0$ 时，导体位于极间将要进入 N 极的位置，转子旋转的角频率为 ω（以每秒转过的电弧度计）。当时间为 t 时，导体转过 α 角，$\alpha=\omega t$，导体中的感应电动势 e_1 应为

$$e_1 = blv = B_1 lv \sin\omega t = \sqrt{2}E_1 \sin\omega t \tag{4-5}$$

式中，l 为导体的有效长度；v 为导体“切割”主极磁场的速度；E_1 为导体感应电动势的有效值，$E_1=B_1lv/\sqrt{2}$。由此可见，若气隙磁场为正弦分布，主极为恒速旋转时，定子导体中的感应电动势应是随时间正弦变化的交流电动势，如图 4-10c 所示。

正弦电动势的频率 若电机为两极，极对数 $p=1$，则转子旋转一周时，定子导体中的感应电动势将交变一次。若电机为 p 对极，则转子每旋转一周，定子导体中的感应电动势将交变 p 次。设转子每分钟的转数为 n，则感应电动势的频率（单位为 Hz）应为

$$f = \frac{pn}{60} \tag{4-6}$$

在我国，工业用标准频率规定为 50Hz，故电机的极对数乘以转子转速应为 $pn=60f=3000$，满足这一关系的转速称为同步转速，用 n_s 表示。例如 $2p=2$ 时，同步转速应当等于 3000r/min；$2p=4$ 时，同步转速等于 1500 r/min。

导体电动势的有效值 根据式（4-5），导体电动势的有效值 $E_1=B_1lv/\sqrt{2}$，由于 $v=\pi D_i \times \frac{n}{60}=2\tau f$，其中 D_i 为定子内径，τ 为极距，$\tau=\pi D_i/2p$；把 v 代入 E_1，可得

$$E_1 = \frac{B_1 l}{\sqrt{2}} 2\tau f = \sqrt{2} f B_1 \tau l \tag{4-7}$$

若主磁场在气隙内正弦分布，则一个极下的平均磁通密度 $B_{av}=\frac{2}{\pi}B_1$，一个极下的主磁通量 Φ_1 应当等于平均磁通密度 B_{av} 乘以每极的面积 τl，即

$$\Phi_1 = B_{av}\tau l = \frac{2}{\pi}B_1\tau l \tag{4-8}$$

于是式（4-7）可改写为

$$E_1 = \frac{\sqrt{2}}{2}\pi f\left(\frac{2}{\pi}B_1 l\tau\right) = 2.22 f\Phi_1 \tag{4-9}$$

式中，磁通量 Φ_1 的单位为 Wb，电动势 E_1 的单位为 V。

2. 整距线圈的电动势

由于导体中的电动势随时间正弦变化，故可用相量来表示和运算。

整距线圈的节距 $y_1=\tau$，若线圈为单匝，则一根导体位于 N 极下最大磁密处时，另一根导体将位于 S 极下最大磁密处，如图 4-11a、b 所示。此时两根导体中的电动势，其瞬时值总是大小相等、方向相反。若把导体电动势的正方向都规定为从上到下，如图 4-11b 所示，则用相量表示时，该两电动势相量 $\dot{E}_1'$ 和 $\dot{E}_1''$ 的方向恰好相反，如图 4-11c 中左边的相量图所示。

就一匝而言，匝电动势 $\dot{E}_{c1}$ 应为两根导体的电动势 $\dot{E}_1'$ 和 $\dot{E}_1''$ 之差，即

$$\dot{E}_{c1} = \dot{E}_1' - \dot{E}_1'' = 2\dot{E}_1' \tag{4-10}$$

所以单匝线圈的电动势其有效值 $E_{c1(N_c=1)}$ 应为

$$E_{c1(N_c=1)} = 2E_1' = 4.44f\Phi_1$$

若线圈有 N_c 匝，则线圈电动势的有效值 E_{c1} 为

$$E_{c1} = 4.44 f N_c\Phi_1 \tag{4-11}$$

式（4-11）也可用法拉第电磁感应定律 $e=-N\frac{d\phi}{dt}$ 导出。

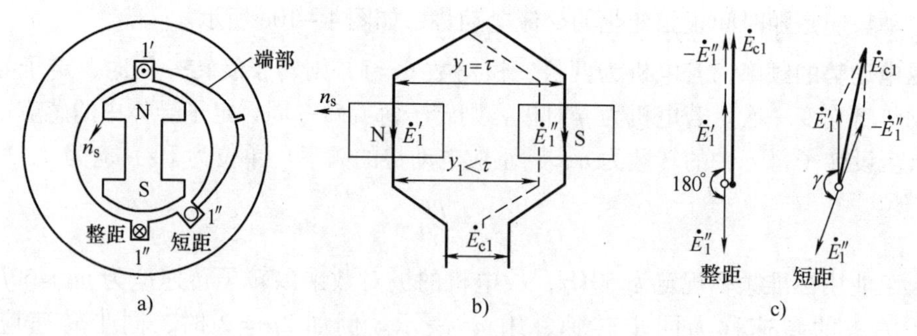

图 4-11 匝电动势

a）整距和短距线圈 b）展开图 c）整距和短距线圈的电动势相量图

3. 短距线圈的电动势，节距因数

短距线圈的节距 $y_1<\tau$，用电角度表示时，节距 $\gamma=\frac{y_1}{\tau}\times180°$，如图 4-11b 所示。如线圈为单匝，两根导体中的电动势 $\dot{E}_1'$ 和 $\dot{E}_1''$ 在时间相位上将相差 γ 角，此时单匝线圈的电动

势应为

$$\dot{E}_{c1} = \dot{E}_1' - \dot{E}_1'' = E_1 \angle 0° - E_1 \angle \gamma \tag{4-12}$$

根据图4-11c所示相量图中的几何关系，可以求出单匝线圈电动势的有效值 $E_{c1(N_c=1)}$ 为

$$E_{c1(N_c=1)} = 2E_1\cos\frac{180° - \gamma}{2} = 2E_1\sin\frac{y_1}{\tau}90° = 4.44fk_{p1}\Phi_1 \tag{4-13}$$

式中，k_{p1} 为线圈的基波节距因数，它表示线圈短距时的感应电动势对比于整距时应打的折扣，即

$$k_{p1} = \frac{E_{c1(y_1<\tau)}}{E_{c1(y_1=\tau)}} = \sin\frac{y_1}{\tau}90° \tag{4-14}$$

由于短距时线圈的电动势为导体电动势的相量和（即几何和），而整距时为代数和，故除整距时 $k_{p1}=1$ 以外，短距时基波的节距因数 k_{p1} 恒小于1。

若线圈为 N_c 匝，则线圈基波电动势的有效值为

$$E_{c1} = 4.44fN_ck_{p1}\Phi_1 \tag{4-15}$$

短距虽然对基波电动势的大小稍有影响，但当主极磁场中含有谐波磁场时，它能有效地抑制线圈中的谐波电动势，故一般的交流绕组大多采用短距绕组。

4. 分布绕组的电动势，分布因数和绕组因数

一个极下属于同一相的 q 个线圈串联起来，就组成一个极相组；由于每个线圈嵌放在不同的槽内，各个线圈的空间位置互不相同，这样就形成了分布绕组。仍以三相四极36槽的双层定子绕组为例，此绕组的 $q=3$，故每个极相组由三个线圈串联组成，每个槽所占的电角度 $\alpha=20°$，三相的相带划分如图4-12a所示。从图可见，A相绕组由嵌放在1、2、3，10、11、12，19、20、21，28、29、30等槽内的四个极相组连接组成，串联时正、负相带的极相组应当反接。此时，整个A相的电动势应为一个极相组的合成电动势 $\dot{E}_{q1}$ 乘以4，如图4-12b所示。下面来看一个极相组的电动势如何计算。

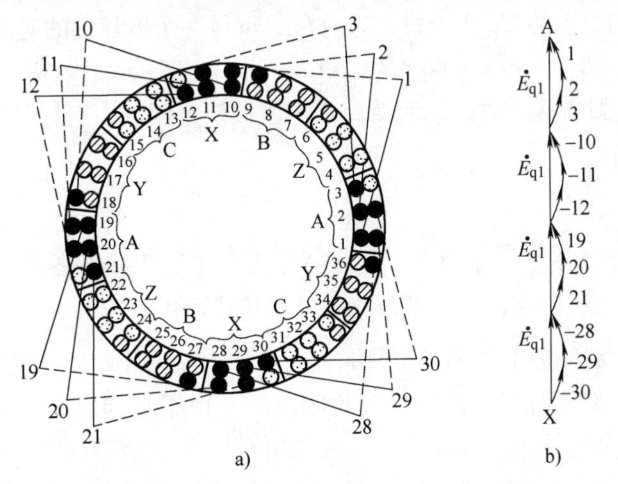

图4-12　三相四极36槽交流定子绕组的电动势（黑色导体为A相）

a）36个槽的相带划分　b）A相合成电动势的相量图

一个极相组由 q 个线圈串联组成，每个线圈的电动势有效值 E_{c1}、E_{c2} 到 E_{cq} 均为相等，但相位依次相差 α 角；极相组的合成电动势 $\dot{E}_{q1}$ 应为这 q 个线圈的电动势相量的相量和。图 4-13表示 $q=3$ 的情况。

画出线圈电动势相量所组成的正多边形的外接圆，并确定圆心 O。从图 4-13 可见，每个线圈的电动势相量 $\dot{E}_{c1}$、$\dot{E}_{c2}$、$\dot{E}_{c3}$ 和圆心 O 所形成的三角形，均为大小相同的等腰三角形，所对的圆心角均为 α；q 个线圈的合成电动势 $\dot{E}_{q1}$ 所对的圆心角为 $q\alpha$，$\triangle AOD$ 也是等腰三角形，故 E_{q1} 应为

$$E_{q1} = 2R\sin\frac{q\alpha}{2} \tag{4-16}$$

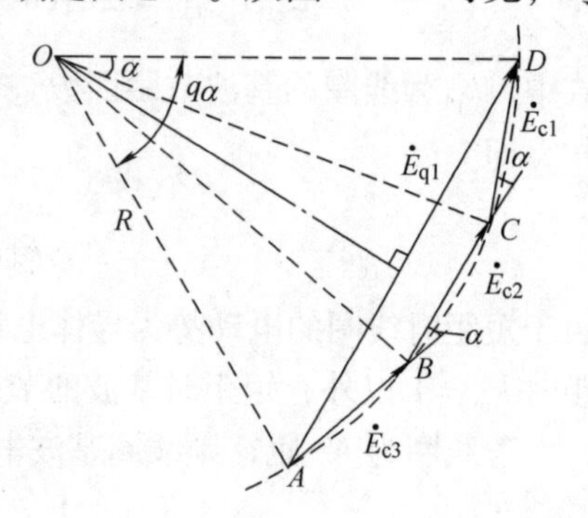

图 4-13 极相组的合成电动势（$q=3$ 时）

式中，R 为外接圆的半径，$R=\dfrac{E_{c1}}{2\sin\dfrac{\alpha}{2}}$。把 R 代入上式，可得

$$E_{q1} = E_{c1}\frac{\sin\dfrac{q\alpha}{2}}{\sin\dfrac{\alpha}{2}} = qE_{c1}\frac{\sin\dfrac{q\alpha}{2}}{q\sin\dfrac{\alpha}{2}} = qE_{c1}k_{d1} \tag{4-17}$$

式中，qE_{c1} 为 q 个线圈电动势的代数和；k_{d1} 称为绕组的基波分布因数，

$$k_{d1} = \frac{E_{q1}}{qE_{c1}} = \frac{\sin\dfrac{q\alpha}{2}}{q\sin\dfrac{\alpha}{2}} \tag{4-18}$$

k_{d1} 的含义为：由于绕组分布在不同的槽内，使得 q 个分布线圈的基波合成电动势 E_{q1} 小于 q 个集中线圈的基波合成电动势 qE_{c1}，由此所引起的折扣。不难看出，$k_{d1}\leqslant 1$。

再把一个线圈的电动势 E_{c1} 代入式（4-17），可得一个极相组的基波电动势 E_{q1} 为

$$E_{q1} = q\times 4.44fN_ck_{p1}\Phi_1k_{d1} = 4.44f(qN_c)k_{w1}\Phi_1 \tag{4-19}$$

式中，qN_c 为 q 个线圈的总匝数；k_{w1} 称为绕组的基波绕组因数，它等于基波节距因数和基波分布因数的乘积，即

$$k_{w1} = k_{p1}k_{d1} \tag{4-20}$$

k_{w1} 是既考虑短距、又考虑绕组分布时，整个绕组的基波合成电动势对比于全距、集中绕组时所须打的总折扣。式（4-19）对叠绕组和波绕组均适用。

对于单层绕组，线圈的节距通常不是一样大小。为简化计算，设想把各个线圈的端部去除而重新加以改接，使得所有线圈都成为整距线圈（由于端部没有感应电动势，故可以这样做）。这样，就计算电动势这点而言，单层绕组可以等效地看成是一个整距的分布绕组。例如，对图 4-7 所示同心式绕组，设想把 1 和 13 相连、2 和 14 相连，11 和 23 相连、12 和 24 相连，则此绕组就可以看成是一个 $q=2$ 的整距分布绕组。同理，对图 4-8 所示链式绕

组，也可以看成是一个 $q=2$ 的整距分布绕组。对图 4 - 9 所示交叉式绕组，则可看成是一个 $q=3$ 的整距分布绕组。此时节距因数 $k_{p1}=1$，而绕组因数就等于分布因数，即 $k_{w1}=k_{d1}$。

5. 相电动势和线电动势

整个电机共有 $2p$ 个极，这些极下属于同一相的极相组，视设计需要既可互相串联、也可互相并联，以组成一定数目的并联支路。设一相绕组的总串联匝数为 N，则一相的基波电动势 $E_{\phi1}$ 应为

$$E_{\phi1} = 4.44 fNk_{w1}\Phi_1 \tag{4-21}$$

对双层绕组，每相共有 $2pqN_c$ 匝，若并联支路数为 a，则每相的总串联匝数 $N=2pqN_c/a$；对单层绕组，$N=pqN_c/a$。式（4 - 21）就是交流绕组的基波相电动势公式，它是分析交流电机时的常用公式之一。

对于对称三相绕组，星形联结时，线电动势应为相电动势的 $\sqrt{3}$ 倍；三角形联结时，线电动势就等于相电动势。

【例 4 - 1】　有一台三相同步发电机，$2p=2$，转速 $n=3000\text{r/min}$，定子槽数 $Q=60$，绕组为双层、星形联结，节距 $y_1=0.8\tau$，每相总串联匝数 $N=20$，主极磁场在气隙中正弦分布，基波磁通量 $\Phi_1=1.504\text{Wb}$。试求主极磁场在定子绕组内感应电动势的下列数据：（1）频率；（2）基波的节距因数、分布因数和绕组因数；（3）基波相电动势和线电动势。

解

（1）电动势的频率

$$f = \frac{pn}{60} = \frac{1\times3000}{60}\text{Hz} = 50\text{Hz}$$

（2）基波的节距因数、分布因数和基波绕组因数

由于 $q=\dfrac{Q}{2pm}=\dfrac{60}{2\times3}=10$，$\alpha=\dfrac{p\times360^\circ}{Q}=\dfrac{360^\circ}{60}=6^\circ$，于是

$$k_{p1} = \sin\frac{y_1}{\tau}90^\circ = \sin0.8\times90^\circ = 0.951$$

$$k_{d1} = \frac{\sin\dfrac{q\alpha}{2}}{q\sin\dfrac{\alpha}{2}} = \frac{\sin\dfrac{10\times6^\circ}{2}}{10\sin\dfrac{6^\circ}{2}} = 0.955$$

$$k_{w1} = k_{p1}k_{d1} = 0.951\times0.955 = 0.908$$

（3）基波相电动势和线电动势

$$E_{\phi1} = 4.44 fNk_{w1}\Phi_1 = 4.44\times50\times20\times0.908\times1.504\text{V} \approx 6063\text{V}$$

$$E_{L1} = \sqrt{3}E_{\phi1} = \sqrt{3}\times6063\text{V} \approx 10500\text{V}$$

4.5　感应电动势中的高次谐波

实际上由于种种原因，同步电机的主极磁场在气隙中不一定是正弦分布，此时绕组的感

应电动势中除基波电动势外，还有一系列高次谐波电动势。

1. 高次谐波电动势

谐波电动势　对于凸极同步电机，若主极外形不是特殊设计，主极磁场在气隙中将是非正弦分布，如图 4-14 所示。由于主极磁场的分布通常与磁极中心线相对称，故气隙磁场中除基波外，仅含有奇次空间谐波，即 $\nu = 1,3,5,\cdots$，ν 为谐波次数（为清楚起见，图 4-14 中仅画出基波和 3 次、5 次谐波）。

主极所产生的空间 ν 次谐波磁场，其极对数 p_ν 为基波的 ν 倍，极距 τ_ν 为基波的 $1/\nu$，且所有的谐波磁场均随主极一起以同步转速 n_s 在空间推移，即

$$p_\nu = \nu p \quad \tau_\nu = \frac{\tau}{\nu} \quad n_\nu = n_s \tag{4-22}$$

这些空间分布的谐波磁场，将在定子绕组中感应出频率为 f_ν 的谐波电动势

$$f_\nu = \frac{p_\nu n_\nu}{60} = \nu \frac{p n_s}{60} = \nu f_1 \tag{4-23}$$

即谐波电动势的频率 f_ν 为基波频率 f_1 的 ν 倍。

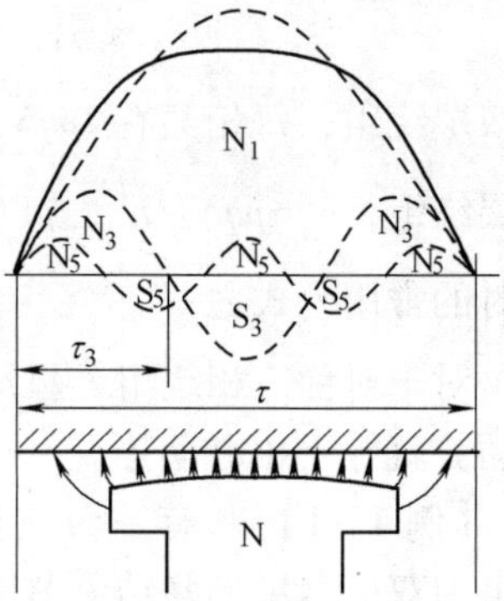

图 4-14　凸极同步电机的主极磁场（实线为实际分布，虚线为基波和 3 次、5 次谐波）

根据与式（4-21）类似的推导，可知谐波电动势的有效值 $E_{\phi\nu}$ 为

$$E_{\phi\nu} = 4.44 f_\nu N k_{w\nu} \Phi_\nu \tag{4-24}$$

式中，Φ_ν 为 ν 次谐波磁场的磁通量，用 ν 次谐波磁场的幅值 B_ν、极距 τ_ν 和电枢的有效长度 l 表示时，

$$\Phi_\nu = \frac{2}{\pi} B_\nu \tau_\nu l \tag{4-25}$$

$k_{w\nu}$ 为 ν 次谐波的绕组因数，它等于 ν 次谐波的节距因数 $k_{p\nu}$ 和分布因数 $k_{d\nu}$ 的乘积，即

$$k_{w\nu} = k_{p\nu} k_{d\nu} \tag{4-26}$$

对于 ν 次空间谐波磁场，相邻的线圈之间相距 $\nu\alpha$ 电角度，它们所感生的电动势在时间上也相差 $\nu\alpha$ 电角度；线圈的两条圈边对基波的距离是 y_1，对 ν 次谐波的距离则是 νy_1。所以只要用 $\nu\alpha$、νy_1 来替代基波分布因数和基波节距因数中的 α 和 y_1，即可得到 ν 次谐波的分布因数 $k_{d\nu}$ 和节距因数 $k_{p\nu}$，即

$$k_{p\nu} = \sin\nu\left(\frac{y_1}{\tau} 90°\right) \qquad k_{d\nu} = \frac{\sin\nu \dfrac{q\alpha}{2}}{q\sin\nu \dfrac{\alpha}{2}} \tag{4-27}$$

齿谐波电动势　在高次谐波中，有一种 $\nu = \dfrac{Q}{p} \pm 1 = 2mq \pm 1$ 次的谐波，这种次数与一对极下的齿数 Q/p 具有特定关系的谐波，称为一阶齿谐波。齿谐波的特点是，就数值而言，齿谐波的绕组因数恰好等于基波的绕组因数，即

$$k_{w\nu(\nu=2mq\pm1)} = \pm k_{w1} \tag{4-28}$$

现代交流电机的定子铁心均开有开口槽或半开口槽。从图 4-15 可以看出，开槽以后，

对应于齿的位置气隙较小，单位面积下的磁导较大；对应于槽的位置气隙较大，单位面积下的磁导较小。因此开槽以后，在原先不开槽时的单位面积气隙磁导波上（图4－15中用虚线表示），要叠加一个与定子齿数相对应的附加周期性齿磁导分量（图4－15中用叠加在虚线上的实线来表示），这将导致气隙磁场的分布发生改变。

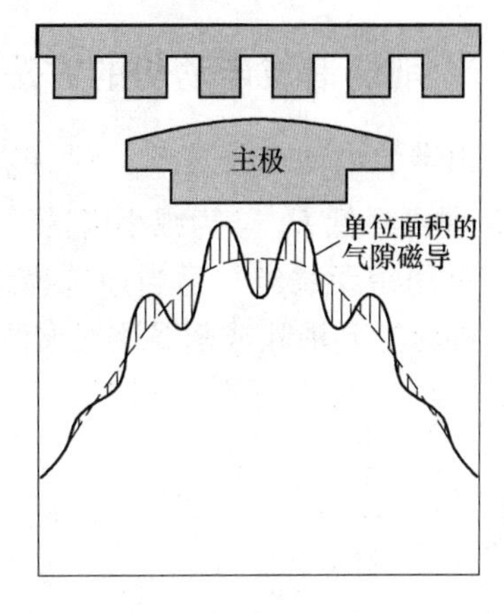

图4－15　定子开槽后单位面积下的气隙磁导

理论推导和实验表明：若主极磁场在定子开槽前为正弦分布，则在开槽以后，定子绕组的感应电动势仍将为正弦形，幅值仅有少量变化；若主极磁场中原先含有一阶齿谐波磁场，则在定子开槽以后，由于周期性齿磁导的“放大”作用，在定子为整数槽绕组和气隙较小的情况下，定子绕组中的齿谐波电动势将比不开槽时增大很多倍，使发电机的电动势波形中出现明显的齿谐波波纹。

相电动势和线电动势　各次谐波电动势的有效值算出后，即可得出相电动势的有效值 E_{ϕ} 为

$$E_{\phi} = \sqrt{E_{\phi1}^2 + E_{\phi3}^2 + E_{\phi5}^2 + \cdots} = E_{\phi1}\sqrt{1 + \left(\frac{E_{\phi3}}{E_{\phi1}}\right)^2 + \left(\frac{E_{\phi5}}{E_{\phi1}}\right)^2 + \cdots} \tag{4-29}$$

三相绕组可以接成三角形或星形联结。由于对称三相系统中，各相电动势的三次谐波在时间上均为同相且幅值相等，当绕组接成星形联结时，线电压等于相电压之差，相减时三次谐波电动势互相抵消，所以线端将不存在三次及其倍数次的谐波电动势，故线电动势的有效值 E_{LY}为

$$E_{LY} = \sqrt{3}\sqrt{E_{\phi1}^2 + E_{\phi5}^2 + E_{\phi7}^2 + \cdots} \tag{4-30}$$

若绕组接成三角形联结，三相的三次谐波电动势之和 $3\dot{E}_{\phi3}$ 将在闭合的三角形回路中形成环流 $\dot{I}_{3\Delta}$，如图4－16所示，

$$\dot{I}_{3\Delta} = \frac{3\dot{E}_{\phi3}}{3Z_3} \quad 或 \quad \dot{E}_{\phi3} = \dot{I}_{3\Delta}Z_3 \tag{4-31}$$

式中，$3Z_3$ 为回路的三次谐波阻抗。由于 $\dot{E}_{\phi3}$完全消耗于环流的阻抗压降 $\dot{I}_{3\Delta}Z_3$，所以线端也不会出现三次谐波电压。但是三次谐波环流所产生的杂散损耗，会使电机的效率下降、温升增高，所以现代的交流发电机一般采用星形而不采用三角形联结。

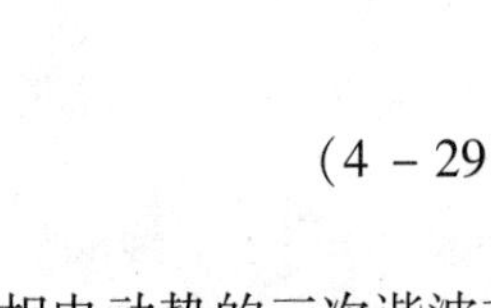

图4－16　绕组为三角形联结时，回路中的三次谐波环流

谐波的弊害　高次谐波电动势的存在，使发电机的电动势波形变坏，从而降低了供电的质量，并使发电机本身的杂散损耗增大、效率下降，温升增高。输电线中的高次谐波电流所产生的电磁场，还会对邻近电信线路的正常通信产生有害的干扰。因此在设计交流发电机时，应当根据有关标准，把感应电动势中的谐波含量限制在一定范围以内。

2. 削弱谐波电动势的方法

由谐波电动势公式 $E_{\phi\nu}=4.44f_\nu Nk_{w\nu}\Phi_\nu$ 可见，通过减小谐波磁通量 Φ_ν 或谐波绕组因数 $k_{w\nu}$，即可降低 $E_{\phi\nu}$。为减小齿谐波电动势，还应采取其他专门措施。具体方法如下。

采用短距绕组 适当地选择线圈的节距，使得某一次谐波的节距因数等于或者接近于零，即可达到消除或削弱该次谐波的目的。例如，要消除 ν 次谐波，只要使

$$k_{p\nu}=\sin\nu\left(\frac{y_1}{\tau}90°\right)=0$$

即使

$$\nu\frac{y_1}{\tau}90°=k\times180° \quad 或 \quad y_1=\frac{2k}{\nu}\tau\ (k=1,2,\cdots) \tag{4-32}$$

从消除谐波的观点来看，式（4－32）中的 k 可选为任意整数；但从尽可能不削弱基波的角度考虑，应当选用接近于整距的短节距，即使 $2k=\nu-1$，此时

$$y_1=\left(1-\frac{1}{\nu}\right)\tau \tag{4-33}$$

式（4－33）说明，为消除第 ν 次谐波，应当选用比整距短$\frac{1}{\nu}\tau$ 的短距线圈。图4－17表示 $y_1=\frac{4}{5}\tau$ 的线圈置放在5次谐波磁场中的情况。由图可见，在 ν 次谐波磁场中，节距比整距缩短$\frac{1}{\nu}\tau$ 的线圈，其左、右两条线圈边总是处在同一极性的相同磁场位置下，因此就整个线圈来看，两条线圈边的 ν 次谐波电动势恒相抵消，这就是短距可以消除谐波电动势的原因。

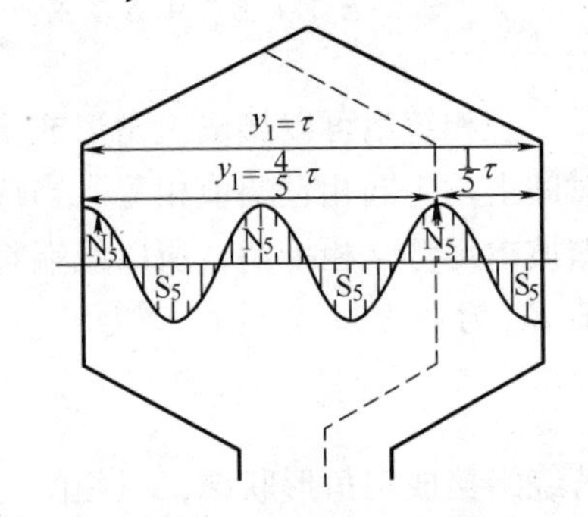

图4－17 用短距的办法来消除5次谐波电动势

由于三相绕组的线电压间不会出现三次谐波，所以选择三相绕组的节距时，主要应当考虑如何减小5次和7次谐波，故$\frac{y_1}{\tau}$可选为5/6（＝0.833）左右。

采用分布绕组 就分布绕组而言，每极每相槽数 q 越多，抑制谐波电动势的效果越好。但是 q 增多，意味着总槽数增多，这将使电机的成本提高。从表4－2可见，$q>6$ 时，高次谐波分布因数的下降已不太显著，因此现代交流电机一般都选用$6\geqslant q\geqslant2$。在多极电机（例如水轮发电机）中，因极数过多而使 q 达不到2时，常采用分数槽绕组来削弱高次谐波，特别是齿谐波。

改善主极磁场分布 在凸极同步发电机中，可设法改变主极的极靴外形，以改善主极磁场的分布，削弱 Φ_ν。为此，通常使极靴宽度 b_p 和极距 τ 的比值为0.7～0.75，极靴边缘处的最大气隙 δ_{max} 与主极中心处的最小气隙 δ_{min} 之比为1.5。在隐极同步发电机中，可通过改善励磁磁动势的分布，使主极磁场在气隙中接近于正弦分布，为此励磁绕组下线部分与极距之比通常选取在0.7～0.8的范围内。

表 4 – 2　三相 60°相带整数槽绕组的分布因数

ν \ q	2	3	4	5	6	∞
1	0.966	0.960	0.958	0.957	0.957	0.955
3	0.707	0.667	0.654	0.646	0.644	0.636
5	0.259	0.217	0.205	0.200	0.197	0.191
7	−0.259	−0.177	0.158	−0.149	−0.145	−0.136
9	−0.707	−0.333	−0.270	−0.247	−0.236	−0.212
11	−0.966	−0.177	−0.126	−0.110	−0.102	−0.087
13	−0.966	0.217	0.126	0.102	0.092	0.075
15	−0.707	0.667	0.270	0.200	0.172	0.127
17	−0.259	0.960	0.158	0.102	0.084	0.056
19	0.259	0.960	−0.205	−0.110	−0.084	−0.050

以上三种办法，主要用来削弱一般的高次谐波。对于齿谐波，由于它的绕组因数等于基波的绕组因数，所以不能采用短距和分布绕组的办法来削弱它，否则基波电动势将同时被大幅度地削弱。此时需要采用以下的专门办法。

采用斜槽　采用斜槽后，由于同一根导体的各个小段在磁场中的位置互不相同（见图 4 – 18），所以与直槽时比较，导体中的感应电动势将有所削弱，因此要引进一个斜槽因数。把斜槽内的导体看作为无限多根短小直导体的串联，每两根相邻的直导体之间有一个微小的相位差 α（$\alpha \to 0$），短直导体数 $s \to \infty$，而 $s\alpha = \beta$，β 为整个导体斜过的电弧度；再利用分布绕组中电动势的合成方法，不难导出基波的斜槽因数 k_{sk1} 为

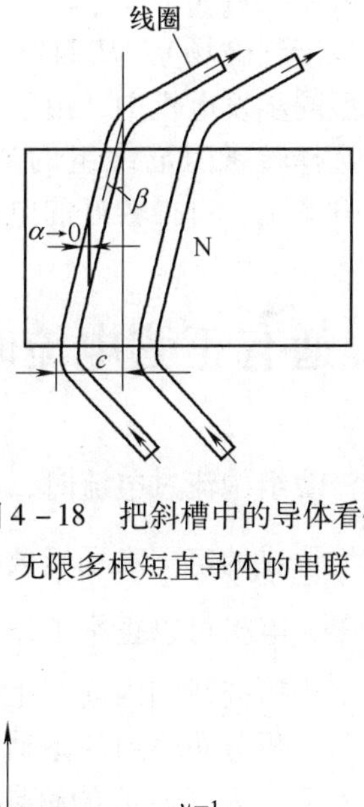

图 4 – 18　把斜槽中的导体看作无限多根短直导体的串联

$$k_{sk1} = \lim_{\substack{\alpha \to 0 \\ s\alpha \to \beta}} \frac{\sin \dfrac{s\alpha}{2}}{s \sin \dfrac{\alpha}{2}} = \frac{\sin \dfrac{\beta}{2}}{\dfrac{\beta}{2}} = \frac{\sin \dfrac{c}{\tau} \dfrac{\pi}{2}}{\dfrac{c}{\tau} \dfrac{\pi}{2}} \tag{4-34}$$

式中，c 为导体斜过的距离，$\beta = \dfrac{c}{\tau}\pi$。对于 ν 次谐波，上式中的 β 应改成 $\nu\beta$，所以 ν 次谐波的斜槽因数 $k_{sk\nu}$ 应为

$$k_{sk\nu} = \frac{\sin \nu \dfrac{\beta}{2}}{\nu \dfrac{\beta}{2}} = \frac{\sin \nu \left(\dfrac{c}{\tau} \dfrac{\pi}{2} \right)}{\nu \left(\dfrac{c}{\tau} \dfrac{\pi}{2} \right)} \tag{4-35}$$

图 4 – 19 表示 $k_{sk\nu}$ 随 β 而变化的曲线。

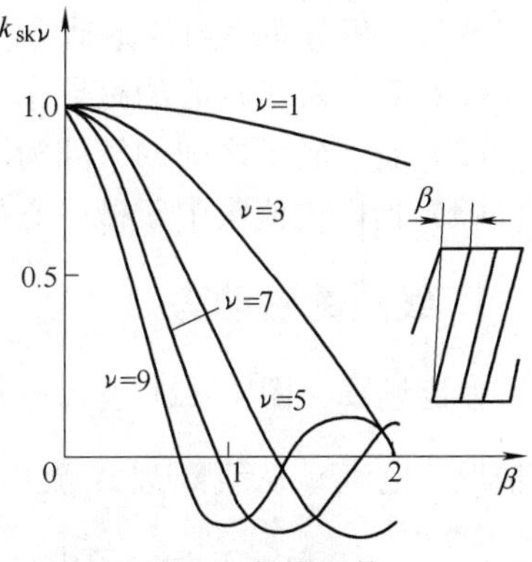

图 4 – 19　斜槽因数 $k_{sk\nu}$

从式（4 – 35）可见，要用斜槽的办法来消除第 ν 次谐波，只要使该次谐波的斜槽因数 $k_{sk\nu} = 0$，即使

$$\nu \frac{c}{\tau} \frac{\pi}{2} = \pi \quad 或 \quad c = \frac{2\tau}{\nu} = 2\tau_{\nu} \tag{4-36}$$

式（4-36）表明，如斜过的距离 c 恰好等于 ν 次空间谐波的波长 $2\tau_{\nu}$，导体内的 ν 次谐波电动势 e_{ν} 将互相抵消，于是 $k_{sk\nu}=0$，这从图4-20中可以清楚地看出。由于齿谐波的次数为 $\nu=2mq\pm1$，故要消除齿谐波电动势，应使 $c=\frac{2\tau}{2mq\pm1}$。通常为使 $\nu=2mq\pm1$ 这两个齿谐波都得到削弱，常使 $c=\frac{2\tau}{2mq}=t_z$，即使斜过的距离恰好等于一个齿距 t_z。

斜槽主要用于中、小型电机。大型电机采用斜槽时，铁心叠压工艺比较复杂，在凸极同步电机中，有时用斜极来削弱齿谐波。

其他措施　在小型电机中常采用半闭口槽，在中型电机中采用磁性槽楔，来减小槽开口以及由此引起的气隙比磁导的变化和齿谐波。在多极低速同步发电机（例如水轮发电机）中，常用分数槽绕组来减小谐波电动势，特别是齿谐波电动势。采用分数槽绕组后，由于 $q=$ 分数，齿谐波次数 $\nu_z=2mq\pm1$ 一般都是分数或偶数，而主极磁场中仅含有奇次谐波磁场（即不存在齿谐波磁场），从而避免了电动势波形中出现齿谐波电动势。在采用整数槽绕组的中、大型同步发电机中，由于 $\nu_z=$ 奇数，故主极磁场中可能含有一定的齿谐波磁场，此时若适当地选择转子阻尼绕组的节距 t_2，也可以起到削弱齿谐波电动势的作用。通常使 $t_2=(0.75\sim0.8)t_z$，可得较好的电动势波形，但同时将在阻尼绕组内产生一些附加损耗。

图4-20　用斜槽来消除 ν 次谐波电动势

4.6　通有正弦电流时单相绕组的磁动势

交流绕组中流过电流时，将产生磁动势和磁场。若交流绕组在定子边，则绕组连接时，应使它所形成的定子磁场极数与转子磁场的极数相等，这样负载运行时电磁转矩的平均值就不等于零，电机可以正常工作。

本节先研究线圈内通有正弦电流 $i_c=\sqrt{2}I_c\cos\omega t$ 时单相绕组的磁动势。先分析线圈的磁动势，然后分析分布绕组的磁动势，最后分析单相绕组的磁动势。为简化分析，假设：

（1）定、转子铁心的磁导率 $\mu_{Fe}=\infty$，即认为铁心内的磁位降可以忽略不计。

（2）定、转子之间的气隙为均匀。

（3）槽内电流集中于槽中心处，槽开口的影响忽略不计。

1. 线圈的磁动势

整距线圈　图4-21表示一台两极电机的定子槽内，嵌有一个 N_c 匝的整距线圈AX时的情况，电流 i_c 从线圈边A流出(用⊙表示)，从X流入(用⊗表示）。由于线圈为整距，$y_1=\tau=\frac{\pi D_i}{2}$，其中 D_i 为定子内径，故若圈边A置于定子内圆左边的某一槽内时，圈边X将置于右边、与A对面处的另一槽内，如图4-21a所示。不难看出，此时载流导体A和X在定子表面的分布是对称的，所以载流线圈所产生的磁场也是对称的，磁场为两极，如图4-21a中虚线所示。若以线圈轴线处作为θ_s的原点，则沿定子内圆，在$-\pi/2 \leqslant \theta_s \leqslant \pi/2$范围内，磁场由定子内圆指向转子，故定子为N极；在$\pi/2 \leqslant \theta_s \leqslant 3\pi/2$范围内，磁场由转子指向定子内圆，故定子为S极。

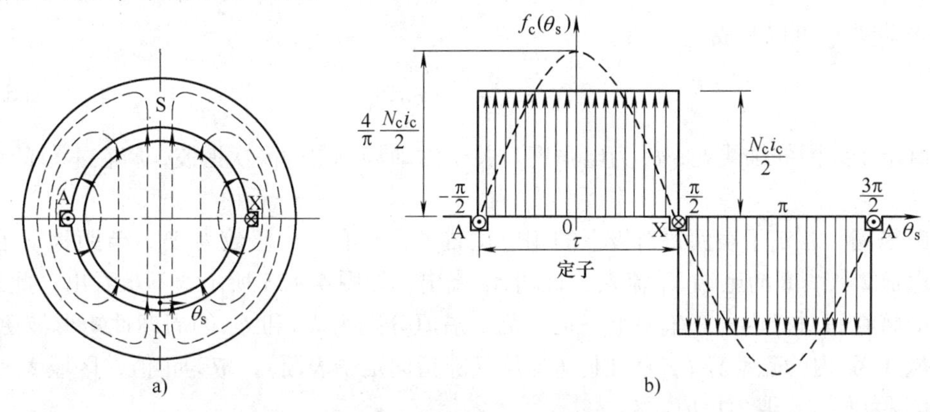

图4-21　一个整距线圈的磁动势（$2p=2$）

a）整距线圈所产生的磁场　b）整距线圈的磁动势沿气隙的分布图

若铁心内的磁位降可以忽略不计，则线圈的磁动势$N_c i_c$将全部作用在两个气隙内。若气隙为均匀，则气隙各处的磁动势值均应等于$N_c i_c/2$；再考虑到磁场的极性时，一个极下的磁动势f_c应为

$$\left.\begin{aligned} f_c &= \frac{N_c i_c}{2} \quad 当 \quad -\frac{\pi}{2} \leqslant \theta_s \leqslant \frac{\pi}{2} \\ f_c &= -\frac{N_c i_c}{2} \quad 当 \quad \frac{\pi}{2} \leqslant \theta_s \leqslant \frac{3\pi}{2} \end{aligned}\right\} \tag{4-37}$$

图4-21b表示把定子和转子展开时，磁动势沿气隙的分布图。从图可见，整距线圈在气隙内形成一个一正一负、矩形分布的磁动势波，矩形的幅值等于$N_c i_c/2$。若槽内电流集中于槽中心处，磁动势波在经过载流线圈边A和X处，将发生$N_c i_c$的跃变。

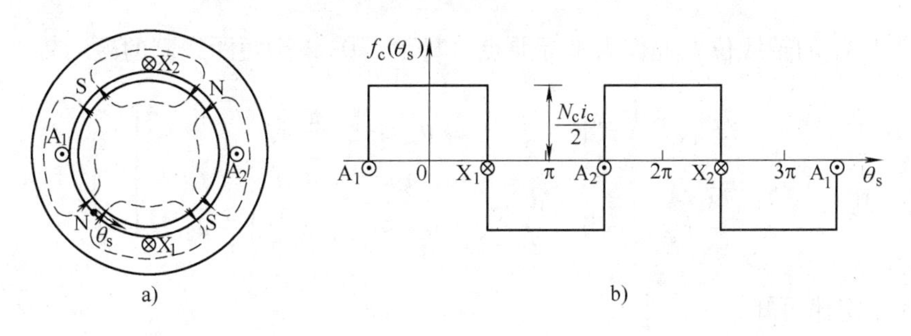

图4-22　两组整距载流线圈形成的四极磁场（$y_1=\tau=\pi D_i/4$）

a）磁场分布　b）磁动势沿气隙的分布图

图4-22表示两组整距线圈（$y_1=\tau=\pi D_i/4$）形成四极磁场的情况，此时磁动势的波

形仍为周期性矩形波，幅值为 $N_c i_c/2$。可以看出，四极情况是两极情况的重复，所以只要把两极情况分析清楚，即可推广到四极和其他多极的情况。

把整距线圈所产生的周期性矩形磁动势波，分解为基波和一系列奇次的高次空间谐波，可知基波的幅值应为矩形波幅值的$\frac{4}{\pi}$。仍以线圈轴线处作为坐标原点，如图 4－21b 所示，则基波磁动势 f_{c1} 可以写成

$$f_{c1} = \frac{4}{\pi}\frac{N_c i_c}{2}\cos\theta_s \tag{4-38}$$

f_{c1} 的幅值位于线圈的轴线处，θ_s 为电角度。关于磁动势波中的高次谐波，将在本节的后面说明。

短距线圈　若定子表面每对极下的相应位置处，装有一个匝数为 N_c、节距为 y_1 的短距线圈，电流 i 从线圈的尾端 X_1 流入、首端 A_1 流出，如图 4－23 所示。不难看出，此载流的短距线圈将在每对极内，产生一个一正一负、幅值分别为 F_{c1} 和 F_{c2} 的周期性矩形波磁动势，其中区域 A_1X_1 内的磁动势 F_{c1} 为向上（即从气隙指向定子表面），取为正值；区域 X_1A_2 内的磁动势 F_{c2} 为向下，取为负值。

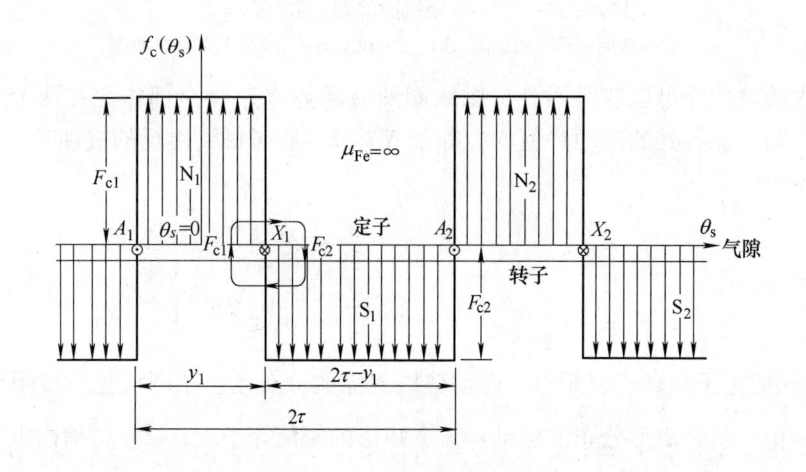

图 4－23　短距线圈的磁动势

以线圈 A_1X_1 的轴线位置处作为坐标原点（即 $\theta_s=0$），则短距线圈的磁动势 f_c 应为

$$f_c = \begin{cases} F_{c1}, & \text{当} -\frac{y_1}{2}\frac{\pi}{\tau} \leqslant \theta_s \leqslant \frac{y_1}{2}\frac{\pi}{\tau}\text{时} \\ -F_{c2}, & \text{当} \frac{y_1}{2}\frac{\pi}{\tau} \leqslant \theta_s \leqslant \left(2\tau - \frac{y_1}{2}\right)\frac{\pi}{\tau}\text{时} \end{cases} \tag{4-39}$$

根据安培环路定律可知，

$$F_{c1} + F_{c2} = N_c i_c \tag{4-40}$$

对于对称的整数槽绕组，各对极下的磁场分布是相同的；于是根据磁通连续性定律，每一 N 极下发出的磁通量，应当等于每一 S 极下进入的磁通量。由于气隙磁通密度 $B=\mu_0 H$，

而气隙磁场强度 H 则等于作用于气隙的磁动势 f 除以气隙长度 δ，即 $H=\dfrac{f}{\delta}$，故

$$B=\mu_0\frac{f}{\delta} \tag{4-41}$$

若气隙为均匀，则气隙内的磁通密度 B，应与作用于该处的磁动势 f 成正比。由此可知，N 极磁动势曲线下的面积，应当等于 S 极磁动势曲线下的面积。若电机的轴向长度为 l，就有

$$F_{c1}y_1l=F_{c2}(2\tau-y_1)l$$

或

$$\frac{F_{c1}}{F_{c2}}=\frac{2\tau-y_1}{y_1} \tag{4-42}$$

式（4-40）是 F_{c1} 与 F_{c2} 之和，式（4-42）则是 F_{c1} 与 F_{c2} 之比，据此即可确定 F_{c1} 和 F_{c2} 分别为

$$\left.\begin{aligned}F_{c1}&=\frac{2\tau-y_1}{\tau}\frac{N_ci_c}{2}\\F_{c2}&=\frac{y_1}{\tau}\frac{N_ci_c}{2}\end{aligned}\right\} \tag{4-43}$$

把上式代入式（4-39），最后可得短距线圈的磁动势 f_c 为

$$f_c=\left.\begin{cases}\left(2-\dfrac{y_1}{\tau}\right)\dfrac{N_ci_c}{2}, & \text{当}\ -\dfrac{y_1}{\tau}\dfrac{\pi}{2}\leqslant\theta_s\leqslant\dfrac{y_1}{\tau}\dfrac{\pi}{2}\ \text{时}\\-\dfrac{y_1}{\tau}\dfrac{N_ci_c}{2}, & \text{当}\ \dfrac{y_1}{\tau}\dfrac{\pi}{2}\leqslant\theta_s\leqslant\dfrac{2\tau-y_1}{\tau}\dfrac{\pi}{2}\ \text{时}\end{cases}\right\} \tag{4-44}$$

总之，短距线圈所产生的磁动势是一个一正、一负，呈周期性分布的矩形波；矩形波的正、负幅值不等，但面积相等。

把短距线圈所产生的周期性矩形磁动势波，分解为基波和一系列高次空间谐波，可知基波幅值为 $\dfrac{4}{\pi}\dfrac{N_ci_c}{2}$ 乘以基波的节距因数 k_{p1}，k_{p1} 的表达式与计算电动势时相同。仍以线圈轴线处作为坐标原点，则短距线圈的基波磁动势 f_{c1} 可以写成

$$f_{c1}=\frac{4}{\pi}\frac{N_ci_c}{2}k_{p1}\cos\theta_s \tag{4-45}$$

2. 分布绕组的磁动势

整距分布绕组的磁动势　图 4-24 表示一个由 $q=3$ 的整距线圈所组成的极相组，极相组的 3 个线圈依次置放在三个相邻的槽内，所以此绕组为整距分布绕组。

每个整距线圈所产生的磁动势都是一个矩形波，把 3 个（普遍情况下为 q 个）整距线圈所产生的矩形磁动势波逐点相加，即可得到极相组的合成磁动势。由于每个线圈的匝数相等，通过的电流也相同，故各个线圈的磁动势具有相同的幅值；由于绕组是分布的，相邻线圈在空间彼此移过 α 角，所以各个线圈的矩形磁动势波在空间也相隔 α 电角度。从图 4-24a 可见，把

三个矩形波相加，所得合成磁动势是一个阶梯形波，如图中粗线所示。

图4－24b表示这三个整距线圈的基波磁动势，这三个磁动势的幅值相等、空间各相差 α 电角度。把这三个线圈的基波磁动势逐点相加，即可得到极相组的基波合成磁动势。由于基波磁动势在空间按余弦规律分布，故可用空间矢量来表示和运算，于是 q 个线圈的基波合成磁动势矢量，就等于各个线圈的基波磁动势矢量的矢量和，如图4－24c所示，图中空间矢量用带有空心箭头的矢量表示，以与时间矢量相区分。不难看出，利用矢量运算时，分布线圈基波磁动势的合成，与基波电动势的合成相似，因此同样可以引入基波分布因数 k_{d1} 来计及线圈分布的影响。于是，单层整距分布绕组的基波合成磁动势 f_{q1} 应为

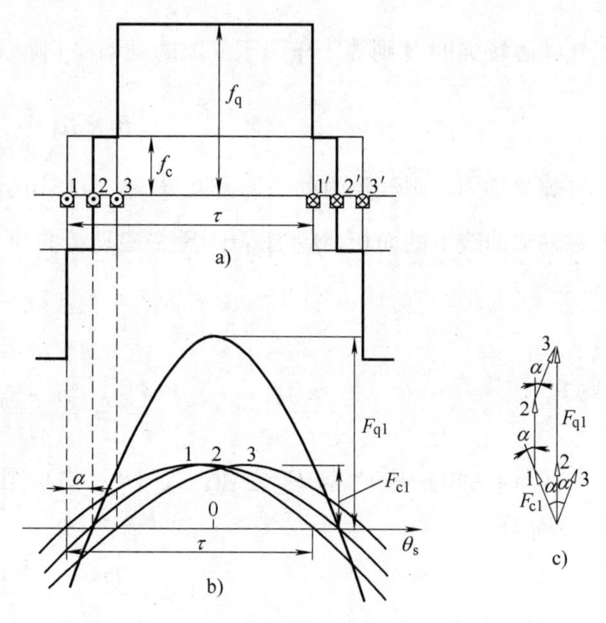

图4－24　整距分布绕组的磁动势（$q=3$）
a）合成磁动势波　b）基波合成磁动势
c）用空间矢量来求 q 个线圈的基波合成磁动势

$$f_{q1}=(qf_{c1})k_{d1}=\frac{4}{\pi}\frac{qN_c i_c}{2}k_{d1}\cos\theta_s \tag{4-46}$$

式中，qN_c 为 q 个线圈的总匝数。上式的坐标原点取在线圈组的轴线处。

对于双层整距绕组，式（4－46）应乘以2，以计及上、下两层的作用。考虑到双层绕组的每相总串联匝数 $N=\frac{N_c p}{a}\times 2q$，$ai_c=i_\phi$，其中 a 为支路数，i_ϕ 为相电流，故双层整距分布绕组的基波合成磁动势应为

$$f_{q1}=\frac{4}{\pi}\frac{Nk_{d1}}{2p}i_\phi\cos\theta_s \tag{4-47}$$

短距分布绕组的磁动势　常用的双层绕组都是短距的分布绕组。图4－25所示为 $q=3$、线圈节距 $y_1=8$（极距 $\tau=9$ 槽）的双层短距分布绕组中，一对极下属于同一相的两个极相组A和X。从图4－25可见，由于线圈为短距，故属于同一相的上层导体和下层导体之间将错开 ε 角，此 ε 角就是短距线圈的节距比整距时缩短的电角度，$\varepsilon=\frac{\tau-y_1}{\tau}\times 180°$。

上面已经说明，在计算基波磁动势的幅值时，对于短距绕组，应引入基波的节距因数 k_{p1}；对于分布绕组，则应引入基波分布因数 k_{d1}；同理，若绕组为短距的分布绕组，应同时引入节距因数和分布因数，以计及两者的影响。于是，双层短距分布绕组的基波磁动势 f_{q1} 应为

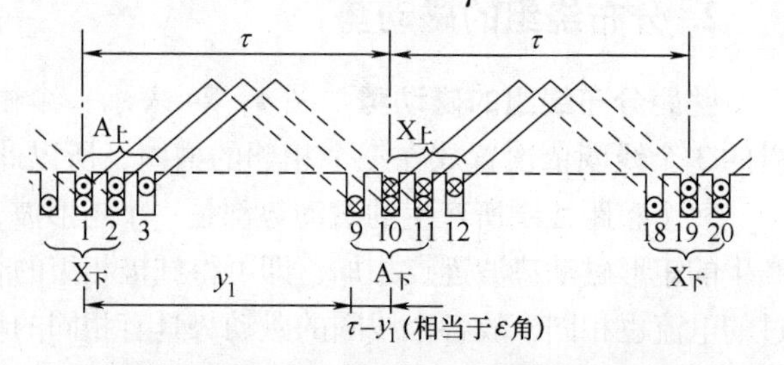

图4－25　双层短距分布绕组在槽内的布置

$$f_{q1} = \frac{4}{\pi}\frac{Nk_{d1}}{2p}k_{p1}i_{\phi}\cos\theta_s = \frac{4}{\pi}\frac{Nk_{w1}}{2p}i_{\phi}\cos\theta_s \qquad (4-48)$$

式中，k_{w1}为基波磁动势的绕组因数，$k_{w1}=k_{d1}k_{p1}$。

3. 单相绕组的磁动势

单相绕组的基波磁动势　由于各对极下的磁动势和磁阻组成一个对称分支磁路，所以单相绕组的磁动势就等于一个极相组的磁动势，即

$$f_{\phi1} = f_{q1} = \frac{4}{\pi}\frac{Nk_{w1}}{2p}i_{\phi}\cos\theta_s \qquad (4-49)$$

式（4-49）的坐标原点位于相绕组的轴线处。式（4-49）表明，基波磁动势的幅值，正比于每极下每相的有效串联匝数$\frac{Nk_{w1}}{2p}$和相电流i_{ϕ}。若相电流随时间作余弦变化，其有效值为I_{ϕ}，即$i_{\phi}=\sqrt{2}I_{\phi}\cos\omega t$，则单相绕组的基波磁动势可以写成

$$f_{\phi1}(\theta_s,t) = \frac{4}{\pi}\frac{\sqrt{2}Nk_{w1}}{2p}I_{\phi}\cos\theta_s\cos\omega t = F_{\phi1}\cos\theta_s\cos\omega t \qquad (4-50)$$

式中，$F_{\phi1}$为单相绕组所生基波磁动势的幅值，

$$F_{\phi1} = \frac{4}{\pi}\frac{\sqrt{2}}{2}\frac{Nk_{w1}}{p}I_{\phi} = 0.9\frac{Nk_{w1}}{p}I_{\phi} \qquad (4-51)$$

式（4-50）表明，单相绕组的基波磁动势，在空间随θ_s角按余弦规律分布，在时间上随ωt按余弦规律脉振；这种从空间上看其轴线为固定不动，从时间上看其瞬时值不断地随电流的交变而在正、负幅值之间脉振的磁动势（磁场），称为脉振磁动势（磁场）。脉振磁动势的脉振频率取决于电流的频率。从物理上看，脉振磁动势属于驻波。图4-26表示不同瞬间时，单相绕组的基波脉振磁动势波。

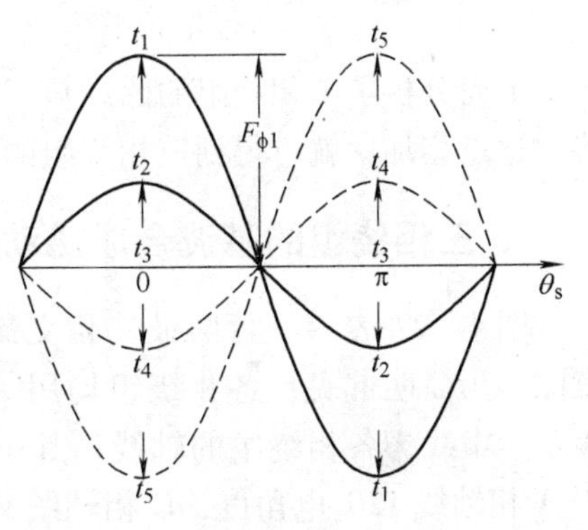

图4-26　不同瞬间时，单相绕组的基波脉振磁动势

这里要注意把磁动势的空间分布规律，与随时间而变化的规律区别清楚。空间的分布规律用空间位置角θ_s的函数来表达，随时间变化的规律则是用时间t的函数来表达。

单相绕组的谐波磁动势　整距线圈所生的矩形磁动势波中，除基波磁动势外，还有一系列奇次的高次空间谐波磁动势，其中的ν次谐波分量$f_{c\nu}$为

$$f_{c\nu} = \frac{1}{\nu}\frac{4}{\pi}\frac{N_c i_c}{2}\cos\nu\theta_s \qquad \nu = 3,5,\cdots \qquad (4-52)$$

式中的θ_s以线圈的轴线处作为原点。按照对基波磁动势相同的处理方法，把q个线圈以及双层绕组上、下层线圈所产生的同次谐波磁动势叠加，即可导出单相整距绕组的高次空间谐波磁动势$f_{\phi\nu}$为

$$f_{\phi\nu} = \frac{1}{\nu}\frac{4}{\pi}\frac{Nk_{w\nu}}{2p}\sqrt{2}I_{\phi}\cos\omega t\cos\nu\theta_s = F_{\phi\nu}\cos\nu\theta_s\cos\omega t \qquad \nu = 3,5,\cdots \qquad (4-53)$$

式中，$k_{w\nu}$为ν次谐波的绕组因数；θ_s以相绕组的轴线处作为原点；$F_{\phi\nu}$为ν次空间谐波磁动势的幅值，

$$F_{\phi\nu}=\frac{1}{\nu}\frac{4}{\pi}\frac{\sqrt{2}Nk_{w\nu}}{2p}I_{\phi}=\frac{1}{\nu}0.9\frac{Nk_{w\nu}}{p}I_{\phi} \tag{4-54}$$

对于双层短距绕组，虽然一个短距线圈所产生的磁动势中，同时含有奇次和偶次的高次谐波，但若绕组是对称的整数槽绕组时，当N极下的定子绕组中有一组电流为某一数值的载流导体时，在S极下的相应位置处，必定有一组大小相同、电流为其负值的载流导体。这两组载流导体所产生的磁动势中，其偶次谐波大小相等、方向相反，使合成的偶次谐波磁动势为0；因此就整个一相绕组而言，双层短距整数槽绕组的合成磁动势中，仅含有奇次谐波而无偶次谐波。

式（4-53）表示，谐波磁动势$f_{\phi\nu}$从空间上看是一个按ν次谐波作余弦分布，从时间上看仍按ωt的余弦函数脉振的脉振磁动势。

4.7　通有对称三相电流时三相绕组的磁动势

上面分析了单相绕组的磁动势。在此基础上，把A、B、C三个单相绕组所产生的磁动势波逐点相加，就可得到三相绕组的合成磁动势。

1. 三相绕组的基波合成磁动势

图4-27表示一台两极三相交流电机的定子示意图。为简明起见，各相绕组均用一个集中线圈来表示，虚线为各相绕组的轴线，其中B相轴线滞后于A相轴线120°电角度，C相轴线又滞后于B相轴线120°电角度。由于三相绕组在空间互差120°电角度，所以三相绕组的基波磁动势在空间也互差120°电角度。若三相绕组中通以对称的正序电流，即

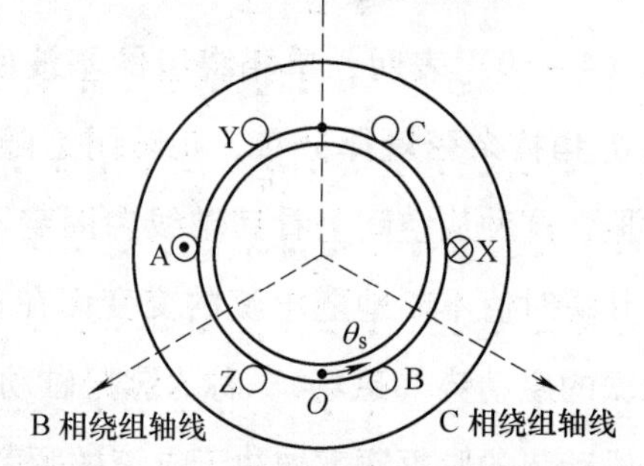

图4-27　三相交流电机的定子示意图

$$i_A=\sqrt{2}I_{\phi}\cos\omega t\quad i_B=\sqrt{2}I_{\phi}\cos(\omega t-120°)\quad i_C=\sqrt{2}I_{\phi}\cos(\omega t-240°) \tag{4-55}$$

则各相的脉振磁动势在时间上亦将互相相差120°电角度。把A、B、C三个单相的基波脉振磁动势叠加，即可得到三相绕组的基波合成磁动势。下面来研究其合成。

解析法　以定子内圆A相绕组的轴线处作为空间坐标的原点，并以逆时针方向（即A相→B相→C相绕组的方向）作为空间角度θ_s（以电角度计）的正方向。在某一瞬间t，距离A相绕组轴线θ_s处，各相的基波磁动势分别为

$$\left.\begin{aligned}f_{A1}&=F_{\phi1}\cos\theta_s\cos\omega t\\f_{B1}&=F_{\phi1}\cos(\theta_s-120°)\cos(\omega t-120°)\\f_{C1}&=F_{\phi1}\cos(\theta_s-240°)\cos(\omega t-240°)\end{aligned}\right\} \tag{4-56}$$

式（4-56）的三个式子中，空间的120°相角差，是由三相绕组的轴线在空间互相相差120°

电角度所引起；时间上的 120°相角差，则是由对称三相电流在时间上互相相差 120°电角度所引起。把 A 相、B 相及 C 相三个单相的基波脉振磁动势相加，可得

$$
\begin{aligned}
f_1(\theta_s,t) &= f_{A1}+f_{B1}+f_{C1}\\
&= F_{\phi1}\cos\theta_s\cos\omega t + F_{\phi1}\cos(\theta_s-120°)\cos(\omega t-120°) +\\
&\quad F_{\phi1}\cos(\theta_s-240°)\cos(\omega t-240°)
\end{aligned}
\tag{4-57}
$$

将式（4－57）右端中的每一项，利用“余弦函数积化和差”的规则分解为两项，可得

$$
\begin{aligned}
f_1(\theta_s,t) = &\frac{1}{2}F_{\phi1}\cos(\omega t-\theta_s)+\frac{1}{2}F_{\phi1}\cos(\omega t+\theta_s)+\\
&\frac{1}{2}F_{\phi1}\cos(\omega t-\theta_s)+\frac{1}{2}F_{\phi1}\cos(\omega t+\theta_s-240°)+\\
&\frac{1}{2}F_{\phi1}\cos(\omega t-\theta_s)+\frac{1}{2}F_{\phi1}\cos(\omega t+\theta_s-120°)
\end{aligned}
\tag{4-58}
$$

上式中包括 $\omega t+\theta$、$\omega t+\theta_s-240°$ 和 $\omega t+\theta_s-120°$ 的三项，为三个具有同样幅值、相位互差 120°的正弦波，其和为零，故式（4－58）可改写成

$$
f_1(\theta_s,t) = F_1\cos(\omega t-\theta_s) \tag{4-59}
$$

式中

$$
F_1 = \frac{3}{2}F_{\phi1} = \frac{3}{2}\times 0.9\frac{Nk_{w1}}{p}I_\phi = 1.35\frac{Nk_{w1}}{p}I_\phi \tag{4-60}
$$

式（4－59）和式（4－60）就是三相绕组基波合成磁动势的表达式。下面来分析此式的含义。

从式（4－59）可见，当时间 $t=0$ 时，$f_1(\theta_s,t)=F_1\cos(-\theta_s)$；当 $t=t_1$ 时，$f_1(\theta_s,t)=F_1\cos(\omega t_1-\theta_s)$。把这两个瞬间的磁动势波画出并加以比较，可见磁动势的幅值未变，但 $f_1(\theta_s,t_1)$ 比 $f_1(\theta_s,0)$ 向前推进了 β 角，$\beta=\omega t_1$，如图 4－28 所示。随着时间的推移，β 角不断增大，即磁动势波不断地向 $+\theta_s$ 方向移动，所以 **$f_1(\theta_s,t)$ 是一个恒幅、正弦分布的正向行波**。由于定子内腔为圆柱形，所以 **$f_1(\theta_s,t)$ 是一个沿着气隙圆周不断向前推移的旋转磁动势波**，如图 4－29 所示。

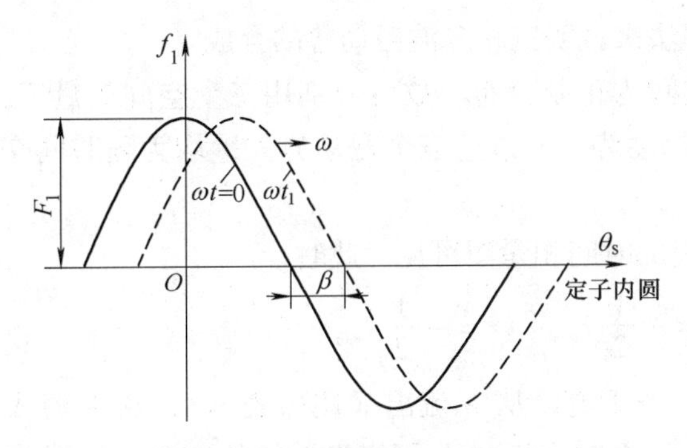

图 4－28　$t=0$ 和 t_1 时三相基波合成磁动势 $f_1(\theta_s,t)$ 的位置

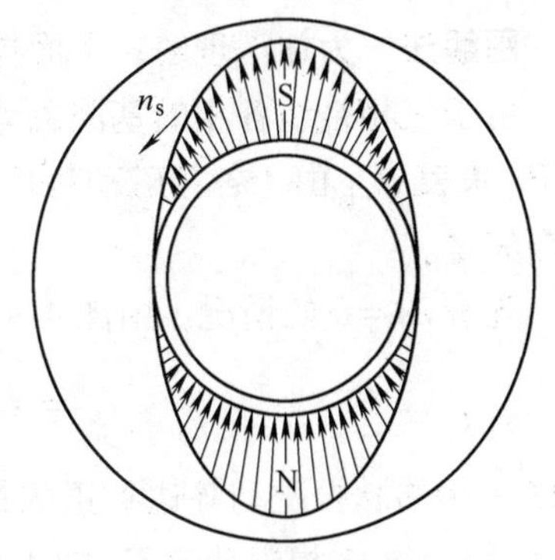

图 4－29　旋转磁动势波

$f_1(\theta_s,t)$ 的推移速度，可从波上任意一点（例如波幅这一点）的推移速度来确定。对

于波幅这一点，其振幅恒为 F_1，式（4-59）中的

$$\cos(\omega t-\theta_s)=1 \quad 或 \quad \omega t-\theta_s=0$$

把上式右边的一式对时间求导数，可得波幅推移的角速度 $\frac{d\theta_s}{dt}$ 为

$$\frac{d\theta_s}{dt}=\omega \tag{4-61}$$

式中，ω 的单位为 rad/s。式（4-61）表明，磁动势波推移的角速度与交流电流的角频率相等。由于一转为 $p2\pi$ 电弧度，所以用转速表示时，旋转磁动势波的“转速” n 应为

$$n=\frac{\omega}{p\,2\pi}=\frac{f}{p}(\mathrm{r/s})=\frac{60f}{p}(\mathrm{r/min})=n_s \tag{4-62}$$

即恰好等于同步转速。

从式（4-55）和式（4-59）还可以看出，当某相电流达到交流的最大值时，基波合成旋转磁动势波的幅值就将与该相绕组的轴线重合。例如 $\omega t=0$ 时，A 相电流达到最大值，基波合成磁动势

$$f_1=F_1\cos(-\theta_s)$$

可见合成磁动势的幅值位于 $\theta_s=0$ 处，即在 A 相绕组的轴线处。当 $\omega t=120°$时，B 相电流达到最大值，此时基波合成磁动势

$$f_1=F_1\cos(120°-\theta_s)$$

其幅值位于 $\theta_s=120°$处，即位于 B 相绕组的轴线处。同理，当 C 相电流达到最大值时，合成磁动势的幅值将与 C 相绕组的轴线相重合。所以旋转磁动势波向前推移的角速度（rad/s）与电流交变的角频率相一致。

以上分析表明，对称三相绕组中通有对称三相正序电流时，基波合成磁动势是一个正弦分布、以同步转速向前推移的正向旋转磁动势波，即从 A 相轴线移向 B 相轴线、再移向 C 相轴线的旋转磁动势波；基波合成磁动势的幅值为单相基波磁动势幅值的3/2倍。合成磁动势所产生的旋转磁场波，其效果与直流励磁、用机械方法拖动、磁场为正弦分布的主磁极所形成的旋转磁场波相同。

图解法 为加深理解，下面再用图解法来说明三相基波磁动势的合成。

由于三相绕组各相的基波磁动势在空间为正弦分布，故可分别用三个空间矢量 $\boldsymbol{F}_A$、$\boldsymbol{F}_B$ 和 $\boldsymbol{F}_C$ 来表示。由于各相磁动势均为脉振磁动势，所以这三个磁动势矢量均为随时间交变的脉振矢量。

先看 $\omega t=0$ 的情况。由图 4-30a 左边的时间相量图可见，此时

$$i_A=I_{\phi m} \quad i_B=-\frac{1}{2}I_{\phi m} \quad i_c=-\frac{1}{2}I_{\phi m}$$

所以 A 相的脉振磁动势达到正的最大值。由于电流从 A 流出（用⊙表示），从 X 流入（用⊗表示），故 A 相磁动势 $\boldsymbol{F}_A$ 的大小为 $F_{\phi 1}$，方向为指向 A 相绕组轴线的方向，如图 4-30a 右边的空间矢量图所示。此时，B 相的脉振磁动势达到负的最大值的$\frac{1}{2}$，故用一个大小为

$\frac{1}{2}F_{\phi1}$、指向B相绕组轴线反方向的空间矢量$\boldsymbol{F}_B$来表示。同理，C相磁动势可用一个大小为$\frac{1}{2}F_{\phi1}$、指向C相绕组轴线反方向的空间矢量$\boldsymbol{F}_C$来表示。把$\boldsymbol{F}_A$、$\boldsymbol{F}_B$、$\boldsymbol{F}_C$这三个空间矢量合成，可得三相的合成磁动势矢量$\boldsymbol{F}_1$。从图4－30a不难看出，$\boldsymbol{F}_1$的大小等于$\frac{3}{2}F_{\phi1}$、方向恰好与A相绕组轴线重合。

再看$\omega t=60°$时的情况（见图4－30b）。此时

$$i_A=\frac{1}{2}I_{\phi m}\quad i_B=\frac{1}{2}I_{\phi m}\quad i_C=-I_{\phi m}$$

A相电流从X流入，从A流出；B相电流从Y流入，从B流出；C相电流从C流入，从Z流出。此时磁动势矢量$\boldsymbol{F}_A$和$\boldsymbol{F}_B$的大小均为$\frac{1}{2}F_{\phi1}$，方向分别指向A相和B相绕组的轴线；磁动势矢量$\boldsymbol{F}_C$的大小为$F_{\phi1}$，方向指向C相绕组轴线的反方向。把$\boldsymbol{F}_A$、$\boldsymbol{F}_B$和$\boldsymbol{F}_C$三个矢量合成，可得三相合成磁动势矢量$\boldsymbol{F}_1$。从图4－30b可见，此时$\boldsymbol{F}_1$的大小仍为$\frac{3}{2}F_{\phi1}$，方向指向C相轴线的反方向，即比$\omega t=0$时往前推进了60°电角度。

同理，当$\omega t=120°$时（见图4－30c），有

$$i_A=-\frac{1}{2}I_{\phi m}\quad i_B=I_{\phi m}\quad i_C=-\frac{1}{2}I_{\phi m}$$

此时把三相的基波磁动势矢量合成，可知合成磁动势矢量$\boldsymbol{F}_1$的大小仍为$\frac{3}{2}F_{\phi1}$，方向则与B相绕组轴线相重合，即比$\omega t=60°$时又向前推进了60°电角度。

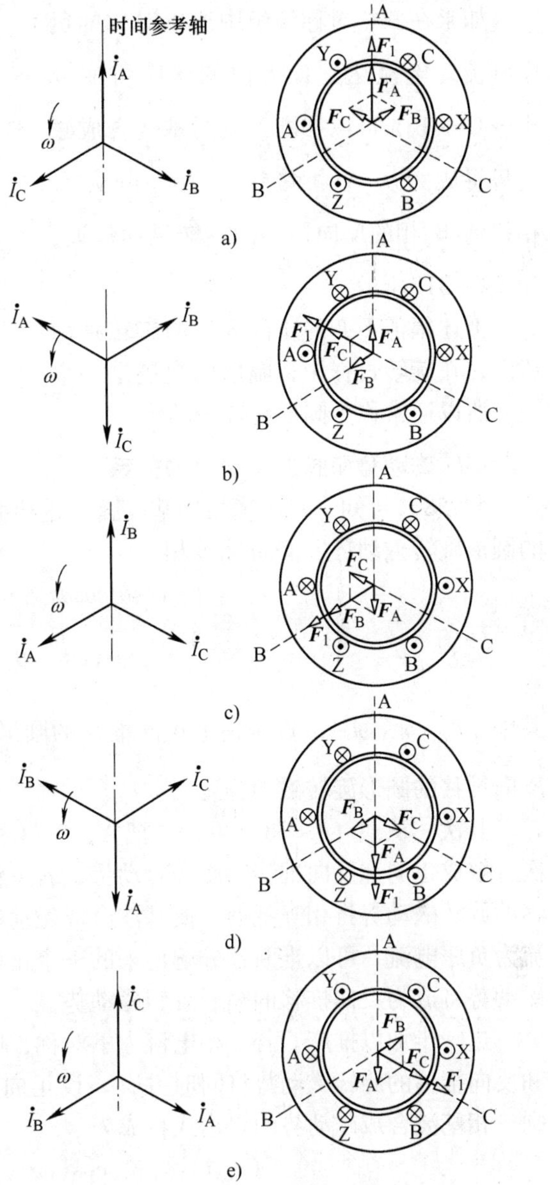

图4－30　不同瞬间时的三相基波合成磁动势（左边为电流的时间相量图，右边为磁动势的空间矢量图，其中空间矢量用空心箭头的矢量来表示）

a）$\omega t=0$时　b）$\omega t=60°$时　c）$\omega t=120°$时　d）$\omega t=180°$时　e）$\omega t=240°$时

图4－30画出了$\omega t=0°\sim240°$中五个瞬间的三相基波磁动势的合成。从图可见，三相绕组中通有对称的正序电流时，基波合成磁动势$\boldsymbol{F}_1$是一个空间为正弦分布、幅值等于$\frac{3}{2}F_{\phi1}$的正向旋转磁动势波。由于ωt经过60°电角度时，$\boldsymbol{F}_1$在空间也同时向前推进60°电角度，所以三相基波合成磁动势波的旋转速度等于同步转速。

如果在三相对称绕组中通以对称的负序电流，电流达到最大值的次序将变成A→C→B，可以推断，此时基波合成磁动势将成为从A相移到C相、再从C相移到B相的反向推移的旋转磁动势波，如图4-31b所示。

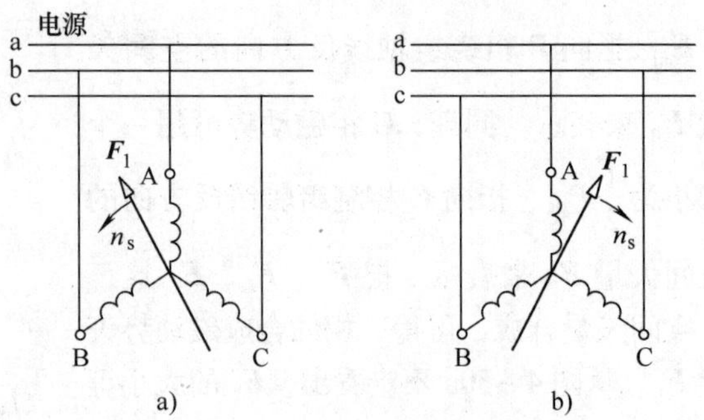

图4-31　三相绕组中通入负序电流时，形成反向推移的旋转磁动势波
a）通入正序电流时　b）通入负序电流时

上述幅值不变的正向和反向旋转磁动势波，在旋转过程中，幅值的轨迹是一个圆，所以通常称为圆形旋转磁动势。

旋转磁动势和脉振磁动势的关系　从式（4-58）可知，每相绕相的基波脉振磁动势都可以分解成两个幅值相等、推移方向相反的圆形旋转磁动势。例如对A相，

$$\begin{aligned} f_{A1} &= F_{\phi1}\cos\theta_s\cos\omega t \\ &= \frac{1}{2}F_{\phi1}\cos(\omega t-\theta_s)+\frac{1}{2}F_{\phi1}\cos(\omega t+\theta_s) \end{aligned}$$

其中$\frac{1}{2}F_{\phi1}\cos(\omega t-\theta_s)$是一个正向推移的圆形旋转磁动势波；$\frac{1}{2}F_{\phi1}\cos(\omega t+\theta_s)$则是一个反向推移的圆形旋转磁动势波。

其次，从式（4-58）可知，把A、B、C三相绕组的三个基波脉振磁动势f_{A1}、f_{B1}、f_{C1}依次分解成正向和反向推移的旋转磁动势，若三相电流为正序电流，则分解出来的三个反向推移的旋转磁动势将相互抵消，使基波合成磁动势成为正向推移的圆形旋转磁动势。若三相电流为负序电流，可以推断，分解出来的三个正向推移的旋转磁动势将互相抵消，使基波合成磁动势将成为反向推移的圆形旋转磁动势。

进一步加以推广。若三相电流为不对称，则正序电流和负序电流将同时存在，于是正向和反向推移的旋转磁动势将同时并存。设正向和反向旋转磁动势的幅值分别为F_{1+}和F_{1-}，则三相基波合成磁动势的表达式将成为

$$f_1(\theta_s,t)=F_{1+}\cos(\omega t-\theta_s)+F_{1-}\cos(\omega t+\theta_s) \tag{4-63}$$

若用$\boldsymbol{F}_{1+}$和$\boldsymbol{F}_{1-}$分别表示正向和反向旋转磁动势的空间矢量，将不同瞬间的$\boldsymbol{F}_{1+}$和$\boldsymbol{F}_{1-}$进行矢量合成，可知基波合成磁动势的矢量$\boldsymbol{F}_1$将是一个幅值变化、非恒速推移的旋转磁动势，如图4-32所示。此磁动势在旋转过程中，幅值的轨迹为一椭圆，所以通常称为椭圆形旋转磁动势。合成磁动势的最大幅值（即椭圆的长轴）为正向和反向旋转磁动势两者幅值之和，即$F_{1+}+F_{1-}$；最小幅值（即椭圆的短轴）则为两者幅值之差，即$|F_{1+}-F_{1-}|$；合成磁动势的推移方向，视正向和反向磁动势哪个较强而定。

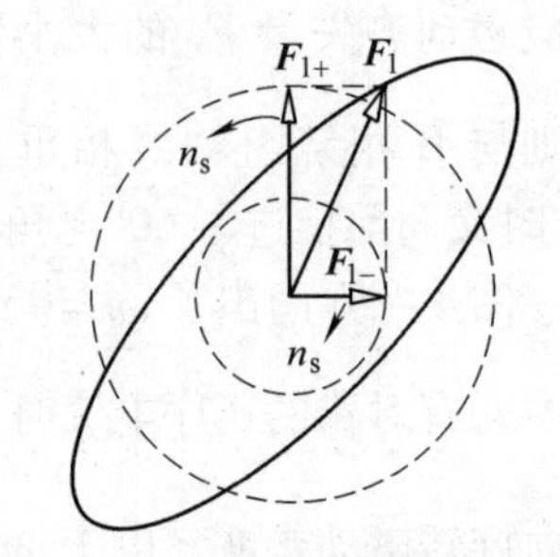

图4-32　不对称电流产生的椭圆形旋转磁动势

式（4-63）是交流绕组基波合成磁动势的普遍形式。若

$F_{1-}=0$ 或 $F_{1+}=0$，椭圆的长、短轴相等，椭圆形磁动势就转化为圆形磁动势；若 $F_{1+}=F_{1-}$，椭圆形磁动势就退化为脉振磁动势。

2. 三相合成磁动势中的高次谐波

同理，把A、B、C三相绕组所产生的 ν 次谐波磁动势相加，可得三相的 ν 次谐波合成磁动势 $f_\nu(\theta_s,\ t)$，

$$\begin{aligned} f_\nu(\theta_s,t) &= f_{A\nu}(\theta_s,t)+f_{B\nu}(\theta_s,t)+f_{C\nu}(\theta_s,t) \\ &= F_{\phi\nu}\cos\nu\theta_s\cos\omega t + F_{\phi\nu}\cos\nu(\theta_s-120°)\cos(\omega t-120°)+ \\ &\quad F_{\phi\nu}\cos\nu(\theta_s-240°)\cos(\omega t-240°) \end{aligned} \tag{4-64}$$

经过运算可知

（1）当 $\nu=3k$（$k=1,\ 3,\ 5,\ \cdots$），也即 $\nu=3,\ 9,\ 15,\ \cdots$ 时

$$f_\nu = 0 \tag{4-65}$$

这说明对称三相绕组的合成磁动势中，不存在3次及3的倍数次谐波磁动势。

（2）当 $\nu=6k+1$（$k=1,\ 2,\ 3,\ \cdots$），也即 $\nu=7,\ 13,\ 19,\ \cdots$ 时

$$f_\nu = \frac{3}{2}F_{\phi\nu}\cos(\omega t-\nu\theta_s) \tag{4-66}$$

此时谐波合成磁动势是一个正向旋转、转速为 n_s/ν、幅值为 $\frac{3}{2}F_{\phi\nu}$ 的旋转磁动势波。

（3）当 $\nu=6k-1$（$k=1,\ 2,\ 3,\ \cdots$），也即 $\nu=5,\ 11,\ 17,\ \cdots$ 时

$$f_\nu = \frac{3}{2}F_{\phi\nu}\cos(\omega t+\nu\theta_s) \tag{4-67}$$

此时谐波合成磁动势是一个反向旋转、转速为 n_s/ν、幅值为 $\frac{3}{2}F_{\phi\nu}$ 的旋转磁动势波。

在同步电机中，谐波磁动势所产生的磁场可在转子表面产生涡流损耗，引起发热，并使电机的效率降低。在感应电动机中，谐波磁场会产生一定的寄生转矩，影响电动机的起动性能，有时使电动机根本不能起动或达不到正常转速。因此必须设法抑制谐波磁动势，为此线圈的节距最好选择在 $(0.8\sim0.83)\tau$ 这一范围内。

3. 三相合成磁动势的波形

上面利用周期性函数的谐波分析法，得到了三相绕组所产生的基波和谐波磁动势的性质、大小和推移速度。下面进一步来研究三相合成磁动势的波形。

三相合成磁动势的波形可以用叠加法或直接作图法作出。

叠加法　从4.6节可知，单相分布绕组的磁动势曲线是一个阶梯形曲线。叠加法就是首先画出某一瞬间（例如 $t=t_1$）时A相绕组的磁动势曲线，接着画出同一瞬间时B相和C相绕组的磁动势曲线，然后把这三条曲线叠加起来，得到此瞬间三相的合成磁动势曲线。同理可画出 $t=t_2$ 和 $t=t_3$ 时的三相合成磁动势曲线。这种方法的原理十分简单，缺点是比较费时。

直接作图法　直接作图法也称为积分法，其原理是：设定子槽内置有电流为 i_s 的载流导体，转子表面为光滑，铁心的磁导率 $\mu_{Fe}=\infty$。在定子的 x_1 和 x_2 处，通过气隙围绕着定子

槽作一闭合环路，如图 4－33 所示。若在 x_1 和 x_2 处气隙内的磁动势分别为 F_1 和 F_2，考虑到 $\mu_{Fe}=\infty$ 时铁心内的磁位降等于 0，于是根据安培环路定律可知，

$$F_2 - F_1 = i_s \quad 或 \quad F_2 = F_1 + i_s \tag{4-68}$$

由此可知，若槽电流 $i_s=0$，则 x_2 处的磁动势 F_2 应和 x_1 处的磁动势 F_1 相等，于是在 x_1 到 x_2 这一区间内，磁动势曲线 $F(x)$ 应保持水平。若槽电流 $i_s \neq 0$、且为正值，则 x_2 处的磁动势 F_2 应比 x_1 处的磁动势 F_1 大，故从 x_1 到 x_2，磁动势曲线要上升一级；槽电流愈大，此级的“高度”也愈大；若 i_s 为负值，则磁动势曲线要下降一级。通常设槽电流集中在槽中心处，所以磁动势曲线的上升或下降将发生在槽中心处。在定子齿区（$x_2 \sim x_3$ 区间），由于没有载流导体，磁动势保持不变，所以磁动势曲线为水平。

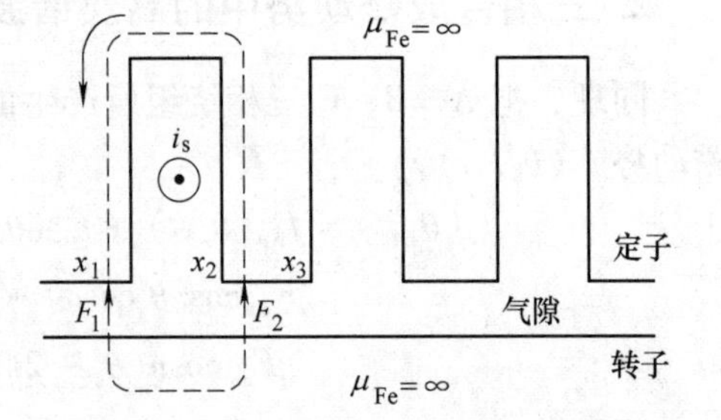

图 4－33　在 x_1 和 x_2 处定子绕组的磁动势 F_1、F_2 与槽电流 i_s 的关系

于是，对于整数槽绕组，可得直接作图法的作图步骤如下：

（1）画出一对极下三相的 $2mq$ 个槽，并标明各槽的上、下层各属于哪一相带（即标明 A、X、B、Y、C、Z）。

（2）确定时间为某一瞬间 t_1 时，三相电流瞬时值 i_A、i_B 和 i_C 的大小和正、负。

（3）算出各个槽内槽电流 i_s（包括上、下层）的瞬时值（正、负和大小），并标注在该槽的上方。

（4）任取一值作为磁动势曲线的起始值，从第一个槽开始，到最后一个槽为止，从左到右，根据各个槽内槽电流的正、负和大小，依次画出载流绕组所产生的阶梯形磁动势曲线：经过齿区时，磁动势不变，故磁动势曲线为水平；经过槽中心时，根据槽电流 i_s 的正、负和大小，使磁动势曲级上升或下降一级，“级高”取决于槽电流的大小；如槽电流为 0，则曲线保持水平。

（5）根据磁动势所产生的磁场，其 N 极下的磁通量应当等于 S 极下的磁通量这一原则，画一水平线作为横坐标，然后调整横坐标的高低，直到坐标以上和坐标以下两块磁动势曲线的面积相等，该横坐标即为磁动势曲线的基准线。

图 4－34 表示每极每相槽数 $q=2$ 的三相单层整距绕组，在 $\omega t=0$、30°和 60°三个瞬间的合成磁动势曲线。图中电流为正值时设为流出，用⊙表示；负值时为流入，用⊗表示；n_s 为槽内导体数。从图 4－34 可见：

（1）对于整数槽绕组，合成磁动势曲线的正、负两部分是对称的。

（2）$\omega t=0$ 是 A 相电流达到最大值的瞬间，$\omega t=30°$则是 B 相电流为 0 的瞬间，这两个瞬间的磁动势曲线是两个极端情况。$\omega t=0$ 时，合成磁动势为三级阶梯形波，其幅值为最大，$F_{max}=2n_sI_m$，此值比基波幅值 F_1 略大（$F_1=1.844n_sI_m$）。$\omega t=30°$时，合成磁动势为二级阶梯形波，其幅值为最小，$F_{min}=1.732n_sI_m$，比基波幅值略小。

（3）随着时间的流逝，合成磁动势曲线将以同步速度向前推移，同时磁动势的波形将从幅值为 $2n_sI_m$ 的三级阶梯形波，逐步变成幅值为 $1.732n_sI_m$ 的二级阶梯形波，然后再逐步变成 $2n_sI_m$ 的三级阶梯形波，按此规律不断地变化。

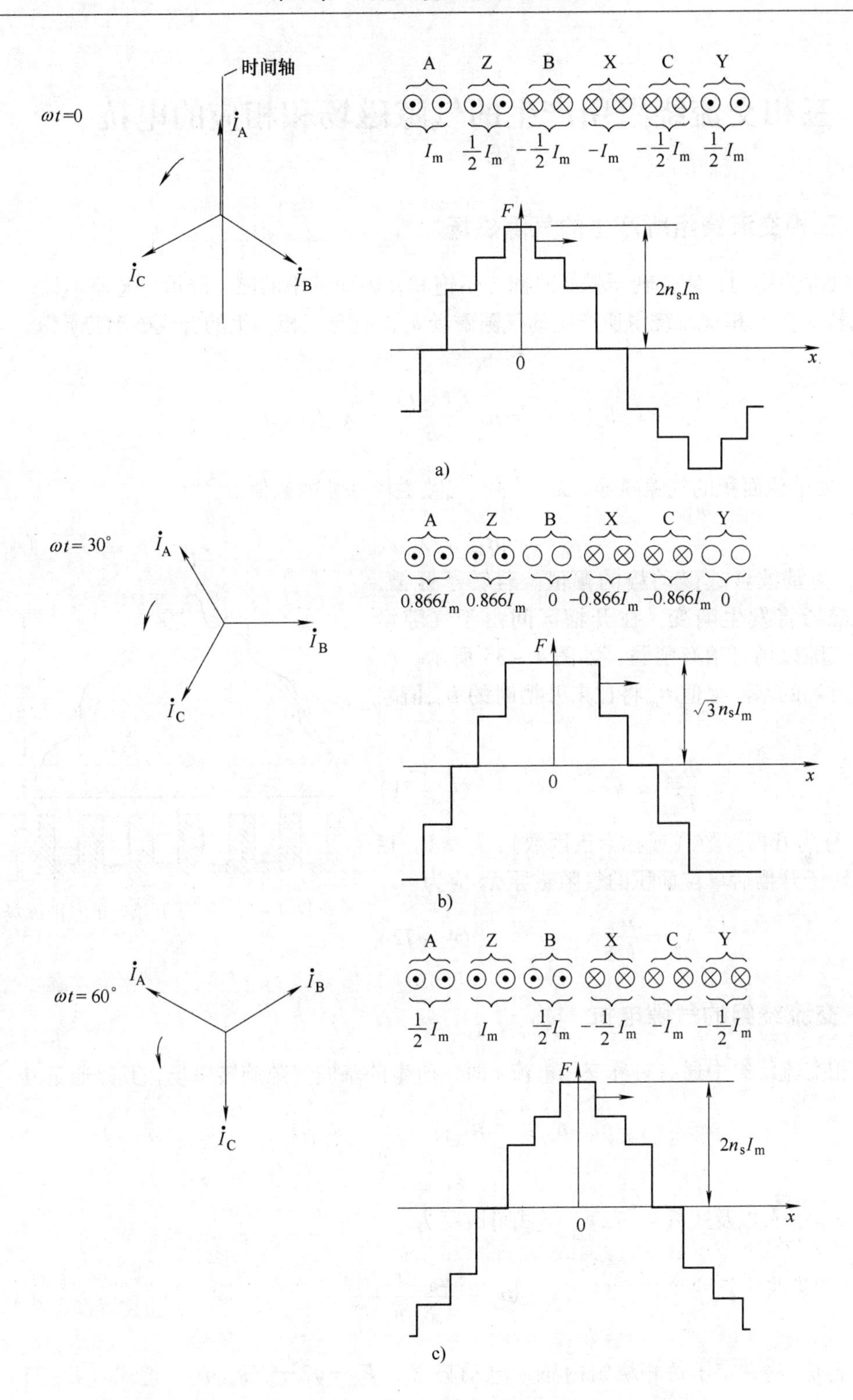

图 4－34　$q=2$ 的三相单层绕组在三个不同瞬间的合成磁动势曲线

a）$\omega t=0$ 时　b）$\omega t=30^\circ$时　c）$\omega t=60^\circ$时

4.8　三相交流绕组所产生的气隙磁场和相应的电抗

1. 三相交流绕组所产生的气隙磁场

设气隙为均匀，定、转子铁心磁路为不饱和，因而其中的磁位降可以忽略不计，则由定子（或转子）三相交流绕组所产生的气隙磁场 b_a，应与三相绕组的合成磁动势 $f_a(x,t)$ 成正比，即

$$b_a(x,t) = \mu_0 \frac{f_a(x,t)}{\delta} = \lambda_\delta f_a(x,t) \tag{4-69}$$

式中 λ_δ 为单位面积的气隙磁导，$\lambda_\delta = \frac{\mu_0}{\delta}$。气隙磁场基波的幅值 B_{am} 为

$$B_{am} = \lambda_\delta F_{am} \tag{4-70}$$

式中 F_m 为基波合成磁动势的幅值。若转子开槽，则气隙磁场将发生畸变，在开槽区间由于气隙增大，故气隙磁场将稍有削弱，如图 4－35 所示。此时气隙磁场的基波幅值 B'_{am} 将比未开槽时的 B_{am} 值略小，

$$\frac{B_{am}}{B'_{am}} = k_c \tag{4-71}$$

式中 k_c 称为开槽因数（或称卡氏因数），$k_c \geq 1$。相应地，转子开槽后单位面积的气隙磁导 λ_δ 应为

$$\lambda_\delta = \frac{\mu_0}{k_c \delta} \tag{4-72}$$

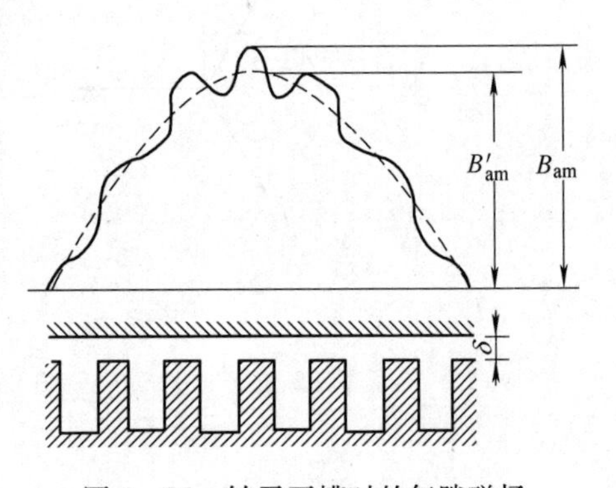

图 4－35　转子开槽时的气隙磁场

2. 交流绕组的气隙电抗

三相交流绕组中通有对称三相电流 I 时，所生的基波气隙旋转磁场，其磁通量 Φ_a 应为

$$\Phi_a = \frac{2}{\pi} B_{am} \tau l = \frac{2}{\pi} \lambda_\delta F_{am} \tau l$$

考虑到 $\tau = \frac{\pi D_i}{2p}$ 以及式（4－72），上式可改写为

$$\Phi_a = \frac{\mu_0}{k_c \delta} \frac{D_i l}{p} F_{am} \tag{4-73}$$

气隙磁通 Φ_a 将在定子每相绕组内感生电动势 E_a，$E_a = \sqrt{2}\pi f N k_{w1} \Phi_a$，把式（4－73）代入 E_a，可得与此磁场相对应的定子气隙电抗 X_m 为

$$X_m = \frac{E_a}{I} = \frac{\sqrt{2}\pi f N k_{w1} \Phi_a}{I} = \sqrt{2}\pi f \frac{N k_{w1} D_i l}{pI} \frac{\mu_0}{k_c \delta} F_{am} \tag{4-74}$$

再把三相电流所产生的基波合成磁动势 $F_{am}=\frac{3}{2}\frac{4}{\pi}\frac{\sqrt{2}}{2}\frac{Nk_{w1}}{p}I$ 代入式（4－74），经过整理，最后可得

$$X_m=6f\frac{\mu_0 D_i l}{k_c\delta}\frac{(Nk_{w1})^2}{p^2}\tag{4-75}$$

在感应电机理论中，X_m 称为激磁电抗；在同步电机理论中，X_m 则称为电枢反应电抗，并用 X_a 来表示。

4.9　交流电机的电磁转矩

电磁转矩和感应电动势，是机电能量转换过程中的一对机电耦合项，所以推导和分析电磁转矩公式是很重要的。

1. 电磁转矩不等于零的一个准则

无论是交流电机还是直流电机，要使电机正常工作，负载时作用在转子上的平均电磁转矩不能等于 0，为此要求定、转子的极数必须相等，即

$$2p_1=2p_2\tag{4-76}$$

式中下标 1 表示定子，2 表示转子。这是设计电机时必须遵守的一条基本准则。如果定子和转子的极数不等，例如 $2p_1=2$，$2p_2=4$，如图 4－36 所示，则不难看出，无论转子转到什么位置，转子 S_1 和 S_2 极上所受到的电磁转矩 $T_{e(S)}$ 必定相等、相反，转子 N_1 和 N_2 极上所受到的电磁转短 $T_{e(N)}$ 也必定相等、相反，于是作用在转子上的合成电磁转矩 T_e 将等于 0，电机将无法工作。

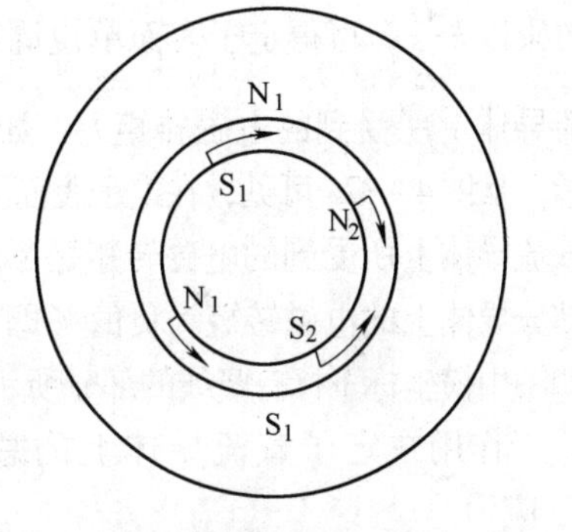

图 4－36　定、转子极数不等时，作用在转子上的平均电磁转矩恒等于 0

2. 交流电机的电磁转矩公式

交流电机的电磁转矩既可以用虚位移法，也可以用 *Bli* 法导出，本节用后一种方法来推导。

由于作用在转子上的电磁转矩，总是与作用在定子上的电磁转矩大小相等、方向相反，而对通常的交流电机，定子内圆的形状一般比较简单，定子载流导体的分布又具有较强的规律性，所以通常总是导出作用在定子上的电磁转矩。下面来推导对称、稳态运行时，三相交流电机的电磁转矩。

基本假定　推导时假定：

（1）定子表面为光滑的圆柱形，转子既可以是隐极、也可以是凸极式；铁心的磁导率 $\mu_{Fe}=\infty$。

（2）定子的载流导体均匀地分布在定子表面。

（3）气隙合成磁场为正弦分布，定子的磁动势波也是正弦分布，两者的极数相等。

（4）定子绕组为对称的三相整数槽绕组。

由假定（4）可知，作用在整个定子上的电磁转矩，应当等于极对数乘以每对极下的电

磁转矩。

电磁转矩公式的导出　三相电机稳态运行时，气隙基波合成磁场的法向分量 b_1 是一个以同步转速推移的旋转磁场，以 O'为原点时，

$$b_1 = B_1\sin(\omega t - \theta_s) \quad (4-77)$$

式中 B_1 为 b_1 的幅值，如图 4－37a 所示。定子内圆单位长度上的安培导体数称为线负载，用 a 表示（单位为 A/m，以电流流入时的线负载为正）。图 4－37b 示出了定子绕组的每极每相槽数 $q=2$、且 A 相电流达到最大值（即 $i_A=I_m$，$i_B=i_C=-\frac{1}{2}I_m$）时，定子三相载流导体所形成的线负载 a 及其基波 a_1 的分布。设线负载的基波 a_1 超前于基波气隙磁场 b_1 以 ψ_1 角，即

$$a_1 = A_1\sin(\omega t - \theta_s + \psi_1) \quad (4-78)$$

式中 A_1 为线负载基波的幅值。把 b_1 和 a_1 相乘，再乘以 $l\frac{D}{2}$，可得定子表面单位周向长度的载流导体上所受到的电磁转矩 t_e，如图4－37a所示。从图4－37a 可见，在定子表面不同位置处，载流导体上所受到的电磁转矩是不同的，且少部分导体上的电磁转矩为负值（即为反方向），如图中横坐标下标有竖线的部分所示。

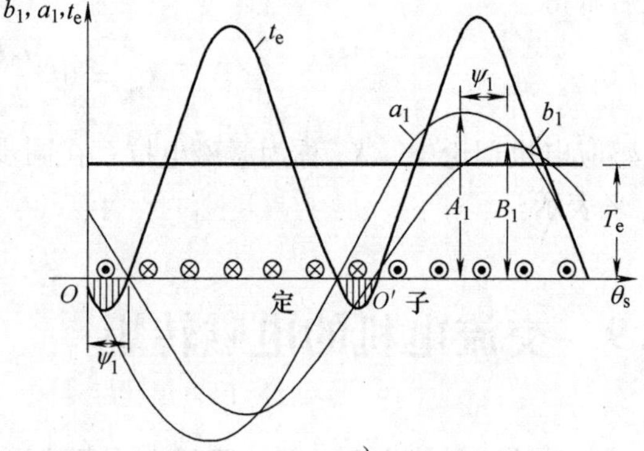

a)

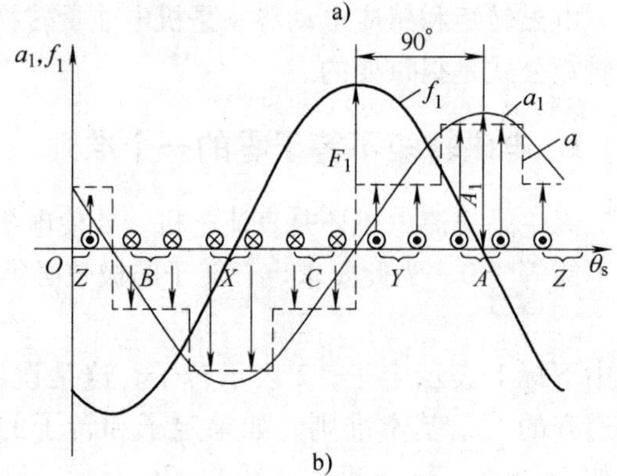

b)

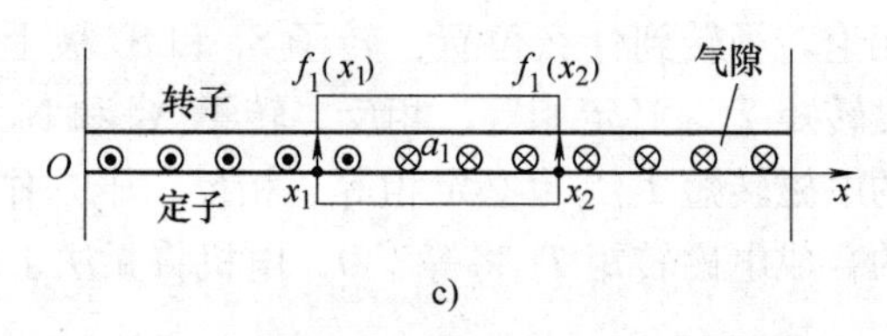

c)

图 4－37　气隙基波合成磁场 b_1 与定子线负载的基波 a_1 相作用，所产生的电磁转矩 T_e（$\omega t=0$ 时）
a）定子单位周向长度上的电磁转矩 t_e 和总电磁转矩 T_e
b）和 c）线负载与磁动势的关系

作用在定子载流导体上的总电磁转矩 T_e 应为

$$T_e = p\int_0^{2\tau} t_e \mathrm{d}x = p\int_0^{2\tau} b_1 a_1 l\frac{D}{2}\mathrm{d}x$$

$$= \frac{1}{2}pDl\int_0^{2\tau} b_1 a_1 \mathrm{d}x \quad (4-79)$$

由于 $\theta_s = \frac{x}{\tau}\pi$，$\mathrm{d}\theta_s = \frac{\pi}{\tau}\mathrm{d}x$，所以改用定子表面的电角度 θ_s 表示时，式（4－79）可改写成

$$T_e = \frac{1}{2}\frac{\tau}{\pi}pDl\int_0^{2\pi} b_1 a_1 \mathrm{d}\theta_s \quad (4-80)$$

把 b_1 和 a_1 的表达式（4－77）和式（4－78）代入上式，可得

$$T_e = \frac{1}{2}\frac{\tau}{\pi}pDl\int_0^{2\pi} B_1\sin(\omega t - \theta_s)A_1\sin(\omega t - \theta_s + \psi_1)\mathrm{d}\theta_s$$

$$= \frac{1}{2}\frac{\tau}{\pi}pDl\,B_1A_1\int_0^{2\pi}\frac{1}{2}\cos\psi_1\mathrm{d}\theta_s$$

$$= \frac{1}{2}\tau pDl\,B_1A_1\cos\psi_1 \quad (4-81)$$

再考虑到 $\pi D=2p\tau$，气隙合成磁场的磁通量 $\Phi=\frac{2}{\pi}B_1\tau l$，式(4－81)即可改写成

$$T_e=\frac{1}{2}p^2\tau\Phi A_1\cos\psi_1 \tag{4-82}$$

在图4－37a中，T_e 用水平粗线表示。

用定子磁动势和气隙磁通量来表示电磁转矩　下面进一步找出线负载与磁动势之间的关系，并把上式中定子线负载的基波幅值 A_1，改用定子磁动势的基波幅值 F_1 来表示。

定子绕组的磁动势是由定子的载流导体所产生。由于铁心的磁导率 $\mu_{Fe}=\infty$，铁心内的磁位降等于0，于是由安培环路定律可知，在定子表面 x_2 和 x_1 两处，定子的基波磁动势 $f_1(x_2)$ 和 $f_1(x_1)$ 之差，就等于 x_1 到 x_2 这一范围内定子基波线负载 a_1 的线积分值，如图4－37c所示，即

$$f_1(x_1)-f_1(x_2)=\int_{x_1}^{x_2}a_1\mathrm{d}x \tag{4-83}$$

再把 x 改用 θ_s 来表示（$x=\frac{\tau}{\pi}\theta_s$），上式就成为

$$\begin{aligned}f_1(\theta_{s1})-f_1(\theta_{s2})&=\int_{\theta_{s1}}^{\theta_{s2}}a_1\frac{\tau}{\pi}\mathrm{d}\theta_s=\frac{\tau}{\pi}\int_{\theta_{s1}}^{\theta_{s2}}A_1\sin(\omega t-\theta_s-\psi_1)\mathrm{d}\theta_s\\&=F_1[\sin(\omega t-\theta_{s1}-\delta_1)-\sin(\omega t-\theta_{s2}-\delta_1)]\end{aligned} \tag{4-84}$$

于是定子基波磁动势 $f_1(\theta_s)$ 可以写成

$$f_1(\theta_s)=F_1\sin(\omega t-\theta_s-\delta_1) \tag{4-85}$$

式中 F_1 为基波磁动势的幅值；δ_1 为气隙基波合成磁场 b_1 与定子基波磁动势 f_1 之间的夹角；

$$F_1=A_1\frac{\tau}{\pi}\qquad \delta_1=\measuredangle_{b_1}^{f_1}=90^\circ+\psi_1 \tag{4-86}$$

式（4－85）和式（4－86）表明，磁动势的基波 f_1 滞后于线负载的基波 a_1 以90°，如图4－37b所示；幅值 F_1 等于 A_1 乘以 $\frac{\tau}{\pi}$。

把式（4－86）代入式（4－82），可得

$$T_e=\frac{\pi}{2}p^2F_1\Phi\sin\delta_1 \tag{4-87}$$

式（4－87）就是三相交流电机电磁转矩的通用公式，δ_1 也称为转矩角。

3. 电磁转矩公式的分析，产生恒定电磁转矩的条件

电磁转矩公式的分析　式（4－87）表明：

（1）对于气隙合成磁场和定子磁动势为正弦分布的三相交流电机，电磁转矩 T_e 与气隙合成磁场的磁通量 Φ、定子基波磁动势的幅值 F_1、以及转矩角 δ_1 的正弦成正比。转矩角 δ_1 既可以由定、转子磁场的轴线不重合所引起，也可以由凸极、磁滞或其他效应所引起。

（2）从电磁转矩的角度来看，发电机和电动机的差别，就在于转矩角 δ_1 的正、负。对发电机，电磁转矩是制动转矩，故定子磁动势将滞后于气隙合成磁场；对电动机，电磁转矩是驱动转矩，故定子磁动势将超前于气隙合成磁场。

(3) 由于定子磁动势的基波幅值 $F_1 = \frac{\sqrt{2} m_1 N_1 k_{w1}}{\pi p} I_1$，气隙合成磁场的磁通量 $\Phi = \frac{E_1}{\sqrt{2}\pi f_1 N_1 k_{w1}}$，而 $\sin\delta_1 = \cos\psi_1$，所以电磁转矩也可以写成下列形式：

$$T_e = \frac{\pi}{2} p^2 F_1 \Phi \sin \delta_1$$

$$= \frac{m_1}{\Omega_s} E_1 I_1 \cos\psi_1 = \frac{P_e}{\Omega_s} \tag{4-88}$$

式中，P_e 为定子的电磁功率，$P_e = m_1 E_1 I_1 \cos \psi_1$；$E_1$ 为气隙合成磁场的磁通在定子绕组内所感应的电动势（即气隙电动势）；ψ_1 为 $\dot{E}_1$ 和 $\dot{I}_1$ 的相位差；Ω_s 为同步机械角速度，$\Omega_s = \frac{2\pi f}{p}$。

电磁转矩的通用公式对三相同步电机和三相感应电动机均适用，对隐极和凸极电机也都适用。但应注意，定子侧必须是光滑的圆柱形，此时作用在定子铁心表面上的切向电磁力等于0，因此用 Bli 法求出的作用在载流导体上的合成电磁转矩，就等于总的电磁转矩。如果定子表面开槽或者定子为凸极，则用 Bli 法求出的切向电磁力，仅仅是作用在载流导体上的力，应当加上作用在定子铁心上的切向电磁力，才能得到总的切向电磁力和电磁转矩。另外，对于转子为凸极的情况，F_1 必须用定子边的磁动势代入。

产生恒定电磁转矩的条件 从能量转换的观点来看，要求平均电磁转矩不等于0；从运行观点看，为减小振动、噪声和功率波动，希望电磁转矩是一个不随时间脉振的恒定转矩。要得到恒定的电磁转矩，除了定、转子的极数必须相等之外，从式（4-87）可知，还要求定子磁动势的幅值 F_1 和气隙合成磁场的幅值 B_1 始终为一常值，它们之间的夹角 δ_1 也是常值，即定子的基波磁动势 f_1 和气隙基波合成磁场 b_1 之间不能有相对运动。具体来说，若定子磁动势为圆形旋转磁动势，则气隙合成磁场也应为一同速推移的圆形旋转磁场；若定子磁动势为静止不动的恒定磁动势，则气隙合成磁场也应为静止不动的恒定磁场。

由此可知，稳态对称运行时，对称三相（或两相）交流电机的电磁转矩是恒定的，因为对称多相绕组所产生的磁动势和气隙合成磁场，都是恒速推移的圆形旋转磁动势和磁场。对于三相不对称运行的情况和单相电机，因为定子磁动势是幅值变动的椭圆形旋转磁动势或脉振磁动势，气隙合成磁场也是椭圆形旋转磁场，故电磁转矩中除恒定分量之外，还有一定的脉振分量。

小 结

本章研究了三相交流绕组的构成和连接规律，交流绕组的感应电动势和磁动势，交流电机的电磁转矩，这些都是交流电机理论中的基本和共同问题，也是以后研究感应电机和同步电机的理论基础。

三相绕组的材料利用率比单相绕组高，对称运行时，三相电机的电磁转矩是恒定的，运行性能也比单相电机好，采用三相制还可以节约输电线路的材料，所以现代动力用中、大型交流电机大多是三相电机。

三相交流绕组既有双层绕组，也有单层绕组。双层绕组的优点是，可以同时利用短距和分布的办法来改善感应电动势和磁动势的波形，使电机得到较好的电磁性能。双层绕组主要用于中、大型电机。单层绕组的优点是，槽内利用率较高，嵌线比较方便，特别是采用软线圈时。单层绕组主要用于10kW以下的小型电机。在定子绕组采用水内冷的大型水轮发电机中，为了减少定子线圈数，有时也采用单层绕组。双层绕组中又有叠绕组和波绕组两类，两者的连接规律虽然不同，应用场合也不同，但有效材料的利用情况却基本相同。

构成一个三相绕组，大体上要经过以下几步：①确定每极每相槽数 q；②划分相带；③把每极下同一相带内的线圈串联起来，组成一个极相组；④把属于A相的所有极相组连接起来，组成A相绕组；⑤同理组成B相和C相绕组。

简单绕组可用表格法来划分相带，较复杂的绕组应当用电动势星形图来划分。为得到尽可能大的基波电动势和磁动势，三相绕组一般采用60°相带。为使三相对称，划分相带时，应使B相和C相的槽号分别滞后于A相120°和240°电角度。不同极性下的极相组互相串联时要反向连接，以使电动势互相累加而不是抵消。对于单层同心式和交叉式绕组，还应使每相绕组中的大、小线圈配置情况相同。

交流绕组的感应电动势可以用 $e=Blv$ 或者 $e=-\dfrac{\mathrm{d}\phi}{\mathrm{d}t}$来确定，前者比较直观，但要注意使用该法的条件；后者则是一种普遍的方法。感应电动势的频率，取决于主极与导体之间的相对速度和极对数，波形主要取决于主极磁场在气隙内的分布，另外还与线圈的节距和分布情况等因素有关。由于线圈的节距通常不是整距，极相组又由几个空间不同相位的线圈组成，所以计算交流绕组的电动势时，要引入节距因数 k_{p} 和分布因数 k_{d}。如果是斜槽，还要引进斜槽因数 k_{sk}，此时绕组因数 $k_{\mathrm{w}}=k_{\mathrm{p}}k_{\mathrm{d}}k_{\mathrm{sk}}$。分析表明，相绕组的基波感应电动势 $E_{\phi1}=4.44fN_1k_{\mathrm{w1}}\Phi_1$。

感应电动势中的高次谐波（时间谐波），主要是由主极磁场在气隙内的非正弦分布所引起。为削弱这类谐波，可以采用改善主极磁场的分布，采用短距和分布绕组等措施。为削弱齿谐波，需要采用斜槽、分数槽绕组和适当地选取阻尼绕组的节距等措施。

分析交流绕组的磁动势时，要注意磁动势的性质、大小和空间分布。单相绕组所产生的磁动势是脉振磁动势，对称运行时三相绕组所产生的磁动势，则是旋转磁动势波。所谓旋转磁动势波是指，作为行波的磁动势波，其幅值和分布形态以一定的速度在气隙内推移。由于磁动势由电流产生，所以无论是脉振磁动势还是旋转磁动势波，其幅值均与每极下的有效安匝数成正比，单相绕组所生基波脉振磁动势的幅值为 $F_{\phi1}=0.9\dfrac{N_1k_{\mathrm{w1}}I}{p}$，对称三相绕组所生基波旋转磁动势的幅值为 $F_1=1.35\dfrac{N_1k_{\mathrm{w1}}I}{p}$；脉振或旋转的角频率则取决于电流的角频率。推广来说，对称的 m 相绕组内通以对称的 m 相正弦电流时，其基波合成磁动势也将是一个圆形旋转磁动势波，其幅值 $F_1=\dfrac{m}{2}\times0.9\dfrac{Nk_{\mathrm{w1}}I}{p}$。脉振磁动势和旋转磁动势两者的关系为：①一个正弦分布的脉振磁动势，可以分解为两个幅值相等、推移方向相反的旋转磁动势波；②对称三相绕组中通以对称的正序电流时，由三相的三个脉振磁动势分解出来的三个反向旋转磁动势互相抵消，于是合成磁动势将成为正向推移、恒幅的旋转磁动势波。

旋转磁动势波不但可以用机械方法拖动、由直流励磁的主磁极来形成，也可以用电磁方法、在多相绕组内通以对称的多相交流来产生，这是电机发展史中的一个突破；两相和三相感应电动机的发明，就是建立在这一理论的基础上。

交流绕组内感生的基波电动势 E_1，和作用在定、转子上的电磁转矩 T_e，是一对机电耦合项。为使旋转电机内的机电能量转换得以实现，感应电动势 E_1 和平均电磁转矩 T_e 都不能等于0。

交流电机的电磁转矩可以用 *Bli* 法或虚位移法来确定。前者比较直观，但此法仅能用于定子内周（或转子外周）为光滑的圆柱形，载流导体置于定子（或转子）表面的情况；后者则是一种普遍的方法，适用于定、转子为任意结构的情况，但求出的转矩是一个总体值，不涉及转矩的分布情况。

为使正常运行时电磁转矩的平均值不等于零，定子和转子的极数必须相等，在绕组设计和接线时应加以注意。

经过推导可知，基波气隙磁场与定子基波磁动势之间所产生的电磁转矩 T_e，与气隙基波磁场的磁通量 Φ、定子基波磁动势的幅值 F_1，以及转矩角 δ_1 的正弦成正比，$T_e = \frac{\pi}{2}p^2F_1\Phi\ \sin\delta_1$。此式对三相同步电机和感应电机、凸极机和隐极机都适用，故称为交流电机电磁转矩的通用公式。由此式可以得出，为得到恒定的电磁转矩，使电机的运转保持平稳，气隙的基波合成磁场和定子的基波合成磁动势，应是具有同一推移速度的圆形旋转磁场和圆形旋转磁动势。这在三相感应电机和三相同步电机的稳态对称运行时都能实现。

最后说明一下“旋转磁场”的提法。

在交流电机的气隙中，磁通密度 b 的分布曲线保持为一定的形态（例如呈正弦分布），且随着时间的推移，该分布形态不断地在气隙中向前推移，在电机学中通常把这种磁场称为“旋转磁场”。旋转磁场的提法比较形象，实践证明，在研究电机的各种运行问题时，使用这种提法是方便的，并且在多数情况下可以得到正确的结果。但应注意，在研究其他领域的电磁问题时，使用旋转磁场的提法，有时会产生原则性的错误。问题的实质是，在空间（例如气隙）各点处，磁通密度 b 的强度和方向可以随着时间而变化，在某些点处磁通密度逐渐变弱或反向，在另外一些点处则逐渐变强，但是磁场本身并没有移动或旋转，移动或旋转的仅是磁场的分布形态。所以描述这一现象时，较为确切的提法是“磁场（或磁通密度 b）的行波”，相应的速度则是“相位速度”。

习　题

4-1　什么叫做槽电动势星形图？如何利用槽电动势星形图来进行相带划分？

4-2　交流绕组中，为什么极相组A和极相组X串联时必须反接？如果正接将引起什么后果？

4-3　有一三相双层绕组，$Q=48$，$2p=4$，$y_1=\frac{10}{12}\tau$，试分别画出（1）支路数 $a=1$ 时叠绕组中A相的展开图；（2）$a=1$ 时波绕组中A相的展开图；（3）支路数 $a=2$ 时叠绕组中A相的接线图。

4-4　交流绕组的基波感应电动势公式（即4.44公式）是如何导出的？它与变压器的电动势公式有何类似和不同之处？

4-5　试述分布因数和节距因数的意义。为什么分布因数和节距因数只能小于或等于1？

4-6　什么叫一阶齿谐波？试证明一阶齿谐波的节距因数和分布因数，数值上分别与基波的节距因数和分布因数相等。

4－7　试述交流绕组中谐波电动势和齿谐波电动势的产生原因。

4－8　试述抑制谐波电动势（包括齿谐波）的方法。

4－9　为什么三相交流发电机的定子绕组一般都采用星形联结?

4－10　有一台两极电机，定子表面有两根导体，其有效长度为 l，两根导体相距 α 电角度，转子的主磁极在气隙中形成正弦分布的气隙磁场，转子转速为 n，极距为 τ。试求：（1）这两根导体中感应电动势的幅值和相位有何关系；（2）分别写出两根导体中感应电动势瞬时值的表达式；（3）若把这两根导体组成一匝线圈，写出线圈感应电动势瞬时值的表达式。

4－11　试计算下列三相两极 50Hz 同步发电机中，定子绕组的基波绕组因数和空载相电动势、线电动势。已知定子槽数 $Q=48$，每槽内有两根导体，支路数 $a=1$，线圈节距 $y_1=20$，绕组为双层、星形联结，基波磁通量 $\Phi_1=1.11\text{Wb}$。[答案：$k_{w1}=0.924$，$E_{\phi1}=3641\text{V}$，$E_{L1}=6306\text{V}$]

4－12　有一三相双层绕组，$Q=36$，$2p=4$，$f=50\text{Hz}$，$y_1=\dfrac{7}{9}\tau$，试求基波、5 次、7 次和一阶齿谐波的绕组因数。若绕组为星形联结，每个线圈有 2 匝，基波磁通量 $\Phi_1=0.74\text{Wb}$，谐波磁场幅值与基波磁场幅值之比 $B_5/B_1=1/25$，$B_7/B_1=1/49$，每相只有一条支路，试求基波、五次和七次谐波的相电动势值。[答案：$E_{\phi1}=3556\text{V}$，$E_{\phi5}=5.993\text{V}$，$E_{\phi7}=10.94\text{V}$]

4－13　有一 $2p=4$ 的单相定子单层绕组，总槽数 $Q=24$，每极的 6 个槽中，5 和 6 两个槽为空槽，其余 4 槽中嵌有一组单层整距线圈，每个线圈的匝数相同，试求该绕组的基波和三次谐波的分布因数。

4－14　为什么说交流绕组的磁动势既是时间函数又是空间函数?

4－15　交流绕组所产生的磁动势相加时，为什么能用矢量来运算?有什么条件?

4－16　单相绕组的磁动势具有什么性质?它的幅值等于什么?

4－17　三相基波旋转磁动势的幅值、转向和转速各取决于什么?为什么?

4－18　旋转磁动势与脉振磁动势之间有什么关系?

4－19　为什么用于计算交流绕组感应电动势的绕组因数，也适用于计算交流绕组的磁动势?

4－20　试求题 4－11 中的发电机通有额定电流时，一相和三相绕组所产生的基波磁动势幅值。发电机的容量为 12000kW，$\cos\varphi_N=0.8$，额定电压（线电压）为 6.3kV，星形联结。[答案：$F_{\phi1}=18271\text{A}$，$F_1=27407\text{A}$]

4－21　试求题 4－20 的发电机通有基频额定电流时，一相和三相绕组所产生的三次、五次、七次空间谐波磁动势的幅值、转速和转向。[答案：$F_{\phi3}=2989\text{A}$，$F_{\phi5}=198.7\text{A}$，$F_{\phi7}=103.2\text{A}$，$F_3=0$，$F_5=298.1\text{A}$，$n_5=-600\text{r/min}$，$F_7=154.8\text{A}$，$n_7=428.6\text{r/min}$]

4－22　试分析下列情况是否会产生旋转磁动势，转向怎样?（1）对称两相绕组内通以对称两相正序电流时（见图 4－38）；（2）三相绕组一相（例如 C 相）断线时（见图 4－39）。

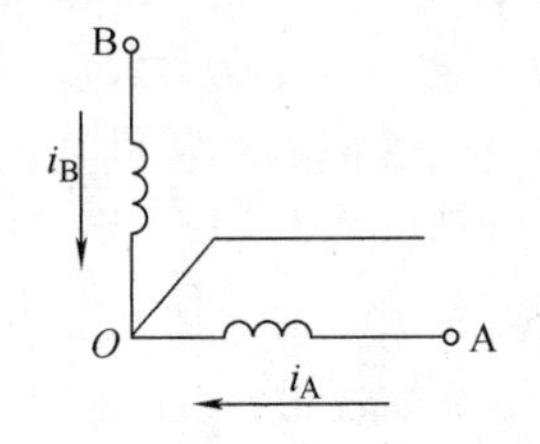

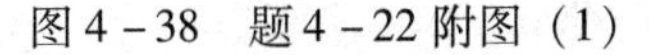

图 4－38　题 4－22 附图（1）

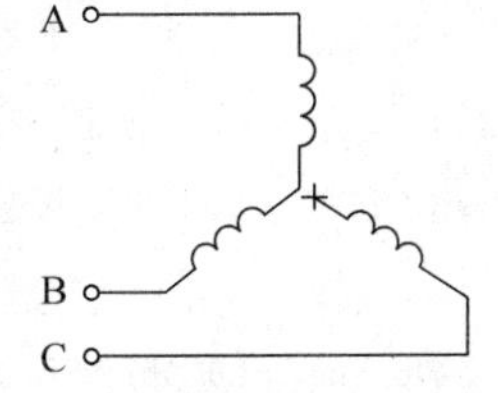

图 4－39　题 4－22 附图（2）

4－23　试分析一个短距线圈内通有正弦交流电流时，所产生的磁动势（分布规律，基波幅值，谐波次数和幅值）。

4－24　试导出和分析对称三相绕组中，通过幅值相等、相位相同的交流电流 $i_A=i_B=i_C=I_m\cos\omega t$ 时

（这种电流称为零序电流），所产生的基波和三次谐波合成磁动势。

4－25　试用解析法证明，三相绕组通以对称的负序电流时，将形成反向推移的基波旋转磁动势。

4－26　两相绕组A和B，其匝数和绕组因数均相同，A相绕组在空间超前于B相 $90°+\alpha$ 电角，若 $i_A=I_m\cos\omega t$，问要使A和B两相的基波合成磁动势成为正向推移（从A到B）恒幅的圆形旋转磁动势时，B相电流 i_B 的表达式应是怎样的？

4－27　为什么旋转电机中定子和转子的极数必须相等？

4－28　在气隙 g 为均匀的三相交流电机中，设 $\boldsymbol{F}_1$ 和 $\boldsymbol{F}_2$ 分别为定子和转子的基波磁动势矢量，F_1 和 F_2 为其幅值；$\boldsymbol{F}$ 为气隙的基波合成磁动势矢量，$\boldsymbol{F}=\boldsymbol{F}_1+\boldsymbol{F}_2$，$F$ 为其幅值；δ_1 为 $\boldsymbol{F}_1$ 与 $\boldsymbol{F}$ 的夹角，δ_2 为 $\boldsymbol{F}_2$ 与 $\boldsymbol{F}$ 的夹角，δ_{12} 为 $\boldsymbol{F}_1$ 和 $\boldsymbol{F}_2$ 的夹角，如图4－40所示。若电机的极距为 τ，轴向有效长度为 l，气隙长度为 g，定、转子铁心的磁导率 $\mu_{Fe}=\infty$，试证明采用定、转子或气隙的合成磁动势来表示时，电磁转矩 T_e 可以有以下三种表达式：

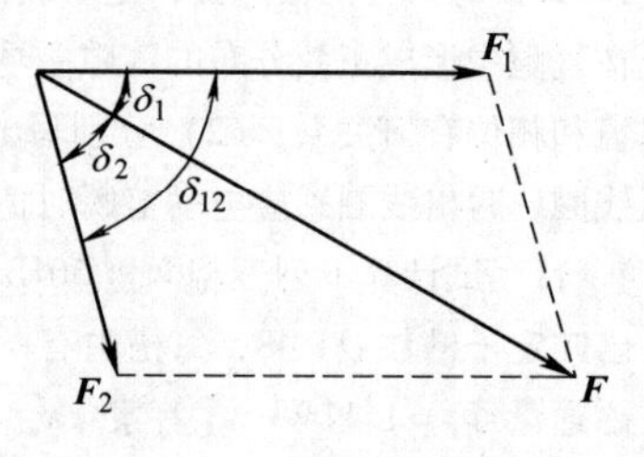

图4－40　题4－28附图

（1）$T_e=p^2\dfrac{\mu_0 l\tau}{g}F_1F\sin\delta_1$；（2）$T_e=p^2\dfrac{\mu_0 l\tau}{g}F_2F\sin\delta_2$；（3）$T_e=p^2\dfrac{\mu_0 l\tau}{g}F_1F_2\sin\delta_{12}$。

4－29　有一台对称三相交流电机，气隙中有一正弦分布的基波旋转磁场，若定子三相绕组另有一个 ν 次空间谐波磁动势，问它们之间将形成怎样的电磁转矩？

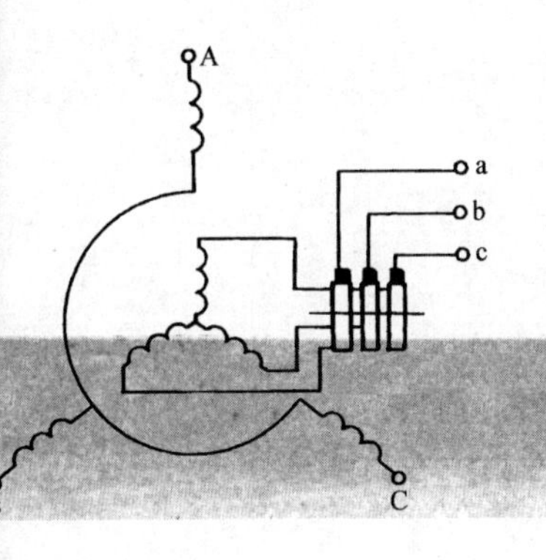

第5章 感应电机

本章主要研究定、转子之间依靠电磁感应作用，在转子内感应电流以实现机电能量转换的感应电机。感应电机一般都用作电动机，在少数场合下，也有用作发电机的。三相感应电动机在工业中应用极广，单相感应电动机则多用于家用电器。感应电机的结构简单、制造方便、价格便宜、运行可靠。其主要缺点是，功率因数恒为滞后，轻载时功率因数很低，另外，在调速性能方面比直流电机稍差。

下面先说明空载和负载时三相感应电动机内的磁动势和磁场，并导出感应电动机的基本方程和等效电路，接着分析它的运行特性和起动、调速问题，然后说明三相感应电动机在定子电压或转子电路不对称时的运行，以及单相感应电动机，最后介绍感应发电机和直线感应电动机。

5.1 三相感应电机的结构和运行状态

1. 三相感应电机的结构

三相感应电机由定子、转子和气隙三部分组成。

定子 定子由定子铁心、定子绕组和机座、端盖等部分组成。

定子铁心是主磁路的一部分。为了减少旋转磁场在铁心中所产生的涡流和磁滞损耗，铁心由厚0.5mm的硅钢片叠成，硅钢片两面常涂以绝缘漆作为片间绝缘。定子铁心有外压装与内压装两种方式，前者用硅钢片叠装、压紧成为一个整体后，再装到机座内；后者由扇形冲片在机座内拼成一层层整圆，并按层依次错位、叠装在机座内。

在定子铁心内圆，均匀地冲有许多形状相同的槽，用以嵌放定子绕组。定子绕组是定子的电路部分，用以从电源输入电能并产生气隙内的旋转磁场。小型感应电机通常采用半闭口槽和由高强度漆包线绕成的单层（散下式）绕组，线圈外包有槽绝缘，以与铁心隔离。半闭口槽可以减小主磁路的磁阻，使电机的激磁电流减少。另外，槽开口缩小，还可以减小气隙磁场的脉振，从而减小电动机的杂散损耗，但嵌线较不方便。中型低压感应电机通常采用半开口槽。中、大型高压感应电机都用开口槽，如图5-1所示，以便于嵌线。为了得到较好的电磁性能，中、大型感应电机都采用双层短距绕组。定子绕组的连接，中、小型电机大都采用三角形联结，高压大型电机则用星形联结。

机座两端装有端盖，端盖一方面可以对定子绕组的端部起到保护作用，另一方面端盖内装有轴承，对转子起到支撑作用。

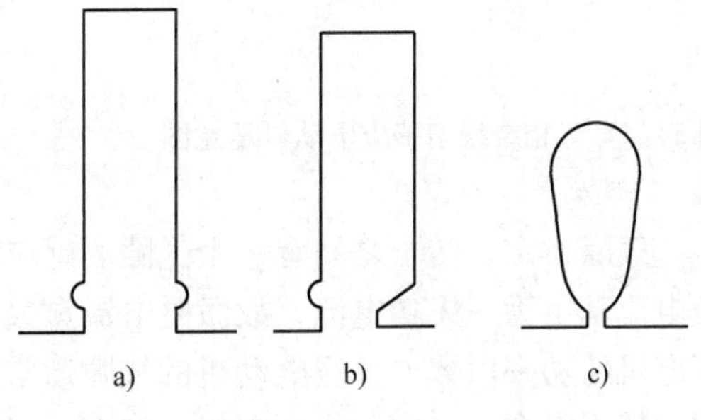

图5-1 定子铁心槽形
a）开口槽 b）半开口槽 c）半闭口槽

转子 转子由转子铁心、转子绕组和转轴组成。转子铁心也是主磁路的一部分，通常由厚0.5mm的硅钢片叠成，转子铁心固定在转轴或转子支架上，铁心的外表呈圆柱形。转子所产生的电磁转矩和机械功率通过转轴输出。

转子绕组是转子的电路部分，它分为笼型和绕线型两类。

笼型绕组是一个自行闭合的短路绕组，它由插入每个转子槽中的导条和两端的环形端环构成，如果去掉铁心，整个绕组形如一个“圆笼”，因此称为笼型绕组（见图5-2）。为节约用铜和提高生产率，小型笼型电机一般都用铸铝转子；对中、大型电机，由于铸铝质量不易保证，故采用铜条插入转子槽内、再在两端焊上端环的结构。笼型感应电机结构简单、制造方便，是一种经济、耐用的电机，所以应用极广。图5-3为一台小型笼型感应电动机的拆开图。

绕线型转子的槽内嵌有用绝缘导线组成的三相绕组，绕组的三个出线端接到装在轴上的三个集电环上，再通过电刷引出，如图5-4所示。这种转子的特点是，可以在转子绕组中接入外加电阻，以改善电动机的起动和调速性能。与笼型转子相比较，绕线型转子结构稍复杂，价格稍贵，通常用于要求起动电流小、起动转矩大，或需要调速的场合。图5－5所示为一台绕线型感应电动机的结构。

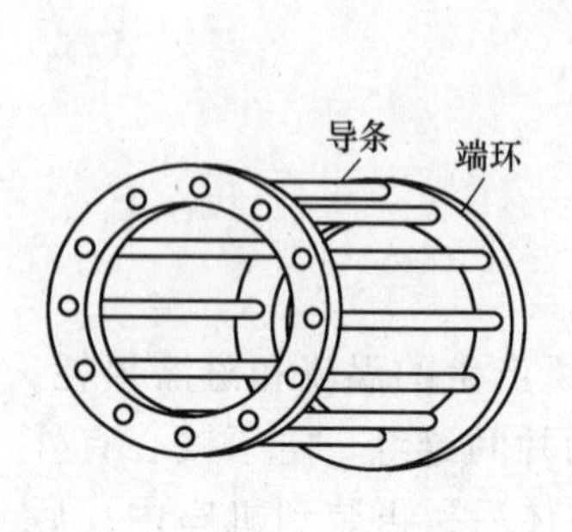

图5－2 笼型绕组

图5－3 小型三相笼型感应电动机

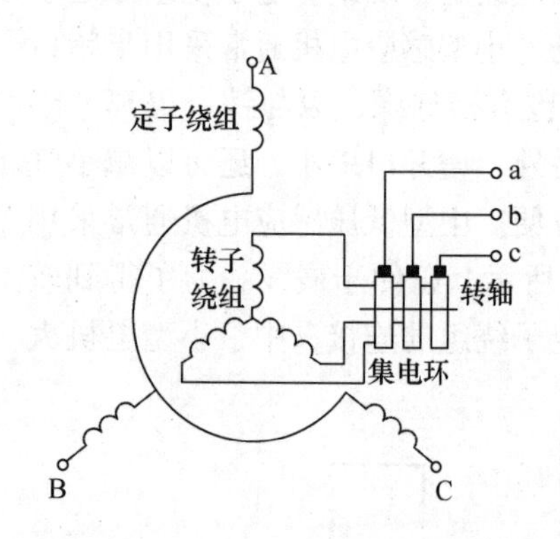

图5－4 三相绕线型感应电动机示意图

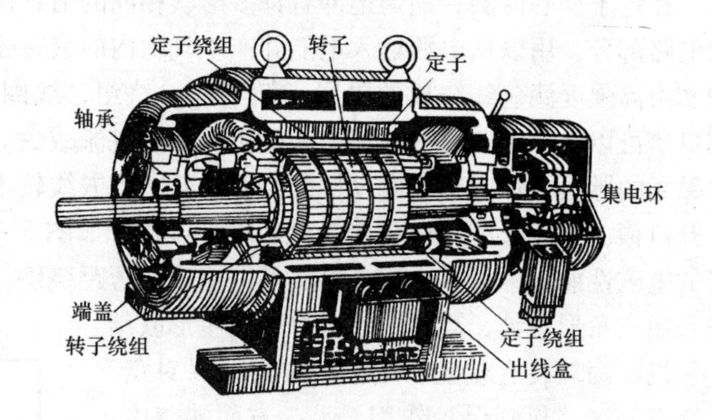

图5－5 三相绕线型感应电动机的结构

气隙 定、转子之间有一个气隙。感应电机的气隙主磁场是由激磁电流所产生，由于激磁电流基本为一无功电流，故激磁电流愈大，电机的功率因数就愈低。为减少激磁电流、提高电机的功率因数，感应电动机的气隙通常选得较小，但应注意不使电动机的装配发生困难和运转不安全。对中、小型电机，气隙一般为0.2～2mm。

2. 三相感应电机的运行状态

转差率 三相感应电机是通过流入定子绕组的三相电流产生气隙旋转磁场，再利用电磁感应原理，在转子绕组内感生电动势和电流，由气隙磁场与转子感应电流相互作用、产生电磁转矩，以实现机电间的能量转换。正常情况下，感应电机的转子转速总是略低或略高于旋转磁场的转速（同步转速 n_s），因此感应电机又称为“异步电机”。旋转磁场的转速 n_s 与转子转速 n 之差称为转差，用 Δn 表示，$\Delta n = n_s - n$。转差 Δn 与同步转速 n_s 的比值称为转差率，用 s 表示，即

$$s = \frac{n_s - n}{n_s} \tag{5-1}$$

转差率是表征感应电机运行状态和运行性能的一个基本变量。不难看出，当转子转速 $n=0$ 时，转差率 $s=1$；当转子为同步转速时，转差率 $s=0$。

感应电机的负载变化时，转子的转速和转差率将随之而变化，使转子导体中的感应电动势、电流和作用在转子上的电磁转矩发生相应的变化，以适应负载的需要。按照转差率的正、负和大小，感应电机有电动机、发电机和电磁制动三种运行状态，如图5-6所示。

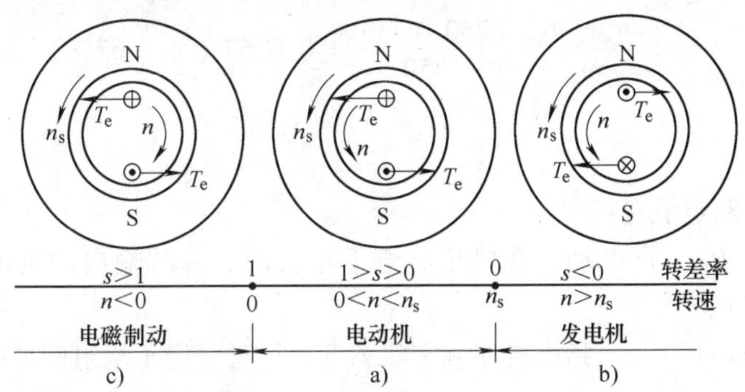

图5-6　感应电机的三种运行状态（图中N，S代表气隙旋转磁场的极性，•和×表示转子绕组内的感应电动势和转子电流有功分量的方向）

a）电动机状态　b）发电机状态　c）电磁制动状态

电动机状态　当转子转速低于旋转磁场的转速（$n_s>n>0$）时，转差率 $0<s<1$。若定子三相电流所产生的气隙旋转磁场（用N和S表示）为逆时针旋转，设想磁场为不动，转子导体向相反方向运动，根据右手定则，即可确定转子导体"切割"气隙磁场后，导体内感应电动势的方向，如图5-6a所示。由于转子绕组是短路的，转子导体中便有电流流过，转子电流的有功分量应与转子感应电动势同相，即上面的导体为流入（用⊗表示），下面的导体为流出（用⊙表示）。转子感应电流的有功分量与气隙磁场相互作用，将产生电磁力和电磁转矩。根据左手定则，此时电磁转矩的方向将与转子转向相同，即电磁转矩为驱动性质的转矩，如图5-6a所示。此时电机从电网输入电功率，通过电磁感应作用，由转子输出机械功率，电机处于电动机状态。

发电机状态　若电机用原动机驱动，使转子转速高于旋转磁场转速（即 $n>n_s$），则转差率 $s<0$。此时转子导体"切割"气隙磁场的方向将与电动机时相反，故转子导体中的感应电动势以及转子电流的有功分量，也将与电动机状态时相反，即上面导体为流出，下面导体为流入；因此电磁转矩的方向将与旋转磁场和转子转向两者相反，如图5-6b所示，此时电磁转矩成为制动性质的转矩。为使转子持续以高于旋转磁场的转速旋转，原动机的驱动转矩必须能够克服制动的电磁转矩。此时转子从原动机输入机械功率，通过电磁感应作用由定子输出电功率，电机处于发电机状态。

电磁制动状态　若由机械原因或其他外因，使转子逆着旋转磁场方向反向旋转（$n<0$），则转差率将变成 $s>1$。此时转子导体"切割"气隙磁场的相对速度方向，与电动机状态时相同，故转子导体中感应电动势和电流有功分量的方向，与电动机状态时相同，如图5-6c所示，电磁转矩的方向也与电动机状态时相同；但由于转子转向改变，故对转子而言，此电磁转矩将表现为制动转矩。此时电机处于电磁制动状态，它一方面从轴上输入机械功率，同时又从电网输入电功率，两者都变成电机内部的损耗。

【例 5-1】 有一台 50Hz 的感应电动机，其额定转速 $n_N = 730\text{r/min}$，试求该机的额定转差率。

解 已知额定转速为 730r/min，因电动机的额定转速略低于同步转速，故知该机的同步转速为 750r/min，极数 $2p = 8$。于是，额定转差率 s_N 为

$$s_N = \frac{n_s - n_N}{n_s} = \frac{750 - 730}{750} = 0.0267\ (\text{即}\ 2.67\%)$$

3. 额定值

感应电动机的额定值有：

(1) 额定功率 P_N 指电动机在额定状态下运行时，轴端输出的机械功率，单位为瓦（W）或千瓦（kW）。

(2) 定子额定电压 U_{1N} 指电机在额定状态下运行时，定子绕组应加的线电压，单位为伏（V）。

(3) 定子额定电流 I_{1N} 指电机在额定电压下运行，输出功率达到额定功率时，流入定子绕组的线电流，单位为安（A）。

(4) 额定功率因数 $\cos\varphi_N$ 指电机在额定状态下运行时，定子边的功率因数。

(5) 额定频率 f_N 指加于定子边的电源频率，我国工频多为 50Hz。对于采用变频调速或其他具有专门用途的电动机，额定频率常在 12.5～70Hz 之间。

(6) 额定转速 n_N 指电机在额定状态下运行时转子的转速，单位为转/分(r/min)。

除上述数据外，铭牌上有时还标明额定运行时电机的效率、温升、定额等。对绕线型电机，还常标出转子电压和转子的额定电流等数据。

5.2 三相感应电动机的磁动势和磁场

为了弄清空载和负载时三相感应电动机内部的物理情况，下面先分析空载和负载运行时电动机内的磁动势和磁场。为简单计，设转子绕组为三相绕线型。

1. 空载运行时电动机内的磁动势和磁场

空载运行时的磁动势 当三相感应电动机的定子接到对称的三相正序电压时，定子绕组中就将流过一组对称的三相正序电流 $\dot{I}_{1A}$、$\dot{I}_{1B}$ 和 $\dot{I}_{1C}$（下标 1 代表定子），于是定子绕组将产生一个正向同步旋转的基波旋转磁动势 $\boldsymbol{F}_{10}$（下标 0 表示空载）。在 $\boldsymbol{F}_{10}$ 的作用下，将产生通过气隙的主磁场 $\boldsymbol{B}_m$，$\boldsymbol{B}_m$ 以同步转速 n_s 旋转，并“切割”转子绕组，使转子绕组内产生一组对称的三相感应电动势 $\dot{E}_{2a}$、$\dot{E}_{2b}$ 和 $\dot{E}_{2c}$（下标 2 表示转子）和三相电流 $\dot{I}_{2a}$、$\dot{I}_{2b}$ 和 $\dot{I}_{2c}$。气隙磁场和转子电流相互作用将产生电磁转矩，使转子顺着旋转磁场的方向转动起来。

空载运行时，转子转速非常接近于同步转速，此时旋转磁场“切割”转子导体的相对

速度接近于零，所以转子电流很小，可近似认为 $\dot{I}_2\approx0$。因此空载运行时，定子磁动势$\boldsymbol{F}_{10}$基本上就是产生气隙主磁场$\boldsymbol{B}_{\mathrm{m}}$的激磁磁动势$\boldsymbol{F}_{\mathrm{m}}$，空载时的定子电流 $\dot{I}_{10}$（简称空载电流）就近似等于激磁电流 $\dot{I}_{\mathrm{m}}$[㊀]。计及铁心损耗时，$\boldsymbol{B}_{\mathrm{m}}$ 在空间滞后于 $\boldsymbol{F}_{\mathrm{m}}$ 以铁心损耗角 α_{Fe}，如图5-7所示。

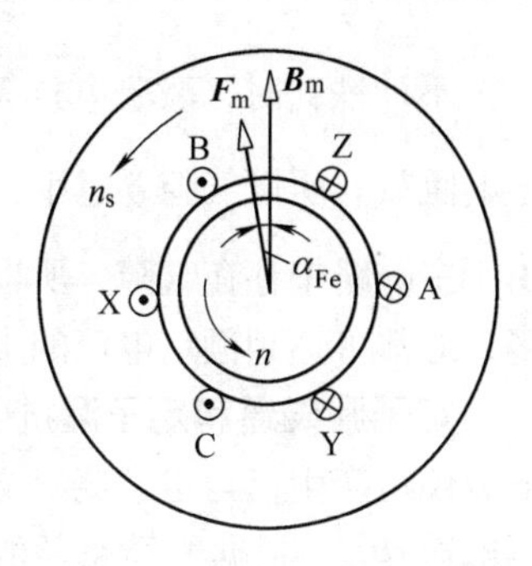

图5-7 感应电动机的激磁磁动势和气隙主磁场

主磁通和激磁阻抗 气隙中的主磁场 $\boldsymbol{B}_{\mathrm{m}}$ 以同步转速旋转时，主磁通 $\dot{\Phi}_{\mathrm{m}}$将在定子绕组中感生电动势 $\dot{E}_1$（$\dot{E}_1$为对称三相电动势，现取其中A相一相来分析），

$$\dot{E}_1 = -\mathrm{j}\,4.44 f_1 N_1 k_{\mathrm{w1}} \dot{\Phi}_{\mathrm{m}} \tag{5-2}$$

主磁通是通过气隙并同时与定、转子绕组相交链的磁通，它经过的磁路（称为主磁路）包括气隙、定子齿、定子轭、转子齿、转子轭等五部分，如图5-8中虚线所示。通过磁路计算，可得电机的磁化曲线，即主磁通 Φ_{m}与激磁电流 I_{m} 之间的关系Φ_{m}（或 E_1）$=f(I_{\mathrm{m}})$，如图5-9所示。由于额定相电压 $U_{\phi\mathrm{N}}$通常在磁化曲线的膝点附近，所以膝点以下的磁化曲线，通常可以用一条通过原点 O 和额定相电压点 A 的直线去代替，此时主磁通 $\dot{\Phi}_{\mathrm{m}}$将与激磁电流$\dot{I}_{\mathrm{m}}$ 成正比。于是 $\dot{E}_1$与$\dot{I}_{\mathrm{m}}$ 的关系可用激磁方程表示为

$$\dot{E}_1 = -\dot{I}_{\mathrm{m}} Z_{\mathrm{m}} = -\dot{I}_{\mathrm{m}}(R_{\mathrm{m}} + \mathrm{j}X_{\mathrm{m}}) \tag{5-3}$$

式中，Z_{m} 称为激磁阻抗，它是表征铁心线圈的磁化特性、电磁感应关系和铁耗的一个综合参数；X_{m} 称为激磁电抗，它是表征铁心线圈磁化性能的一个等效电抗；R_{m} 称为激磁电阻，它是表征铁心损耗的一个等效电阻。

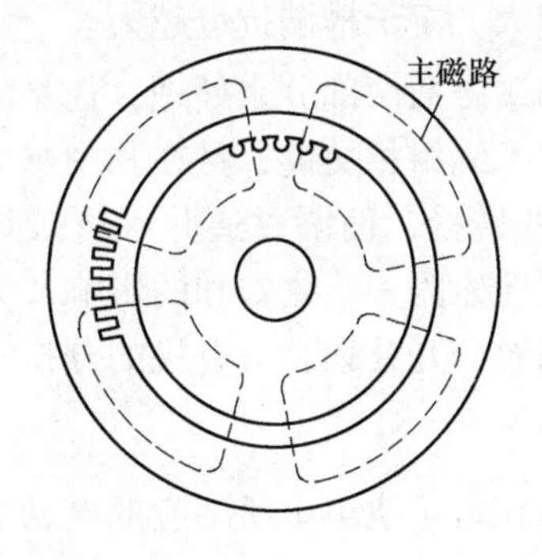

图5-8 感应电机中主磁通所经过的磁路（$2p=4$）

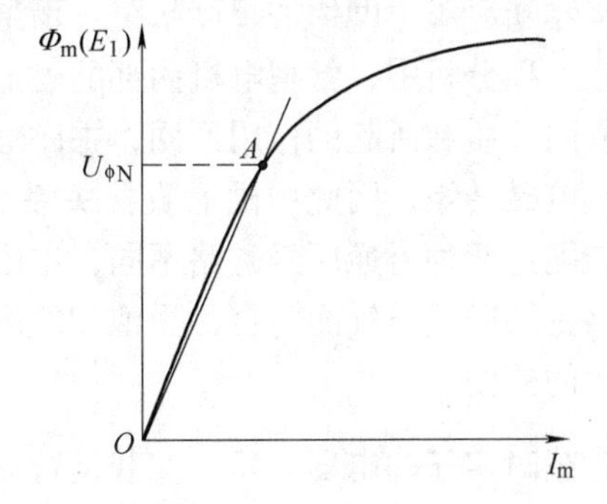

图5-9 主磁路的磁化曲线

㊀ 理论上仅当转子达到同步转速，转子的感应电流 $\dot{I}_2=0$ 时，定子的空载电流才等于激磁电流，即 $\dot{I}_{10(\mathrm{i})}=\dot{I}_{\mathrm{m}}$，这种情况称为理想空载情况。

不计铁耗时，激磁电抗 $X_m \propto f_1 N_1^2 \Lambda_m$，其中 Λ_m 为主磁路的磁导，$\Lambda_m \propto \mu_0 \frac{\tau l}{\delta}$，$N_1$ 为定子绕组的匝数。所以气隙 δ 越小，激磁电抗 X_m 就越大，在同一定子电压下，激磁电流 I_m 就越小。由于主磁路中存在气隙，所以在额定电压下工作时，感应电机的激磁电流 I_m 要比变压器大得多，通常可达到额定电流的 15%～40%。

定子漏磁通和定子漏抗 除主磁通 Φ_m 外，定子电流还将产生仅与定子绕组交链而不进入转子的定子漏磁通 $\Phi_{1\sigma}$。根据所经路径的不同，定子漏磁通又可分为槽漏磁、端部漏磁和谐波漏磁等三部分。图 5－10a 和 b 分别示出了定子绕组在槽内部分所产生的槽漏磁，和端接部分所产生的端部漏磁的示意图。从图可见，这两者的漏磁路中，空气的磁阻占据了整个磁阻的主要部分。气隙中的高次谐波磁场（空间谐波），虽然它们也通过气隙，但是与主磁场在转子中所感应的电流其频率互不相同，因此不会产生有用的电磁转矩；另一方面，它们将在定子绕组中感应基波频率的电动势，其效果与定子漏磁相类似，因此通常把它作为定子漏磁通的一部分来处理，称为谐波漏磁。

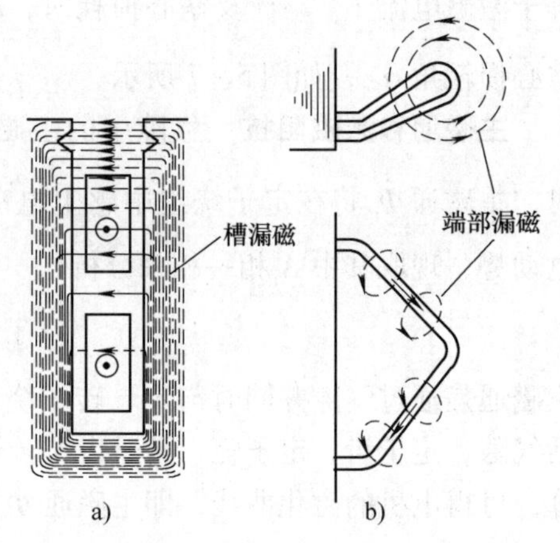

图 5－10 定子漏磁通
a）槽漏磁 b）端部漏磁

定子漏磁通 $\dot{\Phi}_{1\sigma}$将在定子绕组中感应漏磁电动势 $\dot{E}_{1\sigma}$。把 $\dot{E}_{1\sigma}$作为负漏抗压降来处理，可得

$$\dot{E}_{1\sigma} = -\mathrm{j}\dot{I}_1 X_{1\sigma} \tag{5-4}$$

式中，$\dot{I}_1$为定子电流；$X_{1\sigma}$为定子一相的漏磁电抗，简称定子漏抗。和其他电抗相类似，定子漏抗 $X_{1\sigma}=2\pi f_1 L_{1\sigma}$，其中 $L_{1\sigma}$为定子的漏磁电感，简称定子漏感，$L_{1\sigma}=N_1^2\Lambda_{1\sigma}$，$\Lambda_{1\sigma}$为定子的漏磁磁导。定子的槽形越深越窄，槽漏磁的磁导就越大，定子槽漏抗也越大。

在工程分析中，常把电机内部的磁通分成主磁通和漏磁通两部分来处理，这是因为：一则它们的性质和所起的作用不同，主磁通同时与定、转子绕组相交链，且在其中感应电动势并产生电磁转矩，因此主磁通直接关系到机电能量间的转换，而漏磁通并不直接具有此作用；二则这两种磁通所经磁路不同，主磁路是一个非线性磁路，受磁饱和的影响较大，而漏磁磁路主要通过空气而闭合，受饱和的影响较小。把两者分开处理，对电机的分析常常会带来很大的方便。

空载时定子的电压方程 空载运行时，除了主磁通在定子绕组中所感应的电动势$\dot{E}_1$、定子漏磁通所产生的漏抗压降 $\mathrm{j}\dot{I}_{10}X_{1\sigma}$之外，定子绕组内还有电阻压降 $\dot{I}_{10}R_1$。设定子每相的端电压为 $\dot{U}_1$，根据基尔霍夫第二定律，可得空载时定子的电压方程为

$$\left.\begin{aligned}\dot{U}_1 &= \dot{I}_{10}(R_1+\mathrm{j}X_{1\sigma})-\dot{E}_1\\ \dot{E}_1 &= -\dot{I}_m Z_m\end{aligned}\right\} \tag{5-5}$$

式中，$\dot{I}_{10}$为定子的空载电流，$\dot{I}_{10}$比激磁电流 $\dot{I}_m$略大。

2. 负载运行时转子和定子的磁动势及磁场

转子磁动势 当感应电动机带上负载时，电机的转速将从空载转速 n_0 下降到转速 n，与此同时，转子绕组的感应电动势和电流将会增大。若气隙旋转磁场为正向旋转（即从A相→B相→C相），转子绕组为对称三相绕组，则转子的感应电动势和电流也将是正相序；流有三相正序电流的三相转子绕组，将产生正向旋转的转子磁动势 $\boldsymbol{F}_2$。下面来看 $\boldsymbol{F}_2$ 的幅值、转速和相位。

若转子的每相匝数为 N_2，绕组因数为 k_{w2}，转子电流为 I_2，极对数为 p，则 $\boldsymbol{F}_2$ 的幅值应为 $F_2=\frac{3}{2}\times 0.9\frac{N_2k_{w2}I_2}{p}$。

再看 $\boldsymbol{F}_2$ 的转速。设转子转速为 n，则气隙旋转磁场 $\boldsymbol{B}_m$ 将以 $\Delta n=n_s-n=sn_s$ 的相对速度"切割"转子绕组（见图5-11），Δn 称为转差。此时转子绕组的感应电动势 $\dot{E}_{2s}$和转子电流 $\dot{I}_{2s}$的频率 f_2 应为

$$f_2=\frac{p\Delta n}{60}=\frac{pn_s}{60}s=sf_1 \tag{5-6}$$

f_2 称为转差频率。频率为 f_2 的转子电流将产生转子旋转磁动势 $\boldsymbol{F}_2$，$\boldsymbol{F}_2$ 相对于转子的转速 n_2 为

$$n_2=\frac{60f_2}{p}=\frac{60sf_1}{p}=sn_s=\Delta n \tag{5-7}$$

由于转子本身以转速 n 在旋转，因此从定子侧观察时，$\boldsymbol{F}_2$ 在空间的转速应为

$$n_2+n=\Delta n+n=n_s \tag{5-8}$$

式（5-8）表明，无论转子的实际转速是多少，转子磁动势 $\boldsymbol{F}_2$ 在空间的转速总是等于同步转速 n_s，并与定子磁动势 $\boldsymbol{F}_1$ 保持相对静止。定子磁动势和转子、转子磁动势之间的速度关系，如图5-11所示。

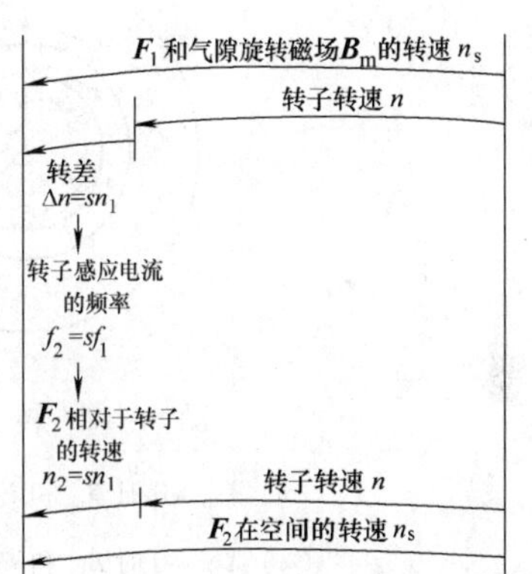

图5-11 定、转子磁动势的转速和转子转速

由第4章可知，定、转子磁动势保持相对静止是产生恒定电磁转矩的必要条件。对称稳态运行时，三相感应电机在任何转速下，$\boldsymbol{F}_1$ 和 $\boldsymbol{F}_2$ 均能保持相对静止，并产生恒定的电磁转矩，这是它的一个可贵特点。

【例5-2】 有一台50Hz、三相、四极的感应电动机，正常运行时转子的转差率 $s=5\%$，试求：（1）此时转子电流的频率；（2）转子磁动势相对于转子的转速；（3）转子磁动势在空间的转速。

解

（1）转子电流的频率

$$f_2=sf_1=0.05\times 50\text{Hz}=2.5\text{Hz}$$

（2）转子磁动势相对于转子的转速

$$n_2=\frac{60f_2}{p}=\frac{60\times 2.5}{2}\text{r/min}=75\text{r/min}$$

（3）由于转子转速 $n = n_s(1 - s) = 1500(1 - 0.05)\text{r/min} = 1425\text{r/min}$，所以转子磁动势在空间的转速应为 $(1425 + 75)\text{r/min} = 1500\text{r/min}$，即为同步转速。

最后来研究转子磁动势 $\boldsymbol{F}_2$ 的空间相位。图 5－12 表示转子为三相绕线型转子的情况。为简单计，每相用一个集中线圈来表示，a 相为 ax，b 相为 by，c 相为 cz；气隙主磁场 $\boldsymbol{B}_m$ 为正弦分布，并以同步转速 n_s 在气隙中推移。设转子转速为 n，则 $\boldsymbol{B}_m$ 将以转差速度 Δn “切割”转子绕组；图 5－12a 所示瞬间恰好是 a 相感应电动势达到最大值时的位置，导体 a 中的电动势为穿出纸面的方向，用⊙表示，导体 x 中的电动势为进入纸面的方向，用⊗表示。下面分成转子漏抗 $X_{2\sigma}=0$（图 5－12a 和 b）和 $X_{2\sigma}\neq 0$（图 5－12c 和 d）两种情况来说明。

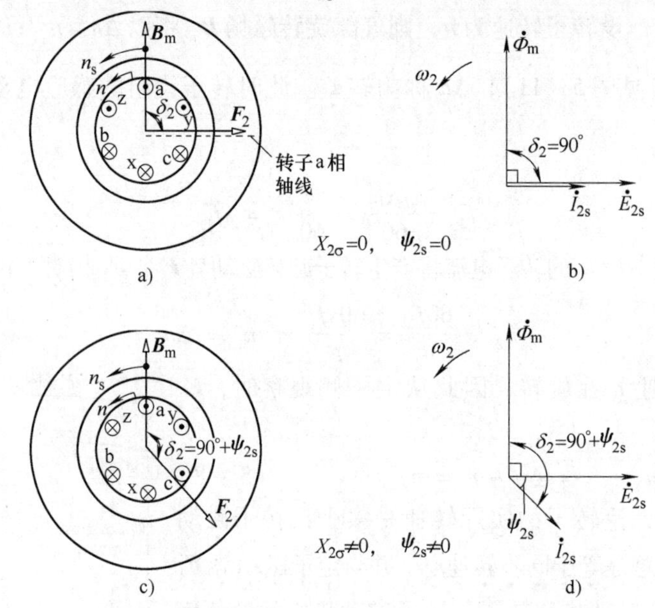

图 5－12　转子磁动势 $\boldsymbol{F}_2$ 与气隙主磁场 $\boldsymbol{B}_m$ 在空间的相对位置

a）$X_{2\sigma}=0$ 时 $\boldsymbol{B}_m$ 和 $\boldsymbol{F}_2$ 的空间矢量图　b）$X_{2\sigma}=0$ 时 $\dot{\Phi}_m$ 和 $\dot{I}_{2s}$ 的时间相量图

c）$X_{2\sigma}\neq 0$ 时 $\boldsymbol{B}_m$ 和 $\boldsymbol{F}_2$ 的空间矢量图　d）$X_{2\sigma}\neq 0$ 时 $\dot{\Phi}_m$ 和 $\dot{I}_{2s}$ 的时间相量图

若转子漏抗 $X_{2\sigma}=0$，即转子为纯电阻电路，则转子电流 $\dot{I}_{2s}$ 应与感应电动势 $\dot{E}_{2s}$ 同相，如图 5－12b的相量图所示，于是 a 相感应电动势为最大时，该相电流也为最大。从第 4 章中得知，当 a 相电流达到最大时，转子三相基波磁动势 $\boldsymbol{F}_2$ 的辐值（轴线）应与 a 相绕相轴线重合，如图 5－12a 所示，于是气隙磁场 $\boldsymbol{B}_m$ 与转子基波磁动势 $\boldsymbol{F}_2$ 之间的夹角 $\delta_2=90°$。实际上转子总有漏抗，因此转子电流 $\dot{I}_{2s}$ 将滞后于感应电动势 $\dot{E}_{2s}$ 一个阻抗角 ψ_{2s}，如图 5－12d 所示；所以 a 相电流将在该相电动势达到最大值以后，再经过相当于 ψ_{2s} 电角度的时间，才达到其最大值，也就是说，转子磁动势 $\boldsymbol{F}_2$ 的位置应在图 5－12c 所示位置（即比图 5－12a 所示位置滞后 ψ_{2s} 角）。所以考虑到转子漏抗时，气隙主磁场 $\boldsymbol{B}_m$ 和转子磁动势 $\boldsymbol{F}_2$ 之间的空间夹角 δ_2 应为 $90° + \psi_{2s}$。

从图 5－12 还可以看出，在同一瞬间，如把时间相量图中链过 a 相的主磁通相量 $\dot{\Phi}_m$，与空间矢量图中主磁场的矢量 $\boldsymbol{B}_m$ 取作同一方向（例如均取为铅垂向上方向），则时间相量图中转子电流 $\dot{I}_{2s}$ 的方向，将与空间矢量图中 $\boldsymbol{F}_2$ 的方向一致；因此一旦得知 $\dot{\Phi}_m$ 与 $\dot{I}_{2s}$ 之间的时间相位关系，即可知道 $\boldsymbol{B}_{\mathrm{m}}$ 与 $\boldsymbol{F}_2$ 之间的空间相位关系。这一性质称为时间相量图与空间矢量图的统一性。

注意，这里一定要把相量图和矢量图分清。相量图中的每个相量都是某一相（通常为A相或a相）的时间相量，矢量图中的矢量则是空间矢量，并且大多是三相的合成矢量。为加以区别，空间矢量本书用黑体字来表示，图形上用具有空心箭头的矢量来表示。

转子反应 负载时转子磁动势的基波对气隙主磁场的影响，称为转子反应。

转子反应有两个作用：其一是使气隙主磁场的大小和空间相位发生变化，从而引起定子感应电动势 $\dot{E}_1$ 和定子电流 $\dot{I}_1$ 发生变化；所以感应电机负载以后，定子电流中除激磁分量 $\dot{I}_{\mathrm{m}}$ 以外，还将出现一个补偿转子磁动势的“负载分量” $\dot{I}_{1\mathrm{L}}$，即

$$\dot{I}_1 = \dot{I}_{\mathrm{m}} + \dot{I}_{1\mathrm{L}} \tag{5-9}$$

此 $\dot{I}_{1\mathrm{L}}$ 所产生的磁动势 $\boldsymbol{F}_{1\mathrm{L}}$ 与转子磁动势 $\boldsymbol{F}_2$ 大小相等、方向相反，使气隙内的主磁场基本保持不变，即

$$\boldsymbol{F}_{1\mathrm{L}} = -\boldsymbol{F}_2 \tag{5-10}$$

由于负载分量 $\dot{I}_{1\mathrm{L}}$ 的出现，定子将从电源输入一定的电功率。转子反应的另一个作用是，转子磁动势与气隙主磁场相互作用，将产生一定的电磁转矩，以带动轴上的机械负载。这样，通过气隙中的旋转磁场和定、转子绕组之间的电磁感应关系，以及转子反应的作用，使三相感应电机中的机电能量转换得以实现。

由于能量转换主要发生于转子，所以感应电机的转子实质上是电机的电枢，转子反应实质上就是电枢反应。

负载运行时的磁动势方程 负载时，定子磁动势 $\boldsymbol{F}_1$ 可以分为两部分：一部分是产生主磁通的激磁磁动势 $\boldsymbol{F}_{\mathrm{m}}$，另一部分是抵消转子磁动势的负载分量 $\boldsymbol{F}_{1\mathrm{L}}$，即

$$\boldsymbol{F}_1 = \boldsymbol{F}_{\mathrm{m}} + \boldsymbol{F}_{1\mathrm{L}} = \boldsymbol{F}_{\mathrm{m}} + (-\boldsymbol{F}_2)$$

由此可得

$$\boldsymbol{F}_1 + \boldsymbol{F}_2 = \boldsymbol{F}_{\mathrm{m}} \tag{5-11}$$

式(5-11)就是负载运行时感应电机的磁动势方程。式(5-11)表明，负载时作用在电动机主磁路上、用以产生气隙主磁场的激磁磁动势，是定、转子绕组的合成磁动势。

以后可以知道[见式(5-33)]，经过频率归算和绕组归算，式(5-11)可以改写成下列用电流表示的形式，即

$$\dot{I}_1 + \dot{I}_2' = \dot{I}_{\mathrm{m}}$$

式中，$\dot{I}_2'$ 为归算到定子边时转子电流的归算值，而 $\dot{I}_{1\mathrm{L}} = -\dot{I}_2'$。

图5-13示出了负载时的气隙磁场 $\boldsymbol{B}_{\mathrm{m}}$ 和定、转子磁动势 $\boldsymbol{F}_1$、$\boldsymbol{F}_2$ 与激磁磁动势 $\boldsymbol{F}_{\mathrm{m}}$ 的空间矢量图，以及主磁通 $\dot{\Phi}_{\mathrm{m}}$ 与激磁电流 $\dot{I}_{\mathrm{m}}$、转子电流 $\dot{I}_2$ 的时间相量图。在图5-13中，把 $\boldsymbol{B}_{\mathrm{m}}$ 和 $\dot{\Phi}_{\mathrm{m}}$ 取为同一方向，于是根据时间相量图和空间矢量图的统一性可知，$\boldsymbol{F}_{\mathrm{m}}$ 与 $\dot{I}_{\mathrm{m}}$ 为同一方向，$\boldsymbol{F}_2$ 和 $\dot{I}_2$ 为同一方向。

转子漏磁通和转子漏抗 转子电流除产生转子磁动势 $\boldsymbol{F}_2$ 和转子反应外，还将产生仅与转子绕组相交链的转子漏磁通 $\dot{\Phi}_{2\sigma}$，$\dot{\Phi}_{2\sigma}$ 将在转子绕组中感应漏磁电动势 $\dot{E}_{2\sigma s}$。由于转子频

率为$f_2(f_2 = sf_1)$，故 $\dot{E}_{2\sigma S}$为

$$\dot{E}_{2\sigma S} = -\mathrm{j}\dot{I}_2 2\pi s f_1 L_{2\sigma} = -\mathrm{j}\dot{I}_2 X_{2\sigma S} \tag{5-12}$$

式中，$L_{2\sigma}$为转子每相的漏磁电感；$X_{2\sigma S}$为转子频率等于f_2时的转子漏抗，即

$$X_{2\sigma S} = 2\pi f_2 L_{2\sigma} = 2\pi s f_1 L_{2\sigma} = sX_{2\sigma} \tag{5-13}$$

$X_{2\sigma}$为转子频率等于f_1(即转子不转)时，转子的漏抗。

图5－14所示为一台三相六极的感应电动机在负载时的磁场分布图。

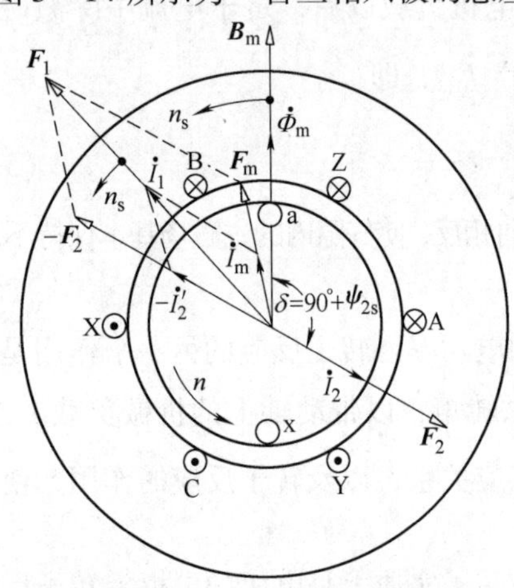

图5－13　$\boldsymbol{F}_1$、$\boldsymbol{F}_2$ 和 $\boldsymbol{F}_m$ 的空间矢量图与 $\dot{I}_1$、$\dot{I}_2'$和$\dot{I}_m$ 的时间相量图

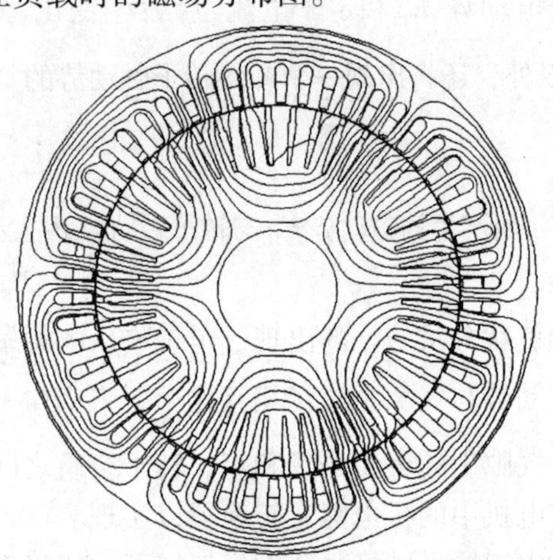

图5－14　三相六极感应电动机在负载时的磁场分布图($2p=6$)

5.3　三相感应电动机的电压方程和等效电路

在弄清感应电动机内部物理情况的基础上，本节将进一步导出三相感应电动机的电压方程和等效电路。为简单计，设定、转子绕组均为三相星形联结，电源电压为对称的三相电压。

1. 电压方程

定子电压方程　以同步转速旋转的气隙旋转磁场(主磁场)，将在定子三相绕组内感生一组频率为f_1的对称三相电动势 $\dot{E}_1$。根据基尔霍夫定律，定子每相所加的电源电压 $\dot{U}_1$，应当等于$-\dot{E}_1$加上定子电流所产生的漏阻抗压降 $\dot{I}_1(R_1 + \mathrm{j}X_{1\sigma})$。由于三相对称，故仅需分析其中的一相(取A相)即可。于是，定子的电压方程为

$$\dot{U}_1 e^{\mathrm{j}\omega_1 t} = \dot{I}_1 e^{\mathrm{j}\omega_1 t}(R_1 + \mathrm{j}X_{1\sigma}) - \dot{E}_1 e^{\mathrm{j}\omega_1 t} \tag{5-14}$$

或

$$\dot{U}_1 = \dot{I}_1(R_1 + \mathrm{j}X_{1\sigma}) - \dot{E}_1 \tag{5-15}$$

式中，R_1 和 $X_{1\sigma}$分别为定子每相的电阻和漏抗，而

$$\dot{E}_1 = -\dot{I}_m Z_m \tag{5-16}$$

转子电压方程　气隙主磁场除了在定子绕组内感生电动势 $\dot{E}_1$，还将在旋转的转子绕组内感生转差频率$f_2 = sf_1$的电动势 $\dot{E}_{2s}$，$\dot{E}_{2s}$的有效值E_{2s}为

$$E_{2s} = 4.44 s f_1 N_2 k_{w2} \Phi_m \tag{5-17}$$

当转子静止不转($s=1$)时，转子每相的感应电动势 E_2 为

$$E_2 = 4.44 f_1 N_2 k_{w2} \Phi_m \tag{5-18}$$

从式(5-17)和式(5-18)不难看出，在数值上

$$E_{2s} = sE_2 \tag{5-19}$$

即转子感应电动势的有效值 E_{2s} 与转差率 s 成正比，s 越大，主磁场“切割”转子绕组的相对速度越大，E_{2s} 就越大。

感应电机的转子绕组通常为短接，此时端电压 $U_2=0$，若转子电流为 $\dot{I}_{2s}$，根据基尔霍夫第二定律可知，转子绕组的感应电动势 $\dot{E}_{2s}$ 应当等于转子的电阻和漏抗压降两者之和，由此可得转子一相(a 相)的电压方程为

$$\dot{E}_{2s} e^{j\omega_2 t} = \dot{I}_{2s} e^{j\omega_2 t} (R_2 + jsX_{2\sigma}) \tag{5-20}$$

或

$$\dot{E}_{2s} = \dot{I}_{2s} (R_2 + jsX_{2\sigma}) \tag{5-21}$$

式中，R_2 为转子每相的电阻。转子电流的有效值 I_{2s} 和相角 ψ_{2s} 分别为

$$\left.\begin{aligned} I_{2s} &= \frac{E_{2s}}{\sqrt{R_2^{\ 2} + (sX_{2\sigma})^2}} = \frac{sE_2}{\sqrt{R_2^{\ 2} + (sX_{2\sigma})^2}} \\ \psi_{2s} &= \arctan \frac{sX_{2\sigma}}{R_2} \end{aligned}\right\} \tag{5-22}$$

归纳起来，链过定子和转子绕组的各个磁通，及其相应的感应电动势如下所示：

定子 $\dot{I}_1$ → $\dot{\Phi}_{1\sigma}$ → $\dot{E}_{1\sigma}$ ($\dot{E}_{1\sigma} = -j\dot{I}_1 X_{1\sigma}$) } 定子绕组内

$\dot{I}_1$ → $\boldsymbol{F}_1$；$\boldsymbol{F}_1$、$\boldsymbol{F}_2$ → $\boldsymbol{F}_m$ → $\dot{\Phi}_m$ → $\dot{E}_1$、$\dot{E}_{2s}$

转子 $\dot{I}_{2s}$ → $\dot{\Phi}_{2\sigma}$ → $\dot{E}_{2\sigma s}$ ($\dot{E}_{2\sigma s} = -j\dot{I}_{2s} X_{2\sigma s}$) } 转子绕组内

$\dot{I}_{2s}$ → $\boldsymbol{F}_2$

图5-15为与式(5-15)和式(5-21)相应的定、转子耦合电路图，其中定子频率为 f_1，转子频率为 f_2，定子电路和旋转的转子电路通过气隙旋转磁场(主磁场)相耦合。

2. 等效电路

从图5-15可见，由于定、转子频率不同，相数⊖和有效匝数也不同，故定、转子电路无法联在一起。为得到定、转子统一的等效电路，必须把转子的频率变换为定子频率，转子的相数、有效匝数变换为定子的相数和有效匝数，即进行频率归算和绕组归算。频率归算和绕组归算的原则是，转子磁动势 $\boldsymbol{F}_2$ 的空间转速、幅值和空间相位均应保持不变，即归算前、

⊖ 绕线型转子的相数与定子相同，笼型转子的相数则与定子不同，见5.5节。

后转子应当具有同样的转子反应。

频率归算　式(5－20)的频率为f_2，为了把它变换为定子频率，并使转子磁动势$\boldsymbol{F}_2$保持不变，只要把该式的两端同时乘以$\frac{1}{s}$ $e^{j(\omega_1-\omega_2)t}$，其中$e^{j(\omega_1-\omega_2)t}$为转子旋转所引起的定、转子电压和电流的差频相量，$\frac{1}{s}$为使$\boldsymbol{F}_2$保持不变而引入的因子；由此可得

$$\dot{E}_2 e^{j\omega_1 t} = \dot{I}_2 e^{j\omega_1 t}\left(\frac{R_2}{s} + jX_{2\sigma}\right) \qquad (5-23)$$

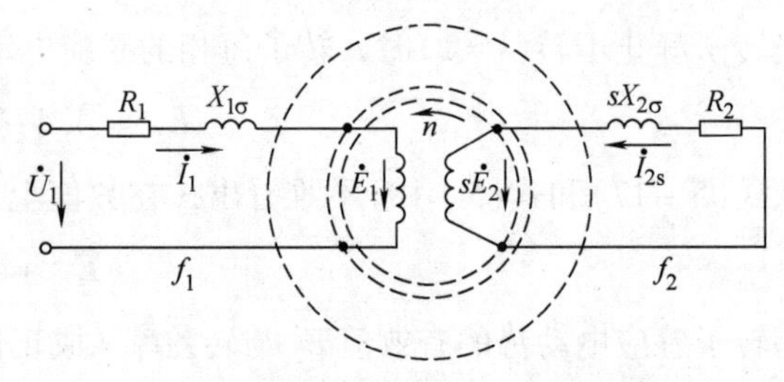

图 5－15　感应电动机定、转子耦合电路示意图(取 A、a 一相)

或

$$\dot{E}_2 = \dot{I}_2\left(\frac{R_2}{s} + jX_{2\sigma}\right) \qquad (5-24)$$

其中$\dot{I}_2$的有效值I_2和相位角ψ_2分别为

$$I_2 = \frac{E_2}{\sqrt{\left(\frac{R_2}{s}\right)^2 + X_{2\sigma}^{\ 2}}} \qquad \psi_2 = \arctan\frac{X_{2\sigma}}{R_2/s} \qquad (5-25)$$

注意，此时式(5－24)中的$\dot{I}_2$其频率已从f_2变成f_1，但$\dot{I}_2$的有效值和相位仍与$\dot{I}_{2s}$相同(见式5－22)，这一步就称为频率归算。频率归算的物理意义是，用一个静止且电阻为$\frac{R_2}{s}$的等效转子，去代替电阻为R_2的实际旋转的转子，等效转子与实际转子具有同样的转子磁动势$\boldsymbol{F}_2$(同空间转速、同幅值、同空间相位)。下面对此作进一步的说明。

就转子磁动势$\boldsymbol{F}_2$在空间的转速而言，实际转子所产生的磁动势在空间以同步转速旋转；频率归算以后，转子变为静止，相应地，转子电流的频率变为f_1，所以静止转子所产生的磁动势在空间也以同步转速旋转。就$\boldsymbol{F}_2$的幅值和空间相位而言，幅值$F_2=\frac{m_2}{2}\times 0.9\frac{N_2k_{w2}I_2}{p}$；它与主磁场$\boldsymbol{B}_m$间的相位差，视转子的阻抗角$\psi_{2s}$而定。由于频率归算前、后，转子电流的有效值及其阻抗角都没有变化，所以转子磁动势的幅值和相位也将保持不变。这说明频率归算前、后，转子反应是相同的，由于转子反应相同，所以定子的所有物理量以及定子传送到转子的功率，也将保持不变。

频率归算后，转子电阻由原来的R_2变成$\frac{R_2}{s}$。把$\frac{R_2}{s}$分成两部分，即

$$\frac{R_2}{s} = R_2 + \frac{1-s}{s}R_2 \qquad (5-26)$$

则第一项R_2就是转子本身的电阻，第二项$\frac{1-s}{s}R_2$则是使转子电流的有效值和相位保持不变时，转子中应加入的附加电阻。在附加电阻$\frac{1-s}{s}R_2$中将消耗功率，而在实际转子中并不存在这项电阻损耗，但却产生机械功率；由于静止转子和旋转转子等效，有功功率应当相

等，因此消耗在此电阻中的功率$m_2 I_2^2 \frac{1-s}{s}R_2$将代表实际电机中所产生的总机械功率，这就是附加电阻$\frac{1-s}{s}R_2$的物理意义。电阻$\frac{1-s}{s}R_2$与转差率s有关，在电动机状态下，轴上的负载增大时，转差率s将增大，$\frac{1-s}{s}R_2$则将减小，于是转子电流将增大，这与实际情况相符合。

图5-16表示频率归算后，感应电动机定、转子的等效电路图，图中定子和转子的频率均为f_1，转子电路中出现了一个表征机械负载的等效电阻$\frac{1-s}{s}R_2$。

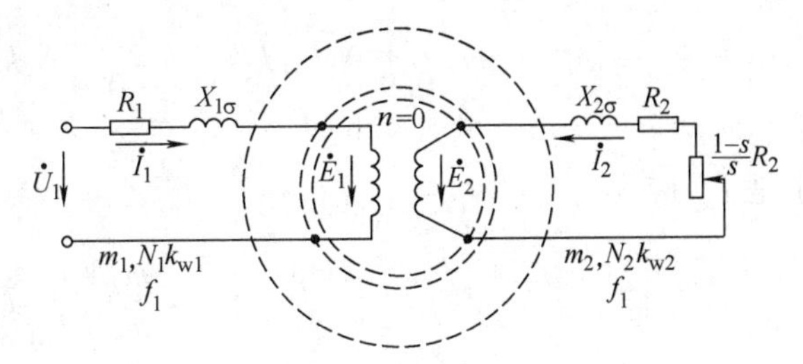

图5-16　频率归算后感应电动机的定、转子等效电路图（取A、a一相）

频率归算时，实际转子被静止的等效转子所替代，为便于分析，通常总是把等效转子固定在转子a相轴线与定子A相轴线相重合的位置。现在的问题是，如果把静止的转子顺着旋转磁场$\boldsymbol{B}_m$旋转的方向移过α角（电角度），转子磁动势$\boldsymbol{F}_2$的幅值和相位是否会发生变化？

从图5-17不难看出，转子移过α角，转子感应电动势$\dot{E}_2$和电流$\dot{I}_2$的有效值将与原先（即$\alpha=0$时）相同，但两者的相位应较原先滞后α角。由于转子电流的有效值不变，所以$\boldsymbol{F}_2$的幅值将保持不变。至于$\boldsymbol{F}_2$的相位，虽然$\dot{I}_2$在时间相位上比原先滞后了α角，但是转子绕组的空间轴线也比原先滞后α角，两者的效果互相抵消，故$\boldsymbol{F}_2$的空间相位仍将保持不变。换言之，转子位置不会影响$\boldsymbol{F}_2$的大小和相位。所以在建立感应电机的电动势方程、磁动势方程和等效电路时，通常都把转子的位置角作为$\alpha=0$来处理。

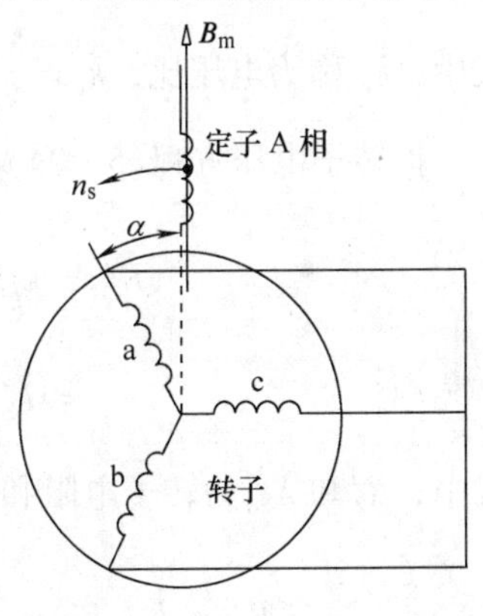

图5-17　转子轴线顺气隙磁场旋转方向移过α角时

频率归算后，定、转子电流的频率变成相同，根据时-空关系的统一性可知，$\boldsymbol{F}_2$、$\boldsymbol{F}_m$和$\boldsymbol{F}_1$在空间的相位关系，将与$\dot{I}_2$、$\dot{I}_m$和$\dot{I}_1$在时间上的相位关系相同，磁动势的空间矢量图与相应电流的时间相量图成为相似形，两者只差一个倍数，如图5-13所示。于是从磁动势的空间矢量方程$\boldsymbol{F}_1+\boldsymbol{F}_2=\boldsymbol{F}_m$就可以得到磁动势方程的时间相量形式，即

$$\frac{m_1}{2}0.9\frac{N_1k_{w1}}{p}\dot{I}_1+\frac{m_2}{2}0.9\frac{N_2k_{w2}}{p}\dot{I}_2=\frac{m_1}{2}0.9\frac{N_1k_{w1}}{p}\dot{I}_m$$

或

$$\dot{I}_1+\frac{m_2N_2k_{w2}}{m_1N_1k_{w1}}\dot{I}_2=\dot{I}_m \tag{5-27}$$

绕组归算　为把转子和定子的相数、有效匝数变成相同，还要进行“绕组归算”。所谓绕组归算，就是用一个与定子绕组的相数、有效匝数完全相同的等效转子绕组，去代替相数

为 m_2、有效匝数为 N_2k_{w2} 的实际转子绕组。绕组归算时，同样应当遵守归算前、后转子绕组应当具有同样的磁动势(同幅值、同相位)这一原则。下面用加“′”的量来表示绕组归算后的归算值。

设 $\dot{I}_2'$ 为归算后的转子电流，为使绕组归算前、后转子磁动势的幅值和相位不变，应有

$$\frac{m_1}{2}0.9\frac{N_1k_{w1}\dot{I}_2'}{p} = \frac{m_2}{2}0.9\frac{N_2k_{w2}\dot{I}_2}{p} \qquad \frac{X_{2\sigma}'}{R_2'} = \frac{X_{2\sigma}}{R_2} \tag{5-28}$$

于是 $\dot{I}_2'$ 应为

$$\dot{I}_2' = \frac{m_2N_2k_{w2}}{m_1N_1k_{w1}}\dot{I}_2 = \frac{\dot{I}_2}{k_i} \tag{5-29}$$

式中，k_i 称为电流比，$k_i = \dfrac{m_1N_1k_{w1}}{m_2N_2k_{w2}}$。至于归算前、后转子的漏抗和电阻之比应当相等，从下面的式(5－32)可见，将会自动满足。

绕组归算后，转子的有效匝数已变换成定子的有效匝数，所以转子电动势的归算值 $\dot{E}_2'$ 应为

$$\dot{E}_2' = \frac{N_1k_{w1}}{N_2k_{w2}}\dot{E}_2 = k_e\dot{E}_2 \tag{5-30}$$

式中，k_e 称为电压比，$k_e = \dfrac{N_1k_{w1}}{N_2k_{w2}}$。

把转子电压方程(5－24)乘以 k_e，可得

$$\begin{aligned}\dot{E}_2' &= k_e\dot{E}_2 = k_e\dot{I}_2\left(\frac{R_2}{s} + jX_{2\sigma}\right) = k_ek_i\frac{\dot{I}_2}{k_i}\left(\frac{R_2}{s} + jX_{2\sigma}\right)\\ &= \dot{I}_2'\left(\frac{R_2'}{s} + jX_{2\sigma}'\right)\end{aligned} \tag{5-31}$$

式中，R_2' 和 $X_{2\sigma}'$ 为转子电阻和漏抗的归算值，

$$R_2' = k_ek_iR_2 = \frac{m_1}{m_2}\left(\frac{N_1k_{w1}}{N_2k_{w2}}\right)^2R_2 \qquad X_{2\sigma}' = k_ek_iX_{2\sigma} = \frac{m_1}{m_2}\left(\frac{N_1k_{w1}}{N_2k_{w2}}\right)^2X_{2\sigma} \tag{5-32}$$

式(5－31)就是归算后转子的电压方程。

绕组归算后，式(5－27)的磁动势方程可进一步写成

$$\dot{I}_1 + \dot{I}_2' = \dot{I}_m \tag{5-33}$$

从磁动势方程的空间矢量形式，经过频率归算、绕组归算和时－空统一性的分析，得到磁动势方程的电流相量形式(5－33)，这是导出等效电路的重要一步。

从式(5－29)和式(5－30)可见，归算前、后转子的总视在功率将保持不变，即

$$m_2\dot{E}_2\dot{I}_2^* = m_1\dot{E}_2'\dot{I}_2'^* \tag{5-34}$$

从式(5－32)和式(5－29)可知，归算前、后转子的铜耗和漏磁场的储能也将保持不变，即

$$m_2I_2^2R_2 = m_1I_2'^2R_2' \qquad \frac{1}{2}m_2I_2^2L_{2\sigma} = \frac{1}{2}m_1I_2'^2L_{2\sigma}' \tag{5-35}$$

归纳起来，绕组归算时，转子电动势和电压应乘以k_e，转子电流应除以k_i，转子电阻和漏抗则应乘以$k_e k_i$；归算前后转子的磁动势、总视在功率、有功功率、转子铜耗和漏磁场储能均将保持不变。

图5-18 表示频率和绕组归算后，感应电动机定、转子的耦合电路图。

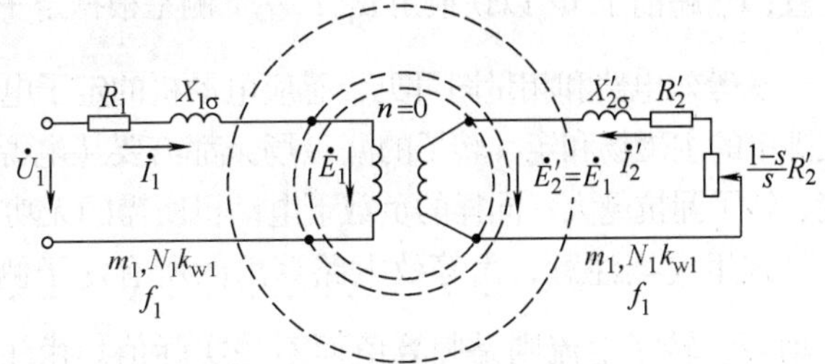

图5-18 频率和绕组归算后，感应电动机定、转子的耦合电路图

T形等效电路和相量图 经过归算，感应电动机定、转子电路的频率都变成f_1，定、转子的相数和有效匝数都变成m_1和$N_1 k_{w1}$，于是定、转子的电压方程、磁动势方程和铁心绕组的激磁方程就成为

$$\left.\begin{aligned}\dot{U}_1 &= \dot{I}_1(R_1 + jX_{1\sigma}) - \dot{E}_1 \\ \dot{E}'_2 &= \dot{I}'_2\left(\frac{R'_2}{s} + jX_{2\sigma}{}'\right) \\ \dot{E}_1 &= \dot{E}'_2 = -\dot{I}_m Z_m \\ \dot{I}_1 &+ \dot{I}'_2 = \dot{I}_m\end{aligned}\right\} \tag{5-36}$$

由此即可画出T形等效电路，如图5-19所示。图中左边回路（定子回路）的电压方程与式（5-36）中的第一式相对应，右边回路（转子回路）的电压方程与式（5-36）中的第二式相对应，中间激磁支路的电动势和激磁电流之间的关系，定、转子电流与激磁电流的关系，则与第三和第四式相对应。另外在转子电路中，常常把$\frac{R'_2}{s}$分成R'_2和$\frac{1-s}{s}R'_2$两部分，以利于分析。

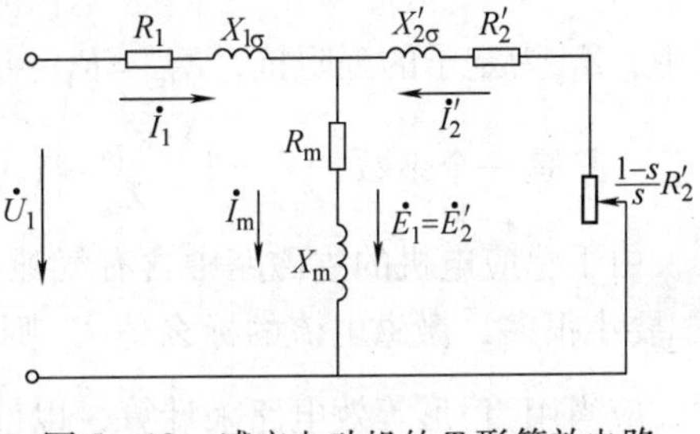

图5-19 感应电动机的T形等效电路

从等效电路可见，空载时，转子转速接近于同步转速，转差率$s\approx0$，$\frac{R'_2}{s}\to\infty$，转子相当于开路；此时转子电流接近于零，定子电流基本上是激磁电流。当电动机的轴上加上负载时，转差率增大，$\frac{R'_2}{s}$减小，使转子和定子电流增大；负载时，由于定子电流和定子的漏阻抗压降增加，E_1和相应的主磁通值将比空载时略小。起动时，$s=1$，$\frac{R'_2}{s}=R'_2$，转子和定子电流都很大；由于定子的漏阻抗压降较大，此时的E_1和主磁通值将显著减小，约为空载时的50%~60%左右。

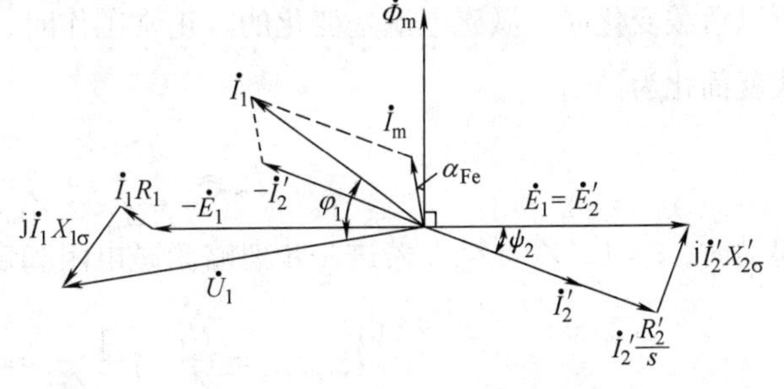

图5-20 感应电动机的相量图

图5-20表示与式（5-36）中的电压方程和磁动势方程相对应的相量图，图中右下侧是根据转子的电压方程$\dot{E}'_2$ =

$\dot{I}_2'(\frac{R_2'}{s}+\mathrm{j}X_{2\sigma}')$ 画出；中间部分是根据磁动势方程 $\dot{I}_1=\dot{I}_m+(-\dot{I}_2')$ 画出，其中 $\dot{\Phi}_m$ 与 $\dot{E}_1$ 和 $\dot{E}_2'$ 相垂直，$\dot{I}_m$ 超前于 $\dot{\Phi}_m$ 以铁损角 α_{Fe}；左下侧是根据定子的电压方程 $\dot{U}_1=\dot{I}_1(R_1+\mathrm{j}X_{1\sigma})-\dot{E}_1$ 画出。

从等效电路和相量图可见，感应电动机的定子电流 $\dot{I}_1$ 总是滞后于电源电压 $\dot{U}_1$，这是因为产生气隙中的主磁场和定、转子的漏磁场，都需要从电源输入一定的感性无功功率。激磁电流越大，定、转子漏抗越大，同样的负载下电动机所需的无功功率就越大，电动机的功率因数就越低。

这里应当注意，由等效电路算出的所有定子侧的量均为电机中的实际量，而算出的转子电动势、转子电流则是归算值而不是实际值。由于归算是在有功功率不变的条件下进行，所以用归算值算出的转子有功功率、损耗和转矩均与实际值相同。

等效电路是分析和计算感应电动机性能的主要工具。在给定电动机的参数和电源电压的情况下，若已知转差率 s，从图 5－19 的等效电路可见，定子和转子电流应为

$$\left.\begin{aligned}&\dot{I}_1=\frac{\dot{U}_1}{Z_{1\sigma}+\dfrac{Z_mZ_2'}{Z_m+Z_2'}}\qquad \dot{I}_2'=-\dot{I}_1\frac{Z_m}{Z_m+Z_2'}=-\frac{\dot{U}_1}{Z_{1\sigma}+\dot{c}Z_2'}\\&\dot{I}_m=\dot{I}_1\frac{Z_2'}{Z_m+Z_2'}=\frac{\dot{U}_1}{Z_m}\frac{1}{\dot{c}+\dfrac{Z_{1\sigma}}{Z_2'}}\end{aligned}\right\}\tag{5-37}$$

式中，$Z_{1\sigma}$ 为定子的漏阻抗，$Z_{1\sigma}=R_1+\mathrm{j}X_{1\sigma}$；$Z_2'$ 为与负载有关的转子的等效阻抗，$Z_2'=\frac{R_2'}{s}+\mathrm{j}X_{2\sigma}'$；$\dot{c}$ 是一个系数，$\dot{c}=1+\frac{Z_{1\sigma}}{Z_m}\approx 1+\frac{X_{1\sigma}}{X_m}$。

由于感应电机的主磁路中含有气隙，所以与变压器相比较，感应电机的激磁电抗标幺值 X_m^* 要小很多，激磁电流的标幺值 I_m^* 则要大很多。所以在计算工作特性（特别是额定数据）时，应当用 T 形等效电路来计算，以使结果达到工程精度要求。

近似等效电路 从式(5－37)可知，激磁电流 $\dot{I}_m$ 为

$$\dot{I}_m=\frac{\dot{U}_1}{Z_m}\frac{1}{\dot{c}+\dfrac{Z_{1\sigma}}{Z_2'}}$$

所以负载变化时，激磁电流是变化的。正常工作时，$|Z_{1\sigma}|\ll|Z_2'|$，近似取 $\frac{Z_{1\sigma}}{Z_2'}\approx 0$，则上式就简化为

$$\dot{I}_m\approx\frac{\dot{U}_1}{\dot{c}Z_m}=\frac{\dot{U}_1}{Z_{1\sigma}+Z_m}\tag{5-38}$$

起动时，$s=1$，$Z_2'=Z_{2\sigma}'$，若进一步忽略激磁电阻和定、转子电阻，则

$$\dot{I}_{m(s=1)}=\frac{\dot{U}_1}{Z_m}\frac{1}{\dot{c}+\dfrac{Z_{1\sigma}}{Z_{2\sigma}'}}\approx\frac{\dot{U}_1}{\mathrm{j}X_m}\frac{1}{c+\dfrac{X_{1\sigma}}{X_{2\sigma}'}}\tag{5-39}$$

式(5-37)中的$\dot{I}_2'$和$\dot{I}_1$分别为

$$-\dot{I}_2' = \frac{\dot{U}_1}{Z_{1\sigma} + \dot{c}Z_2'} \qquad \dot{I}_1 = \dot{I}_m + (-\dot{I}_2') \tag{5-40}$$

根据式(5-38)和式(5-40)，即可画出正常工作时感应电动机的近似等效电路，如图5-21所示。

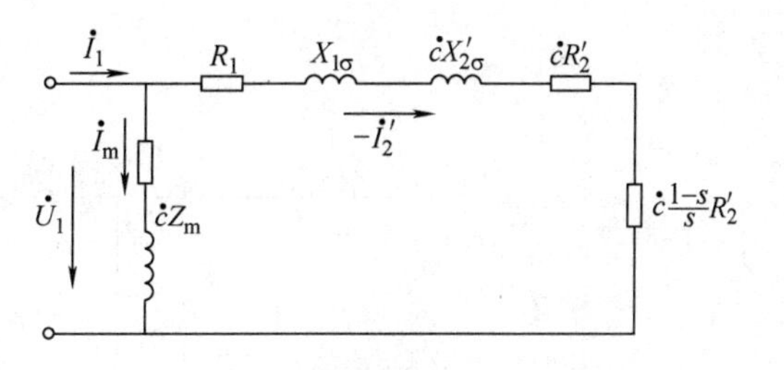

图5-21 正常工作时感应电动机的近似等效电路

从式(5-38)和式(5-40)可见，由近似等效电路算出的转子电流归算值$\dot{I}_2'$与T形等效电路相一致，但激磁电流$\dot{I}_m$和定子电流$\dot{I}_1$则略大。转子电流$\dot{I}_2'$的表达式既要简单、又要准确，这一点很重要，因为电动机的电磁功率、机械功率和电磁转矩都要由转子电流I_2'算出。注意，计算起动电流时，根据式(5-39)，图5-21中激磁分支的阻抗应改为$Z_m\left(\dot{c} + \frac{Z_{1\sigma}}{Z_{2\sigma}'}\right)$。

近似等效电路主要用来计算感应电动机的起动性能，以及对某些问题进行定性分析。

5.4 三相感应电动机的功率方程和转矩方程

本节用等效电路来分析三相感应电动机内部的功率关系，并列出其功率和转矩方程。

1. 功率方程，电磁功率和转换功率

从T形等效电路可见，三相感应电动机从电源输入的电功率P_1，其中一小部分将消耗于定子绕组的电阻而变成定子铜耗p_{Cu1}，一小部分将消耗于定子铁心变为铁耗p_{Fe}，余下的大部分功率将借助于气隙旋转磁场的作用，从定子通过气隙传送到转子，这部分功率就称为电磁功率，用P_e表示。写成方程式时有

$$P_1 = p_{Cu1} + p_{Fe} + P_e \tag{5-41}$$

式中

$$P_1 = m_1 U_1 I_1 \cos\varphi_1 \qquad p_{Cu1} = m_1 I_1^2 R_1 \qquad p_{Fe} = m_1 I_m^2 R_m \tag{5-42}$$

其中$\cos\varphi_1$为定子的功率因数。从等效电路可知，电磁功率P_e为

$$P_e = m_1 E_2' I_2' \cos\psi_2' = m_1 I_2'^2 \frac{R_2'}{s} \tag{5-43}$$

其中$\cos\psi_2'$为转子的内功率因数，$\psi_2' = \arctan\frac{X_{2\sigma}'}{R_2'/s}$。

正常运行时，转差率很小，转子中磁通的变化频率很低，通常仅1~3Hz，所以转子中的铁耗很小，通常可略去不计。因此，从传送到转子的电磁功率P_e中扣除转子铜耗p_{Cu2}，即可得到转换为机械能的总机械功率(即转换功率)P_Ω，如图5-22所示，其中

$$\left.\begin{aligned} p_{Cu2} &= m_1 I_2'^2 R_2' \\ P_\Omega &= P_e - p_{Cu2} = m_1 I_2'^2 \frac{1-s}{s} R_2' \end{aligned}\right\} \tag{5-44}$$

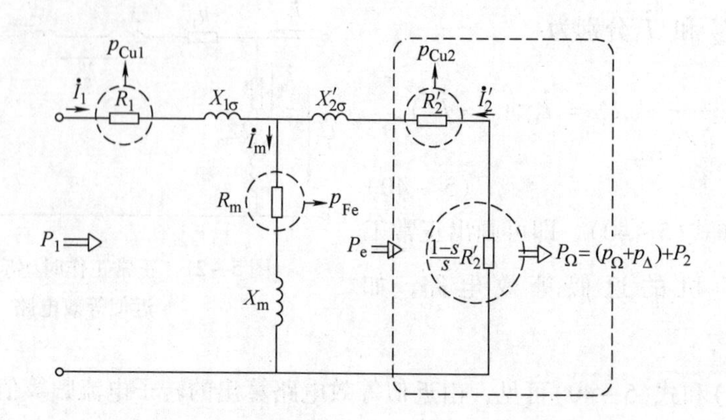

图 5-22　由 T 形等效电路导出感应电动机的功率方程

用电磁功率表示时，式(5-44)也可写成

$$p_{Cu2} = sP_e \qquad P_\Omega = (1-s)P_e \tag{5-45}$$

式(5-45)说明：传送到转子的电磁功率P_e中，s部分变为转子铜耗，$(1-s)$部分转换为总机械功率P_Ω。由于转子铜耗等于sP_e，所以它也称为转差功率。

最后，从P_Ω中扣除转子的机械损耗p_Ω和杂散损耗p_Δ，可得轴上输出的机械功率P_2，即

$$P_2 = P_\Omega - (p_\Omega + p_\Delta) \tag{5-46}$$

在小型笼型感应电动机中，满载时的杂散损耗p_Δ可达输出功率的1%～3%；在大型感应电动机中，p_Δ可取为输出功率的0.5%；负载变化时，通常认为p_Δ随I_1^2的变化而变化。p_Δ的大小与槽配合、槽开口、气隙大小和制造工艺等因素有关。式(5-46)中的$p_\Omega+p_\Delta$，在等效电路中无法表达，该式是根据实际物理情况列出的。

2. 转矩方程和电磁转矩

把转子的输出功率方程(5-46)除以机械角速度Ω，可得转子的转矩方程

$$\left.\begin{aligned}&T_e = T_0 + T_2\\ &T_e=\frac{P_\Omega}{\Omega}\qquad T_0=\frac{p_\Omega+p_\Delta}{\Omega}\qquad T_2=\frac{P_2}{\Omega}\end{aligned}\right\} \tag{5-47}$$

其中

式中，T_e为电磁转矩；T_0为与机械损耗和杂散损耗相对应的阻力转矩，如忽略杂散损耗，它就是空载转矩；T_2为电动机的输出转矩。

由于总机械功率$P_\Omega=(1-s)P_e$，转子的机械角速度$\Omega=(1-s)\Omega_s$，所以电磁转矩T_e就等于

$$T_e = \frac{P_\Omega}{\Omega} = \frac{P_e}{\Omega_s} \tag{5-48}$$

式（5-48）表示：电磁转矩既可以用总机械功率、也可以用电磁功率算出。用总机械功率P_Ω去求电磁转矩时，应除以转子的机械角速度Ω；用电磁功率P_e去求电磁转矩时，由于电磁功率是通过气隙旋转磁场传送到转子，故应除以旋转磁场的同步角速度Ω_s。

考虑到电磁功率$P_e=m_1E_2'I_2'\cos\psi_2$，$E_2'=\sqrt{2}\pi f_1N_1k_{w1}\Phi_m$，$I_2'=\dfrac{m_2k_{w2}N_2}{m_1k_{w1}N_1}I_2$，$\Omega_s=2\pi f_1/p$，

把这些关系代入式（5-48），经过整理，可得

$$T_e = \frac{1}{\sqrt{2}} pm_2 N_2 k_{w2} \Phi_m I_2 \cos\psi_2 = C_T \Phi_m I_2 \cos\psi_2 \tag{5-49}$$

式中 C_T 为三相感应电机的转矩常数，$C_T = \frac{1}{\sqrt{2}} pm_2 N_2 k_{w2}$。式（5-49）说明，电磁转矩与气隙主磁通 Φ_m 和转子电流的有功分量 $I_2\cos\psi_2$ 成正比，增加转子电流的有功分量，可使电磁转矩增大。

【例5-3】 有一台三相四极的笼型感应电动机，额定功率 $P_N = 10\text{kW}$，额定电压 $U_{1N} = 380\text{V}$（三角形联结），定子每相电阻 $R_1 = 1.33\Omega$，每相漏抗 $X_{1\sigma} = 2.43\Omega$，转子电阻的归算值 $R_2' = 1.12\Omega$，漏抗归算值 $X_{2\sigma}' = 4.4\Omega$，激磁阻抗 $R_m = 7\Omega$，$X_m = 90\Omega$，电动机的机械损耗 $p_\Omega \approx 100\text{W}$，额定负载时的杂散损耗 $p_\Delta \approx 100\text{W}$。试求额定负载时电动机的转速，电磁转矩，输出转矩，定子和转子电流，定子功率因数和电动机的效率。

解

（1）定子电流和定子输入功率

用T形等效电路来计算。设额定负载时的转差率 $s_N = 0.032$（试探值），则转子的等效阻抗为

$$Z_2' = \frac{R_2'}{s} + jX_{2\sigma}' = \left(\frac{1.12}{0.032} + j4.4\right)\Omega = (35 + j4.4)\Omega = 35.28\angle 7.16^\circ\Omega$$

激磁阻抗为

$$Z_m = R_m + jX_m = (7 + j90)\Omega = 90.27\angle 85.55^\circ\Omega$$

Z_2' 与 Z_m 的并联值等于

$$\frac{Z_2' Z_m}{Z_2' + Z_m} = \frac{35.28\angle 7.16^\circ \times 90.27\angle 85.55^\circ}{35 + j4.4 + 7 + j90}\Omega = 30.82\angle 26.7^\circ\Omega$$
$$= (27.53 + j13.85)\Omega$$

于是定子相电流 $\dot{I}_1$ 为

$$\dot{I}_1 = \frac{\dot{U}_1}{Z_{1\sigma} + \frac{Z_m Z_2'}{Z_m + Z_2'}} = \frac{380\angle 0^\circ}{1.33 + j2.43 + 27.53 + j13.85}\text{A} = 11.47\angle -29.43^\circ\text{A}$$

定子线电流为 $\sqrt{3} \times 11.47\text{A} = 19.87\text{A}$。

定子功率因数和输入功率为

$$\cos\varphi_1 = \cos 29.43^\circ = 0.871$$
$$P_1 = 3U_1 I_1 \cos\varphi_1 = 3 \times 380 \times 11.47 \times 0.871\text{W} = 11389\text{W}$$

（2）转子电流和激磁电流

$$I_2' = I_1 \left|\frac{Z_m}{Z_m + Z_2'}\right| = 11.47\frac{90.27}{103.32}\text{A} = 10.02\text{A}$$

$$I_m = I_1 \left|\frac{Z_2'}{Z_m + Z_2'}\right| = 11.47\frac{35.28}{103.32}\text{A} = 3.917\text{A}$$

（3）定、转子损耗

$$p_{Cu1} = 3I_1^2R_1 = 3 \times 11.47^2 \times 1.33\text{W} = 524.9\text{W}$$

$$p_{Fe} = 3I_m^2R_m = 3 \times 3.917^2 \times 7\text{W} = 322.2\text{W}$$

$$p_{Cu2} = 3I_2'^2R_2' = 3 \times 10.02^2 \times 1.12\text{W} = 337.3\text{W}$$

$$\Sigma p = p_{Cu1} + p_{Fe} + p_{Cu2} + p_\Omega + p_\Delta = (524.9 + 322.2 + 337.3 + 100 + 100)\text{W} = 1384\text{W}$$

（4）输出功率和效率

$$P_2 = P_1 - \Sigma p = (11389 - 1384)\text{W} = 10005\text{W}$$

$$\eta = 1 - \frac{\Sigma p}{P_1} = 1 - \frac{1384}{11389} = 87.84\%$$

可见，在所设转差率下，输出功率 $P_2 \approx 10\text{kW}$，即电动机在额定负载下运行，符合题目要求。如果算出的 $P_2 \neq P_N$，可利用输出功率近似正比于转差率这一关系，重新假定一个转差率 s 进行计算，直到算出的输出功率 $P_2 = P_N$ 为止。

（5）额定负载时的转速

$$n_N = n_s(1 - s_N) = 1500(1 - 0.032)\text{r/min} = 1452\text{r/min}$$

（6）电磁转矩和输出转矩

$$P_\Omega = 3I_2'^2\frac{1-s}{s}R_2' = 3 \times 10.02^2(1 - 0.032) \times 35\text{W} = 10204\text{W}$$

$$\Omega = \frac{2\pi n}{60} = \frac{2\pi \times 1452}{60}\text{rad/s} = 152.1\text{rad/s}$$

$$T_e = \frac{P_\Omega}{\Omega} = \frac{10204}{152.1}\text{N} \cdot \text{m} = 67.1\text{N} \cdot \text{m}$$

$$T_2 = \frac{P_2}{\Omega} = \frac{10005}{152.1}\text{N} \cdot \text{m} = 65.79\text{N} \cdot \text{m}$$

3. 计算额定点运行数据的 MATLAB 源程序

为了加快计算速度，下面给出了用 T 形等效电路计算并确定额定点数据的 MATLAB 源程序。程序由三部分组成，首先是输入计算所需的数据，其次是进行具体计算，最后是输出额定点数据。

输入数据为：

额定功率 —— Pn(W)，额定电压 —— Un(V)，极对数 —— p，相数—— m，频率—— f；

定子电阻 —— R1(Ω)，定子漏抗 —— X1(Ω)，转子电阻归算值 —— R2(Ω)，转子漏抗归算值 —— X2(Ω)，激磁电阻 —— Rm(Ω)，激磁电抗 —— Xm(Ω)；

机械损耗 —— Pomega(W)，杂散损耗 —— Pdelta(W)，转差率初值 —— s0。

输出数据为：

输出功率 —— P2(W)，定子电流 —— I1(A)，功率因数 —— COSϕ；

额定转差率 —— s，效率 —— η，额定转速 —— Nn(r/min)，电磁转矩——Te (N · m)，

输出转矩 —— T2(N·m)。

以例 5-3 的电机为对象，进行额定点的计算。设初始转差率 $s_0 = 0.03$，输出功率的误差 $\varepsilon = 10^{-6}$。经过 6 次调整，最后（第 7 次）得到输出功率 $P_2 = 10$ kW，此时的转差率为 0.032，最后输出额定点的全部数据。源程序和运行过程如下：

```
        clc;clear;
    Pn=10000; m=3; p=2; f=50; Un=380; Pomega=100; Pdelta=100;
    R1=1.33; X1=2.43; R2=1.12; X2=4.4; Rm=7; Xm=90; Z1=R1+j*X1; Zm=Rm+j*Xm;
    fprintf ('额定点计算迭代过程\n');
    s0=0.03; K=0; P2=0; s=s0;
    while abs(P2 - Pn)/Pn>1e-6
        Z2=R2/s+j*X2;
        I11=Un/(Z1+Z2*Zm/(Z2+Zm));
        I1=abs(I11);
        COSfai=cos(angle(I11));
        P1=m*Un*I1*COSfai;
        I2=I1*abs(Zm/(Zm+Z2));
        Im=I1*abs(Z2/(Zm+Z2));
        Pcu1=3*I1^2*R1;
        Pfe=3*Im^2*Rm;
        Pcu2=3*I2^2*R2;
        P2=P1-(Pcu1+Pfe+Pcu2+Pomega+Pdelta);
        s=s*(Pn/P2);
        K=K+1;
     fprintf ('K=% d\t',K);
     fprintf ('P2=%5.2fW\n',P2);
  end
  Eta=P2/P1*100;
  N=(3000/p)*(1-s);
  Te=(m*I2^2*((1-s)/s)*R2)/(2*pi*N/60);
  T2=P2/(2*pi*N/60);
  fprintf ('额定点数据输出\n');
  fprintf ('输出功率：P2=%8.2fW\n',P2);
  fprintf ('定子电流：I1=%5.2fA\n',I1);
  fprintf ('功率因数：COS φ=%5.2f\n',COSfai);
  fprintf ('额定转差率：s=%5.3f\n',s);
  fprintf ('效率： η=%5.2f%%\n',Eta);
  fprintf ('额定转速：Nn=%5.2fr/min\n',N);
  fprintf ('电磁转矩：Te=%5.2fN.m\n',Te);
  fprintf ('输出转矩: T2=%5.2fN.m\n',T2);
```

额定点的迭代结果为：
K= 1　P2=9464.92 W
K= 2　P2=9921.83 W
K= 3　P2=9988.23 W
K= 4　P2=9998.22 W
K= 5　P2=9999.73 W
K= 6　P2=9999.96 W
K= 7　P2=9999.99 W
额定点数据输出(第7次迭代结果)：
输出功率：P2= 9999.99 W
定子电流：I1=11.46 A
功率因数：COS Φ = 0.87
额定转差率：s=0.032
效率：η =87.85%
额定转速：Nn=1452.01 r/min
电磁转矩：Te =67.08 N·m
输出转矩：T2 =65.77 N·m

5.5 笼型转子的极数、相数和参数的归算

无论是哪一种电机，其定子和转子应有相同的极数。如果定、转子的极数不同，作用在转子上的平均电磁转矩将恒等于零，于是电机就无法工作。绕线型转子的极数，在设计时通过转子绕组的适当连接，使其与定子的极数相等。笼型转子的结构与绕线型转子不同，其极数、相数和参数的归算具有自己的特点，下面对此作出说明。

1. 笼型转子的极数和相数

图 5－23 表示一台笼型转子处于两极气隙磁场中的情况。根据 $e = Blv$，每根导条的电动势瞬时值，应当正比于该瞬间导条所“切割”的气隙磁通密度值。设气隙磁场 $\boldsymbol{B}_{\mathrm{m}}$ 为正弦分布，并以同步速度正向推移，则各根导条中感应电动势瞬时值 e_{B} 的包络线亦是正弦形，如图 5－23a 所示。此时导条 13 和导条 5 中的感应电动势将分别达到正、负最大值。由于导条和端环具有电阻和漏抗，所以导条电流 i_{B} 将滞后于导条电动势 e_{B} 一个阻抗角 ψ_2，即要等气隙磁场向前推进了 ψ_2 角以后，导体 13 和 5 中的电流才达到最大值，如图 5－23b 所示，图中虚线表示各根导条电流瞬时值的包络线。图 5－23c 表示图 b 所示瞬间的导条电流所产生的转子基波磁动势。从图 5－23 可见，导条电流瞬时值的空间分布，取决于气隙主磁场的分布，所以笼型转子所生磁动势的极数，总是与感生它的气隙磁场的极数相同，且此磁动势波在空间的推移速度，始终为同步速度。

笼型转子的相数，取决于一对极下有多少根不同相位的导条。设 Q_2 为转子的导条数

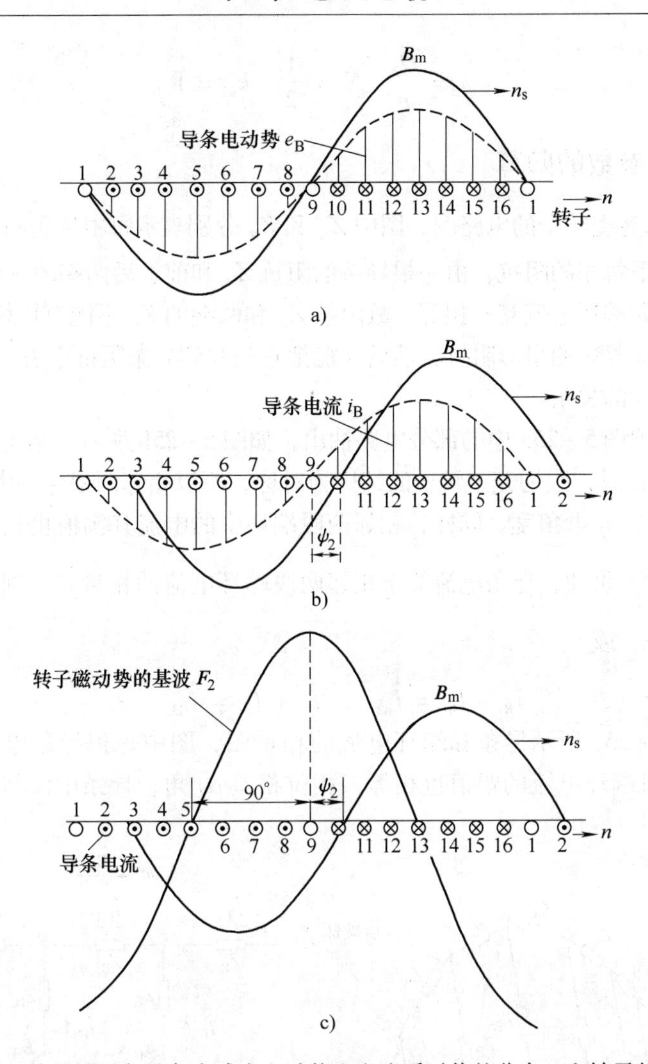

图5-23 笼型转子各导条中感应电动势和电流瞬时值的分布，和转子的磁动势

a）导条中的电动势 b）气隙磁场向前推进 ψ_2 角以后，导条中的电流 c）导条电流所产生的转子磁动势的基波

（即转子槽数），则相邻导条的电动势相量之间将互差 α_2 角，$\alpha_2=\frac{p\times360°}{Q_2}$。若 $\frac{Q_2}{p}$ 为整数，则一对极下导条的电动势相量将组成一个均匀分布的相量星形，如图5-24所示。这说明笼型绕组是一个对称的多相绕组，其中每对极下的每根导条就构成一相，所以相数 $m_2=\frac{Q_2}{p}$；各对极下占有相同位置的导条，则是每相的并联导条，即每相有 p 根并联导条[⊖]。由于一根导条相当于半匝，所以每相串联匝数 $N_2=1/2$。因为每相仅有一根导体，不存在“短距”或“分布”问题，故笼型绕组的节距因数和分布因数都等于1。归结起来，笼型绕组的相数和每相串联匝数为

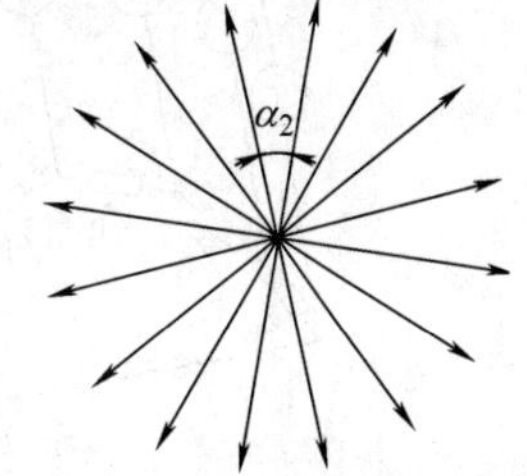

图5-24 一对极下导条的电动势相量星形图 $\left(\frac{Q_2}{p}\text{为整数时}\right)$

⊖ 若 $\frac{Q_2}{p}$ 等于分数，可认为在 p 对极内总共有 Q_2 相，故相数 $m_2=Q_2$，每相只有1根并联导条。

$$m_2 = \frac{Q_2}{p} \quad N_2 = \frac{1}{2} \quad k_{w2} = 1 \tag{5-50}$$

2. 笼型转子参数的归算

图 5-25a 表示笼型转子的电路图，图中 Z_B 和 Z_R 分别表示每根导条和每段端环的漏阻抗。不难看出，每对极下每相的阻抗，由一根导条的阻抗 Z_B 和前、后两端的一段端环阻抗 Z_R 所组成。由于导条电流和端环电流互不相等，故阻抗 Z_B 和两端的 Z_R 不能直接相加，而需要把端环的多边形阻抗转化成等效的星形阻抗，然后才能把它归并到导条阻抗中去。为此必须求出端环电流与导条电流之间的关系。

为清楚起见，把图 5-25a 中的部分电路抽出，如图 5-25b 所示。当主磁场 $\boldsymbol{B}_m$ 以 sn_s 的相对速度"切割"导条时，因为笼型转子的结构为对称，所以相邻两根导条中的电流，其幅值应当相等、相位则相差 α_2 电角度。同样，相邻两段端环中的电流其幅值也相等，相位则相差 α_2 电角度。从图 5-25b 可知，导条电流等于相邻两段端环电流的相量差，例如 $\dot{I}_{B1} = \dot{I}_{R2} - \dot{I}_{R1}$，$\dot{I}_{B2} = \dot{I}_{R3} - \dot{I}_{R2}$，…，或

$$\dot{I}_{R1} + \dot{I}_{B1} = \dot{I}_{R2} \qquad \dot{I}_{R2} + \dot{I}_{B2} = \dot{I}_{R3} \quad \cdots \tag{5-51}$$

于是可以画出图 5-25c 所示导条和端环电流的相量图，图中每根导条电流的幅值相等，相位相差 α_2 角；每段端环电流的幅值也相等，相位相差 α_2 角；导条电流与端环电流之间满足式（5-51）。

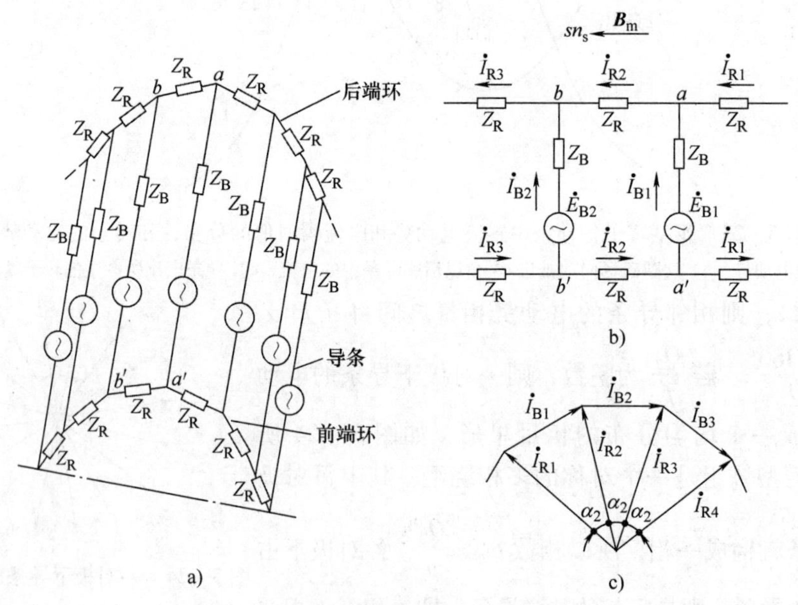

图 5-25　笼型转子的电路和电流

a）电路图　b）部分电路图　c）导条和端环电流的相量图

从图 5-25c 可见，导条电流的有效值 I_B 与端环电流的有效值 I_R 之间有下列关系

$$I_B = 2I_R \sin\frac{\alpha_2}{2} \tag{5-52}$$

于是一根导条和对应的前、后两段端环中的铜耗 $p_{\mathrm{Cu(B+R)}}$ 为

$$p_{\mathrm{Cu(B+R)}} = I_{\mathrm{B}}^2 R_{2(\mathrm{B})} + 2I_{\mathrm{R}}^2 R_{2(\mathrm{R})} = I_{\mathrm{B}}^2\left[R_{2(\mathrm{B})} + \frac{R_{2(\mathrm{R})}}{2\sin^2\dfrac{\alpha_2}{2}}\right] = I_{\mathrm{B}}^2 R_{2(\mathrm{B+R})} \tag{5-53}$$

式中，$R_{2(\mathrm{B})}$ 和 $R_{2(\mathrm{R})}$ 分别为每根导条和每段端环的电阻；$R_{2(\mathrm{B+R})}$ 则是把前、后两段端环的电阻归并到导条以后的等效电阻。从式（5-53）可见，

$$R_{2(\mathrm{B+R})} = R_{2(\mathrm{B})} + \frac{R_{2(\mathrm{R})}}{2\sin^2\dfrac{\alpha_2}{2}} \tag{5-54}$$

由于各对极下属于同一相的 p 根导条是并联的，所以转子每相的等效电阻 R_2 应为

$$R_2 = \frac{R_{2(\mathrm{B+R})}}{p} = \frac{1}{p}\left[R_{2(\mathrm{B})} + \frac{R_{2(\mathrm{R})}}{2\sin^2\dfrac{\alpha_2}{2}}\right] \tag{5-55}$$

同理，根据导条和端环的漏磁场储能，可以导出转子每相的等效漏抗 $X_{2\sigma}$ 为

$$X_{2\sigma} = \frac{1}{p}\left[X_{2(\mathrm{B})} + \frac{X_{2(\mathrm{R})}}{2\sin^2\dfrac{\alpha_2}{2}}\right] \tag{5-56}$$

式中，$X_{2(\mathrm{B})}$ 和 $X_{2(\mathrm{R})}$ 为每根导条和每段端环的漏抗。

考虑到笼型转子的相数 $m_2 = \dfrac{Q_2}{p}$，匝数和绕组因数分别等于 $N_2 = \dfrac{1}{2}$，$k_{\mathrm{w2}} = 1$，于是电流比 $k_{\mathrm{i}} = \dfrac{m_1}{m_2}\left(\dfrac{N_1 k_{\mathrm{w1}}}{N_2 k_{\mathrm{w2}}}\right) = \dfrac{2pm_1 N_1 k_{\mathrm{w1}}}{Q_2}$，电压比 $k_{\mathrm{e}} = \dfrac{N_1 k_{\mathrm{w1}}}{N_2 k_{\mathrm{w2}}} = 2N_1 k_{\mathrm{w1}}$，由此即可得到归算到定子边时，笼型转子电阻和漏抗的归算值 R_2' 和 $X_{2\sigma}'$ 分别为

$$\left.\begin{aligned} R_2' &= k_{\mathrm{e}} k_{\mathrm{i}} R_2 = \frac{4pm_1(N_1 k_{\mathrm{w1}})^2}{Q_2} R_2 \\ X_{2\sigma}' &= k_{\mathrm{e}} k_{\mathrm{i}} X_{2\sigma} = \frac{4pm_1(N_1 k_{\mathrm{w1}})^2}{Q_2} X_{2\sigma} \end{aligned}\right\} \tag{5-57}$$

5.6　三相感应电动机参数的测定

三相感应电动机的参数，可以用空载试验和堵转（短路）试验来测定。

1. 空载试验

空载试验的目的是，确定电动机的激磁参数 R_{m}、X_{m} 以及铁耗 p_{Fe} 和机械耗 p_{Ω}。试验是在电源频率 $f = f_{\mathrm{N}}$、转子轴上不带任何负载、转速 $n \approx n_{\mathrm{s}}$ 的情况下进行。用调压器调节试验

电压的数值，使定子三相的端电压（线电压）从 $(1.1\sim1.2)U_{1N}$ 逐步下降到 $0.3U_{1N}$ 左右、且转子转速没有明显下降时为止，每次记录电动机的相电压 U_1、空载电流 I_{10} 和空载功率 P_{10}，即可得到电动机的空载特性 I_{10}，$P_{10}=f(U_1)$，如图 5-26 所示。

空载时，电动机的三相输入功率全部消耗于定子铜耗、定子铁耗和转子的机械损耗，所以从空载功率 P_{10} 减去定子铜耗，即得铁耗和机械损耗两项之和，即

$$P_{10}-m_1I_{10}^2R_1=p_{\mathrm{Fe}}+p_{\Omega} \tag{5-58}$$

式中，定子电阻 R_1 可用电桥法或伏-安法测定。再进一步把铁耗和机械损耗分开。

通常铁耗与端电压的平方成正比，机械损耗则仅与转速有关而与端电压的高低无关，因此把铁耗和机械损耗两项之和，与定子相电压的平方值画成曲线 $p_{\mathrm{Fe}}+p_{\Omega}=f(U_1^{\ 2})$，则该线将近似为一直线，如图 5-27 所示。把该线延长到 $U_1=0$ 处，如图 5-27 中虚线所示，它与纵坐标的交点为 A，通过 A 点作水平虚线，则水平线以下部分就是与定子电压无关的机械损耗 p_{Ω}，虚线以上部分则是随定子电压而变化的铁耗 p_{Fe}。

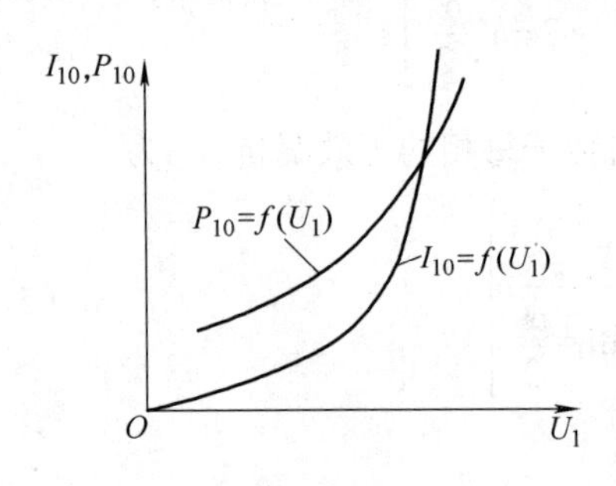

图 5-26 空载特性 I_{10}，$P_{10}=f(U_1)$

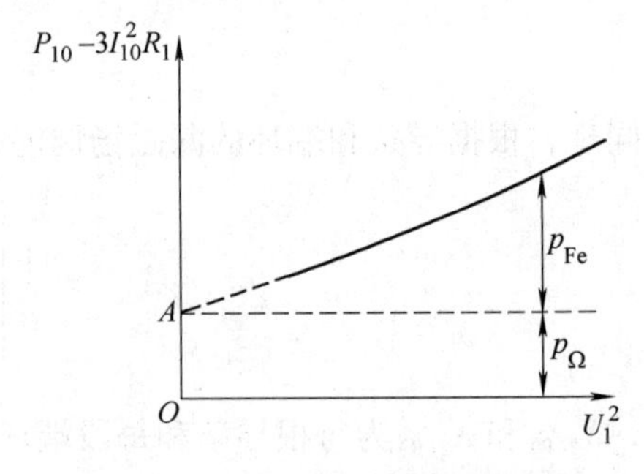

图 5-27 铁耗和机械损耗的分离

空载时，转差率 $s\approx0$，转子可认为开路，于是根据等效电路可知，激磁电阻为

$$R_{\mathrm{m}}=\frac{p_{\mathrm{Fe}}}{m_1I_{10}^{\ 2}} \tag{5-59}$$

定子的空载电抗 X_0 为

$$X_0=\sqrt{|Z_0|^2-R_0^{\ 2}}=\sqrt{\left(\frac{U_1}{I_{10}}\right)^2-R_0^{\ 2}} \tag{5-60}$$

式中，$X_0=X_{1\sigma}+X_{\mathrm{m}}$，$R_0=R_1+R_{\mathrm{m}}$；其中定子漏抗 $X_{1\sigma}$ 可由堵转试验确定，于是激磁电抗 X_{m} 为

$$X_{\mathrm{m}}=X_0-X_{1\sigma} \tag{5-61}$$

2. 堵转试验

堵转（短路）试验的目的是确定感应电动机的漏阻抗，试验在转子堵转（$s=1$）情况下进行。调节试验电压，使端电压（线电压）$U_{1L}\approx0.4U_{1N}$（对小型电动机，若条件具备，最好从 $U_{1L}\approx0.9U_{1N}\sim1.0U_{1N}$ 做起），然后逐步降低电压，每次记录定子的相电压 U_1、定子电流 I_{1k} 和功率 P_{1k}，即可得到短路特性 I_{1k}，$P_{1k}=f(U_1)$，如图 5-28 所示。

由堵转（$s=1$）时感应电动机的等效电路图 5-29 可见，由于激磁阻抗 Z_{m} 比转子漏阻抗 $Z_{2\sigma}'$ 大很多，所以堵转时的定子电流主要由定、转子的漏阻抗所限制。因此即使在 $0.4U_{1N}$

下进行堵转试验，定子电流仍然很大，可达额定电流的2.5~3.5倍。为避免定子绕组过热，试验应尽快进行。另外要关注堵转装置的可靠性和人身的安全性，特别是在试验电压较高时。

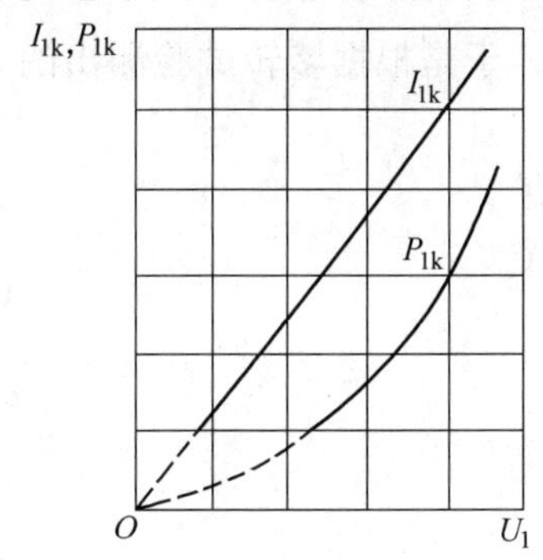

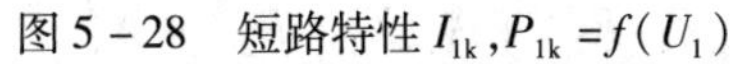

图5-28　短路特性 $I_{1k},P_{1k}=f(U_1)$

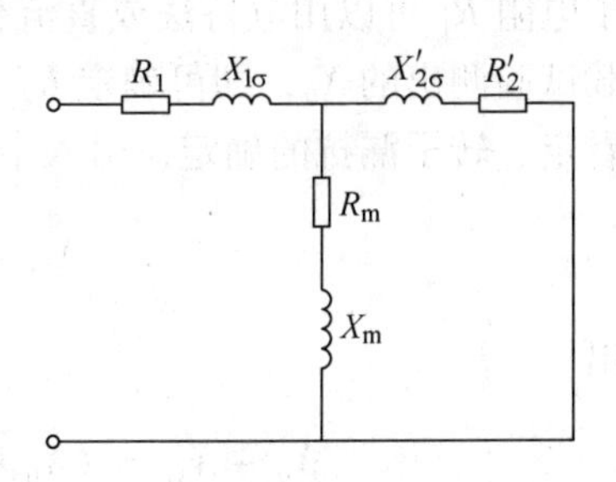

图5-29　堵转时感应电动机的等效电路

根据堵转试验数据，即可求出堵转时电动机的阻抗（即短路阻抗）Z_k、电阻 R_k 和电抗 X_k，

$$Z_k = \frac{U_1}{I_{1k}} \qquad R_k = \frac{P_{1k}}{m_1 I_{1k}^2} \qquad X_k = \sqrt{|Z_k|^2 - R_k^2} \tag{5-62}$$

根据图5-29所示堵转时感应电动机的等效电路，若不计铁耗（即认为 $R_m \approx 0$），可得短路阻抗 Z_k 为

$$Z_k = R_1 + jX_{1\sigma} + \frac{jX_m(R_2' + jX_{2\sigma}')}{R_2' + j(X_m + X_{2\sigma}')} = R_k + jX_k \tag{5-63}$$

式中

$$\left.\begin{aligned} R_k &= R_1 + R_2' \frac{X_m^2}{R_2'^2 + (X_m + X_{2\sigma}')^2} \\ X_k &= X_{1\sigma} + X_m \frac{R_2'^2 + X_{2\sigma}'^2 + X_{2\sigma}' X_m}{R_2'^2 + (X_m + X_{2\sigma}')^2} \end{aligned}\right\} \tag{5-64}$$

对于通常的笼型和绕线型电机[⊖]，可设 $X_{1\sigma} = X_{2\sigma}'$，于是空载电抗 $X_0 = X_m + X_{1\sigma} = X_m + X_{2\sigma}'$，式（5-64）则可改写为

$$\left.\begin{aligned} R_k &= R_1 + R_2' \frac{(X_0 - X_{1\sigma})^2}{R_2'^2 + X_0^2} \\ X_k &= X_{1\sigma} + (X_0 - X_{1\sigma}) \frac{R_2'^2 + X_{1\sigma} X_0}{R_2'^2 + X_0^2} \end{aligned}\right\} \tag{5-65}$$

把式（5-65）中的第二式代入 $\frac{X_0 - X_k}{X_0}$，经过运算可知

$$\frac{X_0 - X_k}{X_0} = \frac{(X_0 - X_{1\sigma})^2}{R_2'^2 + X_0^2} \tag{5-66}$$

再把式（5-66）代入式（5-65）的第一式，可得

⊖　不包括深槽电机和双笼电机。

$$R_2' = (R_k - R_1)\frac{X_0}{X_0 - X_k} \tag{5-67}$$

由于定子电阻 R_1 可以用电桥法或直流伏－安法来测定，于是根据堵转试验测出的 R_k 和 X_k 以及空载试验测出的 X_0，即可确定 R_2'。

再看定、转子漏抗的确定。引入中间计算量 X_{ki}，使

$$X_{ki} = X_k - R_2'^2 \frac{X_0 - X_k}{X_0^2} \tag{5-68}$$

不难导出

$$\begin{aligned} X_0 - X_{ki} &= (X_0 - X_k)\frac{R_2'^2 + X_0^2}{X_0^2} \\ &= \left[X_0 - X_{1\sigma} - (X_0 - X_{1\sigma})\frac{R_2'^2 + X_{1\sigma}X_0}{R_2'^2 + X_0^2}\right]\frac{R_2'^2 + X_0^2}{X_0^2} \\ &= X_0\left(\frac{X_0 - X_{1\sigma}}{X_0}\right)^2 \end{aligned}$$

于是

$$\frac{X_0 - X_{1\sigma}}{X_0} = \sqrt{\frac{X_0 - X_{ki}}{X_0}} \tag{5-69}$$

由此可得

$$\begin{aligned} X_{1\sigma} = X_{2\sigma}' &= X_0\left(1 - \sqrt{\frac{X_0 - X_{ki}}{X_0}}\right) = X_0 \frac{1 - \frac{X_0 - X_{ki}}{X_0}}{1 + \sqrt{\frac{X_0 - X_{ki}}{X_0}}} \\ &= \frac{X_{ki}}{1 + \sqrt{\frac{X_0 - X_{ki}}{X_0}}} \end{aligned} \tag{5-70}$$

这样，先用式（5－68）算出中间计算量 X_{ki}，再用 X_{ki} 和 X_0 代入式(5－70)，即可得到定、转子的漏抗值。

在正常工作范围内，定、转子的漏抗基本为一常值。但当高转差时（例如在起动时），定、转子电流将比额定值大很多，此时漏磁磁路中的铁磁部分将达到饱和，从而使漏磁路的磁阻变大、漏抗变小。因此，起动时定、转子的漏抗值（饱和值）将比正常工作时小15%～35%左右。故在堵转试验时，应力求测得堵转电流 $I_{1k} = I_{1N}$，$I_{1k} = (2\sim3)I_{1N}$ 和堵转电压 $U_{1k} \approx U_{1N\phi}$ 三处的数据，然后分别算出对应于三种不同工况、铁心具有不同饱和程度时的漏抗值。计算工作特性时，采用不饱和值；计算起动特性时，采用饱和值；计算最大转矩时，采用对应于（2～3）I_{1N} 时的漏抗值。这样可使计算结果接近于实际情况。

5.7 三相感应电动机的转矩－转差率特性

三相感应电动机的输出主要体现在转矩和转速上。在电源电压为额定电压的情况下，电动机的电磁转矩与转差率之间的关系 $T_e = f(s)$，就称为转矩－转差率特性，或 $T_e - s$ 曲线。

$T_e - s$ 特性是感应电动机的主要特性之一。

1. 转矩－转差率特性

从式（5－48）可知，电磁转矩等于电磁功率除以同步角速度，即 $T_e = \frac{P_e}{\Omega_s} = \frac{m_1}{\Omega_s} I_2'^2 \frac{R_2'}{s}$，其中转子电流的归算值 I_2'，从式（5－37）可知

$$\dot{I}_2' = -\frac{\dot{U}_1}{Z_{1\sigma} + \dot{c} Z_2'} \approx -\frac{\dot{U}_1}{\left(R_1 + c\frac{R_2'}{s}\right) + j(X_{1\sigma} + cX_{2\sigma}')} \qquad (5-71)$$

式中，$c = |\dot{c}| \approx 1 + \frac{X_{1\sigma}}{X_m}$。取 $\dot{I}_2'$ 的模代入电磁转矩 T_e，可得

$$T_e = \frac{m_1}{\Omega_s} \frac{U_1^2 \frac{R_2'}{s}}{\left(R_1 + c\frac{R_2'}{s}\right)^2 + (X_{1\sigma} + cX_{2\sigma}')^2} \qquad (5-72)$$

把不同的转差率 s 代入式（5－72），算出对应的电磁转矩 T_e，便可得到转矩－转差率特性，如图5－30所示。图中 $0 < s < 1$ 的范围是电动机状态，$s < 0$ 的范围是发电机状态，$s > 1$ 的范围则是电磁制动状态。

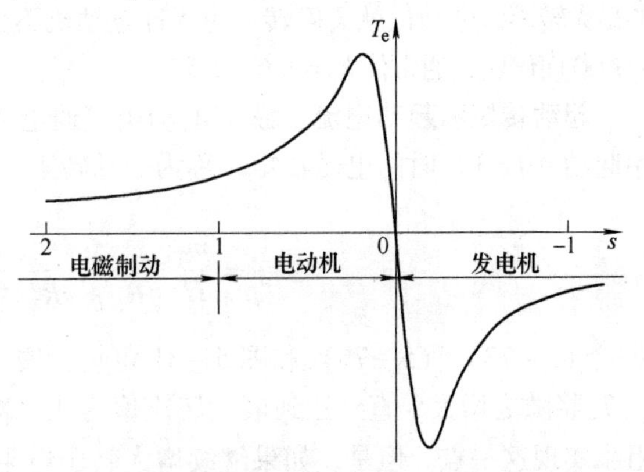

图5－30　感应电机的转矩－转差率特性

2. 最大转矩和起动转矩

最大转矩　从图5－30可知，$T_e - s$ 曲线有一个最大值 T_{max}。令 $\frac{dT_e}{ds} = 0$，即可求出产生最大转矩 T_{max} 时的转差率 s_m 为

$$s_m = \pm \frac{cR_2'}{\sqrt{R_1^2 + (X_{1\sigma} + cX_{2\sigma}')^2}} \qquad (5-73)$$

s_m 称为临界转差率。将 s_m 代入式（5－72），经过整理，可得

$$T_{max} = \pm \frac{m_1}{\Omega_s} \frac{U_1^2}{2c\left[\pm R_1 + \sqrt{R_1^2 + (X_{1\sigma} + cX_{2\sigma}')^2}\right]} \qquad (5-74)$$

式中，± 号中的正号对应于电动机状态，负号对应于发电机状态。

当 $R_1 \ll X_{1\sigma} + X_{2\sigma}'$，系数 $c \approx 1$ 时，s_m 和 T_{max} 将近似等于

$$\left.\begin{aligned} s_m &\approx \pm \frac{R_2'}{X_{1\sigma} + X_{2\sigma}'} \\ T_{max} &\approx \pm \frac{m_1 U_1^2}{2\Omega_s (X_{1\sigma} + X_{2\sigma}')} \end{aligned}\right\} \qquad (5-75)$$

从式（5－75）可见：

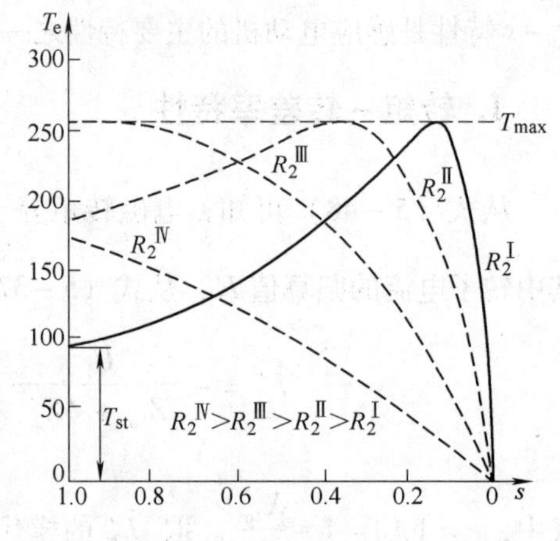

图 5-31 转子电阻变化时的 T_e-s 特性

（1）感应电机的最大转矩与电源电压的平方成正比，与定、转子漏抗之和近似成反比。

（2）最大转矩的大小与转子电阻值无关，临界转差率s_m则与转子电阻R_2'成正比；R_2'增大时，s_m 增大，但 T_{max}保持不变，此时 T_e-s 曲线的最大值将向左偏移，如图 5-31 所示。

电动机的最大转矩与额定转矩之比称为过载能力，用 k_T 表示，$k_T=T_{max}/T_N$。如果负载转矩大于电动机的最大转矩，电动机就会停转。为保证电动机不因短时过载而停转，通常使 $k_T=1.6\sim2.5$。

起动转矩和起动电流 感应电动机接通电源开始起动（$s=1$）时的电磁转矩，称为起动转矩，用 T_{st}表示。将 $s=1$ 代入式（5-72），可得

$$T_{st}=\frac{m_1}{\Omega_s}\frac{U_1^2R_2'}{(R_1+cR_2')^2+(X_{1\sigma}+cX_{2\sigma}')^2} \tag{5-76}$$

从式（5-73）、（5-76）和图 5-31 可见，增大转子电阻，临界转差率 s_m 将增大，起动转矩 T_{st}将随之增大，直到达到最大转矩值为止。对于绕线型电机，可以在转子中接入外加电阻来实现这一点。但是，如果继续增大转子电阻（如图 5-31 中的 $R_2^{Ⅳ}$），则起动转矩将从最大转矩值逐步下降。

起动时电动机的定子电流称为起动电流，用 I_{st}表示。I_{st}可用近似等效电路算出。根据式（5-39）和式（5-40），并不计激磁电流与转子电流之间的相位差，可得

$$I_{st}\approx\frac{U_1}{X_m}\frac{1}{c+\dfrac{X_{1\sigma}}{X_{2\sigma}'}}+\frac{U_1}{\sqrt{(R_1+cR_2')^2+(X_{1\sigma}+cX_{2\sigma}')^2}} \tag{5-77}$$

3. 机械特性

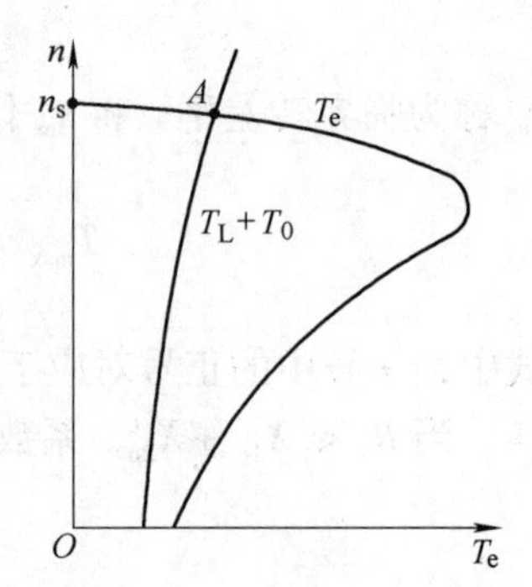

图 5-32 三相感应电动机的机械特性

把转矩-转差率曲线 $T_e=f(s)$的纵坐标与横坐标对调，并利用 $n=n_s(1-s)$把转差率转换成对应的转速 n，即可得到机械特性 $n=f(T_e)$，如图 5-32 所示。

把电动机的机械特性 $n=f(T_e)$与负载的转速-转矩特性 $n=f(T_L+T_0)$画在一起，在交点 A 处，电动机的电磁转矩与负载转矩和空载转矩之和相等，该点即为电动机组的运行点。在电动机的机械特性上，从空载点到最大转矩点这一段，$\frac{dT_e}{dn}<0$，是稳定区；从最大转矩点到起动点这一段，$\frac{dT_e}{dn}>0$，是不稳定区。

【例 5-4】 一台三相四极、380V、定子为三角形联结的三相感应电动机，其参数为

$R_1=4.47\Omega$，$R_2'=3.18\Omega$，$X_{1\sigma}=6.7\Omega$，$X_{2\sigma}'=9.85\Omega$，$X_m=188\Omega$，R_m 忽略不计。试求该电动机的最大转矩 T_{max}及临界转差率 s_m，起动电流 I_{st}及起动转矩 T_{st}。

解 系数 $c\approx1+\dfrac{X_{1\sigma}}{X_m}=1+\dfrac{6.7}{188}=1.036$。

由式（5－73）和式（5－74）可知，临界转差率 s_m 和最大转矩 T_{max}为

$$s_m=\frac{cR_2'}{\sqrt{R_1^2+(X_{1\sigma}+cX_{2\sigma}')^2}}=\frac{1.036\times3.18}{\sqrt{4.47^2+(6.7+1.036\times9.85)^2}}=0.1884$$

$$T_{max}=\frac{m_1}{\Omega_s}\frac{U_1^2}{2c[R_1+\sqrt{R_1^2+(X_{1\sigma}+cX_{2\sigma}')^2}]}$$

$$=\frac{3}{2\pi\dfrac{1500}{60}}\times\frac{380^2}{2\times1.036[4.47+\sqrt{4.47^2+(6.7+1.036\times9.85)^2}]}\text{N}\cdot\text{m}$$

$$=60.61\text{N}\cdot\text{m}$$

起动时 $s=1$，由式（5－76）和式（5－77）可知，起动电流和起动转矩分别为

$$I_{st}\approx\frac{U_1}{X_m}\frac{1}{c+\dfrac{X_{1\sigma}}{X_{2\sigma}'}}+\frac{U_1}{\sqrt{(R_1+cR_2')^2+(X_{1\sigma}+cX_{2\sigma}')^2}}$$

$$=\frac{380}{188}\times\frac{1}{1.036+\dfrac{6.7}{9.85}}+\frac{380}{\sqrt{(4.47+1.036\times3.18)^2+(6.7+1.036\times9.85)^2}}\text{A}=21.61\text{A}$$

$$T_{st}=\frac{m_1}{\Omega_s}\frac{U_1^2R_2'}{(R_1+cR_2')^2+(X_{1\sigma}+cX_{2\sigma}')^2}$$

$$=\frac{3}{2\pi\dfrac{1500}{60}}\times\frac{380^2\times3.18}{(4.47+1.036\times3.18)^2+(6.7+1.036\times9.85)^2}\text{N}\cdot\text{m}$$

$$=25.34\text{N}\cdot\text{m}$$

上述电磁转矩公式和 T_e-s 曲线，均为定、转子的基波磁动势与气隙磁场相互作用所产生。在第4章中提到，除了基波之外，定、转子绕组和气隙中还存在一系列谐波磁动势和磁场。谐波磁动势与谐波磁场之间相互作用所产生的电磁转矩，通常称为寄生转矩。寄生转矩所形成的转矩－转差率曲线及其对起动性能的影响，将在5.8节中说明。

4. 计算和绘制 T_e-s 曲线的 MATLAB 程序

计算整条 T_e-s 曲线，需要进行十多次重复性的计算，所以编写一个程序，用计算机来计算比较方便。

下面列出计算和绘制 T_e-s 曲线的 MATLAB 程序。首先给定电动机的端电压、相数、频率、极对数和参数，并算出电动机的临界转差率 s_m 和最大转矩 T_{max}，起动转矩 T_{st}和起动电流 I_{st}，并将这4个数据输出。再在转速为 $0\sim n_s$ 这一范围内，选取10～14个转速作为算点，依次算出这些转速时电动机的电磁转矩 T_e 和转差率 s，即可得到电动机的 T_e-s 曲线。

仍以例5－3的感应电动机为例，进行 T_e-s 曲线的计算和绘制，可得图5－33。

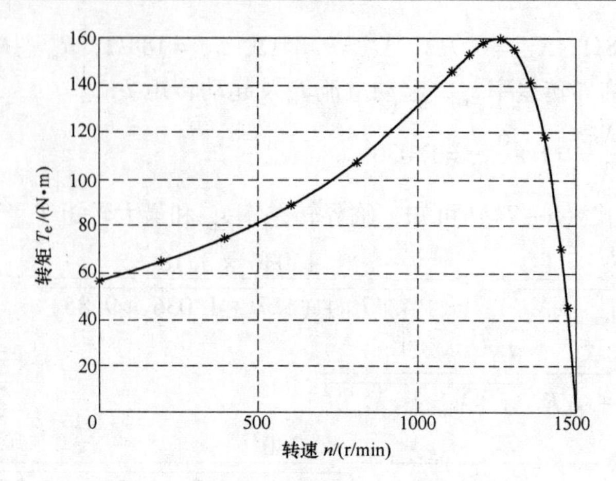

图 5－33 例 5－3 所示感应电动机的 $T_e - s$ 曲线

```
clc;clear;
Pn=10000; m=3; p=2; f=50; Un=380;
R1=1.33; X1=2.43; R2=1.12; X2=4.4; Rm=7; Xm=90; Z1=R1+j*X1; Zm=Rm+j*Xm;
c=1+X1/Xm;
Ns=3000/p;
smax =c*R2/sqrt(R1^2+(X1+c*X2)^2);
Tmax =m*Un^2/((2*pi*Ns/60)*(2*c*(R1+sqrt(R1^2+(X1+c*X2)^2))));
Tst =m*Un^2*R2/((2*pi*Ns/60)*((R1+c*R2)^2+(X1+c*X2)^2));
Ist =Un/Xm+Un/sqrt((R1+c*R2)^2+(X1+c*X2)^2);
n1=[0,200,400,600,810,1110,1210,1260,1310,1360,1400,1450,1470];
s =(1500-n1)/1500;
L =length(s);
for i =1:L
    Te(i) =(m*Un^2 *(R2/s(i)))/(((R1+c*R2/s(i))^2 +(X1+c*X2)^2)*(2*pi*Ns/60));
end
figure (1);
plot (n1,Te,'b-',n1,Te,'r*');
xlabel ('转速 n(r/min) );
ylabel ('转矩 Te(N.m)');
grid on;
fprintf ('\n');
fprintf ('临界转差率：smax=%5.3f\n',smax);
fprintf ('最大转矩：Tmax=%5.2fN.m\n',Tmax);
fprintf ('起动电流：Ist=%5.2fA\n',Ist);
fprintf ('起动转矩：Tst=%5.3fN.m\n',Tst);
```

运行结果输出

临界转差率：smax=0.163

最大转矩：Tmax=159.75N·m

起动电流：Ist=55.73A

起动转矩：Tst=56.740N·m

5. 以最大转矩为基值时，T_e-s 曲线的表达式

式（5－72）的电磁转矩表达式是比较精确的，但是用它来计算感应电动机的整条 T_e-s曲线却十分繁复。通常在感应电动机的产品说明书中，除了额定数据之外，常常会给出电动机的最大转矩倍数 $\frac{T_{max}}{T_N}$ 和临界转差率 s_m 等数据。下面将说明，若给定 T_{max}和 s_m，即可导出以 T_{max}和 s_m 为基值时，T_e-s 曲线的简明表达式。

由式（5－72）和式（5－73）、式（5－74）可知，三相感应电动机的电磁转矩 T_e 为

$$T_e=\frac{m_1}{\Omega_1}\frac{U_1^2\frac{R_2'}{s}}{\left(R_1+c\frac{R_2'}{s}\right)^2+(X_{1\sigma}+cX_{2\sigma}')^2}$$

最大转矩 T_{max}和临界转差率 s_m 则分别等于

$$\left.\begin{aligned}T_{max}&=\frac{m_1}{\Omega_1}\frac{U_1^2}{2c\left[R_1+\sqrt{R_1^2+(X_{1\sigma}+cX_{2\sigma}')^2}\right]}\\ s_m&=\frac{cR_2'}{\sqrt{R_1^2+(X_{1\sigma}+cX_{2\sigma}')^2}}\end{aligned}\right\}$$

或

$$\sqrt{R_1^2+(X_{1\sigma}+cX_{2\sigma}')^2}=\frac{cR_2'}{s_m},\quad 即\ (X_{1\sigma}+cX_{2\sigma}')^2=\left(\frac{cR_2'}{s_m}\right)^2-R_1^2 \tag{5-78}$$

把 T_e 除以 T_{max}，并设 $c=1$，可得

$$\begin{aligned}\frac{T_e}{T_{max}}&=\frac{2cR_2'(R_1+\sqrt{R_1^2+(X_{1\sigma}+cX_{2\sigma}')^2})}{s\left[\left(R_1+c\frac{R_2'}{s}\right)^2+(X_{1\sigma}+cX_{2\sigma}')^2\right]}\\&=\frac{2R_2'\left(R_1+\frac{R_2'}{s_m}\right)}{s\left[\left(\frac{R_2'}{s_m}\right)^2+\left(\frac{R_2'}{s}\right)^2+\frac{2R_1R_2'}{s}\right]}\times\frac{\frac{s_m}{R_2'}}{\frac{s_m}{R_2'}}\\&=\frac{2\left(1+\frac{R_1}{R_2'}s_m\right)}{\frac{s}{s_m}+\frac{s_m}{s}+2\frac{R_1}{R_2'}s_m}=\frac{2+\Delta}{\frac{s}{s_m}+\frac{s_m}{s}+\Delta}\end{aligned} \tag{5-79}$$

式中，$\Delta=2\frac{R_1}{R_2'}s_m$。式（5－79）就是用最大转矩 T_{max}和临界转差率 s_m 表示时，T_e-s曲线的表达式。

通常 $R_1\approx R_2'$，s_m 在 0.1～0.2 之间，于是 $\Delta\approx0.2\sim0.4$，即 Δ 要比 2 小很多，在式（5－79）的分母中，Δ 所占的份量更小，故式（5－79）可以近似写成

$$\frac{T_e}{T_{max}} \approx \frac{2}{\dfrac{s}{s_m} + \dfrac{s_m}{s}} \tag{5-80}$$

式（5－80）就是作为电动机运行时，$T_e - s$ 曲线的近似表达式。此式比较简单、且易于记忆，故在近似分析中得到广泛的应用。

5.8 谐波磁场对三相感应电动机转矩－转差率特性的影响

除了基波磁场之外，三相感应电动机的气隙中还有一系列高次空间谐波磁场，它们与转子中的感应电流相互作用，将产生一系列谐波转矩（也称为寄生转矩）。尤其是笼型转子，它对谐波磁场的作用特别敏感。低速时，寄生转矩可能达到较大的数值，并直接影响到电动机的起动。

寄生转矩可分为异步转矩和同步转矩两类，简要说明如下。

1. 异步寄生转矩

第 4 章中已经说明，除基波外，定子三相绕组所产生的磁动势波中还有一系列高次空间谐波，例如 5 次、7 次、11 次谐波等，它们在空间的旋转速度分别为 $-n_s/5$、$n_s/7$、$-n_s/11$，其中负号表示谐波的转向与基波转向相反，正号表示相同。气隙中的各次谐波磁场将切割转子导条，并感生相应的转子电流。对于笼型绕组，该转子电流所产生的转子磁动势，恒与感生它的谐波磁场具有相同的极数、在空间具有同样的转速，因而在任何转子转速下，此电流与感生它的谐波磁场相互作用，总能得到一定的平均转矩。这种由谐波磁场的感应作用所产生的电磁转矩，称为异步寄生转矩。

例如，对于定子 7 次空间谐波旋转磁场（它相当于一台极对数为 $7p$ 的感应电机），它的同步转速是 $n_s/7$。当 $0 < n < n_s/7$ 时，转子转速 n 低于 7 次谐波磁场的同步转速，故对于 7 次谐波磁场而言，感应电机处于电动机状态，因此谐波转矩 T_{e7} 为驱动性质的转矩。当 $n > n_s/7$ 时，转子转速超过 7 次谐波磁场的同步转速，相当于发电机状态，此时 T_{e7} 的方向将与转子转向相反，属制动性质的转矩。当转速 $n = n_s/7$，即 $s = 1 - 1/7 = 0.857$ 时，转子转速恰好与 7 次谐波磁场同步，转子绕组中没有 7 次谐波磁场感生的电流，故 7 次谐波转矩等于零。

同理，对 5 次空间谐波旋转磁场而言，它是反转的旋转磁场，同步点在 $-n_s/5$，即在 $s = 1 + 1/5 = 1.2$ 处。故当 $s < 1.2$ 时，5 次谐波转矩 T_{e5} 应为负值（制动性质）；当 $s > 1.2$ 时，谐波转矩为正值（驱动性质）。

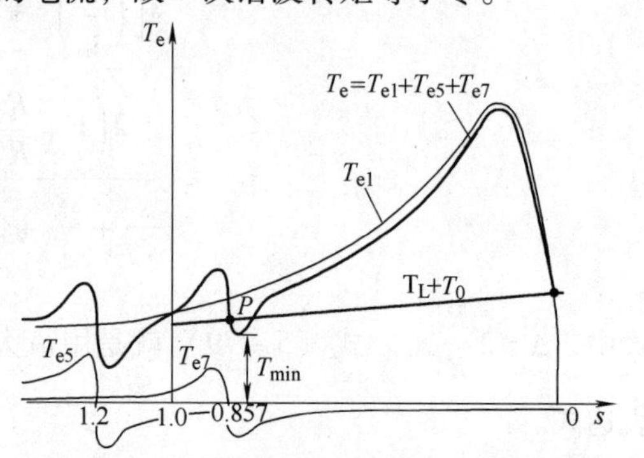

图 5－34　5 次和 7 次谐波的寄生转矩对 $T_e - s$ 曲线的影响

图 5－34 所示为由基波、5 次和 7 次谐波磁场各自所产生的转矩曲线和合成的 $T_e - s$ 曲线。由图可见，在靠近$\frac{n_s}{7}$处，由于 7 次谐波转矩的影响，使合成电磁转矩曲线出现下凹，形成一

个最小值 $T_{\min}$。若电动机轴上的负载转矩 T_L+T_0 超过电动机的最小转矩 $T_{\min}$，如图5－34所示，则起动后转子将在 P 点低速“爬行”，达不到正常速度。

由于谐波磁动势的相对幅值为 $\frac{F_\nu}{F_1}=\frac{1}{\nu}\frac{k_{w\nu}}{k_{w1}}$，所以谐波次数越高、谐波的绕组因数越小，谐波的相对幅值就越小。故通常对高于7次的高次谐波（齿谐波除外），可不予考虑。齿谐波的次数为 $\frac{Q_1}{p}\pm1$，其特点是它的绕组因数与基波的绕组因数相等，因而相对来说，其幅值较大。

2. 同步寄生转矩

定子的基波（或 ν_1 次谐波）磁场切割转子导条时，导条中将感应电流 I_2，I_2 不仅会产生一个与定子磁场同极数、同转速的基波（或 ν_1 次谐波）磁场，还会产生一系列其他的谐波磁场。若 I_2 产生的转子磁场中有一个 μ_1 次谐波，它与定子的另一个非感生它的 ν_2 次谐波磁场次数相等，即 $|\mu_1|=|\nu_2|$，则在某个特定的转子转速时，这两个磁场在空间具有相同的转速（即保持相对静止），并产生平均转矩，类似于同步电机中的情况，这种转矩就称为同步寄生转矩。

在感应电机里，最主要的同步寄生转矩是，定子和转子的齿谐波磁场相互作用所产生的转矩。例如一台四极笼型感应电动机，定子为24槽，转子为28槽，定子齿谐波的次数 ν 为

$$\frac{Q_1}{p}\pm1=\frac{24}{2}\pm1=\begin{matrix}13\,(\text{正转})\\11\,(\text{反转})\end{matrix}\cdots\nu\text{次}$$

由定子基波磁场感应的转子电流 I_2，它所产生的转子齿谐波磁场的次数 μ 为

$$\frac{Q_2}{p}\pm1=\frac{28}{2}\pm1=\begin{matrix}15\,(\text{正转})\\13\,(\text{反转})\end{matrix}\cdots\mu\text{次}$$

可见定、转子齿谐波中都有13次谐波磁场。定子13次谐波磁场在空间的转速为 $n_s/13$，由定子基波磁场感应产生的转子13次谐波，对转子本身的相对速度为 $\frac{\Delta n}{-13}=\frac{n_s-n}{-13}$，它在空间（即对定子）的转速为 $n+\frac{n_s-n}{-13}=\frac{14n-n_s}{13}$。此处，转子的13次谐波磁场并非由定子的13次谐波磁场感应产生，因此仅当转子转速为 $n=n_s/7$ 时，这两个谐波磁场在空间的转速才会相等，并产生同步寄生转矩。

同步寄生转矩仅在某一特定的转速下才产生，其值可正、可负，视定、转子磁场间的相对位置（相当于同步电机中的功角）而定。在 T_e-s 曲线中，在该特定的转速处，同步寄生转矩表现为一正、一负的一个跳跃，相当于定、转子谐波磁场间的相对位置移过360°；在其他转速下，同步寄生转矩为零。图5－35a表示在 $n_s/7$ 处，有显著同步寄生转矩的 T_e-s 曲线。若同步寄生转矩发生在 $s=1$ 处，如图5－35所示，常能形成“死点”，使电机根本转不起来。

归纳起来，可把两种寄生转矩的起因列表如下：

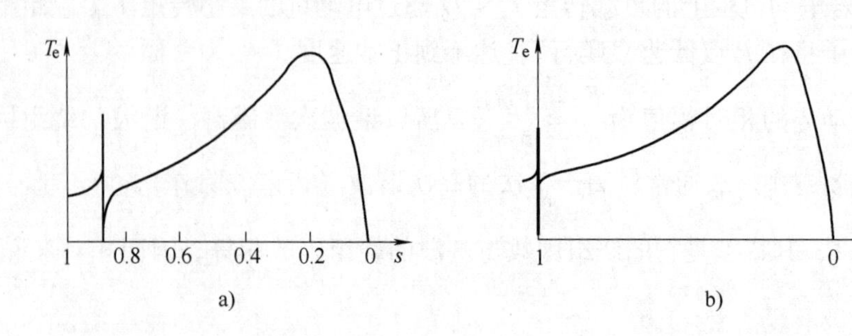

图 5-35　T_s-s 曲线中的同步寄生转矩

a）发生在 $s=6/7$ 处的同步寄生转矩　b）发生在 $s=1$ 处的同步寄生转矩

定子 ν_1 次磁场 —感生→ 转子 μ_1 次磁场 ——→ 若 $\mu_1=\nu_1$，则在任何转速下，这两个谐波磁场均为同步，并产生异步寄生转矩。

定子 ν_1 次磁场 —感生→ 转子 μ_1 次磁场 ┐
定子 ν_2 次磁场 ————————————┘→ 若 $|\mu_1|=|\nu_2|$，则在某一特定转速下，这两个谐波磁场可达到同步，并产生同步寄生转矩。

3. 削弱寄生转矩的方法

要削弱寄生转矩，应当从减小谐波磁场着手。具体方法有：

（1）采用短距绕组来削弱 5 次和 7 次谐波，以削弱异步寄生转矩。

（2）将转子槽斜过一个定子齿距，使定子齿谐波磁场不能在转子导条中感生电动势和电流，从而消除或削弱齿谐波所产生的寄生转矩。

（3）在小型感应电动机中，定子采用半闭口槽，转子采用半闭口槽或闭口槽，以减小齿谐波磁场。

（4）适当地选择定、转子的槽配合，使定子的谐波次数 ν_2 与转子的谐波次数 μ_1 没有相等的机会，从而达到消除同步寄生转矩的目的。

5.9　三相感应电动机的工作特性

为保证感应电动机运行可靠、使用经济，国家标准对感应电动机的主要性能指标作出了具体规定。标志工作性能的主要指标有：额定效率 η_N，额定功率因数 $\cos\varphi_N$ 和最大转矩倍数 T_{max}/T_N。

1. 工作特性

在额定电压和额定频率下，电动机的转速 n、电磁转矩 T_e、定子电流 I_1、功率因数 $\cos\varphi_1$、效率 η 与输出功率 P_2 之间的关系曲线 n，T_e，I_1，$\cos\varphi$，$\eta=f(P_2)$，称为感应电动机的工作特性。下面分别加以说明。

转速　感应电动机的转速为 $n=n_s(1-s)$，空载时 $P_2=0$，转差率 $s\approx0$，转子的转速非

常接近于同步转速 n_s。随着负载的增大，为使电磁转矩足以克服负载转矩，转子电流将增大，转差率 s 也将增大。通常额定负载时的转差率 $s_N \approx 2\% \sim 5\%$，即额定转速约比同步转速低 2%～5%。

定子电流　感应电动机的定子电流 $\dot{I}_1 = \dot{I}_m + (-\dot{I}_2')$。空载时转子电流 $\dot{I}_2 \approx 0$，定子电流几乎全部是激磁电流 $\dot{I}_m$。随着负载的增大，转子电流增大，于是定子电流将随之增大。

图 5－36 表示一台 10kW 的三相感应电动机的转速特性和定子电流特性。

定子功率因数　从等效电路可见，感应电动机是一个电感性电路，所以感应电动机的功率因数恒小于 1，且为滞后。

空载运行时，定子电流基本上等于激磁电流（其主要成分是无功的磁化电流），所以功率因数很低，约为 0.1～0.2。加上负载后，输出的机械功率增加，定子电流中的有功分量也将增大，于是电动机的功率因数将逐步提高；通常在额定负载附近，功率因数将达到其最大值。若负载继续增大，由于转差率较大，转子等效电阻 R_2'/s 和转子的功率因数 $\cos\psi_2$ 下降得较快，故定子功率因数 $\cos\varphi_1$ 又重新下降，如图 5－37 所示。

电磁转矩　稳态运行时，电磁转矩 T_e 为

$$T_e = T_0 + T_2 = T_0 + \frac{P_2}{\Omega}$$

由于空载转矩 T_0 可认为不变，从空载到额定负载之间，电动机的转速变化也很小，故 $T_e = f(P_2)$ 近似为一直线，如图 5－37 所示。

效率　感应电动机的效率曲线如图 5－37 所示。与其他电机相类似，电动机的最大效率通常发生在 $(0.8 \sim 1.1)P_N$ 这一范围内；额定效率 η_N 约在 85%～96% 之间，容量越大，η_N 一般就越高。

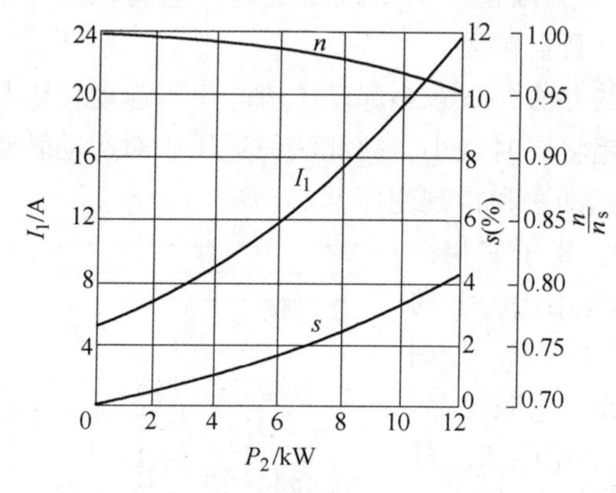

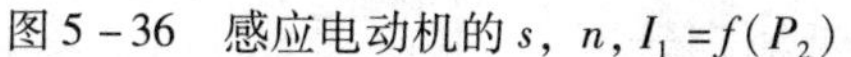

图 5－36　感应电动机的 s，n，$I_1 = f(P_2)$

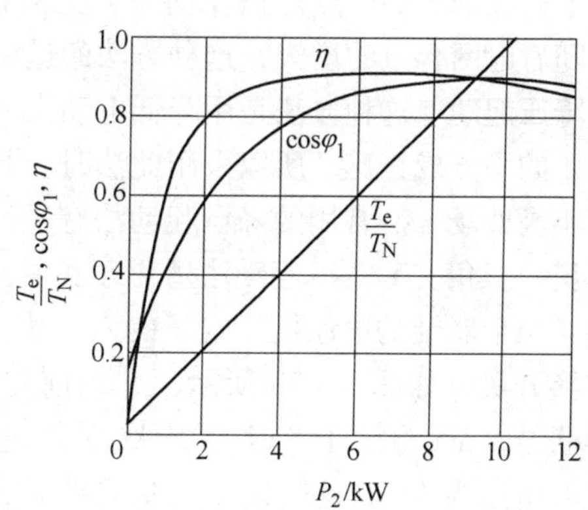

图 5－37　感应电动机的 T_e，$\cos\varphi_1$，$\eta = f(P_2)$

由于感应电动机的效率和功率因数，通常都在额定负载附近达到最大值，因此在选用电动机时，应使电动机的容量与负载相匹配，以便电动机能够经济、合理和安全地使用。

在电动机的参数为已知的情况下（根据试验或设计值），给定不同的转差率 s，根据 T 形等效电路，即可算出不同负载下电动机的定、转子电流和激磁电流，定、转子铜耗，电磁功率，转子的机械功率，电磁转矩和电动机的输入功率。若已知机械损耗和杂耗，可进一步算出电动机的输出功率和效率，由此即可画出感应电动机的工作特性。

2. 三相感应电动机的主要运行数据

在分析三相感应电动机的性能时，通常应算出：① 额定点的全部数据；② 最大转矩值；③ 起动电流和起动转矩值。额定点数据的计算，可按照例 5－3 所示方法进行。最大转矩和起动转矩，可用式（5－74）和式（5－76）算出，起动电流可用式（5－77）算出。为得到较为准确的值，计算最大转矩和起动电流、起动转矩时，漏抗应当采用对应于 $s=s_{\mathrm{m}}$ 和 $s=1$ 时漏抗的饱和值。

5.10 三相感应电动机的起动，深槽和双笼电动机

标志感应电动机起动性能的主要指标，是起动转矩倍数和起动电流倍数。通常希望电动机具有足够大的起动转矩，起动电流则不要太大。此外还要求起动设备尽可能简单、便宜和易于操作及维护。

1. 笼型感应电动机的起动

笼型感应电动机的起动方法主要有两种：直接起动和降压起动。

直接起动 直接起动就是用刀开关或接触器，把电动机直接接到具有额定电压的电源上。起动时，转差率 $s=1$，所以笼型感应电动机的起动电流就是额定电压下的堵转电流。一般笼型电动机的起动电流倍数 $I_{\mathrm{st}}/I_{\mathrm{N}}=5\sim7$，起动转矩倍数 $T_{\mathrm{st}}/T_{\mathrm{N}}\approx1\sim2$。

直接起动法的优点是操作简单，无需很多的附属设备。主要缺点是起动电流较大。但是，随着电网容量的增大，这种方法的适用范围将日益扩大。

降压起动 这种方法是用降低电动机端电压的办法，来减小起动电流。由于起动转矩与端电压的平方成正比，所以采用此法时，起动转矩将同时减小，故此法只适用于对起动转矩要求不高的场合。常用的降压起动法有星—三角起动法和自耦变压器起动法。

星—三角（Y/Δ）起动法适用于正常运行时，定子三相绕组为三角形联结的电动机，定子的六个出线端都要引出，并接至转换开关，如图 5－38 所示。起动前先把转换开关 Q_2 投向星形联结（Y）侧，再合上主开关 Q_1，使电动机与电源接通。设电源电压为 $U_{1\mathrm{N}}$，此时定子是星形联结，故定子相电压为线电压 $U_{1\mathrm{N}}$ 的 $1/\sqrt{3}$，故起动电流较小。待转子转速接近额定转速时，再把转换开关 Q_2 投向三角形联结（Δ）侧，此时定子绕组接成三角形联结，每相绕组所加电压即为额定电压 $U_{1\mathrm{N}}$。

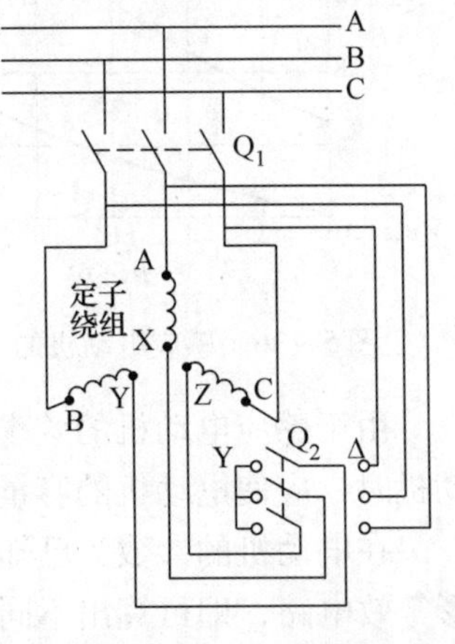

图 5－38 Y/Δ 起动法的接线图

设 $s=1$ 时电动机的每相阻抗为 Z_{k}，则用三角形联结直接起动时，每相绕组中的起动电流为 $U_1/|Z_{\mathrm{k}}|$，线电流为 $I_{\mathrm{st}(\Delta)}=\sqrt{3}U_1/|Z_{\mathrm{k}}|$。若起动时把定子绕组改成星形联结，每相绕组上的电压将是 $U_1/\sqrt{3}$，因此线电流 $I_{\mathrm{st(Y)}}=U_1/(\sqrt{3}|Z_{\mathrm{k}}|)$。可见两种

情况下起动电流之比$I_{st(Y)}/I_{st(\Delta)}=1/3$。星形联结时由于电动机的相电压下降为原先的$1/\sqrt{3}$，所以起动转矩也将降为原先的1/3㊀。

星—三角起动法所用设备比较简单，故在轻载或空载情况下起动的机组，常采用此法。

自耦变压器起动法的原理接线图如图5－39所示。起动时，先将开关Q_1合闸，Q_2投向起动侧，此时电源通过自耦变压器降压后才接到电动机。正常运行时，将Q_2投到运行侧，Q_1开断，自耦变压器从电源切除，电动机将直接接到电源。

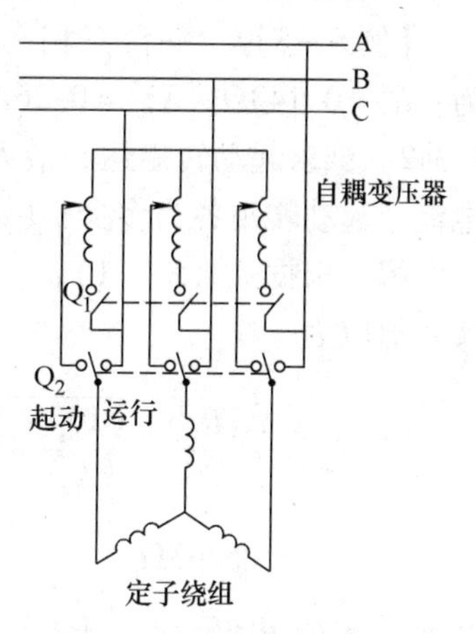

图5－39 用自耦变压器来降压起动

设自耦变压器的电压比为$k_a(k_a>1)$，若电源电压为U_1，则经过自耦变压器降压后，加到电动机端点的电压为U_1/k_a，故电动机侧的起动电流$I_{st(2)}=I_{st}/k_a$，式中I_{st}为电动机在电压U_1下的起动电流；自耦变压器一次侧的电流$I_{st(1)}$应是$I_{st(2)}$的$1/k_a$，于是$I_{st(1)}=I_{st}/k_a{}^2$。由此可见，利用自耦变压器降压起动时，电源所负担的起动电流将减小为原来的$1/k_a{}^2$。由于电动机的端电压减小为U_1/k_a，所以起动转矩也将减小为原来的$1/k_a{}^2$。

自耦变压器起动法的优点是，不受电动机定子绕组接线方式的限制。此外，由于自耦变压器通常备有好几个抽头，故可按容许的起动电流和所需要的起动转矩值进行选择。此法的缺点是设备费用较高。

2. 绕线型感应电动机的起动

绕线型感应电动机的特点是，转子中可接入外加电阻或变频电源。正常运行时，转子三相绕组通过集电环短接；起动时，为减小起动电流，转子中可以接入起动电阻R_{st}。转子接入适当的电阻，不仅可以使起动电流减小，而且由于转子功率因数$\cos\psi_2$和转子电流有功分量的增大，起动转矩也可以增大，所以这是一种合乎理想的方法。

如果想使起动转矩达到电动机的最大转矩，只要使临界转差率s_m等于1即可。根据式（5－73），此时需要接入的起动电阻的实际值R_{st}应为

$$R_{st}=\frac{\sqrt{R_1{}^2+(X_{1\sigma}+cX_{2\sigma}')^2}}{ck_ik_e}-R_2\approx\frac{X_k}{k_ik_e}-R_2 \qquad (5-81)$$

式中，X_k为电动机的短路电抗；R_2为转子绕组电阻的实际值。

绕线型感应电动机的起动性能较好，因此在起动性能要求较高的场合，例如铲土机、卷扬机、起重用吊车中，大多采用绕线型感应电动机。它的缺点是结构稍复杂，因此价格较贵，并需经常维护。

中、大容量感应电动机的起动电阻，多采用无触点的频敏变阻器，这种变阻器的电阻会随着频率的变化而变化。当电动机起动时，转子频率较高（$f_2=50\text{Hz}$），此时变阻器的等效

㊀ 这是稳态分析的结论。若进一步作瞬态分析，并考虑到Y到Δ的切换过程中，转子电流若尚未衰减到0的情况，则Y/Δ起动可能比Δ直接起动时，定子电流的冲击更大。

电阻较大，可以限制电动机的起动电流，增加起动转矩；起动以后，随着转速的上升，转子频率逐渐降低，变阻器的等效电阻将随之减小，满足了正常工作时的要求。

【例5-5】 一台三相、星形联结、380V、30kW 的 8 极绕线型感应电动机，其参数为：$R_1=0.143\Omega$，$X_{1\sigma}=0.262\Omega$，$R_2'=0.134\Omega$，$X_{2\sigma}'=0.328\Omega$，电压比和电流比 $k_e=k_i=1.342$。试求起动转矩达到最大转矩时，转子回路中每相应接入多大的起动电阻？这时起动电流、起动转矩各为多少？（计算时取 $c=1$，激磁电流忽略不计）。

解 根据式（5-81），若 $c=1$，则起动转矩达到最大转矩时，每相应接入的起动电阻实际值应为

$$R_{st}=\frac{\sqrt{R_1{}^2+(X_{1\sigma}+X_{2\sigma}{}')^2}}{k_ik_e}-R_2=\frac{\sqrt{0.143^2+(0.262+0.328)^2}-0.134}{1.342^2}\Omega$$

$$=0.263\Omega$$

R_{st}的归算值 R_{st}'为

$$R_{st}'=k_ik_eR_{st}=1.342^2\times0.263\Omega=0.473\Omega$$

转子接入 R_{st}后，起动转矩为

$$T_{st}(=T_{max})=\frac{m_1}{\Omega_s}\frac{U_1{}^2(R_2'+R_{st}')}{(R_1+R_2'+R_{st}')^2+(X_{1\sigma}+X_{2\sigma}')^2}$$

$$=\frac{3}{2\pi\times\frac{750}{60}}\times\frac{220^2(0.134+0.473)}{(0.143+0.134+0.473)^2+(0.262+0.328)^2}\text{N}\cdot\text{m}$$

$$=1232\text{N}\cdot\text{m}$$

忽略激磁电流时,起动电流为

$$I_{st}\approx\frac{U_1}{\sqrt{(R_1+R_2'+R_{st}')^2+(X_{1\sigma}+X_{2\sigma}')^2}}$$

$$=\frac{220}{\sqrt{(0.143+0.134+0.473)^2+(0.262+0.328)^2}}\text{A}=230.5\text{A}$$

3. 深槽和双笼感应电动机

从上面的分析可知，起动时为了增大起动转矩、减小起动电流，转子电阻稍大一些为好；正常运行时，为使电机有较高的效率，转子电阻小一些为好。对于绕线型感应电动机，这点不难做到。研究表明，某些转子具有特殊结构的笼型电机，也可以实现这一要求。

深槽感应电动机 深槽感应电动机是利用起动时，转子槽漏磁在导条内所产生的电流集肤效应，来改善起动性能。为增加集肤效应，转子槽形做得深而窄，通常槽深 h 与槽宽 b 之比 $h/b=10\sim12$。

图 5-40a 表示转子导条中通有电流时槽漏磁的分布。设想整个导条沿槽高方向由很多根股线（图中用画有斜线的小矩形块表示）并联组成，从图可见，槽底处的股线所交链的

漏磁通，要比槽口处的股线交链的多，所以槽底部分股线的漏抗，要比槽口部分股线的漏抗大。起动时 $s=1$，转子电流频率较高，股线漏抗值大大超过电阻值而成为漏阻抗中的主要成分，于是各股线中的电流将按其漏抗的大小成反比分配，槽口股线的漏抗较小，电流密度 j 就较大。这样，起动时大部分电流将集中到导条的上部，形成电流的集肤效应，如图5-40b所示。电流集中到导条上部，相当于导条的有效截面积减小，从而使转子的有效电阻增大，于是起动时将产生较大的起动转矩。集肤效应的强弱，与转子的频率和槽形尺寸有关，频率越高，槽形越深，集肤效应就越显著。

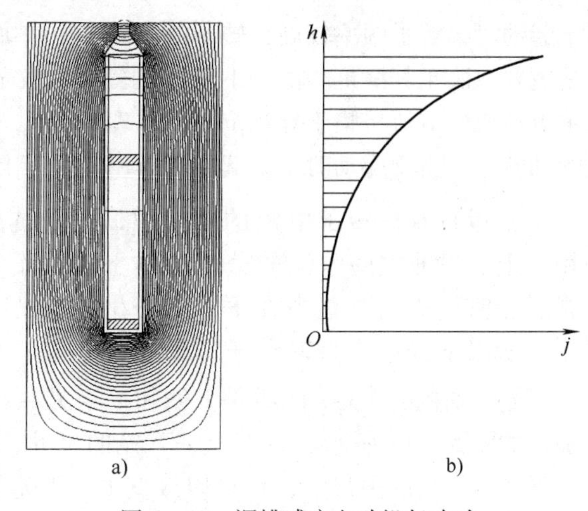

图5-40 深槽感应电动机起动时，转子导条中的电流集肤效应

a）转子槽漏磁 b）导条内的电流密度 j 沿导条高度的分布

当电动机转入正常转速运行时，转子频率变得很低（仅1~3Hz），转子漏抗变小，股线内的电流分配主要取决于股线电阻，于是导条内的电流密度将接近于均匀分布，集肤效应基本消失。此时导条的电阻可认为等于直流电阻，电动机的工作特性将接近于一般的笼型转子电机。

深槽电动机的等效电路，形式上仍与普通笼型电动机相同，但是它的转子参数（有效电阻、漏电感）不是常值，而是随着转差率的变化而变化，这是它的特点。

双笼感应电动机 双笼感应电动机的转子上有两套笼型绕组，如图5-41所示，上、下笼的导条是互相独立的，端环既可以是互相独立的，也可以具有公共的端环。图5-42表示双笼转子的一种槽形。不难看出，在同样的导条电流下，下笼交链的漏磁通总是要比上笼多得多，故下笼的漏抗要比上笼大很多。上笼通常用黄铜或铝、青铜等电阻率较高的材料制成，电阻较大；下笼的导条截面较大，且常用电阻率较低的紫铜制成，电阻较小。总之，上笼的电阻大、漏抗小，而下笼的电阻小、漏抗大。

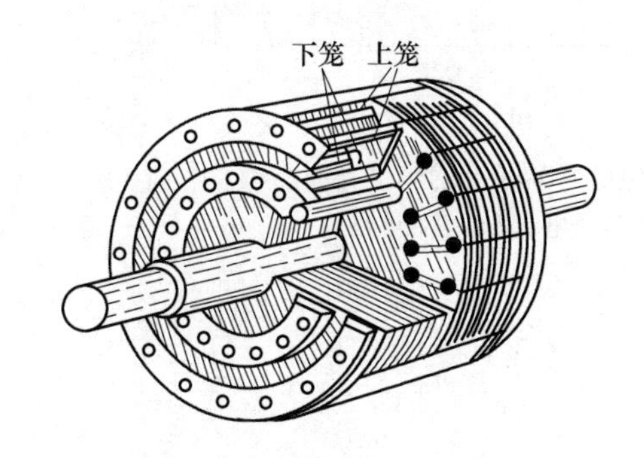

图5-41 双笼转子的结构

图5-42 双笼电动机的转子槽形

起动时，转子频率较高，转子的漏阻抗中漏抗起主要作用，因此上、下笼导条中电流的分配主要取决于其漏抗。由于下笼漏抗较大，故下笼电流较小，电流多挤集于上笼（这与深槽电动机中电流挤集于导条上部的原理相似），而上笼的电阻较大，因此上笼可产生较大的起动转矩。由于起动时上笼起主要作用，所以上笼也称为**起动笼**。

正常运行时，转子电流的频率很低，漏抗减小，上、下笼的漏阻抗中电阻起主要作用，上、下笼之间电流的分配基本上取决于它们的电阻。由于下笼电阻较小，所以正常运行时电流主要集中在下笼，产生电机的工作转矩。正常工作时由于下笼起主要作用，所以下笼也称为**工作笼**。

双笼电动机的 $T_e - s$ 曲线是上笼和下笼 $T_e - s$ 曲线的叠加，如图 5－43 所示。改变上、下笼的尺寸、材料和上、下笼之间的缝隙尺寸，就可以改变上、下笼的参数，从而得到不同的起动性能和工作性能的配合，以满足各种不同负载的需要，这是双笼电动机优于深槽电动机之处。与一般笼型电动机相比，由于转子漏抗稍大，所以双笼电动机的功率因数和最大转矩要稍差一些。

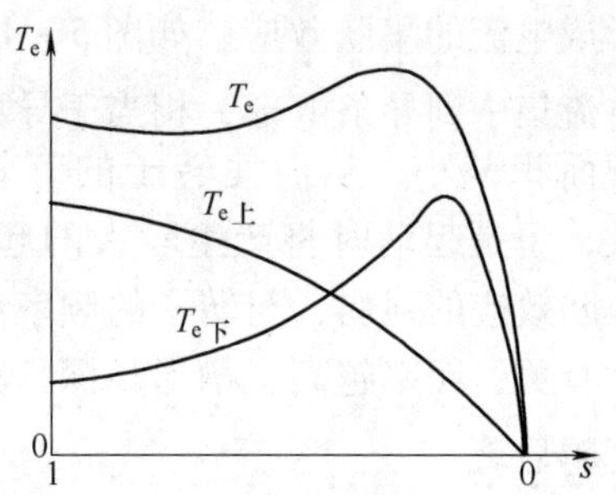

图 5－43　双笼电动机的 $T_e - s$ 曲线

双笼电动机的特点是，转子边有两个笼形绕组，它们同时被气隙主磁通所交链，因此等效电路中有两个并联的转子回路，如图 5－44 所示。另外，上笼与下笼除本身的漏磁通 $\Phi_{2\sigma}$ 和 $\Phi_{3\sigma}$ 之外，还有**互漏磁通** $\Phi_{23\sigma}$ 的交链（对定子绕组而言是漏磁通，对上、下笼而言则是互感磁通），所以在等效电路的转子部分，有一个互漏电抗 $X_{23\sigma}'$ 接在转子两个并联回路的前面，如图 5－44b 所示。

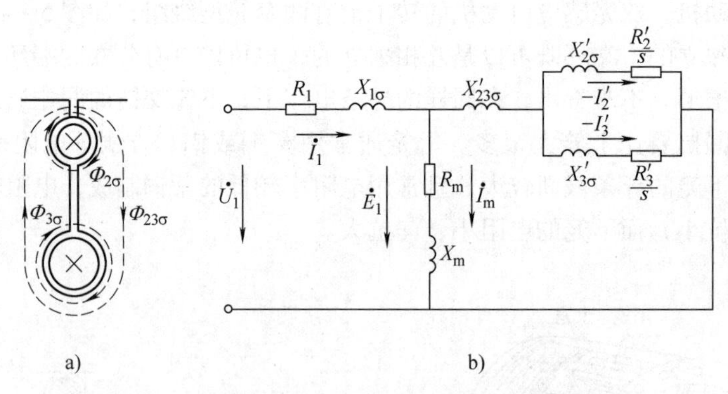

图 5－44　双笼电动机的等效电路（转子有两套端环时）

a）双笼转子的漏磁通　　b）双笼电动机的等效电路

5.11　三相感应电动机的调速

三相感应电动机的调速问题，一直是电机工程界关心和着力研究的问题之一。由于感应

电动机的转速为

$$n = n_s(1 - s) = \frac{60f_1}{p}(1 - s) \tag{5-82}$$

所以可以从三个方面来调节其转速：①改变定子绕组的极对数 p；②改变电源频率 f_1；③改变电动机的转差率 s。

1. 变极调速

在电源频率为恒定的情况下，改变感应电动机定子绕组的极对数，就可以改变旋转磁场和转子的转速。若利用改变绕组接法，使一套定子绕组具备两种极对数而得到两个同步转速，可得单绕组双速电机；也可以在定子内安放两套独立的绕组，从而做成三速或四速电机。为使转子的极对数能随定子极对数的改变而自动改变，变极电动机的转子一般都用笼型。变极调速只能一级一级地调速，而不能平滑地调速。

由于电机的极数与绕组的相数无关，所以下面仅取定子一相来分析。设定子每相有两组线圈（为简明起见，图5-45和图5-46中仅画出A相的两组），每组线圈用一个集中线圈来表示。如果把两组线圈 A_1X_1 和 A_2X_2 正向串联，如图5-45所示，则气隙中将形成四极磁场；若把 A_2X_2 和 A_1X_1 反向串联，使第二组线圈中的电流反向，则气隙中将形成两极磁场，如图5-46所示。由此可见，欲使定子极对数改变一倍，只要改变定子各相绕组的接线，使一相绕组的两组线圈中有一组电流反向流通即可。

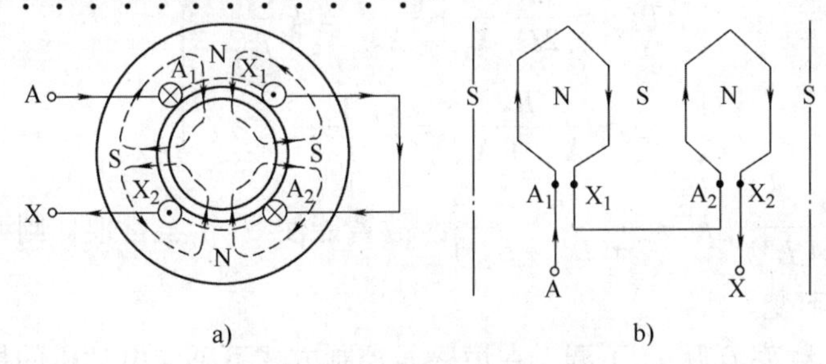

图5-45 2p=4时一相绕组的连接

a）每相的两组线圈正向串联 b）两组线圈的展开图

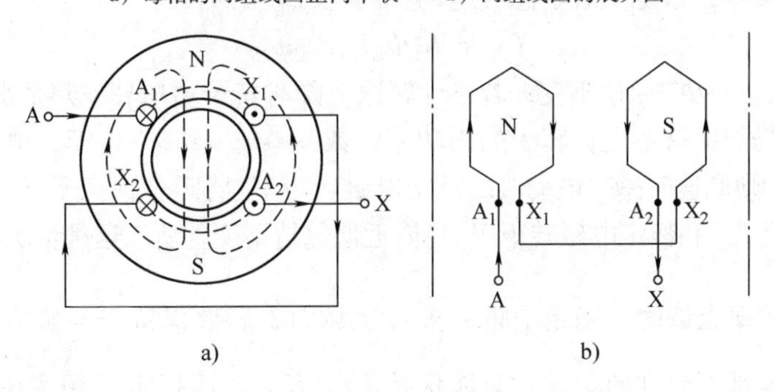

图5-46 2p=2时一相绕组的连接

a）每相的两组线圈反向串联 b）两组线圈的展开图

双速感应电动机的铁心和外形尺寸，一般要比同容量的普通感应电动机略大，运行性能也略差，电机的出线端较多，并要装设换接开关。但在仅需等级式调速的场合下，此法仍是一种较为经济的方法。

2. 变频调速

改变电源频率时，感应电动机的同步转速将发生变化，于是转子转速将随之而变化。如果电源频率可以连续调节，则感应电动机的转速就可以在一定的范围内连续、平滑地调节。下面分成频率下调和上调两种情况来说明。

频率从额定频率下调时 变频调速时，希望感应电动机的主磁通 $\varPhi_m$ 基本保持不变，这样，磁路的饱和程度、激磁电流和电动机的功率因数均可基本保持不变。如果忽略定子的漏阻抗压降，则 $U_1 \approx E_1 = 4.44 f_1 N_1 k_{w1} \varPhi_m$，故要保持 $\varPhi_m$ 不变，应使定子端电压与频率成比例地调节，即使

$$\frac{U_1}{f_1} = \text{常值} \tag{5-83}$$

电压—频率之比保持不变的调频方式，称为恒磁通控制方式。当频率从额定值 f_N 下调时，通常采用这种方式。

从式（5-75）可知，不计定子电阻且设系数 $c \approx 1$ 时，感应电动机的最大转矩和临界转差率将近似等于

$$\left.\begin{aligned} T_{max} &\approx \frac{m_1}{2\Omega_s} \frac{U_1^2}{X_{1\sigma} + X_{2\sigma}'} = k\frac{U_1^2}{f_1^2} \\ s_m &\approx \frac{R_2'}{X_{1\sigma} + X_{2\sigma}'} = k'\frac{1}{f_1} \end{aligned}\right\} \tag{5-84}$$

式中，$k = \dfrac{m_1 p}{8\pi^2 (L_{1\sigma} + L_{2\sigma}')}$；$k' = \dfrac{R_2'}{2\pi(L_{1\sigma} + L_{2\sigma}')}$。故若能使 $U_1/f_1 =$ 常值，则调频时电动机的最大转矩将基本保持不变。

图 5-47a 表示频率 f_1 从 f_N 下调、在恒磁通控制方式下感应电动机的机械特性，图中虚线为不计定子电阻时的情况，实线为计及定子电阻时的情况。

根据式（5-49），额定状态下感应电动机的电磁转矩 T_{eN} 为

$$T_{eN} = C_T \varPhi_m I_{2N} \cos\psi_{2N}$$

在恒磁通调速方式下，$\varPhi_m$ 保持不变；若不计转速下降时转子通风和发热情况的变化，认为转子的额定电流 I_{2N} 仍能保持不变；转子的内功率因数 $\cos\psi_{2N} \approx 0.9 \sim 0.95$，由于变化范围很小，也近似认为不变；则调速时感应电动机的额定电磁转矩 T_{eN} 将近似保持不变。由于频率下调时电动机的最大转矩 T_{max} 和额定电磁转矩 T_{eN} 均能近似保持不变，所以这种情况属于恒转矩调速。

频率从额定频率上调时 当定子频率从 f_N 上调时，若要保持 $\dfrac{U_1}{f_1} =$ 常值，则定子电压 U_1 将超过额定值，这是不允许的。此时只能保持 $U_1 = U_{1N\phi}$，而把定子频率单独上调。于是随着 f_1 的上调，主磁通 $\varPhi_m$ 将逐步下降。由于 U_1 保持不变，故式(5-84)将成为

$$T_{max} = k''\left(\frac{1}{f_1}\right)^2 \tag{5-85}$$

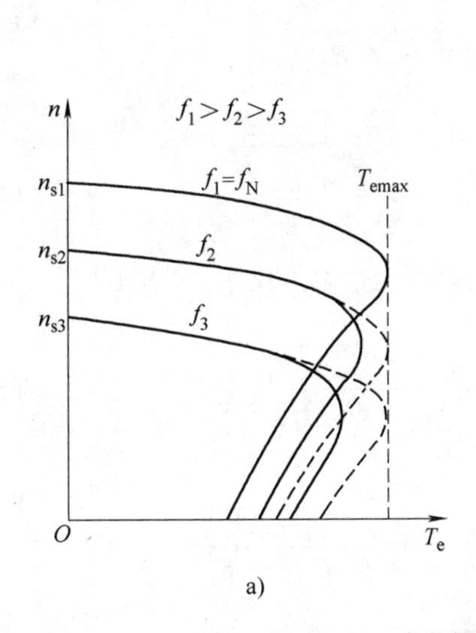

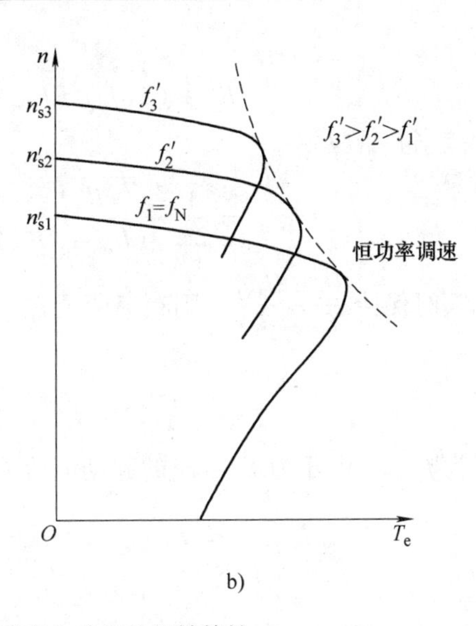

图5-47 变频调速时感应电动机的机械特性

a）频率f_1从f_N下调时$\left(\frac{U_1}{f}=常值\right)$ b）频率f_1从f_N上调时（$U=U_{1N\phi}$）

式中$k''=\frac{m_1pU_1^2}{8\pi^2(L_{1\sigma}+L'_{2\sigma})}$，$s_m$的表达式不变。从式（5-85）和式（5-84）可见，频率愈高，最大转矩T_{max}愈小，s_m也愈小，此时电动机的机械特性如图5-47b所示。

由于频率上调时，主磁通$\Phi_m\propto\frac{1}{f_1}$，或$\Phi_m=k_\phi\frac{1}{f_1}$，$k_\phi$为比例常数；另一方面，在转速升高的情况下，认为转子的额定电流I_{2N}仍将保持不变，内功率因数$\cos\psi_{2N}$也基本不变，则调频时感应电动机的额定电磁转矩T_{eN}应为

$$\begin{aligned}T_{eN}&=C_T\Phi_mI_{2N}\cos\psi_{2N}\\&=C_Tk_\phi I_{2N}\cos\psi_{2N}\frac{1}{f_1}=C'_T\frac{1}{f_1}\end{aligned}\tag{5-86}$$

式中$C'_T=C_Tk_\phi I_{2N}\cos\psi_{2N}$。式（5-86）表示，频率上调时，由于主磁通下降，电动机的额定转矩将要下降。

电动机的额定电磁功率P_{eN}为

$$\begin{aligned}P_{eN}&=T_{eN}\Omega_s=T_{eN}\frac{2\pi f_1}{p}\\&=C'_T\frac{1}{f_1}\frac{2\pi f_1}{p}=C_p\end{aligned}\tag{5-87}$$

式（5-87）中，$C_p=\frac{2\pi}{p}C'_T$为一常值。式（5-87）表示，频率上调时，感应电动机的额定电磁功率P_{eN}可以保持不变，所以这种情况属于恒功率调速。

变频起动 变频起动时，通常使起动转矩达到最大转矩T_{max}，此时临界转差率$s_m=1$，即

$$s_m=\frac{cR'_2}{\sqrt{R_1^2+(X_{1\sigma}+cX'_{2\sigma})^2}}=1\tag{5-88}$$

由此可得

$$R_1^2 + (2\pi f_1)^2 (L_{1\sigma} + cL_{2\sigma}')^2 = (cR_2')^2$$

此时定子频率$f_{1(st)}$应为

$$f_{1(st)} = \frac{1}{2\pi} \frac{\sqrt{(cR_2')^2 - R_1^2}}{(L_{1\sigma} + cL_{2\sigma}')} = f_N \frac{\sqrt{(cR_2')^2 - R_1^2}}{(X_{1\sigma} + cX_{2\sigma}')_{f=f_N}} \tag{5-89}$$

若调频时保持$\dfrac{U_1}{f_1} = \dfrac{U_{1N\phi}}{f_N}$，则频率调至$f_{1(st)}$时，相应的定子电压$U_{1(st)}$应为

$$U_{1(st)} = U_{1N\phi} \frac{f_{1(st)}}{f_N} = U_{1N\phi} \frac{\sqrt{(cR_2')^2 - R_1^2}}{(X_{1\sigma} + cX_{2\sigma}')_{f=f_N}} \tag{5-90}$$

于是频率为$f_{1(st)}$、电压为$U_{1(st)}$时的起动电流$I_{st(f=f_1)}$为

$$\begin{aligned} I_{st(f=f_1)} &= I_{m(f=f_1)} + \frac{U_{1(st)}}{\sqrt{(R_1 + cR_2')^2 + (cR_2')^2 - R_1^2}} \\ &= I_{m(f=f_1)} + \frac{U_{1(st)}}{\sqrt{2cR_2'(cR_2' + R_1)}} \\ &= \frac{U_1}{X_m}\left(\frac{f_N}{f_1}\right)\frac{1}{1 + \dfrac{X_{1\sigma}}{X_{2\sigma}'}} + \frac{U_{1N\phi}}{(X_{1\sigma} + cX_{2\sigma}')_{f=f_N}} \sqrt{\frac{cR_2' - R_1}{2cR_2'}} \end{aligned} \tag{5-91}$$

式中$I_{m(f=f_1)}$为频率为f_1时电动机的激磁电流。

变频起动时，感应电动机可以在最大转矩下起动，且起动电流倍数要比直接起动时小很多，这将减小起动时定子绕组端部的电磁应力，并延长电动机的寿命。

变频调速从调速范围、平滑性、调速前后电动机的主要性能和节能效果等方面来看，都很好，但需要专门的变频电源。近年来，由于变频技术的发展，变频装置的价格不断降低，性能不断提高，感应电动机变频调速系统已有取代直流电动机调速系统的趋势。

变频器的基本构成　感应电动机常用的变频器是交－直－交变频器，它先把工频交流电源的电压通过整流器变成直流电压，然后再由逆变器把直流电压变换成频率可变的交流电压输出，如图5－48所示。图中整流器、中间直流环节和逆变器构成变频器的主电路。整流器由可控晶闸管或不可控的二极管构成三相桥式整流电路。逆变器通常由六只半导体主开关器件和六只反向并联的续流二极管组成三相桥式逆变电路，有规律地控制主开关器件的开通和关断，就可以得到任意频率的三相交流电压输出。中间直流环节由大电容或大电感作为滤波元件，并用来缓冲负载的无功功率需求。

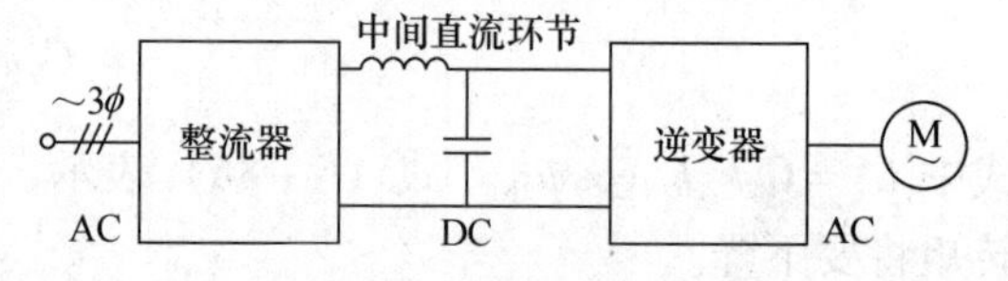

图5－48　变频器的主电路

根据中间直流环节所用的储能元件，变频器分为电压源和电流源变频器两类。电压源变频器的特点是，中间直流环节采用大电容滤波，输出电压波形比较平直，接近于内阻为零的直流电压源；逆变器的输出交流电压是矩形波或阶梯形波，输出电流接近于正弦波。电流源变频器的特点是，中间直流环节采用串联的大电感滤波，输出的电流波形比较平直，接近于直流电流源；逆变器的输出电流是矩形波或阶梯形波，输出电压接近于正弦波。

20世纪70年代以前，变频器的逆变器大都采用无自关断能力的晶闸管，它只能调节频

率，电压的调节则由可控晶闸管整流器来完成。这种变频器的输出交流电压谐波成分较大，使作为负载的感应电动机的谐波损耗增加，效率降低、温升升高，且转矩脉动较大，使振动和噪声增大。70年代后期，出现了脉冲宽度调制（PWM）方式和相应的变频器。

PWM变频器 图5-49为脉冲宽度调制（PWM）方式变频器的主电路。电源的三相交流电压经6只二极管组成的整流桥整流，经滤波后成为直流电压 U_{dc}；逆变器由六只开关频率较高的功率开关器件 $V_1 \sim V_6$ 组成桥式电路，输出三相交流电压；与功率开关器件反向并联的续流二极管，其作用是提供电感性负载无功功率的通路。IM是作为负载的感应电动机。控制电路用脉宽调制法（PWM法）来控制逆变器各功率开关器件的导通和开断的顺序和时间，使逆变器输出具有某一周期的一系列幅值相等、宽度不等、正负交变的三相矩形脉冲电压波。

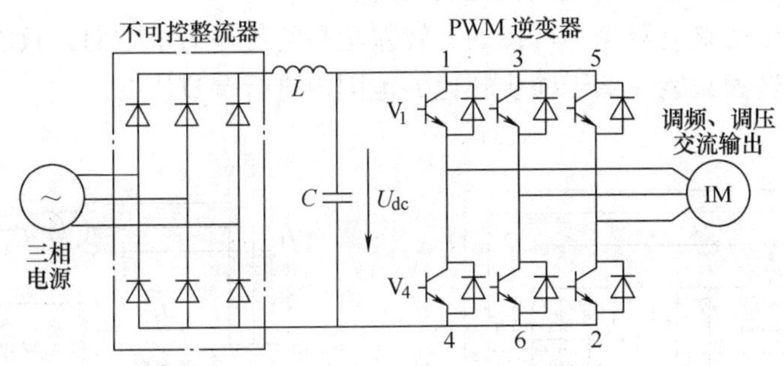

图5-49 PWM变频器的主电路

图5-50表示A相的输出电压波形 u_A 及其基波 u_{A1}。改变控制电路所生的调制信号，就可以改变逆变器输出脉冲的宽度，从而改变 u_A 及其基波 u_{A1} 的幅值，并使输出电压十分接近于正弦形。改变调制的周期，就可以改变输出电压的频率。换言之，PWM变频器的逆变器既可完成调压、又可完成调频工作。u_B 和 u_C 与 u_A 相同，但相位互差120°（图中未画出）。

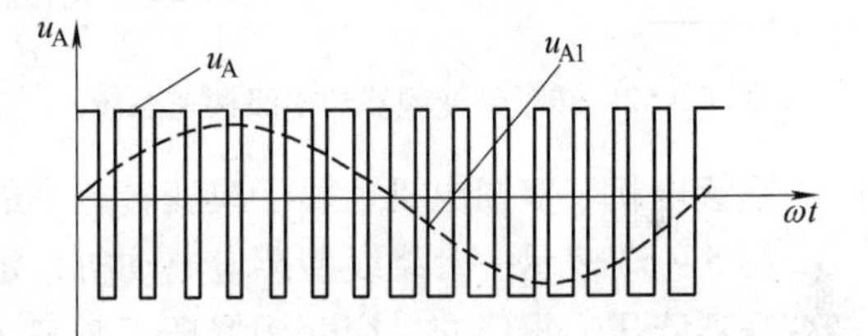

图5-50 A相输出电压波形及其基波

目前，脉宽调制变频器已成为感应电动机的通用变频调速装置。

为了改善感应电动机在动态情况下转矩和转速的控制，20世纪70年代和90年代，先后出现了矢量变换控制和直接转矩控制，使感应电动机的动态性能得到较大的提高。

3. 改变转差来调速

转子外加电阻来调速 这种方法只适用于绕线型感应电动机。

从图5-51可见，当转子中加入调速电阻时，电动机的 T_e-s 曲线将从曲线1变成曲线2，若负载转矩和空载转矩 T_L+T_0 保持不变，则转子的转差率将从 s_1 增大到 s_2，即转速将下降。

这种方法的优点是方法简单、调速范围广，缺点是调速电阻中要消耗一定的功率。此法主要用在中、小容量的感应电动机中，例如桥式起重机所用的电动机。

串级调速 转子加入电阻来调速时，损耗较大。为利用这部分电功率，可在转子回路中接入一个转差频率的功率变换装置，使这部分功率送回给电网，既达到调速目的，又获得较高的效率。

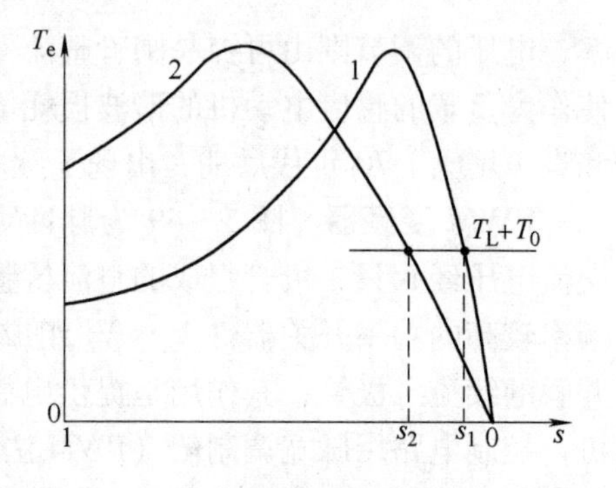

图 5－51　转子回路中加入电阻来调速

图 5－52 表示一台绕线型感应电动机，其转子回路中的转差频率交流电流，由半导体整流器整流为直流，再经逆变器把直流变为工频交流，把功率回送到交流电网中去。此时整流器和逆变器两者组成了一个与转子串级的变频装置。与转子中加入电阻来调速的方式相对应，这里是用反电动势来控制转速，此可变的反电动势就是逆变器直流侧的电压 u_i。控制逆变器的导通角，就可以改变 u_i，从而达到调速的目的。

由于转子电路中的整流器是不可控的，转差功率的传递为单方向，只能由转子反馈给电网，所以电动机的转速只能在低于同步转速的范围内进行调节。

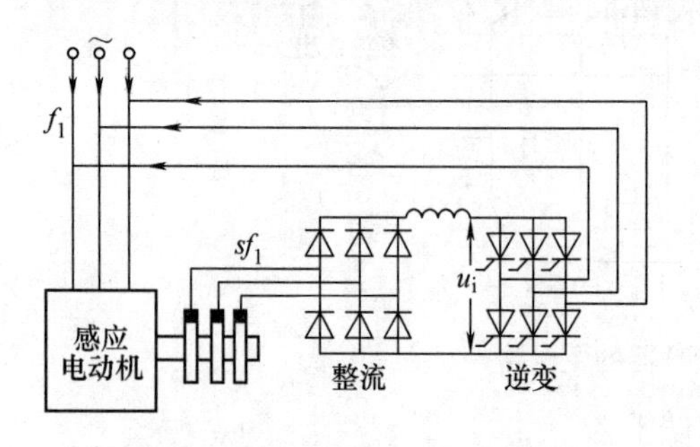

图 5－52　转子带变频器的串级调速系统

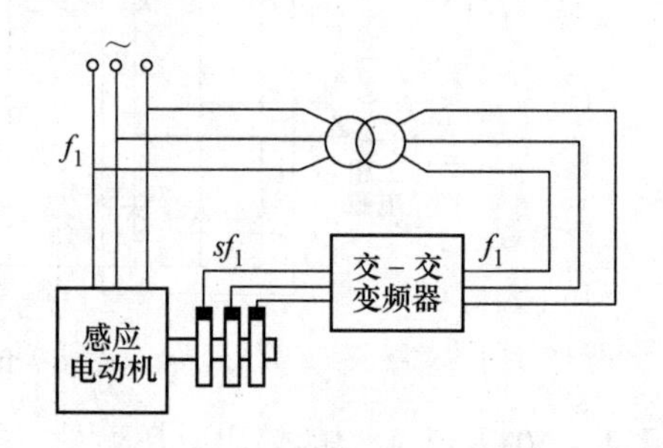

图 5－53　双馈电机示意图

双馈电机　双馈电机也属于改变转差率的调速方式之一。

图 5－53 表示一台绕线型感应电动机，定子由三相交流电源供电，转子由三相交流电源经变压器降压，再经交－交变频器把工频变为转差频率，然后接至转子。此变频器的频率、幅值、相位和相序均可调节，转差功率的传递方向也可以改变。这种定、转子两边均由交流电源供电的电机，称为双馈电机。

当转子转速低于同步转速时，双馈电机的工作情况与普通感应电动机相似，此时转子的转差功率由变频器回馈给电源。调节变频器的输出频率，电动机的转速就会改变；调节变频器输出电压的幅值和相位，就可以调节电动机定子边的功率因数（可达到 1 或超前）。当变频器的频率调到 0 时，变频器将向转子输出直流，此时电动机将在同步转速下运行。改变变频器输出电压的相序，并将频率由 0 继续上调，此时转差功率反向，从电网经变频器输入到绕线转子，于是转子的转差率将成为负值，电动机将在超同步转速下运行。

5.12　三相感应电动机在定子电压不对称时的运行

以上各节所研究的是三相感应电动机在对称三相电压下的运行，本节将进一步说明定子电压为不对称时，三相感应电动机的运行。

在 2.11 节中已经提到，分析交流电机不对称运行的基本方法是对称分量法，即先把作用在电机上的不对称电压，分解成正序、负序和零序三组电压之和，然后根据该不对称情况所导出的各序电流和电压之间的约束条件，把相关的正序、负序和零序等效电路连接起来，即可求出电机内的正序、负序和零序电流和电压；再把各序电流、电压叠加起来，得到不对称运行时电机的各相电流和电压，把正序和负序电磁转矩相加，可得合成电磁转矩。

下面先说明三相感应电动机的正序、负序和零序阻抗，然后研究三相感应电动机定子一相断线时的运行。

1. 三相感应电动机的正序、负序和零序阻抗

三相感应电动机的定子绕组通常为三相对称，转子绕组亦是三相或多相对称绕组，且通常为短路，所以从电路方面看，定、转子都是对称的。就磁路而言，由于气隙为均匀，定、转子铁心均为圆柱形，所以磁路也是对称的。这种定、转子的电路和磁路均为对称的电机，通常称为对称机。对于对称机，各序电压只产生同一相序的电流，各序电路之间没有耦合，从而简化了各序方程的求解，这是对称机的一个特点。另一方面，旋转电机的正序阻抗 Z_+、负序阻抗 Z_- 和零序阻抗 Z_0 三者是互不相等的，即 $Z_+ \neq Z_- \neq Z_0$，且 Z_+ 和 Z_- 的值与转子转速有关。正序、负序、零序阻抗三者互不相等，这是旋转电机的一个特点。

下面先说明三相感应电动机的正序、负序和零序阻抗。

正序阻抗 当定子绕组加上一组对称的三相正序电压 $\dot{U}_{1+}$、$a^2\dot{U}_{1+}$ 和 $a\dot{U}_{1+}$，转子绕组短接、转子以转速 n 旋转时，感应电动机所表现的阻抗就称为正序阻抗。

不难看出，此时气隙内的磁场为幅值恒定的正向旋转磁场，电机内的物理情况与正常三相对称运行时相同，所以感应电动机的正序等效电路就是前面所导出的 T 型等效电路，如图 5－54 所示。于是感应电动机的正序阻抗 Z_+ 为

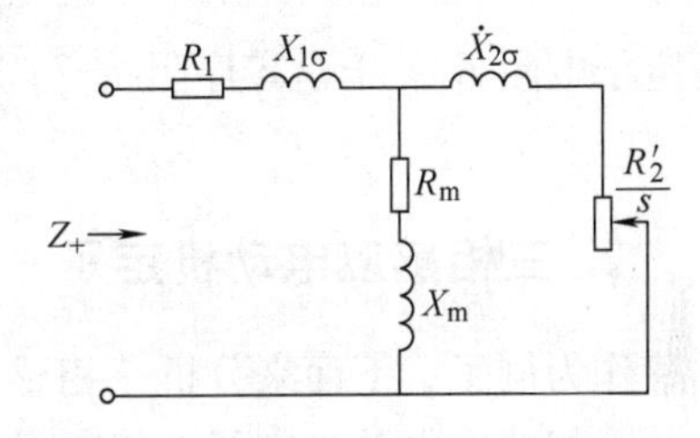

图 5－54 感应电动机的正序阻抗

$$Z_+ = Z_{1\sigma} + \frac{Z_m\left(\frac{R_2'}{s} + jX_{2\sigma}'\right)}{Z_m + \left(\frac{R_2'}{s} + jX_{2\sigma}'\right)} \tag{5-92}$$

负序阻抗 当定子加上一组对称的三相负序电压 $\dot{U}_{1-}$、$a\dot{U}_{1-}$ 和 $a^2\dot{U}_{1-}$，转子绕组短接、转子以转速 n 正向旋转时，感应电动机所表现的阻抗就称为负序阻抗。

当定子加上一组对称的负序电压时，定子绕组将在气隙内产生一个反向同步旋转（即转速为 $-n_s$）的磁场。若转子转速为 n，则转子对负序磁场的相对速度 $\Delta n_- = -n_s - n$，此时转子的转差率 s_- 应为

$$\begin{aligned} s_- &= \frac{(-n_s) - n}{(-n_s)} = \frac{2n_s - n_s + n}{n_s} \\ &= 2 - s \end{aligned} \tag{5-93}$$

如图 5－55 所示。所以在负序等效电路中，转子的等效电阻为 $\frac{R_2'}{2-s}$，如图 5－56 所示。于是三相感应电动机的负序阻抗 Z_- 为

$$Z_{-}=Z_{1\sigma}+\frac{Z_{\mathrm{m}}\left(\frac{R_2'}{2-s}+\mathrm{j}X_{2\sigma}'\right)}{Z_{\mathrm{m}}+\left(\frac{R_2'}{2-s}+\mathrm{j}X_{2\sigma}'\right)} \tag{5-94}$$

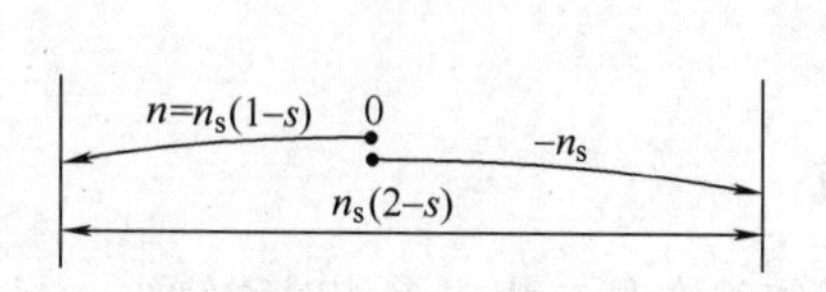

图 5-55 转子对负序磁场的相对速度

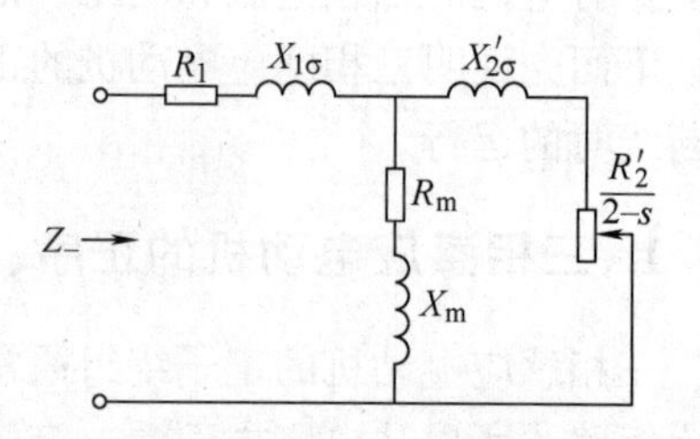

图 5-56 三相感应电动机的负序阻抗

零序阻抗 定子接有中线、定子绕组加上一组对称的零序电压，转子以转速 n 旋转时，三相感应电动机所表现的阻抗称为零序阻抗。

当定子三相绕组通入一组零序电流时，由于各相的零序电流幅值相等、相位相同，所以定子绕组所产生的零序基波合成磁动势应当等于0，于是零序的基波气隙磁场为0，零序磁场中仅有高次谐波磁场和定子漏磁场，故零序电抗 X_0 属于漏抗性质。分析表明，X_0 的大小与定子绕组的节距有关，当定子绕组为整距时，X_0 与定子漏抗 $X_{1\sigma}$ 基本相等；当绕组节距 $y_1=\frac{2}{3}\tau$ 时，零序槽漏抗接近于0，此时 X_0 接近于定子绕组的端部漏抗 $X_{1\sigma(\mathrm{E})}$。零序电阻 R_0 就是定子电阻 R_1。于是零序阻抗 Z_0 为

$$Z_0=R_0+\mathrm{j}X_0 \tag{5-95}$$

2. 三相感应电动机定子一相断线时的运行

作为例子，下面来分析三相感应电动机定子一相断线时的运行。

三相感应电动机定子一相断线时，电动机成为单相运行，如图 5-57 所示。此时电源电压虽然是对称的，但由于 A 相断线处出现了 $\Delta\dot{U}_{\mathrm{A}}$，所以加到电动机端点 A、B、C 处的三相电压将是不对称的。

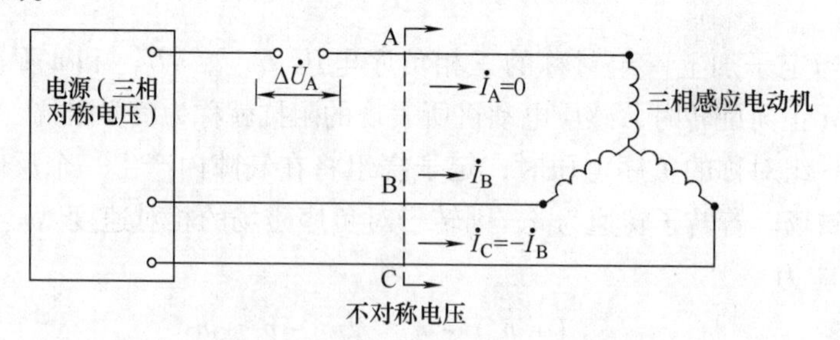

图 5-57 三相感应电动机定子一相断线

从图 5-57 可见，定子一相断线时电动机端点 A、B、C 处的约束条件为

$$\dot{I}_{\mathrm{A}}=0,\quad \dot{I}_{\mathrm{C}}=-\dot{I}_{\mathrm{B}} \tag{5-96}$$

由此可知，定子电流的正序、负序和零序分量 $\dot{I}_{1+}$、$\dot{I}_{1-}$ 和 $\dot{I}_{10}$分别为

$$\left.\begin{aligned}\dot{I}_{1+}&=\frac{1}{3}(\dot{I}_A+a\dot{I}_B+a^2\dot{I}_C)=\frac{1}{3}(a-a^2)\dot{I}_B=j\frac{1}{\sqrt{3}}\dot{I}_B\\\dot{I}_{1-}&=\frac{1}{3}(\dot{I}_A+a^2\dot{I}_B+a\dot{I}_C)=\frac{1}{3}(a^2-a)\dot{I}_B=-j\frac{1}{\sqrt{3}}\dot{I}_B\\\dot{I}_{10}&=\frac{1}{3}(\dot{I}_A+\dot{I}_B+\dot{I}_C)=0\end{aligned}\right\}\tag{5-97}$$

由于定子的零序电流 $\dot{I}_{10}=0$，故零序电路无需求解，而

$$\dot{I}_{1+}=-\dot{I}_{1-}=j\frac{1}{\sqrt{3}}\dot{I}_B\tag{5-98}$$

再把线电压 $\dot{U}_{BC}$用对称分量来表示，即

$$\begin{aligned}\dot{U}_{BC}=\dot{U}_B-\dot{U}_C&=(a^2\dot{U}_{1+}+a\dot{U}_{1-}+\dot{U}_0)-(aU_{1+}+a^2\dot{U}_{1-}+\dot{U}_0)\\&=(a^2-a)(\dot{U}_{1+}-\dot{U}_{1-})=-j\sqrt{3}(\dot{U}_{1+}-\dot{U}_{1-})\end{aligned}$$

故

$$\dot{U}_{1+}-\dot{U}_{1-}=\frac{j\dot{U}_{BC}}{\sqrt{3}}\tag{5-99}$$

由式（5-98）和式（5-99）可知，电动机的正序电路和负序电路应当反向串联，以使 $\dot{I}_{1+}=-\dot{I}_{1-}$；串联后的端电压 $\dot{U}_{1+}-\dot{U}_{1-}$应当等于$\dfrac{j\dot{U}_{BC}}{\sqrt{3}}$，如图5-58所示。

由图5-58即可解出定子电流的正序分量 $\dot{I}_{1+}$和负序分量 $\dot{I}_{1-}$为

$$\dot{I}_{1+}=-\dot{I}_{1-}=\frac{j\dot{U}_{BC}}{\sqrt{3}(Z_++Z_-)}\tag{5-100}$$

式中Z_+和Z_-分别为感应电动机的正序和负序阻抗，如图5-58中的上、下两图所示。定子B相电流 $\dot{I}_B$应为

$$\dot{I}_B=\frac{1}{j}\sqrt{3}\dot{I}_{1+}=\frac{\dot{U}_{BC}}{Z_++Z_-}\tag{5-101}$$

与式（5-101）相应的等效电路如图5-59所示。不难看出，此电路与5.13节中用双旋转磁场理论所导出的单相感应电动机的等效电路是一致的。

电动机的电磁转矩T_e为

$$T_e=T_{e+}+T_{e-}=\frac{3}{\Omega_s}\left(I'^2_{2+}\frac{R'_2}{s}-I'^2_{2-}\frac{R'_2}{2-s}\right)\tag{5-102}$$

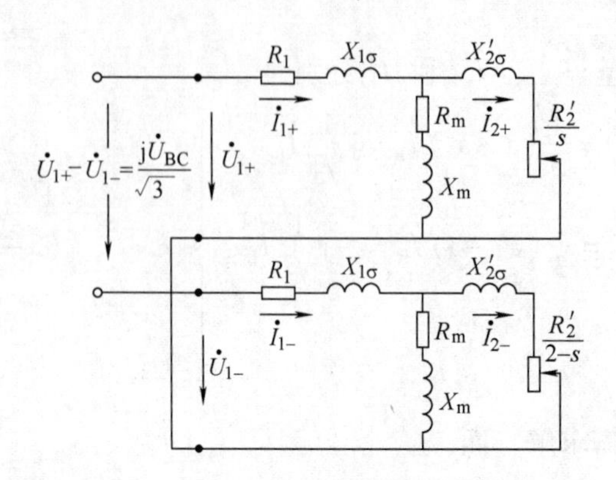

图 5－58 电动机的正序和负序等效电路反向串联、外加电压为 $\frac{j\dot{U}_{BC}}{\sqrt{3}}$ 时

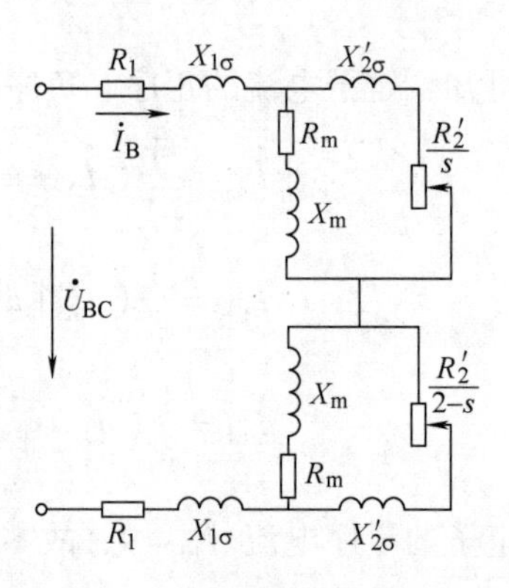

图 5－59 三相感应电动机定子一相断线时的等效电路

5.13 单相感应电动机

单相感应电动机是由单相电源供电的一种感应电动机。由于使用方便，故在家用电器（如电冰箱、电风扇、空调装置、洗衣机等）和医疗器械中得到广泛应用。与同容量的三相感应电动机相比较，单相感应电动机的体积稍大、运行性能稍差，因此只做成几十到几百瓦的小容量电机。

1. 结构特点

单相感应电动机的定子内通常装有两个绕组：一个是**主绕组**，用以产生主磁场和正常工作时的电磁转矩，并从电源输入电功率；另一个是**起动绕组**，它仅在起动时接入，用以产生起动转矩，使电动机起动，当转速达到同步转速的 75% 时，由离心开关 Q 或继电器把起动绕组从电源断开。图 5－60 表示单相感应电动机的接线示意图。

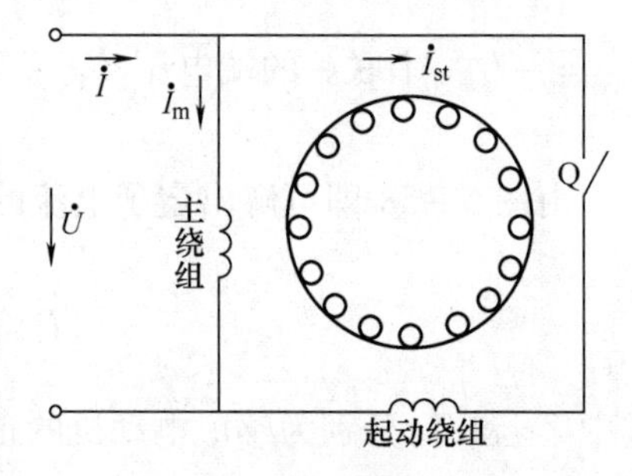

图 5－60 单相感应电动机的接线示意图

单相感应电动机的定子铁心，除罩极电动机通常具有凸出的磁极外，其余各类均与普通三相感应电动机相类似。由于定子内径较小，嵌线比较困难，故定子大多采用单层绕组。为了削弱定子磁动势中的空间三次谐波以改善电动机的起动性能，也有采用双层绕组或正弦绕组⊖的。在电容起动的单相感应电机中，主绕组通常占定子总槽数的2/3，起动绕组占 1/3。单相感应电动机的转子都是笼型转子。

⊖ 正弦绕组的特点是，每个槽内的导体数按规定的数目置放，使载流绕组所产生的磁动势在空间接近于正弦分布。

2. 工作原理和等效电路

双旋转磁场理论　当单相感应电动机的定子主绕组接入交流电源时，主绕组就会产生一个脉振磁动势。把此脉振磁动势分解成两个大小相等、转向相反、转速相同的正向和反向旋转磁动势 $\boldsymbol{F}_\text{f}$ 和 $\boldsymbol{F}_\text{b}$，如图 5-61 所示。若磁路为线性，将正向和反向旋转磁动势所产生的磁场，与转子相应的感应电流作用后所产生的正向和反向电磁转矩分别叠加起来，即可得到电机内的合成磁场和合成电磁转矩，这就是双旋转磁场理论。

若转子转速为 n，则转子对正向旋转磁场的转差率 s_f 应为

$$s_\text{f}=\frac{n_\text{s}-n}{n_\text{s}}=s \tag{5-103}$$

对反向旋转磁场，转子的转差率 s_b 为

$$s_\text{b}=\frac{-n_\text{s}-n}{-n_\text{s}}=1+\frac{n}{n_\text{s}}=2-s \tag{5-104}$$

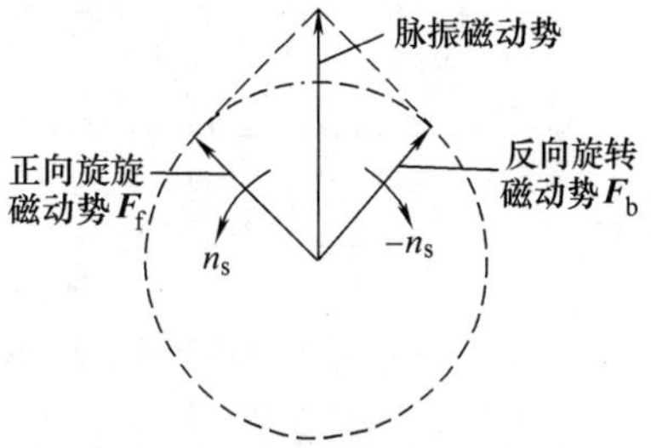

图 5-61　将脉振磁动势分解为两个幅值相同、转向相反的旋转磁动势

正向合成旋转磁场与由它所感应的转子电流相作用，将产生正向电磁转矩 T_ef；反向合成旋转磁场与由它所感应的转子电流相作用，将产生反向电磁转矩 T_eb。根据双旋转磁场理论，T_ef 与 T_eb 两者之和即为电动机的合成电磁转矩 T_e ⊖，如图 5-62 所示。

从图 5-62 可见，$s=1$ 时，合成电磁转矩为零，故单相感应电动机无起动转矩。为此，必须采取专门的措施使电动机起动。此外，在 $s=1$ 的左右两侧，合成转矩是反向对称的，因此单相感应电动机无固定的转向，工作时的转向将由起动时的转动方向而定。

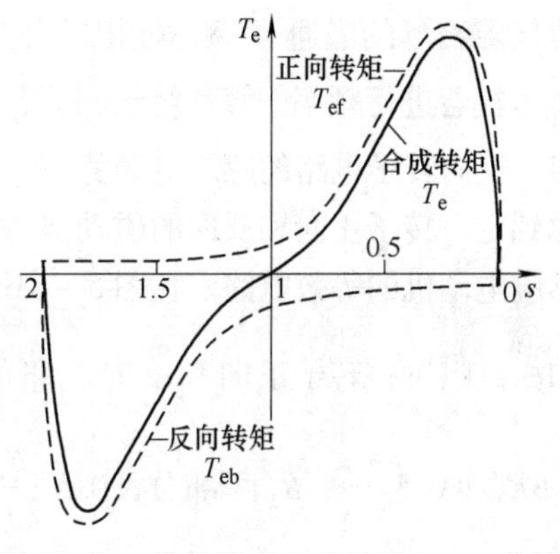

图 5-62　单相感应电动机的 $T_\text{e}-s$ 曲线

等效电路　根据双旋转磁场理论，把定子主绕组所产生的脉振磁动势分解成正向和反向两个旋转磁动势，气隙中就会形成正向和反向两个旋转磁场。设 $\dot{E}_\text{f}$ 和 $\dot{E}_\text{b}$ 分别为正向和反向气隙合成磁场在定子主绕组中所感应的电动势，R_1 和 $X_{1\sigma}$ 分别为主绕组的电阻和漏抗；根据基尔霍夫定律，定子端电压 $\dot{U}_1$ 应被定子电流 $\dot{I}_1$ 所产生的漏阻抗压降 $\dot{I}_1(R_1+\text{j}X_{1\sigma})$ 与正向、反向电动势的负值 $-\dot{E}_\text{f}$ 与 $-\dot{E}_\text{b}$ 之和相平衡，相应的等效电路如图 5-63a 的左边部分所示。

转子按不同的频率，分成正向和反向两个电路来处理。正向磁场在转子绕组中感应的电动势其频率为 sf_1，数值为 $s\dot{E}_{2\text{f}}$，电流为 $\dot{I}_{2\text{f}}$，转子绕组的电阻和漏抗分别为 $0.5R_2$ 和 $0.5sX_{2\sigma}$；

⊖ 气隙内的正向合成磁场亦会与反向磁场所感生的转子电流相作用，反向合成磁场亦会与正向磁场所感生的转子电流相作用，结果将产生两倍基波频率的脉振转矩。脉振转矩的平均值为0，对 $T_\text{e}-s$ 曲线没有影响，但会引起振动和噪声。

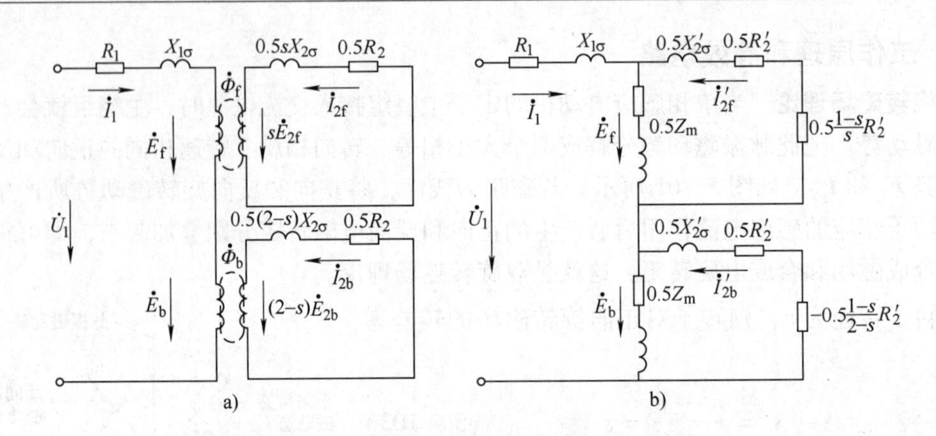

图 5-63 单相感应电动机的等效电路

a）归算前定、转子的耦合电路 b）频率归算和绕组归算后的等效电路

反向磁场在转子绕组中感应的电动势其频率为$(2-s)f_1$，数值为$(2-s)\dot{E}_{2b}$，电流为$\dot{I}_{2b}$，转子绕组的电阻和漏抗分别为$0.5R_2$和$0.5(2-s)X_{2\sigma}$。根据基尔霍夫定律，正向和反向磁场在转子绕组中的感应电动势$s\dot{E}_{2f}$和$(2-s)\dot{E}_{2b}$，应当分别等于电流$\dot{I}_{2f}$和$\dot{I}_{2b}$所产生的漏阻抗压降，其等效电路如图5-63a中右边上、下两个电路所示。定、转子电路分别通过正转和反转气隙磁场的磁通$\dot{\Phi}_f$和$\dot{\Phi}_b$相耦合。

接着进行频率归算和绕组归算，以使正向和反向转子电路的频率都变换成定子频率f_1；正向、反向转子电路的感应电动势$s\dot{E}_{2f}$和$(2-s)\dot{E}_{2b}$，分别变换成与定子的$\dot{E}_f$和$\dot{E}_b$相等。再考虑到定、转子正向和反向的磁动势方程和铁心绕组的激磁方程，即可得到图5-63b所示单相感应电动机的等效电路。在图5-63b中，上、下两个$0.5Z_m$分别为与正转和反转磁场相对应的激磁阻抗；转子正向和反向电路的总等效电阻分别为$0.5\frac{R_2'}{s}$和$0.5\frac{R_2'}{2-s}$。把$0.5\frac{R_2'}{s}$分成$0.5R_2'$和$0.5\frac{1-s}{s}R_2'$两部分，$0.5\frac{R_2'}{2-s}$分成$0.5R_2'$和$-0.5\frac{1-s}{2-s}R_2'$两部分，则$0.5\frac{1-s}{s}R_2'$和$-0.5\frac{1-s}{2-s}R_2'$这两个电阻中所消耗的功率，将分别表示正向和反向磁场所产生的机械功率。

从等效电路可见，转子不转时，转差率$s=1$，$0.5\frac{1-s}{s}R_2'$和$-0.5\frac{1-s}{2-s}R_2'$都等于0，此时正向和反向转子回路完全相同，故正向和反向气隙旋转磁场的幅值，及其在定子绕组中感生的电动势$\dot{E}_f$和$\dot{E}_b$均为相等，正向和反向电磁转矩也相等，合成电磁转矩则等于0。当转子正向旋转时，转差率$s<1$，$2-s>1$，等效电阻$0.5\frac{R_2'}{s}>0.5\frac{R_2'}{2-s}$，这将使电动势$E_f>E_b$，于是气隙中正向旋转磁场的幅值将增大，反向旋转磁场的幅值则将减少。正向和反向转差率的不同，以及气隙正向和反向旋转磁场幅值的不同，将使转子正向旋转后的正向电磁转矩大于反向电磁转矩，使合成电磁转矩成为正值，如图5-62所示。正常运行时，转差率s很小，正向旋转磁场的幅值数倍于反向旋转磁场的幅值，此时反向电磁转矩的作用已不太明显。

定、转子电流和电磁转矩　若电源电压 U_1 和电动机的参数均为已知，从等效电路即可求出定子电流 $\dot{I}_1$ 以及转子正向和反向电流的归算值 $\dot{I}_{2f}'$ 和 $\dot{I}_{2b}'$，其中

$$\left.\begin{aligned}&\dot{I}_1 = \frac{\dot{U}_1}{Z_{1\sigma} + Z_f + Z_b}\\&\dot{I}_{2f}' = -\dot{I}_1 \frac{Z_f}{0.5\dfrac{R_2'}{s} + j0.5X_{2\sigma}'} \quad \dot{I}_{2b}' = -\dot{I}_1 \frac{Z_b}{0.5\dfrac{R_2'}{2-s} + j0.5X_{2\sigma}'}\end{aligned}\right\} \tag{5-105}$$

式中，$Z_{1\sigma}$为定子的漏阻抗，$Z_{1\sigma} = R_1 + jX_{1\sigma}$；$Z_f$ 为 $0.5Z_m$ 与转子正向阻抗 $0.5\dfrac{R_2'}{s} + j0.5X_{2\sigma}'$ 的并联值；Z_b 为 $0.5Z_m$ 与转子反向阻抗 $0.5\dfrac{R_2'}{2-s} + j0.5X_{2\sigma}'$ 的并联值。

作用在转子上的正向电磁转矩 T_{ef} 和反向电磁转矩 T_{eb} 分别为

$$T_{ef} = \frac{1}{\Omega_s} I_{2f}'^2 \frac{0.5R_2'}{s} \qquad T_{eb} = -\frac{1}{\Omega_s} I_{2b}'^2 \frac{0.5R_2'}{2-s} \tag{5-106}$$

合成电磁转矩 T_e 为

$$T_e = T_{ef} + T_{eb} = \frac{1}{\Omega_s}\left(I_{2f}'^2 \frac{0.5R_2'}{s} - I_{2b}'^2 \frac{0.5R_2'}{2-s}\right) \tag{5-107}$$

由于单相感应电动机中始终存在着一个反向旋转磁场，因此这种电机的最大转矩倍数、效率和功率因数等，均稍低于三相感应电动机。

单相感应电动机的参数，也可以用空载试验和堵转试验来确定。

【例5-6】　有一台4极、50Hz、220V 的单相感应电动机，其参数为 $R_1 \approx R_2' = 8\Omega$，$X_{1\sigma} \approx X_{2\sigma}' = 12\Omega$，$X_m = 200\Omega$，$R_m = 10.33\Omega$，机械损耗和杂耗 $p_{\Omega+\Delta} = 13W$。试计算转差率 $s = 0.04$ 时，该电动机的下列数据：（1）定子电流和输入功率；（2）转子的正向和反向电流；（3）电磁功率和电磁转矩；（4）输出功率和效率。

解

（1）$s = 0.04$ 时，等效电路中的各个阻抗分别为

$$Z_{1\sigma} = R_1 + jX_{1\sigma} = (8 + j12)\ \Omega$$

$$0.5Z_m = 0.5(R_m + jX_m) = (5.165 + j100)\ \Omega$$

转子正向电路的阻抗与 $0.5Z_m$ 的并联值 Z_f 为

$$Z_f = \frac{0.5Z_m\left(\dfrac{0.5R_2'}{s} + j0.5X_{2\sigma}'\right)}{0.5R_m + j0.5X_m + \left(\dfrac{0.5R_2'}{s} + j0.5X_{2\sigma}'\right)} = \frac{(5.165 + j100)\left(\dfrac{4}{0.04} + j6\right)}{5.165 + j100 + \left(\dfrac{4}{0.04} + j6\right)}\ \Omega$$

$$= 67.18\angle 45.24°\ \Omega = (47.30 + j47.70)\ \Omega$$

转子反向电路的阻抗与 $0.5Z_m$ 的并联值 Z_b 为

$$Z_b = \frac{0.5Z_m\left(\frac{0.5R_2'}{2-s} + j\,0.5X_{2\sigma}'\right)}{0.5Z_m + \left(\frac{0.5R_2'}{2-s} + j\,0.5X_{2\sigma}'\right)} = \frac{(5.165 + j100)\left(\frac{4}{1.96} + j6\right)}{5.165 + j100 + \left(\frac{4}{1.96} + j6\right)}\,\Omega$$

$$= 5.973\angle 72.15^\circ\,\Omega = (1.831 + j\,5.685)\,\Omega$$

于是定子电流 $\dot{I}_1$ 为

$$\dot{I}_1 = \frac{\dot{U}_1}{Z_{1\sigma} + Z_f + Z_b} = \frac{220\angle 0^\circ}{8 + j12 + 47.30 + j47.70 + 1.831 + j5.685}\,\text{A}$$
$$= 2.534\angle -48.85^\circ\,\text{A}$$

定子输入功率 P_1 为

$$P_1 = U_1 I_1 \cos\varphi_1 = 220 \times 2.534 \times \cos 48.85^\circ\,\text{W} = 366.8\text{W}$$

（2）转子的正向和反向电流 I_{2f}' 和 I_{2b}'

$$I_{2f}' = I_1\left|\frac{Z_f}{Z_{2(s)}'}\right| = 2.534\,\frac{67.18}{100.2}\,\text{A} = 1.699\,\text{A}$$

$$I_{2b}' = I_1\left|\frac{Z_b}{Z_{2(2-s)}'}\right| = 2.534\,\frac{5.973}{6.337}\,\text{A} = 2.388\,\text{A}$$

式中，$Z_{2(s)}'$和 $Z_{2(2-s)}'$分别为转子正向电路和反向电路的阻抗归算值；$Z_{2(s)}' = 100.2\Omega$，$Z_{2(2-s)}' = 6.337\Omega$。

（3）电磁功率 P_e 和电磁转矩 T_e

$$P_e = I_{2f}'^2\,\frac{0.5R_2'}{s} + I_{2b}'^2\,\frac{0.5R_2'}{2-s} = (1.699^2 \times 100 + 2.388^2 \times 2.04)\,\text{W} = 300.2\text{W}$$

$$T_e = \frac{1}{\Omega_s}\left(I_{2f}'^2\,\frac{0.5R_2'}{s} - I_{2b}'^2\,\frac{0.5R_2'}{2-s}\right)$$

$$= \frac{1}{2\pi\frac{1500}{60}}\,(1.699^2 \times 100 - 2.388^2 \times 2.04)\ \text{N}\cdot\text{m} = 1.763\text{N}\cdot\text{m}$$

注意，在单相感应电动机中，$P_e \neq T_e\Omega_s$，因为气隙正向旋转磁场的角速度为 Ω_s，反向旋转磁场的角速度则为 $-\Omega_s$，两者相差一个负号。

（4）输出功率 P_2 和效率 η

转子铜耗 p_{cu2}为

$$p_{cu2} = I_{2f}'^2 0.5R_2' + I_{2b}'^2 0.5R_2' = (1.699^2 + 2.388^2) \times 4\,\text{W} = 33.95\text{W}$$

输出功率 P_2 为

$$P_2 = P_e - p_{cu2} - p_{\Omega+\Delta} = (300.2 - 33.95 - 13)\,\text{W} = 253.3\text{W}$$

电动机的效率 η 为

$$\eta = \frac{P_2}{P_1} = \frac{253.3}{366.8} = 69.06\%$$

3. 起动方法

单相感应电动机无起动转矩，故自己不能起动。为产生起动转矩，起动时应设法在气隙中形成一个旋转磁场。为此，在定子上应另装一个空间位置不同于主绕组的起动绕组，并使起动绕组内的电流，在时间相位上也不同于主绕组的电流。常用的方法有裂相法和罩极法。

裂相起动　此时起动绕组与主绕组在空间互差90°电角度，如图5-60所示，起动绕组经离心开关或继电器的触点Q，与主绕组并联接到电源上。适当选择起动绕组的导线线规和匝数，或接入特殊的电阻元件，使起动绕组的电阻加大，起动绕组中的电流 $\dot{I}_{st}$ 在时间上超前于主绕组电流 $\dot{I}_m$ 一定的相角。这样，起动时这两个绕组就会在气隙中形成一个椭圆形旋转磁动势和磁场，并产生一定的起动转矩，使电机转动起来。这种靠增大起动绕组的电阻以造成 $\dot{I}_{st}$和 $\dot{I}_m$的相位不同的电动机，就称为裂相电动机。

裂相电动机的起动转矩较小。若在起动绕组回路中串入一个适当的电容 C，使起动绕组中的电流$\dot{I}_{st}$ 超前于主绕组电流 $\dot{I}_m$ 约90°相角，如图5-64a 和 b 所示，则起动绕组和主绕组两者就可以在气隙中形成一个接近于圆形的旋转磁场，并产生较大的起动转矩。待转子转速达到 $0.75n_s$ 左右，再将起动绕组开断，使电动机进入单相运行，这种电动机称为电容起动的单相电动机。图5-64c 为这种电动机的 T_e-s 曲线，图中曲线2表示离心开关Q闭合时的情况，S 表示开关Q的开断点，曲线1表示起动绕组开断后，作为单相电动机运行时的情况。

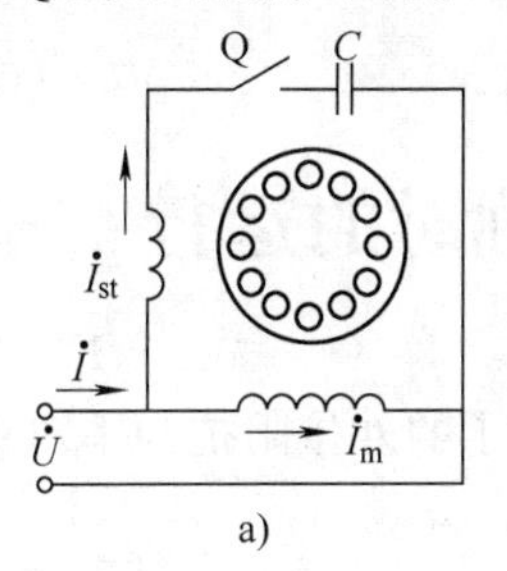

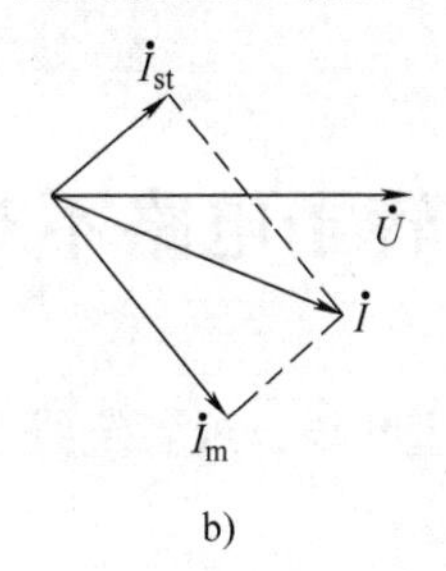

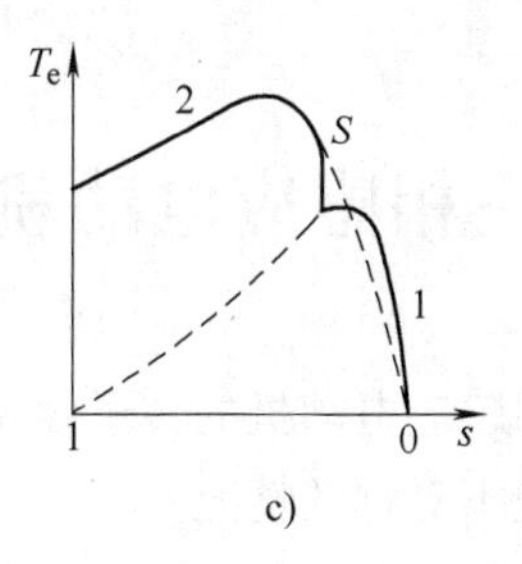

图5-64　单相电容起动电动机

a）接线图　b）相量图　c）T_e-s 曲线

如果电动机起动完毕后，起动绕组不开断，一直接在电源上作长期运行，这种电动机就称为电容运行电动机或电容电动机。电容电动机比单相电动机的力能指标高，但起动性能一般要比电容起动的单相电动机稍差一些。

电容电动机是一种两相不对称机，其等效电路和起动、运行数据（包括定、转子电流，功率和转矩等）的计算，要用研究两相不对称机的理论和方法来分析，详见附录F。

罩极起动　罩极式单相感应电动机的定子铁心多数做成凸极式，每个极上装有主绕组，在极靴的一边开有一个小槽，槽内嵌有短路铜环，把部分磁极“罩”起来，如图5-65a 所示。此铜环也称为罩极线圈。

当主绕组通入单相交流电流时，主绕组将产生一个随时间交变的脉振磁通，其中部分磁通 $\dot{\Phi}$ 不通过铜环，另一部分磁通 $\dot{\Phi}'$ 则通过铜环。当 $\dot{\Phi}'$ 脉振时，铜环中将感生电动势 $\dot{E}_k$ 和电流 $\dot{I}_k$，$\dot{I}_k$ 在被罩部分产生磁通 $\dot{\Phi}_k$，$\dot{\Phi}_k$ 与 $\dot{I}_k$ 同相。通过磁极被罩部分的合成磁通 $\dot{\Phi}''$ 应为 $\dot{\Phi}'$ 与 $\dot{\Phi}_k$ 的相量和，即 $\dot{\Phi}'' = \dot{\Phi}' + \dot{\Phi}_k$。短路环中的感应电动势 $\dot{E}_k$ 滞后于 $\dot{\Phi}''$ 以 90° 相角，电流 $\dot{I}_k$ 又滞后于 $\dot{E}_k$ 以 ψ_k 角，ψ_k 为铜环的阻抗角，整个相量图如图 5-65b 所示。

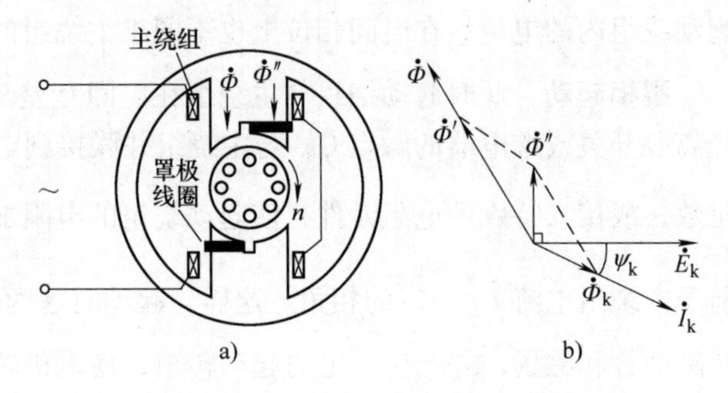

图 5-65　罩极式单相感应电动机

a）结构简图　b）罩极部分的相量图

从图 5-65b 可见，由于短路环的作用，通过被罩部分的合成磁通 $\dot{\Phi}''$ 与未罩部分的磁通 $\dot{\Phi}$，在时间上将出现一定的相位差，而被罩部分与未罩部分在空间又有一定的相位差，于是气隙内的合成磁场将是一个具有一定推移速度的“移行磁场”，移行的方向为从时间上超前的 $\dot{\Phi}$ 移向滞后的 $\dot{\Phi}''$。在移行磁场的作用下，电动机将产生一定的起动转矩，使转子顺着磁场移行的方向转动起来。

罩极法得到的起动转矩较小，但因结构简单，故这种电动机多用于小型电扇、电唱机和录音机中。

5.14　三相感应电动机在转子电路不对称时的运行

当三相感应电动机的转子绕组发生断线，或者绕线型转子的外接阻抗为不对称时，转子方面将出现不对称的情况。

设电源电压为三相对称，电动机的定、转子绕组均为 Y 联结，且为三相对称。当电动机的定子接到三相电源时，定子绕组内将流过一组频率为 f_1 的三相正序电流，于是气隙内将形成一个以同步速度正向旋转的旋转磁场；设转子的转差率为 s，则气隙磁场将在转子绕组内感生一组频率为 sf_1 的对称正序电动势。若转子电路为不对称，则转子电流将成为不对称。

把转子绕组内的不对称电流分解成正序、负序和零序三组对称分量，由于没有中线，所以转子和定子电流中的零序分量 $\dot{I}_{20}$ 和 $\dot{I}_{10}$ 均应为 0，所以零序电路可不予考虑。把转子集电环处的不对称电压 $\dot{U}_{2a}$、$\dot{U}_{2b}$ 和 $\dot{U}_{2c}$ 分解为正序和负序分量 $\dot{U}_{2+}$ 和 $\dot{U}_{2-}$，则此问题即成为定子上加有一组对称的正序电压 $\dot{U}_{1+}$，转子上加有一组正序电压 $\dot{U}_{2+}$ 和一组负序电压 $\dot{U}_{2-}$ 这样一个问题。设磁路为线性，则此问题可用叠加原理来研究。

1. 转子端点电压不对称时，感应电动机的正序和负序等效电路

正序等效电路　图5-66表示定子三相绕组端点和转子三相集电环端分别加有正序电压 $\dot{U}_{1+}$ 和 $\dot{U}_{2+}$ 时，三相感应电动机的正序等效电路。此电路与正常对称运行时绕线转子感应电动机的等效电路相同，差别是转子绕组不是自行短路，而是加有正序电压 $\dot{U}'_{2+}$。

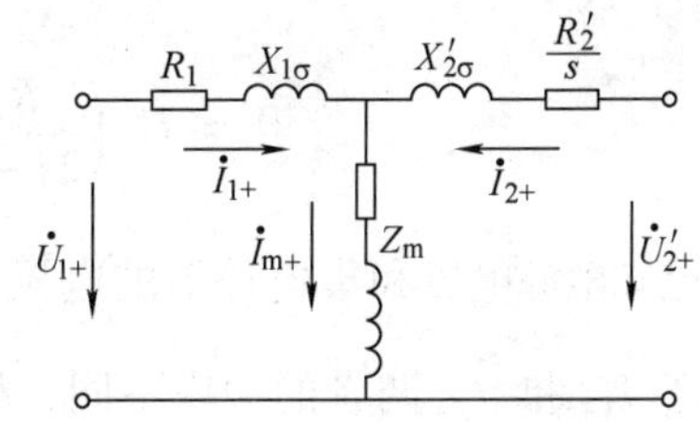

图5-66　转子端点电压不对称时，感应电动机的正序等效电路

负序等效电路　如将频率为 sf_1 的一组三相负序电压 $s\dot{U}_{2-}$ 加到感应电动机转子的三个集电环上，定子三相绕组的端点短接，则频率为 sf_1 的转子负序电流，将产生一个与转子转向相反、以 sn_s 的相对速度对转子旋转的磁动势 $\boldsymbol{F}_{2-}$。由于转子转速为 n，故 $\boldsymbol{F}_{2-}$ 在空间的转速为

$$n - sn_s = (1-s)n_s - sn_s = (1-2s)n_s \tag{5-108}$$

此磁动势所产生的磁场在“切割”定子绕组后，将在定子绕组内感生一组频率为 $(1-2s)f_1$ 的对称三相电动势和电流。以转子边作为一次侧，视转子为相对静止，且以转子所生旋转磁场的转速作为基准，则定子的转差率应为

$$\frac{sn_s - n_s}{sn_s} = \frac{2s-1}{s} \tag{5-109}$$

相应的负序等效电路如图5-67a所示，此图是以转子为一次侧，定子频率归算到转子频率 sf_1 时电动机的负序等效电路。把图5-67a所示等效电路中一次、二次的电压和阻抗都除以 s，可得归算到电源频率 f_1 时的负序电路，如图5-67b所示，图中 $\frac{R_1}{2s-1}$ 表示归算到电源频率 f_1 时定子绕组的负序等效电阻。

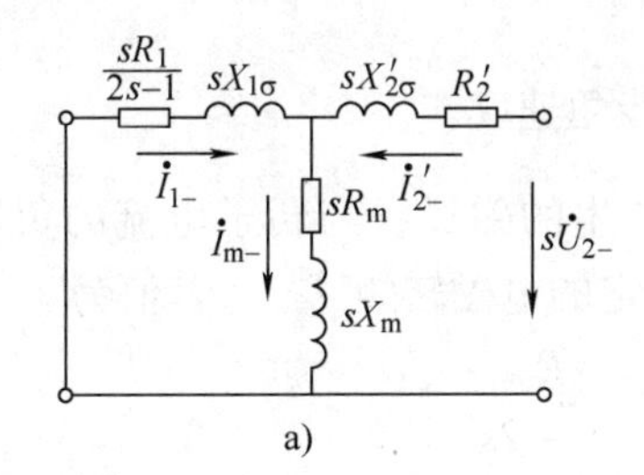

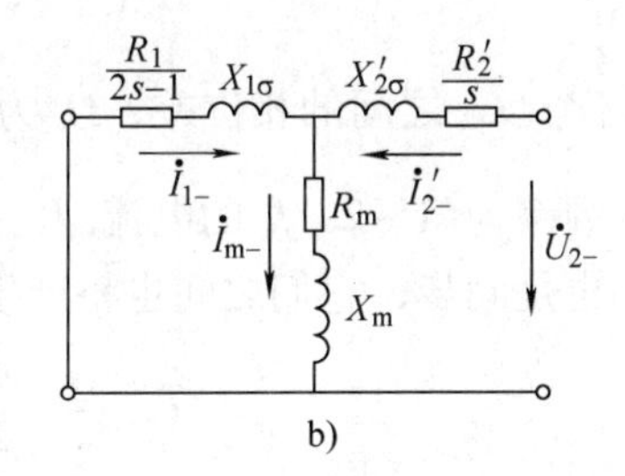

图5-67　转子外接电路不对称时，感应电动机的负序等效电路

a）归算到转子频率 sf_1 时　b）归算到定子频率 f_1 时

2. 转子外接电压不对称时，三相感应电动机的电压方程

根据图5-66和图5-67b所示等效电路，可写出定、转子的下列两组电压方程：

$$
\left.\begin{aligned}
\dot{U}_{1+} &= \dot{I}_{1+}(R_1 + \mathrm{j}X_{1\sigma}) - \dot{I}'_{2+}\left(\frac{R'_2}{s} + \mathrm{j}X'_{2\sigma}\right) + \dot{U}'_{2+} \\
\dot{U}_{1+} &= \dot{I}_{1+}(R_1 + \mathrm{j}X_{1\sigma}) + (\dot{I}_{1+} + \dot{I}_{1-})(R_m + \mathrm{j}X_m) \\
0 &= \dot{I}_{1-}\left(\frac{R_1}{2s-1} + \mathrm{j}X_{1\sigma}\right) - \dot{I}'_{2-}\left(\frac{R'_2}{s} + \mathrm{j}X'_{2\sigma}\right) + \dot{U}'_{2-} \\
0 &= \dot{I}_{1-}\left(\frac{R_1}{2s-1} + \mathrm{j}X_{1\sigma}\right) + (\dot{I}_{1-} + \dot{I}'_{2-})(R_m + \mathrm{j}X_m)
\end{aligned}\right\} \tag{5-110}
$$

若已知电源电压和集电环上的电压，根据式（5－110），就可以求出 $\dot{I}_{1+}$、$\dot{I}_{1-}$和 $\dot{I}'_{2+}$、$\dot{I}'_{2-}$。由于 $\dot{I}_{1+}$和 $\dot{I}_{1-}$两者的频率不同，故只能算出定子电流的有效值 I_1，

$$
I_1 = \sqrt{I_{1+}^2 + I_{1-}^2} \tag{5-111}
$$

转子电流的正序分量 $\dot{I}_{2+}$和负序分量 $\dot{I}_{2-}$其频率相同，故可用对称分量法的基本公式算出转子各相的电流，即

$$
\left.\begin{aligned}
\dot{I}_{2a} &= \dot{I}_{2+} + \dot{I}_{2-} \\
\dot{I}_{2b} &= \mathrm{a}^2\dot{I}_{2+} + \mathrm{a}\dot{I}_{2-} \\
\dot{I}_{2c} &= \mathrm{a}\dot{I}_{2+} + \mathrm{a}^2\dot{I}_{2-}
\end{aligned}\right\} \tag{5-112}
$$

3. 电磁转矩

定子电流内频率为f_1 的正序电流 $\dot{I}_{1+}$所产生的气隙磁场，与转子电流的正序分量 $\dot{I}_{2+}$所产生的磁场是同步的，它们之间将产生平均电磁转矩 T_{e+}，

$$
T_{e+} = \frac{m_1}{\Omega_s}\left(I_{2+}^2\frac{R_2}{s} + U_{2+}I_{2+}\cos\varphi_{2+}\right) \tag{5-113}
$$

式中，φ_{2+}为 $\dot{U}_{2+}$与 $\dot{I}_{2+}$之间的相位差；Ω_s 为同步角速度。

定子绕组内频率为$(1-2s)f_1$ 的电流 $\dot{I}_{1-}$所产生的磁场，与转子电流的负序分量 $\dot{I}_{2-}$所产生的旋转磁场也是同步，它们之间也将产生一定的电磁转矩 T_{e-}，其值为

$$
T_{e-} = -\frac{m_1}{\Omega_s}I_{1-}^2\frac{R_1}{1-2s} \tag{5-114}
$$

上式表明，当$s>0.5$ 时，T_{e-}为正值，与转子转向为同方向；当 $s<0.5$ 时，T_{e-}将变成负值，即与转子转向相反；当$s=0.5$ 时，由于$I_{1-}=0$，故 T_{e-}将等于0，如图5－68 所示。从物理上看，当$s>0.5$ 时，$1-2s<0$，转子所生的负序磁场在空间是逆着转子转向旋转的，它将力图使定子也向逆转子旋转的方向旋转，但是定子是固定不动的，因此转子上将受到一个顺转子转向的反作用力，如图5－68a 所示。当$s<0.5$时，$1-2s>0$，所以转子的负序磁场在空间是顺转子转向旋转，因而转子上将受到一个逆转子转向的反作用力和转矩，如图5－68c 所示。当$s=0.5$ 时，$1-2s=0$，转子所生负序磁场在空间静止不动，此时定子绕组中没有感应电流，所以$T_{e-}=0$，如图5－68b 所示。

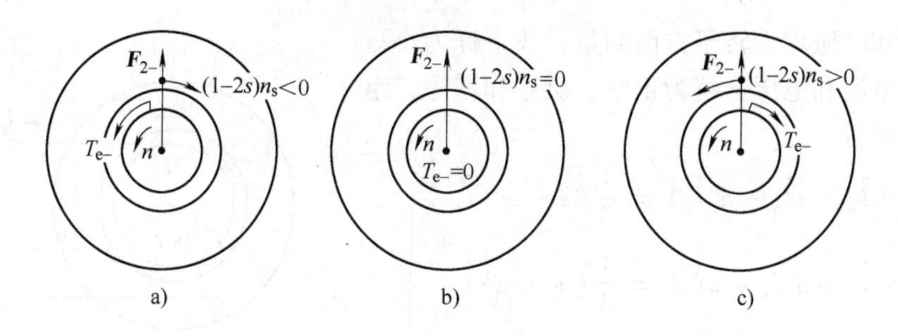

图 5－68 转子负序磁场所产生的电磁转矩 T_{e-}

a) $s>0.5$ b) $s=0.5$ c) $s<0.5$

综上所述可知，当转子外接电路为不对称时，气隙中除了正序旋转磁场之外，还有一个负序旋转磁场。正序磁场由频率为 f_1 的定子电流 I_{1+} 和转子中频率为 sf_1 的正序电流 I_{2+} 两者所形成的合成磁动势所建立，合成磁动势在空间的转速为正向同步转速，这与正常对称运行时相同。负序磁场是由转子电流中的负序分量 I_{2-}（频率也是 sf_1），与定子绕组中由负序磁场所感生、频率为 $(1-2s)f_1$ 的电流两者所产生的磁动势共同建立，负序磁场在空间的转速为 $(1-2s)n_s$。气隙中的正序磁场与转子电流的正序分量 $\dot{I}_{2+}$ 相作用，将产生正序电磁转矩 T_{e+}；负序磁场与转子电流的负序分量 $\dot{I}_{2-}$ 相作用，将产生负序电磁转矩 T_{e-}。作用在转子上的合成转矩 T_e 应为这两个转矩之和，即

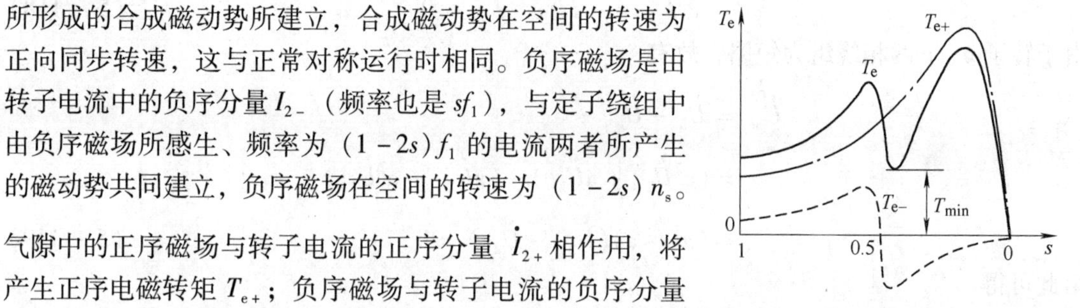

图 5－69 转子不对称时，电动机的正序、负序转矩和合成电磁转矩 T_e

$$T_e = T_{e+} + T_{e-} \tag{5-115}$$

如图 5－69 所示。从图 5－69 可见，在转差率 $s=0.5$ 的左、右两侧，负序电磁转矩 T_{e-} 将从正的最大值变为负的最大值，因此在 $s=0.5$ 的左、右，合成电磁转矩曲线将出现一个明显的下凹，使合成电磁转矩出现一个最小转矩 T_{min}。若电动机的负载转矩 T_L 大于此最小转矩，如果不采取其他措施，电动机的转速将被“卡住”在 $\frac{1}{2}n_s$ 附近，达不到正常的运行速度。

5.15 转子一相断线时，三相感应电动机的运行

这是转子不对称运行的一种极端情况。设电动机的转子为 Y 联结的绕线型转子，其中 a 相绕组发生一相断线，如图 5－70 所示。

1. 故障条件

从图 5－70 可以看出，此时转子的故障条件为

$$\left.\begin{aligned} &\dot{I}_a = 0, \quad \dot{I}_b = -\dot{I}_c \\ &\dot{U}_{bc} = 0 \end{aligned}\right\} \tag{5-116}$$

式中的电流和电压均为转子方面的量，故下标为小写。

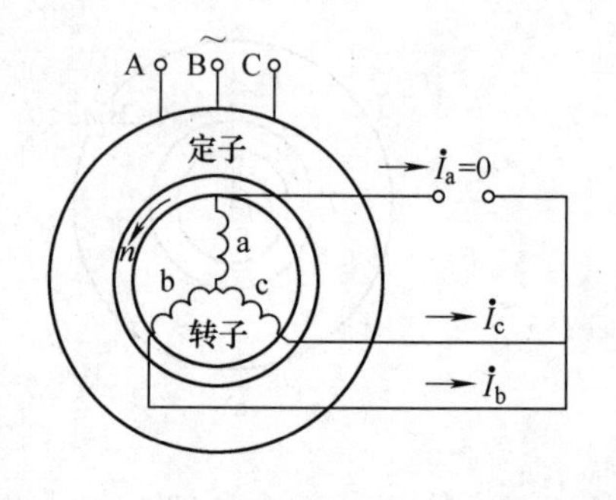

图 5－70　三相感应电动机转子 a 相断线时

把转子电流和电压分解为正序、负序和零序三组对称分量，可得

$$\left.\begin{aligned}\dot{I}_{2+} &= \frac{1}{3}(\dot{I}_a + a\dot{I}_b + a^2\dot{I}_c) = \frac{1}{3}(a - a^2)\dot{I}_b \\ \dot{I}_{2-} &= \frac{1}{3}(\dot{I}_a + a^2\dot{I}_b + a\dot{I}_c) = \frac{1}{3}(a^2 - a)\dot{I}_b \\ \dot{I}_{20} &= \frac{1}{3}(\dot{I}_a + \dot{I}_b + \dot{I}_c) = 0\end{aligned}\right\} \quad (5-117)$$

由此可知

$$\dot{I}_{2+} = -\dot{I}_{2-}, \quad \dot{I}_{20} = 0 \quad (5-118)$$

由于转子 b、c 两相绕组为短路，故有

$$\begin{aligned}\dot{U}_{bc} &= \dot{U}_b - \dot{U}_c \\ &= (a^2\dot{U}_{2+} + a\dot{U}_{2-}) - (a\dot{U}_{2+} + a^2\dot{U}_{2-}) \\ &= (a^2 - a)(\dot{U}_{2+} - \dot{U}_{2-}) = 0\end{aligned} \quad (5-119)$$

由此可得

$$\dot{U}_{2+} = \dot{U}_{2-} \quad (5-120)$$

式（5－118）和式（5－120）就是用对称分量表示时，转子的故障条件。

2. 正序和负序等效电路及其连接

式（5－118）和式（5－120）表明，在转子方面，正序和负序等效电路应当对接，如图 5－71a 所示，这样才能同时满足式（5－118）和式（5－120）。另外，由于定子和转子侧均无中性线，所以定、转子中均没有零序电流，所以本问题无需考虑零序电路。至于定子方面，由于电动机的定子绕组直接接到电网，而电网通常认为是三相正序电压的电压源，其负序和零序分量为 0，故在负序等效电路中，一次侧为短路。另外为简化计算，可以把图 5－71a 中 a 点和 b 点处的并联激磁分支开断，这样就可得到图 5－71b 所示的简化电路。

3. 定、转子电流和电磁转矩

由图 5－71 所示等效电路，即可算出不同的转差率下，定子和转子内的正序和负序电流，并进一步得到定、转子各相电流和电动机的电磁转矩。

在图 5－71a 中，从 a 点向右的电路都是正序系统的二次电路，故与正序旋转磁场相对应的电磁转矩 T_{e+} 应为

$$T_{e+} = \frac{m_1}{\Omega_s}\left(I'^2_{2+}\frac{2R'_2}{s} + I^2_{1-}\frac{R_1}{2s-1}\right) \quad (5-121)$$

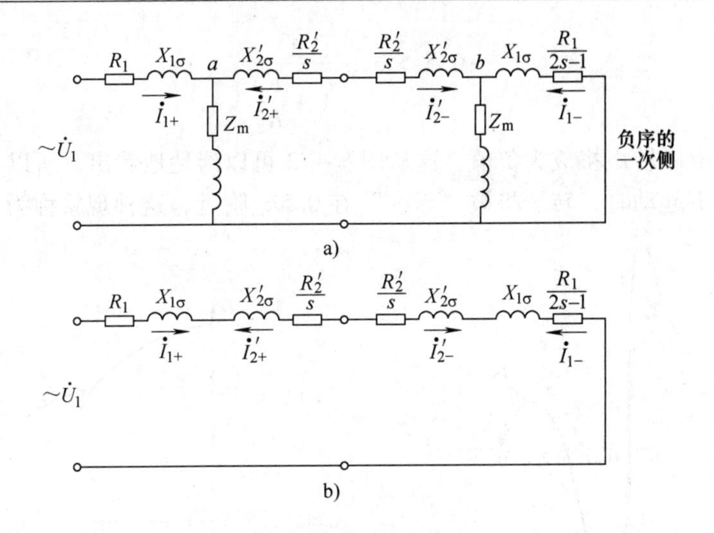

图5-71 把正序和负序电路在转子边对接，以满足故障条件

a）精确等效电路 b）简化等效电路

对于负序系统，转子是一次侧，定子是二次侧，从 b 点向右相当于负序系统的二次电路。因此，与负序旋转磁场相对应的电磁转矩 T_{e-} 为

$$T_{e-} = \frac{m_1}{\Omega_s}\left(I_{1-}^2\frac{R_1}{2s-1}\right) \tag{5-122}$$

电动机的合成电磁转矩 T_e 应为

$$\begin{aligned} T_e &= T_{e+} + T_{e-} \\ &= \frac{2m_1}{\Omega_s}\left(I'^2_{2+}\frac{R'_2}{s} + I_{1-}^2\frac{R_1}{2s-1}\right) \end{aligned} \tag{5-123}$$

如果忽略激磁电流，由图5-71b所示简化等效电路可知，

$$\begin{aligned} \dot{I}_{1+} &\approx -\dot{I}'_{2+} = \dot{I}'_{2-} \approx -\dot{I}_{1-} \\ &\approx \frac{\dot{U}_1}{\left(R_1 + \frac{2R'_2}{s} + \frac{R_1}{2s-1}\right) + \mathrm{j}2(X_{1\sigma} + X'_{2\sigma})} \end{aligned} \tag{5-124}$$

于是合成电磁转矩将近似等于

$$\begin{aligned} T_e &\approx \frac{2m_1}{\Omega_s}I_{1+}^2\left(\frac{R'_2}{s} + \frac{R_1}{2s-1}\right) \\ &= \frac{2m_1}{\Omega_s}U_1^2\frac{\frac{R'_2}{s} + \frac{R_1}{2s-1}}{\left(R_1 + \frac{2R'_2}{s} + \frac{R_1}{2s-1}\right)^2 + 4(X_{1\sigma} + X'_{2\sigma})^2} \end{aligned} \tag{5-125}$$

图5-72表示与上式相应的 T_e-s 曲线。

从式（5-125）可见，当 $s=0$，0.5 和 $\frac{1}{2+\frac{R_1}{R'_2}}$ 时，电磁转矩 T_e 将等于0；当转差率在

$$0.5 > s > \frac{1}{1+\dfrac{R_1}{R_2'}} \tag{5-126}$$

这一范围内时，电磁转矩将成为负值，这从图 5－72 可以清楚地看出。所以，电动机在转子一相断线的情况下起动时，转子将被“卡住”在 $0.5n_s$ 附近，这种现象称为“单轴现象”。

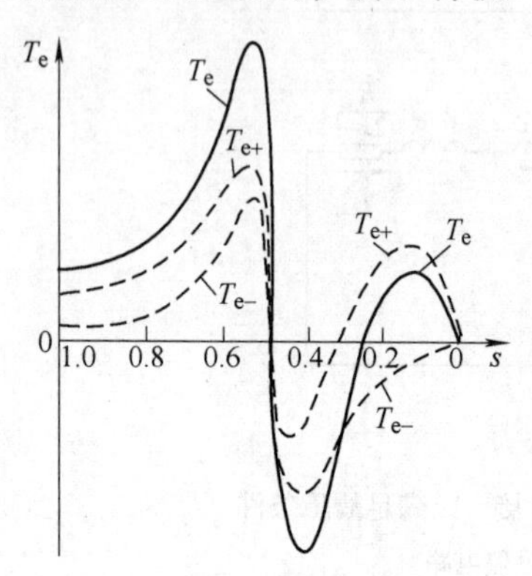

图 5－72　转子单相断线时，三相感应电动机的 T_e-s 曲线

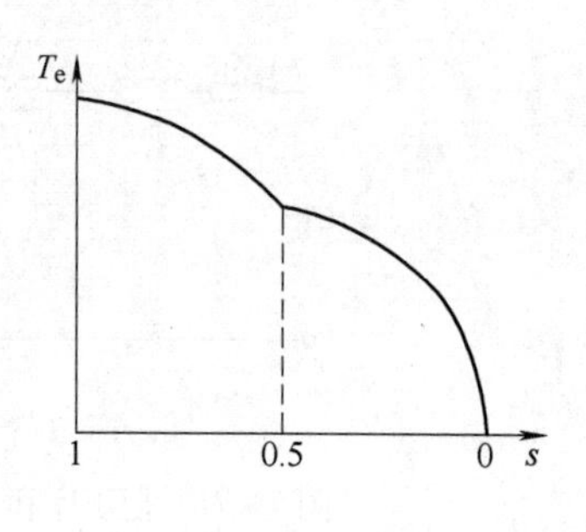

图 5－73　转子串入附加电阻时，转子为单相的感应电动机的 T_e-s 曲线

为削弱单轴现象，使电动机能够顺利地通过 $s\approx0.5$ 这一区间，可在转子的 b、c 相（非断路相）内接入一定的外加电阻，使负序转矩显著减小，并使正序的最大转矩发生在 $s=0.5$ 附近，这样合成电磁转矩的下凹程度就会明显减小，如图 5－73 所示；待转速上升到正常速度后，再将外加电阻切除。

5.16　三相感应发电机和感应电动机的制动，直线感应电动机

1. 三相感应发电机

三相感应电机也可作为发电机运行，此时有两种工况：一种是与电网并联运行，另一种是单独运行。

与电网并联运行时　设电网为无穷大电网，则与电网并联时，感应发电机的端电压 U_1 和频率 f_1 将受到电网的约束而与电网保持一致，这是与电网并联工作时的特点。

将感应电机用原动机拖动，使转子达到同步转速 n_s，即转差率 $s=0$。此时转子导体与气隙旋转磁场之间的相对速度为 0，故转子绕组的感应电动势和电流均将等于 0，定子电流 I_{10} 则等于激磁电流 I_m。此时感应电机就处于“理想空载”状态，也就是由电动机转变为发电机的临界状态，如图 5－74 所示。

理想空载时，感应电机的转换功率等于 0，形成气隙旋转磁场和定子漏磁场的无功功率由电网供给，克服铁耗和 I_{10} 所引起的定子铜耗所需的有功功率，亦由电网输入；克服机械损耗、保持转子以同步转速旋转所需的转矩和少量的机械功率，则由原动机输入。

若加大原动机的驱动转矩，使转子转速 n 超过同步速度 n_s，则转差率将成为负值（即

$s<0$)。此时，转子导体“切割”旋转磁场的方向将与电动机运行时相反，因此转子绕组中的感应电动势 sE_2、转子电流的有功分量以及定子电流的有功分量将随之反向，电机将向电网送出有功功率，此时感应电机就成为发电机。

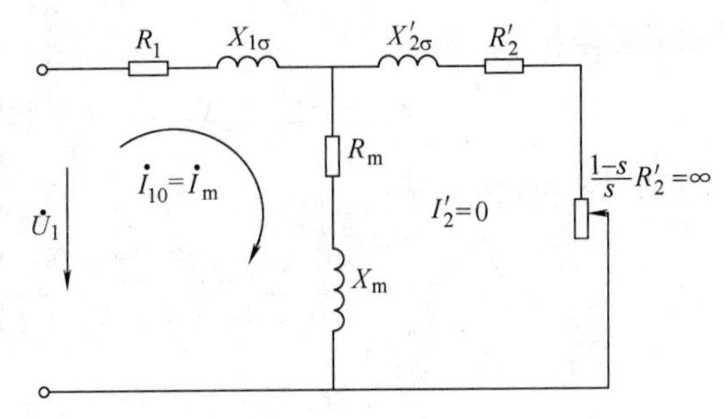

图5－74 理想空载（$s=0$）时，三相感应电机的等效电路

从图5－74可见，当 s 为负值时，$\frac{1-s}{s}R'_2$将成为一个负电阻，当转子有电流流过时，它将成为一个产生有功功率的电动势；由它发出的有功功率，通过气隙旋转磁场的作用，将传送到定子并供给电网。另一方面，作为发电机运行时，形成气隙旋转磁场和定、转子漏磁场所需的无功功率（从电动机观点看，是输入的滞后无功功率；从发电机观点看，则是输出的超前无功功率)，仍需由电网供给。

三相感应发电机的所有运行数据，仍可用T形等效电路来计算。若仍用电动机惯例，则算出的 P_1、P_2、P_M 和 P_Ω 各功率均将成为负值；此时 P_1 将是发电机向电网输出的电功率，P_2 将是原动机向发电机输入的总机械功率，P_Ω 则是扣除机械损耗和杂耗 $p_{\Omega+\Delta}$后，发电机输入的总机械功率（即转换功率）。

感应发电机的优点是：①结构简单，价格比较便宜，由于无需专门的励磁系统，所以维护比较方便；②由于投网前电机内不存在激磁电动势 $\dot{E}_0$，所以投入并联的手续比较简单，仅需把转子沿旋转磁场方向拖动到同步转速，然后直接投入电网即可，无需复杂的整步手续。

感应发电机的缺点是：①功率因数恒为滞后，轻载时功率因数很低；②由于维持气隙主磁场和定、转子漏磁场所需的无功功率，全部要由电网供给，而感应电机的激磁电流又较大，所以如有多台感应发电机与电网并联工作，就会给电网增加不小的无功功率负担，使组成电网的各同步发电机的容量得不到充分利用；③由于气隙较小、X_m^* 较大，故过载能力较低。

感应发电机主要用于小容量水电站的发电机组和风力发电机中。

【例5－7】 若把例5－3中的4极、10kW、380V、Δ接的三相感应电机，接在380V的电网上作发电机运行，转差率 $s=-0.028$，试求此时电机的转速，转子的总机械功率 P_Ω，发电机的定子电流、功率因数，向电网输出的有功功率和由电网输入的无功功率。

解

（1）发电机的转速

$$n=n_1(1-s)=1500(1+0.028)\text{r/min}=1542\text{ r/min}$$

（2）定子电流、定子功率因数和定子输出的电功率

用T形等效电路来计算，并采用电动机惯例。当转差率 $s=-0.028$ 时，转子的等效阻抗Z'_2为

$$Z'_2=\frac{R'_2}{s}+\text{j}X'_{2\sigma}=\left(\frac{1.12}{-0.028}+\text{j}\,4.44\right)\Omega=(-40+\text{j}4.4)\Omega$$

$$=40.24\angle 173.7^\circ\Omega$$

已知激磁阻抗 Z_m 为

$$Z_m = R_m + jX_m = (7 + j\,90)\Omega = 90.27\angle 85.55°\Omega$$

Z_2'与 Z_m 的并联值等于

$$\frac{Z_2' Z_m}{Z_2' + Z_m} = \frac{40.24\angle 173.7° \times 90.27\angle 85.55°}{(-40 + j\,4.4) + (7 + j\,90)}\Omega = \frac{3633\angle 259.3°}{100\angle 109.3°}\Omega$$

$$= 36.33\angle 150°\Omega = (-31.46 + j\,18.17)\Omega$$

于是定子相电流$\dot{I}_1$为

$$\dot{I}_1 = \frac{\dot{U}_1}{Z_{1\sigma} + \dfrac{Z_2' Z_m}{Z_2' + Z_m}} = \frac{380\angle 0°}{1.33 + j\,2.43 + (-31.46 + j\,18.17)}\text{A}$$

$$= \frac{380}{-30.13 + j\,20.60}\text{A} = \frac{380}{36.50\angle 145.6°}\text{A} = 10.41\angle -145.6°\text{A}$$

定子线电流为$\sqrt{3} \times 10.41 = 18.03\text{A}$。

定子功率因数 $\cos\varphi_1$ 和输入电功率 P_1 分别为

$$\cos\varphi_1 = \cos(-145.6°) = -0.8251$$

$$P_1 = 3U_1 I_1 \cos\varphi_1 = 3 \times 380 \times 10.41 \times (-0.8251)\text{W} = -9792\text{W}$$

式中的负号是采用电动机惯例所引起，表示 P_1 实际上是定子输出的电功率。

改用发电机惯例，即以输出电流作为定子电流的正方向，则定子相电流 $\dot{I}_{1(\text{G})} = -\dot{I}_1 = 10.41\angle 34.4°\text{A}$，定子功率因数 $\cos\varphi_{1(\text{G})} = \cos 34.4° = 0.8251$，定子输出的电功率 $P_{1(\text{G})} = 9792\text{W}$。

（3）转子电流和轴上输入的总机械功率

$$I_2' = I_1 \left| \frac{Z_m}{Z_m + Z_2'} \right| = 10.41 \times \frac{90.27}{100}\text{A} = 9.397\ \text{A}$$

$$P_\Omega = m_1 I_2'^2 \frac{1-s}{s} R_2' = 3 \times (9.397)^2 \times \frac{1-(-0.028)}{-0.028} \times 1.12\ \text{W}$$

$$= -10893\ \text{W}$$

P_Ω 为负值，表示 P_Ω 实际为输入的机械功率。

（4）由电网输入的感性无功功率

$$Q_1 = 3U_1 I_1 \sin\varphi = 3 \times 380 \times 10.41 \sin 145.6° = 6704\ \text{var}$$

其中用以维持气隙旋转磁场的无功功率为

$$Q_m = 3 \times I_m^2 X_m = 3 \times 4.189^2 \times 90\text{var} = 4738\ \text{var}$$

$$I_m = I_1 \left| \frac{Z_2'}{Z_m + Z_2'} \right| = 10.41 \times \frac{40.24}{100}\text{A} = 4.189\ \text{A}$$

维持定子和转子漏磁场的无功功率为

$$Q_{\sigma} = 3(I_1^2 X_{1\sigma} + I_2'^2 X'_{2\sigma}) = 3 \times (10.41^2 \times 2.43 + 9.397^2 \times 4.44)\text{var} = 1966\ \text{var}$$

单独运行时　三相感应发电机也可以单独带负载运行，此时首先有个自激问题。为了能在空载时建立起定子电压，需要在定子端点并联一组对称的三相电容器（见图5-75a），另外，转子中要有一定的剩磁。在空载情况下，用原动机带动转子到同步转速，使转子的剩磁磁场“切割”定子绕组，则定子绕组中将感生剩磁电动势，并向并联的电容组输出容性电流 I_c。I_c 通过定子绕组后，将产生增磁性的定子磁动势和磁场，使气隙磁场得到加强，并使发电机的定子电压逐步建立起来，这就是感应发电机的自激。稳态时的空载电压取决于空载曲线与容抗线的交点 A，如图5-75b所示。电容越小，容抗线与空载曲线的交点和空载电压就越低。

单独负载运行时，感应发电机的端电压和频率将随着负载的变化而变化。为保持端电压和频率恒定，必须相应地调节原动机的驱动转矩和电容 C 的大小，使发电机和电容器所发出的有功和无功功率，与负载所需的有功和无功功率始终保持平衡。当负载所需的有功和感性无功功率增加时，一方面要增加发电机的输入机械功率，使发电机的转速增高，转差率 $|s|$ 加大，以发出较多的有功功率；另一方面应增大并联的电容 C，以增加电容器输入的容性电流（或者说增加发电机输出的感性电流），以满足负载和感应发电机本身电感性无功功率的需求。如果不作上述调整，机组的频率和电压将发生一定的变化。

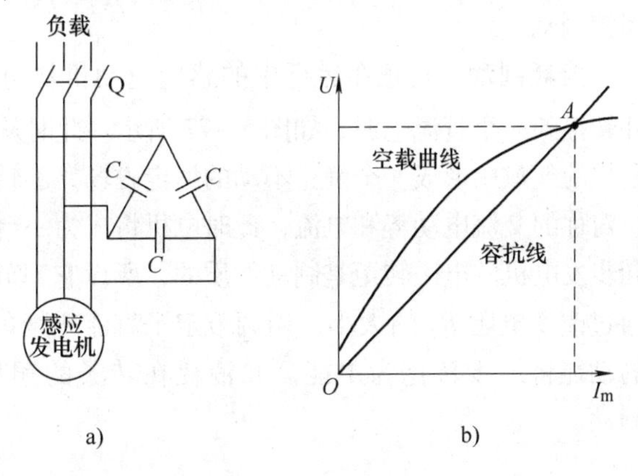

图5-75　单机运行时感应发电机的自激

a）与定子端点並联的三相电容组　b）发电机的自激

感应发电机单独运行时，由于需要装设价格较贵的电力电容器，还要在负载变化时随时调整电容 C 的大小，使其应用受到一定的限制。

2. 三相感应电动机的制动

三相感应电动机的制动是指，电动机所产生的电磁转矩与转子转向相反，使电磁转矩成为制动转矩时的运行状态。在本章开始时已经提到，感应电机有三种运行状态，当转子转速 $n>n_1$（即 $s<0$）时，感应电机处于发电机状态；当 $n<0$（即 $s>1$）时，感应电机处于电磁制动状态；这两种状态下，电磁转矩的方向与转子转向均为相反，对转子都将起到制动作用。下面具体进行说明。

反接制动　若感应电机原先在电动机状态下运行，转差率为 s，现将定子三相电源线中的任意两根（例如B、C相的两根）对调，使定子电压的相序改变，如图5-76所示，此时电机内部气隙旋转磁场的方向将随之而改变，由原来与转子转向相同变成与转子转向相反的方向，电磁转矩的方向也将随之而改变，从驱动转矩变成制动转矩，对转子起到一定的制动作用。

反接制动时，转差率从原来的 s 变成 $2-s$，使定子电流变成很大。若电动机的转子为绕线型，转子应接入一定的限流电阻。另外，当电动机的转速下降到0时，应及时切断定子电源，否则电机将进入反向旋转状态。

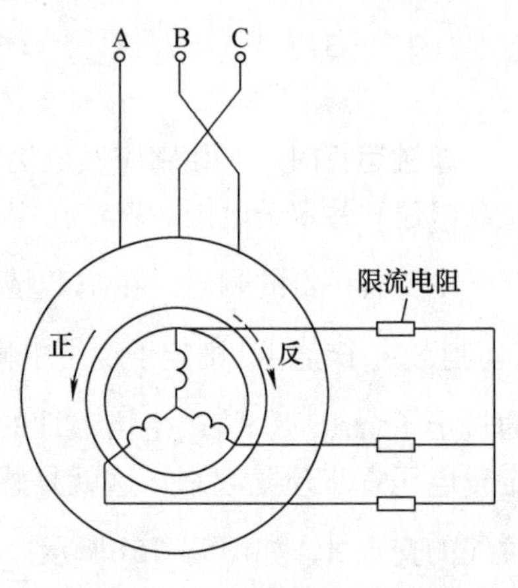

图5－76　反接制动时定子的接线图

回馈制动　由于某种外来原因（例如当起重机放下重物时），使感应电机的转子转速超过同步转速，此时转差率 $s<0$，于是感应电机将进入发电机状态。此时电磁转矩 T_e 的方向将与转子转速相反，即电磁转矩将变成制动转矩，从而限制了转速的进一步升高，使重物在某一速度下稳定运行。此时重物下降所释出的位能将转化为电能，并由感应电机回馈给电网，所以这种方法也称为回馈制动。

能耗制动　把正在运行中的感应电动机从电源断开，并转接到一个直流电源，如图5－77所示。此时从定子A相流入、C相流出的直流电流，将在电机的气隙中形成一个静止不动的恒定磁场，旋转的转子绕组“切割”此磁场后，将感生出一组对称的交流电动势和电流，此时电机将成为一台短路状态下的旋转电枢式同步发电机。由于同步发电机的电磁转矩是制动性质的，所以它对转子将起制动作用。电磁转矩的大小，可以通过改变电阻 R_T 的大小，用调节定子直流磁场的强弱来实现。在旋转的过程中，转子储存的动能将逐步转化为电能，并消耗在转子的铜耗和铁耗中，故这种制动方法也称为能耗制动。

3. 直线感应电动机

基本结构　设想把图5－78a所示感应电机从径向剖开，并将它展开成直线，即可得到图5－78b所示的直线感应电机。在直线感应电机中，装有三相绕组并与电源相接的一侧称为初级，另一侧称为次级。初级既可作为定子，也可以作为运动的“动子”。初级的铁心由硅钢片叠成，表面开槽，槽内嵌有三相绕组。次级可有多种形式，一种是在钢板上开槽，槽内嵌入铜条或铝条，两侧用铜带或铝带连接起来，形成类似于笼型转子的短路绕组。

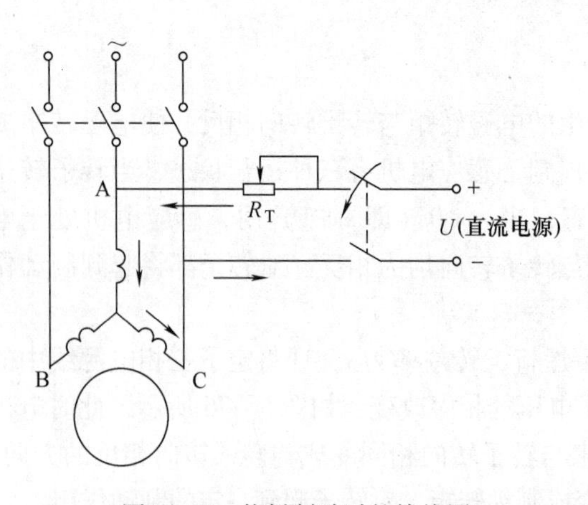

图5－77　能耗制动时的接线图

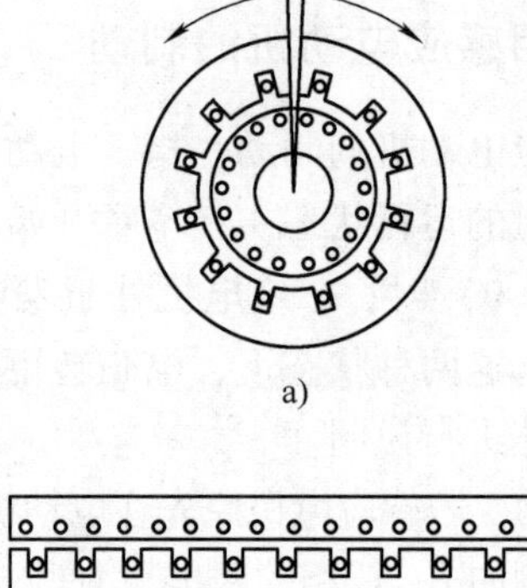

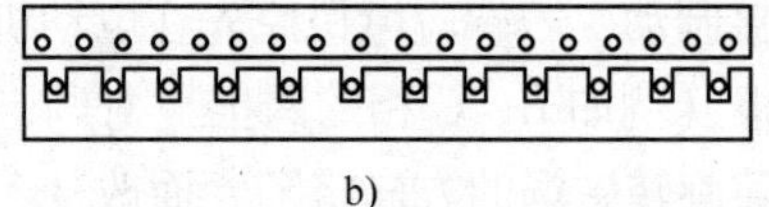

图5－78　由旋转电机演变成直线电机

当次级较长时，通常采用整块钢板或在钢板上复合铜或铝等金属作为次级。为保证长距离运动中定子和动子不致相擦，直线电机的气隙一般要比普通感应电机大得多。

工作原理 当直线感应电机的初级接到三相交流电源时，与普通感应电机相似，气隙内将形成一个从A相移向B相、从B相移向C相的平移行波磁场（主磁场），行波磁场的推移速度是同步速度 v_s。行波磁场将在次级感生电动势和电流，此电流与行波磁场相互作用，在次级产生切向电磁力，在原边则产生反作用力，使动子作直线运动。设动子的速度为 v，则转差率 $s=(v_s-v)/v_s$。直线感应电机通常用作电动机，故 $0<s<1$。

直线感应电机通常用于高速地面运输系统和工业中的各种直线传动设备（如直线传动带）。与旋转电机相比较，此时可以省去把旋转运动转换为直线运动的传动装置。直线电机的缺点是，由于气隙较大，且初级铁心两端开断，故电机的功率因数和效率较低。此外由于三相阻抗不对称，所以即使在对称三相电压下运行，三相电流也不对称。

由于电路和磁路上的不对称性，所以直线电机要用二维或三维电磁场理论来分析和计算。

小　结

本章研究了三相感应电动机的工作原理，导出了三相感应电动机的基本方程和等效电路，然后利用等效电路，进一步得到感应电动机的工作特性和转矩-转差率特性，说明了感应电动机的起动和调速方法。接着研究了单相感应电动机的原理、等效电路和起动方法，最后介绍了感应发电机的原理。

三相感应电动机的分析步骤大致为：①首先分析空载和负载时定、转子的磁动势和磁场（包括通过气隙的主磁场和定、转子的漏磁场），定、转子绕组内的感应电动势和作用在转子上的电磁转矩，以及在转子输出机械功率的同时，如何通过磁动势平衡和电磁感应关系，从定子输入相应的电功率；②建立三相感应电动机的基本方程，包括定、转子的电压方程，磁动势方程和激磁方程；③从基本方程出发，通过频率归算和绕组归算，建立感应电机的等效电路；④利用等效电路导出各种运行特性，并进一步研究各种运行问题。

三相感应电机在任何转速下，转子磁动势在空间始终以同步速度旋转，并与定子的旋转磁动势保持相对静止；所以感应电机在任何转速下，都能产生一定的平均电磁转矩，并进行机电能量间的转换。这是感应电机的一个特点。

三相感应电机的运行状态和电磁转矩的大小，取决于转差率 s，所以转差率是感应电机的基本变量。若电机为电动机，则 $0\leqslant s\leqslant 1$。空载运行时，由于所需的电磁转矩很小（仅需克服电机本身的空载转矩），所以转子转速非常接近于同步速度，即 $s\approx 0$。若轴上加上负载，转子转速将下降，使转子绕组内感生较大的电动势 E_{2s} 和电流 I_{2s}，以产生一定的电磁转矩来克服负载转矩；同时通过磁动势平衡和电磁感应作用，使定子电流出现负载分量，并从定子输入一定的电功率，完成机电能量之间的转换。

为建立感应电动机的等效电路，定、转子电路的频率必须相等，定、转子绕组的感应电动势也必须相等，磁动势方程的空间矢量形式必须转化成定、转子电流的时间相量形式。为此需要进行频率归算和绕组归算，即用一个静止不转、其相数和有效匝数与定子绕组相同的等效转子，去代替实际的旋转转子。归算的条件是，归算前、后转子所产生的磁动势，其转速、幅值和空间相位均应保持不变，这样，从气隙磁场传送到转子的电磁功率和转换功率都将保持不变，电磁转矩也保持不变。因此，用 T 型等效电路算出的所有定子量（包括 I_1、P_1、$\cos\varphi_1$ 等），均与实际定子中的对应量相同；算出的转子电动势 E_2' 和电流 I_2'，则与实际转子中的值相差 k_e 和 $1/k_i$ 倍，算出的转子有功功率、电阻损耗和电磁转矩则与实际转子中的值相同。至于转子的无功功率，由于频率归算时转子频率发生了变化，所以由 T 型等效电路算出的转子无功功率，与实际转子中的值是不同的，前者是后者的 $\frac{1}{s}$ 倍，这点需要注意。Γ 型等效电路可分成精确和近似两种，前者用于实际计算，后者主要用于近似分析。为了计算需要，还可以建立其他型式的等效电路，总之等效电路不是唯一的。

等效电路的参数可用空载试验和堵转试验来确定。为得到定、转子漏抗的饱和值，应尽可能使堵转试验时的定子电流，达到实际起动和发生最大转矩时的电流值。此外，应当用较为精确的公式来处理试验数据，算出电动机的各个参数。对于深槽和双笼电动机，由于转子参数与集肤效应有关，故堵转试验应在低频（10～15Hz）下进行，再进行必要的换算。

表征三相感应电动机运行性能的主要数据有：①额定数据，包括额定电流 I_{1N}，额定转速 n_N，额定转矩 T_N，额定功率因数 $\cos\varphi_{1N}$ 和额定效率 η_N；②过载能力，即最大转矩倍数 T_{max}/T_N；③起动性能，即起动电流倍数 I_{st}/I_{1N} 和起动转矩倍数 T_{st}/T_N。从 T 型等效电路可见，感应电动机是一个电感性电路，故定子功率因数恒为滞后。额定功率因数 $\cos\varphi_{1N}$ 的大小，主要取决于激磁电流 I_m 和定、转子漏抗 $X_{1\sigma}$ 和 $X_{2\sigma}'$ 的大小，I_m 越大，$X_{1\sigma}$ 和 $X_{2\sigma}'$ 越大，$\cos\varphi_{1N}$ 就越低。由于感应电机的主磁路中有一个气隙，故 I_m 较大，通常为额定电流的 20%～40%，$\cos\varphi_{1N}$ 通常只有 0.8～0.9。最大转矩 T_{max} 和起动电流 I_{st} 主要取决于定子的端电压和定、转子的漏抗，起动转矩 T_{st} 除与端电压和定、转子漏抗有关外，还与转子电阻的大小有关。适当地增大转子电阻，可以减小起动电流，增大起动转矩，改善起动性能；但是另一方面则会使铜耗增大，从而使正常工作时电动机的效率降低，所以两者是互相矛盾的。为使起动和工作性能得以兼顾，可以采用绕线型电机，或者采用利用集肤效应、使转子电阻随着转子频率的变化而自动变化的深槽和双笼电动机；后两种电机的转子漏抗要比正常笼型电机的漏抗大，从而使电动机的最大转矩有一定的下降。

图 5－79 为三类笼型电机的 T_e-s 曲线。第一类是正常的笼型转子，其电阻和漏抗较小，故正常工作性能较好，但起动电流较大、起动转矩稍小（图中曲线 1）。第二类是深槽和双笼电机，其特点是起动性能较好，但工作性能和最大转矩比第一类稍差。改变转子槽型或上、下笼参数，可以得到不同的起动和工作性能的组合（图 5－79 中曲线 2）。第三类是高转差率电机，这种电机的转子鼠笼是用高电阻材料（例如黄铜）制成，故起动性能较好，但额定点的转差率较高、效率较低（图 5－79 中的曲线 3），这种电机主要用于频繁起动或带有冲击性负载的场合。

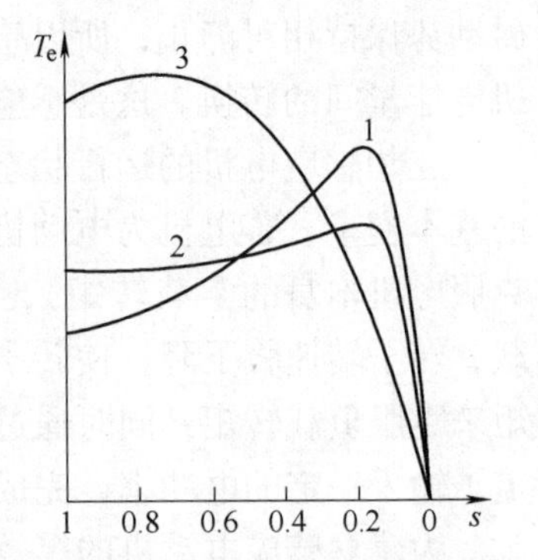

图 5－79　三种不同类型笼型电机的 T_e-s 曲线

三相感应电动机的主要调速方法有：①变频调速；②变极调速；③改变转差率来调速。变极调速是“等级式”调速；改变转差率来调速主要用于绕线型电机，且随着转速的下调，电机的效率将逐步下降；只有变频调速可以平滑、高效地调速。随着电力电子技术的发展，变频电源的价格逐步下降，可靠性的不断提高，变频调速已经逐渐成为感应电动机调速中的主要方法。最后，对于绕线型电动机，如果把定子接到工频电源，转子绕组接到一个转差频率的低频调频电源 $E_2(s)$，则调节 $E_2(s)$ 的频率，即可调节转子的转速，这种方式称为双馈调速方式；其特点是，转子转速可以达到或者超过同步转速。

与同步电机和直流电机相比较，笼型感应电动机的优点是：结构简单，运行可靠，维护方便，价格便宜。缺点是功率因数恒为滞后，特别是轻载运行时，功率因数很低。感应电机的调速性能过去一直是个问题，近年来由于矢量控制和直接转矩控制技术的引入，感应电机的转速和转矩控制已经接近于直流电机，因而不再成为一个主要缺点。

单相感应电动机的主要分析方法是双旋转磁场理论，即把定子主绕组所产生的脉振磁动势，分解成正向和反向旋转的两个磁动势和磁场，再分别求出转子对这两个磁场所产生的转子反应，并仿照三相电机的处理方法，对转子的正向和反向电路分别进行频率归算和绕组归算，最后得到单相电动机的等效电路，并算出所需的运行数据和 $T_e - s$ 曲线。

单相感应电动机自身没有起动转矩。为解决起动问题，需要加装起动绕组并采取裂相措施，使主绕组和起动绕组成为一个两相系统。通常主绕组和起动绕组互不对称，所以通常要用两相对称分量法或分析两相不对称机的方法，来计算其起动和运行性能。

对于绕线型三相感应电动机，若转子绕组一相断线而成为单相绕组时，电动机的电磁转矩将成为“单轴转矩”；此时若电动机投入电网起动，转子转速将停滞在 $\frac{1}{2}n_s$ 附近而达不到正常转速。为此需要消除故障，再重新投网起动。

感应发电机是感应电机在 $s<0$ 时的一种运行状态，其运行数据也可用 T 形等效电路来计算。单独运行时，感应发电机的主磁场和漏磁场所需的无功功率，要由专门的电容器来供给；另外，发电机的端电压 U 和机组的频率 f，将随着负载的变化而变化；为此需要经常调节发电机的转速和并联电容组的电容，以使 U 和 f 保持不变，这是它的特点。

习 题

5-1 把一台三相感应电动机用原动机驱动，使其转速 n 高于旋转磁场的转速 n_s，定子接到三相交流电源，试分析转子导条中感应电动势和电流的方向。这时电磁转矩的方向和性质是怎样的？若把原动机去掉，电机转速有何变化，为什么？

5-2 有一台三相绕线型感应电动机，若将定子三相短路，转子中通入频率为 f_1 的三相交流电流，问气隙旋转磁场相对于转子和相对于空间的转速，以及空载时转子的转向。

5-3 三相感应电动机的转速变化时，转子所生磁动势在空间的转速是否改变？为什么？

5-4 频率归算时，用等效的静止转子去代替实际旋转的转子，这样做是否会影响定子边的电流、功率因数、输入功率和电机的电磁功率？为什么？

5-5 三相感应电动机的定、转子电路其频率互不相同，在 T 形等效电路中为什么能把它们联在一起？

5-6 感应电动机等效电路中的 $\frac{1-s}{s}R_2'$ 代表什么？能否不用电阻而用一个电抗去代替？为什么？

5-7 感应电动机轴上所带的负载增大时，定子电流就会增大，试说明其原因和物理过程。

5-8 为什么三相感应电动机的功率因数总是滞后的？试说明其原因。

5-9 三相感应电动机驱动额定负载运行时，若电源电压下降过多，往往会使电机过热甚至烧毁，试说明其原因。

5-10　试说明笼型转子的极数和相数是如何确定的。

5-11　试写出三相感应电机电磁转矩的三种表达形式：（1）用电磁功率和电动机的参数来表达；（2）用总机械功率来表达；（3）用主磁通、转子电流和转子的内功率因数来表达。

5-12　三相感应电动机的电磁功率与总机械功率是否相等？为什么？

5-13　一台三相感应电动机的性能可以从哪些方面和用哪些指标来衡量？

5-14　有一台Y接、380V、50Hz、额定转速为1444r/min的三相绕线型感应电动机，其参数为$R_1=0.4\Omega$，$R_2'=0.4\Omega$，$X_{1\sigma}=X_{2\sigma}'=1\Omega$，$X_m=40\Omega$，$R_m$略去不计，定、转子的电压比为4。试求：（1）额定负载时电动机的转差率；（2）额定负载时电动机的定、转子电流；（3）额定负载时转子的频率和每相电动势值。[答案：（1）$s_N=3.733\%$；（2）$I_1=20.17A$，$I_2=76.16A$；（3）$f_2=1.867Hz$，$E_2=51.22V$。]

5-15　有一台三相四极的笼型感应电动机，电动机的容量$P_N=17kW$，额定电压$U_{1N}=380V$（Δ联结），参数为$R_1=0.715\Omega$，$X_{1\sigma}=1.74\Omega$，$R_2'=0.416\Omega$，$X_{2\sigma}'=3.03\Omega$，$R_m=6.2\Omega$，$X_m=75\Omega$，电动机的机械损耗$p_\Omega=139W$，额定负载时的杂散损耗$p_\Delta=320W$。试求额定负载时电动机的转差率、定子电流、定子功率因数、电磁转矩、输出转矩和效率。[答案：$s_N=0.0201$，$I_1=18.57A$，$\cos\varphi_1=0.896$，$T_e=113.4N\cdot m$，$T_2=110.5N\cdot m$，$\eta_N=0.896$]

5-16　设上题的感应电动机由380V的电源经三相配电线路供电，线路的每相阻抗$Z_L=(0.05+j0.15)\Omega$，试求电动机输出额定功率时的实际端电压。

5-17　增大转子电阻或漏抗对三相感应电动机的起动电流、起动转矩和最大转矩有何影响？

5-18　试述转子电阻、电源电压对三相感应电动机T_e-s曲线的影响。

5-19　三相感应电动机的参数如何测定？如何利用参数算出电动机的主要性能数据？

5-20　有一台50Hz、380V的三相感应电动机，若运行在60Hz、380V的电源上，问电动机的最大转矩、起动转矩和起动电流有何变化？

5-21　有一台50Hz的三相感应电动机，其铭牌数据为$P_N=10kW$，$2p=4$，$U_{1N}=380V$，Y联结，$I_{1N}=19.8A$。已知$R_1=0.5\Omega$，空载试验数据为：U_1（线电压）$=380V$，$I_{10}=5.4A$，P_{10}（三相功率）$=425W$，$p_\Omega=170W$；短路试验数据如下：

U_{1k}（线电压）/V	200	160	120	80	40
I_{1k}/A	36	27	18.1	10.5	4
P_{1k}（三相功率）/W	3680	2080	920	290	40

试求：（1）X_m、$X_{1\sigma}$、$X_{2\sigma}'$和R_2'（设$X_{1\sigma}=X_{2\sigma}'$）；（2）用T形等效电路确定额定电流I_{1N}和额定功率因数$\cos\varphi_N$（杂耗设为1%P_N）；（3）T_{max}。[答案：（1）$X_m=38.8\Omega$，$X_{1\sigma}=X_{2\sigma}'=1.835\Omega$，$R_2'=0.517\Omega$；（2）$I_{1N}=20.79A$，$\cos\varphi_N=0.849$；（3）$T_{max}=102.87N\cdot m$]

5-22　有一台三相笼型感应电动机，$P_N=17kW$，$2p=4$，$U_{1N}=380V$，Y联结，电动机的参数为$R_1=0.228\Omega$，$R_2'=0.224\Omega$，$X_{1\sigma}=0.55\Omega$，$X_{2\sigma}'=0.75\Omega$，$X_m=18.5\Omega$，空载额定电压下的铁耗$p_{Fe}=350W$，机械损耗$p_\Omega=250W$，额定负载时的杂耗$p_\Delta=0.5\%P_N$。试求：（1）电动机的激磁电阻R_m；（2）额定负载时电动机的转速、定子电流和电磁转矩；（3）电机的额定功率因数和额定效率；（4）最大转矩T_{max}、起动转矩T_{st}和起动电流I_{st}。设发生最大转矩时，定、转子漏抗为上述给定值的90%，起动时为给定值的80%。[答案：（1）$R_m=0.875\Omega$；（2）$n_N=1451.7r/min$，$I_{1N}=32.86A$，$T_e=117.8N\cdot m$；（3）$\cos\varphi_N=0.875$，$\eta_N=0.896$；（4）$T_{max}=313.1N\cdot m$，$T_{st}=156.8N\cdot m$，$I_{st}=203.4A$]

5-23　为什么三相绕线型感应电动机的转子中串入起动电阻后，起动电流减小而起动转矩反而会增大？若串入电抗，是否会有同样效果？

5-24　试导出三相绕线型感应电动机的总机械功率P_Ω达到最大值时：（1）转子加外电阻的表达式；（2）最大总机械功率$P_{\Omega(max)}$的表达式。

5－25 深槽和双笼感应电动机为什么具有较好的起动性能？

5－26 有一台三相绕线型感应电动机，$P_N=155kW$，$n_N=1450r/min$，$U_{1N}=380V$，定、转子均为Y联结，$\cos\varphi_N=0.89$，$\eta_N=0.89$，参数 $R_1=R_2'=0.012\Omega$，$X_{1\sigma}=X_{2\sigma}'=0.06\Omega$，$k_e=k_i=1.73$，激磁电流略去不计。现要把该机的起动电流限制在 $1.5I_{1N}$，试计算所需的起动电阻值以及此时的起动转矩倍数。［答案：$R_{st}=0.152\Omega, T_{st}/T_N=1.736$］

5－27 试求题5－15的三相笼型电动机在（1）定子改成Y联结时，电动机的各参数值（包括 R_1，R_2'，$X_{1\sigma}$，$X_{2\sigma}'$，R_m 和 X_m）；（2）电动机在Δ接、U_{1N}为380V时的起动电流 $I_{st(\Delta)}$ 和起动转矩 $T_{st(\Delta)}$；（3）电动机在Y接、U_{1N}为380V时的起动电流 $I_{st(Y)}$ 和起动转矩 $T_{st(Y)}$。

5－28 试述极数比为2∶1的双速感应电动机的变极原理。

5－29 试分析绕线型感应电动机的转子中串入调速电阻、负载为恒转矩负载时，电机内部所发生的物理过程。调速前、后转子电流是否改变，为什么？

5－30 有一台三相四极的绕线型感应电动机，额定转速 $n_N=1485r/min$，转子每相电阻 $R_2=0.012\Omega$。设负载转矩保持为额定值不变，今欲把转速从1485r/min下调到1050r/min，问转子每相应串入多大的调速电阻？［答案：$R_\Omega=0.348\Omega$］

5－31 有一台三相、定子为Y联结的感应电动机，起动时发现定子有一相断线，问电动机投入电网后能否起动起来？如果在运行时定子发生一相断线，负载转矩不变，问定子电流、转速和最大转矩有何变化，断线后电动机能否继续长期带上额定负载运行？

5－32 怎样改变单相电容电动机的转向？

5－33 有一台110V、50Hz的四极单相感应电动机，其参数为 $R_1=R_2'=2\Omega$，$X_{1\sigma}=X_{2\sigma}'=2\Omega$，$X_m=50\Omega$，$R_m=4.5\Omega$，机械耗和杂耗两项之和为10W，试求定子加有额定电压、转差率 $s=0.05$ 时电动机的下列数据：（1）定子电流和功率因数；（2）电磁转矩和输出功率；（3）正向和反向旋转磁场幅值之比。［答案：（1）$I_1=5.95A$，$\cos\varphi_1=0.758$；（2）$T_e=2.532N\cdot m$，$P_2=335.97W$；（3）$E_f/E_b=13.61$］

5－34 有一台30kW、50Hz、380V（Δ联结）的三相感应电机，其参数为 $R_1=0.254\Omega$，$X_{1\sigma}=0.783\Omega$，$R_2'=0.198\Omega$，$X_{2\sigma}'=1.146\Omega$，$R_m=1.55\Omega$，$X_m=32.6\Omega$，机械损耗 $p_\Omega=450W$，杂耗与输出功率的平方成正比，额定负载时的杂耗 $p_\Delta=500W$。现将该机由原动机拖动、接到380V的电网上作为发电机运行，试求转差率 $s=-0.016$ 时，该机的：（1）定子相电流 $I_{1\phi}$ 和发出的电功率 P_2；（2）输入的机械功率 P_1；（3）效率η。［答案：（1）$I_{1\phi}=32.71A$，$P_2=32.33kW$；（2）$P_1=35.33kW$；（3）$\eta=91.5\%$］

5－35 有一台用作地面运输的直线感应电动机，定子为铺设在地上展开成平面的鼠笼轨道，动子为装有20极、极距为20cm的展开式三相绕组的小车。设动子由50Hz的电源通过滑动接触供电，试求（1）该机的同步线速度 v_s（km/h）；（2）若转差率为4%，试求定子内感应电流的频率 f_2 和动子的运行速度 v；（3）如果要使动子的运行速度超过75km/h，有何方法？（4）如果要改变动子的运行方向，有何方法？［答案：（1）72km/h；（2）$f_2=2Hz$，$v=69.12km/h$］

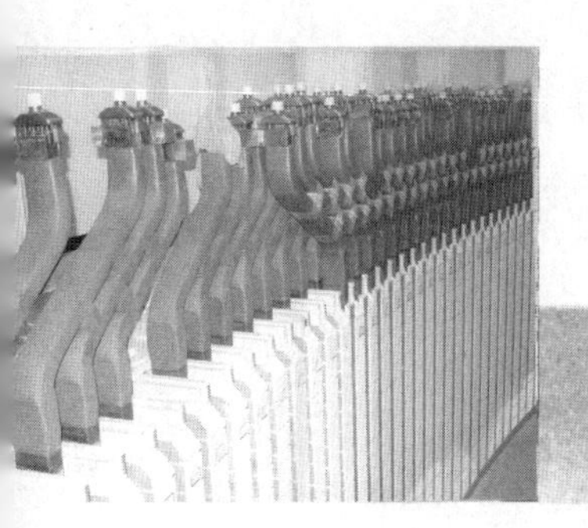

第6章 同步电机

同步电机也是一种常用的交流电机。同步电机的特点是，稳态运行时，转子的转速 n 与电网的频率 f 之间，具有 $n=n_s=60f/p$（r/min）这样的固定关系，其中 n_s 称为同步转速。若电网的频率不变，则稳态运行时接在电网上的同步电机，其转速恒为常值而与负载的大小无关。

从原理上看，同步电机既可用作发电机，也可用作电动机或补偿机。现代水电站、火电站和核电站中的交流发电机，几乎全部都是同步发电机，在工矿企业和电力系统中，同步电动机和补偿机用得也不少。

本章先介绍同步电机的基本结构，说明空载和负载运行时同步发电机内的电磁过程，导出其基本方程和等效电路，再进一步讨论同步发电机的运行特性、并联运行，以及同步电动机和同步补偿机，最后分析同步发电机的不对称运行和三相突然短路问题，并对三相磁阻电动机作一简介。

6.1 同步电机的基本结构和运行状态

1. 同步电机的基本结构

按照结构型式，同步电机可以分为旋转电枢式和旋转磁极式两类。旋转电枢式的电枢装设在转子上，主磁极装设在定子上，这种结构在小型同步电机中得到一定的应用。对于高压、大型的同步电机，通常采用旋转磁极式结构。由于励磁部分的容量和电压要比电枢小很多，把主磁极装设在转子上，电刷和集电环的负载可大为减轻，工作条件得以改善，运行的可靠性明显提高。目前，旋转磁极式结构已成为中、大型同步电机的基本结构型式。

在旋转磁极式电机中，按照主极的形状，又可分成隐极式和凸极式，如图6-1所示。隐极式转子做成圆柱形，气隙为均匀；凸极式转子有明显的凸出的磁极，气隙为不均匀。对于高速（3000r/min）的同步电机，从转子机械强度和妥善地固定励磁绕组考虑，通常采用励磁绕组分布于转子表面槽内的隐极式结构。对于中速和低速（1500r/min及以下）电机，转子的离心力较小，故采用制造较为简单、励磁绕组集中置放的凸极式结构较为合理。

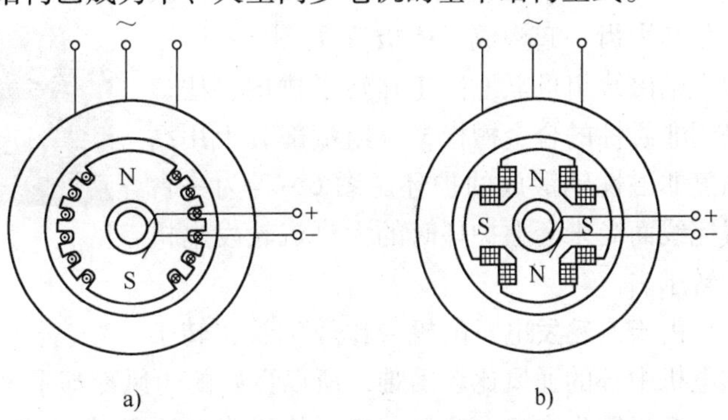

图6-1 旋转磁极式同步电机的两种基本型式
a）隐极式 b）凸极式

大型同步发电机通常采用汽轮机或水轮机作为原动机来拖动，前者称为汽轮发电机，后者称为水轮发电机。由于汽轮机是一种高速原动机，所以汽轮发电机一般采用隐极式结构。水轮机则是一种低速原动机，所以水轮发电机一般都是凸极式结构。用内燃机拖动的同步发电机以及同步电动机和同步补偿机，大多做成凸极式；少数两极的高速同步电动机，也有做成隐极式的。

隐极同步电机 下面以汽轮发电机为例，说明隐极同步电机的结构。

现代的汽轮发电机一般都是两极的，同步转速为3000r/min（对50Hz电机）。由于转速高，所以汽轮发电机的直径较小，长度较长。汽轮发电机均为卧式结构，图6-2为一台汽轮发电机的剖面图。

汽轮发电机的定子由定子铁心、定子绕组、机座、端盖等部件组成。定子铁心一般用0.35或0.5mm的冷轧无取向硅钢片叠成，每叠厚度为3~6cm，叠与叠之间留有宽度为0.6~0.8cm的通风

图6-2 汽轮发电机的剖面图

沟，以便于定子绕组和铁心的冷却。铁心的两端用非磁性压板压紧后，固定在机座上。定子绕组通常采用双层短距叠绕组。为减小定子绕组内的涡流及其所引起的杂散铜耗，定子线圈由多股包有股线绝缘的扁铜线并联组成，股线在槽内的位置要依次进行“换位”。股线所组成的线棒，在连续包绕多层环氧玻璃粉云母带作为槽绝缘后，经加热模压成形，使其在外形、尺寸、绝缘、耐热、电气和机械性能等方面均达到规定的要求后，方可嵌入定子槽内。

大容量汽轮发电机的转子周速可达170～180m/s。由于周速高，转子受到极大的机械应力，因此转子一般都用具有良好导磁性能的整块高强度合金钢锻成。沿转子表面约2/3部分铣有轴向凹槽，以嵌放励磁绕组；不开槽的部分组成一个“大齿”，嵌线部分和大齿一起构成主磁极（见图6－1a）。为把励磁绕组可靠地固定在转子槽内，槽口采用非磁性的合金槽楔，绕组端部套上用高强度非磁性钢锻成的护环。图6－3为一台嵌完线而尚未套上护环时的大型汽轮发电机的转子。

图6－3　1150MW、4极大型汽轮发电机的转子（哈尔滨电机厂制造）

由于汽轮发电机的机身比较细长，转子和电机中部的通风比较困难，所以良好的通风冷却系统对汽轮发电机非常重要。

凸极同步电机　凸极同步电机通常分为卧式（横式）和立式两种结构。绝大部分同步电动机、同步补偿机和用内燃机或冲击式水轮机拖动的同步发电机，都采用卧式结构。低速、大容量的水轮发电机和大型水泵电动机，则采用立式结构。

卧式同步电机的定子结构与感应电机基本相同，定子也由机座、铁心、定子绕组和端盖等部件组成；转子则由主磁极、磁轭、励磁绕组、阻尼绕组、集电环和转轴等部件组成。图6－4为一台已经装配好的凸极同步电动机的转子。

大型水轮发电机通常都是立式结构。由于它的转速低、极数多、要求的转动惯量大，故其特点是直径大、长度短。在立式水轮发电机中，整个机组转动部分的重量以及作用在水轮机转轮上的水推力，均由推力轴承来支撑，并通过机架和机座传递到地基上，如图6－5所示。

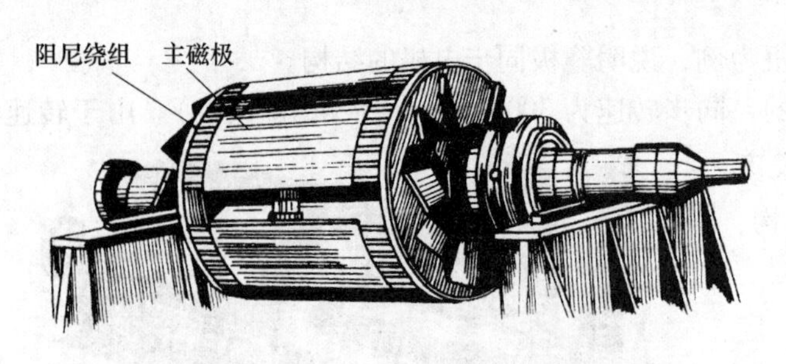

图6－4　凸极同步电动机的转子

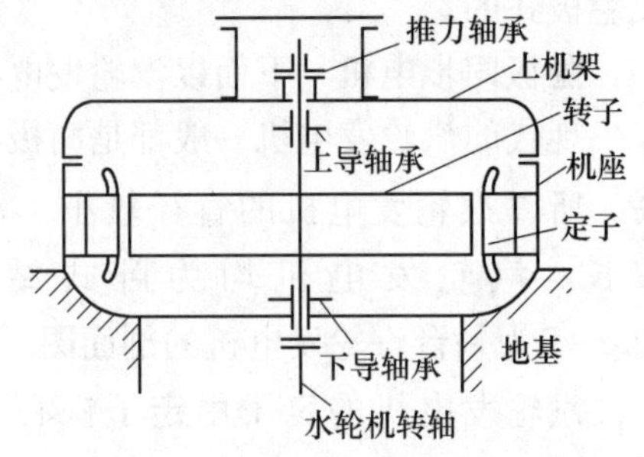

图6－5　立式水轮发电机示意图

由于极数较多，大型水轮发电机的定子绕组大多采用波绕组。图6－6表示一台大型水轮发电机定子嵌线后的情况。

除励磁绕组外，凸极同步电机的转子上还常装有阻尼绕组（见图6-4）。阻尼绕组与感应电机的笼型转子绕组结构相似，它由插入主极极靴槽中的铜条和两端的端环焊成一个闭合绕组。若同步发电机与电网并联运行，当转子转速围绕着同步转速有微小的振荡时，阻尼绕组中即会产生感应电流并产生一定的电磁转矩（称为阻尼转矩），以抑制转速的振荡。当同步发电机在不对称负载下运行时，阻尼绕组中的感应电流会起到抑制气隙中的负序磁场及其所引起的一些副作用。在同步电动机和补偿机中，阻尼绕组主要作为起动绕组用。

图6-7所示为一台吊装中的大型水轮发电机的转子。

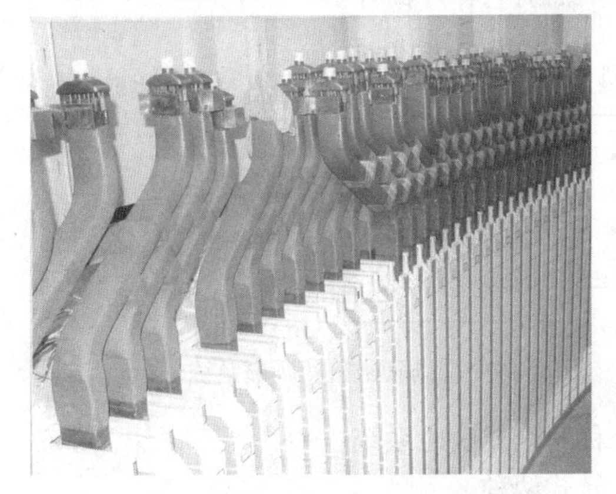

图6-6　800MW大型水轮发电机定子绕组嵌线后（哈尔滨电机厂制造）

图6-7　大型水轮发电机的转子吊装（哈尔滨电机厂制造）

2. 同步电机的运行状态

同步电机的定子（电枢）绕组中通有对称三相电流时，定子将产生一个以同步转速推移的旋转磁场。稳态情况下，转子也以同步转速旋转，所以定子旋转磁场与直流励磁的转子主极磁场总是保持相对静止，两者相互作用并产生电磁转矩，实现了机电能量间的转换。

同步电机有三种运行状态：发电机、电动机和补偿机。发电机把机械能转换为电能；电动机把电能转换为机械能；补偿机中没有有功功率的转换，它专门用来发出或吸收无功功率、调节电网的功率因数。分析表明，同步电机运行于哪一种状态，主要取决于定子合成磁场与转子主极磁场之间的夹角δ，此角称为功率角。

若转子主极磁场超前于定子合成磁场，功率角$\delta>0$，此时转子上将受到一个与其旋转方向相反的制动性质的电磁转矩T_e，如图6-8a所示。为使转子能以同步转速持续旋转，转子必须从原动机输入驱动转矩T_1。此时转子输入机械功率，定子绕组向电网或负载输出电功率，电机作发电机运行。

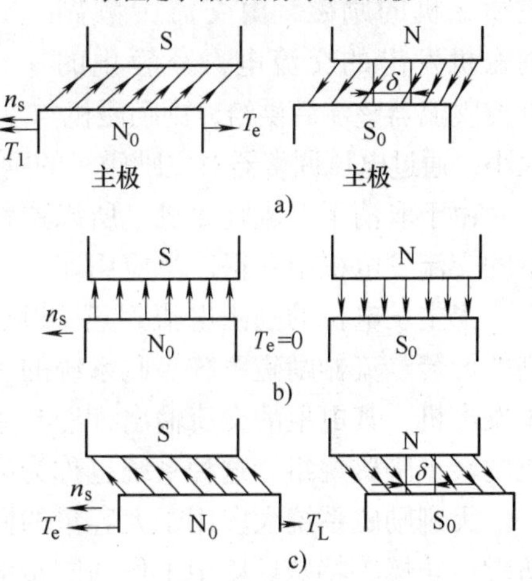

图6-8　同步电机的三种运行状态
a）发电机($\delta>0$)　b）补偿机($\delta=0$)
c）电动机($\delta<0$)

若转子主极磁场与定子合成磁场的轴线重合，功率角$\delta=0$，则电磁转矩为零，如图6-8b所示。

此时电机内没有有功功率的转换，电机处于补偿机状态或空载状态。

若转子主极磁场滞后于定子合成磁场，功率角 $\delta<0$，则转子上将受到一个与其转向相同的驱动性质的电磁转矩 T_e，如图 6－8c 所示。此时定子从电网吸收电功率，转子拖动负载而输出机械功率，电机作为电动机运行。

3. 同步电机的励磁方式

供给同步电机励磁的装置，称为励磁系统。下面对它作一简介。

直流励磁机励磁 直流励磁机通常与同步发电机同轴，并采用并励或他励接法。他励时，励磁机的励磁要由另一台同轴的副励磁机来供给，如图 6－9 所示。为使同步发电机的输出电压保持恒定，常在励磁系统中装设一个反映负载大小的自动励磁调节器，使发电机的负载电流增大时，励磁电流也相应地增大，这种系统称为复式励磁系统。

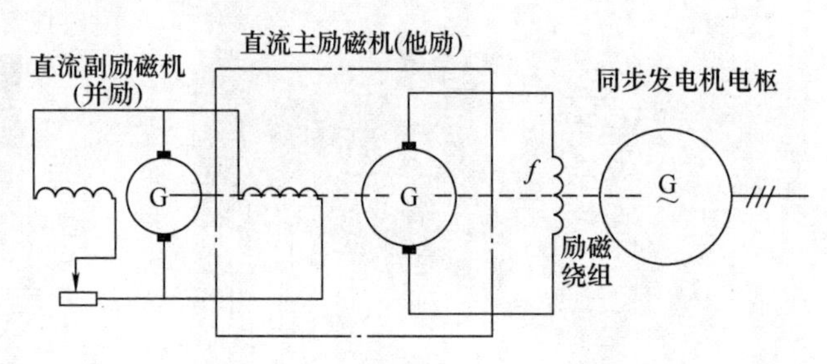

图 6－9 带副励磁机的励磁系统

整流器励磁 整流器励磁又分为静止式和旋转式两种。

图 6－10 所示为静止整流器励磁系统的原理图。图中主励磁机是一台与同步发电机同轴连接的三相 100Hz 发电机，其交流输出经静止三相桥式不可控整流器整流后，通过集电环接到主发电机的励磁绕组，供给其直流励磁；主励磁机的励磁，由交流中频副励磁机发出的交流电，经静止的可控整流器整流后供给，副励磁机与主发电机同轴连接。根据主发电机端电压的偏差和负载的大小，通过电压调整器对主励磁机的励磁进行调节，即可实现对主发电机励磁的自动调节。

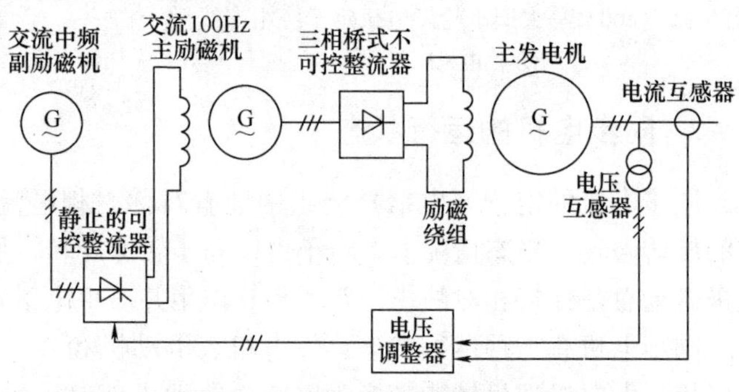

图 6－10 静止整流器励磁系统

由于取消了直流励磁机，所以这种励磁系统维护方便，另外励磁容量较大，因而在大容量的交流发电机中获得广泛应用。

当主发电机的励磁电流超过 2000A 时，为避免集电环的过热，可采用取消集电环和电刷的旋转整流器励磁系统。此系统的主励磁机，是与主发电机同轴连接的旋转电枢式三相同步发电机，其电枢的交流输出，经与主轴一起旋转的不可控整流器整流后，直接送到主发电机的转子励磁绕组。这种系统也称为无刷励磁系统。

无刷励磁系统大多用于大容量的同步发电机，特别是汽轮发电机、同步补偿机，以及在防燃、防爆等特殊环境中工作的同步电动机。

4. 额定值

同步电机的额定值有：

（1）额定容量 S_N（或额定功率 P_N）　指额定状态下运行时电机的输出功率。同步发电机的额定容量，既可用电枢输出的视在功率表示，也可用有功功率表示。同步电动机的额定功率，是指轴上输出的机械功率。补偿机则是指输出的最大无功功率。

（2）额定电压 U_N　指额定运行时电枢的线电压。

（3）额定电流 I_N　指额定运行时电枢的线电流。

（4）额定功率因数 $\cos\varphi_N$　指额定运行时电机的功率因数。对于同步发电机，额定功率因数一般为0.8～0.9滞后。

（5）额定频率 f_N　指额定运行时电枢的频率。我国标准工频规定为50Hz。

（6）额定转速 n_N　指额定运行时电机的转速，即同步转速。

除上述额定值以外，铭牌上还常常列出一些其他的运行数据，例如额定负载时电枢绕组的温升 $\Delta\theta_N$，额定励磁电流 I_{fN} 和额定励磁电压 U_{fN} 等。

6.2　空载和负载时同步发电机内的磁场

本节先说明空载和负载时同步发电机内的磁场（包括空载磁路、空载时的主磁通和激磁电动势，负载时电枢电流所产生的电枢反应），以便为导出同步发电机的电压方程做好准备。

1. 空载运行

用原动机把同步发电机拖动到同步转速，励磁绕组通入直流励磁电流，电枢绕组开路（或电枢电流为零）的情况，称为同步发电机的空载运行。

空载运行时，同步电机内仅有由励磁电流所建立的主极磁场。图6－11为一台四极凸极电机的空载磁路图。从图可见，主极磁通分成主磁通 Φ_0 和主极漏磁通 $\Phi_{f\sigma}$ 两部分，前者通过气隙并与定子(电枢)绕组相交链，后者不通过气隙，仅与励磁绕组自身相交链。主磁通所经过的主磁路包括空气隙、电枢齿、电枢轭、主极极身和转子磁轭等五部分。

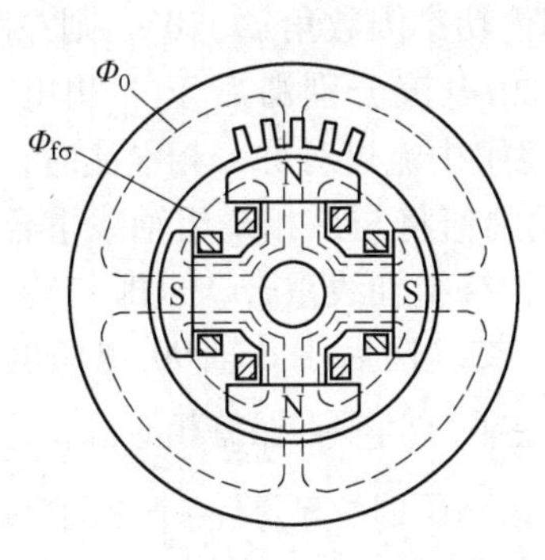

图6－11　同步电机的空载磁路图（$2p=4$）

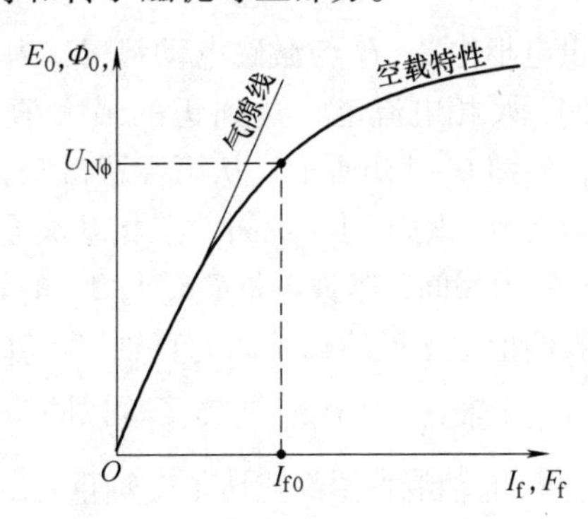

图6－12　同步电机的空载特性

当转子以同步转速旋转时，主磁场将在气隙中形成一个旋转磁场，并“切割”定子的对称三相绕组，于是定子绕组内将感生一组频率为 f 的对称三相电动势 $\dot{E}_{0A}$、$\dot{E}_{0B}$ 和 $\dot{E}_{0C}$，称为激磁电动势，其中

$$\dot{E}_{0A}=E_0\angle 0^\circ \qquad \dot{E}_{0B}=E_0\angle -120^\circ \qquad \dot{E}_{0C}=E_0\angle 120^\circ \tag{6-1}$$

忽略高次谐波时，激磁电动势（相电动势）的有效值 E_0 为

$$E_0 = 4.44 f N_1 k_{w1} \Phi_0 \tag{6-2}$$

式中 Φ_0 为每极的主磁通量。这样，改变直流励磁电流 I_f，便可得到不同的主磁通 Φ_0 和激磁电动势 E_0，从而得到空载特性 $E_0 = f(I_f)$，如图 6－12 所示。空载特性是同步电机的基本特性之一。

空载特性的下部是一条直线，与空载特性下部相切的直线称为气隙线。随着励磁电流 I_f 和主磁通 Φ_0 的增大，铁心逐渐饱和，铁心内所消耗的磁动势增加得较快，空载特性就逐渐弯曲。在研究同步电机的很多问题时，为了避免作为非线性问题来求解，常常不计铁心的磁饱和现象，此时空载曲线就成为一条直线——气隙线。

2. 对称负载时的电枢反应

若负载为三相对称，则同步发电机带上负载后，电枢三相绕组中将流过一组对称的三相电流，此时电枢绕组就会产生电枢磁动势及相应的电枢磁场，其基波为一以同步速度旋转的磁动势和磁场，并与转子的主磁场保持相对静止。负载时，气隙内的合成磁场由电枢磁动势和主极磁动势的共同作用所产生，电枢磁动势的基波在气隙中所产生的基波电枢磁场，就称为电枢反应。电枢反应的性质（增磁、去磁或交磁）取决于电枢磁动势与主磁场在空间的相对位置。分析表明，此相对位置取决于激磁电动势 $\dot{E}_0$ 和负载电流 $\dot{I}$ 之间的相角差 ψ_0，ψ_0 称为内功率因数角。下面分成 $\psi_0 = 0$ 和 $\psi_0 \neq 0$ 两种情况来分析。

$\dot{I}$ 与 $\dot{E}_0$ 同相时　图 6－13a 为一台同步发电机的示意图。为简单计，设电机为两极，电枢绕组每相用一个集中线圈来表示，$\dot{E}_0$ 和 $\dot{I}$ 的正方向规定为从绕组首端流出，尾端流入。在图 6－13a 所示瞬间，主极轴线与电枢 A 相绕组的轴线正交，A 相链过的主磁通 $\dot{\Phi}_{0A}$ 为零，因为电动势滞后于感生它的磁通 90°电角，故此时 A 相激磁电动势 $\dot{E}_{0A}$ 的瞬时值将达到正的最大值，其方向如图中所示（从 X 入，从 A 出）。B、C 两相的激磁电动势 $\dot{E}_{0B}$ 和 $\dot{E}_{0C}$ 分别滞后于 $\dot{E}_{0A}$ 以 120°和 240°，如图 6－13b 所示。

设电枢电流 $\dot{I}$ 与激磁电动势 $\dot{E}_0$ 为同相位，即内功率因数角 $\psi_0 = 0°$，则在图 6－13a 所示瞬间，A 相电流也将达到正的最大值，B 相和 C 相电流分别滞后于 A 相电流以 120°和 240°，如图 6－13b所示。从第 4 章得知，对称三相绕组中流过对称三相电流时，若某相电流达到最大值，则在同一瞬间，三相基波合成磁动势的幅值将与该相绕组轴线重合；因此在图 6－13a所示瞬间，基波电枢磁动势 $\boldsymbol{F}_a$ 的轴线应与 A 相绕组轴线重合，也即与转子交轴重合。通常我们把主磁极的轴线称为直轴（d 轴），与直轴正交（滞后于 d 轴 90°电角度）的轴线称为交轴（q 轴）。由于 $\boldsymbol{F}_a$ 与转子均以同步转速旋转，它们之间一直保持相对静止，所以在其他瞬间，$\boldsymbol{F}_a$ 的轴线将始终与转子交轴重合。由此可见，$\psi_0 = 0°$时，$\boldsymbol{F}_a$ 是一个交轴磁动势，即

$$\boldsymbol{F}_{a(\psi_0 = 0°)} = \boldsymbol{F}_{aq} \tag{6-3}$$

交轴电枢磁动势所产生的电枢反应，称为交轴电枢反应。

由于交轴电枢反应，使得气隙合成磁场 $\boldsymbol{B}$ 与主磁场 $\boldsymbol{B}_0$ 在空间形成一定的相位差，如图 6－13d所示。对于同步发电机，当 $\psi_0 = 0°$时，主磁场 $\boldsymbol{B}_0$ 将超前于气隙合成磁场 $\boldsymbol{B}$，于是主极上将受到一个制动性质的电磁转矩 T_e。所以，交轴电枢磁动势与产生电磁转矩以及能量转换直接相关。

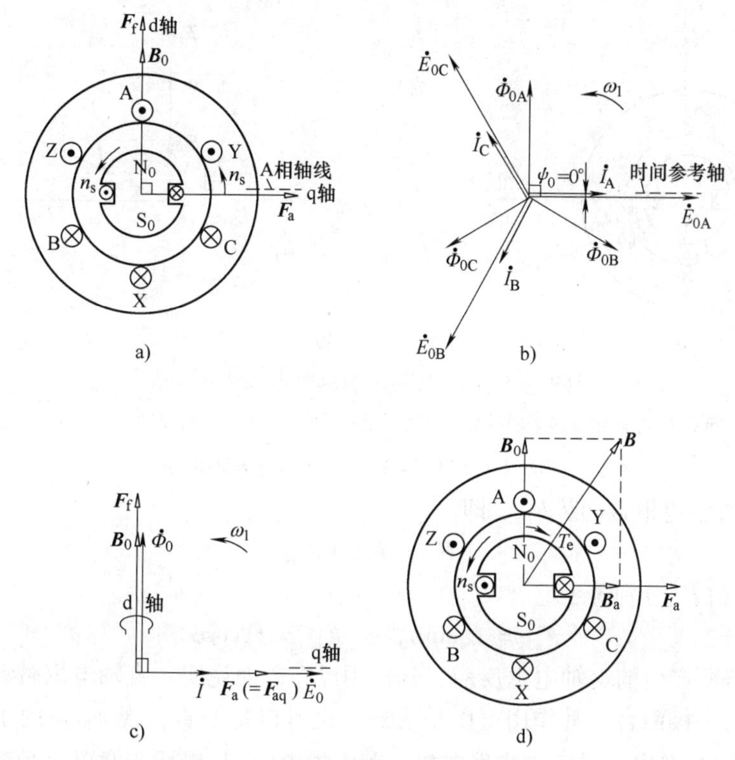

图6－13　ψ_0 =0°时同步发电机的电枢反应

a）定子绕组内的电动势、电流和磁动势的空间矢量图　b）与定子绕组交链的主磁通、激磁电动势和定子电流的时间相量图　c）时－空统一矢量图　d）气隙合成磁场与主磁场的相对位置

从图6－13a和b可见，用电角度表示时，主磁场$\boldsymbol{B}_0$与电枢磁动势$\boldsymbol{F}_a$之间的空间相位关系，恰好与链过A相的主磁通$\dot{\Phi}_{0A}$与A相电流$\dot{I}_A$之间的时间相位关系相一致，且图a中的空间矢量与图b中的时间相量均以同步角速度旋转。于是，若把图b中的时间参考轴与图a中A相绕组的空间轴线取为重合（例如均取为水平），就可以把图a和图b合并，得到一个时－空统一矢量图，如图6－13c所示。由于三相电动势和三相电流均为对称，所以在统一矢量图中，通常仅画出A相一相的激磁电动势、一相的电流和与之相链的主磁通，并把下标A省略，写成$\dot{E}_0$、$\dot{I}$和$\dot{\Phi}_0$。在时-空统一矢量图中，$\boldsymbol{F}_f$既代表主极基波磁动势的空间矢量，同时也可以表示时间相量$\dot{\Phi}_0$的相位；$\dot{I}$既代表A相的电流相量，同时也可以表示电枢磁动势$\boldsymbol{F}_a$的空间相位。

$\dot{I}$与$\dot{E}_0$不同相时　下面进一步分析$\dot{I}$与$\dot{E}_0$不同相时的情况。

在图6－14a所示瞬间，A相绕组所链的主磁通为0，故A相的激磁电动势$\dot{E}_0$达到正的最大值，这与图6－13a中相同。现设电枢电流$\dot{I}$滞后于激磁电动势$\dot{E}_0$以ψ_0角（90°>ψ_0>0°），则A相电流将在经过$\Delta t=\psi_0/\omega_1$这段时间后，才达到其正的最大值；换言之，在经过$\Delta t=\psi_0/\omega_1$这段时间后，电枢磁动势的幅值才会与A相绕组轴线重合。所以在图6－14a所示瞬间，电枢磁动势$\boldsymbol{F}_a$应在滞后于A相轴线ψ_0电角度处，即$\boldsymbol{F}_a$应滞后于主极磁动势$\boldsymbol{F}_f$以90°+ψ_0电角。由于$\boldsymbol{F}_a$与$\boldsymbol{F}_f$均以同步速度旋转，所以它们之间的相对位置将始终保持不变。从图6－14b可见，此时$\boldsymbol{F}_a$可以分成两个分量，一个是交轴电枢磁动势

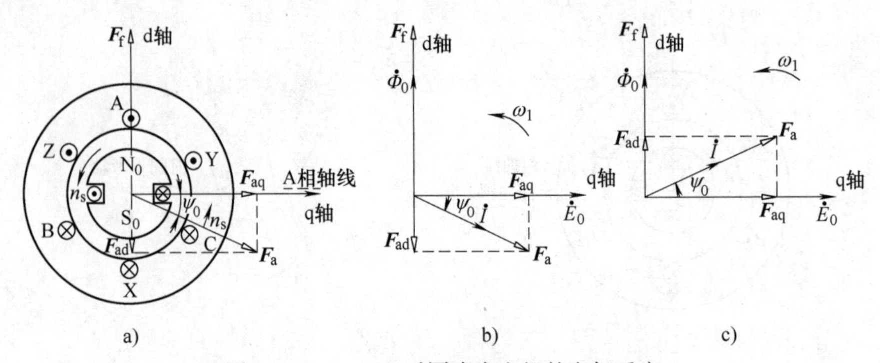

图 6－14　$\psi_0 \neq 0°$时同步发电机的电枢反应

a）$\dot{I}$ 滞后于$\dot{E}_0$ 时定、转子磁动势的空间矢量图　b）$\dot{I}$ 滞后于$\dot{E}_0$ 时的时－空统一矢量图

c）$\dot{I}$ 超前于$\dot{E}_0$ 时的时－空统一矢量图

$\boldsymbol{F}_{aq}$，另一个是直轴电枢磁动势$\boldsymbol{F}_{ad}$，即

$$\boldsymbol{F}_a = \boldsymbol{F}_{ad} + \boldsymbol{F}_{aq} \tag{6-4}$$

它们的幅值 F_{ad}和 F_{aq}分别等于

$$F_{ad} = F_a \sin\psi_0 \qquad F_{aq} = F_a \cos\psi_0 \tag{6-5}$$

交轴电枢磁动势所产生的交轴电枢反应，其作用已在前面说明。直轴电枢磁动势所产生的直轴电枢反应，对主极而言，其作用可以是去磁，也可以是增磁，视 ψ_0 角的正、负而定。从图 6－14b 和 c 不难看出，对于同步发电机，若电枢电流 $\dot{I}$ 滞后于激磁电动势 $\dot{E}_0$，ψ_0为正，则直轴电枢反应是去磁性；若 $\dot{I}$ 超前于 $\dot{E}_0$，ψ_0为负，则直轴电枢反应将是增磁性。由于电枢反应的性质和大小取决于 ψ_0，所以 ψ_0 是同步电机的基本变量之一。

直轴电枢反应对同步电机的运行性能影响很大。若同步发电机单独供电给一组负载，去磁或增磁性的直轴电枢反应，将使气隙内的合成磁通减少或增加，从而使发电机的端电压产生一定的变化。如果发电机接在电网上，其端电压 $\dot{U}$ 将保持不变，从后面的 6.9 节可知，此时发电机的无功功率和功率因数是超前还是滞后，与直轴电枢反应的性质直接相关。

图 6－15 表示一台隐极同步发电机带有额定负载时的磁场分布图。

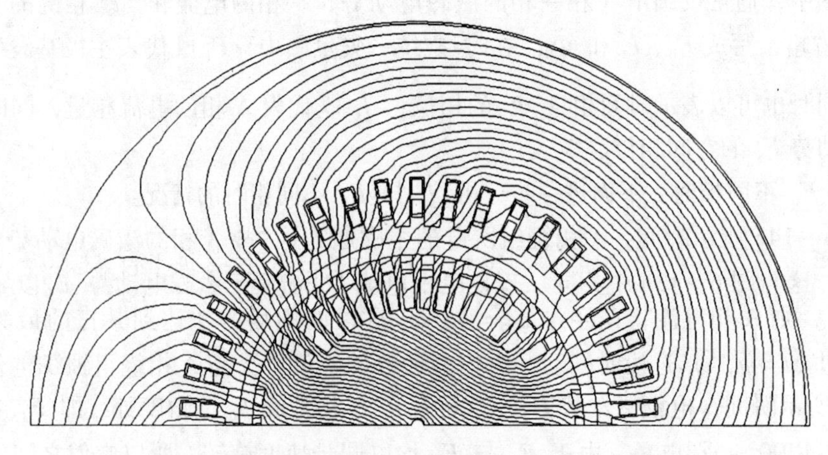

图 6－15　隐极同步发电机负载时的磁场分布图

6.3　隐极同步发电机的电压方程、相量图和等效电路

前面分析了负载时同步发电机内部的磁场。在此基础上，即可导出隐极同步发电机的电压方程，并画出相应的相量图和等效电路。

1. 不考虑磁饱和时

同步发电机负载运行时，除了主极磁动势 $\boldsymbol{F}_{\mathrm{f}}$ 之外，还有电枢磁动势 $\boldsymbol{F}_{\mathrm{a}}$。$\boldsymbol{F}_{\mathrm{f}}$ 通常为梯形分布，如图6－18所示，其基波设为 $\boldsymbol{F}_{\mathrm{f1}}$；$\boldsymbol{F}_{\mathrm{a}}$ 则是三相合成的电枢基波磁动势。如果不计磁饱和（即认为磁路为线性，磁化曲线为直线），则可利用叠加原理，分别求出 $\boldsymbol{F}_{\mathrm{f1}}$ 和 $\boldsymbol{F}_{\mathrm{a}}$ 单独作用时所产生的基波磁通，再把这些磁通所产生的电动势叠加起来。设 $\boldsymbol{F}_{\mathrm{f1}}$ 和 $\boldsymbol{F}_{\mathrm{a}}$ 各自产生主磁通 $\dot{\Phi}_0$ 和电枢反应磁通 $\dot{\Phi}_{\mathrm{a}}$，并在定子绕组内感应出相应的激磁电动势 $\dot{E}_0$ 和电枢反应电动势 $\dot{E}_{\mathrm{a}}$，把 $\dot{E}_0$ 和 $\dot{E}_{\mathrm{a}}$ 相量相加，可得电枢一相绕组的合成电动势 $\dot{E}$（也称为气隙电动势），即 $\dot{E}=\dot{E}_0+\dot{E}_{\mathrm{a}}$。另一方面，电枢各相电流将产生电枢漏磁通 Φ_σ，并感应出漏磁电动势 $\dot{E}_\sigma$。把 $\dot{E}_\sigma$ 作为负漏抗压降，可得 $\dot{E}_\sigma=-\mathrm{j}\dot{I}X_\sigma$，其中 X_σ 为电枢漏抗。上述关系可表示为

主极磁动势　$F_{\mathrm{f1}} \rightarrow \dot{\Phi}_0 \rightarrow \dot{E}_0$ ↘
　　　　　　　　　　　　　　　　　　　$\rightarrow \dot{E}$
电枢磁动势　$F_{\mathrm{a}} \rightarrow \dot{\Phi}_{\mathrm{a}} \rightarrow \dot{E}_{\mathrm{a}}$ ↗

漏磁磁动势　$\dot{I}\times$常值 $\rightarrow \dot{\Phi}_\sigma \rightarrow \dot{E}_\sigma$ $(\dot{E}_\sigma=-\mathrm{j}\dot{I}X_\sigma)$

采用发电机惯例，以输出电流作为电枢电流的正方向。把气隙电动势 $\dot{E}$ 减去电枢绕组的电阻压降 $\dot{I}R_{\mathrm{a}}$ 和漏抗压降 $\mathrm{j}\dot{I}X_\sigma$，可得电枢绕组的端电压 $\dot{U}$，于是电枢的电压方程可写成

$$\dot{E}_0+\dot{E}_{\mathrm{a}}-\dot{I}(R_{\mathrm{a}}+\mathrm{j}X_\sigma)=\dot{U} \tag{6-6}$$

再考虑到电枢反应电动势 E_{a} 正比于电枢反应磁通 Φ_{a}，不计磁饱和时，Φ_{a} 又正比于电枢磁动势 F_{a} 和电枢电流 I，即

$$E_{\mathrm{a}} \propto \Phi_{\mathrm{a}} \propto F_{\mathrm{a}} \propto I$$

因此 E_{a} 正比于 I；在时间相位上，$\dot{E}_{\mathrm{a}}$ 滞后于 $\dot{\Phi}_{\mathrm{a}}$ 以90°电角度，若不计定子铁耗，$\dot{\Phi}_{\mathrm{a}}$ 与 $\dot{I}$ 同相位，故 $\dot{E}_{\mathrm{a}}$ 将滞后于 $\dot{I}$ 以90°电角度；于是 $\dot{E}_{\mathrm{a}}$ 也可以写成负电抗压降的形式，即

$$\dot{E}_{\mathrm{a}}=-\mathrm{j}\dot{I}X_{\mathrm{a}} \tag{6-7}$$

式中，X_{a} 是与电枢反应磁通相应的电抗，称为电枢反应电抗。将式（6－7）代入式（6－6），经过整理，可得

$$\dot{E}_0=\dot{U}+\dot{I}R_{\mathrm{a}}+\mathrm{j}\dot{I}X_\sigma+\mathrm{j}\dot{I}X_{\mathrm{a}}=\dot{U}+\dot{I}R_{\mathrm{a}}+\mathrm{j}\dot{I}X_{\mathrm{s}} \tag{6-8}$$

式中，X_{s} 称为隐极同步电机的同步电抗，$X_{\mathrm{s}}=X_\sigma+X_{\mathrm{a}}$，它是对称稳态运行时，表征电枢反应和电枢漏磁这两个效应的一个综合参数。不计磁饱和时，X_{s} 是常值。

图6－16a、b表示与式（6－6）和式（6－8）对应的相量图，图6－16c表示与式

（6－8）对应的等效电路。从图6－16c可以看出，隐极同步发电机的等效电路由激磁电动势 $\dot{E}_0$ 和同步阻抗 $R_a+\mathrm{j}X_s$ 串联组成，其中 E_0 表示主磁通所产生的感应电动势，X_s 表示电枢反应和电枢漏磁场两者的作用。

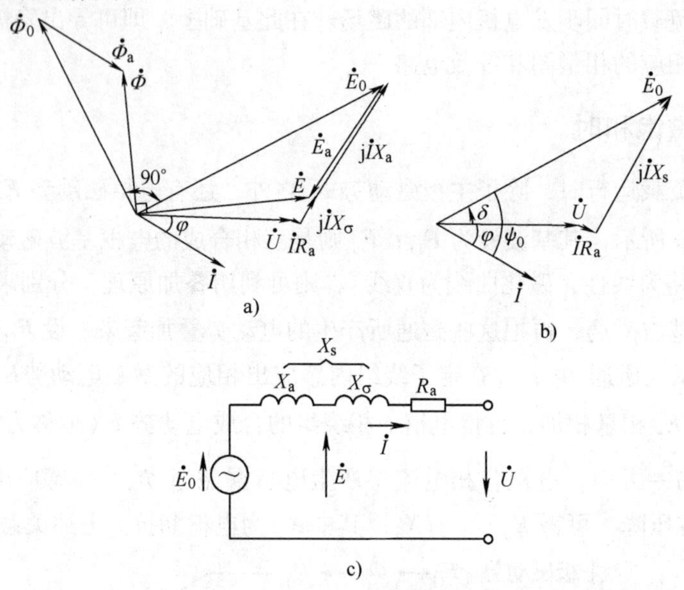

图6－16　不考虑磁饱和时，隐极同步发电机的相量图和等效电路
a）、b）相量图　c）等效电路

2. 考虑磁饱和时

考虑磁饱和时，由于磁化曲线的非线性，叠加原理不再适用。此时，应先求出作用在主磁路上的基波合成磁动势 $\boldsymbol{F}_1$，

$$\boldsymbol{F}_1=\boldsymbol{F}_{f1}+\boldsymbol{F}_a \tag{6-9}$$

其中 $\boldsymbol{F}_{f1}$ 为主极的基波磁动势矢量，$\boldsymbol{F}_a$ 为电枢的基波磁动势矢量，它们都是空间矢量。然后利用电机的磁化曲线，查出由基波合成磁动势 $\boldsymbol{F}_1$ 所产生的气隙合成磁场的磁通量 $\dot{\Phi}$，和相应的气隙电动势 $\dot{E}$，上述关系可表示为

$$\left.\begin{array}{l}\boldsymbol{F}_{f1}\\ \boldsymbol{F}_a\end{array}\right\}\longrightarrow\boldsymbol{F}_1\longrightarrow\dot{\Phi}\longrightarrow\dot{E}$$

再从气隙电动势 $\dot{E}$ 减去电枢绕组的电阻和漏抗压降，便得电枢的端电压 $\dot{U}$，即

$$\dot{E}-\dot{I}(R_a+\mathrm{j}X_\sigma)=\dot{U}$$

或

$$\dot{E}=\dot{U}+\dot{I}(R_a+\mathrm{j}X_\sigma) \tag{6-10}$$

相应的矢量图、相量图和 $F\sim E$ 间的关系，如图6－17所示。图6－17a中既有电动势相量，又有磁动势矢量，故称为电动势－磁动势图。

这里有两个问题需要说明。第一，通常同步电机的磁化曲线，其横坐标是励磁电流 I_f 或励磁磁动势的幅值 F_f；对于隐极电机，励磁磁动势为一梯形波，如图6－18所示，故 F_f 为梯形波的幅值；而式（6－9）中的 F_1 则是基波合成磁动势的幅值，故应把它化成等效梯

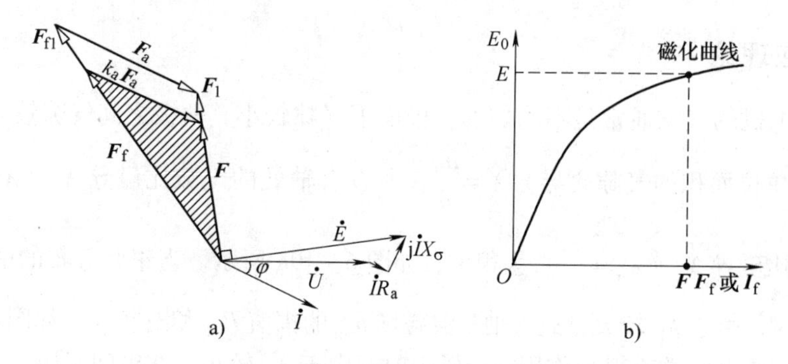

图6－17　考虑磁饱和时，隐极同步发电机的相量图

a）电动势－磁动势图　b）由合成磁动势F确定气隙电动势E

形波的作用，之后才能用它去查磁化曲线。设梯形波的波形系数为k_f，$k_f=\dfrac{F_{f1}}{F_f}$，则$F_f=\dfrac{1}{k_f}F_{f1}$，因此把式(6－9）除以波形系数k_f，就可以把正弦波转化为等效梯形波的作用，即

$$\boldsymbol{F}_f+\frac{1}{k_f}\boldsymbol{F}_a=\frac{1}{k_f}\boldsymbol{F}_1 \quad 或 \quad \boldsymbol{F}_f+k_a\boldsymbol{F}_a=\boldsymbol{F} \quad (6-11)$$

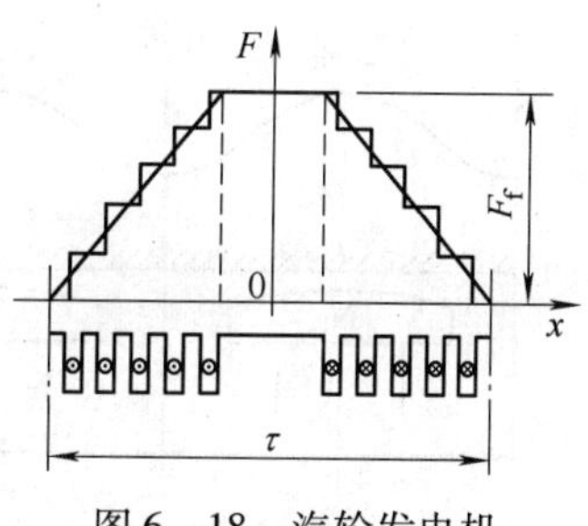

图6－18　汽轮发电机主极磁动势的分布

式中$\boldsymbol{F}$是换算成等效梯形波时的合成磁动势，$\boldsymbol{F}=k_a\boldsymbol{F}_1$；$k_a\boldsymbol{F}_a$则是换算成等效梯形波时的电枢磁动势；$k_a$的意义是，产生同样大小的基波气隙磁场时，1安匝的基波电枢磁动势相当于多少安匝的梯形波励磁磁动势，$k_a=\dfrac{1}{k_f}$，通常$k_a\approx0.93\sim1.03$。在通常的电动势－磁动势图中，所用的磁动势方程是式（6－11），相应的磁动势图如图6－17a中打斜线的三角形所示。第二，作电动势－磁动势图时，从理论上讲，应当从负载时电机的磁化曲线上查出与气隙电动势E相对应的合成磁动势F，这样就要进行一系列负载时的磁路计算。为了简化计算，习惯上仍然用空载时电机的磁化曲线（即空载曲线）来查取F。为弥补由此而引起的误差，在计算气隙电动势E时，通常用波梯电抗X_p去代替定子漏抗X_σ，即使

$$\dot{E}=\dot{U}+\dot{I}R_a+\mathrm{j}\dot{I}X_p \quad (6-12)$$

式中，X_p比X_σ略大，$X_p=X_\sigma+X_\Delta$；X_Δ是考虑负载时转子漏磁比空载时增大、使得负载和空载时发电机的的磁化曲线有一定的差别而作出的修正。对隐极电机，$X_p\approx0.85X_d'$；其中X_d'为瞬态电抗，其意义见6.11节。

考虑饱和效应的另一种方法是，通过运行点将磁化曲线线性化，并找出相应的同步电抗饱和值$X_{s(饱和)}$，把问题化作为局部的线性问题来处理。

6.4　凸极同步发电机的电压方程和相量图

凸极同步电机的气隙沿电枢圆周是不均匀的，因此在定量分析电枢反应的作用时，要应用双反应理论。

1. 双反应理论

凸极同步电机的气隙通常是不均匀的，极面下气隙较小，两极之间气隙较大。由于气隙的比磁导（即单位面积的气隙磁导）$\lambda=\frac{\mu_0}{\delta}$，所以直轴处的气隙比磁导 λ_d（$\lambda_d=\frac{\mu_0}{\delta_d}$）要比交轴处的气隙比磁导 λ_q（$\lambda_q=\frac{\mu_0}{\delta_q}$）大很多，如图 6－19a 所示。当正弦分布的电枢磁动势 f_{ad} 作用在直轴上时，由于 λ_d 较大，故直轴基波磁场 b_{ad1} 的幅值 B_{ad1} 相对较大，如图 6－19b 所示。当同样幅值的正弦电枢磁动势 f_{aq} 作用在交轴上时，由于 λ_q 较小，在极间区域，交轴电枢磁场 b_{aq} 将出现明显下凹，从而使交轴基波磁场 b_{aq1} 的幅值 B_{aq1} 显著减小，如图 6－19c 所示。

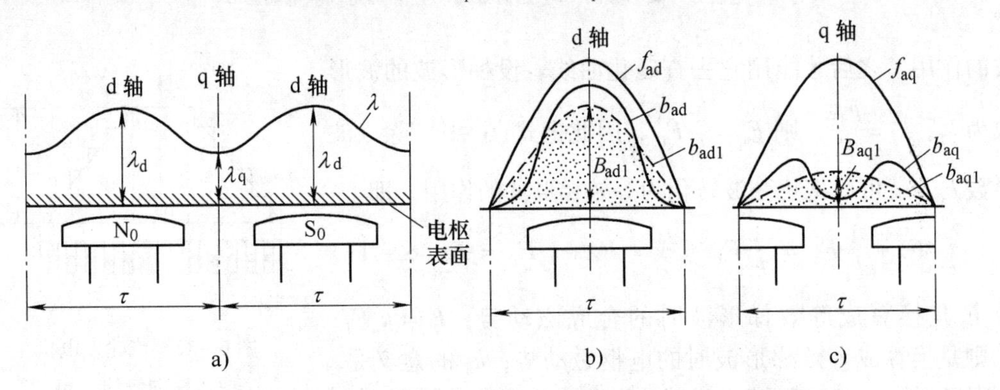

图 6－19　凸极同步电机的气隙比磁导和直轴、交轴电枢反应

a）电枢表面不同位置处的气隙比磁导　b）直轴电枢磁动势所产生的直轴电枢反应

c）交轴电枢磁动势所产生的交轴电枢反应

一般情况下，若电枢磁动势既不在直轴、也不在交轴位置，而是在空间某一位置处，此时电枢反应应当如何处理，才能把气隙的不均匀性所造成的影响准确地反映出来？勃朗台尔（Blondel）提出，此时可以把电枢的基波磁动势 $\boldsymbol{F}_a$ 分解成直轴磁动势 $\boldsymbol{F}_{ad}$ 和交轴磁动势 $\boldsymbol{F}_{aq}$ 两个分量，再利用对应的等效直轴磁导和等效交轴磁导，分别求出直轴和交轴电枢反应以及它们的感应电动势，然后把它们叠加起来。这种考虑到凸极电机气隙的不均匀性，把电枢反应分成直轴和交轴电枢反应分别来处理的方法，称为双反应理论。实践证明，不计磁饱和时，理论分析与实测结果符合得很好。

在凸极电机中，直轴电枢磁动势 F_{ad} 和交轴电枢磁动势 F_{aq} 换算到励磁磁动势时，应分别乘以直轴和交轴的换算系数 k_{ad} 和 k_{aq}。

2. 不考虑磁饱和时凸极同步发电机的电压方程和相量图

不计磁饱和时，根据双反应理论，把电枢磁动势 $\boldsymbol{F}_a$ 分解成直轴和交轴磁动势 $\boldsymbol{F}_{ad}$、$\boldsymbol{F}_{aq}$，然后分别求出其所产生的直轴、交轴基波电枢反应磁通 $\dot{\Phi}_{ad}$、$\dot{\Phi}_{aq}$ 和它们在电枢绕组中所感应的电动势 $\dot{E}_{ad}$、$\dot{E}_{aq}$，再与主磁通 $\dot{\Phi}_0$ 所产生的激磁电动势 $\dot{E}_0$ 相量相加，便可得到电枢的合成电动势 $\dot{E}$（即气隙电动势）。上述关系可表示为

主极磁动势 $F_f \longrightarrow \dot{\Phi}_0 \longrightarrow \dot{E}_0$

电枢磁动势 F_a $\begin{cases} F_{ad} \rightarrow \dot{\Phi}_{ad} \rightarrow \dot{E}_{ad} \\ F_{aq} \rightarrow \dot{\Phi}_{aq} \rightarrow \dot{E}_{aq} \end{cases}$ $\longrightarrow \dot{E}$

漏磁磁动势 $\dot{I}\times$常值 $\longrightarrow \dot{\Phi}_\sigma \longrightarrow \dot{E}_\sigma = -\mathrm{j}\dot{I}X_\sigma$

再从气隙电动势 $\dot{E}$ 减去电枢绕组的电阻压降和漏抗压降，可得电枢的端电压 $\dot{U}$。采用发电机惯例时，电枢的电压方程为

$$\dot{E}_0 + \dot{E}_{ad} + \dot{E}_{aq} - \dot{I}(R_a + \mathrm{j}X_\sigma) = \dot{U} \tag{6-13}$$

与隐极电机相类似，由于 E_{ad} 和 E_{aq} 分别与相应的 Φ_{ad}、Φ_{aq} 成正比，不计磁饱和时，Φ_{ad} 和 Φ_{aq} 又分别正比于 F_{ad} 和 F_{aq}，而 F_{ad}、F_{aq} 又正比于电枢电流的直轴和交轴分量 I_d、I_q，其中

$$I_d = I\sin\psi_0 \qquad I_q = I\cos\psi_0 \tag{6-14}$$

于是有

$$E_{ad} \propto I_d \qquad E_{aq} \propto I_q$$

在时间相位上，不计定子铁耗时，$\dot{E}_{ad}$ 和 $\dot{E}_{aq}$ 应分别滞后于 $\dot{I}_d$、$\dot{I}_q$ 以 90°电角度；所以 $\dot{E}_{ad}$ 和 $\dot{E}_{aq}$ 也可以用相应的负电抗压降来表示，即

$$\dot{E}_{ad} = -\mathrm{j}\dot{I}_d X_{ad} \qquad \dot{E}_{aq} = -\mathrm{j}\dot{I}_q X_{aq} \tag{6-15}$$

式中，X_{ad} 称为直轴电枢反应电抗；X_{aq} 称为交轴电枢反应电抗。将式（6－15）代入式(6－13)，并考虑到 $\dot{I} = \dot{I}_d + \dot{I}_q$，可得

$$\begin{aligned} \dot{E}_0 &= \dot{U} + \dot{I}R_a + \mathrm{j}\dot{I}X_\sigma + \mathrm{j}\dot{I}_d X_{ad} + \mathrm{j}\dot{I}_q X_{aq} \\ &= \dot{U} + \dot{I}R_a + \mathrm{j}\dot{I}_d(X_\sigma + X_{ad}) + \mathrm{j}\dot{I}_q(X_\sigma + X_{aq}) \\ &= \dot{U} + \dot{I}R_a + \mathrm{j}\dot{I}_d X_d + \mathrm{j}\dot{I}_q X_q \end{aligned} \tag{6-16}$$

式中，X_d 和 X_q 分别称为直轴同步电抗和交轴同步电抗，

$$X_d = X_\sigma + X_{ad} \qquad X_q = X_\sigma + X_{aq} \tag{6-17}$$

X_d 和 X_q 是对称稳态运行时，表征电枢漏磁和直轴或交轴电枢反应的一个综合参数。式(6－16)就是凸极同步发电机的电压方程。图6－20表示与式（6－16）相应的相量图。

这里要注意，要画出图6－20所示凸极发电机的相量图，除需给定端电压 $\dot{U}$、负载电流 $\dot{I}$、功率因数角 φ 以及电机的参数 R_a、X_d 和 X_q 之外，还必须先把电枢电流分解成直轴和交轴两个分量，否则整个相量图就画不出来。为此首先需要确定内功率因数角 ψ_0。

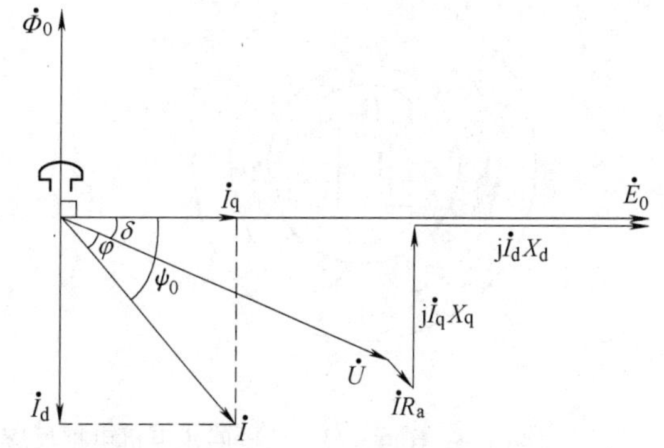

图6－20 凸极同步发电机的相量图

引入虚拟电动势 $\dot{E}_Q$，使 $\dot{E}_Q = \dot{E}_0 - \mathrm{j}\dot{I}_d(X_d - X_q)$，则不难导出

$$\dot{E}_Q = (\dot{U} + \dot{I}R_a + j\dot{I}_dX_d + j\dot{I}_qX_q) - j\dot{I}_d(X_d - X_q) = \dot{U} + \dot{I}R_a + j\dot{I}X_q \qquad (6-18)$$

因为相量 $\dot{I}_d$ 与 $\dot{E}_0$ 相垂直，故 $j\dot{I}_d(X_d - X_q)$ 应与 $\dot{E}_0$同相位，因此 $\dot{E}_Q$ 与 $\dot{E}_0$ 也是同相位，如图6－21所示。由于 $\dot{E}_Q$ 的相位可由式（6-18）算出，这样 ψ_0 即可确定。在图6－21中，将端电压 $\dot{U}$ 沿着 $\dot{I}$ 和垂直于 $\dot{I}$ 的方向分成 $U\cos\varphi$ 和 $U\sin\varphi$ 两个分量，如图中虚线所示，可知 ψ_0 角为

$$\psi_0 = \arctan\frac{U\sin\varphi + IX_q}{U\cos\varphi + IR_a} \qquad (6-19)$$

引入虚拟电动势 $\dot{E}_Q$ 后，由式（6－18）可得凸极同步发电机的等效电路，如图6－22所示。此电路实质上是把凸极机进行“隐极化”处理的一种方式，在计算凸极同步发电机的功率传输时比较方便，所以工程上应用很广。

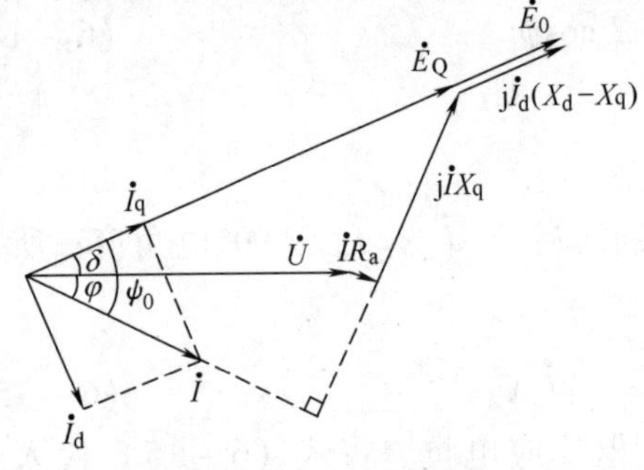

图6－21　ψ_0 角的确定

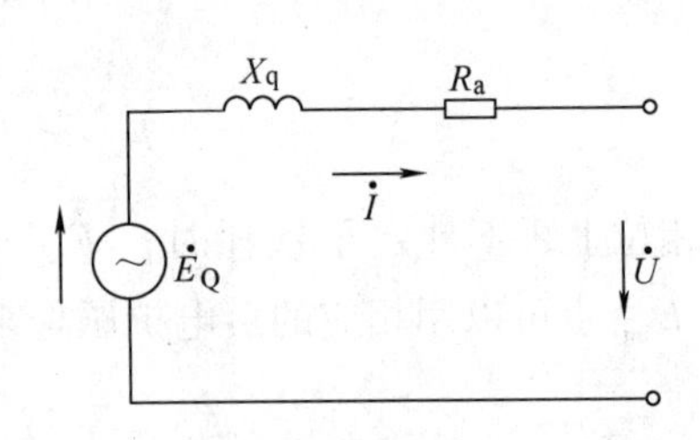

图6－22　用虚拟电动势 $\dot{E}_Q$ 表示时，凸极同步发电机的等效电路

3. 直轴和交轴同步电抗的意义

由于电抗与绕组匝数的平方和所经磁路的磁导成正比，所以

$$X_d \propto N_1^2\Lambda_d \qquad X_q \propto N_1^2\Lambda_q$$

式中，N_1 为电枢每相的串联匝数；Λ_d 和 Λ_q 分别为稳态运行时直轴和交轴的电枢等效磁导，$\Lambda_d = \Lambda_{ad} + \Lambda_\sigma$，$\Lambda_q = \Lambda_{aq} + \Lambda_\sigma$，其中 Λ_{ad}和 Λ_{aq}为直轴和交轴电枢反应磁通所经磁路的磁导，Λ_σ 为电枢漏磁通所经磁路的磁导；如图6－23所示。

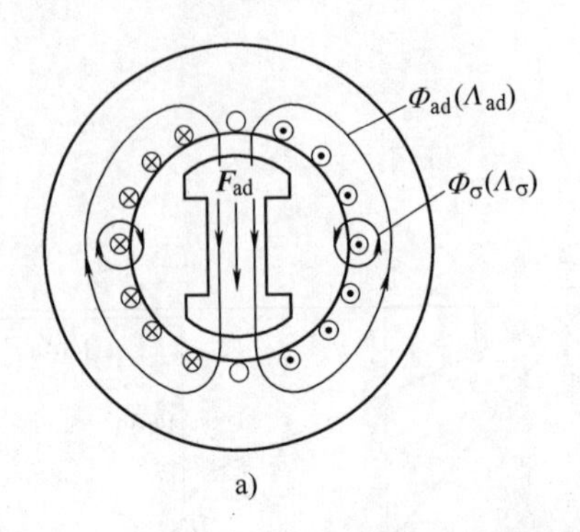

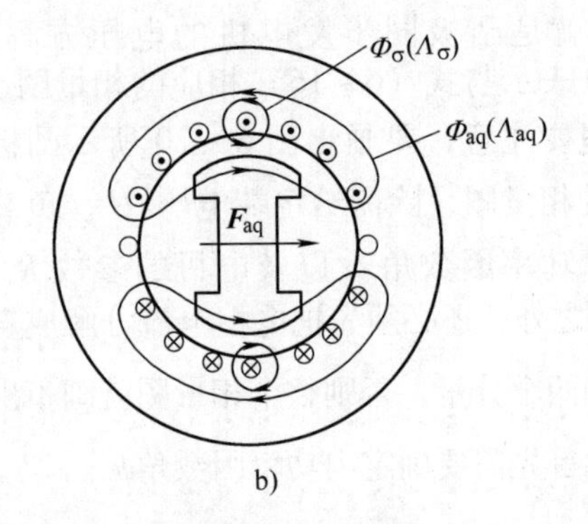

图6－23　凸极同步电机电枢反应磁通和漏磁通所经磁路及其磁导

a）直轴电枢磁导　b）交轴电枢磁导

对于凸极电机，由于直轴下的气隙比交轴下小，故 $\Lambda_{ad} > \Lambda_{aq}$，所以 $X_{ad} > X_{aq}$，因此在凸极同步电机中，$X_d > X_q$。对于隐极电机，因气隙为均匀，故 $X_d \approx X_q = X_s$。由于转子凸极而有 X_d 和 X_q 两个同步电抗，这是凸极同步电机的特点。

【例6-1】 一台凸极同步发电机，其直轴和交轴同步电抗的标幺值为 $X_d^* = 1.0$，$X_q^* = 0.6$，电枢电阻略去不计。试计算该机在额定电压、额定电流、$\cos\varphi = 0.8$（滞后）时，激磁电动势的标幺值 E_0^*（不计磁饱和）。

解 以端电压作为参考相量

$$\dot{U}^* = 1\angle 0^\circ \qquad \dot{I}^* = 1\angle -36.87^\circ$$

则虚拟电动势 $\dot{E}_Q^*$ 为

$$\dot{E}_Q^* = \dot{U}^* + \mathrm{j}\dot{I}^* X_q^* = 1 + \mathrm{j}\,0.6\angle -36.87^\circ = 1.442\angle 19.44^\circ$$

故 δ 角为 19.44°（见图6-21）。于是 ψ_0 即可确定，

$$\psi_0 = \delta + \varphi = 19.44^\circ + 36.87^\circ = 56.31^\circ$$

ψ_0 也可由式（6-19）算出，即

$$\psi_0 = \arctan\frac{U^*\sin\varphi + I^* X_q^*}{U^*\cos\varphi + I^* R_a^*} = \arctan\frac{1\times 0.6 + 1\times 0.6}{1\times 0.8} = 56.31^\circ$$

由此可得电枢电流的直轴分量和交轴分量分别为

$$I_d^* = I^*\sin\psi_0 = 0.8321 \qquad I_q^* = I^*\cos\psi_0 = 0.5547$$

由于 $\dot{E}_0$、$\dot{E}_Q$ 和 $\mathrm{j}\dot{I}_d(X_d - X_q)$ 均为同相，故 E_0^* 为

$$E_0^* = E_Q^* + I_d^*(X_d^* - X_q^*) = 1.442 + 0.8321(1 - 0.6) = 1.775$$

4. 考虑磁饱和时凸极同步发电机的电压方程和相量图

考虑磁饱和时，叠加原理不再适用，此时气隙内的合成磁场将取决于主极和电枢两者的合成磁动势。为简化分析，忽略交轴和直轴之间的相互影响，认为直轴方面的磁通仅仅取决于直轴上的合成磁动势；交轴方面的磁通仅仅取决于交轴上的合成磁动势。这样，先确定直轴和交轴方面的合成磁动势，再利用电机的磁化曲线，即可得到直轴和交轴磁通及其相应的感应电动势；再计及电枢的电阻压降和漏抗压降，即可得到电枢的电压方程。上述关系可表示为

$I_f \rightarrow \boldsymbol{F}_f$；$\boldsymbol{F}_f$ 与 $\boldsymbol{F}_{ad}$ 合成 $\rightarrow \boldsymbol{F}_d \rightarrow \dot{\Phi}_d \rightarrow \dot{E}_d$

$I \rightarrow \boldsymbol{F}_a \rightarrow \boldsymbol{F}_{ad}$，$\boldsymbol{F}_a \rightarrow \boldsymbol{F}_{aq}$（即$\boldsymbol{F}_q$）$\rightarrow \dot{\Phi}_{aq} \rightarrow \dot{E}_{aq}$

$I \rightarrow \dot{\Phi}_\sigma \rightarrow \dot{E}_\sigma = -\mathrm{j}\dot{I}X_\sigma$

$\dot{E}_d$ 与 $\dot{E}_{aq}$ 合成 $\rightarrow \dot{E}$

不难看出，直轴合成磁动势 $\boldsymbol{F}_d$ 应为

$$\boldsymbol{F}_d = \boldsymbol{F}_f + k_{ad}\boldsymbol{F}_{ad} \tag{6-20}$$

式中，$\boldsymbol{F}_f$ 为励磁绕组所产生的方波磁动势，如图 6－24 所示；$\boldsymbol{F}_{ad}$为电枢的直轴基波磁动势，$F_{ad}=F_a\sin\psi_0$；k_{ad}为把正弦波的$\boldsymbol{F}_{ad}$换算到方波励磁磁动势时的换算系数，即产生同样大小的气隙基波磁场时，1 安匝的直轴基波电枢磁动势相当于多少安匝的方波励磁磁动势。通过磁场作图和谐波分析可知，在$\dfrac{\delta_{max}}{\delta}=1.5$，$\dfrac{b_p}{\tau}=0.65\sim0.75$，$\dfrac{\delta}{\tau}=0.02\sim0.05$这一范围内时，系数$k_{ad}=0.859\sim0.907$。$\boldsymbol{F}_d$确定后，利用电机的磁化曲线，即可查出由$F_d$所产生的直轴气隙磁通$\boldsymbol{\Phi}_d$及其感生的直轴气隙电动势$E_d$，如图6－25b所示。

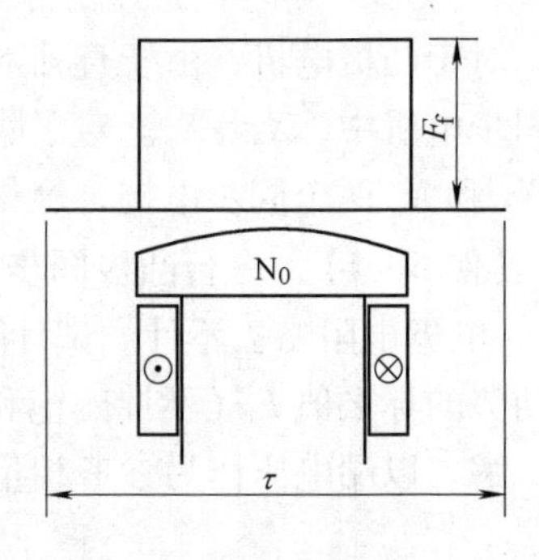

图 6－24　凸极同步发电机主极的励磁磁动势

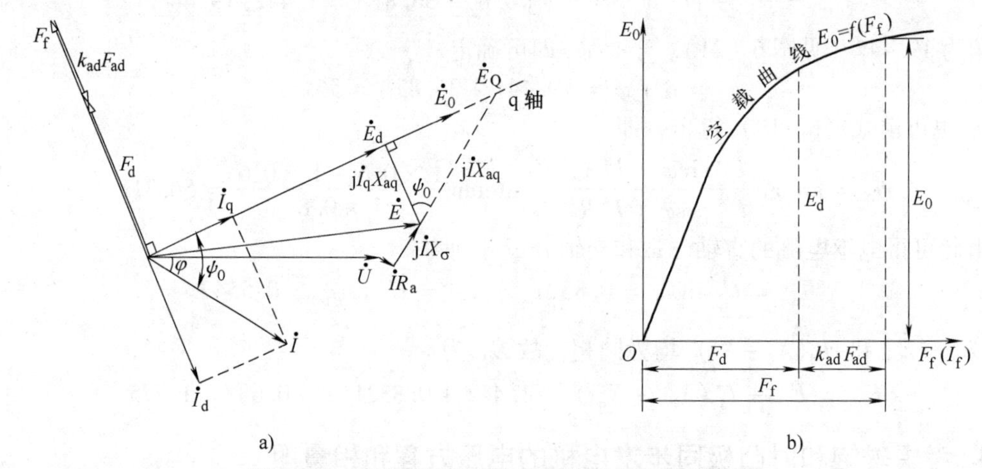

图 6－25　考虑磁饱和时凸极同步发电机的相量图

a）相量图　b）发电机的磁化曲线（空载曲线）

交轴方面因为没有励磁绕组，所以交轴合成磁动势$\boldsymbol{F}_q$就是交轴电枢反应磁动势$\boldsymbol{F}_{aq}$，$F_{aq}=F_a\cos\psi_0$。F_{aq}将产生交轴电枢反应磁通$\boldsymbol{\Phi}_{aq}$，并感生电动势E_{aq}。

总的气隙电动势 $\dot{E}$ 应为直轴气隙电动势 $\dot{E}_d$ 和交轴电枢反应电动势$\dot{E}_{aq}$之和；另外，$\dot{E}$应当等于电枢端电压 $\dot{U}$ 与电枢电阻压降$\dot{I}R_a$和漏抗压降$j\dot{I}X_\sigma$之和，即

$$\dot{E}_d+\dot{E}_{aq}=\dot{E}=\dot{U}+\dot{I}R_a+j\dot{I}X_\sigma \qquad (6-21)$$

考虑到交轴方面的气隙较大，交轴磁路基本是线性的，因此与不计饱和时相类似，把 $\dot{E}_{aq}$作为负电抗压降来处理，即 $\dot{E}_{aq}=-j\dot{I}_qX_{aq}$，再把它代入式（6－21），最后可得

$$\dot{E}_d=\dot{U}+\dot{I}R_a+j\dot{I}X_\sigma+j\dot{I}_qX_{aq} \qquad (6-22)$$

式（6－22）就是考虑磁饱和时凸极同步发电机的电压方程。与式（6－22）相应的相量图如图6－25a 所示，图中 $\dot{E}_d$ 的值可由式（6－22）算出，方位(即 q 轴的方位)可由式(6－19)算出的ψ_0来确定；E_d确定后，由磁化曲线即可查出与其对应的直轴合成磁动势F_d，再由式（6－20）即可算出励磁磁动势F_f；由F_f从磁化曲线上即可查出激磁电动势E_0，$\dot{E}_0$与$\dot{E}_d$为同相。

图6-26a 表示一台大型凸极同步发电机在额定负载时，定、转子内的磁场分布，图6-26b 表示气隙磁场的分布。

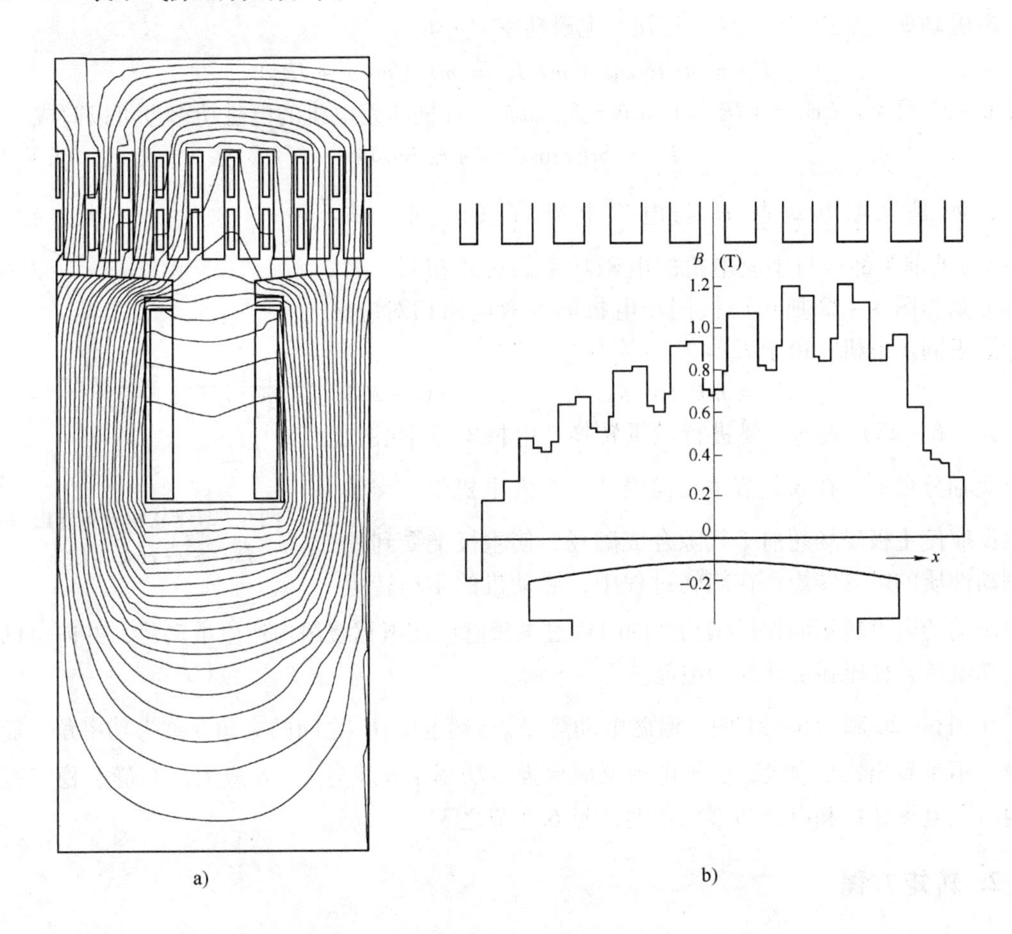

图6-26 一台大型凸极同步发电机在额定负载时的磁场分布

a）定、转子内的磁场分布 b）气隙磁场分布

6.5 同步发电机的功率方程和转矩方程

1. 功率方程和电磁功率

功率方程 若同步发电机的转子励磁功率由另外的直流电源供给，并忽略杂散损耗 p_{Δ}，则从发电机轴上输入的机械功率 P_1 中扣除机械损耗 p_{Ω} 和定子铁耗 p_{Fe}后，余下的功率将通过旋转磁场和电磁感应的作用，转换成定子的电功率；此转换功率就是电磁功率 P_e，即

$$P_1 = p_{\Omega} + p_{Fe} + P_e \tag{6-23}$$

再从电磁功率 P_e 中扣除电枢铜耗 p_{Cua}，可得电枢端点输出的电功率 P_2，即

$$P_e = p_{Cua} + P_2 \tag{6-24}$$

式中，$p_{Cua}=mI^2R_a$；$P_2=mUI\cos\varphi$；m 为定子相数。式（6－23）和式（6－24）就是同步发电机的功率方程。

电磁功率 从式（6－24）可知，电磁功率 P_e 为

$$P_e = mUI\cos\varphi + mI^2R_a = mI(U\cos\varphi + IR_a)$$

由图6－27可见，$U\cos\varphi+IR_a=E\cos\psi=E_Q\cos\psi_0$，故同步发电机的电磁功率也可以写成

$$P_e = mEI\cos\psi = mE_QI\cos\psi_0 \tag{6-25}$$

式中，ψ 是气隙电动势 $\dot{E}$ 与电枢电流 $\dot{I}$ 的夹角。式(6－25)的前半部分与感应电机的电磁功率表达式相同，后面部分则与图6－22所示凸极同步电机的等效电路相对应。对于隐极同步电机，由于 $E_Q=E_0$，故有

$$P_e = mE_0I\cos\psi_0 \tag{6-26}$$

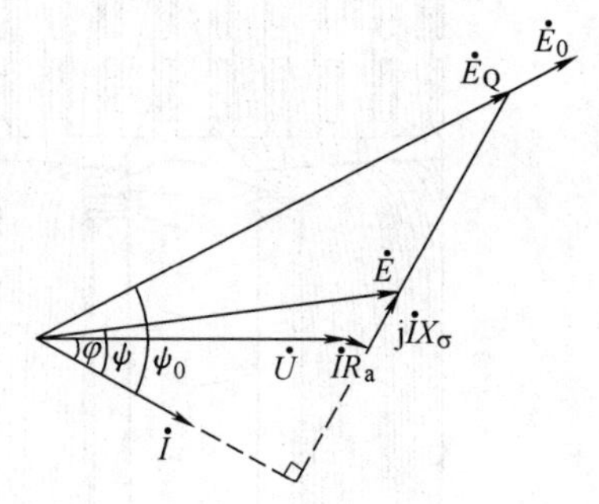

图6－27　从相量图导出 $E\cos\psi=U\cos\varphi+IR_a$

式（6－25）表明，要进行能量转换，电枢电流中必须要有交轴分量 I_q。在6.2节中已经说明，在发电机中，交轴电枢反应使主极磁场超前于气隙合成磁场，使主极上受到一个制动性质的电磁转矩；在旋转过程中，原动机的驱动转矩克服制动的电磁转矩而作机械功，同时通过电磁感应在电枢绕组内产生电动势，并向电网送出有功电流，使机械能转换为电能。

在图6－20和图6－21中，激磁电动势 $\dot{E}_0$ 与端电压 $\dot{U}$ 之间的夹角 δ 称为功率角，简称功角。不难看出，I_q 愈大，交轴电枢反应愈强，功率角 δ 就愈大；δ 愈大，在静态稳定范围以内时，电磁转矩和电磁功率也愈大（见6.9节之3）。

2. 转矩方程

把功率方程（6－23）除以同步角速度 Ω_s，可得同步发电机的转矩方程

$$T_1 = T_0 + T_e \tag{6-27}$$

式中，T_1 为原动机的驱动转矩，$T_1=\dfrac{P_1}{\Omega_s}$；$T_e$ 为发电机的电磁转矩，$T_e=\dfrac{P_e}{\Omega_s}$；$T_0$ 为发电机的空载转矩，$T_0=\dfrac{p_\Omega+p_{Fe}}{\Omega_s}$。

【例6－2】 试计算例6－1中的凸极同步发电机，在额定电压、额定电流、额定功率因数 $\cos\varphi_N=0.8$（滞后）的工况下运行时，发电机发出的电磁功率。已知发电机的额定容量为93750kVA。

解 从例6－1可知，$I^*=1$ 时，$E_Q^*=1.442$，$\cos\psi_0=0.5547$，故电磁功率 P_e^* 为

$$P_e^* = E_Q^*I^*\cos\psi_0 = 1.442\times0.5547 = 0.8$$

于是

$$P_e = P_e^*S_N = 0.8\times93750 = 75000\mathrm{kW}$$

注意，用标幺值计算时，P_e^* 等于 $E_Q^*I^*\cos\psi_0$，不用乘3，因为功率的基值是三相额定容量。

6.6 同步电抗的测定

为了计算同步电机的稳态性能，除需知道电机的工况（即端电压、电枢电流和功率因数）外，还应给出同步电机的参数。下面先说明同步电抗的测定方法。

1. 由空载特性和短路特性来求取 X_d

空载特性可以用空载试验测出。试验时电枢开路（空载），用原动机把被试同步电机拖动到同步转速，并保持转速为恒定；然后调节励磁电流 I_f，并记取相应的电枢端电压 U_0（空载时即等于 E_0），直到 $U_0 \approx 1.25U_{N\phi}$左右，由此可得空载特性 $E_0 = f(I_f)$。注意，绘制空载曲线时，纵坐标要用相电压；若测得的电压是线电压，则在计算时要换算成相电压。

短路特性可由三相稳态短路试验测得，试验线路如图 6-28a 所示。将被试同步电机的电枢端点三相短路，用原动机拖动被试电机到同步转速，并保持转速为恒定；然后调节发电机的励磁电流 I_f，使电枢电流 I 从零起，逐步增加到 $1.2I_N$ 左右，每次记录电枢电流 I 和相应的励磁电流 I_f，即可得到短路特性 $I = f(I_f)$，如图 6-28b 所示。

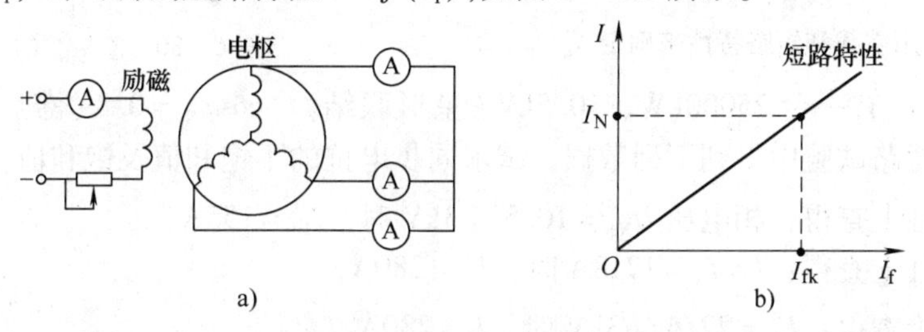

图 6-28 三相短路试验和短路特性

a）短路试验接线图 b）短路特性

三相短路时，端电压 $U=0$，短路电流仅受发电机自身阻抗的限制。通常电枢电阻远小于同步电抗，从而可以忽略不计，因此短路电流可认为是纯电感性，电枢磁动势则是纯去磁性的直轴磁动势，故短路时气隙的合成磁动势很小，使电机的磁路处于不饱和状态；所以短路特性是一条直线，如图 6-28b 所示。

短路时，端电压 $U=0$，$\psi_0 \approx 90°$，故 $\dot{I}_q \approx 0$，$\dot{I} \approx \dot{I}_d$，若忽略电枢的电阻压降 $\dot{I}R_a$，则发电机的电压方程就成为

$$\dot{E}_0 = \dot{U} + \dot{I}R_a + j\dot{I}_dX_d + j\dot{I}_qX_q \approx j\dot{I}X_d \tag{6-28}$$

所以

$$X_d = \frac{E_0}{I} \tag{6-29}$$

因为短路试验时磁路为不饱和，所以这里的 E_0（每相值）应从气隙线上查出，如图 6-29 所示，由此求出的 X_d 值为**不饱和值**。

实际运行时，发电机的主磁路将出现饱和，此时直轴磁路的等效磁导 Λ_d 将发生变化，于是 X_d 将出现**饱和值**。由于主磁路的饱和程度取决于作用在主磁路上的合成磁动势，或者

说取决于相应的气隙电动势，若不计负载运行时定子电流所产生的漏阻抗压降，气隙电动势就近似等于电枢的端电压，所以通常用对应于额定相电压时的 X_d 值作为其饱和值。为此，可先从空载曲线上查出产生额定相电压 $U_{N\phi}$时所需的励磁电流 I_{f0}，再从短路特性上查出在三相短路情况下 I_{f0} 将会产生的短路电流 I'，如图6－30所示，由此即可求出 $X_{d(饱和)}$ 为

$$X_{d(饱和)} \approx \frac{U_{N\phi}}{I'} \tag{6-30}$$

对于隐极同步电机，X_d 就是同步电抗 X_s。

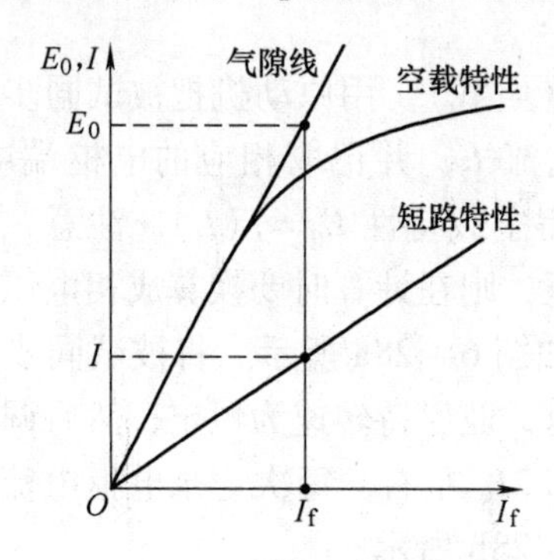

图 6－29　用空载和短路特性来确定 X_d

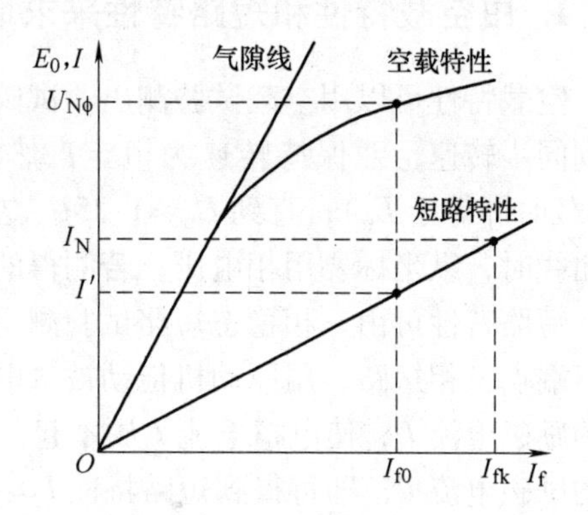

图 6－30　$X_{d(饱和)}$ 的确定

【例 6－3】　有一台 25000kW、10.5kV（星形联结）、$\cos\varphi_N = 0.8$（滞后）的汽轮发电机，从空载和短路试验中得到下列数据，试求同步电抗的不饱和值及饱和值。

从空载特性上查得：相电压 $U_{N\phi} = 10.5/\sqrt{3}$kV 时，$I_{f0} = 155$A；

从短路特性上查得：$I = I_N = 1718$A 时，$I_{fk} = 280$A；

从气隙线上查得：$E_0 = 22.4/\sqrt{3}$kV 时，$I_f = 280$A。

解　从气隙线上查出，$I_f = 280$A 时，激磁电动势 $E_0 = 22400/\sqrt{3}\text{V} = 12930$V；在同一励磁电流下，由短路特性查出，短路电流 $I = 1718$A；所以同步电抗 X_d 的不饱和值为

$$X_d(\text{即}X_s) = \frac{E_0}{I} = \frac{12930}{1718}\Omega = 7.528\Omega$$

若用标幺值计算，短路电流为额定电流时，$I^* = 1$，$E_0^* = \dfrac{E_0}{U_{N\phi}} = \dfrac{22.4}{10.5} = 2.133$，故

$$X_d^* = \frac{E_0^*}{I^*} = \frac{2.133}{1} = 2.133$$

再求 X_d 的饱和值。从空载曲线上得知，产生空载额定相电压 $U_{N\phi}$时（即 $E_0^* = 1$），励磁电流 $I_{f0} = 155$A；由于短路特性为直线，故此 I_{f0} 可产生三相短路电流 I'，$I' = I_N \dfrac{155}{280} = 0.5536\, I_N$，即标幺值 $I'^* = 0.5536$，于是

$$X_{d(饱和)}^* \approx \frac{E_0^*}{I'^*} = \frac{1}{0.5536} = 1.806$$

2. 用转差法测定 X_d 和 X_q

如需同时测得 X_d 和 X_q，可以采用转差法。将被试同步电机用原动机拖动到接近于同步

转速，励磁绕组开路，再在定子绕组上施加约为（2% ~5%）U_N 的三相对称低电压，外施电压的相序必须使定子旋转磁场的转向与转子转向一致。调节原动机的转速，使被试电机的转差率小于0.5%，但不被牵入同步，这时定子旋转磁场与转子之间将保持一个低速的相对运动，使定子旋转磁场的轴线不断交替地与转子的直轴和交轴相重合。

当定子旋转磁场的轴线与转子直轴重合时，定子所表现的电抗为 X_d，此时电抗最大、定子电流为最小 $I=I_{min}$，线路压降最小，定子端电压则为最大 $U=U_{max}$，故

$$X_d = \frac{U_{max}}{I_{min}} \tag{6-31}$$

当定子旋转磁场的轴线与转子交轴重合时，定子所表现的电抗为 X_q，此时电抗最小、定子电流为最大 $I=I_{max}$，定子端电压则为最小 $U=U_{min}$，故

$$X_q = \frac{U_{min}}{I_{max}} \tag{6-32}$$

式中，U、I 均为每相值。采用录波器录取转差试验中的电流和电压波形，如图6-31所示，由此即可算出 X_d 和 X_q。由于试验是在低电压下进行，故测出的 X_d 和 X_q 均是不饱和值。

表6-1列出了现代同步电机同步电抗的典型值（标幺值），表中横线下的数字为电抗的范围，横线上的数字为多数电机电抗的平均值（不饱和值）。

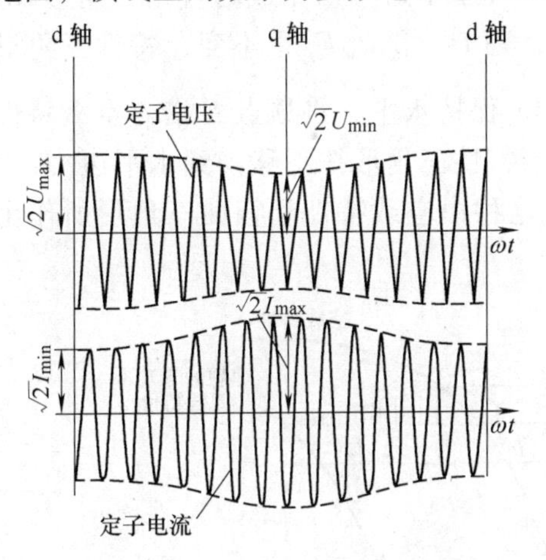

图6-31　转差试验时定子端电压和定子电流的波形（虚线为包络线）

表6-1　现代同步电机的同步电抗值

电机类型 \ 电抗	X_d^*	X_q^*
汽轮发电机	$\frac{1.70}{0.90\sim2.5}$	$\approx0.9X_d^*$
凸极同步发电机	$\frac{0.95}{0.70\sim1.30}$	$\frac{0.70}{0.50\sim0.9}$
凸极同步电动机	$\frac{1.90}{1.40\sim2.5}$	$\frac{1.0}{0.70\sim1.3}$

实际负载运行时，d、q轴磁路均有一定程度的饱和，于是 X_d 和 X_q 将出现饱和值。计算表明，对于凸极电机，额定负载时 X_d 和 X_q 的饱和值，约为0.88 ~0.92乘以不饱和值；对于隐极电机，此系数为0.80 ~0.85。

6.7　定子漏抗和电枢等效磁动势的测定

定子漏抗 X_σ 和电枢的等效磁动势 $k_{ad}F_a$ 这两个数据，也可以用实验法来测定。

1. 零功率因数负载特性

在负载为纯电感性（$\cos\varphi=0$）、发电机的电枢电流为某一常值（例如 $I=I_N$）时，发电机的端电压与励磁电流之间的关系 $U=f(I_f)$，就称为发电机的零功率因数负载特性。

图 6-32a 为零功率因数负载时发电机的矢量图和相量图。当负载为纯感性、功率因数 $\cos\varphi=0$ 时，若不计电枢电阻，电枢磁动势应为直轴、纯去磁性质的磁动势，此时励磁磁动势 $\boldsymbol{F}_f$、电枢的直轴等效磁动势 $k_{ad}\boldsymbol{F}_a$ 和合成磁动势 $\boldsymbol{F}$ 之间的矢量关系，将简化为代数加、减关系，在图 6-32a 中它们都在一条水平线上；相应地，此时的气隙电动势 $\dot{E}$、电枢漏抗压降 $\mathrm{j}\dot{I}X_\sigma$ 和端电压 $\dot{U}$ 之间的相量关系，也将简化为代数加、减关系，三者都在一条铅垂线上；就数值而言，

$$\left.\begin{aligned} F_f &= F + k_{ad}F_a \\ E &= U + IX_\sigma \end{aligned}\right\} \tag{6-33}$$

因此在图 6-32b 中，若 $\overline{BC}$ 表示空载时产生额定相电压 $U_{N\phi}$ 所需的励磁电流，则在零功率因数负载时，为保持端电压为额定相电压，所需的励磁电流 $\overline{BF}$ 应比 $\overline{BC}$ 大；增加的部分 $\overline{CF}$ 中，$\overline{CA}$ 是用以克服电枢漏抗压降 IX_σ 所需的磁动势，$\overline{AF}$ 则是抵消去磁的电枢磁动势 $k_{ad}F_a$ 所需的磁动势。由此可见，零功率因数负载特性和空载特性之间，将相隔一个由电枢漏抗压降 IX_σ（铅垂边）和电枢等效磁动势 $k_{ad}F_a$（水平边）所组成的直角三角形 AFE，此三角形称为特性三角形。若电枢电流保持不变，则 IX_σ 和 $k_{ad}F_a$ 也不变，特性三角形的大小亦保持不变。于是，若使特性三角形的底边 $\overline{AF}$ 保持水平，将顶点 E 沿着空载特性移动，则顶点 F 的轨迹即为零功率因数负载特性。当特性三角形往下移动到水平边 $\overline{AF}$ 与横坐标重合时，端电压 $U=0$，故 K 点即为短路点。这种由空载特性和特性三角形所作出的零功率因数负载特性 KJF，称为理想特性。

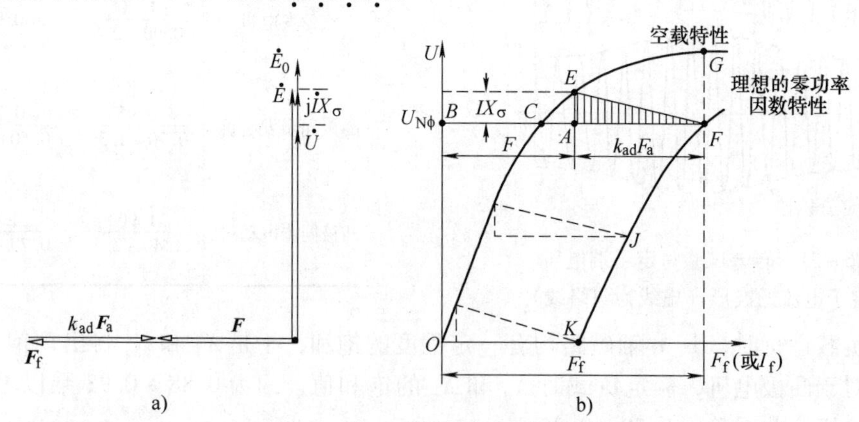

图 6-32　零功率因数负载特性的构成

a）零功率因数负载时的相量图　b）由空载特性和特性三角形得到理想的零功率因数特性

2. 由空载特性和零功率因数负载特性求取 X_σ 和 $k_{ad}F_a$

如果空载特性和零功率因数负载特性已由实验测得，则特性三角形和电枢漏抗、直轴电枢等效磁动势即可确定。

在理想的零功率因数负载特性上取两点，一点为额定电压点 F，另一点为短路点 K，如图6－33所示。通过 F 点作平行于横坐标的水平线，并截取线段 $\overline{O'F}$，使 $\overline{O'F}=\overline{OK}$，再从 O' 点作气隙线的平行线，并与空载曲线交于 E 点。然后从 E 点作铅垂线，并与 $\overline{O'F}$ 相交于 A 点，则 $\triangle AEF$ 即为特性三角形。由此可得，电枢漏抗 X_σ 为

$$X_\sigma=\frac{\overline{EA}(\text{相电压值})}{I} \tag{6-34}$$

电枢电流为 I 时的直轴电枢等效磁动势 $k_{ad}F_a$ 为

$$k_{ad}F_a=\overline{AF} \tag{6-35}$$

实践表明，由实测所得到的零功率因数负载特性，在端电压为 $0.5U_{N\phi}$ 以下部分，与理想的零功率因数负载特性相吻合；在 $0.5U_{N\phi}$ 以上部分，实测曲线将逐渐向右偏离理想曲线，即在相同的端电压时，实测的励磁磁动势要比理想值大，如图6－34所示。其原因是，为了克服去磁的电枢磁动势，在产生相同的端电压时，负载时所需的励磁磁动势要比空载时大，因此负载时主极的漏磁通也要比空载时大很多，从而使克服主极这段磁路所需的磁动势要比计算空载曲线时算出的值稍大。因此从实测的零功率因数负载特性上的 F' 点，按上述方法作特性三角形 $A'E'F'$，所得电枢等效磁动势 $k_{ad}F_a$ 将与理想情况时相同，所得电抗则将比定子漏抗 X_σ 稍大，此电抗用 X_p 表示，即

$$X_p=\frac{\overline{E'A'}(\text{相电压值})}{I} \tag{6-36}$$

X_p 称为**波梯电抗**。X_p 是定子漏抗的一个“计算值”，主要用于由空载特性、定子漏抗和 $k_{ad}F_a$ 来确定负载时所需的励磁磁动势，用以弥补负载时由于转子漏磁增大所引起的误差。

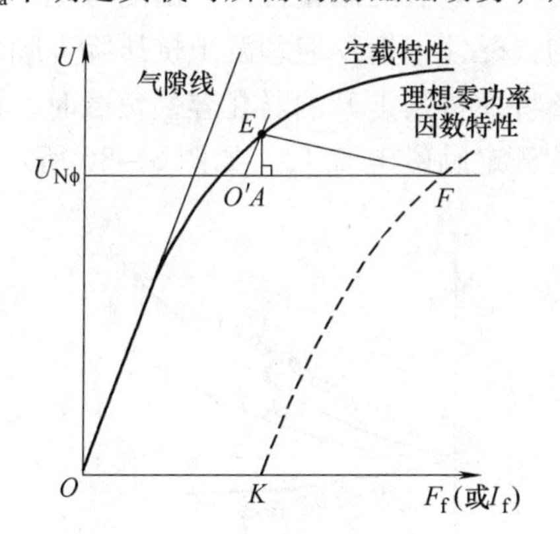

图6－33　电枢漏抗和电枢等效磁动势的确定

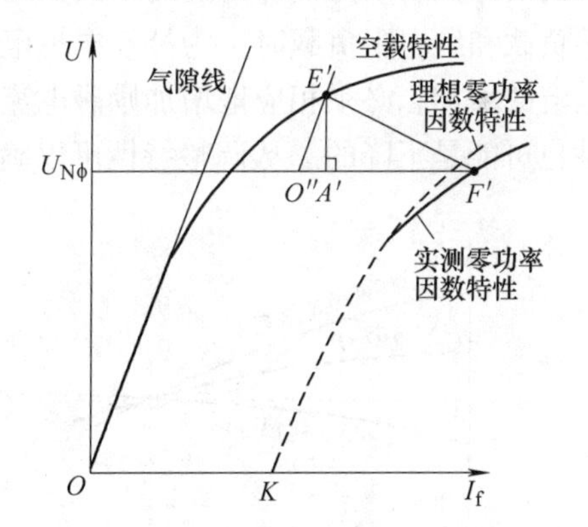

图6－34　由实测的零功率因数特性来确定特性三角形和波梯电抗

6.8　同步发电机的运行特性

1. 同步发电机的运行特性

同步发电机的稳态运行特性包括外特性、调整特性和效率特性。由这些特性可以确定发电机的电压调整率、额定励磁电流和额定效率，它们都是标志同步发电机性能的基本数据。

外特性　外特性表示发电机的转速为同步转速、励磁电流和负载的功率因数保持不变时，发电机的端电压（相电压）与电枢电流之间的关系，即 $n=n_s$，$I_f=$常值，$\cos\varphi=$常值，$U=f(I)$。

图 6－35 表示带有不同功率因数的负载时，同步发电机的外特性。从图可见，在电感性负载和纯电阻负载时，外特性是下降的，这是由于电枢反应的去磁作用和漏阻抗压降这两个因素所引起。在容性负载且内功率因数角为超前时，由于电枢反应的增磁作用和容性电流的漏抗电压上升，外特性也可能是上升的。

从外特性可以求出发电机的电压调整率。调节发电机的励磁电流，使电枢电流为额定电流、功率因数为额定功率因数、端电压为额定电压，此时的励磁电流 I_{fN} 就称为发电机的额定励磁电流。保持励磁电流为 I_{fN}，转速为同步转速，卸去负载（即使 $I=0$），此时发电机端电压升高的百分值，即为同步发电机的电压调整率，用 Δu 表示，即

$$\Delta u=\left.\frac{E_0-U_{N\phi}}{U_{N\phi}}\right|_{(I_f=I_{fN})}\times 100\% \tag{6-37}$$

凸极同步发电机的 Δu 通常在 18%～30% 这一范围内，隐极同步发电机由于电枢反应较强，Δu 通常在 30%～48% 这一范围内。

外特性适用于同步发电机单独运行的情况。

调整特性　调整特性表示发电机的转速为同步转速、端电压保持为额定电压、负载的功率因数保持不变时，发电机的励磁电流与电枢电流之间的关系，即 $n=n_s$，$U=U_{N\phi}$，$\cos\varphi=$常值，$I_f=f(I)$。

图 6－36 所示为带有不同功率因数的负载时，同步发电机的调整特性。由图可见，在电感性负载和纯电阻负载时，为补偿电枢电流所产生的去磁性电枢反应和漏阻抗压降，随着电枢电流的增加，必须相应地增加励磁电流，此时调整特性将是上升的。在容性负载时，调整特性也可能是下降的。从调整特性可以确定发电机的额定励磁电流 I_{fN}，如图 6－36 所示。

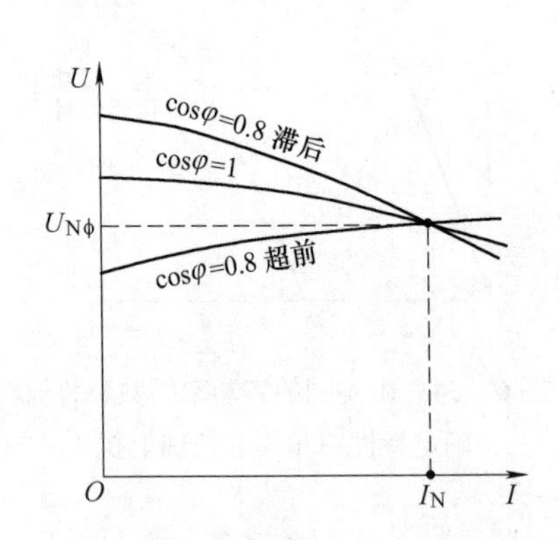

图 6－35　同步发电机的外特性

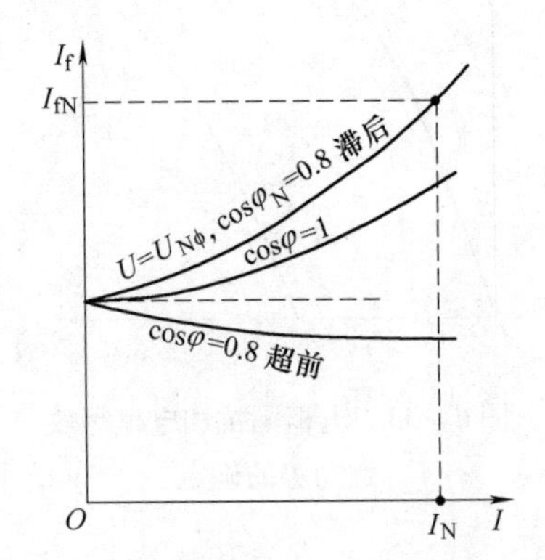

图 6－36　同步发电机的调整特性

效率特性　效率特性是指发电机的转速为同步转速、端电压为额定电压、功率因数为额定功率因数时，发电机的效率与输出功率（或定子电流）的关系，即 $n=n_s$，$U=U_{N\phi}$，$\cos\varphi=\cos\varphi_N$，$\eta=f(P_2)$ 或 $\eta=f(I)$。

同步电机的基本损耗包括电枢的基本铁耗 p_{Fe}、电枢的基本铜耗 p_{Cua}、励磁损耗 p_{Cuf} 和机械损耗 p_Ω。电枢基本铁耗是指，主磁通在电枢铁心齿部和轭部中交变所引起的损耗。电枢

基本铜耗是换算到基准工作温度时，电枢绕组的直流电阻损耗。励磁损耗包括励磁绕组的基本铜耗、变阻器内的损耗、电刷的电损耗以及励磁设备的全部损耗。机械损耗包括轴承损耗、电刷的摩擦损耗和通风损耗。杂散损耗 p_Δ 包括电枢漏磁通在电枢绕组和其他金属结构部件中所引起的涡流损耗，高次谐波磁场掠过主极表面所引起的表面损耗等。总损耗等于基本损耗和杂散损耗两项之和。

总损耗 Σp 求出后，效率即可确定，

$$\eta = \left(1 - \frac{\Sigma p}{P_2 + \Sigma p}\right) \times 100\% \qquad (6-38)$$

现代空气冷却的大型水轮发电机，额定效率大致在 95% ~98.5% 这一范围内。空冷汽轮发电机的额定效率大致为 94% ~97.8%；氢冷时，额定效率约可提高 0.8%。图6－37是一台国产700MW全空冷水轮发电机的效率特性。注意，由于励磁损耗与电枢电流之间不是简单的平方关系，所以同步发电机达到最大效率的条件与变压器是不同的，需要专门分析。

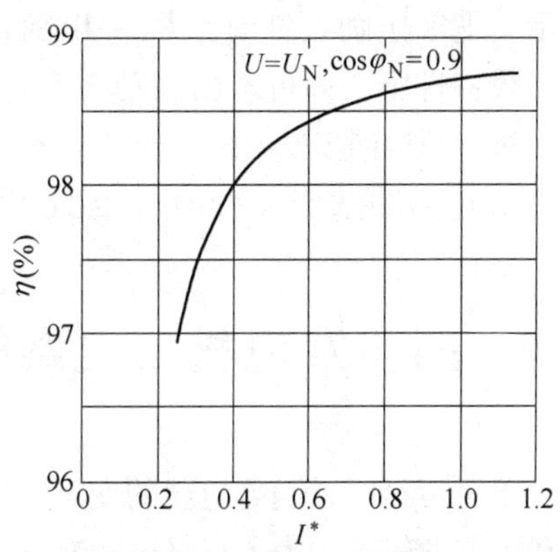

图6－37 700MW全空冷水轮发电机的效率特性

调整特性和效率特性既适用于同步发电机单独运行的情况，亦适用于发电机与电网并联运行的情况。

2. 用电动势－磁动势图求取额定励磁电流和电压调整率

同步发电机的额定励磁电流和电压调整率可以用直接负载法测定，也可以用考虑饱和时的电动势－磁动势图（也称为波梯图）来确定。额定励磁电流是同步发电机设计和运行时的基本数据之一。

设发电机的空载特性 $E_0 = f(I_f)$、电枢电阻 R_a、波梯电抗 X_p、额定电流时的电枢等效磁动势 k_aF_a 以及电机的额定数据均已给定，则隐极同步发电机的额定励磁电流和电压调整率可确定如下：先求出额定状态下发电机的气隙电动势 $\dot{E}$，

$$\dot{E} = \dot{U} + \dot{I}R_s + \mathrm{j}\dot{I}X_p \qquad (6-39)$$

相应的相量图如图6－38中纵坐标的左侧所示，图中端电压 $\dot{U}$ 取在纵坐标上，电枢电流 $\dot{I}$ 滞后于 $\dot{U}$ 以 φ 角。然后在空载曲

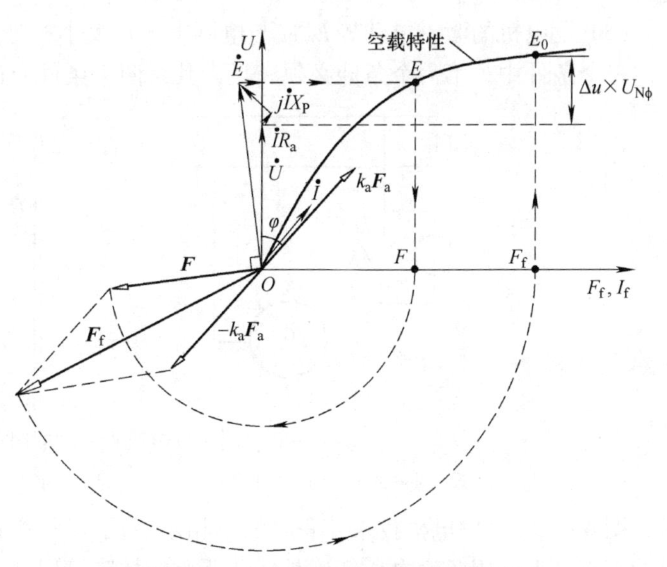

图6－38 用电动势-磁动势图（波梯图）来确定隐极同步发电机的 I_{fN} 和 Δu

线上查取产生电动势 E 所需的合成磁动势 F，如图中的 OF 所示，并在超前于相量 $\dot{E}$ 90°处作合成磁动势矢量 $\boldsymbol{F}$。再根据 $\boldsymbol{F}=\boldsymbol{F}_{\mathrm{f}}+k_{\mathrm{a}}\boldsymbol{F}_{\mathrm{a}}$，即可求出励磁磁动势 $\boldsymbol{F}_{\mathrm{f}}$ 为

$$\boldsymbol{F}_{\mathrm{f}}=\boldsymbol{F}+(-k_{\mathrm{a}}\boldsymbol{F}_{\mathrm{a}}) \tag{6-40}$$

式中，电枢等效磁动势矢量 $k_{\mathrm{a}}\boldsymbol{F}_{\mathrm{a}}$ 与电流 $\dot{I}$ 同相，相应的磁动势矢量图如图 6-38 的左下方所示。把额定励磁磁动势 F_{fN} 除以励磁绕组的匝数，即可得到额定励磁电流 I_{fN}。把 F_{f} 值转投到空载特性上，即可求出该励磁下的空载电动势 E_0，并算出电压调整率 Δu。

对于凸极同步发电机，若以 $k_{\mathrm{ad}}\boldsymbol{F}_{\mathrm{a}}$ 代替 $k_{\mathrm{a}}\boldsymbol{F}_{\mathrm{a}}$，并选择适当的波梯电抗 X_{p} 值，用此法来计算 F_{fN} 和 Δu，实践表明误差很小，因此工程上通常也用此法来确定其额定励磁电流和电压调整率。

6.9 同步发电机与电网的并联运行

单机运行时，随着负载的变化，同步发电机的频率和端电压将发生一定的变化，供电的质量和可靠性较差。为了克服这一缺点，现代的电力系统（电网）通常总是由许多发电厂并联组成，每个电厂内又有多台发电机在一起并联运行。这样既能经济、合理地利用水力、火力和原子能等各种不同的动力资源和发电设备，也便于轮流检修，提高供电的可靠性。由于电网的容量很大，个别负载的变动对整个电网的电压、频率影响甚微，从而提高了供电的质量。

1. 同步发电机投入并联的条件和方法

投入并联的条件 为避免发电机和电网中产生冲击电流，投入并联时，同步发电机应当满足下列条件：

（1）发电机的相序应与电网一致。

（2）发电机的频率应与电网相同。

（3）发电机的激磁电动势 $\dot{E}_0$ 应与电网电压 $\dot{U}$ 大小相等、相位相同，即 $\dot{E}_0=\dot{U}$。

上述三个条件中，第一个条件必须满足，其余两个条件允许稍有出入。

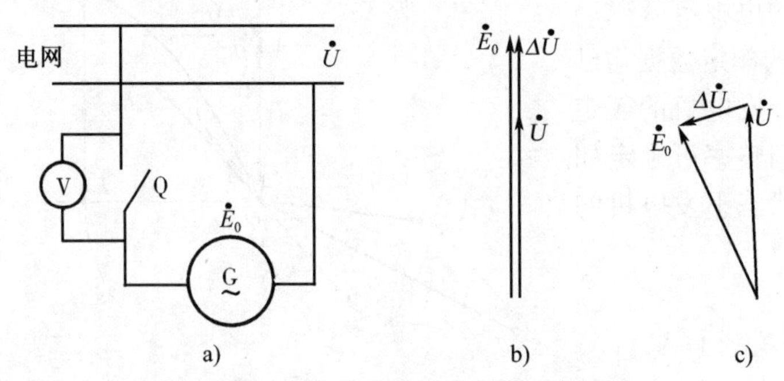

图 6-39 同步发电机投入并联时的情况

a）投入并联的示意图（单相图） b）$\dot{E}_0$ 和 $\dot{U}$ 大小不等 c）$\dot{E}_0$ 和 $\dot{U}$ 相位不同

图 6-39a 为发电机投入并联时的单相示意图。若相序不同而投入并联，则相当于在电机的端点加上一组负序电压，这是一种严重的故障情况，电流和转矩冲击极大，必须避免。

若发电机的频率与电网频率不同，则 $\dot{E}_0$ 与 $\dot{U}$ 这两个相量之间便有相对运动，两个相

量间的相角差将在0°～360°之间不断变化，电压差 $\Delta\dot{U}=\dot{E}_0-\dot{U}$ 忽大忽小。频率相差越大，$\Delta\dot{U}$ 的变化越剧烈，投入并联的操作就越困难；若投入电网，也不易牵入同步，而将在发电机与电网之间引起很大的电流和功率振荡。

若 $\dot{E}_0$ 与 $\dot{U}$ 的频率相同、但大小不等（见图6－39b）或相位不同（见图6－39c），此时把发电机投入并联，则将引发由于电压差 $\Delta\dot{U}$ 所产生的瞬态过程，此时将在发电机与电网中产生一定的冲击电流，严重时该电流可达额定电流的5～8倍。

综上所述，为了避免引起电流、功率和转矩的冲击，发电机投入并联时，最好同时满足上述三个条件。

对于相序问题，一般大型同步发电机的转向和相序，在出厂以前都已标定。对于没有标明转向和相序的发电机，可以利用相序指示器来确定。对于电动势 $\dot{E}_0$ 的频率和大小，从公式 $f=pn/60$ 和 $E_0=4.44fN_1k_{w1}\Phi_0$ 可以看出，要使发电机的频率、电压与电网相同，只要分别调节原动机的转速和发电机的励磁电流，就可以达到。$\dot{E}_0$ 的相位，则可通过调节发电机的瞬时转速来调整。

投入并联的方法　为了投入并联对发电机所进行的调节和操作，称为整步。实用的整步方法有两种，一种称为准确整步法，另一种称为自整步法。

把发电机调整到完全满足上述三个投入并联的条件，然后投入电网，称为准确整步。为了判断是否满足投入并联的条件，常常采用同步指示器。最简单的同步指示器由三个同步指示灯组成，它们可以有两种接法，即直接接法和交叉接法。

直接接法是把三个同步指示灯，分别跨接在电网的三相端点A、B、C，和发电机对应相的端点A′、B′、C′之间，即接在A、A′，B、B′和C、C′之间，如图6－40a所示。设发电机的相序和电网的相序一致，则发电机的三相电压 $\dot{U}_{A'}$、$\dot{U}_{B'}$、$\dot{U}_{C'}$ 和电网的三相电压 $\dot{U}_A$、$\dot{U}_B$、$\dot{U}_C$ 的相量图如图6－40b所示。若发电机的频率 f' 与电网的频率 f 不等，则发电机和电网的两组三相电压相量之间便有相对运动，三个同步指示灯上的电压，将同时发生时大时小的变化，于是三个灯将同时呈现出时亮时暗的现象（若三灯轮流亮暗，则表

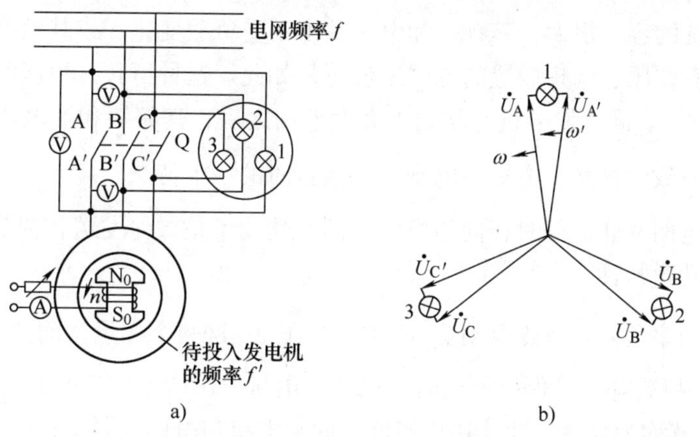

图6－40　直接接法的接线和相量图

a）接线图　b）相量图

示发电机与电网相序不同，应当改变发电机的相序）。调节发电机的转速，直到三个灯的亮度不再闪烁时，就表示频率 $f'=f$ 。再调节发电机电压的大小和相位，直到三个灯同时熄灭、且 A′与 A 之间电压表的指示为零时，表示发电机已经满足投入并联的条件，此时即可合闸投入并联。直接接法也称为灯光熄灭法。

交叉接法时，灯 1 仍接在 A、A′之间，灯 2 和灯 3 交叉地接在 B、C′和 C、B′之间。若发电机与电网的频率不等，即 $f'\neq f$，则三个同步指示灯的灯光将交替亮暗，形成“灯光旋转”现象。调节发电机的转速，到灯光不再旋转时，就表示 $f'=f$。再调节发电机电压的大小和相位，直到灯 1 熄灭、灯 2 和灯 3 的亮度相同，且 A′与 A 间电压表的指示为零时，表示发电机已满足投入并联条件，即可合闸并网。交叉接法也称为亮灯法。

准确整步法的优点是，投入瞬间电网和电机中基本上没有冲击。缺点是整步手续比较复杂，所需时间较长。为把发电机迅速投入电网，可采用自整步法。

自整步法的原理接线图如图 6 - 41 所示。发电机投入并联的步骤为：首先校验发电机的相序，并按照规定的转向（与定子旋转磁场的转向一致）把发电机拖动到非常接近于同步转速（转差率 $s_0 \leqslant 0.01 \sim 0.02$），励磁绕组经限流电阻短路，如图 6 - 41a所示。然后把发电机投入电网，并立即加上直流励磁，如图 6 - 41b 所示，此时依靠定、转子磁场之间所产生的电磁转矩，即可把转子自动牵入同步。自整步法的优点是，投入迅速，不需增添复杂的装置。缺点是投入电网时，定子电流的冲击较大（可达额定电流的 3 ~ 8 倍），故仅在中、小型机组和需要快速投入时才采用。

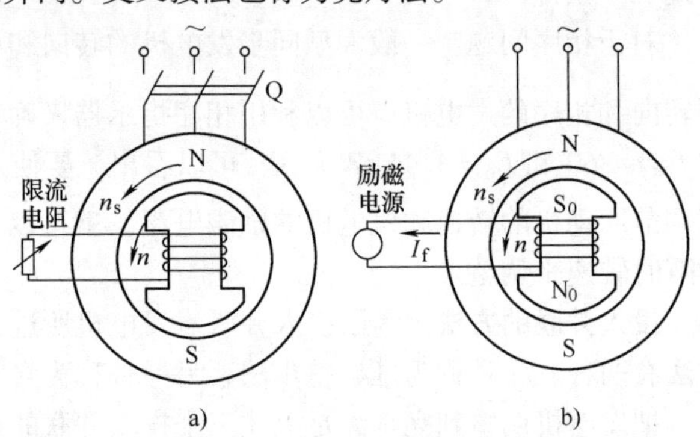

图 6 - 41　自整步法的原理接线图

2. 与无穷大电网并联时同步发电机的功角特性

现代电力系统的容量很大，其频率和电压基本不受负载变化、或其他扰动的影响而保持为常值，对于装有调压、调频装置的电网来说更是如此。这种恒频、恒压的交流电网，通常称为“无穷大电网”。同步发电机并联到无穷大电网之后，其频率和端电压将受到电网的约束而与电网保持一致，这是发电机与电网并联运行时的一个特点。

为了研究与电网并联运行时，同步发电机的有功功率是如何发送和调节的，首先需要导出同步发电机的功角特性。

功角特性　功率角 δ 是激磁电动势 $\dot{E}_0$ 和端电压 $\dot{U}$ 这两个相量之间的夹角，即 $\delta = \measuredangle_{\dot{U}}^{\dot{E}_0}$。当激磁电动势 E_0 和端电压 U 保持不变时，同步发电机发出的电磁功率 P_e 与功率角 δ 之间的关系 $P_e = f(\delta)$，就称为功角特性。功角特性是同步电机与电网并联运行时的主要特性之一。

中、大型同步发电机的电枢电阻远小于同步电抗，常可忽略不计。不计电枢电阻时，发电机的电磁功率将近似等于电枢端点的输出功率，即

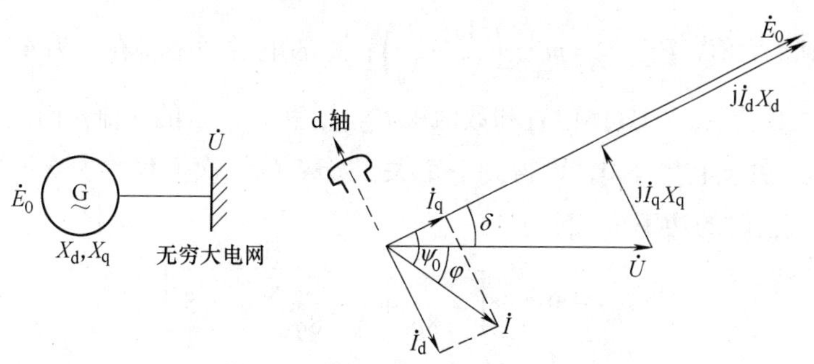

图 6-42 由凸极同步发电机的相量图解出 I_d 和 I_q

$$P_e \approx P_2 = mUI\cos\varphi \tag{6-41}$$

式中，φ 为负载的功率因数角，相应的相量图如图 6-42 所示。把 φ 角改用功率角 δ 来表示，可知 $\varphi = \psi_0 - \delta$，故式（6-41）可改写成

$$\begin{aligned} P_e &\approx mUI\cos(\psi_0 - \delta) = mUI(\cos\psi_0\cos\delta + \sin\psi_0\sin\delta) \\ &= mU(I_q\cos\delta + I_d\sin\delta) \end{aligned} \tag{6-42}$$

再把式（6-42）中的 I_d 和 I_q 也用功率角来表示，即可得到 P_e 与 δ 角之间的关系。

从图 6-42 所示相量图可知，

$$I_q X_q = U\sin\delta \qquad I_d X_d = E_0 - U\cos\delta$$

所以

$$I_q = \frac{U\sin\delta}{X_q} \qquad I_d = \frac{E_0 - U\cos\delta}{X_d} \tag{6-43}$$

将式（6-43）代入式（6-42），并加以整理，可得

$$P_e = m\frac{E_0 U}{X_d}\sin\delta + m\frac{U^2}{2}\left(\frac{1}{X_q} - \frac{1}{X_d}\right)\sin 2\delta \tag{6-44}$$

式（6-44）就是功角特性的表达式。式中第一项 $P_{e1} = m\dfrac{E_0 U}{X_d}\sin\delta$ 称为基本电磁功率；第二项 $P_{e2} = m\dfrac{U^2}{2}\left(\dfrac{1}{X_q} - \dfrac{1}{X_d}\right)\sin 2\delta$ 称为附加电磁功率。基本电磁功率与激磁电动势 E_0、端电压 U 和 $\sin\delta$ 成正比，与直轴同步电抗 X_d 成反比；附加电磁功率则与励磁（或者说 E_0）无关，且仅当 $X_d \neq X_q$（即交、直轴磁阻互不相等）时才存在，故也称为磁阻功率。

图 6-43 表示凸极同步电机的功角特性。从图可见，$0° \leqslant \delta \leqslant 180°$时，电磁功率为正值，对应于发电机状态；当 $\delta = 0$ 时，电磁功率为 0，对应于补偿机状态；$-180° \leqslant \delta \leqslant 0°$时，电磁功率为负值，对应于电动机状态。由于同步电机的运行状态和有功功率的大小取决于功率角的正、负和大小，所以功率角是同步电机与电网并联运行时的基本变量之一。

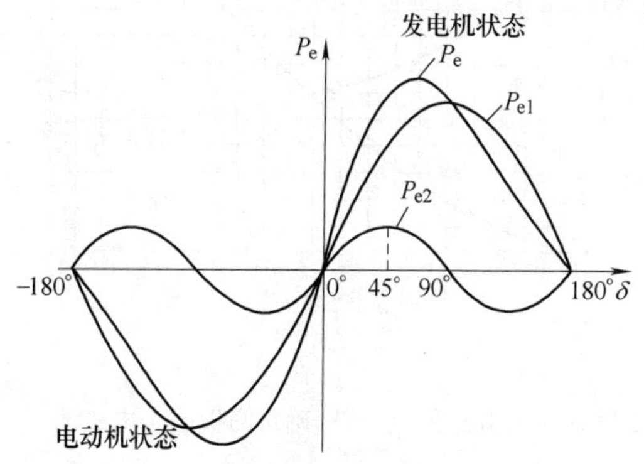

图 6-43 凸极同步电机的功角特性

从式（6-44）可知，基本电磁功率于 $\delta = 90°$时达到最大值，$P_{e1(\max)} = m\dfrac{E_0 U}{X_d}$；附加电磁功

率在 $\delta=45°$时达到最大值，$P_{e2(\max)}=m\frac{U^2}{2}\left(\frac{1}{X_q}-\frac{1}{X_d}\right)$；总的电磁功率将在 δ 为 45° ~90°中的某一个角度处达到最大值 $P_{e(\max)}$，具体位置和数值视 $P_{e2(\max)}$ 和 $P_{e1(\max)}$ 的比值 q 而定。把式（6-44）的 P_e 对 δ 求导数，并使它等于0，可得到一个关于 $\cos\delta$ 的二次方程，求解该二次方程，可得 P_e 达到最大值 $P_{e(\max)}$ 时的功率角 $\delta_{\max}$ 为

$$\delta_{\max}=\arccos\left[-\frac{1}{8q}+\sqrt{\left(\frac{1}{8q}\right)^2+0.5}\right] \tag{6-45}$$

式中，$q=\frac{P_{e2(\max)}}{P_{e1(\max)}}$。与 $\delta_{\max}$ 相对应的最大电磁功率 $P_{e(\max)}$ 为

$$\frac{P_{e(\max)}}{P_{e1(\max)}}=\sin\delta_{\max}(1+2q\cos\delta_{\max}) \tag{6-46}$$

将式（6-45）和式（6-46）画成曲线，可得图 6-44。

对于隐极电机，由于 $X_d=X_q=X_s$，附加电磁功率为零，故 P_e 就等于基本电磁功率，

$$P_e=m\frac{E_0U}{X_d}\sin\delta \tag{6-47}$$

对于凸极电机，由式（6-25）可知 $P_e=mE_QI_q$，故电磁功率 P_e 也可写成

$$P_e=m\frac{E_QU}{X_q}\sin\delta \tag{6-48}$$

式（6-48）表明，在计算电磁功率时，可以把凸极电机看成是一台同步电抗等于 X_q、电动势等于 E_Q 的等效隐极电机，如图 6-22 所示。需要注意的是，与 E_0 不同，E_Q 是一个随着负载的变化而变化的计算量。

图 6-45 表示图 6-26 所示同步发电机在电磁功率达到功率极限 $P_{e(\max)}$ 时（$\delta_{\max}=75.1°$），气隙磁场的分布。从图可见，此时气隙磁场的轴线，与主极轴线之间有很大的位移。

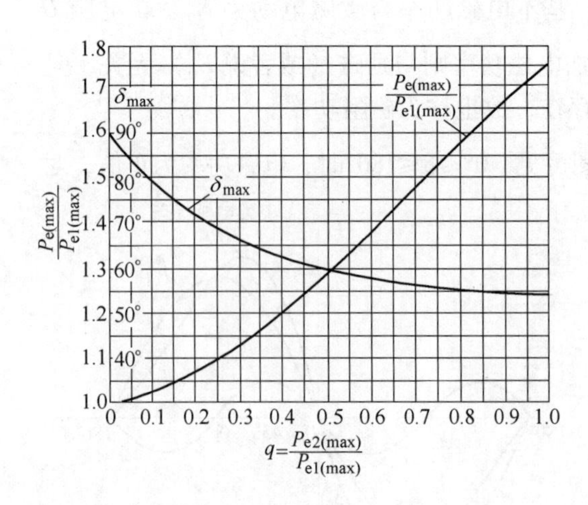

图 6-44 由比值 $\frac{P_{e2(\max)}}{P_{e1(\max)}}$ 确定凸极同步电机的最大电磁功率 $P_{e(\max)}$ 和相应的功率角 $\delta_{\max}$

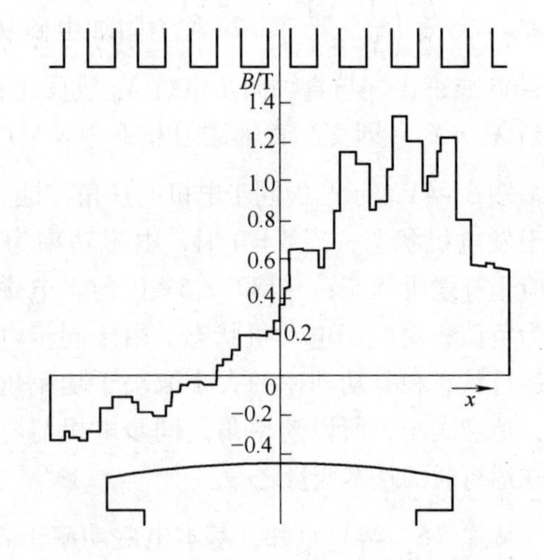

图 6-45 图 6-26 所示同步发电机达到功率极限时（$\delta_{\max}=75.1°$），气隙磁场的分布

功率角的近似空间含义 就定义而言，功率角 δ 是时间相量 $\dot{E}_0$ 与 $\dot{U}$ 之间的夹角。因为激磁电动势 $\dot{E}_0$ 由主磁场 $\boldsymbol{B}_0$ 感应产生，略去定子电阻时，电枢端电压 $\dot{U}$（即电网电压）可以认为由电枢的合成磁场 $\boldsymbol{B}_u$（包括主磁场、电枢反应磁场和电枢漏磁场[⊖]）感应产生，在时-空统一矢量图中，$\boldsymbol{B}_0$ 和 $\boldsymbol{B}_u$ 分别超前于 $\dot{E}_0$ 和 $\dot{U}$ 以 90°电角度，于是也可以近似认为功率角 δ 是主磁场 $\boldsymbol{B}_0$ 与电枢合成磁场 $\boldsymbol{B}_u$ 在空间的夹角，如图 6-46 所示。对于同步发电机，$\boldsymbol{B}_0$ 总是领先于 $\boldsymbol{B}_u$，若采用发电机惯例，这时 δ 角定义为正值，电磁功率也是正值。

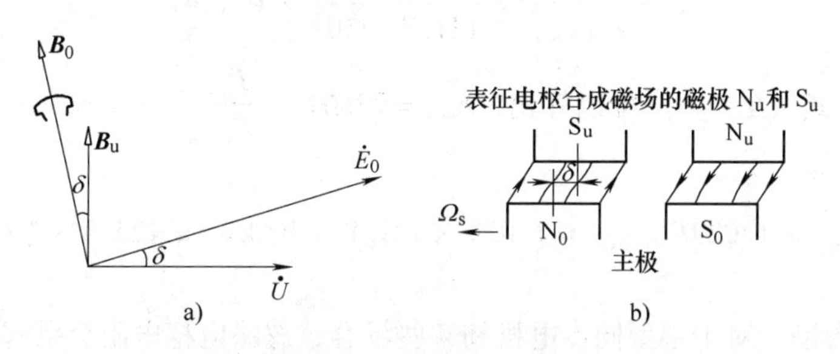

图 6-46 功率角的近似空间含义

a）时-空统一矢量图 b）功率角的近似空间表达

近似地赋予功率角以空间含义，对于掌握负载变化时主磁场在空间的相对位移，以及理解负载时同步电机内部所发生的物理过程，是有帮助的。

【例 6-4】 有一台 70000kVA、13.8kV（星形联结）、$\cos\varphi_N = 0.85$（滞后）的三相水轮发电机与电网并联运行，已知电机的参数为：$X_d = 2.72\Omega$，$X_q = 1.90\Omega$，电枢电阻忽略不计。试求额定负载时发电机的功率角和激磁电动势，以及保持该励磁时发电机的最大电磁功率（不计磁饱和）。

解 先用式（6-19）算出额定负载时发电机的内功率因数角 ψ_0。

额定相电压 $U = \dfrac{13.8 \times 10^3}{\sqrt{3}} \text{V} = 7968\text{V}$

额定相电流 $I = \dfrac{70000 \times 10^3}{\sqrt{3} \times 13.8 \times 10^3} \text{A} = 2929\text{A}$

额定功率因数角 $\varphi = \arccos 0.85 = 31.79°$，$\sin\varphi = 0.5268$

由此可得额定负载时发电机的内功率因数角 ψ_0 为

$$\psi_0 = \arctan \frac{U\sin\varphi + IX_q}{U\cos\varphi} = \arctan \frac{7968 \times 0.5268 + 2929 \times 1.9}{7968 \times 0.85} = 55.25°$$

于是

功率角 $\delta = \psi_0 - \varphi = 55.25° - 31.79° = 23.46°$

激磁电动势 $E_0 = U\cos\delta + I_d X_d = [7968\cos 23.46° + (2929\sin 55.25°)\, 2.72]\,\text{V} = 13855\text{V}$

⊖ 由于电枢漏磁场绝大部份不会进入定、转子之间的主气隙，所以严格来讲，它不应包括在空间矢量 $\boldsymbol{B}_u$ 中。

保持该 E_0 不变时，$P_{e1(\max)}$ 和 $P_{e2(\max)}$ 分别为

$$P_{e1(\max)} = m\frac{E_0U}{X_d} = 3\times\frac{13855\times7968}{2.72}\text{W} = 121.8\times10^3\text{kW}$$

$$P_{e2(\max)} = m\frac{U^2}{2}\left(\frac{1}{X_q}-\frac{1}{X_d}\right) = 3\times\frac{7968^2}{2}\left(\frac{1}{1.90}-\frac{1}{2.72}\right)\text{W}$$

$$= 15.11\times10^3\text{kW}$$

所以

$$q = \frac{P_{e2(\max)}}{P_{e1(\max)}} = \frac{15.11\times10^3}{121.8\times10^3} = 0.1241$$

由式（6－45）和式（6－46）可以算出，$\delta_{\max}=77.09°$，$\frac{P_{e(\max)}}{P_{e1(\max)}}=1.029$，所以发电机的最大电磁功率 $P_{e(\max)}$ 为

$$P_{e(\max)} = 1.029P_{e1(\max)} = 1.029\times121.8\times10^3\text{kW} = 125.3\times10^3\text{kW}$$

电枢电阻的影响　对于小型同步电机和某些场合，忽略电枢电阻会引起一定的误差，此时需要考虑电枢电阻的影响。

图 6－47a 为计及电枢电阻时，隐极同步发电机的相量图。经过推导，可得隐极同步发电机的电磁功率 P_e 为

$$P_e = m\frac{E_0}{Z_s}[U\sin(\delta-\alpha)+E_0\sin\alpha] \tag{6-49}$$

式中，Z_s 为隐极同步电机的同步阻抗，$Z_s=\sqrt{R_a^2+X_s^2}$；α 为 Z_s 的阻抗角，$\alpha=\arcsin\left(\frac{R_a}{Z_s}\right)$。

图 6－47b 表示 E_0 = 常值、U = 常值（$E_0>U$）、阻抗角 $\alpha=15°$ 和 0°（即不计电枢电阻时），隐极同步发电机的功角特性。从图可见，计及电枢电阻时，若 $E_0>U$，则在功率角 $\delta=0°$ 时，同步发电机将有微小的正值电磁功率。

对于凸极同步发电机，考虑电枢电阻时，由等效电路图 6－22 可以导出，电磁功率为

$$P_e = m\frac{E_Q}{Z_q}[U\sin(\delta-\alpha_q)+E_Q\sin\alpha_q] \tag{6-50}$$

式中，$E_Q=E_0-I_d(X_d-X_q)$；Z_q 为交轴同步阻抗，$Z_q=\sqrt{R_a^2+X_q^2}$；α_q 为 Z_q 的阻抗角，$\alpha_q=\arcsin\frac{R_a}{Z_q}$。

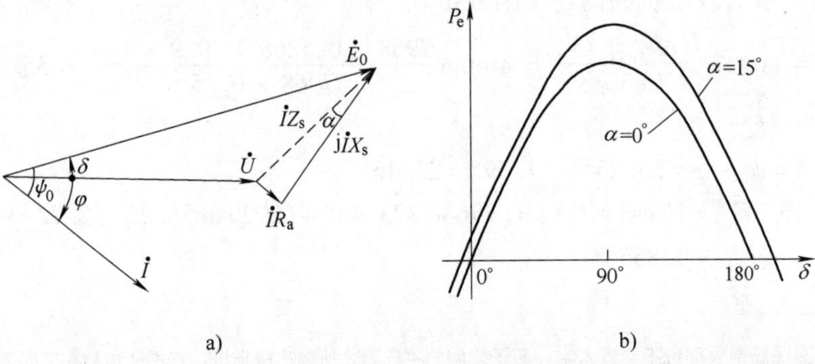

图 6－47　计及电枢电阻时隐极同步发电机的相量图和功角特性

a）相量图　b）功角特性

3. 有功功率的调节和静态稳定

同步发电机投入电网后，通常要求发电机能向电网输出一定的有功功率和无功功率。下面先说明怎样使发电机输出有功功率。

有功功率的调节 以隐极电机为例，说明同步发电机怎样调节输出的有功功率。为简化分析，不计电枢电阻和磁饱和的影响。

图6－48a表示一台同步发电机接到一个无穷大电网。设开始投入并联时，$\dot{E}_0=\dot{U}$，此时功率角$\delta=0$，发电机的输出功率$P_2\approx P_e=m\dfrac{E_0U}{X_s}\sin\delta=0$，发电机处于空载状态，如图6－48b所示。空载时，原动机的驱动转矩很小，仅需用以克服发电机的空载转矩。

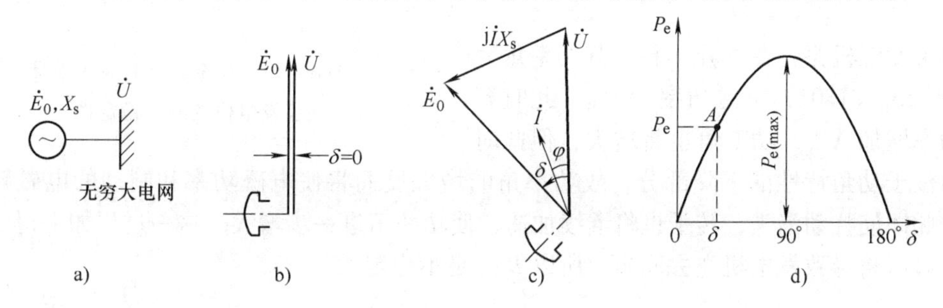

图6－48 同步发电机与电网并联时有功功率的调节

a）发电机与无穷大电网并联 b）功率角$\delta=0$时的相量图 c）功率角为δ时的相量图 d）功率角为δ时发电机的电磁功率P_e

欲使发电机输出有功功率，根据能量守恒原理，应当增加发电机的输入功率，即增加原动机的驱动转矩T_1，这可以由开大汽轮机的汽门（或水轮机的导叶）来实现。原动机的驱动转矩T_1增大以后，发电机的转子瞬时加速，于是转子的主磁场将超前于电枢合成磁场，相应地，激磁电动势$\dot{E}_0$将超前于电网电压$\dot{U}$以δ角，同时定子将输出电流$\dot{I}$，如图6－48c所示。根据功角特性，此时发电机将向电网输出一定的有功功率P_2，$P_2\approx P_e=m\dfrac{E_0U}{X_s}\sin\delta$，同时转子上将受到一个制动的电磁转矩$T_e$，使原动机的驱动转矩和制动的电磁转矩重新取得平衡，转子转速仍然保持为同步转速。此时发电机已处于负载运行状态，如图6－48d的功角特性上的A点所示。

由此可见，要增加发电机的输出功率，必须增加原动机的输入功率，使功率角δ适当增大。当输入功率逐步增加，使δ达到90°时，发电机的电磁功率将达到其最大值$P_{e(max)}$，

$$P_{e(max)}=m\frac{E_0U}{X_s} \tag{6-51}$$

此值就是隐极同步发电机能够发出的功率极限。

静态稳定 与电网并联、在某一运行点运行的同步发电机，如外界（电网或原动机）发生微小的扰动，在扰动消失后，发电机能否回复到原先的状态下持续运行，此问题称为同步发电机的静态稳定问题。如能回复，则是稳定的；反之，则是不稳定。下面用图6－49来

说明静态稳定问题。

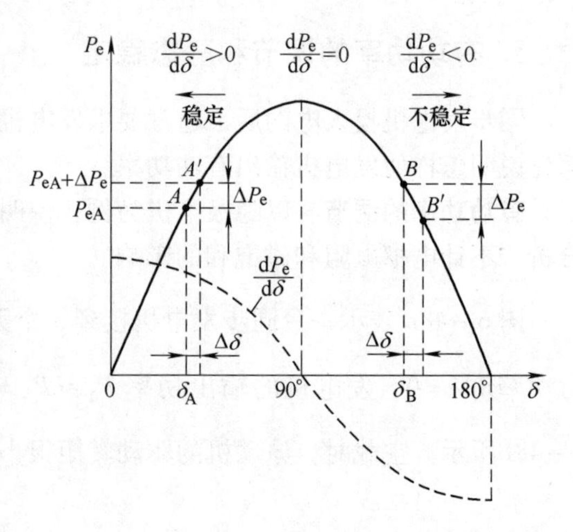

图 6－49 与无穷大电网并联时同步发电机的静态稳定性

假定发电机原先在 A 点运行，其功率角为 δ_A，$0<\delta_A<90°$，电磁功率为 P_{eA}。若此时输入功率有一微小的增量 ΔP_1，则功率角将增大 $\Delta\delta$；由于 A 点处于功角特性的上升部分，故功率角增大后，电磁功率将相应地增加 ΔP_e，因此制动性质的电磁转矩也将增大，以抑制功率角的进一步增大。当外界的扰动消失，多余的制动性电磁转矩将使机组回复到 A 点运行，所以 A 点是稳定的。

如果发电机原先在 B 点运行，其功率角为 δ_B，$90°<\delta_B<180°$，电磁功率为 P_{eB}。此时若输入功率增加 ΔP_1，功率角也将增大，但此时功率角位于功角特性的下降部分，故功率角的增大反而将使电磁功率和制动的电磁转矩减少，因此即使扰动消失，转子也将继续加速，使功率角进一步增大。这一过程如果得以继续发展，最后将导致发电机失去同步。所以 B 点是不稳定的。

为了判断同步发电机是否稳定、并衡量其稳定程度，可引入整步功率系数 $\frac{dP_e}{d\delta}$。若 $\frac{dP_e}{d\delta}>0$，表示功率角增大时，电磁功率和制动性质的电磁转矩也将增大，故发电机是稳定的；若 $\frac{dP_e}{d\delta}<0$，表示功率角增大时，电磁功率和制动性质的电磁转矩反而将减小，故为不稳定；而 $\frac{dP_e}{d\delta}=0$ 处，便是静态稳定极限。对于隐极电机，

$$\frac{dP_e}{d\delta}=m\frac{E_0U}{X_s}\cos\delta \tag{6-52}$$

故当 $\delta<90°$ 时，发电机是稳定的；功率角越接近 90°，稳定程度就越低；当 $\delta=90°$ 时，$\frac{dP_e}{d\delta}=0$，达到静态稳定极限。当 $\delta>90°$ 时，$\frac{dP_e}{d\delta}<0$，发电机将成为不稳定。$\frac{dP_e}{d\delta}$ 与 δ 的关系如图 6－49 中虚线所示。

为使同步发电机能够稳定地运行并有一定裕度，应使最大电磁功率比额定功率大很多。发电机的最大电磁功率与额定功率之比，称为过载能力，用 k_p 表示。对隐极电机，过载能力为

$$k_p=\frac{P_{e(max)}}{P_N}\approx\frac{m\frac{E_0U}{X_s}}{m\frac{E_0U}{X_s}\sin\delta_N}=\frac{1}{\sin\delta_N} \tag{6-53}$$

通常，额定状态下的功率角 δ_N 约为 30°～40°，此时过载能力 $k_p\approx2\sim1.6$。

从式（6－51）和式（6－52）可见，发电机的功率极限和整步功率系数两者都正比于 E_0，

反比于 X_s，所以增加励磁、减小同步电抗，可以提高同步电机的功率极限和静态稳定度。

4. 无功功率的调节

与电网并联运行的同步发电机，不仅要向电网输出有功功率，通常还要输出无功功率。分析表明，调节发电机的励磁，即可调节其无功功率。下面仍以隐极发电机为例加以说明。为简单计，忽略电枢电阻和磁饱和的影响，并假定调节励磁时原动机的输入有功功率保持不变。于是根据功率平衡关系可知，在调节励磁前后，发电机的电磁功率和输出的有功功率也应保持不变，即

$$\left.\begin{aligned} P_e &= m\frac{E_0U}{X_s}\sin\delta = \text{常值} \\ P_2 &= mUI\cos\varphi = \text{常值} \end{aligned}\right\} \tag{6-54}$$

由于电网电压 U 和发电机的同步电抗 X_s 均为定值，所以式（6－54）可进一步写成

$$E_0\sin\delta = \text{常值} \quad I\cos\varphi = \text{常值} \tag{6-55}$$

图6－50表示保持 $E_0\sin\delta=$ 常值，$I\cos\varphi=$ 常值，调节励磁时发电机的相量图。当激磁电动势为 $\dot{E}_0$、电枢电流为 $\dot{I}$、功率因数 $\cos\varphi=1$ 时，此时的励磁电流 I_f 称为“正常励磁”。正常励磁时，$E_0\cos\delta=U$，发电机的输出功率全部为有功功率。

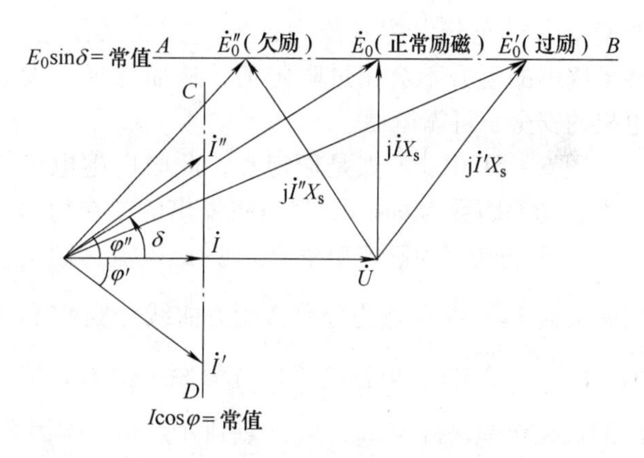

图6－50　同步发电机与电网并联时无功功率的调节

若增加励磁电流，使 $I_f'>I_f$，发电机将在“过励”状态下运行。此时激磁电动势增加为 $\dot{E}_0'$，但因 $E_0\sin\delta=$ 常值，故 $\dot{E}_0'$ 的端点应当落在水平线 $\overline{AB}$ 上。$\dot{E}_0'$ 确定后，根据电压方程 $\dot{E}_0'=\dot{U}+\mathrm{j}\dot{I}'X_s$ 可得同步电抗压降 $\mathrm{j}\dot{I}'X_s$，并进一步确定电枢电流 $\dot{I}'$。$\dot{I}'$ 的方向应与 $\mathrm{j}\dot{I}'X_s$ 垂直，又因 $I\cos\varphi=$ 常值，故 $\dot{I}'$ 的端点应当落在铅垂线 $\overline{CD}$ 上。从图6－50可见，此时电枢电流 $\dot{I}'$ 将滞后于电网电压，电枢电流中除有功分量外，还有滞后的无功分量。总之，过励时 $E_0'\cos\delta'>U$，发电机除向电网输出一定的有功功率外，还将输出滞后的无功功率。

反之，如果减少励磁电流，使 $I_f''<I_f$，则发电机将在“欠励”状态下运行。此时激磁电动势减小为 $\dot{E}_0''$，但其端点仍应落在 $\overline{AB}$ 线上；相应地，电枢电流将变成 $\dot{I}''$，$\dot{I}''$ 与 $\mathrm{j}\dot{I}''X_s$ 垂直，其端点仍在 $\overline{CD}$ 线上。此时电枢电流将超前于电网电压，电枢电流中除有功分量外，将出现超前的无功分量。总之，欠励时 $E_0''\cos\delta''<U$，发电机除向电网输出一定的有功功率外，还将输出超前的无功功率。

调节励磁电流就可以调节无功功率这一现象，也可以用磁动势平衡关系来解释。发电机

与无穷大电网并联时，其端电压恒为常值，所以无论主极的励磁如何变化，电枢绕组的合成磁通将始终保持不变。当增加励磁电流并成为“过励”时，主磁通增多，为维持电枢绕组的合成磁通不变，发电机应输出滞后电流，使去磁性的电枢反应增加，以抵消过多的主磁通。反之，减少励磁电流而变为“欠励”时，主磁通减小，发电机必须输出超前电流，以减小去磁性的电枢反应，甚至使电枢反应变为增磁性，以补偿主磁通的不足。所以，调节励磁电流便可以调节发电机的无功功率。

5. 功率因数变化时发电机的输出能力

当发电机的端电压保持为额定值、输出的有功功率为 P 时，容许输出的最大无功功率 Q 与有功功率 P 之间的关系 $Q=f(P)$，就称为发电机的输出能力曲线，如图 6－51 所示。

输出能力曲线对发电厂和电力系统的调度人员十分有用，在此曲线范围以内运行时，一方面能使发电机充分发挥其能力，另一方面又使定、转子绕组的温升不会超过限定值，从而保证了发电机的安全、可靠运行。

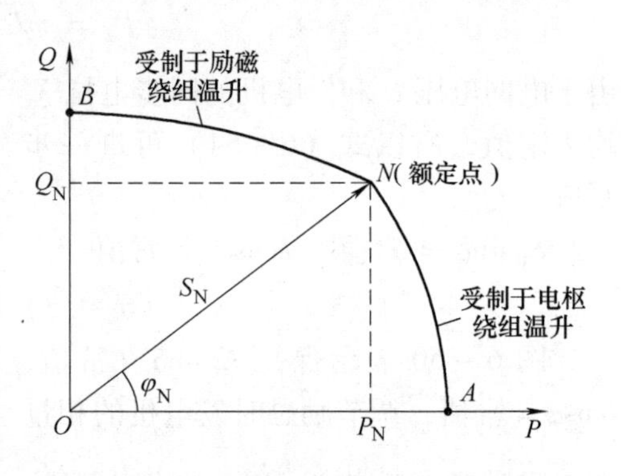

图 6－51 同步发电机的输出能力曲线

图 6－51 中，N 点是额定点，此时电枢电流为 I_N，功率因数为 $\cos\varphi_N$，发电机发出的视在功率为 S_N，有功功率为额定功率 P_N，励磁电流为额定励磁电流 I_{fN}。以 N 点为分界，能力曲线分成 $\overset{\frown}{NA}$ 和 $\overset{\frown}{NB}$ 两段。在 $\overset{\frown}{NA}$ 段，电枢电流保持为额定值 I_N，输出的视在功率保持为 S_N，从 N 点到 A 点，功率因数从 $\cos\varphi_N$ 逐步上升到 1，电枢反应的去磁作用逐步减小，所需的励磁电流也逐步减小，此时发电机的输出能力主要受电枢电流 I（或者说电枢绕组温升）的限制，只要 $I\leqslant I_N$，电机就能安全运行，所以 $\overset{\frown}{NA}$ 是以 O 为圆心、以 $\overline{ON}$ 为半径的一个圆弧[⊖]。

在 $\overset{\frown}{NB}$ 段，励磁电流保持为 I_{fN}，功率因数从 $\cos\varphi_N$ 逐步下降到 0。由于功率因数逐步下降，若电枢电流仍为 I_N，则电枢反应的去磁作用将逐步增大，为保持发电机的端电压为额定电压，励磁电流将逐步增大并超过 I_{fN}，从而使励磁绕组的温升高于规定温升，这是不容许的。因此在功率因数下降时，应当逐步减小电枢电流和输出的视在功率值，所以从 N 点到 B 点这一段，发电机的输出能力主要受励磁电流（或者说励磁绕组温升）的限制。当运行点达到 B 点时，功率因数为 0，此时输出的有功功率为 0，无功功率（图中的 $\overline{OB}$）则达到最大，此值就是作为补偿机运行时，该机所能发出的最大滞后无功功率。为了确定在某一功率因数下，电枢电流 I 允许有多大才能使励磁电流不超过 I_{fN}，需要利用电动势－磁动势图，经过多次反复计算才能确定。所以 $\overset{\frown}{NB}$ 段的绘制比较费时。

⊖ 当运行点达到 A 点时，发电机的输出有功功率 P_2 将大于额定功率 P_N（此时 $P_2=S_N$），轴上的驱动转矩 T_1 将大于额定转矩 T_N，这在设计机组时应当考虑到这点。

6.10 同步电动机与同步补偿机

同步电动机的特点是，稳态运行时，转子转速与负载的大小无关、而始终保持为同步转速，且其功率因数可以调节。因此在恒速负载和需要改善功率因数的场合，常常优先选用同步电动机。同步补偿机则是一种专门用来补偿电网无功功率和功率因数的同步电机。

1. 同步电动机的电压方程和相量图

同步电动机由电网输入电功率，轴端输出机械功率。若仍用发电机惯例来分析，则同步电动机是向电网发出负的电功率，即电磁功率 $P_e<0$；功率角 δ 也是负值，激磁电动势 $\dot{E}_0$ 将滞后于端电压 $\dot{U}$，电磁转矩是驱动转矩的情况。图6－52表示隐极同步电动机的相量图，由图可见，功率因数角 $|\varphi|>90°$。

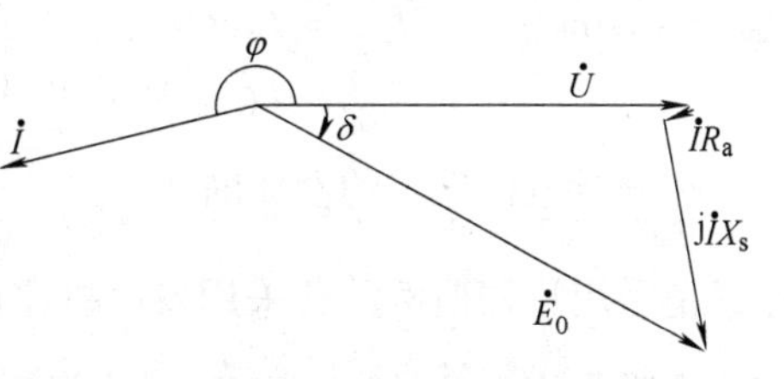

图6－52 隐极同步电动机的相量图（发电机惯例）

改用电动机惯例来分析（有关物理量的下标加M），即以输入电流 $\dot{I}_M$ 作为电枢电流的正方向，以输入电功率作为正值，功角 δ_M 规定从 $\dot{E}_0$ 指向 $\dot{U}$ 为正值。此时从隐极同步发电机的电压方程（6－8）出发，代入 $\dot{I}_M=-\dot{I}$，可得隐极同步电动机的电压方程为

$$\dot{U}=\dot{E}_0+(-\dot{I})R_a+j(-\dot{I})X_s=\dot{E}_0+\dot{I}_M R_a+j\dot{I}_M X_s \tag{6-56}$$

图6－53为相应的相量图和等效电路。对于电动机，这样做可以避免有功功率和功率角出现负值，并使功率因数角 φ_M 和内功率因数角 ψ_{0M} 都在－90°～90°的范围内。

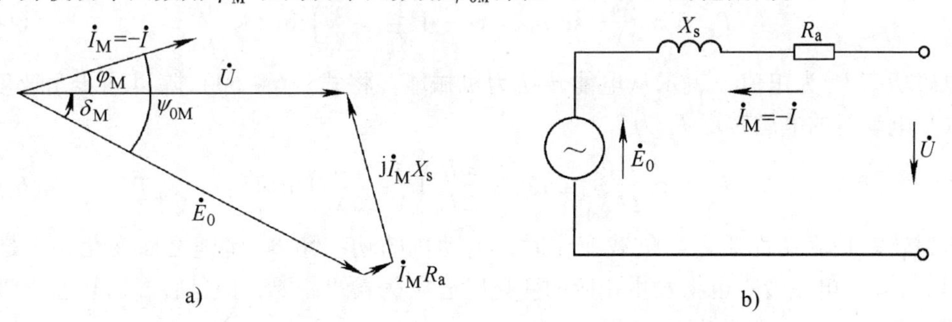

图6－53 隐极同步电动机的相量图和等效电路（电动机惯例）

a）相量图 b）等效电路

大多数同步电动机都是凸极式。采用电动机惯例时，凸极同步电动机的电压方程为

$$\dot{U}=\dot{E}_0+\dot{I}_M R_a+j\dot{I}_{dM}X_d+j\dot{I}_{qM}X_q \tag{6-57}$$

式中，$\dot{I}_{dM}$ 和 $\dot{I}_{qM}$ 分别表示定子电流的直轴和交轴分量，相应的相量图如图6－54所示。在画凸极同步电动机的相量图时，与发电机一样，需要先确定内功率因数角 ψ_{0M}。按照发电机中所用方法，在图6－54中作垂直于 $\dot{I}_M R_a$ 的线段 $j\dot{I}_M X_q$，不难导出

$$\psi_{0\mathrm{M}} = \arctan \frac{U\sin\varphi_{\mathrm{M}} + I_{\mathrm{M}}X_{\mathrm{q}}}{U\cos\varphi_{\mathrm{M}} - I_{\mathrm{M}}R_{\mathrm{a}}} \tag{6-58}$$

式中，当 $\dot{I}_{\mathrm{M}}$ 超前于 $\dot{U}$ 时，φ_{M} 取正值；当 $\dot{I}_{\mathrm{M}}$ 滞后于 $\dot{U}$ 时，φ_{M} 取负值；算出的 $\psi_{0\mathrm{M}}$ 角为正值时，表示 $\dot{I}_{\mathrm{M}}$ 超前于 $\dot{E}_0$；$\psi_{0\mathrm{M}}$ 为负值时，表示 $\dot{I}_{\mathrm{M}}$ 滞后于 $\dot{E}_0$。电枢电流的直轴和交轴分量分别为

$$I_{\mathrm{dM}} = I_{\mathrm{M}}\sin\psi_{0\mathrm{M}} \qquad I_{\mathrm{qM}} = I_{\mathrm{M}}\cos\psi_{0\mathrm{M}} \tag{6-59}$$

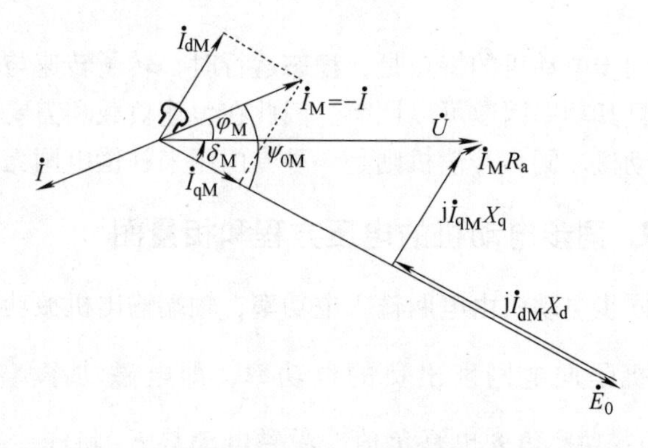

图 6-54　凸极同步电动机的相量图（电动机惯例）

在分析电枢反应的性质时，要注意是采用哪种惯例。若采用发电机惯例，则电枢电流 $\dot{I}$ 滞后于激磁电动势 $\dot{E}_0$ 时，电枢反应为去磁作用；$\dot{I}$ 超前于 $\dot{E}_0$ 时为增磁作用；这在 6.2 节中已经阐明。若采用电动机惯例，由于电枢电流的正方向已经改变，所以电枢电流 $\dot{I}_{\mathrm{M}}$ 滞后于激磁电动势 $\dot{E}_0$ 时，电枢反应为增磁作用；$\dot{I}_{\mathrm{M}}$ 超前于 $\dot{E}_0$ 时，电枢反应为去磁作用。

2. 同步电动机的功角特性，功率方程和转矩方程

功角特性　如将 6.9 节中按发电机惯例导出的功角特性（式 6-44）用于电动机，因为电动机的功率角 δ 为负值，所以电磁功率 P_{e} 也是负值。改用电动机惯例，使 $\delta_{\mathrm{M}} = -\delta$，即把 $\dot{E}_0$ 滞后于 $\dot{U}$ 时的功率角规定为正值，可得忽略定子电阻 R_{a} 时，同步电动机的功角特性为

$$P_{\mathrm{e}} = m\frac{E_0U}{X_{\mathrm{d}}}\sin\delta_{\mathrm{M}} + m\frac{U^2}{2}\left(\frac{1}{X_{\mathrm{q}}} - \frac{1}{X_{\mathrm{d}}}\right)\sin 2\delta_{\mathrm{M}} \tag{6-60}$$

这时电磁功率 P_{e} 为正值，表示从电能转换为机械能。将式（6-60）除以同步角速度 Ω_{s}，可得同步电动机的电磁转矩 T_{e} 为

$$T_{\mathrm{e}} = m\frac{E_0U}{\Omega_{\mathrm{s}}X_{\mathrm{d}}}\sin\delta_{\mathrm{M}} + \frac{mU^2}{2\Omega_{\mathrm{s}}}\left(\frac{1}{X_{\mathrm{q}}} - \frac{1}{X_{\mathrm{d}}}\right)\sin 2\delta_{\mathrm{M}} \tag{6-61}$$

此时电磁转矩是驱动性质。当负载变化时，电动机的功率角 δ_{M} 将随之而变化，于是由式(6-61)可知，电磁转矩也将发生相应的变化以适应负载的需要，但是转子的转速仍将保持为同步速度。

功率方程和转矩方程　正常工作时，同步电动机从电网输入的电功率 P_1，除小部分消耗于定子铜耗 p_{Cua} 外，大部分将通过气隙磁场的作用，由电能转换为机械能，此转换功率就是电磁功率 P_{e}，故有

$$P_1 = p_{\mathrm{Cua}} + P_{\mathrm{e}} \tag{6-62}$$

从电磁功率 P_{e} 中扣除定子铁耗 p_{Fe} 和机械损耗 p_{Ω} 后，可得轴上输出的机械功率 P_2[⊖]，即

⊖　此处忽略了杂散损耗。

$$P_e = p_{Fe} + p_\Omega + P_2 \tag{6-63}$$

式（6－62）和式（6－63）就是同步电动机的功率方程。

把式（6－63）除以同步角速度 Ω_s，可得转矩方程为

$$T_e = T_0 + T_2 \tag{6-64}$$

式中，T_e 为电动机的电磁转矩，$T_e = \frac{P_e}{\Omega_s}$；$T_0$ 为空载转矩，$T_0 = \frac{p_{Fe}+p_\Omega}{\Omega_s}$；$T_2$ 为输出转矩，$T_2 = \frac{P_2}{\Omega_s}$，它与负载转矩 T_L 大小相等、方向相反，即 $T_2 = T_L$。

3. 同步电动机的运行特性

同步电动机的运行特性包括工作特性和 V 形曲线。

工作特性　工作特性是指，定子电压 $U = U_{N\phi}$、励磁电流 $I_f = I_{fN}$ 时，电磁转矩、电枢电流、效率、功率因数与输出功率之间的关系，即 T_e，I_M，η，$\cos\varphi_M = f(P_2)$。

从转矩方程 $T_e = T_0 + T_2 = T_0 + \frac{P_2}{\Omega_s}$ 可知，当输出功率 $P_2 = 0$ 时，$T_e = T_0$，此时电枢电流为很小的空载电流；随着输出功率的增加，电磁转矩将正比增大，电枢电流也随之而增大，因此 $T_e = f(P_2)$ 是一条直线，$I_M = f(P_2)$ 近似为一直线，如图 6－55 所示。

同步电动机的效率特性与其他电机基本相同。空载时，$\eta = 0$；随着输出功率的增加，效率逐步增加，达到最大效率 η_{max} 后又逐步下降。

图 6－56 表示不同励磁电流时，同步电动机的功率因数特性。图中曲线 1 对应于励磁电流较小、使空载时 $\cos\varphi_M = 1$ 的情况；保持励磁电流不变，随着负载的增加，功率因数将从 1 逐步下降而变为滞后。曲线 2 对应于励磁电流稍大、使得半载时 $\cos\varphi_M = 1$ 的情况；保持励磁电流不变，则轻载时功率因数将变成超前，超过半载后功率因数则变成滞后。曲线 3 对应于励磁电流更大、使满载时 $\cos\varphi_M = 1$ 的情况。从图 6－56 可见，改变励磁电流，可使电动机在任一特定负载下的功率因数达到 1，甚至变成超前，这是同步电动机的特点。

和发电机一样，增加电动机的励磁（即增大 E_0），可以提高最大电磁功率 $P_{e(max)}$，从而提高过载能力。这也是同步电动机的特点之一。

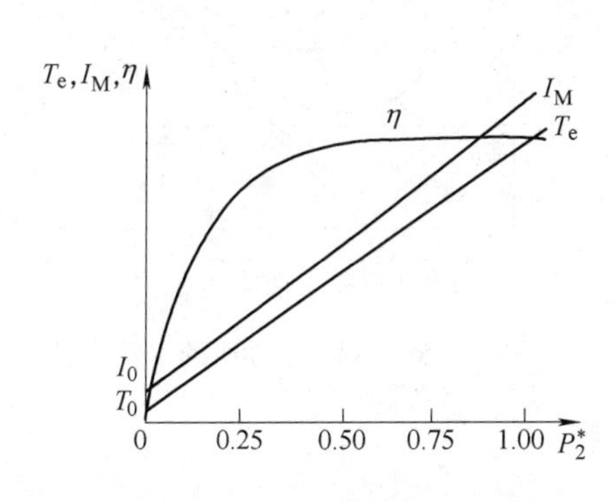

图 6－55　同步电动机的工作特性

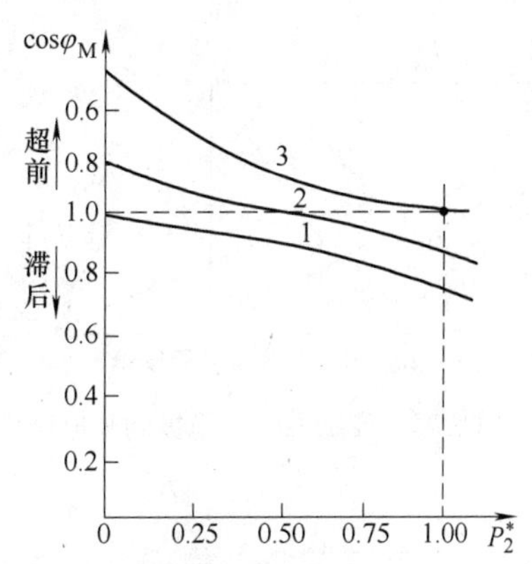

图 6－56　不同励磁时同步电动机的功率因数特性 $\cos\varphi_M = f(P_2^*)$

V 形曲线　V 形曲线是指定子电压 $U=U_N$、电磁功率 P_e = 常值时，电枢电流与励磁电流之间的关系 $I_M=f(I_f)$。不计磁饱和时，激磁电动势 E_0 与励磁电流 I_f 成正比，所以此关系也可以写成 $I_M=f(E_0)$。

设电动机为隐极，电枢电阻和磁饱和忽略不计。图 6－57 为电磁功率保持不变、改变励磁时，隐极同步电动机的相量图。由于电磁功率 $m\dfrac{E_0U}{X_d}\sin\delta_M$ 为常值，忽略电枢铜耗时，电枢的输入功率 $mUI_M\cos\varphi_M$ 也近似为一常值，因而有

$$E_0\sin\delta_M = \text{常值} \qquad I_M\cos\varphi_M = \text{常值} \tag{6-65}$$

于是改变励磁时，$\dot{E}_0$ 的端点将落在水平线 $\overline{AB}$ 上，$\dot{I}_M$ 的端点将落在铅垂线 $\overline{CD}$ 上。这种情况与上一节“同步发电机与电网的并联运行”中“无功功率的调节”的情况相类似，只不过那时是发电机，现在则是电动机。

当激磁电动势为 $\dot{E}_0$、电动机的功率因数 $\cos\varphi_M=1$ 时，该励磁就称为“正常励磁”。由于功率因数为 1，此时电枢电流 $\dot{I}_M$ 全部为有功电流，故 $\dot{I}_M$ 的值为最小。若增大励磁，使激磁电动势增加到 $\dot{E}_0'$，电机便处于“过励”状态，此时电枢电流 $\dot{I}_M'$ 将成为超前，其值较正常励磁时大，即 $I_M'>I_M$。反之，若减小励磁，使激磁电动势减小到 $\dot{E}_0''$，电机便处于“欠励”状态，此时电枢电流 $\dot{I}_M''$ 将成为滞后，其值也比正常励磁时大，即 $I_M''>I_M$。由此便可画出电磁功率为某一常值时的 $I_M=f(E_0)$ 或 $I_M=f(I_f)$，此曲线形如 V 字，通常称为 V 形曲线。

图 6－58 表示电磁功率为四个不同值 P_e、P_e'、P_e'' 和 P_e''' 时的 V 形曲线。V 形曲线的最低点是正常励磁、$\cos\varphi_M=1$ 的运行点；其右侧为“过励”状态，功率因数为超前；左侧为“欠励”状态，功率因数为滞后。不难看出，对于不同的电磁功率 P_e，电动机的正常励磁是不同的，P_e（或者说负载）愈大，相应的正常励磁就愈大[㊀]。当电磁功率保持不变、减小励磁直至图中虚线所示数值时，由于 E_0 的下降，使得电动机的最大电磁功率不断下降，电动

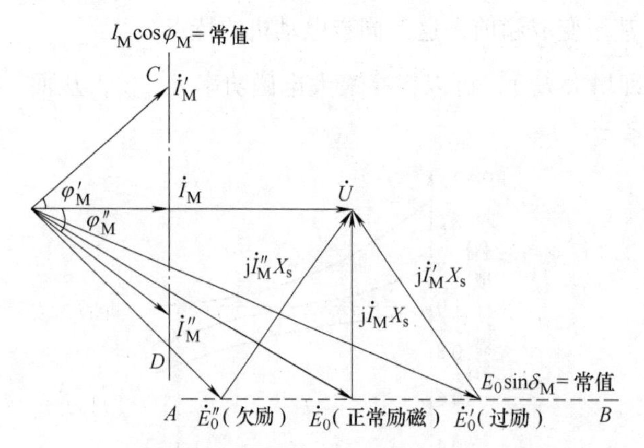

图 6－57　恒功率、变励磁时，隐极同步电动机的相量图

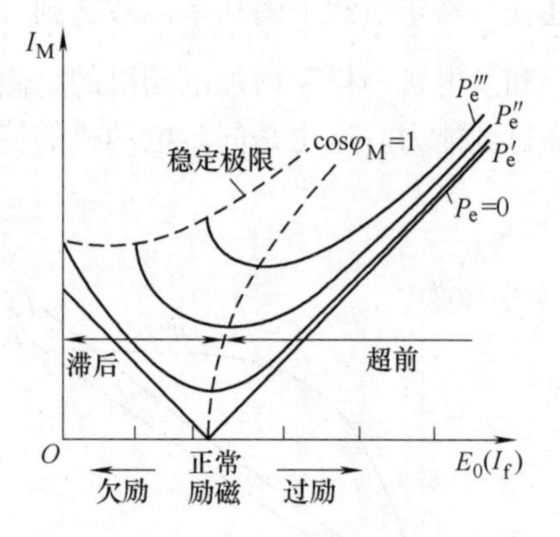

图 6－58　同步电动机的 V 形曲线
（$P_e'''>P_e''>P_e'>P_e$）

㊀　在提到正常励磁时，通常应当说明电磁功率（或负载）的大小；如果不加任何说明，则“正常励磁”通常是指额定负载时的正常励磁。

机将出现不稳定现象，图中虚线所示处即为达到静态稳定极限之处。

调节励磁就可以调节电动机的无功电流和功率因数，这是同步电动机的主要优点。通常同步电动机多在过励状态下运行，以便从电网吸收超前电流（即向电网输出滞后电流），改善电网的功率因数。但是过励时，励磁电流较大，励磁绕组的温升较高，电机的效率也将有所降低。

同步电动机的额定功率因数 $\cos\varphi_N$ 通常设计为1或0.8(超前)。

【例6－5】 有一台凸极同步电动机接在无穷大电网上运行，电动机的额定功率因数 $\cos\varphi_M=1$，电动机的直轴和交轴同步电抗分别为 $X_d^*=0.8$，$X_q^*=0.5$，电枢电阻、空载损耗和磁饱和忽略不计，试求：

（1）该机在额定电流、$\cos\varphi_M=1$ 的情况下运行时，激磁电动势的标幺值和该激磁电动势下的功角特性。

（2）若负载转矩不变，励磁增加20%，不计磁饱和，问电枢电流和功率因数将变成多少？

解 采用标幺值计算。

（1）先确定内功率因数角 ψ_{0M}。以电动机的端电压为参考相量，$\dot{U}^*=1.0\angle 0°$。由于 $\cos\varphi_M=1$，故电枢电流 $\dot{I}_M^*=1.0\angle 0°$，于是内功率因数角 ψ_{0M} 为

$$\psi_{0M}=\arctan\frac{U^*\sin\varphi_M+I_M^*X_q^*}{U^*\cos\varphi_M}=\arctan\frac{0.5}{1}=26.57°$$

由此可得，电枢电流的直轴分量和交轴分量分别为

$$I_{dM}^*=I_M^*\sin\psi_{0M}=\sin 26.57°=0.4473$$

$$I_{qM}^*=I_M^*\cos\psi_{0M}=\cos 26.57°=0.8944$$

由于 $\varphi_M=0°$，故此时的功率角 δ_M 就等于内功率因数角 ψ_{0M}，即

$$\delta_M=\psi_{0M}=26.57°$$

激磁电动势 E_0^* 为

$$E_0^*=U^*\cos\delta_M+I_{dM}^*X_d^*=1\times\cos 26.57°+0.4473\times 0.8=1.252$$

将有关数据代入功角特性的表达式，可得

$$P_e^*=\frac{E_0^*U^*}{X_d^*}\sin\delta_M+\frac{U^{*2}}{2}\left(\frac{1}{X_q^*}-\frac{1}{X_d^*}\right)\sin 2\delta_M$$

$$=\frac{1.252\times 1}{0.8}\sin\delta_M+\frac{1}{2}\left(\frac{1}{0.5}-\frac{1}{0.8}\right)\sin 2\delta_M=1.565\sin\delta_M+0.375\sin 2\delta_M$$

注意，用标幺值表示时，上式中无相数 m，且以电动机的额定视在功率作为功率基值。将 $\delta_M=26.57°$代入上式，可知 $P_e^*=1$。

（2）若励磁增加20%，不计磁饱和时，$E_0'^*=1.2E_0^*=1.2\times 1.252=1.502$，此时功角特性应为

$$P_e^*=1.878\sin\delta_M'+0.375\sin 2\delta_M'$$

因负载转矩不变，空载转矩忽略不计，故电磁转矩和电磁功率 P_e^* 仍将保持为1，用试探法求 δ_M'，可得 $\delta_M'=22.91°$。

从相量图6－54可知，此时电枢电流 $I_M'^*$ 及其直轴和交轴分量分别为

$$I'^*_{dM} = \frac{E'^*_0 - U^* \cos \delta'_M}{X^*_d} = \frac{1.502 - \cos 22.91°}{0.8} = 0.7261$$

$$I'^*_{qM} = \frac{U^* \sin \delta'_M}{X^*_q} = \frac{\sin 22.91°}{0.5} = 0.7786$$

$$I'^*_M = \sqrt{(I'^*_{dM})^2 + (I'^*_{qM})^2} = \sqrt{(0.7261)^2 + (0.7786)^2} = 1.064$$

内功率因数角 ψ'_{0M} 则为

$$\psi'_{0M} = \arccos \frac{I'^*_{qM}}{I'^*_M} = \arccos \frac{0.7786}{1.064} = 42.97°$$

功率因数角 φ'_M 和功率因数 $\cos\varphi'_M$ 为

$$\varphi'_M = \psi'_{0M} - \delta'_M = 42.97° - 22.91° = 20.06°$$

$$\cos\varphi'_M = \cos 20.06° = 0.9393\text{（超前）}$$

即过励时功率因数将从 1 变为超前。

【例 6-6】 某工厂的电力设备所消耗的总功率为 2400kW，$\cos\varphi = 0.8$（滞后），今欲添置一台功率为 400kW 的电动机。现有 400kW、$\cos\varphi_N = 0.8$（滞后）的感应电动机和 400kW、$\cos\varphi_N = 0.8$（超前）的同步电动机可供选用，试问在这两种情况下，工厂的总视在功率和功率因数各为多少（电动机的损耗略去不计）？

解 工厂原来所耗功率为

有功功率　$P = 2400\text{kW}$

视在功率　$S = \dfrac{P}{\cos\varphi} = \dfrac{2400}{0.8}\text{kVA} = 3000\text{kVA}$

由于 $\cos\varphi = 0.8$（滞后），故 $\sin\varphi = 0.6$，于是无功功率为

$$Q = S\sin\varphi = 3000 \times 0.6\text{kvar} = 1800\text{kvar}$$

（1）选用感应电动机时

总有功功率　$P' = (2400 + 400)\text{kW} = 2800\text{kW}$

总无功功率　$Q' = \left(1800 + \dfrac{400}{0.8} \times 0.6\right)\text{kvar} = 2100\text{kvar}$（滞后）

总视在功率　$S' = \sqrt{P'^2 + Q'^2} = \sqrt{2800^2 + 2100^2}\text{kVA} = 3500\text{kVA}$

总功率因数不变，$\cos\varphi' = 0.8$（滞后）

（2）选用同步电动机时

总有功功率　$P'' = (2400 + 400)\text{kW} = 2800\text{kW}$

总无功功率　$Q'' = \left(1800 - \dfrac{400}{0.8} \times 0.6\right)\text{kvar} = 1500\text{kvar}$（滞后）

总视在功率　$S'' = \sqrt{P''^2 + Q''^2} = \sqrt{2800^2 + 1500^2}\text{kVA} = 3176\text{kVA}$

总功率因数　$\cos\varphi'' = \dfrac{P''}{S''} = \dfrac{2800}{3176} = 0.8815$（滞后）

计算表明，若选用同步电动机，则工厂所需的总视在功率较小，总功率因数较高。

4. 同步电动机的起动

同步电机仅在同步转速时，转子的主极磁场和定子的旋转磁场才能保持相对静止，并产生恒定的同步电磁转矩。起动时若把定子直接投入电网，转子加上直流励磁，则定子三相电流所产生的旋转磁场以同步转速旋转，而转子磁场则静止不动，定、转子磁场之间具有相对运动，所以作用在转子上的电磁转矩快速地正、负交变，平均转矩为零，故电动机不能自行起动。因此，要把同步电动机起动起来，必须借助于其他方法。

异步起动法　多数同步电动机都用异步起动法来起动。为此，通常在电动机的主极极靴上装设笼型起动绕组（类似于感应电动机转子上的笼型绕组）。

异步起动时的线路图如图6－59所示。起动时，先把励磁绕组接至限流电阻，然后把定子三相绕组接至交流电网。此时，依靠定子旋转磁场和转子笼型起动绕组中感应电流所产生的异步电磁转矩，电机便能起动起来。待转速上升到接近于同步转速时，再将直流励磁电流接入励磁绕组，使转子建立主磁场；此时依靠定、转子磁场相互作用所产生的同步电磁转矩，再加上转子凸极效应所产生的磁阻转矩，通常便可将转子牵入同步。一般来讲，负载越轻，加入直流励磁时电动机的转差率越小，功角又在合适的范圈以内，就越容易进入同步。

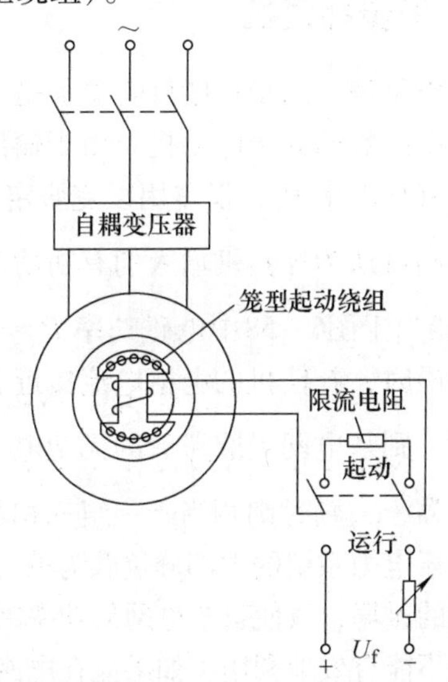

图6－59　同步电动机异步起动时的线路图

起动绕组所产生的转矩 $T_{e(起动)}$ 类似于感应电动机的异步电磁转矩，如图6－60中上面的一条虚线所示。当转速达到 $0.95n_s$（即转差率 $s=0.05$）时，起动绕组所产生的异步转矩值称为牵入转矩。起动时，要求起动转矩 T_{st} 大，牵入转矩 T_{pi} 也要大。

异步起动时，励磁绕组不能开路，否则定子旋转磁场会在匝数较多的励磁绕组中感应出高电压，易使励磁绕组击穿或引起人身事故。但也不能直接短路，否则励磁绕组（相当于一个单相绕组）中的感应电流与气隙磁场相作用，会产生显著的“单轴转矩” $T_{e(单轴)}$，使合成电磁转矩 T_e 在 $0.5n_s$ 附近产生明显的下凹（见图6－60），导致重载起动时电动机的转速停滞在 $0.5n_s$ 附近而不能继续上升。为减小单轴转矩，起动时应在励磁绕组内接入一个限流电阻，其阻值约为励磁绕组自身电阻的5～10倍。

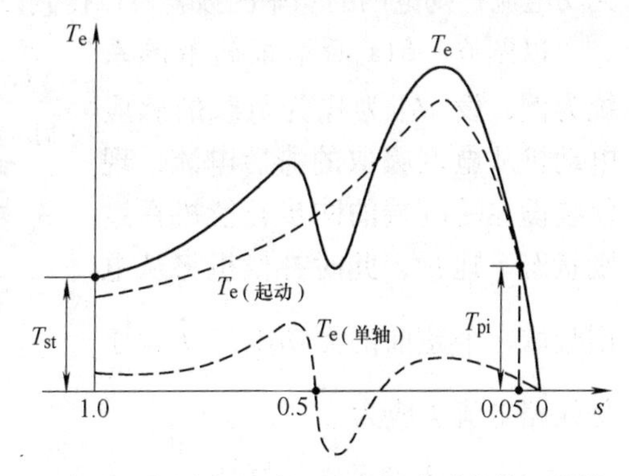

图6－60　同步电动机异步起动时的转矩曲线

其他起动方法　同步电动机也可以用辅助电动机拖动来起动，通常选用与同步电动机极数相同、容量约为主机10%～15%的感应电动机作为辅助电动机。当辅助电机把主机拖动到接近同步转速时，再用自整步法把主机投入电网。

在具有三相变频电源的场合，也可以采用调频起动法。起动时，同步电动机的转子加上直流励磁，同时把变频电源的频率调得极低，使同步电动机投入变频电源后，定子的旋转磁场转得极慢。这样，依靠定、转子磁场之间相互作用所产生的同步电磁转矩，即可使电动机开始起动，并在很低的转速下运转。然后逐步提高电源的频率，使定子旋转磁场和转子的转速逐步加快，直到正常转速为止。

同步电动机的起动问题要靠起动绕组或其他方法来解决，正常工作时转子要外接直流电源，从而使转子结构稍为复杂、造价提高，这是它的缺点。

5. 同步补偿机

工作原理　同步补偿机实质上是一台轴上不带机械负载、专门用以调节无功功率、改善电网功率因数的同步电动机。由于输出的机械功率 $P_2=0$，所以正常工作时，补偿机从电网输入的有功功率 P_1，仅需用以克服定子的铜耗 p_{Cua}、铁耗 p_{Fe} 和转子的机械损耗 p_Ω。若不计损耗，则可认为补偿机输入的有功功率和电磁功率均近似为0，所以补偿机的V形曲线 $I=f(I_f)$，相当于图6－58中电磁功率 $P_e\approx0$ 时电动机的V形曲线。从V形曲线可知，当励磁为正常励磁时，补偿机的电枢电流接近于零；过励时，补偿机能从电网吸取超前的无功电流；欠励时，则从电网吸取滞后的无功电流。所以过励时同步补偿机就相当于一组并联的三相可变电容器，欠励时则相当于一组三相可变电抗器。

由于电力系统的大部分负载为感应电动机，它们要从电网吸取一定的滞后无功电流来建立电机内的磁场，致使整个电网的功率因数降低，线路的电压降和铜耗增大，电站中同步发电机的容量不能有效地利用。如果能在电网的受电端装设一台同步补偿机，使其从电网吸收超前的无功电流，则电网的功率因数就可以得到改善。

以图6－61a所示最简单的系统为例，设 $\dot{I}_a$ 为作为负载的感应电动机从电网吸取的滞后电流，现使装设在受电端的同步补偿机在过励状态下运行，此时补偿机将从电网吸取一个超前的无功电流 $\dot{I}_c$，于是线路电流 $\dot{I}$ 成为

$$\dot{I}=\dot{I}_a+\dot{I}_c \qquad (6-66)$$

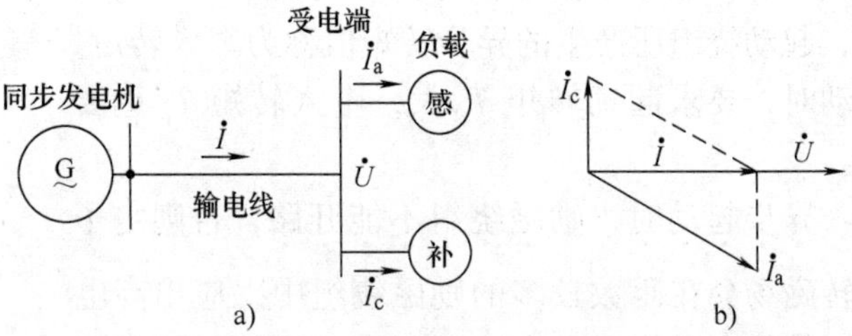

图6－61　用同步补偿机来改善电网的功率因数

a) 在受电端装设补偿机　b) 相量图

从图6－61b所示相量图可见，由于补偿机从电网吸收的超前无功电流，完全（或部分）补偿了感应电动机所需的滞后无功电流，结果将使线路电流和线路铜耗减小，功率因数显著提高。用发电机惯例来分析时，也可以认为补偿机向电网输出了一个滞后的无功电流，此时感应电动机所需的滞后无功电流，实质上是由过励的同步补偿机发出而直接供给的，从而避免了无功电流的远程输送，改善了电网的功率因数。

对于长距离的输电线路，轻载时，由于输电线路对地的电容电流，可使受电端（即负载端）的电压升高。此时若使受电端的补偿机作欠励运行，就可以减小线路中的无功电流，并使受电端的电压基本保持不变。

由于同步补偿机具有调节电网功率因数（即调节电流相位）的作用，所以亦称为同步调相机。

额定容量和结构特点 同步补偿机的额定容量，是指过励时补偿机所能补偿的最大无功功率值，此值主要受定、转子绕组温升的限制。由于补偿机不带任何机械负载，故可以没有轴伸，部件所受的机械应力也较低，此外同步电抗可以设计得较大，使电机的用铜量减少、造价降低。为了异步起动，补偿机的转子上通常装有起动绕组。为提高材料利用率，大型补偿机常采用氢冷。

6.11 同步发电机的不对称短路

上面研究了同步发电机的对称运行。实际上由于种种原因，例如系统内部接有较大的单相负载，或由于某处发生不对称短路事故等，均可使发电机在不对称状态下运行。本节将说明如何用对称分量法来分析同步发电机的不对称短路问题。

1. 对称分量法

若电机为对称、磁路为线性，当电机端点加有三相不对称电压时，可以把不对称电压分解为正序、负序和零序三组对称电压，然后应用叠加原理，分别求出这三组电压单独作用时电机内的各序电流和电磁转矩，再把它们叠加起来，得到总的电流和电磁转矩，这就是对称分量法。所以对称分量法的实质是，把一个不对称问题分解成正序、负序和零序三个彼此独立的对称问题来求解，再把结果叠加起来。由于计算对称问题时，只要取一相来计算，于是整个计算得以简化。对于旋转电机，由于转子对正序和负序旋转磁场的反应不同，使得正序阻抗和负序阻抗互不相同，因此应用对称分量法就更加必要。

设 $\dot{U}_A$、$\dot{U}_B$和 $\dot{U}_C$为一组三相不对称电压，把这组电压分解成正序、负序和零序三组电压之和，其中正序分量为幅值相同、相位互差 120°、相序为正相序（即 B 相滞后于 A 相 120°，C 相又滞后于 B 相 120°）的对称三相电压 $\dot{U}_+$、$a^2\dot{U}_+$和 $a\dot{U}_+$，式中 a 为 120°复数算子，$a=e^{j120^\circ}$；负序分量为幅值相同、相位互差 120°、相序为反相序（即 B 相超前于 A 相 120°，C 相又超前于 B 相 120°）的对称三相电压 $\dot{U}_-$、$a\dot{U}_-$和 $a^2\dot{U}_-$；零序分量为幅值相同、相位也相同的三个单相电压 $\dot{U}_0$、$\dot{U}_0$和 $\dot{U}_0$；即

$$\left.\begin{aligned}\dot{U}_A &= \dot{U}_+ + \dot{U}_- + \dot{U}_0\\ \dot{U}_B &= a^2\dot{U}_+ + a\dot{U}_- + U_0\\ \dot{U}_C &= a\dot{U}_+ + a^2\dot{U}_- + \dot{U}_0\end{aligned}\right\}\tag{6-67}$$

求解式（6－67），可得正序、负序和零序分量分别为

$$\left.\begin{aligned}\dot{U}_{+} &= \frac{1}{3}(\dot{U}_{A} + a\dot{U}_{B} + a^{2}\dot{U}_{C}) \\ \dot{U}_{-} &= \frac{1}{3}(\dot{U}_{A} + a^{2}\dot{U}_{B} + a\dot{U}_{C}) \\ \dot{U}_{0} &= \frac{1}{3}(\dot{U}_{A} + \dot{U}_{B} + \dot{U}_{C})\end{aligned}\right\} \tag{6-68}$$

2. 同步发电机的各序阻抗和等效电路

从转子结构上看，隐极转子在磁路上是基本对称的，在电路方面由于仅在直轴上有励磁绕组，故为不对称。凸极转子在磁路和电路两方面均为不对称。所以在分析和导出同步电机的各序阻抗和等效电路时，除了对称分量法，还要用到双反应理论。

正序阻抗和正序等效电路　在转子正向同步旋转、励磁绕组接通、电枢三相绕组流过对称的正序电流时，同步电机所表现的阻抗称为正序阻抗，用 Z_+ 表示，

$$Z_{+} = R_{+} + jX_{+} \tag{6-69}$$

不难看出，这种情况就是前面已经研究过的对称运行情况，所以稳态运行时隐极同步电机的正序阻抗 Z_+ 就是同步阻抗；其中正序电阻就是电枢电阻，$R_+ = R_a$；正序电抗就是同步电抗，$X_+ = X_s$。对于凸极电机，当电枢磁动势与直轴重合时，$X_+ = X_d$；当电枢磁动势与交轴重合时，$X_+ = X_q$；当电枢磁动势在其他位置时，正序电抗 X_+ 的值将介于 X_d 和 X_q 之间。在研究不对称短路问题时，通常电阻常远小于电抗，短路电流中的正序分量基本为一纯电感性的直轴电流，此时正序电抗 $X_+ \approx X_d$。

图6－62b 表示稳态运行时同步发电机的正序等效电路，图中 $\dot{E}_+$ 表示主磁通在电枢绕组中所感生的正序电动势，相应的正序电压方程为

$$\dot{E}_{+} = \dot{U}_{+} + \dot{I}_{+}Z_{+} \tag{6-70}$$

由于电枢绕组通常为对称三相绕组，故 $\dot{E}_+$ 就是激磁电动势 $\dot{E}_0$，即 $\dot{E}_+ = \dot{E}_0$。

负序阻抗和负序等效电路　在转子正向同步旋转、励磁绕组短接、电枢三相绕组流过一组对称的负序电流时，同步电机所表现的阻抗就称为负序阻抗，用 Z_- 表示。

当电枢绕组内流过对称的负序电流时，电枢将产生一个反向同步旋转的旋转磁场，它与转子的相对速度为 $2n_s$，此情况相当于感应电动机在转差率 $s=2$ 时的情况。把 $s=2$ 代入同步电动机在异步运行时的等效电路，并考虑

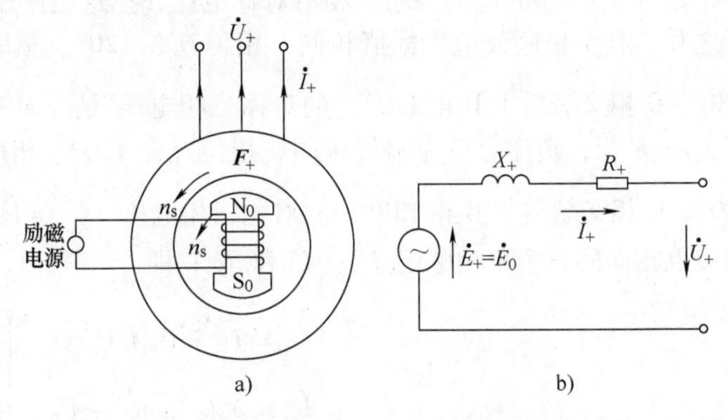

图6－62　同步发电机的正序等效电路

a）线路示意图　b）正序等效电路

到直轴及交轴方面在磁路和电路上的差别，就可得到直轴和交轴负序阻抗的等效电路。

图6-63a为转子上装有励磁绕组和阻尼绕组时，参照双笼转子感应电动机的等效电路所画出的直轴负序等效电路，图中忽略了励磁绕组和阻尼绕组之间的互漏抗。从图可见，直轴负序阻抗Z_{-d}为

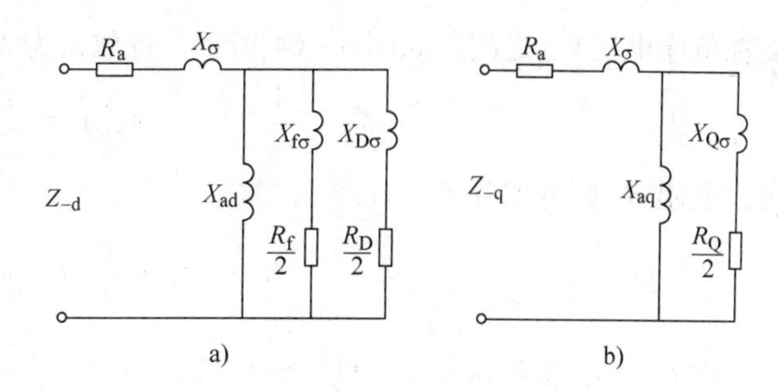

图6-63 直轴和交轴的负序等效电路
a）直轴电路 b）交轴电路

$$Z_{-d}=R_a+jX_\sigma+\cfrac{1}{\cfrac{1}{jX_{ad}}+\cfrac{1}{\cfrac{R_f}{2}+jX_{f\sigma}}+\cfrac{1}{\cfrac{R_D}{2}+jX_{D\sigma}}}=R_{-d}+jX_{-d} \tag{6-71}$$

式中，R_f和$X_{f\sigma}$分别为励磁绕组的电阻和漏抗的归算值；R_D和$X_{D\sigma}$分别为直轴阻尼绕组的电阻和漏抗的归算值；R_{-d}和X_{-d}为直轴的负序电阻和电抗。当$X_{f\sigma}\gg R_f$，$X_{D\sigma}\gg R_D$时，直轴负序电抗X_{-d}将近似等于

$$X_{-d}\approx X_\sigma+\cfrac{1}{\cfrac{1}{X_{ad}}+\cfrac{1}{X_{f\sigma}}+\cfrac{1}{X_{D\sigma}}}=X''_d \tag{6-72}$$

式中，X''_d称为直轴超瞬态电抗，$X''_d=X_\sigma+\cfrac{1}{\cfrac{1}{X_{ad}}+\cfrac{1}{X_{f\sigma}}+\cfrac{1}{X_{D\sigma}}}$。$X''_d$的含义详见6.12节的第3部分。

图6-63b表示转子上装有阻尼绕组时，交轴的负序等效电路图。由于交轴方面没有励磁绕组，所以交轴负序阻抗Z_{-q}为

$$Z_{-q}=R_a+jX_\sigma+\cfrac{1}{\cfrac{1}{jX_{aq}}+\cfrac{1}{\cfrac{R_Q}{2}+jX_{Q\sigma}}}=R_{-q}+jX_{-q} \tag{6-73}$$

式中，R_Q和$X_{Q\sigma}$分别为交轴阻尼绕组的电阻和漏抗的归算值；R_{-q}和X_{-q}为交轴的负序电阻和电抗。当$X_{Q\sigma}\gg R_Q$时，交轴负序电抗X_{-q}将近似等于

$$X_{-q}\approx X_\sigma+\cfrac{1}{\cfrac{1}{X_{aq}}+\cfrac{1}{X_{Q\sigma}}}=X''_q \tag{6-74}$$

式中，X''_q称为交轴超瞬态电抗，$X''_q=X_\sigma+\cfrac{1}{\cfrac{1}{X_{aq}}+\cfrac{1}{X_{Q\sigma}}}$。

由于负序电流所产生的负序磁场与转子之间，具有二倍同步速度的相对运动，所以负序磁场时而与转子直轴重合，时而与交轴重合，因此负序电抗X_-的值将介于直轴负序电抗X_{-d}和

交轴负序电抗X_{-q}之间，如图 6－64 所示。近似认为X_-等于X_{-d}和X_{-q}的算术平均值，就有

$$X_- \approx \frac{1}{2}(X_{-d} + X_{-q}) = \frac{1}{2}(X''_d + X''_q) \tag{6-75}$$

负序电阻R_-则近似等于

$$R_- \approx R_a + \frac{1}{4}(R_D + R_Q) \tag{6-76}$$

图 6－65b 表示同步发电机的负序等效电路。由于激磁电动势$\dot{E}_0$为对称的正序电动势，没有负序分量，故$\dot{E}_-=0$，所以发电机的负序电压方程为

$$0 = \dot{U}_- + \dot{I}_- Z_- \tag{6-77}$$

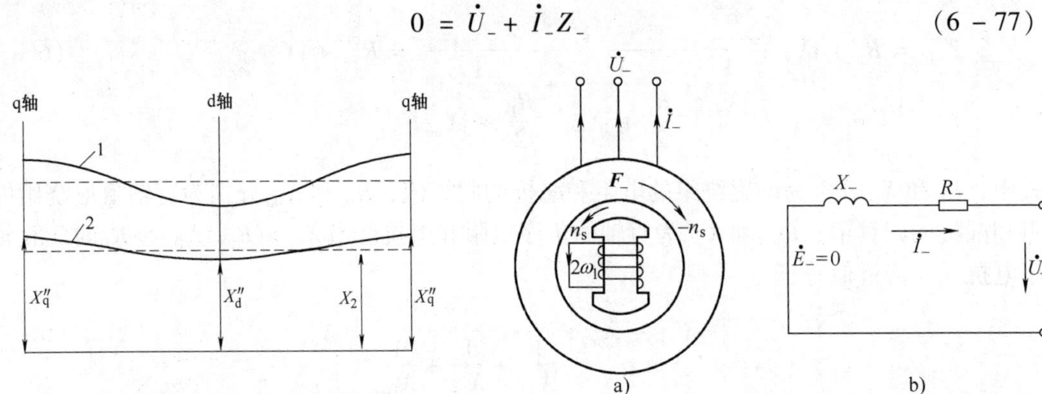

图 6－64 不同转子位置时的负序电抗值
曲线 1—装有阻尼绕组的凸极同步发电机
曲线 2—汽轮发电机

图 6－65 同步发电机的负序等效电路
a）接线示意图 b）负序等效电路

零序阻抗和零序等效电路 在转子正向同步旋转、励磁绕组短接、电枢三相绕组接有中线并流过一组零序电流时，同步电机所表现的阻抗称为零序阻抗，用Z_0表示。

当电枢绕组通有零序电流时，由于各相的零序电流为同幅值、同相位，而三相绕组在空间互差 120°电角度，故零序的基波合成磁动势应当等于零（见图 6－66a），于是零序基波气隙磁场也等于零，零序电流仅能产生一些电枢漏磁通，所以零序电抗X_0属于漏电抗的性质。分析表明，零序电抗比对称运行时的定子漏抗X_σ略小，即$X_0 \leqslant X_\sigma$。零序电阻R_0就是电枢电阻R_a。零序阻抗Z_0则等于

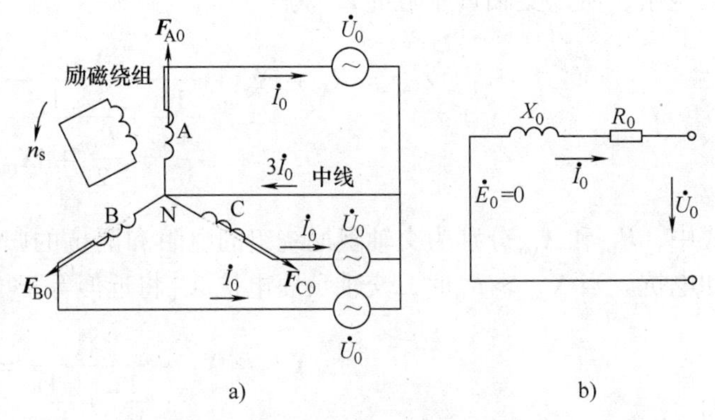

图 6－66 同步发电机的零序等效电路
a）零序电流所产生的基波合成磁动势等于 0 b）零序等效电路

$$Z_0 = R_0 + jX_0 \tag{6-78}$$

图 6－66b 为同步发电机的零序等效电路。由于电枢绕组中无零序电动势，所以零序电压方程为

$$0 = \dot{U}_0 + \dot{I}_0 Z_0 \tag{6-79}$$

表6-2列出了同步电机负序和零序参数的典型值。

表6-2　现代同步电机的负序和零序参数

电机类型 \ 参数	X_-^*	X_0^*	R_-^*
两极汽轮发电机	—	0.015~0.08	0.025~0.04
装有阻尼绕组的凸极发电机	$\dfrac{0.22}{0.15\sim0.30}$	0.06~0.17	0.012~0.02
不装阻尼绕组的凸极发电机	$\dfrac{0.42}{0.20\sim0.55}$	0.06~0.21	0.03~0.045

注：表中横线下面的数字为参数的范围，横线上面的数字为参数的平均值。

下面用对称分量法和各序等效电路来研究同步发电机的两种不对称短路。

3. 同步发电机的单相短路

设同步发电机的A相对中线短路，B、C相为空载，如图6-67所示。下面来导出A相的稳态短路电流。

A相短路，B、C相空载时，发电机端点处的约束条件为

$$\left.\begin{aligned} \dot{U}_A &= 0 \\ \dot{I}_B = \dot{I}_C &= 0 \end{aligned}\right\} \tag{6-80}$$

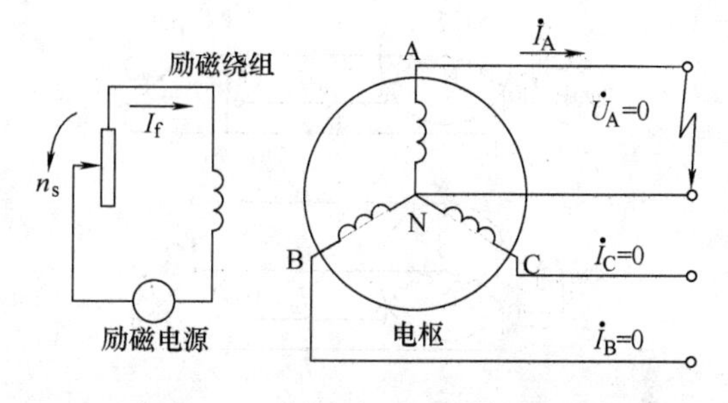

图6-67　同步发电机的单相短路

根据对称分量法，把发电机端点的三相不对称电压和电流分别分解为正序、负序和零序三个对称系统，由式（6-80）中的第一式可知，在发电机端点处有

$$\dot{U}_+ + \dot{U}_- + \dot{U}_0 = 0 \tag{6-81}$$

由式（6-80）中的第二式可知

$$\left.\begin{aligned} \dot{I}_+ &= \frac{1}{3}(\dot{I}_A + a\dot{I}_B + a^2\dot{I}_C) = \frac{1}{3}\dot{I}_A \\ \dot{I}_- &= \frac{1}{3}(\dot{I}_A + a^2\dot{I}_B + a\dot{I}_C) = \frac{1}{3}\dot{I}_A \\ \dot{I}_0 &= \frac{1}{3}(\dot{I}_A + \dot{I}_B + \dot{I}_C) = \frac{1}{3}\dot{I}_A \end{aligned}\right\}$$

即

$$\dot{I}_+ = \dot{I}_- = \dot{I}_0 = \frac{1}{3}\dot{I}_A \tag{6-82}$$

将各序的电压方程式（6-70）、式（6-77）、式（6-79）与式（6-81）和式（6-82）联立求解，即可得到各序电流和电压。对于本问题，利用各相序的等效电路和故障处的约束条件来求解，将更为清楚、方便。

把发电机端点处的三相不对称电压和电流，分解成正序、负序和零序三组对称分量，此

不对称问题就转化成三个对称问题的叠加，如图 6－68a 所示。把正序、负序和零序这三个对称问题的电路分别画出，可得图 6－68b。对于对称问题，可以取出一相（A 相）来分析、计算，图 6－68c 中左边的三个实线图就是从发电机到故障点处，正序、负序和零序的一相等效电路。这三个电路应当怎样连接，取决于不对称短路处的约束条件。根据式(6－82)的 $\dot{I}_+ = \dot{I}_- = \dot{I}_0$，可知正、负、零序这三个电路应当串联；根据式（6－81）的 $\dot{U}_+ + \dot{U}_- + \dot{U}_0 = 0$，可知这三个电路串联后应当短接，如图 6－68c 右端的虚线所示。

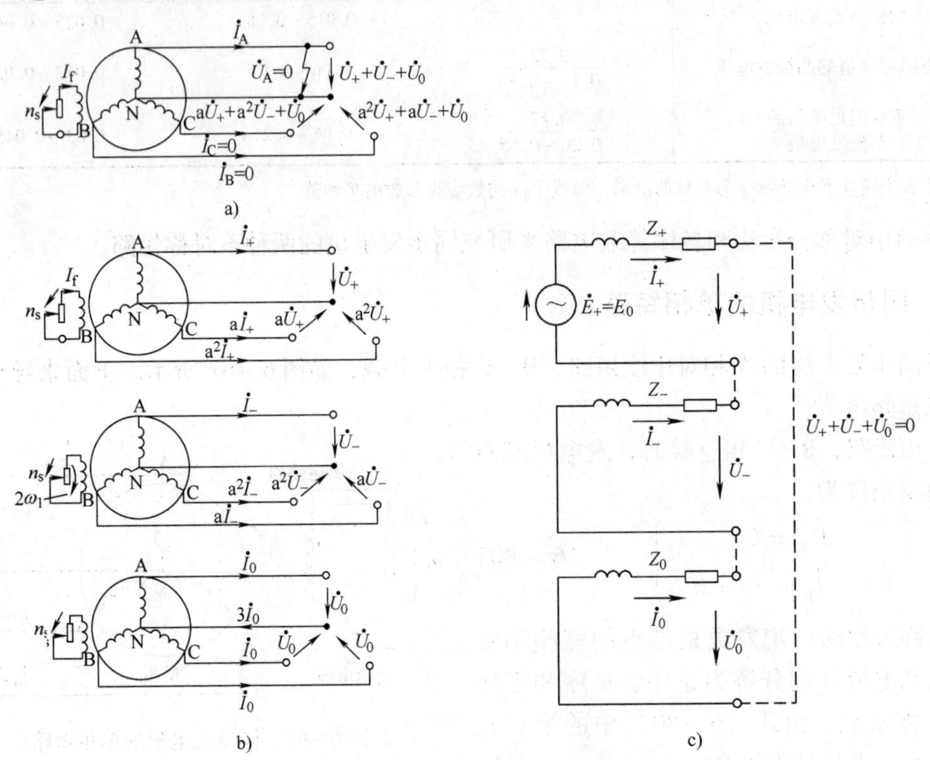

图 6－68　单相短路时各序的等效电路及其连接

a）把故障处的不对称电压、电流分解为正序、负序和零序分量　b）把三相不对称系统分解为三个对称系统　c）利用故障处的约束条件把正序、负序和零序电路连接起来

由图 6－68c 即可求出正序、负序、零序电流分别为

$$\dot{I}_+ = \dot{I}_- = \dot{I}_0 = \frac{\dot{E}_0}{Z_+ + Z_- + Z_0} \tag{6-83}$$

于是短路电流 $\dot{I}_A$ 为

$$\dot{I}_A = \dot{I}_+ + \dot{I}_- + \dot{I}_0 = \frac{3\dot{E}_0}{Z_+ + Z_- + Z_0} \tag{6-84}$$

以上是短路电流的基波。实际上除基波外，短路电流中还将含有 3 次、5 次等一系列奇次谐波；励磁电流中除直流励磁分量外，还有一系列偶次谐波。

4. 同步发电机的线间短路

设 B、C 两相发生线间短路，A 相为空载，如图 6－69 所示。下面用对称分量法和短路处的约束条件，来导出稳态短路电流 $\dot{I}_B$ 和 A 相的开路电压 $\dot{U}_A$。

B、C 相线间短路、A 相空载时，发电机端点的约束条件为

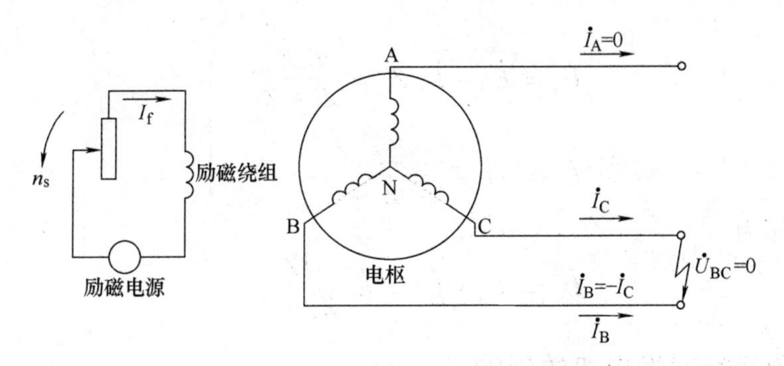

图6-69　同步发电机的线间短路

$$\left.\begin{aligned}\dot{U}_{BC}&=\dot{U}_B-\dot{U}_C=0\\ \dot{I}_B&=-\dot{I}_C\quad \dot{I}_A=0\end{aligned}\right\}\tag{6-85}$$

把发电机端点的三相不对称电压和电流分解为对称分量，并利用上述约束条件，可得

$$\dot{U}_{BC}=\dot{U}_B-\dot{U}_C=(a^2\dot{U}_++a\dot{U}_-+\dot{U}_0)-(a\dot{U}_++a^2\dot{U}_-+\dot{U}_0)=(a^2-a)(\dot{U}_+-\dot{U}_-)=0$$

$$\left.\begin{aligned}\dot{I}_0&=\frac{1}{3}(\dot{I}_A+\dot{I}_B+\dot{I}_C)=0\\ \dot{I}_+&=\frac{1}{3}(\dot{I}_A+a\dot{I}_B+a^2\dot{I}_C)=\frac{1}{3}(a-a^2)\dot{I}_B\\ \dot{I}_-&=\frac{1}{3}(\dot{I}_A+a^2\dot{I}_B+a\dot{I}_C)=\frac{1}{3}(a^2-a)\dot{I}_B\end{aligned}\right\}$$

由此可得

$$\left.\begin{aligned}\dot{U}_+&=\dot{U}_-\\ \dot{I}_+&=-\dot{I}_-\quad \dot{I}_0=0\end{aligned}\right\}\tag{6-86}$$

由于正序、负序和零序三组对称分量都是对称系统，故可取其中一相（A相）来分析、计算。因为 $\dot{I}_0=0$，所以零序系统可以不予考虑。分别画出发电机到故障点的正序和负序等效电路，如图6-70中的左、右两图所示，再根据式（6-86）中 $\dot{U}_+=\dot{U}_-$ 和 $\dot{I}_+=-\dot{I}_-$ 这两个条件，可知正序和负序电路应当“对接”起来，如图6-70中虚线所示。

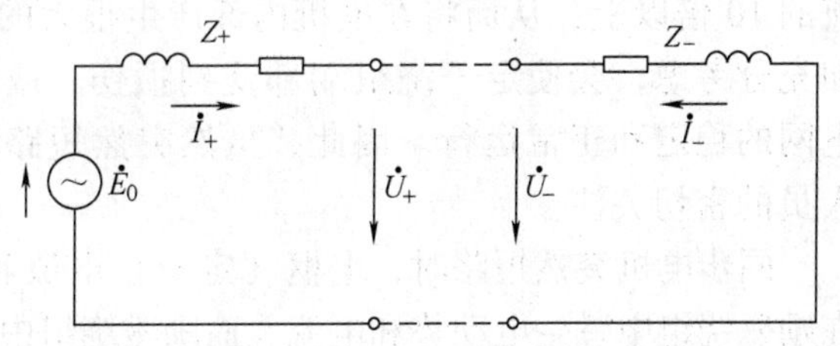

图6-70　线间短路时正序和负序电路的连接

由图6-70即可解出正序和负序电流为

$$\dot{I}_+=-\dot{I}_-=\frac{\dot{E}_0}{Z_++Z_-}\tag{6-87}$$

于是短路电流就等于

$$\dot{I}_B=-\dot{I}_C=(a^2-a)\dot{I}_+=-j\frac{\sqrt{3}\dot{E}_0}{Z_++Z_-}\tag{6-88}$$

发电机端点的正序和负序电压分别为

$$\left.\begin{aligned}\dot{U}_{+} &= \dot{E}_{+} - \dot{I}_{+} Z_{+} = \frac{\dot{E}_0 Z_{-}}{Z_{+} + Z_{-}} \\ \dot{U}_{-} &= -\dot{I}_{-} Z_{-} = \frac{\dot{E}_0 Z_{-}}{Z_{+} + Z_{-}}\end{aligned}\right\} \tag{6-89}$$

A 相的开路电压为

$$\dot{U}_{A} = \dot{U}_{+} + \dot{U}_{-} = \dot{E}_0 \frac{2Z_{-}}{Z_{+} + Z_{-}} \tag{6-90}$$

5. 不对称运行对发电机的影响

不对称运行时，除正序电流和电压外，发电机内通常还有负序、零序电流和电压。此外，除基波外，常常还有一系列高次谐波。负序电流所产生的反向旋转磁场，可以在励磁绕组和汽轮发电机的实心转子内感生 100Hz 的感应电流，引起杂散铜耗和铁耗，使运行效率降低、转子过热，从而影响发电机的出力，严重的甚至会造成事故。负序电流还会引起电磁转矩的脉振和定子铁心的振动，谐波则会引起定子绕组的过电压现象。所以在中、大型凸极同步发电机中，常常装设阻尼绕组来抑制负序电流所产生的反向旋转磁场。因此就发电机方面而言，希望避免不对称运行；但是从保证电力系统的稳定性和供电的可靠性这个角度来看，则希望发电机能承受较长时间和较大的不对称负载。所以在同步电机的技术条件中，对负序电流的容许值和持续时间有明确的规定，使发电机能够长期、安全地运行。

6.12 同步发电机的三相突然短路

同步发电机三相突然短路时，定子绕组中会产生很大的冲击电流，其峰值可达额定电流的 10 倍以上，从而将在电机内部产生很大的电磁力和电磁转矩，如果设计和制造时未加充分考虑，会使定子绕组端部受到损伤，或使转轴发生有害的变形，此外还可能破坏电网的稳定和正常运行。因此，虽然突然短路的瞬态过程时间很短，却受到设计和运行人员的密切关注。

同步电机突然短路时，电枢（定子）电流和相应的电枢磁场发生突然变化，此变化将在励磁绕组中感生电动势和电流，而励磁绕组中的感应电流反过来又会影响定子绕组的短路电流。因此，突然短路过程要比稳态短路复杂得多。为简化分析，假设：

（1）在整个瞬态过程中，转子始终保持为同步转速。

（2）不计磁饱和，因而可用叠加原理来分析。

（3）突然短路前，发电机为空载运行。

下面先说明转子上仅有励磁绕组时三相突然短路的电磁过程，并导出瞬态电抗和短路电流的表达式，再进一步说明阻尼绕组对三相突然短路过程的影响。

1. 三相突然短路的瞬态电磁过程

图 6－71 为一台三相同步发电机的示意图。设转子上仅有励磁绕组，Φ_0 表示主磁通，$\Phi_{f\sigma}$表示励磁绕组的漏磁通（为了简明，图中仅画出 d 轴以下一半的磁场），电机原先为空载运

行，当主极的d轴转到与定子A相绕组轴线垂直［即A相磁链$\psi_A(0)=0$］时，定子端点发生三相突然短路。

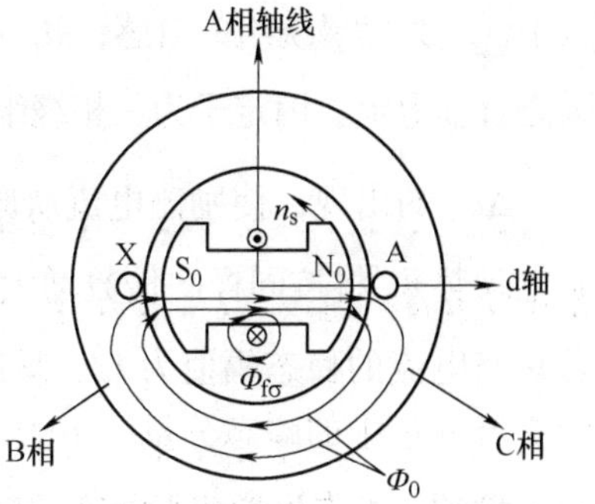

图6－72a为三相突然短路后，A相电流的波形图。从图可见，A相电流的上、下包络线与横坐标对称，即A相电流中仅有交流分量。在短路的初始瞬间，A相电流的初始幅值I_m'很大（标幺值可达4～7），然后逐步衰减，经过2～4s，瞬态实际消失，短路电流的幅值就下降到稳态值I_m。

图6－71　A相磁链$\psi_A(0)=0$时，定子发生三相突然短路

图6－72b和c表示B相和C相短路电流的波形。从图可见，B相电流的上、下包络线与横坐标不相对称，这说明除了交流分量之外，B相电流中还有一个直流分量，如图6－72b中虚线所示。同理可知，C相电流中除交流分量外，也有一个直流分量。分析表明，这三个交流分量的初始幅值、衰减速率和达到稳态时的幅值完全相同，差别仅在于相位不同，其中B相的交流分量滞后于A相120°电角度，C相又滞后于B相120°电角度。

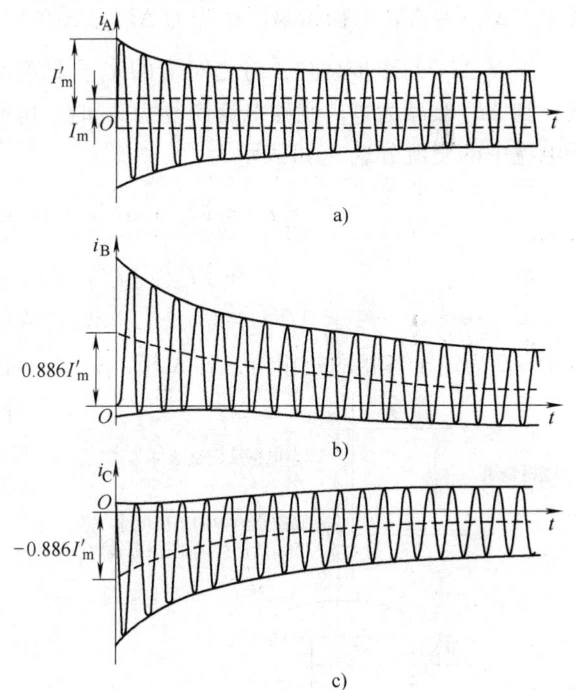

图6－72　$\psi_A(0)=0$时发生三相突然短路，定子短路电流的波形

a）A相电流　b）B相电流　c）C相电流

为什么突然短路时电流的初始幅值会这样大，某些相中除交流分量外还会出现直流分量？下面从物理概念来说明这两个问题。

短路电流中的交流分量　设空载运行时励磁电流为I_{f0}，I_{f0}产生主磁通Φ_0，Φ_0将在定子三相绕组内感生激磁电动势E_0。由于有E_0，三相短路时，定子绕组内将产生一组对称的三相短路电流，并形成电枢的旋转磁动势和相应的电枢反应。由于定子绕组的电抗远大于电阻，所以短路时的电枢反应基本为纯直轴的去磁性电枢反应。

突然短路时，突然出现的直轴去磁性电枢反应，将在励磁绕组内产生感应电流$\Delta i_{f=}$。根据换路定律，在短路的初始瞬间，励磁绕组的磁链不能跃变，所以由$\Delta i_{f=}$所产生的励磁绕组自感磁链$L_{ff}\Delta i_{f=}$，应当与进入励磁绕组的直轴去磁性瞬态电枢反应磁链$\frac{3}{2}M_{fa}i_d'$相抵消，即

$$L_{ff}\Delta i_{f=}-\frac{3}{2}M_{fa}i_d'=0 \quad 或 \quad \Delta i_{f=}=\frac{3}{2}\frac{M_{fa}}{L_{ff}}i_d' \tag{6-91}$$

式中，L_{ff}为励磁绕组的自感；M_{fa}为定子相绕组与励磁绕组轴线重合时互感的幅值；i_d'为电枢的瞬态直轴电流；因定子为三相绕组，故 $M_{fa}i_d'$ 前有系数$\frac{3}{2}$。图 6－73 为与上式相应的示意图。

$\Delta i_{f=}$的出现，使励磁电流从原先的 I_{f0} 增大为 $I_{f0}+\Delta i_{f=}$，不计磁饱和时，主磁通 Φ_0 和激磁电动势 E_0 将按同样的倍数增大，从而引起短路电流交流分量初始幅值 I_m' 的大幅度增大。若短路电流的稳态幅值为 I_m，瞬态时短路电流幅值的增大部分 $\Delta I_m'=(I_m'-I_m)$就称为短路电流交流分量中的瞬态分量。由于 $\Delta i_{f=}$是一个感应电流，它是一个直流自由分量，所以随着时间的推移，$\Delta i_{f=}$将按指数曲线逐步衰减，如图 6－74 所示。总之，励磁电流中的直流分量 $i_{f=}$应为

$$i_{f=}=I_{f0}+\Delta i_{f=}=\underset{\text{稳态分量}}{I_{f0}}+\underset{\text{瞬态分量}}{\Delta I_{f=}\mathrm{e}^{-\frac{t}{T_d'}}} \tag{6-92}$$

式中，$\Delta I_{f=}$为 $\Delta i_{f=}$的初始幅值；T_d'为 $\Delta i_{f=}$衰减的时间常数，称为直轴瞬态时间常数。

随着 $\Delta i_{f=}$的逐步衰减，与之对应的定子短路电流中的交流瞬态分量 $\Delta I_m'$将随之一起衰减，到 $\Delta i_{f=}$衰减为零、励磁电流恢复为 I_{f0}时，电机就进入稳态短路。所以突然短路时，定子电流中的交流分量 $i_\sim$ 可表示为

$$\begin{aligned} i_\sim &= (I_m+\Delta I_m'\mathrm{e}^{-\frac{t}{T_d'}})\sin(\omega t+\beta) \\ &= [\underset{\text{稳态分量}}{I_m}+\underset{\text{瞬态分量}}{(I_m'-I_m)\mathrm{e}^{-\frac{t}{T_d'}}}]\sin(\omega t+\beta) \end{aligned} \tag{6-93}$$

式中，β为定子各相的初相角，对 A 相，$\beta=0$；对 B 相，$\beta=-120°$；对 C 相，$\beta=120°$。

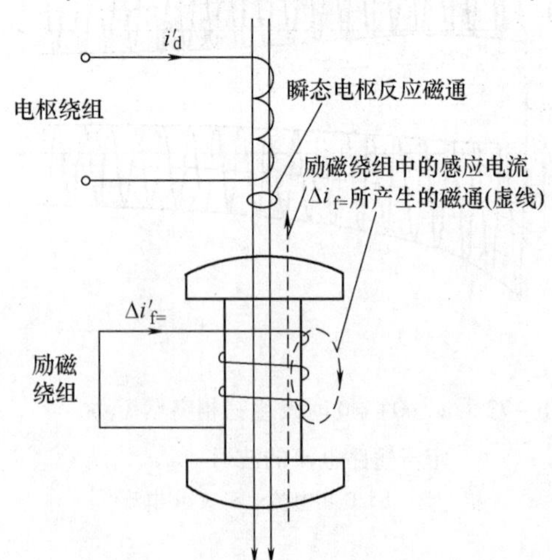

图 6－73　三相突然短路时，电枢绕组与励磁绕组间的电磁感应关系

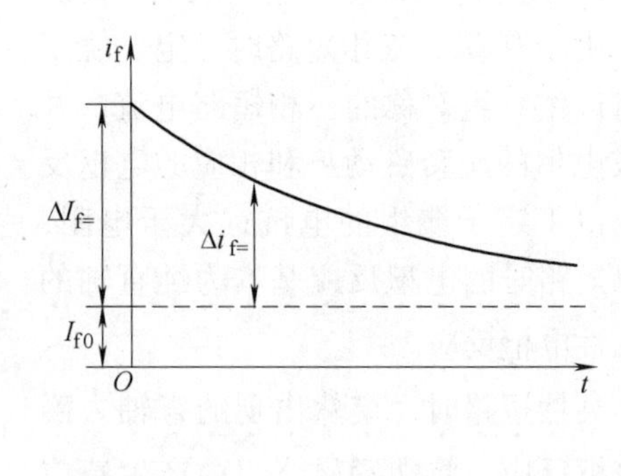

图 6－74　三相突然短路时，励磁绕组感应电流中的直流分量 $\Delta i_{f=}$

瞬态电枢磁场和直轴瞬态电抗　图 6－75 画出了三相突然短路后转子转过 90°电角度时，由转子励磁电流 I_{f0}、$\Delta i_{f=}$和定子三相短路电流中的交流分量这三者所产生的磁场示意图。与图 6－71 所示短路前的情况相比较，短路前，主磁通 Φ_0 为两束，励磁绕组的漏磁通

$\Phi_{f\sigma}$为一束；短路以后，短路电流中的交流分量产生两束去磁性的电枢反应磁通 Φ_{ad}和一束电枢漏磁通 Φ_{σ}；励磁绕组中的感应电流 $\Delta i_{f=}$ 使主磁通 Φ_0 增加一束而成为三束，励磁绕组漏磁通 $\Phi_{f\sigma}$也增加一束而成为两束。由于 $\Delta i_{f=}$ 所产生的磁链，恰好与进入励磁绕组的去磁性电枢反应磁链相等，所以在短路初始瞬间，励磁绕组的磁链保持不变，满足换路条件。同样可以看出，在短路初始瞬间，A 相绕组的磁链也保持不变。对于 B 相和 C 相绕组，考虑到短路电流中的直流分量以后，在短路初始瞬间其磁链也将保持不变。

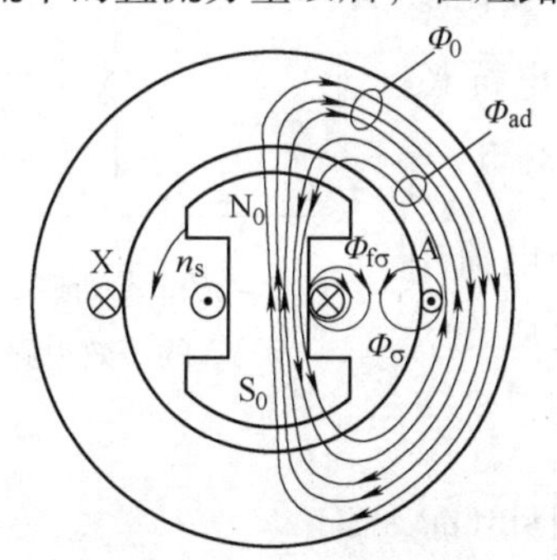

图 6－75　三相突然短路后转子转过 90°时，电机内的磁场示意图（仅画出右半边）

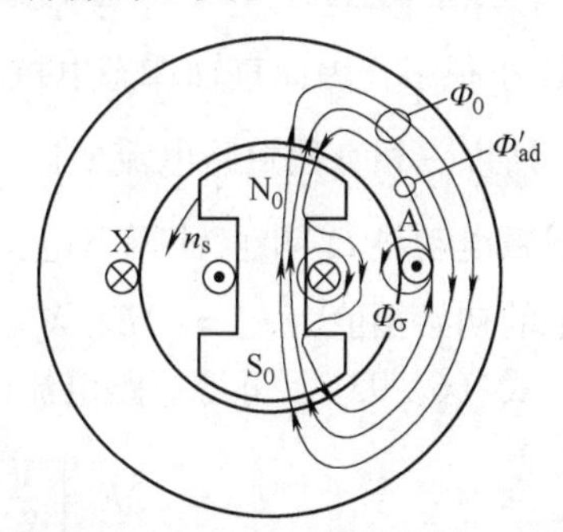

图 6－76　三相突然短路后，电机内的瞬态磁场图（仅画出右半边）

图 6－75 是根据叠加原理，把定、转子电流各自产生的磁通分别画出的情况。实际情况是，图 6－75 中电枢反应去磁性磁通中的一束，将与主磁通的一束增量互相抵消；电枢反应磁通中的另外一束，将与励磁绕组漏磁通的一束增量归并，在主极极身内部两者互相抵消，在主极极身外面，两者归并以后，电枢反应磁通将绕道励磁绕组的漏磁磁路而闭合，如图6－76所示。

图 6－76 的特点是，认为突然短路的初始瞬间，由于磁链不能跃变，故主磁通和励磁绕组的漏磁通均未发生变化，于是定子的激磁电动势 $\dot{E}_0$ 也未变化；但是瞬态时励磁绕组中将出现感应电流$\Delta i_{f=}$，由于$\Delta i_{f=}$所产生的磁动势的抵制，瞬态时的电枢反应磁通 Φ'_{ad} 在通过主气隙以后，将绕道励磁绕组的漏磁磁路而闭合 。这条磁路的磁阻 R'_{ad}，应当等于直轴主气隙的磁阻 R_{ad}与励磁绕组漏磁磁阻 $R_{f\sigma}$的串联值，即 $R'_{ad}=R_{ad}+R_{f\sigma}$。由于磁导是磁阻的倒数，所以瞬态电枢反应磁导 Λ'_{ad} 应为

$$\Lambda'_{ad}=\frac{1}{R'_{ad}}=\frac{1}{R_{ad}+R_{f\sigma}}=\frac{1}{\dfrac{1}{\Lambda_{ad}}+\dfrac{1}{\Lambda_{f\sigma}}} \tag{6-94}$$

式中，Λ_{ad}为直轴主气隙的磁导，$\Lambda_{ad}=\dfrac{1}{R_{ad}}$；$\Lambda_{f\sigma}$为励磁绕组的漏磁磁导，$\Lambda_{f\sigma}=\dfrac{1}{R_{f\sigma}}$。再计及与电枢反应磁路并联的电枢漏磁磁路，可得瞬态时电枢的直轴磁导 Λ'_d为

$$\Lambda'_d=\Lambda_{\sigma}+\Lambda'_{ad}=\Lambda_{\sigma}+\frac{1}{\dfrac{1}{\Lambda_{ad}}+\dfrac{1}{\Lambda_{f\sigma}}} \tag{6-95}$$

式中，Λ_{σ} 为电枢的漏磁磁导。

由于电抗正比于磁导，于是瞬态时从电枢端点看进去时，同步电机所表现的直轴瞬态电抗 X_d' 应为

$$X_d' = X_\sigma + \frac{1}{\dfrac{1}{X_{ad}} + \dfrac{1}{X_{f\sigma}}} \tag{6-96}$$

式中，$X_{f\sigma}$ 为励磁绕组漏抗的归算值。图 6-77 为与式（6-96）对应的 X_d' 的等效电路。由于瞬态时电枢的直轴磁导 Λ_d' 要比稳态时的 Λ_d 小很多，因此直轴瞬态电抗 X_d' 要比直轴同步电抗 X_d 小很多，所以三相突然短路电流要比稳态短路电流大很多。

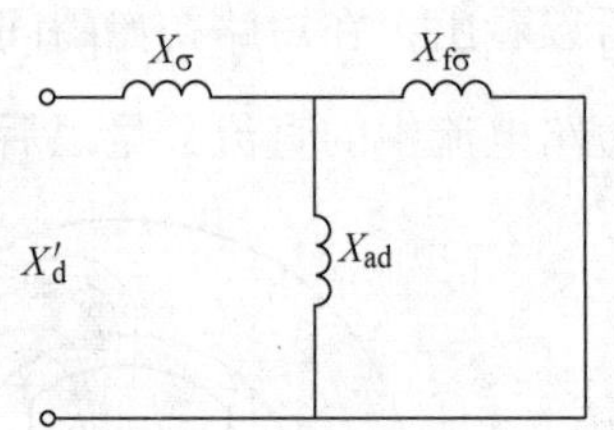

图 6-77　直轴瞬态电抗 X_d' 的等效电路

用激磁电动势 E_0 和直轴瞬态电抗 X_d' 表示时，短路电流中交流分量的初始幅值为 $I_m' = \sqrt{2}E_0/X_d'$，稳态幅值 $I_m = \sqrt{2}E_0/X_d$，将其代入式（6-93），可得短路电流中的交流分量 $i_\sim$ 为

$$i_\sim = \sqrt{2}E_0\left[\frac{1}{X_d} + \left(\frac{1}{X_d'} - \frac{1}{X_d}\right)e^{-\frac{t}{T_d'}}\right]\sin(\omega t + \beta) \tag{6-97}$$

式中，β 为各相的初相角，对 A 相，$\beta = 0$；对 B 相，$\beta = -120°$；对 C 相，$\beta = +120°$。

短路电流中的直流分量　对于图 6-71 所示的情况，突然短路时 A 相绕组的主磁链为零，A 相激磁电动势的瞬时值为最大。由于短路电流滞后于激磁电动势 90°，所以在短路初始瞬间（即 $t = 0^+$ 时），A 相电流中交流分量的瞬时值为零；在短路前一瞬间（即 $t = 0^-$ 时），电机为空载，A 相电流也为零。因此对 A 相而言，满足短路初始瞬间电流不能跃变的换路条件，所以 A 相电流中没有直流自由分量。

对 B、C 两相来说，情况就不同。以 B 相为例，短路前一瞬间，$i_B(0^-) = 0$。在短路初始瞬间（即 $t = 0^+$ 时），根据式（6-97），B 相电流的交流分量滞后于 A 相 120°，故 $i_{B\sim}(0^+)$ 应为

$$i_{B\sim}(0^+) = [I_m + (I_m' - I_m)]\sin(-120°) = -0.866I_m'$$

由于短路初始瞬间电流不能跃变，故 B 相电流中必定有一个直流自由分量 $i_{B=}$，以使 $t = 0^+$ 时 B 相电流为 0，即

$$i_{B\sim}(0^+) + i_{B=}(0^+) = i_B(0^-) = 0 \tag{6-98}$$

由此可知，B 相电流中直流分量的初始幅值 $i_{B=}(0^+) = 0.866I_m'$。由于直流分量是一个无源的自由分量，所以随着时间的推移，它将按指数曲线衰减，即

$$i_{B=} = 0.866I_m'e^{-\frac{t}{T_a}} \tag{6-99}$$

式中，T_a 为电枢电流中直流分量衰减时的时间常数，称为电枢时间常数。同理可知，C 相电流中也有一个直流分量 $i_{C=}$，且

$$i_{C=} = -0.866I_m'e^{-\frac{t}{T_a}} \tag{6-100}$$

总之，短路电流中的直流分量 $i_=$ 为

$$i_= = -I_m'\sin\beta\, e^{-\frac{t}{T_a}} = -\frac{\sqrt{2}E_0}{X_d'}\sin\beta\, e^{-\frac{t}{T_a}} \tag{6-101}$$

短路电流中的直流分量，将在电枢绕组内产生一个固定不动的电枢磁动势和磁场。当同步旋转的转子“切割”这一磁场时，励磁绕组内将感应出一个基波频率的交流分量$i_{f\sim}$。在 $t=0^+$ 时，该交流分量 $i_{f\sim}$ 的值恰好与 $\Delta i_{f=}$ 的值相等、方向相反，以满足励磁电流不能跃变的换路条件。随着时间的推移，$i_{f\sim}$ 将与感生它的定子直流分量一起，以时间常数 T_a 衰减。

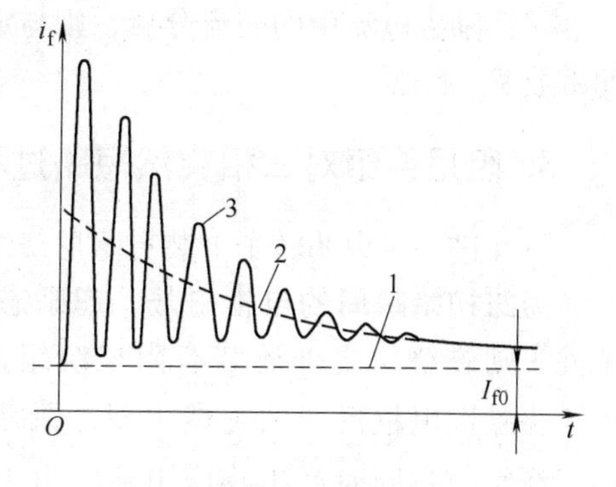

图 6－78 三相突然短路时励磁电流的波形

图 6－78 表示突然短路后整个励磁电流的波形。图中虚线 1 表示由直流励磁电压所产生的稳态直流分量 I_{f0}；虚线 2 表示加上直流感应电流 $\Delta i_{f=}$ 以后励磁电流的波形，$\Delta i_{f=}$ 以时间常数 T_d' 衰减；曲线 3 表示加上交流分量 $i_{f\sim}$ 以后，整个励磁电流的波形。

2. 无阻尼绕组时突然短路电流的表达式

综上分析可知，一般来讲，电枢的短路电流中应当有交流分量 $i_\sim$ 和直流分量 $i_=$ 两部分[⊖]，即

$$i \approx i_\sim + i_= = \sqrt{2}E_0\left[\frac{1}{X_d} + \left(\frac{1}{X_d'} - \frac{1}{X_d}\right)e^{-\frac{t}{T_d'}}\right]\sin(\omega t + \beta) - \frac{\sqrt{2}E_0}{X_d'}\sin\beta\, e^{-\frac{t}{T_a}} \tag{6-102}$$

若用短路瞬间 d 轴与 A 相轴线间的初相角 θ_0 表示时，对图 6－71 所示情况，$\theta_0=-90°$，$\beta=\theta_0+90°$，故 A 相短路电流也可写成

$$i_A = \sqrt{2}E_0\left[\frac{1}{X_d} + \left(\frac{1}{X_d'} - \frac{1}{X_d}\right)e^{-\frac{t}{T_d'}}\right]\cos(\omega t + \theta_0) - \frac{\sqrt{2}E_0}{X_d'}\cos\theta_0 e^{-\frac{t}{T_a}} \tag{6-103}$$

把式（6－103）中的 θ_0 换成（$\theta_0-120°$）和（$\theta_0+120°$），可得 i_B 和 i_C。

总之，无阻尼绕组时，定子突然短路电流通常由下面两个分量组成：

（1）交流分量 包括稳态分量和以直轴瞬态时间常数 T_d' 衰减的瞬态分量，稳态分量的幅值为 $\frac{\sqrt{2}E_0}{X_d}$，瞬态分量的初始幅值为$\sqrt{2}E_0\left(\frac{1}{X_d'}-\frac{1}{X_d}\right)$；在短路最初瞬间，这两部分幅值之和为 $\frac{\sqrt{2}E_0}{X_d'}$。

（2）直流自由分量 某一相中是否存在直流分量，取决于突然短路时转子的初相角 θ_0；如果存在，此分量将以电枢时间常数 T_a 衰减。

突然短路时，定、转子电流的对应关系为：励磁电流的稳态分量 I_{f0} 将产生稳态短路电流；励磁电流的直流瞬态分量 $\Delta i_{f=}$，与定子的瞬态交流分量相对应，两者均以瞬态时间常数

⊖ 严格来讲，短路电流中还有一个二次谐波分量。

T_d' 衰减；励磁电流中的交流分量，则与定子电流中的直流自由分量相对应，两者均以电枢时间常数 T_a 衰减。

3. 阻尼绕组对三相突然短路过程的影响

下面进一步说明转子上装有阻尼绕组时，同步发电机的三相突然短路过程。

短路初始瞬间的电枢磁场，超瞬态电抗　若转子上除了励磁绕组之外还装有阻尼绕组，在短路初瞬，由于去磁性电枢反应的突然出现，在励磁绕组和直轴阻尼绕组内将同时产生感应电流。由于励磁绕组和阻尼绕组中感应电流的共同“励磁作用”，将使三相突然短路电流交流分量的初始幅值，比转子上仅有励磁绕组时更大，这一增大的部分就称为超瞬态分量。

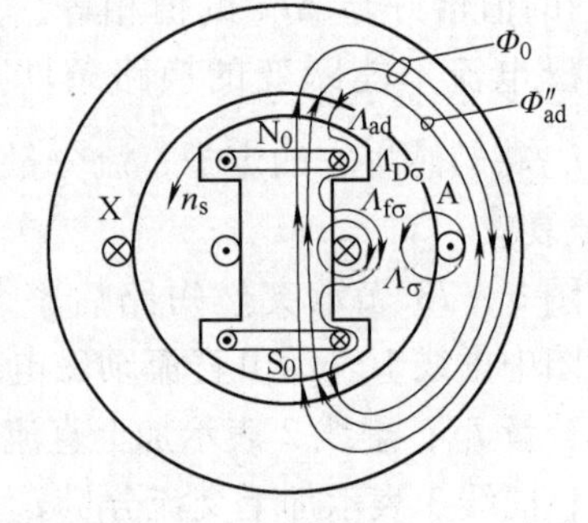

图 6－79　装有阻尼绕组时，三相突然短路时的超瞬态磁场图（仅画出右半边）

从电枢电抗的观点来看，装有阻尼绕组时，由于励磁和阻尼绕组内感应电流的共同抵制，使得短路初瞬，电枢反应磁通 Φ''_{ad} 在通过主气隙后，将绕道阻尼绕组的漏磁磁路和励磁绕组的漏磁磁路而闭合，如图 6－79 所示。这时电枢的直轴等效磁导 Λ''_d 将由电枢的漏磁磁导 Λ_σ 和超瞬态电枢反应磁导 Λ''_{ad} 两者并联组成，其中 Λ''_{ad} 又由主气隙的磁导 Λ_{ad}、励磁绕组的漏磁磁导 $\Lambda_{f\sigma}$ 和直轴阻尼绕组的漏磁磁导 $\Lambda_{D\sigma}$ 三者串联组成，即

$$\Lambda''_d = \Lambda_\sigma + \Lambda''_{ad} = \Lambda_\sigma + \frac{1}{\frac{1}{\Lambda_{ad}} + \frac{1}{\Lambda_{f\sigma}} + \frac{1}{\Lambda_{D\sigma}}} \tag{6-104}$$

相应地，从定子端点看进去时，短路初始瞬间电机所表现的电抗 X''_d 将成为

$$X''_d = X_\sigma + \frac{1}{\frac{1}{X_{ad}} + \frac{1}{X_{f\sigma}} + \frac{1}{X_{D\sigma}}} \tag{6-105}$$

式中，X''_d 就称为直轴超瞬态电抗；$X_{D\sigma}$ 为直轴阻尼绕组漏抗的归算值。图 6－80 表示 X''_d 的等效电路。

由于 $X''_d < X'_d$，所以装有阻尼绕阻时，突然短路电流交流分量的初始幅值 I''_m，将比无阻尼绕组时更大，$I''_m = \sqrt{2}\,E_0 / X''_d$。

阻尼绕组对突然短路电流和励磁电流的影响　转子上装有阻尼绕组时，直轴上多了一个互感耦合电路，所以定子短路电流的交流分量中，除幅值为 I_m 的稳态分量和幅值为 $(I'_m - I_m)$、以瞬态时间常数 T'_d 衰减的瞬态分量之外，还有一个幅值为 $(I''_m - I'_m)$、以超瞬态时间常数 T''_d 迅速衰减的超瞬态分量。另外，还可能有直流分量。此时 A 相电流的表达式为

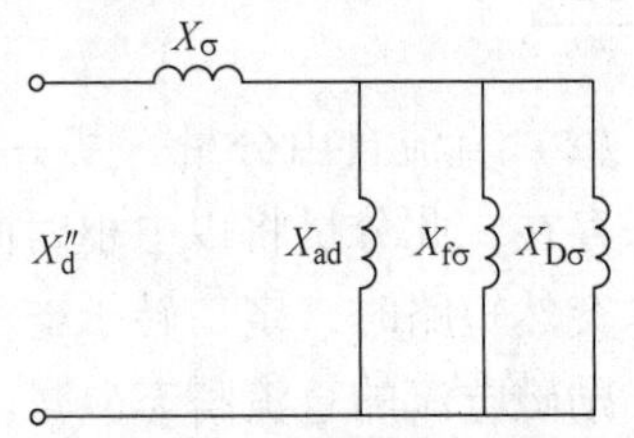

图 6－80　直轴超瞬态电抗 X''_d 的等效电路

$$i_A \approx \sqrt{2}E_0\left[\frac{1}{X_d}+\left(\frac{1}{X_d'}-\frac{1}{X_d}\right)e^{-\frac{t}{T_d'}}+\left(\frac{1}{X_d''}-\frac{1}{X_d'}\right)e^{-\frac{t}{T_d''}}\right]\cos(\omega t+\theta_0)-\frac{\sqrt{2}E_0}{X_d''}\cos\theta_0 e^{-\frac{t}{T_a}} \tag{6-106}$$

稳态分量　　瞬态分量　　超瞬态分量

图6－81所示为 $\theta_0=-90°$ 时A相短路电流的波形。

图6－82所示为突然短路时励磁电流的波形。励磁电流的直流分量中，除稳态分量 I_{f0} 外，还有以时间常数 T_d' 衰减的瞬态分量，和以时间常数 T_d'' 衰减的负值超瞬态分量，这三个分量之和，如图6－82中的曲线2所示；基频交流分量仍以时间常数 T_a 衰减。由于阻尼绕组的“屏蔽作用”，励磁绕组中直流感应电流的初始幅值和峰值，将比无阻尼绕组时稍小。

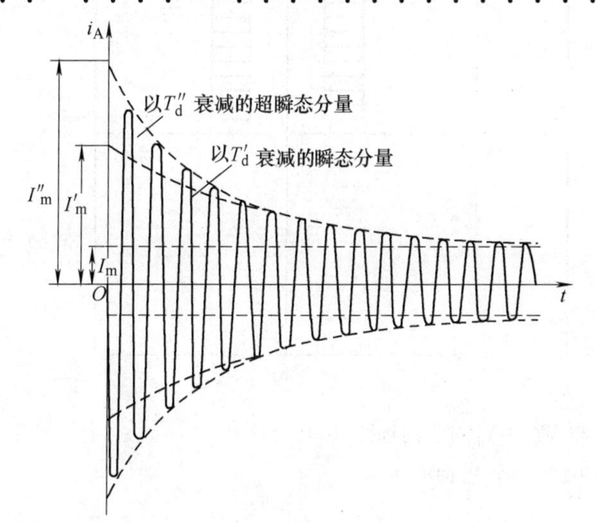

图6－81　装有阻尼绕组，在 $\psi_A(0)=0$ 的瞬间发生三相突然短路时，A相电流的波形

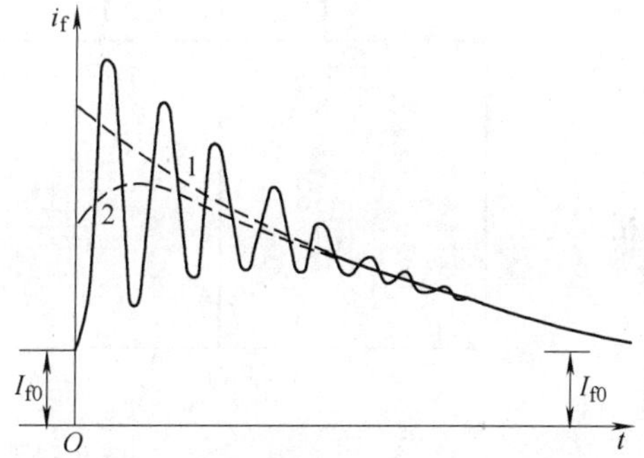

i_f　1　2　I_{f0}　O　t　I_{f0}

图6－82　三相突然短路时励磁电流的波形（虚线表示直流分量，其中1表示不装阻尼绕组时，2表示装有阻尼绕组时）

4. 与 X_d' 和 X_d'' 相对应的场图，瞬态参数值

图6－83表示用有限元法算出的一台 $q=4$ 的大型凸极同步发电机（水轮发电机）中，与 X_d' 和 X_d'' 相对应的二维磁场分布图。在图6－83a中，转子上只有励磁绕组，当励磁绕组短路、定子绕组上突加一组三相纯去磁性的直轴电流时，电机内的瞬态磁场分布。此时定子电流将产生直轴瞬态磁通 Φ_d'，其中一部分成为定子绕组的漏磁通 Φ_σ，其余部分成为瞬态电枢反应磁通 Φ_{ad}'；由于励磁绕组中感应电流所生磁动势的抵制，在瞬态的初始瞬间，Φ_{ad}'将绕道励磁绕组的极间漏磁磁路而闭合，这在图中可以清楚地看出。

在图6－83b中，转子上除装有短路的励磁绕组之外，还装有闭合的直轴阻尼绕组。此时当定子绕组突加一组去磁性的直轴电流时，励磁绕组和直轴阻尼绕组内都将产生感应电流。由于这两组电流所产生的磁动势的抵制，定子的超瞬态电枢反应磁通 Φ_{ad}''在通过主气隙以后，将绕道阻尼绕组和励磁绕组两者的漏磁磁路而闭合，这在图6－83b中可以清楚地看出。总之，图6－83的场图，证实了上节中与 X_d' 和 X_d'' 相关的、瞬态和超瞬态电枢反应磁路的论述。

表6－3列出了近代三相同步电机瞬态电抗和时间常数值。表中的电抗均为标幺值，时

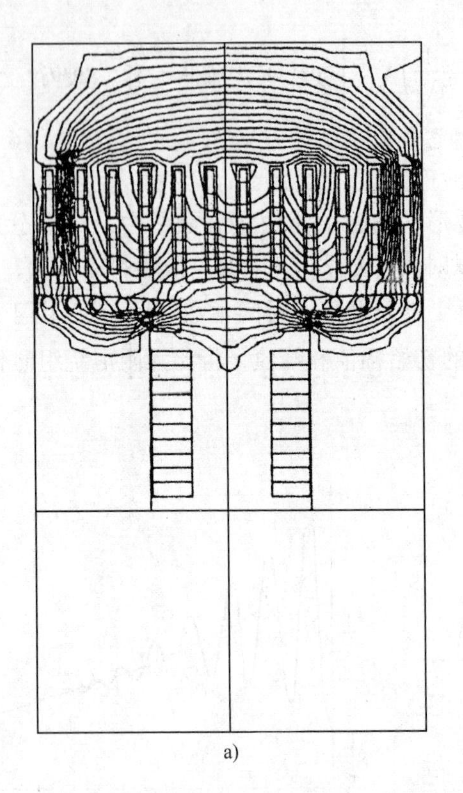
a)

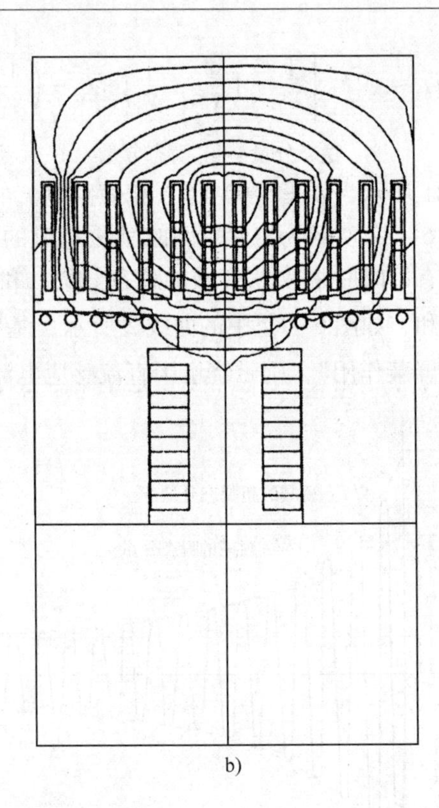
b)

图 6-83　与 X'_d 和 X''_d 对应的场图

a) X'_d 的场图　b) X''_d 的场图

间常数的单位为秒。

表 6-3　近代三相同步电机的瞬态电抗和时间常数值（不饱和值）

参数 \ 电机类型	两极汽轮发电机	无阻尼绕组的凸极同步发电机	装有阻尼绕组的凸极同步发电机	同步补偿机
X'_d	$\frac{0.24}{0.14 \sim 0.34}$	$\frac{0.35}{0.20 \sim 0.45}$	$\frac{0.35}{0.20 \sim 0.50}$	$\frac{0.33}{0.22 \sim 0.45}$
X''_d	$\frac{0.15}{0.10 \sim 0.24}$	—	$\frac{0.24}{0.13 \sim 0.35}$	$\frac{0.18}{0.14 \sim 0.22}$
X''_q	$\approx (1 \sim 1.4) X''_d$	—	$\approx (1 \sim 1.1) X''_d$	$\approx (1.1 \sim 1.2) X''_d$
T'_d	$\frac{0.8}{0.4 \sim 1.4}$	$\frac{2.0}{1.0 \sim 3.5}$	$\frac{1.8}{0.5 \sim 3.0}$	$\frac{2.0}{1.2 \sim 2.8}$
T''_d	$\frac{0.05}{0.03 \sim 0.10}$	—	$\frac{0.035}{0.01 \sim 0.06}$	$\frac{0.035}{0.02 \sim 0.05}$
T_a	$\frac{0.15}{0.04 \sim 0.30}$	$\frac{0.30}{0.1 \sim 0.5}$	$\frac{0.15}{0.03 \sim 0.30}$	$\frac{0.17}{0.1 \sim 0.3}$

注：横线下的值表示参数的范围，横线上的值表示平均值。

【例 6-7】　有一台同步发电机，其电抗为 $X_d = 2.27$，$X'_d = 0.273$，$X''_d \approx X''_q = 0.204$（均为标幺值），时间常数为 $T'_d = 0.993$，$T''_d = 0.0317$，$T_a = 0.246$（均为秒）。设该机在空载额定电压下发生三相突然短路，试求：（1）在最不利情况下突然短路时，定子 A 相电流的表达式；（2）A 相的最大瞬时冲击电流。

解

（1）对A相而言，最不利的情况发生在 $\theta_0=0°$ 时，此时短路电流的表达式为

$$i_A \approx E_{0m}\left[\frac{1}{X_d}+\left(\frac{1}{X_d'}-\frac{1}{X_d}\right)e^{-\frac{t}{T_d'}}+\left(\frac{1}{X_d''}-\frac{1}{X_d'}\right)e^{-\frac{t}{T_d''}}\right]\cos\omega t-\frac{E_{0m}}{X_d''}e^{-\frac{t}{T_a}}$$

$$=\sqrt{2}\,[0.4405+3.223e^{-\frac{t}{0.993}}+1.239e^{-\frac{t}{0.0317}}]\cos\omega t-6.931e^{-\frac{t}{0.246}}(\text{标幺值})$$

（2）最大冲击电流出现在短路后半个周波（即 $t=0.01\text{s}$）时，此时

$$i_{A(\max)}=\sqrt{2}[0.4405+3.223e^{-\frac{0.01}{0.993}}+1.239e^{-\frac{0.01}{0.0317}}]\cos180°-6.931e^{-\frac{0.01}{0.246}}$$

$$=-13.07(\text{标幺值})$$

即高达额定电流的13.07倍。

6.13 三相磁阻电动机

最后，本节将简要地说明小功率的三相磁阻电动机。

1. 三相磁阻电动机的原理和矩角特性

三相磁阻电动机是一种转子上没有直流励磁绕组的凸极同步电动机，它利用直轴和交轴方向的磁阻不同产生磁阻转矩，使电动机在同步速度下运行。从式（6-61）可知，不计电枢电阻、且激磁电动势 $E_0=0$ 时，凸极同步电动机的电磁转矩 T_e 为

$$T_e=\frac{mU^2}{2\Omega_s}\left(\frac{1}{X_q}-\frac{1}{X_d}\right)\sin 2\delta_M \qquad (6-107)$$

式（6-107）就是磁阻电动机的矩角特性。

从式（6-107）可见，磁阻电动机的电磁转矩与电源电压 U 的平方、$\frac{1}{X_q}$与$\frac{1}{X_d}$之差，以及 $\sin2\delta$ 成正比。当 $\delta=45°$时，T_e 将达到最大值 $T_{e(\max)}$，

$$T_{e(\max)}=\frac{mU^2}{2\Omega_s}\left(\frac{1}{X_q}-\frac{1}{X_d}\right)=\frac{mU^2}{2\Omega_s X_d}\left(\frac{X_d}{X_q}-1\right) \qquad (6-108)$$

因此 $\frac{X_d}{X_q}$ 的比值愈大，最大转矩就愈大。通常磁阻电动机的$\frac{X_d}{X_q}$值达到4～5。为增大此比值，转子常常采用钢片和非磁性材料（如铝、铜）相间隔的结构，如图6-84所示。

2. 电压方程

三相磁阻电动机的电压方程为

$$\dot{U}=\dot{I}_M R_a+j\dot{I}_{dM}X_d+j\dot{I}_{qM}X_q \qquad (6-109)$$

式中 $\dot{I}_{dM}$和 $\dot{I}_{qM}$ 为定子电流的直轴和交轴分量，

$$I_{dM}=I_M\sin\psi_{0M} \qquad I_{qM}=I_M\cos\psi_{0M} \qquad (6-110)$$

内功率因数角 ψ_{0M} 为

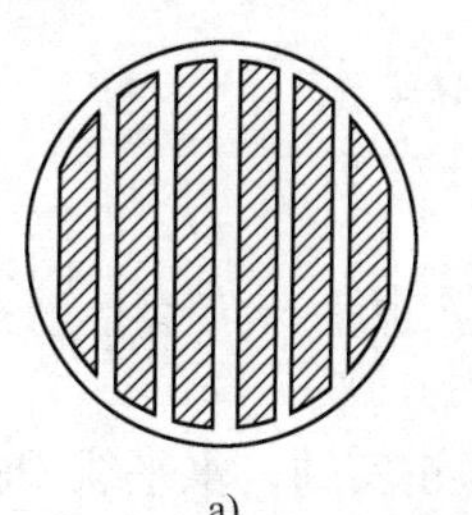
a)

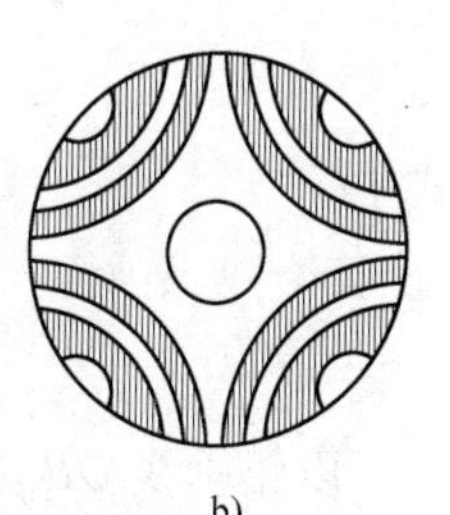
b)

图6-84 磁阻电动机的转子

a）$2p=2$ b）$2p=4$

$$\psi_{0M} = \arctan\frac{U\sin\varphi_M + I_M X_q}{U\cos\varphi_M - I_M R_a} \tag{6-111}$$

功率角 δ_M 为

$$\delta_M = \varphi_M - \psi_{0M} \tag{6-112}$$

与式（6－109）相应的相量图如图 6－85 所示。由于磁阻电动机的功率因数角 φ 总是滞后，所以计算时应当用负值代入。

3. 功角变化时电枢电流的轨迹

忽略电枢电阻时，从图 6－85 所示相量图可知

$$U\cos\delta_M = \dot{I}_{dM}X_d \qquad U\sin\delta_M = \dot{I}_{qM}X_q$$

于是

$$I_{dM} = \frac{U\cos\delta_M}{X_d} \qquad I_{qM} = \frac{U\sin\delta_M}{X_q} \tag{6-113}$$

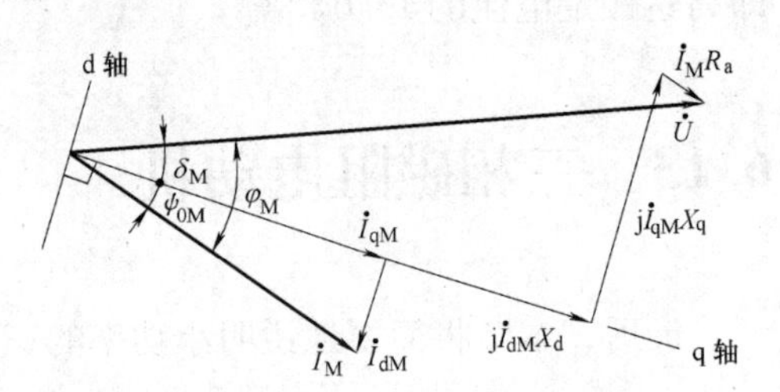

图 6－85　三相磁阻电动机的相量图

以电源电压为参考相量，$\dot{U} = U\angle 0°$，则电枢电流 $\dot{I}_M$ 应为

$$\begin{aligned}\dot{I}_M &= I_{qM}e^{-j\delta_M} + I_{dM}e^{j(-90°-\delta_M)} \\ &= \frac{U\sin\delta_M}{X_q}e^{-j\delta_M} + \frac{U\cos\delta_M}{X_d}e^{j(-90°-\delta_M)}\end{aligned} \tag{6-114}$$

考虑到

$$\left.\begin{aligned}\sin\delta_M &= -j\frac{1}{2}(e^{j\delta_M} - e^{-j\delta_M}) \\ \cos\delta_M &= \frac{1}{2}(e^{j\delta_M} + e^{-j\delta_M})\end{aligned}\right\} \tag{6-115}$$

把上式代入式（6－114），可得

$$\begin{aligned}\dot{I}_M &= \frac{U}{X_q}\left(-j\frac{1}{2}\right)(e^{j\delta_M} - e^{-j\delta_M})e^{-j\delta_M} + \frac{U}{X_d}\frac{1}{2}(e^{j\delta_M} + e^{-j\delta_M})e^{j(-90°-\delta_M)} \\ &= -j\left[\frac{U}{2}\left(\frac{1}{X_q} + \frac{1}{X_d}\right) - \frac{U}{2}\left(\frac{1}{X_q} - \frac{1}{X_d}\right)e^{-j2\delta_M}\right] \\ &= \dot{M} + \dot{R}e^{-j2\delta_M}\end{aligned} \tag{6-116}$$

式中

$$\dot{M} = -jU\frac{1}{2}\left(\frac{1}{X_d} + \frac{1}{X_q}\right) \qquad \dot{R} = jU\frac{1}{2}\left(\frac{1}{X_q} - \frac{1}{X_d}\right) \tag{6-117}$$

以铅垂线 OP 为正实轴，水平线 OQ 为负虚轴，在 $\overline{OQ}$ 上取线段 $\overline{OO'} = \frac{U}{2}\left(\frac{1}{X_d} + \frac{1}{X_q}\right)$，得到相量 $\dot{M}$；再以 O' 为圆心，以 $R = \frac{U}{2}\left(\frac{1}{X_q} - \frac{1}{X_d}\right)$ 为半径作半圆 $\widehat{BAM}$，连接 $\overline{O'A}$，使 $\angle AO'O =$

$2\delta_M$，可得相量 $\dot{R}e^{-j2\delta_M}$；再把相量 $\dot{M}$ 和 $\dot{R}e^{-j2\delta_M}$相加，即可得到功角为 δ_M 时的电枢电流 $\dot{I}_M(=\overline{OA})$,如图6-86所示。这样，根据不同的功角 δ_M，即可直接得到运行点 A 处的电枢电流 $\dot{I}_M$和功率因数角 φ_M。

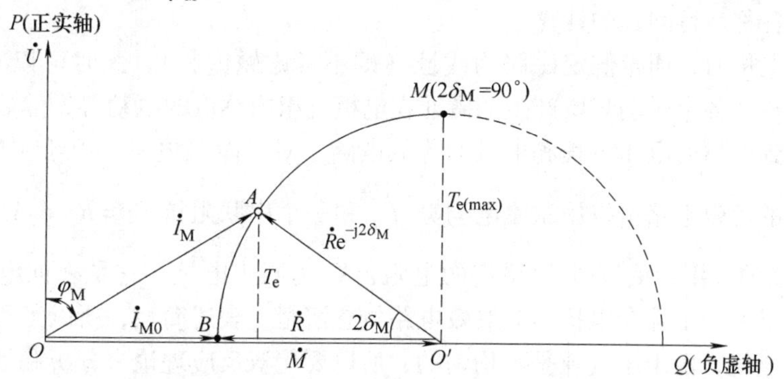

图6-86　功角变化时磁阻电动机电枢电流的轨迹

由图6-86可见，理想空载时，功角 $\delta_M=0$，对应于圆上的 B 点，此时电枢电流为空载电流 $\dot{I}_{M0}$，$I_{M0}=\dfrac{U}{X_d}$；功率因数 $\cos\varphi_{M0}=0$；即空载电流全部为无功电流。随着负载的增大，功角 δ_M 逐步增大，运行点从 B 点沿圆周逐步上移，电枢电流$\dot{I}_M$及其有功分量逐步增大，功率因数逐步提高，直到某一最大值。由此即可得到电动机的 $I_M,\cos\varphi_M=f(\delta_M)$ 或 $I_M,\cos\varphi_M=f(T_e)$的曲线。

4. 三相磁阻电动机的起动和应用场合

三相磁阻电动机一般依靠镶嵌于转子钢片之间的铝或铜中的感应涡流来起动。当转速接近同步转速时，依靠磁阻转矩的作用，转子就会自动拉入同步。为便于拉入同步，转子的电阻和转动惯量设计得较小。

磁阻电动机也可以做成单相。由于转子上没有励磁绕组和集电环，故结构简单、工作可靠，因此在控制系统、自动记录装置、电钟等场合得到很多应用，缺点是功率因数较低。

小　　结

对称稳态运行时，同步电机电枢绕组所产生的基波磁动势，是以同步速度旋转的旋转磁动势；由于励磁电流为直流，所以转子必须以同步速度旋转，定、转子磁动势之间才能保持相对静止，并产生恒定的电磁转矩。这种仅在某一特定的“同步转速”下，才能得到具有一定平均值的电磁转矩，称为同步转矩。当同步电机接在电网上时，同步转矩的性质是驱动还是制动（或者说是发电机状态、电动机状态还是补偿机状态），取决于功率角是正、是负还是0；同步转矩的大小取决于功率角的大小。所以功率角是同步电机的基本变量。

除功率角外，内功率因数角 ψ_0 也是一个重要变量。$\psi_0=0$ 时，电枢反应是纯交轴电枢反应；$\psi_0 = \pm 90°$时，电枢反应是纯直轴电枢反应；ψ_0 在 0 和 $\pm 90°$之间时，除了交轴电枢反应之外，还有直轴电枢反应。交轴电枢反应和电枢电流的交轴分量 I_q，与有功功率和能量转换相关；直轴电枢反应和电枢电流的直轴分量 I_d，则与无功功率、电枢反应是增磁还是去磁、电压变化和励磁调节等问题相关。对于凸极同步电机，只有 ψ_0 角确定后，才能画出相量图，并进行各种运行问题的计算。

研究同步电机时，通常假定磁路为线性（即不考虑磁饱和），此时可以利用叠加原理，分别求出定、转子各个磁动势所产生的磁通在电枢绕组内感应的电动势，然后把它们的效果叠加起来，得到电枢的电压方程和电机的等效电路。对于隐极电机，由于主气隙是均匀的，所以同步电机的等效电路可以用激磁电动势 $\dot{E}_0$ 和一个串联阻抗 $Z_s = R_a + jX_s$ 来表示；其中 $\dot{E}_0$ 表征主磁场的作用；R_a 为电枢绕组的电阻；X_s 为同步电抗，它是表征电枢反应和电枢漏磁通两者效果的一个综合电抗。此等效电路概念清楚、表述简洁，所以工程上得到广泛应用。对于凸极电机，由于主气隙是不均匀的，所以要用双反应理论来分析和处理，此时将有直轴和交轴两个同步电抗 X_d 和 X_q。

对于某些涉及励磁电流的性能和数据（例如额定励磁电流 I_{fN}的确定，V 形曲线 $I = f(I_f)$ 的计算，发电机能力曲线的计算等），必须考虑磁饱和，否则将会产生较大的误差。考虑磁饱和时，问题成为非线性，叠加原理不再适用。此时如果给定运行的工况 U、I、φ 和电机的参数，可以利用电机的磁化曲线和电动势 - 磁动势图，来确定励磁电流 I_f 和其他数据。如果是"逆问题"，即给定 U、φ、I_f 和参数，要反求电枢电流 I，就要用逐次渐近法经过多次迭代，才能得到 I 值。

同步发电机和电动机通常是接在电网上运行的。若电网为无穷大电网，则电机的端电压 U 和频率 f 将被电网约束为常值。此时若要调节同步电机的有功功率，就要调节轴上的外施转矩；对发电机就是调节原动机的驱动转矩，对电动机则是调节轴上的负载转矩。外施转矩改变后，定、转子磁场间的相对位置和功率角 δ 就会改变，于是电机的电磁转矩、电磁功率和输出（或输入）的有功功率就会发生改变。若要调节同步电机的无功功率，则应调节励磁电流 I_f。在有功功率保持不变的情况下，增加励磁，将使输出的滞后无功功率（即输入的超前无功功率）增大。此时若电机处于过励状态，电枢电流将增大；若处于欠励状态，则电枢电流将减小。调节转子的励磁电流，就可以调节定子边的无功功率和功率因数，这是具有定、转子两边激励的同步电机的特点。若同步发电机为单独运行，则端电压和频率将不受电网的约束，此时调节激磁电流就可以调节电枢的端电压 U，调节原动机的输入转矩则可调节发电机的频率和输出功率。

同步发电机发出的有功和无功功率的最大容许值，主要受电枢绕组和励磁绕组温升的限制，通常规定两者都不应超过各自的额定温升；不同功率因数下容许功率的具体值，可从能力曲线 $Q = f(P)$ 上查得。发电机和电动机的静态稳定极限则取决于 E_0、U 和 X_d、X_q。

表征同步发电机性能的主要数据有：同步电抗 X_d 和 X_q，瞬态电抗 X_d'，额定励磁电流 I_{fN}，额定效率 η_N；对电动机，还要包括起动电流和起动转矩倍数 I_{st}^* 、T_{st}^* ，牵入转矩倍数 T_{pi}^* 等。

分析交流电机不对称运行的基本方法是对称分量法。对称分量法的基本思想是，若磁路为线性，对于线路不对称短路等所形成的三相不对称问题，总可以将其分解成正序、负序和零序三组对称问题；对于每组对称问题，可以取出一相（A 相）来分析，从而使整个计算得以简化。这里有一个隐含的要求，就是除了发生不对称故障的局部区域之外，各序之间应当没有耦合，即正序、负序和零序各序电路内的电流，只与同序电压有关，而与其他各序电压无关。分析表明，若电机为对称机㊀，此要求将自动满足。

由于定子负序电流所产生的反向旋转磁场，将在转子绕组内产生感应电流，所以同步电机的负序阻抗 Z_- 与正序阻抗 Z_+ 互不相等。$Z_+ \neq Z_-$，这是旋转电机与变压器和其他静止电路的主要差别之一。对于作为不对称机的同步电机，不对称短路时，定子电流中除基波外，还会出现一系列高次谐波。研究表明，此时对称分量法仅适用于基波。

用对称分量法分析不对称短路问题时，其步骤为：①根据故障条件，导出故障区各序电压和各序电流的约束条件；②根据约束条件，把各序等效电路连接起来，求出各序电流和电压；③把正、负、零序分量叠加，得到各相电流和电压。

三相突然短路时，由于转子绕组中感应电流的抵制，在短路初瞬时，电枢反应磁通将通过主气隙和转子的漏磁磁路而闭合，这条磁路的磁导，要比稳态短路时电枢反应所经磁路的磁导小很多，所以直轴瞬态电抗 X_d' 要比直轴同步电抗 X_d 小很多，直轴超瞬态电抗 X_d'' 比 X_d' 更小；从而使三相突然短路时电枢电流的初始幅值，比稳态短路电流的幅值要大很多倍。一般来讲，三相突然短路电流可以分成交流分量和直流分量两部分，交流分量中又可分成超瞬态分量（装有阻尼绕组时）、瞬态分量和稳态分量三部分；直流分量的幅值，可根据短路初始瞬间电流不能跃变的原则来确定，有的相可能为0，有的相则不等于0。

磁阻电动机是一种没有直流励磁、依靠磁阻转矩工作的凸极同步电动机，其矩角特性为 $T_e = T_{e(\max)}\sin2\delta$。已知电源电压 U 和同步电抗 X_d、X_q，即可画出电动机的电流圆图，并得到不同功角时的电枢电流和功率因数。

习　题

6-1　汽轮发电机和水轮发电机结构上有何区别？原因何在？

6-2　同步电机有几种运行状态？

6-3　试述同步电机的主要励磁方式。

6-4　同步发电机电枢反应的性质取决于什么？交轴和直轴电枢反应对同步发电机的运行性能有何影响？

6-5　试说明隐极同步发电机带上纯电阻负载时，电枢反应的性质。

6-6　为什么分析凸极同步电机时要用双反应理论？凸极同步发电机负载运行时，若 ψ_0 既不等于0°、又不等于90°，问电枢磁场的基波与电枢磁动势的基波在空间是否同相？为什么（不计磁饱和）？

6-7　试述直轴和交轴同步电抗的意义。X_d 和 X_q 的大小与哪些因素有关？X_d^* 和 X_q^* 通常在什么范围内？

6-8　有一台70000kVA、60000kW、13.8kV（星形联结）的三相水轮发电机，交轴和直轴同步电抗的标幺值分别为 $X_d^* = 1.0$，$X_q^* = 0.7$，试求额定负载时发电机的激磁电动势 E_0^*（不计磁饱和与定子电阻）。[答案：$E_0^* = 1.732$]

6-9　有一台三相汽轮发电机的数据如下：额定容量 $S_N = 15000\text{kVA}$，额定电压 $U_N = 6.3\text{kV}$（星形联结），额定功率因数 $\cos\varphi_N = 0.8$（滞后）。由空载、短路试验得到下列数据：

㊀ 对称机是指定、转子磁路和电路均为对称的交流电机，例如三相感应电机。对于三相同步电机，有的d、q轴磁路互不对称；有的磁路虽然对称，但d、q轴上的电路互不对称；故同步电机通常属于不对称机。

励磁电流 I_f/A	102	158
电枢电流 I（从短路特性上查得）/A	887	1375
线电压 U_L（从空载特性上查得）/V	6300	7350
线电压 U_L（从气隙线上查得）/V	8000	12390

试求：(1) 同步电抗的实际值和标幺值；(2) 不计磁饱和与电枢电阻，额定负载时发电机的激磁电动势 E_0。[答案：(1) $X_s=5.207\Omega$，$X_s^*=1.968$，$X_{s(饱和)}=4.1\Omega$，$X_{s(饱和)}^*=1.55$；(2) $E_0=9780.7V$]

6-10 习题 6-9 的汽轮发电机，除了给定的数据外，尚知波梯电抗 X_p 为 0.42Ω，额定电流所产生的电枢磁动势与 181.5A 的励磁电流等效，电机的空载特性如下：

线电压 U_L/V	4500	5500	6000	6500	7000	7500	8000
I_f/A	60	80	92	111	130	190	286

试用电动势-磁动势图求发电机的额定励磁电流和电压调整率。[答案：$I_{fN}=259A$，$\Delta u=26\%$]

6-11 有一台三相 25000kW、10kV（星形联结）、$\cos\varphi_N=0.8$（滞后）的汽轮发电机，其空载和短路特性如下：

空载特性

线电压 U_L/kV	6.2	10.5	12.3	13.46	14.1
I_f/A	77.5	155	232	310	388

短路特性

I/A	1718
I_f/A	280

已知发电机的波梯电抗 $X_p=0.432\Omega$，基本铁耗 $p_{Fe(U=U_N)}=138kW$，定子基本铜耗 $p_{Cua75°(I=I_N)}=147kW$，杂散损耗 $p_\Delta\approx100kW$，机械损耗 $p_\Omega=260kW$，励磁绕组电阻 $R_{f(75°)}=0.416\Omega$，试求发电机的额定励磁电流和额定效率。[答案：$I_{fN}=412A$，$\eta_N=97.5\%$]

6-12 试述同步发电机单机负载运行和与电网并联运行时，性能上有哪些差别？原因何在？

6-13 试述同步发电机投入电网并联的条件和方法。

6-14 试证明考虑电枢电阻时，凸极同步发电机的功角特性为：

$$P_e = m\frac{E_Q}{Z_q}[U\sin(\delta-\alpha_q)+E_Q\sin\alpha_q]$$

式中，$E_Q=E_0-I_d(X_d-X_q)$；$Z_q=\sqrt{R_a^2+X_q^2}$；$\alpha_q=\arcsin\dfrac{R_a}{Z_q}$。

6-15 试证明凸极同步发电机与电网并联运行时，发电机发出的无功功率 Q 与功角 δ 的关系为（电枢电阻忽略不计）：

$$Q = m\frac{E_0U}{X_d}\cos\delta - m\frac{U^2}{2}\left(\frac{1}{X_d}+\frac{1}{X_q}\right)+m\frac{U^2}{2}\left(\frac{1}{X_q}-\frac{1}{X_d}\right)\cos2\delta$$

6-16 有一台 $X_d^*=0.8$、$X_q^*=0.5$ 的凸极同步发电机与电网并联运行，已知发电机的端电压和负载为 $U^*=1$，$I^*=1$，$\cos\varphi=0.8$（滞后），电枢电阻略去不计，试求发电机的：(1) E_0^*，δ_N；(2) $P_{e(max)}^*$（E_0^* 保持为上面的值）。[答案：(1) $E_0^*=1.603$，$\delta_N=17.1°$；(2) $P_{e(max)}^*=2.144$]

6-17 试述同步发电机与电网并联时静态稳定的概念。

6-18 一台 31250kVA（星形联结）、$\cos\varphi_N=0.8$（滞后）的汽轮发电机与无穷大电网并联运行，已知发电机的同步电抗 $X_s=7.53\Omega$，额定负载时发电机的激磁电动势 $E_0=17.2kV$（相），不计磁饱和与电枢电阻。试求：(1) 发电机在额定负载时，端电压 U、电磁功率 P_e、功率角 δ_N、输出的无功功率 Q_2 及过载能力各为多少？(2) 维持额定励磁不变，减少汽轮机的输出，使发电机输出的有功功率减少一半，问此时的 P_e、δ、$\cos\varphi$ 及 Q_2 将变成多少？[答案：(1) $P_e=25000kW$，$U=6.1kV$，$\delta_N=36.7°$，$Q_2=18750kvar$，$k_p=1.672$；(2) $P_e=12500kW$，$\delta=17.4°$，$\cos\varphi=0.447$，$Q_2=25000kvar$]

6-19 习题6-18中，若维持发电机的有功功率为额定负载时的有功功率不变，减少发电机的励磁，使 $E_0=13\text{kV}$，试求此时发电机的 δ、$\cos\varphi$ 和 Q_2 各为多少？［答案：$\delta=52.31°$，$\cos\varphi=0.984$，$Q_2=4500\text{kvar}$］

6-20 两台相同的汽轮发电机并联运行，共同供电给一个40000kW、$\cos\varphi=0.85$（滞后）的感性负载。已知发电机的额定容量为30000kVA，额定电压 $U_N=13.8\text{kV}$（星形联结），同步电抗 $X_s^*=0.98$，原先每台发电机各负担一半负载，端电压为额定电压，且功率因数均为0.85（滞后），今调节两机的励磁，使 $E_{0\mathrm{I}}=14.5\text{kV}$，假定负载和端电压保持不变，试求每台电机的下列数据：(1) 视在、有功和无功功率，电枢电流和功率因数；(2) 激磁电动势和功率角。［答案：(1) $S_{\mathrm{I}}=29283\text{kVA}$，$P_{\mathrm{I}}=20000\text{kW}$，$Q_{\mathrm{I}}=21382\text{kvar}$，$S_{\mathrm{II}}=20288\text{kVA}$，$P_{\mathrm{II}}=20000\text{kW}$，$Q_{\mathrm{II}}=3408\text{kvar}$，$I_{\mathrm{I}}=1225.1\text{A}$，$\cos\varphi_{\mathrm{I}}=0.683$，$I_{\mathrm{II}}=848.8\text{A}$，$\cos\varphi_{\mathrm{II}}=0.986$；(2) $E_{0\mathrm{I}}=14.5\text{kV}$，$\delta_{\mathrm{I}}=21.04°$，$E_{0\mathrm{II}}=10.27\text{kV}$，$\delta_{\mathrm{II}}=30.46°$］

6-21 试述同步电机作为发电机和电动机运行时，φ、ψ_0 和 δ 角的变化。

6-22 已知一台三相凸极同步电动机的相电压为 U，电枢电流为 I_M，功率因数角为 φ_M，试证明电动机的功率角 δ_M 为

$$\tan\delta_M=\frac{I_M X_q\cos\varphi_M+I_M R_a\sin\varphi_M}{U+I_M X_q\sin\varphi_M-I_M R_a\cos\varphi_M}$$

当 $\dot{I}_M$ 超前于 $\dot{U}$ 时，φ_M 取为正值。

6-23 有一台三相同步电动机接到电网，已知额定线电压 $U_N=6\text{kV}$（星形联结），$n_N=300\text{r/min}$，$I_N=57.8\text{A}$，$\cos\varphi_N=0.8$（超前），$X_d=64.2\Omega$，$X_q=40.8\Omega$，电枢电阻忽略不计，试求：(1) 额定负载时电动机的激磁电动势、功率角、电磁功率和电磁转矩；(2) 若负载转矩保持为额定值不变，调节励磁使 $\cos\varphi_M=1$，问此时的激磁电动势、功率角将变成多少？［答案：(1) $E_0=6378\text{V}$，$\delta_M=21.14°$，$P_e=480.5\text{kW}$，$T_e=15288.4\text{N}\cdot\text{m}$；(2) $E_0'=4462\text{V}$，$\delta_M'=28.57°$］

6-24 有一台三相Y联结50Hz的同步电动机，$P_N=1000\text{kW}$，$U_N=3\text{kV}$，$I_N=221.4\text{A}$，$\cos\varphi_N=0.9$（超前），$2p=6$。已知电动机的参数为：$X_d^*=1.0887$，$X_q^*=0.6321$，定子电阻忽略不计，空载转矩 $T_0=173.8\text{N}\cdot\text{m}$。试求：(1) 额定负载时电动机的激磁电动势 E_0^*，内功率因数角 ψ_{0M} 和功率角 δ_M，并画出其电压相量图；(2) 激磁电动势 E_0^* 保持不变，电动机空载，定子的空载电流 I_{0M}^* 和功率角 δ_{0M}。［答案：(1) $E_0^*=1.741$，$\psi_{0M}=-50.194°$，$\delta_M=24.352°$；(2) $I_{0M}^*=0.681$，$\delta_{0M}=0.79°$］

6-25 有一台同步电动机在额定电压、额定频率、额定负载下（功率因数为超前）运行时，功率角 $\delta_M=25°$。现因电网发生故障，电网频率下降5%，负载转矩不变，问功率角有何变化（设励磁一直保持不变，电枢电阻、凸极与饱和效应均忽略不计）。［答案：$\delta_M'=23.67°$］

6-26 有一台同步电动机接到无穷大电网，电动机在额定电压下运行，已知电动机的同步电抗 $X_d^*=0.8$，$X_q^*=0.5$，定子电阻忽略不计，定子电流为额定电流时功率角 $\delta_N=25°$。试求：(1) 此时的 E_0^*，P_e^* 和 $\cos\varphi_N$；(2) 该 E_0^* 下电动机的最大电磁功率 $P_{e(\max)}^*$；(3) 若电磁转矩保持为第 (1) 项的值时，电动机能保持同步运行的最低 E_0^*；(4) 转子失去励磁时电动机的最大电磁功率（标幺值）。［答案：(1) $E_0^*=1.334$，$P_e^*=0.992$，$\cos\varphi_M=0.992$；(2) $P_{e(\max)}^*=1.801$；(3) $E_{0(\min)}^*=0.617$；(4) $P_{e2(\max)}^*=0.375$。］

6-27 某工厂电力设备的总功率为4500kW，$\cos\varphi=0.7$（滞后）。由于生产发展，欲新添一台1000kW的同步电动机，并使工厂的总功率因数提高到0.8（滞后），问此电动机的容量及功率因数应为多少（电动机的损耗略去不计）？［答案：$S_N=1103\text{kVA}$，$\cos\varphi_M=0.907$。］

6-28 有一台三相凸极同步电动机，其端电压为 U，由于某种原因失去了励磁，试求失磁后电动机能带的极限负载（标幺值）、此时的电枢电流（标幺值）和功率因数三者的表达式（电枢电阻忽略不计）。

6-29 有一无穷大电网，受电端的线电压 $U_N=6\text{kV}$，负载为一线电流 $I=1000\text{A}$、$\cos\varphi=0.8$（滞后）的三相负载。今欲加装同步补偿机并把线路的功率因数提高到0.95（滞后），问此时补偿机将输出多少滞后的无功电流？［答案：$I_{补}=337\text{A}$］

6-30　一台接在无穷大电网上的三相凸极同步发电机，已知其端电压为额定电压，额定负载时的激磁电动势为 E_{0N}，试求该发电机作为补偿机运行、且励磁绕组的温升不超过额定温升时，该机能发出的最大滞后无功功率和此时的电枢电流（电枢电阻、空载损耗和磁饱和均忽略不计）。

6-31　有一台三相凸极同步发电机，测得各参数如下：$X_d^* = 1.0$，$X_d''^* = 0.2$，$X_q''^* = 0.21$，$X_0^* = 0.1$，试求在空载额定电压下，发电机的三相、线间和单相稳态短路电流的标幺值（电枢电阻忽略不计）。[答案：$I_{k3}^* = 1$，$I_{k2}^* = 1.414$，$I_{k1}^* = 2.264$。]

6-32　试说明当转子的转差率 $s=0$ 时，三相绕线型感应电动机的等效电路，如何转化为隐极同步电动机的等效电路。

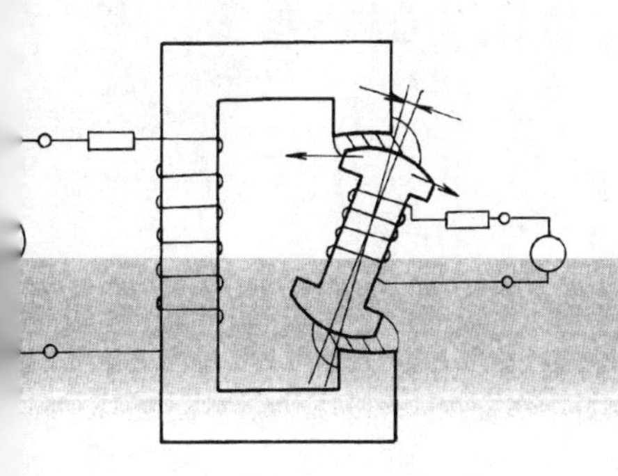

第7章 机电能量转换原理

各种机电能量转换装置——从尺寸最大的旋转电机（例如水轮发电机）到最小的机电信号变换器，其用途和结构虽然各有差别，但其基本原理却是相同的。机电能量转换过程是电磁场和运动的载电物体（通常为载流导体）相互作用的结果。当机电装置的可动部分发生位移，使装置内部耦合电磁场的储能发生变化，并在与之连接的电路系统和机械系统内产生一定的反应时，通过耦合场的作用，电能就会转换成机械能或反之。所以，任何机电能量转换装置中都有载流的电系统（绕组）、机械系统以及用作耦合和储存能量的电磁场，都有一个固定部分和一个可动部分。

机电能量转换又是一个可逆的过程，所以大多数发电机都可以作为电动机运行；反之，大多数电动机也可以作为发电机运行。

前几章分析了各种交、直流电机的原理和稳态运行性能，本章将进一步研究旋转电机中机电能量转换的原理、能量转换过程和耦合场的作用，并导出机电能量转换的条件，以及此条件在各种电机中的具体体现，使读者对各种电机的能量转换机制有一个总体概念，并为今后分析各种特殊和新型电机提供理论基础。

7.1　机电能量转换过程中的能量关系

在质量守恒的物理系统中，能量既不能产生、也不能消灭，而仅能改变其存在形态，这就是能量守恒原理。能量守恒原理对所有的物理系统是普遍适用的，它也是研究机电装置的基本出发点之一。

1. 机电能量转换过程中的能量关系

绝大多数旋转电机都由电系统、机械系统和联系两者的耦合电磁场组成。其中电系统主要指定、转子绕组，绕组的出线端就是系统的电端口；机械系统主要指电机的转子，转轴则是系统的机械端口；耦合场可以是磁场，也可以是电场。考虑到在正常磁通密度和电场强度下，单位体积内磁场的储能密度要比电场的储能密度大得多，所以绝大多数电机都以磁场作为耦合场。本书所研究的情况都以磁场作为耦合场。

设转子转速为恒定，根据能量守恒原理，并采用电动机惯例，不难写出能量转换过程中电机内的能量关系为

$$\begin{pmatrix}\text{由电源输入}\\\text{电机的电能}\end{pmatrix}=\begin{pmatrix}\text{耦合磁场内}\\\text{储能的增加}\end{pmatrix}+\begin{pmatrix}\text{电机内部的}\\\text{能量损耗}\end{pmatrix}+\begin{pmatrix}\text{由转轴输出}\\\text{的机械能}\end{pmatrix}\tag{7-1}$$

对电动机，式中的电能和机械能均为正值；对发电机，两者均为负值。式（7－1）中的能量损耗，通常包含三类：一类是电系统（绕组）内部的电阻损耗；一类是机械系统（转子）的摩擦损耗、通风损耗，统称机械损耗；一类是耦合磁场在铁磁介质内产生的铁心损耗，包括磁滞和涡流损耗等。

2. 把损耗移出后，无损耗磁储能系统中的能量关系

把电机作为一个具有电端口和机械端口的两端口装置，并把电阻损耗 i^2R 从电系统中移出，其中 R 为绕组的电阻；转子的机械损耗 Ω^2R_Ω 从机械系统中移出，其中 R_Ω 为机械阻力系数；再把铁心损耗忽略不计；则装置的中心部分将成为一个由无铁耗的铁心、气隙和无铜耗、无机械损耗的动态耦合电路所组成的“无损耗的磁储能系统”，如图7－1所示。

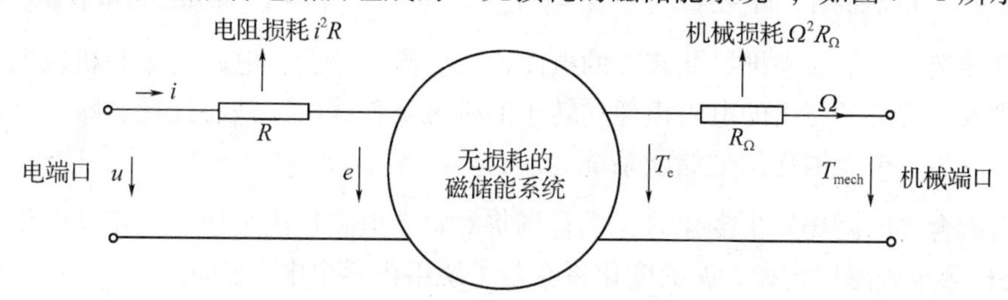

图7－1　把损耗移出，使装置的中心部分成为“无损耗的磁储能系统”

对于图7－1中心部分所示无损耗的磁储能系统，在时间 dt 内，系统输入和输出的能量关系应为

$$dW_e = dW_m + dW_{mech} \tag{7-2}$$

式中，dW_e 为系统的微分净电能输入；dW_m 为微分磁能增量；dW_{mech} 为微分总机械能输出。从下面的分析可知，当耦合场内的磁场发生变化时，各绕组所链过的磁链将发生变化并产生感应电动势，从而使外接电源向电系统输入电能；另一方面，转子位移引起耦合场内的磁能发生变化时，转子上将受到电磁转矩的作用，使磁能转化为机械能并由机械系统（转子）输出。所以机电能量转换过程，是一个涉及耦合场及其对电系统和机械系统相互作用的过程，其中感应电动势是磁场与电系统之间的耦合项，电磁转矩则是磁场与机械系统之间的耦合项，它们构成了一对磁－电和磁－机耦合项。

把损耗移出，使机电装置的中心部分成为“无损耗的磁储能系统”，这将使表征该系统的状态函数（磁能）成为单值，从而为磁能和电磁转矩公式的导出以及整个能量转换的分析，带来很大的方便。

7.2 机电装置的电能输入、磁场储能和机械能输出

为弄清机电装置中的机电能量转换过程，必须首先导出耦合场的储能(磁能)，和作为两个耦合项的感应电动势和电磁转矩的表达式。其中感应电动势已由电磁感应定律导出，无需再作专门研究，所以只需重点导出电磁转矩的表达式。一旦得知感应电动势和电磁转矩，机电装置的电能输入和机械能输出即可得知，加上磁能的表达式，即可导出装置中的机电能量转换机制。下面分成单激励和双激励装置两种情况来研究。

1. 单激励机电装置

图 7－2 表示一个最简单的机电装置，该装置由定子铁心、转子铁心和气隙组成一个闭合磁路，定子铁心上装有一个绕组，该绕组与电源相连接，转子为凸极、不装绕组。这种装置的气隙主磁场（耦合场）由定子电流所产生的磁动势单独激励而形成，故称为单激励装置。从图 7－2 可以看出，此装置有一个电端口和一个机械端口。下面来推导此装置的电能输入、磁场储能、电磁转矩和机械能输出。

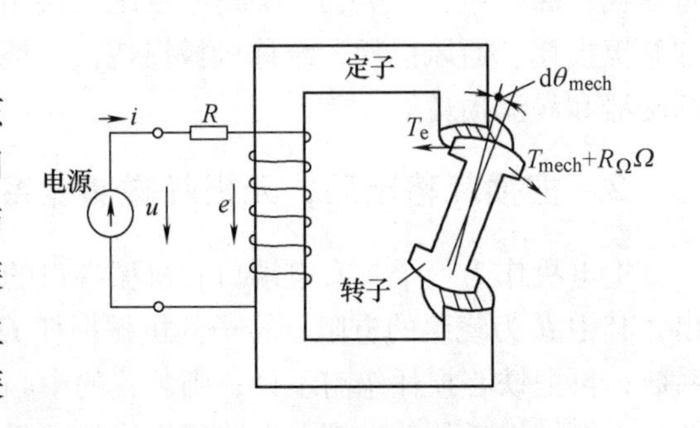

图 7－2 单激励机电装置

电能输入 把定子绕组的电阻损耗和转子的机械损耗移出，铁心损耗忽略不计，使装置的中心部分成为一个无损耗的磁储能系统。

当作为耦合场的磁场发生变化时，耦合场将对定子电路作出反应。设定子绕组的磁链为 ψ，根据法拉第电磁感应定律，ψ 的变化将在定子绕组内感生电动势 e，

$$e = -\frac{d\psi}{dt} \tag{7-3}$$

由于电动势 e 的出现，电源将向装置的电系统输入电能。设电源的端电压为 u，绕组的电阻为 R，则扣除 R 上的电阻损耗后，在时间 dt 内，电源向电系统输入的微分净电能 dW_e 应为

$$\mathrm{d}W_{\mathrm{e}} = (u - iR)i\mathrm{d}t$$

考虑到 $u - iR = -e$，而 $e = -\dfrac{\mathrm{d}\psi}{\mathrm{d}t}$，代入上式，可得

$$\mathrm{d}W_{\mathrm{e}} = -ei\mathrm{d}t = i\mathrm{d}\psi \tag{7-4}$$

式（7-4）说明，电能的输入是通过绕组内的磁链发生变化，使绕组产生感应电动势 e 而实现。所以，产生感应电动势 e 是电系统从电源输入电能的必要条件。

机械能输出　当耦合场的磁场储能（简称磁能）随着转子转角的变化而发生变化时，作为对机械系统的反应，转子上将受到电磁转矩的作用。设时间 $\mathrm{d}t$ 内，转子转过的机械角为 $\mathrm{d}\theta_{\mathrm{mech}}$，电磁转矩为 T_{e}，轴上的负载转矩为 T_{mech}，旋转阻力系数为 R_{Ω}，则稳态运行时有 $T_{\mathrm{e}} = T_{\mathrm{mech}} + R_{\Omega}\Omega$，于是耦合场向机械系统输出的微分总机械能 $\mathrm{d}W_{\mathrm{mech}}$ 应为

$$\mathrm{d}W_{\mathrm{mech}} = (T_{\mathrm{mech}} + R_{\Omega}\Omega)\mathrm{d}\theta_{\mathrm{mech}} = T_{\mathrm{e}}\mathrm{d}\theta_{\mathrm{mech}} \tag{7-5}$$

磁场储能　由式（7-2）、式（7-4）和式（7-5）可得，在时间 $\mathrm{d}t$ 内，耦合场内磁能的变化 $\mathrm{d}W_{\mathrm{m}}$ 为

$$\mathrm{d}W_{\mathrm{m}} = \mathrm{d}W_{\mathrm{e}} - \mathrm{d}W_{\mathrm{mech}} = i\mathrm{d}\psi - T_{\mathrm{e}}\mathrm{d}\theta_{\mathrm{mech}} \tag{7-6}$$

如果转角用电角度 θ 来表示，由于 $\theta = p\theta_{\mathrm{mech}}$，其中 p 为极对数，则式（7-6）也可写成

$$\mathrm{d}W_{\mathrm{m}}(\psi,\theta) = i\mathrm{d}\psi - \frac{1}{p}T_{\mathrm{e}}\mathrm{d}\theta \tag{7-7}$$

式(7-7)表示，磁能 W_{m} 是磁链 ψ 和转角 θ 两者的函数，即 $W_{\mathrm{m}} = W_{\mathrm{m}}(\psi,\theta)$。所以从理论上讲，如果已知电流 i 与 ψ 和 θ 两者的关系 $i(\psi,\theta)$，以及电磁转矩 T_{e} 与 ψ 和 θ 两者的关系 $T_{\mathrm{e}}(\psi,\theta)$，通过上式进行积分，即可求出 ψ 和 θ 的终值达到 ψ_0 和 θ_0 时，耦合场的磁能 $W_{\mathrm{m}}(\psi_0,\theta_0)$，即

$$W_{\mathrm{m}}(\psi_0,\theta_0) = \int_{\psi=0,\theta=0}^{\psi_0,\theta_0}\left[i(\psi,\theta)\mathrm{d}\psi - \frac{1}{p}T_{\mathrm{e}}(\psi,\theta)\mathrm{d}\theta\right] \tag{7-8}$$

对于一个无损耗的磁储能系统，以 ψ 和 θ 作为系统的状态变量[㊀]，磁能 W_{m} 为表征系统磁状态的状态函数，则磁能 W_{m} 的值将由 ψ 和 θ 的即时值唯一地确定，而与通过哪条路径达到此值无关。因此，可以在不同的路径中选取一条最易于积分的路径，来确定状态变量的终值为（ψ_0，θ_0）处的磁能 $W_{\mathrm{m}}(\psi_0,\theta_0)$。

图 7-3 表示积分的不同路径。图中 O 点为起点，O 点的 ψ 和 θ 值均为 0；P 点为终点，其 ψ 和 θ 值为（ψ_0，θ_0）。OCP 为达到 P 点的一条任意路径，OAP 则是一条最易于积分的路径。

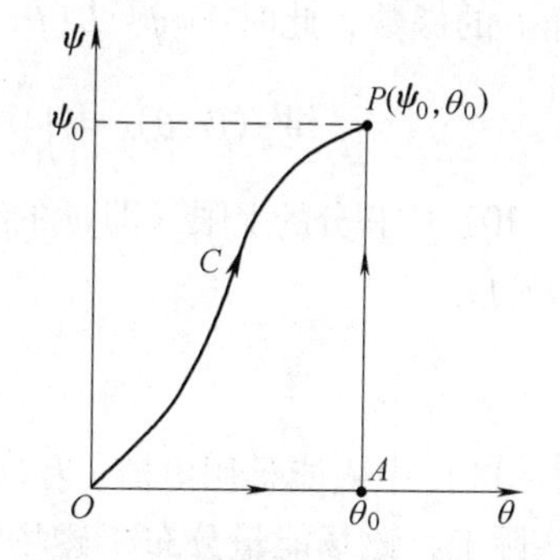

图 7-3　确定 $W_{\mathrm{m}}(\psi_0,\theta_0)$ 的简易路径

从图 7-3 可见，路径 OAP 由两段组成，一段为水平段 $\overline{OA}$，另一段为竖直段 $\overline{AP}$。在 $\overline{OA}$ 段，磁链 ψ 一直保持为 0，产生此磁链的电流 i 也应为 0，故电磁转矩 $T_{\mathrm{e}} = 0$，于是由式(7-8)可知，A 点处的磁能为

㊀ 状态变量是一组能够完整地表征系统状态的最少数目的变量。

$$\int_{\overline{OA}}\left(i\mathrm{d}\psi-\frac{1}{p}T_{\mathrm{e}}\mathrm{d}\theta\right)=0$$

在$\overline{AP}$段，由于转子转角无变化，$\mathrm{d}\theta=0$，故计算磁能的两项积分中，第二项为0，仅剩下第一项；而转子位置保持为θ_0、磁链由0增大到终值ψ_0时，i与ψ之间的关系，可以用转子位置为θ_0处主磁路的磁化曲线来表达，即$i=i(\psi,\theta_0)$，如图7-4所示；于是

$$\int_{\overline{AP}}\left(i\mathrm{d}\psi-\frac{1}{p}T_{\mathrm{e}}\mathrm{d}\theta\right)=\int_{\overline{AP}}i\mathrm{d}\psi=\int_0^{\psi_0}i(\psi,\theta_0)\mathrm{d}\psi$$

由此可得，P点的磁能$W_{\mathrm{m}}(\psi_0,\theta_0)$为

$$W_{\mathrm{m}}(\psi_0,\theta_0)=\int_{\overline{OA}+\overline{AP}}\left(i\mathrm{d}\psi-\frac{1}{p}T_{\mathrm{e}}\mathrm{d}\theta\right)=\int_0^{\psi_0}i(\psi,\theta_0)\mathrm{d}\psi \tag{7-9}$$

式（7-9）就是以ψ和θ为自变量时，单激励机电装置的磁能公式。此式对磁路为线性或非线性的情况均适用。

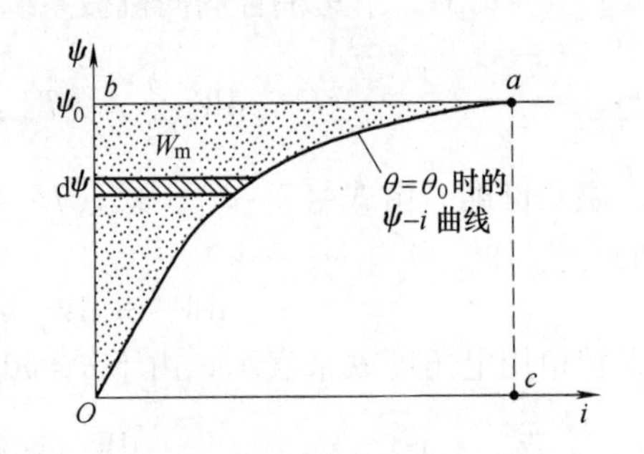

图7-4　由给定转子位于θ_0处的磁化曲线（$\psi-i$曲线）来计算磁能W_{m}

式（7-9）表示，要确定(ψ_0,θ_0)处的磁能$W_{\mathrm{m}}(\psi_0,\theta_0)$，可在磁链$\psi$为0的情况下先把转子转到终值$\theta_0$的位置，再求出转子固定于此位置、磁链$\psi$从0增长到$\psi_0$时，绕组从电源输入的净电能$\int_0^{\psi_0}i(\psi,\theta_0)\mathrm{d}\psi$，此能量就是装置中的磁能$W_{\mathrm{m}}(\psi_0,\theta_0)$。图7-4为磁能的图解表示，图中的$\psi-i$曲线是转子位于$\theta_0$处主磁路的磁化曲线，此曲线可由磁路计算算出，面积$OabO$就代表装置中的磁能。

若磁路为线性，$\psi-i$曲线是一条直线，$\psi=L(\theta)i$，其中$L(\theta)$为定子绕组的自感，它仅是转角θ的函数，此时$i=\psi/L(\theta)$，于是

$$W_{\mathrm{m}}(\psi,\theta)=\int_0^{\psi}i(\psi',\theta)\mathrm{d}\psi'=\int_0^{\psi}\frac{\psi'}{L(\theta)}\mathrm{d}\psi'=\frac{1}{2}\frac{\psi^2}{L(\theta)} \tag{7-10}$$

式（7-10）中积分的上限（即ψ的终值）取为变量，故式中的自变量改用ψ'表示。式（7-10）也可改写成

$$W_{\mathrm{m}}(i,\theta)=\frac{1}{2}L(\theta)i^2 \tag{7-11}$$

式（7-11）中磁能是用电流i和转角θ来表示的，它仅在线性时成立㊀。

实际上，磁场能量分布于磁场所在的整个空间。可以证明，单位体积内的磁能w_{m}（即磁能密度）为

$$w_{\mathrm{m}}=\int_0^{B}\boldsymbol{H}\cdot\mathrm{d}\boldsymbol{B}' \tag{7-12}$$

对于μ为常值的介质，上式成为

㊀ 此处的$W_{\mathrm{m}}(i,\theta)$实质上是磁共能，在线性情况下，磁能与磁共能相等，于是磁能就可以写成式（7-11）的形式。关于磁共能的定义，可参见附录B。

$$w_m = \frac{1}{2}\frac{B^2}{\mu} = \frac{1}{2}BH \tag{7-13}$$

式（7－13）表示，在一定的磁通密度下，介质的磁导率越大，磁场的储能密度就越小。所以通常的机电装置，当磁通量从 0 开始上升时，大部分磁场能量将储存在磁路的气隙中；当磁通减少时，大部分磁能将从气隙通过电路释放出来。铁心中的磁能很少，常可忽略不计。

电磁转矩　由于磁能 W_m 是磁链 ψ 和转角 θ 两者的函数，即 $W_m = W_m(\psi, \theta)$，所以磁能的全微分 dW_m 应为

$$dW_m(\psi,\theta) = \frac{\partial W_m}{\partial \psi}d\psi + \frac{\partial W_m}{\partial \theta}d\theta \tag{7-14}$$

另一方面，从式（7－7）可知

$$dW_m(\psi,\theta) = id\psi - \frac{1}{p}T_e d\theta$$

由于 ψ 和 θ 均为独立变量，故把上面两个式子对比后可知，

$$i = \frac{\partial W_m(\psi,\theta)}{\partial \psi}$$

而电磁转矩 T_e 应为

$$T_e = -\frac{\partial W_m(\psi,\theta)}{\partial \theta_{mech}} = -p\frac{\partial W_m(\psi,\theta)}{\partial \theta} \tag{7-15}$$

上式就是用系统的磁能表示时，电磁转矩的表达式。

式（7－15）说明，当转子作微小的角位移（既可以是实际角位移，也可以是设想的虚角位移）时，如果系统的磁能同时发生变化，则转子上将受到电磁转矩的作用。电磁转矩的值等于磁能对转角的偏导数 $\frac{\partial W_m}{\partial \theta_{mech}}$（磁链约束为常值），电磁转矩的方向为在恒磁链下趋使磁能减小的方向。

对于磁路为线性的情况，由于 $W_m = \frac{1}{2}\frac{\psi^2}{L(\theta)}$，故用磁链 ψ 和转角 θ 表示时，电磁转矩 T_e 应为

$$T_e = -p\frac{\partial}{\partial \theta}\left(\frac{1}{2}\frac{\psi^2}{L(\theta)}\right) = \frac{1}{2}p\frac{\psi^2}{L(\theta)^2}\frac{\partial L(\theta)}{\partial \theta} \tag{7-16}$$

用电流 i 和转角 θ 表示时，式（7－16）也可以写成

$$T_e = \frac{1}{2}pi^2\frac{\partial L(\theta)}{\partial \theta} \tag{7-17}$$

【例 7－1】　有一单激励机电装置，转子位于 θ_0 的位置。当磁路未饱和时，其 $\psi-i$ 曲线为一直线，用 $0a$ 表示；当磁路开始饱和时（从 a 点开始），$\psi-i$ 曲线可用另一直线 ab 去近似表示，如图 7－5 所示。试求系统的状态达到 a 点和 b 点时的磁能。

解

（1）a 点的磁能　在 $\overline{0a}$ 段内，$\psi-i$ 的方程式为 $\psi=i$，故 a 点的磁能为

$$W_{ma} = \int_0^{\psi_a} id\psi = \int_0^1 \psi d\psi = 0.5\ \text{J}$$

（2）b 点的磁能　在 $\overline{ab}$ 段内，$\psi-i$ 的方程式为 $i=10\psi-9$，故 b 点的磁能为

$$W_{mb} = \int_0^{\psi_a} i\mathrm{d}\psi + \int_{\psi_a}^{\psi_b} i\mathrm{d}\psi$$

$$= 0.5 + \int_1^{1.2} (10\psi - 9)\mathrm{d}\psi = 0.9\ \mathrm{J}$$

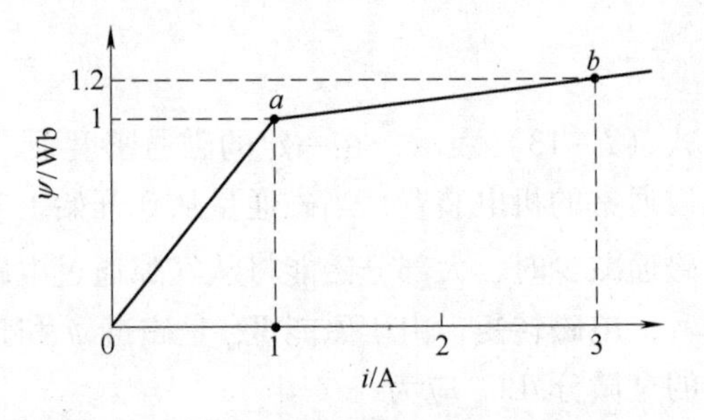

图 7-5 $\psi - i$ 曲线的折线近似（$\theta = \theta_0$ 时）

【例 7-2】 有一台单相磁阻电动机，定子上装有一个绕组，转子为凸极，转子上无绕组，如图 7-6a 所示。已知主磁路为线性，定子自感随转子转角的变化规律为 $L(\theta) = L_0 + L_2\cos2\theta$，$\theta$ 为转子直轴与定子绕组轴线间的夹角，如图 7-6b）所示。试求定子线圈通有正弦电流 $i = \sqrt{2}I\sin\omega t$ 时，电磁转矩的瞬时值和平均值。

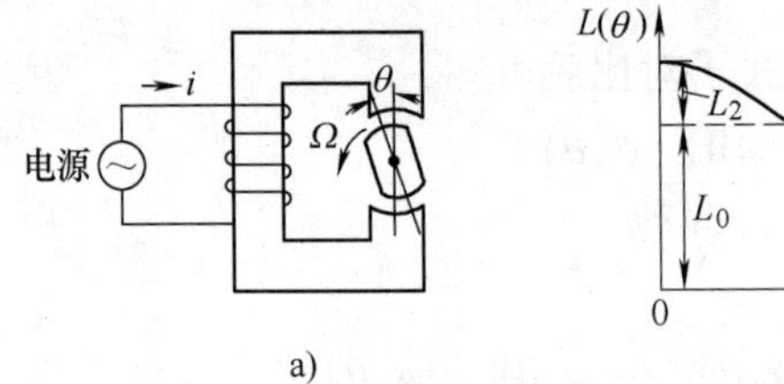

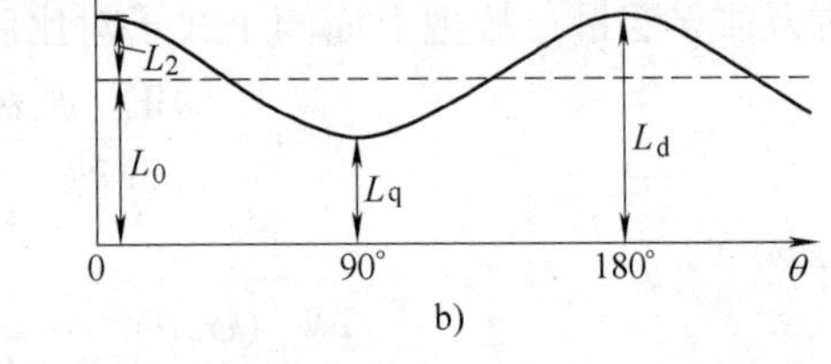

a）　　　　b）

图 7-6 单相磁阻电动机

a）电动机示意图　b）自感 $L(\theta)$ 随 θ 的变化曲线

解 对线性系统，电磁转矩 T_e 为（$p = 1$ 时）

$$T_e = \frac{1}{2}i^2\frac{\partial L}{\partial \theta} = -\frac{1}{2}(\sqrt{2}I\sin\omega t)^2(2L_2\sin2\theta) = -2I^2L_2\sin2\theta\sin^2\omega t$$

设转子的机械角速度为 Ω，$t = 0$ 时转子直轴与定子绕组轴线间的初相角为 δ，则极对数 $p = 1$ 时，$\theta = \Omega t + \delta$，于是电磁转矩 T_e 为

$$T_e = -I^2L_2\left[\sin2(\Omega t + \delta) - \frac{1}{2}\sin2(\Omega t + \omega t + \delta) - \frac{1}{2}\sin2(\Omega t - \omega t + \delta)\right]$$

不难看出，若 $\Omega \neq \omega$，则电磁转矩为脉振转矩，一个周期内的平均值 $T_{e(av)} = 0$；若 $\Omega = \omega$，则平均电磁转矩 $T_{e(av)}$ 为

$$T_{e(av)} = \frac{1}{2}I^2L_2\sin2\delta = \frac{1}{4}I^2(L_d - L_q)\sin2\delta$$

式中，L_d 和 L_q 分别为直轴和交轴电感，如图 7-6b 所示。

磁阻电动机是一种同步电动机，它仅在同步转速、且 $L_d \neq L_q$ 时才有平均电磁转矩。这种由 $L_d \neq L_q$、也就是由直轴磁阻和交轴磁阻不同所引起的转矩，称为磁阻转矩。可以看出，磁阻转矩与 $\sin2\delta$ 成正比。

2. 双激励机电装置

若机电装置中装有多个绕组，每个绕组接到各自的电源，则耦合磁场将由多个绕组的磁动势共同激励所产生，此装置就是多激励装置。图 7-7 表示一台最简单的双激励机电装置，此装置中装有两个绕组，一个在定子上，另一个在转子上，它们分别接到各自的电源。由定、转子两边供电的装置也称为双馈装置。

可以看出，此装置有两个电端口和一个机械端口，故有三个自变量。和前面一样，把绕组的电阻抽出并移到外接电路，转子的旋转阻力系数抽出，移到外接机械系统，铁心损耗忽略不计，则装置的中心部分将成为无损耗的磁储能系统。下面来推导此装置的电能输入、机械能输出、磁场储能和电磁转矩。

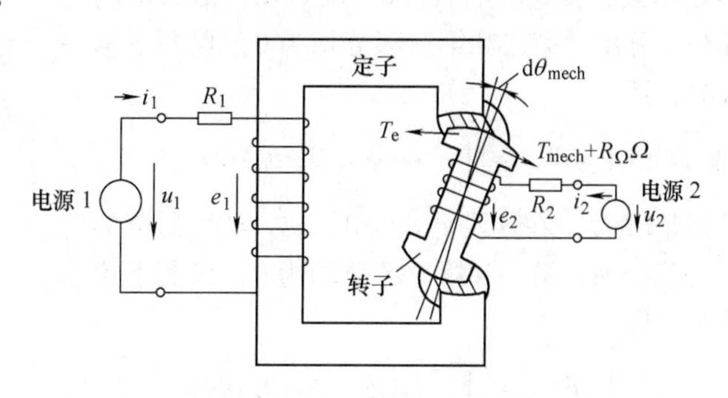

图 7－7　双激励机电装置

电能输入　以定、转子绕组的磁链 ψ_1、ψ_2 和转子转角 θ 为自变量。当链过定、转子绕组的磁链发生变化时，两个绕组内将分别产生感应电动势 e_1 和 e_2，

$$e_1 = -\frac{\mathrm{d}\psi_1}{\mathrm{d}t} \qquad e_2 = -\frac{\mathrm{d}\psi_2}{\mathrm{d}t} \tag{7-18}$$

设电源 1 和 2 向两个绕组输出的电流分别为 i_1 和 i_2，则在时间 $\mathrm{d}t$ 内，扣除电阻上的损耗以后，从定、转子绕组输入装置的净电能 $\mathrm{d}W_\mathrm{e}$ 应为

$$\mathrm{d}W_\mathrm{e} = -(e_1 i_1 \mathrm{d}t + e_2 i_2 \mathrm{d}t) = i_1 \mathrm{d}\psi_1 + i_2 \mathrm{d}\psi_2 \tag{7-19}$$

机械能输出　若转子的角位移引起耦合场内的磁能发生变化，则转子上将受到电磁转矩的作用。设时间 $\mathrm{d}t$ 内，转子的转角为 $\mathrm{d}\theta_\mathrm{mech}$（机械角），电磁转矩为 T_e，则耦合场将向机械系统输出微分总机械能 $\mathrm{d}W_\mathrm{mech}$，

$$\mathrm{d}W_\mathrm{mech} = T_\mathrm{e}\mathrm{d}\theta_\mathrm{mech} = \frac{1}{p}T_\mathrm{e}\mathrm{d}\theta \tag{7-20}$$

磁场储能　在时间 $\mathrm{d}t$ 内，系统磁能的微分增量 $\mathrm{d}W_\mathrm{m}$ 应为

$$\mathrm{d}W_\mathrm{m}(\psi_1,\psi_2,\theta) = \mathrm{d}W_\mathrm{e} - \mathrm{d}W_\mathrm{mech} = i_1\mathrm{d}\psi_1 + i_2\mathrm{d}\psi_2 - \frac{1}{p}T_\mathrm{e}\mathrm{d}\theta \tag{7-21}$$

对式（7－21）积分，可得磁链达到 ψ_{10}、ψ_{20}，转角达到 θ_0 时的磁能 $W_\mathrm{m}(\psi_{10},\psi_{20},\theta_0)$ 为

$$W_\mathrm{m}(\psi_{10},\psi_{20},\theta_0) = \int_{0,0,0}^{\psi_{10},\psi_{20},\theta_0}\Big[i_1(\psi_1,\psi_2,\theta)\mathrm{d}\psi_1 + i_2(\psi_1,\psi_2,\theta)\mathrm{d}\psi_2 - \frac{1}{p}T_\mathrm{e}(\psi_1,\psi_2,\theta)\mathrm{d}\theta\Big] \tag{7-22}$$

对于无损耗的磁储能系统，磁能 $W_\mathrm{m}(\psi_1, \psi_2, \theta)$ 是一个状态函数，其值仅取决于磁链和转角的终值 ψ_{10}、ψ_{20} 和 θ_0，而与达到终值的路径无关，故可选择一条最简单的积分路径来求得 W_m。

在图 7－8 中，选取路径①作为积分路径，此路径分成 $\overline{OA}$、$\overline{AB}$ 和 $\overline{BP}$ 三段。在 $\overline{OA}$ 段，磁链 ψ_1、ψ_2 保持为 0，转角 θ 由 0 增大到 θ_0；在 $\overline{AB}$ 段，转角保持为 θ_0，磁链 ψ_2 保持为 0，ψ_1 由 0 增大到 ψ_{10}；在 $\overline{BP}$ 段，转角保持为 θ_0，磁链 ψ_1 保持为 ψ_{10}，磁链 ψ_2 从 0 增大到 ψ_{20}。可以看出，在 $\overline{OA}$ 段上，由于 $\psi_1 = \psi_2 = 0$，绕组内既无磁链、又无电流，故电磁转矩 $T_\mathrm{e} = 0$。此外，由于 $\mathrm{d}\psi_1 = \mathrm{d}\psi_2 = 0$，所以式（7－22）的磁能 W_m 的三部分积分值都等于 0，即

$$\int_{\overline{OA}} \mathrm{d}W_\mathrm{m} = 0$$

再看$\overline{AB}$段，在这段上 $d\theta=0$，$d\psi_2=0$，故磁能的三部分积分中，第二和第三部分均为0，仅剩下第一部分，即

$$\int_{\overline{AB}} dW_m = \int_0^{\psi_{10}} i_1(\psi_1,\ 0,\ \theta_0)\,d\psi_1$$

最后是$\overline{BP}$段，在这段上 $d\theta=0$，$d\psi_1=0$，磁能的三部分积分中，第一和第三部分均为0，仅剩下第二部分，即

$$\int_{\overline{BP}} dW_m = \int_0^{\psi_{20}} i_2(\psi_{10},\psi_2,\theta_0)\,d\psi_2$$

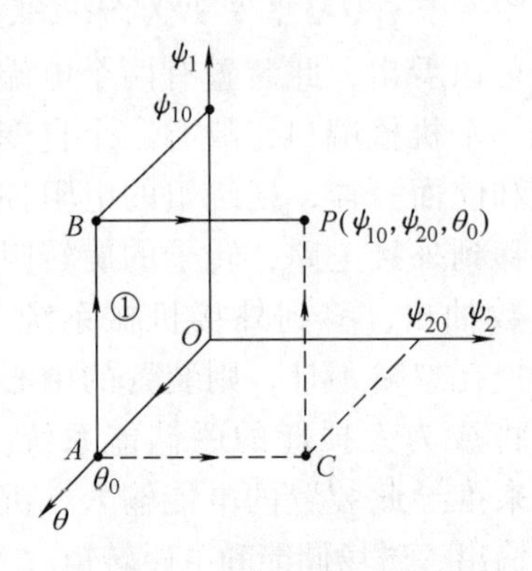

图 7－8　双激励机电装置中磁能的积分路径

最后可得

$$W_m(\psi_{10},\psi_{20},\theta_0) = \int_{\overline{OA}} dW_m + \int_{\overline{AB}} dW_m + \int_{\overline{BP}} dW_m$$
$$= \int_0^{\psi_{10}} i_1(\psi_1,0,\theta_0)\,d\psi_1 + \int_0^{\psi_{20}} i_2(\psi_{10},\psi_2,\theta_0)\,d\psi_2 \tag{7-23}$$

式（7－23）表明，欲求终值为 ψ_{10}、ψ_{20} 和 θ_0 处的磁能，只要在磁链为0的情况下先把转子转到终值 θ_0 的位置，然后求取在此位置处，磁链 ψ_1、ψ_2 由0增加到终值 ψ_{10} 和 ψ_{20} 时电源输入的总净电能，此能量就是耦合场的磁能。因为在整个过程中，$T_e\,d\theta\equiv0$（第一阶段是 $T_e=0$，第二阶段是 $d\theta=0$），所以系统输出的总机械能为0，故磁能可由输入的净电能算出。

当然，也可以选择图7－8中的$\overline{OA}\to\overline{AC}\to\overline{CP}$这三段作为积分路径。不难得出，此时

$$W_m(\psi_{10},\psi_{20},\theta_0) = \int_0^{\psi_{20}} i_2(0,\ \psi_2,\theta_0)\,d\psi_2 + \int_0^{\psi_{10}} i_1(\psi_1,\ \psi_{20},\theta_0)\,d\psi_1 \tag{7-24}$$

由于磁能 W_m 是一个状态函数，其值由状态变量的终值 ψ_{10}、ψ_{20} 和 θ_0 唯一地确定，所以由式（7－23）与由式（7－24）算出的值是相等的。这两个式子的差别，仅在于磁链 ψ_1 和 ψ_2 达到终值的次序不同。

对于磁路为线性的情况，磁链与电流之间为线性关系

$$\left.\begin{aligned}\psi_1 &= L_{11}(\theta)i_1 + L_{12}(\theta)i_2\\ \psi_2 &= L_{21}(\theta)i_1 + L_{22}(\theta)i_2\end{aligned}\right\} \tag{7-25}$$

式中，$L_{11}(\theta)$ 和 $L_{22}(\theta)$ 分别表示定子和转子绕组的自感；$L_{12}(\theta)$ 和 $L_{21}(\theta)$ 表示定、转子绕组间的互感，$L_{12}(\theta)=L_{21}(\theta)$；它们仅与转角 θ 有关而与电流无关。由式（7－25）可以解出

$$\left.\begin{aligned}i_1 &= \frac{L_{22}(\theta)}{D}\psi_1 - \frac{L_{12}(\theta)}{D}\psi_2\\ i_2 &= -\frac{L_{21}(\theta)}{D}\psi_1 + \frac{L_{11}(\theta)}{D}\psi_2\end{aligned}\right\} \tag{7-26}$$

式中，$D=L_{11}(\theta)L_{22}(\theta)-L_{12}^2(\theta)$。把式（7－26）代入式（7－23），即可导出磁路为线性、用磁链 ψ 和转角 θ 表示时，两绕组系统的磁能为

$$W_m(\psi_{10},\psi_{20},\theta_0) = \int_0^{\psi_{10}} i_1(\psi_1,0,\theta_0)\,d\psi_1 + \int_0^{\psi_{20}} i_2(\psi_{10},\psi_2,\theta_0)\,d\psi_2$$

$$= \int_0^{\psi_{10}} \frac{L_{22}(\theta_0)}{D(\theta_0)} \psi_1 \mathrm{d}\psi_1 + \int_0^{\psi_{20}} \left[-\frac{L_{21}(\theta_0)}{D(\theta_0)} \psi_{10} + \frac{L_{11}(\theta_0)}{D(\theta_0)} \psi_2 \right] \mathrm{d}\psi_2$$

$$= \frac{1}{2} \frac{L_{22}(\theta_0)}{D(\theta_0)} \psi_{10}^2 - \frac{L_{21}(\theta_0)}{D(\theta_0)} \psi_{10}\psi_{20} + \frac{1}{2} \frac{L_{11}(\theta_0)}{D(\theta_0)} \psi_{20}^2 \qquad (7-27)$$

在线性情况下，把式（7－25）的 ψ_1 和 ψ_2 代入上式，经过整理，可得用电流 i 和转角 θ 表示时磁能的表达式为

$$W_{\mathrm{m}}(i_{10}, i_{20}, \theta_0) = \frac{1}{2} L_{11}(\theta_0) i_{10}^{\ 2} + L_{12}(\theta_0) i_{10} i_{20} + \frac{1}{2} L_{22}(\theta_0) i_{20}^{\ 2} \qquad (7-28)$$

式中，i_{10} 和 i_{20} 为电流的终值。

电磁转矩 由于磁能是自变量 ψ_1、ψ_2 和 θ 三者的函数，所以用偏导数表示时，磁能的全微分 $\mathrm{d}W_{\mathrm{m}}(\psi_1, \psi_2, \theta)$ 为

$$\mathrm{d}W_{\mathrm{m}}(\psi_1, \psi_2, \theta) = \frac{\partial W_{\mathrm{m}}(\psi_1, \psi_2, \theta)}{\partial \psi_1} \mathrm{d}\psi_1 + \frac{\partial W_{\mathrm{m}}(\psi_1, \psi_2, \theta)}{\partial \psi_2} \mathrm{d}\psi_2 + \frac{\partial W_{\mathrm{m}}(\psi_1, \psi_2, \theta)}{\partial \theta} \mathrm{d}\theta \qquad (7-29)$$

另一方面，从式（7－21）可知，磁能的全微分 $\mathrm{d}W_{\mathrm{m}}$ 为

$$\mathrm{d}W_{\mathrm{m}}(\psi_1, \psi_2, \theta) = i_1 \mathrm{d}\psi_1 + i_2 \mathrm{d}\psi_2 - \frac{1}{p} T_{\mathrm{e}} \mathrm{d}\theta$$

把上面这两个式子加以比较，可知

$$i_1 = \frac{\partial W_{\mathrm{m}}(\psi_1, \psi_2, \theta)}{\partial \psi_1}, \quad i_2 = \frac{\partial W_{\mathrm{m}}(\psi_1, \psi_2, \theta)}{\partial \psi_2}$$

$$T_{\mathrm{e}} = -\frac{\partial W_{\mathrm{m}}(\psi_1, \psi_2, \theta)}{\partial \theta_{\mathrm{mech}}} = -p \frac{\partial W_{\mathrm{m}}(\psi_1, \psi_2, \theta)}{\partial \theta} \qquad (7-30)$$

式（7－30）就是用磁能表示时，双激励机电装置中电磁转矩的表达式。不难看出，此式与单激励装置中的式（7－15）是一致的，只不过此处 W_{m} 是 ψ_1、ψ_2 和 θ 三个自变量的函数。

对于磁路为线性的情况，把磁能的表达式（7－27）代入式（7－30），经过偏导数运算和整理，即可得到用 ψ 和 θ 表示时电磁转矩的表达式 $T_{\mathrm{e}}(\psi_1, \psi_2, \theta)$；再利用式（7－25），把磁链 ψ 用电流 i 来表示，经过一系列化简、整理，可得用 i、θ 表示时电磁转矩的表达式为

$$T_{\mathrm{e}} = p \left(\frac{1}{2} i_1^{\ 2} \frac{\partial L_{11}(\theta)}{\partial \theta} + i_1 i_2 \frac{\partial L_{12}(\theta)}{\partial \theta} + \frac{1}{2} i_2^{\ 2} \frac{\partial L_{22}(\theta)}{\partial \theta} \right) \qquad (7-31)$$

式（7－31）中的第一项和第三项，是由定子、转子电流和各自的自感随转角 θ 的变化所引起，称为磁阻转矩；第二项是由定、转子电流和定、转子的互感随转角的变化所引起，称为主电磁转矩。此式既简单、物理意义又比较清楚，所以在工程上得到广泛的应用。

7.3 机电装置中的能量转换过程

下面进一步研究图 7－7 所示双激励装置中的机电能量转换过程。

1. 机电能量转换过程

从上节的分析可知，对于图 7-7 所示的双激励装置，在时间 dt 内，有如下的微分能量关系：

净电能输入　　$dW_e = i_1 d\psi_1 + i_2 d\psi_2$

耦合场内磁能的变化

$$dW_m = \left(\frac{\partial W_m}{\partial \psi_1}d\psi_1 + \frac{\partial W_m}{\partial \psi_2}d\psi_2\right) + \frac{\partial W_m}{\partial \theta}d\theta$$

$$= i_1 d\psi_1 + i_2 d\psi_2 - T_e\, d\theta_{mech}$$

总机械能输出　　$dW_{mech} = T_e\, d\theta_{mech}$

对于耦合场，以输入能量为正，输出为负。从上述关系可见，磁能的增量 dW_m 包括两部分，其中由磁链变化所引起的磁能增量$\left(\frac{\partial W_m}{\partial \psi_1}d\psi_1 + \frac{\partial W_m}{\partial \psi_2}d\psi_2\right)$，恰好等于从电源吸收的净电能 dW_e；另一部分由转子角位移的变化所引起的磁能增量$\frac{\partial W_m}{\partial \theta}d\theta$，则恰好等于输出的微分机械能 dW_{mech}的负值。在能量转换过程中，作为耦合场的磁场既可以从电系统输入或输出能量，也可以对机械系统输出或输入能量，其状态主要取决于对磁链 ψ 和转子的角位移 θ 所加的约束：

（1）若装置的转子静止不动，$d\theta_{mech}=0$，则 $dW_{mech}=0$，于是 $dW_e = dW_m$。此时没有机械能输出，通过磁链的变化从电系统输入的电能，将全部转换为耦合场内的磁能。

（2）若装置的磁链不变，$d\psi=0$，则 $dW_e=0$，于是 $-dW_m = dW_{mech}$。此时装置无电能输入，随着转子的转动，储存在装置中的磁能将逐步释放出来，变为输出的机械能。

（3）一般情况下，一方面磁链发生变化，另一方面转子又有角位移，此时由角位移所引起的磁能变化将产生电磁力，并使部分磁场储能释放出来变为机械能；由磁链变化所引起的磁能变化，将通过线圈内的感应电动势从电源输入等量的电能而不断地得到补充。这样，通过耦合磁场的作用，电能将不断地转换为机械能或反之。

总之，机电能量转换过程是以气隙中的耦合磁场为中心，从电能转换为磁能，再从磁能转换为机械能的过程（或反之），如图 7-9 所示。其中感应电动势和电磁转矩分别是耦合场与电系统和机械系统之间的一对耦合项。如果没有耦合磁场，或者耦合场不具备这种特定的性质，即磁场储能发生变化时会对电系统和机械系统作出一定的反应（即产生感应电动势和电磁转矩），使电能输入、机械能输出，则机电能量间的转换就无法实现。

剩下一个环节是，在气隙内部电磁能量是如何从定子传送到转子的。研究表明，在气隙内部，主要是通过坡印亭能流向量的径向分量 Π_r，把电磁能量从定子传送到转子，如图 7-9 所示（参见书末的文献［6］）。

2. 功率方程

下面进一步导出能量转换过程中的功率关系。为简化分析，假定磁路为线性。

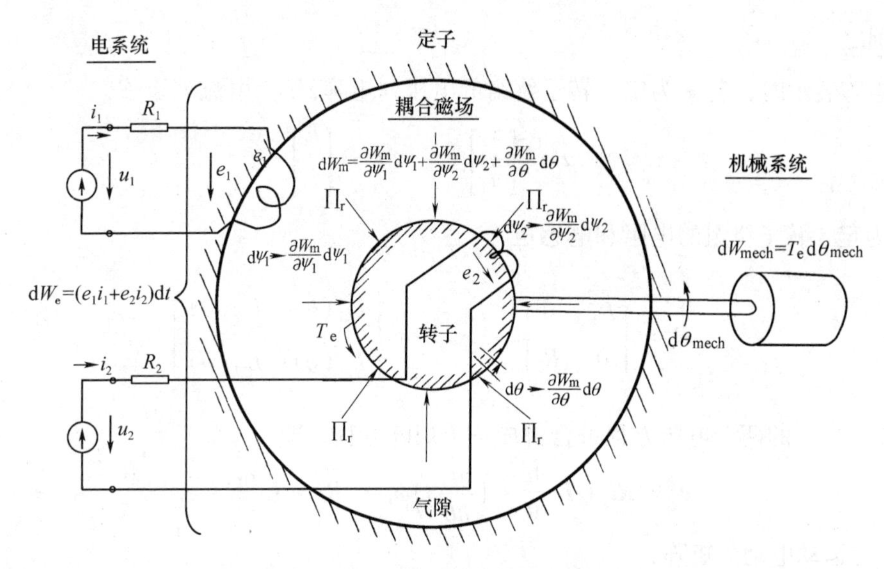

图 7 - 9　机电能量转换过程示意图

电压方程　设定、转子绕组的端电压分别为 u_1 和 u_2，电流为 i_1 和 i_2，绕组的磁链为 ψ_1 和 ψ_2，则当 ψ_1 和 ψ_2 随时间变化时，定、转子绕组内将产生感应电动势 e_1 和 e_2，$e_1=-\frac{d\psi_1}{dt}, e_2=-\frac{d\psi_2}{dt}$。若磁路为线性，$\psi_1$、$\psi_2$ 与电流 i_1、i_2 的关系为

$$\left.\begin{aligned}\psi_1&=L_{11}(\theta)i_1+L_{12}(\theta)i_2\\ \psi_2&=L_{21}(\theta)i_1+L_{22}(\theta)i_2\end{aligned}\right\}$$

式中 L_{11} 和 L_{22} 分别为定、转子绕组的自感，L_{12} 和 L_{21} 分别为定、转子绕组间的互感，$L_{12}=L_{21}$；于是

$$\left.\begin{aligned}e_1&=-\frac{d\psi_1}{dt}=\overbrace{-\left(L_{11}\frac{di_1}{dt}+L_{12}\frac{di_2}{dt}\right)}^{e_{1T}}\overbrace{-\left(i_1\frac{\partial L_{11}}{\partial\theta}+i_2\frac{\partial L_{12}}{\partial\theta}\right)\frac{d\theta}{dt}}^{e_{1\Omega}}\\ e_2&=-\frac{d\psi_2}{dt}=\underbrace{-\left(L_{21}\frac{di_1}{dt}+L_{22}\frac{di_2}{dt}\right)}_{e_{2T}}\underbrace{-\left(i_1\frac{\partial L_{21}}{\partial\theta}+i_2\frac{\partial L_{22}}{\partial\theta}\right)\frac{d\theta}{dt}}_{e_{2\Omega}}\end{aligned}\right\}\tag{7-32}$$

式（7 - 32）中，右端的第一部分是由电流变化所引起，称为**变压器电动势**，用 e_{1T} 和 e_{2T} 表示；第二部分是由转子的旋转运动所引起，其大小与转子旋转的角速度 $\frac{d\theta}{dt}$ 有关，称为**运动电动势**，用 $e_{1\Omega}$ 和 $e_{2\Omega}$ 表示。若定、转子绕组的电阻分别为 R_1 和 R_2，根据基尔霍夫第二定律，可知定、转子绕组的电压方程为

$$\left.\begin{aligned}u_1&=i_1R_1-e_1=i_1R_1+\left(L_{11}\frac{di_1}{dt}+L_{12}\frac{di_2}{dt}\right)+\left(i_1\frac{\partial L_{11}}{\partial\theta}+i_2\frac{\partial L_{12}}{\partial\theta}\right)\omega_r\\ u_2&=i_2R_2-e_2=i_2R_2+\left(L_{21}\frac{di_1}{dt}+L_{22}\frac{di_2}{dt}\right)+\left(i_1\frac{\partial L_{21}}{\partial\theta}+i_2\frac{\partial L_{22}}{\partial\theta}\right)\omega_r\end{aligned}\right\}\tag{7-33}$$

式中 ω_r 为转子旋转的电角速度，$\omega_r=\frac{d\theta}{dt}$。**是否存在运动电动势，是动态电路和静止电路的**

主要差别之一。

用矩阵表示时，若 $\boldsymbol{u}$ 为定、转子绕组的电压列矩阵，$\boldsymbol{i}$ 为电流列矩阵，

$$\boldsymbol{u}=\begin{bmatrix}u_1\\u_2\end{bmatrix}\qquad \boldsymbol{i}=\begin{bmatrix}i_2\\i_2\end{bmatrix}\tag{7-34}$$

$\boldsymbol{R}$ 和 $\boldsymbol{L}$ 为定、转子绕组的电阻和电感矩阵，

$$\boldsymbol{R}=\begin{bmatrix}R_1 & 0\\0 & R_2\end{bmatrix}\qquad \boldsymbol{L}=\begin{bmatrix}L_{11}(\theta) & L_{12}(\theta)\\L_{21}(\theta) & L_{22}(\theta)\end{bmatrix}\tag{7-35}$$

则式（7－33）的两个电压方程可合併成一个矩阵方程，即

$$\boldsymbol{u}=\boldsymbol{Ri}+\boldsymbol{L}\frac{\mathrm{d}\boldsymbol{i}}{\mathrm{d}t}+\left(\frac{\partial \boldsymbol{L}}{\partial\theta}\boldsymbol{i}\right)\omega_{\mathrm{r}}=\boldsymbol{Ri}+\boldsymbol{L}\frac{\mathrm{d}\boldsymbol{i}}{\mathrm{d}t}-\boldsymbol{e}_{\Omega}\tag{7-36}$$

其中 $\boldsymbol{e}_{\Omega}$ 为运动电动势矩阵，

$$\boldsymbol{e}_{\Omega}=-\begin{bmatrix}i_1\dfrac{\partial L_{11}}{\partial\theta}+i_2\dfrac{\partial L_{12}}{\partial\theta}\\ i_1\dfrac{\partial L_{21}}{\partial\theta}+i_2\dfrac{\partial L_{22}}{\partial\theta}\end{bmatrix}\omega_{\mathrm{r}}=-\left(\frac{\partial\boldsymbol{L}}{\partial\theta}\boldsymbol{i}\right)\omega_{\mathrm{r}}\tag{7-37}$$

功率方程　把式（7－33）中的第一式乘以 i_1，第二式乘以 i_2，然后相加，可得该装置的功率方程为

$$u_1i_1+u_2i_2=(i_1^{\,2}R_1+i_2^{\,2}R_2)+\left(L_{11}\frac{\mathrm{d}i_1}{\mathrm{d}t}+L_{12}\frac{\mathrm{d}i_2}{\mathrm{d}t}\right)i_1+\left(L_{21}\frac{\mathrm{d}i_1}{\mathrm{d}t}+L_{22}\frac{\mathrm{d}i_2}{\mathrm{d}t}\right)i_2+$$
$$\left(i_1^{\,2}\frac{\partial L_{11}}{\partial\theta}+i_1i_2\frac{\partial L_{12}}{\partial\theta}\right)\omega_{\mathrm{r}}+\left(i_1i_2\frac{\partial L_{21}}{\partial\theta}+i_2^{\,2}\frac{\partial L_{22}}{\partial\theta}\right)\omega_{\mathrm{r}}\tag{7-38}$$

用矩阵表示时，

$$\boldsymbol{i}^{\mathrm{T}}\boldsymbol{u}=\boldsymbol{i}^{\mathrm{T}}\boldsymbol{Ri}+\boldsymbol{i}^{\mathrm{T}}\boldsymbol{L}\frac{\mathrm{d}\boldsymbol{i}}{\mathrm{d}t}-\boldsymbol{i}^{\mathrm{T}}\boldsymbol{e}_{\Omega}\tag{7-39}$$

式中，$\boldsymbol{i}^{\mathrm{T}}$ 表示 $\boldsymbol{i}$ 的转置矩阵。

由式（7－28）可知，磁路为线性时，磁能 W_{m} 为

$$W_{\mathrm{m}}=\frac{1}{2}L_{11}(\theta)i_1^{\,2}+L_{12}(\theta)i_1i_2+\frac{1}{2}L_{22}(\theta)i_2^{\,2}$$

磁能随时间的变化率 $\dfrac{\mathrm{d}W_{\mathrm{m}}}{\mathrm{d}t}$ 应为

$$\frac{\mathrm{d}W_{\mathrm{m}}}{\mathrm{d}t}=(L_{11}i_1+L_{12}i_2)\frac{\mathrm{d}i_1}{\mathrm{d}t}+(L_{21}i_1+L_{22}i_2)\frac{\mathrm{d}i_2}{\mathrm{d}t}+$$
$$\left(\frac{1}{2}i_1^{\,2}\frac{\partial L_{11}}{\partial\theta}+i_1i_2\frac{\partial L_{12}}{\partial\theta}+\frac{1}{2}i_2^{\,2}\frac{\partial L_{22}}{\partial\theta}\right)\omega_{\mathrm{r}}=\boldsymbol{i}^{\mathrm{T}}\boldsymbol{L}\frac{\mathrm{d}\boldsymbol{i}}{\mathrm{d}t}-\frac{1}{2}\boldsymbol{i}^{\mathrm{T}}\boldsymbol{e}_{\Omega}\tag{7-40}$$

式（7－40）说明，在线性情况下，耦合场内磁能随时间的变化率，应当等于被变压器电动势所吸收的瞬时功率，加上被运动电动势所吸收的瞬时功率的二分之一。

对应于磁能转换为机械能的这部分功率，通常称为转换功率。不难看出，转换功率 P_Ω 应为

$$P_\Omega = \frac{\dfrac{-\partial W_m(\psi_1,\psi_2,\theta)}{\partial\theta}\mathrm{d}\theta}{\mathrm{d}t} = -\frac{\partial W_m(\psi_1,\psi_2,\theta)}{\partial\theta}\omega_r = T_e\Omega \tag{7-41}$$

即转换功率就等于输出的总机械功率。式（7-41）对稳态和瞬态都成立。再把电磁转矩的表达式（7-31）代入式（7-41），可得

$$\begin{aligned} P_\Omega &= \left(\frac{1}{2}i_1^2\frac{\partial L_{11}}{\partial\theta} + i_1 i_2\frac{\partial L_{12}}{\partial\theta} + \frac{1}{2}i_2^2\frac{\partial L_{22}}{\partial\theta}\right)\omega_r \\ &= -\frac{1}{2}(e_{1\Omega}i_1 + e_{2\Omega}i_2) = -\frac{1}{2}\boldsymbol{i}^T\boldsymbol{e}_\Omega \end{aligned} \tag{7-42}$$

式（7-42）说明，只有绕组中存在运动电动势时，才会产生机电能量转换；转换功率等于所有绕组中的运动电动势所吸收的瞬时功率 $\boldsymbol{i}^T\boldsymbol{e}_\Omega$ 的$\frac{1}{2}$。

最后，把功率方程（7-39）中的 $\boldsymbol{i}^T\boldsymbol{e}_\Omega$ 分成两项，可得

$$\underbrace{\boldsymbol{i}^T\boldsymbol{u}}_{\text{输入的电功率}} = \underbrace{\boldsymbol{i}^T\boldsymbol{R}\boldsymbol{i}}_{\text{电阻损耗}} + \underbrace{\boldsymbol{i}^T\boldsymbol{L}\frac{\mathrm{d}\boldsymbol{i}}{\mathrm{d}t} - \frac{1}{2}\boldsymbol{i}^T\boldsymbol{e}_\Omega}_{\text{耦合场内磁能的变化率}} \underbrace{- \frac{1}{2}\boldsymbol{i}^T\boldsymbol{e}_\Omega}_{\text{转换功率}} \tag{7-43}$$

式（7-43）表明：装置从电源输入的电功率，部分将用以克服绕组内的电阻损耗，部分成为耦合场内磁能的变化率，最后一部分成为转换功率并变成机械功率输出。

7.4 机电能量转换的条件

1. 机电能量转换的条件

若要持续地进行机电能量转换，在一转内，转换功率的平均值应当不等于零，即

$$-\frac{1}{2}(\boldsymbol{i}^T\boldsymbol{e}_\Omega)_{av} = (T_e\Omega)_{av} \neq 0 \tag{7-44}$$

为此，转子的机械角速度 Ω 不能为零，即机电能量之间的转换必定在转子旋转的过程中进行；另外，运动电动势e_Ω和电磁转矩的平均值$T_{e(av)}$也不能等于0。稳态运行时，Ω = 常值，转子转过一周，装置中的磁链 ψ 和转角 θ 的值与一周前相同，所以作为状态函数的磁能 W_m，其值应与一周前相同，或者说，转子转过一周，磁能的变化量为0，即

$$\left(\frac{\mathrm{d}W_m}{\mathrm{d}t}\right)_{av} = \left(\boldsymbol{i}^T\boldsymbol{L}\frac{\mathrm{d}\boldsymbol{i}}{\mathrm{d}t} - \frac{1}{2}\boldsymbol{i}^T\boldsymbol{e}_\Omega\right)_{av} = \boldsymbol{0} \tag{7-45}$$

式（7-44）和式（7-45）两式要求：

(1) 定、转子绕组的极数必须相等，否则电磁转矩的平均值将等于0。

(2) 对双激励装置，在线性情况下，因为

$$T_{e(av)} = p\left(\frac{1}{2}i_1^2\frac{\partial L_{11}}{\partial\theta} + i_1 i_2\frac{\partial L_{12}}{\partial\theta} + \frac{1}{2}i_2^2\frac{\partial L_{22}}{\partial\theta}\right)_{av}$$

所以$\frac{\partial L_{11}}{\partial\theta}$、$\frac{\partial L_{22}}{\partial\theta}$和$\frac{\partial L_{12}}{\partial\theta}$不能都等于0。若这三个量都等于0，则转子的转角变化时，磁能的平均值将不发生变化，于是电磁转矩将等于0，从而无法实现机电能量之间的转换。所以构造以磁场为耦合场的旋转电机时，要注意定、转子绕组的各个电感是否随转角θ的变化而变化。$\frac{\partial L}{\partial\theta}$愈大，同样电流下，电磁转矩就愈大。

(3) 定、转子绕组内的电流必须全部是交流，或者有的是交流，有的是直流，而不能全部是直流。如果全部是直流，$\frac{d\boldsymbol{i}}{dt}=\boldsymbol{0}$，根据式（7-45），$\frac{1}{2}(\boldsymbol{i}^T\boldsymbol{e}_\Omega)_{av}=\boldsymbol{0}$，转换功率的平均值将等于0，于是装置中就不会有机电能量间的转换。

(4) 定、转子电流的角频率与转子旋转的角速度Ω之间，要满足一定的约束（称为**频率约束**）。下面进一步来研究此问题。

2. 定、转子电流的频率约束

下面分成隐极和凸极电机两种情况来说明。

隐极电机的频率约束　对于隐极电机，不计齿、槽影响时，定、转子之间的气隙是均匀的，所以无论转子转到什么位置，定子和转子的自感均为常值，即

$$L_{11} = \text{常值} \quad L_{22} = \text{常值} \quad \frac{\partial L_{11}}{\partial\theta} = \frac{\partial L_{22}}{\partial\theta} = 0$$

于是磁阻转矩为零，电磁转矩中仅有主电磁转矩，

$$T_e = p i_1 i_2 \frac{\partial L_{12}}{\partial\theta} \tag{7-46}$$

设定、转子绕组之间的互感L_{12}随转子转角θ的余弦而变化，即

$$L_{12} = M\cos\theta \tag{7-47}$$

式中，M为定、转子绕组轴线重合时（即$\theta=0$时）互感的幅值。再设定、转子绕组分别通有角频率为ω_1和ω_2的正弦交流，即

$$i_1 = \sqrt{2}I_1\cos(\omega_1 t + \varphi_1) \qquad i_2 = \sqrt{2}I_2\cos(\omega_2 t + \varphi_2) \tag{7-48}$$

把式（7-47）和式（7-48）代入式（7-46），并考虑到$\theta=p\Omega t+\theta_0$，$\theta_0$为$t=0$时转子的初相角，可得

$$\begin{aligned} T_e &= -p\sqrt{2}I_1\cos(\omega_1 t + \varphi_1)\sqrt{2}I_2\cos(\omega_2 t + \varphi_2)M\sin\theta \\ &= -pI_1I_2M\Big\{\cos[(\omega_1+\omega_2)t + \varphi_1 + \varphi_2] + \\ &\quad \cos[(\omega_1-\omega_2)t + \varphi_1 - \varphi_2]\Big\}\sin(p\Omega t + \theta_0) \end{aligned} \tag{7-49}$$

根据正弦函数的正交性，两个正弦函数相乘，仅当它们的频率相等时，其乘积在一个周期内

的平均值才不等于零，因此仅当

$$p\Omega = \pm(\omega_1 \pm \omega_2) \tag{7-50}$$

时，电磁转矩的平均值才不等于零。式（7-50）就是持续进行机电能量转换时，隐极电机定、转子电流所需满足的频率约束。

从式（7-50）可见，对于隐极电机，若定子和转子电流的角频率ω_1和ω_2中有一个是可变的，则电机可在不同的角速度 Ω 下进行机电能量转换。

凸极电机的频率约束　若转子为凸极，定子为圆柱形，则转子绕组的自感 L_{22}仍然与转角 θ 无关，定、转子绕组间的互感 L_{12}仍可用式（7-47）来表示，即

$$L_{22} = 常值 \quad L_{12} = M\cos\theta \tag{7-51}$$

定子绕组的自感 L_{11} 则近似等于一个恒定分量 L_{s0} 与一个随 $\cos2\theta$ 而变化的二次谐波分量 $L_{s2}\cos2\theta$ 之和，即

$$L_{11} \approx L_{s0} + L_{s2}\cos 2\theta \tag{7-52}$$

若定、转子电流 i_1 和 i_2 的表达式仍如式（7-48）所示，则此时除主电磁转矩外，还将出现一个仅与定子激励有关的磁阻转矩 $T_{e(s)}$，其中主电磁转矩仍如式（7-49）所示，磁阻转矩 $T_{e(s)}$ 则等于

$$\begin{aligned} T_{e(s)} &= p\frac{1}{2}i_1^{\,2}\frac{\partial L_{11}}{\partial\theta} = -2pI_1^{\,2}L_{s2}\cos^2(\omega_1 t + \varphi_1)\sin2\theta \\ &= -pI_1^{\,2}L_{s2}[1 + \cos2(\omega_1 t + \varphi_1)]\sin2(p\Omega t + \theta_0) \end{aligned} \tag{7-53}$$

根据正弦函数的正交性，此转矩仅在余弦项中的角频率 $\pm 2\omega_1$ 与正弦项中的角频率 $2p\Omega$ 相等，即

$$p\Omega = \pm\omega_1 \tag{7-54}$$

时才具有不等于零的平均值。由式（7-50）和式（7-54）可见，对于凸极电机，为使磁阻转矩和主电磁转矩都能发挥作用，电机只能在与ω_1相对应的同步转速下运行。

最后，若定、转子两边都是凸极结构，则与 L_{11}相类似，转子绕组的自感 L_{22}也将近似地等于一个恒定分量 L_{r0}和一个二次谐波分量 $L_{r2}\cos2\theta$ 之和，即

$$L_{22} \approx L_{r0} + L_{r2}\cos2\theta \tag{7-55}$$

此时磁阻转矩中除了包含与定子激励有关的分量 $T_{e(s)}$外，还将包含一个与转子激励有关的分量 $T_{e(r)}$，

$$T_{e(r)} = p\frac{1}{2}i_2^{\,2}\frac{\partial L_{22}}{\partial\theta} = -pI_2^{\,2}L_{r2}[1 + \cos2(\omega_2 t + \varphi_2)]\sin2(p\Omega t + \theta_0) \tag{7-56}$$

此转矩仅在

$$p\Omega = \pm\omega_2 \tag{7-57}$$

时才有不等于零的平均值，于是电机将出现第二个同步转速。实际上，电机仅能在某一个转速下运行，因而磁阻转矩的两个分量中，必有一个成为平均值等于零的脉振转矩，从而将引起不希望有的转矩振荡。所以实用中，以正弦电流供电的“旋转磁场式”电机，很少采用双边凸极式结构；对于由脉冲电流供电的电动机（例如开关磁阻电机），则有时会采用这种结构。

3. 频率约束在各种电机中的体现

直流电机　直流电机的定子绕组中通有直流励磁电流，其角频率 $\omega_1 = 0$；转子电刷出线端虽为直流，但是由于换向器的变频作用，电枢线圈内的电流却是交流，其频率 $f_2 = pn/60$，即 $\omega_2 = 2\pi f_2 = p\Omega$，故能满足定子为凸极边时的频率约束

$$p\Omega = \pm(\omega_1 \pm \omega_2) \qquad p\Omega = \pm \omega_2$$

由于转子电流的角频率 ω_2 随着转速的变化而自动变化，所以直流电机在任何转速下，均能持续地进行机电能量转换。

同步电机　对旋转磁极式同步电机，转子通入直流励磁电流，故 $\omega_2 = 0$；定子若接到电网，定子电流频率 $f_1 = pn_s/60$，即 $\omega_1 = 2\pi f_1 = p\Omega_s$；所以仅在同步转速下才能满足凸极电机的频率约束

$$p\Omega = \pm(\omega_1 \pm \omega_2) \qquad p\Omega = \pm \omega_1$$

换言之，接于电网的同步电机，仅在同步转速下才能持续地进行机电能量间的转换。若为单独运行，由于定子电流的频率随着转速的变化而自动变化，故在任何转速下均能满足频率约束并进行机电间的能量转换。

感应电机　感应电机定子电流的频率为电源频率 f_1，故 $\omega_1 = 2\pi f_1$；转子电流的频率为转差频率 $\omega_2 = s\omega_1$，转子的机械角速度 $\Omega = \Omega_s(1-s)$；所以

$$p\Omega = p\Omega_s(1-s) = \omega_1 - \omega_2$$

上式表明，由于转子电流由感应而生，其频率随着转子转速的变化而自动变化，所以感应电机在任何转速下都能满足频率约束，并持续地进行能量转换。

双馈电机　若感应电机为绕线型转子，转子边接到转差频率的变频电源，则电机将成为定、转子双边激励的双馈电机。不难看出，改变转子变频电源的频率，转子的转差率（转速）就将发生变化，从而达到调速的目的。

总之，当满足频率约束时，定、转子电流所产生的磁动势（磁场）在空间将始终保持相对静止。所以实现机电能量转换的第四个条件也可以表示为：定、转子要有相对运动，定、转子电流所产生的磁动势则应在空间保持相对静止。

小　　结

要实现机电能量转换，机电装置中首先要有耦合场，和与之关联的电磁系统和机械系统。耦合场可以是电场，也可以是磁场。由于在正常的磁通密度和电场强度下，单位体积内空气中的磁场储能要比电场储能大得多，所以实用的电机都以磁场作为耦合场。其次，耦合场必须具备特定的性质，即耦合场的储能发生变化时，能在所连接的电系统和机械系统中产生相应的反应，即出现机电耦合项，例如在绕组中产生感应电动势，在转子上产生电磁转矩。所以，确定磁场储能、确定感应电动势和电磁转矩，是研究机电能量转换过程的先导。

为导出耦合场的磁能公式，需要建立一个无损耗的磁储能系统模型，使磁能 W_m 成为磁

链 ψ 和转角 θ 的单值函数，W_m 的值由 ψ、θ 的即时值唯一地确定。这样，ψ 和 θ 就成为系统的状态变量，而磁能 $W_m(\psi, \theta)$ 则成为表征系统状态的状态函数。由于状态函数的值与达到该状态的路径无关，于是磁能公式可以通过最简单的路径来导出。再利用能量守恒原理 $dW_m = dW_e - dW_{mech}$，和磁能的微分 dW_m 是全微分这一性质，即可导出以 ψ 和 θ 为自变量时，电磁转矩的表达式。在线性情况下，磁能和电磁转矩也可以用电感 $L(\theta)$ 和电流 i 来表达。

由磁能对转角的偏导数来确定电磁转矩，这是一种无需考虑电磁力的具体分布、直接求出电磁转矩总体值的一种通用方法。对于装置的结构比较特殊、绕组内的电流又不是正弦波或者直流，无法用 Bli 公式来确定电磁转矩的场合，此法非常有用。

本章的后半部分研究了机电能量转换的过程和条件。

机电能量转换的过程是：对电动机，输入定子的净电能先转换为气隙中耦合场的磁能，再从磁能转换为机械能由转子输出。发电机的情况正好相反。在稳态情况下运行时，转子转过一转，ψ 和 θ 的值与一转前相同，磁能值也与一转前相同，磁能的变化量为 0，于是一周内输入的净电能就等于输出的总机械能，因此从输入的净电功率 P_e（通常称为电磁功率）就可以直接求得输出的总机械功率和电磁转矩，$P_e = T_e\Omega$，这是电机学中常用的方法[⊖]。对于瞬态情况，由于耦合场内的磁能发生变化，输入的净电能与输出的总机械能不再相等，此时输出的机械功率和电磁转矩只能由转换功率算出，这点需要注意。

从另一个角度看，在时间 dt 内，由运动电动势 e_Ω 所吸收的电能，进入耦合场后变成磁能 $dW_{m(\Omega)}$，由于转子的旋转，其中 $\frac{1}{2}$ 将转换成机械能输出；由变压器电动势 e_T 所吸收的电能，进入耦合场后变成磁能 $dW_{m(T)}$，这部分能量与余下的 $\frac{1}{2}dW_{m(\Omega)}$ 合在一起，将在电源与耦合场之间往返流动。稳态运行时，转子转过一周，耦合场内磁能的变化量为 0。

实现机电能量转换的条件是：①定、转子的极数必须相等；②定、转子绕组的自感和互感对转角的偏导数 $\frac{\partial L}{\partial \theta}$ 不能都等于 0；③定、转子绕组中的电流必须全部是交流，或有的是交流、有的是直流，而不能全部都是直流；④转子旋转时，定、转子电流的频率要满足特定的频率约束；或者说，定、转子的实体要有相对运动，定子和转子所产生的气隙磁场，则应保持相对静止。这四个条件是构造、设计电机和实际运行时必须遵循的。

习　题

7-1　试导出线性两绕组系统的磁能公式 $W_m = \frac{1}{2}L_{11}i_1^2 + L_{12}i_1i_2 + \frac{1}{2}L_{22}i_2^2$，式中 i_1、i_2 为绕组中的电流，L_{11}、L_{22} 分别为两个绕组的自感，L_{12} 为两个绕组的互感。

7-2　试写出以电流和转子转角为自变量时，定、转子双边激励的两绕组机电装置的电磁转矩公式（系统为线性）。

7-3　试述定、转子双边激励的机电装置中，持续进行机电能量转换的条件。对于隐极电机和单边凸极的电机，为进行持续的机电能量转换，定、转子电流的频率约束有何不同？

⊖　这是路的观点。从场的观点看，气隙中的能量流传是依靠玻印亭能流矢量 $\boldsymbol{\Pi}$ 来实现的，$\boldsymbol{\Pi} = \boldsymbol{E} \times \boldsymbol{H}$，$\boldsymbol{E}$ 和 $\boldsymbol{H}$ 分别为气隙中的电场强度和磁场强度，详见书末的参考文献［6］。

7－4　试述耦合磁场在机电能量转换中的作用。

7－5　在定子的功率方程中，哪些项是“机电耦合项”？它们在机电能量转换中起什么作用？

7－6　试导出图 7－10 所示双边激励、线性机电装置的电磁转矩 T_e，已知：$L_{11}=L_{22}=L_0+L_2\cos2\theta$，$L_{12}=L_{21}=M\cos\theta$，$2p=2$，电源电压 $u_1=u_2=U_m\sin\omega t$，绕组电阻忽略不计。

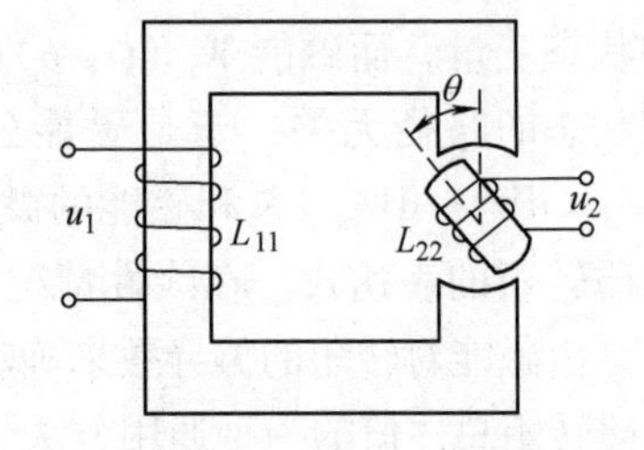

图 7－10　习题 7－6 的双边激励机电装置

7－7　某一线性机电装置上装有两个绕组，其中绕组 1 装在定子上，绕组 2 装在转子上。设绕组的电感分别为 $L_{11}=2\text{H}$，$L_{22}=1\text{H}$，$L_{12}=1.4\cos\theta\ \text{H}$，$\theta$ 为定、转子绕组轴线间的夹角，绕组的电阻忽略不计，$2p=2$。试求：(1) 两个绕组串联，通入电流 $i=\sqrt{2}I\sin\omega t$ 时，作用在转子上的电磁转矩的瞬时值 T_e 和平均值 $T_{e(av)}$；(2) 转子不动、绕组 2 短路，绕组 1 内通以电流 $i_1=14\sin\omega t\ \text{A}$ 时，作用在转子上的电磁转矩值。

7－8　有一双边激励的两绕组无损耗磁场式机电装置，$2p=2$，其电压方程为

$$\left.\begin{aligned} u_1 &= 2ai_1\frac{di_1}{dt}+\frac{d}{dt}[b(\theta)i_2] \\ u_2 &= \frac{d}{dt}[b(\theta)i_1]+2ci_2\frac{di_2}{dt} \end{aligned}\right\}$$

式中，$a>0$，$c>0$。试求系统的磁能。

7－9　设隐极同步电机定子三相绕组的自感为 $L_{AA}=L_{BB}=L_{CC}=L_s$，$L_{BC}=L_{CB}=M_s\cos\theta$，$L_{CA}=L_{AC}=M_s\cos(\theta-120°)$，$L_{AB}=L_{BA}=M_s\cos(\theta+120°)$，定子三相绕组与转子励磁绕组的互感分别为 $M_{Af}=M_f\cos\theta$，$M_{Bf}=M_f\cos(\theta-120°)$，$M_{Cf}=M_f\cos(\theta+120°)$，不计磁饱和。试导出定子电流为三相对称、励磁电流为 I_f(直流)、转子为同步转速时，电磁转矩的表达式(电机的极数为 $2p$)。

7－10　如果计及主磁路的铁心损耗，图 7－1 应当如何修改？

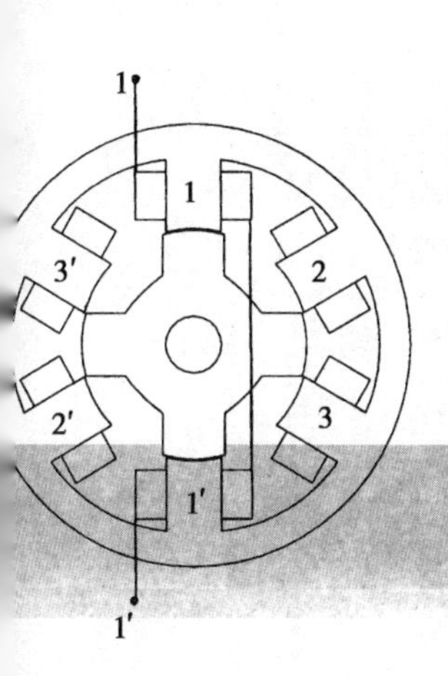

第 8 章

单相串激电动机、永磁电动机和开关磁阻电动机

本章先说明单相串激电动机的原理和性能，再说明一般的永磁电动机，永磁无刷电动机的原理、性能和特点，最后说明开关磁阻电动机的原理，并对它进行简化分析。

8.1　单相串激电动机

单相串激电动机是以单相交流电压作为电源的串激电动机，其结构与直流串励电动机基本相同。图 8－1 所示为这种电动机的接线图。正常工作时，电刷总是置放在几何中性线位置。

1. 工作原理和结构特点

工作原理　如 3.7 节所述，不计磁饱和时，直流串励电动机的电磁转矩 T_e 与电枢电流 I 的平方成正比，即 $T_e \propto I^2$，所以把直流串励电动机接到交流电源，即使电枢电流反向变成负值，电磁转矩仍将保持为原先的方向，使电动机持续旋转。所以就原理而言，串激电动机是可以直流、交流两用的。

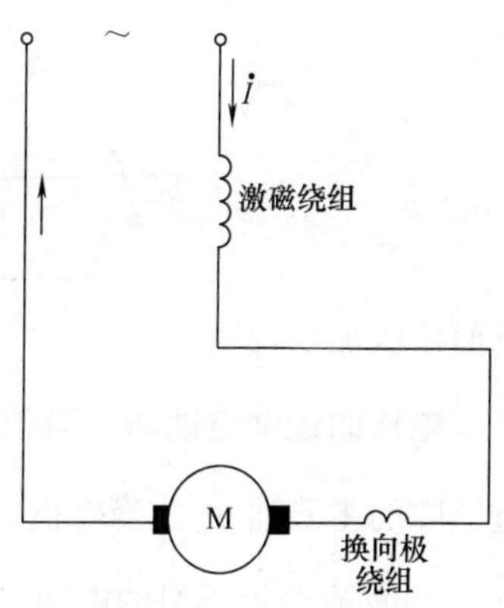

图 8－1　单相串激电动机的接线图

设电刷置放在几何中性线上，电枢电流和激磁电流 $i_a = i_f = I_m \sin\omega t$，激磁绕组所产生的主磁通 ϕ 滞后于激磁磁动势 $N_f i_f$ 以铁耗角 α_{Fe}，即 $\phi = \Phi_m \sin(\omega t - \alpha_{Fe})$，把 i_a 和 ϕ 代入直流串激电动机的电磁转矩公式（3－19），可得

$$T_e(t) = C_T \phi i_a = C_T \Phi_m I_m \sin\omega t \sin(\omega t - \alpha_{Fe}) = \frac{1}{2} C_T \Phi_m I_m [\cos\alpha_{Fe} - \cos(2\omega t - \alpha_{Fe})] \tag{8-1}$$

图 8－2 表示与式（8－1）相应的电磁转矩曲线。从式（8－1）和图 8－2 可见，$T_e(t)$ 有一个平均转矩 $T_{e(av)}$ 和一个以 2ω 的角频率脉振的脉振转矩。平均转矩 $T_{e(av)}$ 为

$$T_{e(av)} = \frac{1}{2} C_T \Phi_m I_m \cos\alpha_{Fe} = \frac{1}{\sqrt{2}} C_T \Phi_m I_a \cos\alpha_{Fe} \tag{8-2}$$

式中，I_a 为电枢电流的有效值，$I_a = \frac{I_m}{\sqrt{2}}$；$\Phi_m$ 为主磁通的幅值。可见在同样的 I_a 和 Φ_m 下，交流运行时的平均电磁转矩要比直流运行时小，两者约差 $\frac{1}{\sqrt{2}}\cos\alpha_{Fe}$ 倍。

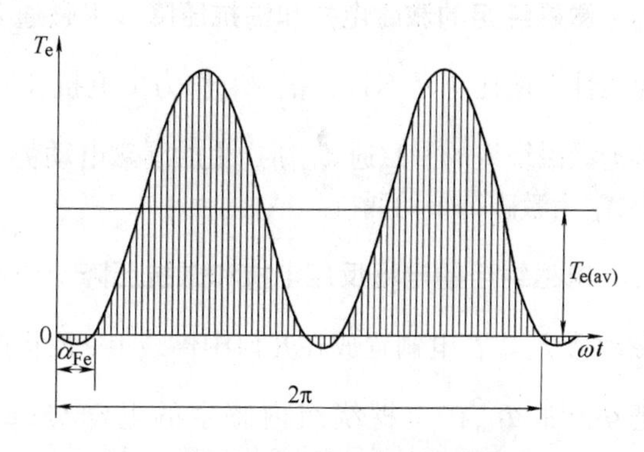

图 8－2　单相串激电动机的电磁转矩 $T_e(t)$

结构特点　与直流串励电机比较，交流串激电机的结构有以下几个特点：

（1）由于交变磁场将在实心的主极铁心和定子磁轭等部件内产生较大的铁心损耗，使电机的温升升高、效率下降；为减少铁耗，交流串激电动机的定、转子铁心都用硅钢片叠压制成。

（2）换向元件中除电抗电动势 e_r，和“切割”交轴磁场所产生的运动电动势 e_k 两者之外，还将出现由于主极磁场的交变所感生的变压器电动势 e_t，使交流串激电机的换向比直流运行时更为困难。

（3）交流运行时，由于激磁绕组和电枢绕组有一定的电抗，使电动机的功率因数受到影响。为提高功率因数，应设法减少激磁绕组的匝数、并减小气隙的尺寸，使减小电抗的同时保持主磁通值基本不变。

2. 电压方程和相量图

电流 I 在电动机内所产生的磁动势、磁通和感应电动势，如下表所示：

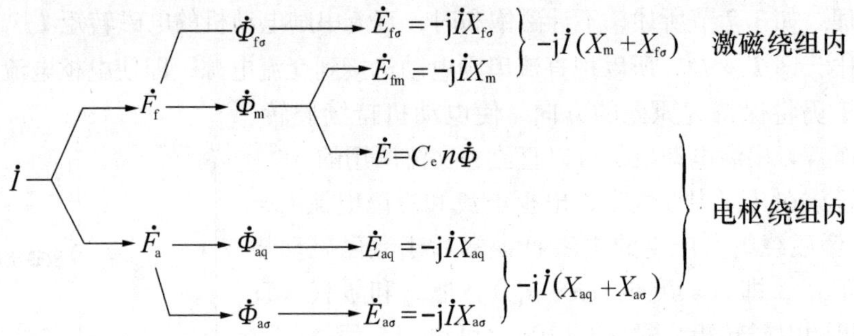

下面依次加以说明。

电枢的运动电动势　当激磁绕组通有交流电流 $\dot{I}$ 时，将产生激磁磁动势 $\dot{F}_f$，$\dot{F}_f$ 将产生通过气隙的主磁通 $\dot{\Phi}_m$。当电枢旋转、电枢导体“切割”主磁场时，电枢绕组内将产生电动势 $\dot{E}$。由直流电枢绕组的电动势公式可知，电枢电动势的瞬时值 e 应为

$$\begin{aligned} e &= C_e n\phi = C_e n\Phi_m\sin(\omega t-\alpha_{Fe}) \\ &= \sqrt{2}E\sin(\omega t-\alpha_{Fe}) \end{aligned} \tag{8-3}$$

式中，E 为电枢电动势的有效值，

$$E=C_e\frac{\Phi_m}{\sqrt{2}}n \qquad \dot{E}=E\underline{/-\alpha_{Fe}} \tag{8-4}$$

式（8-4）中以电流 $\dot{I}$ 作为参考相量，$\dot{I}=I\underline{/0°}$。

激磁绕组的激磁电抗和漏抗压降　主磁通 ϕ 将在激磁绕组中感应电动势 $\dot{E}_{fm}$。设主磁路为线性，铁耗忽略不计，把 $\dot{E}_{fm}$ 作为负电抗压降，可得 $\dot{E}_{fm}=-j\dot{I}X_m$，其中 X_m 为激磁电抗。再把激磁绕组的漏磁通 $\phi_{f\sigma}$ 所产生的漏磁电动势 $\dot{E}_{f\sigma}$ 也作为负漏抗压降，可得 $\dot{E}_{f\sigma}=-j\dot{I}X_{f\sigma}$，其中 $X_{f\sigma}$ 为激磁绕组的漏抗。

电枢绕组的电枢反应电抗和漏抗压降　当电枢绕组通过电流 $\dot{I}$ 时，电枢电流将产生电枢磁动势 $\dot{F}_a$。若电刷置放在几何中性线上，$\dot{F}_a$ 将产生交轴电枢反应磁通 $\dot{\Phi}_{aq}$ 和电枢漏磁通 $\dot{\Phi}_{a\sigma}$。把 $\dot{\Phi}_{aq}$ 和 $\dot{\Phi}_{a\sigma}$ 在电枢绕组内感生的电动势 $\dot{E}_{aq}$ 和 $\dot{E}_{a\sigma}$ 分别作为负电抗压降，可得 $\dot{E}_{aq}=-j\dot{I}X_{aq}$，$\dot{E}_{a\sigma}=-j\dot{I}X_{a\sigma}$，式中 X_{aq} 和 $X_{a\sigma}$ 分别为交轴电枢反应电抗和电枢漏抗。

电压方程和相量图　除了上述电枢绕组的运动电动势 $\dot{E}$ 和电枢绕组、激磁绕组的各个电抗压降之外，再考虑到激磁绕组的电阻压降 $\dot{I}R_f$、电枢绕组的电阻压降 $\dot{I}R_a$ 和一对电刷上的电刷压降 $2\Delta U_s$，即可得到单相串激电动机的电压方程为

$$\begin{aligned}\dot{U} &= \dot{E} + \dot{I}R_a + \dot{I}R_f + 2\Delta U_s + j\dot{I}(X_m + X_{f\sigma}) + j\dot{I}(X_{aq} + X_{a\sigma}) \\ &= \dot{E} + \dot{I}(R_a + R_f) + 2\Delta\dot{U}_s + j\dot{I}X_f + j\dot{I}X_a\end{aligned} \tag{8-5}$$

式中，X_f 和 X_a 分别为激磁绕组和电枢绕组的自感电抗，

$$X_f = X_m + X_{f\sigma} \qquad X_a = X_{aq} + X_{a\sigma} \tag{8-6}$$

R_f 和 R_a 分别为激磁绕组和电枢绕组的电阻。

与式（8－5）相应的相量图如图8－3所示。图中以电流 $\dot{I}$ 作为参考相量，$\dot{I} = I\angle 0°$，主磁通 $\dot{\Phi}$ 滞后于 $\dot{I}$ 以 α_{Fe} 角，电枢的运动电动势 $\dot{E}$ 与 $\dot{\Phi}$ 同相，电阻压降 $\dot{I}(R_a + R_f)$ 和电刷压降 $2\Delta U_s$ 与 $\dot{I}$ 同相，电抗压降 $j\dot{I}X_a$ 和 $j\dot{I}X_f$ 与 $\dot{I}$ 垂直，端电压 $\dot{U}$ 等于电动势 $\dot{E}$ 和所有的电阻压降、电抗压降之和，$\dot{U}$ 与 $\dot{I}$ 的夹角为功率因数角 φ。

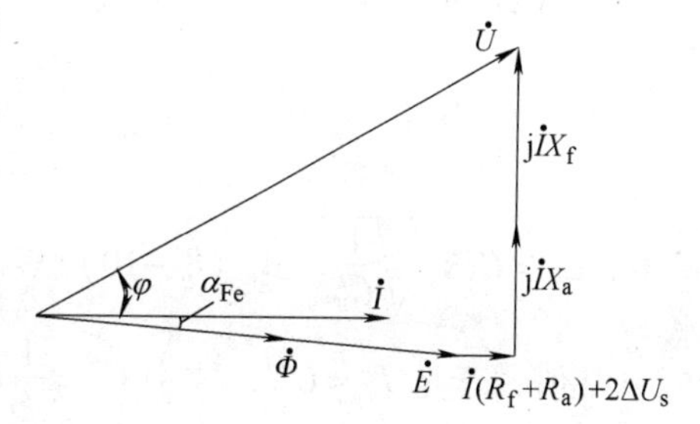

图 8－3　交流串激电动机的相量图

3. 运行特性

交流串激电动机的运行特性包括：①电流－转速特性 $I=f(n)$；②工作特性 I，n，$\cos\varphi$，$\eta=f(T_e)$。

电流－转速特性　若近似认为 $\alpha_{Fe}=0$，且忽略电刷压降，从式(8－5)和式（8－4）可知

$$E = U\cos\varphi - I(R_a + R_f) = \frac{1}{\sqrt{2}}C_e n\Phi_m$$

式中 Φ_m 为主磁通的幅值，由此可得

$$n = \sqrt{2}\,\frac{U\cos\varphi - I(R_a + R_f)}{C_e\Phi_m} \tag{8-7}$$

若磁路为线性，$\Phi_m = K_s I$，K_s 为常值，则式（8－7）可改写为

$$n = \frac{\sqrt{2}U\cos\varphi}{C_e K_s I} - \frac{\sqrt{2}(R_a + R_f)}{C_e K_s} \tag{8-8}$$

式（8－8）表示，转速 n 与电流 I 大体上成反比关系。轻载时电枢电流 I 较小，电动机的转速很高；负载电流增大时，转速将迅速下降，如图 8－4 所示。

工作特性　交流串激电动机的工作特性，通常以电磁转矩 T_e 作为自变量，工作特性包括电流、转速、功率因数和效率特性。

先看电流特性。由式（8－2）可知，电磁转矩 $T_e = \frac{1}{\sqrt{2}}C_T\Phi_m I_a\cos\alpha_{Fe}$，不计磁饱和时，

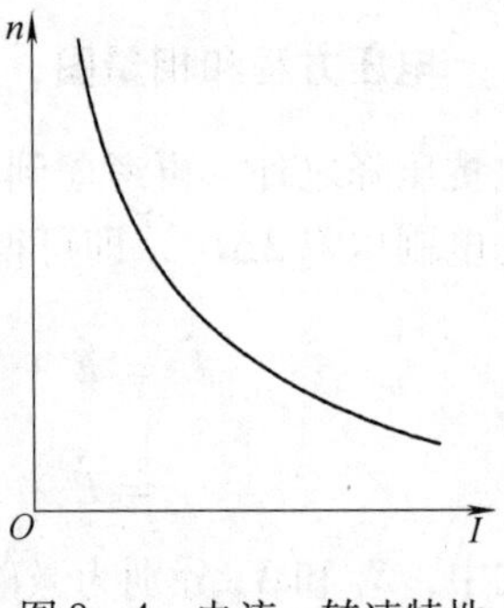

图 8-4 电流-转速特性

主磁通 Φ_m 与激磁电流 I 成正比，$\Phi_m = K_s I$，于是

$$T_e = \frac{1}{\sqrt{2}} C_T K_s I^2 \cos\alpha_{Fe} = C'_T I^2 \tag{8-9}$$

式中，$C'_T = \frac{1}{\sqrt{2}} C_T K_s \cos\alpha_{Fe}$。由此可知，当电流较小、磁路未饱和时，电磁转矩 T_e 与电枢电流 I 的平方成正比。当电流较大、使主磁路达到饱和时，主磁通 $\Phi_m \approx$ 常值，此时电磁转矩 T_e 将近似与电流 I 成正比。由此可得电流特性 $I = f(T_e)$，如图8-5所示。

再看机械特性。不计磁饱和时，从式（8-9）可知，$I = \sqrt{\frac{1}{C'_T} T_e}$，把它代入式（8-8），可得

$$n = \frac{\sqrt{2} U \cos\varphi}{C' \sqrt{T_e}} - \frac{\sqrt{2}(R_a + R_f)}{C_e K_s} \tag{8-10}$$

式中，$C' = C_e K_s \sqrt{\frac{1}{C'_T}}$。式（8-10）表示，不计磁饱和时，转速 n 与 $\sqrt{T_e}$ 成反比。饱和时，$\Phi_m \approx$ 常值，于是 $T_e = C'' I$，式中 $C'' = \frac{1}{\sqrt{2}} C_T \Phi_m \cos\alpha_{Fe}$，将 I 代入式（8-7），可得

$$n = \frac{\sqrt{2} U \cos\varphi}{C_e \Phi_m} - \frac{\sqrt{2}(R_a + R_f)}{C'' C_e \Phi_m} T_e \tag{8-11}$$

此时 n 与 T_e 近似为一直线关系。由此可得机械特性 $n = f(T_e)$，如图 8-6 所示。

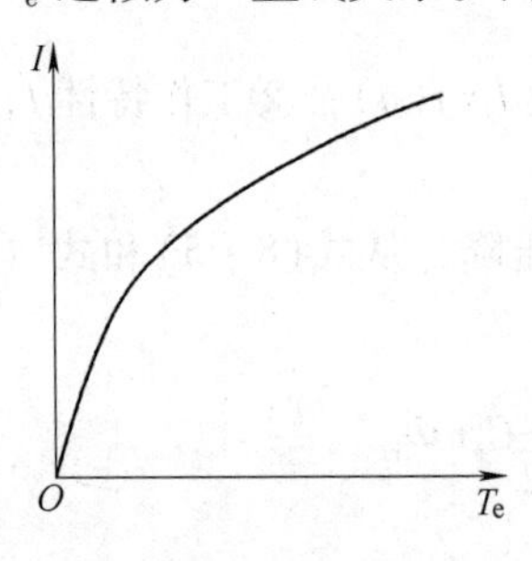

图 8-5 电流特性 $I = f(T_e)$

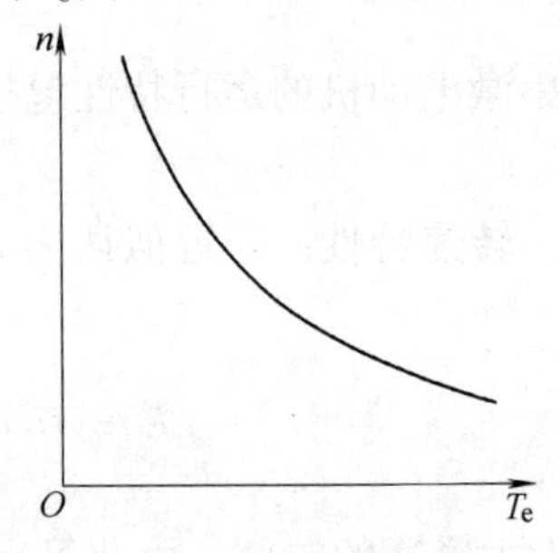

图 8-6 机械特性 $n = f(T_e)$

图 8-7 表示功率因数特性 $\cos\varphi = f(T_e)$ 和效率特性 $\eta = f(T_e)$。若设计良好，交流串激电动机的额定功率因数 $\cos\varphi_N$ 可达 0.9 以上，且负载愈轻，功率因数愈高。由于交流串激电动机内的损耗要比直流串激电机大，所以交流串激电机的效率，要比直流串激电机略低。

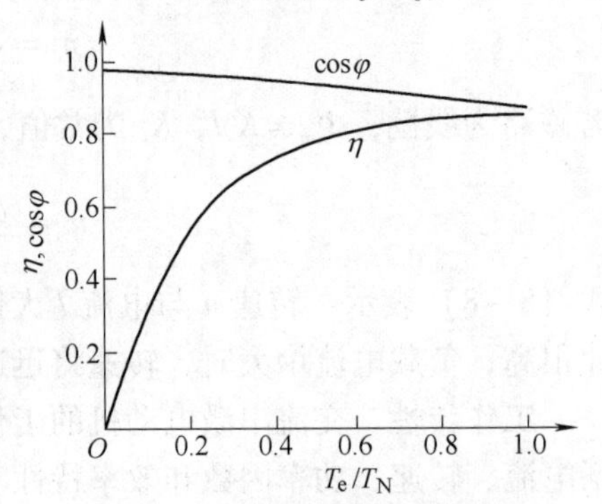

图 8-7 功率因数和效率特性 $\cos\varphi$，$\eta = f(T_e)$

4. 应用场合

小型单相串激电动机广泛用于要求重量轻、便携的家用电器，医疗器械和小型电动工具，如吸尘器、

电吹风、电动缝纫机、手电钻、电动剪刀和电锯中，其特点是价格比较便宜，还可以做成交、直流两用的“通用电机”。这种电机的缺点是，噪声较大，寿命较短，换向不良产生的火花还会产生无线电干扰。中、大容量的交流串激电机，过去常常用于电气铁道，频率为25Hz或$16\frac{2}{3}$Hz，现在由于感应电动机调速性能的显著改进，已被全面取代。

8.2　永磁电动机

在交、直流电机中，若用永磁体来取代直流励磁以产生气隙磁场的电机，称为永磁电机。永磁电机具有体积小、效率高、运行可靠等优点，在许多情况下可以实现无刷化，因此在家用电器、医疗器械、汽车、航空和国防等领域内获得广泛的应用。

永磁电机中所使用的永磁材料主要有两种，一种是铁氧体，一种是钕铁硼。铁氧体的优点是价格便宜，缺点是剩磁磁通密度B_r不高，最大磁能积$(BH)_{max}$仅为6.4～40 kJ/m³。铁氧体主要用于小型永磁电机。钕铁硼的B_r高达1.47T，$(BH)_{max}$达398 kJ/m³，用这种材料制成的永磁电机体积小、重量轻、效率高，缺点是价格较贵，因此仅在特殊场合下使用。

永磁电机的不足之处是，若使用不当，在过高温度（对钕铁硼永磁体）或过低温度（对铁氧体永磁体）下工作，或者在冲击电流或剧烈的机械震动下工作时，可能产生不可逆的退磁，使电机的性能下降，甚至无法使用。

下面先介绍普通的永磁直流电动机和永磁同步电动机，再介绍永磁无刷电动机。

1. 永磁直流电动机

永磁直流电动机的气隙磁场是由装设在定子上的永磁体产生的，如图8－8所示。这种电动机的工作原理、基本方程和性能与传统的直流电动机相同，只是主磁通Φ_0由永磁体产生，因而不能人为调节。永磁直流电动机既保持了传统直流电动机的机械特性和良好的调速性能，又有结构简单、体积较小、效率较高等特点。在500W以下的小型和微型电动机中，永磁直流电动机约占90%左右，特别是在家用器、电动工具、医疗器械和汽车等领域。

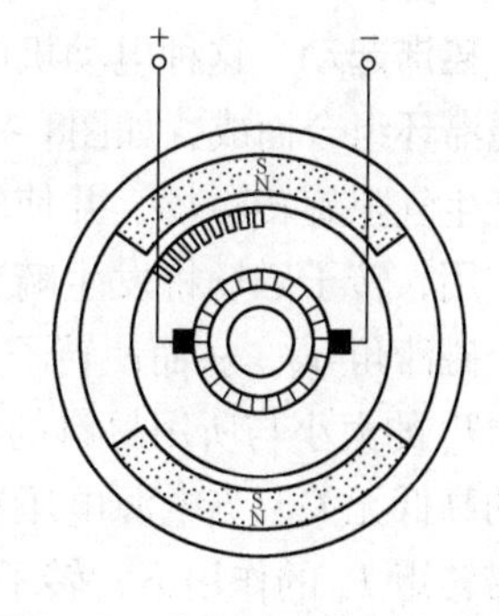

图8－8　永磁直流电动机示意图

永磁直流电动机仍然装有换向器和电刷，使维护工作量稍大，并使电动机的最高转速受到一定限制。

2. 永磁同步电动机

永磁同步电动机的定子接到交流电源。与传统同步电动机相同，定子绕组为对称的三相短距、分布绕组，定子电流为三相正弦电流；转子采用特殊外形的永磁体以产生正弦分布的气隙磁场，如图8－9所示。与传统的同步电动机相比较，采用永磁体作为主磁极，既简化了电机的结构、实现了无刷化、提高了可靠性，又节约了用铜、免去了转子铜耗、提高了电机的效率。与同容量的感应电机相比较，可以显著地提高功率因数，并使额定效率提高

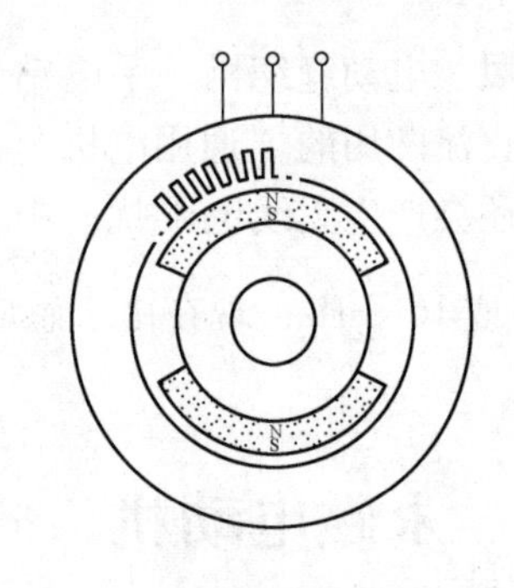

图 8－9 永磁同步电动机示意图

2%～8%，轻载时节能效果更为明显；其结构的简单程度和运行的可靠性，大体上与笼型感应电动机相当。

永磁同步电动机的分析方法、基本方程和运行特性与普通同步电动机相似，具体分析时应注意以下几点：

（1）根据转子永磁体的装置方式，确定它是隐极式还是凸极式。

（2）永磁电机的主磁通 Φ_0 是无法调节的。

（3）作为电动机时，转矩－转差率曲线有其特点。下面来说明永磁同步电动机的起动问题。

永磁同步电动机常常采用异步起动或磁滞起动方式。

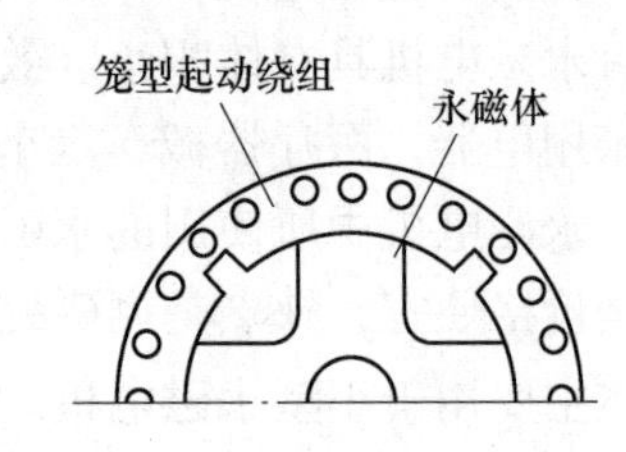

图 8－10 永磁同步电动机转子上的起动绕组

异步起动 此时电动机的转子上除装设永磁体外，还装有笼型起动绕组，如图 8－10 所示。起动时输入定子的三相电流，将在气隙中产生一个以同步转速旋转的旋转磁场，此旋转磁场与笼型绕组中的感应电流相作用，将产生一个驱动性质的异步电磁转矩 T_M，这与普通感应电动机相类似。另一方面，当转子旋转时，永磁体将在气隙内形成另一个转速为 $(1-s)n_s$ 的旋转磁场，并在定子绕组内感应一组频率为 $f=(1-s)f_1$ 的电动势；此电动势经电网短路后将产生一组频率为 $(1-s)f_1$ 的三相电流，这组电流与永磁体的磁场相作用，将在转子上产生一个制动性质的电磁转矩 T_G，其情况与同步发电机三相稳态短路时相类似。起动时的合成电磁转矩 T_e，是 T_M 和 T_G 两者之和，如图8－11所示。在合成转距 T_e 的作用下，电动机将起动起来。

磁滞起动 这种电动机的转子由永磁体和磁滞材料做成的磁滞环组合而成，如图8－12所示。当定子绕组通入三相交流产生气隙旋转磁场、并使转子上的磁滞环磁化时，由于磁滞作用，转子磁场将发生畸变，使环内磁场滞后于气隙磁场一个磁滞角 α_h，从而使转子上受到一个驱动性质的磁滞转矩 T_h。T_h 的大小与所用材料的磁滞回线面积有关，而与转子转速的高低无关，当电源电压和频率不变时，T_h 为一常值。在磁滞转矩 T_h 的作用下，转子将起动起来并被牵入同步。

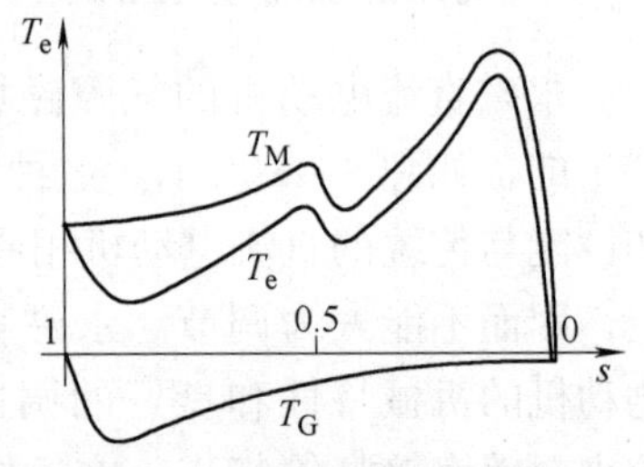

图 8－11 永磁同步电动机起动过程中的合成电磁转矩 T_e

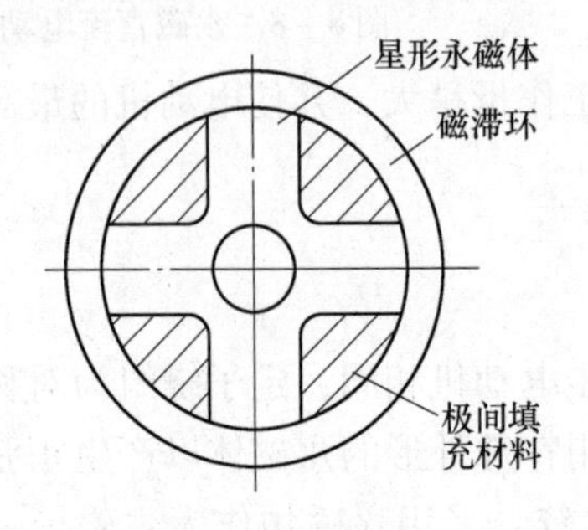

图 8－12 采用磁滞起动时永磁同步电动机的转子

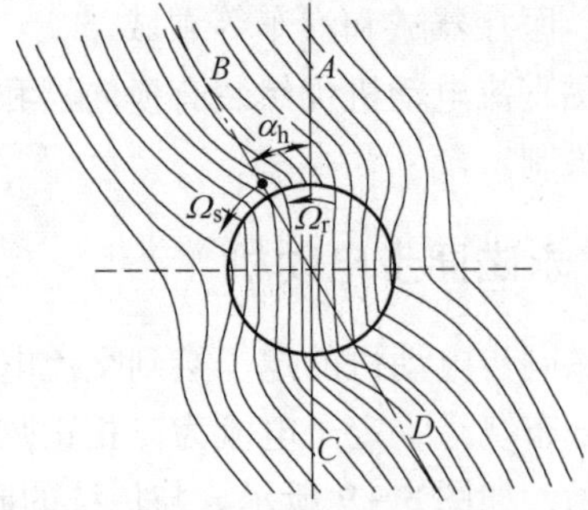

图 8－13 采用磁滞材料的转子置于旋转磁场中时的磁滞角

图8-13表示一个由磁滞材料做成的转子，置于角速度为Ω_s的旋转磁场中的情况。图中$\overline{BD}$为旋转磁场的轴线，$\overline{AC}$为转子磁场的轴线，Ω_r为转子的角速度，$\overline{AC}$滞后于$\overline{BD}$的角度即为磁滞角α_h。

3. 永磁无刷电动机

图8-9所示永磁同步电动机是一种无刷电机。图8-8所示永磁直流电动机则尚未做到“无刷化”，因为永磁体是在定子边。如果把定、转子对调，把永磁体放在转子上，定子边是电枢绕组，这样就可以去掉换向器和电刷，实现无刷化，并得到“永磁无刷直流电动机”。这里应当注意，原来由电刷通入的直流电流，经过换向器和电刷这组机械逆变装置，使进入电枢元件的电流成为交流矩形波；现在电枢装在定子边，为使定、转子所产生的气隙磁场保持相对静止，以产生一定的平均电磁转距，通入定子绕组的电流应是交流矩形波，且其频率f_1应当随着转子转速n的变化而变化，即定子应由变频电源供电。

永磁无刷直流电动机和永磁无刷同步电动机　由此可见，永磁无刷直流电动机和永磁无刷同步电动机的定、转子结构是类似的，主要差别在于，永磁体所形成的气隙磁场分布和定子绕组中感应电动势的波形不同，由电源所供给的电流波形也不同；前者为矩形波，后者为正弦波。所以永磁无刷同步电动机亦称为正弦波永磁无刷电动机，而永磁无刷直流电动机则称为矩形波永磁无刷电动机。

用变频电源供电时，永磁无刷同步电动机起动时可采用调频起动，故转子上无需另装起动绕组。若转轴上装有位置传感器，则可成为具有位置反馈、闭环控制的自控式永磁同步电动机。永磁无刷直流电动机的轴上，总是装有位置传感器并做成自控式。

永磁体在转子上的装置方式　转子表面上的永磁体有两种装置方式，一种是表面凸出式，一种是表面嵌入式，如图8-14所示。

表面凸出式是把瓦片状的永磁体，用环氧树脂粘贴在转子铁心的外表面，永磁体所产生的磁场为径向。由于永磁体的磁导率$\mu_M \approx \mu_0$，故这种转子属于隐极转子结构。由于计算气隙比定、转子之间的实际气隙大出很多倍，所以这种电动机的同步电抗标幺值X_s^*要比传统同步电机小得多，通常仅为0.2~0.4。这种结构的制造工艺简单、制造成本较低，适用于转速较低的矩形波永磁电动机。若永磁体表面设计成抛物线形，使气隙磁场接近于正弦形，亦可用于正弦波永磁电动机。

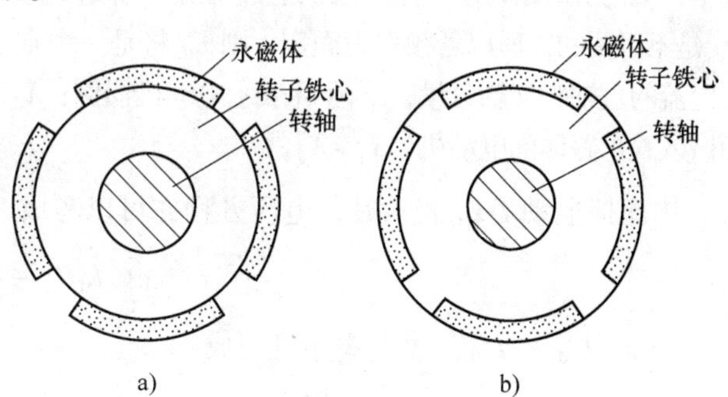

图8-14　永磁体在转子表面的装置方式
a）凸出式　b）嵌入式

表面嵌入式是把瓦片形的永磁体，嵌入转子表面的槽内。由于相邻的两个永磁体之间为磁导率很高的铁磁材料，故这种装置方式属于凸极转子结构。为加强机械牢固性，永磁体的外表常套有非磁性套筒。这种结构适用于转速较高的电动机。由于交轴气隙磁导大于直轴气隙磁导，故与传统的凸极电机相反，这种电机的交轴同步电抗 X_q 将大于直轴同步电抗 X_d。

下面对正弦波和矩形波永磁无刷电动机的原理、基本方程和运行性能，作进一步的说明。

8.3 正弦波永磁无刷电动机

正弦波永磁无刷电动机是一台同步电机，其永磁体能够产生正弦分布的气隙磁场。这种电机的特点是：

（1）永磁体的表面设计成抛物线形，极弧大体为120°，使永磁体所产生的气隙磁场呈正弦或准正弦分布。

（2）定子绕组为短距、分布绕组，以改善定子电动势的波形。

（3）定子由正弦脉宽调制（SPWM）的电压型逆变器供电，三相电流为正弦或准正弦波。

由于供电电压、气隙磁场分布和定子电流均为正弦形，故可用相量和分析传统同步电动机的方法来研究这种电机。

1. 电压方程

采用电动机惯例，以输入电流的方向作为电流的正方向。根据双反应理论，可得稳态运行时正弦波永磁无刷电动机的电压方程为

$$\dot{U} = \dot{E}_0 + \dot{I}_M R_a + j\dot{I}_{dM} X_d + j\dot{I}_{qM} X_q \tag{8-12}$$

式中，$\dot{E}_0$ 为永磁体所产生的主磁通 Φ_0 在定子绕组中感生的激磁电动势，$E_0 = 4.44 f_1 N_1 k_{w1} \Phi_0$，由于 Φ_0 是不可调的，所以若频率为固定，则 E_0 将是一个常值；R_a 为定子每相电阻；I_{dM} 和 I_{qM} 分别为定子电流的直轴和交轴分量，下标 M 表示电动机惯例；X_d 和 X_q 为直轴和交轴同步电抗。对于采用表面嵌入式永磁体的电动机，$X_q > X_d$。

用虚拟电动势 $\dot{E}_Q$ 表示时，电压方程亦可以写成

$$\dot{U} = \dot{E}_Q + \dot{I}_M R_a + j\dot{I}_M X_q \tag{8-13}$$

由于 $\dot{I}_M = \dot{I}_{dM} + \dot{I}_{qM}$，故上式亦可写成

$$\dot{U} = \dot{E}_Q + \dot{I}_M R_a + j\dot{I}_{dM} X_q + j\dot{I}_{qM} X_q \tag{8-14}$$

把式（8－14）和式（8－12）加以对比，可知

$$\dot{E}_Q = \dot{E}_0 - j\dot{I}_{dM}(X_q - X_d) \tag{8-15}$$

其中 $\dot{E}_Q$、$\dot{E}_0$ 和 $j\dot{I}_{dM}(X_q - X_d)$ 均为同相（q 轴方向）。与式（8－12）、式（8－13）和式（8－15）相应的相量图如图 8－15 所示。

对于表面凸出式永磁体的情况，$X_d = X_q = X_s$，$\dot{E}_0 = \dot{E}_Q$，式（8－12）简化为

$$\dot{U} = \dot{E}_0 + \dot{I}_M R_a + j\dot{I}_M X_s \tag{8-16}$$

式中，X_s 为同步电抗。

2. 电磁功率和电磁转矩

从第6章可知，用虚拟电动势 E_Q 表示时，同步电机的电磁功率 P_e 为

$$P_e = mE_Q I_{qM}$$

把式（8－15）的 E_Q 代入上式，可知

$$P_e = m[E_0 - I_{dM}(X_q - X_d)]I_{qM} \tag{8-17}$$

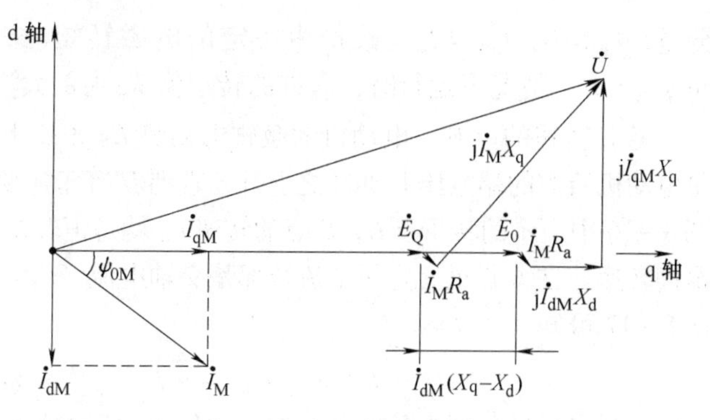

图8－15　正弦波永磁无刷电动机的相量图（$X_q > X_d$）

由此可得电磁转矩 T_e 为

$$T_e = \frac{P_e}{\Omega_s} = \frac{m}{\Omega_s}[E_0 I_{qM} - (X_q - X_d)I_{dM} I_{qM}] \tag{8-18}$$

式中第一项是由永磁体的磁通与定子电流的交轴分量（对 $\dot{E}_0$ 的有功分量）相互作用，所产生的主电磁转矩，称为永磁转矩；第二项是由交、直轴的磁导不同（$X_q \neq X_d$）所引起的磁阻转矩[⊖]。

考虑到定子为三相，$m=3$，同步角速度 $\Omega_s = \frac{\omega_1}{p}$，$X_d = \omega_1 L_d$，$X_q = \omega_1 L_q$，式（8－18）可改写成

$$T_e = 3p[\Psi_0 I_{qM} - (L_q - L_d)I_{dM} I_{qM}] \tag{8-19}$$

式中，p 为极对数；Ψ_0 为永磁体所产生的定子每相的主磁链，$\Psi_0 = \frac{E_0}{\omega_1}$；$L_d$ 和 L_q 分别为直轴和交轴同步电感。当电动机在变频情况下运行时，用式（8－19）来计算比较方便。

当永磁体为表面凸出式结构时，$L_d = L_q = L_s$，此时式（8－19）将简化为

$$T_e = 3p\Psi_0 I_{qM} \tag{8-20}$$

永磁电动机的 Ψ_0 由永磁体产生，其大小无法调节，所以电磁转矩的大小需要通过控制 I_d、I_q 来实现。对于表面凸出式结构，只要控制 I_{qM}，即可实现转矩的快速控制。

3. 调速运行时电动机的运行范围

正弦波永磁无刷电动机是同步电动机，其转速是通过调节供电变频器的频率来调节的。稳态运行时，电动机的定子电流主要受发热的限制，变频器的容许电流则受其定额的限制。另外，变频器的输出电压要能克服电动机的激磁电动势和同步阻抗压降。

设电动机为隐极结构，变频器容许输出的最高电压为 U_c，变频器和电动机定子容许通过的电流为 I_c。在低速（低频）情况下，电动机允许在电磁转矩 $T_e = T_c$ 的范围内作恒转矩运行，如图8－16中 AB 段所示，其中转矩 T_c 与电流 I_c 相对应。低速时电动机所需的端电压 U，通常低于变频器的最高电压 U_c，因此电动机可以在不同的功率因数下运行。从转矩的角度看，最佳情况是内功率因数角 $\psi_{0M}=0$ 的情况，此时 $\cos\psi_{0M}=1$，定子电流全部是交轴

⊖ 这是磁阻转矩的另一种表达形式，它与 $\frac{m}{\Omega_s}\frac{U^2}{2}\left(\frac{1}{X_q}-\frac{1}{X_d}\right)\sin 2\delta$ 并不相等，仅在 $E_0=0$ 时两者才相等。

分量，$I_{dM}=0$，$I_{qM}=I_M$，故产生一定的电磁转矩时，定子的电流为最小。在恒转矩、且 $\cos\psi_{0M}=1$ 的情况下运行时，容许的转矩值 T_c 为最大，$T_c=3p\Psi_0 I_c$。

随着转速的上升，电动机的激磁电动势 E_0 正比上升，同步电抗压降 $\mathrm{j}\dot{I}_M X_s$ 亦上升，于是电动机所需的端电压 U 亦随之上升，直到 U 等于逆变器容许输出的最高电压 U_c 时，就达到图 8－16 中所示的转折点 B，B 点的转速 n_B 就是恒转矩（$T_e=T_c$）情况下，电动机所能达到的最高转速。在 B 点处，定子电流全部是交轴电流，$I_M=I_{qM}=I_c$，$U=U_c$，忽略定子电阻时，由图 8－17 可知

$$U=U_c=\sqrt{E_{0B}{}^2+(I_M X_{sB})^2}=\omega_B\sqrt{\Psi_0{}^2+(I_c L_s)^2} \tag{8-21}$$

式中，E_{0B} 和 X_{sB} 分别为角频率等于 ω_B 时，定子的激磁电动势和同步电抗，$E_{0B}=\omega_B\Psi_0$，$X_{sB}=\omega_B L_s$。由此可得

$$\omega_B=\frac{U_c}{\sqrt{\Psi_0{}^2+(I_c L_s)^2}}\qquad n_B=\frac{60}{2\pi}\frac{\omega_B}{p} \tag{8-22}$$

此时电动机的内功率因数 $\cos\psi_{0M}=1$，功率因数 $\cos\varphi_M$ 为滞后，如图 8－17 所示。

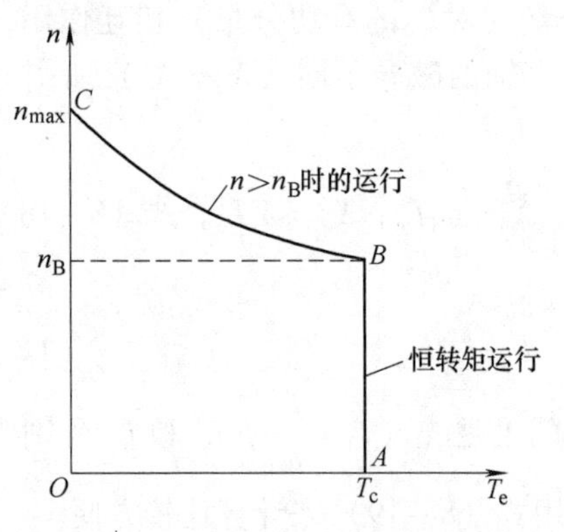

图 8－16　调频运行时，正弦波永磁无刷电动机的运行范围

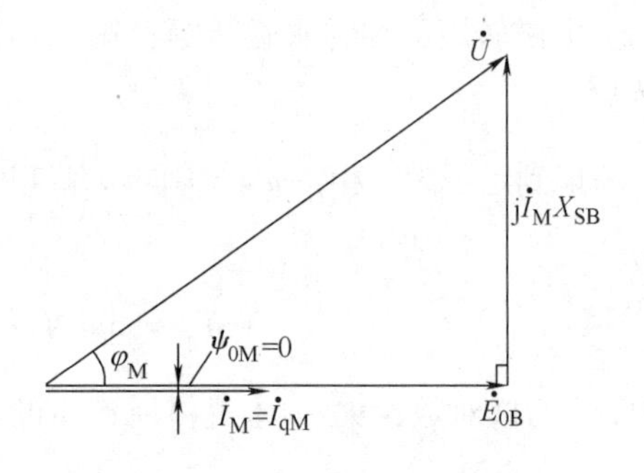

图 8－17　转折点 B 处电动机的相量图（$U=U_c$，$I_M=I_c$，$\cos\psi_{0M}=1$）

当转子转速超过 B 点的转速（即 $n>n_B$）时，定子的角频率 $\omega>\omega_B$，此时 E_0 和 X_s 随着频率的上升而正比增加，而变频器的输出电压 U 已达到最高值 U_c，于是电动机将进入过励状态，定子电流的直轴去磁性分量 I_{dM} 将增大，在定子电流保持为 I_c 的条件下，定子电流的交轴分量 I_{qM} 将逐步减少，使电磁转矩逐步减少。此时 $n-T_e$ 的运行范围，如图 8－16 中 BC 段所示。

8.4　矩形波永磁无刷电动机

矩形波永磁无刷电动机亦称为永磁无刷直流电动机，其原理与上节所述正弦波永磁无刷电动机相近，但因感应电动势和电流为交流矩形波，定子磁动势和电磁转矩的性质与正弦波永磁无刷电机亦有所不同，所以需要另行分析。

除了电动机本身和供电的变频器之外，矩形波永磁无刷电动机还要装设转子位置传感器，以及脉冲分配器等所组成的控制系统，所以它是一种机电一体化电机。

1. 定子绕组的感应电动势

矩形波永磁无刷电动机的定子绕组，通常为对称的三相整距绕组。永磁体所产生的气隙磁场为矩形波，线圈内的感应电动势亦是交流矩形波，所以不能用相量来表示和运算。下面为简化分析，假定：

（1）永磁体的极弧为120°，气隙磁场呈矩形波分布。

（2）定子绕组为三相Y接的整距集中绕组。

（3）由于计算气隙（包括实际气隙和永磁体的厚度）较大，故电枢反应很小，可以忽略不计。

图8-18a表示一台两极电机，定子槽数 $Q=6$，6个槽内嵌有三相、3个整距线圈；图8-18b表示永磁体所产生的矩形波气隙磁场，其宽度为120°，幅值为 B_δ，θ_s 为定子表面的电角度，原点取在导体A所在处。

定子绕组的感应电动势可以用 Blv 公式来计算，方向可由右手法则来确定。设 $\omega t=0$ 时，永磁体N极的轴线（d轴）与A相绕组轴线相重合，转子为逆时针旋转，如图8-18a所示。在图示瞬间，A相的导体A和X的感应电动势为0，B、C相导体B和Z的电动势为进入纸面的方向（用⊗表示），C和Y的电动势为穿出纸面的方向（用⊙表示）。若转子以恒速 n 旋转，则A相的电动势 e_A 为宽120°的交流矩形波，如图8-18c所示。

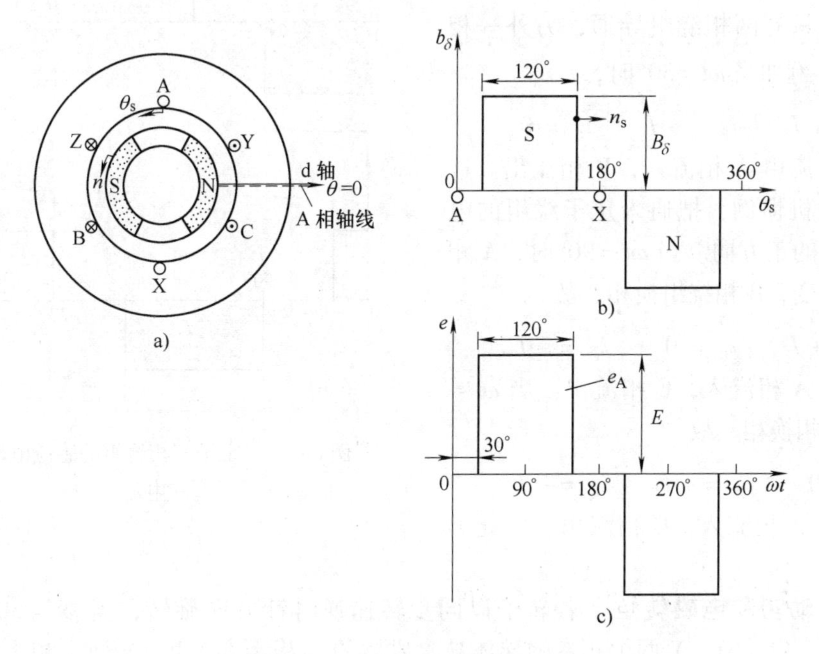

图8-18　定子绕组的感应电动势

a）定子的三相整距集中绕组　b）$\omega t=0$ 时永磁体的气隙磁场　c）A相绕组的感应电动势

设定子的每相串联匝数为 N_1，由于绕组为全距、集中绕组，故矩形波相电动势的幅值 E 应为

$$E = 2N_1 B_\delta lv \tag{8-23}$$

式中，l 为导体的有效长度；v 为导体“切割”气隙磁场的速度，$v=2p\tau\frac{n}{60}$。把 v 代入式（8－23），可得

$$E=\frac{4p}{60}N_1n(B_\delta l\tau)=\frac{4p}{60\alpha_p}N_1n(B_\delta lb_p)=Cn\Phi \tag{8-24}$$

式中，Φ 为一个极下的气隙磁通量，$\Phi=B_\delta lb_p$；b_p 为极弧宽度；C 为电动势常数，$C=\frac{4p}{60\alpha_p}\times N_1$；$\alpha_p$ 为极弧系数，$\alpha_p=\frac{b_p}{\tau}$。不难看出，式（8－24）与直流电机的电动势公式相似。

同理，B、C 相的感应电动势 e_B 和 e_C 亦是一个宽度为 120°的交流矩形波，其中 e_B 滞后于 e_A 120°，e_C 又滞后于 e_B 120°，如图 8－19 所示。

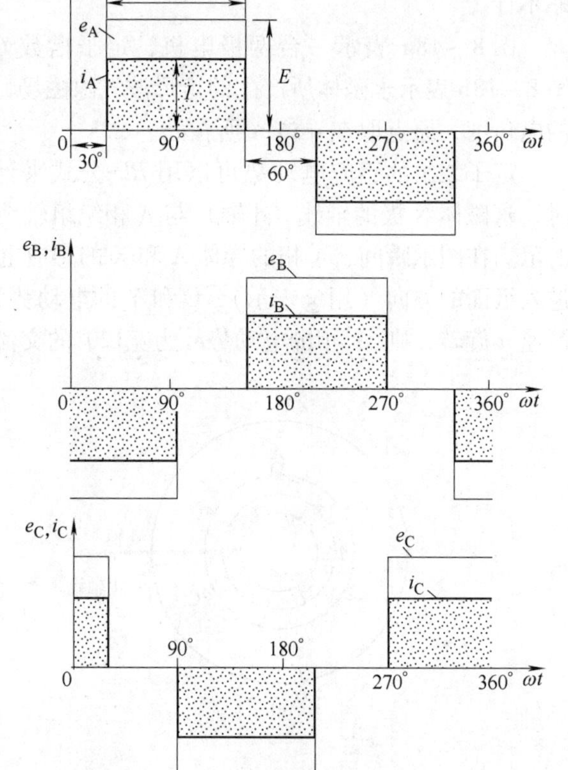

图 8－19　定子三相绕组的感应电动势和电流

2. 定子电流和定子磁动势

定子电流　定子绕组由逆变器供电，输入电流为幅值相同、互差120°的三相交流矩形波，矩形波的宽度为120°，如图 8－19 所示。当定子绕组为 Y 接法时，在任一瞬间，只有两相绕组导通，另外一相电流为 0。例如当 $\omega t=30°$时，

$$i_A=+I \qquad i_B=-I \qquad i_C=0$$

此时定子电流由 A 相流入，B 相流出。这里采用电动机惯例，把通入定子绕组的电流作为电流的正方向。当 $\omega t=90°$时，A 相电流保持不变，B 相绕组换相，故

$$i_A=+I \qquad i_B=0 \qquad i_C=-I$$

定子电流由 A 相流入，C 相流出。当 $\omega t=150°$时，A 相换相，故

$$i_A=0 \qquad i_B=+I \qquad i_C=-I$$

定子电流由 B 相流入，C 相流出。以此类推。

定子磁动势和电磁转矩　若转子以同步转速逆时针方向旋转，当 $\omega t=30°$时，从图 8－20a可见，定子 A、Y 两个相带的导体被永磁体的 N 极覆盖，B、X 两个相带的导体被 S 极覆盖。若电流从 A 相流入、B 相流出（即从 A→X→Y→B），则 A 和 Y 两个相带的电流为流入纸面，用⊗表示；B 和 X 两个相带的电流为流出纸面，用⊙表示。根据左手定则，A、Y 和 B、X 四个相带的载流导体上，将受到一个顺时针方向的电磁转矩。由于定子固定不动，根据作用力和反作用力定律，转子上将受到一个逆时针方向的电磁转矩，此方向与转子转向相同，故为驱动性质的转矩。在 $\omega t=30°\sim90°$的 60°时区内，由于 A、B 两相电流保持不

变，所以 A、Y、B、X 四个相带内的电流亦保持不变，此时转子虽然以同步速度不断地向前转动，但因永磁体的极弧宽度等于两个相带宽度之和，故 A、Y、B、X 这四个相带仍在永磁体的 N 极和 S 极的磁场覆盖之下，故电磁转矩的大小和方向将始终保持不变。

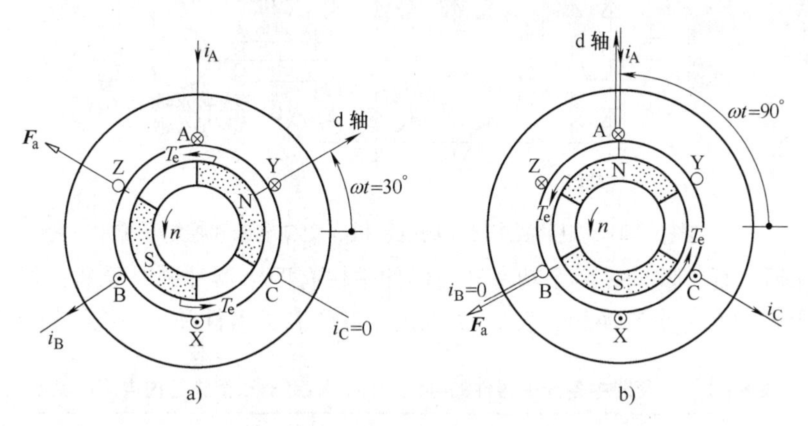

图 8-20　$\omega t=30°$和$90°$时，定子各相带中的电流和转子上的电磁转矩

a）$\omega t=30°$时，$i_A=+I$，　$i_B=-I$，　$i_C=0$，T_e 为驱动性质

b）$\omega t=90°$时，$i_A=+I$，　$i_B=0$，　$i_C=-I$，T_e 为驱动性质

当 $\omega t=90°$时，B 相换相，定子电流从 A 相流入、C 相流出，于是 A、Z 两个相带的电流为流入，用⊗表示，C、X 两个相带的电流为流出，用⊙表示，如图 8-20b 所示。不难看出，图 b 中定子的两组载流相带比图 a 向前（逆时针方向）移动了 60°，但因转子转速为同步速度，永磁体的磁极位置亦向前转动了 60°，故作用在转子上的电磁转矩仍将保持不变。这种情况一直要保持到 $\omega t=150°$下次电流换相时为止。

以此类推，ωt 每隔 60°，定子的两组载流相带就向前推进一次，使得以同步转速旋转的转子上，始终受到一个逆时针方向的恒定电磁转矩。

从上面的分析可知：

（1）定子绕组所产生的合成磁动势$\boldsymbol{F}_a$是一个跃进式的旋转磁动势。在每个与 60°相应的时间段内，载流相带中的电流保持不变，定子合成磁动势在空间静止不动；当 60°结束、电流换相时，载流相带和定子合成磁动势的空间位置将瞬间向前跃进 60°，如图 8-20a 和 b 所示。

（2）虽然定子合成磁动势 $\boldsymbol{F}_a$ 向前推进的瞬时速度是变化的，但是 $\boldsymbol{F}_a$ 的平均转速仍与转子转速相同，即为同步转速。

（3）由于永磁体所产生的气隙矩形波磁场，与定子两组载流相带的宽度相等，且定子磁动势的平均转速与转子转速相等，故作用在转子上的电磁转矩为恒定转矩。

定子电流的控制　图 8-21 所示为矩形波永磁无刷电动机、变频电源和控制系统的框图。图的中间部分为给电动机供电的三相桥式逆变器的主电路，图中 U 为前面一级整流器输出的直流电压，VT1 ~ VT6 为六个功率开关器件，其中 VT1 和 VT4 组成 A 相的上、下桥臂，VT3 和 VT6、VT5 和 VT2 分别组成 B、C 两相的上、下桥臂，VD1 ~ VD6 为接到各个桥臂的续流二极管。在0° ~ 360°中，每相的两个桥臂中，上臂导通 120°，然后间隔 60°，下臂再导通 120°，再间隔 60°。另外，B 相桥臂的导通时间滞后于 A 相 120°，C 相又滞后于 B 相

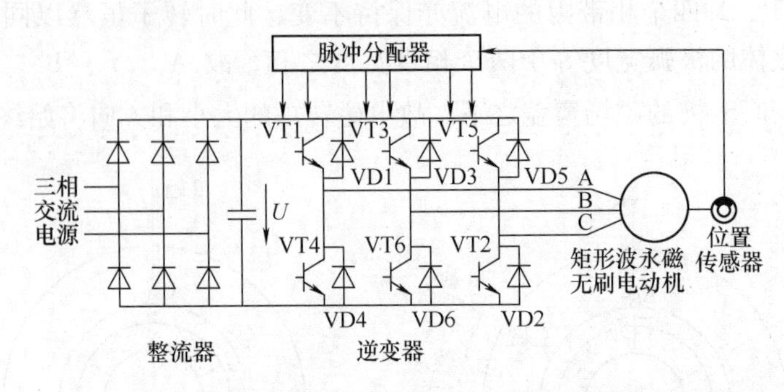

图 8－21　矩形波永磁无刷电动机、变频电源和控制系统

120°。总体来看，任一瞬间，六个功率开关器件中仅有两个器件同时导通；每隔 60°，两个导通的开关器件中有一个要换相。表 8－1 列出了各个开关器件和三相绕组的导通次序。

表 8－1　逆变器中各开关器件的导通次序，和定子三相绕组内电流的流向

ωt	30°～90°	90°～150°	150°～210°	210°～270°	270°～330°	330°～30°
导通器件 和相带	VT 1（A） VT 6（Y）	VT 1（A） VT 2（Z）	VT 3（B） VT 2（Z）	VT 3（B） VT 4（X）	VT 5（C） VT 4（X）	VT 5（C） VT 6（Y）
定子绕组内 的电流流向	A B C	A B C	A B C	A B C	A B C	A B C

图 8－21 中的位置传感器，用来检测转子永磁磁极的位置，并发出相应的位置信号，此信号通过脉冲分配器，依次发出 6 个触发脉冲，使逆变器中 6 个功率开关器件按照一定的顺序，适时地导通和关断，使电动机产生同一方向和持续的电磁转矩。常用的位置传感器有霍尔效应传感器，旋转变压器和光学码盘，前者用于矩形波永磁无刷电动机，后面两种主要用于自控式正弦波永磁无刷电动机。

3. 电磁转矩和电磁功率

从上面的分析可知，若定子电流为理想的矩形波，气隙磁场和定子磁动势亦是理想的矩形波，且配合得当，这种电机就可得到恒定的电磁转矩。设载流导体内的电流为 I，则作用在 p 对极内、两组载流相带上的合成电磁转矩 T_e 应为

$$T_e = 2\times 2(N_1 B_\delta Il)\frac{D}{2} = 4N_1 B_\delta Il\frac{p\tau}{\pi} = \frac{60}{\pi}C\Phi I \tag{8－25}$$

式中，C 为电动势常数，见式（8－24）。式（8－25）就是矩形波永磁无刷电动机的转矩公式。不难看出，此式与直流电机的转矩公式十分相似。

从式（8－25）可知，$T_e\Omega=\dfrac{60}{\pi}C\Phi I\Omega=2EI$，而 $2EI$ 和 $T_e\Omega$ 就是电能转换为机械能的转换功率，对矩形波永磁无刷电机，它就是电磁功率 P_e，故

$$P_e = 2EI = T_e\Omega \tag{8－26}$$

式中，$2E$ 为两相绕组同时导通时，绕组内的合成电动势。可以看出，式（8－26）亦与直流电机电磁功率的表达式相似。

由于矩形波永磁无刷电动机的电动势公式、转矩公式和电磁功率的表达式均与直流电机的对应公式相似，只不过这里是用位置传感器和逆变器对各相实施“电子换相”，来替代传统直流电机中用换向器和电刷对各个元件进行“机械换向”，以得到恒定的电磁转矩，所以这种电机亦称为“无刷直流电动机”。

4. 电压方程

若定子绕组中的电流为理想的矩形波，逆变器前端的直流电压 U 为理想的电压源，则当三相绕组中的任何两相导通时，对于串联的两相绕组，总有

$$U = 2E + 2RI = E_s + R_s I \tag{8-27}$$

式中，E_s 为两相绕组内的合成电动势，$E_s = 2E$；R_s 为两相绕组电阻之和，$R_s = 2R$。式（8－27）对于任何一个 60°区间都成立。可以看出，式（8－27）亦与传统直流电机的电压方程相似。

5. 机械特性

从电压方程（8－27）可得，

$$E_s = 2Cn\Phi = U - R_s I$$

故

$$n = \frac{U}{2C\Phi} - \frac{R_s}{2C\Phi} I \tag{8-28}$$

考虑到理想空载时，定子电流 $I_{0i} = 0$，故转子的理想空载速度 $n_{0i} = \dfrac{U}{2C\Phi}$；堵转时，堵转电流 $I_k = \dfrac{U}{R_s}$，堵转转矩 $T_k = \dfrac{60}{\pi} C\Phi I_k$；故式（8－28）可改写为

$$n = n_{0i}\left(1 - \frac{T_e}{T_k}\right) \tag{8-29}$$

由此可得电动机的机械特性，如图 8－22 所示。从图可见，负载增大时，定子电流 I 和电磁转矩 T_e 将增大，电动机的转速则将下降。可以看出，此特性和直流并励电动机的机械特性也相似。

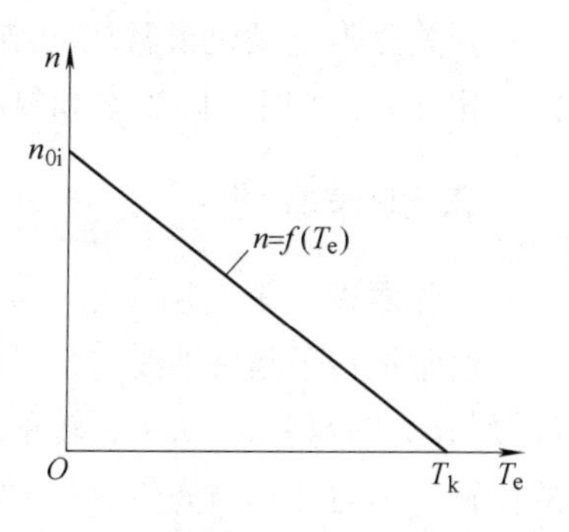

图 8－22　矩形波永磁无刷电机的机械特性

从式（8－28）可见，矩形波永磁无刷电动机的转速可由整流后直流端的电压 U 来控制，改变 U，可得一系列平行的机械特性。长期运行时，定子绕组受温升的限制，定子电流通常不应超过额定电流，故电磁转矩不能超过额定转矩 T_N；转子的最高转速则受逆变器的最高输出电压 U_c，和转子部件机械应力两者的限制；据此即可确定电动机的

容许运行范围。

6. 矩形波和正弦波永磁无刷电动机的比较

矩形波永磁无刷电动机的转速，是通过调节直流端的电压来控制，故控制系统比较简单，价格比较便宜；但是由于换相所引起的转矩脉振，使转矩的稳定性和动态性能稍差，调速范围也较窄，故这种电机多用于对运行性能要求不是很高的场合。正弦波永磁无刷电动机通常用正弦脉宽调制的变频电源供电，相对来讲其控制系统较为复杂，价格较贵；但是由于它基本上是一种旋转磁场式电机，故电磁转矩的脉动较小，转矩和转速的稳定性较高，另外这种电动机还可以实现转矩的矢量控制，因此适用于要求高精度控制和宽调速范围的场合。

8.5　开关磁阻电动机

开关磁阻电动机是一种定子单边激励，定、转子两边均为凸极结构的磁阻电动机。由于定子电流由变频电源供电，电动机必须在特定的开关模式下工作，所以通常称为“开关磁阻电机”。下面先说明其结构和工作原理，再进行简化分析，最后说明其优、缺点。

1. 结构特点

开关磁阻电动机的铁心由硅钢片叠压组成，定、转子都做成凸极式。图 8-23a 所示为一台定子为 6 个凸极、转子为 4 个凸极的电机，通常称为 6/4 型。定子各个凸极均匀地分布在 360°圆周上，每个凸极上装有一个集中绕组，对面（即相隔 180°）两个极上的绕组**正向串联**起来组成一组[⊖]，称为一相。这样，装置在 6 个凸极上、空间依次相隔 60°的三组线圈就构成一个三相绕组。若定子的凸极数为 N_s，通常来讲，定子相数 $m=\frac{N_s}{2}$（少数情况下亦有做成 $m=\frac{N_s}{4}$的）。转子的凸极数通常为偶数。

由于转子上没有任何绕组，所以开关磁阻电动机是所有电机中结构最为简单的一种。

开关磁阻电动机最常用的结构型式是 6/4 型和 8/6 型，前者定子为三相，后者定子为四相。相数 $m\geqslant5$ 时，因成本和复杂性增高较多，故很少采用。

2. 工作原理

工作原理　下面用三相 6/4 型电机，来说明开关磁阻电动机的工作原理。

通常把转子凸极轴线与定子激励相的轴线相重合（即凸极对凸极）的位置，称为“对齐位置”，如图 8-23b 所示；转子凸极的极间轴线与定子激励相的轴线相重合（即极间对凸极）的位置，称为“非对齐位置”，如图 8-23c 所示。当定子 1 相通入励磁电流时，**在 1 和 1′这**

⊖　正向串联能使各相绕组间的互感降低到接近于 0，故通常都这样连接。

两个绕组正向串联的情况下，电机内将形成一个两极磁场，如图 8－24a 所示。设定子上面的凸极为 N 极，下面的凸极为 S 极，则在最靠近 N 极和 S 极的转子凸极 R_1 和 R_3 上将受到一个逆时针方向的磁阻转矩 T_e，使 R_1 和 R_3 转向"对齐位置"，即使得 1 相励磁磁动势所形成的磁路其磁阻成为最小，自感成为最大。当转子凸极 R_1 和 R_3 转到"对齐位置"时，磁阻转矩为 0，如图 8－24b所示。接着，定子 1 相关断，2

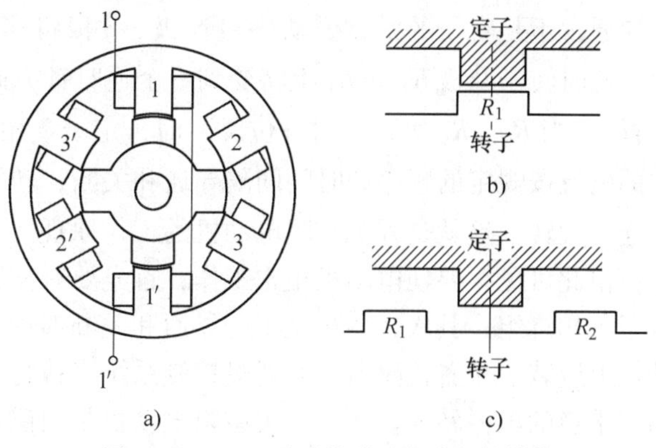

图 8－23　6/4 型开关磁阻电动机的结构

a）定、转子结构　b）转子凸极 R_1 处于对齐位置

c）R_1 和 R_2 处于非对齐位置

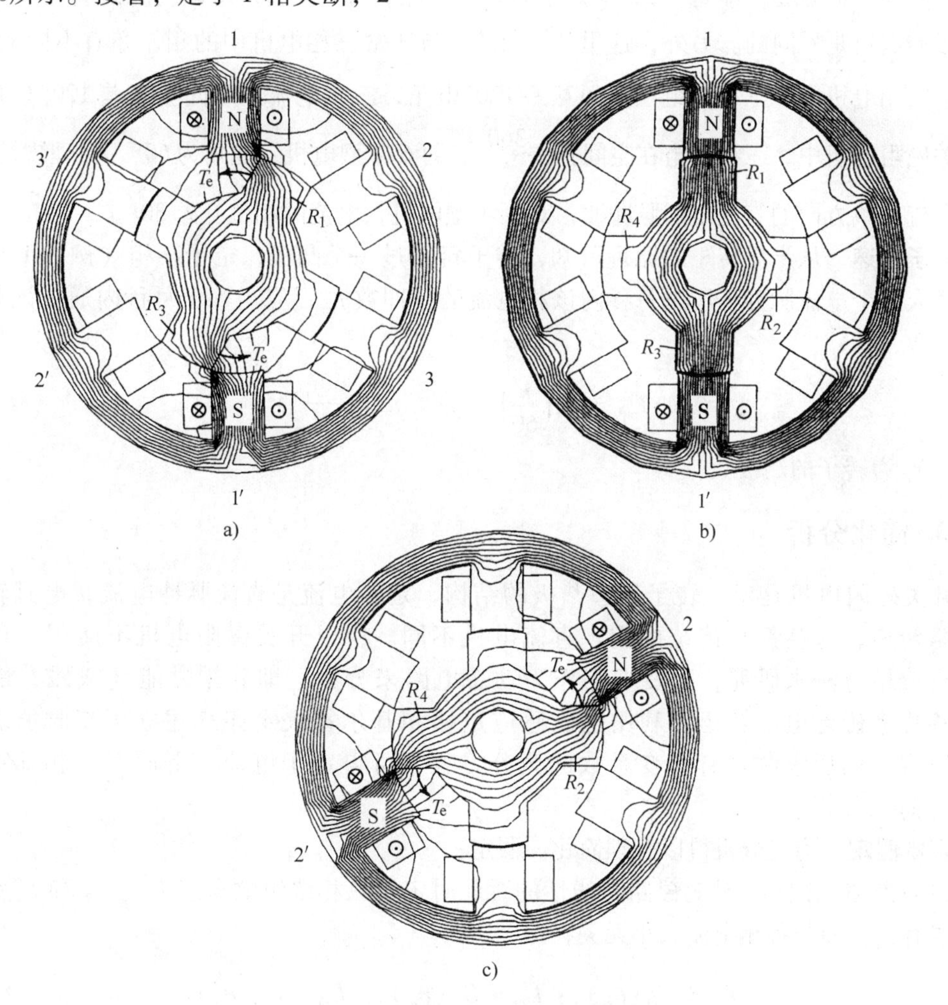

图 8－24　开关磁阻电动机的工作原理

a）绕组 1 导通时，转子凸极 R_1、R_3 上的磁阻转矩　b）绕组 1 关断前，转子凸极 R_1、R_3 达到对齐位置

c）绕组 2 导通时，转子凸极 R_2、R_4 上的磁阻转矩

相导通，于是定子的励磁磁动势和 N 极、S 极将移到第 2 相绕组的轴线处，如图 8-24c 所示。此时转子凸极 R_2 和 R_4 上将受到一个逆时针方向的磁阻转矩 T_e，使 R_2 和 R_4 转向“对齐位置”。当 R_2、R_4 达到“对齐位置”时，定子 2 相关断，3 相导通，以此类推。若三相绕组中的电流按规定的顺序和时间间隔导通和关断，转子上将受到一个单方向的电磁转矩，使转子连续旋转。这就是开关磁阻电动机的工作原理。

由此可见，要使电动机正常工作，首先要有变频电源产生一系列的脉冲电流，依次供给定子各相绕组；其次，各相绕组的导通和关断时间必须与转子位置“同步”。为此，电动机的轴上应装设位置传感器，并通过控制系统来执行定子各相绕组的准确换相，以确保形成单向与平稳的电磁转矩。所以开关磁阻电动机是由磁阻电动机、转子位置传感器、变频电源和控制系统等四部分所组成的机电一体化电机。

这里有两点需要注意。从图 8-24a 和 b 可知，定子三相依次激励时，定、转子和气隙内的磁场为两极磁场，即 $2p=2$，而定子有 6 个凸极，即 $N_s=6$，所以气隙磁场的极数与定子凸极的数目是不同的。另外，这里的“相”，与通常三相电机中的相，亦有不同的含义。在通常三相电机中，三相绕组在空间互差 120°电角，三相电流在时间上互差 120°相角；而在开关磁阻电机中，三相绕组在空间互差$\frac{360°}{N_s}$，对 6/4 型电机，此角为 60°，在理想情况下，三相电流是单方向的直流矩形脉冲波，对 6/4 型电机，电流的相位互差 30°。

转子转速 从产生转矩的原理可知，转子每转过一个凸极，定子某相（例如 1 相）就应当通入一个电流脉冲，所以每秒内该相电流的脉冲数 f_{ph}，应当等于每秒内通过该相的转子凸极数，即

$$f_{ph} = N_r\left(\frac{n}{60}\right) \quad 或 \quad n = \frac{60f_{ph}}{N_r} \tag{8-30}$$

式中，N_r 为转子的凸极数。

3. 简化分析

开关磁阻电机是定、转子双边凸极的结构，定子电流是直流脉冲电流，电磁转矩是纯磁阻转矩，这些都与传统的交、直流电机不同。所以开关磁阻电机不能用一般电机的稳态分析方法来研究，而要把它作为动态电路来分析：即利用磁能（或磁共能）和虚位移法来确定电磁转矩，利用电磁感应定律和基尔霍夫定律来建立用瞬时值表示的电压方程，然后求解含有时变系数的微分方程，可得定子电流。下面对三相 6/4 型电机进行简化分析。

基本假定 为使分析得以合理简化，假定：

（1）忽略磁饱和，认为磁路是线性的。此时定子三相绕组的自感 L_{11}、L_{22} 和 L_{33} 仅与转子位置有关，而与各相电流大小无关，即

$$L_{11} = L_{11}(\theta_m),\quad L_{22} = L_{22}(\theta_m),\quad L_{33} = L_{33}(\theta_m) \tag{8-31}$$

式中，θ_m 为以“非对齐”位置作为原点时，转子凸极轴线所转过的机械角。

（2）转子极弧 b_r 比定子极弧 b_s 略大，如图 8-23 所示。

定子绕组的自感　若定子 1 相为激励相，可知转子在“非对齐位置”（$\theta_m=0$）时，定子 N 极和 S 极下的气隙最大，气隙磁导最小，故此位置时 1 相的自感 L_{11} 为最小，用 L_{min} 表示，如图 8－25a 所示。当 θ_m 由 0 逐步增大到 θ_1 时，L_{11} 一直保持为 L_{min}。接着，当转子转角由 θ_1 向“对齐位置”转动时，定子极弧将逐步覆盖转子极弧，使气隙减小；由于覆盖面积随 θ_m 的增大而正比增大，故气隙磁导和 1 相的自感 L_{11} 从 L_{min} 开始，随 θ_m 的增加而直线上升。到 $\theta_m=\theta_2$ 时，覆盖面积达到最大，主磁路的气隙磁导和 1 相的自感 L_{11} 将达到最大，此时的自感用 L_{max} 表示。往下，从 θ_2 到 θ_3 这一段，定、转子极弧的覆盖面积和气隙保持不变，故 L_{11} 一直等于 L_{max}。再往下，从 θ_3 到 θ_4 这一段，转子凸极逐步脱离定子极弧的覆盖，随着 θ_m 的增加，气隙磁导和 L_{11} 将直线下降，直到覆盖面积为 0，L_{11} 重新降到最小值 L_{min}。最后，从 θ_4 到 θ_5 这一段，转子凸极逐步趋向“非对齐”位置，此段的定子自感 L_{11} 将保持为 L_{min}。由此可得 θ_m 从 0 到 θ_5 的一个转子极距范围内，定子 1 相的自感 L_{11} 随 θ_m 而变化的梯形曲线 $L_{11}(\theta_m)$。从图 8－25a 可见，自感 L_{11} 的变化可以分成 A、B、C、D 四个区域，其中 A 和 C 是自感不变区，B 是自感上升区，D 是自感下降区，即

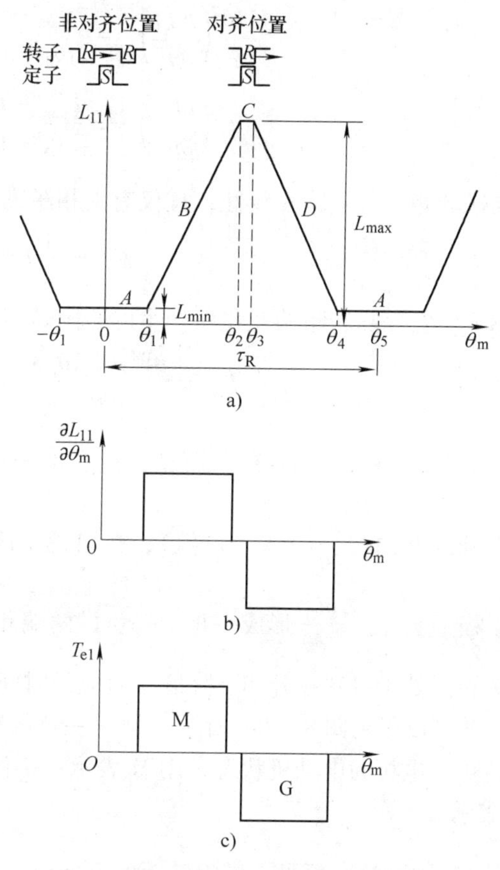

图 8－25　1 相的自感 L_{11}、L_{11} 对 θ_m 的导数和磁阻转矩 T_{e1}

a）$L_{11}(\theta_m)$　b）$\frac{\partial L_{11}}{\partial \theta_m}$　c）电流为理想的矩形脉冲时，1 相电流所产生的磁阻转矩 T_{e1}

$$\left.\begin{aligned}
&A\text{ 区：}\ L_{11}(\theta_m)=L_{min} && 0\leqslant\theta_m\leqslant\theta_1\text{ 时}\\
&B\text{ 区：}\ L_{11}(\theta_m)=L_{min}+\left(\frac{\partial L_{11}}{\partial\theta_m}\right)_B(\theta_m-\theta_1) && \theta_1\leqslant\theta_m\leqslant\theta_2\text{ 时}\\
&C\text{ 区：}\ L_{11}(\theta_m)=L_{max} && \theta_2\leqslant\theta_m\leqslant\theta_3\text{ 时}\\
&D\text{ 区：}\ L_{11}(\theta_m)=L_{max}+\left(\frac{\partial L_{11}}{\partial\theta_m}\right)_D(\theta_m-\theta_3) && \theta_3\leqslant\theta_m\leqslant\theta_4\text{ 时}\\
&A\text{ 区：}\ L_{11}(\theta_m)=L_{min} && \theta_4\leqslant\theta_m\leqslant\theta_5\text{ 时}
\end{aligned}\right\}\qquad(8-32)$$

式中，$\left(\frac{\partial L_{11}}{\partial\theta_m}\right)_B$ 和 $\left(\frac{\partial L_{11}}{\partial\theta_m}\right)_D$ 分别为 B 区和 D 区内曲线 $L_{11}(\theta_m)$ 的斜率，

$$\left.\begin{aligned}\left(\frac{\partial L_{11}}{\partial\theta_m}\right)_B &= \frac{L_{max}-L_{min}}{\theta_2-\theta_1} = K \\ \left(\frac{\partial L_{11}}{\partial\theta_m}\right)_D &= \frac{L_{min}-L_{max}}{\theta_4-\theta_3} = -K\end{aligned}\right\} \tag{8-33}$$

电磁转矩　若磁路为线性，且仅有1相激励，则磁能为

$$W_m = \frac{1}{2}L_{11}(\theta_m)i_1^2 \tag{8-34}$$

由自感 $L_{11}(\theta_m)$ 随转角的变化所产生的磁阻转矩 T_{e1} 应为

$$T_{e1} = \frac{\partial W_m(i_1,\theta_m)}{\partial\theta_m} = \frac{1}{2}i_1^2\frac{\partial L_{11}(\theta_m)}{\partial\theta_m} \tag{8-35}$$

从式（8-32）和式（8-33）可见，在图8-25a所示的自感不变区 A 和 C 内，$\frac{\partial L_{11}}{\partial\theta_m}=0$；在自感上升区 B 内，$\frac{\partial L_{11}}{\partial\theta_m}=K$（正值）；在自感下降区 D 内，$\frac{\partial L_{11}}{\partial\theta_m}=-K$（负值）。转子转过一个转子极距 τ_R 时，$\frac{\partial L_{11}}{\partial\theta}$形成一正、一负、两端和中间为0的一个矩形波，如图8-25b所示。如果在转子处于电感上升和下降区相对应的时间段内，在1相通入幅值不变的矩形波脉冲电流 i_1，就可以得到图8-25c所示一正、一负的矩形脉冲磁阻转矩。图中的正值转矩表示驱动性转矩，电机为电动机状态，用M表示；负值转矩表示制动性转矩，电机为发电机状态，用G表示。

从式（8-35）可见，磁阻转矩的方向仅与 $\frac{\partial L_{11}}{\partial\theta_m}$ 的正、负有关，而与通入电流的方向无关，因此定子电流可以是单向脉冲。另外，从图8-25c可见，若仅有一相激励，则将得到脉冲形式的转矩。

为得到恒定的正向磁阻转矩，定子应当装设三相或多相绕组，使整个360°内被不同相的电感上升区所覆盖，且当转子转到“对齐位置”时，保证定子电流从前一相即刻转换到后一相。图8-26a所示为6/4型电机定子三相绕组的自感 L_{11}、L_{22}和 L_{33}随 θ_m 而变化的梯形曲线，其中 L_{22}滞后于 L_{11}以30°，L_{33}又滞后于 L_{22}以30°，自感的变化周期 $\tau_R=\frac{360°}{N_r}=90°$，每相的自感上升区为31°；此时一个自感周期内将全部被L_{11}、L_{22}和 L_{33}的上升区所覆盖，360°内重复四次。图8-26 b和c为在各相的自感上升区段内，依次通以幅值为I、宽度为30°的三相矩形脉冲电流 i_1、i_2 和 i_3 时，1相、2相和3相所产生的磁阻转矩 T_{e1}、T_{e2}和 T_{e3}；其中 i_2 滞后于 i_1 30°，i_3 又滞后于 i_2 30°；相应地，转矩 T_{e2} 亦滞后于 T_{e1} 30°，T_{e3}又滞后于 T_{e2} 30°。可以看出，在理想情况下，合成转矩 T_e 将是一个连续的正向恒定转矩，即

$$\begin{aligned}T_e = T_{e1}+T_{e2}+T_{e3} &= \frac{1}{2}i_1^2\frac{\partial L_{11}}{\partial\theta_m}+\frac{1}{2}i_2^2\frac{\partial L_{22}}{\partial\theta_m}+\frac{1}{2}i_3^2\frac{\partial L_{33}}{\partial\theta_m} \\ &= \frac{1}{2}I^2\frac{L_{max}-L_{min}}{\theta_2-\theta_1} = \frac{1}{2}I^2\frac{L_{max}}{\Delta\theta}\left(1-\frac{L_{min}}{L_{max}}\right)\end{aligned} \tag{8-36}$$

式中 $\Delta\theta=\theta_2-\theta_1$。由此可见，比值 $\frac{L_{max}}{\Delta\theta}$ 和 $\frac{L_{max}}{L_{min}}$ 愈大，在同样电流下，转矩的幅值就愈大，所以开关磁阻电机的定、转子通常采用双凸极结构，使 L_{min} 减小，比值 $\frac{L_{max}}{L_{min}}$ 增大。

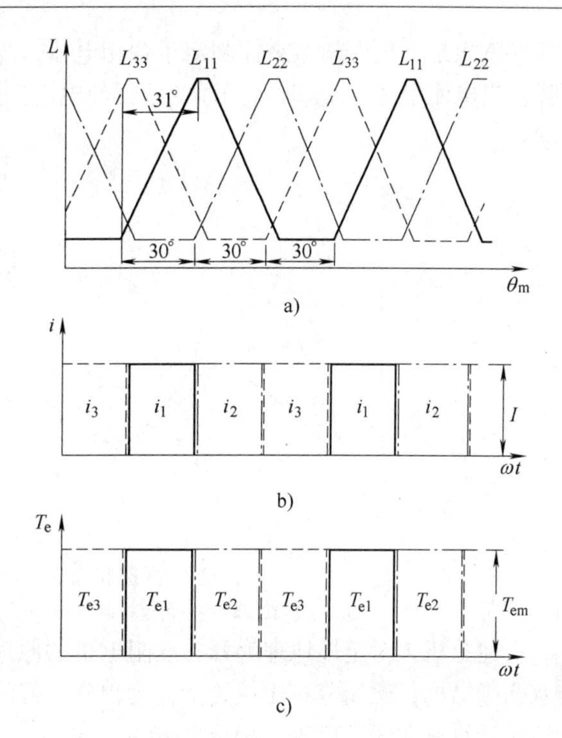

图 8 – 26　三相的合成磁阻转矩

a）自感 L_{11}、L_{22} 和 L_{33} 随 θ_m 的变化　b）理想的三相矩形波电流　c）三相合成转矩

定子电流波形　上面计算磁阻转矩时，假定定子电流为理想的矩形脉冲。实际上由于绕组中存在电感，并且电感随转角而变化，所以功率开关器件导通时，电流不是阶跃上升到其幅值，开关器件关断时，电流亦不会瞬间下降到 0，而是经二极管续流回路，在释放绕组磁能的过程中逐步下降为 0；并且随着转速和运行方式的不同，电流波形有显著的差别。这样就会造成各相转矩波形的脉动、重叠或衔接欠佳，使合成转矩出现畸变。

设 k 相绕组的端电压为 u_k，电阻为 R_k，电流为 i_k，根据电磁感应定律和基尔霍夫第二定律，有

$$u_k = R_k i_k + \frac{d\psi_k}{dt} \qquad (k = 1,2,3) \tag{8-37}$$

式中，ψ_k 为 k 相绕组的磁链。由于磁路为线性，故

$$\psi_k = L_{kk}(\theta_m) i_k \tag{8-38}$$

式中，L_{kk} 为 k 相绕组的自感系数。把式（8 – 38）代入式（8 – 37），可得

$$\begin{aligned} u_k &= R_k i_k + \frac{d}{dt}[L_{kk}(\theta_m) i_k] \\ &= R_k i_k + L_{kk}(\theta_m)\frac{di_k}{dt} + \frac{\partial L_{kk}(\theta_m)}{\partial\theta_m}\Omega\, i_k \end{aligned} \tag{8-39}$$

式中，右端第二项是变压器电压；第三项是运动电压，其中 $\Omega=\frac{d\theta_m}{dt}$。式（8 – 39）是一个含有时变系数的微分方程，通常要用数值法才能解出电流 i_k。

实际上，定子电流波形与控制方式密切相关。高速运行时，通常是通过调节变频器的开通角 θ_0 和关断角 θ_c 来改变电流的最大值和有效值，以产生所需的磁阻转矩，这种方式称为角度控制方式，此时一周内仅对相电流开关一次。图 8 – 27a 中的虚线表示关断角 θ_c 不变、开通角 θ_0 改变时，1 相电流的波形。低速运行时，运动电压下降，电流幅值会很高，需要加以限制，通常采用固定 θ_0 和 θ_c 不变、通过控制电流的上、下限 I_{max} 和 I_{min}，来得到所需的电流平均值 I_{av} 和相应的转矩值，这种方式称为斩波控制方式，如图 8 – 27b 所示。斩波控制

的基本思想是，用变频器来控制定子各相电压，当定子电流达到I_{max}时，关断变频器使电流下降，当电流下降至I_{min}时，开通变频器使电流回升，使相电流不断地在某个平均值I_{av}上下波动。

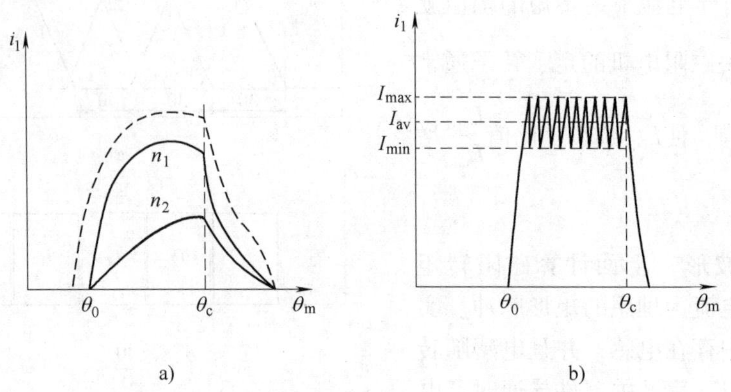

图 8－27 高速和低速运行时定子电流的波形

a）高速时——角度控制方式 b）低速时——斩波控制方式

上述分析，对定性地理解开关磁阻电机的原理和运行性能是有用的。但因开关磁阻电机是双凸极结构，磁场分布比较复杂，为得到良好的设计和较为准确的运行性能，应当用有限元法来计算其非线性磁场，用磁共能（或磁能）来确定电磁转矩；并结合实际工况，用数值法来求解非线性的电压方程，以得到各种转速下定子电流和磁阻转矩的实际波形，并确定转矩的脉动程度。对较大的电机，还应对作用在定子上的径向电磁力所引起的振动和噪声，进行分析和预计。

4. 开关磁阻电动机的优、缺点

开关磁阻电动机的主要优点是：①结构简单、制造方便，效率较高、价格较低；②损耗主要产生在定子边，所以冷却问题比较简单；③转子上没有绕组，所以可以做成高速电机；④调速范围较宽。主要缺点是：①转矩有一定脉动；②噪声相对较大，特别在容量较大时。这两个缺点，在一定程度上限制了这种电动机的使用范围。

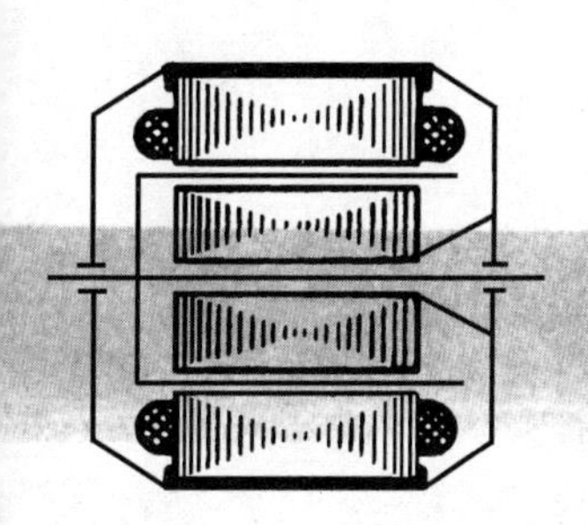

第9章

控制电机

前面各章研究了作为能量转换装置的动力用电机，本章将说明在自动控制系统中作为检测、执行、解算元件用的控制电机。控制电机大多为微型电机，主要性能指标是精度、可控性和速应性，力能指标是第二位的。根据系统的要求，控制电机应当具有高度的可靠性和规定的精度，在不少场合下，对电机的体积和重量也有一定限制。

9.1 直流测速发电机

直流测速发电机是一种测速元件，它把转速转换成直流电压输出。直流测速发电机广泛应用于自动控制、测量技术和计算技术装置中。对直流测速发电机的主要要求是：① 输出电压要严格地与转速成正比，并能反映转向的正、反；② 在一定的转速下，输出电压要尽可能大；③ 不受温度等外界条件变化的影响；④ 不灵敏区要小；⑤ 噪声、无线电干扰要小。

直流测速发电机可分成电磁式和永磁式两种。电磁式的励磁绕组接成他励，永磁式采用矫顽力高的永磁体作为主磁极。由于永磁式无需励磁电源，也不因励磁绕组的温度变化而影响输出电压，故应用较广。

从原理上看，直流测速发电机与一般他励直流发电机相同。从他励发电机的电压方程可知，

$$U = E_a - IR_a - 2\Delta U_s = IR_L \qquad (9-1)$$

式中，E_a 为电枢的电动势，$E_a = C_e n\Phi$；R_a 为电枢绕组的电阻；$2\Delta U_s$ 为电刷压降；R_L 为负载电阻。由此可解出发电机的端电压 U 为

$$U = \frac{C_e n\Phi - 2\Delta U_s}{1 + \frac{R_a}{R_L}} = \frac{C_e\Phi}{1 + \frac{R_a}{R_L}} n - \frac{2\Delta U_s}{1 + \frac{R_a}{R_L}} \qquad (9-2)$$

从式（9－2）可知：

（1）若 Φ = 常值，$2\Delta U_s$ = 常值，则 U 与 n 之间为一直线关系，但仅在 $C_e n\Phi > 2\Delta U_s$ 时，才有输出电压。当转速很低时，将出现很小的“无输出信号区”，如图9－1所示。

（2）若电枢反应有去磁作用，则随着 U 和 I 的增大，气隙磁通 Φ 将逐步减少，这将使输出电压 U 与转速 n 之间失去线性关系。

（3）若励磁绕组的电阻随温度的变化而变化，则将使励磁电流、气隙磁通 Φ 发生相应的变化，从而影响输出电压 U 的值。

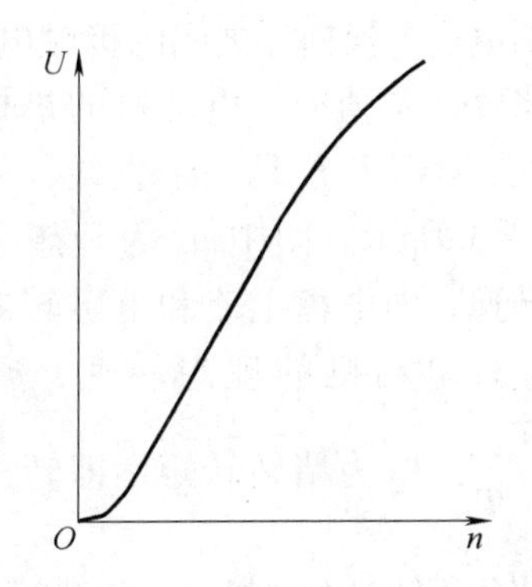

图9－1 直流测速发电机的输出电压 $U=f(n)$

为了解决上述这三个问题，在设计直流测速发电机时，应采用电刷压降较小的电刷；另外，在励磁回路中要接入一个阻值较大、电阻温度系数很小的电阻，以使励磁电流不受温度变化的影响。使用时，要选用阻值较大的负载电阻 R_L 和适当的转速范围，以减小电枢反应的影响。

直流测速发电机的主要缺点是，由于装有换向器和电刷，降低了运行的可靠性；且会产生自控系统不允许有的火花和无线电干扰。

9.2 直流伺服电动机

伺服电动机又称执行电动机，在控制系统中用作执行元件，把输入的电信号（控制信

号）转换为转轴的转速输出。对伺服电动机的主要要求是：①具有可控性，即施加控制信号时，电动机便有转矩输出，信号消失，输出转矩立即变成零；②具有线性的机械特性和调节特性；③能快速响应。

直流伺服电动机的结构与他励直流电动机类似，但容量较小，从几瓦到几百瓦不等。按控制方法，直流伺服电动机分为电枢控制和磁场控制两类。图9-2所示为电枢控制时的接线图。电枢控制时，励磁绕组f始终接在一个恒压直流电压 U_f 上，用以产生主磁通 Φ；电枢绕组则作为控制绕组，接到控制电源 U_a 上，用以控制电枢电流、电磁转矩以及作为输出的转速和转向。磁场控制时，电枢绕组始终接在直流电源上，励磁绕组作为控制绕组。当控制信号加到励磁绕组时，励磁绕组建立磁通 Φ，Φ 与电枢电流 I_a 相互作用将产生电磁转矩，使转子旋转。由于磁场控制的性能较差，下面仅说明常用的电枢控制的情况。

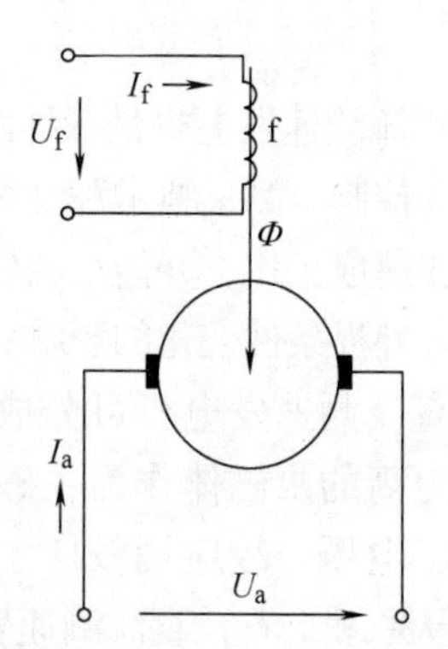

图9-2 电枢控制时直流伺服电动机的接线图

由式（3-40）可知，他励电动机的机械特性可用下式表示为

$$n = \frac{U_a}{C_e\Phi} - \frac{R_a}{C_e C_T \Phi^2} T_e \qquad (9-3)$$

式中 R_a 为电枢回路的总电阻，包括电刷与换向器之间的接触电阻。当 Φ = 常值时，电动机的机械特性 $n=f(T_e)$ 是一组直线，如图9-3a所示。图中 n_{0i} 为理想空载转速，即电枢电流和电磁转矩为0时电动机的理想转速，$n_{0i}=\frac{U_a}{C_e\Phi}$；$T_k$ 为堵转转矩，即转子被堵住不转时电动机的电磁转矩，$T_k=\frac{C_T\Phi}{R_a}U_a$。用理想空载转速和堵转转矩表示时，式（9-3）也可以写成

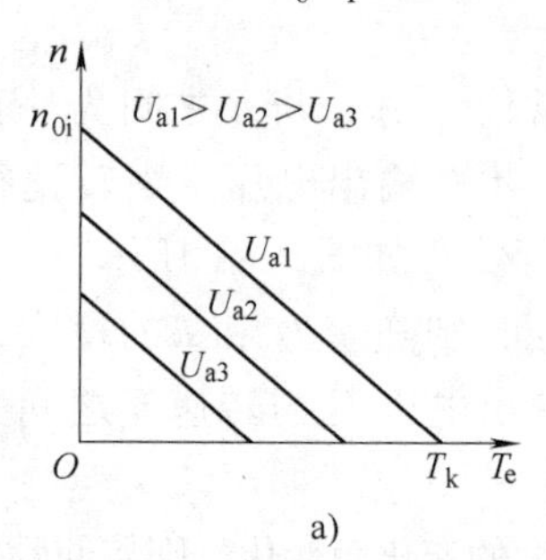

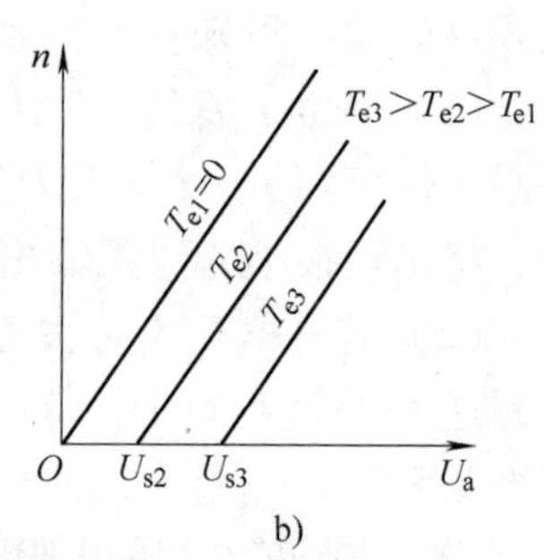

图9-3 电枢控制时直流伺服电动机的特性
a）机械特性 b）调节特性

$$n = n_{0i}\left(1 - \frac{T_e}{T_k}\right) \qquad (9-4)$$

由于 n_{0i} 和 T_k 均与电枢电压 U_a 成正比，所以电枢电压增高时，机械特性是一组上升的平行线。

再看电枢控制时的调节特性，即电磁转矩 T_e = 常值时，转速与控制电压的关系 $n=f(U_a)$。从式（9-3）可知，

$$n = \frac{1}{C_e\Phi}(U_a - U_s) \qquad U_a \geqslant U_s \text{ 时} \qquad (9-5)$$

式中，U_s 为起动电压，$U_s=\frac{R_aT_e}{C_T\Phi}$；$T_e=T_L+T_0$。起动电压与起动时所需要的电磁转矩成正比，

在一定的负载转矩 T_L 下，电枢电压必须高于某一起动电压 U_s，使起动时的电磁转矩大于负载转矩，电动机才能起动。若电枢电压低于起动电压 U_s，电枢电流和电磁转矩过小，电动机就转不起来，形成“失灵区”。不难看出，负载转矩愈大，所需的起动转矩就愈大，失灵区也愈大。式（9-5）表示，T_e = 常值时，调节特性也是一系列平行的直线，如图9-3b所示。

电枢控制时，直流伺服电动机的机械特性和调节特性都是直线，这是一个可贵的优点。

9.3 交流两相伺服电动机

1. 两相伺服电动机的原理和特点

两相伺服电动机的定子上装有两个空间互成90°电角度的绕组：激磁绕组 m 和控制绕组 k。激磁绕组接到恒压的交流电源，控制绕组接到交流控制电压，转子通常为笼型，如图9-4所示。

当控制电压 $\dot{U}_k$ 为零时，气隙磁场为一脉振磁场，此时电动机没有起动转矩，所以转子静止不动。当控制电压不等于零、且控制电流 $\dot{I}_k$ 与激磁电流 $\dot{I}_m$ 具有不同相位时，气隙内就会形成一个旋转磁场，并且产生一定的电磁转矩，使转子旋转起来。分析表明，电磁转矩的大小取决于控制电压 $\dot{U}_k$ 的大小和相位，所以改变 $\dot{U}_k$ 就可以控制电动机的转速。

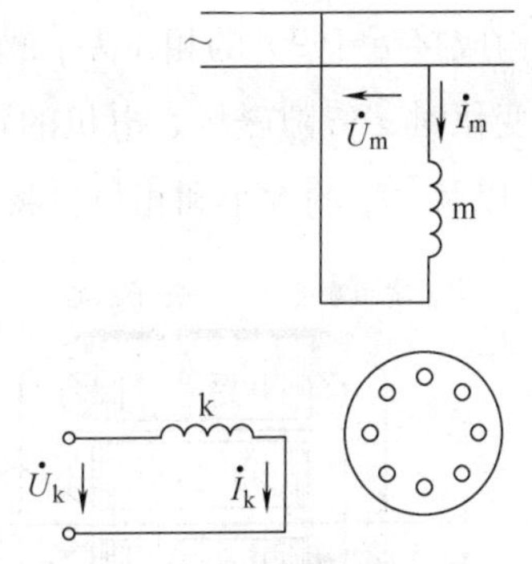

图9-4 两相伺服电动机的接线图

但是，如果电动机的参数不是特殊设计，则当信号去除后，电动机将成为一台单相电动机而继续旋转，换言之，电机将失去控制。为使信号去除后电机能够自动停转，应设法使单相运行时电动机的电磁转矩成为制动转矩。为此，应当增大转子电阻，使正序的临界转差率 $s_{m+}>1$。从图9-5b可见，若 $s_{m+}>1$，则在单相运行时，在整个电动机范围内（即 $0<s<1$ 时），反向电磁转矩将超过正向电磁转矩，使合成电磁转矩成为负值，从而使转子自动停转。通常，两相伺服电动机的 s_{m+} 设计在1.5~4这一范围内。

在速应性要求特别高的场合，两相伺服电动机常常采用由导电金属制成的薄壁杯形转

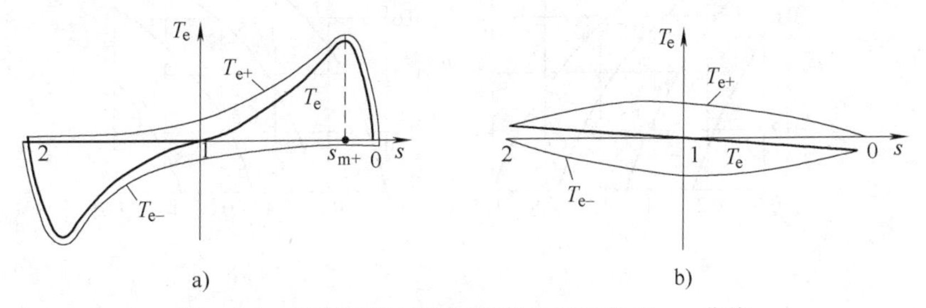

图9-5 单相运行时两相伺服电动机的 T_e-s 曲线

a) $s_{m+}<1$ 时 b) $s_{m+}>1$ 时

子，如图9－6所示。此时，电机的电磁转矩是由空心杯内的感应涡流，与主磁场相互作用所产生。为减小气隙，在杯形转子的半径以内，还装有一个由叠片铁心所组成的内定子。杯形转子电机的优点是，转动惯量小，反应迅速，运行时安静而无噪声。缺点是，由于气隙较大，故空载电流较大，$\cos\varphi$ 和 η 较低，电机的体积也稍大。

2. 两相伺服电动机的控制方法和运行特性

两相伺服电动机有三种控制方法：

（1）幅值控制　即保持控制电压 $\dot{U}_k$ 的相位不变，仅改变其幅值来进行控制。

（2）相位控制　即保持 $\dot{U}_k$ 的幅值不变，仅改变其相位来进行控制。

（3）幅-相控制　同时改变 $\dot{U}_k$ 的大小和相位来进行控制。

这三种方法的实质，都是利用改变两相不对称电压中的正序和负序电压的比值，来改变正向和反向电磁转矩的大小，从而达到改变合成电磁转矩和转速的目的。

图9－7表示常用的电容控制的线路图，图中 X_C 表示移相电容器的容抗，它使 $\dot{U}_m$ 和 $\dot{U}_k$ 构成接近于90°的相位差；改变控制电压 $\dot{U}_k$ 的大小，即可对电机的转速进行控制。由于 $\dot{U}_k$ 变化时，气隙磁场、电机的转速和激磁绕组内的电流 $\dot{I}_m$ 均将发生变化，因此电容上的电压以及 $\dot{U}_m$ 的大小和相位也将随之而变化，所以这是一种复杂的幅－相控制。

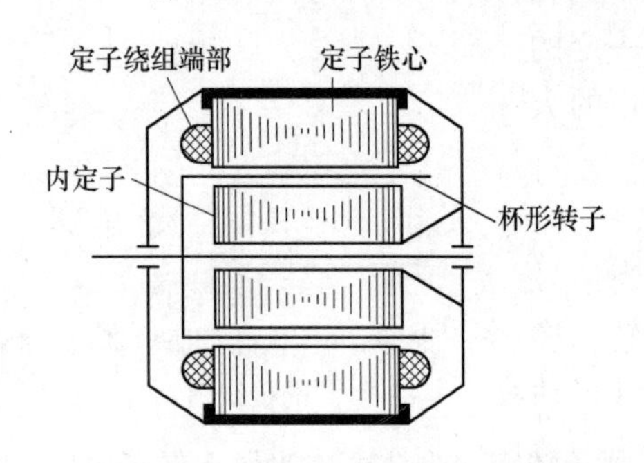

图9－6　杯形转子的两相伺服电动机

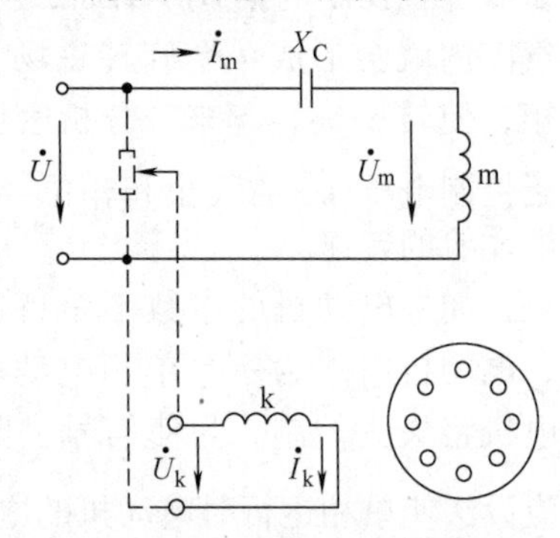

图9－7　电容控制的线路图

图9－8a表示一台杯形转子的两相伺服电动机在电容控制时的机械特性。图中的转矩和

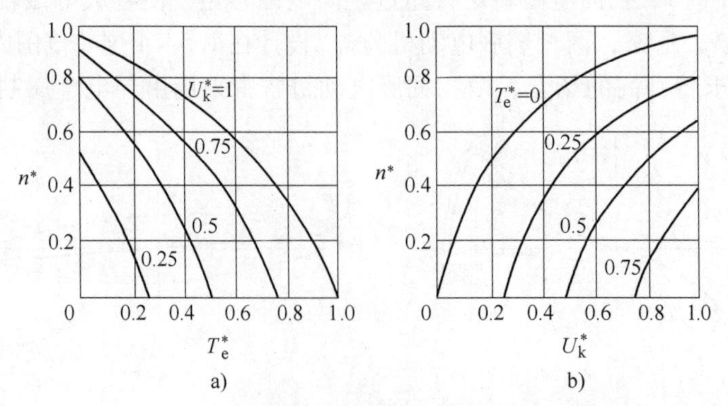

图9－8　电容控制时两相伺服电动机的特性

a）机械特性　b）调节特性

转速都是标幺值，转速的基值取为同步速度，电磁转矩和控制电压的基值，取为获得圆形旋转磁场时的起动转矩值和控制电压值。图9-8b为电容控制时的调节特性，从图可见，在一定的负载转矩下，$\dot{U}_k$ 必须大于某一起动电压，电动机才能起动。

9.4　旋转变压器

旋转变压器是将角度转换成输出电压，且输出电压为转角的正弦、余弦或线性函数的一种电机，它主要用于坐标变换、三角运算和角度的数据传输等场合。

1. 正弦和余弦变压器的原理

和通常的电机一样，旋转变压器也由定子和转子组成，定、转子铁心都由硅钢片叠成，气隙为均匀。定子上装有激磁绕组m，转子上装有两个互相垂直、匝数相同的输出绕组a和b，其中a是余弦绕组，b是正弦绕组，如图9-9所示。

先分析空载情况。此时激磁绕组接到电源电压 $\dot{U}$，转子的两个输出绕组a和b均为开路。当激磁绕组中流过激磁电流 $\dot{I}_m$ 时，气隙中将形成一个正弦分布的脉振主磁场。设主磁通为 $\dot{\Phi}$，激磁绕组轴线与余弦绕组a的轴线间的夹角为 θ，如图9-9所示，则 $\dot{\Phi}$ 将分别在绕组a和绕组b中感生电动势 $\dot{E}_a$ 和 $\dot{E}_b$，

$$\dot{E}_a = \dot{E}_R\cos\theta \qquad \dot{E}_b = \dot{E}_R\sin\theta \tag{9-6}$$

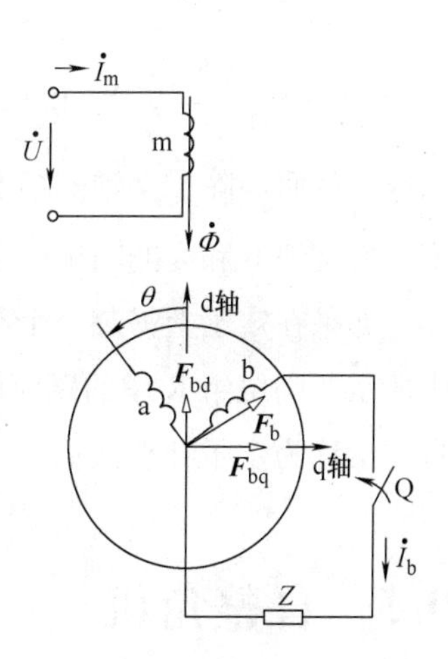

图9-9　正弦和余弦变压器

式中，$\dot{E}_R$ 为绕组a的轴线与激磁绕组m的轴线重合（即 $\theta=0$）时，绕组a中的感应电动势。上式表明，空载时转子绕组a和b的输出电压，分别是转角 θ 的余弦和正弦函数。

2. 输出特性的畸变和补偿

当转子的正弦绕组b接上负载阻抗 Z 以后，绕组b中将有电流 $\dot{I}_b$ 流过，$\dot{I}_b=\dfrac{\dot{E}_b}{Z}$，$\dot{I}_b$ 将产生脉振磁动势 $\boldsymbol{F}_b$，如图9-9所示。把 $\boldsymbol{F}_b$ 分解成 $\boldsymbol{F}_{bd}$ 和 $\boldsymbol{F}_{bq}$ 两个分量，其中 $\boldsymbol{F}_{bd}$ 与定子激磁绕组的轴线重合，称为直轴分量，$F_{bd}=F_b\sin\theta$；$\boldsymbol{F}_{bq}$ 与激磁绕组的轴线正交，称为交轴分量，$F_{bq}=F_b\cos\theta$。与变压器中的磁动势平衡关系相类似，当二次侧有负载电流时，一次电流中将出现负载分量 $\dot{I}_{mL}$ 以抵消二次直轴磁动势 F_{bd} 的影响，并使d轴的主磁通基本保持不变。由此可知，负载时转子的直轴磁动势 F_{bd}，不会使主磁通和绕组b的输出电压发生明显变化。另一方面，交轴磁动势 F_{bq} 将产生交轴磁通 Φ_{bq}，$\Phi_{bq}=\Phi_b\cos\theta$，此磁通将在转子绕组b内感生电动势 $\dot{E}_{bq}$，$\dot{E}_{bq}$ 与 $\Phi_{bq}\cos\theta$ 成正比，也即与 $\Phi_b\cos^2\theta$ 成正比。换言之，负载以后，绕组b中除了有主磁通 $\dot{\Phi}$ 所感生的电动势 $E_R\sin\theta$ 之外，还有一个与 $\Phi_b\cos^2\theta$ 成正比的电动势，此电动势将破坏输出电压随 $\sin\theta$ 而变化的关系，使输出电压出现畸变。

为消除畸变，当转子正弦绕组b接上阻抗 Z 时，使余弦绕组a也接上阻抗 Z，如图

9 - 10所示。此时两个绕组中将分别流过电流 $\dot{I}_a$ 和 $\dot{I}_b$，$\dot{I}_a=\frac{\dot{E}_a}{Z}$，$\dot{I}_b=\frac{\dot{E}_b}{Z}$。$\dot{I}_a$ 和 $\dot{I}_b$ 将分别产生磁动势 $\boldsymbol{F}_a$ 和 $\boldsymbol{F}_b$，从图 9 - 10 可见，它们的交轴分量 $\boldsymbol{F}_{aq}$ 和 $\boldsymbol{F}_{bq}$ 方向相反，数值恰好相等，

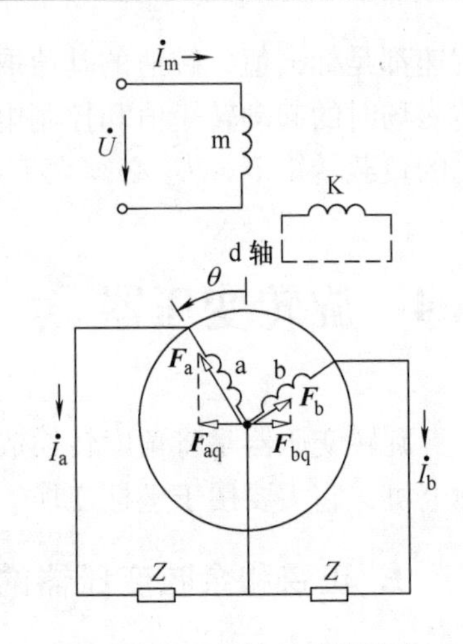

图 9 - 10　交轴磁场的消除

$$\left.\begin{aligned}F_{aq}&=F_a\sin\theta=cI_a\sin\theta=c\frac{E_a}{|Z|}\sin\theta=c\frac{E_R}{|Z|}\cos\theta\sin\theta\\F_{bq}&=F_b\cos\theta=cI_b\cos\theta=c\frac{E_b}{|Z|}\cos\theta=c\frac{E_R}{|Z|}\sin\theta\cos\theta\end{aligned}\right\}\tag{9-7}$$

式中 $c=0.9\frac{N_Rk_{wR}}{p}$，N_R 和 k_{wR}分别为转子绕组的匝数和绕组因数；从而消除了交轴磁场及其所引起的转子输出电压的畸变，使绕组 b 和 a 的输出电压仍能保持为与 $\sin\theta$ 和 $\cos\theta$ 成正比的关系。

如果在定子上另装一个与激磁绕组正交的短路绕组 K（K 称为补偿绕组），如图 9 - 10 中所示，则绕组 K 中的感应电流将对交轴磁通起去磁作用，从而达到消除畸变的目的。这种方法称为定子补偿法。

9.5　自整角机

自整角机是用于同步传动系统中的一种电机，它通过电的方法，在两个（或两个以上）无机械联系的转轴之间传递角位移，或使之同步旋转。自整角机有三相和单相两类，三相自整角机常常用在大功率传动系统中，称为“电轴”；单相自整角机则用作控制电机。为说明工作原理，先介绍三相自整角机。

1. 三相自整角机

从结构上看，三相自整角机与绕线型感应电机相类似。图 9 - 11 表示一个最简单的感应式同步传动系统，整个系统由两台相同的自整角机组成，其中发出信号的一台称为发送机，用下标 t 表示，接收信号的一台称为接收机，用下标 r 表示。发送机和接收机的定子绕组（激磁绕组）按照同样的相序接到同一个三相电源，转子绕组（也称为整步绕组）按同一相序通过连线互相对接。

当发送机和接收机转子对应相绕组的轴线在空间处于同一位置时，由于发送机和接收机转子绕组中的电动势 $\dot{E}_{2t}$ 和 $\dot{E}_{2r}$ 互相平衡（即 $\dot{E}_{2t}=\dot{E}_{2r}$），所以转子绕组中的合成电动势为 0，转子中没有电流，整步转矩等于零，此时转子处于静止状态，如图 9 - 11a 所示。

现把发送机的转子顺旋转磁场方向转过一个 δ 角，则两个转子之间将出现角差。此时接收机的气隙旋转磁场 $\boldsymbol{B}_r$ 将首先与接收机的转子绕组轴线重合，经过一段时间，发送机的旋

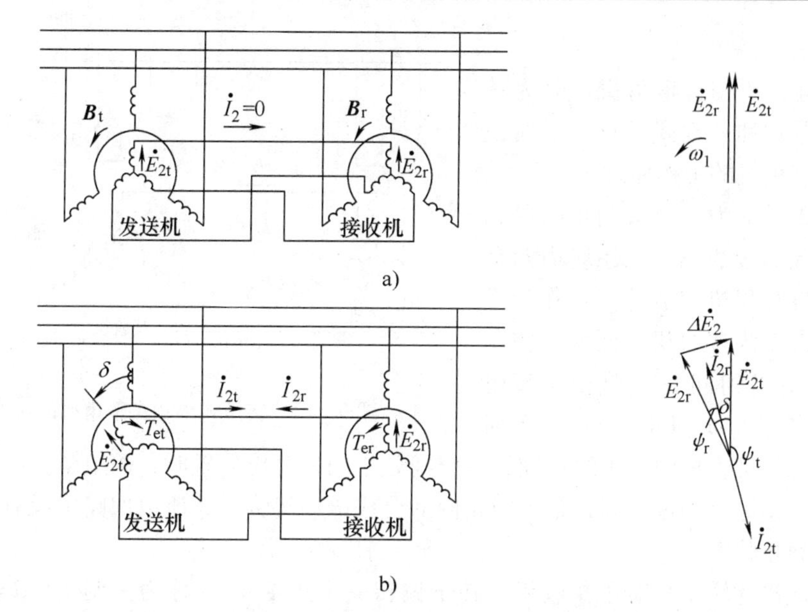

图9－11 三相自整角机的接线图和工作原理

a) $\delta=0$ 时 b) $\delta\neq0$ 时

转磁场 $\boldsymbol{B}_t$ 才与发送机的转子对应相的轴线重合。所以，接收机的转子电动势 $\dot{E}_{2r}$，将超前于发送机对应相的转子电动势 $\dot{E}_{2t}$ 以 δ 角。这样，转子回路内就会出现电动势差 $\Delta\dot{E}_2$ 和电流 $\dot{I}_{2t}$，如图9－11b 所示，

$$\Delta\dot{E}_2 = \dot{E}_{2t} - \dot{E}_{2r} = \dot{E}_{2t}(1 - e^{j\delta}) \tag{9-8}$$

$$\dot{I}_{2t} = \frac{\Delta\dot{E}_2}{2Z_2} = -\dot{I}_{2r} \tag{9-9}$$

式中，Z_2 为每台电机的转子阻抗。发送机和接收机的转子电流 $\dot{I}_{2t}$ 和 $\dot{I}_{2r}$ 与本机的气隙磁场相作用，将产生整步转矩 T_{et} 和 T_{er}，

$$T_{et} = \frac{1}{\Omega_s}3E_{2t}I_{2t}\cos\psi_t \qquad T_{er} = \frac{1}{\Omega_s}3E_{2r}I_{2r}\cos\psi_r \tag{9-10}$$

式中，ψ_t 为 $\dot{E}_{2t}$ 与 $\dot{I}_{2t}$ 的夹角；ψ_r 为 $\dot{E}_{2r}$ 与 $\dot{I}_{2r}$ 的夹角；它们分别是发送机和接收机转子的内功率因数角。从图9－11b 中的右图可见，由于 $\psi_r<90°$，而 $\psi_t>90°$，故 $T_{er}>0$，$T_{et}<0$，即发送机的转子将受到一个制动转矩，接收机的转子则将受到一个驱动转矩。由于这两个转矩的作用，两个转子间的角差 δ 就会逐步缩小。通常发送机的转子是用原动转矩驱动或偏转的，作用在转子上的制动转矩被驱动转矩所平衡，此时接收机的转子将顺磁场方向转过 δ 角，以使两机的转子轴线在空间的相对位置重新趋于一致。

如果原动机把发送机的转子拖动旋转，不难看出，在整步转矩的作用下，接收机的转子也将随之同步旋转，此时角差 δ 将取决于接收机轴上所带负载的大小。

2. 单相自整角机

单相自整角机的原端是单相的激磁绕组，副端是一组在空间互成120°电角的整步绕组；原绕组通常装在凸极转子上，副绕组装在定子上。为得到单一的整步位置，单相自整角机都

做成两极电机。

按照用途，单相自整角机可分为转矩式、变压器式和差动式三种。下面说明转矩式自整角机的工作原理。

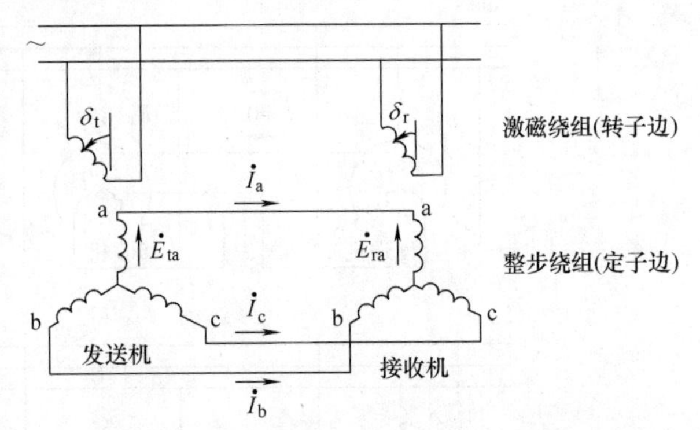

图 9－12　转矩式单相自整角机的接线图

图 9－12 所示为一个最简单的单相同步传动系统的接线图。该系统由两台相同的单相自整角机组成，一台作为发送机，另一台作为接收机。两台自整角机的激磁绕组接到同一个单相交流电源，整步绕组按 a-a、b-b、c-c 依次对接。当发送机和接收机的转子绕组轴线在空间处于同一对应位置时，两组整步绕组内对应相的电动势大小相等、相位相同，整步回路内的合成电动势为零，所以回路中没有电流，两机的转子处于静止状态。

现设发送机的转子相对于接收机的转子偏转一个角度 δ，δ 称为失调角，$\delta=\delta_t-\delta_r$，则整步绕组回路内将出现电动势差和均衡电流。由于激磁绕组所生的磁动势为一脉振磁动势，所以两个整步绕组内的感应电动势将是一组同相但有效值不同的单相电动势。以绕组 a 为例，发送机和接收机的电动势其有效值 E_{ta} 和 E_{ra} 分别为

$$E_{ta}=E_2\cos\delta_t \qquad E_{ra}=E_2\cos\delta_r \tag{9-11}$$

整步回路内的合成电动势 ΔE_a 和均衡电流 I_a 则为

$$\left.\begin{aligned}\Delta E_a &= E_{ta}-E_{ra}=-2E_2\sin\left(\delta_t-\frac{\delta}{2}\right)\sin\frac{\delta}{2}\\ I_a &= \frac{\Delta E_a}{2\,|Z_2|}=-\frac{E_2}{|Z_2|}\sin\left(\delta_t-\frac{\delta}{2}\right)\sin\frac{\delta}{2}\end{aligned}\right\} \tag{9-12}$$

类似地可以求出 I_b 和 I_c，只要把式（9－12）中的 δ_t 换成 $\delta_t-120°$ 和 $\delta_t-240°$ 即可。

当发送机和接收机的整步绕组内有均衡电流流过时，两机的整步绕组将分别产生脉振磁动势 $\boldsymbol{F}_t$ 和 $\boldsymbol{F}_r$；分析表明，$\boldsymbol{F}_t$ 和 $\boldsymbol{F}_r$ 的幅值与 $\sin\dfrac{\delta}{2}$ 成正比。$\boldsymbol{F}_t$ 和 $\boldsymbol{F}_r$ 分别与两机的主磁场相作用，将产生其方向为使失调角 δ 逐步缩小的整步转矩，使两机的转子保持同步，相对位置趋于一致，从而实现了转角的传递和跟踪。转角的连续变化便形成了旋转，所以自整角机也可以传递转速。

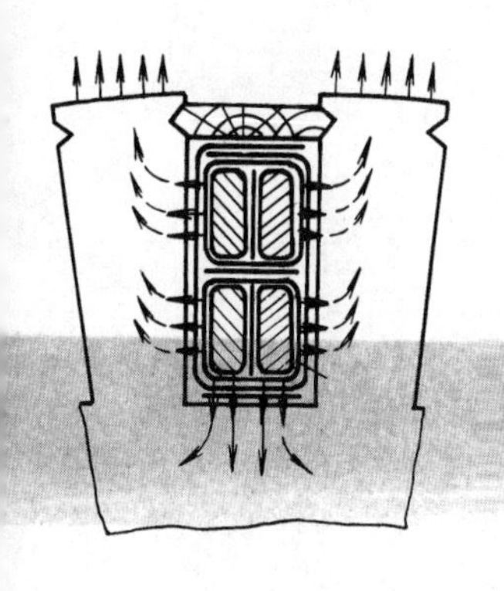

第 10 章

电机的发热和冷却

在能量转换过程中，电机内部将同时产生损耗。损耗一方面影响到电机的效率，另一方面将使绕组、铁心和绝缘材料的温度升高，从而影响到所用绝缘材料的使用寿命，严重的甚至可在短期内把电机烧毁。因此，一方面要合理地减少损耗，另一方面要设法改善电机的冷却条件，使机内的热量有效地散发出去。

本章先介绍电机中常用的绝缘材料及其容许工作温度，电机的温升和温升限值，然后说明电机内部热量的传导和散出，交流电机定子绕组和铁心稳态温升的计算，以及在不同工作制下运行时电机的发热和冷却，最后介绍电机的冷却方式。

10.1　电机的温升和温升限值

1. 电机中常用的绝缘材料及其容许工作温度

电机中常用的绝缘材料，按其耐热能力，有 A、E、B、F、H 等五级。A 级绝缘包括经过浸渍或使用时浸于油中的棉纱、丝和纸等有机材料。E 级绝缘包括用聚酯树酯、环氧树脂及三醋酸纤维等制成的绝缘薄膜，高强度漆包线上的聚酯漆通常也属于这一级。B、F 和 H 级绝缘包括云母、石棉及玻璃纤维等无机物，用不同耐热性能的有机漆作为黏合剂，所制成的材料或其组合物。表 10－1 列出了各级绝缘的最高容许工作温度。

表 10－1　各级绝缘的最高容许工作温度

绝缘材料等级	A 级	E 级	B 级	F 级	H 级
容许工作温度/℃	105	120	130	155	180

在最高容许工作温度以下工作时，电机和变压器可长期使用，寿命一般可达 20 年以上。当工作温度超过最高容许工作温度时，使用寿命将迅速缩短，严重时甚至可把电机烧坏。实验表明，对 A 级绝缘，若一直处于 90～95℃时，其使用寿命可达 20 年；工作温度在 95℃以上时，温度每增高 8℃，绝缘的使用寿命就将减少一半，例如一直在 110℃下工作时，寿命只有 4～5 年。一般的工业用电机多用 B 级和 F 级绝缘（小型电机也有采用 E 级的），要求在高温场合使用的电机，如起重及冶金用电动机，常采用 F 级和 H 级绝缘。

2. 电机的温升和温升限值

电机某部分的温度与周围冷却介质的温度之差，称为该部件的温升，用 $\Delta\theta$ 表示。当该部分所用绝缘材料确定后，部件的最高容许工作温度就被确定，此时温升限值就取决于冷却介质的温度。冷却介质的温度越高，容许的温升就越低。考虑到全国各地区和各个季节环境温度的变化较大，为避免不明确，国家标准 GB755—2008（旋转电机——定额和性能）规定了下列现场运行条件：海拔不超过 1000m，最高环境空气温度不超过 40℃，最低环境温度不低于－15℃（对某些电机应不低于 0℃）。当最高环境温度比 40℃高出 $\Delta\theta_0$ 时（$\Delta\theta_0$ 不超过 20℃），对于间接冷却的绕组，温升限值应相应地减低 $\Delta\theta_0$；如低于 40℃时，根据协议，温升限值可以适当提高。

为使电机能够长期安全可靠地运行，对于新设计的电机，在电机试制以后，应当进行温升试验以确定其实际温升和裕度。由于不同的测量方法可以得出不同的测量结果，因此在规定温升限值的同时，还应规定测温方法。常用的测温方法有三种：

（1）温度计法　这种方法是用温度计直接测定温度，最为简便，但是它仅能测得部件的表面温度，而无法测出内部最热点的温度。因此，温度计法测得的温升限值要比其他方法规定得稍低一些。

（2）电阻法　这种方法是利用绕组发热时电阻的变化来确定其温度。例如，若铜线绕组在冷态温度 θ_0（通常为室温）时的电阻为 R_0，当绕组温度升高至热态温度 θ 时，绕组的热态电阻为 R，则根据 $\frac{R}{R_0}=\frac{235+\theta}{235+\theta_0}$，即可求得绕组的热态温度。如绕组用的是铝线，式中的常数 235 应改用 225。电阻法测出的温度是整个绕组的平均温度。

（3）埋置检温计法　较大的电机在装配时，常在预计有最高温度的地方（例如槽内上、下层之间，或线圈绝缘层外部和槽楔之间）埋置多个检温计。检温计有热电偶、电阻温度计和半导体负温度系数检温计三种。电机运行时，以各检温元件中读数最高者，作为确定绕组温度的依据。此法虽较复杂，但可以测得电机内部接近于最热点的温度。

因此国家标准中所规定的绕组容许最高温升限值，因测量方法不同而不同。例如，环境空气温度为 40℃时，采用空气间接冷却、B 级绝缘的 5000kW 以下、200kW 以上交流电机的交流绕组，其温升限值规定为：电阻法—80℃，检温计法—90℃；对 5000kW 及以上电机的交流绕组，其温升限值规定为：电阻法—80℃，检温计法—85℃；加上环境温度后，其值应低于或等于 B 级材料的容许工作温度。

10.2　电机内部所生热量的传导和散出

电机中产生热量的热源是绕组中的铜耗和铁心中的铁耗，随着时间的推移，这些损耗将不断地转变为热量。在绕组和铁心内部，热量的传递是依靠热传导的作用；在绕组和铁心表面，则是依靠对流和辐射的散热作用。图 10－1 表示槽内由绕组铜耗所产生的热量的散出情况。热量借传导作用，先从铜线穿过绕组的主绝缘传到铁心的齿部和轭部，再由铁心内、外表面和两侧，借对流和辐射作用，把热量散出到周围的冷空气中。由此可见，要降低绕组对冷却空气的温升，一方面要增强电机内部的导热能力，另一方面要加强铁心表面的散热能力。下面对此作进一步的说明。

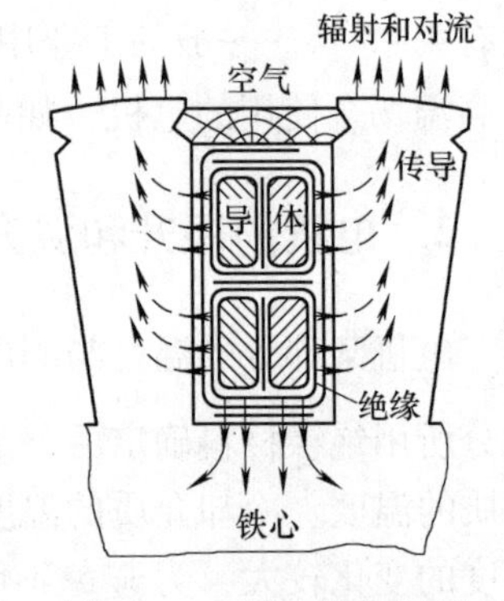

图 10－1　槽内绕组铜耗所生热量的散出

1. 物体内部热量的传导

不同温度的物体之间热量的传递，称为热传导。

单位时间从物体发出或通过的热量称为热流，用 Φ 表示，单位为瓦（W）。这样，从绕组铜线和铁心这两个热源所发出的热流 Φ_{Cu} 和 Φ_{Fe}，就分别等于铜耗 p_{Cu} 和铁耗 p_{Fe}，即

$$\Phi_{Cu}=p_{Cu}\qquad \Phi_{Fe}=p_{Fe} \tag{10-1}$$

单位面积上所通过的热流称为热流密度，用 $\boldsymbol{q}$ 表示，$\boldsymbol{q}$ 是矢量，单位为 W/m^2。设热流密度 $\boldsymbol{q}$ 垂直、均匀地通过面积 A，如图 10－2 所示，则有 $q=\frac{\Phi}{A}$。沿着热流路径、相隔很近的两

点 1 和 2，若温度分别为 θ_1 和 θ_2，两点间的距离为 l，如图 10－2 所示，则 1、2 两点间的温度梯度 $\mathrm{grad}\,\theta$ 就近似等于$\frac{\theta_2-\theta_1}{l}$。

实验表明，当热流从高温向低温方向传导时，热流密度 $\boldsymbol{q}$ 与两点间的负温度梯度 $-\mathrm{grad}\,\theta$ 成正比，即

$$\boldsymbol{q} \propto -\mathrm{grad}\,\theta$$

式中的负号，是因为热流密度的方向总是由高温指向低温处所引起，写成等式时有

$$\boldsymbol{q} = -\lambda \mathrm{grad}\,\theta \tag{10-2}$$

式中，比例系数 λ 就称为物体（材料）的导热系数或热导率。式（10－2）称为傅里叶定律。

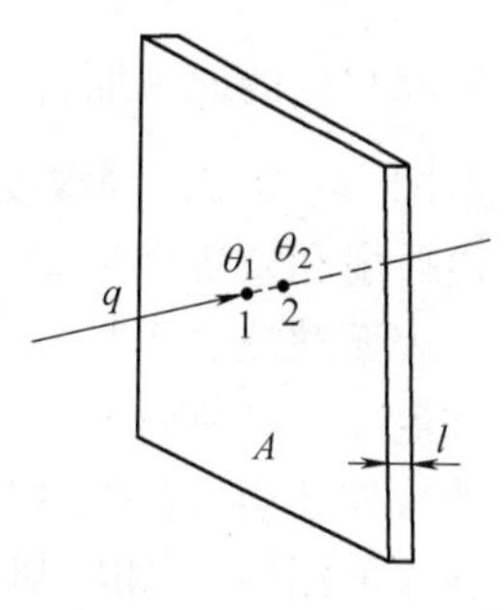

图 10－2　热流密度 $\boldsymbol{q}$ 与负温度梯度（$-\mathrm{grad}\,\theta$）成正比

从式（10－2）可见，就数值而言，$\lambda=\left|\frac{q}{\mathrm{grad}\,\theta}\right|$，所以导热系数就是温度梯度为 1℃/m 时的热流密度值，λ 的单位为W/(m·℃)。不同材料的导热系数相差很大，金属材料的导热系数很高，如紫铜的 $\lambda=385$W/(m·℃)；绝缘材料的导热系数很低，如云母的 $\lambda=0.36$W/(m·℃)；静止薄空气层的导热系数最小，$\lambda=0.023$W/(m·℃)。

若热流密度 $\boldsymbol{q}$ 垂直、均匀地通过面积 A，如图 10－2 所示，则式（10－2）将简化为

$$\frac{\Phi}{A} = \lambda \frac{\theta_1-\theta_2}{l}$$

或

$$\Delta\theta = \frac{1}{\lambda}\frac{l}{A}\Phi = R_\lambda \Phi \tag{10-3}$$

式中，$\Delta\theta$ 为距离为 l 的高温端和低温端的温差，$\Delta\theta=\theta_1-\theta_2$。类比于电路中的欧姆定律，若把温差 $\Delta\theta$ 比作电位差（电压），热流 Φ 比作电流，则$\frac{1}{\lambda}\frac{l}{A}$就相当于导体的电阻，所以通常把此项称为导热热阻，用 R_λ 表示，

$$R_\lambda = \frac{1}{\lambda}\frac{l}{A} \tag{10-4}$$

热阻的单位为℃/W。

从式（10－4）可见，与导体的电阻相类似，导热热阻 R_λ 与导热系数 λ 和面积 A 成反比，与距离 l 成正比。为使绕组内部的热量较容易地传导到绕组表面，应设法减小绝缘层的热阻；例如采用耐压强度高、导热性能好的绝缘材料，并在保证绝缘性能的情况下，减小绝缘层的厚度，同时设法清除槽内可能存在的薄空气层，用浸漆或浸胶的办法来填满导线与槽绝缘、槽绝缘与铁心之间的间隙。这样做既改善了导热性能，又增强了绕组的绝缘和机械性能。

2. 物体表面的散热

物体表面的散热主要有两个途径：辐射和对流。

辐射是把热能转换为辐射能，以电磁波的形式把热量带走。辐射散出的热量与物体的表

面性质（包括颜色、光泽程度和温度等）有关。对于电机中的散热面，在平静的空气中，由辐射散出的热量通常约占总散热量的 42% 左右。

对流是靠与物体表面相接触的冷却气体（或液体）的流动，将热量从物体表面带走。就形成对流的原因而言，对流又分成自然对流和强制对流两种形式。自然对流是由冷却气体（液体）的微粒，因温度不同而引起密度不同，在重力场中所形成的自然流动。强制对流则是由风扇和泵等外部原因所造成的冷却气体（液体）的流动。

表面散热过程是一个十分复杂的物理过程，它与冷却介质的温度、导热系数、密度、黏度和流速，特别是介质的流动形态（是层流还是紊流）等诸多因素有关。工程上常用牛顿定律来描述表面的散热规律，即认为从物体表面散出、被冷却介质所带走的热流密度 q，与物体表面温度 θ_s 和冷却介质的温度 θ_a 之差成正比，即

$$q \propto (\theta_s - \theta_a)$$

写成等式时有

$$q = \alpha(\theta_s - \theta_a) \tag{10-5}$$

式中，比例系数 α 称为散热系数，α 的单位为 W/(m^2·℃)。α 的含义是，物体表面与冷却介质的温差为 1℃时，物体表面所散出的热流密度值。

若自然对流时物体表面的散热系数为 α_0，则强制对流时的散热系数 α 要比 α_0 大很多。对于采用空气冷却的情况，实验表明，强制对流时 α 为

$$\alpha = \alpha_0(1 + k\sqrt{v}) \tag{10-6}$$

式中，k 为吹风系数，$k \approx 0.6 \sim 1.3$，其值视表面是局部还是整体、完善还是不完善的吹风而定；v 为物体表面的风速（m/s）。

考虑到 $q = \dfrac{\Phi}{A}$，式（10-5）可以改写成

$$\Delta\theta_s = \frac{1}{\alpha A}\Phi = R_\alpha \Phi \tag{10-7}$$

式中，$\Delta\theta_s$ 为物体表面的温度比冷却介质的温度高出的数值，称为温升，$\Delta\theta_s = \theta_s - \theta_a$；$R_\alpha$ 为物体表面的散热热阻；

$$R_\alpha = \frac{1}{\alpha A} \tag{10-8}$$

式（10-8）表明，散热热阻与物体表面的散热系数 α 和散热面积 A 成反比，α 和 A 越大，散热热阻 R_α 就越小。

总之，部件表面的散热能力与表面的散热面积、空气对冷却表面的相对流动速度等因素有关。通常采取增大散热表面、改善表面的散热性能、增加冷却介质的流动速度，以及降低冷却介质的温度等措施，来增强表面的散热能力，降低部件的温升。

上面说明了热源、热流和热阻等概念，以及有关的基本定律和关系。在此基础上，下面将进一步说明绕组和铁心的稳态温升计算。

10.3 交流定子绕组和铁心的稳态温升

当电机在某一恒定负载下长期运行时，绕组和铁心的发热将达到热稳定状态，温升将达到

稳态温升。由于绕组的温升与电机的容许输出功率和可靠性直接相关，所以它是设计和运行人员十分关注的问题。下面以交流电机的定子绕组和铁心为例，简要说明稳态温升的计算。

1. 交流定子绕组和铁心的稳态热平衡方程和等效热路

工程上常用热路法来计算绕组和铁心的稳态温升。类似于电路，热路由热源和热阻构成。根据热流的流向，通常把铜耗和铁耗所产生的热流分成几路，每路从热源开始，经过相关的导热热阻和散热热阻，最后到达冷却介质。据此即可列出热源的节点热流方程和各路的热平衡方程，并画出相应的等效热路图。求解上述联立方程，即可得到绕组和铁心的稳态温升。

图 10－3 表示一台径向通风的交流电机定子示意图。定子中有铜耗 p_{Cu} 和铁耗 p_{Fe} 两个热源，冷却空气分成两路从定子绕组端部和径向通风沟中通过，把定子绕组和铁心所产生的热量带走，如图中箭头所示。

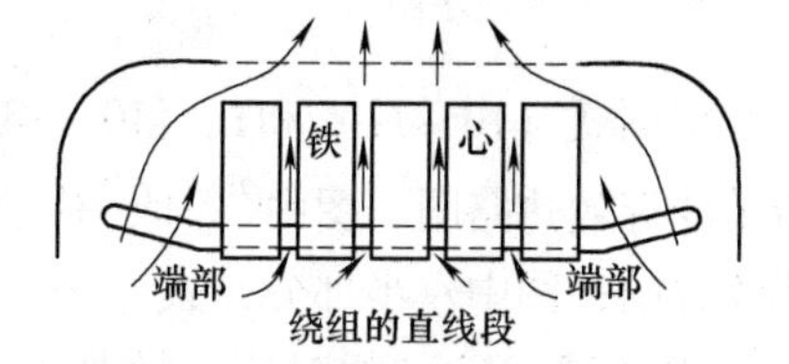

图 10－3　交流定子绕组和铁心的散热示意图

基本假定　为简化分析，假定：

（1）气隙较大，因而定、转子之间没有热交换。

（2）设铁心和铜线的导热系数均为无穷大，因而铁心和铜线内部均无温差；铁心表面各处的散热系数均为相同，绕组表面各处的散热系数也为相同；从而铜线和铁心各自成为一个理想的均质等温体。

（3）吹拂铁心和绕组表面的冷却空气温度为 θ_a。

在上述假定下，定子绕组和铁心的稳态温升计算，就简化为具有热交换的两个均质等温体的稳态温升计算问题。

稳态热平衡方程和等效热路　设铜线温度为 θ_{Cu}，铁心温度为 θ_{Fe}，且 $\theta_{Cu} > \theta_{Fe}$。先看铜线热量的散出。

从图 10－3 可见，定子铜耗所产生的热流 Φ_{Cu} 将分成两路：

（1）由绕组端部铜线和通风槽内各段铜线所发出的热流 Φ_{Cu1}，在通过热阻 R_{Cu} 后到达冷却空气，故

$$\Phi_{Cu1} = \frac{\theta_{Cu} - \theta_a}{R_{Cu}} = \frac{\Delta\theta_{Cu}}{R_{Cu}} \tag{10-9}$$

式中，$\Delta\theta_{Cu}$ 为铜线对冷却空气的温升，$\Delta\theta_{Cu} = \theta_{Cu} - \theta_a$；$R_{Cu}$ 为绕组主绝缘的导热热阻 R_i 和绕组表面的散热热阻 R_{Cu1} 两者之和，$R_{Cu} = R_i + R_{Cu1}$。

（2）由槽内绕组直线段铜线所发出的热流 Φ_{CF}，此热流在通过主绝缘的热阻 R_i 后将到达铁心，即

$$\Phi_{CF} = \frac{\theta_{Cu} - \theta_{Fe}}{R_i} = \frac{\Delta\theta_{Cu} - \Delta\theta_{Fe}}{R_i} \tag{10-10}$$

式中，$\Delta\theta_{Cu} - \Delta\theta_{Fe}$ 为铜线和铁心的温升差，它就等于铜线和铁心的温度差，$\Delta\theta_{Cu} - \Delta\theta_{Fe} = (\theta_{Cu} - \theta_a) - (\theta_{Fe} - \theta_a) = \theta_{Cu} - \theta_{Fe}$。此热流构成了绕组铜线和铁心之间的热交换。对于空气冷却的电机，通常铜线温度总是高于铁心温度，所以热流 Φ_{CF} 总是由铜线指向铁心的方向。

于是，由铜耗 p_{Cu} 所形成的热流和热平衡方程为

$$p_{Cu} = \Phi_{Cu1} + \Phi_{CF} = \frac{\Delta\theta_{Cu}}{R_{Cu}} + \frac{\Delta\theta_{Cu} - \Delta\theta_{Fe}}{R_i} \tag{10-11}$$

再看铁心内热量的散出。从图 10－3 可见，由定子铁耗所发出的热流 Φ_{Fe}，与上述由铜线所传过来的热流 Φ_{CF}，两者合在一起成为 Φ_{Fe1}，此热流将通过铁心四周表面和通风槽内散热面的合成散热热阻 R_{Fe}，将热量散发到冷却空气中，即

$$\Phi_{Fe} + \Phi_{CF} = \Phi_{Fe1} \quad \Phi_{Fe1} = \frac{\theta_{Fe} - \theta_a}{R_{Fe}} = \frac{\Delta\theta_{Fe}}{R_{Fe}} \tag{10-12}$$

将式（10－10）的 Φ_{CF} 代入式（10－12），并考虑到 $\Phi_{Fe} = p_{Fe}$，可得由铁耗 p_{Fe} 所形成的热平衡方程为

$$p_{Fe} + \frac{\Delta\theta_{Cu} - \Delta\theta_{Fe}}{R_i} = \frac{\Delta\theta_{Fe}}{R_{Fe}} \tag{10-13}$$

根据式（10－11）和式（10－13），即可画出图 10－4 所示的等效热路图，图中Ⓟ$_{Cu}$和Ⓟ$_{Fe}$代表两个热源，箭头表示热流方向；图中左半部分与式（10－11）相对应，右半部分与式（10－13）相对应。此处的热源相当于电路中的电流源，此等效热路相当于含有两个电流源的等效电路。

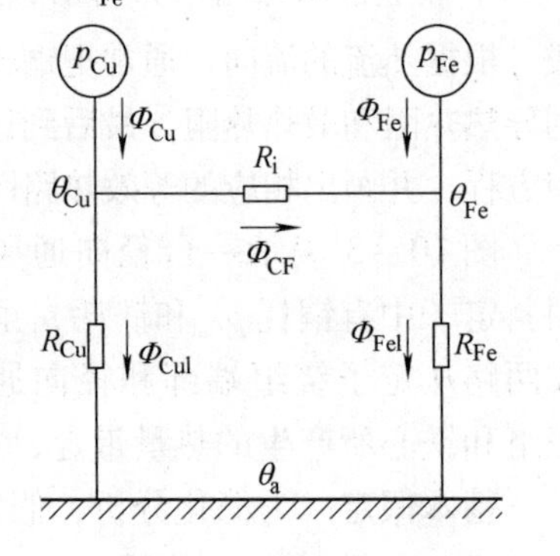

图 10－4 把铜线和铁心作为两个热源和均质等温体时的等效热路图

2. 铜线和铁心的稳态平均温升

联立求解式（10－11）和式（10－13），可得铜线和铁心的稳态平均温升 $\Delta\theta_{Cu}$ 和 $\Delta\theta_{Fe}$ 分别为

$$\left.\begin{aligned} \Delta\theta_{Cu} &= \frac{p_{Cu} + p_{Fe}\dfrac{R_{Fe}}{R_{Fe}+R_i}}{\dfrac{1}{R_{Cu}} + \dfrac{1}{R_{Fe}+R_i}} \\ \Delta\theta_{Fe} &= \frac{p_{Fe} + p_{Cu}\dfrac{R_{Cu}}{R_{Cu}+R_i}}{\dfrac{1}{R_{Fe}} + \dfrac{1}{R_{Cu}+R_i}} \end{aligned}\right\} \tag{10-14}$$

从等效热路图 10－4 可以看出，绕组主绝缘的热阻 R_i 是铜线和铁心之间的“耦合热阻”，铜线和铁心之间的热交换就是通过流经 R_i 的热流 Φ_{CF} 实现的。若 $R_i = 0$，从式（10－14）可知

$$\Delta\theta_{Cu} = \Delta\theta_{Fe} = \frac{p_{Cu} + p_{Fe}}{\dfrac{1}{R_{Cu}} + \dfrac{1}{R_{Fe}}} = R_{eq}(p_{Cu} + p_{Fe}) \tag{10-15}$$

式中，R_{eq} 为定子的总等效热阻，它是 R_{Cu} 和 R_{Fe} 两者的并联值，$R_{eq} = \frac{R_{Cu}R_{Fe}}{R_{Cu}+R_{Fe}}$。此时铜线和铁心已合并成一个均质等温体，所以它们的温升就等于铜线和铁心两者的损耗之和，乘上定子的总等效热阻 R_{eq}，如式（10－15）所示。这从等效热路图上也可以清楚地看出。

式（10－14）是在铜线和铁心都是均质等温体的条件下导出。事实上由于铜线和铁心的导热系数都不是无穷大，所以实际发热时，两者都不是等温体。研究表明，计及这一因素

时，稳态运行时叠片铁心的温度，沿电机轴向（即长度方向）呈抛物线分布；绕组铜线的温度，沿电机轴向呈双曲线余弦函数分布。

10.4　在不同的工作制下运行时电机的发热和冷却

电机的温升不仅取决于损耗和热阻的大小，而且还与负载的变化情况及其持续时间（即电机的工作制）有关。电机的工作制分成五类（共十种）[㊀]，其中以连续工作制、短时工作制和周期工作制这三类最为常见。下面先说明连续工作制下电机的发热和冷却。

1. 在连续工作制下运行时电机的发热和冷却

连续工作制是指电机在某一恒定负载下连续运行，直到热稳定状态。此工作制简称 S1 工作制。

电机的发热和冷却过程是一个瞬态过程，此时铜线和铁心的温度都随时间而变化。与稳态情况相比较，除了导热和散热作用之外，此时还要考虑温度变化时，由物体的热容量所引起的吸热和放热作用，所以此时的热平衡方程是一个微分方程。

实际电机是由铜线、铁心、绝缘材料等多种物理性质不同的材料和表面所构成，它们有不同的导热系数、散热系数和比热容。电机中又有两个或多个热源，使各部分同时发热，因此电机的发热过程十分复杂。为使问题简化，通常把整个电机或者电机的某一部分（例如定子铁心、定子绕组或者两者合在一起）看成是一个理想的均质等温固体，在此基础上列出其瞬态热平衡方程，然后求解。由此得到的结果，虽然与实际情况不尽相符，但是实践证明，对于认识发热和冷却的规律以及影响此规律的诸因素，仍然是很有用的。

发热过程　设 Φ 为均质等温固体所产生的热流，即电机或电机的某一部件所产生的损耗（W）；A 为物体表面的散热面积（m^2）；α 为表面的散热系数[$\mathrm{W/(m^2\cdot ℃)}$]；$\Delta\theta$ 为物体对冷却空气的温升（℃）；M 为物体的质量（kg）；c 为物体的比热容，即物体温度（或温升）升高 1℃ 时，单位质量所需吸收的热量［$\mathrm{J/(kg\cdot ℃)}$］。在发热过程中，在时间 $\mathrm{d}t$ 内，物体所产生的热量为 $\Phi\mathrm{d}t$，表面散出的热量为 $\alpha A(\Delta\theta)\,\mathrm{d}t$，用以提高物体自身温升 $\mathrm{d}(\Delta\theta)$ 所需的热量为 $cM\mathrm{d}(\Delta\theta)$，于是物体的热平衡方程应为

$$\Phi\mathrm{d}t = cM\mathrm{d}(\Delta\theta) + \alpha A(\Delta\theta)\mathrm{d}t$$

或

$$\Phi = cM\frac{\mathrm{d}(\Delta\theta)}{\mathrm{d}t} + \alpha A(\Delta\theta) \tag{10-16}$$

在连续工作制下运行时，电机的负载设为恒定不变，相应地损耗和热流 Φ 也为恒定不变，若散热系数 α 也是常值，则式（10－16）的解答应为

$$\Delta\theta = \Delta\theta_\infty(1 - \mathrm{e}^{-\frac{t}{T}}) + \Delta\theta_0\mathrm{e}^{-\frac{t}{T}} \tag{10-17}$$

式中，$\Delta\theta_\infty$ 为 $t=\infty$ 时物体的稳态温升，$\Delta\theta_\infty = \dfrac{\Phi}{\alpha A} = R_\alpha\Phi$，$R_\alpha$ 为物体表面的散热热阻，$R_\alpha = \dfrac{1}{\alpha A}$；

㊀　参见国家标准 GB755—2008 旋转电机—定额和性能。

$\Delta\theta_0$ 为 $t=0$ 时物体的原有温升；T 为物体的发热时间常数，$T=\dfrac{cM}{\alpha A}$（单位为 s）。

如果物体从冷态开始发热，即 $t=0$ 时，$\Delta\theta_0=0$，则式（10－17）将简化为

$$\Delta\theta = \Delta\theta_\infty(1 - e^{-\frac{t}{T}}) \tag{10-18}$$

与式（10－18）相应的温升曲线如图 10－5 所示。温升的上升速度为

$$\frac{d\Delta\theta}{dt} = \frac{\Delta\theta_\infty}{T}e^{-\frac{t}{T}} \tag{10-19}$$

式（10－19）表明，温升的速度随时间的指数函数而递减。开始发热（$t=0$）时，温升的上升速度最快，其值为 $\Delta\theta_\infty/T$；随着时间的推移，温升的升速将逐步变慢。原因是开始发热时，物体的温升为零，因此散热量也等于零，此时物体所产生的热量将全部用以升高物体本身的温度，所以温升上升得较快。随着温度的逐步升高，物体表面散出的热量逐渐增加，温升的速度将逐渐变慢。最后，当散出的热量等于产生的热量时，温度不再上升，物体就达到热稳定状态。从理论上讲，$t=\infty$ 时才能达到热稳定状态；实际上当 $t=4T$ 或者温升的变化小于 2℃/h 时，即可认为温升已经达到实际稳态值。

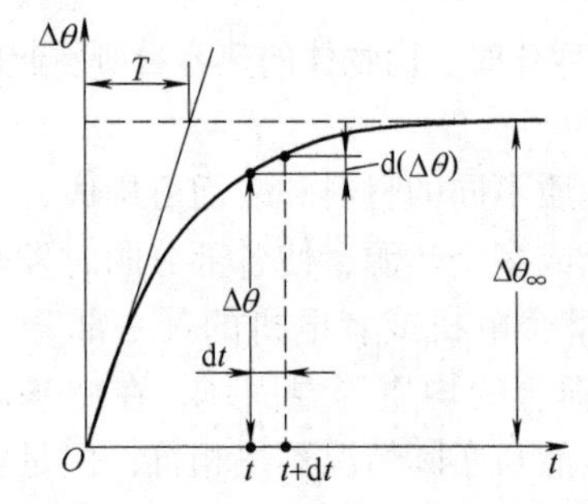

图 10－5　均质等温固体的发热曲线

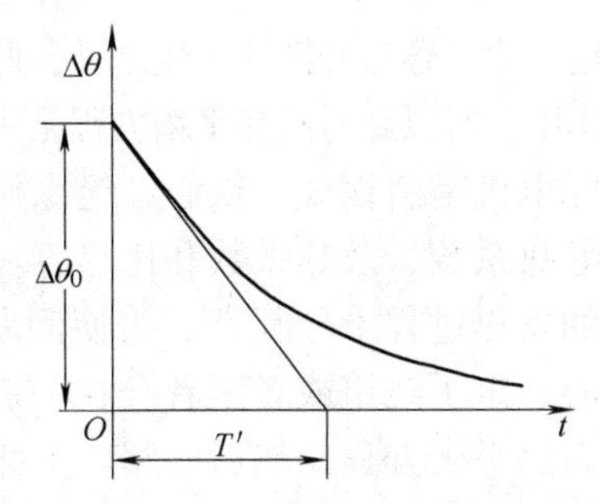

图 10－6　均质等温固体的冷却曲线

冷却过程　在物体的温升达到稳态值后，如果断电、停止运行，物体内部将停止产生热量，于是物体将逐渐冷却。令式（10－16）左端的热流 $\Phi=0$，可得冷却过程的微分方程为

$$cM\frac{d(\Delta\theta)}{dt} + \alpha A(\Delta\theta) = 0 \tag{10-20}$$

求解式（10－20），并设冷却开始（$t=0$）时，初始温升 $\Delta\theta=\Delta\theta_0$，可得

$$\Delta\theta = \Delta\theta_0 e^{-\frac{t}{T'}} \tag{10-21}$$

式中，T'为冷却时间常数。式（10－21）表明，均质等温固体的冷却曲线也是一条指数曲线，如图 10－6 所示。与发热过程相类似，开始时，物体的冷却速度较快，随着温升的下降，冷却速度将逐渐减慢。

几点结论　综上分析，可得以下结论：

（1）均质等温固体的发热和冷却曲线都是指数曲线。

（2）由于物体的稳态温升 $\Delta\theta_\infty=\dfrac{\Phi}{\alpha A}$，所以物体内部产生的热流越大，稳态温升就越高；表面的散热能力越强，稳态温升就越低。

（3）发热和冷却的速度，取决于发热和冷却的时间常数 T 和 T'，T（或 T'）$=\dfrac{cM}{\alpha A}$。物体

的热容量越大，时间常数就越大；散热能力越好，时间常数就越小。由于物体的质量正比于线性尺寸的立方（即 $M \propto L^3$），而散热面积则正比于线性尺寸的平方（$A \propto L^2$），所以随着电机尺寸和容量的增大，发热和冷却时间常数的值将相应增大。此外，由于发热和冷却时的散热情况通常是不同的，所以一般来说，$T \neq T'$。

（4）无论是发热还是冷却，在最初阶段，物体的温升总是上升或下降得较快，因此测温要快，测温的时间间隔要短，随后时间间隔可逐步放长。

2. 在短时工作制和周期工作制下运行时，电机的发热和冷却

短时工作制　短时工作制是指，在恒定的负载下电机按规定的时间运行，在未达到热稳定时即停机和断电较长的时间，下次起动时，电机已冷却到与冷却介质的温度之差在2℃以内。此时电机的发热、冷却曲线如图10－7所示。短时工作制简称S2，随后应标以持续时间，例如S2 60min。

对于5000kW以下的空冷电机，短时工作制的绕组温升限值，可比长期工作制时增加10℃；但应注意不能将短时工作制所规定的负载作长期运行，否则绕组温升将超过容许的温升限值，使电机的寿命缩短，甚至被烧毁。

断续周期工作制　断续周期工作制是指，电机运行于一系列相同的工作周期，每一周期包括一段恒定负载运行时间，和一段断电停机时间。负载时间与整个周期之比，称为负载持续率。本工作制简称S3，随后标以负载持续率。

按断续周期工作制运行时，电机的发热和冷却过程是交替进行的，如图10－8所示。断续周期工作制时绕组的最高温升 $\Delta\theta_m$，应低于连续工作制中所规定的温升限值。和短时工作制一样，这类电机不可以按周期工作制中所规定的恒定负载作连续运行，否则会使电机过热而损坏。

其他还有S4、S5、S6、S7、S8等5种周期工作制，负载和转速作周期变化的S9工作制，离散恒定负载和转速的S10工作制等，共10种工作制，详见国家标准GB 755—2008。

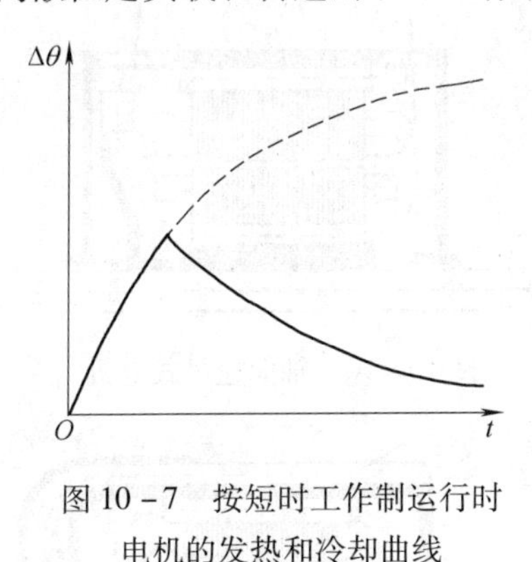

图10－7　按短时工作制运行时电机的发热和冷却曲线

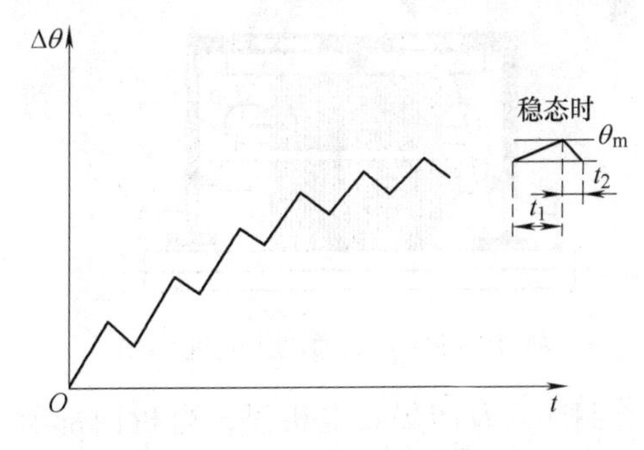

图10－8　按断续周期工作制运行时电机的发热和冷却曲线

10.5　电机的冷却方式

电机的冷却直接影响到电机的使用寿命和额定容量，所以改善电机的冷却具有重要的实

际意义。对电机冷却的要求是：冷却效果要好，各部分的冷却要均匀、不产生局部过热，冷却系统的结构要尽可能简单，消耗功率要少。电机的冷却方式分为表面冷却和内部冷却两种，下面作一简要说明。

1. 表面冷却

表面冷却时，冷却介质仅通过绕组的绝缘表面、铁心和机壳的表面，间接地将热量带走，所以它也称为间接冷却。表面冷却的冷却效果较差，但冷却系统的结构较简单，故被各种电机广泛采用。冷却介质通常为空气。

表面冷却系统按其结构可分为自冷式、自扇冷式和他扇冷式三种。

自冷式　自冷式电机不装设任何专门的冷却装置，仅依靠电机各部件表面的辐射和冷却介质的自然对流，把电机内部产生的热量带走，故散热能力很低，只适用于几百瓦以下的小型电机。

自扇冷式　自扇冷式电机的转子上装有风扇，转子转动时，利用风扇所产生的风压强迫空气流动、吹拂散热表面，从而大大增强了电机的散热能力。依照气流的流动方向，自扇冷式又分为径向通风式和轴向通风式两种。图 10 - 9 表示20kW以下的感应电机中，常用的典型径向通风系统。径向通风的优点是，结构简单可靠，通风损耗较小；且由于两端进风，所以绕组和铁心沿轴向的温度分布较为均匀。在大型电机中，为了增大散热面积，铁心沿轴向常分为数段，两段铁心之间空出约 0.6 ~ 1.0cm 宽的径向通风沟。径向通风系统的缺点是，风扇直径受到限制，因而风压较低。

图 10 - 10 表示一台轴向通风式的电机。气流从电机的一端进入，然后沿着轴向由另一端流出。轴向通风式的优点是，能装设较大的风扇，以保证较好的冷却效果；缺点是通风损耗较大，电机沿轴向的温升分布不均匀，出风端温升较高。

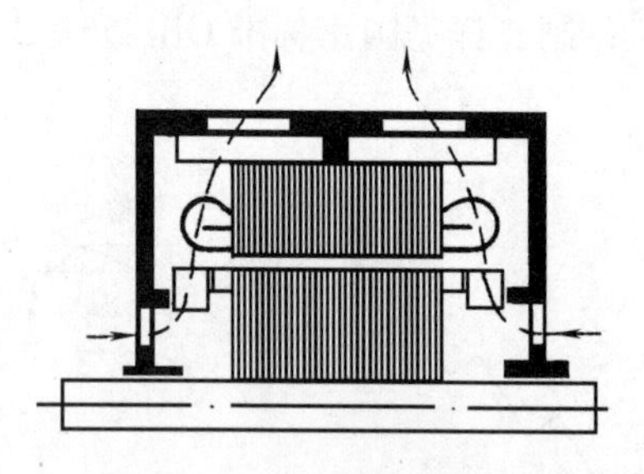

图 10 - 9　径向通风式电机

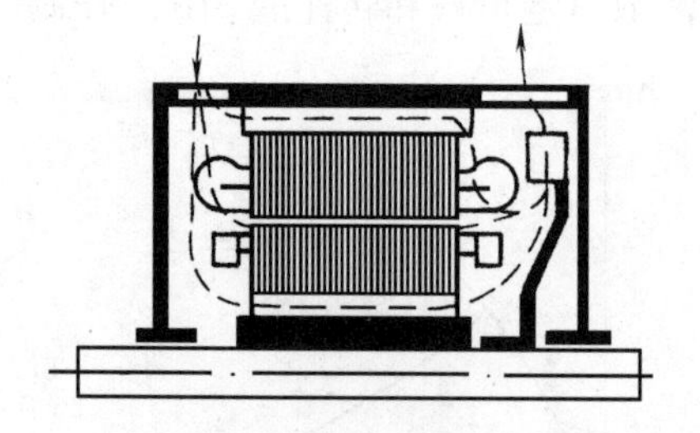

图 10 - 10　轴向通风式电机

在封闭式及防爆式电机里，电机内部所产生的热量全部由机座的外表面散出。为加强散热能力，这类电机中一般装有两套风扇，其中一套风扇装在端盖外侧的转轴上，用以吹冷机座；另一套风扇装在电机内部，用以加速内部空气循环，使热量更易于传到机座，如图 10 - 11 所示。

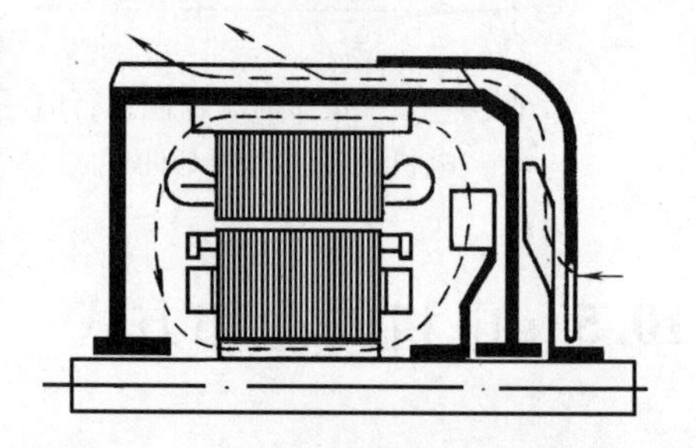

图 10 - 11　外部自扇冷式电机

他扇冷式　他扇冷式的风扇不由电机本身驱动，而是由另外的动力装置独立驱动。

不论是自扇冷式还是他扇冷式电机，如果直接自外界空气中吸取冷却空气，冷却空气通过电机内部把热量带出后，释放到周围大气，则为开启式通风系统。为使空气中的灰尘不被吸入电机，吸入的空气最好经过过滤。如以一定量的气体在封闭的系统内循环，且使这一循环气体依次通过电机和冷却器，把电机内部的热量带到冷却器，再由冷却器将热量散出，则为封闭循环式通风系统。前者多用于小型电机，后者则用于大型电机。

2. 内部冷却

采用空心导体（见图 10－12），把冷却介质通入导体内部、直接带走热量的冷却方式，称为内部冷却。由于散热面积与线性尺寸的平方成正比，电机的损耗则与线性尺寸的立方成正比，因此随着线性尺寸和电机容量的增大，发热和冷却问题就越来越严重。在大型电机（特别是在高速大型汽轮发电机）中，发热和冷却问题往往成为限制电机极限容量的主要因素之一。为解决这一问题，国内外广泛采用了内部冷却方式。

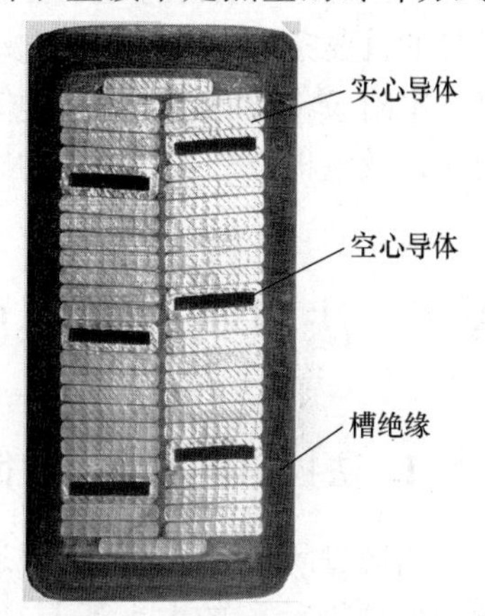

图 10－12　水内冷的定子线棒

内部冷却时，常用氢气或经过处理的洁净水作为冷却介质。与表面氢冷时相比较，采用氢内冷并提高氢气压力后，冷却效果可提高 2～4 倍，电机的容量可相应地提高 50%～70%。若进一步采用水内冷，由于水的热容量、散热能力和密度要比氢大几倍和几百倍，所以水内冷的冷却效果又要比氢内冷时好很多。

采用水内冷以后，导线的电流密度和磁路的磁通密度均可相应提高，从而可以节约许多铜和硅钢片。若保持电机的体积不变，则可使电机的容量进一步提高。在良好的设计下，水内冷电机的效率，可以接近同容量氢冷电机的效率。水内冷电机的主要缺点是，制造工艺比较复杂，但对极限容量的大型交流发电机来讲，定子绕组采用水内冷，仍然是一种可供选择的重要冷却方式。

图 10－13　定子绕组为水内冷的汽轮发电机定子

图 10－13 所示为一台定子绕组为水内冷的国产汽轮发电机的定子。

内部冷却的另一种方式是蒸发冷却。蒸发冷却是用绝缘性能良好、沸点低的冷却介质通过空心导体，利用冷却介质沸腾时吸收的气化潜能，把定子线棒中由电阻损耗所产生的热量带走。它是我国科技人员研发得到的一种新的冷却技术。

附　　录

附录 A　感应电动势

电枢绕组内有感应电动势，转子上有电磁转矩的作用，这是旋转电机能够进行机电能量转换的首要条件。所以感应电动势的分析和计算，对阐明各种电机的原理和运行具有重要意义。本附录将说明关于感应电动势的两个问题：电磁感应定律和产生感应电动势的三种情况，以及电枢开槽后线圈内的感应电动势。

A.1　法拉第电磁感应定律

1. 法拉第电磁感应定律

当通过闭合导体回路的磁通量 ϕ 随时间而变化时（不论是什么原因），回路内就会产生感应电动势 e，e 的大小等于

$$e = -\frac{\mathrm{d}\phi}{\mathrm{d}t} = -\frac{\mathrm{d}}{\mathrm{d}t}\int_A \boldsymbol{B}\cdot \mathrm{d}\boldsymbol{a} \qquad (A-1)$$

这就是法拉第电磁感应定律；式中 e 的正方向与 ϕ 的正方向之间符合右手螺旋关系，负号是使 e 的实际方向，与由楞次定则所确定的方向相一致所引入。楞次定则指出，由感应电流所产生的磁通，其方向总是阻止原磁通变化的方向。若回路有 N 匝，它们都与磁通 ϕ 相交链，则式（A－1）就成为

$$e = -N\frac{\mathrm{d}\phi}{\mathrm{d}t} \qquad (A-2)$$

2. 产生感应电动势的三种情况

闭合回路中磁通的变化，不外乎由以下三种原因所引起：

（1）回路静止，磁场 $\boldsymbol{B}$ 随时间而变化

由此所产生的电动势通常称为变压器电动势，因为变压器就是利用此原理制成的。若回路仅 1 匝，变压器电动势 e_T 为

$$e_T = -\frac{\mathrm{d}\phi}{\mathrm{d}t}_{(v=0)} = -\int_A \frac{\partial \boldsymbol{B}}{\partial t}\cdot \mathrm{d}\boldsymbol{a} \qquad (A-3)$$

根据式（A－3），即可导出变压器一次和二次绕组的电动势公式。

下面说明 e_T 正方向的规定。e_T 的正方向规定得是否正确，要看回路中的磁通发生变化时，由法拉第定律和所规定的 e_T 正方向两者所确定的感应电动势的实际方向 $e_{实际(F)}$，与由楞次定则所确定的感应电动势的实际方向 $e_{实际(L)}$ 是否相同。如果 $e_{实际(F)}$ 与 $e_{实际(L)}$ 方向相同，

表示 e_T 的正方向规定得是对的；如果两者方向相反，表示 e_T 的正方向规定得不对，需要重新规定。

图 A－1a 表示一个绕在心柱上的 3 匝线圈接到交流电源时的情况。设磁化电流 i_μ 的正方向为从线圈的首端 A 流向尾端 X，则根据线圈的绕向和右手螺旋关系可知，心柱中磁通 ϕ 的正方向为自下往上，如图中所示。设在时间 dt 内，心柱中的磁通增加了 $\Delta\phi$，即 $\Delta\phi$ = 正值，根据 $e_T = -\dfrac{d\phi}{dt}$ 可知，e_T = 负值。若把线圈中感应电动势 e 的正方向规定为自上往下，如图中所示，则由法拉第定律所得感应电动势的实际方向 $e_{实际(F)}$ 应为自下往上，如图中右侧虚线箭头所示。另一方面，根据楞次定则可知，为阻止心柱中磁通的增加，感应电流所产生的磁通 $\Delta\phi_i$ 应为自上往下，如图中所示；因此线圈内感应电流和感应电动势的实际方向 $e_{实际(L)}$ 应为自下往上，如图中右侧实线箭头所示。由此可知，由法拉第定律所确定的 $e_{实际(F)}$，与由楞次定则所确定的 $e_{实际(L)}$ 的方向相同，故 e 的正方向规定无误。

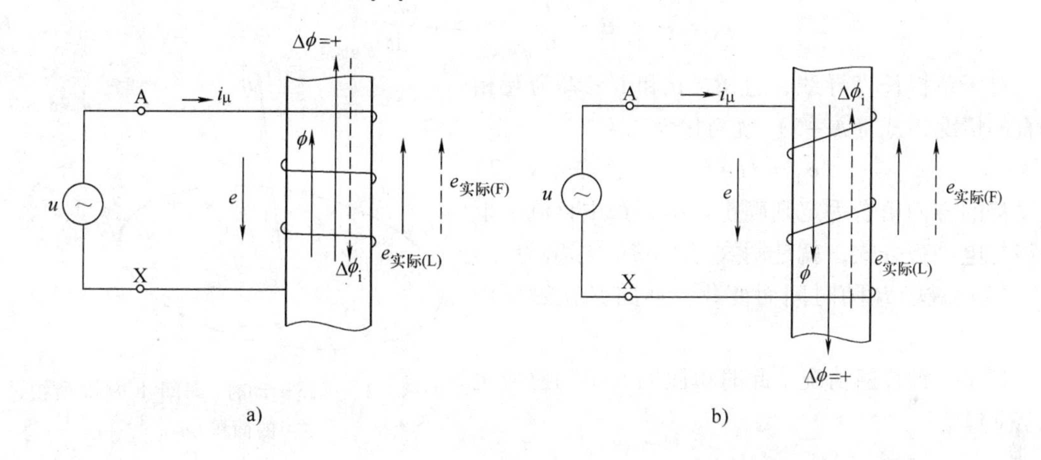

图 A－1　采用 $e = -\dfrac{d\phi}{dt}$ 公式时，e 的正方向的规定

再看图 A－1b 的情况，此时线圈的绕向与图 a 的情况相反。当磁化电流 i_μ 从 A 流向 X 时，根据右手螺旋关系，心柱中磁通 ϕ 的正方向为自上往下。现设在时间 Δt 内，磁通增加了 $\Delta\phi$，即 $\Delta\phi$ = 正值，于是根据法拉第定律，$e_T = -\dfrac{d\phi}{dt}$ = 负值。若线圈内感应电动势的正方向仍然规定为自上往下（即与图 a 中规定的相同），则由法拉第定律所得的 $e_{实际(F)}$ 仍为自下往上，如图 A－1b 中右侧虚线所示。另一方面，由楞次定则可知，为阻止心柱内磁通的增加，感应电流所产生的磁通 $\Delta\phi_i$ 应为自下往上，故由楞次定则所得的感应电动势 $e_{实际(L)}$ 的实际方向应为自下往上，如图 b 中右侧实线所示。由此可知，$e_{实际(L)}$ 与 $e_{实际(F)}$ 两者的方向相同，故 e 的正方向规定无误。

由此可知，无论线圈的绕向如何，为满足 $e = -\dfrac{d\phi}{dt}$ 这一表达式和楞次定则，线圈感应电动势 e 的正方向，应与磁化电流 i_μ 的正方向保持一致。

（2）磁场 $\boldsymbol{B}$ 不随时间变化（恒定磁场），闭合回路在磁场中运动

此时回路中的感应电动势称为运动电动势（在旋转电机中也称为旋转电动势），用 e_M 表示，

$$e_M = \oint_L (\boldsymbol{v} \times \boldsymbol{B}) \cdot \mathrm{d}\boldsymbol{l} \tag{A-4}$$

式中，$\mathrm{d}\boldsymbol{l}$ 为回路的微分线段；$\boldsymbol{v}$ 为 $\mathrm{d}\boldsymbol{l}$ 段的运动速度；L 为整个回路的长度；积分沿整个回路进行。考虑到 $(\boldsymbol{v} \times \boldsymbol{B}) \cdot \mathrm{d}\boldsymbol{l} = -\boldsymbol{B} \cdot (\boldsymbol{v} \times \mathrm{d}\boldsymbol{l})$，式（A-4）也可以写成

$$e_M = -\oint_L \boldsymbol{B} \cdot (\boldsymbol{v} \times \mathrm{d}\boldsymbol{l}) \tag{A-5}$$

由于速度 $\boldsymbol{v} = \frac{\mathrm{d}\boldsymbol{s}}{\mathrm{d}t}$，$\mathrm{d}\boldsymbol{s}$ 为时间 $\mathrm{d}t$ 内线段 $\mathrm{d}\boldsymbol{l}$ 在速度 $\boldsymbol{v}$ 方向上的位移，所以 $\boldsymbol{v} \times \mathrm{d}\boldsymbol{l} = \frac{\mathrm{d}\boldsymbol{s}}{\mathrm{d}t} \times \mathrm{d}\boldsymbol{l} = \frac{\mathrm{d}\boldsymbol{a}_v}{\mathrm{d}t}$ 就表示时间 $\mathrm{d}t$ 内 $\mathrm{d}\boldsymbol{l}$ 所扫过的面积 $\mathrm{d}\boldsymbol{a}_v$，如图 A-2 所示。所以运动电动势 e_M 就是回路运动时，L 所扫过的整个面积内的微分磁通量 $\mathrm{d}\phi_v$ 的负值除以 $\mathrm{d}t$，其中 $\mathrm{d}\phi_v = \oint_L \boldsymbol{B} \cdot \mathrm{d}\boldsymbol{a}_v$，即

$$e_M = -\oint_L \boldsymbol{B} \cdot \frac{\mathrm{d}\boldsymbol{a}_v}{\mathrm{d}t}\bigg|_{\boldsymbol{B}\text{为恒定}} = -\frac{\mathrm{d}\phi_v}{\mathrm{d}t}\bigg|_{\boldsymbol{B}\text{为恒定}} \tag{A-6}$$

对于单根长直导线，且 $\boldsymbol{B}$、$\boldsymbol{v}$ 和 $\boldsymbol{l}$ 三者为互相垂直的情况，式（A-5）就简化为

$$e_M = Blv \tag{A-7}$$

电动势的方向由右手定则确定。第 3 章中直流电枢绕组的电动势公式，就是用式（A-7）导出的。

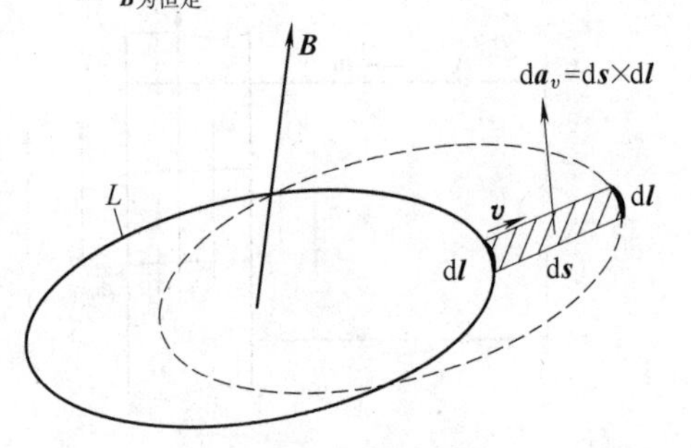

图 A-2 回路运动时，时间 $\mathrm{d}t$ 内 $\mathrm{d}\boldsymbol{l}$ 所扫过的面积 $\mathrm{d}\boldsymbol{a}_v$

（3）磁场 $\boldsymbol{B}$ 随时间而变化，回路又在磁场中运动

这是一种普遍情况。此时单匝回路中的感应电动势 e 应为

$$e = -\frac{\mathrm{d}\phi}{\mathrm{d}t} = -\frac{\mathrm{d}}{\mathrm{d}t}\int_A \boldsymbol{B} \cdot \mathrm{d}\boldsymbol{a} \tag{A-8}$$

根据矢量分析中对矢量面积分 $\int_A \boldsymbol{B} \cdot \mathrm{d}\boldsymbol{a}$ 的求导公式可知，

$$\frac{\mathrm{d}}{\mathrm{d}t}\int_A \boldsymbol{B} \cdot \mathrm{d}\boldsymbol{a} = \int_A \frac{\partial \boldsymbol{B}}{\partial t} \cdot \mathrm{d}\boldsymbol{a} - \oint_L (\boldsymbol{v} \times \boldsymbol{B}) \cdot \mathrm{d}\boldsymbol{l} + \int_A \mathrm{div}\boldsymbol{B}\,\mathrm{d}\boldsymbol{a} \tag{A-9}$$

考虑到 $\mathrm{div}\boldsymbol{B} = 0$，于是有

$$e = -\frac{\mathrm{d}\phi}{\mathrm{d}t} = -\int_A \frac{\partial \boldsymbol{B}}{\mathrm{d}t} \cdot \mathrm{d}\boldsymbol{a} + \oint_L (\boldsymbol{v} \times \boldsymbol{B}) \cdot \mathrm{d}\boldsymbol{l}$$

$$= e_T + e_M \tag{A-10}$$

上式表示，此时感应电动势 e 将由两部分组成，一部分是变压器电动势 e_T，另一部分是运动电动势 e_M。

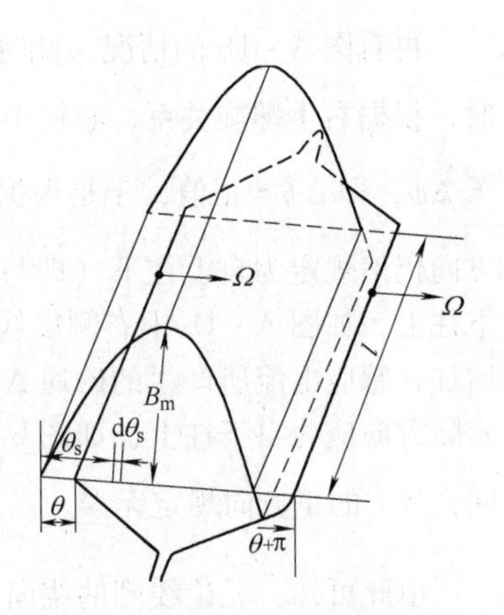

图 A-3 处于正弦分布的脉振磁场 $\boldsymbol{B}$ 中的运动线圈

下面举例说明其应用。

图 A-3 表示一个处于气隙磁场 $\boldsymbol{B}$ 中的单匝整距线圈，设气隙磁场为一正弦分布的脉振磁场，$\boldsymbol{B} = B_m \cos\omega t \sin\theta_s$，$\theta_s$

为定子的电角度。线圈装在光滑的转子表面，随转子一起以机械角速度 Ω 作匀速旋转。下面用法拉第定律来计算线圈中的感应电动势。

先求通过线圈的磁通量 ϕ，

$$\begin{aligned}\phi &= \int_A \boldsymbol{B} \cdot \mathrm{d}\boldsymbol{a} \\ &= \int_{\theta}^{\theta+\pi} B_{\mathrm{m}} \cos\omega t \sin\theta_{\mathrm{s}} \cdot l \frac{R}{p} \mathrm{d}\theta_{\mathrm{s}} \\ &= B_{\mathrm{m}} \cos \omega t \cdot l \frac{R}{p} \int_{\theta}^{\theta+\pi} \sin\theta_{\mathrm{s}} \mathrm{d}\theta_{\mathrm{s}}\end{aligned} \tag{A-11}$$

式中，R 为气隙的平均半径；l 为导体的有效长度；p 为极对数；积分的下限为 θ，上限为 $\theta+\pi$。由于线圈在运动，所以 $\theta = p\Omega t = \omega_{\mathrm{r}} t$。于是式（A－11）的积分为

$$\begin{aligned}\phi &= B_{\mathrm{m}} \cos\omega t \cdot l \frac{\tau}{\pi} \left[-\cos\theta_{\mathrm{s}} \right]_{\theta}^{\theta+\pi} \\ &= \left(B_{\mathrm{m}} \frac{2}{\pi} \tau l \right) \cos\omega t \cos\theta = \Phi_{\mathrm{m}} \cos\omega t \cos\theta\end{aligned} \tag{A-12}$$

式中，τ 为极距；Φ_{m} 为气隙磁通量的幅值，$\Phi_{\mathrm{m}} = B_{\mathrm{m}} \dfrac{2}{\pi} \tau l$。

线圈内的感应电动势 e 应为

$$\begin{aligned}e &= -\frac{\mathrm{d}\phi}{\mathrm{d}t} = -\frac{\mathrm{d}}{\mathrm{d}t} \left[\Phi_{\mathrm{m}} \cos\omega t \cos p\Omega t \right] \\ &= -\left[\left(\frac{\mathrm{d}}{\mathrm{d}t} \Phi_{\mathrm{m}} \cos\omega t \right) \cos p\Omega t + \left(\frac{\mathrm{d}}{\mathrm{d}t} \Phi_{m} \cos p\Omega t \right) \cos\omega t \right] \\ &= e_{\mathrm{T}} + e_{\mathrm{M}}\end{aligned} \tag{A-13}$$

式中 e_{T} 和 e_{M} 分别为变压器电动势和运动电动势，其中

$$\left.\begin{aligned}e_{\mathrm{T}} &= -\left(\frac{\mathrm{d}}{\mathrm{d}t} \Phi_{\mathrm{m}} \cos\omega t \right) \cos p\Omega t = \omega \Phi_{\mathrm{m}} \sin\omega t \cdot \cos p\Omega t \\ e_{\mathrm{M}} &= -\left(\frac{\mathrm{d}}{\mathrm{d}t} \Phi_{\mathrm{m}} \cos p\Omega t \right) \cos\omega t = p\Omega \Phi_{\mathrm{m}} \sin p\Omega t \cdot \cos\omega t\end{aligned}\right\} \tag{A-14}$$

从式（A－13）和式（A－14）可知，变压器电动势 e_{T} 是由气隙磁场随时间交变所引起，e_{T} 的幅值取决于磁场 $\boldsymbol{B}$ 的交变频率 ω 和磁通量的幅值 Φ_{m}；运动电动势 e_{M} 则是由线圈的运动所引起，e_{M} 的幅值取决于旋转的角频率 Ω 和磁通量的幅值 Φ_{m}（或者说 $2B_{\mathrm{m}} l v$）。

3. 应用法拉第定律时需要注意的事项

应用法拉第定律时，有几点需要注意：

（1）感应电动势中，运动电动势 e_{M} 和变压器电动势 e_{T} 的划分，与观测的坐标系有关；坐标系的速度不同，观测到的 e_{M} 和 e_{T} 值就不同，但是总的感应电动势值是不变的，与坐标系的速度无关。

例如在计算同步电机定子（电枢）绕组的空载感应电动势时，如果把坐标系放在旋转的主极上，由于主极磁场 B_{f} 为恒定不变，故定子导体内的感应电动势，可以认为是导体对主极反向旋转所产生的运动电动势 e_{M}，此时 e_{M} 可用 Blv 法算出，如第 4 章中所做的那样。

但是，如果把坐标系放在定子上，则定子绕组内的感应电动势，就应看成是绕组内的磁通量随时间而变化所产生的变压器电动势 e_T。不难得知，两者算出的值是相同的。

计算感应电动机转子绕组中的感应电动势时，也有类似的情况。

（2）在计算运动电动势时，周围的磁介质应为均匀或者保持不变。如果磁介质有所变化，则将产生由于磁介质的变化所引起的变压器电动势。在研究电枢开槽、置于槽内的线圈电动势时，将会遇到这种情况。

（3）在计算电动势时，常常要涉及磁场 $\boldsymbol{B}$ 的分布和变化。为形象化起见，工程上常常用磁力线来描述磁场的分布。对于大多数问题，这样做有助于理解，并能得到正确的结果。但是磁力线不是物理的实体，而仅是一种数学上的描述手段。因此决不能把磁力线“物质化”，把它当作物质的“线”或者“橡皮筋”等，当主磁极发生平移或旋转运动时，误认为磁力线跟着磁极一起移动，从而对某些问题作出错误的判断和结论，这点应当注意。

A.2　槽内线圈的感应电动势

以直流电机电枢线圈的感应电动势为例，分析开槽以后，置于槽内的线圈其磁通量和感应电动势将会发生怎样的变化。设定子的主极磁场为恒定磁场，电枢以转速 n 旋转。

1. 线圈置于光滑电枢表面时

图 A－4 表示一个单匝整距线圈置于光滑的电枢表面时的情况，线圈由导体 1 和 2 构成，它们分别位于主极的 N 和 S 极下，该处的磁通密度为 B。

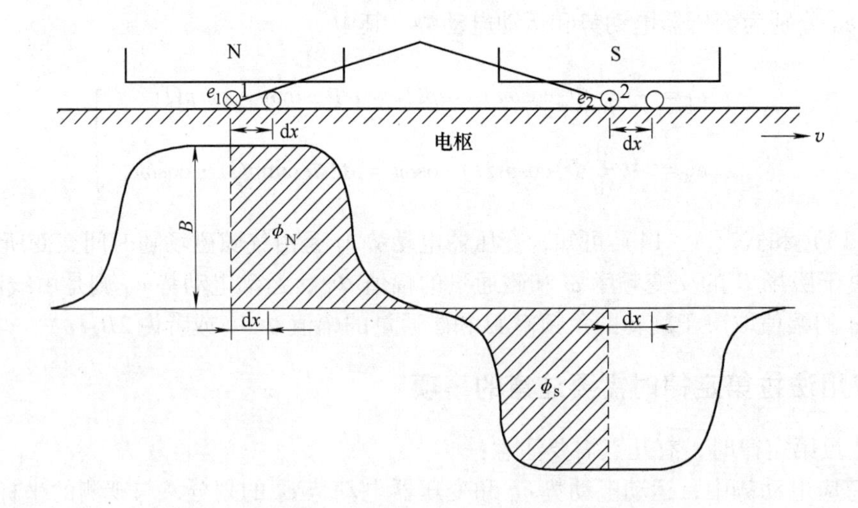

图 A－4　整距线圈置于光滑电枢表面时的运动电动势

设电枢旋转时，导体 1 和 2 以线速度 v 在主极磁场内运动，两根导体内的运动电动势 e_1 和 e_2 分别为

$$e_1 = Blv \quad e_2 = -Blv \tag{A－15}$$

式中 l 为导体的有效长度。用右手法则判定时，e_1 为进入纸面的方向，用⊗表示；e_2 为流出

纸面的方向，用⊙表示；e_1 和 e_2 大小相等、方向相反。整个线圈的电动势 e_c 为

$$e_c = e_1 - e_2 = 2Blv \tag{A-16}$$

从另一角度来看，在时间 dt 内，导体移过的距离为dx，在磁场内扫过的面积为 ldx，线圈所包含的 N 极下的磁通量 ϕ_N 将逐步减少，S 极下的磁通量 ϕ_S 将逐步增加，整个线圈内磁通量的变化为

$$\mathrm{d}\phi_N = -Bl\mathrm{d}x \qquad \mathrm{d}\phi_S = Bl\mathrm{d}x \tag{A-17}$$

于是线圈的感应电动势 e_c 为

$$e_c = -\frac{\mathrm{d}}{\mathrm{d}t}(\phi_N - \phi_S) = 2Bl\frac{\mathrm{d}x}{\mathrm{d}t} = 2Blv \tag{A-18}$$

上式与式（A-16）相同。这是电枢表面光滑时线圈内的感应电动势。

2. 电枢表面开槽、线圈置于槽内时

图 A-5a 所示为电枢表面开槽、一个单匝整距线圈置于槽内时的情况。开槽以后，槽口处的气隙增大，故该处的气隙磁场将明显减弱，从 B 下降为 b，使气隙磁场的分布曲线在该处有一下凹，如图 A-5 所示。现在的问题是，若转子和槽内线圈仍以线速度 v 在运动，线圈的感应电动势是否会减小？

由于线圈和铁心是一起运动的，所以用 $e = -\frac{\mathrm{d}\phi}{\mathrm{d}t}$来计算时，线圈的电动势 e_c 应为

$$e_c = -\frac{\mathrm{d}\phi}{\mathrm{d}t} = -\frac{\mathrm{d}}{\mathrm{d}t}(\phi_N - \phi_S) \tag{A-19}$$

式中 dϕ_N 和 dϕ_S 为时间 dt 内、线圈移动 dx 时，线圈中所通过的 N 极和 S 极的磁通量的变化，如图 A-5 b 和 c 所示，其中

$$\left.\begin{aligned} \mathrm{d}\phi_N &= \phi_{N2} - \phi_{N1} = -Bl\mathrm{d}x \\ \mathrm{d}\phi_S &= \phi_{S2} - \phi_{S1} = Bl\mathrm{d}x \end{aligned}\right\} \tag{A-20}$$

把式（A-20）代入式（A-19），可得

$$e_c = -\left[-Bl\frac{\mathrm{d}x}{\mathrm{d}t} - Bl\frac{\mathrm{d}x}{\mathrm{d}t}\right] = 2Blv \tag{A-21}$$

式中 $v = \frac{\mathrm{d}x}{\mathrm{d}t}$为导体的运动速度。式（A-21）表明，开槽以后槽内线圈的电动势与开槽前（光滑电枢时）相同；用 Blv 公式计算时，B 仍然应当用开槽前的气隙磁通密度值。

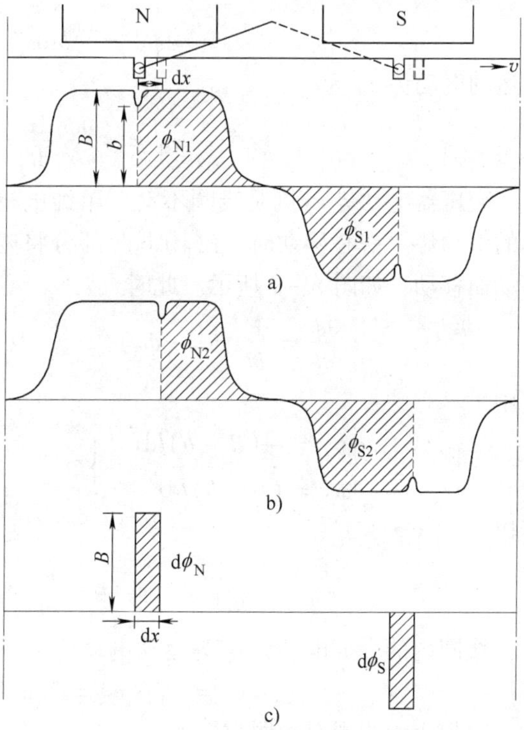

图 A-5　线圈置于槽内时的感应电动势

上面是总体结果，下面进一步来分析其原因。

电枢开槽后，线圈的感应电动势 e_c 中实际上包含了运动电动势 e_M 和变压器电动势 e_T 两个分量，即

$$e_c = -\frac{d\phi}{dt} = -\left(\frac{\partial\phi}{\partial t} + \frac{\partial\phi}{\partial x}\frac{dx}{dt}\right) = e_T + e_M \qquad (A-22)$$

其中 $e_T = -\frac{\partial\phi}{\partial t}$，$e_M = -\frac{\partial\phi}{\partial x}\frac{dx}{dt}$。

运动电动势 e_M 为电枢铁心不动、仅线圈自身运动时线圈内的电动势。设时间 dt 内线圈移动了 dx，把 ϕ_N 和 ϕ_S 各分成 ϕ_N'、ϕ_N'' 和 ϕ_S'、ϕ_S'' 两部分，如图 A-6 所示，则

$$\frac{\partial\phi}{\partial x} = \frac{\partial}{\partial x}\left[(\phi_N' + \phi_N'') - (\phi_S' + \phi_S'')\right] \qquad (A-23)$$

线圈发生位移时，只有 ϕ_N' 和 ϕ_S' 发生变化，ϕ_N'' 和 ϕ_S'' 保持不变（即 $d\phi_N'' = d\phi_S'' = 0$），于是

$$\frac{\partial\phi}{\partial x} = \frac{\partial\phi_N'}{\partial x} - \frac{\partial\phi_S'}{\partial x} \qquad (A-24)$$

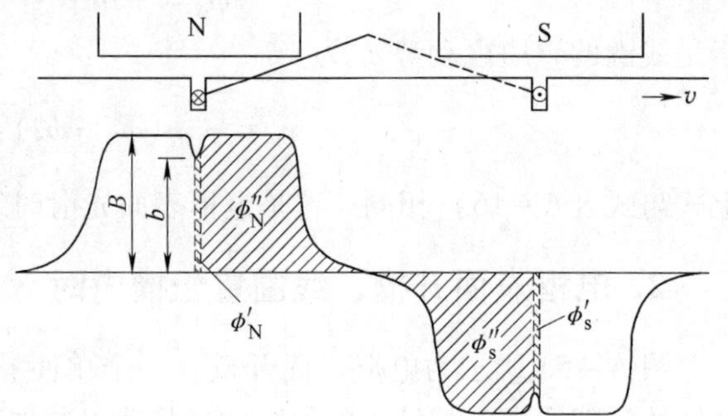

图 A-6　电枢铁心不动、线圈运动时，线圈内磁通的变化

而

$$d\phi_N' = -bl\,dx \qquad d\phi_S' = bl\,dx$$

故运动电动势 e_M 为

$$e_M = -\frac{\partial\phi}{\partial x}\frac{dx}{dt} = 2bl\frac{dx}{dt} = 2blv \qquad (A-25)$$

变压器电动势 e_T 则是线圈不动、单纯电枢铁心移动，使线圈内的磁通量发生变化所引起的电动势。铁心移动时，磁场下凹部分将随着槽的移动而移动，如图 A-7 所示。此时

$$\frac{\partial\phi}{\partial t} = \frac{\partial}{\partial t}(\phi_N - \phi_S) \qquad (A-26)$$

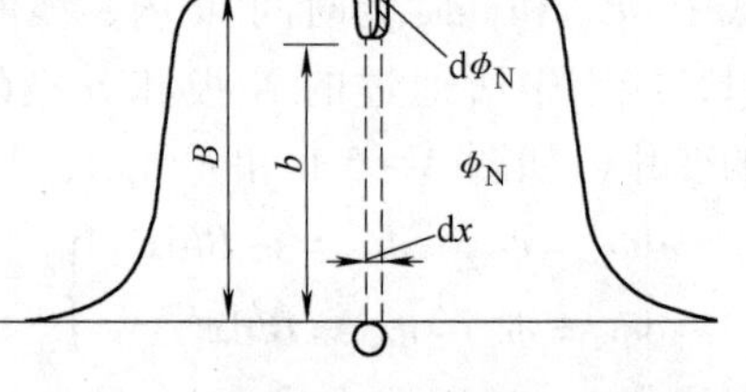

图 A-7　线圈不动、电枢铁心移动时线圈内 N 极磁通的变化

其中

$$\left.\begin{aligned} d\phi_N &= -(B-b)l\,dx \\ d\phi_S &= (B-b)l\,dx \end{aligned}\right\} \qquad (A-27)$$

所以

$$e_T = -\frac{\partial\phi}{\partial t} = 2(B-b)lv \qquad (A-28)$$

线圈内的合成电动势 e_c 为运动电动势 e_M 和变压器电动势 e_T 之和，

$$e_c = e_M + e_T = 2blv + 2(B-b)lv = 2Blv \qquad (A-29)$$

即与电枢表面光滑时相同。

参 考 文 献

[1]　E B Moullin. Electromagnetic Principles of the Dynamo[M]. Oxford University Press, 1955.

[2]　H H Skilling. Electromechanics[M]. Wiley, 1962.

[3]　G I Cohn. Electromagnetic Induction[J]. Electrical Engineering, 1949.

[4]　L V Bewley. Induced Voltage of Electrical Machines[J]. Trans. AIEE, 1930.

[5]　P Hammond. A Short Modern Review of Fundamental Electromagnetic Theory[J]. Proc. IEE Monograph No. 130,1954, pt. Ⅰ.

附录B 电磁转矩

电磁转矩和感应电动势，是旋转电机内的一对机－电耦合项，只有产生电磁转矩，旋转电机才能进行机电能量间的转换。所以弄清电磁转矩的产生原因和计算方法，对旋转电机的分析和计算，具有重要意义。

从产生原因和性质上看，电磁转矩可以分成两类：①载流导体在磁场内受到的切向电磁力所产生的电磁转矩；②铁磁物质在磁场内受到磁场力所产生的电磁转矩。下面分别加以说明。

B.1 载流导体和铁磁物质在磁场中所受到的力

1. 载流导体在磁场中所受到的电磁力

载流导体在磁场中所受到的力，可以归结为导体中的运动电荷在磁场中所受到的力。若载流导体为一截面很小的线电流，磁场的磁通密度为 $\boldsymbol{B}$，则作用在长度为 $\mathrm{d}\boldsymbol{l}$ 的线电流上的电磁力 $\mathrm{d}\boldsymbol{F}$ 应为

$$\mathrm{d}\boldsymbol{F} = i\mathrm{d}\boldsymbol{l} \times \boldsymbol{B} \tag{B-1}$$

整个载流导体所受到的力 $\boldsymbol{F}$ 则为

$$\boldsymbol{F} = \int_l i\mathrm{d}\boldsymbol{l} \times \boldsymbol{B} \tag{B-2}$$

式（B－2）称为安培电磁力定律。

如果载流导体为一长直导线，其长度方向与 z 轴平行，磁场 $\boldsymbol{B}$ 为与 z 轴垂直的二维平行平面场，如图 B－1 所示，则式（B－2）将简化为

$$\boldsymbol{F} = i\ (\boldsymbol{l} \times \boldsymbol{B}) \tag{B-3}$$

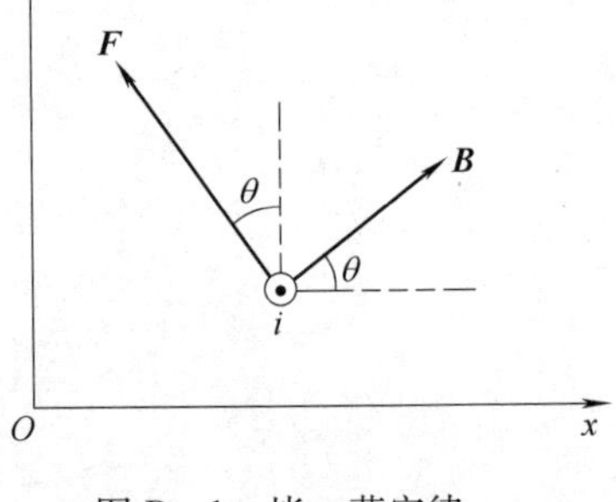

图 B－1 毕－萨定律

力的大小为 $F=Bli$，方向可用左手法则来确定。式（B－3）就是电机工程中常用的毕－萨定律。

2. 铁磁物质在磁场中所受到的磁场力

铁磁物质在磁场中所受到的力，可归结为分子电流所受到的力。对于软磁物质，若其中置有传导电流，其电流密度为 $\boldsymbol{J}$ 时，分析表明，单位体积的磁质上所受到的力密度 $\boldsymbol{f}$ 为

$$\boldsymbol{f} = \boldsymbol{J} \times \boldsymbol{B} - \frac{1}{2}H^2 \mathrm{grad}\,\mu + \boldsymbol{f}'' \tag{B-4}$$

式中，第一项 $\boldsymbol{J}\times\boldsymbol{B}$ 为作用在传导电流上的力密度；后两项为作用在铁磁物质上的力密度；其中 $-\frac{1}{2}H^2\mathrm{grad}\,\mu$ 为由铁磁物质内部各点和交界面处磁导率 μ 的变化所引起，力的方向为从

μ 值大处指向 μ 值小处，若铁磁物质内部 μ 为常值，则 $-\frac{1}{2}H^2\text{grad}\,\mu=0$；$\boldsymbol{f}''$表示铁磁物质在磁场内受到应力后发生变形，于是各个方向的 μ 值发生变化而引起的力，称为磁致伸缩力。在磁质内部，$\boldsymbol{f}''$通常被局部的弹性应力所平衡，所以它只影响磁质内部力的分布，而不影响作用在整个磁质上的总力；加上在简化的铁磁物质模型中，认为磁质变形时 μ 并不随之而变化，因此在电工文献中常把$\boldsymbol{f}''$这一项略去不计。

以图 B－2 所示的电枢齿为例，齿部 $ABCD$ 为铁心，$\mu=\mu_{\text{Fe}}$；槽部为空气，$\mu=\mu_0$。若把 $\overline{AD}$ 边取为 x 轴，$\overline{AB}$边取为 y 轴，并设铁心的磁导率 $\mu_{\text{Fe}}=$常值。对齿顶$\overline{BC}$段，沿着 x 方向，μ_{Fe}为均匀，故$\left.\frac{\partial\mu_{\text{Fe}}}{\partial x}\right|_{\overline{BC}}=0$；沿着$y$方向，在铁心内部，$\mu=\mu_{\text{Fe}}$，到空气中时，$\mu=\mu_0$，在齿与空气的交界面处，$\mu$ 有很大变化，故$\frac{\partial\mu}{\partial y}\neq0$，于是在磁场的作用下，$\overline{BC}$段上将有垂直于$\overline{BC}$的法向力密度$\boldsymbol{f}_2$ 的作用。由于$\boldsymbol{f}_2$ 是 y 方向，所以它对电磁转矩没有贡献。

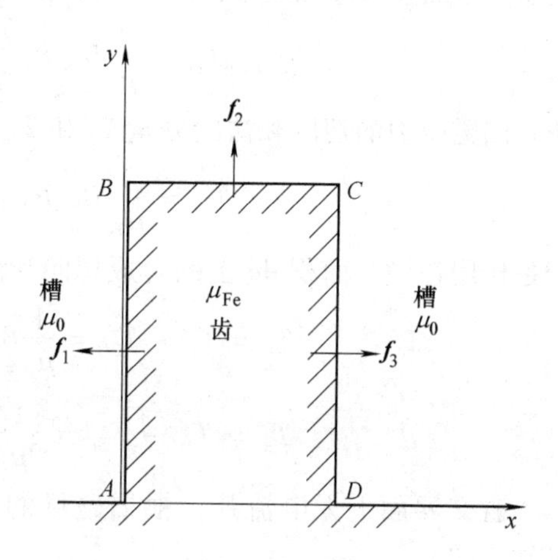

图 B－2　作用在电枢齿上的磁场力

对于齿壁$\overline{AB}$和$\overline{CD}$，$\frac{\partial\mu}{\partial y}=0$，$\frac{\partial\mu}{\partial x}\neq0$，故在磁场作用下，齿壁上将有垂直于齿壁$\overline{AB}$和$\overline{CD}$的法向力密度$\boldsymbol{f}_1$ 和$\boldsymbol{f}_3$。这两个力均为 x 方向，它们将产生电磁转矩。下面将会看到，当载流导体置于槽内时，齿壁上的磁场力所形成的转矩将成为电磁转矩的主要部分。

B.2　磁场通过铁磁物质和空气的交界面处所形成的磁场力

1. 磁应力

以上分析表明，磁场力主要作用在两种不同磁导率的介质的交界面处，特别是铁心和空气的交界面处。为使作用在交界面上的力易于计算，对于恒定和似恒磁场的情况，常常把式（B－4）的体积力$\boldsymbol{f}$，转换为单位面积上的面积力 $\boldsymbol{T}$，即使

$$\boldsymbol{F}=\int_V\boldsymbol{f}\mathrm{d}v=\oint_A\boldsymbol{T}\mathrm{d}a \tag{B－5}$$

$\boldsymbol{T}$ 称为磁应力；A 为包含体积 V 的曲面。通过麦克斯韦张力张量和一系列推导，可知

$$\begin{aligned}\boldsymbol{T}&=(\boldsymbol{B}\cdot\boldsymbol{n})\boldsymbol{H}-\frac{1}{2}BH\boldsymbol{n}=B_{\text{n}}(H_{\text{n}}\boldsymbol{n}+H_{\text{t}}\boldsymbol{t})-\frac{1}{2\mu}B^2\boldsymbol{n}\\&=\frac{1}{2\mu}(B_{\text{n}}^2-B_{\text{t}}^2)\boldsymbol{n}+\frac{1}{\mu}B_{\text{n}}B_{\text{t}}\boldsymbol{t}\end{aligned} \tag{B－6}$$

式中，$\boldsymbol{n}$ 和 $\boldsymbol{t}$ 分别为曲面 A 上的单位法矢量和单位切矢量；$\boldsymbol{T}$ 的法向分量 T_{n} 和切向分量 T_{t} 分别为

$$T_n = \frac{1}{2\mu}(B_n^2 - B_t^2) \qquad T_t = \frac{1}{\mu}B_n B_t \tag{B-7}$$

2. 铁心和空气交界面上的磁场力

图 B-3 表示铁心和空气形成交界面 A。设空气为介质 1，$\mu_1=\mu_0$，空气侧的磁通密度为 B_1；铁心为介质 2，$\mu_2=\mu_{Fe}$，铁心侧的磁通密度为 B_2；磁场为二维平行平面场。在交界面 A 上取一小面积 da，根据式（B-7），空气侧磁应力的切向和法向分量 T_{1t} 和 T_{1n} 分别为

$$T_{1t} = \frac{1}{\mu_0}B_{1n} B_{1t} \qquad T_{1n} = \frac{1}{2\mu_0}(B_{1n}^2 - B_{1t}^2) \tag{B-8}$$

铁心侧磁应力的切向和法向分量 T_{2t} 和 T_{2n} 分别为

$$T_{2t} = \frac{1}{\mu_{Fe}}B_{2n} B_{2t} \qquad T_{2n} = \frac{1}{2\mu_{Fe}}(B_{2n}^2 - B_{2t}^2) \tag{B-9}$$

于是作用在微分面积 da 上的合成切向和法向磁应力 T_t 和 T_n 应为

$$\left.\begin{aligned} T_t &= T_{1t} - T_{2t} = \frac{1}{\mu_0}B_{1n} B_{1t} - \frac{1}{\mu_{Fe}}B_{2n} B_{2t} \\ T_n &= T_{1n} - T_{2n} = \frac{1}{2\mu_0}(B_{1n}^2 - B_{1t}^2) - \frac{1}{2\mu_{Fe}}(B_{2n}^2 - B_{2t}^2) \end{aligned}\right\} \tag{B-10}$$

若交界面上无电流片，根据磁场的边界条件可知，

$$B_{1n} = B_{2n} = B_n \qquad H_{1t} = H_{2t} = H_t \tag{B-11}$$

将其代入式（B-10），可得

$$\left.\begin{aligned} T_t &= 0 \\ T_n &= \frac{\mu_{Fe} - \mu_0}{2\mu_{Fe}\mu_0}(B_n^{\ 2} + \mu_0\mu_{Fe}H_t^{\ 2}) \end{aligned}\right\} \tag{B-12}$$

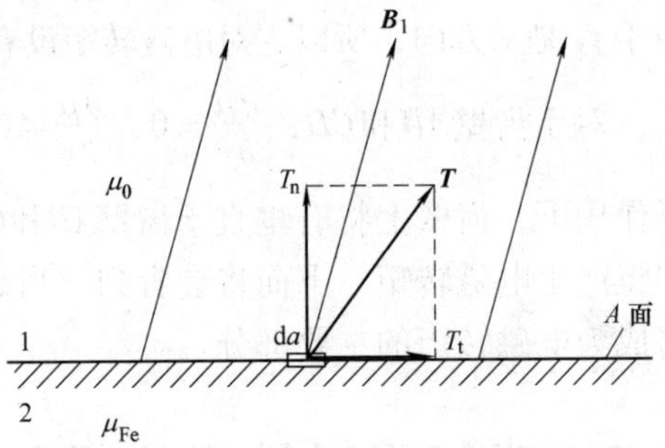

图 B-3　铁心和空气的交界面上，磁场的切向和法向的磁应力

式（B-12）说明，当交界面上无电流片时，交界面上仅有法向应力，其方向为从铁心指向空气的方向，切向应力恒等于 0。由于 $\mu_{Fe} \gg \mu_0$，故磁力线进入铁心时，基本上垂直于铁心表面，即 $H_t \approx 0$，于是 T_n 可近似写成

$$T_n \approx \frac{B_n^{\ 2}}{2\mu_0} \tag{B-13}$$

实用上都用式（B-13）来计算法向磁应力。

B.3　载流导体置于槽内时，作用在电枢上的切向电磁力

当电枢表面为光滑时，作用在电枢上的切向电磁力将完全集中在电枢表面的载流导体上，此时利用 Bli 公式，即可较快地算出作用在电枢上的切向电磁力和电磁转矩。当电枢开槽、导体放入槽内以后，情况有很大的变化。由于铁心的磁导率要比空气大很多，槽内磁通密度相对较低，因此载流导体放入槽内后，导体上所受到的电磁力将急剧下降，此时切向磁

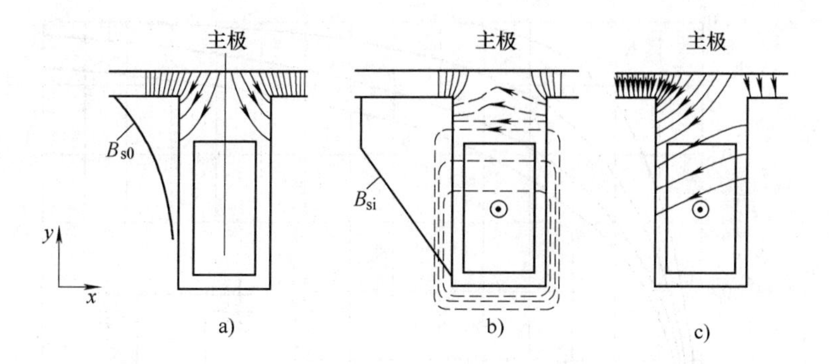

图 B－4 空载和负载时气隙和电枢齿壁处的磁场分布
a）空载磁场 b）槽内载流导体所产生的磁场 c）负载时的合成磁场

场力和由此产生的电磁转矩，大部份将集中在电枢齿壁上。下面用磁应力来说明此问题。

图 B－4a 表示空载时主极所产生的气隙和槽内磁场，图 b 表示槽内载流导体单独作用时，槽内和气隙中的磁场。设铁心的磁导率 μ_{Fe} = 常值，把图 a 和图 b 这两个磁场叠加，可得负载时气隙和槽内的合成磁场，如图 B－4c 所示。把图 B－4a 和 c 加以比较，可以看出：空载时电枢左、右齿壁上的磁场为对称分布，作用在左、右齿壁上的法向（x 方向）磁场力互相平衡，使切向合成磁场力和相应的电磁转矩为 0。负载时，由于载流导体的作用，气隙和槽内的磁场发生畸变，左、右齿壁上的磁场分布不再对称，左齿壁上的磁场加强、磁应力加大，右齿壁上的磁场减弱、磁应力减小，结果使齿上受到一个 x 方向（即切向）的磁场力和电磁转矩。

设 B_{s0} 为空载时齿壁上的磁通密度，B_{si} 为槽内载流导体单独作用时，在左、右齿壁处所产生的磁通密度；则负载时左齿壁上的磁通密度 $B_{s1}=B_{s0}+B_{si}$，右齿壁上的磁通密度 $B_{s2}=B_{s0}-B_{si}$，如图 B－4c）中所示；于是由式（B－13）可知，作用于左、右齿壁上的合成磁应力（面积力）T 应为

$$T \approx \frac{1}{2\mu_0}({B_{s1}}^2-{B_{s2}}^2)=\frac{1}{2\mu_0}(B_{s1}+B_{s2})(B_{s1}-B_{s2})$$

$$=\frac{1}{2\mu_0}2B_{s0}\times 2B_{si}=\frac{2}{\mu_0}B_{s0}B_{si} \tag{B－14}$$

合成磁场力 F 则为

$$F=\int_0^h Tl\mathrm{d}y=\frac{2}{\mu_0}l\int_0^h B_{s0}B_{si}\mathrm{d}y \tag{B－15}$$

式中 h 为槽高；l 为电枢的有效长度。此力对齿壁而言是法向力，对电枢而言，则是产生电磁转矩的切向力。

一般情况下，要用解析法来导出 B_{s0} 和 B_{si} 是极为困难的。但是，对于矩形开口槽、且槽形很深（认为 $h\to\infty$），载流导体置于槽底的情况，可以用保角变换法来求出槽壁处的 B_{s0} 和 B_{si}，并由此算出作用在载流导体上的合成的磁场力 F。对于这种特殊情况，经过推导和计算可知：

（1）当槽深 $h\to\infty$ 时，作用在左、右齿壁上的合成磁场力，恰好等于电枢为光滑时作用在载流导体上的切向电磁力 F_0，$F_0=B_0il$ 。

（2）从槽口到深度 d 处，齿壁上的合成磁场力 F_d 如图 B－5 所示。从图可见，90% 以

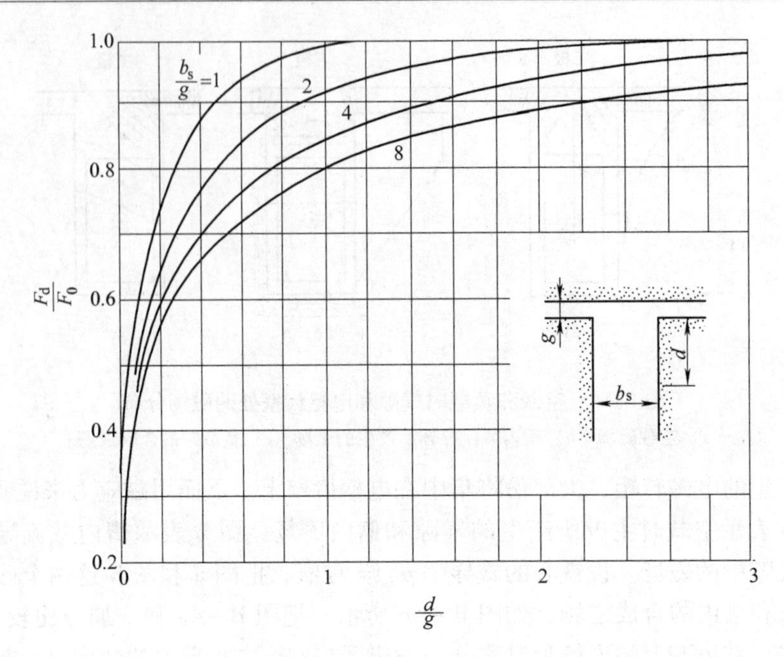

图 B-5　F_d 与 $\frac{d}{g}$ 和 $\frac{b_s}{g}$ 的关系（b_s 为槽宽，g 为气隙长）

上的磁场力将集中在离槽口 2.5g 深（g 为气隙长）的齿壁上。

（3）当载流导体进入槽内时，由于齿的屏蔽作用，导体上所受到的切向电磁力将急骤下降。例如当$\frac{b_s}{g}=4$、载流导体为线电流、进入槽内深度 $d=2g$ 时，作用在导体上的切向电磁力，将下降到置于光滑电枢表面时的 10% 左右。

用磁应力法来计算磁场力，其优点是既可算出实际磁场力的分布，又可算出电磁力和总的电磁转矩。缺点是需要求出负载时整个电机内的磁场分布，这只能通过数值计算的办法才能做到。

由于开槽以后，作用在电枢齿壁上的合成切向磁场力，与作用在槽内载流导体上的切向电磁力两者之和，恒等于载流导体置于光滑电枢表面时的切向电磁力，所以如果仅需知道总的电磁转矩，而无需得知电磁力和电磁转矩的分布时，通常总是把此问题作为载流导体置于光滑电枢表面的情况来处理，并用 *Bli* 法算出电磁力和总的电磁转矩。注意，此时电枢表面必须是光滑的圆柱面，否则将导致错误的结果。另外，这样处理虽然总体结果是对的，但是并未揭示问题的内部情况和实质。

B.4　用磁能和虚位移法来求旋转电机的电磁转矩

对于具有铁心和绕组、以磁场作为耦合场的旋转电机，也可以用磁能和虚位移法来求电磁转矩。

1. 用磁能和虚位移法来求电磁转矩

设电机的定、转子上共有 n 个与电源相连接的绕组（即 n 个电端口）和一个输出（或输入）机械能的转子（即一个机械端口）。把各个绕组的电阻和转子的旋转阻力系数移出，铁心中的铁耗忽略不计，使电机的中心部分成为理想的无损耗磁储能系统，如图 B－6 所示。

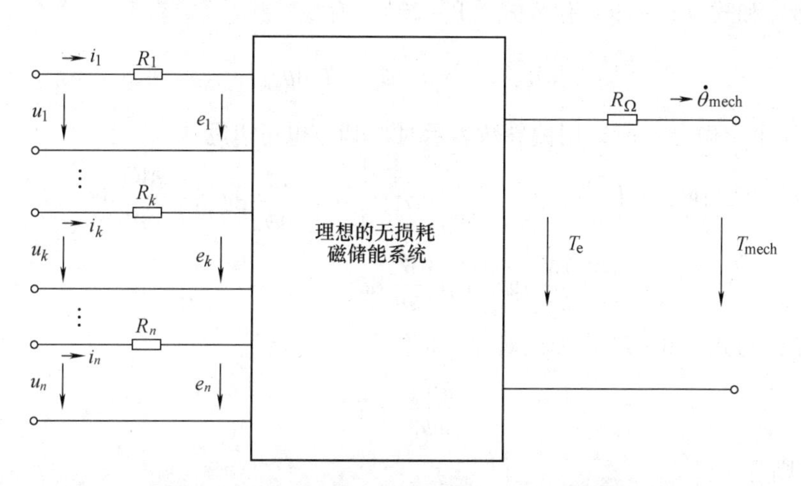

图 B－6　把绕组电阻、转子的旋转阻力系数移出，使电机的绕组和主磁路成为无损耗的磁储能系统

把 n 个绕组的磁链 ψ_1，ψ_2，…，ψ_n 和转子的转角 θ（电角）作为自变量，则整个电机的磁储能 W_m 将是这些自变量的单值函数，$W_m = W_m(\psi_1, \psi_2, \cdots, \psi_n, \theta)$，$W_m$ 由这些磁链和转角的即时值唯一地确定，而与达到这些值的路径以及过去的历史无关，于是 ψ_1，ψ_2，…，ψ_n，θ 就成为系统的状态变量，而 W_m 则是系统的状态函数。

设在时间 dt 内，把转子作一微小的虚角位移 $d\theta$，此时各个绕组内磁链的变化分别为 $d\psi_1$，$d\psi_2$，…，$d\psi_n$，下面来分析系统中电能、磁能和机械能的变化，并导出电磁转矩的表达式。

根据法拉第电磁感应定律，磁链的变化将在各个绕组内感生电动势，其中第 k 个绕组的电动势 e_k 为

$$e_k = -\frac{d\psi_k}{dt} \tag{B-16}$$

由于 e_k 的出现，该绕组将从电源输入电能。若绕组 k 中的电流为 i_k，则扣除绕组电阻 R_k 上的损耗以后，第 k 个绕组输入的净电能 $dW_{e(k)}$ 应为

$$dW_{e(k)} = -e_k i_k dt = i_k d\psi_k \tag{B-17}$$

于是耦合场由电源输入的总净电能 dW_e 应为

$$dW_e = \sum_1^n dW_{e(k)} = \sum_1^n i_k d\psi_k \tag{B-18}$$

设转子发生虚位移 $d\theta$ 时，作用在转子上的电磁转矩为 T_e，则耦合场向机械系统输出的总机械能 dW_{mech} 应为

$$dW_{mech} = T_e d\theta_{mech} \tag{B-19}$$

式中 θ_{mech} 为转子转过的机械角，$\theta_{mech} = \theta/p$，p 为电机的极对数。

根据能量守恒原理，在时间 dt 内，耦合场从电源输入的净电能 dW_e，应当等于耦合场内磁能的增量 dW_m 加上输出的总机械能 dW_{mech}，即

$$dW_e = dW_m + dW_{mech}$$

或

$$dW_m = dW_e - dW_{mech} \tag{B-20}$$

把式（B-18）和式（B-19）代入式（B-20），有

$$dW_m = \sum_1^n i_k d\psi_k - T_e d\theta_{mech} \tag{B-21}$$

因为 dW_m 是一个全微分，所以用偏导数表示时，dW_m 也可以写成

$$\begin{aligned} dW_m &= \left(\frac{\partial W_m}{\partial \psi_1}d\psi_1 + \frac{\partial W_m}{\partial \psi_2}d\psi_2 + \cdots + \frac{\partial W_m}{\partial \psi_n}d\psi_n\right) + \frac{\partial W_m}{\partial \theta}d\theta \\ &= \sum_1^n \frac{\partial W_m}{\partial \psi_k}d\psi_k + p\frac{\partial W_m}{\partial \theta}d\theta_{mech} \end{aligned} \tag{B-22}$$

把式（B-22）与式（B-21）加以对比，可知

$$\frac{\partial W_m}{\partial \psi_k} = i_k$$

电磁转矩 T_e 则等于

$$T_e = -p\frac{\partial W_m}{\partial \theta} = -\frac{\partial W_m}{\partial \theta_{mech}} \tag{B-23}$$

式中磁能 W_m 为

$$\begin{aligned} W_m = &\int_0^{\psi_1} i_1(\psi_1', 0, \cdots, 0, \theta)d\psi_1' + \int_0^{\psi_2} i_2(\psi_1, \psi_2', 0, \cdots, 0, \theta)d\psi_2' + \cdots \\ &+ \int_0^{\psi_n} i_n(\psi_1, \psi_2, \cdots, \psi_n', \theta)d\psi_n' \end{aligned} \tag{B-24}$$

式中的各个积分均为变上限积分，故积分变量改用 ψ_1'、ψ_2'、…、ψ_n'来表示。式（B-23）就是用 ψ 和 θ 作为自变量时，电磁转矩的表达式，此式对线性和非线性情况都适用。

式（B-23）表明，当转子的微小角位移（既可以是设想的虚角位移，也可以是实际的角位移）引起系统的磁能变化时，转子上将受到电磁转矩的作用；电磁转矩的值等于磁能对角位移的偏导数 $\frac{\partial W_m}{\partial \theta_{mech}}$（磁链约束为常值），方向为在恒磁链下趋使磁能减小的方向（即 $\frac{\partial W_m}{\partial \theta_{mech}}$ 为负值时，T_e 为正值）。

2. 线性、两绕组时的情况

若电机的磁路为线性，定、转子共有两个绕组，则磁链与电流之间的关系为

$$\left.\begin{aligned} \psi_1 &= L_{11}(\theta)i_1 + L_{12}(\theta)i_2 \\ \psi_2 &= L_{21}(\theta)i_1 + L_{22}(\theta)i_2 \end{aligned}\right\} \tag{B-25}$$

式中，$L_{11}(\theta)$ 和 $L_{22}(\theta)$ 分别为绕组 1 和绕组 2 的自感；$L_{12}(\theta)$ 和 $L_{21}(\theta)$ 为绕组 1 和 2 的互感，$L_{12}(\theta) = L_{21}(\theta)$；一般情况下这四个电感都是 θ 的函数。

由式（B-25）可以解出

$$\left.\begin{aligned} i_1 &= \frac{L_{22}(\theta)}{D(\theta)}\psi_1 - \frac{L_{12}(\theta)}{D(\theta)}\psi_2 = \Gamma_{11}(\theta)\psi_1 + \Gamma_{12}(\theta)\psi_2 \\ i_2 &= -\frac{L_{21}(\theta)}{D(\theta)}\psi_1 + \frac{L_{11}(\theta)}{D(\theta)}\psi_2 = \Gamma_{21}(\theta)\psi_1 + \Gamma_{22}(\theta)\psi_2 \end{aligned}\right\} \tag{B-26}$$

式中

$$\left.\begin{aligned} &\Gamma_{11}(\theta) = \frac{L_{22}(\theta)}{D(\theta)} \qquad \Gamma_{22}(\theta) = \frac{L_{11}(\theta)}{D(\theta)} \\ &\Gamma_{12}(\theta) = \Gamma_{21}(\theta) = -\frac{L_{12}(\theta)}{D(\theta)} \\ &D(\theta) = L_{11}(\theta)L_{22}(\theta) - L_{12}^{\ 2}(\theta) \end{aligned}\right\} \tag{B-27}$$

把式（B－26）代入式（B－24），可得磁能 $W_{\mathrm{m}}(\psi_1, \psi_2, \theta)$ 为

$$\begin{aligned} W_{\mathrm{m}}(\psi_1,\psi_2,\theta) &= \int_0^{\psi_1} i_1(\psi_1',0,\theta)\mathrm{d}\psi_1' + \int_0^{\psi_2} i_2(\psi_1,\psi_2',\theta)\mathrm{d}\psi_2' \\ &= \int_0^{\psi_1}[\Gamma_{11}(\theta)\psi_1' + \Gamma_{12}(\theta)\psi_2]_{\psi_2=0}\mathrm{d}\psi_1' + \int_0^{\psi_2}[\Gamma_{21}(\theta)\psi_1 + \Gamma_{22}(\theta)\psi_2']\mathrm{d}\psi_2' \\ &= \frac{1}{2}\Gamma_{11}(\theta)\psi_1^2 + \Gamma_{12}(\theta)\psi_1\psi_2 + \frac{1}{2}\Gamma_{22}(\theta)\psi_2^2 \end{aligned} \tag{B-28}$$

式（B－28）中，积分上限是变量，用 ψ_1、ψ_2 表示，积分式中的变量改用 ψ_1' 和 ψ_2' 来表示。用电感表示时，式（B－28）也可写成

$$W_{\mathrm{m}}(\psi_1,\psi_2,\theta) = \frac{1}{2}\frac{L_{22}(\theta)}{D(\theta)}\psi_1^2 - \frac{L_{12}(\theta)}{D(\theta)}\psi_1\psi_2 + \frac{1}{2}\frac{L_{11}(\theta)}{D(\theta)}\psi_2^2 \tag{B-29}$$

于是电磁转矩 T_{e} 为

$$\begin{aligned} T_{\mathrm{e}} &= -p\frac{\partial W_{\mathrm{m}}(\psi_1, \psi_2, \theta)}{\partial\theta} \\ &= -p\left[\frac{1}{2}\frac{\partial}{\partial\theta}\left(\frac{L_{22}(\theta)}{D(\theta)}\right)\psi_1^2 - \frac{\partial}{\partial\theta}\left(\frac{L_{12}(\theta)}{D(\theta)}\right)\psi_1\psi_2 + \frac{1}{2}\frac{\partial}{\partial\theta}\left(\frac{L_{11}(\theta)}{D(\theta)}\right)\psi_2^2\right] \end{aligned} \tag{B-30}$$

从式（B－30）可见，即使是线性两绕组的情况，用 ψ 和 θ 作为自变量时，电磁转矩的表达式已极为复杂。下面将会看到，若改用 i 和 θ 作为自变量，并引入“磁共能”，可使电磁转矩的表达式大为简化。

B.5　用磁共能和虚位移法求旋转电机的电磁转矩

若以电流和角位移作为自变量，则引入“磁共能”来计算电磁转矩较为方便。

1. 用磁共能和虚位移法来求电磁转矩

对于一个具有 n 个电端口、一个机械端口的旋转电机，磁共能 W_{m}' 的定义为

$$W_{\mathrm{m}}'(i_1,i_2,\cdots,i_n,\theta) = \sum_1^n i_k\psi_k - W_{\mathrm{m}}(\psi_1,\psi_2,\cdots,\psi_n,\theta) \tag{B-31}$$

或
$$W_{\mathrm{m}} + W_{\mathrm{m}}' = \sum_1^n i_k\psi_k \tag{B-32}$$

对于仅有一个绕组（$n=1$）的情况，上式成为

$$W_{\mathrm{m}} + W_{\mathrm{m}}' = i\psi \tag{B-33}$$

即用以表示磁能 W_{m} 和磁共能 W_{m}' 的两块面积之和，恰好等于矩形面积 $i\psi$，如图 B－7 所示，磁共能的名称由此而得。

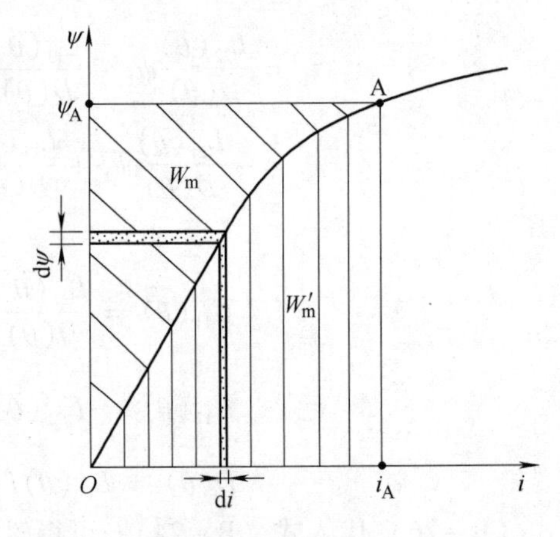

图 B－7 磁能和磁共能的关系（$n=1$ 时）

当转子作虚角位移 $\mathrm{d}\theta$ 时，磁共能的变化 $\mathrm{d}W_{\mathrm{m}}'$ 为

$$\begin{aligned}\mathrm{d}W_{\mathrm{m}}'(i_1,i_2,\cdots,i_n,\theta) &= \sum_1^n \mathrm{d}(i_k\psi_k) - \mathrm{d}W_{\mathrm{m}}(\psi_1,\psi_2,\cdots,\psi_n,\theta)\\ &= \sum_1^n i_k\mathrm{d}\psi_k + \sum_1^n \psi_k\mathrm{d}i_k - \mathrm{d}W_{\mathrm{m}}(\psi_1,\psi_2,\cdots,\psi_n,\theta)\end{aligned} \tag{B-34}$$

把式（B－21）的 $\mathrm{d}W_{\mathrm{m}}$ 代入式（B－34），可得

$$\mathrm{d}W_{\mathrm{m}}' = \sum_1^n \psi_k\mathrm{d}i_k + T_{\mathrm{e}}\mathrm{d}\theta_{\mathrm{mech}} \tag{B-35}$$

因为 $\mathrm{d}W_{\mathrm{m}}'$是一个全微分，所以用偏导数表示时有

$$\begin{aligned}\mathrm{d}W_{\mathrm{m}}' &= \left(\frac{\partial W_{\mathrm{m}}'}{\partial i_1}\mathrm{d}i_1 + \frac{\partial W_{\mathrm{m}}'}{\partial i_2}\mathrm{d}i_2 + \cdots + \frac{\partial W_{\mathrm{m}}'}{\partial i_n}\mathrm{d}i_n\right) + \frac{\partial W_{\mathrm{m}}}{\partial \theta}\mathrm{d}\theta\\ &= \sum_1^n \frac{\partial W_{\mathrm{m}}'}{\partial i_k}\mathrm{d}i_k + \frac{\partial W_{\mathrm{m}}'}{\partial \theta}\mathrm{d}\theta\end{aligned} \tag{B-36}$$

把式（B－36）与式（B－35）加以对比，可知

$$\frac{\partial W_{\mathrm{m}}'}{\partial i_k} = \psi_k$$

而

$$T_{\mathrm{e}} = \frac{\partial W_{\mathrm{m}}'(i_1,i_2,\cdots,i_n,\theta)}{\partial \theta_{\mathrm{mech}}} = p\,\frac{\partial W_{\mathrm{m}}'(i_1,i_2,\cdots,i_n,\theta)}{\partial \theta} \tag{B-37}$$

其中磁共能 W_{m}'为保持 θ 不变时，ψ 对 $\mathrm{d}i$ 的积分，即

$$\begin{aligned}W_{\mathrm{m}}' = &\int_0^{i_1}\psi_1(i_1',0,\cdots,0,\theta)\mathrm{d}i_1' + \int_0^{i_2}\psi_2(i_1,i_2',0,\cdots,0,\theta)\mathrm{d}i_2'\\ &+ \cdots + \int_0^{i_n}\psi_n(i_1,i_2,\cdots,i_n',\theta)\mathrm{d}i_n'\end{aligned} \tag{B-38}$$

式（B－37）就是以电流 i 和转角 θ 作为自变量，用磁共能表示时电磁转矩的表达式。

式（B－37）表示，当转子的微小角位移引起系统的磁共能发生变化时，转子上就会受到电磁转矩的作用。电磁转矩的值等于磁共能对转角的偏导数$\frac{\partial W_{\mathrm{m}}'}{\partial \theta_{\mathrm{mech}}}$（电流约束为常值），

方向为在恒电流下趋使磁共能增加的方向。

2. 线性、两绕组时的情况

若磁路为线性，定、转子各有一个绕组，则磁共能应为

$$\begin{aligned} W_m'(i_1,i_2,\theta) &= \int_0^{i_1}\psi_1(i_1',0,\theta)\mathrm{d}i_1' + \int_0^{i_2}\psi_2(i_1,i_2',\theta)\mathrm{d}i_2' \\ &= \int_0^{i_1}[L_{11}(\theta)i_1' + L_{12}(\theta)i_2]_{i_2=0}\mathrm{d}i_1' + \int_0^{i_2}[L_{21}(\theta)i_1 + L_{22}(\theta)i_2']\mathrm{d}i_2' \\ &= \frac{1}{2}L_{11}(\theta)i_1^{\ 2} + L_{12}(\theta)i_1 i_2 + \frac{1}{2}L_{22}(\theta)i_2^{\ 2} = W_m \end{aligned} \tag{B-39}$$

所以线性时，磁共能 W_m'与磁能 W_m相等，虽然两者的自变量选择得不同。

电磁转矩 T_e 为

$$T_e = p\left(\frac{1}{2}i_1^{\ 2}\frac{\partial L_{11}}{\partial\theta} + i_1 i_2\frac{\partial L_{12}}{\partial\theta} + \frac{1}{2}i_2^{\ 2}\frac{\partial L_{22}}{\partial\theta}\right) \tag{B-40}$$

式中，第一和第三项是由定、转子绕组的自感随转角的变化所引起，称为磁阻转矩；第二项是由定、转子之间的互感随转角的变化所引起，称为主电磁转矩。不难看出，上式要比用磁链作为自变量时的式（B－30）简单得多，而且以电流作为自变量也是一种非常自然的选择，这就是为什么要引入磁共能的原因。

如果定、转子上共有 n 个绕组，则磁共能可表示为

$$\begin{aligned} W_m' =& \frac{1}{2}L_{11}(\theta)i_1^2 + \frac{1}{2}L_{22}(\theta)i_2^2 + \cdots + \frac{1}{2}L_{nn}i_n^2 + L_{12}(\theta)i_1 i_2 + \\ & L_{13}(\theta)i_1 i_3 + \cdots + L_{n,n-1}(\theta)i_n i_{n-1} \end{aligned} \tag{B-41}$$

电磁转矩则为

$$\begin{aligned} T_e = p\frac{\partial W_m'}{\partial\theta} =& p\left[\frac{1}{2}i_1^2\frac{\partial L_{11}}{\partial\theta} + \cdots + \frac{1}{2}i_n^2\frac{\partial L_{nn}}{\partial\theta}\right] + \\ & p\left[i_1 i_2\frac{\partial L_{12}}{\partial\theta} + \cdots + i_n i_{n-1}\frac{\partial L_{n,n-1}}{\partial\theta}\right] \end{aligned} \tag{B-42}$$

B.6　用虚位移法求电磁转矩时应当注意的事项

$T_e = -p\dfrac{\partial W_m}{\partial\theta}$ 和 $T_e = p\dfrac{\partial W_m'}{\partial\theta}$ 这两个式子都是用虚位移法导出的，使用这两个式子时要注意以下几点：

（1）两个表达式中自变量的选取不同。磁能 W_m 以 ψ 和 θ 为自变量，磁共能 W_m' 则以 i 和 θ 为自变量。实际应用时选用哪一组自变量，取决于给定的原始数据如何表达、最终结果希望怎样表达，以及怎样表达才能使 W_m（或 W_m'）的求导较为简单、结果更为简明等多种因素。

（2）两个转矩表达式前面的符号不同。用 $W_m(\psi,\ \theta)$ 对 θ 求偏导数时，前面是负号；用 $W_m'(i,\ \theta)$ 对 θ 求偏导数时，前面是正号。原因是，当转角作微小的角位移 $\Delta\theta$ 时，若磁

链约束为常值，则磁能是增加的，即 ΔW_m 为正值；若电流约束为常值，磁共能将是减少的，即 $\Delta W_m'$为负值。这从图 B－8 所示单激励装置（$n=1$）的情况可以清楚地看出。

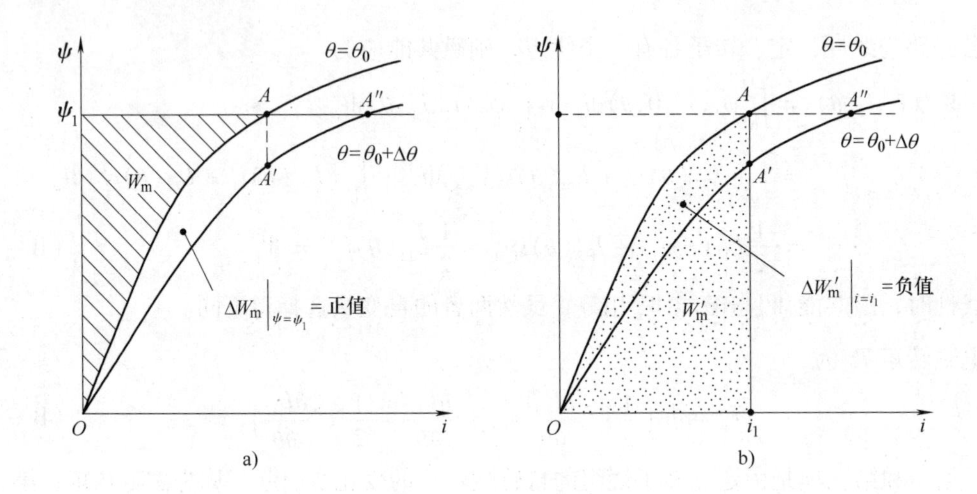

图 B－8　转子作虚角位移 $\Delta\theta$ 时，单激励装置中磁能和磁共能的变化
a）磁能的变化　b）磁共能的变化

在图 B－8 中，曲线 $\widehat{OA}$ 为 $\theta=\theta_0$ 时磁路的磁化曲线 $\psi=f(i)$，曲线 $\widehat{OA''}$ 为转子转角 $\theta=\theta_0+\Delta\theta$ 时的磁化曲线，$\Delta\theta$ 为微小的角位移。从图 B－8a 可见，发生角位移 $\Delta\theta$ 时，若磁链保持为 A 点的 ψ_1，磁能的增量 $\Delta W_m|_{\psi=\psi_1}$ 为

$$\Delta W_m\big|_{\psi=\psi_1} = 面积(OAA''O) = 正值 \tag{B－43}$$

从图 B－8b 可见，若电流保持为 A 点的 i_1，磁共能的增量 $\Delta W_m'|_{i=i_1}$应为

$$\Delta W_m'\big|_{i=i_1} = -(面积\ OAA'O) = 负值 \tag{B－44}$$

不难看出

$$\Delta W_m\big|_{\psi=\psi_1} = -(\Delta W_m'\big|_{i=i_1} + 面积\ AA''A') \tag{B－45}$$

由于面积 $AA''A'$为二阶无穷小，故

$$\lim_{\Delta\theta\to 0}\Delta W_m\big|_{\psi=\psi_1} = -\lim_{\Delta\theta\to 0}\Delta W_m'\big|_{i=i_1} \tag{B－46}$$

于是有

$$\frac{\partial W_m}{\partial\theta} = -\frac{\partial W_m'}{\partial\theta} \tag{B－47}$$

（3）W_m（或 W_m'）对 θ 求偏导数时，ψ（或 i）约束为常值，这是求偏导数时的数学制约，并不涉及对实际电压、电流的物理制约（例如电压、电流的变化规律等）。

（4）两个表达式都是普遍的，对线性和非线性情况都适用。

由磁能或磁共能对转角的偏导数来确定电磁转矩，这是一种计算电磁转矩总体值的通用方法。对于结构比较特殊、绕组内的电流又不是正弦波或者直流，无法用传统公式来求电磁转矩的场合，此法特别有用。此时只要用解析法或数值法求得转子各个转角下的磁能或磁共能，或者定、转子各个绕组的电感随转角的变化规律，即可确定不同转角下的电磁转矩。

B.7　用 $T_e=\dfrac{\partial W_m'}{\partial\theta}$ 导出交流电机的电磁转矩公式

第4章中用 Bli 法导出了交流电机的电磁转矩公式，作为实例，本节将用 $T_e=\dfrac{\partial W_m'}{\partial\theta}$ 来导出这一公式。

1. 场的观点

先用场的观点导出气隙磁场的磁共能，再导出电磁转矩公式。

为简单起见，设电机为隐极，不计磁饱和的影响，定子和转子磁动势在气隙中产生的磁场 b_1 和 b_2 均为正弦分布的旋转磁场，且转子磁场滞后于定子磁场以 δ_{12}（电角度），即

$$b_1=B_1\cos(\omega t-\theta_s),\quad b_2=B_2\cos(\omega t-\theta_s-\delta_{12})\tag{B-48}$$

于是气隙内的合成磁场 b 为

$$b=b_1+b_2=B_1\cos(\omega t-\theta_s)+B_2\cos(\omega t-\theta_s-\delta_{12})\tag{B-49}$$

线性时气隙内的磁共能 W_m' 和磁能 W_m 应为

$$\begin{aligned}W_m'&=W_m=\int_V\frac{b^2}{2\mu_0}\mathrm{d}v\\&=\frac{lg}{2\mu_0}\int_0^{2\pi}[B_1\cos(\omega t-\theta_s)+B_2\cos(\omega t-\theta_s-\delta_{12})]^2r\mathrm{d}\theta_{\mathrm{mech}}\\&=\frac{lg}{2\mu_0}\frac{r}{p}\int_0^{p2\pi}[B_1^2\cos^2(\omega t-\theta_s)+B_2^2\cos^2(\omega t-\theta_s-\delta_{12})+\\&\qquad 2B_1B_2\cos(\omega t-\theta_s)\cos(\omega t-\theta_s-\delta_{12})]\mathrm{d}\theta_s\\&=\frac{lg}{2\mu_0}\frac{r}{p}\left[\frac{B_1^2}{2}p2\pi+\frac{B_2^2}{2}p2\pi+B_1B_2\,p2\pi\cos\delta_{12}\right]\\&=\frac{lg\pi D}{4\mu_0}[B_1^2+B_2^2+2B_1B_2\cos\delta_{12}]\end{aligned}\tag{B-50}$$

式中，l 为电机的轴向长度；g 为气隙的径向长度；r 为气隙的平均半径，$r=D/2$。若气隙为均匀，气隙磁密的幅值 $B_1=\mu_0F_1/g$，$B_2=\mu_0F_2/g$，则式（B-50）可改写为

$$W_m'=\frac{\mu_0 l\pi D}{4g}(F_1{}^2+F_2{}^2+2F_1F_2\cos\delta_{12})\tag{B-51}$$

式中，F_1 和 F_2 分别表示正弦分布的定、转子磁动势的幅值。

使定、转子电流保持不变（即磁动势幅值不变），转子作微分虚位移 $\Delta\delta_{12}$，于是转子磁动势在空间的位置将移动 $\Delta\delta_{12}$，由此可得电磁转矩 T_e 为

$$T_e=p\frac{\partial W_m'}{\partial\delta_{12}}=-p\frac{\mu_0 l\pi D}{2g}F_1F_2\sin\delta_{12}\tag{B-52}$$

式（B-52）表示，电磁转矩与定、转子磁动势的幅值，以及它们之间的夹角 δ_{12} 的正弦成正比，负号表示转矩的方向为使 δ_{12} 缩小的方向。

由于定、转子磁动势在空间正弦分布，可作为空间矢量，故可得图 B-9b 所示矢量图。从图可见，$F_2\sin\delta_{12}=F\sin\delta_1$，故式（B-52）也可改写成

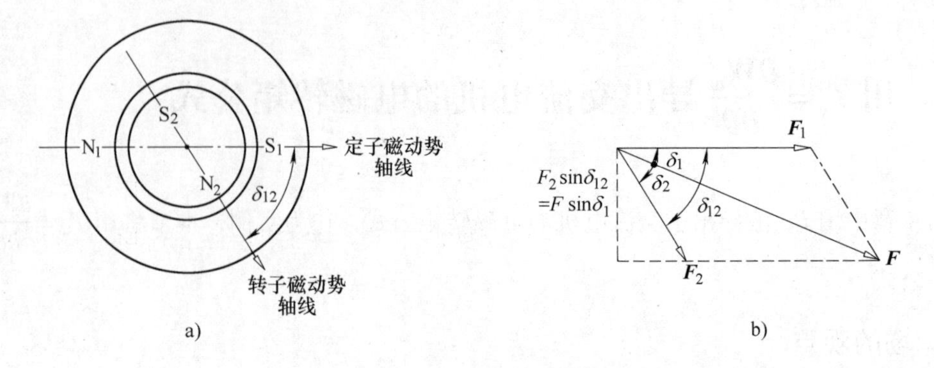

图 B-9　定、转子磁动势的两极模型

a）定子和转子磁动势　b）由空间矢量合成得到气隙合成磁动势

$$T_{\mathrm{e}} = -p\frac{\mu_0 l\pi D}{2g}F_1 F\sin\delta_1 \tag{B-53}$$

式中，δ_1为定子磁动势与气隙合成磁场间的夹角。再考虑到 $\pi D = 2p\tau$，$F = \dfrac{B}{\mu_0}g$，气隙合成磁场的磁通量 $\Phi = \dfrac{2}{\pi}B\tau l$，即可得到

$$T_{\mathrm{e}} = -\frac{\pi}{2}p^2 F_1 \Phi\sin\delta_1 \tag{B-54}$$

式（B-54）就是交流电机电磁转矩的通用公式，此式对隐极同步电机和感应电机都适用。对于凸极同步电机，F_1 必须是非凸极侧的磁动势，δ_1 角则是此磁动势与气隙合成磁场间的夹角。

最后，若定、转子的极数不同，即

$$b_1 = B_1\cos(\omega t - \theta_{\mathrm{s}}),\quad b_2 = B_2\cos(\omega t - \nu\theta_{\mathrm{s}} - \delta_{12}) \tag{B-55}$$

式中，ν 为转子磁场的空间谐波次数，$\nu \neq 1$。仿照式（B-50）的推导可知，由于

$$\int_0^{p2\pi}\cos(\omega t - \theta_{\mathrm{s}})\cos(\omega t - \nu\theta_{\mathrm{s}} - \delta_{12})\,\mathrm{d}\theta_{\mathrm{s}} = 0 \tag{B-56}$$

故整个气隙内的磁共能 W_{m}' 将是一个常值而与 δ_{12} 无关，于是电磁转矩 $T_{\mathrm{e}} = p\dfrac{\partial W_{\mathrm{m}}'}{\partial\delta_{12}} = 0$。由此可见，定、转子的极数相等，是产生平均电磁转矩的必要条件。

2. 路的观点

把交流电机的磁共能用各个绕组的自感、互感和电流来表达，然后用 $T_{\mathrm{e}} = \dfrac{\partial W_{\mathrm{m}}'}{\partial\theta}$ 求得电磁转矩，这就是用路的观点来导出电磁转矩的方法，称为动态电路法。可以证明，用路的观点和用场的观点导出的电磁转矩公式是一致的。

参 考 文 献

[1]　汤蕴璆. 电机内的电磁场[M]. 2 版. 北京:科学出版社,1998.

[2] J A Stratton. Electromagnetic Theory[M]. McGraw-Hill,1941.

[3] A E Fitzgerald, C Kingsley,Jr., S D Umans. Electric Machinery[M].6th Ed. McGraw-Hill, 2003.

[4] 方啟阒. 电机中若干典型例子的磁场有质动力分析[J]. 哈尔滨电工学院学报,1982,(2).

[5] 古贺健一郎. On the Mechanism of the Torque of Electric Motor[J]. JIEE of Japan,1953.

附录 C　分数槽绕组

每极每相槽数是一个分数的绕组，称为分数槽绕组。例如有一台三相交流电机，定子槽数 $Q=30$，极数 $2p=8$，每极每相槽数 q 为

$$q=\frac{Q}{2pm}=\frac{30}{8\times 3}=1\frac{1}{4}$$

这就是一个分数槽绕组。普遍而言，分数槽绕组的每极每相槽数 $q=b+\frac{c}{d}$，其中 b 为一整数，$\frac{c}{d}$为一不可约的分数。对于上例，$b=1$，$\frac{c}{d}=\frac{1}{4}$。

分数槽绕组主要用于多极低速的同步电机（例如水轮发电机）中，用以减小空载电动势中的高次谐波，尤其是齿谐波；并使设计时电机的电磁负荷可以选择得更为合理，电磁性能和经济性更好。在系列同步电机和感应电机中，为了利用已有的冲模或提高冲片的通用性，有时也采用分数槽绕组。例如一个 36 槽的冲片同时用于四极、六极和八极电机时，当 $2p=8$ 时，q 即为 $1\frac{1}{2}$。

下面说明三相双层分数槽绕组的构成。先说明分数槽绕组相带的划分。

C.1　分数槽绕组相带的划分

相带划分　由于槽是不能分割的，所以每极下每相占有一个分数的槽数（例如 $1\frac{1}{4}$）实际上是不可能的。实际情况是

$$q=1\frac{1}{4}=5\text{ 槽}\big/(4\text{ 极}\times\text{相})=\overset{N_1}{2}+\overset{S_1}{1}+\overset{N_2}{1}+\overset{S_2}{1}\quad\text{槽}\big/(4\text{ 极}\times\text{相})$$

即在 4 个极下每相共有 5 个槽，其中三个极下每极每相为 1 个槽，另一个极下则是 2 个槽。换言之，在分数槽绕组中，每一个极下每相所占的槽数是互不相等的，部分极下多（或少）一个槽。通常所说分数槽绕组的每极每相槽数，实际是指平均值而言。

分数槽绕组也可用电动势星形图来划分相带。若总槽数 Q 和极对数 p 之间具有最大公约数 t，则整个绕组就可以分成 t 个完全相同的单元，每一单元内有$\frac{p}{t}$对极和 $Q_0=\frac{Q}{t}$个槽。对于上述 $Q=30$、$2p=8$ 的例子，Q 与 p 之间具有最大公约数 2，故整个绕组可以分成两个单元，每个单元内有 4 个极，15 个槽。由于各个单元的相应槽号在磁场中所处的位置完全相

同，所以实际上只要研究一个单元内的槽号分配就可以。

对所研究的例子，相邻两槽间的电角度 α 为

$$\alpha = \frac{p \times 360°}{Q} = \frac{4 \times 360°}{30} = 48°$$

若以 1 号槽作为 0°，则 2 号槽将滞后于 1 号槽 48°，3 号槽又滞后于 2 号槽 48°，以此类推，9 号槽将滞后 1 号槽 8×48°=384°，即转过一圈（360°）后插在 1 号和 2 号槽的中间，10 号槽在转过一圈后插在 2 号和 3 号槽之间，以此类推。由此即可列出一个单元内（15 个槽）槽相量的电角度值，并画出相应的电动势星形图，如表 C－1 和图 C－1a 所示。从第 16 号槽开始到第 30 号槽为第二个单元，其中第 16 号槽与第 1 号槽在磁场中的位置相同，第 17 号槽与第 2 号槽的位置相同，以此类推。

表 C－1　分数槽绕组在一个单元内的相带划分（$Q=30$，$2p=8$，$q=1\frac{1}{4}$）

槽号	1	2	3	4	5	6	7	8	9	10	11	12	13	14	15
电角度	0°	48°	96°	144°	192°	240°	288°	336°	384°（即 24°）	432°（72°）	480°（120°）	528°（168°）	576°（216°）	624°（264°）	672°（312°）
相带	A		Z	B	X	C		Y	A	Z	B		X	C	Y
极性	N_1，S_1								N_2，S_2						
循环数序	2		1	1	1	2		1	1	1	2		1	1	1

三相分数槽绕组通常也采用 60°相带。从表 C－1 和电动势星形图 C－1a 可见：1 号、2 号和 9 号槽在 0°～60°电角度范围内，故属于 A 相带；3 号和 10 号槽在 60°～120°电角度范围内，故属于 Z 相带；4 号、11 号和 12 号槽在 120°～180°电角度范围内，故属于 B 相带。以此类推。这样，各个槽属于哪一相就被确定下来。

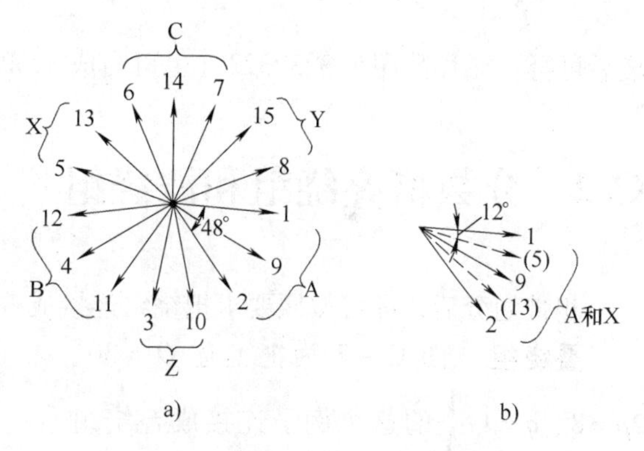

图 C－1　三相分数槽绕组的电动势星形图（$Q=30$，$2p=8$，$q=1\frac{1}{4}$）

a）一个单元内的电动势星形图　b）A 相的电动势相量

循环数序　从图 C－1 和表 C－1 可见，对所研究的例子，N_1 极下 A 相有两个槽（1 号和 2 号槽），C 相有一个槽（3 号槽），B 相有一个槽（4 号槽），S_1 极下 A 相有一个槽（5 号槽）。这一系列数字（共 d 个数字）

$$2，1，1，1\cdots（共重复三遍）$$

就称为分数槽绕组的循环数序。不难看出，循环数序就表示单元电机内，各个极下各相槽数的分配情况。例如，循环数序 2，1，1，1 就表示，在四个极的 12 个相带里，A 相带内有 2 个槽，Z、B、X 相带内各有 1 个槽，接着 C 相带内又有 2 个槽，Y、A、Z 相带内又是各有 1 个槽…，如表 C－1 所示。

由于定子内缘是圆的，起始槽号也是任选，所以对所研究的例子，可截取 2，1，1，1，2，1，1，1，2，1，1，1 中的任一段（共 d 个数字）作为循环数序，但数字的前、后次序不能改

变。

上面是用电动势星形图来确定具有60°相带、并具有最大分布因数的分数槽绕组的循环数序。当分数的分母 d 较大时，这样做比较费时。下面介绍一种简化方法。

根据每极每相槽数 q，依次算出 q，$2q$，$3q$，…直到 dq 的值，再取前面 $d-1$ 个分数的整数部分并加上1，并以0作为第一项，如下所示：

$$
\begin{array}{cccccc}
 & q & 2q & 3q & & dq\ (=bd+c) \\
0 & \lfloor q \rfloor +1 & \lfloor 2q \rfloor +1 & \lfloor 3q \rfloor +1 & \cdots & dq
\end{array}
$$

式中，$\lfloor\ \rfloor$ 表示取该分数的整数部分。然后依次把第二行数字中的第二项减去第一项，第三项减去第二项，…，所得的 d 个数字即为循环数序。

例如要确定三相 $Q=102$，$2p=14$，每极每相槽数 $q=2\frac{3}{7}$ 这个分数槽绕组的循环数序，则由下列计算可知：

$$
\begin{array}{cccccccl}
q & 2q & 3q & 4q & 5q & 6q & 7q & (=bd+c) \\
2\frac{3}{7} & 4\frac{6}{7} & 7\frac{2}{7} & 9\frac{5}{7} & 12\frac{1}{7} & 14\frac{4}{7} & 17 & (q\ 到\ dq)
\end{array}
$$

0　3　5　8　10　13　15　17（取整加1）

3　2　3　2　3　2　2（后项数字减去前项数字）

最后可得，循环数序为3232322（也可写成3232232或3223232）。

C.2　分数槽叠绕组和波绕组

相带划分后，即可按照要求把绕组连接成叠绕组或波绕组。

叠绕组　图C－2为把上述 $Q=30$、$2p=8$、$q=1\frac{1}{4}$ 的这个例子连接成叠绕组时，A相绕组的展开图。此时一个单元内A相共有4个极相组，其中一个大极相组由两个线圈串联组成，三个小极相组每组只有一个线圈。注意，不同磁极极性下的极相组串联时应当反连，即尾－尾相连或头－头相连，这与整数槽绕组时相同。

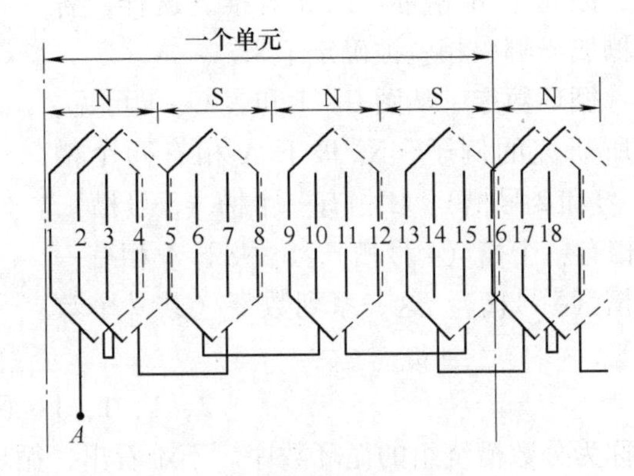

图C－2　三相分数槽叠绕组的一个单元中，A相的展开图

（$Q=30$，$2p=8$，$q=1\frac{1}{4}$）

基波和高次谐波的分布因数　对于分数槽绕组，由于一个单元内属于同一相的各个极相组内，各个线圈的电动势相量都不同相，所以计算一相的合成电动势和分布因数时，不能仅用一个极相组内 q 个线圈的电动势相量的合成来考虑，而要用一个单元内

属于同一相的 d 个极相组内，$d \times q$ （$=q_e$）个线圈电动势相量的合成来考虑，q_e 就称为分数槽绕组的每极每相等效槽数，$q_e = dq = bd + c$。例如，对于上述 $q = 1\frac{1}{4}$ 的例子，$d = 4$，$q_e = bd + c = 5$，计算 A 相的电动势时，应当用四个极相组中的 1、2、（5）、9、（13）这五个相互间隔 12°的电动势相量的相量和来考虑。这五个相量中，1、9、2 属于 A 相带，5 和 13 原来属于 X 相带，由于接线时已经反向串联，故在相量图 $C-1b$ 中相量 5 和 13 的位置翻转了 180°，在图 C-1b 中用虚线来表示。普遍来讲，一个单元内，A 相的 60°相带内共有 q_e 个互相间隔 α_e 角的电动势相量，$\alpha_e = \frac{60°}{q_e}$。因此，分数槽绕组的基波分布因数 k_{d1} 应为

$$k_{d1} = \frac{\text{一个单元内 } q_e \text{ 个分布线圈的合成电动势}}{q_e \text{ 个集中线圈的合成电动势}} = \frac{\sin \frac{q_e \alpha_e}{2}}{q_e \sin \frac{\alpha_e}{2}} \tag{C-1}$$

对所研究的例子，$q_e = 5$，$\alpha_e = 12°$，故 $k_{d1} = \frac{\sin 30°}{5\sin 6°} = 0.957$。

同理可以证明，对于奇次高次谐波（即 $\nu = 3, 5, 7, \cdots$），分布因数 $k_{d\nu}$ 为

$$k_{d\nu} = \frac{\sin \nu \frac{q_e \alpha_e}{2}}{q_e \sin \nu \frac{\alpha_e}{2}} \tag{C-2}$$

波绕组　相带划分后，每个槽（线圈）属于哪一相即被确定，把属于同一相的线圈按波绕的规律连接起来，即可得到分数槽波绕组。

波绕组的连接规律取决于合成节距 y。为把属于同一极性下的线圈连接起来，波绕组的合成节距应当接近或者等于一对极距，用槽数表示时 $y \approx 2mq$，且 y 应当是一个整数。在分数槽绕组中，q 为分数，故 $2mq$ 可能不是整数，此时应当把 $2mq$ 加上或减去一个分母为 d 的分数，使其成为整数，以得到合成节距 y，即

$$y = 2mq + \frac{\varepsilon}{d} = \text{整数} \tag{C-3}$$

式中，ε 为使 y 凑成整数时所需加的小整数，$\varepsilon = 0, \pm 1, \pm 2, \cdots$。以前述 $q = 2\frac{3}{7}$ 的情况为例，

$$y = 2mq + \frac{\varepsilon}{d} = 2 \times 3 \times 2\frac{3}{7} + \frac{\varepsilon}{7} = 15(\varepsilon = 3)$$

即 $\varepsilon = 3$ 时，y 即能凑成整数 15。当然，也可以取 $\varepsilon = -4$，使 $y = 14$，此时将得到另外一种接线。

循环数序和合成节距确定后，即可画出绕组表和接线图，并进一步画出波绕组的展开图。

绕组表的画法为：

（1）作一矩形多行表格，每行内有 y 格，然后从 1 开始，依次把各个线圈号填入表格，直至 Q 号线圈为止。

（2）根据循环数序进行分相。由于各相的极相组内线圈数有多有少，所以用槽数来划分时，A、Z、B、X、C、Y 六个相带的划分线为阶梯形折线。

(3) 在绕组表内进行接线。A 相接线在 A、X 相带内进行，B 相在 B、Y 相带内进行，C 相在 C、Z 相带内进行。

图 C－3a 为三相 $Q=102$、$2p=14$、$q=2\frac{3}{7}$的分数槽波绕组的绕组表。整个表格共 102 格，每格表示一个线圈。由于 $d=7$，$q_e=bd+c=17$，合成节距 $y=15$（$\varepsilon=3$），故每行有 15 格。从 1 号线圈开始，把 102 个线圈号依次填入表中（为接线方便起见，重复多加一行），再根据循环数序 3232232 来划分相带，得到六根阶梯形的相带划分线，然后即可进行接线。

以 B 相为例，B 相接线应在 B、Y 相带内的各个线圈中进行，如图 C－3b 所示。由于绕组表的每一行有 y 格，所以表中属于同一列的上、下两个线圈之间，恰好相隔一个合成节距（例如 6 号与 21 号线圈之间，21 号和 36 号线圈之间，等等），它们之间的连接属于自然连接。同一相带内非同一列的上、下两个线圈之间（例如线圈 43 与 57 之间，44 与 58 之间），则要用斜连接线才能连起来。正相带内的线圈和负相带内的线圈之间（例如 13 号和 6 号线圈之间），则要用组间直连接线才能连起来。图 C－3c 为与图 b 相对应的、整个 B 相的接线示意图，图中“—”表示自然连接，“⌋”表示斜连接线，“[”和“]”表示组间的直连接线。

A			Z		B			X		C		Y		
1	2	3	4	5	6	7	8	9	10	11	12	13	14	15
16	17	18	19	20	21	22	23	24	25	26	27	28	29	30
31	32	33	34	35	36	37	38	39	40	41	42	43	44	45
46	47	48	49	50	51	52	53	54	55	56	57	58	59	60
61	62	63	64	65	66	67	68	69	70	71	72	73	74	75
76	77	78	79	80	81	82	83	84	85	86	87	88	89	90
91	92	93	94	95	96	97	98	99	100	101	102			
		6	7	8					13	14	15			

a)

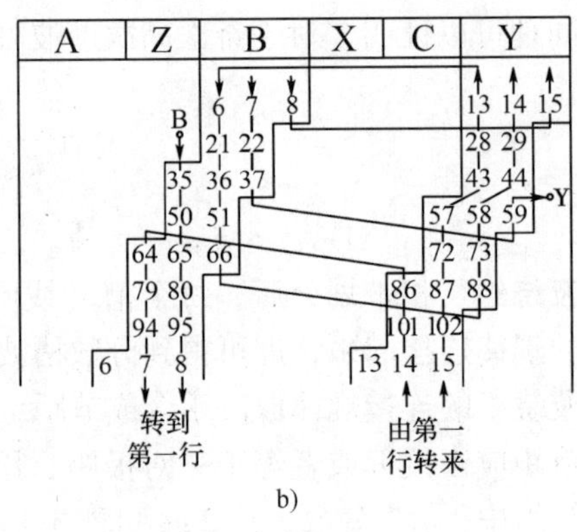

b)

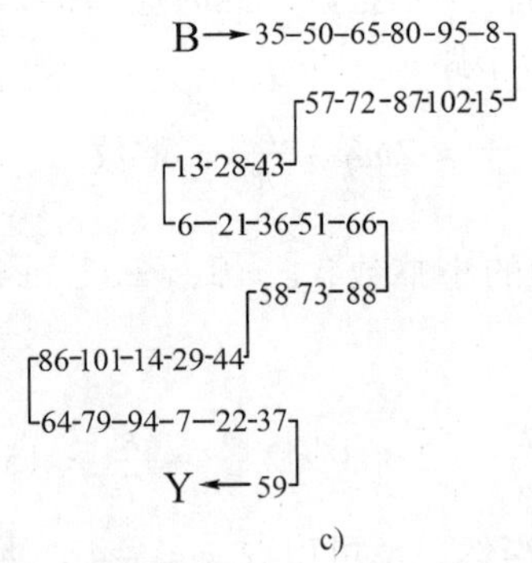

c)

图 C－3　三相 $Q=102$、$2p=4$、$q=2\frac{3}{7}$的分数槽波绕组的绕组表

a）绕组表的画法　b）B 相接线图　c）B 相线圈的接线示意图

图 C－4 表示 B 相绕组的展开图和绕组端部的连接情况。

实践表明，同一个分数槽波绕组可以有几种连接方案，最好的方案是，连接线的总长最短、斜连接最少，极间连接线数量最少、长度最短的方案。

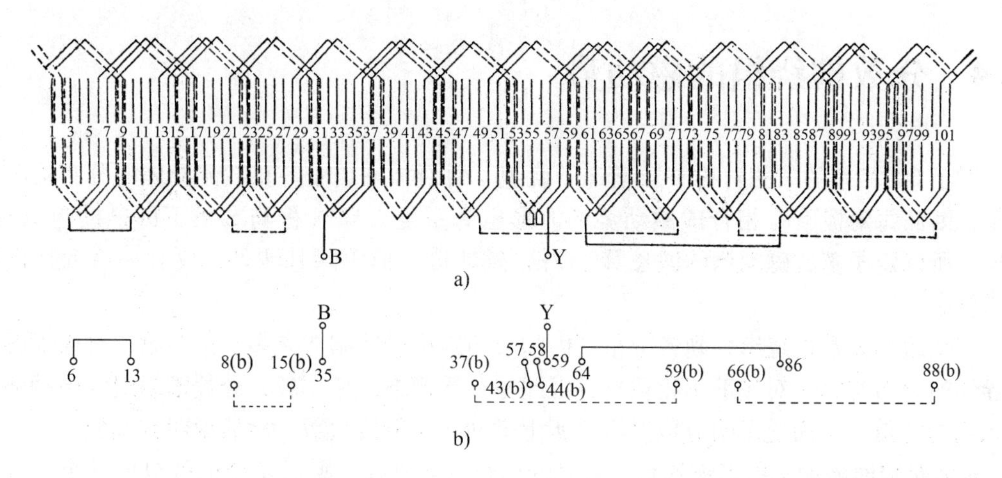

图 C－4　图 C－3 的分数槽波绕组中，B 相的展开图（$Q=102$，$2p=14$，$q=2\frac{3}{7}$）

a）B 相展开图　b）端部连接示意图［图中 b）表示下层，虚线表示下层线圈边之间的连接线］

C.3　分数槽绕组的对称条件

分数槽绕组的对称条件为：若整个电机可分成 t 个单元，则每一单元内，每相的槽数应当相等并为一整数，即

$$\frac{Q}{tm}=\text{整数} \tag{C-4}$$

式（C－4）是对称的基本条件。此条件也可以转化为其他形式。常见的形式是，若绕组为对称，则

$$\left.\begin{aligned}\frac{2p}{d}&=\text{整数}\\ \frac{d}{m}&\neq\text{整数}\end{aligned}\right\} \tag{C-5}$$

对三相绕组，$m=3$，故对称分数槽绕组的分母 d，不能是 3 的倍数。实用上常用式（C－5）来判断分数槽绕组是否对称。

对称分数槽绕组可以得到的最多并联支路数 $a_{\max}$ 为

$$a_{\max}=\frac{2p}{d} \tag{C-6}$$

实际支路数 a 可以少于 $a_{\max}$，但 $a_{\max}$ 必须是 a 的整数倍。所以当并联支路数 $a\neq1$ 时，分数槽绕组的另外一个对称条件是

$$\frac{a_{\max}}{a}=\text{整数} \tag{C-7}$$

C.4 分数槽绕组的磁动势

对于60°相带的三相对称整数槽定子绕组，每对极下定子各相载流导体的分布情况均为重复，因而每对极下三相合成磁动势的波形也为重复，且N极与S极下的磁动势为相等、相反，所以定子基波磁动势的波长等于2τ，磁动势波形中除基波外，仅有一系列奇次的高次谐波。

若绕组为分数槽绕组，则各个相带内的极相组中其线圈数有多有少，第二对极下各相载流导体的分布与第一对极下不相重复；因此与整数槽绕组相比较，分数槽绕组的磁动势具有一系列的特点。下面先说明分数槽绕组所生磁动势的谐波次数，然后说明其幅值。

***d*为偶数时磁动势的谐波次数** 若q的分母$d=$偶数，则每d个极就组成一个单元，所以每经过d个极，槽内各相载流导体及其所产生的磁动势波的波形将重复一次。在进行磁动势波形的谐波分析时，若以每一单元所占的定子内圆周长$d\times\tau$作为基波波长，则磁动势的谐波次数n应为

$$n = 1, 2, 3, 4, 5, 6, \cdots \tag{C-8}$$

磁动势的谐波中既有奇次又有偶次谐波，但谐波次数n均为整数。由于主波[㊀]波长为2τ，所以此时主波将成为$\frac{d}{2}$次谐波。

若改以主波作为基波，则其他各次谐波的次数ν就成为

$$\nu = \frac{n}{d/2} = \frac{2}{d}\times(1, 2, 3, 4, 5, 6, \cdots) \tag{C-9}$$

此时ν既可能是整数，也可能是分数；既可能大于1，也可能小于1。换言之，用主波作为基波时，分数槽绕组的磁动势中既可能有高次谐波，也可能有低次和分数次谐波，次数低于主波（$\nu<1$）的低次谐波，通常称为次谐波。

以一台$Q=540$、$2p=48$、$q=3\frac{3}{4}$的三相水轮发电机的定子绕组为例，该绕组的$d=4$。由于Q与p之间具有最大公约数12，所以整个电机可以分成12个单元（即$t=12$），每个单元内有4极、45槽。图C-5所示为定子A相电流达到最大值时，一个单元内三相合成磁动势的分布。

从图C-5b可知，每隔四个极，合成磁动势的分布波形将重复一次，故以4τ作为基波波长进行谐波分析时，谐波次数n应为

$$n = 1, \underset{\text{主波}}{\boxed{2}}, 3, 4, 5, 6, \cdots$$

此时所有的谐波次数均为整数；对于波长为2τ的主波，此时将是二次谐波。若按通常习惯，以2τ作为基波波长，则主波成为基波，其他谐波的谐波次数ν将成为

㊀ 波长为2τ的正弦波称为主波。对于整数槽绕组，定子磁动势的基波即为主波。

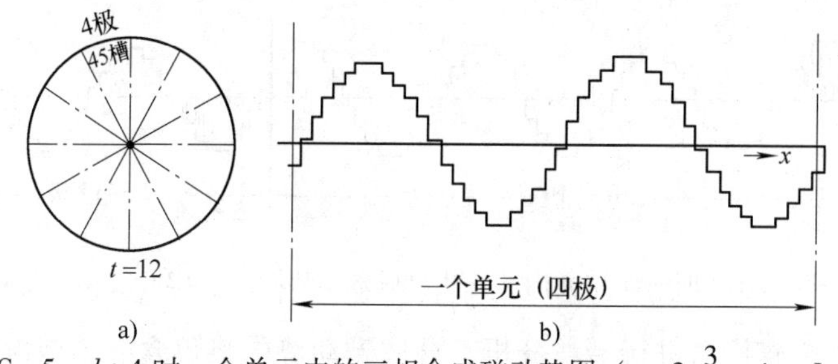

图 C-5　$d=4$ 时一个单元内的三相合成磁动势图（$q=3\frac{3}{4}$，$i_A=I_m$ 时）

a）划分单元　b）一个单元内的三相合成磁动势

$$\nu=\frac{n}{d/2}=\frac{1}{2}\times(1,\ \boxed{2},\ 3,\ 4,\ 5,\ 6,\ \cdots)$$

$$=\frac{1}{2},\ \underset{\text{主波}}{\boxed{1}},\ \frac{3}{2},\ 2,\ \frac{5}{2},\ 3,\ \cdots$$

此时将出现 ν 为$\frac{1}{2}$、$\frac{3}{2}$等分数次谐波。

以上是一般情况。若绕组为三相对称，定子电流也是三相对称，可以证明，$n=3$ 以及 3 的整数倍的谐波合成磁动势均为 0（即不存在这些谐波）。再以主波的转向规定为正，与主波相邻的其他谐波的转向为正、反相间，就有

	$n=1$,	$\boxed{2}$,（主波）	4,	5,	$\cdots$
转向	反	正	反	正	

或

	$\nu=\frac{1}{2}$,	$\boxed{1}$,（主波）	2,	$\frac{5}{2}$,	$\cdots$
转向	反	正	反	正	

d 为奇数时磁动势的谐波次数　若 $d=$ 奇数，则每一单元内有 $2d$ 个极，其中后面 d 个极下定子的载流导体和磁动势，应与前面 d 个极下对应点的载流导体和磁动势大小相等、方向相反。因此，用单元周长 $2d\times\tau$ 作为基波波长来进行谐波分析时，磁动势波形中将仅含有奇次谐波，即

$$n=1,3,5,7,\cdots \tag{C-10}$$

此时主波的次数为 d 次。

若改以主波为基波，则谐波的次数 ν 将成为

$$\nu=\frac{n}{d}=\frac{1}{d}\times(1,3,5,7,\cdots) \tag{C-11}$$

同理，三相对称运行时，不存在 $n=3$ 及其倍数次的谐波。谐波磁动势的转向，与 $d=$ 偶数时同样确定。

以一台 $Q=456$，$2p=56$，$q=2\frac{5}{7}$的三相水轮发电机的定子绕组为例，该绕组的 $d=7$（奇数）。由于 Q 与 p 之间具有最大公约数 4，故可将定子分为 4 个单元（即 $t=4$），每个单元内有 14 个极，114 槽。图 C-6 表示 A 相电流达到最大值时，一个单元内的三相合成磁动势。

从图 C-6 可见，后面 7 个极的磁动势波形，与前面 7 个极的磁动势波形恰好反向，此

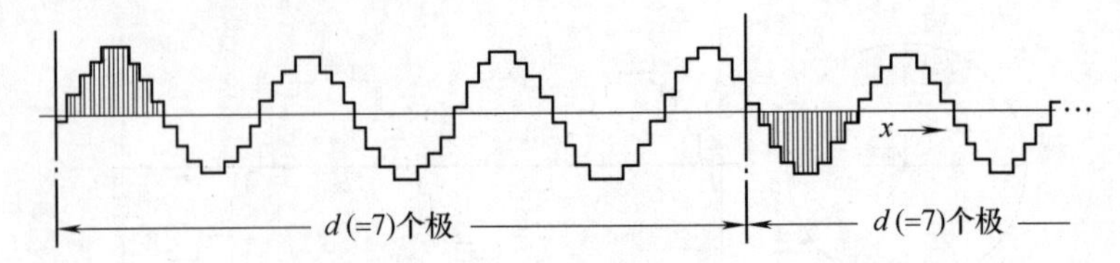

图 C-6 $d=7$ 时一个单元内的三相合成磁动势图（$q=2\frac{5}{7}$，$i_A=I_m$ 时）

时若以 14τ 作为基波波长来进行谐波分析，合成磁动势中将仅含有整数次的奇次谐波，即

$$n = 1,\quad 5,\quad \overset{\text{主波}}{\boxed{7}},\quad 11,\quad 13,\quad \cdots$$

转向　正　反　正　反　正

若以主波作为基波，则谐波次数 ν 应为

$$\nu = \frac{n}{7} = \frac{1}{7},\ \frac{5}{7},\ \overset{\text{主波}}{\boxed{1}},\ \frac{11}{7},\ \frac{13}{7},\ \cdots$$

转向　正　反　正　反　正

即谐波次数将出现分数次。

定子磁动势的幅值 与整数槽绕组相似，以主波作为基波时，分数槽绕组的三相基波合成磁动势的幅值 F_1（安匝/极）应为

$$F_1 = 1.35\frac{N_1 k_{w1} I_1}{p} \tag{C-12}$$

式中，N_1 为定子每相串联匝数；k_{w1} 为基波的绕组因数，$k_{w1}=k_{p1}k_{d1}$；其中 k_{p1} 为基波的节距因数，$k_{p1}=\sin\frac{y_1}{\tau}90°$；$k_{d1}$ 为基波的分布因数，$k_{d1}=\dfrac{\sin\frac{q_e\alpha_e}{2}}{q_e\sin\frac{\alpha_e}{2}}$（见式 C-1）。

类似地，三相谐波合成磁动势的幅值 F_ν 为

$$F_\nu = \frac{1}{\nu}1.35\frac{N_1 k_{w\nu}}{p}I_1 \tag{C-13}$$

式中，$k_{w\nu}$ 为 ν 次谐波的绕组因数，$k_{w\nu}=k_{p\nu}k_{d\nu}$；其中 $k_{p\nu}$ 为 ν 次谐波的节距因数，$k_{p\nu}=\sin\nu\left(\frac{y_1}{\tau}90°\right)$，$k_{d\nu}$ 为 ν 次谐波的分布因数。对 60°相带、具有“最大分布因数”的三相分数槽绕组，经过分析和推导（参见本附录的文献 1 或 3），可知

$$k_{d\nu} = \frac{\sin q_e\frac{\alpha_\nu}{2}}{q_e\sin\frac{\alpha_\nu}{2}} \tag{C-14}$$

式中，q_e 为每极每相的等效槽数，$q_e=bd+c$；角度 α_ν 为

（1）当 d = 偶数时

$$\alpha_\nu = Dd\alpha_e\nu + 180° \tag{C-15}$$

（2）当 d = 奇数时

$$\left.\begin{aligned} &\alpha_\nu = Dd\alpha_e\nu && P\ \text{为偶数时} \\ &\alpha_\nu = Dd\alpha_e\nu + 180° && P\ \text{为奇数时} \end{aligned}\right\} \tag{C-16}$$

其中，$\alpha_e=\dfrac{60°}{q_e}$，$D=\dfrac{3q_eP+1}{d}$，$P$ 为使 D 成为整数的最小整数。式（C－14）对任何次数（高次或低次、整数或分数次）的谐波都适用。

由式（C－14）和式（C－15）、式（C－16）可知，分布因数 $k_{d\nu}$除与谐波次数 ν 有关外，还与每极每相槽数 q 中的分母 d 和 P 值有关。经过进一步推导，若仅考虑数值而不考虑正、负号时，式（C－14）可简化为

d＝偶数时

$$k_{d\nu}=\frac{0.5}{q_e\cos\left(\dfrac{D}{q_e}60°n\right)} \tag{C-17}$$

d＝奇数时

$$\left.\begin{aligned} k_{d\nu}&=\frac{0.5}{q_e\sin\left(\dfrac{D}{q_e}30°n\right)} \quad P\text{ 为偶数时}\\ k_{d\nu}&=\frac{0.5}{q_e\cos\left(\dfrac{D}{q_e}30°n\right)} \quad P\text{ 为奇数时}\end{aligned}\right\} \tag{C-18}$$

式中，n 为与 ν 相对应的谐波次数，见式（C－9）和式（C－11）：当 d＝偶数时，$n=\nu\dfrac{d}{2}$；当d＝奇数时，$n=\nu d$。

由于分数槽绕组的谐波磁动势中，含有次数低于基波的分数次谐波（简称次谐波），在某些情况下，定子磁动势的次谐波与主极磁场相互作用，可使凸极同步电机（特别是水轮发电机）的定子铁心产生显著的振动，因此在定子绕组设计时应加以分析、核算。

参 考 文 献

［1］ M M Liwschitz. Distribution Factors and Pitch Factors of the Harmonics of a Fractional-Slot Winding[J]. AIEE Trans. 1943.

［2］ M Liwschitz-Garik, C C Whipple. A. C Machines[M]. 2nd Edition. Van-Nostrand, 1961.

［3］ 汤蕴璆. 分数槽绕组的分布系数[J]. 大电机技术. 1973, No. 3

［4］ Fan Yu(范瑜). Diffrential Leakage of Fractional-Slot Windings[J]. Electric Machine and Power System. Vol. 9, No. 6, 1984.

附录 D　六相和其他多相绕组

现代调速用交流电机，有的是六相、有的是九相或十二相电机。下面简要说明这些多相电机的定子绕组及其电动势和磁动势。

D.1　六相定子绕组的构成

六相定子绕组的各相依次用 A、B、C、D、E 和 F 来代表。若绕组为对称，则 B 相的感应电动势 $\dot{E}_B$将滞后于 A 相电动势 $\dot{E}_A$以 60°电角，C 相电动势 $\dot{E}_C$又滞后于 B 相的 $\dot{E}_B$以 60°电角，以此类推，如图 D－1 所示。

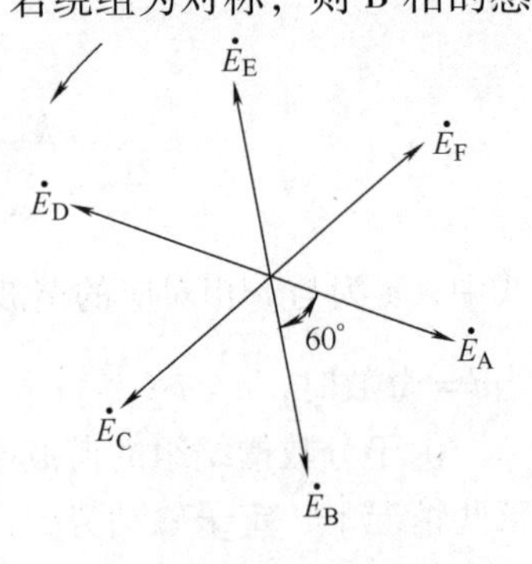

图 D－1　对称六相定子绕组的相电动势相量

1. 相带划分

六相绕组的相带有 30°相带和 60°相带两种。若每对极的 360°电角度内每相有一个 30°的正相带和一个 30°的负相带，与三相绕组相类似，可构成 30°相带绕组。若每对极下每相只有一个 60°的相带、而不再分成正、负两个相带，则是 60°相带绕组。

对于 30°相带绕组，首先应当算出每极每相槽数 q，然后根据 q 来划分各相的正、负相带并确定各相在各个极下的槽号，最后画出各相的接线图，整个步骤与构成三相绕组时相同。

对于 60°相带绕组，由于每对极下每相只有一个相带、而不再分成正、负两个相带，所以首先应当算出每对极下每相的槽数 q'（槽/每对极×相），

$$q' = \frac{Q}{pm} \tag{D-1}$$

再根据 q'来划分相带和确定属于各相的槽号。

以 $2p=4$，$m=6$，$Q=36$，线圈节距 $y_1=8$ 的双层定子绕组为例，说明对称六相 60°相带绕组的构成。由于极对数 $p=2$，故整个绕组共有 $2m=12$ 个相带，每相有 2 个相带。此绕组的每对极下每相槽数 $q'=\frac{Q}{pm}=\frac{36}{2\times6}=3$ 槽/每对极×相，相邻两槽间的电角度 $\alpha=\frac{p\times360°}{Q}=\frac{2\times360°}{36}=20°$，

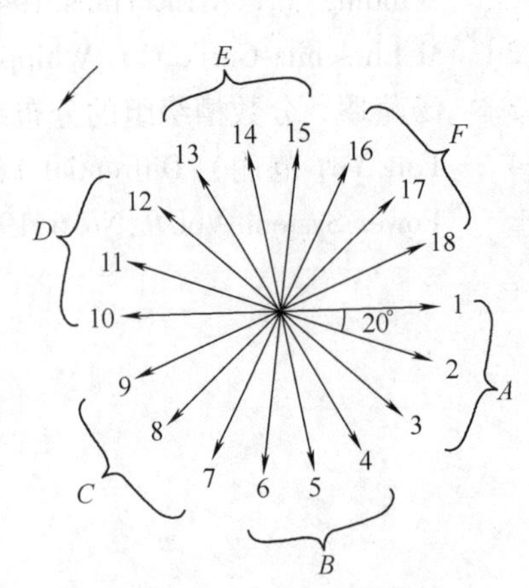

图 D－2　六相 60°相带绕组的槽相量图（$2p=4$，$q'=3$）

图D－2 中画出了第一对极下 18 个槽的槽相量。由于 $\alpha=20°$，所以第二对极下 18 个槽的槽相量，应当依次和第一对极下的 18 个相量重合。

对于 q' = 整数的整数槽绕组，可以用表 D－1 所示表格来划分相带。

表 D－1　六相 60°相带绕组的相带划分（$2p=4$，$Q=36$）

极对＼槽号＼相带	A	B	C	D	E	F
第一对极下（0°～360°）	1，2，3	4，5，6	7，8，9	10，11，12	13，14，15	16，17，18
第二对极下（360°～720°）	19，20，21	22，23，24	25，26，27	28，29，30	31，32，33	34，35，36

从表 D－1 可见，每对极下有 6 个相带，每个相带为 60°，由于 $q'=3$，所以每个相带内有 3 个槽；其中在第一对极下，A 相有 1、2、3 三个槽，在第二对极下，有 19、20、21 三个槽。其他各相的槽号均列在表 D－1 中。

2. 叠绕组

叠绕组的合成节距 $y=1$，所以相带划分后，即可把每对极下属于同一相的 q'个线圈（本例中 $q'=3$）依次串联起来，组成一个线圈组。若极对数为 p，则每相有 p 个线圈组。再根据给定的支路数，把属于同一相的 p 个线圈组串联或并联起来，即可得到一相绕组。

以 A 相为例，1、2、3 三个线圈串联起来组成一个线圈组，19、20、21 三个线圈串联起来组成另一个线圈组，再用组间连线把这两个线圈组正向串联起来，并把 1 号线圈的首端引出作为 A，21 号线圈的尾端引出作为 X，即可得到支路数 $a=1$ 时的 A 相绕组，如下所示：

$$A\rightarrow\overbrace{1-2-3}^{\text{线圈组 I}}\ \underset{\text{组间连线}}{——}\ \overbrace{19-20-21}^{\text{线圈组 II}}\rightarrow X$$

同理，把属于其他各相的线圈连接起来，可得其余五相绕组。最后，把各相的尾端 X、Y、Z、U、V、W 接在一起，把首端 A、B、C、D、E、F 引出，即可得到星形联结的对称六相绕组。

3. 波绕组

也可以把每相的 pq'个线圈（对上例为 6 个线圈）连接成波绕组。波绕组的合成节距 $y=\dfrac{Q}{p}\pm\varepsilon$ = 整数，对于本例，$y=\dfrac{36}{2}=18(=2\tau)$。以 A 相为例，若支路数 $a=1$，从 3 号线圈出发，根据合成节距 $y=18$，3 号线圈应与 21 号线圈相连，接着 21 号线圈与 2 号线圈相连（为避免绕组闭合，这里人为地缩短 1 个槽）；再从 2 号线圈出发，继续向前连接，整个 A 相线圈的连接顺序为

$$A\rightarrow3\rightarrow21\rightarrow2\rightarrow20\rightarrow1\rightarrow19\rightarrow X$$

类似地，根据表 D－1，可得其余五相绕组。

D.2 其他多相绕组

对于相数 $m=9$，12，…等其他多相绕组，其相带分别为 $\frac{360°}{m}=40°$，30°，…。与六相绕组一样，先算出每对极下每相槽数 q' 和每槽的电角度 α，并列出如表 D－1 所示的相带划分表，再根据给定的并联支路数，即可得到各相线圈的连接表，并连得所要求的多相绕组。

D.3 多相绕组的电动势、磁动势和多相电机的电磁转矩

六相和其他多相绕组的基波相电动势 $E_{\phi1}$，仍可用下式来计算，即

$$E_{\phi1}=4.44fN_1k_{w1}\Phi_1 \tag{D-2}$$

式中，f 为基波的频率；N_1 为每相的串联匝数；k_{w1} 为基波的绕组因数；Φ_1 为基波磁场的磁通量。

对于多相绕组，定子每相的基波磁动势 $F_{\phi1}$ 仍为

$$F_{\phi1}=0.9\frac{N_1k_{w1}I_1}{p} \tag{D-3}$$

对称运行时，多相绕组的基波合成磁动势 F_1 为

$$F_1=\frac{m}{2}0.9\frac{Nk_{w1}I_1}{p} \tag{D-4}$$

对称运行时，m 相电机的电磁转矩仍如式（4－80）和式（4－81）所示，即

$$T_e=\frac{\pi}{2}p^2F_1\Phi\sin\delta_1 \tag{D-5}$$

或

$$T_e=\frac{m_1}{\Omega_s}E_1I_1\cos\psi_1 \tag{D-6}$$

式中，Φ 为气隙基波合成磁场的磁通量；δ_1 为定子基波合成磁动势 $\boldsymbol{F}_1$ 与气隙基波合成磁场 $\boldsymbol{B}$ 之间的夹角；ψ_1 为 $\dot{E}_1$ 和 $\dot{I}_1$ 间的夹角。

附录 E　复数磁导率和铁心线圈的激磁阻抗

在第 2 章中，铁心线圈的激磁电阻 R_m 是由物理概念导出的，即铁心中若有铁心损耗 p_{Fe}，则铁心线圈的等效电路中必定有与之相应的铁耗电阻（或称激磁电阻）。从概念上看，这样做是合理的，但从数学处理上看，则不够严格。

本附录从引入铁心的复数磁导率开始，利用法拉第电磁感应定律和磁路的欧姆定律，比较严格地导出了激磁阻抗（特别是激磁电阻）的表达式，并进一步完善了克朗（Kron）提出的磁路和电路之间的对偶性。

E.1　复数磁导率的引入

若铁心磁路中的磁通密度 b 随时间作正弦变化，$b = B_m \sin\omega t$，铁心的磁化曲线为直线且不计铁耗，则磁场强度 h 也将为一随时间正弦变化的曲线，且 h 与 b 为同相，即 $h = H_m \sin\omega t$。此时铁心的磁导率 μ_{Fe} 为一常数，$\mu_{Fe} = \dfrac{B_m}{H_m}$。

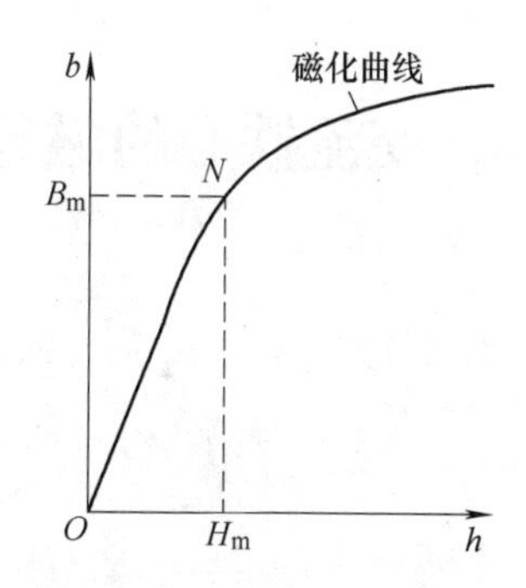

图 E－1　铁心磁路的磁化曲线

若铁心的磁化曲线为一曲线，如图 E－1 所示，则当磁通密度的幅值 B_m 超过膝点 N 时，由于磁化曲线的非线性，磁场强度 h 将成为尖顶波，B_m 越大，h 的波形就越尖；但是 h 的基波 h_1 却始终与 b 同相，这在第 2 章中已经说明。此时铁心的磁导率 μ_{Fe}，将随着工作点的不同而不同。

若进一步计及铁心的磁滞和涡流损耗，则铁心的 $b-h$ 曲线将成为一个包含一定面积的动态磁滞回线，如图 E－2a 所示；此时若磁通密度 b 随时间正弦变化，则磁场强度 h 不但是一个尖顶波，且其基波 h_1 将超前于 b 一个 α_{Fe} 角，如图 E－2b 所示。此角主要由铁耗所引起，故称为铁耗角。由于铁心中的磁通量 $\dot{\Phi}_m = \dot{B}_m A$，$A$ 为铁心的截面积，铁心线圈内的激磁电流 $\dot{I}_m = \dfrac{1}{N}\dot{H}l$，$l$ 为铁心

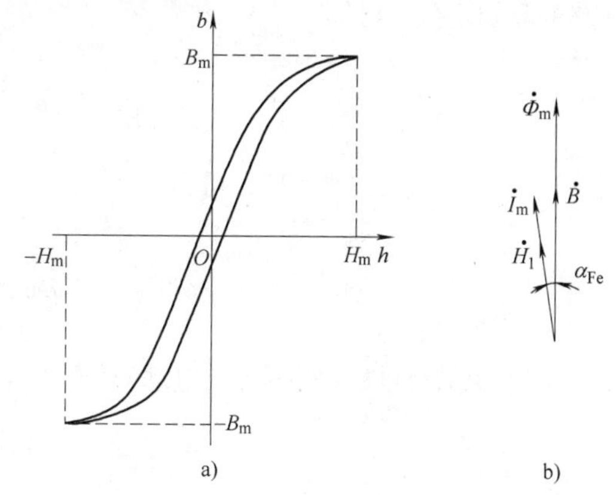

图 E－2　铁耗对 $b-h$ 曲线和磁场强度基波 h_1 相位的影响

a）动态磁滞回线　b）计及铁耗时，$\dot{H}_1$ 将超前于 $\dot{B}_1$ 以 α_{Fe} 角

磁路的平均长度，所以激磁电流 $\dot{I}_m$ 将超前于 $\dot{\Phi}_m$ 以 α_{Fe} 角。

由于磁通密度 b 设为正弦，h_1 为磁场强度中的基波，两者都是正弦波，故可用相量 $\dot{B}$ 和 $\dot{H}_1$ 来表示。由于 $\dot{H}_1$ 超前于 $\dot{B}$ 以 α_{Fe} 角，所以可以引入一个复数磁导率 μ_c，使

$$\mu_c = \frac{\dot{B}}{\dot{H}_1} = \mu_c \angle -\alpha_{Fe} = \mu_R - j\,\mu_I \tag{E-1}$$

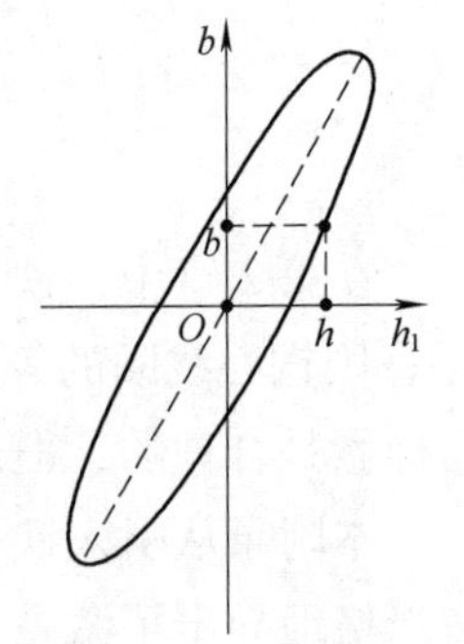

图 E-3 $b(t)$ 和 $h_1(t)$ 所形成的李萨乔图

式中，μ_R 和 μ_I 分别为 μ_c 的实部和虚部；$\mu_R = \mu_c\cos\alpha_{Fe}$；$\mu_I = \mu_c\sin\alpha_{Fe}$。

不难看出，若不计铁耗，则 $\alpha_{Fe}=0$，μ_c 是一个实数；若计及铁耗，$\dot{B}$ 和 $\dot{H}_1$ 不同相，$\alpha_{Fe}\neq 0$，则 μ_c 将是一个复数，μ_c 的角度就是相量 $\dot{B}$ 和 $\dot{H}_1$ 的夹角，即铁耗角。

把磁通密度 b（正弦波）和磁场强度的基波 h_1 在直角坐标系中画出其李萨乔图 $b=f(h)$，可得一个椭圆，如图E-3 所示。这说明上述做法实际上是用一个椭圆，去代替考虑磁滞和涡流时铁心的动态磁滞回线，椭圆的面积（代表铁心损耗）与动态磁滞回线的面积相等。

E.2 交流铁心的磁导纳和铁心线圈的激磁阻抗

引入复数磁导率 μ_c 后，铁心内磁通量的幅值相量 $\dot{\Phi}_m$ 就可以写成

$$\dot{\Phi}_m = \dot{B}_m A = \mu_c \dot{H} \cdot A = (\mu_R - j\,\mu_I)\dot{H}A \tag{E-2}$$

式中，A 为铁心的截面积。若铁心磁路上所加的激磁动势为 $N\dot{I}_m$，其中 N 为铁心线圈的匝数，根据磁路的欧姆定律，可知

$$\dot{H} = \frac{N\dot{I}_m}{l} \tag{E-3}$$

把式（E-3）代入式（E-2），可得

$$\dot{\Phi}_m = (\mu_R - j\,\mu_I)\frac{N\dot{I}_m}{l}A \tag{E-4}$$

于是主磁通 $\dot{\Phi}_m$ 在线圈内所感应的电动势 $\dot{E}_1$ 为

$$\dot{E}_1 = -j\,4.44\,fN\dot{\Phi}_m = -j\,4.44\,fN(\mu_R - j\,\mu_I)\frac{N\dot{I}_m}{l}A$$

$$= -\mathrm{j}\,4.44\,f\,N^2(\Lambda_\mathrm{R} - \mathrm{j}\,\Lambda_\mathrm{I})\,\dot{I}_\mathrm{m} \tag{E-5}$$

式（E-5）中，Λ_R 和 Λ_I 分别为磁路的磁导和磁纳，

$$\Lambda_\mathrm{R} = \mu_\mathrm{R}\frac{A}{l} \qquad \Lambda_\mathrm{I} = \mu_\mathrm{I}\frac{A}{l} \tag{E-6}$$

再考虑到

$$\dot{E}_1 = -\dot{Z}_\mathrm{m}\dot{I}_\mathrm{m} = -(R_\mathrm{m} + \mathrm{j}\,X_\mathrm{m})\,\dot{I}_\mathrm{m} \tag{E-7}$$

式（E-7）中的 Z_m 为激磁阻抗；R_m 和 X_m 分别为激磁电阻和激磁电抗。把式（E-7）和式(E-5)加以对比，不难得到

$$\left.\begin{aligned} R_\mathrm{m} &= 4.44\,f\,N^2\Lambda_\mathrm{I} \\ X_\mathrm{m} &= 4.44\,f\,N^2\Lambda_\mathrm{R} \end{aligned}\right\} \tag{E-8}$$

可见

$$X_\mathrm{m} \propto N^2\Lambda_\mathrm{R} \qquad R_\mathrm{m} \propto N^2\Lambda_\mathrm{I}$$

即激磁电抗 X_m 应与线圈匝数 N 的平方和磁路的磁导 Λ_R 成正比，而激磁电阻 R_m 则与 N 的平方和磁路的磁纳 Λ_I 成正比。由此可见，引入复数磁导率 μ_c 后，由 μ_c 的虚部 μ_I 可以导出磁纳 Λ_I，并进一步得到激磁电阻 R_m 的数学表达式；而不是从铁心损耗出发，通过物理概念来引入激磁电阻。

引入复数磁导率 μ_c 后，克朗（Kron）关于磁路与电路的对偶性将得到完整的表达，即电路中的电抗 X 与磁路中的磁导 Λ_R 互为对偶；激磁电阻 R_m 则与磁纳 Λ_I 互为对偶。

附录 F 两相感应电动机的不对称运行

单相感应电动机的裂相或电容起动，电容电动机和两相伺服电动机的正常工作，都属于两相不对称运行。本附录先说明分析两相电动机不对称运行的方法——两相对称分量法，然后说明对称两相电动机的不对称运行，最后介绍不对称两相电动机的运行。

F.1 两相对称分量法

对称运行时，两相电动机的定子绕组 α 和 β 上所加的电压，是对称的两相正序电压，此时 $\dot{U}_\alpha$ 与 $\dot{U}_\beta$ 的有效值相等，相位上 $\dot{U}_\beta$ 滞后于 $\dot{U}_\alpha$ 90°。若 $\dot{U}_\alpha$ 与 $\dot{U}_\beta$ 的有效值不相等，或者有效值虽然相等、但是 $\dot{U}_\beta$ 不是滞后于 $\dot{U}_\alpha$ 以 90°，则 $\dot{U}_\alpha$ 和 $\dot{U}_\beta$ 将是一组不对称的两相电压。根据对称分量法，对于一组不对称的两相电压 $\dot{U}_\alpha$ 和 $\dot{U}_\beta$，总可以把它分解成两组对称分量的叠加：一组为正序分量（用下标“+”来表示），一组为负序分量（用下标“-”来表示）。以 α 相为基准时，有

$$\left.\begin{aligned}\dot{U}_\alpha &= \underbrace{\dot{U}_+}_{} + \dot{U}_- \\ \dot{U}_\beta &= -\mathrm{j}\dot{U}_+ + \mathrm{j}\dot{U}_-\end{aligned}\right\} \tag{F-1}$$

正序分量　负序分量

由式（F-1）可得，正序分量 $\dot{U}_+$ 和负序分量 $\dot{U}_-$ 分别为

$$\left.\begin{aligned}\dot{U}_+ &= \frac{1}{2}(\dot{U}_\alpha + \mathrm{j}\dot{U}_\beta) \\ \dot{U}_- &= \frac{1}{2}(\dot{U}_\alpha - \mathrm{j}\dot{U}_\beta)\end{aligned}\right\} \tag{F-2}$$

式（F-1）和式（F-2）是两相电压的对称分量变换。对于两相不对称电流 $\dot{I}_\alpha$ 和 $\dot{I}_\beta$，同理可以将它分解为两组对称分量 $\dot{I}_+$ 和 $\dot{I}_-$ 的叠加，即

$$\left.\begin{aligned}\dot{I}_\alpha &= \dot{I}_+ + \dot{I}_- \\ \dot{I}_\beta &= -\mathrm{j}\dot{I}_+ + \mathrm{j}\dot{I}_-\end{aligned}\right\} \tag{F-3}$$

由此可得

$$\left.\begin{aligned}\dot{I}_{+}&=\frac{1}{2}(\dot{I}_{\alpha}+\mathrm{j}\dot{I}_{\beta})\\ \dot{I}_{-}&=\frac{1}{2}(\dot{I}_{\alpha}-\mathrm{j}\dot{I}_{\beta})\end{aligned}\right\}\tag{F-4}$$

F.2　对称两相感应电动机的不对称运行

若两相感应电动机的定、转子绕组和磁路均为对称，此电机就称为对称机。通常两相感应电机的转子都是笼型转子，气隙为均匀、磁路为对称，笼型绕组又是一个对称的多相绕组，所以电机是否为对称机，主要取决于定子两相绕组是否对称。若定子两相绕组的轴线在空间互成 90°电角，且两相绕组的有效匝数、电阻、漏抗和激磁电抗均相等；或者有效匝数和定子参数虽不相等，但经绕组归算后（把 β 相归算到 α 相）定子两相参数能够相等的，这两种情况都属于对称机。若经绕组归算后，定子 α、β 两相的参数仍不相等，或者两相绕组的轴线在空间不是互成 90°电角，就是不对称机。本节先研究对称机的情况。

1. 定子两相绕组的有效匝数和参数相等时

图 F－1 表示一台对称的两相电动机，定子 α 相和 β 相的轴线互成 90°电角，α 相和 β 相的有效匝数 N_1k_{w1} 和电阻、电抗均为相等。两相绕组上所加的电压 $\dot{U}_{\alpha}$ 和 $\dot{U}_{\beta}$ 则是不对称电压。

把定子的两相不对称电压 $\dot{U}_{\alpha}$ 和 $\dot{U}_{\beta}$ 分解成正序和负序电压，如图 F－1 所示，则正序电压将在电动机内产生一组正序电流，负序电压将在电动机内产生一组负序电流。若电机为对称机，电机的磁路为线性，则定子的正、负序电压 $\dot{U}_{1+}$、$\dot{U}_{1-}$ 和对应的正、负序电流 $\dot{I}_{1+}$、$\dot{I}_{1-}$ 之间有下列关系：

图 F－1　对称两相电动机

$$\dot{U}_{1+}=\dot{I}_{1+}Z_{+}\qquad \dot{U}_{1-}=\dot{I}_{1-}Z_{-}\tag{F-5}$$

或

$$\left.\begin{aligned}\dot{I}_{1+}&=\frac{\dot{U}_{1+}}{Z_{+}}=\frac{\dot{U}_{\alpha}+\mathrm{j}\dot{U}_{\beta}}{2Z_{+}}\\ \dot{I}_{1-}&=\frac{\dot{U}_{1-}}{Z_{-}}=\frac{\dot{U}_{\alpha}-\mathrm{j}\dot{U}_{\beta}}{2Z_{-}}\end{aligned}\right\}\tag{F-6}$$

式中，Z_{+} 和 Z_{-} 分别为电动机的正序和负序阻抗，其等效电路如图 F－2 所示。不难看出，Z_{+} 和 Z_{-} 的差别，主要在于转子对正序和负序旋转磁场的转差率不同，一为 s，另一为 $2-s$，所以在等效电路中，转子所表现的等效电阻也不同，一为 $\frac{R_2'}{s}$，另一为 $\frac{R_2'}{2-s}$。

从图 F－2 可知，若忽略激磁电阻 R_m，则

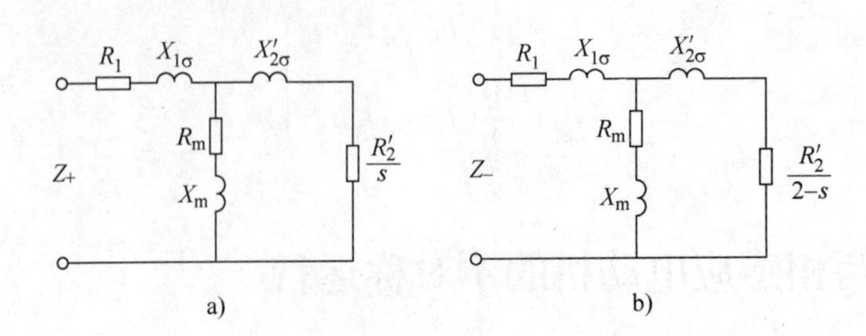

图 F－2　对称两相感应电动机的正序阻抗和负序阻抗

a）正序阻抗　b）负序阻抗

$$
\left.\begin{aligned}
Z_+ &= R_1 + jX_{1\sigma} + \frac{Z_m\left(\frac{R_2{}'}{s} + jX_{2\sigma}{}'\right)}{Z_m + \left(\frac{R_2{}'}{s} + jX_{2\sigma}{}'\right)} \\
&\approx R_1 + jX_{1\sigma} + \frac{jX_m\left(\frac{R_2{}'}{s} + jX_{2\sigma}{}'\right)}{\frac{R_2{}'}{s} + j(X_m + X_{2\sigma}{}')} \\
Z_- &= R_1 + jX_{1\sigma} + \frac{Z_m\left(\frac{R_2{}'}{2-s} + jX_{2\sigma}{}'\right)}{Z_m + \left(\frac{R_2{}'}{2-s} + jX_{2\sigma}{}'\right)} \\
&\approx R_1 + jX_{1\sigma} + \frac{jX_m\left(\frac{R_2{}'}{2-s} + jX_{2\sigma}{}'\right)}{\frac{R_2{}'}{2-s} + j(X_m + X_{2\sigma}{}')}
\end{aligned}\right\} \tag{F-7}
$$

由此可得定子两相电流 $\dot{I}_\alpha$ 和 $\dot{I}_\beta$ 为

$$
\left.\begin{aligned}
\dot{I}_\alpha &= \dot{I}_{1+} + \dot{I}_{1-} = \frac{\dot{U}_\alpha + j\dot{U}_\beta}{2Z_+} + \frac{\dot{U}_\alpha - j\dot{U}_\beta}{2Z_-} \\
&= \frac{\dot{U}_\alpha}{2}\left(\frac{1}{Z_+} + \frac{1}{Z_-}\right) + \frac{j\dot{U}_\beta}{2}\left(\frac{1}{Z_+} - \frac{1}{Z_-}\right) \\
\dot{I}_\beta &= -j\dot{I}_{1+} + j\dot{I}_{1-} = -j\frac{\dot{U}_\alpha + j\dot{U}_\beta}{2Z_+} + j\frac{\dot{U}_\alpha - j\dot{U}_\beta}{2Z_-} \\
&= -\frac{j\dot{U}_\alpha}{2}\left(\frac{1}{Z_+} - \frac{1}{Z_-}\right) + \frac{\dot{U}_\beta}{2}\left(\frac{1}{Z_+} + \frac{1}{Z_-}\right)
\end{aligned}\right\} \tag{F-8}
$$

转子正、负序电流的归算值 I_{2+}' 和 I_{2-}' 应分别为

$$\left.\begin{aligned} I_{2+}' &= I_{1+}\left|\frac{Z_m}{Z_m+\frac{R_2'}{s}+jX_{2\sigma}'}\right| \approx I_{1+}\frac{X_m}{\left|\frac{R_2'}{s}+j(X_m+X_{2\sigma}')\right|} \\ I_{2-}' &= I_{1-}\left|\frac{Z_m}{Z_m+\frac{R_2'}{2-s}+jX_{2\sigma}'}\right| \approx I_{1-}\frac{X_m}{\left|\frac{R_2'}{2-s}+j(X_m+X_{2\sigma}')\right|} \end{aligned}\right\} \qquad (F-9)$$

正、负序电磁功率 P_{e+} 和 P_{e-} 应为

$$\left.\begin{aligned} P_{e+} &= 2I_{2+}'^2\frac{R_2'}{s} \\ P_{e-} &= 2I_{2-}'^2\frac{R_2'}{2-s} \end{aligned}\right\} \qquad (F-10)$$

式中，2 为相数。正、负序电磁转矩和合成电磁转矩应为

$$\left.\begin{aligned} T_{e+} &= \frac{P_{e+}}{\Omega_s} = \frac{2}{\Omega_s}I_{2+}'^2\frac{R_2'}{s} \\ T_{e-} &= -\frac{P_{e-}}{\Omega_s} = -\frac{2}{\Omega_s}I_{2-}'^2\frac{R_2'}{2-s} \end{aligned}\right\} \qquad (F-11)$$

$$T_e = T_{e+} + T_{e-} = \frac{2}{\Omega_1}\left[I_{2+}'^2\frac{R_2'}{s} - I_{2-}'^2\frac{R_2'}{2-s}\right] \qquad (F-12)$$

式中，Ω_1 为同步角速度。

2. 定子两相绕组有效匝数不等，绕组归算后两相参数相等时

许多两相电机，定子两相绕组 α 和 β 的有效匝数互不相等（即 $N_\alpha k_{w\alpha} \neq N_\beta k_{w\beta}$），但是 α 和 β 绕组的电阻之比和漏抗之比，却近似等于其有效匝比 k_e 的平方，即

$$\frac{R_{1(\alpha)}}{R_{1(\beta)}} = \frac{X_{1\sigma(\alpha)}}{X_{1\sigma(\beta)}} \approx k_e^2 \qquad (F-13)$$

式中 $k_e = \frac{N_\alpha k_{w\alpha}}{N_\beta k_{w\beta}}$，$N_\alpha$ 和 N_β 分别为 α 相和 β 相绕组的匝数，$k_{w\alpha}$ 和 $k_{w\beta}$ 为对应的绕组因数。另一方面，根据推导可知，α、β 绕组的激磁电抗 $X_{m(\alpha)}$ 和 $X_{m(\beta)}$ 通常满足

$$\frac{X_{m(\alpha)}}{X_{m(\beta)}} = k_e^2 \qquad (F-14)$$

对于这样的电机，如果以 α 相为基准，把 β 相的定子电压、定子电流和阻抗归算到 α 相，即把 $\dot{U}_\beta$、$\dot{I}_\beta$ 和 $Z_{1\sigma(\beta)}$ 变换成 $\dot{U}_\beta'$、$\dot{I}_\beta'$ 和 $Z_{1\sigma(\beta)}'$，使

$$\left.\begin{aligned} \dot{U}_\beta' &= k_e\dot{U}_\beta \qquad \dot{I}_\beta' = \frac{\dot{I}_\beta}{k_e} \\ Z_{1\sigma(\beta)}' &= k_e^2 Z_{1\sigma(\beta)} \end{aligned}\right\} \qquad (F-15)$$

则该电机就可以作为对称机来处理。下面以电容电动机为例加以说明。

图 F-3 表示一台电容电动机，其主绕组用 α 表示，辅绕组用 β 表示，辅绕组经过电容 C 接至电源电压 $\dot{U}$。通常，α 和 β 两个绕组的有效匝数不同，但是槽形、绕组的分布情况、

铜重和设计电流密度却常常相同。可以证明，这种情况将满足式（F－13）这一条件，于是可把此机作为对称机来处理。

在定子端点处把 $\dot{U}_\alpha$ 和 $\dot{U}_\beta'$（$\dot{U}_\beta$ 的归算值）分解成对称分量 $\dot{U}_{1+}$ 和 $\dot{U}_{1-}$，定子电流 $\dot{I}_\alpha$ 和 $\dot{I}_\beta'$（归算值）分解为正序和负序分量 $\dot{I}_{1+}$ 和 $\dot{I}_{1-}$，可得

$$\dot{U}_{1+} = \dot{I}_{1+}Z_+ \qquad \dot{U}_{1-} = \dot{I}_{1-}Z_- \tag{F-16}$$

$$\left.\begin{aligned}\dot{U}_\alpha &= \dot{U}_{1+} + \dot{U}_{1-} = \dot{I}_{1+}Z_+ + \dot{I}_{1-}Z_-\\ \dot{U}_\beta' &= -\mathrm{j}\dot{U}_{1+} + \mathrm{j}\dot{U}_{1-} = -\mathrm{j}\dot{I}_{1+}Z_+ + \mathrm{j}\dot{I}_{1-}Z_-\end{aligned}\right\} \tag{F-17}$$

另外，从图 F－3 可见，定子端电压和电源电压 $\dot{U}$ 之间有下列关系：

$$\left.\begin{aligned}\dot{U}_\alpha &= \dot{U}\\ \dot{U}_\beta &= \dot{U} - \dot{I}_\beta Z_C\end{aligned}\right\} \tag{F-18}$$

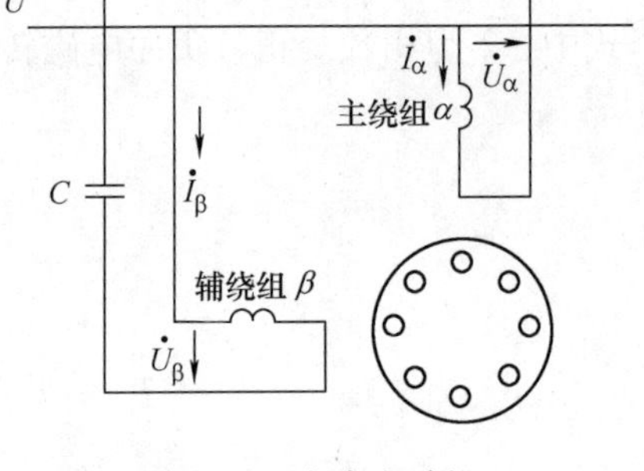

图 F－3　电容电动机

式中 Z_C 为电容 C 的容抗，$Z_C = -\mathrm{j}\dfrac{1}{\omega C}$。把式（F－18）的第二式归算到 α 绕组的有效匝数，可得

$$\begin{aligned}\dot{U}_\beta' &= k_e\dot{U}_\beta = k_e\dot{U} - \dot{I}_\beta'(k_e^2 Z_C)\\ &= k_e\dot{U} - (-\mathrm{j}\dot{I}_{1+} + \mathrm{j}\dot{I}_{1-})Z_C'\end{aligned} \tag{F-19}$$

式中 Z_C'为 Z_C 的归算值，$Z_C' = k_e^2 Z_C$。由式（F－17）、式（F－18）和式（F－19），可得电源电压 $\dot{U}$ 与定子正、负序电流之间的关系为

$$\left.\begin{aligned}\dot{U} &= \dot{I}_{1+}Z_+ + \dot{I}_{1-}Z_-\\ k_e\dot{U} &= -\mathrm{j}\dot{I}_{1+}(Z_+ + Z_C') + \mathrm{j}\dot{I}_{1-}(Z_- + Z_C')\end{aligned}\right\} \tag{F-20}$$

求解式（F－20），可得

$$\left.\begin{aligned}\dot{I}_{1+} &= \frac{[Z_-(1 + \mathrm{j}k_e) + Z_C']\dot{U}}{2Z_+Z_- + Z_C'(Z_+ + Z_-)}\\ \dot{I}_{1-} &= \frac{[Z_+(1 - \mathrm{j}k_e) + Z_C']\dot{U}}{2Z_+Z_- + Z_C'(Z_+ + Z_-)}\end{aligned}\right\} \tag{F-21}$$

于是定子 α 和 β 相的电流为

$$\left.\begin{aligned}\dot{I}_\alpha &= \dot{I}_{1+} + \dot{I}_{1-}\\ \dot{I}_\beta &= k_e\dot{I}_\beta' = k_e(-\mathrm{j}\dot{I}_{1+} + \mathrm{j}\dot{I}_{1-})\end{aligned}\right\} \tag{F-22}$$

转子的正序和负序电流以及相应的电磁转矩，可仿照式（F－9）、式（F－11）和式（F－12）算出。

F.3 不对称两相感应电动机的运行

少数两相电动机，归算以后定子两相的参数仍不相等，这种电机就是不对称机。事实上对于上述电容电机，如果把电容的阻抗 Z_C 和 β 相的定子漏阻抗合并在一起，则定子 α 和 β 这两根轴线上的阻抗将互不相等。此时，不对称机的运行可以仿照电容电动机的办法来分析。

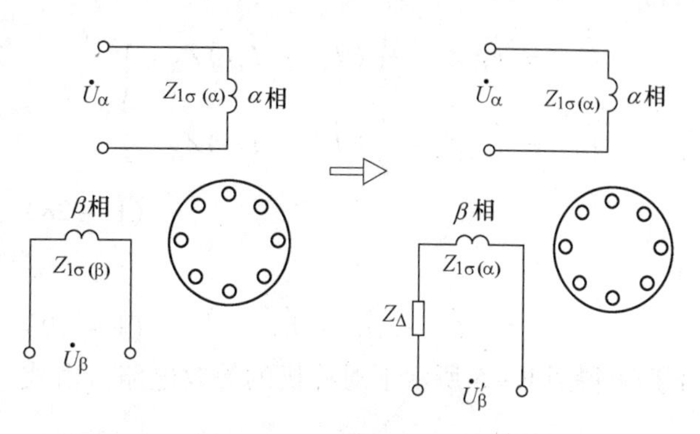

图 F-4 把不对称机化成一台对称机和一个外接阻抗 Z_Δ

若定子的 α 相和 β 相绕组在空间互成 90°电角，则定子侧的不对称，主要由定子漏阻抗和外接阻抗所引起。设 $Z_{1\sigma(\alpha)}$ 为定子 α 相的漏阻抗，$Z_{1\sigma(\beta)}'$ 为归算到 α 相的匝数时 β 相漏阻抗的归算值，且 $Z_{1\sigma(\beta)}' > Z_{1\sigma(\alpha)}$。由于漏阻抗对气隙中的旋转磁场和电磁转矩没有直接的影响，所以可以把 $Z_{1\sigma(\beta)}'$ 分成两部分，一部分为 $Z_{1\sigma(\alpha)}$，另一部分为差值 Z_Δ，$Z_\Delta = Z_{1\sigma(\beta)}' - Z_{1\sigma(\alpha)}$。这样，原来的不对称机就转化成一台对称机和 β 相中接有一个外接阻抗 Z_Δ 的情况，如图 F-4 所示。

把定子电流 $\dot{I}_\alpha$ 和 $\dot{I}'_\beta$（归算值）分解成对称分量 $\dot{I}_{1+}$ 和 $\dot{I}_{1-}$，其中

$$\dot{I}_\alpha = \dot{I}_{1+} + \dot{I}_{1-} \qquad \dot{I}'_\beta = -\mathrm{j}\dot{I}_{1+} + \mathrm{j}\dot{I}_{1-} \tag{F-23}$$

或

$$\dot{I}_{1+} = \frac{1}{2}(\dot{I}_\alpha + \mathrm{j}\dot{I}'_\beta) \qquad \dot{I}_{1-} = \frac{1}{2}(\dot{I}_\alpha - \mathrm{j}\dot{I}'_\beta) \tag{F-24}$$

不难得到，α 相和 β 相的电压方程为

$$\left.\begin{aligned} \dot{U}_\alpha &= \dot{I}_{1+}Z_+ + \dot{I}_{1-}Z_- \\ \dot{U}'_\beta &= \dot{I}'_\beta Z_\Delta - \mathrm{j}\dot{I}_{1+}Z_+ + \mathrm{j}\dot{I}_{1-}Z_- \\ &= -\mathrm{j}\dot{I}_{1+}(Z_\Delta + Z_+) + \mathrm{j}\dot{I}_{1-}(Z_\Delta + Z_-) \end{aligned}\right\} \tag{F-25}$$

式中，Z_+、Z_- 分别为归算到 α 相时，对称机的正序和负序阻抗。把上式的第二式乘 j，可得

$$\begin{aligned} \mathrm{j}\dot{U}'_\beta &= \dot{I}_{1+}(Z_\Delta + Z_+) - \dot{I}_{1-}(Z_\Delta + Z_-) \\ &= \dot{I}_{1+}Z_+ - \dot{I}_{1-}Z_- + (\dot{I}_{1+} - \dot{I}_{1-})Z_\Delta \end{aligned} \tag{F-26}$$

再把 $\dot{U}_\alpha$ 和 $\dot{U}'_\beta$ 分解成对称分量 $\dot{U}_{1+}$ 和 $\dot{U}_{1-}$，其中

$$\left.\begin{aligned}\dot{U}_{1+}&=\frac{1}{2}(\dot{U}_\alpha+\mathrm{j}\dot{U}'_\beta)\\\dot{U}_{1-}&=\frac{1}{2}(\dot{U}_\alpha-\mathrm{j}\dot{U}'_\beta)\end{aligned}\right\}\qquad(\mathrm{F}-27)$$

再把式（F－25）和式（F－26）代入式（F－27），可得

$$\left.\begin{aligned}\dot{U}_{1+}&=\dot{I}_{1+}Z_++\frac{1}{2}(\dot{I}_{1+}-\dot{I}_{1-})Z_\Delta\\\dot{U}_{1-}&=\dot{I}_{1-}Z_--\frac{1}{2}(\dot{I}_{1+}-\dot{I}_{1-})Z_\Delta\end{aligned}\right\}\qquad(\mathrm{F}-28)$$

而

$$\dot{U}_\alpha=\dot{U}_{1+}+\dot{U}_{1-}\qquad(\mathrm{F}-29)$$

于是可得图 F－5 所示不对称机的等效电路。由式（F－28）即可解出 $\dot{I}_{1+}$ 和 $\dot{I}_{1-}$，并进一步得到 $\dot{I}_\alpha$ 和 $\dot{I}_\beta$。

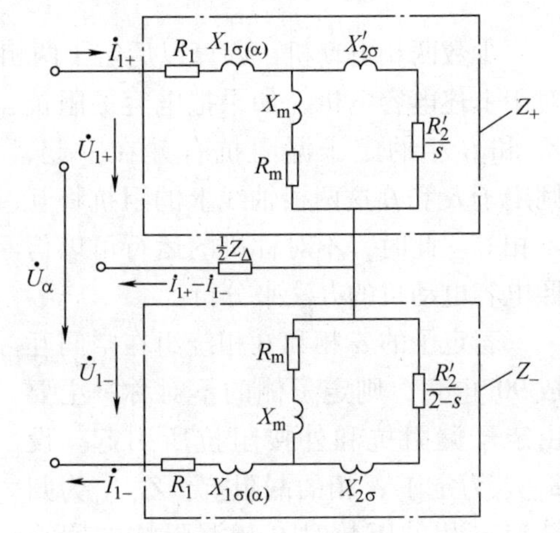

图 F－5　不对称机的等效电路

式（F－28）表明，对于不对称机，由于存在 Z_Δ，正序电流可以产生负序电压，负序电流也可以产生正序电压。换言之，正、负序电路之间具有耦合，这从图 F－5 可以清楚地看出。由于正、负序之间具有耦合，所以正序电流不仅取决于正序电压和正序阻抗，而且将受到负序电压和阻抗 Z_Δ 的影响。负序电流的情况也是同样。这是不对称机和对称机的区别。从式（F－28）和图 F－5 可见，对于对称机，$Z_\Delta=0$，正序电路和负序电路将互相独立（解耦），此时正序和负序电流将仅取决于本相序的电压和阻抗。

两相不对称机的另一种情况是，α 和 β 两相绕组在空间不是互成 90°电角。这种情况比较少见，有兴趣的读者可以参看书末的参考文献［9］。

附录G　同步电动机的牵入同步

凸极同步电动机投入电网后，要经过异步起动和牵入同步过程，才能进入正常运行。凸极同步电动机的转子上通常装有阻尼绕组，起动时依靠阻尼绕组和励磁绕组内的感应电流，与气隙磁场作用后所产生的异步电磁转矩，使电动机起动，其原理与笼型感应电动机相似；差别在于，同步电动机的转子d轴和q轴电路互不对称（气隙不均匀，绕组数目不同，参数也不相等），所以异步电磁转矩中除平均转矩外，还有一个由于d、q轴的复数运算电抗$X_d(js)$和$X_q(js)$互不相等所引起的、以两倍转差频率脉振的脉振转矩；因此当转子转速接近同步速度时，转差率s将在平均值s_{av}的上、下脉振，这种现象称为"瞬态凸极效应"。为减小异步起动时励磁绕组的过电压和瞬态凸极效应，通常在励磁绕组内接入一个$(8\sim9)R_f$的限流电阻（R_f为励磁绕组的电阻）。当转速升高、转子的转差率s变得很小（例如为0.03）时，将限流电阻切除，同时接入直流励磁，使主极磁场建立起来；此时依靠主极磁场和电枢电流相互作用所产生的同步电磁转矩，电动机将进入"牵入同步"过程。如果励磁电流的大小和加入励磁时转子的功角和转差率比较合适，轴上的负载又不太大，转子将被牵入同步。

图G-1表示转子的平均转差率$s_{av}<0.1$时，励磁绕组直接短路、接有$8.5R_f$的限流电阻（R_f为励磁绕组电阻）以及励磁绕组接入额定励磁电流I_{fN}等三种情况下，一台同步电动机的

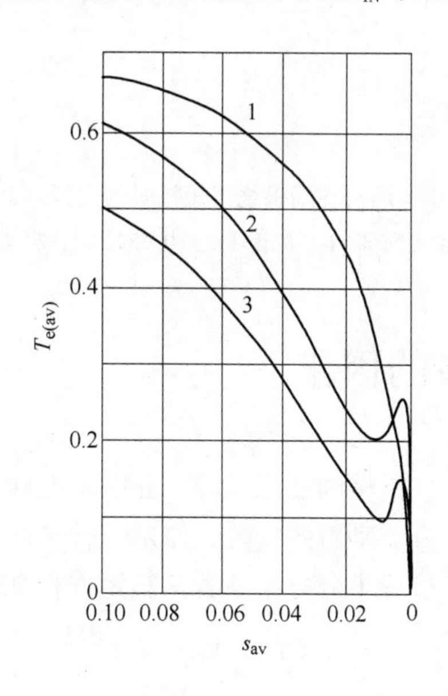

图G-1　稳态异步运行时，同步电动机的异步平均转矩$T_{e(av)}$（$s_{av}<0.1$）

1—励磁绕组内接有$8.5R_f$的限流电阻　2—励磁绕组短接

3—励磁绕组接入额定励磁电流时

异步电磁转矩 $T_{e(av)}$ 与平均转差率 s_{av} 的关系。从图 G-1 可见，若转差率 $s_{av}=0.03$，切除限流电阻将使异步转矩显著减小，因此限流电阻应在转差率达到尽可能小时才切除。另外，接入直流励磁，一方面会产生同步电磁转矩，对整步有利；另一方面将使异步转矩进一步减小，这对牵入同步是不利的。

图 G-2 表示一台 1000 kW的同步电动机，在空载和负载转矩 $T_L=0.75T_N$ 这两种情况下，异步起动并达到稳态时的情况（励磁绕组内的限流电阻为 $9R_f$）。从图 G-2a 可见，若为空载起动，即使不加直流励磁，在“瞬态凸极效应”（即 $X'_d \neq X'_q$）所产生的电磁转矩的作用下，电动机即能牵入同步。若轴上带有 $0.75T_N$ 的负载时，异步起动完毕后，电动机将在平均转差率 $s_{av}=0.03$ 下稳态异步运行，此时只有加入直流励磁，转子才能牵入同步。

下面进一步说明影响牵入同步的因素，和牵入同步的过程。

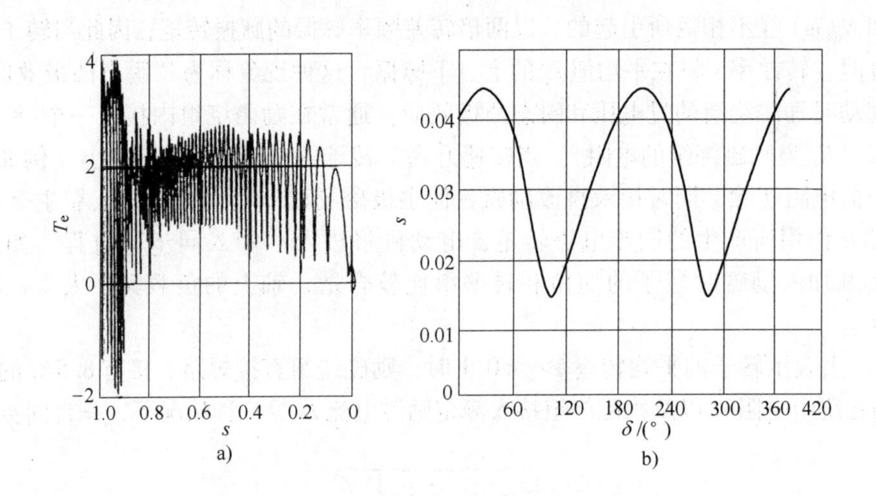

图 G-2 同步电动机在励磁绕组短接时的运行（$P_N=1000$ kW）

a）空载起动后直接牵入同步 b）负载转矩为 $0.75T_N$ 时，起动后进入稳态异步运行

G.1 影响牵入同步的因素

牵入同步过程是一个电磁-机械的瞬态过程，此时不但转子转速、功角不断地随时间而变化，由于限流电阻的切除、直流励磁的接入，使定、转子绕组的电流和磁链也处于电磁瞬态过程中，两者相互影响，使过程十分复杂。若从转矩方程来看，

$$T_e-(T_L+T_0)=J\frac{d\Omega}{dt} \tag{G-1}$$

式中，T_e 为电动机的电磁转矩，$T_e=\frac{3}{2}p(\psi_d i_q-\psi_q i_d)$；$T_L+T_0$ 为负载转矩与空载转矩之和；J 为机组的转动惯量；Ω 为转子的机械角速度；ψ_d 和 ψ_q 分别为定子的直轴和交轴磁链；i_d

和 i_q 分别为定子电流的直轴和交轴分量。从式（G-1）可见，影响牵入同步的主要因素有：

（1）负载转矩　负载转矩越大，进入稳态异步运行时，机组的平均转差率就越大；若负载过大，即使加入励磁也可能牵不进同步。

（2）异步电磁转矩　此转矩由阻尼绕组和励磁绕组中的感应电流，与气隙磁场相互作用所产生，在异步起动和牵入同步过程中此转矩均存在。异步电磁转矩的大小主要取决于电源电压，定、转子绕组的参数（电阻、漏抗和激磁阻抗）和转子的转差率。在 $s_{av}<0.1$ 的范围内，电动机的转矩-转差率曲线越陡，则异步起动结束时，电动机的转差率就越小，加入励磁后机组就愈容易被牵入同步，牵入过程的振荡亦比较小。

（3）同步电磁转矩　此转矩由主极磁场与定子电流相互作用所产生，也称为整步转矩。同步电磁转矩对转子的牵入同步起到关键作用。同步电磁转矩的瞬态幅值，与加入励磁时励磁绕组的磁链，以及电机的瞬态参数和时间常数有关，此外还与加入励磁时的功角值有关。同步电磁转矩的幅值越大，牵入同步的可能性就越大。如果加入励磁时，功角位于电动机范围和稳定区，同步转矩为驱动性质，转子就比较易于牵入同步；若加入励磁时功角位于发电机范围或不稳定区，同步转矩为制动性质，或者成为不稳定，则两者都将增加牵入同步的难度。

（4）附加同步电磁转矩　此转矩由电机的瞬态凸极效应所引起，其大小与端电压 U 的平方，d、q 轴瞬态电抗的不对称度和 $\sin 2\delta$ 成正比。在接入励磁前的异步运行中，此转矩使转子作转差频率的振荡；接入励磁后，在某些情况下，有利于转子的牵入同步。

以上的（2）、（3）、（4）三项，构成了牵入同步时的合成电磁转矩。

G.2　牵入同步过程

牵入同步过程是一个复杂的机-电瞬态过程，其运动方程是非线性的微分方程，要用数值法来求解。设负载转矩为 T_L，以异步起动结束、进入稳态异步运行的某一时刻 t_0 作为时间的起始点，在 $t=t_0$ 时切除励磁绕组中的限流电阻并接入直流励磁，用数值法算出牵入过程中的定子电流 i_s、励磁电流 i_f、电磁转矩 T_e、功率角 δ、转差率 s 以及动态的转差率-功角曲线 $s=f(\delta)$，即可断定电动机能否被牵入同步。若接入直流励磁后，$s=f(\delta)$ 曲线开始呈振荡形，然后成为一个逐步缩小的螺旋线，并最后收敛到 $s=0$ 和某一个稳态的功角 δ_s，就表示电动机能够被牵入同步。若接入直流励磁后，转差率 s 和功角 δ 不断增大，表示电动机不能被牵入同步。

图 G-3 表示一台 1000 kW 的同步电动机，当负载转矩为 $0.75T_N$、平均转差率 $s_{av}\approx 0.03$ 时，在初始功角 $\delta_0=0°$、60°、90°、110°、120°和 180°等六种情况下接入直流励磁时，电动机的 $s-\delta$ 曲线。研究表明，在此情况下，初始功角 $\delta_0=0°\sim 110°$为较佳的功角范围，在此范围内接入直流励磁时，由于同步电磁转矩是驱动性质，且处于动态稳定区内，故定子电流的冲击较小，牵入同步所需时间也较短，牵入过程的 $s-\delta$ 曲线是逐步缩小的螺旋线，如图 G-3 所示。

表 G-1 列出了负载为 $0.75T_N$ 时，上述同步电动机在不同的初始功角 δ_0 下接入励磁并牵入同步时，定子电流的最大倍数 $I^*_{s(max)}$、瞬态电磁转矩的最大值 $T^*_{e(max)}$ 和牵入同步所需的时间 t_{pi}(秒)。

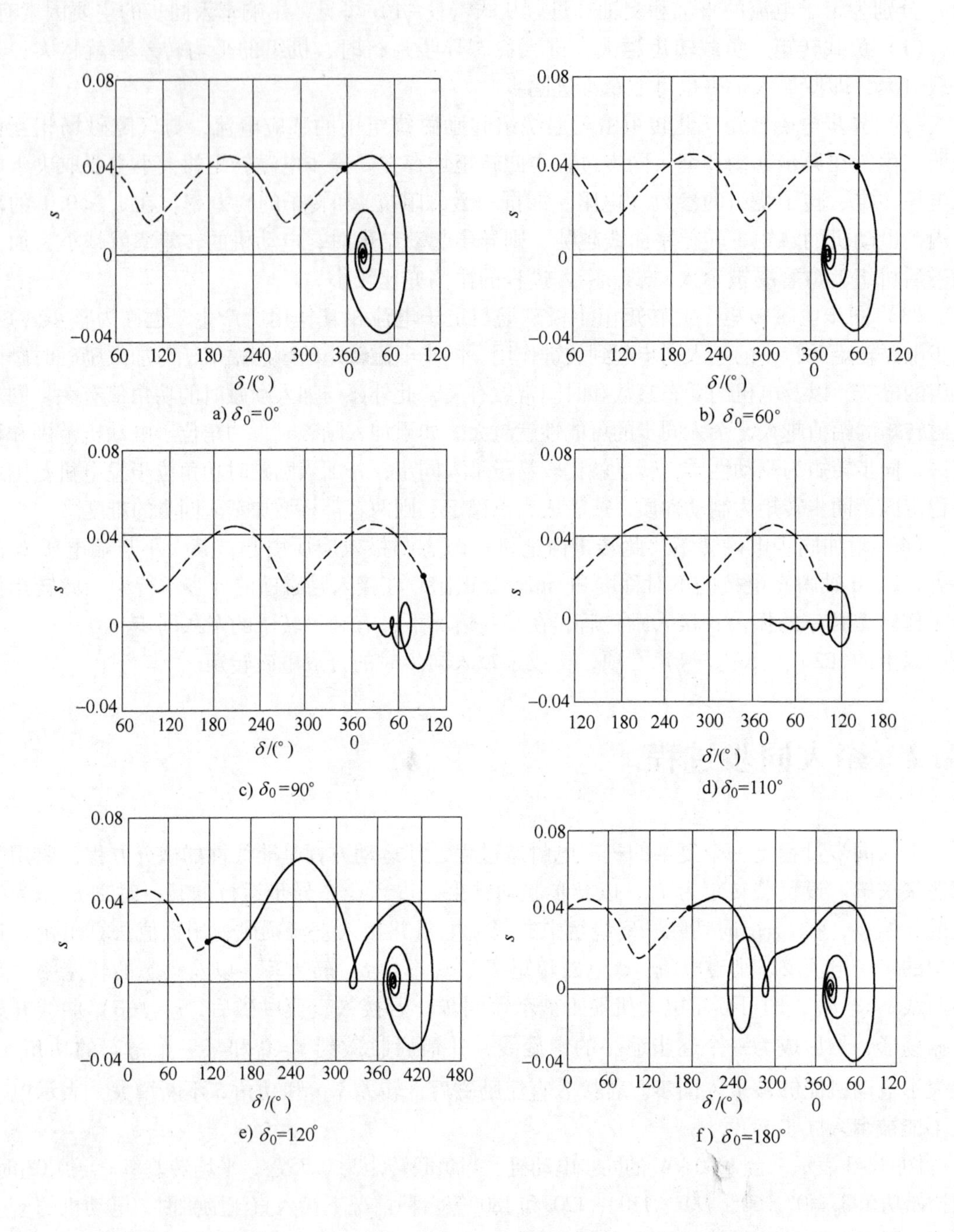

图 G-3　负载转矩为 $0.75T_N$，平均转差率 $s_{av}\approx0.03$，在不同的初始功角 δ_0 处接入额定励磁时，同步电动机的 $s-\delta$ 曲线

表 G-1　1000 kW 的同步电动机牵入同步时的数据（负载转矩 $T_L=0.75T_N$，$s_{av}=0.03$）

δ_0(°)	$T^*_{e(max)}$	$I^*_{s(max)}$	t_{pi}(s)
0	2.379	2.598	2.87
30	2.375	2.603	2.87
60	2.259	2.669	2.87
90	1.536	2.439	2.87
100	1.221	2.418	2.87
110	1.045	2.750	2.87
120	2.191	3.818	3.5
150	2.220	3.150	3.5
180	2.368	2.812	3.5

从表 G-1 和图 G-3 可见，初始功角 $\delta_0=0°-110°$为较好的功角范围，其中 110°为转折点；在此范围内投入励磁时，由于对牵入同步起决定作用的同步转矩是驱动性质，且处于动态稳定区内，故定子电流的冲击较小，牵入同步的时间也较短，牵入过程的 $s-\delta$ 曲线是逐步缩小的螺旋线。如果 $\delta_0>110°$，则定子电流和电磁转矩的冲击倍数 $I^*_{s(max)}$ 和 $T^*_{e(max)}$ 将迅速增大，牵入所需时间也会明显增加。当轴上的负载转矩 T^*_L 增大到某一临界值时，不但 $I^*_{s(max)}$ 和 $T^*_{e(max)}$ 要增大，甚至可能发生不能牵入同步的情况。所以要使转子顺利地牵入同步，轴上的负载转矩 T_L 和加入直流励磁的大小，以及该瞬间的功角值，必须控制在适当的范围以内。

参 考 文 献

[1] 汤蕴璆，王成元. 交流电机动态分析[M]. 2 版. 北京：机械工业出版社，2015.
[2] H E Edgerton，P Fourmarier. The Pulling into Step of a Salient-Pole Synchronous Motor [J]. AIEE Trans. Vol. 50，1931.
[3] D R Shoults，S B Crary，A H Lauder. Pull-in Characteristics of Synchronous Motor [J]. AIEE Trans. Vol. 54，1935.
[4] G W Staats，Lin Xian-Shu. Minimum-Permissible Slips for Synchronizing Salient-Pole Synchronous Motors [J]. IEEE Trans. on EC Vol. EC-2，1987，(3).
[5] 汤晓燕，郭芳. 凸极同步电动机的牵入同步 [J]. 电机及控制学报，2003，(4).

全书参考文献

[1] 汤蕴璆,史乃,沈文豹. 电机理论与运行:上、下册[M]. 北京:水利电力出版社,1983,1984.

[2] 章名涛. 电机学:上、下册[M]. 北京:科学出版社,1964.

[3] 萨本栋. 交流电机[M]. 北京:商务印书馆,1949.

[4] 杨渝钦. 控制电机[M]. 2 版. 北京:机械工业出版社,2006.

[5] 汤蕴璆,王成元. 交流电机动态分析[M]. 2 版. 北京:机械工业出版社,2015.

[6] 汤蕴璆,梁艳萍. 电机电磁场的分析与计算[M]. 北京:机械工业出版社,2012.

[7] M П Костенко, Л M Пиотровский. Электрические машины [M]. Энергия. часть Ⅱ,1965.

[8] M Liwschitz–Garik, C C Whipple. A–C Machines[M]. 2nd Edition. Van–Nostrand, 1961.

[9] A E Fitzgerald, C Kingsley Jr., S D Umans. Electric Machinery [M]. 7th Edition. McGraw–Hill, 2013.

[10] D C White, H H Woodson. Electromechanical Energy Conversion [M]. John Wiley & Sons, 1959.

[11] S Seely. Electromechanical Energy Conversion[M]. McGraw-Hill, 1962.

[12] Y H Ku. Electric Energy Conversion [M]. Ronald Press, 1959.

[13] C G Veinott. Fractional and Subfractional-Horsepower Electric Motors[M]. 3rd Edition, McGraw-Hill, 1970.

[14] G Kron. Equivalent Circuits of Electric Machinery[M]. Wiley, 1951.

[15] T J E Miller. Brushless Permanent-Magnet and Reluctance Motor Drives[M]. Clarendon Press, 1989.

[16] B Heller, V Hamata. Harmonic Field Effect in Induction Machines [M]. Elesvier Company, 1977.